한번에
합격하는
환경측정분석사

기출문제집 [필기] + [실기]

신은상, 임철수,
이용기 지음

대기환경측정분석 분야

BM (주)도서출판 **성안당**

머리말

환경측정분석사는 「환경분야 시험·검사에 관한 법률」에 따라 대기·수질 분야의 오염물질 측정 분석 업무의 전문성 향상을 위해 2009년부터 실시되었으며, 측정분석 분야 최고의 국가자격증으로 자리 매김을 하고 있다.

환경측정분석의 결과가 환경정책 수립 및 사업장에 대한 행정처분의 근거자료로 사용되는 등 그 중요 성이 날로 높아지고 있으며, 이에 따라 자격검정제도를 통한 숙련된 분석능력을 갖춘 인력배출의 필요성 도 증대되고 있다. 또한, 「환경분야 시험·검사 등에 관한 법률」 시행규칙에서 정도관리 시험·검사기관 의 경우 시험·검사성적서와 기록부에 서명해야 하는 자를 정해야 한다고 규정하고 있고, 환경측정분석사 의무고용제 대상인 시험·검사기관은 해당 분야 환경측정분석사를 반드시 채용할 것을 법으로 정하여, 앞으로 이 자격증의 활용가치는 점차 증가될 것이다.

이 책은 환경측정분석사(대기분야)를 준비하는 수험생들이 이 책 한권으로 필기시험에서 실기시험까지 자격증을 위한 모든 준비를 할 수 있도록 구성하였으며, 그 세부적인 특징은 다음과 같다.

1. 필기 출제과목에 대한 과목별 Key Point를 정리하였다.
2. 필기 출제과목별로 2009년부터 최근까지 출제된 객관식 기출문제를 정리하여 해설하였다.
3. 2017~2024년에 시행된 제9회~제18회 시험을 별도로 수록하여 해설하였다.
4. 작업형 실기시험 문제를 출제과목별로 구분하여 정리하고, 모범답안을 수록하였다.
5. 구술형 실기시험에서 출제되었던 질문을 복원하고 모범답안을 작성하였다.

실기시험 중 작업형 시험은 수험생이 직접 실험에 참여하여 주어진 시험항목에 따라 결과값을 산출해야 한다. 이 책에서는 기본적인 자료만을 제공할 수 밖에 없는 아쉬움이 있지만, 출제과목별로 일목요연하게 정리된 작업형 시험의 자료가 실기시험을 준비하는 데 많은 도움이 될 것이라 생각한다.

이 수험서가 환경측정분석사를 준비하는 모든 분들에게 좋은 정보를 제공하는 길잡이 역할을 하리라고 확신하며, 앞으로 더욱 정진하여 신뢰받는 책이 될 것을 약속드린다.

저자 일동

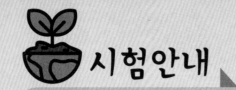시험안내

1. 환경측정분석사 검정 정보

① 자격시험의 개요

환경측정분석사 검정제도는 「환경분야 시험·검사 등에 관한 법률」 제19조 및 「환경시험·검사 발전 기본계획」 등에 따라 환경측정분석 분야의 전문인력을 양성하는 것을 목적으로 한다.

이는 측정분석 결과가 환경정책 수립 및 사업장에 대한 행정처분의 근거자료로 사용되는 등 그 중요성이 날로 증대되고 있어 자격검정제도를 통한 숙련된 분석능력을 갖춘 인력의 배출이 필요하기 때문이다.

② 검정 분야 및 방법

(1) 검정분야

① 대기환경측정분석 분야
② 수질환경측정분석 분야

(2) 분야별 시험과목 ☑ [대기환경측정분석] 분야의 시험과목은 뒤에서 더 자세히 다루고 있습니다.

검정분야	검정방법	시험과목
대기환경 측정분석	필기	대기분야 환경오염공정시험기준(대기오염, 실내공기질, 악취), 정도관리
	실기	유기물질 분석, 일반항목 분석, 중금속 분석
수질환경 측정분석	필기	수질분야 환경오염공정시험기준(수질, 먹는물), 정도관리
	실기	유기물질 분석, 일반항목 분석, 중금속 분석

(3) 검정방법

① 1차 필기시험 : 객관식
② 2차 실기시험 : 작업형·구술형

(4) 합격자 결정방법

① 1차 필기시험 : 과목별 40점 이상, 전 과목 평균 60점 이상(100점 기준)
② 2차 실기시험 : 과목별 60점 이상(100점 기준)
③ 증빙서류 심사 결과 응시자격요건을 충족하면서 결격사유에 해당하지 않는 자

③ 응시자격 및 결격사유

(1) 응시자격

해당 실기시험 합격예정자 발표일 기준으로 아래 각 호의 1에 해당하는 자

① 해당 자격종목 분야 기사 또는 화학분석기사의 자격을 취득한 사람

② 해당 자격종목 분야 산업기사의 자격을 취득한 후 환경측정분석 분야에서 1년 이상 실무에 종사한 사람

③ 환경기능사 및 화학분석기능사의 자격을 취득한 후 환경측정분석 분야에서 3년 이상 실무에 종사한 사람

④ 환경분야(대기, 수질, 토양, 폐기물, 먹는물, 실내공기질, 악취 또는 유해화학물질 분야)의 석사 이상의 학위를 소지한 자

⑤ 「고등교육법」 제2조 각 호의 학교(같은 조 제4호의 전문대학은 제외)를 졸업한 사람(법령에서 이와 같은 수준 이상의 학력이 있다고 인정한 사람을 포함)이 졸업 후 환경측정분석 분야에서 1년 이상 실무에 종사한 경우

⑥ 다음 각 목에 해당하는 사람이 졸업(나목의 경우에는 전 과정의 2분의 1 이상을 마친 경우) 후 환경측정분석 분야에서 3년(「고등교육법」 제48조제1항에 따른 수업연한이 3년인 전문대학을 졸업한 사람의 경우에는 2년) 이상 실무에 종사한 경우

    가. 「고등교육법」 제2조제4호의 전문대학을 졸업한 사람(법령에서 이와 같은 수준 이상의 학력이 있다고 인정한 사람을 포함)

    나. 「고등교육법」 제2조 각 호의 학교(같은 조 제4호의 전문대학은 제외)에 입학하여 졸업을 하지는 않았으나 전 과정의 2분의 1 이상을 마친 사람

⑦ 「초·중등교육법」 제2조제3호의 고등학교 또는 고등기술학교를 졸업한 사람(법령에서 이와 같은 수준 이상의 학력이 있다고 인정한 사람을 포함)이 졸업 후 환경측정분석 분야에서 5년 이상 실무에 종사한 경우

※ 해당 자격종목 분야
    - 대기분야 : 대기환경 기사·산업기사·기능사, 산업위생관리 기사·산업기사
    - 수질분야 : 수질환경 기사·산업기사·기능사

(2) 결격사유

해당 실기시험 합격예정자 발표일 기준 아래 각 호의 어느 하나에 해당하는 사람

① 피성년후견인 또는 피한정후견인

②「환경분야 시험·검사 등에 관한 법률」,「대기환경보전법」,「물환경보전법」,「소음·진동
관리법」,「실내공기질관리법」 또는 「악취방지법」을 위반하여 징역의 형을 선고받고 그 집
행이 종료(집행이 종료된 것으로 보는 경우를 포함한다)되거나 집행이 면제된 날부터 2년
이 지나지 아니한 사람

③ ②의 규정에 따른 법을 위반하여 형의 집행유예를 선고받고 그 유예기간 중에 있는 사람

④ 환경측정분석사의 자격이 취소된 후 3년이 지나지 아니한 사람

※ 응시자격 및 결격사유는 사전에 응시자 본인이 확인하여야 함

④ 응시원서 접수

(1) 접수방법

① 환경측정분석사 홈페이지 접수(인터넷 접수만 가능)

② 원서 접수 시 사진은 최근 6개월 내에 촬영한 탈모 상반신 사진파일(JPG)이어야 하며,
규격(3.5cm×4.5cm)에 맞추어 업로드

(2) 응시 수수료 및 환불

① 수수료 : 〈필기시험〉 33,000원 / 〈실기시험〉 150,000원

※ 신용카드, 실시간 계좌이체 가능

② 환불 : 원서 접수기간 내 취소하면 100% 환불, 원서 접수 마감일 다음 날로부터 시험 시행일
5일 전까지 취소하면 50% 환불

※ 환불 신청은 인터넷으로만 가능

(3) 응시표 교부

원서접수 후 환경측정분석사 홈페이지에서 출력

(4) 증빙서류 제출

① 실기시험 합격예정자를 대상으로 하며, 합격예정자 발표일 이후 제출

② 실기시험 합격예정자는 「응시자격 서류심사 접수신청서」를 작성하여 응시자격 증빙서류와 함께 등기우편 또는 방문하여 제출하여야 함

③ **증빙서류** : 학력증명서 원본, 경력증명서 원본, 관련 자격증 사본 등 응시자격 요건을 충족하는 서류 제출

※ 우편 접수 시 제출 마감일까지의 소인분에 한함

※ 제출서류, 홈페이지 개인정보 등에 허위작성 · 위조 · 오기 · 누락 및 연락처 미기입으로 인해 발생하는 불이익은 응시자 본인의 책임이며, 접수된 서류는 반환하지 않음

⑤ 자격증 발급 및 교부

① 실기시험 합격자는 환경측정분석사 홈페이지를 통해 자격증 발급 신청

※ 수수료 : 4,800원

② 국립환경인재개발원은 실기시험 합격자의 응시자격 서류심사 및 결격사유 조회 후 교부조건이 충족된 자에게 환경측정분석사 자격증을 교부

⑥ 응시자 유의사항

(1) 필기시험 유의사항

① 응시자는 시험 전날까지 시험장 위치 및 교통편을 확인하여 시험 당일 시험시작 40분 전(9시 20분/13시 20분)까지 신분증(주민등록증, 유효기간 내 여권, 운전면허증, 모바일신분증만 허용), 응시표, 계산기를 소지하고 해당 고사장에 입실할 것. 신분증 미지참 시 시험에 응시할 수 없으며, 당해 시험은 무효 처리됨

※ 시험시작 10분 전(9시 50분/13시 50분)부터는 고사장 입실 불가

② 지정된 고사장 이외에서는 응시할 수 없음

③ 부정행위를 하거나 CBT 시험 답안 제출 등의 시험요령을 준수하지 않아 무효 처리가 되지 않도록 주의할 것

④ 시험 당일 시험장에는 주차공간이 협소하므로 대중교통을 이용하고, 교통 혼잡이 예상되므로 미리 입실할 것

(2) 실기시험(작업형) 유의사항

① 응시자는 시험 당일 8시 10분까지 신분증(주민등록증, 유효기간 내 여권, 운전면허증, 모바일신분증만 허용), 응시표, 흑색 필기구, 계산기를 소지하고 응시자 교육장에 입실할 것. 신분증 미지참 시 시험에 응시할 수 없으며, 당해 시험은 무효 처리됨

② 실기시험 실험보고서 답안지에는 통상적인 농도와 굵기의 흑색 볼펜(사인펜, 연필류 등은 사용 불가)을 사용하되, 동일 답안지에는 색상, 굵기 등이 동일한 필기구만을 계속하여 사용하여야 함

   ※ 지나치게 굵기가 가는 펜이나 농도가 흐린 펜 등의 사용으로 채점 시 불이익을 받지 않도록 필기구 종류와 색상 등의 선택에 주의할 것

③ 시약 및 초자는 국립환경인재개발원에서 개인별 또는 공용으로 제공하는 것만을 사용하여야 하며, 추가로 요구할 경우 지급은 가능하나 작업태도평가 시 감점될 수 있음

④ 응시자의 고의 또는 명백한 부주의로 기기가 훼손될 경우 그 책임은 응시자에게 있음

⑤ 기체 크로마토그래프 장비의 경우 공정시험기준에 명시된 분석조건을 시험 당일 국립환경인재개발원에서 제공함

⑥ 해당 분석항목에 대한 공정시험기준, 실험복, 분석기기작동법(매뉴얼)은 시험 당일 국립환경인재개발원에서 제공함

(3) 실기시험(구술형) 유의사항

① 응시자는 시험 당일 신분증(주민등록증, 유효기간 내 여권, 운전면허증, 모바일신분증만 허용)과 응시표를 소지하고 응시자 교육장에 입실(개인별 입실시간은 추후 환경측정분석사 홈페이지 공지사항에 공지)할 것. 신분증 미지참 시 시험에 응시할 수 없으며, 당해 시험은 무효 처리됨

② 시험시간의 1/2 이상이 경과한 이후부터 퇴실 가능

③ 시험 종료 후 감독관의 답안카드(답안지) 제출 지시에 불응한 채 계속해서 답안카드(답안지)를 작성할 경우 부정행위자로 간주되어 당해 시험은 무효 처리될 수 있음

(4) 공통(필기·실기) 유의사항

① 응시원서 또는 제출서류 등에 허위작성, 위조, 오기, 누락 및 연락처 미기입으로 인해 발생하는 불이익은 응시자 본인의 책임임

② 전자계산기(공학용, 지정된 허용군 기종에 한하여 사용 가능하며 세부사항은 환경측정분석사 홈페이지에서 확인 가능)는 지참하되, 시험 시작 전 반드시 감독관의 확인하에 초기화(리셋) 이후에 사용하여야 하며, 이 사항을 위반하면 부정행위자로 처리될 수 있음

③ 응시자는 시험시간 중에 필기도구 및 계산기를 남에게 빌리거나 빌려주지 못하며, 통신기기 및 전자기기(PDA, PMP, 휴대용 컴퓨터, 휴대용 카세트, 디지털카메라, MP3, 휴대용 게임기, 전자사전, 카메라 펜, 시각표시 외의 기능이 부착된 시계 등)를 가지고 있거나 사용할 수 없음. 만약 시험 중 휴대폰 등 통신기기 및 전산기기를 지니고 있다가 적발되면 실제 사용 여부와 관계없이 부정행위자로 처리될 수 있음

④ 응시자 유의사항을 준수하지 않을 경우 불이익을 받을 수 있으며, 거짓이나 그 밖의 부정한 방법으로 환경측정분석사 자격을 취득한 경우에는 「환경분야 시험·검사 등에 관한 법률」 제20조에 따라 그 자격이 취소됨

(5) 기타 사항

① 해당 검정 분야의 응시자격 요건을 충족하지 못한 자와 결격사유에 해당하는 자는 시험에 합격하더라도 당해 시험이 무효 처리됨

② 시험범위에 해당하는 환경오염공정시험기준과 정도관리 관련 규정은 시행계획 공고일 현재 시행 중인 규정을 적용함

③ 실기 시험장 관련 교통 안내는 환경측정분석사 홈페이지를 참고할 것

④ 필기시험 합격자는 당해 필기시험 합격자 발표일로부터 2년 동안(2년 이내에 검정이 시행되지 않을 경우에는 다음에 이어지는 1회로 한정) 필기시험을 면제받을 수 있음

⑤ 정도관리 현장평가에 평가위원으로 20회 이상 참여한 자는 필기시험 과목 중 정도관리 과목을 면제받을 수 있음

⑥ 필기시험 합격 후 최초로 실시되는 실기시험에서 60점 이상을 득점한 과목에 대해서는 그 이후 최초로 실시되는 실기시험에 한정하여 해당 과목을 면제받을 수 있음

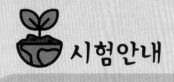

2. [대기환경측정분석] 분야 시험안내

① 필기

(1) 시험과목 및 시험방법, 시험시간

시험과목	시험방법(객관식)	시험시간
정도관리	100점(40문항)	
대기오염 공정시험기준	100점(20문항)	14 : 00 ～ 16 : 30 (150분)
실내공기질 공정시험기준	100점(20문항)	
악취 공정시험기준	100점(20문항)	

[비고 1] 모든 문항은 객관식(4지선다형)으로 출제되며, 시험방식은 컴퓨터 기반 시험(CBT)으로 시행
[비고 2] 시험장소의 여건에 따라 시험 시작시간은 변경될 수 있으며, 휴식시간 없이 검정분야별 통합 시행

(2) 시험범위

구분	시험범위
정도관리	QA/QC와 관련된 모든 사항 – 정도관리 일반 – 시료 채취 및 관리 – 실험실 운영관리 및 안전 – 결과 보고 – 정도관리 관련 규정 등
공정시험기준	– 대기오염 공정시험기준 – 실내공기질 공정시험기준 – 악취 공정시험기준 – 환경 및 화학분석 이론 등

[비고 1] 참고문헌 : 환경분야 시험 · 검사 등에 관한 법률, 공정시험기준, 환경시험 · 검사기관 정도관리 운영에 관한 규정, KOLAS 규정, 환경실험실 운영관리 및 안전, 환경시험 · 검사 QA/QC 핸드북, 일반화학, 분석화학, 환경학, 환경공학, 기기분석 등
[비고 2] 시험범위에 해당하는 참고문헌 및 관련 규정은 시행계획 공고일 현재 시행 중인 규정을 적용

② 실기

(1) 시험과목 및 시험방법, 시험시간

시험과목	시험방법				시험시간	
	소계	작업형		구술형	작업형 (2일)	구술형 (1일)
		실험보고서	숙련도평가			
유기물질 분석	100점	60점	10점	30점	1일차 (8시간)	40분 이내
일반항목 분석	100점	60점	10점	30점	2일차 (8시간)	
중금속 분석	100점	60점	10점	30점		

[비고 1] 작업형 시험 중 작업태도(기기훼손, 정리정돈, 안전수칙 준수여부 등)를 평가하여 과목별 총점에서 최대 10점까지 감점할 수 있음
[비고 2] 작업형 평가는 2일간 시행
[비고 3] 구술형 평가는 작업형 평가와 별도로 시행하며, 3과목을 40분 이내로 진행

(2) 시험방법 및 세부사항

① **작업형** : 미지시료의 농도를 분석장비(일반항목 분석은 UV-VIS, 중금속 분석은 AAS, 유기물질 분석은 GC)를 이용하여 분석하고, 실험절차 및 측정결과값 등에 대해 기술

※ 숙련도평가 : 작업형 시험 시 측정분석 숙련정도를 평가

② **구술형** : 시료채취, 시료분석, 정도관리 등 환경측정분석 전반의 능력을 평가하기 위한 질의·응답식으로 진행

※ 시험범위는 필기시험 시험범위와 동일

환경측정분석사의 시험일정 및 응시에 대한 자세한 사항은 국립환경인재개발원(qtest.me.go.kr)에서 제공하고 있습니다. 해당 홈페이지에서 공개하는 시험 관련 안내를 반드시 확인하실 것을 당부드립니다.

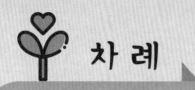

차 례

< Ⅱ. 실기 >

Part 01 작업형 실기시험 문제와 해설

Part 02 구술형 출제문제와 모범답안

일러두기

이 책에 기재된 화학물질명은 대한화학회 제정 '원소와 화합물 이름'과 환경부 환경정책실에서 발행한 '환경용어집'에 게재된 것에 따르고, 각종 단위와 수치 표기법은 국립환경과학원에서 발행한 '환경 시험·검사 QA/QC 핸드북(제2판, 2011년)' 시험·검사 결과의 기록방법에 따랐습니다. 다음의 상세 내용을 참고하시기 바랍니다.

- **결과값의 수치와 단위는 한 칸 띄어 쓴다.**

  예 3g (×) ➔ 3 g (○) / 12m (×) ➔ 12 m (○)

- **℃와 %도 단위이므로 수치와 한 칸 띄어 쓴다.**

  예 20℃ (×) ➔ 20 ℃ (○) / 100% (×) ➔ 100 % (○)

- **약어를 단위로 사용하지 않으며, 복수인 경우에도 바뀌지 않는다(단, 구두법상 문장의 끝에 오는 마침표는 예외).**

  예 초 : sec (×) ➔ s (○) / 시간 : hr (×) ➔ h (○), 5 hr ➔ 5 h (○)

- **접두어기호와 단위기호는 붙여 쓰며, 접두어기호는 소문자로 쓴다.**

  예 밀리미터 : mL / 센티미터 : cm / 킬로미터 : km

  단, Y(요타, 10^{24}), Z(제타, 10^{21}), E(엑사, 10^{18}), P(페타, 10^{15}), T(테라, 10^{12}), G(기가, 10^{9}), M(메가, 10^{6})는 대문자로 쓴다.

- **범위로 표현되는 수치에는 단위를 각각 붙인다.**

  예 10~20% (×) ➔ 10 % ~ 20 % (○) 또는 (10~20) % (○)/ 20±2℃ (×) ➔ 20 ℃ ± 2 ℃ 또는 (20±2) ℃ (○)

- **부피를 나타내는 단위인 리터(liter)는 "L" 또는 "l"로 쓴다.**

  ※ 환경분야에서는 숫자 "1"과의 혼돈을 피하기 위해 "l"보다는 "L"로 표기하는 것을 권장한다.

- **ppm, ppb, ppt 등은 특정 국가에서 사용하는 약어이므로 정확한 단위로 표현하거나 백만 분율, 십억 분율, 일조 분율 등의 수치로 표현해야 한다.**

  예 5 ppb (×) ➔ 5 μg/kg (○) 또는 5×10^{-9} (○) / 2 ppt (×) ➔ 2 ng/kg (○) 또는 2×10^{-12} (○)

- **양의 기호는 이탤릭체(기울임체)로 작성한다.**

  예 면적 A (×) ➔ A (○) / 시간 t (×) ➔ t (○) / 온도 T (×) ➔ T (○)

- **수는 아라비아숫자로서 작성하며, 보통 두께의 직립체로 쓸 것을 권장한다.**

  예 *3.01*, **3.01**, 3.01, **3.01** ➔ 3.01 (권장)

- **수에서 천 단위의 구분은 소수점을 중심으로 세 자리마다 빈칸을 넣어 구분한다.**

  예 76,438,522 ➔ 76 438 522 (○), 43,279.136,21 ➔ 43 279.136 21 (○)

  ※ 단, 소수점 앞 또는 소수점 아래 숫자가 네 자리일 때는 붙여 쓸 수 있다.

  1 234.5 (○), 1234.5 (○), 0.123 4 (○), 0.1234 (○)

이 표기법은 환경 시험·검사 결과의 기록방법을 하는 경우로 위와 같이 쓰는 것이 타당하지만, 실제 국립환경인재개발원에서 실시하는 필기시험 문제에서도 정도관리 규정에 입각하여 문제 중 단위를 적합하지 않게 작성한 부분도 상당 부분 있습니다. 따라서, 이 책에서도 통상적으로 써온 방식으로 작성한 부분이 있음을 양해 부탁드립니다.

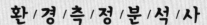

환/경/측/정/분/석/사

I. 필기

PART 01

대기오염
공정시험기준

환경측정분석사 필기

CHAPTER

01

대기오염 공정시험기준

Key point

---

1 농도 표시

① 중량백분율로 표시할 때는 (질량분율 %)의 기호를 사용한다.

② 액체 1 000 mL 중의 성분질량(g) 또는 기체 1 000 mL 중의 성분질량(g)을 표시할 때는 g/L 의 기호를 사용한다.

③ 액체 100 mL 중의 성분용량(mL) 또는 기체 100 mL 중의 성분용량(mL)을 표시할 때는 (부피분율 %)의 기호를 사용한다.

④ 백만 분율(Parts Per Million)을 표시할 때는 ppm의 기호를 사용하며 따로 표시가 없는 한 기체일 때는 용량 대 용량(부피분율), 액체일 때는 중량 대 중량(질량분율)을 표시한 것을 뜻한다.

⑤ 1억 분율(Parts Per Hundred Million)은 pphm, 10억 분율(Parts Per Billion)은 ppb로 표시하고 따로 표시가 없는 한 기체일 때는 용량 대 용량(부피분율), 액체일 때는 중량 대 중량(질량분율)을 표시한 것을 뜻한다.

⑥ 기체 중의 농도를 mg/m^3로 표시했을 때 m^3은 표준상태(0 ℃, 760 mmHg)의 기체용적을 뜻하고 Sm^3로 표시한 것과 같다. 그리고 am^3로 표시한 것은 실측상태(온도, 압력)의 기체 용적을 뜻한다.

2 온도 표시

① 온도의 표시는 셀시우스(Celcius)법에 따라 아라비아 숫자의 오른쪽에 ℃를 붙인다. 절대 온도는 K로 표시하고, 절대온도 0 K는 −273 ℃로 한다.

② 표준온도는 0 ℃, 상온은 15 ℃ ~ 25 ℃, 실온은 1 ℃ ~ 35 ℃로 하고, 찬 곳(冷所)은 따로 규정이 없는 한 0 ℃ ~ 15 ℃의 곳을 뜻한다.

③ 냉수(冷水)는 15 ℃ 이하, 온수(溫水)는 60 ℃ ~ 70 ℃, 열수(熱水)는 약 100 ℃를 말한다.

④ "수욕상(水浴上) 또는 수욕 중에서 가열한다"라 함은 따로 규정이 없는 한 수온 100 ℃에서 가열함을 뜻하고, 약 100 ℃ 부근의 증기욕(蒸氣浴)을 대응할 수 있다.

⑤ "냉후"(식힌 후)라 표시되어 있을 때는 보온 또는 가열 후 실온까지 냉각된 상태를 뜻한다.

3 물, 액의 농도

시험에 사용하는 물은 따로 규정이 없는 한 정제수 또는 이온교환수지로 정제한 탈염수(脫鹽水)를 사용한다.

① 단순히 용액이라 기재하고, 그 용액의 이름을 밝히지 않은 것은 수용액을 뜻한다.

② 혼액(1 + 2), (1 + 5), (1 + 5 + 10) 등으로 표시한 것은 액체상의 성분을 각각 1용량 대 2용량, 1용량 대 5용량 또는 1용량 대 5용량 대 10용량의 비율로 혼합한 것을 뜻하며, (1 : 2), (1 : 5), (1 : 5 : 10) 등으로 표시할 수도 있다.

> 예 황산(1+2) 또는 황산(1:2)라 표시한 것은 황산 1용량에 정제수 2용량을 혼합한 것이다.

③ 액의 농도를 (1 → 2), (1 → 5) 등으로 표시한 것은 그 용질의 성분이 고체일 때는 1 g을, 액체일 때는 1 mL를 용매에 녹여 전량을 각각 2 mL 또는 5 mL로 하는 비율을 뜻한다.

4 시약, 시액, 표준물질

① 시험에 사용하는 시약은 따로 규정이 없는 한 특급 또는 1급 이상 또는 이와 동등한 규격의 것을 사용하여야 한다.

② 시험에 사용하는 표준품은 원칙적으로 특급 시약을 사용하며, 표준액을 조제하기 위한 표준용 시약은 따로 규정이 없는 한 데시케이터에 보존된 것을 사용한다.

③ 표준품을 채취할 때 표준액이 정수(整數)로 기재되어 있어도 실험자가 환산하여 기재수치에 "약"자를 붙여 사용할 수 있다.

④ "약"이란 그 무게 또는 부피에 대하여 ±10 % 이상의 차가 있어서는 안 된다.

5 방울수(滴數), 용기(容器)

① "방울수"라 함은 20 ℃에서 정제수 20방울을 떨어뜨릴 때 그 부피가 약 1 mL 되는 것을 뜻한다.

② "용기"라 함은 시험용액 또는 시험에 관계된 물질을 보존, 운반 또는 조작하기 위하여 넣어두는 것으로 시험에 지장을 주지 않도록 깨끗한 것을 뜻한다.

③ "밀폐용기(密閉容器)"라 함은 물질을 취급 또는 보관하는 동안에 이물(異物)이 들어가거나 내용물이 손실되지 않도록 보호하는 용기를 뜻한다.

④ "기밀용기(機密容器)"라 함은 물질을 취급 또는 보관하는 동안에 외부로부터의 공기 또는 다른 가스가 침입하지 않도록 내용물을 보호하는 용기를 뜻한다.

⑤ "밀봉용기(密封容器)"라 함은 물질을 취급 또는 보관하는 동안에 기체 또는 미생물이 침입하지 않도록 내용물을 보호하는 용기를 뜻한다.

⑥ "차광용기(遮光容器)"라 함은 광선을 투과하지 않은 용기 또는 투과하지 않게 포장을 한 용기로서 취급 또는 보관하는 동안에 내용물의 광화학적 변화를 방지할 수 있는 용기를 뜻한다.

6 분석용 저울 및 분동(天秤·分銅)

이 시험에서 사용하는 분석용 저울은 적어도 0.1 mg까지 달 수 있는 것이어야 하며 분석용 저울 및 분동은 국가검정을 필한 것을 사용하여야 한다.

① "정확히 단다"라 함은 규정한 양의 검체를 취하여 분석용 저울로 0.1 mg까지 다는 것을 뜻한다.

② 액체 성분의 양을 "정확히 취한다"라 함은 홀피펫, 부피플라스크 또는 이와 동등 이상의 정도를 갖는 용량계를 사용하여 조작하는 것을 뜻한다.

③ "항량이 될 때까지 건조한다(또는 강열한다)"라 함은 따로 규정이 없는 한 보통의 건조방법으로 1시간 더 건조 또는 강열할 때 전후 무게의 차가 매 g당 0.3 mg 이하일 때를 뜻한다.

④ "감압 또는 진공"이리 함은 따로 규정이 없는 한 15 mmHg 이하를 뜻한다.

Point 2 기기 분석

1 기체 크로마토그래피(Gas Chromatography)

(1) 원리

기체 시료 또는 기화(氣化)한 액체나 고체 시료를 운반가스(carrier gas)에 의하여 분리한 후 관 내에 전개시켜 기체상태에서 분리되는 각 성분을 크로마토그래피적으로 분석하는 방법이다.

(2) 장치의 구성

① 가열오븐

ㄱ 분리관 오븐 : 내부 용적이 분석에 필요한 길이의 분리관을 수용할 수 있는 크기이어야 하며, 임의의 일정 온도를 유지할 수 있는 가열기구, 온도조절기구, 온도측정기구 등으로 구성된다. 온도 조절 정밀도는 ±0.5 ℃의 범위 이내, 전원 전압 변동 10 %에 대하여 온도 변화 ±0.5 ℃ 이내(오븐의 온도가 150 ℃ 부근일 때)이어야 한다.

ㄴ 검출기 오븐 : 검출기를 한 개 또는 여러 개 수용할 수 있고 분리관 오븐과 동일하거나 그 이상의 온도를 유지할 수 있는 가열기구, 온도조절기구 및 온도측정기구를 갖추어야 한다.

② 분리관(colume) 충전물질

고정상 액체(stationary liquid)는 가능한 한 다음의 조건을 만족시키는 것을 선택한다.

ㄱ 분석대상 성분을 완전히 분리할 수 있을 것

ㄴ 사용 온도에서 증기압이 낮고, 점성이 적을 것

      © 화학적으로 안정된 것

      ② 화학적으로 성분이 일정할 것

  ③ 검출기(detector)의 종류와 분석대상 가스

검출기 종류	분석대상 가스	운반가스
열전도검출기(TCD)	벤젠	수소(H_2), 헬륨(He)
불꽃이온화 검출기(FID)	벤젠, 페놀, 탄화수소	질소(N_2), 헬륨(He)
불꽃광도검출기(FPD)	이황화탄소(CS_2)	질소(N_2), 헬륨(He)
전자포획형 검출기(ECD)	할로겐화합물, 벤조피렌	헬륨(He)

(3) 설치조건

① 설치장소는 진동이 없고 분석에 사용하는 유해물질을 안전하게 처리할 수 있으며 부식가스나 분진이 적고 실온 5 ℃ ~ 35 ℃, 상대습도 85 % 이하로서 직사일광이 쪼이지 않는 곳으로 한다.

② 전기 관계

      ③ 전원 : 공급전원은 지정된 전력용량 및 주파수이어야 하고, 전원변동은 지정전압의 10 % 이내로서 주파수의 변동이 없는 것이어야 한다.

      © 전자기 유도(電子氣誘導) : 대형 변압기, 고주파 가열로(高周波加熱爐)와 같은 것으로부터 전자기의 유도를 받지 않는 것이어야 한다.

(4) 정량법

① **절대검정곡선법** : 정량하려는 성분으로 된 순물질을 단계적으로 취하여 크로마토그램을 기록하고 봉우리 넓이 또는 봉우리 높이를 구한다. 이것으로부터 성분량을 횡축에, 봉우리 넓이 또는 봉우리 높이를 종축에 취하여 검정곡선을 작성한다.

    [참고] 일반적으로 여러 점을 취하여 검정곡선을 작성하여 정량을 하지만 기지량에 대한 1점만을 취하고 이 점과 원점을 이은 직선을 그려 검정곡선으로 하여 정량을 하는 수도 있다.

② **넓이 백분율법** : 크로마토그램으로부터 얻은 시료 각 성분의 봉우리 면적을 측정하고 그것들의 합을 100으로 하여 이에 대한 각각의 봉우리 넓이 비를 각 성분의 함유율로 한다.

③ **보정넓이 백분율법** : 도입한 시료의 전 성분이 용출되며 또한 용출 전 성분의 상대감도가 구해진 경우에 각 성분의 상대감도와 전체 봉우리 수로 정확한 함유율을 구할 수 있는 방법이다.

④ **상대검정곡선법** : 정량하려는 성분의 순물질 일정량에 내부표준물질의 일정량을 가한 혼합시료의 크로마토그램을 기록하여 봉우리 넓이를 측정함으로써 시료 중의 각 성분에 적용하면 시료의 조성을 구할 수가 있다.

⑤ **표준물첨가법** : 시료의 크로마토그램으로부터 피검성분 및 다른 임의의 성분의 봉우리 넓이를 구하여 시료 성분의 부피 또는 무게 함유율을 구할 수 있다.

2 이온 크로마토그래피(Ion Chromatography)

(1) 원리

이동상으로 액체 고정상으로 이온교환수지를 사용하여 이동상에 녹는 혼합물을 고분리능 고정상에 충전된 분리관 내로 통과시켜 시료 성분의 용출상태를 전도도 검출기 또는 광학 검출기로 검출하여 그 농도를 정량하는 방법이다.

(2) 장치의 구성

① **시료주입장치** : 일정량의 시료를 밸브 조작에 의해 분리관으로 주입하는 루프 주입방식이 일반적이며, 셉텀(septum) 방법, 셉텀레스(septumless) 방식 등이 사용되기도 한다.

② **분리관** : 이온교환체의 구조면에서는 표층 피복형, 표층 박막형, 전다공성 미립자형이 있으며, 기본 재질면에서는 폴리스타이렌계, 폴리아크릴레이트계 및 실리카계가 있다. 또 양이온교환체는 표면에 설포기를 보유한다.

③ **검출기**

　　㉠ 전기전도도 검출기 ⇨ 일반적으로 많이 사용

　　㉡ 자외선흡수검출기(UV 검출기)

　　㉢ 가시선흡수검출기(UIS 검출기)

　　㉣ 전기화학적 검출기 ⇨ 분석화학 분야에 널리 사용

④ **용리액조** : 이온 성분이 용출되지 않는 재질로써 용리액을 공기와 직접 접촉시키지 않는 밀폐된 것을 선택한다.

　　[참고] 일반적으로 폴리에틸렌이나 경질 유리제를 사용한다.

⑤ **송액펌프**

　　송액펌프는 일반적으로 다음 조건을 만족시키는 것을 사용하여야 한다.

　　㉠ 맥동이 적은 것

　　㉡ 필요한 압력을 얻을 수 있는 것

　　㉢ 유량조절이 가능할 것

　　㉣ 용리액 교환이 가능할 것

⑥ **서프레서** : 전해질을 물 또는 저전도도의 용매로 바꿔줌으로써 전기전도도 셀에서 목적이 온의 성분과 전도도만 고감도로 검출할 수 있게 해주는 것이다.

(3) 장비 설치장소

① 실험실 온도 $15\,^{\circ}\mathrm{C} \sim 25\,^{\circ}\mathrm{C}$, 상대습도 $30\,\% \sim 85\,\%$ 범위로 급격한 온도 변화가 없어야 한다.

② 진동이 없고, 직사광선을 피해야 한다.

③ 부식성 가스 및 먼지 발생이 적고 환기가 잘 되어야 한다.

④ 대형 변압기, 고주파 가열 등으로부터의 전자유도를 받지 않아야 한다.

⑤ 공급전원은 기기의 사양에 지정된 전압 전기용량 및 주파수로 전압변동은 $10\,\%$ 이하이고, 주파수 변동이 없어야 한다.

3 자외선/가시선 분광법(Ultraviolet-Visible Spectrometry)

(1) 원리 및 적용범위

이 시험방법은 시료물질이나 시료물질의 용액 또는 여기에 적당한 시약을 넣어 발색(發色)시킨 용액의 흡광도를 측정하여 시료 중의 목적성분을 정량하는 방법으로, 파장 200 nm ~ 1 200 nm에서의 액체의 흡광도를 측정함으로써 대기 중이나 굴뚝 배출가스 중의 오염물질 분석에 적용한다.

(2) 장치의 구성

광원부 — 파장선택부 — 시료부 — 측광부

① 광원부

광원부의 광원에는 텅스텐 램프, 중수소방전관(重水素放電管) 등을 사용한다.

㉠ 가시부와 근적외부의 광원 : 텅스텐 램프

㉡ 자외부의 광원 : 중수소방전관

② 파장선택부

파장의 선택에는 일반적으로 단색화 장치(monochrometer) 또는 필터(filter)를 사용한다.

㉠ 단색화 장치 : 프리즘, 회절격자 또는 이 두 가지를 조합시킨 것을 사용

㉡ 필터 : 색유리 필터, 젤라틴 필터, 간접 필터 등을 사용

③ 시료부

㉠ 유리 : 가시(可視) 및 근적외(近赤外)부 파장범위

㉡ 석영제 : 자외부 파장범위

㉢ 플라스틱제 : 근적외부 파장범위를 측정할 때 사용

④ 측광부

㉠ 자외부와 가시파장 : 광전관, 광전자증배관 사용

㉡ 근적외 파장 : 광전도 셀 사용

㉢ 가시파장 : 광전지 사용

4 원자흡수분광광도법(Atomic Absorption Spectrophotometry)

(1) 원리 및 적용범위

시료를 적당한 방법으로 해리(解離)시켜 중성원자로 증기화하여 생긴 기저상태(ground state or normal state)의 원자가 이 원자 증기층을 투과하는 특유 파장의 빛을 흡수하는 현상을 이용하여 광전측광(光電測光)과 같은 개개의 특유 파장에 대한 흡광도를 측정하여 시료 중의 원소(元素) 농도를 정량하는 방법, 대기 또는 배출가스 중의 유해 중금속 기타 원소의 분석에 적용한다.

(2) 장치의 구성

| 광원부 | 시료원자화부 | 단색화부 | 측광부 |

① 불꽃
　　㉠ 아세틸렌 - 공기
　　㉡ 아세틸렌 - 이산화질소
　　㉢ 수소 - 공기
　　㉣ 프로페인 - 공기
　　㉤ 석탄가스 - 공기
② 광원부 – 광원램프 ⇨ 속빈음극램프 사용
③ 검량곡선의 작성
　　㉠ 절대검량곡선법
　　㉡ 표준물첨가법
　　㉢ 상대검정곡선법

(3) 간섭

① 분광학적 간섭
　　㉠ 원인
　　　• 분석에 사용하는 스펙트럼선이 다른 인접선과 완전히 분리되지 않는 경우
　　　• 분석에 사용하는 스펙트럼의 불꽃 중에서 생성되는 목적원소의 원자증기 이외의 물질에 의하여 흡수되는 경우
　　㉡ 대책
　　　• 파장선택부의 분해능이 충분하지 않기 때문에 일어난다. 검량곡선의 직선 영역이 좁고 구부러져 있어 분석감도와 정밀도도 저하된다. 이때는 다른 분석선을 사용하여 재분석하는 것이 좋다.
　　　• 표준시료와 분석시료의 조성을 더욱 비슷하게 하며 간섭의 영향을 어느 정도까지 피할 수 있다.

② 물리적 간섭

　　㉠ 원인 : 시료용액의 점도가 높아지면 분무능률이 저하되며, 흡광의 강도가 저하된다.

　　㉡ 대책 : 표준시료와 분석시료와의 조성을 거의 같게 하여 피할 수 있다.

③ 화학적 간섭

　　㉠ 원인 : 불꽃 중에서 원자가 이온화하는 경우와 공존물질과 작용하여 해리하기 어려운
　　　　　화합물이 생성되어 흡광에 관계하는 기저상태(基底狀態)의 원자수가 감소하는 경우에
　　　　　일어난다.

　　㉡ 대책 : 이온 교환이나 용매 추출 등에 의한 방해물질의 제거, 과량의 간섭원소의 첨가,
　　　　　간섭을 피하는 양이온, 음이온 또는 은폐제, 킬레이트제 등을 첨가한다.

5 비분산 적외선 분석법(Nondispersive Infrared Analysis)

(1) 원리 및 적용범위

선택성 검출기를 이용하여 시료 중의 특정 성분에 의한 적외선의 흡수량 변화를 측정하여 시료 중에 들어있는 특정 성분의 농도를 구하는 방법이다. 대기 및 굴뚝 배출가스 중의 오염물질을 연속적으로 측정하는 비분산 정필터형 적외선 가스분석계에 대하여 적용한다.

(2) 장치의 구성

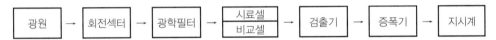

광원 → 회전섹터 → 광학필터 → 시료셀/비교셀 → 검출기 → 증폭기 → 지시계

(3) 조작방법

분석계의 설치장소는 다음과 같은 조건을 갖추어야 한다.

① 진동이 작은 곳

② 부식가스나 분진이 없는 곳

③ 습도가 높지 않고, 온도 변화가 적은 곳

④ 전원의 전압 및 주파수의 변동이 적은 곳

(4) 측정가스

① 측정 대상 가스 : CO, SO_2, NO_2 + NO, HCl, H_2O, CO_2 등

② 측정 불가능 가스 : O_2, H_2, N_2, Ar, He, 할로겐 등

Point 3 배출허용기준 시험방법

1 가스상물질 시료채취방법

(1) 시료채취장치

흡수병, 채취병 등을 쓰는 경우 시료채취장치의 구성은 다음과 같다.

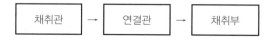

채취관 → 연결관 → 채취부

(2) 분석대상 가스의 종류별 채취관

① 채취관 설치요령

ㄱ 가스의 흐름에 직각으로 설치한다.

ㄴ 앞 끝의 모양은 직접 분진이 들어오기 어려운 구조로 한다.

ㄷ 배기온도가 높을 때 구부러짐을 막기 위한 적절한 조치가 필요하다.

ㄹ 채취관에 유리솜을 채워서 여과재로 쓰는 경우, 그 채우는 길이는 50 mm ~ 150 mm 정도이다.

② 바이패스용 세척병

ㄱ 분석물질이 산성일 때 : 수산화소듐용액(질량분율 20 %) 50 mL를 주입

ㄴ 분석물질이 알칼리성일 때 : 황산(질량분율 25 %) 50 mL를 주입

③ 흡수병 조립

ㄱ 흡수병은 1개 이상 준비하고 각각의 규정량의 흡수액을 넣는다.

ㄴ 흡수병 등의 접속에는 구면 갈아맞춤(직접 접속) 또는 실리콘 고무판 등을 쓴다.

④ 흡수병을 사용할 때 누출 확인 시험

새는 부분은 장치를 다시 조립해서 새는 곳이 없는지 다시 확인한다. 흡수병의 갈아맞춤 부분에 약간의 먼지가 붙어 있을 때에는 깨끗이 닦고, 갈아맞춤 부분을 물 1방울 ~ 2방울 로 적셔서 차폐한다. 공기가 새는 것을 막고 필요한 때는 실리콘 윤활유 등을 발라서 새는 것을 막는다.

2 입자상물질 시료채취방법

(1) 배출가스 중 입자상물질 시료채취방법

① 반자동식 시료채취 및 먼지 측정

　㉠ 굴뚝에서 배출되는 먼지 시료를 반자동식 채취기를 이용하여 배출가스의 유속과 같은 속도로 흡입(등속흡입)하여 일정한 온도로 유지되는 실리카 섬유제 여과지에 먼지를 포집하는 방법

　㉡ 먼지가 포집된 여과지를 110 ℃ ± 5 ℃에서 충분히 건조하여 부착 수분을 제거한 후 먼지의 질량농도를 계산

② 굴뚝 연속 자동 측정기기 - 먼지

　㉠ 광산란 적분법

　　• 배출가스에 빛을 조사하면 먼지로부터 산란광이 발생

　　• 산란광의 강도는 먼지의 성상, 크기, 상대 굴절률 등에 따라 변하지만, 이와 같은 조건이 동일하다면 먼지농도에 비례

　　• 굴뚝에서 미리 구한 먼지농도와 산란도의 상관식에 측정한 산란도를 대입하여 먼지 농도 산출

　㉡ 베타(β)선흡수법

　　• 시료가스를 등속흡입하여 자동 연속측정기 내부의 여과지 위에 먼지 시료를 채취

　　• 방사선 동위원소로부터 방출된 β선을 조사하고 먼지에 의해 흡수된 β선량을 구함

　　• β선 흡수량과 먼지농도 사이의 관계식에 시료채취 전후의 β선 흡수량의 차를 대입하여 먼지농도 산출

　㉢ 광투과법

　　• 먼지 입자들에 의한 빛의 반사, 흡수, 분산으로 인한 감쇄현상에 기초를 둠

　　• 먼지를 포함하는 굴뚝 배출가스에 일정한 광량을 투과하여 투과된 광의 강도 변화를 측정

(2) 굴뚝에서 먼지 측정위치 선정방법

① 원칙적으로 굴뚝의 굴곡 부분이나 단면 모양이 급격히 변하는 부분을 피하여 배출가스 흐름이 안정되고 측정작업이 쉽고 안전한 곳을 선정

② 수직굴뚝 하부 끝단으로부터 위를 향하여 굴뚝 내경의 8배 이상 되고, 상부 끝단으로부터 아래로 향하여 굴뚝 내경의 2배 이상 되는 지점에 선정

③ 상기 기준에 적합한 측정공 선정이 어렵거나 측정작업 불편, 측정자의 안정성이 문제될 때는 하부 내경의 2배 이상과 상부 내경의 1/2배 이상 되는 지점에 위치 선정

(3) 등속흡입

① **정의** : 굴뚝에서 입자상물질을 측정할 때 설비의 노즐(nozzle) 선단에서 흡입되는 가스의 속도와 측정점의 배출가스 유속을 동일하게 유지하면서 흡입하는 것

② **등속흡입을 행하여야 하는 이유**

ⓐ 정확한 오염물질 배출량 산정 : 흡입가스 유속과 배출가스 유속이 상이할 경우 반비례 관계로 농도가 변화하기 때문에 정확한 오염물질 배출량 산정이 곤란

ⓑ 등속흡입이 아닐 경우 : 다음의 현상을 방지하기 위하여 반드시 등속흡입이 되도록 등속흡입량으로 시료를 채취하여야 함

구 분	발생 현상
흡입속도 > 배출가스 유속	• 실제 가스량보다 많은 양의 가스가 유입 • 흡입유량이 많아 실제의 먼지농도보다 작아짐
흡입속도 < 배출가스 유속	• 실제 가스량보다 적은 양의 가스가 유입 • 흡입유량이 작아져 측정농도는 커짐

③ **계산식**

ⓐ 배출가스의 유속에 대한 상대오차 $-5\% \sim +10\%$ 이내

ⓑ 계산식에 의한 값이 $90\% \sim 110\%$ 범위 내에 들지 않으면 시료를 다시 채취

ⓒ 계산인자 : 노즐에서의 유량, 건조 배출가스로의 환산, 온도 및 압력 보정, 단위환산을 하여 계산

④ **등속흡입방법**

등속흡입 정도를 알기 위하여 다음 식에 의해 구한 값이 $90\% \sim 110\%$ 범위이어야 한다.

$$I(\%) = \frac{V_m}{q_m \times t} \times 100$$

여기서, I : 등속흡입계수(%)

V_m : 흡입기체량(습식 가스미터에서 읽은 값, L)

q_m : 가스미터에 있어서의 등속흡입 유량(L/분)

t : 기체 흡입시간(분)

(4) 배출가스 중의 수분량 측정

① **측정점** : 측정 단면에서 굴뚝 중심에 가까운 곳을 설정한다.

② **측정방법** : 시료채취장치 1형을 사용하는 측정방법, 시료채취장치 2형을 사용하는 측정방법, 자동측정법 및 계산에 의한 방법 등이 있다.

③ **측정장치 및 기구** : 흡습관법에 따른 수분량 측정장치는 흡입관, 흡수관, 가스흡입 및 유량 측정부 등으로 구성한다.

④ **수분량의 계산** : 배출가스 중의 수분량은 습한 가스 중의 수증기의 부피 백분율로 표시한다.

(5) 표준산소농도의 적용

① 표준산소농도

오염물질 농도 측정 시 연소가스 중의 산소 비율은 과잉공기 중의 산소량과 같기 때문에 과잉공기 중의 O_2, N_2는 그대로 연소가스 속으로 이행하므로 연소시설에서 배출가스의 농도를 희석하기 위해 별도의 공기 주입을 하는 경우가 있다. 그래서 이를 방지할 목적과 규제의 일관성을 위해 정해진 산소농도로 보정하는 표준산소농도가 도입되었다.

[참고] 농도 규제에서 배출가스를 공기로 희석시켜 허용기준 이하로 조정하는 것을 방지하는 것을 목적으로 한다.

② 오염물질 농도 및 유량 보정

㉠ 배출허용기준 중 표준산소농도를 적용받는 항목에 대하여 다음 식을 적용하여 오염물질의 농도 및 배출가스량을 보정한다.

㉡ 오염물질 농도 보정 : 배출가스를 공기로 희석시켜 배출시키는 것을 방지하기 위하여 오염물질의 농도를 희석시키기 전의 농도로 환산한다.

$$C = C_a \times \frac{21 - O_s}{21 - O_a}$$

여기서, C : 오염물질 농도(mg/Sm^3 또는 ppm)

C_a : 실측 오염물질 농도(mg/Sm^3 또는 ppm)

O_s : 표준산소농도(%)

O_a : 실측 산소농도(%)

㉢ 배출가스 유량 보정 : 배출가스 중의 오염물질의 양을 희석시켜 배출할 때의 배출가스 유량을 희석시키기 전의 배출가스 유량으로 환산한다.

$$Q = Q_a \div \frac{21 - O_s}{21 - O_a}$$

여기서, Q : 배출가스 유량(Sm^3/일)

Q_a : 실측 배출가스 유량(Sm^3/일)

O_s : 표준산소농도(%)

O_a : 실측 산소농도(%)

3 항목별 시험방법

(1) 먼지

① 먼지농도 표시는 표준상태(0 ℃, 760 mmHg)의 건조배출가스 1 Sm³ 중에 함유된 먼지의 질량농도로 표시한다.

② 수분량 계산

배출가스 중의 수분량은 습한 가스 중의 수증기의 부피 백분율로 표시한다.

③ 배출가스의 유속 측정

$$V = C \sqrt{\frac{2gh}{\gamma}}$$

여기서, V : 유속(m/초)

C : 피토관계수

h : 피토관에 의한 동압 측정치(mmH_2O)

g : 중력가속도(= 9.81m/초²)

γ : 굴뚝 내의 습한 배출가스 밀도(kg/m³)

(2) 비산먼지

[시료채취가 불가능한 경우]

① 대상 발생원의 조업이 중단되었을 때

② 비나 눈이 올 때

③ 바람이 거의 없을 때(풍속이 0.5 m/초 미만일 때)

④ 바람이 너무 강하게 불 때(풍속이 10 m/초 이상일 때)

(3) 암모니아

[인도페놀법]

분석용 시료용액에 페놀 – 나이트로프루시드소듐 용액과 하이포아염소산소듐 용액을 가하고 암모늄 이온과 반응하여 생성하는 인도페놀류의 흡광도를 측정하여 암모니아를 정량한다.

(4) 일산화탄소(CO)

[분석방법의 종류 및 개요]

① 비분산 적외선 분광 분석법 : 선택성 검출기를 이용하여 시료 중의 특정 성분에 의한 적외선 흡수량 변화를 측정하여 시료 중에 들어있는 특정 성분의 농도를 구하는 방법

② 전기화학식(정전위 전해법) : 현장에서 이동형 측정기를 사용하여 굴뚝 배출가스 중 일산화탄소를 자동 측정하는 방법

③ 기체 크로마토그래피 : 열전도도 검출기(TCD) 또는 메테인화 반응장치 및 불꽃이온화 검출기(FID)를 구비한 기체 크로마토그래프를 이용하여 절대검정곡선법에 의해 일산화탄소 농도를 구한다.

(5) 염화수소

[분석방법의 종류 및 개요]

① 이온 크로마토그래피 : 배출가스에 포함된 가스상의 염화수소를 흡수액(정제수)을 이용하여 채취한 후 IC로 농도를 산정하는 방법

② 자외선/가시선 분광법(싸이오사이안산제이수은) : 배출가스에 포함된 가스상의 염화수소를 흡수액(수산화소듐용액)을 이용하여 채취한 후 농도를 산정하는 방법

(6) 염소

[오르토톨리딘법]

오르토톨리딘을 함유하는 흡수액에 시료를 통과시켜 얻어지는 발색액의 흡광도를 측정하여 염소를 정량하는 방법이다. 이 방법은 시료 중의 염소농도가 0.2 ppm ~ 10 ppm인 것의 분석에 적당하다. 또 10 ppm을 넘는 것은 시료용액을 흡수액으로 적당히 묽게 하여 분석할 수 있다. 이 방법은 브로민, 아이오딘, 오존, 이산화질소 및 이산화염소 등의 산화성 가스나 황화수소, 이산화황 등의 환원성 가스의 영향을 무시할 수 있는 경우에 적당하다.

(7) 황산화물(SO_x)

[침전적정법(아르세나조 III법)]

시료를 과산화수소수에 흡수시켜 황산화물을 황산으로 만든 후 아이소프로필알코올과 아세트산을 가하고 아르세나조III을 지시약으로 하여 아세트산바륨 용액으로 적정한다.

① $N/100$ 아세트산바륨 용액으로 적정 청색이 1분간 지속 → 종말점

② 흡수액 : 과산화수소수

(8) 질소산화물

[아연환원 나프틸에틸렌다이아민법]

시료 중의 질소산화물을 오존 존재하에서 물에 흡수시켜 질산 이온으로 만들고 분말금속아연을 사용하여 아질산 이온으로 환원한 후 설파닐아미드(sulfanilic amide) 및 나프틸에틸렌다이아민(naphthyl ethylene diamine)을 반응시켜 얻어진 착색의 흡광도로부터 질소산화물을 정량하는 방법으로서 배출가스 중의 질소산화물($NO + NO_2$)을 분석하는 방법이다.

(9) 이황화탄소(CS_2)

[자외선/가시선 분광법]

다이에틸아민구리 용액에서 시료가스를 흡수시켜 생성된 다이싸이오카밤산구리의 흡광도 435 nm의 파장에서 측정하여 이황화탄소를 정량한다.

① 적용 : 시료가스 채취량 10 L인 경우 배출가스 중 이황화탄소 농도 4.0 ppm ~ 60.0 ppm의 분석에 적합, 이황화탄소의 방법검출한계는 1.3 ppm이다.

② 흡수액 : 다이에틸아민구리 용액 → 다이싸이오카밤산구리의 흡광도를 435 nm의 파장에서 측정

(10) 폼알데하이드

[크로모트로핀산(chromotropic acid)법]

폼알데하이드를 포함하고 있는 배출가스를 크로모트로핀산을 함유하는 흡수 발색액에 포집하고 가온하여 발색시켜 얻은 자색 발색액의 흡광도를 측정하여 폼알데하이드 농도를 구한다. 다른 폼알데하이드의 영향은 0.01 % 정도, 불포화알데하이드의 영향은 수 % 정도이다.

(11) 황화수소(H_2S)

[자외선/가시선 분광법(메틸렌블루법)]

배출가스 중의 황화수소를 아연아민착염 용액에 흡수시켜 p – 아미노다이메틸아닐린 용액과 염화철(Ⅲ) 용액을 가하여 생성되는 메틸렌블루의 흡광도를 파장 670 nm 측정하여 황화수소를 정량한다. 시료 중의 황화수소가 1.7 ppm ~ 140 ppm 함유되어 있는 경우의 분석에 적합하며 선택성이 좋고 예민하다. 또 황화수소의 농도가 140 ppm 이상인 것에 대하여는 분석용 시료용액을 흡수액으로 적당히 묽게 하여 분석에 사용할 수가 있다.

(12) 플루오린화합물

[자외선/가시선 분광법(란타넘–알리자린 컴플렉션법 ; Lanthanum alizarine complexion)]

시료 흡수액을 일정량으로 묽게 한 다음 완충액을 가하여 pH를 조절하고 란타넘과 알리자린 컴플렉션을 가하여 이때 생성되는 생성물의 흡광도를 분광광도계로 측정하는 방법이다. 흡수파장은 620 nm를 사용한다. 이외에는 적정법(질산토륨 – 네오트린법)이 있다.

(13) 사이안화수소(HCN)

[4 – 피리딘카복실산 – 피라졸론법]

① **적용** : 배출가스 중 염소 등의 산화성 가스 또는 알데하이드류, 황화수소, 이산화황 등의 환원성 가스가 공존하면 영향을 받으므로 그 영향을 무시하거나 제거할 수 있는 경우에 적용한다. 이 방법은 사이안화수소를 흡수액에 흡수시킨 다음 이것을 발색시켜서 얻은 발색액에 대하여 흡광도를 측정하여 사이안화수소를 정량한다.

② **발색** : 피리딘 피라졸론 용액을 가하여 발색

③ **흡수액** : 수산화소듐(4 g/L)

(14) 브로민화합물

[자외선/가시선 분광법(싸이오사이안산제이수은법)]

배출가스 중 브로민화합물을 수산화소듐 용액에 흡수시킨 후 일부를 분취해서 산성으로 하여 과망간산포타슘 용액을 사용하여 브로민으로 산화시켜 클로로폼으로 추출한다. 클로로폼층에 물과 황산제이철암모늄 용액 및 싸이오사이안산제이수은 용액을 가하여 발색한 정제수층의 흡광도를 측정해서 브로민을 정량하는 방법이다. 흡수 파장은 460 nm이며, 흡수액은 수산화소듐(4 g/L)이다. 이외에는 적정법(하이포아염소산염법)이 있다.

(15) 벤젠

[기체 크로마토그래프법]

흡착관을 이용한 방법, 시료채취 주머니를 이용한 방법을 시료채취방법으로 하고 열탈착 장치를 통하여 기체 크로마토그래피(gas chromatography, 이하 GC) 방법으로 분석한다. 배출가스 중에 존재하는 벤젠의 정량범위는 0.10 ppm ~ 2 500 ppm이며, 방법검출한계는 0.03 ppm이다.

(16) 페놀화합물

[기체 크로마토그래프법]

배출가스 중의 페놀류를 측정하는 방법으로서, 배출가스를 수산화소듐 용액에 흡수시켜 이 용액을 산성으로 한 후 아세트산에틸로 추출한 다음 기체 크로마토그래프로 정량하여 페놀류의 농도를 산출한다. 이외에는 자외선-가시선 분광법(4-아미노안티피린법)이 있다.

(17) 비소

① **자외선/가시선 분광법** : 시료용액 중의 비소를 수산화비소로 하여 발생시키고 이를 다이에 틸다이싸이오카밤산을 클로로폼 용액에 흡수시킨 다음 생성되는 적자색 용액의 흡광도를 510 nm에서 측정하여 비소를 정량한다.

② 유도결합플라스마 원자발광분광법(입자상 비소)

③ 흑연로 원자흡수분광광도법(입자상 비소)

④ 수소화물 생성 원자흡수분광광도법

(18) 카드뮴화합물

[원자흡수분광광도법]

카드뮴을 원자흡수분광광도법으로 정량하는 방법으로, 카드뮴의 속빈음극램프를 점등하여 안정화시킨 후, 228.8 nm의 파장에서 원자흡수분광광도법 통칙에 따라 조작을 하여 시료용액의 흡광도 또는 흡수 백분율을 측정하는 방법이다. 이외에는 유도결합플라스마 분광법이 있다.

(19) 매연

링겔만 매연 농도표를 이용하여 매연농도를 비교 측정하는 방법으로 측정위치의 선정은 될 수 있는 한 바람이 불지 않을 때 굴뚝 배경의 검은 장해물을 피해 연기의 흐름에 직각인 위치에 태양광선을 측면으로 받는 방향으로부터 농도표를 측정치의 앞 16 m에 놓고 200 m 이내(가능하면 연도에서 16 m)의 적당한 위치에 서서 굴뚝 배출구에서 30 cm ~ 45 cm 떨어진 곳의 농도를 측정자의 눈높이의 수직이 되게 관측 비교한다.

(20) 산소 측정방법

① 자동측정법 – 자기식(磁氣式, 자기풍, 자기력)

② 자동측정법 – 전기화학식(電氣化學式)

Point 4 환경기준 시험방법

1 환경대기 시료채취방법 및 주의사항

(1) 시료채취 장소의 결정

시료채취 장소 수의 결정은 대상 지역의 발생원 분포, 기상조건, 그리고 지리적·사회적 조건을 고려하여 결정하며, 대기오염공정시험기준에 고시한 방법은 인구비례에 의한 방법, 대상 지역의 오염 정도에 따라 공식을 이용하는 방법, TM 좌표에 의한 방법, 그리고 동심원법 등이 있다.

(2) 시료채취 위치 선정

① 주위에 건물이나 수목 등의 장애물이 없고, 그 지역의 오염도를 대표할 수 있는 지점

② 주위에 건물이나 수목 등의 장애물이 있을 경우 채취 위치로부터 장애물까지의 거리가 그 장애물 높이의 2배 이상, 채취점과 장애물 상단을 연결하는 직선이 수평선과 이루는 각도가 30° 이하가 되는 곳 선정

③ 주위에 건물 등이 밀집되거나 접근되어 있는 경우 건물 바깥벽으로부터 적어도 1.5 m 이상 떨어진 곳

④ 시료채취 높이는 그 부근의 평균 오염도를 나타낼 수 있는 곳으로 가능한 한 1.5 m ~ 30 m 범위로 한다.

(3) 시료채취의 주의사항

① 시료채취 시 측정하려는 가스 및 입자의 손실이 없을 것

② 바람, 눈, 비로부터 보호하기 위하여 측정기기는 실내에 설치하고 채취구는 밖으로 연결할 경우 채취관의 벽과의 반응, 흡착, 흡수 등에 의한 영향을 최소화할 수 있도록 재질과 방법을 선택

③ 채취관을 장기간 사용하여 관 내의 분진이 퇴적하거나 퇴적한 분진이 가스와 반응 또는 흡착하는 것을 방지하기 위하여 채취관은 항상 깨끗이 보존

④ 미리 측정하고자 하는 성분 이외의 성분에 대한 물리·화학적 성질을 조사하여 방해 성분의 영향이 적은 방법을 선택

⑤ 시료채취시간은 오염물질의 영향을 고려하여 선택(악취물질은 짧게, 금속과 발암성 물질은 길게)

⑥ 환경기준이 설정된 물질의 채취시간은 법에 정해져 있는 시간을 기준

⑦ 시료채취 유량은 각 항, 각 규정에서 규정하는 범위 내에서 되도록 많이 채취하는 것을 원칙

⑧ 사용 유량은 온도와 압력을 기록 표준상태로 환산

⑨ 입자상물질을 채취할 경우 채취관 벽에 분진이 부착 또는 퇴적하는 것을 피하고 특히 채취관을 수평방향으로 연결할 경우 관의 길이는 짧게, 곡률반경은 크게 함

⑩ 입자상물질을 채취할 때는 가스의 흡착, 유기 성분의 증발·기화 또는 변화하지 않도록 주의

(4) 가스상물질 채취방법

① 직접 채취법

시료를 측정기에 직접 도입하여 연속적으로 분석하는 방법으로 채취관, 측정기, 흡입펌프 등으로 구성되며 채취관은 길이 5 m 이내로 가급적 짧게, 채취관의 재질은 4불화에틸렌 수지나 경질유리, 스테인리스강제로 하여야 하고, 흡입펌프는 사용 목적에 따라 회전 펌프(rotary pump) 또는 격막 펌프(diaphragm pump) 등을 사용한다.

② 용기채취법

용기채취법은 측정기기를 측정장소까지 이동이 불가능하거나 다수의 지점에서 동시에 시료의 채취가 필요한 경우 사용하며 진공병법과 시료채취주머니법이 있다.

③ 용매채취법

용매채취법은 측정대상 가스를 선택적으로 흡수 또는 반응하는 용매에 시료가스를 일정 량으로 통과시켜 채취하는 방법으로 채취관 → 여과재 → 채취부 → 흡입펌프 → 유량계 (가스미터)로 구성된다.

④ 고체흡착법

이 방법은 활성탄, 실리카젤과 같은 고체 분말 표면에 가스가 흡착되는 것을 이용하는 방법으로, 최근에는 고체 표면에 특정 액체를 발라 흡착이 잘 되게 하여 특정 성분의 채취 를 위한 트랩이 많이 시판되고 있다.

⑤ 저온응축법

이 방법은 탄화수소와 같은 기체 성분을 냉각제로 냉각 응축시켜 공기로부터 분리 채취하 는 방법으로 먼저 농축관 부분을 냉각제로 냉각시키고 마개를 열어 시료가 도입되도록 한 다음 펌프를 작동시켜 시료가스를 채취하는 방법이다. 주로 GC나 GC/MS 분석기에 이용한다.

⑥ 채취용 여과지에 의한 방법

이 방법은 여과지를 적당한 시약에 담갔다가 건조시키고 시료를 통과시켜 목적하는 기체 성분을 채취하는 방법으로 주로 플루오린화합물, 암모니아, 트라이메틸아민 등의 기체를 채취하는 데 이용한다.

(5) 입자상물질의 채취방법

① 하이볼륨 에어 샘플러법

환경대기 중에 부유하는 입자상물질은 high volume air sampler(고용량 공기채취기) 약칭 High-Vol.을 사용하여 여과지 위에 먼지를 채취하는 방법이다. 미국 환경청(U.S EPA)에서도 먼지측정법으로 권장하는 방법(recommended method)으로 먼지 측정의 가장 대표적인 표준방법이다. 일반적으로 $1.2\,m^3/분 \sim 1.7\,m^3/분$의 유량으로 $0.1\,\mu m \sim 100\,\mu m$ 범위의 입자상물질을 채취할 수가 있으며, 이렇게 채취한 시료는 먼지 중에 함유된 금속, 다환방향족탄화수소, 이온성 물질, 탄소류(유기성 탄소와 원소성 탄소) 등의 여러 성분의 분석에 이용할 수 있다.

② 로우볼륨 에어 샘플러(low volume air sampler)법

저용량 채취는 입자상물질의 질량농도를 측정하거나 금속 성분의 분석에 주로 이용한다. 기기의 측정방식은 다단식 분립기 혹은 사이클론식 분립기를 이용하며, 채취입자의 입경은 일반적으로 $10\,\mu m$ 이하이다.

③ 베타선흡수법(β-ray absorption method)

광원으로부터 조사된 베타선을 $10\,\mu m$ 이하의 분진이 포집된 여과지에 쏘여 투과된 빛을 베타선 감지부에 감지시켜 입자상물질의 중량농도를 연속적으로 산출하게 하는 방법이다.

2 환경대기 오염물질의 측정

(1) 가스상물질의 측정방법

① 아황산가스(SO_2)

자외선형광법(주시험방법), 파라로자닐린법, 산정량 수동법, 산정량 반자동법
- 자동측정방법 : 용액전도율법, 불꽃광도법, 흡광차분광법

② 일산화탄소(CO)

비분산적외선분석법(주시험방법), 기체 크로마토그래피(불꽃이온화검출기법)

③ 질소산화물(NO_x)

화학발광법(주시험방법), 수동 살츠만법, 야콥스-호흐하이저법
- 자동측정방법 : 흡광차분광법, 공동감쇠분광법

④ 옥시던트(Oxidants)

자외선광도법(주시험방법), 중성아이오딘화포타슘법, 알칼리성 아이오딘화포타슘법

⑤ 오존(O_3)

자외선광도법(주시험방법), 화학발광법, 흡광차분광법

(2) 미세먼지(PM-10) 및 초미세먼지(PM-2.5) 측정방법

수동측정법으로는 중량농도법을 대표적으로 사용하며, 자동측정법으로는 β선 흡수법, 광산란법, 광투과법 등을 이용하여 측정한다.

광산란법은 빛을 조사하여 발생하는 산란광을 측정하며, 산란광의 강도는 먼지농도에 비례하는 것을 이용하여 측정하고, 광투과법은 빛의 반사, 흡수, 분산에 의한 투과광의 강도 변화를 이용하여 먼지농도와 투과도의 상관 관계식을 이용하여 먼지농도를 측정한다.

(3) 석면의 측정방법

위상차현미경법(주시험방법), 주사전자현미경법(SEM), 투과전자현미경법(TEM)

(4) VOCs의 측정

VOCs(Volatile Organic Compounds)는 휘발성이 있는 유기화합물을 일반적으로 지칭한다. EPA에서는 광화학 반응에 참여하는 모든 유기화학물질을 말하고 있으며, 현실적인 정의는 293 K에서 증기압이 101.3 kPa(760 torr)보다 작고 0.13 kPa(1 torr)보다 큰 유기화합물을 말한다. 우리나라는 증기압에 대한 규정이 없고 레이드 증기압, 오존생성능력, 인체 유해성, 배출량 및 측정 가능 여부 등을 종합적으로 고려하여 환경부장관이 고시하는 물질을 규제 대상으로 한다.

[측정방법]

① 캐니스터법

대기환경 중에 존재하는 유해 휘발성유기화합물의 농도를 측정하기 위한 시험방법으로 캐니스터로 공기 샘플을 채취하여 VOC를 기체 크로마토그래피에 의해 분리한 후 FID, ECD 혹은 질량 선택적 검출기에 의해 측정한다.

② 고체 흡착법

대기환경 중에 존재하는 미량의 휘발성유기화합물을 측정하기 위한 방법으로 0.5 nmol/mol ~ 25 nmol/mol 농도의 VOC 분석에 적합하다. $C_3 \sim C_{20}$까지 해당되는 기타 주요 VOCs에 광범위하게 적용될 수 있으며 고체 흡착 열탈착법을 주시험법으로 한다.

(5) PAHs의 측정

다환방향족탄화수소(PAHs ; Polycyclic Aromatic Hydrocarbon)는 2개 이상의 벤젠고리를 갖는 방향족 탄화수소를 말한다. PAHs는 구성 성분에 따라 200여 종의 물질이 있으며 US EPA 등에서 유해성 물질로 선정하고 있는 물질은 18종이다.

[측정방법]

기체 크로마토그래피/질량분석법

PAHs는 대기 중 비휘발성 물질 또는 휘발성 물질로 존재하며 비휘발성(증기압 $< 10^{-8}$ mmHg) PAHs는 필터상에 채취하고 증기상태로 존재하는 PAHs는 PUF(Poly Urethane Foam), 흡착수지를 사용하여 채취한다. 0.01 ng~1 ng 범위의 PAHs 분석에 적용된다.

(6) 대기환경기준 항목과 측정방법

① SO₂ 측정방법

  ㉠ 자외선형광법 : 자외선을 조사하여 여기된 SO₂의 형광 강도에 의해 대기 중의 SO₂ 농도를 연속적으로 측정하는 방법이다. 이외 자동연속측정법으로 용액 전도율법, 불꽃광도법, 흡광차분광법이 있다.

  ㉡ 수동 및 반자동 측정법 : 파라로자닐린법, 산정량 수동법, 산정량 반자동법

② (NO + NO₂) 측정방법

  ㉠ 화학발광법 : 대기 중의 NO가 O₃와 반응하여 NO₂가 될 때 화학발광 강도가 NO의 농도와 비례관계가 있는 것을 이용해서 질소산화물을 연속 측정하는 방법이다. 이외 자동연속측정법으로 살츠만법, 흡광차분광법이 있다.

  ㉡ 수동 측정법 : 야콥스-호흐하이저법, 수동 살츠만법

③ O₃ 측정방법

  ㉠ 자외선광도법 : 253.7 nm 부근에서 자외선 흡수량의 변화를 측정해서 환경대기 중의 오존농도를 연속적으로 측정하는 방법이다. 이외 자동연속측정법으로 화학발광법, 중성 아이오딘화포타슘법, 흡광차분광법이 있다.

  ㉡ 수동 측정법 : 중성 아이오딘화포타슘법, 알칼리성 아이오딘화포타슘법

④ PM-10 및 PM-2.5 측정방법

  ㉠ 베타선흡수법 : 입자상물질을 일정 시간 여과지 위에 포집하여 베타선을 투과시켜 소멸되는 베타선의 양을 측정하여 입자상물질의 중량농도를 연속적으로 측정하는 방법이다. 이외 자동연속 측정방법으로 광산란법, 광투과법이 있다.

  ㉡ 수동 측정법 : 중량농도법으로 고용량 시료채취기, 저용량 시료채취기를 사용하며 대기 중의 미세먼지와 초미세먼지의 농도를 측정한다.

⑤ CO 측정방법

  ㉠ 비분산 적외선법 : 일산화탄소에 의한 적외선 흡수량의 변화를 선택성 검출기로 측정해서 대기 중의 일산화탄소를 연속적으로 측정하는 방법이다.

  ㉡ 수동 측정법 : 비분산 적외선 분광광도법, 불꽃이온화검출기법(GC-FID)

⑥ Pb 측정방법

  원자흡수분광광도법 : Pb에 의한 원자흡수분광광도계로 측정

⑦ Benzene 측정방법

  기체 크로마토그래프법 : 시료가스가 칼럼을 통과할 때 충전물에 대한 흡착성 또는 용해성 차로 각 성분을 분리하고 피크 위치(시간)에서 면적을 측정하여 농도 계산

CHAPTER

대기오염 공정시험기준

과년도 기출문제

01 대기시험의 일반시험법에 대한 설명 중에서 옳은 것은?

① "약"이란 무게 또는 부피에 대하여 ±5 % 이상의 차가 있어서는 안 된다.

② "항량이 될 때까지 건조한다. 또는 강열한다"라 함은 따로 규정이 없는 한 보통의 건조방법으로 1시간 더 건조 또는 강열할 때 전후 무게의 차가 매 g당 0.1 mg 이하일 때를 뜻한다.

③ "시험조작 중 즉시"란 30초 이내에 표시된 조작을 하는 것을 뜻한다.

④ "정확히 단다"라 함은 규정한 양의 검체를 취하여 분석용 저울로 0.01 mg까지 다는 것을 뜻한다.

> **해설** ① "약"이란 그 무게 또는 부피에 대하여 ±10 % 이상의 차가 있어서는 안 된다.
> ② "항량이 될 때까지 건조한다 또는 강열한다"라 함은 따로 규정이 없는 한 보통의 건조방법으로 1시간 더 건조 또는 강열할 때 전후 무게의 차가 매 g당 0.3 mg 이하일 때를 뜻한다.
> ④ "정확히 단다"라 함은 규정한 양의 검체를 취하여 분석용 저울로 0.1 mg까지 다는 것을 뜻한다.

02 유리전극법에 의한 pH 측정 시 행하는 조치로 옳지 않은 것은?

① pH를 측정할 때마다 제로조정과 스팬조정을 행한다.

② 유리전극에 기름기가 부착되어 있는 경우에는 양질의 중성세제로 씻어 사용한다.

③ 유리전극을 사용하지 않을 때는 정제수로 깨끗이 씻은 후 완전히 건조시켜 보관한다.

④ 유리전극의 오염이 심할 경우에는 유리전극을 묽은 염산에 적신 후 정제수로 씻어 사용한다.

> **해설** 유리전극을 사용하지 않을 때는 정제수로 깨끗이 씻은 후 건조시키지 말고 완충용액에 담가두어야 한다. 건조시키면 유리전극의 격막이 말라 이온 성분의 이동이 어렵게 되며, 고장의 원인이 된다.

03 질산(10 → 100) 용액의 몰 농도는? (단, 질산의 농도는 61 %, 비중은 1.38이다.)

① 0.13 mol/L

② 0.36 mol/L

③ 1.34 mol/L

④ 3.59 mol/L

> **해설** • 질산(10 → 100) 용액은 질산 10 mL에 물을 넣어 100 mL로 함
> • 용액 100 mL에 들어 있는 질산의 양(g) = 10 × 1.38 × 0.61 = 8.418 g
> • 용액 1 L에는 84.18 g이 들어 있으므로 질산(HNO_3) 분자량 63 g으로 나누면 1.34 mol/L

 01 ③ **02** ③ **03** ③

04 비분산 적외선 분광분석법에 대한 설명으로 **틀린** 것은?

① 적외선의 흡수량 변화를 측정하여 특정 성분의 농도를 구하는 방법이다.
② 적외선 가스분석계는 고정형과 이동형으로 분류한다.
③ 분석계는 광원, 회전섹터, 광학필터, 시료셀, 비교셀, 검출기, 증폭기 및 지시계로 구성된다.
④ 시료 중 입자상물질의 영향을 최소화하기 위하여 시료채취부 후단에 여과지를 부착한다.

> **해설** 대기 또는 굴뚝 배출 기체에 포함된 먼지 등 입자상물질이 측정에 영향을 줄 수 있다. 이들 물질의 영향을 최소화하기 위하여 시료채취부 전단에 여과지(0.3 μm)를 부착하여야 한다. 여과지의 재질은 유리섬유, 셀룰로오스 섬유 또는 합성수지제 거름종이 등을 사용한다.

05 대기오염공정시험기준의 용어에 대한 설명으로 **틀린** 것은?

① "약"이란 그 무게 또는 부피에 대하여 ±10 % 이상의 차가 있어서는 안 된다.
② "감압"이라 함은 따로 규정이 없는 한 50 mmHg 이하를 뜻한다.
③ "정확히 단다"라 함은 규정된 양의 시료를 취하여 분석용 저울로 0.1 mg까지 다는 것을 말한다.
④ 표준품을 채취할 때 표준액이 정수로 기재되어 있어도 실험자가 환산하여 기재수치에 "약"자를 붙여 사용할 수 있다.

> **해설** "감압 또는 진공"이라 함은 따로 규정이 없는 한 15 mmHg 이하를 뜻한다.

06 다음 중 **틀린** 설명은?

① 액체 1 000 mL 중의 성분 질량(g) 또는 기체 1 000 mL 중의 성분 질량(g)을 표시할 때는 g/L의 기호를 사용한다.
② 황산(1 + 3)은 정제수 1용량에 황산 3용량의 비율로 혼합한 것을 의미한다.
③ 액체 100 mL 중의 성분 용량(mL)을 표시할 때 (부피분율 %)의 기호를 사용한다.
④ 액의 농도를 (1→3)로 표시한 것은 용질 1 g 또는 액체 1 mL를 용매에 녹여 전량을 3 mL로 한 것을 의미한다.

> **해설** 혼액(1 + 2), (1 + 5), (1 + 5 + 10) 등으로 표시한 것은 액체상의 성분을 각각 1용량 대 2용량, 1용량 대 5용량 또는 1용량 대 5용량 대 10용량의 비율로 혼합한 것을 뜻하며, (1 : 2), (1 : 5), (1 : 5 : 10) 등으로 표시할 수도 있다. 보기를 들면, 황산(1+2) 또는 황산(1 : 2)라 표시한 것은 황산 1용량에 정제수 2용량을 혼합한 것이다.

07 화학분석 일반 사항에 온도의 표시와 관련된 내용을 다음에 제시하였다. 이에 대한 옳은 설명으로 제시문에서 있는 대로 고른 것은?

> ㉠ 절대온도는 K로 표시하고, 절대온도 0 K는 −273 ℃로 한다.
> ㉡ 냉수는 15 ℃ 이하, 온수는 60 ℃ ~ 70 ℃, 열수는 약 100 ℃를 말한다.
> ㉢ "수욕상 또는 수욕 중에서 가열한다"라 함은 따로 규정이 없는 한 상온에서 가열함을 뜻한다.

① ㉠, ㉡   ② ㉡, ㉢
③ ㉠, ㉢   ④ ㉠, ㉡, ㉢

 "수욕상 또는 수욕 중에서 가열한다"라 함은 따로 규정이 없는 한 수온 100 ℃에서 가열함을 뜻하고, 약 100 ℃ 부근의 증기욕을 대응할 수 있다.

08 기체 크로마토그래프에 관한 설명으로 옳지 않은 것은?

① 운반가스는 시료 도입부로부터 분리관 내로 흘러서 검출기를 통해서 외부로 방출된다.
② 분리관 내의 충전물에 대한 흡착성, 용해성에 따라 성분별 이동속도가 달라진다.
③ 기체 크로마토그래프의 운반가스 유로는 유량 조절부와 분리관 유로로 구성된다.
④ 기체 크로마토그래프의 정량 분석법은 1점 절대검정곡선법으로만 이루어진다.

해설 기체 크로마토그래프로 측정된 넓이 또는 높이와 성분량과의 관계를 구하는 데는 다음과 같은 방법이 있다. 검정곡선 작성 후 연속하여 시료를 측정하여 결과를 산출한다.
- 절대검정곡선법
- 넓이 백분율법
- 보정넓이 백분율법
- 상대검정곡선법
- 표준물첨가법

09 대기오염공정시험기준의 기재 및 용어에 대한 설명으로 틀린 것은?

① 액체 성분의 양을 "정확히 취한다"라 함은 홀피펫, 부피플라스크 또는 이와 동등 이상의 정도를 갖는 용량계를 사용하여 조작하는 것을 뜻한다.
② 시험조작 중 "즉시"란 30초 이내에 표시된 조작을 하는 것을 뜻한다.
③ 용액의 액성 표시가 따로 규정이 없는 한 유리전극법에 의한 pH 측정기로 측정한 것을 뜻한다.
④ "감압" 또는 "진공"이라 함은 따로 규정이 없는 한 10 mmHg 이하를 뜻한다.

해설 "감압 또는 진공"이라 함은 따로 규정이 없는 한 15 mmHg 이하를 뜻한다.

정답   07 ①   08 ④   09 ④

10 수소이온농도가 6×10^{-4}(mole)인 수용액의 pH는 얼마인가?

① 2.2

② 3.2

③ 4.8

④ 5.0

 해설 $pH = -\log[H^+]$
$= -\log[6 \times 10^{-4}] = 3.222$

11 자외선/가시선 분광법 분석장치로 측정한 흡광도값이 0.7일 때 투과율은?

① 10 %

② 20 %

③ 30 %

④ 40 %

 해설 I_t와 I_o의 관계에서 $\dfrac{I_t}{I_o} = t$를 투과도, 이 투과도를 백분율로 표시한다. 즉, $t \times 100 = T$를 투과

퍼센트라 하고 투과도의 역수의 상용대수, 즉 $\log \dfrac{1}{t} = A$를 흡광도라 한다.

$\log \dfrac{1}{t} = 0.7$에서 $\dfrac{1}{t} = 10^{0.7} = 5$

$\therefore t = \dfrac{1}{5} = 0.2$

따라서, 투과율은 $t \times 100$이므로 $0.2 \times 100 = 20 \%$

12 0.1N-HCl 용액 500 mL를 조제하려고 한다. HCl 몇 mL를 녹여야 하는가? (단, 염산의 분자량은 36.5 g, 비중 1.2, 농도 35 %이다.)

① 2.173 mL

② 4.345 mL

③ 8.690 mL

④ 10.380 mL

 해설 0.1N-HCl 500 mL 중 HCl의 질량은 1.825 g이다.

35 % 염산(비중 1.2) 1 mL = 0.42 g

따라서, $\dfrac{1.825}{0.42} = 4.345$ mL

13 아연환원 나프틸에틸렌다이아민법으로 배출가스 중 질소산화물을 분석할 때 질산 이온의 환원에 이용되는 시약은?

① 금속아연

② 질산소듐

③ 과산화수소

④ 옥시던트

시료 중의 질소산화물을 오존 존재 하에서 정제수에 흡수시켜 질산 이온으로 만들고 분말금속아연을 사용하여 아질산 이온으로 환원한 후 설파닐아미드(sulfanilamide) 및 나프틸에틸렌다이아민(naphthyl ethylene diamine)을 반응시켜 얻어진 착색의 흡광도로부터 질소산화물을 정량하는 방법으로서 배출가스 중의 질소산화물을 이산화질소로 하여 계산한다.

14 괄호에 들어갈 말을 차례대로 옳게 제시한 것은?

> 기체 크로마토그래피에서 칼럼의 효율은 Van Deemter식 $H = A + \dfrac{B}{u} + Cu$ 으로 주어지는데, 여기에서 A는 (   )이고, B는 (   )이고, C는 (   )이다. u는 이동상의 선속도이다.

① 세로방향확산계수, 질량이동계수, 소용돌이 확산
② 질량이동계수, 세로방향확산계수, 소용돌이 확산
③ 소용돌이 확산, 질량이동계수, 세로방향확산계수
④ 소용돌이 확산, 세로방향확산계수, 질량이동계수

 $H = A + \dfrac{B}{u} + Cu$에서 A항은 충진제 입자의 간격에 의해 만들어지는 많은 유로에 기인하는 것으로 와류(소용돌이) 확산항이라 부르고, $\dfrac{B}{u}$항은 칼럼축 방향(세로방향)으로 성분의 분자 확산에 기인하는 분자 확산항이고, Cu항은 성분 분자가 이동상과 고정상 사이를 이동할 때 지체됨에 기인하는 물질이동에 대한 저항의 항이다.

15 고성능 액체 크로마토그래프법에 의해 환경대기 중에 있는 알데하이드류 화합물의 농도를 측정하는 실험에서 필요하지 않은 것은?

① DNPH 유도화 카트리지
② 오존 스크러버
③ 아세토나이트릴
④ IR(적외선)검출기

 ① DNPH 유도체화 액체 크로마토그래피(HPLC/UV) 분석법 : 이 시험방법은 카보닐화합물과 DNPH가 반응하여 형성된 DNPH 유도체를 아세토나이트릴(acetonitrile) 용매로 추출하여 고성능 액체 크로마토그래피(HPLC)를 이용하여 자외선(UV)검출기의 360 nm 파장에서 분석한다.
② 오존 스크러버 : 약 1.5 g의 KI가 충전된 오존 스크러버를 DNPH 카트리지 전단에 장착한다. 공기 시료 중에는 오존이 항상 존재하므로 반드시 오존 제거용으로 사용하여야 하며, 한번 사용 후 새로이 충전된 스크러버를 사용하여야 한다.

정답 14 ④ 15 ④

16 기지의 농도값과 측정값 간의 평균 차이를 상대적인 퍼센트(%)로 표현하는 것으로서, 동일한 기지농도의 측정값들의 일치 정도를 무엇이라 하는가?

① 응답시간 ② 교정정밀도
③ 반응인자 ④ 누출농도

 • 정밀도는 시험분석 결과들 사이에 상호 근접한 정도의 척도를 확인하기 위하여 적용한다. 특히, 전처리를 포함한 모든 과정의 시험절차가 독립적으로 처리된 시료에 대하여 측정결과들을 이용한다.
• 정밀도 산출방법은 반복시험하여 얻은 결과들을 % 상대표준편차로 표시한다.

17 금속화합물을 측정하는 방법에서 매질효과에 의한 간섭현상을 줄이는 데 가장 효과적인 방법은?

① 절대검정곡선법 ② 상대검정곡선법
③ 외부표준법 ④ 표준물첨가법

 표준물첨가법은 같은 양의 분석시료를 여러 개 취하고 여기에 표준물질이 각각 다른 농도로 함유되도록 표준용액을 첨가하여 용액 열을 만든다. 이어 각각의 용액에 대한 흡광도를 측정하여 가로대에 용액영역 중의 표준물질 농도를, 세로대에는 흡광도를 취하여 그래프 용지에 그려 검정곡선을 작성한다. 목적 성분의 농도는 검정곡선이 가로대와 교차하는 점으로부터 첨가표준물질의 농도가 0인 점까지의 거리로써 구한다.

18 자외선/가시선 분광법으로 어떤 물질을 정량하는 기본 원리인 Lambert-Beer 법칙에 관한 설명 중 <u>옳지 않은</u> 것은?

① 흡광도는 광이 투과하는 시료 액층의 통과 거리에 비례한다.
② 흡광도는 투과도의 역대수이다.
③ 흡광도는 파장이 짧을수록 커진다.
④ 파장 200 nm ~ 800 nm의 빛으로 스캔하려면 시료용기가 석영이어야 한다.

 램버트-비어의 법칙은 대조액층을 통과한 빛의 강도를 I_0, 측정하려고 하는 액층을 통과한 빛의 강도를 I_t로 했을 때도 똑같은 식이 성립하기 때문에 정량이 가능한 것이다. 대조액층으로는 보통 용매 또는 바탕시험액을 사용하며 이것을 대조액이라 한다. 흡광도를 이용한 램버트-비어의 법칙을 식으로 표시하면 $A = \varepsilon cl$이 되므로 농도를 알고 있는 표준용액에 대하여 흡광도를 측정하고 흡광계수(ε)를 구해 놓으면 시료액에 대해서도 같은 방법으로 흡광도를 측정함으로써 정량을 할 수가 있다. 그러나 실제로는 ε를 구하는 대신에 농도가 다른 몇 가지 표준용액을 사용하여 시료액과 똑같은 방법으로 조작하여 얻은 검정곡선으로부터 시료 중의 목적 성분을 정량하는 것이 보통이며, 흡광도와 파장의 크기는 관계가 없다.

19 기체 크로마토그래프법의 정량법에 대한 설명으로 적절하지 않은 것은?

① 절대검정곡선법 : 정량하려는 성분으로 된 순물질을 단계적으로 취하여 크로마토그램을 기록하고, 피크 넓이 또는 피크 높이를 구한다.

② 넓이 백분율법 : 도입 시료의 전 성분이 용출되며, 또한 사용한 검출기에 대한 각 성분의 상대감도가 같다고 간주하는 경우에 적용한다.

③ 보정넓이 백분율법 : 도입한 시료의 전 성분이 용출되며, 용출 전 성분의 상대감도가 구해지지 않는 경우에 적용한다.

④ 상대검정곡선법 : 상대검정곡선법에 사용하는 내부표준물질로는 정량하려는 성분 봉우리의 위치와 가능한 한 가깝고 시료 중의 다른 성분 봉우리와도 완전하게 분리되는 물질을 선택한다.

 보정넓이 백분율법은 도입한 시료의 전 성분이 용출되며 또한 용출 전 성분의 상대감도가 구해진 경우 다음 식에 의하여 정확한 함유율을 구할 수 있다.

$$X_i(\%) = \frac{\dfrac{A_i}{f_i}}{\displaystyle\sum_{i=1}^{n}\dfrac{A_i}{f_i}} \times 100$$

여기서, f_i : i성분의 상대감도
n : 전 봉우리수

20 이온 크로마토그래프법에서 서프레서(suppressor)의 역할에 대한 설명 중 틀린 것은?

① 서프레서는 용리액에 사용되는 전해질 성분을 제거하기 위하여 분리관 뒤에 연결하여 사용한다.

② 서프레서 재생용액과 용리액은 같은 방향으로 흐르도록 흐름 방향과 속도를 조절해 주어야 한다.

③ 전해질을 정제수 또는 저전도도의 용매로 바꿔줌으로써 전기전도도 셀에서 목적 이온 성분과 전기전도도만을 고감도로 검출하도록 하는 역할을 한다.

④ 음이온 서프레서는 용리액의 금속 양이온을 수소 이온으로(H^+), 양이온 서프레서는 용리액의 음이온을 수산화 이온(OH^-)으로 교환시키는 역할을 한다.

해설 서프레서란 용리액에 사용되는 전해질 성분을 제거하기 위하여 분리관 뒤에 직렬로 접속시킨 것으로써 전해질을 정제수 또는 저전도도의 용매로 바꿔줌으로써 전기전도도 셀에서 목적 이온 성분과 전기전도도만을 고감도로 검출할 수 있게 해주는 것이다.
서프레서는 관형과 이온교환막형이 있으며, 관형은 음이온에는 스티롤계 강산형(H^+) 수지가, 양이온에는 스티롤계 강염기형(OH^-)의 수지가 충진된 것을 사용한다.

21 대기 측정 시 압력의 MKS 단위는 kg/m · s²이다. 다음 중 1 kg/m · s²에 해당하는 것은?

① 1 atm

② 10 332 mmH₂O

③ 14.7 PSI

④ 1 Pa

 1 Pascal(Pa) : 압력의 국제단위로, 면적 1 m²에 1 N의 힘을 받을 때의 압력(1 atm = 101 325 Pa)이다.

$1\,N = 1\,kg \cdot m/s^2$이므로

$$1\,Pa = 1\,N/m^2 = \frac{1\,kg \cdot m/s^2}{m^2} = 1\,kg/m \cdot s^2$$

22 다음 측정기기의 일반적인 흐름을 표시한 것 중 옳지 <u>않은</u> 것은?

① 이온 크로마토그래프 : 용리액 – 시료주입부 – 서프레서 – 분리관 – 검출기 – 기록장치

② 비분산 적외선 분석기 : 광원 – 회전섹터 – 광학필터 – 시료셀/비교셀 – 검출기 – 증폭기 – 지시계

③ 원자흡광광도계 : 광원 – 원자화부 – 단색화부 – 측광부 – 검출기 – 기록장치

④ 질량분석기 : 시료도입부 – 이온화 장치 – 질량분석기 – 검출기 – 기록장치

 일반적으로 사용하는 이온 크로마토그래프는 용리액조, 송액펌프, 시료주입장치, 분리관, 서프레서, 검출기 및 기록계로 구성되며 분리관에서 검출기까지는 측정 목적에 따라 다소 차이가 있다. 서프레서는 용리액에 사용되는 전해질 성분을 제거하기 위하여 분리관 뒤에 직렬로 접속시킨다.

23 유도결합플라스마 분광법을 이용한 금속 및 금속화합물의 농도 측정방법에 대한 설명으로 <u>틀린</u> 것은?

① Cd의 측정파장은 226.5 nm이며, 정량범위는 0.008 mg/L ~ 2 mg/L이다.

② 검정곡선 작성에 사용되는 표준용액은 가능한 한 시료의 매질과 동일한 조성을 갖도록 조제하여야 한다.

③ 소듐, 칼슘, 마그네슘과 같은 염의 농도가 높은 시료에서 절대검정곡선법을 적용할 수 없는 경우에는 용매추출법을 이용하여 정량한다.

④ 표준원액은 정확한 농도를 알고 있는 비교적 고농도의 용액으로, 일반적으로 1 000 mg/kg 농도에서 0.3 % 이내의 불확도를 나타내야 한다.

염의 농도가 높은 시료용액에서 검정곡선법이 적용되지 않을 때는 표준물첨가법을 사용하는 것이 좋다. 이때 시료용액의 종류에 따라 바탕보정을 할 필요가 있다.

시료용액 중에 소듐, 칼륨, 마그네슘, 칼슘 등의 농도가 높고, 중금속 성분의 농도가 낮은 경우에는 용매추출법을 이용하여 정량할 수 있다.

24 원자흡수분광도법을 이용하여 철을 분석할 때 니켈, 코발트 등이 다량 존재할 경우 간섭이 심하게 일어날 수 있다. 이때 간섭을 줄이기 위한 방법으로 <u>적절하지 않은</u> 것은?

① 아세틸렌/아산화질소 불꽃을 사용한다.
② 흑연로원자흡수분광도법을 이용한다.
③ 분석파장을 바꾼다.
④ 검정곡선용 표준용액의 매트릭스를 일치시킨다.

해설 니켈, 코발트가 다량 존재할 경우 검정용 표준용액의 매질을 일치시키고 아세틸렌/아산화질소 불꽃을 사용하여 분석하거나, 흑연로원자흡수분광도법을 이용하여 최소화시킬 수 있다.

25 다음은 배출가스 휘발성 유기화합물 중 염화바이닐 분석법에 관한 것이다. **틀린** 것은?

① 시료채취주머니 열탈착법을 이용하여 분석할 수 있다.
② 염화바이닐 검출에 용이한 기체 크로마토그래피의 검출기로는 질량분석기(MS)를 사용한다.
③ 염화바이닐 분리에 용이한 기체 크로마토그래프의 분리관은 캐필러리형 칼럼이다.
④ 고체 흡착 용매추출법은 황화수소를 사용하여 흡착관에 흡착된 염화바이닐을 추출한다.

해설 고체 흡착 용매추출법에서 사용되는 용매는 이황화탄소(CS_2)나 염화바이닐 분석법에서는 사용하지 않는다.

26 다음 중 ㉠과 ㉡에 들어갈 내용으로 알맞은 것은?

> 배출가스 중 연속자동측정기의 측정범위는 배출시설별 오염물질 배출허용기준의 (㉠)배 이내의 값으로 설정할 수 있어야 한다. 다만, 배출가스 농도가 측정범위를 초과하는 경우와 배출허용기준이 5 ppm 이하(먼지 5 mg/Sm³)인 경우에는 배출허용기준의 (㉡)배 이내에서 설정할 수 있다.

① ㉠ 2 ~ 3, ㉡ 6 ~ 10
② ㉠ 2 ~ 5, ㉡ 5 ~ 10
③ ㉠ 3 ~ 6, ㉡ 6 ~ 12
④ ㉠ 3 ~ 4, ㉡ 5 ~ 12

해설 측정범위는 형식 승인을 취득한 측정범위 중 최소 범위와 최대 범위 내에서 사용 환경에 따라 배출시설별 오염물질 배출허용기준의 2배 ~ 5배의 값으로 설정하여야 한다. 다만, 배출가스 농도가 측정범위를 초과하는 경우와 배출허용기준이 5 ppm 이하(먼지 5 mg/Sm³)인 경우에는 배출허용기준의 5배 ~ 10배 이내에서 설정할 수 있으며, 유속의 경우 최대 유속의 1.2배 ~ 1.5배 범위에서 설정할 수 있다.

27 배출가스 중의 사염화탄소와 클로로폼에 대한 다음 설명 중 틀린 것은?

① 사염화탄소나 클로로폼은 불꽃이온화검출기(FID)나 전자포획형검출기(ECD)로 검출할 수 있다.

② ECD는 FID에 비해 감도가 좋으나 방사선 물질이 들어 있어서 철저한 관리가 요구된다.

③ 사염화탄소나 클로로폼이 높은 농도로 배출가스 속에 포함되어 있을 때는 배출가스를 백으로 포집하여 시료주입 루프(loop) 또는 주사기(gastight syringe)를 이용하여 기체 크로마토 그래프에 직접 도입하여 분석할 수 있다.

④ 배출가스 중 사염화탄소 및 클로로폼은 고체 흡착 열탈착법으로 분석할 수 있는데, 이때 고체 흡착제로는 CMC(Carbon Molecular Sieve)가 흔히 이용된다.

> **해설** 흡착관은 수분의 영향을 받지 않으며, 대상물질을 잘 흡착할 수 있는 흡착제가 충전되어 있는 것을 사용한다. 배출가스 중 사염화탄소 및 클로로폼을 흡착할 때는 보통 Tenax TA, 60 mesh ~ 80 mesh 가 사용된다.

28 굴뚝 배출가스 중 다이옥신 및 퓨란류 시험방법으로 틀린 것은?

① 시료채취 회수율을 확인하기 위해 내부표준물질인 $^{37}Cl_4$-2, 3, 7, 8-T_eCDD 일정량을 흡착 관 또는 임핀저에 가한다.

② 최종 배출구에서 시료채취 시 흡입가스량은 기본적으로 4시간 평균 4 m^3 이상으로 한다.

③ 배출가스를 채취하는 동안에 XAD-2 수지 채취관부는 30 ℃ 이하로 유지한다.

④ 흡착관에는 15 g ~ 30 g(시료채취기체 1 m^3당 5 g 이상에 해당하는 양)의 XAD-2 수지를 넣는다.

> **해설** 굴뚝 배출가스 중 다이옥신 및 퓨란류 시험방법은 '잔류성 유기오염물질 공정시험기준'의 ES 10902.1 배출 시료가스 중 비의도적 잔류성 유기오염물질(UPOPs) 동시 시험기준－HRGC/HRMS를 따른다. 최종 배출구에서의 시료채취 시 흡입기체량은 표준상태(0 ℃, 760 mmHg)에서 4시간 평균 3 m^3 이상 으로 한다. 다만, 최종 배출구 이외의 측정장소에서는 적절한 흡입기체량을 결정한다.

29 배출가스 중 먼지 측정에서 흡습관 수분측정법에 관한 설명으로 틀린 것은?

① 흡습관법에 따른 수분량 측정치는 흡입관 흡습관, 가스흡입 및 유량 측정부로 구성된다.

② 흡습관에는 무수염화칼슘의 흡습제를 넣고 원칙적으로 유리섬유로 채워 막은 1개의 흡습관 을 사용해야 한다.

③ 흡입관 내부에서 수분이 응축하지 않도록 보온 및 가열해야 한다.

④ 냉각조를 사용하여 흡습관을 냉각한다.

> **해설** U자관 또는 흡습관에 무수염화칼슘(입자상) 등의 흡습제를 넣고 흡습제의 비산을 방지하기 위하 여 유리섬유로 채워 막으며 원칙적으로 2개의 흡습관을 사용한다.

정답 27 ④ 28 ② 29 ②

30 굴뚝에서 배출되는 배출가스 중 먼지를 수동식 채취기에 의한 방법으로 채취하였다. 가스미터에서 흡입유량은 30 L/min, 가스 흡입시간은 15분, 흡입가스량(습식 가스미터에서 읽은 값)은 480 L일 때 등속계수와 등속흡입 여부를 판정한 것으로 올바른 것은?

① 93.75 %, 등속흡입됨

② 93.75 %, 등속흡입 안 됨

③ 106.67 %, 등속흡입됨

④ 106.67 %, 등속흡입 안 됨

> **해설** 등속흡입 정도를 알기 위하여 다음 식에 의해 구한 값이 90 % ~ 110 % 범위여야 한다.
>
> $I(\%) = \dfrac{V_m}{q_m \times t} \times 100$ 에서 $I(\%) = \dfrac{480}{30 \times 15} \times 100 = 106.67\ \%$ ∴ 등속흡입됨
>
> 여기서, I : 등속흡입계수(%)
>
> $\qquad\quad V_m$: 흡입가스량(습식 가스미터에서 읽은 값, L)
>
> $\qquad\quad q_m$: 가스미터에 있어서의 등속흡입 유량(L/분)
>
> $\qquad\quad t$: 가스 흡입시간(분)

31 굴뚝 연속자동측정기로 염화수소 농도를 측정하는 경우에 대한 설명으로 틀린 것은?

① 분석방법에는 이온전극법 및 자외선흡수분석법이 있다.

② 분석 시 염화수소 표준가스 또는 염소 이온 전극이 사용된다.

③ 이온전극법의 경우 흡수액은 질산포타슘용액을 사용한다.

④ 비분산 적외선 분광분석법으로 측정할 경우에는 3.55 μm를 중심 파장으로 하는 적외선이 사용된다.

> **해설** 분석방법에는 이온전극법, 비분산 적외선 분광분석법 등이 있다.

32 굴뚝 배출가스 중 염화수소를 비분산 적외선 분광분석법을 사용하여 연속적으로 자동 측정할 때 비분산 적외선 흡수분석계의 구성을 설명한 것 중 틀린 것은?

① 광원은 Nernst 등에 150 mA ~ 650 mA의 전류를 가하여 사용한다.

② 시료셀은 금코팅 거울을 이용하여 광로를 최고 20 m까지 조절할 수 있다.

③ 회전섹터는 광속을 100 Hz로 단속하며 시료셀과 필터휠 사이에 위치한다.

④ 필터휠은 고농도의 염화수소가스가 채워져 있는 셀을 고정시킨 바퀴모양의 틀이다.

> **해설** 회전섹터는 광속을 100 Hz로 단속하며 광원과 시료셀 사이에 위치한다.

33 다음 배출가스 중 황산화물을 침전적정법(아르세나조 Ⅲ법)으로 분석할 경우 시료채취에 관한 내용 중 옳은 것은?

① 시료채취관에는 배출가스 중의 황산화물에 의해 부식되지 않는 재질, 예를 들면 유리관, 고무관, 스테인리스강관 등을 사용한다.

② 시료 중에 먼지가 섞여 들어가는 것을 방지하고자 채취관의 앞 끝에 적당한 여과재인 알칼리가 없는 유리솜 등을 넣는다.

③ 시료 중에 황산화물과 수분이 응축되지 않도록 시료채취관과 흡수병 사이에 실리카젤이 든 병을 둔다.

④ 채취관과 어댑터, 삼방코크 등 가열하는 접속부분은 갈아맞추거나 보통 고무관을 사용하여 시료가 누출되지 않도록 한다.

 ① 시료채취관은 배출가스 중의 황산화물에 의해 부식되지 않는 재질, 예를 들면 유리관, 석영관, 스테인리스강 재질(stainless steel pipes) 등을 사용한다. 고무관은 적절하지 않다.
③ 시료가스 중 황산화물과 수분이 응축되지 않도록 시료채취관과 코크(M) 사이를 가열할 수 있는 구조로 한다.
④ 채취관과 어댑터(adapter), 삼방코크 등 가열하는 접속부분은 갈아맞춤 또는 실리콘 고무관을 사용하고 보통 고무관을 사용하면 안 된다.

34 굴뚝 배출가스(질소산화물)의 연속자동측정기에 대한 설명 중 틀린 것은?

① 화학발광분석계는 유량제어부, 반응조, 검출기, 오존발생기 등으로 구성되어 있으며, NO_x 컨버터 효율을 측정할 수 있다.

② 적외선흡수분석계는 광원, 광학계, 가스셀 터릿(gas cell turret), 검출기 등으로 구성되어 있으며, 배출가스 중 이산화질소 배분율이 10 %를 넘는 시설에서는 별도의 이산화질소 농도를 구한다.

③ 자외선흡수분석계는 광원, 분광기, 광학필터, 시료셀, 검출기, 합산증폭기, 오존발생기 등으로 구성되어 있으며, NO는 350 nm ~ 450 nm, NO₂는 195 nm ~ 230 nm의 빛을 흡수한다.

④ 정전위분석계는 전해셀, 정전위전원, 증폭기로 구성되어 있으며, 가스 투과성 격막을 통과한 가스를 흡수하는 용액으로 약 0.5 mol/L 황산용액을 사용한다.

 자외선흡수분석계는 광원, 분광기, 광학필터, 시료셀, 검출기, 합산증폭기, 오존발생기 등으로 이루어져 있으며, 일산화질소는 195 nm ~ 230 nm, 이산화질소는 350 nm ~ 450 nm 부근의 자외선을 흡수하는 성질을 이용한다. 질소산화물의 농도를 구하기 위하여 일산화질소와 이산화질소의 농도를 각각 측정하여 그것들을 합하는 방식(다성분합산방식)과 시료가스 중 일산화질소를 이산화질소로 산화시킨 다음 측정하는 방식(산화방식)이 사용되고 있다.

35 자외선흡수분석계를 사용하여 굴뚝 배출가스 중 이산화황을 연속자동 측정하는 방법에 대한 설명으로 틀린 것은?

① 자외선흡수분석계를 이용해 굴뚝 배출가스에서 이산화황을 연속자동 측정하는 시스템에서는 흡수용액을 사용하지 않는다.

② 자외선흡수분석계는 광원에서 나오는 빛을 프리즘 또는 회절격자 분광기를 이용하여 이산화황을 국내로 흡수하는 자외선 영역의 단색광을 발사한다.

③ 시료셀의 창은 자외선뿐만 아니라 가시광선도 투과할 수 있는 석영유리로 되어 있다.

④ 이산화황 외의 가스상물질의 방해 간섭을 보정하기 위해 간섭필터가 장착되어 있다.

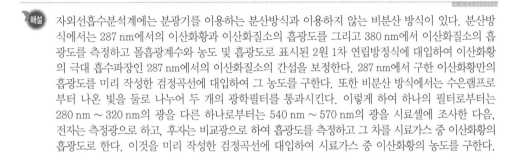 해설 자외선흡수분석계에는 분광기를 이용하는 분산방식과 이용하지 않는 비분산 방식이 있다. 분산방식에서는 287 nm에서의 이산화황과 이산화질소의 흡광도를 그리고 380 nm에서 이산화질소의 흡광도를 측정하고 몰흡광계수와 농도 및 흡광도로 표시된 2원 1차 연립방정식에 대입하여 이산화황의 극대 흡수파장인 287 nm에서의 이산화질소의 간섭을 보정한다. 287 nm에서 구한 이산화황만의 흡광도를 미리 작성한 검정곡선에 대입하여 그 농도를 구한다. 또한 비분산 방식에서는 수은램프로부터 나온 빛을 둘로 나누어 두 개의 광학필터를 통과시킨다. 이렇게 하여 하나의 필터로부터는 280 nm ~ 320 nm의 광을 다른 하나로부터는 540 nm ~ 570 nm의 광을 시료셀에 조사한 다음, 전자는 측정광으로 하고, 후자는 비교광으로 하여 흡광도를 측정하고 그 차를 시료가스 중 이산화황의 흡광도로 한다. 이것을 미리 작성한 검정곡선에 대입하여 시료가스 중 이산화황의 농도를 구한다.

36 배출가스의 온도가 150 ℃인 굴뚝에서 배출되는 플루오린화합물을 채취하기 위해 사용하는 채취관의 재질로 옳은 것은?

① 석영, 실리콘수지 ② 세라믹, 플루오린수지
③ 스테인리스강, 플루오린수지 ④ 석영, 플루오린수지

 해설 시료채취관은 배출가스 중의 무기 플루오린화합물에 의하여 부식되지 않는 재질의 관(플루오린수지관, 스테인리스강관, 구리관)을 사용하여야 한다.

37 배출가스 중 비소화합물의 수소화물 생성 원자흡수분광광도법 분석에 작용하는 간섭 현상 및 그 대책으로 틀린 것은?

① 일부 화합물은 휘발성이 있으므로 마이크로파 산분해로 전처리하는 것을 권장한다.

② 시료 중 귀금속(은, 금, 백금, 팔라듐 등)의 농도가 일정 수준이면 수소화비소의 발생에 간섭을 준다.

③ 전이금속의 간섭은 염산농도에 따라 달라지며 저농도에서보다 4 mol/L ~ 8 mol/L에서 덜하다.

④ 질산 분해로 발생한 환원된 산화질소와 아질산염은 수소화비소의 발생을 촉진시킬 수 있다.

해설 질산 분해에 의해 생기는 환원된 산화질소와 아질산염은 감도를 저하시킬 수 있다.

정답 **35** ④ **36** ③ **37** ④

38 배출가스 중의 수은화합물을 냉증기 원자흡수분광광도법으로 분석하는 방법에 대한 설명으로 틀린 것은?

① 배출원에서 등속으로 흡입된 입자상과 가스상 수은은 흡수액인 산성 과망간산포타슘용액으로 채취한다.

② 시료 중의 수은을 염화제일주석용액에 의해 원자상태로 환원시켜 Hg^{2+} 형태로 채취한 수은을 Hg^0 형태로 환원시켜서 광학셀에 있는 용액에서 기화시킨 다음 발생되는 수은 증기를 253.7 nm에서 냉증기 원자흡수분광광도계로 측정한다.

③ 시료채취 시 배출가스 중에 존재하는 산화유기물질은 수은 채취를 방해할 수 있다.

④ 시료채취관은 스테인리스강 혹은 보로실리케이트 재질을 쓰고, 수분 응축을 방지하기 위해서 시료채취관을 100 ℃ ± 14 ℃로 가열한다.

> **해설** 시료채취관은 보로실리케이트 혹은 석영 유리관을 사용하고, 시료채취 동안에 수분 응축을 방지하기 위해서 시료채취관 출구의 가스 온도가 (120±14) ℃로 유지되도록 가열한다.
> 단, 흡수병 앞에 여과지가 사용될 경우에는 가스상 수은(Hg)의 응축을 최소화하기 위해서 시료채취관과 연결관을 가열한다.

39 배출가스 중 휘발성 유기화합물질의 시료채취와 관련하여 가장 관계가 <u>없는</u> 것은?

① 채취관 재질은 유리, 석영, 플루오린수지 등이다.

② 각 장치의 모든 연결부위는 진공용 그리스를 사용한다.

③ 응축기 및 응축수 트랩은 유리 재질이다.

④ 시료채취관에서 응축기 및 기타 부분의 연결관은 가능한 한 짧게 한다.

> **해설** 시료채취관에서 응축기 및 기타 부분의 연결관은 가능한 한 짧게 하고, 밀봉윤활유 등을 사용하지 않고 누출이 없어야 하며, 플루오린수지 재질인 것을 사용한다.

40 배출가스 내의 페놀화합물의 분석방법에 대한 설명으로 틀린 것은?

① 자외선/가시선 분광법은 시료 중의 페놀류를 수산화소듐용액에 흡수시켜 포집하는 방법이다.

② 자외선/가시선 분광법은 염소, 브로민 등의 산화성 기체가 공존하면 오차가 발생한다.

③ 기체 크로마토그래프−질량분석기로 측정할 때는 이온선택검출법을 이용한다.

④ 기체 크로마토그래프법은 10 L의 시료 중 페놀류의 농도가 1 ppm ~ 20 ppm일 때 적당하다.

> **해설** 10 L의 시료를 용매에 흡수하여 채취할 경우 시료 중의 페놀화합물의 농도가 0.20 ppm ~ 300.0 ppm 범위의 분석에 적합하다.

정답 38 ④ 39 ② 40 ④

41 배출가스 중 매연의 링겔만 매연농도법 측정에 관한 설명이다. 잘못 설명한 것은?

① 될 수 있는 한 무풍 상태에서 측정하여야 한다.

② 농도표를 측정자의 앞 10 m 위치에 놓는다.

③ 200 m 이내의 적당한 위치에 서서, 굴뚝 배출구에서 30 cm ~ 45 cm 떨어진 곳의 농도를 측정자의 눈높이에 수직이 되게 관측한다.

④ 링겔만 매연농도법은 백상지의 흑선 부분이 전체의 0 %, 20 %, 40 %, 80 %, 100 %를 차지하도록 한다.

 될 수 있는 한 바람이 불지 않을 때 굴뚝 배경의 검은 장해물을 피해 연기의 흐름에 직각인 위치에 태양광선을 측면으로 받는 방향으로부터 농도표를 측정자의 앞 16 m에 놓고 200 m 이내(가능하면 연도에서 16 m)의 적당한 위치에 서서 굴뚝 배출구에서 (30 ~ 45) cm 떨어진 곳의 농도를 측정자의 눈높이에 수직이 되게 관측 비교한다.

42 배출가스 중 크로뮴을 원자흡수분광광도법으로 분석 시 철, 니켈 등의 방해를 극복하기 위한 가연성 가스와 조연성 가스의 조합으로 적절한 것은?

① $C_2H_2 - N_2O$

② $C_3H_8 - air$

③ $C_2H_2 - O_2$

④ $H_2 - air - Ar$

 아세틸렌(C_2H_2)-공기 불꽃에서는 철, 니켈 등에 의한 방해를 받는다. 이 경우 황산소듐, 이황산포타슘 또는 이플루오르화수소암모늄을 10 g/L 정도 가하여 분석하거나, 아세틸렌-산화이질소 불꽃을 사용하여 방해를 줄일 수 있다.

43 대기오염물질 분석방법 중 대상 가스별 분석방법과 흡수액이 잘못 연결된 것은? (분석대상 가스 - 분석방법 - 흡수액)

① 암모니아 - 인도페놀법 - 붕산용액(5 g/L)

② 황산화물 - 침전적정법 - 과산화수소수용액(1+9)

③ 사이안화수소 - 자외선/가시선 분광법 - 질산암모늄 + 황산(1→5)

④ 페놀 - 자외선/가시선 분광법 - 수산화소듐용액(0.1 mol/L)

 사이안화수소를 자외선/가시선 분광법으로 분석할 때 흡수액은 수산화소듐용액(0.5 mol/L)을 사용한다.

44 배출가스 중 염화바이닐을 측정하기 위한 교정용 표준물질에 대한 설명으로 **틀린** 것은?

① 염화바이닐 표준물질을 농도에 따라 하나 또는 그 이상 준비한다.
② 표준물질의 일정량을 단계적으로 분취하여 검정곡선을 작성한다.
③ 분취량은 분석조건 및 기기감도 등을 고려해 분석자가 임의 변경할 수 있다.
④ 시료채취주머니의 입구를 통해 미지 농도의 순수 염화바이닐 가스를 주입한다.

 표준물질은 소급성이 명시된 고농도(ppm 수준)의 인증 표준물질을 구입하여 측정농도에 맞게 직접 사용하거나 저농도(ppb 수준)로 희석하여 사용한다. 또는 저농도의 가스상 표준물질을 사용할 수도 있다. 표준물질을 희석할 때는 오염되지 않은 시료채취주머니를 사용하며, 이때 시료채취주머니의 바탕농도는 반드시 확인되어야 한다. 고농도 표준물질을 저농도 표준물질로 희석하는 방법은 희석 장치를 사용하거나 다음과 같은 방법을 사용할 수 있다. 먼저 고농도의 표준가스를 시료채취주머니에 주입한다. 저농도 표준물질을 만들 시료채취주머니에 일정량의 질소를 담고, 기체용 주사기(gas tight syringe)로 고농도 표준가스 일정량을 분취한 뒤 질소가 담긴 시료채취주머니에 주입하여 저농도의 표준물질을 제조한다.

45 환경대기 중 일산화탄소(CO)를 불꽃이온화검출기를 장착한 기체 크로마토그래프법으로 분석하려고 할 때, 정량하는 화학종은?

① CO_2 ② CH_4
③ C_2H_2 ④ C_3H_8

 불꽃이온화검출기를 이용한 일산화탄소의 측정원리는 다음과 같다. 운반가스로는 수소를 사용하며, 시료 공기를 분자체(molecular sieve)가 채워진 분리관을 통과시키면 분리된 일산화탄소는 니켈 촉매에 의해서 메테인으로 환원되는데 불꽃이온화검출기로 정량된다. 반응식은 다음의 식으로 표시된다.

$$CO + 3H_2 \xrightarrow{Ni} CH_4 + H_2O$$

46 배출가스 중 다이옥신을 분석할 때 앰버라이트 재질의 XAD-2 수지를 20 g 충전한 흡착관을 사용하는 경우 시료채취가스의 흡입량(Sm^3)은?

① $10\ Sm^3$ ② $8\ Sm^3$
③ $5\ Sm^3$ ④ $4\ Sm^3$

 • 시료채취장치는 먼지포집부, 기체흡수부, 기체흡착부, 배출가스 유속 및 유량측정부, 진공펌프 및 흡입기체 유량측정부 등으로 구성되며, 각 장치의 모든 연결부위는 볼 조인트(ball joint)와 집게로 밀착시켜 진공압을 유지하고, 진공용 윤활유는 사용하지 않는다.
• 시료채취장치 기체흡착부에 Amberlite사의 XAD-2 수지를 충전한 흡착관을 임펀저 3과 4 사이에 장착하고 흡착관은 오염을 막기 위해 청정한 장소에서 충전하여 사용한다. 흡착관에는 15 g ~30 g(시료채취 기체 1 m³당 5 g 이상에 해당하는 양)의 XAD-2 수지를 넣고 유리 또는 석영섬유로 채운다. 사용 전 양끝을 밀봉하여 직사광선을 피할 수 있는 곳에 보관한다.

---

47 배출가스 중 가스상물질의 시료채취 시 채취관이나 연결관의 재질로서 경질유리나 석영을 사용할 수 <u>없는</u> 분석대상 가스는?

① 플루오린화합물   ② 황산화물
③ 암모니아   ④ 염화수소

 채취관, 연결관 및 여과재의 재질은 배출가스의 조성, 온도 등을 고려해서 화학반응이나 흡착작용으로 분석에 영향을 주지 말아야 하며 잘 부식되지 않아야 한다.

〈분석물질의 종류별 채취관 및 연결관 등의 재질〉

분석물질, 공존가스	채취관, 연결관의 재질	여과재	비 고
암모니아	①②③④⑤⑥	ⓐ ⓑ ⓒ	① 경질유리
일산화탄소	①②③④⑤⑥⑦	ⓐ ⓑ ⓒ	② 석영
염화수소	①② ⑤⑥⑦	ⓐ ⓑ ⓒ	③ 보통강철
염소	①② ⑤⑥⑦	ⓐ ⓑ ⓒ	④ 스테인리스강 재질
황산화물	①② ④⑤⑥⑦	ⓐ ⓑ ⓒ	⑤ 세라믹
질소산화물	①② ④⑤⑥	ⓐ ⓑ ⓒ	⑥ 플루오린수지
이황화탄소	①② ⑥	ⓐ ⓑ	⑦ 염화바이닐수지
폼알데하이드	①② ⑥	ⓐ ⓑ	⑧ 실리콘수지
황화수소	①② ④⑤⑥⑦	ⓐ ⓑ ⓒ	⑨ 네오프렌
플루오린화합물	④ ⑥	ⓒ	
사이안화수소	①② ④⑤⑥⑦	ⓐ ⓑ ⓒ	
브로민	①② ⑥	ⓐ ⓑ	ⓐ 알칼리 성분이 없는 유리솜
벤젠	①② ⑥	ⓐ ⓑ	또는 실리카솜
페놀	①② ④ ⑥	ⓐ ⓑ	ⓑ 소결유리
비소	①② ④⑤⑥⑦	ⓐ ⓑ ⓒ	ⓒ 카보런덤

48 우리나라 대기오염공정시험기준에서 굴뚝 배출가스 중 먼지의 연속 자동측정법이 <u>아닌</u> 것은?

① 광산란적분법   ② 광투과법
③ 열중량분석법   ④ 베타(β)선흡수법

 먼지의 연속 자동측정법에는 광산란적분법과 베타(β)선흡수법, 광투과법이 있다.
　① 광산란적분법은 먼지를 포함하는 굴뚝 배출가스에 빛을 조사하면 먼지로부터 산란광이 발생한다. 산란광의 강도는 먼지농도에 비례한다. 굴뚝에서 미리 구한 먼지농도와 산란도의 상관관계식에 측정한 산란도를 대입하여 먼지농도를 구한다.
　② 광투과법은 먼지를 포함하는 굴뚝 배출가스에 일정한 광량을 투과하여 얻어진 투과된 광의 강도 변화를 측정하여 굴뚝에서 미리 구한 먼지농도와 투과도의 상관관계식에 측정한 투과도를 대입하여 먼지의 상대농도를 연속적으로 측정하는 방법이다.
　④ 베타(β)선흡수법은 시료가스를 등속흡입하여 여과지 위에 먼지시료를 채취한다. 이 여과지에 방사선 동위원소로부터 방출된 β선을 조사하고 먼지에 의해 흡수된 β량을 구한다. 미리 구해 놓은 β선 흡수량과 먼지농도 사이의 관계식에 의하여 먼지농도를 구한다.

49 배출가스 중 금속화합물을 원자흡수분광광도법에 의해 분석하는 시험방법에 대한 설명으로 옳은 것은?

> ⊙ 대기공정시험기준에서 배출가스 중 구리, 납, 니켈, 아연, 카드뮴, 크로뮴 및 그 화합물의 분석방법에 대하여 규정한다.
> ⓒ 시료용액을 직접 공기 − 수소 불꽃에 도입하여 원자화시킨 후, 각 금속 성분의 특정 파장에서 흡광세기를 측정하여 각 금속 성분의 농도를 구한다.
> ⓒ 원자흡수분광광도법을 이용한 각 금속의 측정파장, 정량범위, 정밀도 및 검출한계는 대기오염공정시험기준에 제시되어 있다.

① ⊙, ⓒ   ② ⊙, ⓒ
③ ⓒ, ⓒ   ④ ⊙, ⓒ, ⓒ

 해설   구리, 납, 니켈, 아연, 철, 카드뮴, 크로뮴을 원자흡수분광광도법에 의해 정량하는 방법으로, 시료용액을 직접 공기-아세틸렌 불꽃에 도입하여 원자화시킨 후, 각 금속 성분의 특정 파장에서 흡광세기를 측정하여 각 금속 성분의 농도를 구한다.

〈원자흡수분광광도법의 측정파장, 정량범위, 정밀도 및 방법검출한계〉

측정금속	측정파장 (nm)	정량범위 (mg/m³)	정밀도 (% 상대표준편차)	방법검출한계 (mg/m³)
Cu	324.8	0.01 ~ 5.000	10 이내	0.004
Pb	217.0/283.3	0.05 ~ 6.250	10 이내	0.015
Ni	232.0	0.010 ~ 5.000	10 이내	0.003
Zn	213.8	0.003 ~ 5.000	10 이내	0.0008
Fe	248.3	0.125 ~ 12.50	10 이내	0.0375
Cd	228.8	0.010 ~ 0.380	10 이내	0.003
Cr	357.9	0.100 ~ 5.000	10 이내	0.030
Be	234.9	0.010 ~ 0.500	10 이내	0.003

50 배출허용기준시험 중 가스상물질의 분석대상 가스와 분석방법의 연결이 틀린 것은?

① 사이안화수소 − 싸이오사이안산제이수은법
② 염소 − 오르토톨리딘법
③ 폼알데하이드 − 고성능 액체 크로마토그래피
④ 염화수소 − 이온 크로마토그래피

 해설   사이안화수소의 분석방법은 자외선/가시선 분광법 − 4 − 피리딘카복실산 − 피라졸론법이며, 시험방법들의 정량범위는 (0.05 ~ 8.61)ppm이며, 방법검출한계는 0.02ppm이다.

51 다음은 굴뚝 배출가스 중 질소산화물을 연속측정하기 위한 연속자동측정기의 성능 규격을 제시한 것이다. 대기오염공정시험기준의 성능 규격에 <u>적합하지 않은</u> 것은?

① 상대 정확도는 주시험방법의 20 % 이하

② 재현성은 최대 눈금치의 2 % 이하

③ 교정오차 10 % 이하

④ 스팬드 리프트(2시간)는 최대 눈금치의 2 % 이하

 〈이산화황, 질소산화물, 염화수소, 플루오린화수소, 암모니아, 일산화탄소 연속자동측정기기의 성능 규격〉

항 목	성 능
교정오차	5 % 이하
상대 정확도	주시험방법, 기기분석방법의 20 % 이하 (단, 측정값이 해당 배출허용기준의 50 % 이하인 경우에는 배출허용기준의 15 % 이하)
응답시간	최대 5분 이하(단, 이온전극법일 경우 10분 이내)
재현성	최대 눈금치의 2 % 이하
배출가스 유량에 대한 안전성	최대 눈금치의 2 % 이하
편향시험	5 % 이하
원격검색	±5 % 이내

52 수분흡수관의 사용 전후 무게 차이가 18 g이고, 건조 공기 흡입량이 표준상태에서 100 L이었다. 표준상태에서의 총 공기 흡입량은 얼마인가?

① 132.4 L

② 122.4 L

③ 112.4 L

④ 102.4 L

$$V_t = V_m \times \frac{273}{273 + \theta_m} \times \frac{P_a + P_m}{760} + \frac{22.4}{18} m_a$$

여기서, V_t : 총 공기 흡입량(L)

m_a : 흡습 수분의 질량($m_{a_2} - m_{a_1}$, g)

V_m : 흡입한 건조 가스량(건식 가스미터에서 읽은 값, L)

θ_m : 가스미터에서의 흡입 가스온도(℃)

P_a : 대기압(mmHg)

P_m : 가스미터에서의 가스 게이지압(mmHg)

$$\therefore \ V_t = 100 \times \frac{273}{273 + 0} \times \frac{760 + 0}{760} + \frac{22.4}{18} \times 18 = 122.4 \text{ L}$$

정답 51 ③ 52 ②

53 다음은 배출가스 중 먼지 시료채취에 관한 대기오염공정시험기준이다. ( ) 안에 옳은 것은?

> 채취량이 원형 여과지일 때 채취면적 1 cm²당 ( ) mg 정도, 원통형 여과지일 때는 ( ) mg
> 이상 되도록 한다. 다만, 동 채취량을 얻기 곤란한 경우는 공기 흡입유량은 ( ) L 이상으로 한다.

① 1, 5, 100
② 5, 1, 100
③ 1, 5, 400
④ 5, 1, 400

 흡입가스량은 원칙적으로 채취량이 원형 여과지일 때 채취면적 1 cm²당 1 mg 정도, 원통형 여과지
일 때는 전체 채취량이 5 mg 이상 되도록 한다. 단, 동 채취량을 얻기 곤란한 경우에는 흡입가스량
을 400 L 이상 또는 흡입시간을 40분 이상으로 한다.

54 굴뚝 배출가스 중의 비소화합물을 분석하기 위한 시료채취에 관한 설명으로 **잘못된** 것은?

① 입자상의 비소를 시료채취할 때에는 등속흡입으로 채취한다.
② 입자상의 비소를 시료채취 시에는 규소섬유 또는 플루오린수지제 여과지를 사용한다.
③ 가스상의 비소는 수산화소듐용액(4 g/L)을 흡수액으로 사용한다.
④ 가스상 비소의 시료흡입 유량은 최고 2 L/min 정도이다.

 ① 굴뚝 배출가스 중 모든 입자상물질을 시료채취할 때는 정확한 농도를 산출하기 위하여 흡입노
즐을 배출가스 흐름방향으로 하고 배출가스와 같은 유속으로 흡입하여야 한다.
② 입자상 비소를 채취하는 여과지의 재질은 규소섬유 또는 플루오린수지제를 사용한다.
③ 가스상 비소를 시료채취할 때는 수산화소듐용액(4 g/L)을 흡수액으로 한다.
④ 흡입유량은 약 1 L/min로 한다.

55 굴뚝 시료채취 시 채취관을 보온 또는 가열해 주는 이유 중 틀린 것은?

① 시료채취장치의 부식을 방지하기 위해서
② 여과재의 구멍이 막히지 않도록 하기 위해서
③ 분석대상 가스의 분석오차를 막기 위해서
④ 배출가스의 공기 누출을 막기 위해서

 채취관을 보온 및 가열하는 이유 : 배출가스 중의 수분 또는 이슬점이 높은 기체 성분이 응축해서
채취관이 부식될 염려가 있는 경우, 여과재가 막힐 염려가 있는 경우, 분석대상 기체가 응축수에
용해해서 오차가 생길 염려가 있는 경우에는 채취관을 보온 또는 가열한다. 보온재료는 암면, 유리
섬유제 등을 쓰고 가열은 전기가열, 수증기 가열 등의 방법을 쓴다. 전기가열 채취관을 쓰는 경우
에는 가열용 히터를 보호관으로 보호하는 것이 좋다.

56 배출가스 중의 납화합물의 원자흡수분광광도법에 관한 설명이다. 이에 대한 내용 중 <u>잘못된</u> 것은?

① 시료용액에 염류와 같은 방해물질이 존재하지 않을 때에는 가연성 기체로 아세틸렌(C_2H_2)을 사용한다.

② 조연성 가스로는 아르곤을 사용한다.

③ 납을 질산에 녹여 표준액으로 사용한다.

④ 납 속빈음극램프를 사용한다.

 해설 조연성 기체로는 공기 또는 아산화질소(N_2O)를 사용한다.

57 등속흡입계수에 대한 설명으로 <u>틀린</u> 것은?

① 가스상 대기오염물질의 농도를 산정하기 위해 필수적으로 측정하여야 한다.

② 등속흡입계수의 적정 범위는 90 % ~ 110 %이다.

③ 등속흡입계수를 산정하기 위해서는 배출가스의 정압, 오리피스압차, 굴뚝 내 배출가스 온도, 진공 게이지압, 시료채취시간 등을 측정하여야 한다.

④ 시료채취부에 있는 노즐의 종류에 따라 등속흡입계수가 변한다.

 해설 • 등속흡입계수는 굴뚝에서 배출되는 입자상 오염물질의 농도를 산출하기 위해 필수적으로 측정하여야한다.
• 채취점마다 동압을 측정하여 계산자(노모그래프) 또는 계산기를 이용하여 등속흡입을 위한 적정한 흡입노즐 및 오리피스압차를 구한 후 유량조절밸브를 이용하여 오리피스차압이 유지되도록 유량을 조절하여 시료를 채취한다.
• 등속흡입계수를 구하고 그 값이 90 % ~ 110 % 범위 내에 들지 않는 경우에는 다시 시료채취를 행한다.

58 다음 중 굴뚝 등에서 배출되는 배출가스 중 질소산화물(NO + NO₂)을 분석하는 방법으로 적합한 것은?

① 인도페놀법

② 아연환원 나프틸에틸렌다이아민법

③ 메틸렌블루법

④ 피리딘카복실산 – 피라졸론법 – 피라졸론법

해설 ① 인도페놀법 – 암모니아
③ 메틸렌블루법 – 황화수소
④ 피리딘카복실산 – 피라졸론법 – 사이안화수소

59 상온 · 상압에서 배출가스의 유속을 피토관으로 측정하였더니 동압이 2 mmHg였다. 공기의 유속은 몇 m/s인가? (단, 피토관계수는 0.9, 배출가스의 밀도는 1.3 kg/Sm³이다.)

① 3.5　　　　　　　　　　　② 4.9

③ 12.9　　　　　　　　　　　④ 18.2

 배출가스의 평균 유속을 구하는 식은 다음과 같다.

$$\overline{V} = C \sqrt{\frac{2gh}{\gamma}}$$

　여기서, $\overline{V}$: 배출가스 평균 유속(m/s)
　　　　　C : 피토관계수
　　　　　h : 배출가스 동압 측정치(mmH₂O)
　　　　　g : 중력가속도(9.8 m/s²)
　　　　　γ : 굴뚝 내의 습한 배출가스 밀도(kg/Sm³)

$$\therefore \overline{V} = 0.9 \times \sqrt{\frac{2 \times 9.8 \times \frac{2 \times 10\,332.2}{760}}{1.3}} = 18.2 \text{ m/s}$$

60 배출가스 중의 페놀화합물 농도를 분석하기 위한 방법으로 옳은 것은?

① 공정시험기준에서 배출가스 중의 페놀화합물 측정은 자외선/가시선 분광법과 액체 크로마토그래프 방법을 채택하고 있다.

② 적절한 방법으로 흡수액으로부터 추출, 농축시킨 페놀류는 4 – 아미노안티피린 자외선/가시선 분광법을 이용하여 정량분석할 수 있다.

③ 자외선/가시선 분광법에서 시료 중의 페놀류는 아세트산용액에 흡수시켜 채취한다.

④ 자외선/가시선 분광법에서 흡수병에 채취한 페놀류는 디티존 용액으로 발색시킨 후 흡광도를 측정하여 농도를 계산한다.

 • 배출가스 중의 페놀화합물의 측정은 자외선/가시선 분광법(4 – 아미노안티피린)과 기체 크로마토그래프 방법을 채택하고 있다.
　• 자외선/가시선 분광법은 배출가스를 수산화소듐용액에 흡수시켜 용액의 pH를 10 ± 0.2로 조절한 후 여기에 4–아미노안티피린 용액과 헥사사이아노철(Ⅲ)산포타슘 용액을 순서대로 가하여 얻어진 적색 액을 510 nm의 파장에서 흡광도를 측정하여 페놀화합물의 농도를 계산한다.

61 굴뚝에서 배출되는 건조 배출가스의 유량을 연속적으로 자동측정하는 방법이 <u>아닌</u> 것은?

① 피토관을 이용하는 방법

② 비분산 적외선을 이용하는 방법

③ 열선 유속계를 이용하는 방법

④ 와류 유속계를 이용하는 방법

• 배출가스 유량을 연속으로 자동측정하는 방법에는 피토관, 열선 유속계, 와류 유속계, 초음파 유속계를 이용하는 방법이 있다.
• 비분산 적외선을 이용하는 방법은 염화수소를 연속 자동측정하는 방법이다.

62 배출가스 중 휘발성 유기화합물(VOCs)의 시료채취방법에 대한 설명으로 옳지 않은 것은?

① 시료채취방법으로는 흡착관 또는 시료채취주머니로 채취하는 방법이 있다.
② 각 장치의 모든 연결부위는 플루오린수지 재질의 관을 사용하여 연결한다.
③ 흡착관법에서 시료 흡입속도는 $1\,L/min \sim 1.5\,L/min$ 정도로 한다.
④ 굴뚝이나 기기의 분석조건 하에서 매우 낮은 증기압을 갖는 휘발성 유기화합물의 측정에는 적용되지 않는다.

 ③ 흡착관법 시료 흡입속도는 $100\,mL/min \sim 250\,mL/min$ 정도로 하며, 채취량은 $1\,L \sim 5\,L$ 정도가 되도록 한다.
• 각 장치의 모든 연결부위는 진공용 윤활유를 사용하지 않고 플루오린수지 재질의 관을 사용하여 연결한다.
• 시료채취주머니는 $1\,L \sim 10\,L$ 규격의 시료채취주머니를 사용하여 $1\,L/min \sim 2\,L/min$ 정도로 시료를 흡입한다.

63 산업시설의 덕트 또는 굴뚝 등으로 배출되는 배출가스 중 휘발성 유기화합물의 시료채취방법 인 시료채취주머니 방법에 대한 내용으로 적합하지 않은 것은?

① 시료채취주머니를 재사용하는 경우에는 제로기체와 동등 이상의 순도를 가진 질소나 헬륨가스를 채운 후 24시간 혹은 그 이상 동안 시료채취주머니를 놓아둔 후 퍼지(purge)시키는 조작을 반복한다.
② 누출시험을 실시한 후 시료를 채취하기 전에 가열한 시료채취관 및 도관을 통해 순수 공기로 충분히 치환한다.
③ $1\,L \sim 10\,L$ 규격의 시료채취주머니를 사용하여 $1\,L/min \sim 2\,L/min$ 정도로 시료를 흡입한다.
④ 시료를 채취한 시료채취주머니는 입구를 플루오린수지 재질로 된 필름으로 밀봉하여 시료채취 후 24시간 이내에 분석한다.

 ① 시료채취주머니는 새 것을 사용하는 것을 원칙으로 한다. 재사용 시에는 제로기체와 동등 이상의 순도를 가진 질소나 헬륨기체를 채운 후 24시간 이상 시료채취주머니를 놓아둔 후 퍼지(purge)시키는 조작을 반복하고, 내부의 기체를 채취하여 사용 전에 오염 여부를 확인하고 오염되지 않은 것을 사용한다.
② 누출시험을 실시한 후 시료를 채취하기 전에 가열한 시료채취관 및 도관을 통해 시료로 충분히 치환한다.
③ $1\,L \sim 10\,L$ 규격의 시료채취주머니를 사용하여 $1\,L/min \sim 2\,L/min$ 정도로 시료를 흡입한다.
④ 시료채취주머니는 빛이 들어가지 않도록 차단하고, 시료채취 이후 24시간 이내에 분석한다.

64 배출가스 중 염화바이닐의 분석법에 관한 설명으로 틀린 것은?

① 시료채취주머니–열탈착법을 이용하여 분석할 수 있다.

② 기체 크로마토그래피의 검출기로는 FID와 ECD가 사용될 수 있다.

③ 기체 크로마토그래피의 분리관은 캐필러리형 칼럼(capillary column)이 사용될 수 있다.

④ 고체흡착 용매추출법은 황화수소를 사용하여 흡착관에 흡착된 염화바이닐을 추출할 수 있다.

 ① 시료를 흡착관 및 시료채취주머니에 채취하여 기체 크로마토그래프 시스템에서 분석하는 방법이다.

② 흡착관법을 이용하여 분석 가능한 농도범위는 0.10 ppm ～ 1.00 ppm으로 흡착관 농축 – GC/FID(혹은 MS)법을 사용하여 분석한다.

③ 시료채취주머니 방법을 이용하여 분석 가능한 농도범위는 0.10 ppm ～ 500.0 ppm이다. 0.10 ppm ～ 1.00 ppm 농도에서는 시료채취주머니–GC/ECD법을 사용하고, 1.00 ppm 이상의 농도에서는 시료채취주머니–GC/FID(혹은 MS)법을 사용한다.

65 배출허용기준 중 표준산소농도를 적용받는 항목에 대하여 C : 오염물질 농도(mg/Sm³ 또는 ppm), C_a : 실측 오염물질 농도(mg/Sm³ 또는 ppm), O_s : 표준산소농도(%), O_a : 실측 산소 농도(%), Q : 배출가스 유량(Sm³/일), Q_a : 실측 배출가스 유량(Sm³/일)일 때, 오염물질의 농도 및 배출가스 유량 보정식으로 옳은 것은?

① $C = C_a \times \dfrac{21 + O_s}{21 + O_a}$, $Q = Q_a \div \dfrac{21 + O_s}{21 + O_a}$　② $C = C_a \times \dfrac{21 - O_s}{21 - O_a}$, $Q = Q_a \div \dfrac{21 - O_s}{21 - O_a}$

③ $C = C_a \div \dfrac{21 - O_s}{21 - O_a}$, $Q = Q_a \div \dfrac{21 - O_s}{21 - O_a}$　④ $C = C_a \div \dfrac{21 + O_s}{21 + O_a}$, $Q = Q_a \div \dfrac{21 + O_s}{21 + O_a}$

 • 배출허용기준 중 표준산소농도를 적용받는 항목에 대하여 식을 적용하여 오염물질의 농도 및 배출가스 유량을 보정한다.

• 오염물질 농도 보정 : 배출가스를 공기로 희석시켜 배출시키는 것을 방지하기 위하여 오염물질의 농도를 희석시키기 전의 농도로 환산한다.

• 배출가스 유량 보정 : 배출가스 중의 오염물질의 양을 희석시켜 배출할 때의 배출가스 유량을 희석시키기 전의 배출가스 유량으로 환산한다.

66 비색법에 의해 어떤 물질을 정량할 때, 10 mm의 셀(cell)을 사용한 경우, 시료의 흡광도가 0.2라면 같은 시료를 5 mm 셀을 사용하여 측정한 흡광도는?

① 0.01　　　　　　　　　　　　　② 0.05

③ 0.1　　　　　　　　　　　　　④ 0.2

 흡광도를 이용한 램버트–비어의 법칙을 식으로 표시하면 $A = \varepsilon cl$, 흡광도는 시료의 농도와 셀의 길이에 비례한다. ∴ $10 : 0.2 = 5 : x$, $x = 0.1$

67 배출가스 중 금속화합물을 원자흡수분광광도법으로 분석 시 다음 설명 중 <u>틀린</u> 것은?

① 시료 내 납, 카드뮴, 크로뮴의 양이 미량으로 존재하거나 방해물질이 존재할 경우 용매추출
법을 적용하여 정량할 수 있다.

② 철 분석 시 다량의 탄소가 포함된 시료의 경우, 시료를 채취한 여과지를 적당한 크기로 잘라
서 자기도가니에 넣어 전기로를 사용하여 800 ℃에서 30분 이상 가열한 후 전처리 조작을
행한다.

③ 카드뮴 분석 시 알칼리 금속의 할로겐화물이 다량 존재하면 분자흡수, 광산란 등에 의해
양의 오차가 발생한다. 이 경우에는 미리 카드뮴을 용매추출법으로 분리하거나 바탕값의
보정을 실시한다.

④ 크로뮴 분석 시 아세틸렌-공기 불꽃에서는 철, 니켈 등에 의한 방해를 받는다. 이 경우 황산
소듐, 황산포타슘 또는 이플루오린화수소암모늄을 10 g/L 정도 가하여 분석하거나, 아세틸
렌-산화이질소 불꽃을 사용하여 방해를 줄일 수 있다.

- 철 분석 시 니켈, 코발트가 다량 존재할 경우 간섭이 일어날 수 있다. 이때 검정곡선용 표준용액
의 매질을 일치시키고 아세틸렌-아산화질소 불꽃을 사용하여 분석하거나, 흑연로원자흡수분광
광도법을 이용하여 간섭을 최소화시킬 수 있다. 규소를 다량 포함하고 있을 때는 0.2 g/L 염화칼
슘(CaCl₂, calcium chloride) 용액을 첨가하여 분석하고, 유기산(특히 시트르산)이 다량 포함되
어 있을 때는 5 g/L 인산을 가하여 간섭을 줄일 수 있다.
- 니켈 분석 시 다량의 탄소가 포함된 시료의 경우, 시료를 채취한 여과지를 적당한 크기로 잘라서
자기도가니에 넣어 전기로를 사용하여 800 ℃에서 30분 이상 가열한 후 전처리 조작을 행한다.
또한 카드뮴, 크로뮴 등을 동시에 분석하는 경우에는 500 ℃에서 2시간 ~ 3시간 가열한 후 전처
리 조작을 행한다.

68 배출가스 중 다이옥신 및 퓨란류 시험방법에 대한 설명으로 <u>틀린</u> 것은?

① 흡착을 위한 흡착관에는 XAD-2 수지를 15 g ~ 30 g 정도 충진한다.

② 먼지채취부가 200 ℃ 초과하는 경우 적절한 방법을 사용하여 200 ℃ 이하로 유지해야 한다.

③ 여과지는 원통형 유리섬유 재질을 사용하며, 여과지 홀더는 석영 또는 경질유리 재질로 된
것을 사용한다.

④ 증류수는 노말-헥세인으로 세정한 것을 사용한다.

- 배출가스 중 다이옥신 및 퓨란류는 '잔류성 유기오염물질 공정시험기준'의 배출가스 중 비의도
적 잔류성 유기오염물질(UPOPs) 동시 시험기준 - HRGC/HRMS를 따른다.
- 먼지채취부가 120 ℃를 초과하는 경우에는 연결관 사용 등의 적절한 방법을 사용하여 120 ℃
이하로 유지하여야 한다. 또한 배출가스 온도가 높을 경우(500 ℃ 이상)에는 냉각장치 등을 사용
하여 먼지채취부 온도를 120 ℃ 이하로 유지하여야 한다.
- XAD-2 수지 세척은 아세톤+정제수(1+1), 아세톤, 톨루엔(2회), 아세톤 순으로 각각 순서대로
30분간 초음파 세정을 실시하고, 30 ℃ 이하의 진공건조기에서 충분히 건조시켜 사용한다.

정답 **67** ② **68** ②

69 굴뚝 배출가스 중 가스상물질을 연속으로 자동 측정하는 경우 각각의 물질에 대한 분석방법 중 옳지 <u>않은</u> 것은?

① 이산화황 : 용액전도율법, 불꽃광도법

② 질소산화물 : 화학발광법, 이온전극법

③ 염화수소 : 이온전극법, 비분산 적외선분광분석법

④ 암모니아 : 용액전도율법, 적외선가스분광분석법

 ① 이산화황은 측정원리에 따라 용액전도율법, 적외선흡수법, 자외선흡수법, 정전위전해법 및 불꽃광도법 등으로 분류할 수 있다.

② 질소산화물 측정방법은 설치방식에 따라 시료채취형과 굴뚝부착형으로 나뉘어지며 측정원리에 따라 화학발광법, 적외선흡수법, 자외선흡수법 및 정전위전해법 등으로 분류할 수 있다.

③ 염화수소는 이온전극법, 비분산 적외선분광분석법 등이 있다.

④ 암모니아는 용액전도율법과 적외선가스분광분석법이 있다.

70 이황화탄소(CS_2) 농도를 기체 크로마토그래프법으로 정량하려고 한다. 검정곡선으로 구한 시료 중에 포함된 이황화탄소량은 0.004 μg, 건조시료 가스량은 10 mL(0 ℃, 760 mmHg)이다. 이황화탄소의 농도(ppm)는?

① 0.0118

② 0.059

③ 0.118

④ 0.59

 • 이황화탄소 양(μL) : 0.004 μg × 22.4 μL/76 μg = 0.00118 μL

• 이황화탄소 농도(V/V ppm) : 0.00118 μL/10 mL = 0.000118 μL/mL = 0.118 μL/L(ppm)

71 질소산화물의 농도를 자외선흡수법 자동측정기에서 측정할 때 간섭하는 물질은?

① SO_2

② H_2O

③ CO_2

④ CO

 측정방법에 따른 간섭물질

측정방법	간섭물질
전기화학식(정전위전해법)	염화수소, 황화수소, 염소
화학발광법	이산화탄소
적외선흡수법	수분, 이산화탄소, 이산화황, 탄화수소
자외선흡수법	이산화황, 탄화수소

72 배출가스 중의 염화수소를 싸이오사이안산제이수은법으로 측정한 결과 농도가 47 ppm이었다. 이를 %와 mg/Sm³ 농도로 환산한 결과로 옳은 것은?

① 0.047 %, 28.8 mg/Sm³

② 0.0047 %, 29.7 mg/Sm³

③ 0.047 %, 743.5 mg/Sm³

④ 0.0047 %, 76.6 mg/Sm³

1 %는 10 000 ppm이므로 47 ppm은 0.0047 %, 47 mL/m³

염화수소 1 mg mole는 36.5 mg, 22.4 mL

따라서, $47\dfrac{mL}{m^3} \times \dfrac{36.5mg}{22.4mL} = 76.6\dfrac{mg}{Sm^3}$

73 굴뚝에서 배출되는 가스 중 황산화물을 측정하였다. 측정된 산소농도는 10 %이고, 황산화물의 농도는 200 ppm이다. 대기환경보전법 배출허용기준 표준산소농도가 12 %일 때 보정된 황산화물의 농도는?

① 164 ppm

② 194 ppm

③ 214 ppm

④ 244 ppm

 오염물질 농도 보정 : 배출가스를 공기로 희석시켜 배출시키는 것을 방지하기 위하여 오염물질의 농도를 희석시키기 전의 농도로 환산한다.

$$C = C_a \times \dfrac{21 - O_s}{21 - O_a}$$

여기서, C : 오염물질 농도(mg/Sm³ 또는 ppm)

C_a : 실측 오염물질 농도(mg/Sm³ 또는 ppm)

O_s : 표준산소농도(%)

O_a : 실측 산소농도(%)

따라서, $200\,ppm \times \dfrac{21 - 12}{21 - 10} = 164\,ppm$

74 알데하이드류를 분석하는 방법에 대한 설명으로 틀린 것은?

① DNPH 유도체를 아세토나이트릴 용매로 추출하여 분석한다.

② 시료가스 채취관은 유리관이나 석영유리관 및 플루오린수지관을 이용한다.

③ 고성능 액체 크로마토그래피(HPLC)를 이용하여 분석한다.

④ 검출기는 UV 검출기를 사용하며, 460 nm 파장에서 분석한다.

 배출가스 중의 알데하이드류를 흡수액 2,4-다이나이트로페닐하이드라진(DNPH, dinitrophenylhydrazine)과 반응하여 하이드라존 유도체(hydrazone derivative)를 생성하게 되고 이를 액체 크로마토그래프로 분석하여 정량한다. 하이드라존(hydrazone)은 UV 영역, 특히 350 nm ~ 380 nm에서 최대 흡광도를 나타낸다.

75 굴뚝에서 배출되는 배출가스 중 무기 플루오린화합물을 자외선/가시선 분광법으로 분석하는 경우 공존하는 방해 이온으로 짝지어진 것은?

① Al^{3+}, Pb^{2+}, NH_4^+

② Cu^{2+}, Zn^{2+}, PO_4^{3-}

③ Fe^{3+}, Mn^{2+}, NH_4^+

④ Zn^{2+}, Cr^{3+}, PO_4^{3-}

시료가스 중에 알루미늄(Ⅲ), 철(Ⅱ), 구리(Ⅱ), 아연(Ⅱ) 등의 중금속 이온이나 인산 이온이 존재하면 방해 효과를 나타낸다. 따라서 적절한 증류방법을 통해 플루오린화합물을 분리한 후 정량하여야 한다.

〈성분과 허용량(mg)〉

성분	Ca^{2+}	Mg^{2+}	CO^{2+}	Ni^{2+}	Fe^{3+}	Al^{3+}	NO_3^-	SO_3^{2-}	SO_4^{2-}	PO_4^{3-}
허용량	600	600	12	125	1.2	1.2	125	125	1 250	125

76 수직 원형 굴뚝의 상부 직경은 1 m, 하부 직경은 2 m, 높이는 20 m이다. 먼지 채취를 위한 측정공의 최소 높이는 하부로부터 얼마 이상이어야 하는가?

① 12.1 m
② 13.4 m
③ 14.7 m
④ 16.0 m

 ㉠ 측정공의 위치는 수직굴뚝 하부 끝단으로부터 위를 향하여 그 곳의 굴뚝 내경의 8배 이상이 되고, 상부 끝단으로부터 아래를 향하여 그 곳의 굴뚝 내경의 2배 이상이 되는 지점에 측정공 위치를 선정하는 것을 원칙으로 한다.
㉡ 위의 기준에 적합한 측정공 설치가 곤란하거나 측정작업의 불편, 측정자의 안전성 등이 문제될 때에는 하부 내경의 2배 이상과 상부 내경의 1/2배 이상 되는 지점에 측정공 위치를 선정할 수 있다.
㉢ 굴뚝 단면이 서서히 축소되는 경우의 원형 굴뚝 직경 산출은 아래와 같다.
㉣ 위의 ㉠에 의거하여 측정공 위치를 대략적으로 선정하고 다음에 의거하여 굴뚝 직경을 산출하여, 선정된 측정공 위치가 환산 하부 직경의 2배 이상과 환산 상부 직경의 1/2배 이상이면 측정공 위치로 채택한다.

- 환산 하부 직경 = $\dfrac{\text{하부 직경 + 선정된 측정공 위치의 직경}}{2}$

- 환산 상부 직경 = $\dfrac{\text{상부 직경 + 선정된 측정공 위치의 직경}}{2}$

여기서 선정된 측정공 위치의 직경은 높이 C인 굴뚝의 높이 $X\%$ 되는 지점(바닥을 기준으로 한 것)에서의 직경(D)으로, 다음의 식으로 구한다.

$D = A + 0.01(B - A)(100 - X)$

여기서, A : 상부 직경
B : 하부 직경
X : 전체 높이에 대한 구하고자 하는 높이의 비(%)

전체 높이는 20 m이고, 하부 직경이 2 m이므로 8배 이상 되는 높이(16 m)는 80 %이므로 이 높이의 직경(D)은 다음과 같다.

$D = 1 + (0.01)(2 - 1)(100 - 80) = 1.2$ m

따라서, 환산 하부 직경 = $\dfrac{2 + 1.2}{2} = 1.6$ m

굴뚝 단면이 서서히 축소되는 원형 굴뚝의 측정공의 높이는 환산 하부 직경의 8배 이상이므로 $1.6 \times 8 = 12.8$ m 이상이다.
따라서, 문제에 주어진 측정공의 최소 높이는 13.4 m이어야 한다.

77 Al, B, Si 등의 원소를 분석할 때 사용되는 불꽃을 만들기 위한 조연성 가스와 가연성 가스는 무엇인가?

① 프로판, 공기

② 수소, 공기

③ 아세틸렌, 공기

④ 아세틸렌, 아산화질소

 Al, B, Si를 원자흡수분광광도법에 의해 정량하는 방법으로, 원자흡수분광광도용 기체로는 가연성 기체로 아세틸렌(C_2H_2)을 사용하고, 조연성 기체로는 아산화질소(N_2O)를 사용하여 시료용액을 불꽃에 도입하여 원자화시킨 후, 각 금속 성분의 특성 파장에서 흡광세기를 측정하여 각 금속 성분의 농도를 구한다.

78 인도페놀법은 굴뚝 배출가스 중 암모니아를 분석하는 방법이다. 이에 대한 설명으로 옳지 않은 것은?

① 분석용 시료용액에 페놀-나이트로프루시드소듐 용액과 하이포아염소산소듐 용액을 가하고 암모늄 이온과 반응하여 생성하는 인도페놀류의 흡광도를 측정하여 암모니아를 정량한다.

② 130 ℃에서 건조한 황산암모늄 2.9489 g을 정제수에 녹여 1 L로 한다.

③ 암모니아 농도에 대하여 이산화질소가 100배 이상, 아민류가 몇십 배 이상, 이산화황이 10배 이상, 황화수소가 같은 양 이상 각각 공존하지 않는 경우에 적합하다.

④ 이 방법은 시료채취량 20 L인 경우 시료 중 암모니아 농도가 약 10 ppm 이상인 것의 분석에 적합하다.

 시료채취량 20 L인 경우 시료 중 암모니아의 농도가 약 10 ppm 이하인 것의 분석에 적합하고, 이산화질소가 100배 이상, 아민류가 몇십 배 이상, 이산화황이 10배 이상 또는 황화수소가 같은 양 이상 각각 공존하지 않는 경우에 적용할 수 있다.

79 굴뚝 배출가스를 연속적으로 자동측정하는 방법 중 측정원리에 따라 이온전극법으로 측정할 수 있는 오염물질로만 짝지어진 것은?

① SO_2, HF

② HCl, NO_x

③ SO_2, NO_x

④ HCl, HF

해설 • 이산화황은 측정원리에 따라 용액전도율법, 적외선흡수법, 자외선흡수법, 전기화학식(정전위전해법) 및 불꽃광도법 등으로 분류할 수 있다.
• 플루오린화수소는 이온전극법이 있다.
• 염화수소는 이온전극법, 비분산 적외선 분광분석법 등이 있다.
• 질소산화물은 설치방식에 따라 시료채취형과 굴뚝부착형으로 나뉘어지며, 측정원리에 따라 화학발광법, 적외선흡수법, 자외선흡수법 및 정전위전해법 등으로 분류할 수 있다.

정답 77 ④ 78 ④ 79 ④

80 배출가스상 물질 시료채취방법 중 채취부에 <u>해당하지 않는</u> 것은?

① 흡수병　　　　　　　　　　　　② 수은 마노미터

③ 가스건조탑　　　　　　　　　　④ 채취관

 채취부는 가스 흡수병, 바이패스용 세척병, 수은 마노미터, 가스건조탑, 펌프, 가스미터 등으로 조립한다. 접속에는 갈아맞춤(직접 접속), 실리콘 고무, 플루오린 고무 또는 연질 염화바이닐관을 쓴다.

81 굴뚝에서 배출되는 먼지 측정 시 흡습관법이나 응축기법 등으로 수분량을 측정하는데, 이 수분량을 측정하는 목적이 <u>아닌</u> 것은?

① 시료 흡입유량에 대한 보정을 하기 위해서

② 측정공의 위치를 선정하기 위해서

③ 습한 배출가스의 단위체적당 질량을 계산하기 위해서

④ 유속 및 유량을 측정하기 위해서

 수분량 측정 목적은 가스유량의 산정과 등속흡입을 위한 중요 인자로 활용하고, 예비 수분량을 측정하여 적정한 노즐을 선택할 때 필요하며, 시료채취 할 때 가스유량을 예상하여 정확한 먼지농도를 산출하는 데 목적이 있다.

82 배출가스 중의 다이옥신 및 퓨란류를 분석하기 위한 시약으로 <u>적절하지 못한</u> 것은?

① 아세톤 : 잔류농약 시험용

② 무수황산소듐 : 특급 이상을 사용

③ 톨루엔 : 잔류농약 시험용

④ 정제수 : 노말헥세인으로 세정한 정제수

 배출가스 중 다이옥신 및 퓨란류 분석용 시약은 다음 시약등급을 사용한다.
- 정제수 : 노말 - 헥세인으로 세정한 정제수를 사용한다.
- 노말 - 헥세인($n-C_6H_{14}$) : 잔류농약 분석급 이상의 것을 사용한다.
- 아세톤(C_3H_6O) : 잔류농약 분석급 이상의 것을 사용한다.
- 다이클로로메탄(CH_2Cl_2) : 잔류농약 분석급 이상의 것을 사용한다.
- 다이에틸렌글리콜($C_2H_{10}O_2$) : 잔류농약 분석급 이상의 것을 사용한다.
- 톨루엔(C_7H_8) : 잔류농약 분석급 이상의 것을 사용한다.
- 황산(H_2SO_4) : 유해 중금속 분석급 이상의 것을 사용한다.
- 질산은($AgNO_3$) : 특급 이상의 것을 사용한다.
- 수산화포타슘(KOH) : 특급 이상의 것을 사용한다.
- 무수황산소듐(Na_2SO_4) : 유해 중금속 분석급 이상을 사용한다.

83 다음은 고성능 액체 크로마토그래프법에 의한 배출가스 중 폼알데하이드 분석방법에 관한 내용이다. 적합하지 않은 것은?

① 시료채취가 완료되면 임핀저를 마개하여 실험실로 가져와서 마개를 열고 유도화 반응을 완결하기 위해 50 ℃ ~ 60 ℃의 수욕조에 임핀저를 30분간 넣어둔다.

② 임핀저를 실온이 되게 한 후 아세토나이트릴로 50 mL 눈금까지 채운다. 시료채취 시 카트리지를 사용했을 경우 마개를 제거하고 20 mL의 아세토나이트릴로 추출해 낸 후 아세토나이트릴을 가해 50 mL로 만든다.

③ HPLC 분석은 다음 조건을 만족하여야 한다.
   · 칼럼 : C18(300 mm×3.9 mm×4 μm)
   · 검출기 : UV/VIS, 360 nm
   · 주입량 : 10 μL, 유량 : 1.3 mL/분

④ 채취된 시료를 당일 분석하지 않을 경우 시료를 유리병에 옮긴 후 마개를 하여 4 ℃ 이하의 냉장고에 냉장보관하여야 하며, 이 냉장시료는 30일 이내에 분석하여야 한다.

· 시료채취가 완료되면 임핀저를 마개한 후 실험실로 가져와서 마개를 열고 유도화 반응을 완결하기 위해 70 ℃ ~ 80 ℃의 항온조에 임핀저를 30분간 넣어둔다.
· 만일 항온조에 넣지 않아도 목적 카보닐 화합물의 분해능, 정확도 및 정밀도 결과가 같으면 항온조 과정을 생략할 수 있다.

84 원자흡수분광광도법에 의한 니켈 측정 시 시료에 다량의 탄소가 포함되었을 때의 간섭작용을 배제하기 위한 방법으로 적합한 것은?

① 시료를 채취한 여과지를 적당한 크기로 잘라서 자기도가니에 넣어 전기로를 사용하여 섭씨 800°에서 30분 이상 가열한 후 전처리 조작한다.

② 시료에 이플로오린화수소암모늄을 1 % 정도 가하여 분석하거나, 아세틸렌-산화이질소 불꽃을 사용하여 방해를 줄일 수 있다.

③ 검정곡선용 표준용액의 매트릭스를 일치시키고 아세틸렌-산화이질소 불꽃을 사용하여 분석한다.

④ 시료에 0.2 % 염화칼슘용액을 첨가하고 필요에 따라서는 0.5 % 인산을 추가로 가하여 간섭을 줄인다.

· 다량의 탄소가 포함된 시료의 경우, 시료를 채취한 필터를 적당한 크기로 잘라서 자기도가니에 넣어 전기로를 사용하여 800 ℃에서 30분 이상 가열한 후 전처리 조작을 행한다.
· 카드뮴, 크로뮴 등을 동시에 분석하는 경우에는 500 ℃에서 2시간 ~ 3시간 가열한 후 전처리 조작을 행한다.

85 자외선/가시선 분광법의 흡광도값에 영향을 미치지 <u>않는</u> 것은 무엇인가?

① 시험용액의 종류   ② 입사광의 세기

③ 시험용액의 농도   ④ 빛의 투과거리

 자외선/가시선 분광법은 일반적으로 광원으로 나오는 빛을 단색화 장치(monochrometer) 또는 필터에 의하여 좁은 파장범위의 빛만을 선택하여 액층을 통과시킨 다음 광전측광으로 흡광도를 측정하여 목적 성분의 농도를 정량하는 방법이다. 흡광도를 이용한 램버트-비어의 법칙을 식으로 표시하면 $A = \varepsilon c l$이 되므로 농도를 알고 있는 표준용액에 대하여 흡광도를 측정하고 흡광계수(ε)를 구해 놓으면 시료액에 대해서도 같은 방법으로 흡광도를 측정함으로써 정량을 할 수가 있다.

86 배출가스 중 분석대상 가스 채취에 사용되는 흡수액과 분석방법이 적절히 연결되지 <u>않은</u> 것은?

① 암모니아 - 붕산용액(5 g/L) - 인도페놀법

② 염화수소 - 수산화소듐용액(0.1 mol/L) - 싸이오사이안산제이수은법

③ 질소산화물 - 아연아민착염용액 - 오르토톨리딘법

④ 사이안화수소 - 수산화소듐용액(0.5 mol/L) - 4 - 피리딘카복실산 - 피라졸론법

 • 배출가스 중 질소산화물 분석법으로 아연환원나프틸에틸렌다이아민법은 시료 중의 질소산화물을 오존 존재 하에서 정제수에 흡수시켜 질산 이온으로 만들고 분말금속아연을 사용하여 아질산 이온으로 환원한 후 설파닐아마이드(sulfanilamide) 및 나프틸에틸렌다이아민(naphthyl ethylene diamine)을 반응시켜 얻어진 착색의 흡광도로부터 배출가스 중의 질소산화물을 정량하는 방법이다.
  • 오르토톨리딘법은 배출가스 중 염소를 정량하는 방법으로 오르토톨리딘을 함유하는 흡수액에 시료를 통과시켜 얻어지는 발색액의 흡광도를 측정하여 염소를 정량한다.

87 배출가스 VOC 시료채취방법으로 틀린 것은?

① 흡착관 방법에서 시료 흡입속도는 500 mL/min 정도로 하고, 시료채취량은 1 L ~ 5 L 정도가 되도록 한다.

② 흡착관 방법에서는 시료채취 시 가스미터의 유량, 온도 및 압력을 측정한다.

③ 시료채취주머니는 새 것을 사용하는 것을 원칙으로 하고, 재사용 시는 질소나 헬륨가스를 채운 후 24시간 이상 주머니에 놓아 두고 퍼지조작을 반복한 후 오염 여부를 확인한 다음 사용해야 한다.

④ 시료채취주머니는 1 L ~ 10 L 규격의 주머니를 사용하여 1 L/min ~ 2 L/min 정도로 시료를 흡입한다.

 ① 흡착관법 시료 흡입속도는 100 mL/min ~ 250 mL/min 정도로 하며, 시료채취량은 1 L ~ 5 L 정도가 되도록 한다.
  • 흡착관법 시료채취는 누출시험을 실시한 후 시료를 도입하기 전에 가열한 시료채취관 및 연결관을 시료로 충분히 치환한다.
  • 흡착관법에서 시료를 채취한 흡착관은 양쪽 끝단을 테플론 재질의 마개를 이용하여 단단히 막고 불활성 재질의 필름 등으로 밀봉하거나 마개가 달린 용기 등에 넣어 이중으로 외부공기와의 접촉을 차단하여 분석하기 전까지 4 ℃ 이하에서 냉장보관하여 가능한 한 빠른 시일 내에 분석한다.

 85 ②   86 ③   87 ①

88 연소시설의 굴뚝에서 이산화황(SO_2) 농도를 측정하였더니 450 ppm이었다. 이 연소시설의 표준산소농도가 9 %, 실측 산소농도가 11 %이었다면 보정된 이산화황 농도는 얼마인가?

① 540 ppm

② 375 ppm

③ 480 ppm

④ 360 ppm

 오염물질 농도 보정 : 배출가스를 공기로 희석시켜 배출시키는 것을 방지하기 위하여 오염물질의 농도를 희석시키기 전의 농도로 환산한다.

$$C = C_a \times \frac{21 - O_s}{21 - O_a}$$

여기서, C : 오염물질 농도(mg/Sm^3 또는 ppm)

C_a : 실측 오염물질 농도(mg/Sm^3 또는 ppm)

O_s : 표준산소농도(%)

O_a : 실측 산소농도(%)

$$\therefore C = 450 \times \frac{21 - 9}{21 - 11} = 540 \text{ ppm}$$

89 원자흡수분광광도법으로 배출가스 중 금속화합물을 분석할 때, 화학적 간섭에 대한 설명으로 옳지 않은 것은?

① 시료 내 납, 카드뮴, 크로뮴의 양이 미량으로 존재하거나 방해물질이 존재할 경우, 용매추출법으로 적용하여 정량할 수 있다.

② 아연 분석 시 213.8 nm 측정파장을 이용할 경우 불꽃에 의한 흡수 때문에 바탕선(baseline)이 높아지는 경우가 있다.

③ 철 분석 시 니켈, 코발트가 다량으로 존재할 경우 간섭이 일어날 수 있다. 이때 검정곡선용 표준용액의 매트릭스를 일치시키고 아세틸렌/산화이질소 불꽃을 사용하여 분석하거나, 흑연로원자흡수분광광도법을 이용하여 간섭을 최소화시킬 수 있다.

④ 시료의 점도와 표면장력의 변화 등의 매질효과에 의하여 발생되며, 표준물첨가법을 사용하여 간섭효과를 줄일 수 있다.

 ④는 물리적 간섭에 해당한다.

이외의 화학적 간섭으로는 다음의 것들이 있다.

- 니켈 분석 시 다량의 탄소가 포함된 시료의 경우, 시료를 채취한 여과지를 적당한 크기로 잘라서 자기도가니에 넣어 전기로를 사용하여 800 ℃에서 30분 이상 가열한 후 전처리 조작을 행한다. 또한 카드뮴, 크로뮴 등을 동시에 분석하는 경우에는 500 ℃에서 2시간 ~ 3시간 가열한 후 전처리 조작을 행한다.
- 카드뮴 분석 시 알칼리 금속의 할로겐화물이 다량 존재하면 분자흡수, 광산란 등에 의해 양의 오차가 발생한다. 이 경우에는 미리 카드뮴을 용매추출법으로 분리하거나 바탕시험값 보정을 실시한다.
- 크로뮴 분석 시 아세틸렌-공기 불꽃에서는 철, 니켈 등에 의한 방해를 받는다. 이 경우 황산소듐, 황산포타슘 또는 이플루오르화수소암모늄을 10 g/L 정도 가하여 분석하거나, 아세틸렌-아산화질소 불꽃을 사용하여 방해를 줄일 수 있다.

90 굴뚝 연속자동측정기로 염화수소를 측정하기 위한 비분산 적외선 분광분석법에 대한 설명으로 틀린 것은?

① 3.55 μm를 중심 파장으로 한다.
② 광원은 Nernst 등을 사용한다.
③ 투과광 강도는 시료농도가 높을수록 높다.
④ 검출기는 적외선에 민감한 광전센서를 쓴다.

 3.55 μm를 중심 파장으로 하고, 어느 정도의 폭을 가진 적외선이 시료가스를 포함하는 시료셀을 통과한 다음 필터휠에 의해 처음에는 광학필터를 거쳐 검출기로 가고 다음에는 고농도의 염화수소 가스가 채워져 있는 가스필터셀을 거쳐 검출기로 간다. 이때 전자의 투과광 강도를 TM이라고 하고, 후자의 투과광 강도를 TG.F라고 하면 TG.F는 시료셀 안의 염화수소가스의 농도의 고저에 관계없이 항상 일정하게 작은 값을 갖는데 이것이 대조값(background light intensity)이 된다. 그리고 시료셀에 몇 가지 종류의 표준가스를 순서대로 흘려주면서 TM을 측정하면 농도가 높을수록 낮은 값이 얻어진다.

91 굴뚝 배출가스 중 총탄화수소를 불꽃이온화검출기를 이용하여 연속 측정할 경우, 측정시스템 및 측정값을 보정하기 위한 편차시험에 대한 설명으로 틀린 것은?

① 측정을 마친 후 또는 연속측정을 하는 경우에는 1시간마다 편차시험을 한다.
② 편차시험은 제로가스와 교정편차 점검용 교정가스를 주입하여, 편차값이 ±10 %를 초과하면 시험결과를 무효로 한다.
③ 편차시험에 사용되는 제로가스는 총탄화수소 농도(프로판 또는 탄소등가농도)가 0.1 ppmv 이하이거나 스팬값이 0.1 %인 고순도 공기를 말한다.
④ 편차시험에 사용되는 교정편차 점검용 교정가스는 공기 또는 질소로 충전된 프로페인 가스로 스팬값 45 % ~ 55 % 농도 범위의 값을 가진다.

 편차시험은 제로가스와 교정편차 점검용 교정가스를 사용하여 제로편차와 교정편차를 측정하고 측정범위의 ±3 % 이하인지 확인한다.

92 굴뚝 연속자동측정기에서 굴뚝의 건조 배출가스 유량을 연속자동 측정하는 방법에 대한 설명으로 틀린 것은?

① 피토관을 이용하여 유량을 측정할 때 측정점이 여러 지점이면 굴뚝의 직경에 따라 측정점 수를 달리 한다.
② 열선 유속계를 이용하는 경우 시료채취부 가열선과 지주 등으로 구성되며, 열선으로는 직경 2 μm ~ 10 μm, 길이 약 1 mm의 텅스텐이나 백금선 등이 쓰인다.
③ 초음파유속계를 이용하는 경우 굴뚝 입구를 측정셀(cell)로 하여 초음파를 발사한 뒤 시간차를 검출기에서 측정하도록 하는 방법이다.
④ 와류유속계를 이용하는 경우 압력계 및 온도계를 유량계 하류 측에 설치해야 한다.

굴뚝 내에서 초음파를 발사하면 유체흐름과 같은 방향으로 발사된 초음파와 그 반대의 방향으로 발사된 초음파가 같은 거리를 통과하는 데 걸리는 시간차가 생기게 되며, 이 시간차를 직접 시간차 측정, 위상차 측정, 주파수차 측정방법을 이용하여 유속을 구하고 유량을 산정한다.

93 굴뚝 직경이 4.3 m인 원형 굴뚝에서 먼지를 채취할 때 반경구분수 및 측정점수가 알맞은 것은?

① 반경구분수 4, 측정점수 16
② 반경구분수 4, 측정점수 12
③ 반경구분수 3, 측정점수 16
④ 반경구분수 3, 측정점수 12

〈굴뚝 단면이 원형일 경우 측정점〉

굴뚝 직경 $2R$(m)	반경 구분수	측정점수	굴뚝 중심에서 측정점까지의 거리 r_n(m)				
			r_1	r_2	r_3	r_4	r_5
1 이하	1	4	0.707 R	–	–	–	–
1 초과 2 이하	2	8	0.500 R	0.866 R	–	–	–
2 초과 4 이하	3	12	0.408 R	0.707 R	0.913 R	–	–
4 초과 4.5 이하	4	16	0.354 R	0.612 R	0.791 R	0.935 R	–
4.5 초과	5	20	0.316 R	0.548 R	0.707 R	0.837 R	0.949 R

• 굴뚝 단면적이 0.25 m^2 이하로 소규모일 경우에는 그 굴뚝 단면의 중심을 대표점으로 하여 1점만 측정한다.
• 선정된 측정공이 수직굴뚝에 위치할 경우에는 굴뚝 단면의 1/4에 해당하는 반경선상의 측정점으로 줄일 수 있다.
• 선정된 측정공이 수평굴뚝에 위치할 때에는 모든 측정점에서 측정을 한다.
• 측정점수는 굴뚝 직경이 4.5 m를 초과할 때는 20점까지로 한다.

94 휘발성 유기화합물질(VOC) 시료를 채취할 때 흡착관 충진제로 많이 사용되는 물질이 <u>아닌</u> 것은?

① Silica gel
② Charcoal
③ Tenax
④ XAD-2

 Silica gel은 건조제로 많이 사용한다.

95 분석대상 가스가 질소산화물인 경우 채취관 및 연결관의 재질로 사용할 수 <u>없는</u> 것은?

① 세라믹
② 플루오린수지
③ 염화바이닐수지
④ 스테인리스강

시료채취관은 배출가스 중 부식성 가스에 의해서 부식되지 않는 재질(보기를 들면 경질유리관, 석영관, 염소가스가 공존하지 않을 때는 스테인리스강 재질(stainless steel pipes)도 좋다)을 사용하여야 한다.

96 배출가스 중 다이옥신 및 퓨란류 시험방법에서 실린지 첨가용 내부표준물질의 회수율 범위는?

① 40 % ~ 110 %
② 50 % ~ 120 %
③ 60 % ~ 130 %
④ 70 % ~ 140 %

 회수율은 50 % ~ 120 %의 범위를 만족하고, 방법검출한계는 표준상태(0 ℃, 760 mmHg)에서 1 pg/m^{3}을 만족하여야 한다.

97 굴뚝 배출가스 중의 일산화탄소를 분석하는 주방법인 비분산 적외선 분광분석법에 대한 설명으로 **틀린** 것은?

① 이 시험법은 선택성 검출기를 이용하여 시료 중의 특정 성분에 의한 적외선의 흡수량 변화를 측정하여 시료 중에 들어 있는 특정 성분의 농도를 구하는 원리가 적용된다.
② 정량범위는 0 ppm ~ 1 000 ppm이다.
③ 탄화수소, 황산화물, 황화수소 등과 같은 방해 성분의 영향을 무시할 수 없는 경우에는 흡착관을 이용하여 제거하고 측정한다.
④ 연속 측정하는 경우와 채취용 주머니를 이용하는 경우도 있다.

 채취장치는 분석을 방해하는 각종 고형 부유물이나 액적 등이 충분히 제거되어, 분석계에 정해진 성능을 유지할 수 있도록 만들어져야 한다.

98 배출가스의 유량 산정에 이용되지 **않는** 것은?

① 배출가스 평균 온도
② 굴뚝 높이
③ 대기압
④ 배출가스 중의 수분량

 흡입가스 유량의 측정은 원칙적으로 적산유량계(가스미터) 및 순간유량계(면적유량계, 차압유량계 등)를 사용한다. 흡입시간을 확인하기 위하여 흡입개시 및 종료시각을 기록한다. 흡입시작 및 종료 시에 있어서 가스미터의 눈금을 0.1 L까지 읽어둔다. 흡입시간 중 가스미터에 있어서 흡입가스 온도 및 압력을 측정한다. 표준상태에서 흡입한 건조가스량은 다음 식으로 구한다.

• 습식 가스미터를 사용할 경우

$$V_n{'} = V_m \times \frac{273}{273+\theta_m} \times \frac{P_a + P_m - P_v}{760} \times 10^{-3}$$

• 건식 가스미터를 사용할 경우

$$V_n{'} = V_m{'} \times \frac{273}{273+\theta_m} \times \frac{P_a + P_m}{760} \times 10^{-3}$$

여기서, $V_n{'}$: 표준상태에서 흡입한 건조가스량(Sm^3)

$V_m{'}$: 흡입가스량으로 건식 가스미터에서 읽은 값(L)

V_m : 흡입가스량으로 습식 가스미터에서 읽은 값(L)

θ_m : 가스미터의 흡입가스 온도(℃)

P_a : 대기압(mmHg)

P_m : 가스미터의 가스 게이지압(mmHg)

P_v : θ_m에서 포화수증기압(mmHg)

99 자외선/가시선 분광법으로 배출가스 중 비소화합물을 분석할 때, 간섭물질에 대한 설명으로 틀린 것은?

① 비소 및 비소화합물 중 일부 화합물은 휘발성이 있으므로, 전처리 방법으로는 마이크로파 산분해법을 이용할 것을 권장한다.

② 크로뮴, 코발트, 구리, 몰리브데넘, 니켈 등이 수소화비소 생성에 영향을 줄 수 있으며 간섭을 일으킬 정도로 생성된다.

③ 안티모니는 스티빈(stibine)으로 환원되어 510 nm에서 최대 흡수를 나타내는 착물을 형성하게 함으로서 비소 측정에 간섭을 줄 수 있다.

④ 메틸 비소화합물은 pH 1에서 메틸수소화비소를 생성하며 흡수용액과 착화합물을 형성하고 총비소 측정에 영향을 줄 수 있다.

 일부 금속(크로뮴, 코발트, 구리, 수은, 몰리브데넘, 니켈, 백금, 은, 셀레늄 등)이 수소화비소(AsH_3) 생성에 영향을 줄 수 있지만 시료용액 중의 이들 농도는 간섭을 일으킬 정도로 높지는 않다.

100 자외선/가시선 분광법에서 사용하는 Lambert-Beer 법칙에 대한 설명으로 틀린 것은? (단, 입사광의 강도 I_o, 투과광의 강도 I_t, 흡광계수 ε, 셀의 길이 l, 농도를 C라 함)

① $I_t = I_o \cdot 10^{-\varepsilon Cl}$

② 근적외부 파장범위를 측정할 때는 흡수셀의 재질로 석영만을 사용하여야 한다.

③ 셀의 길이가 같고, 흡광계수가 일정하다면 'I_t/I_o' 값이 감소할수록 농도는 높아진다.

④ 'I_t/I_o'를 투과도라 한다.

 흡수셀의 재질로는 유리, 석영, 플라스틱 등을 사용한다. 유리제는 주로 가시 및 근적외부 파장범위, 석영제는 자외부 파장범위, 플라스틱제는 근적외부 파장범위를 측정할 때 사용한다.

101 배출가스 중 금속화합물 분석을 위한 원자흡수분광광도법에 대한 설명으로 틀린 것은?

① 광학적 간섭은 분석하고자 하는 금속과 근접한 파장에서 발광하는 물질이 존재하여 스펙트럼이 분리되지 않는 경우의 간섭이다.

② 물리적 간섭은 시료의 분무 시 매질효과에 의해 발생할 수 있다.

③ 시료용액의 점도, 표면장력, 휘발성 등과 같은 물리적 특성이나 화학적 조성의 차이에 의해 원자화율이 달라지면서 정량성이 저하되는 효과를 바탕효과라 한다.

④ 알칼리 금속의 할로겐화물이 다량 존재하면 미리 카드뮴을 용매추출법으로 분리하여 측정할 수 있다.

 물리적 간섭은 시료용액의 점성이나 표면장력 등 물리적 조건의 영향에 의하여 일어나는 것으로, 보기를 들면 시료용액의 점도가 높아지면 분무 능률이 저하되며 흡광의 강도가 저하된다. 이러한 종류의 간섭은 표준시료와 분석시료와의 조성을 거의 같게 하여 피할 수 있다.

102 배출가스 중 니켈화합물을 자외선-가시선 분광법에 의하여 분석할 때의 간섭물질 제거방법으로 틀린 것은?

① 다량의 탄소가 포함된 시료의 경우, 시료를 채취한 여과지를 적당한 크기로 잘라서 자기도가니에 넣어 전기로를 사용하여 800 ℃에서 30분 이상 가열한 후 전처리 조작을 행한다.

② 방해하는 원소는 구리, 망가니즈, 코발트, 크로뮴 등이나 이 원소들이 단독으로 니켈과 공존하면 비교적 영향이 적다. 구리 10 mg, 망가니즈 20 mg, 코발트 2 mg, 크로뮴 10 mg까지 공존하여도 니켈의 흡광도에 영향을 미치지 않는다.

③ 니켈-다이메틸글리옥심의 클로로폼에 의한 추출은 pH 6.5 ~ pH 8.5 사이로, 가장 적당한 범위는 pH 7 ~ pH 7.5이다.

④ 니켈-다이메틸글리옥심 착염의 최대 흡수는 450 nm와 540 nm이나 시간이 경과함에 따라 파장이 변하며, 약 20분까지는 안정하다. 따라서 흡광도 측정은 발색 후 20분 이내에 이루어져야 한다.

 니켈-다이메틸글리옥심의 클로로폼에 의한 추출은 pH 8 ~ pH 11 사이로, 가장 적당한 범위는 pH 8.5 ~ pH 9.5이다.

103 배출가스 휘발성 유기화합물질(VOC) 시료채취방법으로 옳은 것은?

① 채취관 재질은 유리, 석영, 플루오린수지 등으로 120 ℃ 이상까지 가열이 가능한 것이어야 한다.

② 각 장치의 모든 연결부위는 밀봉윤활유를 사용하여 누출을 차단하고 플루오린수지 재질의 관을 사용하여 연결한다.

③ 응축기 및 응축수 트랩은 유리재질이어야 하며, 응축기는 기체가 앞쪽 흡착관을 통과하기 전 기체를 25 ℃ 이하로 낮출 수 있는 용량이어야 한다.

④ 유량측정부에서는 기기의 온도 및 압력 측정이 가능해야 하며, 최대 100 mL/min의 유량으로 시료채취가 가능해야 한다.

 ② 시료채취관에서 응축기 및 기타 부분의 연결관은 가능한 한 짧게 하고, 밀봉윤활유 등을 사용하지 않고 누출이 없어야 하며, 플루오린수지 재질의 것을 사용한다.

③ 응축기 및 응축수 트랩은 유리재질이어야 하며, 응축기는 기체가 앞쪽 흡착관을 통과하기 전 기체를 20 ℃ 이하로 낮출 수 있는 부피이어야 하고, 상단 연결부는 밀봉윤활유를 사용하지 않고도 누출이 없도록 연결해야 한다.

④ 유량측정부에서는 기기의 온도 및 압력 측정이 가능해야 하며, 최소 100 mL/min의 유량으로 시료채취가 가능해야 한다.

104 괄호에 들어갈 내용으로 모두 옳은 것은?

> 배출가스 중의 가스상물질을 흡수병을 사용하여 시료채취 시 바이패스용 세척병은 1개 이상 준비하고 분석대상 가스가 산성일 때는 수산화소듐 (㉠)을, 알칼리성일 때는 황산 (㉡)을 각각 50 mL씩 넣는다.

① ㉠ 15 %, ㉡ 20 %

② ㉠ 20 %, ㉡ 25 %

③ ㉠ 25 %, ㉡ 30 %

④ ㉠ 30 %, ㉡ 35 %

 배출가스 중 가스상물질을 시료채취할 때 바이패스용 세척병은 1개 이상 준비하고 분석물질이 산성일 때는 수산화소듐용액(NaOH, sodium chloride, 분자량 : 40.00, 질량분율 20 %)을, 알칼리성일 때는 황산(H₂SO₄, sulfuric acid, 분자량 : 98.07, 특급)(질량분율 25 %)을 각각 50 mL씩 넣는다.

105 흡광차분광법에서 톨루엔의 간섭을 받는 성분은?

① NO

② NO_2

③ O_3

④ SO_2

해설 O_3에 대한 톨루엔의 영향 : 100 ppm 정도의 톨루엔 표준가스(고압용기에 충진) 또는 톨루엔 발생기(유량비 혼합법 또는 확산 cell 발생법에 의한다)를 이용하여 제로가스 및 스팬가스에 희석농도가 약 1 ppm으로 되도록 톨루엔을 첨가하여 지시값이 안정된 후에 지시값을 읽어 취한다. 같은 방식으로 하여 첨가하지 않았을 때의 지시값을 읽고 취하여, 다음 식에 따라서 톨루엔의 영향을 산출한다. 톨루엔의 첨가에 의해서 체적 변화가 발생하는 경우에는 그 영향을 계산에 의해서 보정하고 지시값을 구한다.

$R_t = (A-B)/C \times 100$

여기서, R_t : 톨루엔의 영향(%)

　　　　A : 톨루엔을 첨가했을 경우의 지시값(ppm)

　　　　B : 톨루엔을 첨가하지 않은 경우의 지시값(ppm)

　　　　C : 최대 눈금값(ppm)

106 배출가스 중 다이옥신 및 퓨란류 시험방법에 대한 설명으로 틀린 것은?

① 흡착을 위한 흡착관에는 XAD-2 수지(Amberlite사)를 15 g ~ 30 g 정도 충진한다.

② 먼지채취부가 200 ℃를 초과하는 경우는 연결관 사용 등의 적절한 방법을 사용하여 200 ℃ 이하로 유지해야 한다.

③ 여과지는 원통형 유리섬유 재질을 사용하며, 여과지 홀더는 석영 또는 경질유리 재질로 된 것을 사용한다.

④ 흡착관에 대한 전처리 시 톨루엔으로 16시간 이상 속실렛 추출을 하며, 초음파로 10분씩 3회 추출용매를 바꿔가면서 추출하여도 상관없다.

해설 XAD-2 수지 세척은 아세톤＋정제수(1+1), 아세톤, 톨루엔(2회), 아세톤 순으로 각각 순서대로 30분간 초음파 세정을 실시하고, 30 ℃ 이하의 진공건조기에서 건조시켜 사용한다.

107 굴뚝 연속자동측정기에 대한 질소산화물 측정법에 대한 설명으로 알맞지 않은 것은?

① 검출한계는 5 ppm 이하이다.

② 연속자동측정기는 시료채취부, 분석계 및 데이터 처리부 등으로 구성되어 있다.

③ 분석계의 종류로는 화학발광분석계, 적외선 흡수분석계, 자외선 흡수분석계, 정전위전해 분석계가 있다.

④ 화학발광분석계는 350 nm ~ 550 nm에 이르는 폭을 가진 빛(화학발광)을 분석한다.

해설 화학발광분석계의 원리는 일산화질소(NO)와 오존이 반응하면 이산화질소(NO_2)가 생성되는데 이때 590 nm ~ 875 nm에 이르는 폭을 가진 빛(화학발광)이 발생한다. 이 발광강도를 측정하여 시료가스 중 일산화질소 농도를 연속적으로 측정한다. 질소산화물(NO_x) 농도는 시료가스를 환원장치를 통과시켜 이산화질소를 일산화질소로 환원한 다음 위와 같이 측정하여 구한다. 또 이산화질소는 질소산화물에서 처음 측정한 일산화질소를 뺀 값으로 측정한다.

108 굴뚝 연속자동측정기 가스 시료채취장치는 채취관 → 연결관 → 연속 분석계로 구성되어 있다. 기술한 내용 중 틀린 것은?

① 채취관은 배출가스의 흐름에 대해서 직각이 되도록 연결한다.
② 플루오린화합물을 채취하기 위한 채취관 재질로는 스테인리스강을 사용한다.
③ 연결관은 될 수 있는 대로 수평으로 연결한다.
④ 연결관 부분에는 기체–액체 분리관과 응축수 트랩을 갖춘다.

> **해설** 연결관은 가능한 한 수직으로 연결해야 하고 부득이 구부러진 관을 쓸 경우에는 응축수가 흘러나오기 쉽게 경사지게(5° 이상) 하고 시료 가스는 아래로 향하게 한다.

109 굴뚝 연속자동측정기에 대한 이산화황 측정법에 대한 설명으로 옳은 것은?

① 교정가스 : 공인기관의 보정치가 제시되어 있는 표준가스로 연속자동측정기 최대 눈금치의 약 40 %와 95 %에 해당하는 농도를 갖는다.
② 스팬가스 : 95 % 교정가스를 스팬가스라고 한다.
③ 제로가스 : 공인기관에 의해 이산화황 농도가 0.1 ppm 미만으로 보증된 표준가스를 말한다.
④ 검출한계 : 제로드리프트의 2배에 해당하는 지시치가 갖는 이산화황의 농도를 말한다.

> **해설** ① 교정가스 : 공인기관의 보정치가 제시되어 있는 표준가스로 연속자동측정기 최대 눈금치의 약 50 %와 90 %에 해당하는 농도를 갖는다.
> ② 스팬가스 : 90 % 교정가스를 스팬가스라고 한다.
> ③ 제로가스 : 정제된 공기나 순수한 질소(순도 99.999 % 이상)를 말한다.

110 배출가스 중 암모니아를 인도페놀법으로 분석하고자 할 경우에 대한 설명으로 틀린 것은?

① 페놀–나이트로프루시드소듐 용액과 하이포아염소산소듐 용액을 가한다.
② 흡광도 측정 시 발색물질은 인도페놀류이다.
③ 암모니아 농도에 대하여 이산화질소가 같은 양 존재하면 분석 시 방해물질로 작용한다.
④ 시료 중의 암모니아 농도가 (1.2 ~ 12.5) ppm인 것의 분석에 적합하다.

> **해설** 시료채취량이 20 L인 경우 시료 중의 암모니아의 농도가 약 (1.2 ~ 12.5) ppm인 것의 분석에 적합하고, 이산화질소가 100배 이상, 아민류가 몇십 배 이상, 이산화황이 10배 이상 또는 황화수소가 같은 양 이상 각각 공존하지 않는 경우에 적용할 수 있다.

111 굴뚝 배출가스 중 질소산화물 측정방법에 대한 설명으로 **틀린** 것은?

① 아연환원나프틸에틸렌다이아민법에 의한 경우 2 000 ppm 이하의 아황산가스는 방해하지 않지만 염화 이온 또는 암모늄 이온은 방해를 받는다.

② 아연환원나프틸에틸렌다이아민법에 의한 경우 시료 중의 질소산화물 농도가 (6.7 ~ 230) ppm의 것을 분석하는데 적당하다.

③ 아연환원나프틸에틸렌다이아민법에서는 질산 이온으로 정제수에 흡수된 것을 아질산 이온으로 환원하기 위하여 아연분말을 사용하는데, 아연분말은 1급 시약으로 환원율이 90 % 이상인 것으로 한다.

④ 배출가스 중의 질소산화물 농도(ppm)는 이산화질소로 하여 $\dfrac{nV}{V_s} \times 1\,000$으로 계산한다.

[여기서, n : 분석용 시료용액의 분취량 보정값, V : 검정곡선에서 구한 이산화질소의 부피(μL), V_s : 시료가스 채취량(mL)(0 ℃, 760 mmHg)]

> **해설** 1 000 ppm 이상의 농도가 진한 시료에 대해서는 분석용 시료용액을 적당량의 정제수로 묽게 하여 사용하면 측정이 가능하고, 2 000 ppm 이하의 이산화황은 방해하지 않고 염화 이온 및 암모늄 이온의 공존도 방해하지 않는다.

112 괄호에 들어갈 내용을 모두 옳게 제시한 것은?

> 배출가스 중 납을 원자흡수분광광도법으로 정량할 때 정량범위에서 Pb은 (㉠)로, 상대표준편차는 (㉡)이다.

① ㉠ (0.0125~5) mg/Sm^3, ㉡ 10 % 이내

② ㉠ (0.0125~5) mg/Sm^3, ㉡ 10 % ~ 20 %

③ ㉠ (0.050~6.250) mg/Sm^3, ㉡ 10 % 이내

④ ㉠ (0.050~6.250) mg/Sm^3, ㉡ 10 % ~ 20 %

> **해설** • 정량범위 : (0.050~6.250) mg/Sm^3
> • 정밀도 : 상대표준편차 10 % 이내
> • 정확도 : (75~125) %

113 대기오염물질별 배출허용기준 시험방법이 **잘못** 연결된 것은?

① 이황화탄소 – 오르토톨리딘법

② 폼알데하이드 – 크로모트로핀산법

③ 사이안화수소 – 4 – 피리딘카복실산 – 피라졸론법

④ 브로민화합물 – 자외선/가시선 분광법

• 오르토톨리딘법은 배출가스 중 염소의 분석방법이다.
• 이황화탄소는 시료채취주머니로 굴뚝 배출가스 시료를 채취하여 각 성분을 기체 크로마토그래피에 의해 분리한 후 질량 선택적 검출기에 의해 측정한다.

114 다음에서 설명하는 금속은?

주기율표 6B족에 속하는 원소로서 원자번호는 24, 원자량은 51.99이다. 주요 산화상태는 +1에서 +6이다. 주로 합금, 전기도금, 염료로 사용된다. 염산이나 황산에는 수소를 발생하며 녹지만, 진한 질산이나 왕수 등 산화력을 가지는 산에는 녹지 않고, 또 이들 산에 담가둔 것은 표면에 부동태를 만들어 보통의 산에도 녹지 않는다.

① 크로뮴　　　　　　　　② 구리
③ 니켈　　　　　　　　　④ 아연

 크로뮴의 일반적 성질 : 주기율표 6B족에 속하는 원소로서 원자번호는 24, 원자량은 51.99이다. 주요 산화상태는 +1 ~ +6이다. 지각 중 크로뮴의 농도는 122 mg/kg으로서 토양 중에 11 mg/kg ~ 22 mg/kg, 하천수에 1 μg/L, 지하수에 100 μg/L 정도로 존재한다. 크로뮴은 주로 크로뮴철광석($FeO \cdot Cr_2O_3$)으로 발견되며 합금, 전기도금, 염료로 사용된다. 염산이나 황산에는 수소를 발생하며 녹지만, 진한 질산이나 왕수(王水) 등 산화력을 가지는 산에는 녹지 않고, 또 이들 산에 담가둔 것은 표면에 부동태(不動態)를 만들어 보통의 산에도 녹지 않는다.

115 굴뚝에서 배출되는 건조 배출가스의 유량을 연속적으로 측정하는 방법에 대한 설명으로 틀린 것은?

① 피토관을 이용하여 여러 지점에 유량측정 시 굴뚝 내경이 1 m 이하이면 굴뚝 직경의 16.7 %, 50.0 %, 83.3 %에 위치한 지점에서 측정하여야 한다.
② 와류 유속계를 이용하는 경우 압력계 및 온도계는 유량계 상류측에 설치하여야 한다.
③ 열선식 유속계를 이용하는 경우 시료채취부는 열선과 지주 등으로 구성되어 있다. 열선은 직경 2 μm ~ 10 μm, 길이 약 1 mm의 텅스텐이나 백금선 등이 쓰인다.
④ 초음파 유속계를 이용하는 경우 진동자는 초음파의 발신 및 수신을 실행하는 소자이며, 보통 400 kHz ~ 2 MHz 정도의 주파수를 사용한다.

 • 유동하고 있는 유체 내에 고형물체(소용돌이 발생체)를 설치하면 이 물체의 하류에는 유속에 비례하는 주파수의 소용돌이가 발생하므로 이것을 측정하여 유속을 구하고 유량을 산출한다.
• 압력계 및 온도계는 유량계 하류측에 설치해야 한다.
• 소용돌이의 압력변화에 의한 검출방식은 일반적으로 배관 진동의 영향을 받기 쉬우므로 진동방지대책을 세워야 한다.

116 비분산 적외선 가스분석기의 구성요소가 <u>아닌</u> 것은?

① 단색화 장치 ② 회전섹터
③ 증폭기 ④ 검출기

 • 비분산 적외선 분석기는 고전적 측정방법인 복광속 분석기와 일반적으로 고농도의 시료 분석에 사용되는 단광속 분석기 및 간섭 영향을 줄이고 저농도에서 검출능이 좋은 가스필터 상관 분석기 등으로 분류된다.
• 복광속 분석기의 경우 시료셀과 비교셀이 분리되어 있으며, 적외선 광원이 회전섹터 및 광학필터를 거쳐 시료셀과 비교셀을 통과하여 적외선 검출기에서 신호를 검출하여 증폭기를 거쳐 측정농도가 지시계로 지시된다.
• 단광속 분석기는 단일 시료셀을 갖고 적외선 흡광도를 측정하는 분석기로 높은 농도 성분의 측정에 적합하며 간섭물질에 의한 영향을 피할 수 없다.
• 가스필터 상관 분석기는 적외선 광원, 가스필터, 대역통과(band pass) 광학필터, 적외선 흡수 광학셀, 반사거울, 적외선 검출기 등으로 구성된다.

117 흡습관법으로 배출가스 중의 수분량을 측정하려고 할 경우에 대한 설명으로 <u>틀린</u> 것은?

① 흡입유량은 흡습제 $1\,g$당 약 $2\,L/min$ 정도로 흡입장치의 마개를 조절한다.
② 흡입가스량은 적산유량계로 $0.1\,L$ 단위까지 읽는다.
③ 연결관 또는 채취관 내부에 수분이 응축할 염려가 있는 경우에는 가열 또는 보온해준다.
④ 흡입량은 흡습된 수분이 $0.1\,g \sim 1\,g$ 정도 되도록 한다.

 ① 배출가스 흡입유량을 1개의 흡습관 내의 흡습제 $1\,g$당 $0.1\,L/min$ 이하가 되도록 흡입유량 조절밸브로 조절한다.
② 흡입가스량은 적산유량계로서 $0.1\,L$ 단위까지 읽는다.
④ 흡입가스량은 흡습된 수분이 $(0.1 \sim 1)\,g$이 되도록 한다.

118 굴뚝에서 먼지를 측정할 때 고려할 사항으로 <u>틀린</u> 것은?

① 측정위치는 하부 끝단으로부터 위를 향하여 굴뚝 직경의 8배 이상이 되어야 한다.
② 측정위치는 상부 끝단으로부터 아래를 향하여 굴뚝 직경의 2배 이상이 되어야 한다.
③ 측정공은 측정위치로 선정된 굴뚝 벽면에 내경 $100\,mm \sim 150\,mm$로 설치한다.
④ 굴뚝 단면이 상·하 동일 단면적인 사각형인 경우 환산 직경은 $\dfrac{A \times B}{A + B}$로 한다.

(여기서, A : 굴뚝 내부 단면 가로치수, B : 굴뚝 내부 세로치수)

 굴뚝 단면이 상·하 동일 단면적인 사각형 굴뚝의 직경 산출은 다음과 같이 한다.

$$\text{환산 직경} = 2 \times \left(\frac{A \times B}{A + B} \right) = 2 \times \left(\frac{\text{가로} \times \text{세로}}{\text{가로} + \text{세로}} \right)$$

119 배출가스 물질의 시료채취방법에서 채취부에 대한 설명 중 <u>옳지 않은</u> 것은?

① 수은 마노미터 : 대기와 압력차가 없는 것을 쓴다.
② 가스 건조탑 : 유리로 만든 가스 건조탑을 쓰며, 건조제로는 입자상태의 실리카겔, 염화칼슘 등을 쓴다.
③ 펌프 : 배기능력이 0.5 L/min ~ 5 L/min인 밀폐형을 쓴다.
④ 가스미터 : 일회전이 1 L인 습식 또는 건식 가스미터로 온도계와 압력계가 붙어 있는 것을 쓴다.

> **해설** 수은 마노미터 : 대기와 압력차가 100 mmHg 이상인 것을 쓴다.

120 대기배출시설에서의 입자상물질(먼지) 시료채취 및 측정에 관한 설명으로 틀린 것은?

① 먼지농도는 표준상태(25 ℃, 760 mmHg)의 건조 배출가스 1 Sm^3 중에 함유된 먼지의 중량으로 표시한다.
② 먼지가 채취되기 전·후에 여과지를 110 ℃ ± 5 ℃에서 충분히 건조시켜 부착수분을 제거한 후 먼지의 중량농도를 계산한다.
③ 굴뚝이 원형일 때 측정점에서의 내경($2R$)이 1 m를 초과하고 2 m 이하이면 굴뚝 중심에서 측정점까지의 거리는 $r_1 = 0.500R$, $r_2 = 0.866R$로서 2지점 이상에서 시료를 채취한다.
④ 먼지 시료채취 시 장비의 연결 순서는 보편적으로 시료채취관 – 흡수병 – 연결관 – 펌프와 오리피스 마노미터 순으로 한다.

> **해설** 배출가스 중에 함유되어 있는 액체 또는 고체인 입자상물질을 등속흡입하여 측정한 먼지로서, 먼지농도 표시는 표준상태(0 ℃, 760 mmHg)의 건조 배출가스 1 Sm^3 중에 함유된 먼지의 질량농도를 측정하는 데 사용된다.

121 배출가스 물질의 시료채취에 사용되는 연결관에 대한 설명으로 옳은 것은?

① 연결관의 길이는 되도록 길게 하여 가스와의 접촉면적을 최대한 넓게 한다.
② 연결관은 가능한 한 수평으로 연결하여야 하고 부득이 구부러진 관을 쓸 때에는 응축수가 흘러나오기 쉽도록 경사지게 연결한다.
③ 바이패스 배출가스의 연결관은 배후 압력의 변동이 큰 장소에 설치하여 정확도를 높인다.
④ 하나의 연결관으로 여러 개의 측정기를 사용할 경우에는 각 측정기 앞에서 연결관을 병렬로 연결하여 사용한다.

• 연결관의 안지름은 연결관의 길이, 흡입가스의 유량, 응축수에 의한 막힘 또는 흡입펌프의 능력 등을 고려해서 4 mm ~ 25 mm로 한다.
• 가열 연결관은 시료연결관, 퍼지라인(purge line), 교정가스관, 열원(선), 열전대 등으로 구성되어야 한다.
• 연결관의 길이는 되도록 짧게 하고, 부득이 길게 해서 쓰는 경우에는 이음매가 없는 배관을 써서 접속 부분을 적게 하고 받침기구로 고정해서 사용해야 한다.
• 연결관은 가능한 한 수직으로 연결해야 하고 부득이 구부러진 관을 쓸 경우에는 응축수가 흘러나오기 쉽도록 경사지게(5° 이상) 하고 시료가스는 아래로 향하게 한다.
• 연결관은 새지 않는 구조이어야 하며, 분석기에서의 배출가스 및 바이패스(by-pass) 배출가스의 연결관은 배후 압력의 변동이 적은 장소에 설치한다.
• 하나의 연결관으로 여러 개의 측정기를 사용할 경우 각 측정기 앞에서 연결관을 병렬로 연결하여 사용한다.

122 환경대기 중 알데하이드류를 고성능 액체 크로마토그래피법으로 분석하는 것에 대한 설명으로 옳지 않은 것은?

① 이동상 용매로 아세토나이트릴과 정제수, 아세토나이트릴과 테트라하이드로퓨란 등의 혼합 용매를 사용한다.
② 시료채취 시 공기 중 오존에 의한 방해를 제거하기 위하여 오존 스크러버를 DNPH 카트리지 앞에 연결한다.
③ 시료의 추출은 테트라하이드로퓨란으로 실시한다.
④ 추출된 DNPH 유도체는 갈색 바이알에 옮겨 밀봉한 후 냉장보관하며, 특별한 사유가 없는 한 2주일 내에 분석한다.

 환경대기 중 알데하이드류를 고성능 액체 크로마토그래피로 분석하는 방법은 카보닐화합물과 DNPH가 반응하여 형성된 DNPH 유도체를 아세토나이트릴(acetonitrile) 용매로 추출하여 고성능 액체 크로마토그래피(HPLC)를 이용하여 자외선(UV)검출기의 360 nm 파장에서 분석한다.
③ 시료의 추출은 아세토나이트릴을 사용한다.

123 산업시설의 덕트 또는 굴뚝 등으로 배출되는 배출가스 중 휘발성 유기화합물질의 시료채취방 법인 시료채취주머니 방법에 대한 내용으로 적합하지 않은 것은?

① 시료채취주머니를 사용하는 경우에는 제로기체와 동등 이상의 순도를 가진 질소나 헬륨기체를 채운 후 24시간 혹은 그 이상 동안 주머니를 놓아둔 후 퍼지(purge)시키는 조작을 반복한다.
② 누출시험을 실시한 후 시료를 채취하기 전에 가열한 시료채취관 및 연결관을 통해 순수 공기를 충분히 치환한다.
③ 1 L ~ 10 L 규격의 시료채취주머니를 사용하여 1 L/min ~ 2 L/min 정도로 시료를 흡입한다.
④ 시료를 채취한 시료채취주머니는 빛이 들어가지 않도록 차단하고 시료채취 이후 24시간 이내에 분석이 이루어지도록 한다.

 122 ③ 123 ②

누출시험을 실시한 후 시료를 채취하기 전에 가열한 시료채취관 및 연결관을 통해 시료로 충분히 치환한다.

124 굴뚝 배출가스의 암모니아를 연속으로 자동측정하는 방법은?

① 용액전도율법, 적외선가스분석법
② 광산란적분법, 베타(β)선흡수법
③ 정전위전해법, 불꽃광도법
④ 자외선흡수법, 정전위전해법

 ②는 먼지의 굴뚝 연속자동측정방법이며, ③은 이산화황, ④는 질소산화물을 연속 측정하는 방법이다.

125 환경대기 중 휘발성 유기화합물 측정 시 기체상의 표준시료를 희석하고자 할 때 비교적 분자량이 큰 방향족 할로겐화합물을 측정하는 방법으로 적합한 것은?

① 캐니스터(canister)를 이용한 방법
② 테플론(teflon) 주머니를 이용한 방법
③ 시료채취주머니를 이용한 방법
④ 동적인 흐름(dynamic flow) 방법

 표준시료를 희석할 때는 오염되어 있지 않은 캐니스터 또는 시료채취주머니가 주로 사용된다. 이때 캐니스터와 시료채취주머니의 배경농도는 반드시 확인되어야 한다. 다만, 분자량이 상대적으로 큰 방향족 할로겐화합물을 취급할 때에는 실온에서 이들 화합물들이 시료채취주머니에 달라붙는 현상이 있으므로 이러한 경우에는 시료채취주머니를 사용하지 않고 동적인 방법(dynamic flow method)을 사용하도록 한다.

126 환경대기 중 벤조(a)피렌 시험방법에 대한 설명으로 틀린 것은?

① 시료채취용 필터로 PTFE 멤브레인 필터를 사용하고 흡착튜브의 흡착제로 XAD-2 resin을 사용한다.
② 시료채취가 끝난 필터는 실온에서 24시간 방치 후 무게를 단다.
③ 시료분석을 위하여 3개의 표준용액을 이용하여 매일 교정한다.
④ 흡착성이 높은 입자상물질의 양이 많을 때는 Soxhlet 추출을 할 수도 있다.

 • 적어도 5개 표준용액으로 매일 교정한다.
 • 10 mL 메스플라스크에 톨루엔으로 교정용 표준용액을 만든다.
  예 5 μg/mL, 1 μg/mL, 0.2 μg/mL, 0.05 μg/mL, 0.005 μg/mL

정답 **124** ① **125** ④ **126** ③

127 파라로자닐린 방법으로 환경대기 중 이산화황을 분석할 때 방해물질을 제거하는 방법으로 **틀린** 것은?

① NO_x의 방해는 설퍼민산을 사용하여 제거할 수 있다.

② 오존 방해는 측정기간을 늘려서 제거할 수 있다.

③ 금속 성분(크로뮴, 철, 망가니즈)의 방해는 EDTA를 사용하여 방지할 수 있다.

④ 암모니아와 황화물(sulfides)은 염화제이수은을 사용하여 방지할 수 있다.

 알려진 주요 방해물질은 질소산화물(NO_x), 오존(O_3), 망가니즈(Mn), 철(Fe) 및 크로뮴(Cr)이다. 여기에서 설명하고 있는 방법은 이러한 방해물질을 최소한으로 줄이거나 제거할 수 있다. NO_x의 방해는 설퍼민산(NH_3SO_3)을 사용함으로써 제거할 수 있고, 오존의 방해는 측정기간을 늦춤으로써 제거된다. 암모니아, 황화물(sulfides) 및 알데하이드는 방해되지 않는다.

128 고체흡착법을 이용한 환경대기 중 휘발성 유기화합물 시험방법에 대한 설명으로 **틀린** 것은?

① 일정량의 흡착제로 충전한 흡착관에 시료를 채취하여 2단 농축/열탈착한다.

② 환경대기 중에 존재하는 0.5 nmol/mol ~ 25 nmol/mol 농도의 휘발성 유기화합물 분석에 적합하다.

③ 대기 중 수분이 많은 곳에서 시료를 채취할 경우에는 Tenax$^{(r)}$, Carbotrap과 같은 친수성 흡착제를 선택해야 한다.

④ 불꽃이온화검출기, 광이온화검출기, 전자포획형검출기는 검출기의 선택적 특성을 활용하여 직렬 혹은 병렬로 연결하여 이중 검출기로도 사용이 가능하다.

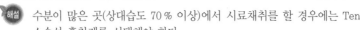 수분이 많은 곳(상대습도 70 % 이상)에서 시료채취를 할 경우에는 Tenax$^{(r)}$, Carbotrap과 같은 소수성 흡착제를 선택해야 한다.

129 환경대기에서 석면을 채취한 멤브레인 필터에서 현미경으로 석면을 식별하여 석면농도를 구할 때 **틀린** 것은?

① 채취한 먼지 중 길이 5 μm 이상이고, 길이와 폭의 비가 3 : 1 이상인 섬유를 석면섬유로서 계수한다.

② 위상차현미경으로 계수하고 계수된 동일 시야에 대하여 생물현미경으로 계수하여 나눈 값으로 석면 먼지농도를 구한다.

③ 저배율로 채취된 시료 먼지 균일성을 확인하고 균일하지 않으면 버린다.

④ 접안 그래티큘을 보정할 때 세로선 최소 간격은 10 μm이다.

위상차현미경에 따라 계수하고, 섬유가 계수된 동일 시야에 대하여 400배의 배율에서 생물현미경을 사용하여 다시 계수하여 그 결과를 석면 섬유수 측정표에 기록한다.

채취한 시료의 석면농도는 다음의 식에 의하여 구한다.

$$섬유수(개/mL) = \frac{A \times (N_1 - N_2)}{a \times V \times n} \times \frac{1}{1000}$$

여기서, A : 유효 채취면적(cm^2)

N_1 : 위상차현미경으로 계측한 총 섬유수(개)

N_2 : 광학현미경으로 계측한 총 섬유수(개)

a : 현미경으로 계측한 1시야의 면적(cm^2)

V : 표준상태로 환산한 채취 공기량(L)

n : 계수한 시야의 총수(개)

130 환경대기 중 금속 성분인 니켈을 원자흡수분광광도법을 이용하여 분석할 때, 다량의 탄소가 포함되었을 경우 간섭작용을 배제하기 위한 방법으로 옳은 것은?

① 시료를 채취한 여과지를 적당한 크기로 잘라서 자기도가니에 넣어 전기로를 사용하여 800 ℃에서 30분 이상 가열한 후 전처리 조작한다.

② 시료에 이플로오린화수소암모늄을 1 % 정도 가열하여 분석하거나 아세틸렌-산화이질소 불꽃을 사용하여 방해를 줄인다.

③ 검정곡선용 표준용액의 매트릭수를 일치시키고 아세틸렌-산화이질소 불꽃을 사용하여 분석한다.

④ 시료에 0.2 % 염화칼슘용액을 첨가하고 필요에 따라서는 0.5 % 인산을 추가로 가하여 간섭을 줄인다.

해설
- 다량의 탄소가 포함된 시료의 경우, 시료를 채취한 필터를 적당한 크기로 잘라서 자기도가니에 넣어 전기로를 사용하여 800 ℃에서 30분 이상 가열한 후 전처리 조작을 행한다.
- 카드뮴, 크로뮴 등을 동시에 분석하는 경우에는 500 ℃에서 2시간 ~ 3시간 가열한 후 전처리 조작을 행한다.
- 다른 금속 이온이 다량으로 존재하는 경우에는 용매추출법을 적용하여 정량할 수 있다.

131 환경대기 중 입자상 형태로 존재하는 금속의 농도를 마이크로파 산분해법으로 추출하여 측정하고자 할 때 틀린 것은?

① 질산(5.5 %)과 염산(16.7 %)의 혼합산을 추출용매로 사용한다.

② 시료를 채취한 여과지는 세라믹 가위 또는 유리재질의 형판을 사용하여 분석에 필요한 만큼 자른다.

③ 산분해용 용기는 테플론 재질이 적당하며, 사용 전에 이온성 세제와 정제수를 사용하여 잘 세척한다.

④ 보통 1 200 W의 세기로 마이크로파는 10분 동안 상승시켜 180 ℃에서 10분 동안 유지하여 추출한다.

정답 130 ① 131 ③

마이크로파 산분해 방법은 테플론(teflon) 재질의 용기 내에 시료와 산을 가한 후 마이크로파를 이용하여 일정 온도로 가열해 줌으로써, 소량의 산을 사용하여 고압 하에서 짧은 시간에 시료를 전처리하는 방법이다. 마이크로파 산분해용 용기는 사용 전에 미리 진한 질산(약 10 mL)으로 세척하고 비이온성 세제로 씻어낸 다음, 다시 정제수로 세척한 후 사용한다.

132 환경대기 중 납 및 그 화합물의 농도를 자외선/가시선 분광법으로 측정할 때 틀린 것은?

① 납 이온이 염화포타슘용액 중에서 디티존과 반응하여 생성되는 착염을 클로로폼으로 추출하고 흡광도를 520 nm에서 측정하여 정량한다.

② 입자상 납화합물은 로우볼륨 및 하이볼륨 샘플러로 채취하여, 여과지를 전처리한 후 납의 분석농도를 구하고 채취유량에 따라 대기 중 농도를 구한다.

③ 자외선/가시선 분광법의 정량범위는 0.001 mg ~ 0.04 mg이며, 정밀도는 3 % ~ 10 %이다.

④ 납착화합물은 시간이 경과하면 분해되므로 가능한 한 빛을 차단하고 20 ℃ 이하에서 조작하며, 장시간 방치하지 않도록 한다.

 납 이온이 사이안화포타슘용액 중에서 디티존과 반응하여 생성되는 납 디티존 착염을 클로로폼으로 추출하고, 과량의 디티존은 사이안화포타슘용액으로 씻어내어, 납착염의 흡광도를 520 nm에서 측정하여 정량하는 방법이다.

133 하이볼륨 에어 샘플러를 사용해서 1일간 부유분진을 측정하였다. 유량은 채취 시작 시 0.2 m³/s, 채취가 끝날 무렵 0.22 m³/s이었고 채취 전후 여과지의 중량차는 3.0 g이었다. 부유분진의 농도 (mg/m³)는 얼마인가?

① 0.146 mg/m³
② 0.156 mg/m³
③ 0.165 mg/m³
④ 0.175 mg/m³

 • 1일간 채취가스량 $= \left(\dfrac{0.20 + 0.22}{2} \right)$ m³/s $\times 86\,400$ s/d $= 18\,144$ m³/d

• 여과제 중량차 $= 3.0$ g $= 3\,000$ mg/d

∴ 입자상물질의 농도 $= \dfrac{3\,000}{18\,144} = 0.165$ mg/m³

134 유도결합플라스마 분광법으로 환경대기 중 카드뮴을 분석하고자 할 때 광학적 간섭 효과를 줄일 수 있는 방법으로 옳은 것은?

① 표준물첨가법 사용
② 시료 희석
③ 시료 점도 증가
④ 이온화 전압이 더 낮은 원소 첨가

염의 농도가 높은 시료용액에서 검정곡선법이 적용되지 않을 때는 표준물첨가법을 사용하는 것이 좋다. 표준물첨가법이 유효한 범위는 검정곡선이 저농도 영역까지 양호한 직선성을 가지며 또한 원점을 통하는 경우에만 한하고 그 이외에는 분석오차를 일으킨다.

135 환경대기 중 휘발성 유기화합물을 고체 흡착 용매추출법을 이용하여 분석할 때 시료채취 시 주의사항으로 옳은 것은?

① 오존농도가 높은 지역에서 Tenax[Ⓡ] 흡착제를 사용하여 낮은 농도의 휘발성 유기화합물을 채취할 경우에는 오존 스크러버를 사용하지 않아도 된다.

② 대기 중 상대습도가 70 % 이상에서 시료채취를 할 경우에는 흡착제의 종류에 따라 시료채취량을 줄여야 한다.

③ 파과부피란 전체 휘발성 유기화합물 농도의 10 %가 흡착관을 통과할 때까지 흘러간 총 부피를 의미한다.

④ 시료채취 시 안전부피는 파과부피의 2/3배를 취하거나 머무름 부피의 1/3배 정도를 취한다.

 ① 오존농도가 높은 지역에서 Tenax[Ⓡ] 물질을 가지고 10 nmol/mol 이하의 낮은 농도의 VOCs 시료를 채취할 때는 반드시 오존 스크러버가 사용되어야 한다.

② 수분에 의한 간섭을 최소화하기 위해 수분이 많은 곳(상대습도 70 % 이상)에서 시료채취를 할 경우에는 Tenax[Ⓡ], Carbotrap과 같은 소수성 흡착제를 선택해야 한다.

③ 파과부피란 전체 VOCs 양의 5 %가 흡착관을 통과하는 시점에서 흡착관 내부로 흘러간 총 부피를 말한다.

④ 시료채취 안전부피는 파과부피의 2/3배를 취하거나 머무름 부피의 1/2 정도를 취함으로서 얻어진다.

136 환경대기 중 옥시던트 측정방법에 대한 설명으로 옳지 않은 것은?

① 화학발광법은 시료대기 중에 오존과 에틸렌(ethylene) 가스가 반응할 때 생기는 발광도가 오존농도와 비례관계가 있다는 것을 이용하여 오존농도를 측정하는 방법이다.

② 흡광차분광법에 의한 옥시던트 측정에 대한 간섭 성분으로는 이산화질소와 톨루엔이 있다.

③ 수동법 중 중성 아이오딘화포타슘법은 시료를 채취한 후 1시간 이내에 분석할 수 있을 때 사용하고 1시간 이내에 측정할 수 없을 때에는 알칼리성 아이오딘화포타슘법을 사용하여야 한다.

④ 알칼리성 아이오딘화포타슘법은 대기 중에 존재하는 저농도 옥시던트를 측정하는 데 사용된다.

 흡광차분광법에 의한 오존 측정에서 간섭물질은 흡수 스펙트럼이 오존과 겹치는 환경대기 중의 유기화합물이 간섭 현상을 일으킬 수 있으며, 기기를 건조 오존가스로 교정하는 경우, 환경대기 중 상대습도가 높으면 간섭 현상이 있을 수 있다.

정답 ✔ 135 ② 136 ②

137 환경대기 중 먼지 측정법 중에서 직접적인 중량농도 측정법은?

① 고용량 공기시료채취법
② 광산란법
③ 광투과법
④ 베타선흡수법

 ① 고용량 공기시료채취법(high volume air sampler method) : 환경대기 중에 부유하고 있는
입자상물질을 고용량 공기시료채취기를 이용하여 여과지상에 채취하는 방법으로 입자상물질
전체의 질량농도(mass concentration)를 측정하거나 금속 성분의 분석에 이용한다.
② 광산란법 : 빛을 조사하여 발생하는 산란광을 측정하며, 산란광의 강도는 먼지농도에 비례하는
것을 이용하여 먼지농도를 측정한다.
③ 광투과법 : 빛의 반사, 흡수, 분산에 의한 투과광의 강도 변화를 이용하여 먼지농도와 투과도의
상관관계식을 이용하여 먼지농도를 측정한다.
④ 베타선흡수법 : 입자상물질을 일정시간 여과지 위에 채취하여 베타선을 투과시켜 소멸되는
베타선의 양을 측정하여 입자상물질의 중량농도를 연속적으로 측정하는 방법이다.

138 휴대용 측정기기를 이용하여 휘발성 유기화합물질의 누출을 확인하는 방법으로 틀린 것은?

① 개별 누출원으로부터의 직접적인 누출량 측정법으로 사용된다.
② 기기의 계기눈금은 최소한 표시된 누출농도의 ±5 %를 읽을 수 있어야 한다.
③ 측정기기의 시료 유량은 0.5 L/min ~ 3 L/min이다.
④ 기기의 응답시간은 30초보다 적거나 같아야 한다.

 ① 이 방법은 누출의 확인 여부로만 사용하여야 하고, 개별 누출원으로부터의 직접적인 누출량
측정법으로 사용하여서는 안 된다.

139 환경대기 중 아황산가스를 파라로자닐린법으로 측정 분석할 때, 질소산화합물의 방해를 제거
하기 위하여 사용하는 물질은?

① 설퍼민산
② 오존
③ EDTA
④ 인산

 • 알려진 주요 방해물질은 질소산화물(NO_x), 오존(O_3), 망가니즈(Mn), 철(Fe) 및 크로뮴(Cr)이다.
NO_x의 방해는 설퍼민산(NH_3SO_3)을 사용함으로써 제거할 수 있고, 오존의 방해는 측정기간을
늦춤으로써 제거된다.
• 에틸렌다이아민테트라아세트산(EDTA, ethylene diamine tetra acetic acid disodium salt) 및
인산(silver phosphate)은 위의 금속 성분들의 방해를 방지한다. 암모니아, 황화물(sulfides)
및 알데하이드는 방해되지 않는다.

140 환경대기 중 석면농도의 측정 시 계수(計數) 대상물의 식별방법으로 틀린 것은?

① 단섬유의 경우 길이와 폭의 비가 3 : 1 이상인 섬유는 1개로 판정한다.

② 섬유가 헝클어져 다발을 이루어 정확한 수를 헤아리기 힘들 때에는 0개로 판정한다.

③ 섬유에 입자가 부착하고 있는 경우 부착입자의 폭이 $3\,\mu m$가 넘는 것은 1개로 판정한다.

④ 섬유가 그래티큘 시야 경계선에 물려 시야 안으로 한쪽 끝만 들어와 있는 경우는 1/2개로 인정한다.

〈위상차현미경법의 식별방법, 측정범위, 정량범위, 측정계수〉

식별방법	측정범위 (μm)	정량범위	측정계수
단섬유	5 이상	길이와 폭의 비가 3 : 1 이상인 섬유	1
가지가 벌어진 섬유	5 이상	길이와 폭의 비가 3 : 1 이상인 섬유	1
헝클어져 다발을 이루고 있는 섬유	5 이상	길이와 폭의 비가 3 : 1 이상인 섬유	섬유개수
입자가 부착하고 있는 섬유	5 이상	입자의 폭이 $3\,\mu m$ 넘지 않는 섬유	1
섬유가 그래티큘 시야의 경계선에 물린 경우	5 이상	시야 안	1
		한쪽 끝	1/2
		경계선에 물려 있음	0
위의 식별방법에 따라 판정하기 힘든 경우	5 이상	다른 시야로 바꾸어 식별	0
다발을 이루고 있는 섬유가 그래티큘 시야의 1/6 이상인 경우	5 이상	다른 시야로 바꾸어 식별	0

141 환경대기 중 다환방향족탄화수소류의 분석방법에 대한 설명으로 틀린 것은?

① 내부표준방법으로 PAHs를 정량할 때 전처리한 시료의 최종 부피를 정확히 알아야 한다.

② 내부표준방법과 상대검정곡선방법은 같은 뜻으로 사용된다.

③ 시료에 첨가하는 내부표준물질의 정확한 양을 알면 GC에 주입부피는 알 필요가 없다.

④ 검출기가 질량분석기일 경우 동위원소를 내부표준물질로 사용한다.

시료의 기지량(M)에 대하여 표준물질의 기지량(n)을 검정곡선의 범위 안에 들도록 적당히 가해서 균일하게 혼합한 다음 표준물질의 봉우리가 검정곡선 작성 시와 거의 같은 크기가 되도록 도입량을 가감해서 동일 조건 하에서 크로마토그램을 기록한다.

크로마토그램으로부터 피검성분 봉우리 넓이($A_X{}'$)와 표준물질 봉우리 넓이($A_S{}'$)의 비($A_X{}'/A_S{}'$)를 구하고, 검정곡선으로부터 피검성분량($M_X{}'$)과 표준물질량($M_S{}'$)의 비($M_X{}'/M_S{}'$)가 얻어지면 다음 식에 따라 함유율(X)을 산출한다.

$$X(\%) = \frac{\left(\dfrac{M_X{}'}{M_S{}'}\right) \times n}{M} \times 100$$

위 식에서 PAHs를 정량할 경우 전처리한 시료의 최종 부피는 알 필요가 없다.

142 환경대기 중 알데하이드류 농도 측정방법에 관한 설명으로 옳은 것은?

① DNPH 카트리지의 후단에 오존 스크러버를 장착하여 시료를 채취하여야 한다.

② 카르보닐화합물과 DNPH가 반응하여 형성된 DNPH 유도체를 아세토나이트릴 용매로 추출하여 분석한다.

③ 표준물질로는 DNPH 유도화된 알데하이드를 아세톤에 용해시켜 사용한다.

④ DNPH 카트리지를 이용한 적당한 시료채취 유량은 2 L/min ~ 4 L/min 정도이다.

 ① 약 1.5 g의 KI가 충전된 오존 스크러버를 DNPH 카트리지 전단에 장착한다. 공기시료 중에는 오존이 항상 존재하므로 반드시 오존 제거용으로 사용하여야 하며, 한번 사용 후 새로이 충전된 스크러버를 사용하여야 한다.

③ 표준물질로는 DNPH 유도화된 알데하이드(혹은 케톤)가 아세토나이트릴에 용해된 표준물질을 사용한다.

④ 현장에서 DNPH 카트리지로 시료공기를 유속 약 1 L/min ~ 2 L/min으로 이루어지도록 한다.

143 고체흡착법을 이용하여 대기 중 휘발성 유기화합물을 측정하고자 할 경우에 대한 설명으로 틀린 것은?

① 환경대기 중에 존재하는 0.5 nmol/mol ~ 25 nmol/mol 농도의 휘발성 유기화합물의 분석에 적합하다.

② 대기 중 수분이 많은 곳에서 시료를 채취할 경우에는 Tenax[ⓡ]와 같은 흡착제를 이용한다.

③ 오존농도가 높은 곳에서 낮은 농도의 BTEX를 시료채취할 경우 오존 스크러버를 사용한다.

④ 열탈착시스템에서 저온 농축관의 냉매로는 액체 질소, 액체 아르곤 등을 사용한다.

 • 오존농도가 높은 (100 nmol/mol 이상) 지역에서 Tenax[ⓡ] 물질을 가지고 10 nmol/mol 이하의 낮은 농도의 VOC(아이소프렌 등) 시료를 채취할 때에는 반드시 오존 스크러버가 사용되어야 한다. 단, BTEX(벤젠, 톨루엔, 에틸벤젠, 자일렌) 및 포화지방족탄화수소 등의 비교적 반응성이 적은 물질들은 제외한다.

• 수분이 많은 곳(상대습도 70 % 이상)에서 시료채취를 할 경우에는 Tenax[ⓡ], Carbotrap과 같은 소수성 흡착제를 선택해야 한다.

• 시료채취 시 돌연변이 물질이 10 % 이하가 되도록 목표를 설정하여야 한다.

144 환경대기 중의 시료채취방법에 대한 설명 중 옳지 않은 것은?

① 환경대기 중의 악취물질을 채취할 경우는 되도록 장시간에 걸쳐 시료를 채취한다.

② 채취지점수의 결정은 인구비례, TM 좌표, 중심점에 의한 동심원 이용방법 등이 있다.

③ 시료채취 높이는 평균 오염도를 나타낼 수 있는 곳으로 가능한 1.5 m ~ 30 m 범위로 한다.

④ 주위에 건물 등이 밀집, 접근되어 있을 경우는 건물 바깥벽으로부터 적어도 1.5 m 이상 떨어진 곳에서 채취한다.

시료채취 시간은 원칙적으로 그 오염물질의 영향을 고려하여 결정한다. 예를 들면 악취물질의 채취는 되도록 짧은 시간 내에 끝내고, 입자상물질 중의 금속 성분이나 발암성 물질 등은 되도록 장시간 채취한다.

145 어떤 지역 위에 있는 대류권에서의 SO_2의 농도는 0.16 ppm(부피)이다. 이 기체는 다음과 같은 반응으로 빗물에 용해된다. 이 반응의 평형상수가 1.3×10^{-2}이라고 한다면 산성비의 pH는 얼마인가? (단, 이 반응은 SO_2의 부분압에 의해 영향을 받지 않는다고 가정한다.)

$$SO_2(g) + H_2O(l) \leftrightarrow H^+(aq) + HSO_3^-(aq)$$

① 4.34 ② 5.12
③ 6.02 ④ 7.00

 $SO_2(g) + H_2O(l) \leftrightarrow H^+(aq) + HSO_3^-(aq)$

$$K = \frac{[H^+][HSO_3^-]}{[SO_2]} = \frac{[H^+][HSO_3^-]}{P[SO_2]}$$

$$P[SO_2] = 0.16\,ppm \times \frac{1\,atm}{10^6} = 1.6 \times 10^{-7}\,atm$$

$$\therefore\ 1.3 \times 10^{-2} = \frac{x^2}{1.6 \times 10^{-7}}$$

$$x^2 = 1.3 \times 10^{-2} \times 1.6 \times 10^{-7}$$

$$x = 4.56 \times 10^{-5}$$

$$pH = -\log[H^+] = -\log(4.56 \times 10^{-5}) = 4.34$$

146 환경대기 중 시료채취방법에서 채취지점수(측정점수)를 결정하는 방법에 해당되지 않는 것은?

① 인구비례에 의한 방법
② TM 좌표에 의한 방법
③ 지그재그 방식에 의한 방법
④ 대상 지역의 오염 정도에 따라 공식을 이용하는 방법

 • 환경기준시험을 위한 시료채취지점수 및 지점 장소는 측정하려고 하는 대상 지역의 발생원 분포, 기상조건 및 지리적, 사회적 조건을 고려하여 결정한다.
• 인구비례에 의한 방법, 대상 지역의 오염 정도에 따라 공식을 이용하는 방법, 중심점에 의한 동심원을 이용하는 방법, TM 좌표에 의한 방법, 기타 과거의 경험이나 전례에 의한 선정 또는 이전부터 측정을 계속하고 있는 측정점에 대하여는 이미 선정되어 있는 지점을 측정점으로 할수 있다.

147 환경대기 중 비소(As) 및 비소화합물을 수소화물 발생 원자흡수분광광도법으로 정량할 경우, 비소 손실을 최소화하기 위한 전처리 방법은?

① 질산-염산법
② 마이크로파 산분해법
③ 질산-과산화수소법
④ 질산-염산 혼합액에 의한 초음파 추출법

 비소 및 비소화합물 중 일부 화합물은 휘발성이 있다. 따라서 채취시료를 전처리 하는 동안 비소의 손실 가능성이 있다. 전처리 방법으로서 고압 산분해법을 이용할 것을 권장한다.

148 환경대기 중 입자상 형태로 존재하는 금속의 농도를 마이크로파 산분해법으로 추출하여 측정하고자 할 때 **틀린** 것은?

① 질산(5.5 %)과 염산(16.7 %)의 혼합산을 추출용매로 사용한다.
② 시료를 채취한 여과지는 세라믹 가위 또는 유리재질의 형판을 사용하여 분석에 필요한 만큼 자른다.
③ 산분해용 용기는 테플론(teflon) 재질이 적당하며, 사용 전에 이온성 세제와 정제수를 사용하여 잘 세척한다.
④ 보통 1 200 W의 세기로 마이크로파를 10분 동안 상승시켜 180 ℃에서 10분 동안 유지하여 추출한다.

 • 깨끗이 세척한 세라믹 가위와 유리재질 형판을 사용하여 시료를 채취한 필터를 분석에 필요한 만큼의 크기로 자른다.
• 피펫으로 5.5 % HNO_3 / 16.7 % HCl 혼합산 용액 10.0 mL를 가하여, 혼합산 용액이 필터를 완전히 덮도록 한다.
• 마이크로파 산분해용 용기는 사용 전에 미리 진한 질산(약 10 mL)으로 세척하고 비이온성 세제로 씻어낸 다음, 다시 정제수로 세척한 후 사용한다.
• 1 200 W 세기로 마이크로파를 10분간 상승시켜 180 ℃에서 10분간 유지한다.

149 원자흡수분광광도법을 이용하여 분석할 수 있는 대기 중 금속화합물이 <u>아닌</u> 것은?

① 코발트
② 크로뮴
③ 카드뮴
④ 아연

 • 환경대기 중 코발트화합물은 유도결합플라스마 분광법에 의해 정량하여야 하며, 시료 용액을 플라스마에 분무하고 각 성분의 특성 파장에서 발광세기를 측정하여 농도를 구한다.
• 유도결합플라스마 분광법은 대기 중 입자상 형태로 존재하는 코발트 및 그 화합물을 고용량 공기시료채취(high volume air sampler) 및 저용량 공기시료채취(low volume air sampler)를 이용하여 여과지에 채취한다. 여과지를 전처리한 후, 각 금속 성분의 분석농도를 구하고, 에어샘플러의 채취 유량에 따라 대기 중 각 금속 성분의 농도를 산출한다.

150 환경오염공정시험기준상 기체 크로마토그래프법과 자외선/가시선 분광법을 적용할 수 있는 것은?

① 구리화합물 ② 페놀화합물
③ 크로뮴화합물 ④ 카드뮴화합물

 • 기체 크로마토그래프법은 기체 시료 또는 기화한 액체나 고체 시료를 운반가스(carrier gas)에 의하여 분리, 관 내에 전개시켜 기체상태에서 분리되는 각 성분을 크로마토그래피적으로 분석하는 방법으로 일반적으로 무기물 또는 유기물의 대기오염물질에 대한 정성·정량 분석에 이용한다.
• 자외선/가시선 분광법(흡광광도법)은 시료물질이나 시료물질의 용액 또는 여기에 적당한 시약을 넣어 발색시킨 용액의 흡광도를 측정하여 시료 중의 목적 성분을 정량하는 방법으로, 파장 200 nm ~1 200 nm에서의 액체의 흡광도를 측정함으로써 대기 중이나 굴뚝 배출가스 중의 오염물질 분석에 적용한다.
• 구리, 크로뮴, 카드뮴과 같은 금속화합물은 자외선/가시선 분광법(흡광광도법)을 이용한 분석은 가능하지만 기체 크로마토그래피법으로는 분석이 불가능하다.

151 대기 중에 부유하는 입자상물질을 채취하는 하이볼륨 에어 샘플러에 관한 설명 중에서 옳지 않은 것은?

① 먼지를 여과지상에 채취하여 중량농도를 구하는 방법이다.
② 흡입펌프, 분립장치, 여과지 홀더 및 유량측정부로 구성된다.
③ 채취입자의 입경은 일반적으로 $0.1 \mu m \sim 100 \mu m$ 범위이다.
④ 흡입유량은 약 $2 m^3/min$이고, 24시간 이상 연속측정이 가능한 송풍기를 사용하여야 한다.

 • 고용량 공기시료채취기(high volume air sampler)는 대기 중에 부유하고 있는 입자상물질을 여과지상에 채취하는 방법으로 입자상물질 전체의 질량농도를 측정하거나 금속 성분의 분석에 이용한다. 채취입자의 입경은 일반적으로 $0.1 \mu m \sim 100 \mu m$ 범위이지만, 입경별 분리장치를 장착할 경우에는 PM_{10}이나 $PM_{2.5}$ 시료의 채취에 사용할 수 있다.
• 고용량 공기시료채취기는 공기흡입부, 여과지 홀더, 유량측정부 및 보호상자로 구성된다.
• 저용량 공기시료채취기는 흡입펌프, 분립장치, 여과지 홀더 및 유량측정부로 구성된다.

152 환경대기 중 석면의 농도를 측정하기 위한 계수 대상물의 식별방법이 아닌 것은?

① 원형섬유인 경우
② 가지가 벌어진 섬유의 경우
③ 헝클어져 다발을 이루고 있는 경우
④ 입자가 부착하고 있는 경우

 위상차현미경법의 식별방법은 단섬유, 가지가 벌어진 섬유, 헝클어져 다발을 이루고 있는 섬유, 입자가 부착하고 있는 섬유, 섬유가 그래티큘 시야의 경계선에 물린 경우 등이 있다.

153 위상차현미경을 이용한 석면농도 측정방법에 대한 설명으로 옳은 것은?

① 멤브레인 필터에 채취한 대기 부유먼지 중의 석면섬유를 위상차현미경을 사용하여 계수하는 방법이다.

② 석면먼지의 농도 표시는 표준상태(0 ℃, 760 mmHg)의 기체 1 mL 중에 함유된 석면섬유의 개수(개/mL)로 표시한다.

③ 시료채취는 원칙적으로 채취지점의 지상 1.5 m 되는 위치에서 10 L/min의 흡입유량으로 4시간 이상 채취한다.

④ 채취한 먼지 중 길이 5 μm 이상이고, 길이와 폭의 비가 9 : 1 이상인 섬유를 석면섬유로 계수한다.

 ② 석면먼지의 농도 표시는 20 ℃, 760 mmHg 상태의 기체 1 mL 중에 함유된 석면섬유의 개수 (개/mL)로 표시한다.
③ 시료채취는 바닥면으로부터 (1.2 ~ 1.5) m 위치에서 주간시간대(오전 8시 ~ 오후 7시)에 10 L/min으로 1시간 측정한다.
④ 석면의 정량범위는 길이와 폭의 비가 3 : 1 이상인 섬유에 한한다.

154 기체 크로마토그래피에서 관(column)의 단높이(H)에 미치는 효과와 이유에 대한 설명으로 틀린 것은?

① 충전제의 입자 크기가 증가하면 표면적이 감소하고, 단높이는 증가한다.

② 시료 도입부의 온도를 높이면 시료의 증발속도가 증가하여 단높이는 증가한다.

③ 일정량의 충전제에 대해 정지상의 무게가 증가되면 정지상의 두께가 증가하고 단높이는 증가한다.

④ 시료의 주입속도를 줄이면 모든 분자가 관을 동시에 출발하여 내려오지 않으므로 띠넓힘이 일어나게 되어 단높이는 증가한다.

 시료 도입부에서 시료는 대부분 환성격박(septum)을 통하여 주입된다. 시료 증기의 확산폭을 작게 하여 칼럼으로 유입할수록 피크의 분리는 좋아지므로 시료 주입량을 적게 할수록 좋다. 주입된 시료는 순간적으로 기화시킬 필요가 있기 때문에 시료 도입부는 가열장치에 의해 일정 온도로 유지되도록 하고 있으나 불필요하게 높은 온도로 유지하는 것은 피해야 한다.

155 환경대기 중 입자상 시료채취방법 가운데 저용량 공기시료채취기법이 있다. 이때 사용하는 채취용 여과지에 대한 설명으로 옳은 것은?

① 통상 구멍 크기(pore size)가 0.1 μm ~ 0.3 μm인 여과지를 사용하여야 한다.

② 여과지 재질은 테플론을 사용하여야 한다.

③ 초기 채취율이 0.3 μm인 입자상물질에 대해 99.9 % 이상이어야 한다.

④ 흡습성 및 대전성이 적고, 압력손실이 낮아야 한다.

저용량 공기시료채취기 시료채취용 여과지
- 입자상물질의 채취에 사용하는 채취용 여과지는 구멍 크기(pore size)가 1 μm ~ 3 μm 되는 나이트로셀룰로오스제 멤브레인 필터(nitrocellulose membrane filter), 유리섬유 여과지 또는 석영섬유 여과지 등을 사용한다.
- 채취용 여과지의 사용조건 0.3 μm의 입자상물질에 대하여 99 % 이상의 초기 채취율을 갖는 것
  - ㉠ 압력손실이 낮은 것
  - ㉡ 가스상물질의 흡착이 적고, 흡습성 및 대전성이 적을 것
  - ㉢ 취급하기 쉽고 충분한 강도를 가질 것
  - ㉣ 분석에 방해되는 물질을 함유하지 않을 것

156 환경대기 중 금속의 측정방법에 대한 설명으로 틀린 것은?

① 주요 측정대상에는 니켈, 비소, 카드뮴, 크로뮴 등과 같은 발암성 물질과 구리, 납, 아연, 철 등이 포함된다.
② 입자 형태로 존재하는 금속은 하이볼륨 및 로우볼륨 에어 샘플러를 이용하여 필터에 채취한다.
③ 환경대기 중 금속의 측정방법은 유도결합플라스마 원자발광분광법을 주시험으로 한다.
④ 시료의 전처리 방법은 산분해법, 용매추출법, 회화법 등이 있다.

 대기 중 금속 분석을 위한 시료는 적절한 방법으로 전처리하여 기기분석을 실시한다. 금속별로 사용되는 기기분석방법은 원자흡수분광광도법, 유도결합플라스마 원자발광분광법, 자외선/가시선 분광법이 있으며, 원자흡수분광광도법을 주 시험방법으로 한다. 각 시험방법의 정량범위 및 방법검출한계는 항목별 시험방법에 제시되어 있다.

157 환경대기 중 일산화탄소의 농도를 불꽃이온화검출기법(기체 크로마토그래피법)으로 측정한 결과가 다음과 같을 때 대기 중의 일산화탄소의 농도는?

> · 교정용 가스 중의 일산화탄소 농도 : 40 μmol/mol
> · 시료 공기 중의 일산화탄소 피크 높이 : 10 mm
> · 교정용 가스 중의 일산화탄소 피크 높이 : 20 mm

① 15 ppm   ② 20 ppm
③ 35 ppm   ④ 50 ppm

 다음 식에 의하여 시료 대기 중의 일산화탄소 농도를 산출한다.

$$C = C_S \times \frac{L}{L_S}$$

여기서, C : 일산화탄소 농도(μmol/mol)
C_S : 교정용 가스 중의 일산화탄소 농도(μmol/mol)
L : 시료 공기 중의 일산화탄소의 피크 높이(mm)
L_S : 교정용 가스 중의 일산화탄소 피크 높이(mm)

$$\therefore C = 40 \, \mu\text{mol/mol} \times \frac{10 \, \text{mm}}{20 \, \text{mm}} = 20 \, \text{ppm}$$

158 하이볼륨 에어 샘플러법에서 채취 전 여과지의 칭량을 위하여 항량이 될 때까지 보관하는 온도와 습도 조건은?

① 온도 15 ℃, 상대습도 40 %
② 온도 15 ℃, 상대습도 50 %
③ 온도 20 ℃, 상대습도 40 %
④ 온도 20 ℃, 상대습도 50 %

 시료채취 전 여과지를 미리 온도 20 ℃, 상대습도 50 %에서 일정한 무게가 될 때까지 보관하였다가 0.01 mg의 감도를 갖는 분석용 저울로 0.1 mg까지 정확히 단다. 단, 항온·항습장치가 없을 때는 상온에서 질량분율 50 % 염화칼슘용액을 제습제로 한 데시케이터 내에서 일정한 무게가 될 때까지 보관한 다음 위와 같은 방법으로 무게를 잰다.

159 다음 ㉠ ~ ㉣ 중 **틀린** 것은?

> 흡광차분광법은 빛을 조사(照査)하는 발광부와 (㉠) 정도 떨어진 곳에 설치되는 수광부 사이에 형성되는 빛의 이동경로를 통과하는 가스를 실시간으로 분석하는 기기분석법이며, 측정에 필요한 광원은 (㉡) 파장을 갖는 (㉢)를 사용하여 (㉣) 등의 가스상 대기오염물질 분석에 적용한다.

① ㉠ 50 m ~ 1 000 m
② ㉡ 180 nm ~ 2 850 nm
③ ㉢ 제논(Xenon)램프
④ ㉣ SO_2, NO_x, CO, O_3

 이 방법은 일반적으로 빛을 조사하는 발광부와 50 m ~ 1 000 m 정도 떨어진 곳에 설치되는 수광부(또는 발·수광부와 반사경) 사이에 형성되는 빛의 이동경로(path)를 통과하는 가스를 실시간으로 분석하며, 측정에 필요한 광원은 180 nm ~ 2 850 nm 파장을 갖는 제논(Xenon)램프를 사용하여 아황산가스, 질소산화물, 오존 등의 대기오염물질 분석에 적용한다.

160 환경대기 중 다환방향족탄화수소류의 분석방법에 대한 설명으로 **틀린** 것은?

① PAHs는 넓은 범위의 증기압을 가지며, 환경대기에서 기체상으로만 존재한다.
② 정제용 내부표준물질은 분석과정의 효율을 판단하기 위하여 사용한다.
③ 내부표준물질은 분석물질의 정량치를 보정하기 위하여 시료에 첨가한다.
④ 검출기가 질량분석기일 경우 동위원소를 대체 표준물질 혹은 내부표준물질로 사용한다.

 측정대상의 화합물은 일반적인 탄화수소류와 달리 질소, 황, 산소 등 다른 원소를 포함한 다환방향족탄화수소류(이하 PAHs라 한다) 환(ring)구조의 물질들도 포괄적으로 의미한다. PAHs는 대기 중 비휘발성 물질 또는 휘발성 물질들로 존재한다. 비휘발성(증기압 < 10^{-8} mmHg) PAHs는 필터상에 채취하고 증기상태로 존재하는 PAHs는 Tenax, XAD-2 수지, PUF(polyurethane foam)을 사용하여 채취한다. PAHs는 넓은 범위의 증기압을 가지며 10^{-8} kPa 이상의 증기압을 갖는 PAH는 환경대기 중에서 기체와 입자상으로 존재한다.

161 환경대기 중 질소산화물을 수동 살츠만법으로 측정하고자 한다. 다음 중 틀린 것은?

① 흡광도 측정파장은 550 nm이다.

② $NaNO_2$ 표준용액(0.0203 g/L) 1 mL를 25 mL로 희석한 것의 흡광도는 흡수액 10 mL에 NO_2 4 μL를 흡수한 것에 상당한다.

③ 기체의 용적 계산은 760 mmHg, 0 ℃를 표준으로 한다.

④ NO_2를 포함하는 시료 대기를 통과시킨 흡수액은 등적색이다.

 기체의 용적 계산은 편의상 760 mmHg, 25 ℃를 표준으로 한다. 따라서 기체 1 mol은 24.47 L 이다.

162 다음은 환경대기 중의 어떤 금속 성분의 농도를 측정하기 위해 사용되는 원자흡수분광광도법의 측정파장, 정량범위, 정밀도 및 방법검출한계를 나타낸 것이다. 측정대상 금속은?

- 측정파장 : 213.8 nm
- 정량범위 : 0.01 mg/L ~ 1.5 mg/L
- 정밀도 : 2 % RSD ~ 10 % RSD
- 방법검출한계 : 0.003 mg/L

① 아연(Zn)　　　　　　　　② 구리(Cu)
③ 카드뮴(Cd)　　　　　　　④ 납(Pb)

〈원자흡수분광광도법의 측정파장, 정량범위, 정밀도 및 방법검출한계〉

측정금속	측정파장 (nm)	정량범위 (mg/L)	정밀도 (% RSD)	방법검출한계 (mg/L)
Cu	324.8	0.05 ~ 20	3 ~ 10	0.015
Pb	217.0/283.3	0.2 ~ 25	2 ~ 10	0.06
Ni	232.0	0.2 ~ 20	2 ~ 10	0.06
Zn	213.8	0.01 ~ 1.5	2 ~ 10	0.003
Fe	248.3	0.5 ~ 50	2 ~ 10	0.15
Cd	228.8	0.04 ~ 1.5	2 ~ 10	0.012
Cr	357.9	2 ~ 20	2 ~ 10	0.6

163 환경대기 중 금속화합물인 코발트의 특성으로 올바르지 않은 것은?

① 주기율표 9족에 속하는 철족 원소

② 원자번호 27, 원자량은 58.93

③ 공기 중에 방치해도 표면에 녹이 슬 뿐 쉽게 부식되지 않음

④ 녹주석, 금록석, 페나스석 등으로 널리 존재함

 ④는 베릴륨화합물이며 천연으로는 녹주석·금록석·페나스석 등으로 널리 존재하지만, 가장 중요한 광물은 녹주석이며, 산화베릴륨을 11 % ~ 13 % 함유하고 있다.

164 환경대기 중 벤조(a)피렌을 형광분광광도법으로 분석하고자 한다. 틀린 것은?

① 형광분광광도법에서 형광 분석은 1 mL의 액량으로부터 30 ng ~ 2 000 ng 분석이 가능하다.
② 염화메틸렌 시약은 특급 시약을 사용하며, 사용 전에 유리제 증류기를 사용하여 2회 증류한다.
③ 무수에틸에테르 시약은 소듐-납 합금으로 처리하여 유리제 증류기로 2회 증류한다.
④ 형광용 셀은 내용적 1.0 mL, 광로길이 10 mm, 400 nm ~ 600 nm 광투과율이 100 %인 것을 사용한다.

 환경대기 중에서 채취한 먼지 중의 벤조(a)피렌의 분석농도 범위는 형광분광광도계의 종류에 따라 다르나 고감도 형광광도계를 사용하면 3 ng/mL ~ 200 ng/mL, 필터식 형광광도계를 사용하면 10 ng/mL ~ 300 ng/mL 범위의 벤조(a)피렌을 정량할 수 있다. 본 법에서 형광분석은 1 mL의 액량으로부터 3 ng ~ 200 ng 또는 10 ng ~ 300 ng의 벤조(a)피렌이 분석 가능하다.

165 환경대기 중 먼지 측정방법 중 베타선을 투과시켜 입자상의 농도를 연속적으로 측정하는 베타선흡수법에 관한 설명이다. 올바른 것은?

> ㉠ 장치 구성 중 유량조절부와 분진 제거 여과지가 필요하다.
> ㉡ 배출가스 중 먼지 측정에 적용할 수 있다.
> ㉢ 분립장치가 필요하다.

① ㉠, ㉡   ② ㉠, ㉢
③ ㉡, ㉢   ④ ㉠, ㉡, ㉢

 대기 중에 부유하고 있는 입자상물질을 일정 시간 여과지 위에 채취하여 베타선을 투과시켜 입자상물질의 질량농도를 연속적으로 측정하는 방법이다.

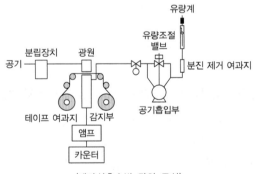

〈베타선흡수법 장치 구성〉

166 환경대기 중 철(Fe)에 대한 주시험방법은 원자흡수분광광도법이다. 이 시험방법은 대기 중 입자상 형태로 존재하는 철(Fe) 및 그 화합물을 분석하는 방법으로 하이볼륨 또는 로우볼륨 에어 샘플러법을 이용하여 여과지에 채취하고 여과지를 전처리하여 분석하는 방법이다. 시료에 규소(Si)가 다량 포함되어 있을 때 전처리된 시험용액에 첨가해야 할 시약은 무엇인가?

① 0.5 % 인산
② 0.2 % 염화칼슘
③ 0.5 % 황산소듐
④ 0.2 % 이플루오린화수소암모늄

- 규소(Si)를 다량 포함하고 있을 때는 0.2 % 염화칼슘용액을 첨가하여 분석할 수 있다.
- 니켈, 코발트가 다량 존재할 경우 검정용 표준용액의 매질을 일치시키고 아세틸렌/아산화질소 불꽃을 사용하여 분석하거나, 흑연로원자흡수분광법을 이용하여 최소화시킬 수 있다.
- 유기산(특히 시트르산)이 다량 포함되어 있을 때는 0.5 % 인산을 가하여 간섭을 줄일 수 있다.

167 환경대기 중 금속화합물 분석에 주로 사용되는 시험방법인 원자흡수분광광도법에 대한 설명 중 **틀린** 것은?

① 시료 용액을 공기-아세틸렌 불꽃에 도입하여 원자화시킨 후 특정 파장에서 흡광세기를 측정하여 농도를 정량한다.
② 입자상 금속화합물은 하이볼륨 및 로우볼륨 에어 샘플러법을 이용하여 여지에 채취한다.
③ 화학적 간섭은 다른 파장을 사용하여 다시 측정하거나 표준물첨가법을 사용하여 간섭효과를 줄일 수 있다.
④ 여지의 전처리 방법은 산분해법, 마이크로파산 분해법, 회화법, 용매추출법 등이 있다.

- 화학적 간섭은 플라스마 중에서 이온화하거나, 공존물질과 작용하여 해리하기 어려운 화합물이 생성되는 경우 발생할 수 있다. 이온화로 인한 간섭은 분석대상 원소보다 이온화 전압이 더 낮은 원소를 첨가하여 측정원소의 이온화를 방지할 수 있고, 해리하기 어려운 화합물을 생성하는 경우에는 용매추출법을 사용하여 측정원소를 추출하여 분석하거나 표준물첨가법을 사용하여 간섭효과를 줄일 수 있다.
- 물리적 간섭은 시료의 분무 시 시료의 점도와 표면장력의 변화 등의 매질효과에 의해 발생한다. 시료를 희석하거나 표준물첨가법을 사용하여 간섭효과를 줄일 수 있다.
- 광학적 간섭은 측정에 사용하는 스펙트럼이 다른 인접선과 완전히 분리되지 않아 파장 선택부의 분해능이 충분하지 않기 때문에 검정곡선의 직선영역이 좁고 구부러져 측정감도 및 정밀도가 저하된다. 이 경우 다른 파장을 사용하여 다시 측정하거나 표준물첨가법을 사용하여 간섭효과를 줄일 수 있다.

정답 166 ② 167 ③

168 비분산 적외선 분광분석법에 관한 설명 중 **잘못된** 것은?

① 비분산 적외선 분광분석법은 시료 중의 특정 성분에 의한 적외선의 흡수량 변화를 측정하여 특성 성분의 농도를 구하는 분석방법이다.

② 광원은 원칙적으로 니크롬선 또는 탄화규소의 저항체에 전류를 흘려 가열한 것을 사용한다.

③ 교정용 가스는 고압용기에 저장하며, 용기 내 가스압력이 15 kgf/cm² (35 ℃ 게이지 압력) 이하일 때는 농도 변화가 일어날 수 있으므로 사용하지 않는다.

④ 교정용 가스로 사용되는 일산화탄소 표준가스의 농도가 50 ppm일 경우 유효기간은 1년이다.

> **해설** 비분산 적외선 분광분석법으로 환경대기 또는 배출가스 중의 특정 성분 농도를 분석할 경우 교정용 가스로 사용되는 일산화탄소의 농도가 50 ppm일 경우 유효기간은 보통 6개월로 한다.

169 카드뮴화합물 측정에서 채취한 시료와 그 성상에 따른 처리방법으로 **틀린** 것은?

① 다량의 유기물과 유기탄소를 함유한 것은 저온 회화법으로 처리

② 유기물을 함유하지 않은 것은 질산법으로 처리

③ 셀룰로오스 섬유계 여과지를 사용한 것은 질소-과산화수소법으로 처리

④ 타르 기타 소량의 유기물을 함유한 것은 질산-염산법으로 처리

> **해설**
>
> 〈시료의 성상 및 처리방법〉
>
> | 성 상 | 처리방법 |
> |---|---|
> | 타르 기타 소량의 유기물을 함유하는 것 | 질산-염산법, 질산-과산화수소수법, 마이크로파 산분해법 |
> | 유기물을 함유하지 않은 것 | 질산법, 마이크로파 산분해법 |
> | 다량의 유기물과 유기탄소를 함유하는 것
셀룰로오스 섬유계 필터를 사용한 것 | 저온 회화법 |

170 환경대기 중 휘발성 유기화합물의 시험방법에 사용하는 용어 중 설명이 **틀린** 것은?

① 열탈착 : 열과 불활성 기체를 이용하여 탈착한 후, 기체 크로마토그래프와 같은 분석기기로 전달하는 과정

② 머무름 부피 : 흡착제가 충전된 흡착관을 통과하면서 분석물질을 탈착하기 위하여 필요한 운반기체의 부피를 측정함으로써 알 수 있음

③ 2단 열탈착 : 흡착관으로부터 분석물질을 열탈착하여 고온 농축관에서 농축한 후 기체 크로마토그래프로 전달하는 과정

④ 안전부피 : 분석대상 물질의 손실없이 안전하게 채취할 수 있는 일정 농도에 대한 공기의 부피로 파과부피의 2/3배나 머무름 부피의 1/2

2단 열탈착(two-stage thermal desorption) : 흡착제로부터 분석물질을 열탈착하여 저온 농축 트랩에 농축한 다음, 저온 농축 트랩을 가열하여 농축된 화합물을 기체 크로마토그래피로 전달하는 과정

171 다음 조건에서 환경대기 중 채취한 시료 중의 석면 먼지농도는?

- 유효 채취면적 3.85 cm²
- 위상차현미경으로 계측한 총 섬유수 5개
- 광학현미경으로 계측한 총 섬유수 0개
- 현미경으로 계측한 1시야의 면적 7.85×10^{-5} cm²
- 표준상태로 환산한 채취 공기량 1 200 L
- 계수한 시야의 총수 100

① 0.001 개/mL
② 0.002 개/mL
③ 0.01 개/mL
④ 0.02 개/mL

 채취한 시료의 석면농도는 다음의 식에 의하여 구한다.

$$섬유수(개/mL) = \frac{A \times (N_1 - N_2)}{a \times V \times n} \times \frac{1}{1\,000}$$

여기서, A : 유효 채취면적(cm²)
N_1 : 위상차현미경으로 계측한 총 섬유수(개)
N_2 : 광학현미경으로 계측한 총 섬유수(개)
a : 현미경으로 계측한 1시야의 면적(cm²)
V : 표준상태로 환산한 채취 공기량(L)
n : 계수한 시야의 총수(개)

$$\therefore 섬유수(개/mL) = \frac{3.85 \times (5-0)}{7.85 \times 10^{-5} \times 1\,200 \times 100} \times \frac{1}{1\,000} = 0.002 \text{ 개/mL}$$

172 파라로자닐린법에 대한 설명으로 틀린 것은?

① 환경대기 중 아황산가스 농도를 측정하기 위한 시험법이다.
② 아황산가스의 측정범위는 0.01 ppm ~ 0.4 ppm이다.
③ 방해물질 중 O_3는 설퍼민산을 사용함으로써 제거할 수 있다.
④ 흡수액의 아황산가스는 5 ℃로 보관하면 30일간 손실되지 않는다.

 파라로자닐린법에서 알려진 주요 방해물질은 질소산화물(NO_x), 오존(O_3), 망가니즈(Mn), 철(Fe) 및 크로뮴(Cr)이다. 여기에서 설명하고 있는 방법은 이러한 방해물질을 최소한으로 줄이거나 제거할 수 있다. NO_x의 방해는 설퍼민산(NH_3SO_3)을 사용함으로써 제거할 수 있고, 오존의 방해는 측정기간을 늦춤으로써 제거된다.

173 괄호 안에 들어가야 할 것은?

> 환경대기 중의 (　　) 시험법은 (　　) 이온을 사이안화포타슘 용액 중에서 디티존에 작용시켜서 생성되는 (　　) 디티존 착염을 클로로폼으로 추출하고, 과잉량의 디티존을 사이안화포타슘 용액으로 씻고, (　　) 착염의 흡광도를 측정하여 정량하는 방법이다.

① 납　　　　　　　　　　　② 탄화수소
③ 황　　　　　　　　　　　④ 다이옥신

 납 이온이 사이안화포타슘 용액 중에서 디티존과 반응하여 생성되는 납 디티존 착염을 클로로폼으로 추출하고, 과량의 디티존은 사이안화포타슘 용액으로 씻어내어 납 착염의 흡광도를 520 nm에서 측정하여 정량하는 방법이다.

174 굴뚝 배출가스 중 총탄화수소의 분석방법에 대한 설명 중 틀린 것은?

① 불꽃이온화검출(FID)법은 알케인류(alkanes), 알켄류(alkenes) 및 방향족(aromatics)이 주성분인 증기의 총탄화수소(THC)를 측정하는 데 적용된다.
② 비분산 적외선(NDIR) 분광분석법은 알케인류(alkanes)가 주성분인 증기의 총탄화수소(THC)를 측정하는 데 적용된다.
③ 측정시스템 성능기준은 영점편차 스팬값의 ±3 % 이하, 교정편차가 스팬값의 ±3 % 이하, 교정오차가 교정가스 농도의 ±5 % 이하이어야 한다.
④ 불꽃이온화검출(FID) 분석기로 다른 유기물질을 측정하려면 그 물질의 특성에 맞는 흡수밴드가 설정될 수 있는 장비와 교정가스가 필요하다.

 • 비분산 적외선 분광분석법은 배출가스 중의 총탄화수소(THC)를 분석하는 방법으로서, 알케인류(alkanes)가 주성분인 증기의 총탄화수소를 측정하는 데 적용된다. 결과 농도는 프로페인 또는 탄소등가농도로 환산하여 표시한다. 비분산 적외선 분광분석법으로 분석 시 배출가스 성분을 파악할 수 있는 분석이 선행되어야 한다.
• 비분산 적외선(NDIR) 분광분석기로 다른 유기물질을 측정하려면 그 물질의 특성에 맞는 흡수셀이 설정될 수 있는 장비와 교정가스가 필요하다.

175 환경대기 중 알데하이드류 농도 측정방법에 관한 설명으로 옳은 것은?

① DNPH 카트리지의 후단에 오존 스크러버를 장착하여 시료를 채취하여야 한다.
② 카르보닐화합물과 DNPH가 반응하여 형성된 DNPH 유도체를 아세토나이트릴 용매로 추출하여 분석한다.
③ 표준물질로는 DNPH 유도화된 알데하이드를 아세톤에 용해시켜 사용한다.
④ DNPH 카트리지를 이용한 적당한 시료채취 유량은 2 L/min ~ 4 L/min 정도이다.

① 약 1.5 g의 KI가 충전된 오존 스크러버를 DNPH 카트리지 전단에 장착한다.
③ 표준물질로는 DNPH 유도화된 알데하이드(혹은 케톤)를 아세토나이트릴에 용해시켜 사용한다.
④ 현장에서 DNPH 카트리지로 시료 공기를 유속 약 1 L/min ~ 2 L/min으로 이루어지도록 한다.

176 "입자상물질의 시료채취"에 관한 설명이다. 설명이 옳은 항을 모두 고르면?

㉠ 저용량 공기시료 채취기법의 채취 입경범위는 10 μm 이하이며, 0.3 μm의 입자상물질에 대하여 90 % 이상의 초기 채취율을 갖는 여과지를 사용한다.
㉡ 하이볼륨 에어 샘플러의 유량 측정을 위한 지지유량계는 상대 유량단위로서 1.0 m³/분 ~ 2.0 m³/분의 범위를 0.05 m³/분까지 측정할 수 있도록 눈금이 새겨진 것을 사용한다.
㉢ 입자상물질 채취관을 수평방향으로 연결할 경우에는 가능한 한 관의 길이를 길게 하고, 곡률반경은 작게 한다.
㉣ 저용량 공기시료 채취기에 사용되는 부자식 면적유량계에 새겨진 눈금은 20 ℃, 760 mmHg에서 10 L/분 ~ 30 L/분 범위를 3.0 L/분까지 측정할 수 있도록 되어 있는 것을 사용한다.
㉤ 하이볼륨 에어 샘플러의 유량은 채취를 시작하고부터 5분 후의 유량이 보통 1.2 m³/분 ~ 1.7 m³/분 정도 되도록 한다.

① ㉡, ㉤
② ㉠, ㉡, ㉤
③ ㉡, ㉢, ㉤
④ ㉡, ㉣, ㉤

 • 입자상물질의 채취에 사용하는 채취용 여과지는 구멍 크기(pore size)가 1 μm ~ 3 μm 되는 나이트로셀룰로오스제 멤브레인 필터(nitrocellulose membrane filter), 유리섬유 여과지 또는 석영섬유 여과지 등을 사용하여 0.3 μm의 입자상물질에 대하여 99 % 이상의 초기 채취율을 갖는 것
• 채취관을 수평방향으로 연결할 경우 가능한 한 관의 길이는 짧게 하고, 곡률반경은 크게 한다.
• 부자식 면적유량계는 채취용 여과지 홀더와 흡입펌프와의 사이에 설치한다. 이 유량계에 새겨진 눈금은 20 ℃, 760 mmHg에서 10 L/min ~ 30 L/min 범위를 0.5 L/min까지 측정할 수 있도록 되어 있는 것을 사용한다.

177 환경대기 중 옥시던트 측정방법에 대한 설명으로 옳지 않은 것은?

① 전옥시던트란 중성 아이오딘화포타슘용액으로 아이오딘을 유리시키는 물질을 총칭한다.
② 화학발광법은 시료 대기 중에 오존과 에틸렌(ethylene) 가스가 반응할 때 생기는 발광도가 오존농도와 비례한다는 것을 이용하여 오존농도를 측정한다.
③ 흡광차분광법으로 오존농도를 측정할 때 간섭 성분은 수분과 이산화질소가 있다.
④ 자동연속측정방법 중 중성 아이오딘화포타슘법은 시료 대기 중에 함유된 전옥시던트를 연속적으로 측정한다.

 흡광차분광법의 간섭은 흡수 스펙트럼이 오존과 겹치는 환경대기 중의 유기화합물이 간섭 현상을 일으킬 수 있으며, 기기를 건조 오존가스로 교정하는 경우, 환경대기 중 상대습도가 높으면 간섭 현상이 있을 수 있다.
③ 간섭 성분은 수분과 톨루엔이다.

178 흡광광도 측정에서 최초광의 80 %가 흡수되었을 때 흡광도는 얼마인가?

① 0.2   ② 0.4

③ 0.5   ④ 0.7

 I_t와 I_o의 관계에서 $\dfrac{I_t}{I_o} = t$를 투과도, 이 투과도를 백분율로 표시한다.

즉, $t \times 100 = T$를 투과 퍼센트라 하고, 투과도 역수의 상용대수, 즉 $\log \dfrac{1}{t} = A$를 흡광도라 한다.

최초광의 80 %가 흡수되었으므로 투과도는 0.2이다.
따라서, $\log 5 = 0.6989$이다.

179 대기시료 채취지점수(측정점수)를 결정하는 방법이 아닌 것은?

① 인구비례에 의한 방법

② TM 좌표에 의한 방법

③ 중심점에 의한 동심원을 이용하는 방법

④ 바람의 방향을 이용하는 방법

 환경기준시험을 위한 시료채취 지점수 및 지점 장소는 측정하려고 하는 대상 지역의 발생원 분포, 기상조건 및 지리적, 사회적 조건을 고려하여 다음과 같이 결정한다.
  • 인구비례에 의한 방법
  • 대상 지역의 오염 정도에 따라 공식을 이용하는 방법
  • 중심점에 의한 동심원을 이용하는 방법
  • TM 좌표에 의한 방법

180 환경대기 중에 존재하는 비소(As) 및 비소화합물을 수소화물 원자흡수분광광도법으로 정량할 경우, 전처리하는 동안 비소 손실의 가능성이 있어 이를 최소화하기 위해 공정시험기준에서 권장하는 전처리 방법은?

① 질산-염산법

② 마이크로파 산분해법

③ 질산-과산화수소법

④ 질산-염산 혼합액에 의한 초음파 추출법

 비소 및 비소화합물 중 일부 화합물은 휘발성이 있다. 따라서 채취 시료를 전처리 하는 동안 비소의 손실 가능성이 있다. 전처리 방법으로서 고압 산분해법을 이용할 것을 권장한다.

181 대기 중 부유분진, 강하분진, 산성비 등에는 다양한 무기화합물이 포함되어 있다. 무기화합물 중 수용성 및 이온성을 포함한 화합물의 분석방법으로 이온 크로마토그래피가 사용된다. 이온 크로마토그래피에서 검출한계의 기준이 되는 출력신호 대 잡음신호(S/N)의 비는?

① 0.1
② 1
③ 2
④ 10

 이온 크로마토그래피에서 검출한계는 각 분석방법에서 규정하는 조건에서 출력신호를 기록할 때 잡음신호(noise)의 2배에 해당하는 목적 성분의 농도를 검출한계로 한다.

182 환경대기 중의 옥시던트(오존으로서) 농도를 중성 아이오딘화포타슘법으로 측정할 때 사용해 서는 <u>안 되는</u> 시료채취용 관의 재질은?

① 유리
② 테플론
③ PVC
④ 스테인리스강

 시료채취용 관류는 테플론, 유리, 스테인리스강재를 사용하고, 오존을 파괴시키는 PVC나 고무관 을 사용해서는 안 된다.

183 환경대기 중 휘발성 유기화합물(VOCs)을 측정하고자 할 때, 간섭에 대한 설명으로 <u>틀린</u> 것은?

① 시료채취 시 오염물질이 10 % 이하가 되도록 하여야 한다.
② 오존의 농도가 높은(100 nmol/mol 이상) 지역에서 낮은 농도의 VOCs를 측정하고자 할 때에 는 예외 없이 오존 스크러버를 사용하여야 한다.
③ 오존 스크러버에 사용되는 주요 화합물은 potassium iodide(KI)이며, 벤즈알데하이드 시료 를 채취할 때에는 오존 스크러버를 사용해야 한다.
④ 대기 중 수분이 많은 곳(상대습도 70 % 이상)에서 시료를 채취하고자 할 때에는 Tenax, Carbotrap 등과 같은 소수성의 흡착제를 선택하는 것이 좋다.

 오존농도가 높은(100 nmol/mol 이상) 지역에서 Tenax[G] 물질을 가지고 10 nmol/mol 이하의 낮은 농도의 VOC(아이소프렌 등) 시료를 채취할 때에는 반드시 오존 스크러버가 사용되어야 한다. 단, BTEX(벤젠, 톨루엔, 에틸벤젠, 자일렌) 및 포화지방족탄화수소 등의 비교적 반응성이 적은 물질 들은 제외한다.

184 로우볼륨 에어 샘플러(low volume air sampler) 장치 중 흡입펌프에 대한 설명으로 **틀린** 것은?

① 진공도가 높아야 한다.
② 유량이 크고 운반이 쉬워야 한다.
③ 맥동이 없이 고르게 작동되어야 한다.
④ 연속해서 7일 정도 사용할 수 있어야 한다.

 흡입펌프는 연속해서 30일 이상 사용할 수 있고, 되도록 다음의 조건을 갖춘 것을 사용한다.
　　　• 진공도가 높을 것
　　　• 유량이 큰 것
　　　• 맥동이 없이 고르게 작동될 것
　　　• 운반이 용이할 것

185 환경대기 중 휘발성 유기화합물의 분석에서 오염 여부를 확인하기 위한 바탕시료에 대한 기술로 **틀린** 것은?

① 시료군마다 1개의 방법바탕시료를 측정한다.
② 실험실 바탕시료에서 검출되는 물질의 피크 면적이 분석시료 성분들의 피크 면적의 10 % 이상이면 분석결과는 유효하지 않다.
③ 현장바탕시료의 오염은 주로 시료보관과 흡착관 밀봉의 부주의에서 발생한다.
④ 현장바탕시료의 피크 면적이 시료 흡착관 분석에서의 최소 피크 면적의 5 % 이상이면 분석결과는 유효하지 않다.

 현장바탕시료(field blank) 분석 시 검출되는 물질의 봉우리 면적이 분석 시료의 VOC 최소 봉우리 면적의 5 % 정도 혹은 그 이상을 차지하고 있을 경우, 실험에서는 시료보관과 흡착관 밀봉에 특별한 주의를 기울여야 한다. 만약, 현장바탕시료의 봉우리 면적이 시료 흡착관 분석에서의 최소 봉우리 면적보다 10 % 혹은 그 이상일 경우 그 시료 흡착관의 분석 결과는 유효한 결과로 사용할 수 없다.

186 대기 중에 존재하는 다환방향족탄화수소류(PAHs)를 기체 크로마토그래프/질량분석법으로 측정하고자 할 경우에 대한 설명으로 **틀린** 것은?

① PAH는 환경대기 중에서 기체와 입자상으로 존재하기 때문에 정확한 측정을 위해서는 여과지와 흡착제의 동시 채취가 필요하다.
② 증기상 PAHs를 채취하기 위해 PUF나 XAD-2 수지를 사용한다.
③ 채취된 물질이 광분해되는 것을 막기 위해 가능하면 자외선으로부터 보호해야 한다.
④ PUF를 흡착제로 사용하였을 경우 메틸렌클로라이드 용매를 이용하여 추출한다.

 PUF를 흡착제로 사용하였을 경우에는 10 % 다이에틸에테르-헥세인 용매, 흡착수지[XAD-2 수지(Amberlite사)]를 흡착제로 사용하였을 경우에는 다이클로로메테인 용매를 각각 700 mL ~ 750 mL를 넣고 3주기/시간의 속도로 환류시킨다. 냉각 후 장치를 분리한다.

187 환경대기 중의 이온 성분을 정성, 정량 분석하는 데 주로 사용되는 이온 크로마토그래프법에 대한 설명으로 틀린 것은?

① 용리액조는 일반적으로 폴리에틸렌이나 경질유리제를 사용한다.

② 검출기는 분리관 용리액 중의 시료 성분의 유무와 양을 검출하는 부분으로 일반적으로 전자 포착검출기가 사용된다.

③ 용리액에 사용되는 전해질 성분을 제거하기 위하여 서프레서가 사용된다.

④ 송액펌프는 맥동이 적고, 용리액 교환이 용이한 것을 선택한다.

 이온 크로마토그래프법은 이동상으로는 액체, 그리고 고정상으로는 이온교환수지를 사용하여 이동상에 녹는 혼합물을 고분리능 고정상이 충전된 분리관 내로 통과시켜 시료 성분의 용출상태를 전도도검출기 또는 광학검출기로 검출하여 그 농도를 정량하는 방법으로 일반적으로 강수(비, 눈, 우박 등), 대기먼지, 하천수 중의 이온 성분을 정성, 정량 분석하는 데 이용한다.

188 굴뚝 연속자동측정기의 설치방법에 대한 설명으로 틀린 것은?

① 배출허용기준이 같은 3개의 배출시설이 1개의 굴뚝으로 오염물질을 배출 시, 합쳐지기 전 각각의 지점에 유량계를 설치한다.

② 전원 및 전압 불안정이 문제가 될 경우는 정전압장치를 설치하여야 한다.

③ 광학장치와 전기시설은 내식성 재질된 덮개로 봉인하여 부식성 가스로부터 보호한다.

④ 먼지 측정 시 측정공은 난류의 영향을 고려하여 수직굴뚝에 설치한다.

- 병합굴뚝 : 2개 이상의 배출시설이 1개의 굴뚝을 통하여 오염물질을 배출 시 배출허용기준이 같은 경우에는 측정기기 및 유량계를 오염물질이 합쳐진 후 지점(①의 경우) 또는 합쳐지기 전 지점(②의 경우)에 설치하여야 하고, 배출허용기준이 다른 경우에는 합쳐지기 전 각각의 지점에 설치하여야 한다.
- 분산굴뚝 : 1개 배출시설에서 2개 이상의 굴뚝으로 오염물질이 나뉘어서 배출되는 경우에 측정기는 나뉘기 전 굴뚝(①의 경우)에 설치하거나, 나뉜 각각의 굴뚝(②의 경우)에 설치하여야 한다.
- 우회굴뚝 : 측정기기를 ①, ③의 위치에 설치하여야 되나, 설치환경 부적합 또는 기타 이유로 굴뚝 배출가스가 우회되는 경우 ②의 위치에 설치하되 대표성이 있는 시료가 채취되어 측정될 수 있어야 한다(단, ②의 지점에 먼지측정기기를 설치할 경우 다른 항목의 측정기는 ①의 지점에 설치해야 한다).

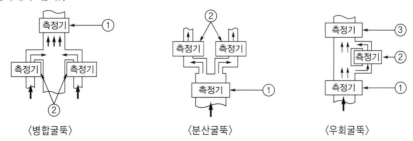

〈병합굴뚝〉　　　　〈분산굴뚝〉　　　　〈우회굴뚝〉

MEMO

PART 02

실내공기질 공정시험기준

환경측정분석사 필기

CHAPTER 01

실내공기질 공정시험기준

Key point

Point 1 총 칙

1 농도와 온도의 표시

(1) 농도 표시

공기 중의 오염물질 농도를 $\mu g/m^3$로 표시했을 때, m^3은 25 ℃, 760 mmHg일 때의 기체 부피를 의미한다.

(2) 온도 표시

구 분	표시방법
절대온도	K로 표시하고, 절대온도 0 K는 −273 ℃
온도범위	표준온도 0 ℃, 상온 15 ℃ ~ 25 ℃, 실온 1 ℃ ~ 35 ℃, 찬 곳(별도 규정 없을 시) 0 ℃ ~ 15 ℃
기타	냉수 15 ℃ 이하, 온수 60 ℃ ~ 70 ℃, 열수 약 100 ℃
	시험은 따로 규정이 없는 한 상온에서 조작하고 조작 직후 그 결과를 관찰함

2 용기의 구분

구 분	기 능
밀폐용기	이물이 들어가거나 내용물이 손실되지 않도록 보호하는 용기
기밀용기	외부로부터의 공기 또는 다른 기체가 침입하지 않도록 내용물을 보호하는 용기
밀봉용기	기체 또는 미생물이 침입하지 않도록 내용물을 보호하는 용기
차광용기	광선이 투과되지 않는 갈색용기 또는 투과하지 않게 포장을 한 용기로서 취급 또는 보관하는 동안에 내용물의 광화학적 변화를 방지할 수 있는 용기

3 일반사항

① 혼합액 (1+2), (1+5), (1+5+10) 등으로 표시한 것은 액체상 성분을 각각 1용량 대 2용량, 1용량 대 5용량 또는 1용량 대 5용량 대 10용량의 비율로 혼합한 것을 뜻하며, (1 : 2), (1 : 5), (1 : 5 : 10) 등으로 표시할 수도 있다.

② 용액의 농도를 (1→2), (1→5) 등으로 표시한 것은 그 용질의 성분이 고체일 때는 1 g을, 액체일 때는 1 mL를 용매에 녹여 전량을 각각 2 mL 또는 5 mL로 하는 비율을 뜻한다.

③ "방울수"라 함은 20 ℃에서 정제수 20방울을 떨어뜨릴 때 그 부피가 약 1 mL 되는 것을 뜻한다.

④ 시험조작 중 "즉시"란 30초 이내에 표시된 조작을 하는 것을 뜻한다.

⑤ "감압 또는 진공"이라 함은 따로 규정이 없는 한 15 mmHg 이하를 뜻한다.

⑥ "항량"이라 함은 같은 조건에서 1시간 더 건조할 때 전후 무게 차이가 매 g당 0.3 mg 이하일 때를 뜻한다.

Point 2 정도보증/정도관리

(1) 바탕시료

방법바탕시료란 시료와 유사한 매질을 선택하여 추출, 농축, 정제 및 분석 과정에 따라 측정한 것을 말하며, 시약바탕시료란 시료를 사용하지 않고 추출, 농축, 정제 및 분석 과정에 따라 모든 시약과 용매를 처리하여 측정한 것이다.

(2) 검정곡선

구 분	설 명
절대검정곡선법	시료 농도와 지시값과의 상관성을 검정곡선식에 대입하여 작성
표준물첨가법	시료와 동일한 매질에 일정량의 표준물질을 첨가하여 검정곡선을 작성
상대검정곡선법	표준용액과 시료에 동일한 양의 내부표준물질을 첨가하여 시험분석 절차, 기기 또는 시스템의 변동으로 발생하는 오차를 보정하기 위해 사용

(3) 검출한계

구 분	정 의
기기검출한계	시험분석 대상물질을 기기가 검출할 수 있는 최소한의 농도로서, 일반적으로 S/N비의 2배 ~ 5배 농도 또는 바탕시료를 반복 측정 분석한 결과의 표준편차에 3배한 값
방법검출한계	시료와 비슷한 매질 중에서 시험분석 대상을 검출할 수 있는 최소한의 농도
정량한계	시험분석 대상을 정량화할 수 있는 측정값으로서, 표준편차에 10배한 값

(4) 정밀도

정밀도는 시험분석 결과의 반복성을 나타내는 것으로 반복 시험하여 얻은 결과를 상대표준편차(RSD, relative standard deviation)로 나타내며, 연속적으로 n회 측정한 결과의 평균값($\bar{x}$)과 표준편차(s)로 구한다.

$$정밀도(\%) = \frac{s}{x} \times 100$$

(5) 정확도

시험분석 결과가 참값에 얼마나 근접하는가를 나타내는 것으로 동일한 매질의 인증시료를 확보할 수 있는 경우에는 표준절차서(SOP, standard operational procedure)에 따라 인증표준물질을 분석한 결과값(C_M)과 인증값(C_C)과의 상대백분율로 구한다.

(6) 현장 이중시료

현장 이중시료(field duplicate)는 동일 위치에서 동일한 조건으로 동시에 중복 채취한 시료로서, 하루에 20개 이하의 시료를 채취할 경우에는 1개를, 시료 20개당 1개를 추가로 채취한다.

Point 3 실내공기 오염물질 시료채취

1 다중이용시설

(1) 다중이용시설 내 최소 시료채취 지점수 결정

다중이용시설의 연면적(m²)	최소 시료채취 지점수
10 000 이하	2
10 000 초과 ~ 20 000 이하	3
20 000 이상	4

(2) 다중이용시설 시료채취 위치

주변시설 등에 의한 영향과 부착물 등으로 인한 측정 장애가 없고, 대상시설의 오염도를 대표할 수 있다고 판단되며, 시설을 이용하는 사람이 많은 곳으로 선정한다. 시료채취는 인접지역에 직접적인 오염물질 발생원이 없고, 가능하면 시료채취 지점의 중앙점에서 바닥면으로부터 1.2 m ~ 1.5 m 높이에서 수행한다. 라돈은 사람 왕래가 없고, 천장에서 최소 0.5 m 떨어진 곳에 설치가 가능하다.

2 신축 공동주택

(1) 신축 공동주택 시료채취 세대 선정

공동주택의 총 세대수가 100세대일 때 3개 세대(저층부, 중층부, 고층부)를 기본으로 한다. 100세대가 증가할 때마다 1세대씩 추가하며 최대 20세대까지 시료를 채취한다. 이때 중층부, 저층부, 고층부 순으로 증가한다. 공동주택이 여러 개의 동이면 선정된 시료채취 세대수 내에서 각 동에서 골고루 선택한다. 하나의 단지에 시공사가 여러 개이면 시공사별로 구분하여 선정한다.

(2) 신축 공동주택 시료채취조건

① 30분 이상 환기   ② 5시간 밀폐   ③ 시료채취 (실내온도 20 ℃)
시료채취 시작

3 실내공기 오염물질별 시료채취시간 및 횟수

오염물질	채취시간	횟수	비고
휘발성 유기화합물, 폼알데하이드	30분	연속 2회	30분/1회씩 연속 2회 측정
미세먼지 및 초미세먼지 (PM−10, PM−2.5)	24시간	1회	−
석면	총시료채취량 1 200 L 이상	1회	미세먼지(PM−10) 농도를 고려하여 시료채취량 조절
가스상물질 (CO, CO_2, 오존, NO_2)	1시간	1회	−
총부유세균	총시료채취량 250 L 이하	3회	시료채취간격 20분 이상
라돈	측정방법에 따라 다름	1회	단기측정(2일 이상 ∼ 90일 이하) 장기측정(90일 이상)
부유곰팡이	총시료채취량 약 50 L ∼ 200 L	3회	시료채취간격 20분

Point 4 실내공기 중 오염물질 측정방법

1 건축자재 방출 휘발성 유기화합물 및 폼알데하이드 시험방법 – 소형 챔버법

① 소형 방출시험 챔버 : 내부 부피는 20 L가 원칙이다.

② 공기시료채취관은 챔버 출구의 공기 흐름에 직접 연결하고, 공기시료채취 유량은 공급 공기 유량의 80 % 이하로 하며, 공기시료채취를 이중으로 하기 위하여 공기채취 분기관을 사용할 수 있다. 휘발성 유기화합물 채취에는 Tenax-TA가 충진된 고체흡착관을 사용하고, 폼알데하이드 채취에는 오존 스크러버를 장착한 DNPH 카트리지를 사용한다.

③ 시험 대상이 되는 건축자재는 일반적인 제조과정에 의해 생산되고 포장 및 취급되어야 하며, 채취된 시료는 1시간 이내에 포장하여야 한다.

④ 롤 형태의 제품은 롤의 1 m 안쪽 혹은 가장 바깥층을 제외한 안쪽에서 시료를 채취하고, 판상 형태의 제품은 개봉하지 않은 제품을 시료로 하며, 액체 제품은 개봉하지 않은 것으로 포장단위에서 채취한다.

⑤ 고체 건축자재는 롤 형태와 판상형태로 구분하여 시험편을 준비한다. 시료부하율은 $(2.0 \pm 0.2) \, \mathrm{m}^2/\mathrm{m}^3$로 한다.

⑥ 방출시험은 소형 방출시험 챔버 내 온도 (25 ± 1.0) ℃, 상대습도 (50 ± 5) %의 조건에서 실시하며, 시험기간 동안 온도 및 상대습도는 연속적으로 모니터링하여 기록한다.

⑦ 소형 방출시험 챔버에 공급되는 공급공기 중 총휘발성 유기화합물의 농도는 $20 \, \mu\mathrm{g}/\mathrm{m}^3$ 이하, 개별 휘발성 유기화합물 및 폼알데하이드의 농도는 $5 \, \mu\mathrm{g}/\mathrm{m}^3$ 이하여야 한다.

2 실내공기 중 라돈 측정방법 – 알파비적검출법

① 라돈 붕괴 생성물은 폴로늄 – 218(Po – 218), 비스무스 – 214(Bi – 214), 폴로늄 – 214(Po – 214), 납 – 210(Pb – 210)로 방사성을 띠며 알파, 베타 또는 감마선을 방출한다.

② 방사능 농도 단위는 Bq/m^3을 사용하며, 1초 동안에 물질 중 하나의 방사성 핵종이 붕괴되어 다른 핵종으로 바뀔 때 1 Bq(베크렐)이라고 한다. 퀴리(Ci)는 과거에 사용하던 방사능 단위 (1 Ci)로서, 1 pCi/L = 37 Bq/m^3이다.

③ 에칭(etching) : NaOH나 KOH과 같은 용액에 담가 방사선으로 손상된 부분을 부식시키는 방법이다.

④ 알파비적검출기 교정효율(tracks $\cdot$ cm^{-2} $\cdot$ h^{-1} $\cdot$ Bq^{-1} $\cdot$ m^3)

$$= \frac{(\text{교정용 검출소자의 단위면적당 비적수} - \text{바탕농도 검출기의 단위면적당 비적수})}{\text{라돈 노출량}}$$

⑤ 라돈 평균 방사능 농도, 즉 라돈 노출량(Bq · m^{-3})

$$= \frac{(측정한 \ 검출기의 \ 단위면적당 \ 비적수 - 바탕농도 \ 검출기의 \ 단위면적당 \ 비적수)}{(노출시간 \times 교정효율)}$$

3 실내공기 중 미세먼지(PM-10) 측정방법 – 중량법

① 실내공기 중 미세먼지(PM-10)를 여과지에 1 L/min ~ 30 L/min 정도의 공기유량으로 채취하여 채취 전후의 여과지 중량의 차이를 이용하여 실내공기 중 미세먼지(PM-10) 농도를 측정하는 주시험방법이다.

② 입경분리장치는 10 μm를 초과하는 부유입자를 제거하는 장치로서, 사이클론 방식, 중력 침강방식과 관성충돌방식이 있으며, 10 μm 크기의 입자에 대해서 그 채취효율이 50 % 이상이어야 한다.

③ 미세먼지의 채취에 사용하는 여과지는 0.3 μm의 입자상물질에 대하여 99 % 이상의 초기 포집률을 갖는 나이트로셀룰로오스(nitro cellulose) 재질의 멤브레인 여과지(membrane filter), 석영섬유 재질의 여과지, 테플론 재질의 여과지 등을 사용하며, 온도 (20 ± 2) ℃, 상대습도 (35 ± 5) %로 유지되는 조건에서 24시간 이상 보관하여 항량시킨 후에 사용하도록 한다.

④ 공기채취기의 세척은 분립장치, 패킹, 망의 경우 채취때마다 중성세제 또는 초음파 세척하고, 유량계는 연 1회에 알코올 또는 중성세제로 씻는다.

⑤ 채취한 공기는 25 ℃, 1기압 조건으로 보정하여 환산한다.

$$V_{(25\,℃,\,1\,atm)} = V \times \frac{T_{(25\,℃)}}{T_2} \times \frac{P_2}{P_{(1\,atm)}}$$

여기서, V(25 ℃, 1 atm) : 25 ℃, 1기압일 때 기체의 부피(m^3)

T(25 ℃) : 25 ℃의 절대온도(K) [298 K = (273 + 25) ℃]

T_2 : 기체를 채취할 때의 절대온도(K) (K = 273 + ℃)

P_2 : 기체를 채취할 때의 기압(atm)

$P_{(1atm)}$: 1기압(atm)

V : 실제로 채취한 기체의 부피(m^3)

4 실내공기 중 석면 및 섬유상 먼지농도 측정방법 – 위상차현미경법

① 실내공기 중 석면 및 섬유상 먼지의 농도를 측정하기 위한 주시험방법으로 사용된다.

② 측정범위는 100개(섬유수)/mm^2 ~ 1 300개(섬유수)/mm^2(여과지 면적)이며, 방법검출한계는 7개(섬유수)/mm^2(여과지 면적)이다.

③ 실내공기 중 석면의 조성이나 특별한 섬유 형태의 특성을 식별하지 못하므로 석면과 섬유상의 먼지를 구분할 수 없다.

④ 실내공기 중 석면 및 섬유상 먼지를 채취하기 위한 최소 공기채취량은 1 200 L이다. 시료채취 유량은 5 L/min ~ 10 L/min으로 한다.

5 실내 및 건축자재에서 방출되는 폼알데하이드 측정방법
– 2,4 DNPH 카트리지와 액체 크로마토그래프법

① 실내공기 및 건축자재에서 방출되는 폼알데하이드의 농도를 측정하는 주시험방법으로 사용된다.

② 오존은 카트리지 내에서 DNPH 및 그 유도체와 반응하여 농도를 감소시키는 방해(간섭)물질이다.

③ 공기시료채취 펌프는 유량 0.1 L/min ~ 1.5 L/min 범위에서 일정하고, 정확한 유량으로 시료채취가 가능하여야 하며 휴대할 수 있어야 한다.

④ 시료채취장치는 공기유입 → 오존 스크러버 → DNPH 카트리지 → 시료채취용 펌프 순으로 연결한다.

⑤ 방법검출한계(MDL)는 예상되는 검출한계 부근의 농도를 7번 반복측정 분석 후 이 농도값의 표준편차에 3.14(7회 반복분석에 대한 99 % 신뢰구간에서의 자유도 값)를 곱한 값으로 정한다.

6 실내 및 건축자재에서 방출되는 휘발성 유기화합물 측정방법
– 고체흡착관과 기체 크로마토그래프(MS/FID법)

① 실내 및 건축자재에서 방출되는 휘발성 유기화합물(VOCs) 농도 측정을 위한 주시험방법으로 사용된다.

② 총휘발성 유기화합물(TVOCs)은 실내공기 중에서 기체 크로마토그래프에 의하여 n-헥세인에서 n-헥사데칸까지의 범위에서 검출되는 휘발성 유기화합물을 대상으로 하며, 톨루엔으로 환산하여 정량한다.

③ 시료채취 흡착관은 Tenax TA를 사용하여 입자 크기가 0.18 mm ~ 0.25 mm(60 mesh ~ 80 mesh)를 유리관 또는 스테인리스강관에 약 200 mg 충진하고, 사용 전 320 ℃ ~ 350 ℃로 열탈착하여 불순물을 제거한다.

④ 시료채취 흡착관이 안정적인 부피(보유부피)로 유지되기 위해서 매년 혹은 20회를 사용한 후에는 재점검되어야 한다. 만약 성능이 50 % ~ 60 % 이하로 나타나면 반드시 새로운 흡착제로 재충진하고 재안정화시켜 사용하도록 한다.

⑤ 전처리 장치인 열탈착장치를 이용하여 시료가 주입되는 경우에는 반드시 분석기기 간에 회수율이 평가되어야 하며, 표준물질을 흡착관에 주입한 농도와 가스 크로마토그래프에 직접적으로 주입한 농도값을 비교한다. 대상물질은 주로 벤젠, 톨루엔, 에틸벤젠, 자일렌, 스타이렌이 포함되어 있어야 하며 기타 혼합 표준물질(TVOC : $C_6 \sim C_{16}$)이 포함되어 있어야 한다. 회수율 평가는 최소 연간 2회 이상 하도록 하며, 대상물질마다 80 % ~ 120 % 범위가 되어야 한다.

⑥ 검정곡선 작성을 위한 표준물질 농도의 범위는 최대, 최소 농도차가 10배 이내 차이가 나야 하며 연속적으로 시료를 분석할 때마다 검정곡선을 작성하여 직선성은 0.999 이상 되어야 한다.

7 실내공기 중 총부유세균 측정방법 – 충돌법

① 시료채취는 채취하고자 하는 지점에서 20분 이상 간격으로 3회 연속 측정한다.

② 배양기 내 페트리 접시는 6개를 초과하여 적층하여서는 안 되며, 최소한 25 mm는 띄어 놓아야 한다.

③ 시료를 채취한 배지는 (35 ± 1) °C에서 48시간 동안 배양기에서 배양한다.

④ 시료채취 유량은 시료채취 (시작 + 종료 시 유량)/2의 평균 유량으로 한다.

8 실내공기 중 라돈 연속측정방법

① 단기 측정으로 2일 이상 90일 이하 시 적용한다(주시험법인 알파비적검출법은 90일 이상 1년 미만).

② 라돈 농도(Bq/m^3)는 소수점 첫째 자리까지 표기한다.

9 실내공기 중 미세먼지(PM-10) 연속측정방법 – 베타선흡수법

① 보정계수 산출은 베타선흡수법과 주시험법인 중량법을 동시에 10회 이상 반복측정하여 구한다.

② 보정값 = 측정값×보정계수

$$보정계수 = \frac{중량법 \ 측정농도값}{베타선흡수법 \ 측정농도값}$$

10 실내공기 중 오존측정방법 – 자외선광도법

① 측정범위는 약 0 ppm ~ 1 ppm이다.

② 입자상물질, 질소산화물, 이산화황, 톨루엔, 습도가 간섭물질이며, 톨루엔이 가장 크게 영향을 준다.

③ 광원은 약 254 nm 부근에서 휘선 스펙트럼을 갖는 저압수은증기램프를 사용한다.

④ 오존분해효율(%) = (오존 스크러버 입구 농도 − 출구 농도) / 입구 농도 (농도는 vol ppm)

11 실내공기 중 이산화질소 측정방법 – 화학발광법

① 일산화질소(NO)와 오존(O_3)과의 반응으로 생긴 이산화질소(NO_2)로부터 발생하는 발광현상을 이용하여 농도를 연속자동측정하는 주시험방법이다.

② 이산화질소 변환기는 300 ℃ 이상의 일정한 온도로 가열되어야 하며, 스테인리스강, 구리, 몰리브데넘, 텅스텐 또는 분광학적으로 순수한 탄소 성분으로 만들어진다.

③ 오존발생기에서 생성된 오존의 농도는 측정할 질소산화물의 최고 농도보다 더 높아야 한다.

④ 광학필터는 600 nm 이하 파장에서 모든 복사선을 제거하여 다른 불포화탄화수소의 간섭을 피해야 한다.

⑤ 컨버터 효율은 NO_2를 NO로 변환하는 효율이 95 % 이상, 간섭 성분 영향은 NH_3 1 ppm이 NO로 변화되는 변환효율이 5 % 이하여야 한다.

⑥ 스팬가스는 NO_2와 질소의 두 성분 혼합가스로서, 측정기기 최대 눈금값의 80 %～90 % 농도를 사용한다.

⑦ 단위환산 : NO_2 : 1 ppm = 1.88 mg/m³(0 ℃, 1 atm → 25 ℃, 1 atm로 환산한 것임)

12 실내공기 중 이산화탄소 측정방법 – 비분산 적외선법

① 측정범위는 약 0 ppm ～ 5 000 ppm이다.

② 간섭물질은 입자상물질로서 시료배관과 도입부에 축적되어 영향을 미친다.

13 실내공기 중 일산화탄소 측정방법 – 비분산 적외선법

① 측정범위는 약 0 ppm ～ 100 ppm이며, 주시험법이다.

② 간섭물질은 입자상물질, 수증기, 이산화황, 질소산화물 등이며, 수증기가 가장 방해요소이고, 여과지, 스크러버, 실리카젤 등으로 영향을 막을 수 있고, 이산화탄소 방해 영향은 크지 않다.

14 실내공기 중 일산화탄소 측정방법 – 전기화학식 센서법

① 측정범위는 약 0 ppm ～ 200 ppm이며, 부시험법이다.

② 일산화탄소 분자의 전기적 산화·환원반응 시에 발생하는 전자의 양을 감지하여 실내공기 중 일산화탄소 농도를 연속 자동 측정하는 방법이다.

CHAPTER

실내공기질 공정시험기준

과년도 기출문제

01 다음 중 (   )에 들어갈 용어로 옳은 것은?

> 실내공기질 공정시험기준은 실내공기 오염물질을 측정함에 있어서 측정의 (   )을 유지하기 위하여 필요한 제반사항을 규정한다.

① 정확성과 통일　　　　　　　② 공정성과 방법
③ 신뢰성과 연속　　　　　　　④ 최신성과 판정

 환경분야 시험·검사 등에 관한 법률 제6조 : 환경부장관은 환경오염물질, 환경오염상태, 유해성 등의 측정·분석·평가 등의 통일성 및 정확성을 기하기 위하여 환경오염공정시험기준을 정하여 고시하여야 한다.

02 실내공기질 공정시험기준의 시험 판정을 위한 적용범위로 **틀린** 것은?

① 건축자재 사용 제한의 대상 여부　　② 다중이용시설 실내공기질 권고기준
③ 다중이용시설 실내공기질 유지기준　④ 실험실 실내공기질 권고기준

 실내공기질관리법 제5조의 실내공기질 유지기준, 제6조의 실내공기질 권고기준, 제9조의 신축 공동 주택의 실내공기질 권고기준의 적합 여부 및 제11조의 오염물질 방출 건축자재의 사용 제한의 대상 여부는 실내공기질 공정시험기준의 규정에 의하여 시험·판정한다.

03 다음 용어의 설명 중 **틀린** 것은?

① "기기검출한계(IDL, instrumental detection limit)"는 일반적으로 S/N비의 2배 ~ 5배 농도 또는 바탕시료를 반복 측정 분석한 결과의 표준편차에 3배한 값
② "방법검출한계(MDL, method detection limit)"란 시료와 비슷한 매질 중에서 시험분석 대상을 검출할 수 있는 최소한의 농도
③ "정밀도(precision)"란 시험분석 결과가 참값에 얼마나 근접하는가를 나타내는 것
④ "정량한계(LOQ, limit of quantification)"란 제시된 정량한계 부근의 농도를 포함하도록 시료를 준비하고 이를 반복 측정하여 얻은 결과의 표준편차에 10배한 값

정답 01 ① 02 ④ 03 ③

 정밀도는 시험분석 결과의 반복성을 나타내는 것이며, 시험분석 결과가 참값에 얼마나 근접하는가를 나타내는 것은 정확도(accuracy)이다.

04 실내공기질 공정시험기준의 용어에 대한 설명이 잘못된 것은?

> ㉠ 시험조작 중 "즉시"란 30초 이내에 표시된 조작을 하는 것을 뜻한다.
> ㉡ "밀폐용기"란 광선이 투과되지 않는 갈색용기 또는 투과되지 않게 포장을 한 용기
> ㉢ "기밀용기"란 물질을 취급 또는 보관하는 동안에 외부로부터 공기 또는 다른 기체가 침입하지 않도록 내용물을 보호하는 용기
> ㉣ "밀봉용기"란 물질을 취급 또는 보관하는 동안에 기체 또는 미생물이 침입하지 않도록 내용물을 보호하는 용기

① ㉠   ② ㉡   ③ ㉢   ④ ㉣

 • "밀폐용기"라 함은 물질을 취급 또는 보관하는 동안에 이물이 들어가거나 내용물이 손실되지 않도록 보호하는 용기를 뜻한다.
• "차광용기"라 함은 광선이 투과되지 않는 갈색용기 또는 투과하지 않게 포장을 한 용기로서 취급 또는 보관하는 동안에 내용물의 광화학적 변화를 방지할 수 있는 용기를 뜻한다.

05 실내공기질 공정시험기준에서 농도와 온도에 대한 설명으로 틀린 것은?

① 공기 중의 오염물질 농도를 $\mu g/m^3$로 표시했을 때, m^3은 25 ℃, 1기압일 때의 기체 부피를 의미한다.
② 표준온도는 0 ℃, 상온은 15 ℃~25 ℃, 실온은 1 ℃~35 ℃로 하고, 찬 곳은 따로 규정이 없는 한 0 ℃~15 ℃의 곳을 뜻한다.
③ 각각의 시험은 따로 규정이 없는 한 실온에서 조작하고 조작 직후에 그 결과를 관찰한다.
④ 절대온도는 K로 표시하고, 절대온도 0 K는 −273 ℃로 한다.

해설 각각의 시험은 따로 규정이 없는 한 상온에서 조작하고 조작 직후에 그 결과를 관찰한다.

06 오염물질별 시료채취시간과 횟수가 틀린 것은?

① 휘발성 유기화합물, 시료채취시간 30분, 연속 2회
② 미세먼지, 시료채취시간 6시간 이상, 1회
③ 일산화탄소, 시료채취시간 1시간, 1회
④ 총부유세균, 총시료채취량 250 L 이상, 2회

해설 총부유세균은 시료채취량 250 L 이하로서, 시료채취 간격 20분 이상으로 3회가 필요하다.

07 실내공기질 공정시험기준 중 정도보증/정도관리 용어에 대한 설명이다. 괄호 안에 들어갈 것을 옳게 제시한 것은?

> (㉠) : 시험분석 결과의 반복성을 나타내는 것으로 반복 시험하여 얻은 결과를 상대 표준편차
> (RSD, relative standard deviation)로 나타내며, 연속적으로 n회 측정한 결과의 평균값
> 과 (㉡)으로/로 구한다.
> (㉢) : 시험분석 결과가 참값에 얼마나 근접하는가를 나타내는 것으로 동일한 매질의 인증시료
> 를 확보할 수 있는 경우에는 표준절차서(SOP, standard operational procedure)에 따라
> 인증표준물질을 분석한 결과값(C_M)과 인증값(C_C)과의 (㉣)으로/로 구한다.

① ㉠ 정확도, ㉡ 표준편차, ㉢ 정밀도, ㉣ 상대 백분율
② ㉠ 정확도, ㉡ 분산,   ㉢ 정밀도, ㉣ 상대 백분율
③ ㉠ 정밀도, ㉡ 표준편차, ㉢ 정확도, ㉣ 상대 백분율
④ ㉠ 정밀도, ㉡ 분산,   ㉢ 정확도, ㉣ 상대 백분율

- 정밀도(%)$=\dfrac{s}{x}\times100$
- 정확도(%)$=\dfrac{C_M(\text{분석 결과값})}{C_C(\text{인증값})}\times100$

08 실내공기질 정도보증 및 정도관리(QA/QC)에 관련된 설명들과 용어의 연결이 옳은 것은?

> ㉠ 시료와 유사한 매질을 선택하여 추출, 농축, 정제 및 분석과정에 따라 측정한 것
> ㉡ 시료한 동일한 매질에 일정량의 표준물질을 첨가하여 검정곡선을 작성하는 방법
> ㉢ 시험분석 대상물질을 기기가 검출할 수 있는 최소한의 농도
> ㉣ 시험분석 결과가 참값에 얼마나 근접하는가를 나타내는 것
>
> (a) 방법바탕시료   (b) 시약바탕시료   (c) 절대검정곡선법
> (d) 표준물첨가법   (e) 상대검정곡선법   (f) 기기검출한계
> (g) 방법검출한계   (h) 정량한계   (i) 정밀도
> (j) 정확도

① ㉠ - (a), ㉡ - (c), ㉢ - (g), ㉣ - (i)　　② ㉠ - (a), ㉡ - (d), ㉢ - (f), ㉣ - (j)
③ ㉠ - (b), ㉡ - (c), ㉢ - (h), ㉣ - (i)　　④ ㉠ - (b), ㉡ - (d), ㉢ - (g), ㉣ - (j)

- 방법바탕시료 : 매질, 시험절차, 시약 및 측정장비 등으로부터 발생하는 오염물질을 확인할 수 있다.
- 시약바탕시료 : 실험절차, 시약 및 측정장비 등으로부터 발생하는 오염물질을 확인할 수 있다.
- 표준물첨가법 : 매질효과를 보정하여 분석할 수 있는 방법이다.
- 정확도 : 상대백분율 또는 회수율로 구한다.

정답 07 ③ 08 ②

09 다음 중 기기검출한계를 구하는 방법은?

① 바탕시료를 반복 측정 분석한 결과의 평균에 2배한 값
② 바탕시료를 반복 측정 분석한 결과의 평균에 3배한 값
③ 바탕시료를 반복 측정 분석한 결과의 표준편차에 2배한 값
④ 바탕시료를 반복 측정 분석한 결과의 표준편차에 3배한 값

 기기검출한계(IDL, instrument detection limit)란 시험분석 대상물질을 기기가 검출할 수 있는 최소한의 농도로서, 일반적으로 S/N비의 2배 ~ 5배 농도 또는 바탕시료를 반복 측정 분석한 결과의 표준편차에 3배한 값 등을 말한다.

10 어느 재개발 지역에 들어선 신축 공동주택 단지는 8개 동으로 구성되었고, 1개 동당의 세대수가 180세대이며 2개의 시공사에서 시공했다. 이 건물을 대상으로 실내공기질을 측정하려고 할 때 시료를 채취해야 할 세대의 수는?

① 16세대 ② 24세대
③ 32세대 ④ 64세대

 총 세대수는 8개 동×180세대 = 1 440세대이다. 시료채취 세대는 100세대 3시료채취 세대를 기본으로 하여 100세대 추가 시마다 1시료채취 세대가 늘어나므로 16시료채취 세대가 된다. 시공사가 2개이므로 16시료채취 세대 안에서 골고루 선택한다.

11 다중이용시설 내 시료채취 위치에 대한 설명으로 틀린 것은?

① 시료채취 위치는 주변시설 등에 의한 영향과 부착물 등으로 인한 측정 장애가 없어야 한다.
② 대상시설의 오염도를 대표할 수 있다고 판단되며, 시설을 이용하는 사람이 많은 곳으로 선정한다.
③ 시료채취는 인접지역에 직접적인 오염물질 발생원이 있는 곳으로 선정한다.
④ 시료채취지점의 중앙점에서 바닥면으로부터 1.2 m ~ 1.5 m 높이에서 채취한다.

 시료채취는 인접지역에 직접적인 오염물질 발생원이 없어야 한다.

12 신축 공동주택의 총 세대수가 450세대일 경우, 시료채취 세대는 몇 세대인가?

① 4 ② 5
③ 6 ④ 7

 100세대까지 3세대이며, 이후 100세대 증가 시마다 1세대씩 증가된다.

정답 ✓ **09** ④ **10** ① **11** ③ **12** ③

13 신축 공동주택의 실내공기 채취조건으로 괄호 안에 들어갈 숫자를 모두 합한 값은?

> 시료채취 시 실내온도는 ( ) ℃ 이상을 유지하도록 한다. 실내공기질 채취 순서는 ( )분 이상 환기, ( )시간 이상 밀폐, 시료채취 순이다. 외부 공기와 면하는 개구부(창호, 출입문, 환기구 등)를 ( )시간 이상 모두 닫아 실내외 공기의 이동을 방지한다.

① 50   ② 55

③ 60   ④ 65

해설 20 ℃, 30분, 5시간 이상 밀폐, 5시간 이상 실내외 공기 이동 금지

14 시료채취 여건상 불가피할 경우(파과, 정량한계 미만 등)를 제외하고, 실내공기 오염물질에 대한 시료채취시간 및 횟수가 **틀린** 것은?

① 이산화탄소 : 1시간, 1회   ② 미세먼지 : 4시간 이상, 1회

③ 폼알데하이드 : 30분, 연속 2회   ④ 휘발성 유기화합물 : 30분, 연속 2회

해설 미세먼지는 24시간, 1회로 시료채취한다.

15 실내공기 오염물질과 시료채취시간 또는 유량의 연결이 **틀린** 것은?

① 휘발성 유기화합물 : 30분   ② 미세먼지 : 24시간

③ 석면 : 총시료채취량 1 200 L 이상   ④ 총부유세균 : 총시료채취량 250 L 이상

해설 총부유세균은 총시료채취량 250 L 이하이다.

16 실내공기질 공정시험기준의 정도관리 요소와 그 계산식으로 **틀린** 것은?

① 정량한계 = $10 \times$ 표준편차(s)

② 정밀도(%) = 표준편차(s)/평균값($\overline{x}$)$\times 100$

③ 상대적인 차이(%) = $[(C_2 - C_1)/$표준편차(s)$] \times 100$ (여기서, C_1, C_2 : 1, 2 두 시료의 측정값)

④ 정확도(%) = $[$결과값(C_M)/인증값(C_C)$] \times 100$

해설 동일한 조건에서 측정한 두 시료의 측정값 차를 두 시료 측정값의 평균값으로 나누어 두 측정값의 상대적인 차이(RPD, relative percentage difference)를 구한다.

$$\text{상대적인 차이(\%)} = \frac{C_2 - C_1}{\overline{x}} \times 100\,\%$$

17 실내공기 오염물질 중 미세먼지(PM-10) 시료채취 시 지하역사의 경우 반드시 포함되어야 하는 시간대로 옳은 것은?

① 오전 8시 ~ 10시 ② 오전 9시 ~ 11시
③ 오후 5시 ~ 7시 ④ 오후 6시 ~ 8시

 지하역사의 경우 혼잡 시간대(7시 ~ 9시 또는 18시 ~ 20시)를 필히 포함하도록 한다.

18 총 세대수가 1 100세대인 신축 공동주택의 실내공기질 시료채취대상 세대수 및 위치를 순서대로 기재한 것으로 옳은 것은?

- 시료채취 세대 : (   )세대
- 시료채취 위치 : 저층부 - (   )세대, 중층부 - (   )세대, 고층부 - (   )세대

① 13, 5, 4, 4 ② 13, 4, 5, 4
③ 14, 5, 5, 4 ④ 14, 4, 5, 5

 신축 공동주택 내 시료채취 세대의 수는 공동주택의 총 세대수가 100세대일 때 3개 세대(저층부, 중층부, 고층부)를 기본으로 한다. 100세대가 증가할 때마다 1세대씩 추가하며 최대 20세대까지 시료를 채취한다. 이때 중층부, 저층부, 고층부 순으로 증가한다.

19 연면적 30 000 m²인 박물관에서 실내공기 오염물질의 최소 시료채취지점수는?

① 1 ② 2
③ 3 ④ 4

〈다중이용시설 내 최소 시료채취지점수 결정〉

다중이용시설의 연면적(m²)	최소 시료채취지점수
10 000 이하	2
10 000 초과 ~ 20 000 이하	3
20 000 이상	4

20 다음 중 다중이용시설의 관리대상 오염물질에 해당되지 <u>않는</u> 것은?

① 일산화질소 ② 오존
③ 라돈 ④ 석면

 일산화탄소(CO)가 해당된다.

21 실내공기 오염물질 중 적외선에 대한 흡수 특성을 이용하여 측정되는 오염물질의 조합으로 옳은 것은?

① 일산화탄소, 이산화탄소
② 일산화탄소, 오존
③ 라돈, 이산화질소
④ 이산화질소, 폼알데하이드

 일산화탄소와 이산화탄소의 측정은 비분산 적외선(NDIR)법으로서 특정 파장의 적외선을 흡수하는 특성을 이용한다.

22 소형 챔버법에서 제품 시료를 채취하는 방법으로 틀린 것은?

① 시험 대상이 되는 건축자재는 일반적인 제조과정에 의해 생산되고 포장되고 취급된 것이어야 하며, 채취된 시료는 1일 안에 포장하여야 한다.
② 롤 형태의 제품은 롤의 1 m 안쪽 혹은 가장 바깥층을 제외한 안쪽에서 시료를 채취한다.
③ 판상 형태의 제품은 개봉하지 않은 제품을 시료로 한다.
④ 액상제품 시료는 시료로 채취할 양이 충분한 제품포장 단위에서 채취한다.

 채취된 시료는 1시간 이내에 포장하여야 한다.

23 실내와 건축자재에서 방출되는 휘발성 유기화합물(VOCs)의 분석에서 검정곡선 작성을 위한 표준물질의 농도범위는 최대와 최소의 농도차가 몇 배 이내여야 하는가?

① 10배   ② 20배
③ 30배   ④ 40배

해설 검정곡선 작성을 위한 표준물질 농도의 범위는 최대, 최소 농도차가 10배 이내 차이가 나야 하며, 연속적으로 시료를 분석할 때마다 검정곡선을 작성하여 직선성은 0.999 이상 되어야 한다.

24 건축자재 방출 휘발성 유기화합물 및 폼알데하이드 시험방법에 관한 설명으로 틀린 것은?

① 소형 방출시험 챔버의 내부 부피는 20 L를 원칙으로 한다.
② 공기시료채취 시 채취유량은 공급공기유량의 90 % 이하이어야 한다.
③ 고체 건축자재의 시료 부하율은 20 m²/m³ ± 0.2 m²/m³로 한다.
④ 롤 형태의 제품은 롤의 1 m 안쪽 혹은 가장 바깥층을 제외한 안쪽에서 시료를 채취한다.

해설 공기시료채취 시 채취유량은 공급공기유량의 80 % 이하여야 한다.

25 건축자재 방출 휘발성 유기화합물 및 폼알데하이드 시험방법 중 소형 챔버법을 이용하여 측정하고자 한다. 이때 여러 종류의 시험편을 제작해야 하는데 길이 40 mm, 깊이 3 mm, 너비 10 mm의 비활성 재질로 된 테플론 재질의 틀 안을 메우는 방법으로 제작된 것은?

① 퍼티
② 페인트
③ 접착제
④ 실란트

 시험편(test specimen)은 시험대상이 되는 건축자재 또는 제품의 방출 특성에 대해 소형 방출시험 챔버 내에서 시험을 하기 위해 특별하게 준비된 시료의 일부로 실란트는 비활성 재질을 사용하여 제작한다.

26 부피가 20 L인 소형 방출시험 챔버에서 단위 분당 공급되는 공기의 부피가 0.17 L일 때 환기횟수(air exchange rate, h^{-1})는 얼마인가?

① 0.49
② 0.51
③ 0.53
④ 0.55

 $\dfrac{(0.17\,\text{L/min} \times 60\,\text{min/h})}{20\,\text{L}} = 0.51/\text{h}$

27 건축자재 방출 휘발성 유기화합물 및 폼알데하이드 시험방법 중 소형 챔버법에 대한 설명으로 틀린 것은?

① 휘발성 유기화합물 채취에는 고체흡착관(Tenax-TA)을 사용하고, 폼알데하이드 채취에는 오존 스크러버를 장착한 DNPH 카트리지를 사용한다.
② 방출시험은 소형 방출시험 챔버 내 온도 25 ℃ ± 10 ℃, 상대습도 50 % ± 5 % 조건에서 실시하며, 시험기간 동안 온도 및 상대습도는 연속적으로 모니터링하여 기록한다.
③ 공급공기 중 총휘발성 유기화합물의 농도는 20 $\mu g/m^3$ 이하, 개별 휘발성 유기화합물 및 폼알데하이드 농도는 5 $\mu g/m^3$ 이하여야 한다.
④ 공기시료를 이중으로 채취할 경우에 대비해 멀티포트 시료채취분기관을 사용하여도 되며, 분기관은 출구 공기 흐름 속으로 직접 유입한다.

 • 공기시료채취를 이중으로 하기 위하여 공기채취분기관을 사용할 수 있다.
• 공기시료채취관은 챔버 출구의 공기 흐름에 직접 연결되어야 한다.

28 건축자재 방출 휘발성 유기화합물 및 폼알데하이드 시험방법의 소형 챔버법의 공기시료채취장치의 구성요소로 틀린 것은?

① 청정공기공급장치
② 유속조절장치
③ 소형 방출시험 챔버
④ 공기시료채취장치

유속이 아닌 유량조절장치이다.

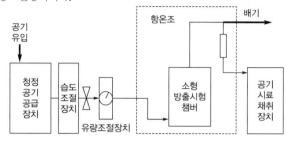

〈소형 방출 챔버장치의 일반적인 구성도〉

29 휘발성 유기화합물의 시료채취에 사용되는 흡착관의 관리에 대한 설명으로 괄호 안에 들어갈 내용이 모두 옳은 것은?

시료채취 흡착관이 안정적인 부피(보유부피)로 유지되기 위해서 매년 혹은 (㉠)를 사용한 후에는 재점검되어야 한다. 만약 성능이 (㉡) % 이하로 나타나면 반드시 새로운 흡착제로 재충진하고, 재안정화시켜 사용하도록 한다.

① ㉠ 20회, ㉡ 50 ~ 60
② ㉠ 20회, ㉡ 60 ~ 70
③ ㉠ 30회, ㉡ 50 ~ 60
④ ㉠ 30회, ㉡ 60 ~ 70

 흡착관은 매년 또는 20회 사용한 후 재점검되어야 하며, 성능이 50 %~60 % 이하로 나타내면 새로운 흡착제로 재충진한다.

30 실내공기 중에서 휘발성 유기화합물 시료를 채취하는 흡착관에 대한 설명으로 틀린 것은?

① 주로 입자 크기가 0.18 mm ~ 0.25 mm인 Tenax TA를 사용함
② 유리관 또는 스테인리스강관에 Tenax TA를 약 200 mg 충진함
③ 시료채취하기 전에 열탈착을 이용하여 불순물을 제거함
④ 열탈착은 (250 ± 5) ℃ 내외로 온도를 유지하며, 약 3시간 동안 시행함

 Tenax TA의 경우 320 ℃ ~ 350 ℃ 범위에서 열탈착하며, 비활성 가스를 약 3시간 동안 공급한다.

31 2,4-DNPH 카트리지를 사용하여 폼알데하이드를 측정할 때 방해물질로 작용하는 것은?

① 질소
② 이산화탄소
③ 오존
④ 산소

 오존 제거를 위해 오존 스크러버를 장착하여 시료채취한다.

정답 29 ① 30 ④ 31 ③

32 알파비적검출기 검출소자 중 LR-115를 사용하며 에칭 온도는 60 ℃, 에칭시간은 1시간의 조건일 때 사용할 부식용액으로 옳은 것은?

① 15 % NaOH ② 2.5 N NaOH
③ 20 % NaOH ④ 6.25 % NaOH

 LR-115의 에칭 용액으로 2.5 N NaOH(60 ℃, 1시간)과 10 % NaOH(60 ℃, 1시간 또는 1.5시간)이 사용된다.

33 알파비적검출기를 라돈 농도가 1 000 Bq · m⁻³로 일정하게 유지되는 라돈 교정챔버에 설치하여 10 h 노출한 후 교정용 검출소자와 바탕농도 측정용 검출소자의 단위면적당 비적수를 판독한 결과 각각 10 000 cm⁻²와 100 cm⁻²로 나타났다. 검출기의 교정효율은?

① $9.9 \ (h \cdot Bq \cdot m^{-3})^{-1}$ ② $9.9 \ cm^{-2} \ (h \cdot Bq \cdot m^{-3})^{-1}$
③ $0.99 \ (h \cdot Bq \cdot m^{-3})^{-1}$ ④ $0.99 \ cm^{-2} \ (h \cdot Bq \cdot m^{-3})^{-1}$

 $C_F = \dfrac{G-B}{E_x}$

여기서, C_F : 알파비적검출기 교정효율(tracks · cm⁻² · h⁻¹ · Bq⁻¹ · m³)
G : 교정용 검출소자의 단위면적당 비적수(tracks · cm⁻²)
B : 바탕농도 검출기의 단위면적당 비적수(tracks · cm⁻²)
E_x : 라돈 노출량(h · Bq · m⁻³)

∴ $C_F = (10\ 000-100)/(10 \times 1\ 000) = 9\ 900/10\ 000 = 0.99 \ cm^{-2} \ (h \cdot Bq \cdot m^{-3})^{-1}$

34 라돈이 붕괴되면서 차례대로 생성되는 라돈 붕괴 생성물이 <u>아닌</u> 것은?

① 폴로늄-218(Po-218) ② 비스무스-214(Bi-214)
③ 폴로늄-214(Po-214) ④ 토륨-232(Th-232)

 라돈의 붕괴 생성물은 폴로늄-218(Po-218), 비스무스-214(Bi-214), 폴로늄-214(Po-214), 납-210(Pb-210)로 방사성을 띠며 알파, 베타 또는 감마선을 방출한다.

35 실내공기 중의 미세먼지(PM-10) 농도 측정 시 채취한 유량의 보정 환산을 위한 표준상태로 옳은 것은?

① 25 ℃, 1기압(atm) ② 20 ℃, 1기압(atm)
③ 15 ℃, 1기압(atm) ④ 0 ℃, 1기압(atm)

 실내공기 중 미세먼지 농도 측정 시 채취한 유량의 보정 환산은 25 ℃, 1기압으로 한다.

36 알파비적검출기를 공기 중에 100일 동안 노출시켜 라돈 농도를 측정한 결과 시료 측정용 검출소자와 바탕농도 측정용 검출소자의 단위면적당 비적수가 각각 241 000 cm^{-2}와 1 000 cm^{-2}로 나타났다. 검출기의 교정효율이 0.100 cm^{-2}(h · Bq · m^{-3})$^{-1}$일 때 측정지점의 라돈 평균 방사능 농도는 얼마인가?

① 1 Bq · m^{-3}
② 10 Bq · m^{-3}
③ 100 Bq · m^{-3}
④ 1 000 Bq · m^{-3}

 라돈 평균 방사능 농도(Bq · m^{-3})

$$C_{Rn} = \frac{(G-B)}{\Delta t \, C_F}$$

여기서, C_{Rn} : 라돈 평균 방사능 농도(Bq · m^{-3})
G : 측정한 검출기의 단위면적당 비적수(tracks · cm^{-2})
B : 바탕농도 검출기의 단위면적당 비적수(tracks · cm^{-2})
Δt : 노출시간(h)
C_F : 교정효율(tracks · cm^{-2} · h^{-1} · Bq^{-1} · m^3)

∴ C_{Rn} = (241 000−1 000)/(100일 × 24 h × 0.1) = 1 000 Bq · m^{-3}

37 실내공기 중 미세먼지 측정방법인 중량법 시험에서 공기 채취 시 공기저항으로 생기는 압력손실이 20 mmHg로 나타났다. 1기압 조건에서 유량을 30 L/min으로 흡입하고자 할 때, 시험 중인 유량계의 눈금값으로 옳은 것은?

① 29.6 L/min
② 30.0 L/min
③ 30.4 L/min
④ 30.8 L/min

 압력손실은 정상적인 1기압일 때보다 더 적게 공기가 채취되게 하므로 시험 중인 유량계 값이 정상시와 동일하게 흡입되려면 더 큰 유량계 눈금값으로 시험해야 한다.

$Q_o = C_p \cdot Q_r$ 이므로 $Q_r = Q_o / C_p$

$Q_r = 30 \times \dfrac{760}{760-20} = 30.8$ L/min

여기서, Q_o : 1기압에서 유량(L/min)
C_p : 압력보정계수
Q_r : 유량계 눈금값(L/min)

38 실내공기 중의 석면 및 섬유상 먼지의 농도측정 시험기준에서 위상차현미경법에서 사용되는 시약으로 틀린 것은?

① 아세톤
② 아세토나이트릴
③ 트라이아세틴
④ 래커

 위상차현미경법에 사용되는 시약은 아세톤, 트라이아세틴, 래커 또는 네일 바니시가 있다.

정답 **36** ④ **37** ④ **38** ②

39 흡입펌프 공기채취기를 세척할 때 채취 때마다 중성세제 또는 초음파 세척을 하지 않는 세척 부위는?

① 망 ② 패킹
③ 유량계 ④ 분립장치

 미세먼지 중량법으로 측정 시 흡입펌프 공기채취기 중 유량계는 알코올 또는 중성세제로 연 1회 씻는다.

40 실내공기 중 미세먼지 측정방법(중량법)에 대한 설명으로 옳은 것은?

① 공기유량을 1 L/min ~ 3 L/min로 채취하여 채취 전후의 여과지 중량의 차이를 이용하여 측정하는 방법이다.
② 입경분리장치는 10 μm 크기의 입자에 대해서 그 채취효율이 99 % 이상이어야 한다.
③ 여과지는 나이트로셀룰로오스(nitro cellulose) 재질의 멤브레인 여과지(membrane filter), 석영섬유 재질의 여과지, 테플론 재질의 여과지 등을 사용한다.
④ 여과지는 온도범위 15 ℃ ~ 25 ℃ ± 3 ℃, 습도범위 30 % ~ 70 %, RH ± 5 % RH, 일정 온습도 범위로 유지되는 조건에서 6시간 이상 보관하여 항량시킨 후에 사용하도록 한다.

 미세먼지 중량법은 다음과 같다.
① 실내공기 중 미세먼지(PM-10)를 여과지에 1 L/min ~ 30 L/min 정도의 공기유량으로 채취한다.
② 입경분리장치는 10 μm 크기의 입자에 대해서 그 채취효율이 50 % 이상이어야 한다.
④ 온도범위 온도 (20 ± 2) ℃, 상대습도 (35 ± 5) %, 일정 온습도 범위로 유지되는 조건에서 24시간 이상 보관하여 항량시킨 후에 사용하도록 한다.

41 실내공기 중의 석면 측정방법인 위상차현미경법에 대한 설명으로 옳지 않은 것은?

① 석면 및 섬유상 먼지의 농도를 측정하기 위한 주시험방법으로 사용된다.
② 측정범위는 100개(섬유수)/mm^2 ~ 1 300개(섬유수)/mm^2(여과지 면적)이며, 방법검출한계는 7개(섬유수)/mm^2(여과지 면적)이다.
③ 석면의 조성이나 특별한 섬유 형태의 특성을 식별하지 못하므로 석면과 섬유상의 먼지를 구분할 수 없다.
④ 석면 및 섬유상 먼지를 채취한 여과지를 투명화 과정을 거쳐 탄소 코팅 및 회화 전처리를 하여야 한다.

 석면 및 섬유상 먼지를 채취한 여과지를 투명화 과정을 거쳐 탄소 코팅 및 회화 전처리하는 방법은 투과전자현미경법이다.

42 실내공기 중 미세먼지 농도 측정값이 20 ℃, 0.95 기압 조건에서 150 $\mu g/m^3$이었다. 실내공기질 공정시험기준에 따라 보정된 농도로 옳은 것은?

① 145 $\mu g/m^3$

② 150 $\mu g/m^3$

③ 155 $\mu g/m^3$

④ 160 $\mu g/m^3$

 채취한 공기는 25 ℃, 1기압 조건으로 보정하여 환산한다.

$$V_{(25\,℃,\,1\,atm)} = 1 \times \frac{T_{(25\,℃)}}{T_2} \times \frac{P_2}{P_{(1\,atm)}} = 0.97$$

$$∴ \ 미세먼지\ 농도(\mu g/m^3) = \frac{150}{0.97} = 155\ \mu g/m^3$$

43 중량법으로 실내공기 중 미세먼지(PM-10) 측정 시 사용되는 입경분리장치가 <u>아닌</u> 것은?

① 사이클론식 입경분리장치

② 유수식 입경분리장치

③ 중력침강형 입경분리장치

④ 관성충돌 입경분리장치

 사이클론식, 중력침강형, 관성충돌 등 3가지 방식의 입경분리장치이다.

44 실내공기 중 미세먼지 측정방법에서 사용되는 입경분리장치로 <u>적합하지 않은</u> 것은?

① 사이클론식 : 원심분리형 분립장치로 분리

② 중력침강형 : 평판 사이 통과 시 중력에 의한 침강으로 분리

③ 관성충돌식 : 관성충돌을 이용하여 분리

④ 여과채취식 : 여지의 포집률에 따른 분리

 여과채취식은 실내공정시험기준에 제시되지 않은 방법이다.

45 석면 계수 규칙에 따라 아래 그림에서 석면섬유를 계수할 수 <u>없는</u> 것은?

① ㉠

② ㉡

③ ㉢

④ ㉣

 한번 이상 그래티큘을 통과하는 섬유는 세지 않는다.

46 아래의 섬유상 먼지와 월톤-버켓 그래티큘의 예에서 석면 및 섬유상 먼지의 총 수는?

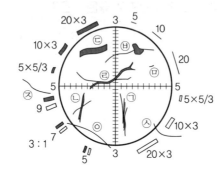

① 6.0개　　　② 6.5개　　　③ 8.5개　　　④ 9.5개

해설 0.5개 : ㊅ / 1개 : ㉠, ㉢, ㉣, ㉤ / 2개 : ㉡

47 실내공기 중의 석면과 섬유상 먼지를 채취하기 위한 공기의 최소 양은?

① 400 L　　　　　　　　② 800 L
③ 1 200 L　　　　　　　④ 1 600 L

해설 실내공기 중 석면 및 섬유상 먼지를 채취하기 위한 최소 공기채취량은 1 200 L이며, 시료채취 유량
은 5 L/min ~ 10 L/min으로 한다.

48 실내 및 건축자재에서 방출되는 폼알데하이드 시료채취 시 DNPH를 사용하는 시료채취장치의
연결순서가 올바른 것은?

① 공기유입 → DNPH 카트리지 → 오존 스크러버 → 시료채취용 펌프
② 공기유입 → 오존 스크러버 → DNPH 카트리지 → 시료채취용 펌프
③ 공기유입 → 활성탄 → DNPH 카트리지 → 시료채취용 펌프
④ 공기유입 → DNPH 카트리지 → 활성탄 → 시료채취용 펌프

해설 실내 및 건축자재에서 방출되는 HCHO 시료채취 시 DNPH를 사용하는 시료채취장치의 순서에서
특히 중요한 것은 오존 제거를 위해 오존 스크러버를 DNPH 카트리지 전단에 설치해야 한다.

49 투과전자현미경법을 이용한 석면 측정방법에서 사용하는 분석기기 및 기구로 틀린 것은?

① Jaffe 세정기　　　　　　② 스퍼터 코팅기
③ 월톤-버켓 그래티큘　　　④ 에너지 분산 엑스선 분석기

해설 월톤-버켓 그래티큘은 위상차현미경법의 석면 측정에 사용된다.

정답 46 ②　47 ③　48 ②　49 ③

50 실내 환경에서 TVOCs(총휘발성 유기화합물)를 고체흡착관(Tenax tube)을 이용하여 시료채취 후 기체 크로마토그래프-MS를 이용하여 분석한 양이 100 ng(톨루엔 환산)이었다. 시료채취량은 3 L(15 ℃, 1기압)일 때 TVOCs의 농도(μg/m³)는?

① 32.2
② 33.3
③ 64.6
④ 66.6

 채취한 공기는 25 ℃, 1기압 조건으로 보정해야 하므로,

$$\frac{0.1\,\mu g}{0.003\,\mathrm{m}^3} \times \frac{(273+15)}{(273+25)} = 32.2\,\mu g/\mathrm{m}^3$$

51 실내 및 건축자재에서 방출되는 휘발성 유기화합물 측정방법(고체흡착관과 기체 크로마토그래프-MS/FID법)에 대한 설명으로 **틀린** 것은?

① 흡착관 세척장치를 사용할 경우 Tenax TA는 240 ℃ ~ 260 ℃ 범위에서 탈착하며, 활성가스를 약 3시간 동안 50 mL/min ~ 100 mL/min로 공급한다.
② 시료를 채취하는 흡착관은 Tenax TA를 사용하여 주로 입자 크기가 0.18 mm ~ 0.25 mm(60 mesh ~ 80 mesh)를 유리관 또는 스테인리스강관에 약 200 mg 충전하여 사용한다.
③ 흡착관 세척장치로 비활성 가스를 사용하여 흡착관을 세척할 경우 사용하며 반드시 대기 중의 공기가 흡입되는 것을 방지해야 하며 ±5 ℃ 내외로 온도가 정밀하게 유지되어야 한다.
④ Tenax TA는 2,6-diphenylene oxide의 다공성 중합체로 생산된 직후 다양한 불순물이 함유되어 있으므로 휘발성 유기화합물을 시료채취하기 전 열탈착을 이용하여 이를 제거해야 한다.

 Tenax TA의 경우 320 ℃ ~ 350 ℃ 범위에서 탈착하며, 비활성 가스를 약 3시간 동안 50 mL/min ~ 100 mL/min로 공급한다.

52 실내공기 중에서 기체 크로마토그래프에 의하여 n-헥세인에서 n-헥사데칸까지의 범위에서 검출되는 휘발성 유기화합물을 대상으로 총휘발성 유기화합물 농도를 구하는데, 이때 환산기준이 되는 성분은?

① 톨루엔
② 벤젠
③ 자일렌
④ 에틸벤젠

 GC에 의하여 검출하는 VOC를 대상으로 TVOC 농도를 구할 때 환산기준이 되는 성분은 톨루엔이다.

53 보정된 집락수가 158 CFU이고 환산된 채취 공기량이 450 L일 때, 실내공기 중 총부유세균의 농도(CFU/m³)는?

① 0.351 　　　　② 2.848 　　　　③ 284.8 　　　　④ 351.1

 해설　총부유세균 농도(CFU/m³) = 158/0.45 = 351.1 CFU/m³

54 실내공기 중 총부유세균 측정방법에 대한 설명으로 옳은 것은?

① 실내공기 중 부유하고 있는 배양 가능한 세균과 진균의 총부유농도를 측정한다.
② 충돌법이 주시험방법은 아니다.
③ 시료채취는 20분 이상 간격으로 2회 연속 측정한다.
④ 시료를 채취한 배지는 35 ℃ ± 1 ℃에서 48시간 동안 배양기에서 배양한다.

 해설　총부유세균 측정방법(충돌법)은 다음과 같다.
　① 실내공기 중 부유하고 있는 배양 가능한 세균의 총부유농도 측정방법을 규정한다.
　② 실내공기 중 총부유세균의 농도 측정을 위한 주시험방법으로 사용된다.
　③ 채취하고자 하는 지점에서 20분 이상 간격으로 3회 연속 측정한다.

55 실내공기 중 총부유세균 측정방법(충돌법)에 따라 아래 조건에서 채취한 공기의 총 부피(25 ℃, 1기압 조건으로 보정 전)를 올바르게 계산한 것은?

> · Q_1 : 시료채취 시작 시의 유량(L/min) : 4 L/min
> · Q_2 : 시료채취 종료 시의 유량(L/min) : 6 L/min
> · T : 시료채취시간(min) : 20 min

① 0.1 m³ 　　　　② 1 m³ 　　　　③ 10 m³ 　　　　④ 100 m³

 해설　시료채취기간의 평균 유량에 채취시간을 반영한다.
$$Q_{ave} = \frac{Q_1 + Q_2}{2} = \frac{4+6}{2} = 5 \, (\text{L/min})$$
$$\therefore 5 \times 20 = 100 \, \text{L} = 0.1 \, (\text{m}^3)$$

56 바탕 라돈 농도가 10 Bq · m⁻³이고, 교정효율이 0.950인 연속측정기로 공기 중 라돈 농도를 측정한 결과, 지시값이 960 Bq · m⁻³로 나타났다. 라돈 농도(Bq · m⁻³)는?

① 1 000 　　　　② 100 　　　　③ 10 　　　　④ 1

 해설　바탕 라돈 농도를 보정해야 하므로, (960-10)/0.95 = 1 000 Bq · m⁻³이다.

정답 　 53 ④ 　 54 ④ 　 55 ① 　 56 ①

57 실내공기 오염물질과 측정방법이 바르게 연결된 것은?

① 오존 : 주사전자현미경법

② 이산화질소 : 전기화학센서법

③ 일산화탄소 : 비분산 적외선법

④ 이산화탄소 : 자외선광도법

 ① 오존 : 자외선광도법

② 이산화질소 : 화학발광법

④ 이산화탄소 : 비분산 적외선법

58 다음은 실내공기 중 연속 라돈 측정기의 검출방식 중 무엇에 대한 설명인가?

> 여과지를 거친 후, 자연확산 또는 동력펌프를 통해 셀 내로 유입된 라돈과 셀 내부에서 생성된 라돈 붕괴 생성물에서 방출되는 α입자에 ZnS(Ag)가 반응하여 나온 것을 광증배관으로 증폭하여 계수한다.

① 이온화 상자

② 섬광셀

③ 베타선 흡수

④ 실리콘 검출기

 ① 이온화 상자방식은 여과지를 거친 후, 자연확산 또는 동력펌프를 통해 이온화 상자 내로 유입된 라돈과 이온화 상자 내부에서 생성된 라돈 붕괴 생성물에서 방출되는 α-입자가 고전기장에서 만든 이온화의 전기적 신호를 계수한다.

③ 베타선 흡수는 미세먼지의 연속측정방법에 사용된다.

④ 실리콘 검출기 방식은 여과지를 통하여 측정용기로 유입된 공기 중 라돈 및 라돈 붕괴 생성물이 붕괴할 때 방출하는 알파입자를 실리콘 반도체 검출기를 이용하여 계수한다.

59 베타선흡수법을 이용한 미세먼지 측정방법은 주시험방법인 중량법과 비교하여 보정계수 적용이 필요하다. 보정계수 적용에 대한 설명으로 **틀린** 것은?

① 보정계수 산출을 위해서는 베타선흡수법을 이용하여 조사하고자 하는 지역과 동일한 공간에 중량법을 이용하여 베타선흡수법과 동시에 공기 중 미세먼지 농도를 측정한다.

② 10회 이상 반복 측정하여 베타선흡수법을 이용한 농도값과 중량법을 이용한 농도값의 상관을 이용한다.

③ 보정계수 = 베타선흡수법 측정 농도값/중량법 측정 농도값

④ 보정값 = 측정값(베타선흡수법) × 보정계수

$$보정계수 = \frac{중량법\ 측정\ 농도값}{베타선흡수법\ 측정\ 농도값}$$

60 자외선광도법으로 실내공기 중의 오존을 측정하는 경우, 간섭물질로 오존 생성 기여율이 가장
큰 것은?

①

②

③

④

> **해설** 톨루엔의 오존 생성 기여율이 가장 크다.
> ① : 노말헥세인
> ② : 에틸렌
> ④ : 폼알데하이드

61 자외선광도법으로 실내공기 중 오존을 측정할 때 오존 스크러버의 입구 및 출구 농도를 2방향
코크로 방향 전환하여 측정한 결과 각각 8 μL/L와 6 μL/L로 측정되었다면 오존 스크러버의
분해 효율은?

① 75 % ② 33 %

③ 25 % ④ 67 %

> **해설** $R_{oz} = \dfrac{A-B}{A} \times 100 = \dfrac{8-6}{8} \times 100 = 25\,\%$
>
> 여기서, R_{oz} : 오존 분해 효율(%)
> A : 오존 스크러버의 입구 농도(vol ppm)
> B : 오존 스크러버의 출구 농도(vol ppm)

62 이산화질소 분석을 위한 화학발광법 측정기기의 최소 성능 사양으로 틀린 것은?

① 측정범위 : 0 ppm ~ 5 ppm 이하

② 재현성(반복성) : 최대 눈금값의 ±2 % 이내

③ 측정기기의 응답시간 : 1분 이하

④ 간섭성분 영향 : NH_3 1 ppm이 NO로 변화되는 변환효율이 5 % 이하

> **해설** 측정범위는 0 ppm ~ 2 ppm 이하이다.

정답 60 ③ 61 ③ 62 ①

63 일산화질소 표준가스와 정제공기를 흘려서 측정기기의 지시값이 측정범위의 약 80 %를 지시하도록 유량을 조정했을 때의 지시값이 250이고, 오존 발생기를 작동하여 발생하는 오존으로 일산화질소를 산화한다. 이때 디지털 기록계의 지시값이 측정범위의 약 10 %를 지시하도록 오존 발생기를 조정한다. 이때 디지털 기록계의 지시값은 180이다. 측정기기의 유료변환을 하여 질소산화물 측정유로(변환기 경유)로 하고 이때 지시기록계의 지시값이 220이다. 이산화질소 변환기의 효율은?

① 57.1 %   ② 42.8 %

③ 51.4 %   ④ 38.5 %

 이산화질소 변환기(converter)

효율(%) $= [(C-B)/(A-B)] \times 100 = [(220-180)/(250-180)] \times 100 = 57.1$ %

  여기서, A : NO 표준가스 및 정제공기를 흘릴 시 측정기기의 지시값

      B : 오존 발생기 디지털 기록계의 지시값

      C : 질소산화물 측정유로 변환 시 지시기록계 지시값

64 이산화질소 분석에 사용되는 스팬가스에 대한 설명으로 옳은 것은?

① 일산화질소와 오존의 두 성분 혼합가스, 측정기기 최대 눈금값의 70 % ~ 90 % 농도를 사용

② 이산화질소와 오존의 두 성분 혼합가스, 측정기기 최대 눈금값의 80 % ~ 90 % 농도를 사용

③ 일산화질소와 질소의 두 성분 혼합가스, 측정기기 최대 눈금값의 70 % ~ 90 % 농도를 사용

④ 이산화질소와 질소의 두 성분 혼합가스, 측정기기 최대 눈금값의 80 % ~ 90 % 농도를 사용

 이산화질소와 질소의 두 성분 혼합가스로서, 측정기기 최대 눈금값의 80 % ~ 90 % 농도를 사용한다. 제로가스(zero gas)는 질소산화물 또는 측정기기에 영향을 주는 성분이 검출되지 않는 가스로 질소 또는 고순도의 공기를 사용한다.

65 실내공기 중 이산화질소의 측정방법에 대한 설명으로 <u>옳지 않은</u> 것은?

① 변환기는 300 ℃ 이상의 일정한 온도로 가열되어야 하며, 스테인리스강, 구리, 몰리브데넘, 텅스텐 또는 분광학적으로 순수한 탄소 성분으로 만들어진다.

② 생성된 오존의 농도는 측정할 질소산화물의 최고 농도보다 더 낮아야 한다.

③ 광학필터는 600 nm 이하의 과정에서 모든 복사선을 제거하여야 한다.

④ NO_2를 NO로 변환하는 컨버터 효율이 95 % 이상이어야 한다.

 오존 발생기는 자외선 또는 고압 무음 전기방전(high voltage silent electric discharge)에 의해 공기 중의 산소를 오존으로 변환시킨다. 생성된 오존의 농도는 측정할 질소산화물의 최고 농도보다 더 높아야 한다.

정답 **63** ① **64** ④ **65** ②

66 공기 중 이산화질소를 직독식(direct reading) 측정기를 사용하여 측정하였더니 3.324 ppm
이 나왔다. 이때 측정대상이 된 실내공기의 압력 및 온도를 측정하였더니 1.1기압, 28 ℃였다
면 실내공기질 공정시험기준에 의한 표준상태 농도는?

① 3.052 ppm ② 3.291 ppm

③ 3.620 ppm ④ 3.693 ppm

 ppm = mg/m^3(25 ℃, 1기압)이므로, 1.1기압과 28 ℃로 보정하면,

$$3.324 \times \frac{273+28}{273+25} \times \frac{1}{1.1} = 3.052 \, ppm$$

67 비분산 적외선법을 이용한 이산화탄소의 측정범위는?

① 0 ppm ~ 500 ppm ② 0 ppm ~ 1 000 ppm

③ 0 ppm ~ 5 000 ppm ④ 0 ppm ~ 15 000 ppm

 비분산 적외선법으로 이산화탄소(CO_2) 측정범위는 0 ppm ~ 5 000 ppm이다.

68 비분산 적외선법으로 일산화탄소를 측정할 때 영향이 가장 큰 방해물질은?

① 수증기 ② 이산화탄소

③ 탄화수소 ④ 질소

 이산화탄소, 탄화수소, 이산화황, 질소산화물 등도 일부 간섭물질이나, 수증기가 가장 큰 방해물
질이다.

69 실내공기 중 일산화탄소 농도를 측정하였더니 1.803 mg/m^3이었다. 이때 측정대상이 된 실내
공기의 온도와 압력은 25 ℃, 1기압이다. 이 농도를 ppm으로 환산하면?

① 1.574 ppm ② 2.065 ppm

③ 1.002 ppm ④ 3.245 ppm

 CO의 분자량은 28이고, 28 g은 22.4 L이므로(0 ℃, 1기압), 25 ℃, 1기압을 부피에 보정해주면
다음과 같다.

$$1.803 \times \frac{273+25}{273} \times \frac{22.4}{28} = 1.574 \, ppm$$

PART 03

악취
공정시험기준

환경측정분석사 필기

CHAPTER

01

악취 공정시험기준

Key point

※ 〈총칙〉과 〈정도보증/정도관리〉의 내용은 [실내공기질 공정시험기준]을 참조한다.

Point 1 악취 시료채취와 보관

① 시료채취주머니는 사용 전 고순도 질소 또는 공기 충전하여 기체 크로마토그래피 등으로 분석하고, 오염이 없는지 확인한다. DNPH 카트리지에 의한 시료채취는 공기 중에 사전 노출되어 오염되지 않도록 밀봉 보관상태를 유지하고 있어야 하며 시료채취 시에 개봉하여 사용한다. 고체흡착 채취법으로 사용하는 흡착관은 충분히 열세척(bake)하여 깨끗하게 해 둔다. 오염이 없는 것이 확인된 고체흡착관은 끝을 테플론 등의 플루오린수지제 마개를 하여 밀봉한 상태로 보관한다.

② 시료채취 후 시료주머니의 시료가 변질되지 않도록 차광 및 상온상태를 동시에 유지하여 준다. 할 수 있는 조건을 동시에 만족할 수 있다. 시료채취된 DNPH 카트리지는 알루미늄박 등으로 차광하고, 밀봉용기를 2중의 지퍼백 등으로 처리하여 이송 및 보관하며, 즉시 시험하지 못하면 저온 냉장보관한다. 시료채취된 고체흡착관은 유리제의 투명한 흡착관의 경우에 알루미늄박 등으로 둘러감아 차광하고 밀봉한 후, 다시 활성탄이 들어있는 밀폐용기에 보관한다.

Point 2 공기희석관능법

① 복합 악취의 측정은 공기희석관능법을 원칙으로 하며, 사업장의 배출구와 부지경계선에서 채취하며 가능한 한 48시간 이내에 시험하여야 한다.

② 시료희석배수는 시료공기를 냄새가 없는 무취공기로 단계별(3배, 10배, 30배 등)로 희석한 배수를 말한다.

③ 제조된 무취공기는 공기희석관능법에 따라 판정요원으로 선정한 5명이 시험하였을 때 냄새를 인지할 수 없어야 한다.

④ 채취용기는 취기 성분이 흡착, 투과 또는 상호반응에 의해 변질되지 않는 것으로서 시료주머니의 재질은 PTFE, PVF 등 플루오린수지 재질과 폴리에스터 재질 또는 동등 이상의 보존 성능을 갖고 있는 재질로 만들어진 내용적이 3 L ~ 20 L 정도의 것으로 한다. 실리콘이나 천연고무와 같은 재질은 최소한의 접합부에서도 사용이 적합하지 않다.

⑤ 판정요원의 판정시험 전 악취강도에 대한 정도를 인식시켜 주기 위하여 노말뷰탄올로 제조한 냄새를 인식시킨다. 판정요원 선정용 시험액은 아세트산, 트라이메틸아민, Methylcyclopentenolone, β - Phenylethylalcohol을 사용한다. 판정요원은 5인 이상으로 한다.

⑥ 사업장에서 5 m 이상의 일정한 배출구로 배출되는 경우에는 악취도가 가장 높을 것으로 판단되는 측정공 또는 최종 배출구에서 채취한다.

⑦ 시험용 냄새주머니의 희석배수는 부지경계선에는 약 3배수씩(10배, 30배, 100배) 단계별로 증가시키면서 희석한다. 배출구일 경우는 (300배, 1000배, 3000배)의 희석배수로 시험을 시작한다.

⑧ 관능시험은 시료희석주머니의 희석배수가 낮은 것부터 높은 순으로 실시한다.

⑨ 관능시험의 희석배수 결정은 관능시험 결과 무취로 판정된 시료희석배수의 바로 전단계 시료희석배수를 시험시료의 희석배수로 한다. 전체 판정요원의 시료희석배수 중 최댓값과 최솟값을 제외한 나머지를 기하 평균한 값을 판정요원 전체의 희석배수로 한다.

〈악취 판정도〉

악취강도	악취도 구분	설 명
0	무취 (none)	상대적인 무취로 평상시 후각으로 아무것도 감지하지 못하는 상태
1	감지 냄새 (threshold)	무슨 냄새인지 알 수 없으나 냄새를 느낄 수 있는 정도의 상태
2	보통 냄새 (moderate)	무슨 냄새인지 알 수 있는 정도의 상태
3	강한 냄새 (strong)	쉽게 감지할 수 있는 정도의 강한 냄새 (예를 들어 병원에서 크레졸 냄새를 맡는 정도의 냄새)
4	극심한 냄새 (very strong)	아주 강한 냄새 (예를 들어 여름철에 재래식 화장실에서 나는 심한 정도의 상태)
5	참기 어려운 냄새 (over strong)	견디기 어려운 강렬한 냄새로서 호흡이 정지될 것 같이 느껴지는 정도의 상태

Point 3 물질에 따른 분석방법

1 암모니아

(1) 암모니아 – 붕산용액 흡수법 – 자외선/가시선 분광법

① 대기 중 암모니아를 붕산 흡수용액에 흡수시켜 채취하고, 페놀 – 나이트로프루시드소듐 용액과 하이포아염소산소듐용액을 가하고 암모늄 이온과 반응시켜 생성되는 인도페놀류 의 흡광도를 640 nm에서 측정한다.

② 간섭물질은 입자상물질에 포함된 암모늄염, 입자상물질 제거에 필터 사용시 기체상 암모 니아가 제거될 수도 있으며, 구리 이온이 존재하면 발색을 방해한다.

③ 내부 정도관리에서 재현성 측정은 중간 단계의 표준용액을 시료의 측정과정과 동일한 방법으로 3개 이상 측정하여 상대표준편차(RSD %) 값을 구하며, 상대표준편차는 10 % 이내여야 한다.

④ 암모니아 농도

$$C = \frac{5A}{V \times \dfrac{298}{273 + t} \times \dfrac{P}{760}}$$

여기서, C : 대기 중 암모니아 농도(μmol/mol)
　　　A : 분석용 시료용액 중의 암모니아량(μL)
　　　V : 유량계에서 측정한 흡입기체량(L)
　　　t : 유량계의 온도(℃)
　　　P : 시료채취 시의 대기압(mmHg)
　　　5 : 전체 붕산용액 시료량(50 mL)/분석용 시료량(10 mL)

(2) 암모니아 – 인산 함침 여과지법 – 자외선/가시선 분광법

① 대기 중 암모니아를 인산 함침 여과지에 채취하고 정제수로 용출한 후, 페놀 – 나이트로 프루시드소듐용액과 하이포아염소산소듐용액을 가하고 암모늄 이온과 반응시켜 생성되 는 인도페놀류의 흡광도(640 nm)를 측정한다.

② 간섭물질은 붕산용액 흡수법과 동일하다.

③ 인산 함침 여과지는 직경 47 mm, 구멍 크기 0.3 μm 의 원형의 석영 재질 여과지를 전기로 에서 500 ℃에서 1시간 가열 후 실리카젤 건조용기에서 방치하여 냉각한다. 그리고 5 % 인산 · 에탄올에 5분간 함침 후 실리카젤 데시케이터에서 하룻동안 보존하고 밀봉하여 보관한다.

2 황화합물

(1) 황화합물 – 저온 농축 – 모세관 칼럼 – 기체 크로마토그래피법

① 황화수소, 메틸머캅탄, 다이메틸설파이드, 다이메틸다이설파이드를 측정하며, 시료는 부지경계선에서 채취한다. 이 방법의 농도범위는 0.1 nmol/mol ~ 60 nmol/mol이다.

② 간섭물질은 수분에 의한 영향이 크며, 이산화황(SO_2)과 카보닐설파이드[carbonyl sulfide(COS)]의 머무름 시간(RT)은 황화수소의 머무름 시간과 매우 비슷하여 겹쳐서 나올 경우 오차가 커진다.

③ 기체 크로마토그래피 검출기는 불꽃광도검출기(FPD), 펄스형 불꽃광도검출기(PFPD), 원자발광검출기(AED), 황화학발광검출기(SCD), 질량분석기(MS) 등을 사용할 수 있다.

④ 방법검출한계(MDL)는 분석에 사용하는 시료부피 범위에서 메틸머캅탄으로 0.2 nmol/mol 이하로 한다. 검출한계를 결정하기 위해서는 검출한계에 다다를 것으로 생각되는 황화합물의 농도를 7번 반복 측정하여 구한 표준편차에 3.14(7회 반복분석에 대한 99 % 신뢰구간에서의 자유도값)를 곱한다.

(2) 황화합물 – 저온 농축 – 충전 칼럼 – 기체 크로마토그래피법

① 측정 황화합물, 농도범위 및 간섭물질, 검출기 종류, 방법검출한계는 저온 농축 – 모세관 칼럼 – 기체 크로마토그래피법과 동일하다.

② 충전 칼럼은 유리제 또는 플루오린수지제로서 내경 3 mm, 길이 3 m ~ 5 m 정도의 크기로 내면을 10 N 인산으로 세척하여 건조한 것이어야 한다.

(3) 황화합물 – 전기냉각 저온 농축 – 모세관 칼럼 – 기체 크로마토그래피법

① 측정 황화합물, 농도범위 및 간섭물질, 검출기 종류는 저온 농축 – 모세관 칼럼 – 기체 크로마토그래피법과 동일하다.

② 방법검출한계(MDL)는 트라이메틸아민 표준시료를 저온 농축장치나 헤드스페이스 장치를 이용하여 7번 반복 측정하여 얻은 표준편차에 3.14를 곱한다. 트라이메틸아민의 최소 검출한계는 0.5 nmol/mol 이하이어야 한다.

(4) 황화합물 – 저온 농축 – 기체 크로마토그래피법 – 연속측정방법

① 악취관리지역 내의 악취실태조사, 악취피해지역, 사업장의 부지경계선 등 환경대기 중 0.1 nmol/mol ~ 60 nmol/mol 황화합물의 농도를 측정한다.

② 불꽃광도검출기(FPD), 펄스형 불꽃광도검출기(PFPD) 등으로 검출한다.

③ 간섭물질로는 nmol/mol 저농도의 황화합물 분석에서는 수분의 영향이 매우 크다. 이산화황(SO_2)과 카르보닐설파이드(COS)의 머무름 시간(RT)은 황화수소와 매우 비슷하므로 충분한 분리를 유도해야 한다.

④ 수분 제거방법으로는 건조장치(nafion dryer 등) 사용, 전기냉각(펠티어)방법, 냉매냉각 (cryogenic)방법이 있다.

3 트라이메틸아민

(1) 트라이메틸아민 – 헤드스페이스 – 모세관 칼럼 – 기체 크로마토그래피법

① 임핀저 방법과 산성 여과지 방법으로 시료채취한다.

② 농도범위는 트라이메틸아민 0.1 nmol/mol ~ 25 nmol/mol의 분석에 적합하다.

③ 간섭물질은 불꽃이온화검출기(FID)를 사용하는 경우에는 농축과정에서 탄화수소의 영향이 매우 크므로 질소원자 선택성 검출기(NPD)를 사용하여야 한다.

(2) 트라이메틸아민 – 고체상 미량 추출 – 모세관 칼럼 – 기체 크로마토그래피법

① 시료채취와 측정농도 범위 및 간섭물질은 헤드스페이스 – 모세관 칼럼 방법과 동일하다.

② SPME 분석법은 헤드스페이스 바이알 안에서 시료의 알칼리 상태에서 바이알 상단부에 발생된 트라이메틸아민기체(headspace gas)를 고체상 미량 추출장치(SPME, solid phase micro extraction) 파이버(fiber)에 흡착시킨 후 기체 크로마토그래피에 주입하며 분석하는 방법이다.

(3) 트라이메틸아민 – 저온 농축 – 충전 칼럼 – 기체 크로마토그래피법

① 시료채취와 측정농도 범위 및 간섭물질은 헤드스페이스 – 모세관 칼럼 방법과 동일하다.

② 분리관(column)은 검출 분리능이 1 이상($R \geq 1$)되는 것을 사용한다.

4 알데하이드

(1) 알데하이드 – DNPH 카트리지 – 액체 크로마토그래피법

① 대기 중 아세트알데하이드, 프로피온알데하이드, 뷰티르알데하이드, n-발레르알데하이드, iso-발레르알데하이드 등 물질의 측정을 하기 위한 시험방법이다.

② 알데하이드 물질을 2,4-다이나이트로페닐하이드라존(DNPH) 유도체로 형성하여 고성능 액체 크로마토그래피(HPLC)로 분석한다.

③ 간섭물질은 고온 및 수분이 높은 경우, 카트리지의 회수율에 영향을 미치므로 채취단계의 적절한 관리가 필요하다. 오존 제거를 위해 약 1.5 g의 아이오딘화포타슘(KI)을 충진한 오존 스크러버를 DNPH 카트리지 전단에 설치한다.

④ DNPH 유도체는 자외선 영역에서 흡광성이 있으며, 350 nm ~ 380 nm에서 최대의 감도를 가지므로 자외선검출기의 파장을 360 nm에 고정시켜 분석한다.

(2) 알데하이드 – DNPH 카트리지 – 기체 크로마토그래피법

① 측정항목, 간섭물질은 액체 크로마토그래피법과 동일하다.

② 검출기로는 불꽃이온화검출기(FID), 질소인검출기(NPD) 또는 질량분석기(MS)를 사용한다.

③ 시료주머니를 사용할 경우 시료채취는 5분 이내에 이루어지도록 한다. 채취한 시료는 DNPH 카트리지에 1 L/min ~ 2 L/min의 유량으로 채취한다.

5 스타이렌 – 저온 농축 – 기체 크로마토그래피법

① 시료채취는 고체흡착관(오존농도가 높을 때 tenax류 흡착제 사용) 또는 캐니스터를 이용한다.

② 간섭물질은 수분이 많은 시료채취 시 tenax, carbotrap과 같은 소수성 흡착제를 사용하고, 10 ppb 이하의 낮은 농도의 스타이렌을 시료채취 할 때에는 반드시 오존 스크러버가 사용되어야 한다.

③ 시료를 채취한 고체흡착관은 흡착관 내의 수분을 제거하기 위해서 시료채취 반대방향으로 연결하여 탈착시킨다(다른 항목에서도 동일).

④ 스타이렌의 분석검출기는 불꽃이온화검출기(FID), 질량분석기(MS)를 사용한다.

6 휘발성 유기화합물 – 저온 농축 – 기체 크로마토그래피법

① 휘발성 지정 악취물질인 톨루엔, 자일렌, 메틸에틸케톤, 메틸아이소뷰티르케톤, 뷰티르아세테이트, 스타이렌, i-뷰티르알코올을 동시에 측정하기 위한 시험방법이다.

② 수분이 많은 시료는 tenax류와 같은 소수성 흡착제로 채취하며, 오존이 10 nmol/mol 이하에서 사용한다.

7 지방산류 – 헤드스페이스 – 기체 크로마토그래피법

① 환경대기 중에 존재하는 지방산으로서 프로피온산, n-뷰티르산, n-발레르산, i-발레르산을 분석한다.

② 알칼리 함침 여과지법 및 알칼리 수용액 흡수법을 시료채취방법으로 하고, 채취된 시료의 유기산 성분을 헤드스페이스법을 이용하여 휘발시켜 기체 크로마토그래프를 사용하여 분석한다.

③ 간섭물질로는 염화소듐에 포함된 유기물이 지방산과 겹쳐 간섭할 경우가 있으므로 300 ℃에서 구워 유기물을 제거한 후 사용한다. 헤드스페이스 주입에 사용하는 바늘은 산에 의해 부식되거나 흡착될 가능성이 있으므로 내식성인 주사기 바늘을 사용한다. 정제수에 제조 희석된 지방산 표준용액은 시간이 경과되면 지방산의 농도가 현격히 감소하므로 주의하여야 한다.

8 암모니아 – 흡광차분광법 – 연속측정방법,
   스타이렌 – 흡광차분광법 – 연속측정방법

① 시료채취가 필요 없이 암모니아, 스타이렌을 흡광차분광법(DOAS)으로 연속분석하는 데 적용한다.

② 발광부는 광원으로 제논램프를 사용하며, 분광기는 czerny-turner 방식이나 holographic 방식 등을 채택한다.

③ 간섭물질로는 nmol/mol 저농도의 황화합물 분석에서는 수분의 영향이 매우 크다. 이산화황(SO_2)과 카르보닐설파이드(COS)의 머무름 시간(RT)은 황화수소와 매우 비슷하므로 충분한 분리를 유도해야 한다.

④ 수분 제거방법으로는 건조장치(nafion dryer 등) 사용, 전기냉각(펠티어)방법, 냉매냉각 (cryogenic)방법이 있다.

9 트라이메틸아민, 암모니아 – 고효율 막채취장치 – 이온 크로마토그래피법
   – 연속측정방법

① 확산 스크러버를 통해 암모니아아민 기체를 정제한 초순수(흡수액)로 채취하고 이온 크로마토그래피로 연속분석한다.

② 분석대상 물질은 암모니아, 메틸아민, 다이메틸아민, 트라이메틸아민이다.

③ 간섭물질로는 암모니아 농도가 트라이메틸아민에 비해 매우 높아 분석 시 트라이메틸아민이 암모니아에 묻히는 경우가 있으므로 동시 분석을 위해서는 분리조건을 잘 확립하여야 한다. 연속 일주일 이상 사용할 경우 공기 채취구 입구에 입자상물질이 축적되어 양의 오차를 유발할 수 있으므로 제거가 필요하다.

10 카르보닐류 – 고효율 막채취장치 – 액체 크로마토그래피법 – 연속측정방법

확산 스크러버를 통해 카르보닐류를 2,4-DNPH 흡수액으로 채취하고, 액체 크로마토그래피로 연속분석한다.

CHAPTER

02

악취 공정시험기준

과년도 기출문제

01 악취 공정시험기준에 관한 설명 중 옳지 않은 것은?

① 배출허용기준 및 엄격한 배출허용기준의 초과 여부를 판정하기 위한 악취의 측정은 공기희석관능법으로 복합 악취를 측정하는 것을 원칙으로 한다.

② 악취물질 배출 여부를 확인할 필요가 있는 경우에는 공기희석관능법으로 복합 악취를 측정한다.

③ 복합 악취 측정을 위한 시료의 채취는 배출구와 부지경계선 및 피해지점에서 실시하는 것을 원칙으로 한다.

④ 지정악취물질의 시료는 부지경계선 및 피해지점에서 채취한다.

 악취물질 배출 여부를 확인할 필요가 있는 경우에는 기기분석법에 의해 지정악취물질을 측정한다.

02 악취 공정시험기준에 관한 설명으로 틀린 것은?

① 악취는 순간적으로 발생하는 감각공해로 특정한 악취물질의 연속적인 측정이 필요한 경우에 현장 연속측정장치를 활용한다.

② 악취관리지역의 주변에서 악취의 주기적, 연속적인 측정을 위하여 현장 연속측정장치를 설치하여 측정분석 할 수 있다.

③ 측정된 결과는 악취관리지역 및 발생원의 관리자료로 활용할 수 있다.

④ 배출허용기준의 초과 여부를 판정하기 위한 악취의 측정은 지정악취물질을 측정하는 것을 원칙으로 한다.

 배출허용기준 및 엄격한 배출허용기준의 초과 여부를 판정하기 위한 악취의 측정은 복합 악취를 측정하는 것을 원칙으로 한다.

03 다음 중 악취 측정의 정도보증/정도관리에서 표준작업 순서(SOPs)에 해당되는 항목으로 **옳지 않은** 것은?

① 시료채취용 시약류의 준비, 정제, 보관 및 취급방법
② 시료채취장치의 조립이나 기기, 기구의 교정, 조작방법
③ 시료채취 장소의 선정 및 시료채취기간
④ 시료농도 산출에 사용되는 측정분석 결과의 데이터 처리방법 및 결과

 이외에도 다음 사항들이 SOPs에 포함된다.
 • 분석용 시약, 표준물질 등의 준비, 보관 및 취급방법
 • 분석기기의 측정조건의 설정, 조정, 조작순서
 • 측정조작의 모든 공정의 기록(사용하는 컴퓨터의 하드 및 소프트를 포함한다)

04 7차례의 분석시험 결과 3.0 ppm, 3.2 ppm, 3.2 ppm, 3.5 ppm, 3.5 ppm, 3.6 ppm, 3.7 ppm 의 결과를 얻었다. 상대표준편차(%)는?

① 약 4.50 %
② 약 5.50 %
③ 약 6.50 %
④ 약 7.50 %

 상대표준편차는 평균 → 편차 → 편차 제곱 → 표준편차 $\left[\left(\dfrac{(편차\ 제곱합)}{(n-1)}\right)^{\frac{1}{2}}\right]$ → 상대표준편차 (표준편차/평균)×100(%) 순서로 구한다.
 • 평균 = 3.4
 • 편차 제곱합 = (0.16+0.04+0.04+0.01+0.01+0.04+0.09)=0.39
 • 표준편차 = $\left(\dfrac{0.39}{6}\right)^{\frac{1}{2}}$ =0.255
∴ 상대표준편차 = $\dfrac{0.255}{3.4}$ ×100=약 7.5 %

05 다음 중 아세톤 : 노말헥세인(50 : 50) 혼합용액 약 100 mL를 조제하는 방법으로 옳은 것은?

① 아세톤 50 mL를 100 mL 용량플라스크에 붓고, 아세톤으로 표선까지 채워 100 mL로 조제한다.
② 노말헥세인 50 mL를 100 mL 용량플라스크에 붓고, 아세톤으로 표선까지 채워 100 mL로 조제한다.
③ 아세톤 50 mL를 50 mL 용량플라스크에 취하고, 노말헥세인 50 mL를 50 mL 용량플라스크에 취하여 100 mL 메스실린더에 합한 후 100 mL 표선까지 아세톤으로 채운다.
④ 아세톤 50 mL를 50 mL 용량플라스크에 취하고, 노말헥세인 50 mL를 50 mL 용량플라스크에 취하여 2용매를 혼합한다.

 (50 + 50)으로도 표시할 수 있으며, 50용량 대 50용량으로 혼합하는 것이다.

06 악취 공정시험방법 시험의 기재 및 용어에 대한 설명으로 **틀린** 것은?

① "항량이 될 때까지 건조한다 또는 강열한다"라 함은 규정된 건조온도에서 1시간 더 건조 또는 강열할 때 전후 무게의 차가 매 g당 0.1 g 이하일 때를 뜻한다.

② "감압 또는 진공"이라 함은 따로 규정이 없는 한 15 mmHg 이하를 뜻한다.

③ "바탕시험을 하여 보정한다"라 함은 시료에 대한 처리 및 측정을 할 때, 시료를 사용하지 않고 같은 방법으로 조작한 측정치를 빼는 것을 뜻한다.

④ 시험 조작 중 "즉시"란 30초 이내에 표시된 조작을 하는 것을 뜻한다.

> 해설 ① 1시간 더 건조할 때 전후 무게 차이가 매 g당 0.3 mg 이하일 때를 뜻한다.

07 "용기"의 종류에 대한 설명 중 **틀린** 것은?

① "밀폐용기"라 함은 내용물이 손상되더라도 압력이 손실되지 않도록 보호하는 용기

② "기밀용기"는 외부로부터 공기 또는 다른 기체가 침입하지 않도록 내용물을 보호하는 용기

③ "밀봉용기"는 기체 또는 미생물이 침입하지 않도록 내용물을 보호하는 용기

④ "차광용기"는 광선이 투과되지 않는 갈색용기 또는 투과하지 않게 포장을 한 용기

> 해설 "밀폐용기"라 함은 물질을 취급 또는 보관하는 동안에 이물이 들어가거나 내용물이 손실되지 않도록 보호하는 용기를 뜻한다.

08 검 · 교정을 하지 않아도 될 유리기구는?

① 용량플라스크   ② 피펫

③ 뷰렛   ④ 시험관

> 해설 용량플라스크, 피펫, 뷰렛은 시약의 조제나 정량 등에 사용되는 눈금이 있어 검 · 교정이 필요하다.

09 악취 측정의 정도관리에서 시료채취용 기재의 준비와 보관에 대한 설명 중 **옳지 않은** 것은?

① 시료채취에 사용되는 주머니는 미리 제로가스(VOC-free gas)를 충전하여 GC 등에 의해 분석하고, 오염이 없는 것을 확인한다.

② 고체흡착관은 충분히 정제수로 세척하여 깨끗하게 해 둔다.

③ 온도계와 압력계는 항상 정상상태를 유지해야 한다.

④ DNPH 카트리지에 의한 시료채취는 공기 중에 사전 노출되어 오염되지 않도록 밀봉 보관되어 있는 상태를 유지하고 있어야 하며 시료채취 시에 개봉하여 사용한다.

> 해설 고체흡착 채취법으로 사용하는 흡착관은 충분히 열세척(bake)하여 깨끗하게 해 둔다.

정답   **06** ①   **07** ①   **08** ④   **09** ②

10 악취시료 분석 시 시료분석 절차상 규정되어 있지 <u>않는</u> 것은?

① 일상적 점검, 조정기록

② 표준물질의 제조사 및 traceability

③ 분석기기의 측정조건 설정과 결과

④ 분석기기의 가격 및 시험방법

 분석기기 종류 및 시험방법, 소급성(traceability) 등이 규정되어 있다.

11 악취시료의 농도 산출에 사용되는 시료공기의 기준 상태는?

① 0 ℃, 1기압　　　　　　　　② 20 ℃, 2기압

③ 25 ℃, 1기압　　　　　　　　④ 30 ℃, 2기압

 악취시료의 농도 산출 시 시료공기의 기준 상태는 25 ℃, 1기압이다.

12 다음 물질 중 지정악취물질에 해당되지 <u>않는</u> 것은?

① 암모니아　　　　　　　　　　② 자일렌

③ 폼알데하이드　　　　　　　　④ 뷰틸아세테이트

 악취방지법 시행규칙 별표 1에 제시된 지정악취물질은 다음과 같다.

종 류		적용시기
1. 암모니아 3. 황화수소 5. 다이메틸다이설파이드 7. 아세트알데하이드 9. 프로피온알데하이드 11. n – 발레르알데하이드	2. 메틸메르캅탄 4. 다이메틸설파이드 6. 트라이메틸아민 8. 스타이렌 10. 뷰틸알데하이드 12. i – 발레르알데하이드	2005년 2월 10일부터
13. 톨루엔 14. 자일렌 15. 메틸에틸케톤 16. 메틸아이소뷰틸케톤 17. 뷰틸아세테이트		2008년 1월 1일부터
18. 프로피온산 19. n – 뷰틸산 20. n – 발레르산 21. i – 발레르산 22. i – 뷰틸알코올		2010년 1월 1일부터

13 악취분석요원은 최초 시료희석배수에서의 관능시험 결과 모든 판정요원의 정답률을 구하여 평균 정답률을 기준으로 판정시험을 끝낸다. 이때 기준이 되는 정답률의 기준으로 옳은 것은?

① 0.4 미만 　　　　　　　　　② 0.5 이상
③ 0.6 미만 　　　　　　　　　④ 0.7 이상

 해설 정답률의 산정은 시료냄새주머니를 선정한 경우 1.00, 무취냄새주머니를 선정한 경우 0.00으로 산정한다. 모든 판정요원의 정답률을 구하여 평균 정답률이 0.6 미만일 경우 판정시험을 끝낸다.

14 공기희석관능법으로 공업지역의 부지경계선에서 복합 악취를 측정한 결과가 다음과 같을 경우, 결과의 표시와 배출허용기준에 따른 적합 여부를 판단하시오.

판정요원 구분	1차 평가		2차 평가 (×30)	3차 평가 (×100)
	1조 (×10)	2조 (×10)		
a	×	○		
b	○	○	○	○
c	○	○	○	×
d	○	○	○	×
e	○	○	×	

① 14, 적합 　　　　　　　　　② 20, 적합
③ 21, 부적합 　　　　　　　　④ 30, 부적합

 해설 관능시험 결과 무취로 판정된 시료희석배수의 바로 전단계 시료희석배수를 시험시료의 희석배수로 한다. 전체 판정요원의 시료희석배수 중 최댓값과 최솟값을 제외한 나머지를 기하 평균한 값을 판정요원 전체의 희석배수로 한다.
결과 표시는 관능시험 결과 희석배수 산정방법에 따라 유효자릿수는 소수점 첫째 자리까지 계산하고 결과의 표시는 소수점 이하는 절삭하고 정수로 표시한다. 또한, 배출허용기준에 따른 적합, 부적합으로 표기한다.
그러므로 a는 최소, b는 최대로서 제외되며, c, d, e의 전단계 값들로 계산한다.
∴ $\sqrt[3]{(30 \times 30 \times 10)}$ = 20.8 ≒ 20
악취방지법 시행규칙 별표 3의 "배출허용기준 및 엄격한 배출허용기준의 설정범위"에 나와 있는 복합 악취 기준은 다음과 같다. 공업지역 부지경계선 배출허용기준은 20 이하이므로 "적합"하다.

구 분	배출허용기준 (희석배수)		엄격한 배출허용기준의 범위 (희석배수)	
	공업지역	기타 지역	공업지역	기타 지역
배출구	1 000 이하	500 이하	500 ~ 1 000	300 ~ 500
부지경계선	20 이하	15 이하	15 ~ 20	10 ~ 15

정답 13 ③ 14 ②

15 공기희석관능법의 판정요원 선정방법에서 악취강도 구분과 설명의 연결이 <u>틀린</u> 것은?

① 감지 냄새(threshold) - 무슨 냄새인지 알 수 없으나 냄새를 느낄 수 있는 정도의 상태
② 보통 냄새(moderate) - 무슨 냄새인지 알 수 있는 정도의 상태
③ 강한 냄새(strong) - 예를 들어, 여름철에 재래식 화장실에서 나는 정도의 심한 상태
④ 참기 어려운 냄새(over strong) - 견디기 어려운 강렬한 냄새로, 호흡이 정지될 것 같이 느껴지는 정도의 상태

 • 강한 냄새(strong) : 쉽게 감지할 수 있는 정도의 강한 냄새를 말하며, 예를 들어 병원에서 크레졸 냄새를 맡는 정도의 냄새
• 극심한 냄새(very strong) : 아주 강한 냄새, 예를 들어 여름철에 재래식 화장실에서 나는 심한 정도의 상태

16 관능법 판정요원에게 판정시험 전 악취 강도에 대한 정도를 인식시키기 위하여 사용하는 화학 물질은?

① Acetic acid
② n-Butanol
③ Methylcyclopentenolone
④ Trimethyamine

 판정요원의 판정시험 전 악취 강도에 대한 정도를 인식시켜 주기 위하여 노말뷰탄올로 제조한 냄새를 인식시킨다. 노말뷰탄올(순도 99.5 % 이상)은 정제수를 사용하여 희석하여 제조한다.

17 악취의 공기희석관능시험법에서 판정요원들의 관능시험 절차로서 <u>틀린</u> 것은?

① 판정요원에게 현장에서 채취한 냄새시료를 공급하여 평가 대상 냄새를 인식시키고 5분간 휴식을 취하게 한다.
② 악취분석요원이 판정요원에게 시험하는 악취 시료들의 최초 시료 희석배수는 부지경계선 시료는 10배이며, 배출구 시료는 300배이다.
③ 판정요원은 관능시험용 마스크를 쓰고 시료희석주머니와 무취주머니를 손으로 눌러 주면서 각각 약 1분간 냄새를 맡는다.
④ 각 판정요원은 공급된 시료희석주머니와 무취주머니로부터의 시료의 냄새가 구분되는 번호를 기록한다.

 판정요원은 관능시험용 마스크를 쓰고 시료희석주머니와 무취주머니를 손으로 눌러 주면서 각각 2초 ～ 3초간 냄새를 맡는다.

18 공기희석관능법으로 복합악취를 측정하기 위한 시료채취에 대한 설명으로 <u>틀린</u> 것은?

① 시료채취 용기와 시료채취관은 취기 성분이 흡착, 투과 또는 상호 반응에 의해 변질되지 않는 재질이어야 한다.
② 시료주머니의 재질은 플루오린수지 재질과 폴리에스터(polyester)로 내용적이 3 L ~ 20 L 정도의 것으로 한다.
③ 먼지가 많은 공기시료는 시료채취관 유입부에 필터를 설치하여 시료채취 시 먼지가 제거되게 한다.
④ 부지경계선에서의 시료채취는 1 L/분 ~ 10 L/분의 유량으로 10분 이상 이루어지도록 한다.

> **해설** 시료채취는 1 L/min ~ 10 L/min의 유량으로 5분 이내에 이루어지도록 한다.

19 공기희석관능법에서 관능시험에 대한 설명으로 <u>옳지 않은</u> 것은?

① 관능시험은 시료희석주머니의 희석배수가 높은 것에서 낮은 순으로 실시한다.
② 판정요원에게 판정 당일 냄새가 강한 화장이나 냄새가 강한 식사(흡연, 강한 향의 음료, 껌, 자극성 음식)는 피하도록 주의한다.
③ 사전에 판정요원에게 관능시험의 순서를 충분히 설명해준다. 정답의 번호는 반드시 이웃의 판정요원과 같지 않다는 것을 설명해준다.
④ 판정요원은 관능시험을 시작하기 전에 판정시험의 대기실에 오도록 하고 시간에 늦어 충분히 침착해지지 않은 상태로 시험을 시작하지 않도록 한다.

> **해설** 관능시험은 시료희석주머니의 희석배수가 낮은 것부터 높은 순으로 실시한다.

20 악취의 공기희석관능법에 관한 설명으로 <u>틀린</u> 것은?

① 복합 악취의 측정은 공기희석관능법을 원칙으로 한다.
② 사업장 안에 높이 5 m 이상의 일정한 악취배출구와 다른 악취발생원이 혼재할 경우 부지경계선에서만 채취한다.
③ 제조된 무취공기는 공기희석관능법에 따라 판정요원으로 선정된 5명이 시험하였을 때 냄새를 인지할 수 없어야 한다.
④ 공기희석관능법은 시료채취 후 가능한 한 48시간 이내에 시험하여야 한다.

> **해설** 사업장에서 5 m 이상의 일정한 배출구로 배출되는 경우에는 악취도가 가장 높을 것으로 판단되는 측정공 또는 최종 배출구에서 채취한다.

정답 18 ④ 19 ① 20 ②

21 악취 공기희석관능법의 악취강도 인식시험은 통풍이 잘 되는 곳에서 밀봉을 풀어 1도에서 5도의 순으로 냄새를 맡게 하여 악취강도에 대한 정도를 판정요원이 인식하도록 한다. 이때 인식시험액의 뚜껑을 열은 상태에서 코와의 간격(㉠)과 시간(㉡)으로 옳은 것은?

① ㉠ 1 cm ~ 3 cm, ㉡ 3초 이내
② ㉠ 3 cm ~ 5 cm, ㉡ 3초 이내
③ ㉠ 5 cm ~ 7 cm, ㉡ 5초 이내
④ ㉠ 5 cm ~ 7 cm, ㉡ 5초 이내

 냄새를 맡을 때는 뚜껑을 열은 상태에서 코와의 간격을 3 cm ~ 5 cm 두고 3초 이내에 냄새를 맡는다.

22 악취의 공기희석관능법 시험을 위한 판정과 선정요원에 대한 설명으로 **틀린** 것은?

① 예비 판정요원 중 5인 이상으로 판정요원(panel)을 구성한다.
② 악취분석요원은 악취강도 인식시험액 2도의 시험액을 예비 판정요원 모두에게 냄새를 맡게 하여 냄새의 인식 유무를 확인한다.
③ 조사대상 사업장과 이해관계가 있는 자는 피한다.
④ 시험당일 감기 등으로 후각에 영향이 있는 자는 피한다.

 악취분석요원은 악취강도 인식시험액 1도의 시험액을 예비 판정요원 모두에게 냄새를 맡게 하여 냄새의 인식 유무를 확인한다. 만일 예비 판정요원이 냄새를 인식하지 못하면 판정요원 선정시험 대상에서 제외한다. 시험을 통과한 판정요원을 대상으로 악취강도 인식시험액을 통풍이 잘 되는 곳에서 밀봉을 풀어 1도에서 5도의 순으로 냄새를 맡게 하여 악취강도에 대한 정도를 인식하도록 한다.

23 공기희석관능법의 자동희석장치 흡착성을 확인하기 위하여 무취주머니에 주입하는 시약으로 옳은 것은?

① 노말발레르산
② 아이소프로필알코올
③ 노말헥세인
④ 벤젠

 30 L 무취주머니에 무취공기를 20 L 채운 후 주사기로 n-발레르산(n-valeric acid) 1 μL를 주입한다.

24 공기희석관능법에서 시료희석주머니의 희석배수에 해당되지 <u>않는</u> 것은?

① 10배

② 30배

③ 50배

④ 100배

 시험용 냄새주머니의 희석배수는 부지경계선에는 약 3배수(10배, 30배, 100배)씩 단계별로 증가
시키면서 희석한다. 배출구일 경우는 (300배, 1 000배, 3 000배)의 희석배수로 시험을 시작한다.

25 공기희석관능법을 위한 시료채취방법으로 옳은 것은?

① 시료채취 후 가능한 한 24시간 이내에 시험하여야 한다.

② 시료채취관에 수분응축관이나 유리섬유를 설치하면 시료가 손실될 수 있으므로 사용하지
말아야 한다.

③ 사업장에서 5 m 이상의 일정한 배출구로 배출되는 경우에는 악취도가 가장 높을 것으로 판
단되는 측정공 또는 최종 배출구에서 채취한다.

④ 사업장 부지경계선에서 시료채취는 기상조건과 관계없이 주거지역과 가장 가까운 지점에서
한다.

 ① 시료채취 후 가능한 한 48시간 이내에 시험하여야 한다.
② 일정한 배출구로 배출되는 가스 중에 수분이 함유되어 있다고 판단될 경우에는 채취관 끝부분
에 필요한 경우 입구 부분에 수분응축관을 설치한다.
④ 부지경계선상에서 시료채취는 악취가 가장 높을 것으로 판단되는 부지경계선을 시료채취지점
으로 한다.

26 악취판정도에 따르면 '쉽게 감지할 수 있는 정도의 강한 냄새'는 몇 도에 해당하는가?

① 2도

② 3도

③ 4도

④ 5도

 강한 냄새(strong)로서 쉽게 감지할 수 있는 정도의 강한 냄새를 말하며, 예를 들어 병원에서 크레
졸 냄새를 맡는 정도의 냄새로 3도이다.

27 대기환경 중에 존재하는 휘발성 유기화합물 중 악취방지법상 지정악취물질이 <u>아닌</u> 것은?

① 톨루엔(Toluene)

② 에틸벤젠(Ethylbenzene)

③ 자일렌(Xylene)

④ 스타이렌(Styrene)

 에틸벤젠은 휘발성 유기화합물(VOCs)이나 지정악취물질은 아니다.

28 악취물질 배출을 방지하기 위하여 여러 유형의 제어방법 중 화학적 방법이 <u>아닌</u> 것은?

① 연소법 ② 냉각응축법

③ 산화법 ④ 약액세정법

 냉각응축법은 물리적 방법이다.

29 자외선/가시선 분광법에서 그 빛의 70 %가 흡수될 경우 흡광도는?

① 0.22 ② 0.32

③ 0.42 ④ 0.52

 흡광도$(A) = \log(1/T)$
여기서, T : 투과율
그러므로 $A = \log \dfrac{1}{0.3} = 0.52$

30 다음의 자외선/가시선 분광법 구성부에서 ㉠ 칸에 들어가야 할 항목은?

| 광원부 | — | ㉠ | — | 시료부 | — | 측광부 |

① 흡수셀 ② 검지관

③ 파장선택부 ④ 서프레서

 파장의 선택에는 일반적으로 단색화 장치(monochrometer) 또는 필터(filter)를 사용한다.

31 모든 형태의 가스분자는 분자 고유의 흡수스펙트럼이 있으므로 가스 농도에 대한 빛의 투과율, 흡광계수, 투사거리를 계측하여 가스의 농도를 측정하는 방법은?

① 자외선/가시선 분광법
② 흡광차분광법
③ 기체 크로마토그래피법
④ 비분산 적외선 분광광도법

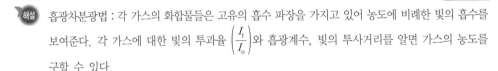 흡광차분광법 : 각 가스의 화합물들은 고유의 흡수 파장을 가지고 있어 농도에 비례한 빛의 흡수를 보여준다. 각 가스에 대한 빛의 투과율$\left(\dfrac{I_t}{I_o}\right)$와 흡광계수, 빛의 투사거리를 알면 가스의 농도를 구할 수 있다.

32 기체 크로마토그래프 분석 시 성분 분리에 영향을 주는 인자가 <u>아닌</u> 것은?

① 분리관 외경   ② 운반가스 선속도

③ 오븐 온도   ④ 분리관 길이

 분리관 종류, 오븐의 조건, 유속, 유량, 검출기의 종류, 분할(split)조건에 따라 분석에 영향을 미치나 분리관 외경은 영향을 주지 않는다.

33 액체 크로마토그래피에 대한 설명 중 <u>틀린</u> 것은?

① 고성능 액체 크로마토그래피는 목적 성분이 분리관 내에 주입되었을 때, 고정상과 이동상 사이의 반응성의 차이에 따라 분리가 일어난다.

② HPLC 장치의 연결관으로는 스테인리스강, PTFE, PEEK, 유리 등의 재질을 사용한다.

③ HPLC 용매는 시료 분석 목적에 방해를 주지 않는 고순도 HPLC용 용매만을 사용하며, 정제수를 사용할 경우에는 비저항값이 180 MΩ 이상인 것을 사용한다.

④ HPLC의 펌프로서 일반적으로 쓰이는 것은 왕복식 펌프이며, 최소한 500 psi의 고압이 가능해야 한다.

 초순수는 비저항값이 18 MΩ 이상인 것을 사용해야 한다.

34 이온 크로마토그래피법에서 사용되는 '서프레서(suppressor)'에 관한 설명으로 <u>틀린</u> 것은?

① 서프레서는 용리액으로 사용되는 전해질 성분을 분리검출하기 위해 분리관과 함께 병렬로 접속시킨다.

② 서프레서는 양이온 교환수지를 충전시킨 충전형과 양이온 교환막으로 된 격막형이 있다.

③ 서프레서는 전해질을 정제수 또는 저전도도의 용매로 바꿔줌으로써 전기전도도 셀에서 목적 이온 성분의 전도도만을 고감도로 검출할 수 있게 해준다.

④ 서프레서는 이온 크로마토그래프의 기본 구성 중 검출부에 해당된다.

 서프레서란 용리액에 사용되는 전해질 성분을 제거하기 위하여 분리관 뒤에 직렬로 접속시킨 것으로서 전해질을 정제수 또는 저전도도의 용매로 바꿔줌으로써 전기전도도 셀에서 목적 이온 성분과 전기전도도만을 고감도로 검출할 수 있게 해주는 것이다.

서프레서는 관형과 이온 교환막형이 있으며, 관형은 음이온에는 스티롤계 강산형(H⁺) 수지가, 양이온에는 스티롤계 강염기형(OH⁻)의 수지가 충진된 것을 사용한다.

다만, 서프레서는 직렬로 접속시키는 것이 맞으므로 ①번이 명확한 답이긴 하나, 대기오염공정시험기준 이온 크로마토그래피 내용을 보면 ②번의 서프레서 종류에 대한 설명도 다른 해석이 될 수 있다. 또한, ④번의 서프레서는 대기오염공정시험기준에 의하여 검출부가 아닌 분리부에 해당될 수도 있다.

35 기체 크로마토그래프(GC)법에서 칼럼에 충전하는 고정상 물질의 특성으로 틀린 것은?

① 분석대상 성분을 완전히 분리할 수 있는 것

② 증기압과 점성이 모두 큰 것

③ 화학적으로 안정된 것

④ 화학적 성분이 일정한 것

> **해설** 사용 온도에서 증기압이 낮고, 점성이 적은 것이어야 한다.

36 다음 중 자외선/가시선 분광법을 이용한 암모니아 측정에서 내부 정도관리방법에 대한 설명으로 옳지 않은 것은?

① 방법검출한계는 $0.1\,\mu\text{mol/mol}$ 이하이어야 한다.

② 암모니아 표준용액에 의한 검정곡선의 결정계수는 $R^2 = 0.98$ 이상이어야 한다.

③ 재현성 측정은 중간 단계의 표준용액을 시료의 측정과정과 동일한 방법으로 3개 이상 측정하여 상대표준편차(RSD %)값을 구하며, 이때 상대표준편차는 10 % 이내이어야 한다.

④ 바탕시험 측정은 분석용 시료의 흡광도 측정과 동일하게 3개 이상의 바탕시험을 측정한다.

> **해설** 암모니아 측정의 방법검출한계는 $0.01\,\mu\text{mol/mol}$ 이하이어야 한다.

37 다음 암모니아 용액 흡수법 농도 계산식 중 A는 무엇을 뜻하는가?

$$C = \frac{5 \times A}{V \times \dfrac{298}{273+t} \times \dfrac{P}{760}}$$

① 분석용 시료용액 중의 암모니아량(μL)

② 대기 중의 암모니아 농도(ppm)

③ 유량계에서 측정한 흡입가스량(L)

④ 유량계의 온도(℃)

> **해설** 주어진 식에서,
> C : 대기 중 암모니아 농도(μmol/mol)
> A : 분석용 시료용액 중의 암모니아량(μL)
> V : 유량계에서 측정한 흡입기체량(L)
> t : 유량계의 온도(℃)
> P : 시료채취 시의 대기압(mmHg)
> 5 : 전체 붕산용액 시료량(50 mL)/분석용 시료량(10 mL)

38 문장 중의 ( ) 안에 들어갈 용어의 조합으로 옳은 것은?

> (㉠) 결합은 전기적으로 음이온과 양이온의 반응으로 형성되어, 정제수와 같은 (㉡) 용매에 용해되기 쉽다. 한편, 사염화탄소 같은 (㉢) 결합에 의해 형성되는 화합물은 (㉣) 용매에 용해되기 쉽다.

① ㉠ 이온, ㉡ 극성,   ㉢ 공유, ㉣ 비극성
② ㉠ 이온, ㉡ 비극성, ㉢ 공유, ㉣ 극성
③ ㉠ 공유, ㉡ 극성,   ㉢ 이온, ㉣ 비극성
④ ㉠ 공유, ㉡ 비극성, ㉢ 이온, ㉣ 극성

 이온결합화합물은 정제수와 같은 극성 용매에 용해되기 쉽고, 사염화탄소 같은 공유결합화합물은 비극성 용매에 용해되기 쉽다.

39 암모니아를 인도페놀법에 의해서 분석하고자 한다. 악취 공정시험방법에 대한 다음 설명으로 틀린 것은?

① 암모니아는 알칼리성이므로 붕산용액을 흡수액으로 이용한다.
② 시료채취방법은 붕산용액 흡수법과 붕산 함침 여과지법이 있다.
③ 시료용액에 페놀-나이트로푸르시드소듐용액과 하이포아염소산소듐용액을 차례로 가한다.
④ 하이포아염소산소듐용액의 유효염소농도는 시간이 지나면 감소하므로 사용할 때마다 유효염소농도를 구한다.

해설 시료채취방법은 붕산용액 흡수법과 인산 함침 여과지법이 있다.

40 다이메틸설파이드 표준가스를 직접 제조하기 위해 순도 99.9 % 이상의 고순도 다이메틸설파이드 용액을 기체용 주사기로 2 μL를 채취한 후 10 L 크기의 경질 유리병에 주입 후 1분간 교반하여 실내온도 25 ℃, 1기압 조건의 실내 공간에 10분간 방치하였다. 이때 경질 유리병 내부의 다이메틸설파이드 농도는 얼마인가? (단, 다이메틸설파이드 비중 0.845, 분자량 62.14)

① 56.5 ppm   ② 66.5 ppm
③ 76.5 ppm   ④ 86.5 ppm

해설 비중 0.845인 DMS 2 μL를 유리병 10 L(25 ℃, 1기압)으로 옮겼을 때의 농도를 구하므로,
DMS 농도(ppm) = [2 μL×0.845 g/mL×(22.4 μL/62.14 μg)×(298/273)×1 000]/10 L
                = 66.5 ppm

41 대기 중에 존재하는 수분은 황화수소(H_2S) 분석 시 많은 영향을 줄 수 있기 때문에 시료채취 전에 제거되어야 한다. 황화수소(H_2S) 연속측정장치의 수분제거방법으로 <u>틀린</u> 것은?

① 건조장치(nafion dryer 등)를 사용하는 방법
② 전기냉각(peltier) 방법
③ 냉매냉각(cryogenic) 방법
④ 열탈착(thermal desorption) 방법

> **해설** 열탈착은 휘발성 유기화합물의 시료 탈착, 농축에 사용한다.

42 다음 중 악취 공정시험기준에 따른 황화합물 시험방법으로 <u>옳지 않은</u> 것은?

① 시료는 임핀저 방법과 산성 여과지 방법으로 채취한다.
② 분석방법으로는 저온 농축 – 모세관 칼럼 – 기체 크로마토그래피법과 저온 농축 – 충전 칼럼 – 기체 크로마토그래피법, 전기냉각 저온 농축 – 모세관 칼럼 – 기체 크로마토그래피법이 있다.
③ 저온 농축 – 모세관 칼럼 – 기체 크로마토그래피법에서 채취시료의 농축은 저온농축장치를 −183 ℃ 이하의 온도를 유지한 상태에서 시료채취주머니의 고순도 질소 100 mL를 시료 주입구에 연결하여 농축을 유도한다.
④ 저온 농축 – 충전 칼럼 – 기체 크로마토그래피법에서 저온 농축관은 경질유리 또는 플루오린 수지제로서 내경이 3 mm ~ 4 mm인 것을 사용한다.

> **해설** 황화합물은 흡입상자법으로 시료채취한다.

43 빈 칸 ㉠과 ㉡에 들어갈 내용으로 옳은 것은?

> 악취물질인 황화합물을 측정하기 위한 저온농축장치의 회수율은 황화합물 표준가스를 저온농축장치에 일정량 주입한 결과와 같은 양의 표준시료를 기체 크로마토그래피에 직접 주입하여 산출한다. 상대습도 10 % 이하인 바탕시료 가스와 함께 주입된 경우 황화수소의 회수율은 (㉠) % 이상이고, 상대습도 80 %인 바탕시료 가스와 함께 주입된 경우는 회수율이 (㉡) % 이상이어야 한다.

① ㉠ 90, ㉡ 70
② ㉠ 80, ㉡ 70
③ ㉠ 90, ㉡ 60
④ ㉠ 80, ㉡ 60

> **해설** 악취 공정시험기준에 나와 있는 황화합물의 4가지 측정방법에서 모두 동일한 회수율을 적용한다.

44 악취물질 중 트라이메틸아민은 헤드스페이스 – 모세관 칼럼 – 기체 크로마토그래피로 분석이 가능하다. 헤드스페이스 분석법에 대한 설명에서 괄호 안에 들어갈 것을 옳게 제시한 것은?

> 헤드스페이스 분석법은 헤드스페이스 바이알 안에서 시료의 (㉠) 상태에서 바이알 상단부에 발생된 트라이메틸아민 기체를 주사기로 기체 크로마토그래피로 직접 주입하거나 (㉡) 파이버(fiber)에 흡착시킨 후 기체 크로마토그래피에 주입하며 분석하는 방법이다.

① ㉠ 산성,   ㉡ 고체상 미량 추출장치
② ㉠ 알칼리, ㉡ 고체상 미량 추출장치
③ ㉠ 산성,   ㉡ 저온농축장치
④ ㉠ 알칼리, ㉡ 저온농축장치

> 해설 SPME 분석법은 헤드스페이스 바이알 안에서 시료의 알칼리 상태에서 바이알 상단부에 발생된 트라이메틸아민 기체(headspace gas)를 고체상 미량 추출장치(SPME, solid phase micro extraction) 파이버(fiber)에 흡착시킨 후 기체 크로마토그래피에 주입하며 분석하는 방법이다.

45 다음 그림은 대기환경에 존재하는 트라이메틸아민의 농도를 측정하기 위한 임핀저 시료채취장치이다. 이 장치에 대한 설명으로 옳은 것은?

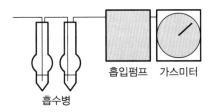

흡수병   흡입펌프   가스미터

① 흡수액량은 20 mL의 흡수병을 1개만 사용하여도 된다.
② 시료채취장치는 직경 47 mm, 구멍 크기 0.3 μm 원형의 여과지를 끼울 수 있는 홀더로 구성된다.
③ 시료가스를 흡입할 수 있는 흡입펌프 유량은 2 L/min ~ 10 L/min, 유량계는 2 L/min ~ 15 L/min의 유량을 측정할 수 있어야 한다.
④ 흡입펌프는 유량 1 L/min ~ 10 L/min으로 유속 안정성은 5 % 이내를 유지할 수 있어야 한다.

> 해설 경질유리제로 여과구가 장치되어 있는 흡수액량 20 mL의 흡수병을 2개 직렬로 연결한다.
> ②와 ③은 산성 여과지 시료채취장치에 대한 설명이다.

46 악취 공정시험기준에 따른 트라이메틸아민 시험방법 중 <u>옳지 않은</u> 것은?

① 시료채취방법으로 임핀저법과 산성 여과지법을 사용한다.

② 분석방법으로는 헤드스페이스 – 모세관 칼럼 – 기체 크로마토그래피법과 저온 농축 – 충전 칼럼 – 기체 크로마토그래피법, DNPH 카트리지 – 기체 크로마토그래피법이 있다.

③ 내부 정도관리 주기는 연 1회 이상 수행한다.

④ 내부 정도관리는 방법검출한계와 정밀도, 검정곡선 작성 등을 수행한다.

 DNPH 카트리지는 알데하이드류 시험분석방법이며, 트라이메틸아민은 고효율 막채취장치 – 이온 크로마토그래피법 – 연속측정방법을 사용한다.

47 톨루엔, 자일렌 등의 휘발성 유기화합물(VOCs)의 채취를 위한 고체흡착관의 설명으로 <u>틀린</u> 것은?

① 고체흡착관은 사용하기 전에 반드시 열세척 안정화(thermal cleaning) 단계를 거쳐야 한다.

② 고체흡착관은 각 흡착제의 돌파부피를 고려하여 200 mg 이상으로 충진한 후 사용하고, 24시간 안에 사용하지 않으면 4 ℃ 냉암소에 보관한다.

③ 다공성 폴리머 흡착제로 충전된 흡착관은 약 100번의 열처리 사용 후 흡착 성능을 확인하고 교체한다.

④ 수분이 많은 시료의 경우 Carbosieve S-Ⅲ와 같은 소수성 흡착제들을 이용한다.

 Carbosieve S-Ⅲ는 친수성 흡착제이며, 소수성 흡착제는 Carbotrap, Carbopack, Porapak, Tenax 등이 있다.

48 악취물질 중 2,4-다이니트로페닐하이드라존(DNPH) 유도체를 형성하여 측정할 수 있는 물질은?

① 뷰틸알데하이드   ② n-뷰티르산

③ 메틸머캅탄   ④ 트라이메틸아민

 2,4-DNPH는 알데하이드류 분석을 위한 유도체 형성에 사용된다.

49 다음 중 지정악취물질 중 알데하이드류 분석 시 사용하는 HPLC 검출기의 파장은?

① 360 nm   ② 460 nm

③ 530 nm   ④ 540 nm

 DNPH 유도체는 자외선 영역에서 흡광성이 있으며, 350 nm ~ 380 nm에서 최대의 감도를 가지므로 자외선검출기의 파장을 360 nm에 고정시켜 분석한다.

50 악취물질 중 아세트알데하이드를 액체 크로마토그래피법(HPLC)으로 분석하고자 한다. 괄호 안에 들어갈 것을 옳게 제시한 것은?

> 이 시험방법은 카르보닐화합물과 2,4–Dinitrophenylhydrazine(DNPH)가 반응하여 형성된 DNPH 유도체를 (㉠) 용매로 추출하여 액체 크로마토그래피(HPLC)를 이용하여 자외선(UV) 검출기의 (㉡) 파장에서 분석한다.

① ㉠ 아세토나이트릴, ㉡ 640 nm
② ㉠ 아세토나이트릴, ㉡ 360 nm
③ ㉠ 메탄올, ㉡ 640 nm
④ ㉠ 메탄올, ㉡ 360 nm

 시료채취된 DNPH 카트리지에 아세토나이트릴 5 mL 정도로 추출하며, 자외선검출기의 파장을 360 nm에 고정시켜 분석한다.

51 액체 크로마토그래피법을 이용하여 아세트알데하이드를 분석한 결과는 다음과 같다. 아세트 알데하이드의 농도를 계산한 값으로 옳은 것은?

> - 시료 중 아세트알데하이드의 양 : 100 ng
> - 공시료 중 아세트알데하이드의 양 : 15 ng
> - 측정된 온도와 압력 하에서 총 공기시료 부피 : 30 L
> - 평균 대기압력 : 760 mmHg
> - 평균 대기온도 : 20 ℃

① 2.79 μg/m^3
② 3.54 μg/m^3
③ 4.26 μg/m^3
④ 5.21 μg/m^3

 알데하이드 농도(μg/m^3) $= \dfrac{A_a - A_b}{V_m \times \dfrac{P_a}{760} \times \dfrac{298}{273 + T_a}}$

여기서, A_a : 시료 중 알데하이드량(ng)
A_b : 공시료 중 알데하이드량(ng)
V_m : 측정된 온도와 압력 하에서 총 공기시료 부피(L)
P_a : 평균 대기압력(mmHg)
T_a : 평균 대기온도(℃)

∴ 아세트알데하이드 농도 $= 300 \times \dfrac{760}{760} \times \dfrac{298}{273 + 20} = 2.79$ (μg/m^3)

정답 50 ② 51 ①

52 다음 중 지정악취물질 중 알데하이드류 분석 시 사용하는 HPLC의 이동상으로 <u>부적합한</u> 물질은?

① 아세토나이트릴 　　　　　　　② 메탄올
③ 정제수 　　　　　　　　　　　④ 테트라하이드로퓨란

 이동상으로는 분당 1 mL의 유량으로 아세토나이트릴(이동상 A)과 정제수, 아세토나이트릴, 테트
라하이드로퓨란 혼합용액(50 : 45 : 5, 이동상 B)을 사용할 수 있다.

53 악취물질 중 스타이렌 시료를 채취하여 분석하고자 한다. 적합한 시료채취방법이 <u>아닌</u> 것은?

① 고체흡착관을 이용하는 방법
② 캐니스터를 이용하는 방법
③ 시료채취주머니를 이용하는 방법
④ DNPH 카트리지를 이용하는 방법

해설 DNPH 카트리지는 알데하이드류 분석에 사용되는 시료채취방법이다.

54 DNPH 카트리지를 이용한 악취시료채취법에 대한 설명이다. 빈 칸 ㉠~㉢에 들어갈 내용으로 옳은 것은?

DNPH는 알데하이드 뿐만 아니라 아세톤과 같은 케톤류 화합물과도 쉽게 반응하므로 시료 중
카르보닐화합물의 총량이 사용한 카트리지의 허용범위를 초과하지 않도록 시료채취 (㉠)와/과
(㉡)을/를 적절히 조절해야 한다. DNPH는 오존과 습도에 취약하며 고순도의 (㉢)으로 충진된
오존 스크러버를 사용하여 오존을 제거해야 한다.

① ㉠ 유량, ㉡ 시간, ㉢ 아이오딘화포타슘
② ㉠ 유량, ㉡ 장소, ㉢ 수산화소듐
③ ㉠ 농도, ㉡ 시간, ㉢ 아이오딘화포타슘
④ ㉠ 농도, ㉡ 장소, ㉢ 수산화소듐

해설 약 1.5 g의 아이오딘화포타슘(KI)을 충진한 오존 스크러버를 DNPH 카트리지 전단에 설치한다.
한번 사용 후 새로이 충전한 스크러버를 사용하여야 한다.

55 대기환경에서 휘발성 유기화합물 중 악취물질로 지정된 물질을 분석하기 위해 사용되는 열탈착 장치(thermal desorption unit)의 구성이 <u>아닌</u> 것은?

① 시료채취부 　　　　　　　　　② 고온농축부
③ 유로전환부 　　　　　　　　　④ 시료수집부

해설 열탈착된 시료의 농축은 저온농축관에서 −10 ℃로 유지하여 농축한다.

정답 52 ② 53 ④ 54 ① 55 ②

56 악취 공정시험기준에서 휘발성 유기화합물의 시료채취에 관한 설명으로 <u>옳지 않은</u> 것은?

① 고체흡착관 뒤에 유량계를 설치하고 펌프를 작동시킨 후, 유량을 약 100 mL/min로 안정되게 조정하고 5분간 채취한다.

② 유량이 안정성을 파악하기 위해 시료채취 전후의 유량을 비교하여 10 % 이내인지 확인한다.

③ 채취 후 1시간 이내에 분석하지 못할 경우, 흡착관의 마개를 닫고 알루미늄호일 등으로 밀봉한 후, 분석 시까지 4 ℃ 냉장보관하여야 한다.

④ 현장 바탕시험용 고체흡착관은 측정지점까지 운반하여 보관하지만 개봉하지는 않는다.

 해설 고체흡착관으로 시료를 채취하고 저온농축/열탈착하여 기체 크로마토그래프로 분석한다. 현장 바탕시험용 고체흡착관은 측정지점까지 운반되고 측정지점에서 개봉된다.

57 특정 지정악취물질에 대한 설명의 대상 물질은?

> • 전처리는 헤드스페이스 장치, SPME 장치를 이용한다.
> • 검출기로서 불꽃이온화검출기(FID) 혹은 질량분석기(MSD)를 사용할 수 있다.
> • 측정결과는 ppm 단위의 소수점 다섯째 자리까지 유효자릿수를 표기한다.
> • 0.1 N NaOH 수용액을 흡수용액으로 사용한다.

① 노말발레르산
② 트라이메틸아민
③ 아세트알데하이드
④ 메틸에틸케톤

 해설 환경대기 중에 존재하는 지방산으로서 프로피온산, n-뷰티르산, n-발레르산, i-발레르산을 대상으로 하는 지정악취물질의 분석방법들이다.

58 현장 연속측정방법인 전기냉각/주사기 주입방법을 이용해 황화합물을 측정할 때 사용되는 검출기는?

① 불꽃광도검출기(Flame Photometric Detector, FPD)
② 불꽃이온화검출기(Flame Ionization Detector, FID)
③ 질소인검출기(Nitrogen Phosphorus Detector, NPD)
④ 전자포획형 검출기(Electron Capture Detector, ECD)

 해설 대기 중에 존재하는 미량의 황화합물을 현장에서 연속으로 측정하기 위한 검출기로서 불꽃광도검출기(FPD, flame photometric detector), 펄스형 불꽃광도검출기(PFPD, pulsed flame photometric detector) 등을 사용한다.

59 고효율 막채취장치를 이용한 트라이메틸아민과 암모니아의 현장 연속측정을 위한 시료채취조건
중 암모니아 및 아민류의 권장 시료채취 유량과 흡수액 유량조건을 옳게 연결한 것은?

① 0.1 L/분 - 10 μL/분　　　　　② 0.5 L/분 - 70 μL/분

③ 7.0 L/분 - 10 μL/분　　　　　④ 5.0 L/분 - 150 μL/분

 시료채취 유량은 0.5 L/min ∼ 1.0 L/min의 범위 내에서 결정하며, 흡수액 유량은 50 μL/min ∼
100 μL/min의 범위 내에서 결정한다.

60 저온농축장치를 이용한 휘발성 유기화합물의 연속측정법에서 시료 농축 시 시료의 흡입속도
15 mL/min, 채취된 시료의 농축시간 30분, 시료 농축 시 온도 44 ℃, 시료 농축 시 압력 760 mmHg
일 때 표준상태로 환산한 대기 시료의 양은 몇 L인가?

① 0.4 L　　　　　② 0.5 L

③ 0.6 L　　　　　④ 0.7 L

 $V_s = Q \times t \times \dfrac{298}{273+T} \times \dfrac{P}{760} = 0.015 \times 30 \times \dfrac{298}{273+44} \times \dfrac{760}{760} = 0.42\ L$

　　　여기서, V_s : 표준상태(25 ℃, 1기압)로 환산한 대기시료의 양(L)

　　　　　　Q : 시료 농축 시 시료의 흡입속도(L/min)

　　　　　　t : 채취된 시료의 농축시간(분)

　　　　　　T : 시료 농축 시 온도(℃)

　　　　　　P : 시료 농축 시 압력(mmHg)

61 다음은 카르보닐류 연속측정방법 중 흡수액에 관한 설명이다. ㉠ ∼ ㉢에 들어갈 내용으로 옳은
것은?

> 흡수액은 아세토나이트릴(acetonitrile, C_2H_3N)에 (㉠)을 녹여 3 %의 농도로 만든 후 다시 2,4-
> DNPH를 녹여 그 농도가 (㉡)ppm이 되도록 한다. 사용되는 2,4-DNPH는 용매로 아세토나이트
> 릴을 사용하여 한번 이상 재결정한 것을 사용한다. 제조된 흡수액은 (㉢)에 보관해야 하며 사용
> 전에는 저온에서 보관한다.

① ㉠ 인산,　　　　㉡ 30,　㉢ 투명한 유리병

② ㉠ 인산,　　　　㉡ 60,　㉢ 갈색병

③ ㉠ 수산화포타슘, ㉡ 30,　㉢ 투명한 유리병

④ ㉠ 수산화포타슘, ㉡ 60,　㉢ 갈색병

 카르보닐화합물들을 고효율 막채취방식을 적용하여 흡수액에 채취 후 고성능 액체 크로마토그래
피(이하 HPLC) 시스템에 주입하여 연속측정을 실시하는 데 활용한다.

62 **흡광차 분석장치를 이용한 암모니아 연속측정방법에 대한 설명 중 옳지 않은 것은?**

① 대기 중의 암모니아의 농도는 비어 – 램버트 법칙을 사용하여 계산한다.
② 흡광차 분석장치를 이용한 측정농도 범위는 0 ppb ~ 2 000 ppb이다.
③ 장치의 구성에서 발광부는 텅스텐 램프를 사용한다.
④ 분광기는 czerny-turner 방식이나 holographic 방식 등을 채택하고 있다.

> **해설** 발광부는 광원으로 제논램프를 사용한다.

63 **다음은 악취 공정시험기준에서 고효율 막채취장치를 이용한 지방산류의 연속측정방법에 대한 설명이다. 빈 칸의 순서대로 들어갈 내용이 옳은 것은?**

> 측정방법은 (   )(를)을 통해 공기 중의 기체상 유기산을 흡수액에 흡수시켜 채취하고 (   ) 시스템에 주입하여 분석하는 과정을 통해 이루어진다. 흡수액은 정제한 (   )(를)을 사용한다. 흡수액으로 채취하는 과정은 연속적으로 이루어진다. 분석대상 물질은 프로피온산, n – 뷰티르산, n – 발레르산, i – 발레르산이다.

① 확산 충진 - 기체 크로마토그래피 - 붕산용액
② 확산 충진 - 이온 크로마토그래피 - 초순수
③ 흡착과정 - 기체 크로마토그래피 - 붕산용액
④ 흡착과정 - 이온 크로마토그래피 - 초순수

> **해설** 흡수액으로 채취하는 과정은 연속적으로 이루어지며, 일정 시간 간격으로 이온 크로마토그래피에 주입된다.

64 **지정악취물질 중 유기산에 대한 설명으로 틀린 것은?**

① 유기산으로서 프로피온산, n-뷰티르산, n-발레르산, i-발레르산 등이 있다.
② 알칼리 수용액 시료채취장치는 흡수병 속의 채취용액에 기체가 채취되는 것을 이용하는 방법이다.
③ 알칼리 수용액 시료채취장치는 흡수병, 흡입펌프 및 유량계로 구성한다.
④ 알칼리 수용액 시료채취장치의 흡입펌프는 10 L/min ~ 20 L/min의 유량범위를 갖는 것을 사용해야 한다.

> **해설** 시료채취에 사용하는 흡입펌프는 2 L/min ~ 20 L/min의 유량범위를 갖는 것을 사용해야 하며, 흡입유량의 안정성은 시료채취 동안 5 % 이내의 유속을 유지할 수 있어야 한다.

정답✓ **62** ③ **63** ② **64** ④

MEMO

PART 04

정도관리

환경측정분석사 필기

CHAPTER

01 정도관리
Key point

Point 1 정도관리의 목적

대기오염물질을 측정·분석하는 목적은 국가적인 환경정책의 결정, 산업체의 오염물 관리 그리고 국민의 삶의 질 관리 등에 이용하기 위한 것이다. 이와 같은 목적을 효과적으로 달성하기 위해서는 판단의 기준이 되는 측정·분석 결과가 정확해야 한다.

대기환경 측정에 대하여 정도보증/관리를 시행하는 목적은 측정·분석 결과의 정밀·정확도(이하 정도)를 관리하고 보증하여 국가적인 정책 결정, 산업체의 오염물 관리 및 국민의 삶의 질 관리에 효율성을 기하기 위함이다.

Point 2 정도관리의 방법

대기환경 실험실에서 환경 시료의 분석을 수행하기 위해서는 적절한 수준의 인력, 측정·분석 장비 및 실험실을 갖추어야 하며 이를 관리하기 위한 조직이 필요하다. 또한 실험실에서 측정한 결과의 총괄적인 정도보증/관리를 위해서는 경영적으로 적절한 지원과 기술적인 정도보증/관리 요건이 모두 충족되어야 한다.

실험실에서 실시할 수 있는 기술적인 면의 정도보증/관리를 위한 절차와 내용은 다음 〈표〉와 같다.

〈대기환경 실험실의 항목별 정도보증/관리 절차〉

구 분	작업내용	정도보증/관리내용
외부 정도보증/관리	외부 정도 감사 숙련도 시험	• 실험실 현장 평가 • 숙련도 시험
내부 정도보증/관리	표준작업절차서의 작성	정도관리 절차의 유효성 확인 요소 • 바탕시료 • 검출한계 • 정확도 • 정밀도 • 검정곡선의 작성 및 검증 • 관리차트
	사전 정도보증/관리	• 바탕시료 • 검출한계 • 정확도 • 정밀도 • 검정곡선의 작성 및 검증
	측정·분석 시 정도보증/관리	• 바탕시료 • 정확도 • 정밀도 • 검정곡선의 작성 및 검증
	관리차트 작성	관리차트의 작성

환경 실험실에서 기술적인 면의 정도보증/관리를 수행하기 위해서는 측정·분석 항목별로 적절한 표준작업절차서(standard operating procedure, SOP)를 갖추고 이에 따라서 해당 측정 항목에 대한 정도보증/관리를 실시하여야 한다. 먼저, 대상 시료에 대한 실제 측정·분석을 실시하기 전에 해당 실험실은 해당 기기 및 실험자의 능력 그리고 SOP의 유효성을 확인하여야 한다. 이러한 요소의 관리를 위하여 바탕시료의 적용방법, 기기의 교정방법이 검토되어야 하고, 검출한계, 정확도 및 정밀도가 확인되어야 한다. 실제의 측정을 수행하는 경우에도 SOP에 따라서 검정곡선의 검증, 정확도 및 정밀도가 주기적으로 확인되어야 하며, 정도관리 시료의 주기적인 측정·분석 결과를 이용하여 관리차트 작성에 의한 정도보증/관리가 필요하다. 특히, 구체적인 내용은 적절한 기록 매체를 사용한 기록을 통하여 차후 특정 결과의 정도보증이 요구되는 때에 추적이 가능하여야 한다.

이러한 실험실 내부의 정도보증/관리 절차 외에 실험실에서는 측정·분석에 대한 보다 객관적인 정도보증을 위해 외부기관에 의해 실시되는 실험실 현장 평가/숙련도 시험 또는 정도감사 등에 참여하여야 한다. 실험실 내에서 실시하는 정도보증과 관리의 일반적인 절차는 바탕시료, 검출한계, 정확도, 정밀도, 검정곡선의 작성 및 검증, 관리차트 순으로 규정한다.

Point 3 용어의 정의

1 정도보증/관리 용어의 정의

(1) 관리차트(control chart)

동일한 항목을 동일한 측정·분석법에 따라서 주기적으로 반복 측정한 결과를 시간에 따라 그림으로 나타낸 것으로 평균선과 한계 상하한선도 함께 나타낸다. 시간에 따른 정밀·정확성을 평가하고 편차를 확인할 수 있다.

(2) (정도보증/관리를 위한) 시료군(batch)

시료채취, 측정·분석 및 정도보증/관리에 관계되어 계획에 따라 동일한 공정으로 수행되는 측정·분석 대상이다. 일반적으로 환경 시료군을 20개 이하로 취급한다.

(3) (측정·분석 결과의) 완성도(completion)

완성도는 일련의 시료군(batch)들에 대해 모든 측정·분석 결과에 대한 유효한 결과의 비율을 나타낸 것으로 100 %가 나오지 않는다면 그 원인을 찾아 해결해야 한다.

$$\%완성도 = \frac{검증확인\ 결과의\ 수}{측정분석\ 결과의\ 수} \times 100$$

(4) (측정·분석의) 정도관리(quality control, QC)

측정·분석 결과의 정밀·정확도 목표를 달성하기 위한 제반활동으로 측정·분석 결과의 정확도를 확보하기 위해 수행하는 모든 검정, 교정, 교육, 감사, 검증, 유지·보수, 문서관리를 포함한다.

(5) 실험실 관리 시료(laboratory control sample, LCS)

측정·분석의 정도관리를 위하여 제조된 시료로서, 특히 실험실 검증의 일환으로 전처리 과정, 사용 유리기구와 기기의 이상 유무와 측정 오염물질의 오염·손실을 평가하기 위해 준비하는 시료이다. 정도관리 시료는 방법검출한계의 10배 또는 검정용 표준물질의 중간 농도로 제조하여 일상적인 시료의 측정분석과 같이 수행하며, 관리차트를 작성하는 데 이용할 수 있다. 정도관리 시료(quality control sample, QCS)도 동일한 목적으로 사용된다.

(6) (측정·분석의) 정도보증(quality assurance, QA)

측정·분석 결과가 정도 목표를 만족하고 있음을 보증하기 위한 제반적인 활동이다. 측정·분석 결과의 정도를 확인하고 사용 목적에 적합함을 증명하기 위해 측정·분석과정에서 오차 요인을 관리하는 정도관리와 얻어진 결과의 정확도를 평가하는 정도평가를 포함한다.

(7) 표준작업절차서(standard operating procedure, SOP)

측정·분석방법에 대한 구체적인 절차로서 측정 담당자 이외의 직원도 준용할 수 있도록 자세히 작성된 측정 및 시험방법이다. 표준작업절차서는 규격에 명시된 절차나 기기회사로부터 작성된 절차를 이용할 수 있으나 정도보증에 대한 유효성 평가내용이 포함되어 있어야 하고 문서 유효일자, 개정번호 그리고 승인자의 서명이 포함되어야 한다.

2 측정 용어의 정의

(1) (측정) 불확도(uncertainty)

측정결과에 관련하여 측정량을 합리적으로 추정한 값의 산포 특성을 나타내는 인자

[참고] · 정의는 측정 불확도 표기 지침(GUM, ISO, 1993)에 따라 인용하였다.

· 측정의 불확도를 정량적으로 적용하기 위해서는 표준불확도, 합성표준불확도, 확장불확도 포함인자, 유효자유도 및 감도계수 그리고 통계적인 용어로서, 자유도, 정규 및 t-분포표 등의 확률분포표의 사용이 요구된다.

(2) (측정값의) 분산(dispersion)

측정값의 크기가 흩어진 정도로서 크기를 표시하기 위해 대표적으로 표준편차를 이용한다.

(3) (측정의) 소급성(traceability)

측정의 결과 또는 측정의 값이 모든 비교의 단계에서 명시된 불확도를 갖는 끊어지지 않는 비교의 사슬을 통하여 보통 국가표준 또는 국제표준에 정해진 기준에 관련시켜 질 수 있는 특성

[참고] 시험분석 분야에서 소급성의 유지는 교정 및 검정곡선 작성과정의 표준물질 및 순수 물질을 적절히 사용함으로써 달성할 수 있다.

(4) (측정 가능한) 양(quantity)

정성적으로 구별되고, 정량적으로 결정될 수 있는 어떤 현상, 물체, 물질의 속성

[참고] 일반적인 의미의 양은 물질량의 농도, 유량, 길이, 시간, 질량, 온도, 전기저항 등이 있다.

(5) (측정의) 오차(error)

측정 결과에서 측정량의 참값을 뺀 값

[참고] · 오차는 계통오차와 우연오차로 구별되며, 참값은 구할 수가 없으므로 오차를 정확하게 구할 수 없다.

· 추정된 계통오차는 측정 결과의 보정을 통하여 제거되나, 참값과 오차를 정확하게 알 수 없기 때문에 이에 대한 보상도 완전할 수 없다.

(6) 측정(measurement)

양의 값을 결정하기 위한 일련의 작업

[참고] 시험분석은 화학분야의 물질량, 농도 등을 결정하기 위한 측정방법의 일종이다.

(7) (양의) 참값(true value)

주어진 특정한 양에 대한 정의와 일치하는 값

[참고] · 시험분석의 정확성을 확인하기 위하여 참값을 대신하여 불확실성이 적은 인증표준물질의 인증값을 사용할 수 있지만, 이 값도 완전한 값은 아니다.
　　　· 시험분석의 정확성을 확인하기 위하여 사용할 수 있는 불확실성이 적은 값으로는 인증표준물질의 인증값, 첨가시료의 첨가농도 그리고 희석시료의 희석비율 등이 있다.

(8) (측정의) 편향(bias)

계통오차(systematic error)로 인해 발생되는 측정 결과의 치우침으로서, 시험분석 절차의 온도 효과 혹은 추출의 비효율성, 오염, 교정오차 등에 의해 발생한다.

3 시험분석 용어의 정의

(1) 검정곡선(calibration curve)

시험분석 과정에서 기기 및 시스템의 지시값과 측정대상의 양이나 농도를 관련시키는 곡선이다.

(2) 검정곡선검증(CCV, calibration curve verification)

검정곡선을 작성하는 데 사용한 표준물질을 시료분석 전후에 재측정하여 시간에 따른 기기감도의 드리프트(drift)를 관리하는 정도관리의 한 방법으로서 보통 하나의 시료군(batch)에 대하여 1회 이상 실시한다.

(3) 검출한계(detection limit)

시험분석 대상을 검출할 수 있는 최소한의 양 또는 농도로서 적용 대상에 따라서 기기검출한계와 방법검출한계로 구분한다.

(4) 교정, 검정(calibration)

측정 및 시험 · 분석 과정에서 기기 및 시스템의 지시값과 측정 대상의 양이나 농도를 관련시키는 일련의 작업이다.

(5) (시료의) 균질도(homogeneity)

시료 내에서 시험분석 대상 성분에 차이가 나는 정도로 시료의 균질성은 시료채취방법, 위치에 따라 달라진다.

(6) 상대검정곡선법(internal standard calibration)

시험 · 분석기기 또는 시스템이 드리프트(drift)하는 것을 보정하기 위한 방법으로서, 분석시료와 검정곡선 작성용 시료에 각각 분석 성분과 다른 성분(내부표준물)을 일정량 첨가하고 분석하는 방법이다.

(7) 표준물질(reference material)

시험방법 및 기기의 교정을 위하여 측정분석 대상량 또는 농도를 알고 있는 물질로서 첨가량을 알고 있는 첨가물질, 인증표준물질(certified reference material, CRM) 및 표준물질 (reference material, RM) 등이 있다.

(8) 대체표준물질(surrogate)

화학적 시험 측정항목과 비슷한 성분이나 일반적으로 환경 시료에서는 발견되지 않는 물질로서 매질효과를 보정하거나 시험방법을 확인하고 분석자를 평가하기 위해 사용한다.

(9) 분취시료(aliquots)

균질한 하나의 시료로부터 나눈 여러 개의 시료로서 시험수행 능력을 확인하거나 정밀도 등을 평가하기 위하여 사용할 수 있다.

(10) 매질효과(matrix effect)

시험분석 과정에서 각각의 시료 중에 존재하는 시험분석 대상 외의 성분이나 매질의 차이에 의한 다양한 종류의 간섭효과이다.

(11) 바탕시료(blank)

측정항목이 포함되지 않은 기준 시료를 의미하며, 측정분석의 오염 확인과 이상 유무를 확인하기 위해 사용한다. 사용 목적에 따라 정제수 바탕시료(reagent blank water), 기기 세척 (equipment rinse), 방법바탕시료(method blank), 현장바탕시료(field blank), 운송바탕시료(trip blank) 등이 있다.

(12) 반복시료/분할시료(replicate sample/split sample)

반복시료/분할시료는 측정의 정밀도를 확인하는 데 사용되며 같은 지점에서 동일한 시간에 동일한 방법으로 채취하고 독립적으로 처리하고 같은 방법으로 측정된 둘 이상의 시료를 말한다. 시료가 만약 단지 2개만 채취되었다면 이를 이중시료(duplicate sample)라고 하고, 시료채취 현장에서 분리한 것을 현장분할시료(field split sample)라고 하고, 실험실에서 분리된 것을 실험실 분할시료(lab split sample)라고 한다.

(13) 스팬기체(span gas)

교정에 사용되는 기준 기체로서 직선성이 양호한 측정·분석방법 또는 기기에 대하여 검정식의 기울기 또는 감응계수를 교정하기 위한 기체이다.

(14) (시료의) 안정도(stability)

시료 중의 시험분석 성분이 시간이 경과하면서 변화하는 정도이다. 시료의 안정성은 시료채취 용기 및 방법에 따라 달라진다.

(15) 유기 정제 시약(organic free reagent)

휘발성 유기화학물질들을 비롯하여 미량 화학물질이 측정항목의 방법검출한계 수준에서 측정되지 않도록 제조된 정제 시약이다. 유기 정제 시약의 제조는 사용 목적에 따라 간섭물질을 제거하고 확인하여야 하며 정제된 시약은 정기적으로 확인하여야 한다. 유기 정제수(free-organic reagent water)의 경우 증류장치, 탈이온장치, 막거름장치, 활성탄 흡착장치 등을 사용하여 용도에 맞게 제조할 수 있다.

(16) 정량한계(minimum quantitation limit)

시험항목을 측정 분석하는 데 있어 측정 가능한 검정농도(calibration point)와 측정 신호를 완전히 확인 가능한 분석 시스템의 최소 수준으로서 시험분석 대상을 정량화할 수 있는 최소한의 양 또는 농도이다. 같은 의미로 최소 수준(minimum level, limit of quantitation, minimum level of quantification, MLQ)이라는 용어로 사용되고 있다.

(17) 정밀도(precision)

연속적으로 반복하여 시험분석한 결과들 상호간에 근접한 정도이다.

(18) 정확도(accuracy)

시험분석 결과가 참값에 근접하는 정도이다.

(19) 제로기체(zero gas)

측정하고자 하는 분석 성분이 포함되어 있지 않은 기준 기체로서 측정 · 분석방법 또는 기기에 대하여 측정범위의 바탕시험값을 보정하기 위한 기체이다.

(20) 첨가시료

시험분석의 정확성을 확인하고 매질효과를 보정하거나 교정용 시료 제작을 목적으로 첨가하여 제조되는 시료로서, 대상에 따라서 정제수 첨가시료(reagent water spike), 매질첨가시료(fortified sample or matrix spike), 정제용 내부표준물질(clean-up internal standard), 주사기 첨가용 내부표준물질(syringe spike internal standard), 시료채취용 내부표준물질(sampling spike) 등이 있다.

(21) (시험분석기기 또는 시스템의) 드리프트(drift)

시험분석기기나 시스템의 감도 또는 바탕시험값 등이 변화하는 것으로서, 변화되는 정도가 단시간의 정밀도 또는 잡음 수준보다 많이 변하는 현상이다.

(22) 표준물첨가법(standard addition method)

매질효과가 큰 시험 · 분석방법에 대하여 매질효과를 보정하며 분석할 수 있는 방법으로서, 시료를 분할하고 분석 대상 성분(표준물)을 일정량 첨가하여 분석하는 방법이다.

(23) 혼합 시료(composite sample)

같은 시료채취지점에서 특정한 조건(시간과 유량)에 따라 채취하여 하나로 균질화한 혼합시료이다.

Point 4 　바탕시료

1 바탕시료의 사용 목적 및 종류

바탕시료는 측정·분석항목이 포함되지 않는 기준 시료를 의미하며, 측정·분석 또는 운반과정에서 오염상태를 확인하거나 검정곡선 작성 과정에서 기기 또는 측정시스템의 바탕값을 확인하기 위하여 사용한다.

바탕시료는 사용 목적에 따라 방법바탕시료(method blank), 현장바탕시료(field blank), 운송바탕시료(trip blank), 정제수 바탕시료(reagent water blank), 실험실 바탕시료(laboratory blank), 기기바탕시료(equipment blank) 등이 있다.

2 바탕시료의 종류별 적용법

(1) 방법바탕시료(method blank)

방법바탕시료는 시료와 같은 매질의 물질을 시험방법과 동일한 절차에 따라 시료와 동시에 전처리된 바탕시료이다. 따라서 방법바탕시료는 시험분석 항목이 전혀 포함되어 있지 않지만 시료와 매질이 같은 것이 확인된 시료이다. 방법바탕시료는 시험분석 과정에서 매질효과의 보정이 정확한지를 확인하거나 시약 및 절차상의 오염을 확인하기 위해 이용한다. 이러한 목적으로 사용되는 방법바탕시료를 정제수 바탕시료(reagent water blank) 또는 실험실 바탕시료(laboratory blank) 등으로 표현하기도 한다.

(2) 현장바탕시료(field blank)

현장바탕시료는 현장에서의 채취과정, 시료의 운송, 보관 및 분석과정에서 생기는 문제점을 찾는 데 사용되는 시료를 말한다. 현장바탕시료를 분석한 경우, 분석 결과에는 분석하고자 하는 물질이 없는 것으로 나타나야 하며, 모든 현장채취시료보다 5배 정도의 낮은 값 이하로 측정되어야 분석과정에 문제점이 없는 것으로 판단할 수 있다. 이러한 현장바탕시료는 시료 한 그룹당 1개 정도가 있으면 된다. 만약 분석과정에 분해나 희석 또는 농축과 같은 전처리 과정이 포함된다면, 현장바탕시료도 같은 전처리 과정을 거치며 전처리 과정에서의 오염을 확인하여야 한다.

(3) 장비바탕시료(equipment blank)

장비바탕시료는 깨끗한 시료로서 시료채취장치의 청결함을 확인하는 데 사용된다. 특히, 동일한 시료채취기구의 재이용으로 인하여 먼저 시료에 있던 오염물질이 남아 있는지를 평가하는 데 이용된다. 장비바탕시료는 정제수 등으로 만들며 규정된 시료채취장치로 채취되어 시료통에 주입하며 다른 시료와 마찬가지로 분석한다. 장비바탕시료는 분석물질과 각각의 매질 그리고 시료채취에 사용되는 장비의 유형에 대해 20개의 시료마다 1개 정도를 적용해야 한다. 이 바탕시료는 시료채취 시작 전에 현장에서 준비하는데, 정제수를 적절한 용기에 담은 후 미리 세척된 장비를 이용하여 채취한다.

(4) 세척바탕시료(rinsate blank)

세척바탕시료는 시료채취 장비의 청결과 손실·오염 유무를 확인하는 데 사용하는 바탕시료이다. 전처리하여 용액화된 시료의 분석을 위하여 채취장치를 정제수(reagent water)로 세척할 경우, 이 세척수를 채취하여 세척바탕시료(rinsate blank)로 사용한다.

(5) 운반바탕시료(trip blank)

운반바탕시료는 시료의 수집과 운반 동안에 부적절하게 세척된 시료용기 및 오염된 시약의 사용 그리고 운반 시 공기 중 오염 등을 확인하기 위한 것이다.

Point 5 검출한계(detection limit)

1 검출한계의 정의와 종류

검출한계(detection limit)는 측정항목이 포함된 시료에 대하여 통계적으로 정의된 신뢰수준(통상적으로 99 %의 신뢰수준)으로 검출할 수 있는 최소 농도로 정의한다.

검출한계 계산은 분석장비, 분석자, 시험분석방법에 따라 달라질 수 있고, 적용방법에 따라 방법검출한계(method detection limit, MDL)와 기기검출한계(instrument detection limit, IDL) 및 정량한계(minimum quantification limit)로 나눌 수 있다.

2 검출한계 적용의 목적

검출한계를 계산하는 목적은 표준작업절차서(SOP)의 유효성을 검증하거나 정도보증/관리 계획에 따라서 주기적으로 측정 결과의 정도보증을 실시하기 위함이다. 대부분의 시험방법은 모든 시험항목에 대해 초기 능력 검증(또는 시험방법 검증)으로 방법검출한계를 계산해야 한다. 또한, 실험실에서 정한 정도보증 계획 또는 측정항목별 SOP에 따라 정기적으로 방법검출한계를 측정하고 기록하여야 한다.

3 검출한계의 적용방법

검출한계는 적용방법에 따라 방법검출한계와 기기검출한계 및 정량한계로 나눌 수 있다. 각 적용방법에 대한 산출 절차는 다음과 같다.

(1) 기기검출한계

기기가 분석 대상을 검출할 수 있는 최소한의 농도로서, 방법바탕시료 수준의 시료를 분석 대상 시료의 분석 조건에서 15회 반복 측정하여 결과를 얻고, 표준편차(바탕세기의 잡음, s)를 구하여 3배한 값으로서, 계산된 기기검출한계의 신뢰수준은 99%이다.

$$기기검출한계 = 2.624 \times s$$

여기서, 2.624는 자유도, 14(15회 측정)에 대한 검출확률의 99%를 포함하는 통계적인 t 분포의 t의 값

(2) 방법검출한계

방법검출한계는 시료의 전처리를 포함한 모든 시험절차를 독립적으로 거친 여러 개의 시험바탕시료를 측정하여 구하기 때문에 전체 시험절차에 대한 정도관리 상태를 나타낸다. 또한 방법검출한계는 방법바탕시료를 이용하여 예측된 방법검출한계 농도의 3배 ~ 5배 농도를 포함하도록 제조된 7개의 매질첨가시료를 준비하여 반복 측정하여 얻은 결과의 표준편차(s)에 3.14를 곱한 값이다.

$$방법검출한계 = 3.14 \times s$$

(3) 정량한계

정량한계는 시험항목을 측정 분석하는 데 있어 측정 가능한 검정 농도(calibration point)와 측정 신호를 완전히 확인 가능한 분석 시스템의 최소 수준이다. 방법검출한계와 동일한 수행 절차에 의해 산출되며 정량할 수 있는 최소 수준으로 정한다. 또한 정량한계는 예측된 방법검출한계 농도의 3배 ~ 5배 농도를 포함하도록 제조된 7개의 매질첨가시료를 준비하여 반복 측정하여 얻은 결과의 표준편차(s)를 10배한 값이다.

$$정량한계 = 10 \times s$$

(4) 방법검출한계 및 정량한계의 예시

시험검출한계와 정량한계의 예시를 위하여 다음의 〈표〉와 같이 흡광광도계로 임의의 대기환경물질을 측정한 결과를 예시하였으며 산출 절차는 다음과 같다.

① 다음 중 한 가지를 사용하여 방법검출한계를 예측한다.
　　㉠ 기기의 신호/잡음비의 (2.5 ~ 5)배에 해당하는 농도
　　㉡ 정제수를 다중 분석한 표준편차 값의 3배에 해당하는 농도

ⓒ 감도에 있어 분명한 변화가 있는 검정곡선 영역(즉, 검정곡선 기울기의 갑작스런 변화점 농도)

② 측정항목에 대해 예측된 방법검출한계의 (3 ~ 5)배 농도를 포함하도록 7개의 매질첨가시료를 준비하여 분석한다. 첨가 농도가 계산된 방법검출한계보다 5배 이상일 경우 더 작은 농도를 첨가하고 방법검출한계를 재산출한다.

③ 7개의 다중 매질첨가시료에 대한 측정 결과(X_i)로부터 평균값($\overline{X}$)과 표준편차(s)를 각각 구한다.

$$\overline{X} = \frac{1}{n} \sum_{i=1}^{n} X_i$$

$$s = \sqrt{\frac{1}{n-1} \left[\sum_{i=1}^{n} (X_i - \overline{X})^2 \right]}$$

여기서, X_i : i번째 측정분석값
$\overline{X}$: n회 측정한 평균값

④ 각 측정항목의 방법검출한계와 정량한계를 계산한다. 유효숫자는 2개 이하로 표기한다.

〈자외선 흡수분광법을 이용한 측정 및 검출한계 산정의 예〉

표준물질(mg/L)	흡광도(absorbance)	계산 농도(mg/L)
0	0.000	
1.0	0.084	
2.0	0.159	
3.0	0.242	
4.0	0.330	
검정곡선식 : $y = 0.0818x - 0.0006$, $r^2 = 0.9993$		
시험검출한계 시료(0.2 mg/L)		
1	0.012	0.154
2	0.014	0.178
3	0.013	0.166
4	0.010	0.130
5	0.009	0.117
6	0.014	0.178
7	0.013	0.166
표준편차		0.024
방법검출한계(표준편차×3.14)		0.075
정량한계(표준편차×10)		0.24

4 방법검출한계의 적용 주기

실험실 정도보증/관리에 중요한 변경사항(분석자의 교체, 분석장비의 교체, 시험방법 변경 등)이 발생하면 관련된 모든 오염물질 항목에 대해 방법검출한계를 재시험하여 계산하고 문서화해야 한다. 추가하여 분석자는 방법검출한계 계산에 사용된 시료와 같은 농도의 시료, 실험실 관리시료를 시료의 실험 때마다 측정 분석하여 방법검출한계를 규칙적으로 확인한다. 중대한 변화가 발생하지 않았지만 최소한 1년마다 정기적으로 사용, 시험방법과 분석장비에 대한 분석자의 방법검출한계를 수행하여 계산한다. 특히, 방법검출한계를 계산하는 실험에서 정도관리를 위한 노력의 정도는 해당 분석자가 시료 분석에서 일반적으로 적용하는 수준에서 처리되어야 한다.

Point 6 정확도(accuracy)

1 정확도의 적용 목적

정확도는 시험분석 결과가 참값에 얼마나 근접하는가를 나타내는 척도로서 사용한다. 특히 시료의 매질이 복잡한 경우, 측정 결과에 매질효과가 보정되었는지를 확인하기 위하여 적용한다.

2 정확도 산출방법

동일한 매질의 표준물질을 확보할 수 있는 경우, 표준작업절차서(standard operational procedure, SOP)에 따라 매질이 유사한 표준물질을 분석한 결과값(C_M)과 인증값(C_C)과의 차이의 비율 또는 회수율로부터 구한다. 매질이 유사한 표준물질을 확보할 수 없는 경우, 시료 일정량에 시험분석할 성분의 순수한 물질을 일정 농도(C_A) 첨가한 시료를 제작하고, 첨가하지 않은 시료와 첨가시료를 각각 SOP에 따라서 분석하여 첨가시료의 분석한 결과값(C_{AM})과 첨가하지 않은 시료의 분석값(C_S)과의 차이 비율로부터 %로 구한다.

각각의 경우에 대한 계산식은 다음과 같다.

$$\text{정확도}(\%\,\text{회수율}) = \frac{C_M}{C_C} \times 100 \;,\; \text{정확도}(\%) = \frac{C_{AM} - C_S}{C_A} \times 100$$

정확도를 산출하는데 표준물질의 확보가 어려운 경우 이용할 수 있는 첨가시료는 정제수 첨가시료(reagent water spike), 매질첨가시료(fortified sample or matrix spike), 정제용 내부표준물질(clean-up internal standard), 주사기 첨가용 내부표준물질(syringe spike internal standard), 시료채취용 내부표준물질(sampling spike) 등이 있다.

3 정확도의 적용 주기

시험방법에 대한 수행 능력을 확인하기 위해 각 실험실은 실험실 내의 정확도 확인을 최소한 1년마다 1회씩 실시하여야 한다. 또한 실험실 정도보증/관리에 중요한 변경사항(분석자의 교체, 분석장비의 교체, 시험방법 변경 등)이 발생한 경우에도 실험실의 정확도를 확인하기 위해 실시하여야 한다. 이러한 실험실에서의 정확도 관리 이외에도 각 시료군 또는 시료마다 매질첨가시료 또는 내부표준물질을 이용하여 실험과정에서의 정확도를 확인할 수 있다.

Point 7 정밀도(precision)

1 정밀도의 적용 목적

시험분석 결과들 사이에 상호 근접한 정도의 척도를 확인하기 위하여 적용한다. 특히, 전처리를 포함한 모든 과정의 시험절차가 독립적으로 처리된 시료에 대하여 측정 결과들을 이용한다.

2 정밀도 산출방법

반복 시험하여 얻은 결과들을 % 상대표준편차로 표시한다.

연속적으로 n회 측정한 결과(x_1, x_2, x_3, ……, x_n)를 얻고, 평균값이 $\bar{x}$로 계산되어 표준편차가 $s = \sqrt{\dfrac{\sum(x_i - \bar{x})^2}{n-1}}$ 로 계산된 경우, 정밀도는 다음과 같다.

$$정밀도 = \frac{s}{\bar{x}} \times 100\,\%$$

[참고] • 정밀도를 표준편차, 상대표준편차, 분산, 추정범위 및 차이로 표시할 수 있으나, % 상대표준편차로 표시하는 것을 기본으로 한다.

• % 상대표준편차는 통계학 용어로서 변동계수(coefficient of variation, CV)라 한다.

$$CV = \frac{s}{\bar{x}} \times 100\,\%$$

정밀도를 산출하기 위해서 이중시료(duplicate sample), 매질첨가이중시료(fortified duplicate samples or matrix spike duplicates), 반복시료(replicate sample), 분할시료(split samples) 등을 이용할 수 있다.

3 정밀도의 적용 주기

시험방법에 대한 수행 능력을 확인하기 위해 각 실험실은 실험실 내의 정밀도 확인을 최소한 1년마다 1회씩 실시하여야 한다. 또한 실험실 정도보증/관리에 중요한 변경사항(분석자의 교체, 분석장비의 교체, 시험방법 변경 등)이 발생한 경우에도 실험실의 정밀도를 확인하기 위해 실시하여야 한다. 이러한 실험실에서의 정밀도 관리 이외에도 각 시료군마다 1개의 이중시료 또는 매질첨가이중시료를 이용하여 실험과정에서의 정밀도를 확인할 수 있다.

Point 8 검정곡선의 작성 및 검증(preparation and verification of calibration curve)

1 교정의 목적

특정의 기기 또는 시험방법은 측정 대상 항목의 양이나 농도를 직접 나타내지 않고, 상응하는 반응값을 나타내게 된다. 따라서 이 반응값을 측정 대상의 양이나 농도로 환산하기 위해서 교정을 수행한다.

2 교정방법

교정은 이용하는 표준의 양 또는 표준기준물의 숫자에 따라서 한 점 교정, 두 점 교정 및 다점 교정으로 구분하며, 일반적으로 시험분석에서는 다점 교정으로부터 얻은 측정량과의 관계 곡선을 검정곡선이라 한다. 교정 과정에서 직선 교정식의 기울기, 즉 표준물질의 값에 대한 반응값을 감응계수(response factor, RF)라고 하고, 내부표준물질의 감응인자에 대한 비를 상대감응인자(relative response factor, RRF)라 한다. 또한 매질효과를 보정하면서 측정하는 방법으로서 표준물첨가법(standard addition method)이 있고, 기기나 시스템의 드리프트(drift)를 보정하면서 측정하기 위한 상대검정곡선법(internal standard calibration)이 있다.

(1) 감응인자

교정 과정에서 바탕선을 보정한 직선 교정식의 기울기, 즉 표준물질의 값(C)에 대한 반응값(R)을 감응인자(response factor, RF)라 하고, 표준물질을 하나 사용하여 교정하는 경우 다음과 같이 구한다.

$$RF = \frac{R}{C}$$

표준물질을 하나 이상 사용하여 교정하는 경우, 감응인자는 기울기에 해당한다.

[참고] 내부표준물질의 감응인자에 대한 비율을 상대감응인자(relative response factor, RRF)라 한다.

(2) 절대검정곡선법(external standard calibration)

분석기기 및 시스템을 교정하기 위하여 검정곡선을 작성하여야 한다. 이때, 검정곡선 작성용 시료는 시료의 분석 대상 원소의 농도와 매질이 비슷한 수준에서 제작하여야 한다. 특히, 검정곡선 작성 시료는 시료와 같은 수준으로 매질을 조정하여 제조하여야 하며 시험 절차는 다음과 같다.

① 검정곡선의 직선이 유지되는 경우 검정곡선 작성용 시료는 (4 ~ 5)개, 그렇지 못한 경우에는 분석범위 내에서 (5 ~ 6)개를 사용한다.

② 이와 같이 제조한 n개의 검정곡선 작성용 시료를 분석기기 또는 시스템으로 측정하여 지시값과 제조 농도의 자료를 각각 얻는다.

③ n개의 시료에 대하여 제조 농도와 지시값 쌍을 각각 (x_1, y_1), …… , (x_n, y_n)라 하고, 다음 〈그림〉과 같이 농도에 대한 지시값의 검정곡선을 도시한다.

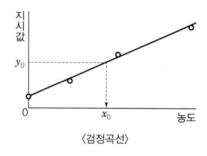

〈검정곡선〉

④ 검정곡선 작성용 시료의 농도와 지시값의 상관성이 1차식으로 표현할 수 있는 경우, 다음과 같이 1차식의 검정곡선식을 설정한다.

$$y = a_0 + a_1 \cdot x$$

여기서, y는 지시값, x는 농도이고, a_0, a_1는 계수로서 회귀식의 계산 절차에 따라 다음과 같은 식으로부터 산출한다.

$$a_0 = \frac{\sum y_i \sum x_i^2 - \sum x_i \sum x_i y_i}{n \sum x_i^2 - (\sum x_i)^2}$$

$$a_1 = \frac{n \sum x_i y_i - \sum x_i \sum y_i}{n \sum x_i^2 - (\sum x_i)^2}$$

⑤ 시료의 농도는 시료 측정의 지시값을 검정곡선식에 대입하여 계산한다.

[참고] 일반적인 n차식의 검정곡선식은 다음과 같으며, 컴퓨터 전용 계산표(spreadsheet) 프로그램을 이용하여 검정곡선의 계수를 구하여 적용한다.

$$y = a_0 + a_1 \cdot x + a_2 \cdot x^2 + \cdots\cdots + a_n \cdot x$$

검정곡선을 작성하는 경우, 검정곡선의 적합한 정도를 결정계수(coefficient of determination, R^2)로 표시하며 계산방법은 다음과 같다.

$$R^2 = \frac{SSR}{SST}$$

여기서, $SST = \sum_{i=1}^{n}(y_i - \bar{y})^2$, $SSR = \sum_{i=1}^{n}(\hat{y_i} - \bar{y})^2$

$\hat{y_i}$: 표준물질과 검정곡선식으로부터 역으로 계산하여 추정한 반응값

$\bar{y}$: 반응값의 총 평균

결정계수는 상관계수의 제곱으로 계산되며, 0 ~ 1 사이의 값을 가지고, 검정곡선에 잘 맞는 경우 1의 값을 가진다.

[참고] · 일반적으로 결정계수는 컴퓨터 전용 계산표(spreadsheet) 프로그램을 이용하여 적용한다.
　　　 · 상관계수(r)는 결정계수의 제곱근으로서, -1에서부터 1까지의 값을 갖는다.

(3) 표준물첨가법(standard addition method)

매질효과가 큰 시험분석방법에 대하여 분석 대상 시료와 동일한 매질의 표준시료를 확보하지 못하여 정확성을 확인하기 어려운 경우에 매질효과를 보정하며 분석할 수 있는 방법이다. 이 방법은 특별한 경우를 제외하고는 검정곡선의 직선성이 유지되고, 바탕값을 보정할 수 있는 방법에 적용이 가능하며 시험 절차는 다음과 같다.

① 먼저, 분석 대상 시료를 n개(통상 3개 ~ 4개)로 소분한 다음, 분석하고자 하는 대상 성분의 순수한 물질을 일정한 농도의 0배, 1배, ……, $n-1$배로 각각의 소분 시료에 첨가한다.

② 이와 같이 제조한 n개의 첨가시료를 분석기기 또는 시스템으로 측정하여 지시값과 첨가 농도의 자료를 각각 얻는다. 이때, 첨가시료의 지시값은 항상 바탕값이 보정(바탕시료 및 바탕선의 보정 등)된 값을 사용하여야 한다.

③ n개의 시료에 대하여 첨가 농도와 지시값 쌍을 각각 (x_1, y_1), ……, (x_n, y_n)라 하고, 다음 〈그림〉과 같이 첨가 농도에 대한 지시값의 검정곡선을 나타내면 시료의 농도는 $|x_0|$이다.

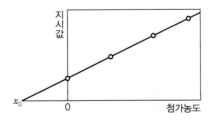

〈표준물첨가법에 의한 검정곡선〉

④ 시료의 농도를 구하기 위한 농도의 직선식은 다음과 같이 설정한다.

$$y = a_0 + a_1 \cdot x$$

여기서, y는 지시값, x는 첨가 농도이고, 계수는 1차식의 검정곡선식과 같은 방법으로 각각 다음과 같이 구한다.

$$a_0 = \frac{\sum y_i \sum x_i^2 - \sum x_i \sum x_i y_i}{n \sum x_i^2 - (\sum x_i)^2}, \quad a_1 = \frac{n \sum x_i y_i - \sum x_i \sum y_i}{n \sum x_i^2 - (\sum x_i)^2}$$

따라서, 시료의 농도는 $|x_0| = \left| \dfrac{y_0 - a_0}{a_1} \right|$ 이다.

(4) 상대검정곡선법(internal standard calibration)

시험분석기기 또는 시스템의 변동이 있는 경우 이를 보정하기 위한 방법의 하나이다. 시험분석하려는 성분과 다른 순수 물질 성분 일정량을 내부표준물질로서 분석 대상 시료와 검정곡선 작성용 시료에 각각 첨가한 다음, 각 시료의 성분과 내부표준물질로 첨가한 성분의 지시값을 측정하여 분석한다. 내부표준물질로는 시험분석방법이나 시스템에서의 변동성이 분석 성분과 비슷한 것을 선정한다. 또한 내부표준물질로 시료 중에 이미 일정량 존재하는 성분을 이용할 수도 있으며 그 절차는 다음과 같다.

① 순수한 내부표준물질 일정량을 분석 대상 시료와 검정곡선 작성용 시료에 각각 첨가한다. 첨가 성분은 분석 대상의 원소와 비슷한 변동성을 가져야 하며, 시험분석 대상 성분의 기기 지시값과 비슷한 지시값 수준이 되도록 한다.

② 시험분석기기 또는 시스템을 이용하여 분석 시료와 검정곡선 작성용 시료에 대하여 각각 내부표준물질과 측정 성분의 지시값을 측정한다.

③ 검정곡선 작성을 위하여 가로축에 성분 농도(C_x)와 내부표준물 농도(C_s)의 비(C_x/C_s)를 취하고, 세로축에는 분석 성분의 지시값(R_x)과 내부표준물질의 지시값(R_s)의 비(R_x/R_s)를 취하여 다음 〈그림〉과 같이 작성한다.

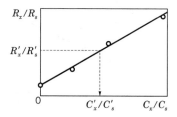

〈상대검정곡선법에 의한 검정곡선〉

④ 시험분석할 시료의 농도는 시험분석기기 또는 시스템으로부터 측정된 시료 성분의 지시값($R_x{'}$)과 내부표준물질의 지시값($R_s{'}$)의 비($R_x{'}/R_s{'}$)를 측정하고 검정곡선으로부터 분석 성분의 농도($C_x{'}$)와 내부표준물질($C_s{'}$)의 비($C_x{'}/C_s{'}$)를 계산한다.

⑤ 측정된 비율($C_x{'}/C_s{'}$)에 분석 시료에 첨가된 내부표준물질의 농도($C_s{'}$)를 곱하여 시료의 농도($C_x{'}$)를 계산한다.

[참고] · 상대검정곡선법에 따라서 시료를 측정한 경우, 기기의 드리프트(drift) 보정이 이루어진 것이므로 드리프트(drift) 보정에 관한 정확도의 % 상대표준편차를 0 %로 할 수 있다.

· 감응인자를 이용하여 분석하는 경우, 내부표준물질의 감응인자에 대한 비를 상대감응인자(relative response factor, RRF)라 한다.

3 검정곡선 검증(calibration verification)

시험분석하는 동안 기기나 시스템의 감도 또는 바탕값 등이 변화하는 것을 검증하거나 보정하기 위해서는 검정곡선 작성 시료의 측정시점과 시료의 측정시점에 따른 기기나 시스템 변화를 확인할 수 있어야 한다. 검정곡선을 작성하고 검증하는 방법은 다음과 같다. 검정곡선 작성 시료 n개가 각각 A_1, A_2, ……, A_{dc}, ……, A_n이고, 이 중에서 A_{dc}가 검정곡선 작성 시료 중에서 측정 시료와 농도 수준이 가장 비슷한 시료라고 할 때, 측정 순서를 다음과 같이 조절하여 기기 및 시스템의 드리프트(drift)를 확인하거나 검정곡선을 검증한다.

① 검정곡선 작성 시료 : A_1, A_2, ……, A_{dc}, ……, A_n의 순차적인 측정

② 검정곡선 작성용 시료와 측정된 지시값을 이용하여 검정곡선 작성

③ 검정곡선 검증용 시료, A_{dc}를 작성된 검정곡선을 이용하여 재측정하여 재측정 농도와 제조 농도를 비교 확인하고, 드리프트가 확인된 경우 검정곡선을 재작성하거나 보정한다.

④ 검정곡선 검정 주기는 시료 20개 이내로 한다.

Point 9 정도검사의 방법

① 정도검사는 의뢰자가 직접 해당 측정기기를 제출한 경우 외에는 측정기기가 설치된 현장을 직접 방문하여 실시한다.

② 정도검사는 구조 확인과 성능 확인으로 구분하여 실시한다.

③ 검사 결과는 적합 또는 부적합으로 기록하며, 측정기기의 성능을 확인한 결과는 그 결과값을 검사 결과 옆에 숫자로 표시한다.

Point 10 정도관리 판정기준

1 숙련도 시험 판정기준

숙련도 시험은 Z값(Z-score), 오차율 등을 사용하여 평가항목별로 평가하고 이를 종합하여 기관을 평가한다. 단, 표준시료 개발 등을 위하여 예비로 실시한 항목은 기관 평가에 활용하지 아니한다.

(1) Z값에 의한 평가

① Z값의 도출

측정값의 정규분포 변수로서 대상 기관의 측정값과 기준값의 차를 측정값의 분산 정도 또는 목표표준편차로 나눈 값으로 산출한다.

$$Z = \frac{x - X}{s}$$

여기서, x : 대상 기관의 측정값

X : 기준값

s : 측정값의 분산 정도 또는 목표표준편차

단, 기준값은 시료의 제조방법, 시료의 균질성 등을 고려하여 다음 4가지 방법 중 한 방법을 선택한다.

㉠ 표준시료 제조값

㉡ 전문기관에서 분석한 평균값

㉢ 인증표준물질과의 비교로부터 얻은 값

㉣ 대상 기관의 분석 평균값

② 분야별 항목 평가는 도출된 개별 평가항목의 Z값에 따라 평가 결과를 다음과 같이 각각 "적합"과 "부적합"으로 한다.

〈항목별 Z값에 따른 평가〉

적 합	부적합
$|Z| \leq 2$	$2 < |Z|$

(2) 오차율에 의한 평가

① 오차율 산정방법

오차율은 다음과 같은 방법으로 산정한다.

$$오차율(\%) = \frac{대상기관의\ 분석값 - 기준값}{기준값} \times 100$$

단, 기준값은 시료의 제조방법, 시료의 균질성 등을 고려하여 다음 4가지 방법 중 한 방법을 선택한다.

㉠ 표준시료 제조값

㉡ 전문기관에서 분석한 평균값

㉢ 인증표준물질과의 비교로부터 얻은 값

㉣ 대상 기관의 분석 평균값

② 분야별 항목 평가는 개별 항목의 오차율이 ±30 % 이하인 경우 "적합", ±30 %보다 큰 경우 "부적합"으로 평가함을 원칙으로 하되 기술위원회의 의견을 반영하여 변경할 수 있다.

(3) 기타 방법에 의한 평가

미생물과 같이 정성분석을 실시하는 항목과 위 "(1)", "(2)"의 방법에 따라 평가할 수 없는 경우는 국립환경과학원장이 별도의 기준을 정하여 평가할 수 있다.

(4) 분야별 기관 평가는 "(1)"에서부터 "(3)"의 방법에 따라 평가한 분야별 항목 평가 결과를 만족 "5점", 불만족 "0점"으로 부여하여 총점을 100점으로 환산하여 계산하며, 분야별 환산점수는 연차별로 다음과 같은 기준에 따라 적합, 부적합으로 평가한다.

연 도	적 합	부적합
2012년 ~ 2014년	≥ 80점	< 80점
2015년부터	≥ 90점	< 90점

분야별 환산점수 산출식은 다음과 같다.

$$환산점수 = \frac{총점}{항목수} \times \frac{100}{5}$$

(5) 숙련도 시험 평가 결과가 부적합인 경우는 1회에 한하여 재시험을 실시하고 재시험 결과가 부적합일 경우 당해 연도 숙련도 시험을 최종 부적합으로 평가한다. 단, 법 제18조의 2 제4항, 시행규칙 제14조 제3항 및 제17조의 3에 따른 신청에 의하여 숙련도 시험을 실시한 경우에는 그 시험 결과가 부적합일 경우 최종 부적합으로 평가한다.

2 현장평가 판정기준

(1) 현장평가 내용은 기술인력, 시설, 장비, 실험실 운영을 포함한 운영 및 기술, 시험·검사 능력 이와 관련된 자료를 포함한 시험분야별 분석능력으로 구분한다.

(2) "(1)"의 현장평가 내용에 대한 세부사항은 국립환경과학원장이 별도로 정하는 바에 따른다.

(3) "(2)"의 평가내용 세부사항에 대한 계산은 다음의 방법에 따른다. 다만, 숙련도 시험 평가 결과 부적합 판정을 받은 항목은 시험분야별 분석능력 점검의 환산점수를 "0"점으로 처리 하고 평가항목 수에는 포함시켜 계산한다.

$$합계\ 평점 = \left(운영\ 및\ 기술\ 점검표의\ 환산점수 + \frac{시험분야별\ 분석능력\ 점검표의\ 환산점수\ 합}{평가항목수}\right) \div 2$$

[비고] 합격 평점은 소수 첫째 자리에서 반올림하여 정수로 표기한다.

(4) 현장평가 결과는 다음의 기준으로 판정한다.

구 분	판정기준
적합	• 미흡사항이 없는 경우 • "(3)"의 현장평가 합계 평점이 70점 이상이며, 현장평가에서 미흡한 것으로 지적된 미흡사항의 보완조치에 대하여 정도관리 심의회에서 적합으로 판정한 경우
부적합	• "(3)"의 현장평가 합계 평점이 70점 미만인 경우 • "(3)"의 현장평가 합계 평점이 70점 이상이나 현장평가에서 미흡한 것으로 지적된 미흡사항의 보완조치에 대하여 정도관리 심의회에서 부적합으로 판정한 경우 • 현장평가 시 중대한 미흡사항이 발견되어 현장평가를 종료한 경우 • 현장평가를 시작하는 날로부터 1년 이내에 중대한 미흡사항에 해당되는 사유로 개별법에 따라 행정처분을 받은 경우

※ 현장평가 시 중대한 미흡사항이란 다음 사항을 말한다.
 · 인력의 허위 기재(자격증만 대여해 놓은 경우 포함)
 · 숙련도 시험에서의 부정행위(근거자료가 없는 경우 및 숙련도 표준시료의 위탁분석 행위 등)
 · 고의 또는 중대한 과실로 측정 결과를 거짓으로 산출(근거자료가 없는 경우 및 시험 성적서의 거 짓 기재 및 발급 등)한 경우
 · 기술능력·시설 및 장비가 개별법의 등록·지정·인정기준에 미달된 경우
 · 그 밖에 국립환경과학원장이 고시한 중대한 미흡사항

3 정도관리 판정기준

숙련도 시험 결과와 현장평가 결과가 모두 판정기준에 적합한 경우만 정도관리 적합으로 판정 한다.

Point 11   실험실 안전(Laboratory safety)

1 실험실 안전의 원칙

실험실 안전은 연구하고 탐구하는 노력과 같이 지속적인 관심과 노력을 필요로 한다. 우리가 실험실에서 안전하게 작업하기를 원한다면 사용하는 기계·기구 약품 등의 안전과 보건에 관한 사항들을 잘 알고 있어야 한다. 또한 자신과 실험실 동료의 안전을 위해 나의 책임이 무엇이며 내가 할 일이 무엇인가를 아는 것도 중요하다.

(1) 안전한 실험

① 위험성을 가진 작업을 할 때는 적절한 보호구를 착용한다(실험복, 보안경, 보안면, 안전장갑, 안전화, 보호의 등).

② 위험, 유독, 휘발성 있는 화학약품은 후드 내에서 사용한다.

③ 실험실에서 문제가 발생되었을 때 연락할 수 있도록 연구 (실험)책임자의 연락처와 위험성, 응급조치요령 등을 명시한 기록표를 부착하여야 한다.

④ 금연과 같은 준수사항을 지키고, 모든 위험물 용기에는 위험성 표지를 부착하여 안전하게 사용해야 한다.

(2) 사고 시 행동요령

사고 발생 시 정확하고 빠르게 대응하여야 한다. 실험실 내 존치물, 비상샤워기, 세안장치, 피난사다리, 소화전, 소화기 등 안전장비 및 비상구에 대하여 잘 알고 있어야 한다. 만약, 사고가 발생하면 다음과 같이 행동하도록 한다.

① 신속히 부근의 사람들에게 통보한다.

② 가능한 화재나 사고를 초기에 신속히 진압한다.

③ 건물에서 피신한다.

④ 도움을 요청한다.

⑤ 응급요원에게 지금까지의 진행상황에 대하여 상세히 알리도록 한다.

2 사고와 응급조치

의료사고 시 119 혹은 의료실에 전화하여 구급요원에게 도움을 청하도록 한다. 사고의 성격을 정확히 알려주고 구급요원이 오기 전까지 자신이 아는 범위 내에서 응급조치를 하도록 하고, 만일 응급조치에 미숙하다면 조치를 하지 않는 것이 좋다. 모든 피해에 대하여 실험실 책임자에게 알리도록 한다. 실험실 안에 있는 모든 사람들은 소화기, 피난기구, 안전샤워기, 세안장치 등 안전장비 사용법을 알고 있어야 하며 이런 안전장비들이 실험실 및 건물 어디에 있는지도 알아두어야 한다. 기본적인 응급조치의 방법을 숙지하여 비상시 사용 가능하도록 한다.

(1) 호흡정지

환자가 바닥에 의식을 잃고 호흡이 정지된 경우 당장 인공호흡을 해야 하는데 구강 대 구강법이 어떤 방법보다 효과가 있다. 주변의 도움을 청하려고 시간을 낭비하지 말고 환자를 소생시키면서 도움을 청해야 한다. 구강 대 구강법과 심폐소생법 등의 응급조치방법이 있다.

(2) 심한 출혈

심한 출혈은 상처 부위를 패드나 천으로 누름으로써 지혈할 수 있다. 천은 깨끗할수록 좋지만 위급할 때는 의류를 잘라 사용하도록 한다.

① 쇼크(shock)를 피하기 위해서 상처 부위를 감싸고 즉시 119로 연락하여 응급요원을 부르도록 한다.

② 피가 흐르는 부위는 신체의 다른 부분보다 높게 하고 계속 누르고 있도록 한다.

③ 환자는 편안하게 누이도록 한다.

④ 지혈대는 쓰지 않도록 한다.

(3) 화상

① 경미한 화상은 얼음이나 생수로 화상 부위를 식혀준다.

② 옷에 불이 붙었을 때

　　㉠ 환자가 바닥에 누워 구르는 경우 근처에 소방담요가 있다면 화염을 덮어 싸도록 한다. 절대로 비상샤워기로 가기 위해 뛰어서는 안 된다.

　　㉡ 불을 끈 후에는 약품에 오염된 옷을 벗고 비상샤워기에서 샤워를 하도록 한다.

　　㉢ 상처 부위를 씻고 열을 없애기 위해서 얼마동안 수돗물에 상처 부위를 담그도록 한다.

　　㉣ 상처 부위를 깨끗이 하고 얼음주머니로 상처 부위를 적시고 충격을 받지 않도록 감싸준다.

　　㉤ 절대로 사람을 향해 소화기를 사용하지 않는다.

(4) 약품에 의한 화상

① 화학약품이 묻거나 화상을 입었을 경우 즉각 물로 씻도록 한다.

② 화학약품에 의하여 오염된 모든 의류는 제거하고 물로 씻어내도록 한다.

③ 화학약품이 눈에 들어갔을 경우 15분 이상 흐르는 물에 깨끗이 씻고, 즉각 도움을 청하도록 한다.

④ 몸에 화학약품이 묻었을 경우 적어도 15분 이상 수돗물에 씻어내고, 조금 묻은 경우 응급조치를 한 후 전문의에게 진료를 받는다. 많은 부분이 묻었다면 구급차를 부르도록 한다.

⑤ 위급한 경우 비상샤워기, 수도 등을 이용한다.

⑥ 화학약품이 옷의 많은 부분에 엎질러진 경우 오염된 옷을 빨리 벗는다.

⑦ 얼굴에 화학약품이 튀었을 때 보안경을 끼고 있었다면 시약이 묻은 부분은 완전히 세척하고 사용하도록 한다.

3 실험실 안전규칙

(1) 개인 예방책 주요사항

정상적인 귀로는 15 Hz ~ 20 000 Hz까지의 소리를 들을 수 있다. 순간적으로 높은 소음에 노출되면 일시적인 청각 상실을 가져올 수 있다. 오랜 시간 높은 소음에 노출되면 영구적으로 청각이 상실될 수 있다. 80 dB 이하의 소음은 청각에 위험을 주지 않는다. 130 dB 이상에서는 위험하므로 피해야 한다. 귀덮개는 95 dB 이상의 높은 소음에 적합하고, 귀마개는 80 dB ~ 95 dB 범위의 소음에 적합하다. 만일 청각의 위험요소가 존재한다고 생각되면 안전 부서를 통하여 소음 측정을 해보도록 한다.

(2) 실험실 예방책 주요사항

① 모든 용기에는 약품의 명칭을 기재한다(정제수처럼 무해한 것까지). 표시는 약품의 이름, 위험성(가장 심한 것), 예방조치, 구입날짜, 합성물질, 사용자 이름이 포함되도록 한다.

② 약품 명칭이 없는 용기의 약품은 사용하지 않는다. 표시를 하는 것은 사용자가 즉각적으로 약품을 사용할 수 있다는 것보다는 화재, 폭발 또는 용기가 넘겨졌을 때 어떠한 성분인지를 알 수 있도록 하기 위한 것이다. 또한 용기가 찌그러지거나 본래의 성질을 잃어버리면 실험실에 보관할 필요가 없다. 실험 후에는 폐기용 약품들을 안전하게 처분하여야 한다. 유용한 약품은 쓸 일이 있는 다른 사람에게 확실하게 넘겨주도록 한다.

③ 절대로 모든 약품에 대하여 맛 또는 냄새 맡는 행위를 금하고, 입으로 피펫을 빨지 않는다.

④ 약품이 엎질러졌을 때는 즉시 청결하게 조치하도록 한다. 엎질러진 양이 적은 때는 그 물질에 대하여 잘 아는 사람이 안전하게 치우도록 한다. 사고 상황을 자신이 처리하기 불가능하다면 안전담당 부서에 전화를 걸어 도움을 요청한다.

⑤ 전기로(furnace)나 교반기(hot plate) 등 고열이 발생되는 실험기기에 대하여 '고열' 또는 이와 유사한 경고문을 붙이도록 한다.

⑥ 화학약품과 직접적인 접촉을 피한다. 지금 안전하다고 여겨지는 것들도 결국은 해롭다고 판명되고 있다.

⑦ 수은 누출 시 적은 양이 누출되거나 용기 내의 것이 넘어진 경우 수은을 모아(장갑을 끼고) 밀폐된 용기에 담아두도록 한다. 수은은 진공청소기를 오염시키고 수은증기가 발생되어 좋지 않으므로 진공청소기를 사용하지 않는다.

4 실험실 안전장치

(1) 세안장치

세안장치는 눈에 화학물질이 접촉되었을 때 효과적으로 처리할 수 있는 설비이다. 세안장치는 실험실 내의 모든 인원이 쉽게 접근하고 사용할 수 있도록 실험실의 모든 장소에서 15 m 이내, 또는 15초 ~ 30초 이내에 도달할 수 있는 위치에 확실히 알아볼 수 있는 표시와 함께 설치되어 있어야 한다. 실험실 작업자들은 그들의 눈을 감은 상태에서 가장 가까운 세안장치에 도착될 수 있어야 한다. 눈 부상은 보통 피부 부상을 동반하게 된다. 이 때문에 세안장치는 샤워장치와 같이 붙어 있어서 눈과 몸을 같이 씻을 수 있도록 한다.

① 사용 및 유지

  ㉠ 물 또는 눈 세척제는 직접적으로 눈을 향하게 하는 것보다는 코의 낮은 부분을 향하도록 하는 것이 좋다. 이것은 화학물질을 눈으로부터 씻어내는 효과를 증가시켜 준다(거친 물줄기는 눈 속 깊은 곳의 입자들을 씻어낼 수 있다).

  ㉡ 눈꺼풀은 강제적으로 열리도록 하여야 눈꺼풀 뒤도 효과적으로 세척할 수 있다.

  ㉢ 코의 바깥쪽에서 귀 쪽으로 세척하여야 씻긴 화학물질이 거꾸로 눈 안이나 오염되지 않은 눈으로 들어가는 것을 피할 수 있다.

  ㉣ 물 또는 눈 세척제로 최소 15분 이상 눈과 눈꺼풀을 씻어낸다.

  ㉤ 유해한 화학물질로 오염된 눈을 씻을 때에는 가능한 한 빨리 콘택트렌즈 등을 벗겨낸다.

  ㉥ 피해를 입은 눈은 깨끗하고 살균된 거즈로 덮는다.

  ㉦ 병원이나 구급대(119)에 전화한다.

  ㉧ 세안장치는 매 6개월마다 점검한다.

  ㉨ 수직형의 세안장치는 공기 중의 오염물질로부터 노즐을 보호하기 위한 보호커버를 설치한다.

(2) 샤워장치

화학물질이 피부나 옷에 튀거나 묻었을 때 샤워장치로 씻어낸다. 샤워장치는 화학물질(산, 알칼리, 기타 부식성 물질 등)이 있는 곳에는 반드시 설치하여야 하며 모든 사람들이 이용할 준비가 되어 있어야 한다.

① 사용 및 유지

  ㉠ 샤워장치는 접근 가능한 위치에 설치하고 알기 쉽도록 확실한 표시를 한다. 이 장치는 실험 시 모든 작업대에서 15 m 이내, 또는 15초 ~ 30초 이내에 도달할 수 있어야 한다.

  ㉡ 실험실 작업자들이 그들의 눈을 감은 상태에서 샤워장치에 도달할 수 있어야 한다.

  ㉢ 샤워장치는 쥐고 당길 수 있는 사슬이나 삼각형 손잡이로 작동되게 한다.

ⓔ 잡아당기는 장치는 모든 사람의 키에 맞도록 높이를 조절하고 항상 사용 가능하게 유지되어야 한다.

ⓜ 샤워장치에서 쏟아지는 물줄기는 몸 전체를 덮을 수 있어야 한다.

ⓗ 샤워장치가 작동되는 동안 혼자서 옷을 벗고 신발이나 장신구를 벗을 수 있어야 한다.

ⓢ 샤워장치는 전기 분전반이나 전선인입구 등에서 떨어진 곳에 위치하여야 한다.

ⓞ 모든 조건이 적합하다면 샤워장치는 배수구 근처에 설치하는 것이 좋다.

(3) 소방안전설비 주요사항

① 소화기

ⓐ 소화기는 화재의 종류에 따라서 분류되며, 화재에 따라서 해당되는 문자나 표시를 가진 종류를 사용한다.

ⓑ A급 화재 : 가연성 나무, 옷, 종이, 고무, 플라스틱 등의 화재

ⓒ B급 화재 : 가연성 액체, 기름, 그리스, 페인트 등의 화재

ⓓ C급 화재 : 전기에너지, 전기기계기구에 의한 화재

ⓔ D급 화재 : 가연성 금속(마그네슘, 티타늄, 소듐, 리튬, 포타슘)에 의한 화재

ⓕ 소화기는 A, B, C용으로 사용할 수 있는 다목적용을 비치한다.

ⓖ 소화기는 적합한 표시에 의하여 확실히 구분되어야 하며 출입구 가까운 벽에 안전하게 설치되어 있어야 한다. 모든 소화기들은 매 12개월마다 시일 상태, 손상 여부, 압력 저하, 설치 불량 등을 점검한다. 만일 소화기가 사용되었거나, 손상을 입고 내부 충진 상태가 불량하면 새 것으로 교체하거나 재충진한다.

② 스프링클러

ⓐ 스프링클러는 자동적으로 작동된다. 실험실 작업자들은 이 시스템을 끄지 않도록 한다.

ⓑ 실험실 용품들은 스프링클러 헤드에서 적어도 50 cm 이상 떨어진 곳에 위치하도록 한다.

ⓒ 스프링클러 헤드에 물건을 매다는 일이 없도록 한다.

ⓓ 화재탐지시스템은 정전 등이 발생될 때에는 작동을 하지 않는다는 점을 유의해야 한다.

CHAPTER

정도관리

과년도 기출문제

01 정도관리에 대한 설명으로 **틀린** 것은?

① '중앙값'은 최솟값과 최댓값의 중앙에 해당하는 크기를 가진 측정값 또는 계산값을 말한다.

② '회수율'은 순수 매질 또는 시료 매질에 첨가한 성분의 회수 정도를 %로 표시한다.

③ '상대편차백분율(RPD)'은 측정값의 변이 정도를 나타내며, 두 측정값의 차이를 한 측정값으로 나누어 백분율로 표시한다.

④ '방법검출한계(method detection limit)'는 99 % 신뢰수준으로 분석할 수 있는 최소 농도를 말하는데, 시험자나 분석기기 변경처럼 큰 변화가 있을 때마다 확인해야 한다.

---

 ① '중앙값'은 n개 측정값의 오름차순 중 $\dfrac{n+1}{2}$번째 측정값이다.

② '회수율'은 다음과 같이 나타낸다.

$$\%R = \frac{\text{첨가 시료값(value of spiked sample)} - \text{미첨가 시료값(value of unspiked sample)}}{\text{알고 있는 첨가한 농도값}} \times 100$$

$$= \left(\frac{X_{\text{meas.}}}{X_{\text{true}}}\right) \times 100$$

③ '상대편차백분율(RPD, relative percent difference)'은 관찰값을 수정하기 위한 변이성을 측정하는 것으로 $\left\{\dfrac{(X_1 - X_2)}{\dfrac{(X_1 + X_2)}{2}}\right\} \times 100$으로 나타낸다. 즉, 두 측정값의 차이를 측정값의 평균값으로 나누어 백분율로 표시한다.

④ '방법검출한계(method detection limit)'는 시험검출한계라고도 하며, 시료와 비슷한 매질 중에서 시험분석 대상을 검출할 수 있는 최소한의 농도로서, 제시된 정량한계 부근의 농도를 포함하도록 준비한 n개의 시료를 반복 측정하여 얻은 결과의 표준편차(s)에 99 % 신뢰도에서의 t분포값을 곱한 것이다. 산출된 방법검출한계는 제시한 정량한계값 이하여야 한다. 방법검출한계는 어떠한 매질 종류에 측정항목이 포함된 시료를 시험방법에 의해 시험·검사한 결과가 99 % 신뢰수준에서 0보다 분명히 큰 최소 농도로 정의할 수 있다.

02 유리기구의 명칭으로 바르게 연결된 것은?

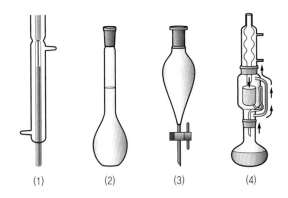

(1)　　　　(2)　　　　(3)　　　　(4)

㉠ Liebig 냉각기(증류용)	㉡ Soxhlet 추출기(액체용)
㉢ 분액깔때기	㉣ 메스플라스크

① (1) - ㉡, (2) - ㉢, (3) - ㉠, (4) - ㉣
② (1) - ㉢, (2) - ㉡, (3) - ㉣, (4) - ㉠
③ (1) - ㉠, (2) - ㉣, (3) - ㉢, (4) - ㉡
④ (1) - ㉣, (2) - ㉠, (3) - ㉡, (4) - ㉢

 (1) 리비히 냉각기
(2) 메스플라스크
(3) 분액깔때기
(4) 속실렛 추출기

03 시료채취 용기로 잘못 연결된 것은?

① 플루오린 - 폴리에틸렌용기
② 페놀류 - 폴리에틸렌용기
③ PCB - 유리용기
④ 석유계 총탄화수소 - 갈색 유리용기

 ① 플루오린(플루오린화합물)은 시료보관시간이 28일간이다.
② 페놀은 유리용기에 시료를 채취하여야 한다. 보관시간은 채취 후 1주일 내에 추출하고, 추출 후 40일 내에 분석을 마쳐야 한다.
③ PCB의 보관시간은 채취 후 1주일 내에 추출하고, 추출 후 40일 내에 분석을 마쳐야 한다.
④ 석유계 총탄화수소의 보관시간은 채취 후 1주일 내에 추출하고, 추출 후 40일 내에 분석을 마쳐야 한다.

정답 **02** ③　**03** ②

04 기체 크로마토그래피 검출기 특성으로 <u>잘못</u> 기술한 것은?

① ECD – 할로겐화합물에 민감하다.

② FID – 비교적 넓은 직선성 범위를 갖는다.

③ TCD – O₂, N₂ 등 기체분석에 많이 사용된다.

④ FPD – 과산화물 검출에 사용된다.

 ① ECD(전자포착검출기) : 할로겐화합물, 과산화물, 퀴논 및 질소 그룹을 포함한 분자에는 매우
　　민감하지만, 아민, 알코올, 탄화수소와 같은 작용기에는 민감하지 못하다.

② FID(불꽃이온화검출기) : 거의 모든 유기 탄소화합물에 민감하고, 비교적 넓은 직선 응답 범위
　를 갖지만, 유속의 적은 변화에 상대적으로 민감하지 못하나 사용이 간단하다.

③ TCD(열전도도검출기) : 전형적으로 O₂, N₂, H₂O, 비탄화수소 등 기체분석에 많이 사용된다.

④ FPD(불꽃광도검출기) : 인 또는 황화합물을 선택적으로 검출할 수 있다.

05 충분히 타당성 있는 이유가 있어 측정량에 영향을 미칠 수 있는 값들의 분포를 특성화한 파라미
터를 무엇이라 하는가?

① 범위(range)

② 불확도(uncertainty)

③ 편차(deviation)

④ 정밀도(precision)

 • 범위 : 최대 측정값과 최소 측정값의 차이

• 편차 : 측정값에서 평균을 차감한 수($X_i - \overline{X}$)

• 분산(variance) : 평균으로부터 개별 측정값들이 '평균적으로' 얼마나 벌어져 있는지를 요약해
　주는 도구(확률변수가 평균을 중심으로 하여 얼마나 멀리 퍼져 있는 형태를 취하는가를 나타내
　주는 지표가 됨)

• 표준편차(standard deviation) : 분산에 제곱근을 적용하여 얻어지는 수($\sqrt{S^2} = S$)

• 측정불확도 : 측정량에 귀속된 값의 분포를 나타내는 측정결과와 관련된 값으로서 측정결과를
　합리적으로 추정한 값의 분산특성을 나타내는 것을 말한다.

• 정밀도 : 실제 참값의 반복 측정 분석한 결과의 일치도, 즉, 재현성을 의미한다. 정밀도는 일반적
　으로 상대표준편차(RSD)나 변동계수(CV)의 계산에 의해 표현된다.

06 시료채취지점 선정 시 반드시 고려할 사항이 <u>아닌</u> 것은?

① 대표성

② 접근 가능성

③ 계속성

④ 안전성

 시료채취지점 선정 시 반드시 고려할 사항은 시료채취 장소가 인간의 안전성과 식물, 건축물 등의
모집단에 노출된 오염물질에 근접하거나 그 지역의 오염도를 대표할만한 오염물질의 농도 수준을
측정하기 위하여 선택되어야 한다.

07 실험실 내 모든 위험물질은 경고표시를 해야 하며, UN에서는 GHS 체계에 따라 화학물질의 경고표시와 그림문자를 통일하였다. 다음 그림문자가 의미하는 것은?

① 유해물질
② 인화성 물질
③ 폭발성 물질
④ 산화성 물질

 GHS 유해화학물질 그림문자

폭발성 물질 　　 인화성 물질 　　 산화성 물질 　　 고압가스

부식성 물질 　 급성독성 물질 　 자극성·과민성 물질 　 건강유해성 물질 　 환경유해성 물질

08 시료의 인수인계 양식에 포함되는 사항이 <u>아닌</u> 것은?

① 시료명 및 현장 확인번호
② 시료 접수 일시
③ 시료 인계 및 인수자
④ 시료 성상 및 양

 시료의 인수인계 양식에는 시료명 및 현장 확인번호(현장 ID), 시료 접수 일시, 시료 인계 및 인수자, 전달방법 및 시료용기 설명(sample container description) 등의 내용이 들어가 있다.

09 정도관리 현장 평가에 필요한 3가지 평가요소가 <u>아닌</u> 것은?

① 토의
② 질문
③ 경청
④ 확인

 정도관리 현장 평가는 문서 및 분야별 평가 시 질문, 직원 면담을 통한 경청, 그리고 성적서의 확인 등이 있다.

10 유효숫자에 대한 내용으로 **옳지 않은** 것은?

① 정확도를 잃지 않으면서도 과학적으로 측정자료를 표기하는 데 필요한 최소한의 자릿수이다.
② 측정값의 마지막 유효숫자는 불확도를 갖지 않는다.
③ 마지막 유효숫자는 측정기기의 눈금에 의해 결정되며, 가장 작은 눈금과 눈금 사이를 10등분하여 가장 근접한 값을 선정한다.
④ 측정값이 변동되지 않은 디지털 눈금이 있는 측정기기라 할지라도 어떤 측정값이든지 불확도를 갖는다.

> **해설** 측정값의 마지막 유효숫자는 항상 어느 정도의 불확도를 갖는다.

11 시험방법에 대한 표준작업절차서(SOP)에 포함되지 **않는** 것은?

① 시약과 표준물질
② 시험방법
③ 시료채취 장소
④ 시료 보관

> **해설** 시험방법에 대한 표준작업절차서(SOP)에 포함되는 내용은 시료의 채취, 시료의 보관, 시험방법 및 결과 보고, 정도관리 등이 있다.

12 실험실에서 사용하는 유리기구 취급방법에 대한 설명으로 옳은 것은?

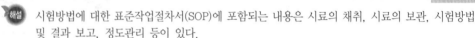

> ㉠ 새로운 유리기구를 사용할 때에는 탈알칼리 처리를 하여야 한다.
> ㉡ 눈금피펫이나 부피피펫은 보통 실온에서 건조시키는데, 빨리 건조시키려면 고압 멸균기에 넣어 고온에서 건조시켜도 된다.
> ㉢ 중성세제로 세척된 유리기구는 충분히 물로 헹궈야 한다.
> ㉣ 유리마개가 있는 시약병에 강알칼리액을 보존하면 마개가 달라붙기 쉬우므로 사용하지 않는 것이 좋다.

① ㉠, ㉡   ② ㉠, ㉣
③ ㉠, ㉡, ㉣   ④ ㉠, ㉢, ㉣

> **해설** 눈금피펫이나 부피피펫은 보통 실온에서 건조시키는데, 빨리 건조시키려고 고압 멸균기에 넣어 고온에서 건조시키면 유리이기 때문에 팽창하여 냉각되므로 원래 상태로 복원되지 않는 경우가 있으므로 가열건조는 피해야 한다.

13 검정곡선검증(calibration curve verification)에 대한 설명으로 가장 적합한 것은?

① 검정곡선검증에는 회귀분석법을 이용하는 것이 가장 효과적이다.

② 검정곡선검증은 검정곡선을 위해 사용된 표준물질을 시료 분석 과정에서 재측정하여 분석조건의 변화를 확인하는 것이다.

③ 검정곡선의 직선성은 결정계수(R^2)로 확인할 수 있다.

④ 시료에 따라 다소 다르지만 일반적으로 1 시료군(batch) 2회 이상 검정곡선검증을 수행함이 원칙이다.

 검정곡선검증(calibration curve verification)은 기기의 감도를 확인하기 위하여 검정곡선 작성이 끝난 후, 시료 10개의 분석이 끝날 때마다 검정곡선 작성용 표준용액 중 1개의 농도를 측정하여 처음 측정값의 ± 15 % 이내에 들어야 한다. 만일 ± 15 % 이내에 들지 못할 경우 앞서 분석한 10개의 시료는 검정곡선을 재작성하여 분석하여야 한다.

14 다음을 계산하여 절대불확도를 구한 것은?

> 0.0975(±0.0005) M×21.4(±0.2) mL＝2.09 mmol(± ?)

① 0.022　　　　　　　　　　② 0.02

③ 0.033　　　　　　　　　　④ 0.03

 절대불확도(absolute uncertainty)는 측정에 따르는 불확도의 한계에 대한 표현이며, 측정 계기의 눈금이나 숫자를 읽는데 추정되는 불확도가 ± 0.04라면 읽기와 관련된 절대불확도는 ± 0.04가 된다.

곱셈의 계산에서 2.09에 대한 절대불확도는 $e_y = 2.09 \times \sqrt{\left(\dfrac{0.0005}{0.0975}\right)^2 + \left(\dfrac{0.2}{21.4}\right)^2} = 0.02228$

∴ 주어진 계산에서 계산된 값은 주어진 값의 소수점과 같은 자릿수를 유지해야 하므로 절대불확도는 0.02가 된다.

15 현장이중시료(field duplicate sample)를 가장 정확하게 표현한 것은?

① 동일한 시각, 동일한 장소에서 2개 이상 채취된 시료

② 두 개 또는 그 이상의 시료를 같은 지점에서 동일한 방법으로 채취한 것으로서, 같은 방법을 써서 독립적으로 채취한 시료

③ 하나의 시료로서, 각각 다른 분석자 또는 분석실로 공급하고자 둘 또는 그 이상의 시료로 나눠 담은 시료

④ 관심이 있는 항목에 속하는 물질을 가하여 그 농도를 알고 있는 시료

 시료의 반복성을 평가하기 위해 동일한 시각, 동일한 장소에서 2개의 시료로 채취된 것(각각의 독립적인 시료채취 동안 최소한 한 개의 시료 혹은 시료의 10 ％는 이중시료 분석을 위해 수집해야 한다. 이 요건은 각각의 분석물질과 시료 매질에 따라 적용한다.)

16 정밀도와 정확도를 표현하는 방법을 바르게 짝지은 것은?

① 정밀도 : 상대표준편차, 정확도 : 변동계수
② 정밀도 : 중앙값, 정확도 : 회수율
③ 정밀도 : 중앙값, 정확도 : 변동계수
④ 정밀도 : 상대표준편차, 정확도 : 회수율

 • 정밀도 : 상대표준편차, 변동계수의 계산에 의해 표현된다.
• 정확도 : 정제수 또는 시료 matrix로부터 % 회수율(% R)을 측정하여 평가한다.

17 '실험실 바탕시료'를 준비하는 목적으로 옳은 것은?

① 시료채취 과정에서 오염, 측정항목의 손실, 채취장치와 용기의 오염 등의 이상 유무를 확인하기 위함이다.
② 현장 채취 이전에 미리 정제수나 측정항목 표준물질의 손실이 발생하였는지 확인하기 위함이다.
③ 시료 수집과 운반(부적절하게 청소된 시료용기, 오염된 시약, 운반 시 공기 중 오염 등) 동안에 발생한 오염을 검증하기 위한 것이다.
④ 시험 수행 과정에 사용하는 시약과 시료 희석에 사용하는 정제수의 오염과 실험 절차에서의 오염, 이상 유무를 확인하기 위함이다.

 ① 현장바탕시료, ③ 운반바탕시료이다.

18 정도관리 절차에 대한 설명으로 틀린 것은?

① 기기에 대한 검증으로, 검정곡선(calibration curve)은 측정분석하는 날마다 매번 수행한다.
② 시험방법에 대한 분석자의 능력을 검증하려면 시료측정분석 시작 전에 초기능력검증(IDC, initial demonstration of capability)을 수행한다.
③ 시료분석 능력에 대한 정도관리를 위해 검정곡선 확인 절차를 수립 운영한다.
④ 시료분석 결과에 대한 정도보증을 위해 실험실 검증시료(LFS, laboratory fortified sample) 분석을 시행한다.

 실험실 관리시료에는 첨가바탕시료, 정도관리확인시료, 실험실 첨가시료 등이 있으며, 사용 목적은 모든 검정곡선을 비롯한 모든 정도관리 수행에 사용하는 표준물질의 정확도를 평가하기 위함이다. 실험실 관리시료는 반드시 검정곡선 또는 정도관리 수행에 사용한 표준물질의 제조사와 다른 제조사 또는 기관의 표준물질을 사용하여 검정곡선, 정도관리에 사용한 표준물질을 교차 확인해야 한다.

19 '시험의 원자료 및 계산된 자료의 기록'에 대한 설명으로 틀린 것은?

① 현장기록부는 시료를 채취하는 동안 발생하는 모든 자료를 기록한 것이다.
② 시험일지는 시료채취 현장과 실험실에서 행해지는 모든 분석 활동을 기록한 것이다.
③ 실험실 기록부에는 크로마토그램, 차트, 검정곡선 등이 기재되어 있다.
④ 정도관리 기록부에는 실험실에서 신뢰성을 보증하려고 기록한 내용이 기재되어 있다.

> **해설** '시험의 원자료 및 계산된 자료의 기록'에는 정도관리 기록부가 없다.

20 실험실 관리시료(laboratory control samples)에 대한 설명으로 적절하지 않은 것은?

① 최소한 한 달에 한 번씩은 실험실의 시험항목을 측정분석 중에 수행해야 한다.
② 권장하는 실험실 관리시료에는 기준표준물질 또는 인증표준물질이 있다.
③ 실험실 관리시료를 확인하기 위해 검정에 사용하는 표준물질의 안정성을 확인할 수 있다.
④ 검정표준물질에 의해 어떠한 문제가 발생할 경우, 실험실 관리시료를 즉시 폐기한다.

> **해설** 검정표준물질에 의해 어떠한 문제가 발생할 경우 실험실 관리 자료의 측정분석을 통해 개선작업이 이루어져야 하고, 이러한 모든 내역은 문서화하여야 한다.

21 검정곡선에 대한 설명으로 옳지 않은 것은?

① 검정표준물질은 반드시 실험실 관리시료 표준물질과 같은 제조사에서 만든 것이어야 한다.
② 하나의 시료군(batch)의 측정분석이 부득이하게 3일 이상 된다면 검정곡선을 새로 작성한다.
③ 오염물질 측정분석에 사용하는 검정곡선은 정도관리 시료와 실제 시료에 존재하는 오염물질의 농도범위를 모두 포함해야 한다.
④ 초기능력검증 또는 시험방법검증을 통하여 시험 결과의 정밀도를 판정하고, 그 결과에 비례하여 검정곡선 작성을 위한 표준물질의 수를 정하기도 한다.

> **해설** 검정표준물질은 실험실 관리시료 표준물질과 다른 제조사여야 한다.

22 바탕시료와 관련이 없는 것은?

① 측정항목이 포함되지 않은 시료 ② 오염 여부의 확인
③ 분석의 이상 유무 확인 ④ 반드시 정제수를 사용

> **해설** 바탕시료는 사용 목적에 따라 정제수 바탕시료, 실험실 바탕시료, 기기세척시험 바탕시료, 현장 바탕시료, 운송바탕시료 등이 있다.

23 시료채취 시 지켜야 할 규칙으로 틀린 것은?

① 시료채취 시 일회용 장갑을 사용하고, 위험물질 채취 시에는 고무장갑을 사용한다.

② 수용액 매질의 경우, 시료채취 장비와 용기는 채취 전에 그 시료를 이용하여 미리 헹구고 사용한다.

③ 호흡기관 보호를 위해서는 소형 활성탄 여과기가 있는 일회용 마스크가 적당하다.

④ VOC 등 유기물질 시료채취 용기는 적절한 유기용매를 사용하여 헹군 후 사용한다.

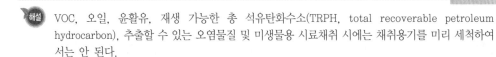

해설 VOC, 오일, 윤활유, 재생 가능한 총 석유탄화수소(TRPH, total recoverable petroleum hydrocarbon), 추출할 수 있는 오염물질 및 미생물용 시료채취 시에는 채취용기를 미리 세척하여서는 안 된다.

24 정도관리를 운용하는 목적으로 <u>적합하지 않은</u> 것은?

① 시험검사의 정밀도 유지

② 정밀도 상실의 조기 감지 및 원인 추적

③ 타 실험실에 비하여 법적 우월성 유지

④ 검사방법 및 장비의 비교 선택

해설 정도관리의 목적 : 종합적이고 체계적인 환경분야 국가 표준화 시스템을 구축하여 환경오염 시험·검사기관의 능력 및 기술 향상을 도모하고, 환경시험·검사작업의 표준화를 통한 데이터의 신뢰도 향상 및 국가 공신력을 제고하는 데 있다.

25 다음의 (㉠), (㉡), (㉢)에 차례로 들어갈 내용으로 맞게 연결된 것은?

(㉠)는 실험 전에 실험실에서 발생할 수 있는 잠재적인 위험을 알아야 한다. 또한, (㉡)들은 위험의 원인, 즉 사망 또는 재해의 원인이 없는 작업장을 (㉢)에게 제공할 일반적인 의무와 안전에 대한 책임이 있으며 안전은 실험실에서 일하는 모든 사람을 위해 최우선적으로 고려되어야 한다.

① 경영자 – 실험자 – 작업자

② 실험자 – 관리자 – 고용인

③ 실험자 – 고용인 – 경영자

④ 작업자 – 실험자 – 관리자

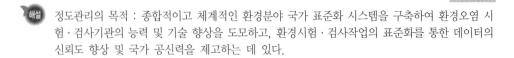

해설 국립환경과학원 2009년 발행 〈환경실험실 운영관리 및 안전〉 '실험실 안전 일반사항'에 기재되어 있다.

26 시료채취 장비의 준비과정에서 테플론 튜브의 세척방법으로 잘못된 것은?

① 뜨거운 비눗물에 튜브를 집어넣고, 필요하다면 오염물 입자 제거를 위해 솔을 사용하거나 초음파 세척기에 넣어 세척한다.

② 수돗물로 튜브 내부를 헹구고, 10 % ~ 15 % 질산을 사용해 튜브 표면과 끝부분을 헹군다.

③ 수돗물로 헹구고, 메탄올이나 아이소프로판올을 사용해 다시 헹구고, 정제수를 사용해 마지막으로 헹군다.

④ 테플론 튜브의 현장 세척과정은 뜨거운 물을 사용하는 것을 제외하고는 실험실 세척과정과 같다.

> **해설** 테플론 튜브는 현장에서 세척하면 안 되고, 반드시 실험실에서 세척해야 한다.

27 실험실 지원 시설에 대한 설명으로 틀린 것은?

① 샤워 및 세척시설은 반드시 눈감고 도달할 수 있는 곳에 설치하는 것이 좋다.

② 응급샤워시설은 산, 알칼리가 있는 곳에 설치하되, 부식 방지를 위해 떨어진 곳에 설치하는 것이 좋다.

③ 장비는 장비별로 라벨링을 하고, 내부를 선반으로 구분하여 보관하는 것이 좋다.

④ 감염성 있는 장비나 물품은 별도로 구분하여 보관하는 것이 좋다.

> **해설** 국립환경과학원 2009년 발행 〈환경실험실 운영관리 및 안전〉 '실험실 지원시설'에 기재되어 있다.
> ② 응급샤워시설은 산, 알칼리, 기타 부식성 물질 등이 있는 곳에는 반드시 설치해야 하며, 신속하게 접근 가능한 위치에 설치하고 알기 쉽도록 표시를 해두어야 한다.

28 사고 시 대처 요령으로 옳지 않은 것은?

① 화재는 바람을 등지고 가능한 한 먼 거리에서 진압한다.

② 화상을 입으면 즉시 그리스를 바른다.

③ 전기에 의한 화상은 피부 표면으로 증상이 나타나지 않아서 피해 정도를 알아내기가 힘들 뿐 아니라 심한 합병증을 유발할 수 있으므로 즉시 의료진의 치료를 받는다.

④ 화학약품이 눈에 들어갔거나 몸에 묻었을 경우 15분 이상 흐르는 물에 깨끗이 씻고, 응급처치 후 전문의에게 진료를 받는다.

> **해설** 국립환경과학원 2009년 발행 〈환경실험실 운영관리 및 안전〉 '사고 상황별 대처요령'에 기재되어 있다.
> ② 그리스는 열이 발산되는 것을 막아 화상을 심하게 하므로 사용하지 않는다.

29 실험실에서 유해화학물질에 대한 안전조치로 **틀린** 것은?

① 염산은 강산으로 유기화합물과 반응, 충격, 마찰에 의해 폭발할 수 있다.

② 항상 물에 산을 가하면서 희석하여야 하며, 산에 물을 가하여서는 안 된다.

③ 독성물질을 취급할 때는 체내에 들어가는 것을 막는 조치를 취해야 한다.

④ 강산과 강염기는 수분과 반응하여 치명적인 증기를 발생시키므로 뚜껑을 닫아 놓는다.

> **해설** 국립환경과학원 2009년 발행 〈환경실험실 운영관리 및 안전〉 '화학물질 취급 시 안전요령'에
> 기재되어 있다.
> ① 과염소산은 강산(强酸)의 특성을 띠며 유기화합물, 무기화합물 모두와 폭발성 물질을 생성하며,
> 가열, 화기와의 접촉, 충격, 마찰에 의해 또는 저절로 폭발하므로 특히 주의해야 한다.

30 정도관리에서 시험검사 결과 보고에 관한 내용으로 **틀린** 것은?

① 원 자료는 분석에 의해 발생된 자료로 정도관리 점검이 포함되지 않은 것이다.

② 보고 가능한 데이터는 원 자료로부터 수학적, 통계학적으로 계산한 것이다.

③ 계산을 시작하기 전에 기기로부터 나온 모든 산출값이 올바르고, 선택된 식이 적절한지 확인
해야 한다.

④ 원 자료와 모든 관련 계산에 대한 기록은 잘 보관해야 한다.

> **해설** 원 자료(raw data)는 분석에 의해 발생된 자료로 정도관리 점검이 포함된 것이다.

31 정도관리에서 시험 결과 계산의 정확성 및 결과 표기의 적절성 확인방법으로 <u>거리가 먼</u> 것은?

① 알맞은 검정곡선식을 이용하여 계산하였는가?

② 반복 실험한 경우, 측정값을 통계적으로 처리하였는가?

③ 검정곡선 범위 안에 분석 시료의 농도가 포함되었는가?

④ 단위가 정확히 표기되었는가?

> **해설** 오염물질 측정분석에 사용할 검정곡선은 정도관리 시료와 실제 시료에 존재하는 오염물질 농도
> 범위를 모두 포함해야 한다.

32 분석자료의 평가와 승인과정의 점검사항에 대한 설명으로 <u>올바르지 않은</u> 것은?

① 시약바탕시료의 오염은 시험에 사용하는 시약에 의해 발생할 수 있다.

② 바탕시료값은 방법검출한계보다 낮아야 한다.

③ 오염된 기구 및 유리제품의 오염을 제거하기 위해 세척과정을 점검한다.

④ 현장이중시료, 실험실 이중시료 또는 매질첨가 이중시료로 정확도 값의 원인을 확인할 수 있다.

> **해설** 현장이중시료, 실험실 이중시료 또는 매질첨가 이중시료로 정밀도 값의 원인을 확인할 수 있다.

정답 29 ① 30 ① 31 ③ 32 ④

33 국제단위계(SI units)에 대한 설명으로 <u>적합하지 않은</u> 것은?

① 어떤 양을 한 단위와 수치로 나타낼 때는 보통 수치가 0.1과 1 000 사이에 오도록 접두어를 선택한다.

② 본문의 활자체와는 관계없이 양의 기호는 이탤릭체(사체)로 쓰며, 단위 기호는 로마체(직립체)로 쓴다.

③ 영문장에서 단위 명칭을 사용할 때는 보통명사와 같이 취급하여 대문자로 쓴다.

④ 어떤 양을 수치와 알파벳으로 시작하는 단위 기호로 나타낼 때는 그 사이를 한 칸 띄어야 한다.

 ① 어떤 양을 한 단위와 수치로 나타낼 때는 보통 수치가 0.1과 1 000 사이에 오도록 접두어를 선택한다.

   예 12 300 mm (×) → 12.3 m (○), 0.00123 μm (×) → 1.23 μm (○)

   ② 본문의 활자체와는 관계없이 양의 기호는 이탤릭체(사체)로 쓰며, 단위 기호는 로마체(직립체)로 쓴다.

   예 양의 기호 : m(질량), t(시간), 단위의 기호 : kg, s, K, Pa, kHz 등

   ③ 영문장에서 단위 명칭을 사용할 때는 보통명사와 같이 취급하여 소문자로 쓴다.

   예 3 Newtons (×) → 3 newtons (○)

   ④ 어떤 양을 수치와 알파벳으로 시작하는 단위 기호로 나타낼 때는 그 사이를 한 칸 띄어야 한다.

   예 35mm (×) → 35 mm (○), 32℃ (×) → 32 ℃ (○)

34 3곳의 분석기관에서 측정된 농도가 다음과 같을 때, 변동계수가 가장 큰 기관은?

> · A기관 : (40.0, 29.2, 18.6, 29.3) mg/L
> · B기관 : (19.9, 24.1, 22.1, 19.8) mg/L
> · C기관 : (37.0, 33.4, 36.1, 40.2) mg/L

① A기관

② B기관

③ C기관

④ 모두 같다.

 · 변동계수(CV, coefficient of variation) : 표준편차를 평균값으로 나눈 값을 백분율로 표시한 것으로 퍼센트 상대표준편차라고도 한다.

$$CV(\%) = \frac{s}{\overline{x}} \times 100\,\%$$

· 표준편차(standard deviation) : 같은 측정량에 대한 일련의 N회 측정에서 결과의 분산의 특성을 나타내는 양이다.

$$s = \sqrt{\frac{\sum_{i=1}^{N}(x_i - \overline{x})^2}{N-1}}$$

∴ A기관의 $CV = 29.85\,\%$, B기관의 $CV = 9.55\,\%$, C기관의 $CV = 7.61\,\%$

35 서로 다른 두 방법으로 정량한 자료로부터 얻은 11개 시료들에 대한 차이값의 평균($\bar{d}$)은 −2.491, 표준편차(s_d)는 6.748이며, 95 % 신뢰수준에서의 자유도 10에 대한 t 분포값은 2.228이다. 다음 내용 중 옳은 것은?

① 계산된 t값은 t 분포값보다 크고, 두 결과가 다를 확률은 5 % 미만이다.
② 계산된 t값은 t 분포값보다 작고, 두 결과가 다를 확률은 5 % 미만이다.
③ 계산된 t값은 t 분포값보다 크고, 두 결과가 다를 확률은 95 % 이상이다.
④ 계산된 t값은 t 분포값보다 작고, 두 결과가 다를 확률은 95 % 이상이다.

 적은 수의 시료 결과에 대한 가설 검정은 t 시험법을 이용한다. 짝 데이터에 대한 t 검정은 데이터쌍을 사용한다는 것을 제외하면 일반 t 시험법과 동일한 과정을 사용하며, 평균의 차이에 대한 표준편차를 이용한다. 동일 데이터에 대한 각각의 시험 평균값의 차이에 대한 t 시험은 다음과 같이 구한다.

$$t = \frac{\bar{d}}{s_d/\sqrt{N}} \text{ (여기서, } \bar{d} \text{는 } \Sigma d_i/N \text{과 같은 차이값의 평균)}$$

$$t_{계산} = \frac{\bar{d}}{s_d/\sqrt{n}} = \frac{-2.491}{6.748/\sqrt{11}} = -1.224$$

문제에서 주어진 95 % 신뢰수준에서의 자유도 10에 대한 t 분포값은 2.228이고, 11개 시료에 대한 분석으로 얻은 두 평균값이 서로 다르고, $t_{계산}$ 값이 0보다 적으므로 t 값에 따라 다음과 같이 정의된다. $t_{표} > t_{계산}$ 일 경우 두 평균값에는 차이가 없다고 볼 수 있다. 결과적으로 $t_{표}(2.228) > t_{계산}(-1.224)$ 이므로 두 평균값에는 차이가 없다. 따라서, 계산된 t값은 t 분포값보다 작고, 두 결과가 다를 확률은 5 % 미만이다.

36 정도관리에 대한 설명 중 <u>옳지 않은</u> 것은?

① 정도관리의 평가방법은 대상 기관에 대하여 숙련도 평가의 적합 여부로 판단하는 것을 말한다.
② 측정분석기관의 기술 인력, 시설, 장비 및 운영 등에 관한 것은 3년마다 시행한다.
③ 검증기관이라 함은 규정에 따라 국립환경과학원장으로부터 정도관리 평가기준에 적합하여 우수 판정을 받고 정도관리 검증서를 교부 받은 측정기관을 말한다.
④ 숙련도 시험 평가기준은 Z 값에 의한 평가와 오차율에 의한 평가가 있다.

 정도관리의 평가방법은 대상 기관에 대하여 숙련도 평가와 현장평가의 적합 여부로 판단하는 것을 말한다.

37 정도관리의 방법에 대하여 국립환경과학원장이 하지 <u>않아도</u> 되는 것은?

① 측정분석기관에 대하여 3년마다 정도관리를 실시하여야 한다.
② 측정분석 능력이 평가기준에 미달한 대상 기관은 국립환경과학원장이 정하는 기관에서 해당 측정분석 항목에 대한 교육을 받도록 할 수 있다.
③ 측정분석 능력이 평가기준에 미달한 대상 기관은 현지 지도를 실시할 수 있으며, 장비 및 기기의 보완 등 필요한 조치를 할 수 있다.
④ 국립환경과학원장은 분석기관에 대하여 정도관리를 실시한 결과를 임의로 공고할 수 있다.

국립환경과학원장은 심의회의 심의결과에 따라 시험·검사 능력이 적합한 것으로 판정된 대상 기관에 대하여 정도관리 검증기관으로 인정하고 다음 각 호의 사항을 검증기관에 통보하며 이를 과학원 홈페이지에 공고하여야 한다.
- 검증기관명 및 일반사항
- 검증분야 및 검증항목
- 검증일자
- 검증유효기간

38 KOLAS의 '측정결과의 불확도 추정 및 표현을 위한 지침'에서 제시된 측정결과의 불확도의 원인에 해당되지 <u>않는</u> 것은?

① 측정량에 대한 불완전한 정의
② 대표성이 없는 표본 추출
③ 아날로그 기기에서의 개인적인 판독 차이
④ 측정과정에서 외부 환경의 변화

 불확도의 원인
- 측정량에 대한 불완전한 정의
- 측정량의 정의에 대한 불완전한 실현
- 대표성이 없는 표본 추출
- 측정환경의 효과에 대한 지식 부족 및 환경조건에 대한 불완전한 측정
- 아날로그 기기에서의 개인적인 판독 차이
- 기기의 분해능과 검출한계
- 측정표준과 표준물질의 부정확한 값
- 외부자료에서 인용하여 데이터 분석에 사용한 상수와 파라미터의 부정확한 값
- 측정방법과 측정과정에서 사용되는 근사값과 여러 가지 가정
- 외관상 같은 조건이지만 반복적인 측정에서 나타나는 변동

39 환경부의 정도관리제도와 지식경제부의 한국인정기구(KOLAS)에 대한 설명으로 <u>잘못된</u> 것은?

① 두 제도는 ISO/IEC 17025를 바탕으로 운영되고 있으며, 평가사를 통한 현장평가 위주로 실시되고 있다.
② 정도관리제도와 KOLAS는 환경 관련 분석기관이 의무적으로 수행하여야 한다.
③ 정도관리제도는 '환경기술개발 및 지원에 관한 법률 제14조'에 근거를 두고 있으며, KOLAS는 '국가표준 기본법 시행령 제16조'에 근거하고 있다.
④ KOLAS는 측정불확도를 도입하고 있지만, 정도관리제도는 측정불확도를 도입하고 있지 않다.

 정도관리제도는 환경 관련 분석기관이 의무적으로 수행해야 한다.

40 ISO/IEC 17025의 기술요건 중 '시험결과의 보고' 요건과 가장 거리가 <u>먼</u> 것은?

① 분석 업무의 유효성을 주기적으로 점검
② 시험결과 보증계획서 작성
③ 시험방법상 품질관리 허용기준이 없는 경우 기준 수립 절차 보유
④ 유효성을 점검할 수 있는 품질관리 절차 보유 및 이행

 시험결과 보증계획서 작성은 '시험결과의 보고' 요건이 아니다.

 38 ④ 39 ② 40 ②

41 측정분석기관의 정도관리를 위한 현장평가에 대한 설명으로 <u>옳지 않은</u> 것은?

① 과학원장은 현장평가계획서를 작성하고, 현장평가를 하는 정도관리 팀장과 협의한 후, 대상 기관에 현장평가 예정 10일 전에 통보한다.

② 정도관리 평가팀은 대상 기관별로 2일 이내에 현장평가를 실시한다.

③ 평가위원은 현장평가 중에 발견된 미흡사항에 대하여 대상 기관의 대표자 또는 위임 받은 자가 동의하지 않으면 이를 과학원의 담당과장에게 보고하고, 정도관리 심의위원회에서 판정하도록 한다.

④ 정도관리 심의회는 정도관리 평가보고서를 근거로 평가 과정의 적절성과 대상 기관의 업무 수행 능력을 심의하되, 재적위원 과반수의 출석과 출석위원 2/3 이상의 찬성으로 우수 및 미달 여부를 의결한다.

> **해설** 정도관리 심의회는 정도관리 평가보고서를 근거로 평가 과정의 적절성과 대상 기관의 업무 수행 능력 여부를 '환경분야 시험검사 등에 관한 법률(시행규칙)' 별표 11의 2 '정도관리 판정기준'에 따라 심의하되 재적위원 과반수의 출석과 출석위원 과반수 이상의 찬성으로 정도관리 적합 또는 부적합 여부를 분야별로 의결하며 서면 심의할 수 있다.

42 품질 문서 작성 시 측정분석기관의 시료채취 기록사항으로 반드시 기록하지 <u>않아도</u> 되는 것은?

① 사용된 시료채취방법   ② 시료채취자
③ 환경조건   ④ 시료채취 일시 및 장소

> **해설** 환경조건은 반드시 기록하지 않아도 된다.

43 정도관리를 위한 품질경영시스템(quality management system) 또는 품질시스템의 구성문서로 <u>적절하지 않은</u> 것은?

① 품질매뉴얼   ② 품질절차서
③ 품질지시서   ④ 품질보증서

> **해설** 품질보증서는 품질시스템의 구성문서로 적절하지 않다.

44 정도관리를 위한 품질경영시스템(quality management system) 또는 품질시스템 하에서 정도관리에 참여하지 <u>않아도</u> 되는 사람은?

① 시료분석 의뢰자   ② 최고 경영자
③ 기술 책임자   ④ 시험 담당자

> **해설** '시료분석 의뢰자'는 정도관리에 참여하지 않아도 된다.

정답 41 ④   42 ③   43 ④   44 ①

45 ISO/IEC 17025에서는 고객이 이용할 방법을 규정하지 않는 경우 해당 기관은 일방적으로 유효성이 보장되고 있다고 간주하는 방법을 선택한다. 이에 해당하는 것을 고르면?

> ㉠ 국제, 지역, 국가규격으로 발간된 방법
> ㉡ 저명한 기술기관이 발행한 방법
> ㉢ 관련된 과학서적 또는 잡지에 발표된 방법
> ㉣ 장비제조업체가 지정하는 적절한 방법

① ㉠, ㉡, ㉢　　　　　② ㉠, ㉡, ㉣
③ ㉠, ㉢, ㉣　　　　　④ ㉠, ㉡, ㉢, ㉣

 유효성이 보장되고 있다고 간주하는 방법으로 보기 모두가 해당된다.

46 A 기관이 납 항목에 대한 숙련도 시험을 실시하여, 평가 결과 $Z-$score 1.5로 '만족'을 받았다. 숙련도 시험 평가를 위한 납의 기준값이 참여한 기관의 평균인 2.0 mg/L, 표준편차가 0.2 mg/L이었다면 A 기관이 제출한 납의 측정결과는?

① 2.1 mg/L　　② 2.2 mg/L　　③ 2.3 mg/L　　④ 2.4 mg/L

해설 $Z-$score $= \dfrac{(X-M)}{SD}$ 에서 $1.5 = \dfrac{X-2.0}{0.2}$, ∴ $X=2.3$ mg/L

47 환경 분야 측정분석기관 정도관리 평가내용 중 '시험 분야별 분석능력 점검' 분야에 해당하지 않는 것은?

① 시험결과의 계산　　　　② 장비 및 시험방법
③ (기기)분석　　　　　　④ 시료채취

해설 장비 및 시험방법은 해당되지 않는다. 이외에도 전처리, 시험일지 기록 및 관리, 장비 및 물품에 대한 관리 등이 있다.

48 시료분석 결과의 정도보증방법이 아닌 것은?

① 회수율 검토(spike recovery test)
② 관리차트(control chart)
③ 숙련도 시험(PT, proficiencey test)
④ 시험방법에 대한 분석자의 능력 검증(IDC, intial demonstration of capability)

해설 시험방법에 대한 분석자의 능력 검증(IDC, intial demonstration of capability)은 분석자가 어떠한 시험방법을 이용하여 분석할 때, 시험방법에서 요구하는 능력을 충분히 갖추었는지를 확인하는 것이다.

정답 45 ④ 46 ③ 47 ② 48 ④

49 유리기구의 세척에 대한 설명 중 틀린 것은?

① 총 질소분석용 유리기구는 질산용액에 담갔다가 정제수로 세척하여 사용한다.

② 농약 표준용액을 제조하는 데 사용할 100 mL 부피플라스크는 아세톤으로 헹군 다음 공기 건조한다.

③ 미생물 항목의 시료병은 멸균하여 사용한다.

④ 휘발성 유기화합물의 시료용기는 105 ℃에서 1시간 이상 건조하여 사용한다.

> **해설** 총 질소분석용 유리기구는 세척제를 사용하여 세척하고, 수돗물로 헹군 후 정제수로 헹군다.

50 20개 이상의 상대표준편차 백분율(RPD) 데이터를 수집하고, 평균값(X)과 표준편차(s)를 이용하여 정밀도 기준을 세울 경우 옳은 것은?

① 경고기준 : $\pm(X + s)$, 관리기준 : $\pm(X + 2s)$

② 경고기준 : $\pm(X + 2s)$, 관리기준 : $\pm(X + 3s)$

③ 경고기준 : $\pm(X + 3s)$, 관리기준 : $\pm(X + 4s)$

④ 경고기준 : $\pm(X + 4s)$, 관리기준 : $\pm(X + 5s)$

> **해설** 경고기준은 $\pm$ (평균값 + 2 × 표준편차), 관리기준은 $\pm$ (평균값 + 3 × 표준편차)이다.

51 시료채취 시 현장 기록과 관련된 내용으로 <u>부적절한</u> 것은?

① 시료 라벨은 모든 시료용기에 부착한다.

② 모든 현장 기록은 방수용 잉크를 사용해 작성한다.

③ 시료 기록 시트에는 분석 목적을 기록한다.

④ 현장 기록은 시료채취 준비과정에서 발생한 모든 사항을 포함해야 한다.

> **해설** 현장 기록은 시료채취 동안 발생한 모든 데이터에 대해 기록되어져야 한다.

52 시료 접수 기록부의 필수 기록사항이 <u>아닌</u> 것은?

① 시료명

② 시료 인계자

③ 현장 측정 결과

④ 시료 접수 일시

> **해설** 현장 측정 결과는 필수 기록사항이 아니다.

정답 49 ① 50 ② 51 ④ 52 ③

53 녹아 있는 이온화된 고체를 제거하기에 적절하지 <u>않은</u> 처리과정은?

① 증류   ② 역삼투

③ 한외여과   ④ 탈이온화

 한외여과(UF, ultrafiltration) : 유체로부터 극도로 미세한 입자들이나 용해된 분자들을 분리하는 공정

54 t – test를 통해서 오차의 원인을 알 수 <u>없는</u> 것은?

① 계통오차   ② 우연오차

③ 방법오차   ④ 기기오차

 t–test(t–검증)의 원리는 각 표본의 분산의 두 표본을 합한 전체 집단의 분산을 이용하여 평균의 차이가 어느 정도 유의한가를 검증하는 것이다. 두 집단 간의 평균의 차이를 검증하기 위해서는 T값을 계산한다.
    ㉠ 계통오차(systematic error)
        • 기기오차(instrumental error) : 측정장치의 불완전성, 잘못된 검정 및 전력 공급기의 불안정성에 의해 발생하는 오차
        • 방법오차(method error) : 분석장치의 비이상적인 화학적 및 물리적인 영향에 의해 발생하는 오차
        • 개인오차(personal error) : 실험하는 사람의 부주의, 무관심, 개인적인 한계 등에 의해 생기는 오차
    ㉡ 우연오차(random error) 또는 불가측 오차(indeterminate error)
       우연오차 또는 불가측 오차는 측정할 때 조절하지 않은(그리고 조절할 수 없는) 변수 때문에 발생한다. 우연오차는 양의 값을 가지거나 음의 값을 가질 확률은 같다. 이것은 항상 존재하며 보정할 수 없다.

55 시험결과를 표기할 때 유효숫자에 관한 설명으로 <u>틀린</u> 것은?

① 1.008은 2개의 유효숫자를 가지고 있다.

② 0.002는 1개의 유효숫자를 가지고 있다.

③ 4.12×1.7=7.004는 유효숫자를 적용하여 7.0으로 적는다.

④ 4.2÷3=1.4는 유효숫자를 적용하여 1로 적는다.

 ① 1.008은 4개의 유효숫자를 가지고 있다.
       ∵ 0이 아닌 숫자 사이에 있는 '0'은 항상 유효숫자이다.
    ② 0.002는 1개의 유효숫자를 가지고 있다.
       ∵ 소수자리 앞에 있는 숫자 '0'은 유효숫자에 포함되지 않는다.
    ③ 4.12×1.7=7.004는 유효숫자를 적용하여 7.0으로 적는다.
       ∵ 곱하거나 더할 경우, 계산하는 숫자 중에서 가장 작은 유효숫자 자릿수에 맞춰 결과값을 적는다.

56 실험실 첨가시료 분석 시 매질첨가(matrix spike)의 내용 중 잘못된 것은?

① 실험실은 시료의 매질간섭을 확인하기 위하여 일정한 범위의 시료에 대해 측정항목 오염물질을 첨가하여야 한다.

② 첨가농도는 시험방법에서 특별히 제시하지 않은 경우 검증하기 위해 선택한 시료의 배경농도 이하여야 한다.

③ 만일 시료농도를 모르거나 농도가 검출한계 이하일 경우 분석자는 적절한 농도를 선택해야 한다.

④ 매질첨가 회수율에 대한 관리기준을 설정하여 측정의 정확성을 검증하여야 한다.

> **해설** 첨가농도는 시험방법에서 특별히 제시하지 않은 경우 검증하기 위해 선택한 시료의 배경농도 이상이어야 한다.

57 환경 분야 측정분석기관 정도관리의 경영요건 내용에 해당되지 않는 것은?

① 시험결과의 보증　　　　　　　② 시험의 위탁

③ 서비스 및 물품 구매　　　　　④ 부적합 업무 관리 및 보완 조치

> **해설** '시험결과의 보증'은 기술요건에 해당한다.

58 정제수의 정제에 사용되는 일반 과정과 정제에 의해 제거되는 오염물질에 대한 설명으로 틀린 것은?

① 활성탄 탄소는 흡착에 의해 잔류염소가 제거된다.

② Ultrafilter는 특정 유기오염물질을 줄이는 데 유용하다.

③ 185 nm 자외선 산화는 전처리를 할 때 미량의 유기오염물질을 제거하는 데 효과적이다.

④ 증류에 의해 정제된 정제수는 탈이온화에 의해 만들어진 정제수보다 더 높은 저항값을 가진다.

> **해설** 증류에 의해 정제된 정제수는 탈이온화에 의해 만들어진 정제수보다 낮은 저항값을 가진다.

59 분석자료의 승인과 관련한 내용 중 잘못된 결과의 원인 및 수정에 대해 점검해야 하는 것이 아닌 것은?

① 표준 적정 용액의 잘못된 결과

② 허용할 수 없는 바탕시료값

③ 허용할 수 없는 교정범위 및 첨가물질 회수율

④ 실험실 간의 비교 결과값

> **해설** 이외에도 분석 QC 점검의 유효화, 허용 안 되는 정밀도값 등이 있다.

정답 　56 ② 　57 ① 　58 ④ 　59 ④

60 정도관리 평가위원은 정도관리 평가기준에 따라 대상 기관에 대하여 현장평가를 실시하며, 다음 각 호의 방법으로 조사할 수 있다. 이에 해당하지 <u>않는</u> 사항은?

① 직원과의 질의응답, 시험실 환경에 관한 사항
② 시료 및 시약의 관리사항, 측정 · 분석 업무의 평가
③ 측정 · 분석장비의 검 · 교정 등 장비 관리사항, 시험 성적서 등 기록물 관리사항
④ 자격증 취득 관리에 관한 사항, 보수교육 이수 여부

> **해설** 시험 분야별 평가는 다음 각 호의 요소들을 포함하며, 분석자가 업무를 수행하는 곳에서 진행한다.
> • 분석자와의 질의응답　　　　　　　 • 시험실 환경의 관찰
> • 시험방법 및 관련 작업지시서의 평가　 • 표준용액 및 시약의 관리현황 조사 기록의 검토
> • 시험업무의 관찰　　　　　　　　　 • 장비의 교정 및 관리기록 조사
> • 보관된 시험결과 및 관리기록 조사　　 • 숙련도 시험 기록의 검토 및 필요시 현장입회시험

61 기체 크로마토그래프를 이용한 다성분 측정 시 사용하는 내부표준물질 또는 대체표준물질의 설명으로 <u>잘못된</u> 것은?

① 분석장비의 오염과 손실, 시료 보관 중의 오염과 손실, 측정결과를 보정하기 위해 사용하며, 내부표준물질은 분석대상 물질과 동일한 검출시간을 가진 것이어야 한다.
② 내부표준물질은 분석대상 물질과 유사한 물리 · 화학적 특성을 가진 것이어야 하며, 각 실험방법에서 정하는 대로 모든 시료, 품질관리시료 및 바탕시료에 첨가한다.
③ 내부표준물질에 분석물질이 포함되어서는 안 되며 동위원소 치환체가 아니어도 내부표준물질의 사용이 가능하다.
④ 대체표준물질은 대상 항목과 유사한 화학적 성질을 가지나 일반적으로는 환경시료에서 발견되지 않는 물질이며 시험법, 분석자의 오차 확인용으로 사용한다.

> **해설** 내부표준물질의 선정 시 다음의 특성을 가지는 물질로 선정한다.
> • 머무름 시간이 분석대상 물질과 너무 멀리 떨어져 있지 않아야 한다.
> • 피크가 용매나 분석대상 물질의 피크와 중첩되지 않아야 한다.
> • 내부표준물질의 양이 분석대상 물질의 양보다 너무 많거나 적지 않아야 한다.
> • 사용하는 분석기기의 검출기에서 반응이 양호해야 한다.

62 첨가시료에 대한 내용으로 <u>틀린</u> 것은?

① 관심을 갖는 항목의 물질을 가하는 것으로 농도를 알고 있는 시료이다.
② 첨가물질의 회수율로 분석 정확도를 판단할 수 있다.
③ 일반적으로 고농도의 저장용액을 그대로 주입하거나 묽혀서 주입한다.
④ 실험실에서 준비된 첨가시료는 실험실의 준비 및 분석에 대한 영향을 반영한다.

> **해설** 첨가용액은 시료를 준비하기 전에 주입되어야 하며, 이 시료가 현장에서 만들어진다면 그 결과를 시료의 저장, 운송, 실험실의 준비 및 분석에 대한 영향을 반영한다.

63 측정분석기관이 장비 운영을 위하여 준수해야 될 사항이 <u>아닌</u> 것은?

① 시험장비의 정상적 작동

② 요구되는 정확도의 달성

③ 요구되는 사양의 만족

④ 실험실의 모든 직원에 의한 운영

 실험실의 모든 직원에 의한 운영은 준수사항이 아니다.

64 정도관리 오차에 관한 설명 중 바르게 짝지어진 것은?

> ㉠ 계량기 등의 검정 시에 허용되는 공차(규정된 최댓값과 최솟값의 차)
> ㉡ 재현 가능하여 어떤 수단에 의해 보정이 가능한 오차. 이것에 따라 측정값은 편차가 생긴다.
> ㉢ 재현 불가능한 것으로 원인을 알 수 없어 보정할 수 없는 오차이며, 이것으로 인해 측정값은 분산이 생긴다.
> ㉣ 측정분석에서 수반되는 오차

① ㉠ 검정 허용오차, ㉡ 계통오차, ㉢ 우연오차, ㉣ 분석오차

② ㉠ 검정 허용오차, ㉡ 우연오차, ㉢ 계통오차, ㉣ 분석오차

③ ㉠ 분석오차,　　㉡ 계통오차, ㉢ 우연오차, ㉣ 검정 허용오차

④ ㉠ 우연오차,　　㉡ 계통오차, ㉢ 분석오차, ㉣ 검정 허용오차

해설 ㉠ 검정 허용오차, ㉡ 계통오차, ㉢ 우연오차, ㉣ 분석오차의 설명이다.

65 분석자료의 승인을 위해서 '허용할 수 없는 교정범위의 확인 및 수정'에 대한 내용이 <u>아닌</u> 것은?

① 시험에 사용되는 시약의 화학적 접촉에 의해 발생될 수 있는 오염된 시약

② 부적절하게 저장된 저장용액, 표준용액 및 시약

③ 잘못되거나 유효 날짜가 지난 QC 점검 표준물질(CVS)

④ 부적절한 부피 측정용 유리제품의 사용

해설 분석자료의 승인을 위해서 '허용할 수 없는 교정범위의 확인 및 수정'에 대한 내용은 이외에도
　　• 부적절하게 세척된 유리제품, 용기의 오염 또는 깨끗하지 않은 환경에 의한 오염
　　• 잘못된 기기의 응답
　　• 오래된 저장물질과 표준물질 등이 있다.
　　① 시험에 사용되는 시약의 화학적 접촉에 의해 발생될 수 있는 오염된 시약은 '허용할 수 없는
　　　바탕시료값의 원인과 수정'에 대한 내용이다.

정답 63 ④ 64 ① 65 ①

66 분광학적 분석을 위한 시험일지에 기록하는 내용으로 불필요한 것은?

① 방법검출한계(MDL)
② 교정검정표준물질(CVS) 회수율
③ 정밀도(RDP)
④ 온도보정값

> **해설** 온도보정값은 분광학적 분석을 위한 시험일지에 기록하지 않아도 된다.

67 검정곡선에 관한 설명 중 틀린 것은?

① 몇몇 무기물질 시험방법은 각 오염물질 바탕시료와 최소한 표준물질 3개 단계별 농도를 권장하고 있다.
② 정밀도가 낮은 측정기기나 오염농도가 높은 시료는 검정곡선 범위에 포함되도록 조작하고 농축 또는 희석하여 분석한다.
③ 일반적으로 검정곡선은 시료를 분석한 직후에 다시 작성해 놓고 다음 분석에 사용한다.
④ 기체 크로마토그래프를 사용하는 시험에서 검정곡선의 작성은 최소한 표준물질 5개 단계별 농도를 사용하여 검정곡선을 작성한다.

> **해설** 검정곡선은 시료를 측정분석하는 날마다 매일 수행해야 하며, 부득이하게 한 개 시료군의 측정분석이 하루를 넘길 경우 가능한 2일을 초과하지 않아야 하며, 3일 이상 초과한다면 검정곡선을 새로 작성한다.

68 자외선/가시선 분광광도계의 상세 교정 절차의 설명 중 틀린 것은?

① 바탕시료로 기기를 영점에 맞춘다.
② 1개의 검정표준물질로 검정곡선을 작성한다. 참값의 5 % 이내에 있어야 한다.
③ 분석한 검증확인표준물질에 의해 곡선을 검증한다. 참값의 10 % 이내에 있어야 한다.
④ 디디뮴 교정필터를 사용하더라도 검증확인표준물질로 확인하여야 한다.

> **해설** 디디뮴 교정필터를 사용하면 더 좋은 파장 정확도 결과를 얻을 수 있다.

69 실험실 내 사고 상황별 대처 요령으로 적절하지 않은 것은?

① 화재 → '멈춰서기 – 눕기 – 구르기(stop – drop – roll)' 방법으로 불을 끈다.
② 경미한 화상 → 얼음물에 화상부위를 담근다.
③ 출혈 → 손, 팔, 발 및 다리 등일 때에는 이 부위를 심장보다 높게 위치한다.
④ 감전 → 발견 즉시 즉각적으로 원활한 호흡을 위해 인공호흡을 실시한다.

> **해설** 감전 → 환자가 호흡하고 있는지를 확인하고, 만약 호흡이 약하거나 멈춘 경우 즉시 인공호흡을 수행한다.

정답! 66 ④ 67 ③ 68 ④ 69 ④

70 다음은 어떤 평가대상 기관이 5개의 측정항목에 대하여 얻은 분석결과와 각 항목에 대한 기준 값을 표로 나타낸 것이다. 이를 참조할 때 숙련도 시험 평가기준에 따른 평가대상 기관의 환산 점수는?

평가항목	측정기관의 분석값(mg/L)	기준치(mg/L)
BOD	5.50	5.00
SS	6.30	5.00
암모니아성 질소	0.69	1.00
총인	0.16	0.20
플루오린	0.77	1.0

① 40　　　　　　　　　　　　② 60
③ 70　　　　　　　　　　　　④ 80

 상대 오차율 $= \dfrac{\text{기준값} - \text{측정값}}{\text{기준값}} \times 100$ 에서

- BOD의 상대 오차율 = 10 %(만족)
- SS의 상대 오차율 = 26 %(만족)
- 암모니아성 질소의 상대 오차율 = 31 %(불만족)
- 총인의 상대 오차율 = 4 %(만족)
- 플루오린의 상대 오차율 = 23 %(만족)

± 30 % 이하 : 만족, ± 30 % 초과 : 불만족

∴ 5개 항목이므로 각 항목당 만족 20점에서 $4 \times 20 = 80$점

71 시료분석 결과의 정도보증을 위한 정도관리 절차 중 실험실 검증 시료에 관한 설명으로 옳은 것은?

① 실험실 검증 시료(laboratory fortified sample)란 실험실에서 분석자와 시험방법에 의해 계획되고, 특수한 정도보증 확보를 위해 수행된다.

② 만일 시험방법 수행에서 검정표준물질에 의해 어떠한 문제가 발생할 경우, 다른 실험실 관리 시료와의 개선작업이 이루어져야 한다.

③ 실험실 관리 시료(laboratory control sample)는 최소한 매분기에 한 번씩 실험실의 시험항 목 측정분석 중에 수행해야 한다.

④ 권장하는 실험실 관리 시료는 인증표준물질을 사용하는 것을 말하며, 시험수행 1 시료군 측정분석마다 1회 이상 측정 분석한다.

 ① 실험실 검증 시료(laboratory fortified sample)란 실험실에서 분석자와 시험방법에 의해 계획 되고, 일상적인 정도보증 확보를 위해 수행된다.

② 만일 시험방법 수행에서 검정표준물질에 의해 어떠한 문제가 발생할 경우, 실험실 관리 시료의 측정분석을 통해 개선작업이 이루어져야 하고 모든 내역은 문서화한다.

③ 실험실 관리 시료(laboratory control sample)는 최소한 매달 한 번씩 실험실의 시험항목 측정 분석 중에 수행해야 한다.

72 실험실 안전장치에 대한 설명으로 <u>틀린</u> 것은?

① 후드의 제어 풍속은 부스를 개방한 상태로 개구면에서 0.4 m/s 정도로 유지되어야 한다.

② 부스 위치는 문, 창문, 주요 보행통로로부터 근접해 있어야 한다.

③ 후드 및 국소배기장치는 1년에 1회 이상 자체 검사를 실시하여야 한다.

④ 실험용 기자재 등이 후드 위에 연결된 배기 덕트 안으로 들어가지 않도록 한다.

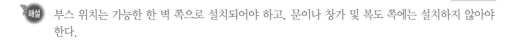 부스 위치는 가능한 한 벽 쪽으로 설치되어야 하고, 문이나 창가 및 복도 쪽에는 설치하지 않아야 한다.

73 다음 중 시약보관방법이 <u>잘못된</u> 것은?

① 가연성 용매는 실험실 밖에 저장하고 많은 양은 금속 캔에 저장하며, 저장장소에는 '가연성 물질'이라고 반드시 명시한다.

② 화학물질은 화학물질 저장실에 알파벳 순서대로 저장하며, 도착 날짜와 개봉 날짜를 모두 기입하여 보관한다.

③ 암모니아 산화물, 질소화물, 인산 저장용액은 냉장고에 '유기물질용 냉장고'라고 적어서 보관한다.

④ 실리카 저장용액은 반드시 플라스틱병에 보관한다.

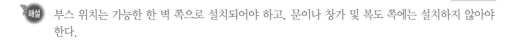 암모니아 산화물, 질소화물, 인산 저장용액은 냉장고에 '무기물질용 냉장고'라고 적어서 보관한다.

74 '측정분석기관 정도관리의 방법 등에 관한 규정'에 대한 기술 중 <u>틀린</u> 것은?

① '대상 기관'이라 함은 영 제22조 각 호에 규정된 측정분석기관과 제4조 제2항의 규정에 의하여 정도관리 신청을 한 기관을 말한다.

② '검증기관'이라 함은 이 규정에 따라 국립환경과학원장(이하 '과학원장'이라 한다)으로부터 정도관리 결과, 정도관리 평가기준에 적합하여 우수 판정을 받고 정도관리검증서를 교부받은 측정분석기관을 말한다.

③ '숙련도 시험'이라 함은 정도관리의 일부로서 측정분석기관의 분석 능력을 향상시키기 위하여 일반 시료에 대한 분석 능력 또는 장비 운영 능력을 평가하는 것을 말한다.

④ '현장평가'라 함은 정도관리를 위하여 측정분석기관을 방문하여 기술인력·시설·장비 및 운영 등에 대한 측정분석 능력의 평가와 이와 관련된 자료를 검증하고 평가하는 것을 말한다.

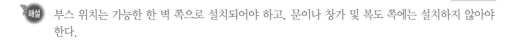 "숙련도 시험"이라 함은 측정분석기관의 분석 능력을 향상시키기 위하여 표준물질에 대한 분석 능력을 평가하는 것을 말한다.

75 유해화학물질 취급 시 안전요령에 대한 기술 중 적절하지 <u>않은</u> 것은?

① 유해물질을 손으로 운반할 때는 용기에 넣어 운반한다.
② 모든 유해물질은 지정된 저장공간에 보관해야 한다.
③ 가능한 한 소량을 사용하며, 미지의 물질에 대하여는 예비실험을 하여서는 안 된다.
④ 불화수소는 가스 및 용액이 맹독성을 나타내며, 피부에 흡수되기 때문에 특별한 주의를 요한다.

> **해설** 가능한 한 소량을 사용하며, 미지의 물질에 대하여는 예비실험을 행하여야 한다.

76 시료채취 후 발생된 폐기물을 처리하는 방법으로 틀린 것은?

① 시료채취 동안에 발생한 폐기물은 라벨을 붙인 용기에 분리하여 처리하고, 폐기물 처분을 위해 실험실로 갖고 온다.
② 실험실과 현장에서 발생한 폐기물은 실험실과 계약을 맺은 인증된 폐기물 관리 회사를 통해 폐기해야 한다.
③ 발생된 폐기물이 지정폐기물 중 폐산·폐알칼리·폐유·폐유기용제·폐촉매·폐흡착제·폐농약에 해당될 경우에는 보관이 시작된 날부터 45일을 초과하여 보관하여서는 안 된다.
④ 발생된 화학폐기물을 수집하는 용기는 반드시 운반 및 용량 측정이 쉽고, 잔류량 확인이 가능하도록 유리재질의 용기를 사용하여야 한다.

> **해설** 발생된 화학폐기물을 수집하는 용기는 반드시 운반 및 용량 측정이 쉽고, 잔류량 확인이 가능하도록 플라스틱 재질의 용기를 사용하여야 한다.

77 화학물질의 취급을 위한 일반적인 기준으로 적합하지 <u>않은</u> 것은?

① 정류수처럼 무해한 것을 제외한 모든 약품은 용기에 그 이름을 반드시 써 놓는다. 표시는 약품의 이름, 위험성, 예방조치, 구입일자, 사용자 이름이 포함되어 있어야 한다.
② 약품 명칭이 쓰여 있지 않은 용기에 든 약품은 사용하지 않는다.
③ 절대로 모든 약품에 대하여 맛을 보거나 냄새를 맡는 행위를 금하고, 입으로 피펫을 빨지 않는다.
④ 약품이 엎질러졌을 때는 즉시 청결하게 조치하도록 한다. 누출 양이 적은 때는 그 물질에 대하여 잘 아는 사람이 안전하게 치우도록 한다.

> **해설** 정류수를 포함한 모든 약품은 용기에 그 이름을 반드시 써 놓는다. 표시는 약품의 이름, 위험성, 예방조치, 구입일자, 사용자 이름이 포함되어 있어야 한다.

78 적정용 표준용액을 표준화하기 위한 방법으로 **틀린** 것은?

① 적정 용액의 신속한 표준화 작업을 위해서 필요한 저장용액(stock solution)을 미리 확보해 두어야 한다.

② 고체상태의 고순도 일차표준(primary standard)물질을 사용하여 적정 용액을 표준화할 수 있다.

③ 정확한 농도를 알고 있는 다른 표준용액을 사용하여 적정 용액을 표준화할 수 있다.

④ 최종 규정 농도는 3번 이상 반복한 실험결과를 평균하여 결정한다.

 적정 용액의 신속한 표준화 작업을 위해서 필요한 일차표준용액을 미리 확보해 두어야 한다.

79 시료채취에 대한 일반적인 주의사항 중 **틀린** 것은?

① 시료채취를 할 때에는 되도록 측정하려는 가스 또는 입자의 손실이 없도록 한다.

② 시료채취 유량은 항상 많이 취하여야 한다.

③ 미리 측정하려고 하는 성분과 이외의 성분에 대한 물리적, 화학적 성질을 조사하여 방해 성분의 영향이 적은 방법을 선택한다.

④ 채취관은 항상 깨끗한 상태로 보존한다.

 시료채취 유량은 분석대상 물질에 따라 다르게 취하여야 한다.

80 대기환경 시료채취 위치 선정에 대한 설명으로 **틀린** 것은?

① 시료채취 위치는 원칙적으로 주위에 건물이나 수목 등의 장애물이 없고, 그 지역의 오염도를 대표할 수 있다고 생각되는 곳을 선정한다.

② 주위에 건물이나 수목 등의 장애물이 있을 경우에는 채취 위치로부터 장애물까지의 거리가 그 장애물 높이의 4배 이상 또는 채취점과 장애물 상단을 연결하는 직선이 수평선과 이루는 각도가 45° 이하 되는 곳을 선정한다.

③ 주위에 건물 등이 밀집되거나 접근되어 있을 경우에는 건물 바깥벽으로부터 적어도 1.5 m 이상 떨어진 곳에 채취점을 선정한다.

④ 시료채취의 높이는 그 부근의 평균 오염도를 나타낼 수 있는 곳으로서 가능한 한 1.5 m ～ 30 m 범위로 한다.

 주위에 건물이나 수목 등의 장애물이 있을 경우에는 채취 위치로부터 장애물까지의 거리가 그 장애물 높이의 2배 이상 또는 채취점과 장애물 상단을 연결하는 직선이 수평선과 이루는 각도가 30° 이하 되는 곳을 선정한다.

81 실험실에서 가장 기본적으로 사용되는 분석저울을 관리하는 방법으로 틀린 것은?

① 실험실에서 사용하는 분석저울은 최소한 0.0001 g까지 측정 가능해야 하며, 사용 전에는 반드시 영점으로 조정을 한 뒤 사용한다.
② 저울은 습도가 일정하게 유지되는 실온에서 사용한다.
③ 전기식 지시저울은 자동 교정이 되므로 수시로 분동 없이 자체 교정을 한 후 사용한다.
④ 저울을 사용하는 천칭실에는 온도계, 습도계, 압력계도 부대장비로 갖추어야 한다.

 전기식 지시저울의 교정은 수시교정, 상시교정, 정기교정으로 구분되며, 수시교정과 상시교정은 사용자가 국제법정계량기구의 분동을 이용하여 직접 수행하며, 정기교정은 국가표준기본법에 근거한 국제기준(KS A ISO/IEC 17025) 및 한국인정기구(KOLAS)가 인정한 국가교정기관에 의해 1년 주기로 교정한다.

82 환경기준 시험을 위한 시료채취 지점수 산정방법에 대하여 잘못 기술한 것은?

① 과거의 경험이나 전례에 의해 선정된 지점을 측정점으로 한다.
② 인구밀도가 5 000명/km^2 이하일 경우 전답, 임야, 하천은 측정점수 산정을 위한 면적에서 제외한다.
③ 전국 지도의 TM 좌표에 따라 0.3 km ~ 0.8 km 간격으로 바둑판 모양의 구획을 만들어 측정점을 산정한다.
④ 측정대상 지역의 오염도를 기준으로 산정한다.

 전국 지도의 TM 좌표에 따라 해당 지역의 1 : 25 000 이상의 지도 위에 2 km ~ 3 km 간격으로 바둑판 모양의 구획을 만들어 그 구획마다에 측정점을 선정한다.

83 기체 크로마토그래프(GC, gas chromatograph)를 이용하여 정교한 분석 절차를 수행할 때, 필수적으로 확인하여야 할 사항이 <u>아닌</u> 것은?

① 오븐 온도가 ±0.2 ℃ 이내로 제어가 가능한지 오븐 온도 프로그램의 성능을 확인하여야 한다.
② 바탕시료의 반복 측정을 통한 바탕선 안정도와 칼럼 장애(column bleeding)를 확인하여야 한다.
③ 운반가스의 유속 조절 프로그램 성능 유지와 분할/비분할 주입 기능을 확인하여야 한다.
④ 제조사와 실험실 사이에 검정·교정 계약을 체결하여 주기적으로 장비의 신뢰도를 증명하여야 한다.

 제조사와 실험실 사이에 검정·교정 계약을 체결하여 주기적으로 장비의 신뢰도를 증명할 것을 권장한다.

84 문서의 저장에 대한 설명으로 틀린 것은?

① 문서는 시작 날짜, 종료 날짜, 문서 제목, 분석그룹, 분석물질에 대해 저장되어야 한다.
② 저장지역은 기록물을 유지하도록 충분히 넓은 곳을 사용하고 쉽게 찾을 수 있어야 한다.
③ 원자료 및 보고된 결과에 관련된 문서는 경계양식으로 하고 기밀을 유지하여야 한다.
④ 스트립 차트(strip chart), 문서화된 교정곡선은 파일상자에 저장해야 한다.

 원자료 및 보고된 결과에 관련된 문서는 경계양식으로 구분이 쉽고, 언제나 열람이 가능해야 한다.

85 정도관리 평가를 위한 숙련도 시험 평가기준 중 하나는 오차율이다. 평가대상 기관의 측정값이 1.5 ppm이고, 기준값은 2.0 ppm, 표준편차는 0.5 ppm일 경우 대상 기관의 오차율과 평가결과가 옳은 것은?

① 100 %, 만족
② 100 %, 불만족
③ 25 %, 만족
④ 25 %, 불만족

- 상대 오차율 $= \dfrac{기준값 - 측정값}{기준값} \times 100 = \dfrac{2.0 - 1.5}{2.0} \times 100 = 25 \%$
- $\pm 30 \%$ 이하 : 만족, $\pm 30 \%$ 초과 : 불만족

86 분석결과의 정확도를 평가하기 위한 방법으로 틀린 것은?

① 회수율 측정
② 상대표준편차 계산
③ 공인된 방법과의 비교
④ 표준물질 분석

 동일한 매질의 표준물질을 확보할 수 있는 경우, 표준작업절차서(standard operational procedure, SOP)에 따라 매질이 유사한 표준물질을 분석한 결과값(C_M)과 인증값(C_C)과의 차이의 비율 또는 회수율로부터 구한다.

$$정확도(\% \ 회수율) = \dfrac{C_M}{C_C} \times 100$$

② 상대표준편차 계산은 정밀도를 평가하기 위한 방법이다.

87 높이가 30 m, 직경이 2.5 m인 원형 수직굴뚝의 측정공 위치의 선정범위로 적절한 것은? (단, 측정상의 불편이나 안전상의 문제점이 없음)

① 15.7 m ~ 27.3 m
② 5 m ~ 28.75 m
③ 20 m ~ 25 m
④ 27.4 m

수직굴뚝 하부 끝단으로부터 위를 향하여 그 곳의 굴뚝 내경의 8배 이상(2.5×8＝20 m)이 되고, 상부 끝단으로부터 아래를 향하여 그 곳의 굴뚝 내경의 2배 이상(2.5×2＝5 m)이 되는 지점에 측정공 위치를 선정하는 것을 원칙으로 한다.

정답 84 ③ 85 ③ 86 ② 87 ③

88 일반적으로 시료의 채취와 처리 및 분석과정에서 발생할 수 있는 오염을 보정하기 위해 바탕시료를 사용한다. 만약 울릉도, 소청도, 제주도 등에서 채취한 빗물을 서울 소재 실험실에서 한꺼번에 모아서 분석하려고 할 때 사용되는 바탕시료는?

① 운반바탕시료   ② 실험실 바탕시료

③ 시험바탕시료   ④ 현장바탕시료

 현장바탕시료는 현장에서 만들어지는 깨끗한 시료로 분석의 모든 과정(채취, 운송, 분석)에서 생기는 문제점을 찾는 데 사용된다.

89 고온의 굴뚝에서 대기시료를 올바르게 채취하기 위해서는 굴뚝 내 여러 요인들이 고려되어야 한다. 이 중 반휘발성 유기오염물질들을 올바르게 채취하기 위해서 가장 중요하게 고려되어야 하는 요인은?

① 굴뚝 내 온도   ② 굴뚝 내 습도

③ 굴뚝 내 유량   ④ 굴뚝 내 입자농도

 반휘발성 유기오염물질의 채취에서 가장 중요하게 고려되어야 할 요인은 굴뚝 내 온도이다.

90 방사선 관리구역에서 유의해야 하는 사항이 잘못 기술된 것은?

① 관리구역 내에서는 오염 방지를 위한 전신방호복을 항상 착용해야 한다.

② 관리구역 내에서 휴대용 감마선용 선량계를 항상 착용해야 한다.

③ 개인의 피폭선량을 수시로 측정, 반드시 기록한다.

④ 관리구역 내 가속기실로부터 기구, 비품은 최대 허용 표면오염밀도의 1/10 이하인 경우 반출이 가능하다.

 관리구역 내에서는 오염 방지를 위한 전신방호복을 필요한 경우 착용해야 한다.

91 대기 분진을 정제수에 넣고 수용성 이온 성분을 추출하여 수소 이온의 농도를 측정한 결과 3.4×10^{-5}이었다. 이 값을 측정의 불확실성을 고려하여 pH로 표시할 때 옳게 나타낸 것은? (단, $-\log(3.4 \times 10^{-5}) = 4.468521$)

① 4.4   ② 4.5

③ 4.46   ④ 4.47

 $pH = -\log[H^+] = -\log(3.4 \times 10^{-5}) = 4.47$

 88 ④   **89** ①   **90** ①   **91** ④

92 표준물질에 대한 설명으로 <u>틀린</u> 것은?

① 교정 검증표준물질은 농도를 정확하게 확인하지 못한 표준물질의 값을 정확히 알기 위하여 교정곡선과 비교하여 맞는 것인지 검증하기 위해 사용된다.

② 수시 교정용 표준물질은 분석하는 동안 교정 정확도를 확인하기 위하여 중간점 초기 교정용 표준물질의 값을 대신해서 사용한다.

③ 실험실 관리 표준물질은 교정용 검정표준용액과 같은 농도의 것을 사용한다.

④ 시료를 실제 분석하기 전에 전처리를 실시한 경우 바탕시료와 표준물질을 준비하고 시료와 함께 분석한다.

> **해설** 교정 검증표준물질은 값을 알고 있는 표준물질을 사용하여 표준물질과 교정물질이 정확하고 교정 곡선이 맞는 것인지 검증하기 위해 사용한다.

93 가스통 취급방법에 대한 내용으로 <u>틀린</u> 것은?

① 가스통은 보관장소에 가죽 끈이나 체인으로 고정하여 넘어지지 않도록 하여야 한다.

② 가스통 연결 부위는 그리스나 윤활유를 발라 녹슬지 않게 한다.

③ 압력조정기를 연결하기 위해 어댑터를 쓰지 않으며, 각각의 가스의 특성에 맞는 것을 사용한다.

④ 가스를 사용할 때는 창문을 열거나 환기팬 또는 후드를 가동하여 환기가 잘 되도록 한다.

> **해설** 가스통 연결 부위에는 그리스나 윤활유를 바르지 않는다.

94 대기환경 시료를 채취할 때에는 주변 건물이나 장애물에 의한 방해로 대기오염물질이 제대로 채취되지 않을 수 있다. 다음 중 위치 선정 시 고려되는 주요 사항이 <u>아닌</u> 것은?

① 주변의 장애물의 높이   ② 주변의 장애물의 넓이
③ 주변의 장애물과의 간격   ④ 주변의 특정 오염원에 대한 영향

> **해설** 주변 장애물의 넓이는 위치 선정 시 고려사항이 아니다.

95 굴뚝 배출가스 중 황화수소 측정을 위해 시료채취관과 연결관의 재질로 <u>적절하지 않은</u> 것은?

① 석영   ② 실리콘수지
③ 세라믹   ④ 플루오린수지

> **해설** 세라믹은 시료채취관과 연결관의 재질로 적합하지 않다.

96 시료채취 장비의 준비에 대한 설명으로 **틀린** 것은?

① 시료를 채취하기 전에 세척하여 사용하며, 현장 세척과 실험실 세척 시 세척제는 재질에 따라 5 % 인산으로 된 ALCONOX$^{ⓣ}$ 또는 인산과 암모니아로 된 LIQUINOX$^{ⓕ}$을 사용한다.

② 용매는 일반적으로 아이소프로판올(isopropanol)을 사용하며, 정제수로 헹군다.

③ 퍼지 장비 중 펌프와 호스는 비누용액으로 문지른 후 수돗물을 사용해 헹구며, 정제수로 헹궈 말린다.

④ 테플론 튜브의 세척은 현장 또는 실험실에서 시행하며, 필요하다면 오염물 입자 제거를 위해 초음파 세척기에 넣어 세척한다.

 테플론 튜브의 세척은 현장에서 세척하면 안 되고, 반드시 실험실에서 세척해야 한다.

97 추출 가능한 유기물질 시료의 처리에 대한 설명으로 옳은 것은?

① 방향족화합물 분석용 시료는 알루미늄 호일로 감싼 병에 상온에서 보관한다.

② 나이트로소아민(nitrosoamine) 분석용 시료는 상온에서 보관하되 7일 이내에 분석해야 한다.

③ 유기인계 분석용 시료는 공기 중에 노출되었을 경우 즉시 분석을 완료하여야 한다.

④ 페놀 분석용 시료는 4 ℃ 냉장보관하고, 염소처리된 시료의 경우 $Na_2S_2O_3$를 첨가한다.

해설 ① 방향족화합물 분석용 시료는 알루미늄 호일로 감싼 병에 4 ℃에서 냉장보관한다.
② 나이트로소아민(nitrosoamine) 분석용 시료는 4 ℃ 냉장보관하고, 잔류 염소가 있다면 시료 1 L당 80 mg $Na_2S_2O_3$(싸이오황산소듐)를 첨가한다. 시료는 7일 안에 추출해야 하고, 추출물질을 공기 중에 노출시켰다면 7일 내에 분석을 완료해야 한다.
③ 유기인계 분석용 시료(농약)는 공기 중에 노출되었을 경우 7일 이내에 분석을 완료해야 한다.

98 다음은 사이안화물 시료의 보존 기술을 서술한 것이다. (   ) 안에 알맞은 것은?

> 잔류 염소가 있다면 (㉠) 0.6 g을 첨가하고, 황화물이 있다면 시료는 현장에서 전처리하거나 실험실로 가져와 24시간 내에 4 ℃에서 분석되어야 한다. 황화물은 (㉡)로 현장에서 점검한다. 황화물이 있다면 종이 색이 (㉢)으로 변하게 되고 카드뮴 황화물의 노란 침전물이 나타날 때까지 (㉣)를 첨가한다.

① ㉠ 싸이오황산소듐, ㉡ 납아세테이트 종이, ㉢ 붉은색, ㉣ cadmium nitrate

② ㉠ 싸이오황산소듐, ㉡ 납아세테이트 종이, ㉢ 검은색, ㉣ cadmium nitrate

③ ㉠ 아스코르브산, ㉡ 납아세테이트 종이, ㉢ 붉은색, ㉣ cadmium nitrate

④ ㉠ 아스코르브산, ㉡ 납아세테이트 종이, ㉢ 검은색, ㉣ cadmium nitrate

해설 사이안화물 시료의 보존은 잔류 염소가 있다면 아스코르브산($C_6H_8O_6$)을 첨가하고, 납아세테이트 종이를 넣어 검은색으로 변하면 황화물이 들어 있기 때문에 질산칼슘[$Ca(NO_3)_2$]을 첨가한다.

정답 96 ④ 97 ④ 98 ④

99 첨가시료에 대한 내용으로 틀린 것은?

① 관심을 갖는 항목의 물질을 가하는 것으로 농도를 알고 있는 시료이다.
② 첨가물질의 회수율로 분석 정확도를 판단할 수 있다.
③ 일반적으로 고농도의 저장용액을 그대로 주입하거나 묽혀서 주입한다.
④ 실험실에서 준비된 첨가시료는 실험실의 준비 및 분석에 대한 영향을 반영한다.

 첨가용액은 시료를 준비하기 전에 주입되어야 하며, 이 시료가 현장에서 만들어진다면 그 결과를 시료의 저장, 운송, 실험실의 준비 및 분석에 대한 영향을 반영한다.

100 기체 크로마토그래프를 이용한 다성분 측정 시 사용하는 내부표준물질 또는 대체표준물질의 설명으로 잘못된 것은?

① 분석장비의 오염과 손실, 시료 보관 중의 오염과 손실, 측정결과를 보정하기 위해 사용하며, 내부표준물질은 분석대상 물질과 동일한 검출시간을 가진 것이어야 한다.
② 내부표준물질은 분석대상 물질과 유사한 물리·화학적 특성을 가진 것이어야 하며, 각 실험 방법에서 정하는 대로 모든 시료, 품질관리시료 및 바탕시료에 첨가한다.
③ 내부표준물질에 분석물질이 포함되어서는 안 되며, 동위원소 치환체가 아니어도 내부표준물질의 사용이 가능하다.
④ 대체표준물질은 대상 항목과 유사한 화학적 성질을 가지나 일반적으로는 환경시료에서 발견되지 않는 물질이며 시험법, 분석자의 오차 확인용으로 사용한다.

 분석장비의 오염과 손실, 시료 보관 중의 오염과 손실, 측정결과를 보정하기 위해 사용하며, 내부표준물질은 분석대상 물질과 유사한 검출시간을 가진 것이어야 한다.

101 시료채취 취급방법의 설명으로 틀린 것은?

① 중금속을 위한 시료는 50 % 질산 혹은 진한 질산을 첨가하여 보존한다.
② VOC 분석을 위한 시료는 기포가 없이 가득 채워 밀봉하고 운반과 저장하는 동안에 4 ℃에서 보존한다.
③ 오일 및 윤활유 분석용 시료는 시료채취 전에 현장에서 시료 용기를 잘 헹구어 분석 시까지 냉장보관한다.
④ 미생물 분석용 시료는 밀폐된 용기에 시료를 수집하고 분석 전에 혼합하기 위하여 상부에 일정 공간을 둔다.

 오일 및 윤활유 분석용 시료는 시료채취 전에 현장에서 시료 용기를 미리 헹구지 않는다.

102 분석물질의 일반적인 시료채취 절차상 시료 수집에 있어 우선순위대로 나열한 것은?

① 미생물 – VOC(volatile organic compound) – 중금속 – 오일과 윤활유
② VOC(volatile organic compound) – 오일과 윤활유 – 중금속 – 미생물
③ 중금속 – 미생물 – 오일과 윤활유 – VOC(volatile organic compound)
④ 오일과 윤활유 – 중금속 – VOC(volatile organic compound) – 미생물

> 해설 시료채취 시 가장 먼저 시료 수집할 항목은 VOC(휘발성 유기화합물)이다.

103 휘발성 유기화합물을 분석하고자 할 때 시료채취 장비의 재질로 적당하지 <u>않은</u> 것은?

① 유리　　　　　　　　② 플라스틱
③ 스테인리스　　　　　④ 테플론

> 해설 VOC 시료채취 시 플라스틱은 사용하지 않는다.

104 폭발성 물질은 가열, 마찰, 충격 또는 다른 화학물질과의 접촉으로 산소나 산화제 공급 없이 폭발하는 특성이 있다. 폭발성 물질이 <u>아닌</u> 것은?

① 나이트로소화합물　　　② 질산에스테르류
③ 소듐　　　　　　　　　④ 유기과산화물

> 해설 소듐(Na)은 폭발성 물질이 아니고 노란 불꽃을 내며 탄다.

105 숙련도 시험은 대상 기관의 측정값 x, 기준값 X, 측정값의 분산 정도 s로부터 Z값을 구하고, 오차율 등을 적용 평가항목별 평가 후 종합하여 기관을 평가한다. Z값 산출 시 사용되는 기준값 X로 적합하지 <u>않은</u> 것은?

① 표준시료 제조값
② 전문기관에서 분석한 평균값
③ 대상 기관의 분석 평균값
④ 타 대상기관의 측정값

> 해설
> $$Z-\mathrm{score} = \frac{측정값 - 기준값}{표준편차} = \frac{x - X}{s}$$
> 숙련도 평가시험에서, $|Z| \leq 2$: 적합
> $|Z| > 2$: 부적합

106 실험에 사용되는 오차(error)에 대한 설명으로 **틀린** 것은?

① 계통오차는 실험설계를 잘못하거나 장비의 결함에 의해서 발생하는 오차를 말한다.

② 우연오차는 측정할 때 조절하지 않은 변수의 효과로부터 발생하며, 보정되지 않는 특징이 있다.

③ 정확도(accuracy)는 측정결과에 대한 재현성을 나타내는 의미이다.

④ 한 측정의 절대오차는 측정값과 참값 사이의 차이이고, 부호를 가지고 있다.

> **해설** 정밀도(precision)는 측정결과에 대한 재현성을 나타내는 의미이다.

107 유효숫자에 대한 설명 중 **틀린** 것은?

① 0이 아닌 숫자 사이에 있는 '0'은 항상 유효숫자이다.

② 4.56×1.4=6.38은 유효숫자를 적용하여 6.4로 반올림하여 적는다.

③ 12.11+18.0+1.013=31.123에서는 유효숫자를 적용하여 31.1로 적는다.

④ 소수자리의 앞에 있는 숫자 '0'은 유효숫자에 포함된다.

> **해설** 소수자리의 앞에 있는 숫자 '0'은 유효숫자에 포함되지 않는다.

108 다음 그림은 여러 차례 한 측정분석 결과에 대한 정밀도와 편향을 표시한 것이다. 동일한 표준시료에 대한 반복적 측정분석 결과가 서로 상당한 차이가 있으며, 표준시료가 갖는 원래 값에 가장 근접하지 못하는 경우는 어느 것인가?

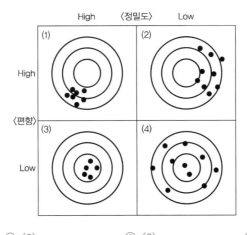

① (1)　　　　② (2)　　　　③ (3)　　　　④ (4)

> **해설** 정밀도가 낮은 쪽이 해당된다.

109 가열건조를 피해야 하는 유리기구는?

① 비커

② 삼각플라스크

③ 피펫

④ 시험관

 눈금이 새겨져 있는 메스실린더, 피펫, 뷰렛과 같은 측용기류는 유리이기 때문에 팽창하여 냉각하여 원래 상태로 복원되지 않는 경우가 있으므로 가열건조는 피해야 한다.

110 시료채취자가 시료채취 시 갖추어야 할 보호장비로 적절하지 <u>않은</u> 것은?

① 눈과 얼굴 – 폴리카보네이트 안면 보호장구

② 호흡기관 – 일반 일회용 마스크

③ 손 – 안감이 PVC로 된 장갑

④ 발 – 안전화

 호흡기관 – 활성탄으로 제작된 일회용 마스크나 완전 얼굴 마스크

111 시료의 분석결과에 대한 정도보증을 위해 실험실에서 수행해야 할 사항이 <u>아닌</u> 것은?

① 실험실의 일상적인 분석 정도보증

② 정도관리 시료의 분석결과에 의한 관리차트

③ 분석자의 경험 및 경력보증

④ 숙련도 시험

 분석자의 경험 및 경력보증은 정도보증과는 관계가 없다.

112 대기오염물질 시료를 채취할 때 위치 선정에 대한 설명 중 <u>옳지 않은</u> 것은?

① 주위에 건물이나 수목 등의 장애물이 없고 오염도를 대표할 수 있는 곳을 선정한다.

② 장애물이 있는 경우 채취 위치로부터 장애물까지의 거리가 장애물 높이의 2배 이상 되는 곳을 선정한다.

③ 건물 등이 밀집되거나 건물에 접근되어 있을 경우 건물 바깥벽으로부터 적어도 15 m 이상 떨어진 곳을 선정한다.

④ 채취지점의 높이는 그 부근의 평균 오염도를 나타낼 수 있는 곳으로, 가능한 한 1.5 m ~ 30 m 범위로 한다.

 주위에 건물 등이 밀집되거나 접근되어 있을 경우에는 건물 바깥벽으로부터 적어도 1.5 m 이상 떨어진 곳에 채취점을 선정한다.

113 다음 중 SI 단위가 <u>아닌</u> 것은?

① 길이(미터, m)
② 질량(그램, g)
③ 시간(초, s)
④ 온도(켈빈, K)

 질량(킬로그램, kg)

114 표준편차에 관한 설명이다. 옳은 것을 모두 고른 것은?

> ㉠ 신뢰구간(confidence interval)은 모평균이 있으리라 추측되는 측정치의 평균의 구간을 나타낸다.
>
> ㉡ 모평균의 신뢰구간은 $\overline{Z} \pm \dfrac{t_s}{\sqrt{n}}$ 와 같이 주어진다.
>
> ㉢ 신뢰수준 95 %가 신뢰수준 99 %에 비해서 $\overline{Z}$의 신뢰구간은 좁아지게 된다.

① ㉠, ㉡
② ㉠, ㉢
③ ㉡, ㉢
④ ㉠, ㉡, ㉢

 보기항에 제시한 신뢰구간, 모평균 신뢰구간, 신뢰수준에 대한 설명은 모두 표준편차를 옳게 설명한 것이다.

115 배출가스 중의 먼지농도를 측정할 경우, 굴뚝 내를 흐르는 가스유속보다 시료가스 채취기의 흡입노즐을 통과하는 가스유속이 빠를 때 시료를 채취하면 배출가스 중의 먼지농도는?

① 실제 농도보다 높다.
② 실제 농도보다 낮다.
③ 실제 농도와 같다.
④ 등속흡입의 경우와 같다.

 굴뚝 내의 토출가스 유속보다 시료채취기의 흡입노즐을 통과하는 유속이 빠를 경우 먼지농도는 실제 농도보다 낮게 된다.

116 배출가스 중 휘발성 유기화합물들을 정확하게 측정하기 위해 벤젠-d6를 내부표준물질로 사용하였다. 톨루엔 2.5 ppm과 내부표준물질 벤젠 4 ppm을 함유한 시료의 피크비는 0.7이다. 또 다른 배출가스 시료에 같은 농도의 내부표준물질을 첨가했을 때, 피크비가 3.10이라면 정량대상 시료 중 톨루엔의 농도(ppm)는?

① 9
② 10
③ 11
④ 10.5

 $\dfrac{2.5}{4} : 0.7 = \dfrac{x}{4} : 3.10$에서 $x = 11$ ppm

 113 ② 114 ④ 115 ② 116 ③

117 물질 A의 밀도를 시험 성적서에 제시하기 위해 무게와 부피를 재어보니 각각 1.3 g, 1.08 mL이었다. 밀도 표시가 바른 것은?

① 1.2　　　　　　② 1.20　　　　　　③ 1.203　　　　　　④ 1.2037

 해설 밀도 $\rho = \dfrac{1.3}{1.08} = 1.2$

118 대기환경기준 시험을 위한 시료채취 지점수를 결정하는 방법 중 틀린 것은?

① 시료채취 장소 및 지점수 결정에는 측정하려고 하는 대상 지역의 발생원, 기상, 지리적·사회적 조건을 고려한다.
② TM 좌표에 따라 해당 지역의 1 : 25 000 이상의 지도 위에 15 km 간격으로 격자망을 만들고 그 구획마다 측정점을 선정한다.
③ 중심원에 의한 동심원을 이용하여 정할 수 있다.
④ 대상 지역의 오염 정도에 따른 공식을 이용할 수 있다.

해설 전국 지도의 TM 좌표에 따라 해당 지역의 1 : 25 000 이상의 지도 위에 2 km ~ 3 km 간격으로 바둑판 모양의 구획을 만들고 그 구획마다 측정점을 선정한다.

119 흡수병 또는 채취병을 장치한 시료채취 장치의 가스미터는 어느 정도 압력에서 사용해야 하는가?

① 50 mmH₂O 이상　　　　　　② 50 mmH₂O 이내
③ 100 mmH₂O 이상　　　　　　④ 100 mmH₂O 이내

해설 가스미터는 100 mmH₂O 이내에서 사용한다.

120 환경측정분석기관 정도관리 운영지침(국립환경과학원 예규)에 명시된 현장평가 절차 중 순서가 옳은 것은?

① 실험실 순회 → 문서평가 → 성적서 확인 → 분야별 평가
② 문서평가 → 성적서 확인 → 실험실 순회 → 분야별 평가
③ 문서평가 → 실험실 순회 → 성적서 확인 → 분야별 평가
④ 실험실 순회 → 성적서 확인 → 문서평가 → 분야별 평가

해설 현장평가 절차는 실험실 순회 → 문서평가 → 성적서 확인 → 분야별 평가 순이다.

121 시료 인수인계 보고서에 반드시 필요한 내용이 <u>아닌</u> 것은?

① 시료채취 양식　　　　　　② 시료전달 양식
③ 시료저장 양식　　　　　　④ 시료폐기 양식

 정답 117 ① 118 ② 119 ④ 120 ① 121 ①

해설 시료채취 양식은 시료 인수인계 보고서에 반드시 필요한 내용이 아니다.

122 대체표준물질(surrogate standards)에 대한 다음 설명 중 ( ) 안에 들어가야 할 것으로 짝지어진 것은?

대체표준물질은 측정항목 오염물질과 ( )한 물리·화학적 성질을 갖고 있어 측정분석 시 측정항목 성분의 거동을 유추할 수 있고, 환경 중에서 일반적으로 ( ) 물질이며 ( )에 첨가하였을 때 시험항목의 측정 반응과 비슷한 작용을 하는 물질을 선택하여 사용한다.

① 상이 – 발견되지 않는 – 시료　　② 유사 – 발견되지 않는 – 시료
③ 상이 – 발견되는 – 정제수　　④ 유사 – 발견되는 – 정제수

해설 대체표준물질은 분석하고자 하는 물질과 물리·화학적 성질이 유사한 화합물이며 일반환경에서는 검출되는 물질이 아니다.

123 대부분의 유기용제는 해로운 증기를 가지고 있고 인체에 쉽게 스며들어 건강에 위험을 야기한다. 다음의 유기용제는?

폭발될 수 있는 물질이 있는 혼합물과 결합했을 때, 또는 고열, 충격, 마찰(병마개를 따는 것처럼 작은 마찰)에도 공기 중 산소와 결합하여 불안전한 과산화물을 형성하여 매우 격렬하게 폭발할 수 있다.

① 아세톤　　② 메탄올
③ 벤젠　　④ 에테르

해설 보기항은 에테르에 대한 설명이다.

124 무기 분석을 위한 습식 분해(wet digestion)방법으로 잘못된 것은?

① 질산과 황산 혼합액을 사용하는 습식 분해는 산화과정에서 많이 사용되고 있다.
② 질산, 과염소산, 황산을 부피비로 3 : 1 : 1로 혼합한 용액을 사용하면 효과적으로 분해할 수 있다.
③ 질산과 과염소산 혼합물도 자주 이용되며, 이때 질산이 먼저 증발하여 날아간다.
④ 질산, 과염소산, 황산의 혼합물은 아연, 비소, 구리, 납, 몰리브데넘 등을 정량적으로 회수하는 데 사용한다.

해설 Zn, As, Cu, Mo 등을 정량적으로 회수하는 데 질산, 과염소산, 황산의 혼합물은 사용하지 않는다.

125 배출가스 중 다이옥신 및 퓨란을 공정시험기준에 제시된 방법으로 시료를 채취하고자 한다. 시료채취의 정확도를 확보하기 위하여 필요한 등속흡입의 등속흡입계수(I Factor, %)의 달성 요구치는?

① 50 % ~ 120 %
② 80 % ~ 100 %
③ 95 % ~ 105 %
④ 95 % ~ 120 %

 다이옥신 및 퓨란의 시료채취 시 등속흡입계수 % = 95 % ~ 105 %

126 오차의 종류에 대한 설명 중 옳은 것은?

> 분석오차 중 가장 심각하며 오차를 최소화하거나 보정이 가능하지 않으며, 측정법의 조건을 개선하지 않는 한 변화시킬 수가 없다. 이에 대한 원인으로는 불순물의 공침, 침전물의 적은 용해도, 부반응, 불완전 반응, 시약 중의 불순물 등이 있다.

① 방법오차
② 조작오차
③ 기기오차
④ 임의오차

 보기항은 오차의 종류 중 방법오차에 대한 설명이다.

127 내부표준물질에 대한 설명 중 **틀린** 것은?

① 동위원소는 내부표준물질의 하나이다.
② 매질에 의한 간섭을 보정할 수 있다.
③ 내부표준물질로 사용하는 원소 또는 분자는 시료에 존재하지 않아야 한다.
④ 분광법에서 사용되는 기기의 광원 또는 검출기의 감도가 변하는 것을 보정할 수 있다.

 매질에 의한 간섭을 보정할 수 없다.

128 1 ppm 톨루엔 1 mL를 질소로 희석하여 200 mL를 만든 후 chromosorb에 흡착시켜 열탈착하여 가스 크로마토그래프로 4회 반복 측정하여 200 mL 중 톨루엔의 농도를 구한 결과이다. 분석 정확도(accuracy)는? (단위 : %)

4.8 ppb	4.5 ppb	5.2 ppb	5.3 ppb

① 95 %
② 97 %
③ 98 %
④ 99 %

해설 질소가스로 희석한 톨루엔의 농도 $= 1\,\text{ppm} \times \dfrac{1\,\text{mL}}{200\,\text{mL}} \times 10^3 = 5\,\text{ppb}$

$$\overline{X} = \frac{(4.8+4.5+5.2+5.3)}{4} = 4.95\,\text{ppb}, \quad \therefore \; \%\,R = \frac{4.95}{5} \times 100 = 99\,\%$$

정답 **125** ③ **126** ① **127** ② **128** ④

129 휘발성 유기화합물의 채취장비로 적당한 재질은?

① 유리, 스테인리스, 테플론

② 플라스틱, 유리, 테플론, 스테인리스, 알루미늄, 금속

③ 플라스틱, 스테인리스, 테플론, 고무

④ 유리, 고무, 금속 재질, 스테인리스, 테플론

해설 VOC 채취장비로 플라스틱, 고무, 금속 재질은 사용하지 않는다.

130 국립환경과학원 예규 501호(2009. 9. 24) 환경측정분석기관 정도관리 운영지침 중 정도관리 심의회에서 평가할 평가보고서에 포함될 사항이 <u>아닌</u> 것은?

① 대상 기관의 숙련도 평가　　　　　② 대상 기관의 현장평가 결과

③ 보완조치 결과 또는 보완 계획서　　④ 대상 기관 기록관리 보고시스템

해설 대상 기관 기록관리 보고시스템은 평가보고서에 포함되지 않는다.

131 다음 자료들은 실험실에서 5개 시료용액의 pH값을 측정한 결과이다. 주어진 측정결과의 상대 표준편차(% RSD)를 계산한 결과에 가장 근사한 것은?

7.2	7.4	7.6	7.8	8.0

① 2.16 %　　　　　　　　　　　② 4.16 %

③ 6.16 %　　　　　　　　　　　④ 8.16 %

 해설
$$\% \text{ RSD} = \frac{s}{\overline{X}} \times 100 \text{에서 } \overline{X} = 7.6, \quad s = \sqrt{\frac{1}{n-1} \sum_{i=1}^{n} (X_i - \overline{X})^2} = 0.316$$

$$\therefore \% \text{ RSD} = \frac{0.316}{7.6} \times 100 = 4.16 \%$$

132 시험결과 보고행위와 관련한 품질경영관리 요건과 옳지 <u>않은</u> 것은?

① 시험결과를 시험방법에 따라 정확하고 객관적으로 보고

② 고객이 시험결과를 전자매체로 받고자 하는 경우 비밀유지 절차에 따라 전달

③ 시험인력을 변경할 경우 시험방법을 정확히 운영할 수 있는지를 확인

④ 측정분석기관은 시험 성적서의 수정에 관련된 규정을 보유

해설 측정분석기관은 시험 성적서의 수정을 할 수 없다.

 정답　129 ①　130 ④　131 ②　132 ④

133 화학물질이 함유된 폐기물의 취급과 처리방법에 대하여 기술한 것 중 **틀린** 것은?

① 폐농약, PCBs 함유 폐기물, 유기성 오니 등의 지정폐기물은 60일을 초과해서 보관하여서는 안 된다.

② 고정화되어 흩날릴 우려가 없는 폐석면은 폴리에틸렌 재질의 포대로 포장하여 보관한다.

③ 시약 빈병은 깨지지 않도록 기존 상자에 넣어 폐기물 보관장소에 보관한다.

④ 폐산, 폐알칼리, 폐유기용제, 폐유 등으로 구분하여 수집한다.

 폐농약, PCBs 함유 폐기물, 유기성 오니 등의 지정폐기물은 45일을 초과해서 보관하여서는 안 된다.

134 환경측정분석기관의 정도관리를 위한 평가사항이 <u>아닌</u> 것은?

① 인력현황을 포함한 조직도　　　　② 업무분장서

③ 실험실 배치도 및 장비 위치도　　④ 장비의 교정 및 관리기록

 실험실 배치도, 장비 위치도는 정도관리 평가대상이 아니다.

135 측정분석기관에서 측정분석 결과에 영향을 줄 수 있는 부적합 업무가 발견되었을 때, 이를 기록하고 총괄책임자에게 보고해야 할 적임자는?

① 품질책임자　　　　　　　　　　② 기술책임자

③ 시험담당자　　　　　　　　　　④ 정도관리 담당자

 정도관리 담당자는 측정분석 결과에 영향을 줄 수 있는 부적합 업무를 기록하고 보고해야 한다.

136 정도관리 숙련도 시험의 평가기준에서 오차율은 다음 식에 따라 산정한다. 여기서, '기준값'으로 선택될 수 <u>없는</u> 항목은?

$$오차율(\%) = \frac{대상\ 기관의\ 분석값 - 기준값}{기준값}$$

① 인증표준물질과의 비교로부터 얻은 값

② 표준시료 제조값

③ 대상 기관의 분석 평균값

④ 지정된 전문기관의 분석값

 지정된 전문기관의 분석값은 기준값으로 선택할 수 없다.

137 어느 대기오염물질 배출업소에서 배출되는 SO₂의 실측농도는 400 ppm이었다. 이때의 배출가스 중의 O₂ 실측농도는 11 %이고, 이 업소의 SO₂ 배출허용기준은 표준산소농도(6 %)를 적용받는다. 다음 보기 중에서 표준산소농도로 보정한 SO₂ 농도(ppm)는?

① 500 ppm ② 600 ppm
③ 700 ppm ④ 800 ppm

 $C = 400 \times \dfrac{21-6}{21-11} = 600 \text{ ppm}$

138 대기시료채취에 적용되는 바탕시료로 적절하지 <u>않은</u> 것은?

① 시험바탕시료 ② 현장바탕시료
③ 운반바탕시료 ④ 장비바탕시료

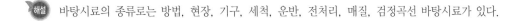 바탕시료의 종류로는 방법, 현장, 기구, 세척, 운반, 전처리, 매질, 검정곡선 바탕시료가 있다.

139 시험방법에 관한 표준작업절차서에 포함되는 내용이 <u>아닌</u> 것은?

① 실험자의 경력사항 ② 검출한계
③ 실험실 환경 및 폐기물 관리 ④ 결과분석 및 계산

 표준작업절차서에는 실험자의 경력사항은 포함하지 않는다.

140 시료분석에 대한 정도관리의 목적이 <u>아닌</u> 것은?

① 바탕시료의 분석을 통해 분석의 정확도를 파악할 수 있다.
② 첨가시료의 분석을 통해 분석의 정확도를 파악할 수 있다.
③ 반복시료의 분석을 통해 분석의 정밀도를 파악할 수 있다.
④ 이중시료의 분석을 통해 분석의 정밀도를 확인할 수 있다.

 바탕시료의 분석을 통해 분석의 정확도를 파악할 수 있는 것이 정도관리의 목적은 아니다.

141 정도관리용 표준시료로서 적합하지 <u>않은</u> 것은?

① 표준용액(standard) ② 바탕시료(blanks)
③ 인증된 기준 물질(CRM) ④ 혼합시료(composite sample)

해설 정도관리용 표준시료는 표준용액, 바탕시료, 인증된 기준 물질이 있다.

 정답 **137** ② **138** ① **139** ① **140** ① **141** ④

142 표준물질, 시약 및 화학물질과 이에 대한 저장방법이 잘못 짝지어진 것은?

① 산(HCl, H_2SO_4 등) : 원래의 용기에 저장하고, 캐비닛에 '산'이라고 적는다.

② 미량 유기물질을 위한 저장용액과 표준물질 : 바이알에 넣어 냉장고(4 ℃) 또는 상온에서 저장한다.

③ 과산화수소 : '화학물질 저장'이라고 냉장고에 적은 후 저장하되, 뚜껑을 단단히 조여 봉한 용기에 넣어 보관한다.

④ 중금속 저장용액 및 표준물질 : 실온에서 저장한다.

 미량 유기물질을 위한 저장용액과 표준물질 : 바이알에 넣어 냉동고에 저장한다.

143 이중시료 분석을 통해 현장측정의 정밀도를 평가하고자 이중시료의 측정값이 각각 95 mg/L, 100 mg/L임을 확인하였다. 이 경우 상대편차 백분율(RPD, relative percent difference)은?

① 97.5   ② 19.5

③ 5.13   ④ 1.05

 "상대편차 백분율(RPD)"은 측정값의 변이 정도를 나타내며, 두 측정값의 차이를 평균값으로 나누어 백분율로 표시한다.

$$\therefore\ RPD = \frac{100-95}{97.5} \times 100 = 5.13\ \%$$

144 시험검사결과 보고에서 원자료의 분석에 관한 것으로 옳은 것은?

① 원자료는 분석에 의해 발생된 자료로서 정도관리 점검이 포함된 것이다.

② 보고 가능한 데이터 혹은 결과는 원자료를 의미한다.

③ 계산을 시작하기 전에 기기로부터 나온 모든 산출값이 올바르고, 선택된 식이 적절한지 확인할 필요가 없다.

④ 원자료와 모든 관련 계산에 대한 기록은 보관되지 않아도 된다.

 원자료는 정도관리 점검이 포함된 것이다.

145 거주지 면적은 130 km², 인구밀도는 4,300명/km²인 도시에 인구비례에 의한 방법으로 환경오염 시료채취 측정점수를 계산하면 몇 개인가? (단, 전국 평균 인구밀도는 770명/km²이다.)

① 15   ② 16   ③ 28   ④ 29

 측정점수 $= \dfrac{\text{그 지역 거주지 면적}}{25\,km^2} \times \dfrac{\text{그 지역 인구밀도}}{\text{전국 평균 인구밀도}} = \dfrac{130}{25} \times \dfrac{4{,}300}{770} = 29$

146 시료분석 시의 정도관리 요소 중 바탕값(blank)의 종류와 내용이 맞게 연결된 것은?

① 정제수 바탕시료(reagent blank sample) : 시료채취과정의 오염과 채취용기의 오염 등 현장 이상 유무를 확인하기 위함이다.

② 시험바탕시료(method blank) : 시약 조제, 시료 희석, 세척 등에 사용하는 시료를 말한다.

③ 현장바탕시료(field blank sample) : 시료채취과정에서 시료와 동일한 채취과정의 조작을 수행하는 시료를 말한다.

④ 운송바탕시료(trip blank sample) : 시험 수행 과정에서 사용하는 시약과 정제수의 오염과 실험절차의 오염, 이상 유무를 확인하기 위한 목적에 사용한다.

 시료채취과정에서 시료와 동일한 채취과정 조작을 수행하는 시료는 현장바탕시료이다.

147 다음의 방법으로 암모니아 표준액을 제조하고자 할 때 필요한 시약 등급수(reagent-grade water)를 순서대로 나열한 것은?

> 건조한 황산암모늄 2.9498 g을 <u>시약 등급수</u> 100 mL ~ 150 mL가 든 비커에서 완전히 용해시킨 후, 1 L 메스플라스크에 옮겨 <u>시약 등급수</u>로 표선까지 채운다. 이 용액을 다시 <u>시약 등급수</u>로 1 000배 묽게 하여 암모니아 표준액으로 한다. 실험에 사용되는 모든 유리기구는 <u>시약 등급수</u>로 세척한 후 사용한다.

① 유형 Ⅰ, 유형 Ⅰ, 유형 Ⅰ, 유형 Ⅰ   ② 유형 Ⅰ, 유형 Ⅰ, 유형 Ⅰ, 유형 Ⅲ
③ 유형 Ⅱ, 유형 Ⅱ, 유형 Ⅱ, 유형 Ⅱ   ④ 유형 Ⅱ, 유형 Ⅱ, 유형 Ⅱ, 유형 Ⅲ

 시약 등급수
- 유형 Ⅰ 등급 : 증류 또는 다른 동등한 과정을 거쳐 생산한 물로 혼합이온교환수지와 0.2 μm 멤브레인 필터를 통과한 것을 말한다.
- 유형 Ⅱ 등급 : 증류 또는 이와 비슷한 과정을 거쳐 생산한 정제수로 전기전도도가 25 ℃(298 K) 에서 1.0 μS/cm 이하인 것을 말한다.
- 유형 Ⅲ 등급 : 증류, 이온 교환, 역삼투에 의한 전기분해식 이온화 장치 또는 이것들의 조합에 의해 제조된 정제수로 0.45 μm 멤브레인 필터를 통과한 것을 말한다.
- 유형 Ⅳ 등급 : 증류, 이온 교환, 역삼투에 의한 전기분해식 이온화 장치, 전기투석장치 또는 이것들의 조합에 의해 제조된 정제수를 말한다.

148 분석자료의 보고 시 필요한 자료로 적당하지 <u>않은</u> 것은?

① 시료 수집 및 확인에 관한 문서   ② QA/QC 문서 및 자료
③ 분석데이터의 점검 및 유효화   ④ 분석담당자의 능력을 입증하는 자료

 분석담당자의 능력을 입증하는 자료는 분석자료의 보고에 필요한 자료가 아니다.

149 시료채취 프로그램에 포함되지 <u>않는</u> 것은?

① 시료채취 목적과 시험항목
② 시료 인수인계와 시료 확인
③ 현장 정도관리 요건
④ 시료채취 유형

> 해설 시료 인수인계와 확인은 시료채취 프로그램에 포함되지 않는다.

150 환경분야 측정분석기관 정도관리 평가내용에서 기술요건에 해당하지 <u>않는</u> 것은?

① 운영에 관한 사항
② 인력에 관한 사항
③ 시설에 관한 사항
④ 시험방법에 관한 사항

> 해설 기술요건에는 운영에 관한 사항은 해당되지 않는다.

151 시험방법에 대한 분석자의 능력 검증을 실시해야 하는 경우에 해당되지 <u>않는</u> 것은?

① 분석자가 처음으로 분석을 시작하는 경우
② 분석자가 교체되는 경우
③ 분석장비가 교체되는 경우
④ 검정곡선을 새로 작성해야 하는 경우

> 해설 분석자의 능력 검정에 검정곡선을 새로 작성해야 하는 경우는 해당되지 않는다.

152 측정값의 정확도와 정밀도에 영향을 주는 오차 중 계통오차에 해당하지 <u>않는</u> 것은?

① 기기오차
② 조작오차
③ 임의오차
④ 방법오차

> 해설 이외에도 계통오차는 개인오차가 있다.

153 평가팀장은 정도관리 현장평가 완료 후 국립환경과학원장에게 현장평가 보고서를 제출하여야 한다. 현장평가 보고서의 작성 내용으로 필수사항이 <u>아닌</u> 것은?

① 대상 기관의 현황
② 운영·기술 점검표
③ 미흡사항 보고서
④ 부적합 판정에 대한 증빙서류

> 해설 부적합 판정에 대한 증빙서류는 현장평가 보고서 작성 내용이 아니다.

154 정도관리 심의회의 기능이 <u>아닌</u> 것은?

① 정도관리 평가위원의 자격기준 심의에 관한 사항

② 이의 또는 불만처리에 대한 최종 결정 및 분쟁 조정에 관한 사항

③ 분야별 정도관리와 관련된 기술기준에 관한 사항

④ 대상 기관에 대한 보완조치 결과를 통한 우수 또는 미달 여부 판정에 관한 사항

> **해설** 정도관리 심의회의 기능으로 분야별 정도관리와 기술수준에 관한 사항은 포함하지 않는다.

155 건조용기(데시케이터) 안에 넣어 사용하는 건조제로 적합하지 <u>않은</u> 것은?

① 황산(H_2SO_4)
② 오산화인(P_2O_5)
③ 산화바륨(BaO)
④ 탄산칼슘($CaCO_3$)

> **해설** $CaCO_3$는 건조제로 적합하지 않다.

156 실험에 사용되는 유리기구 또는 플라스틱 기구의 세척에 대한 설명으로 <u>옳지 않은</u> 것은?

① 플라스틱 기구는 비알칼리성 세제를 이용하며 솔을 사용하지 않는다.

② 소디움 알콕사이드(sodium alkoxide)용액 제조 시 에탄올 대신 아이소프로판올을 사용하면 세정력이 좋아진다.

③ 인산삼소듐(trisodiumphosphate) 세정액은 탄소 잔류물을 제거하는 데 효과적이다.

④ 과망간산칼륨으로 작업할 때 생기는 이산화망간의 얼룩 제거에는 30 % $NaHSO_3$ 수용액이 효과적이다.

> **해설** 소디움 알콕사이드(sodium alkoxide)용액 제조 시 에탄올 대신 아이소프로판올을 사용하면 세정력은 떨어지나 유리기구의 손상은 적다.

157 측정분석의 정도관리는 공산품 생산의 품질관리와 같은 의미로 사용될 수 있다. Feigenbaum은 품질관리의 발달과정을 5단계로 구분하였는데, 다음 사항에 해당하는 것은?

제품의 설계단계에서부터 원자재 구입, 생산공정 설계 및 설비, 나아가 소비자에 대한 서비스 단계까지 관련하여 품질에 영향을 주는 요소를 제거하고자 하는 노력

① 작업자 품질관리
② 검사품질관리
③ 통계적 품질관리
④ 종합품질관리

> **해설** 보기항은 종합품질관리에 대한 발달과정이다.

158 반복 데이터의 정밀도를 나타내는 것으로 관련이 <u>적은</u> 것은?

① 표준편차   ② 가변도

③ 변동계수   ④ 절대오차

> **해설** 오차는 정확도를 나타내는 변수이다.

159 실험자가 실험실에서 감지하지 못하는 내부 변화를 찾아내고, 생산하는 측정분석값을 신뢰할 수 있게 하는 최선의 방법은?

① 내부정도관리 참여

② 외부정도관리 참여

③ 측정분석기기 및 장비에 대한 교정

④ 시험방법에 대한 정확한 이해

> **해설** 외부정도관리 참여는 내부 변화를 찾아내고, 생산하는 측정분석값을 신뢰하도록 한다.

160 실험실에서 시료나 시약을 보관하기 위해 플라스틱 제품의 용기를 사용할 때 제품의 물리·화학적 특성을 고려하여 다방면에 걸쳐 가장 무난하게 사용할 수 있는 것은?

① High-Density Polyethylene

② Fluorinated Ethylene Propylene

③ Polypropylene

④ Polycarbonate

> **해설** FEP는 플라스틱 제품 용기를 만드는 재료이다.

161 정도관리에 대한 용어 설명으로 <u>잘못된</u> 것은?

① 정밀도는 균질한 시료에 대한 다중반복 또는 이중측정분석 결과의 재현성을 나타낸다.

② 정확도는 측정분석의 결과가 얼마나 참값에 근접하는가를 나타낸다.

③ 정확도는 인증표준물질을 분석하거나 매질시료에 기지농도 용액을 첨가하여 참값에 얼마나 가까운가를 나타낸다.

④ 정밀도는 참값에 대한 측정값의 백분율로 구한다.

> **해설** 정확도는 참값에 대한 측정값의 백분율로 구한다.

162 시료의 운반 및 보관과정에서 변질을 막기 위하여 첨가하는 보존용액으로 잘못 연결된 것은?

① 납 – 질산
② 사이안 – 염산
③ 페놀 – 인산, 황산구리
④ 총질소 – 황산

 사이안은 4 ℃ 보관, NaOH로 pH 12 이상

163 현장 측정의 정도관리(QC)에 대한 설명으로 관련이 적은 것은?

① 이중시료는 측정의 정밀도를 계산하기 위해 분석한다.
② 20개의 시료마다 이중시료 및 QC 점검 표준시료를 분석한다.
③ 정밀도는 이중시료 분석의 상대표준차(RSD)로 나타낸다.
④ 상대편차 백분율(RPD)이 0이면 정밀도가 가장 좋음을 의미한다.

해설 정밀도는 이중시료 분석의 상대표준편차 백분율(RPD)로 나타낸다.

164 다음 중 우연오차에 해당하는 것은?

① 값이 항상 적게 나타나는 pH미터
② 광전자증배관에서 나오는 전기적 바탕신호
③ 잘못 검정된 전기전도도 측정계
④ 무게가 항상 더 나가는 저울

해설 우연오차(random error) : 재현 불가능한 것으로 원인을 알 수 없어 보정할 수 없는 오차이며 이것으로 인해 측정값은 분산이 생긴다.

165 자외선/가시선 분광광도계의 교정과 관리방법에 대한 설명으로 관련이 적은 것은?

① 디디뮴(Di) 교정 필터를 사용하여 기기를 교정한다.
② 염화코발트용액을 사용하여 (500, 505, 515, 520) nm의 파장에서 흡광도를 측정하여 교정한다.
③ 기기의 직선성 점검은 저장용액과 50 % 희석된 염화코발트용액으로 510 nm의 파장에서 흡광도를 측정하여 교정한다.
④ 바탕시료로 기기의 영점을 맞춘 다음 한 개의 수시교정 표준물질로 곡선을 그려 참값의 10 % 이내인지를 확인한다.

해설 바탕시료로 기기의 영점을 맞춘 다음 한 개의 연속교정 표준물질로 곡선을 그려 참값의 5 % 이내인지를 확인한다.

166 다음 용어의 설명으로 **틀린** 것은?

① 검정 특정 조건하에서 분석기기에 의하여 측정분석한 결과를 표준물질, 표준기기에 의해 결정된 값 사이의 관계를 규명하는 일련의 작업을 말한다.

② 정도보증(QA)은 측정분석 결과가 정도 목표를 만족하고 있음을 증명하기 위한 제반활동을 말한다.

③ 정도관리(QC)는 측정결과의 정확도를 확보하기 위해 수행하는 모든 검정, 교정, 교육, 감사, 검증, 유지·보수, 문서, 관리를 포함한다.

④ 참값은 측정값의 올바른 수치로서 특별한 경우를 제외하고 구체적인 값으로 항상 구할 수 있다.

> **해설** 참값은 유일하지만 실제로는 알 수 없는 것으로 여겨진다.

167 다음 분석자료의 승인과정에서 '허용할 수 없는 교정범위의 확인 및 수정' 사항에 속하지 **않** 는 것은?

① 오염된 정제수
② 오래된 저장물질과 표준물질
③ 부적절한 부피 측정용 유리제품의 사용
④ 잘못된 기기의 응답

> **해설** '오염된 정제수'는 '허용할 수 없는 바탕시료값의 원인과 수정' 사항에 속한다.

168 유효숫자를 결정하기 위한 법칙으로 **잘못된** 것은?

① '0'이 아닌 정수는 항상 유효숫자이다.
② 소수자리 앞에 있는 숫자 '0'은 유효숫자에 포함된다.
③ '0'이 아닌 숫자 사이에 있는 '0'은 항상 유효숫자이다.
④ 곱셈으로 계산하는 숫자 중 가장 작은 유효숫자 자릿수에 맞춰 결과값을 적는다.

> **해설** 소수자리 앞에 있는 숫자 '0'은 유효숫자에 포함되지 않는다.

169 실험실 기기의 유지관리 주기에서 매일 점검하지 **않아도** 되는 것은?

① ICP의 토치 세척
② 전기전도도 측정계의 셀 세척
③ 탁도계의 셀 세척
④ pH미터의 전극 세척

> **해설** ICP의 토치는 매일 점검하지 않아도 된다.

170 정도관리(QC)와 관련된 수식 중 **틀린** 것은?

① 표준편차$(s) = \sqrt{\dfrac{1}{n-1}\left[\displaystyle\sum_{i=1}^{n}(X_i - \overline{X})^2\right]}$

② 상대편차 백분율$(\mathrm{RPD}) = \left[\dfrac{X_1 - X_2}{(X_1 + X_2)}\right] \times 100$

③ 관측범위 $R = |X_{\max} - X_{\min}|$

④ 상한 관리기준(UCL) = 평균 % $R + 3s$

 상대편차 백분율(RPD)은 이중시료의 정밀도를 나타내며 다음과 같이 계산한다.

$$\mathrm{RPD} = \frac{|x_1 - x_2|}{\overline{x}} \times 100$$

여기서, x_1과 x_2 : 측정 1과 측정 2의 관찰된 값
$\overline{x}$: 관찰된 값들의 평균

171 측정분석기관의 분석능력 향상을 위해 인증표준물질(CRM)을 이용한 숙련도 시험을 수행하여 다음 표와 같은 결과값을 얻었다. 인증표준물질의 실제 농도가 6.0 mg/L이고, 목표 표준편차는 0.5 mg/L이다. Z값을 이용하여 숙련도 결과를 평가하는 경우 옳은 것은?

횟 수	1	2	3	4	5	6
측정값(mg/L)	7.2	8.0	8.7	4.5	6.0	9.1

① $Z = 1.5$, 만족 ② $Z = 2.0$, 불만족

③ $Z = 2.0$, 만족 ④ $Z = 2.5$, 불만족

 평가기준(Z-score), $Z = \dfrac{\overline{x} - X}{s} = \dfrac{7.25 - 6.0}{0.5} = 2.5$

$|Z| \leq 2$: 만족, $|Z| > 2$: 불만족이므로, 이 경우 Z값을 이용하여 숙련도 결과는 불만족이다.

172 시험분석 자료의 승인 절차에 대한 설명으로 **잘못된** 것은?

① 바탕시료의 값은 방법검출한계보다 낮은 값을 가진다.

② 교정검증표준물질의 허용범위는 유기물의 경우 참값의 ±5 %, 무기물의 경우 참값의 ±10 % 이다.

③ 모든 저장물질과 표준물질은 유효날짜가 명시되어야 하며, 날짜가 지난 용액은 즉시 폐기하여야 한다.

④ 현장 이중시료 및 실험실 이중시료에 의한 오류를 점검하여 허용값을 벗어나는 경우 원인을 찾아 시정하여야 한다.

교정검증표준물질의 허용범위는 무기물의 경우 참값의 ±5 %, 유기물의 경우 참값의 ±10 %이다.

173 다음 중 일반적인 분석과정으로 가장 잘 나타낸 것은?

① 문제 정의 – 방법 선택 – 대표 시료 취하기 – 분석시료 준비 – 화학적 분리가 필요한 모든 것을 수행 – 측정 수행 – 결과의 계산 및 보고

② 문제 정의 – 대표 시료 취하기 – 방법 선택 – 분석시료 준비 – 화학적 분리가 필요한 모든 것을 수행 – 측정 수행 – 결과의 계산 및 보고

③ 문제 정의 – 대표 시료 취하기 – 방법 선택 – 분석시료 준비 – 수행 – 분리가 필요한 모든 것을 수행 – 결과의 계산 및 보고

④ 문제 정의 – 방법 선택 – 대표 시료 취하기 – 분석시료 준비 – 측정 수행 – 화학적 분리가 필요한 모든 것을 수행 – 결과의 계산 및 보고

> **해설** 일반적인 분석과정을 순차적으로 나타낸 것은 ①번 보기항이다.

174 방법검출한계에 대한 설명으로 **잘못된** 것은?

① 어떤 측정항목이 포함된 시료를 시험방법에 의해 분석한 결과가 99 % 신뢰수준에서 0보다 분명히 큰 최소 농도로 정의할 수 있다.

② 방법검출한계는 시험방법, 장비에 따라 달라지므로 실험실에서 새로운 기기를 도입하거나 새로운 분석방법을 채택하는 경우 반드시 그 값을 다시 산정한다.

③ 예측된 방법검출한계의 3배 ~ 5배의 농도를 포함하도록 7개의 매질첨가시료를 준비 · 분석하여 표준편차를 구한 후, 표준편차의 10배의 값으로 산정한다.

④ 일반적으로 중대한 변화가 발생하지 않아도 6개월 또는 1년마다 정기적으로 방법검출한계를 재산정한다.

> **해설** 표준편차의 3.143배의 값으로 산정한다.

175 국립환경과학원의 관련 규정에 따르면 숙련도 시험은 Z값(Z – score) 또는 오차율을 사용하여 항목별로 평가하고, 이를 종합하여 기관을 평가하며 Z값은 측정값의 정규분포 변수로 나타낸다. 여기서 기준값은 표준시료의 제조방법, 시료의 균질성 등을 고려하여 다음 중 한 방법을 선택하는데, 이에 해당되지 <u>않는</u> 것은?

① 측정대상기관 분석결과의 중앙값

② 표준시료 제조값

③ 전문기관에서 분석한 평균값

④ 인증표준물질과의 비교로부터 얻은 값

> **해설** 측정대상기관 분석결과의 중앙값은 Z스코어와는 관련이 없다.

176 실험실 정도관리(현장평가)의 문서평가에 포함되지 <u>않는</u> 것은?

① 조직도(인력현황)　　　　　　② 분석장비 배치도
③ 시약 목록　　　　　　　　　　④ 시료관리 기록

 분석장비 배치도는 현장평가 문서에 포함되지 않는다.

177 화학물질에 대한 저장방법으로 가장 적당한 것은?

① 가연성 용매 : 원래 용기에 저장하고 실험실 밖 별도의 장소에 저장
② 페놀 : "화학물질 저장"이라고 표시 후 지하 상온 저장
③ pH 완충용액, 전도도 물질 : 냉장보관
④ 산(HCl 등) : 캐비닛에 "산"이라고 적고, 테플론 용기에 저장

 ② 페놀 : "화학물질 저장"이라고 표시 후 냉장고에 저장
③ pH 완충용액, 전도도 물질 : 실온 저장
④ 산(HCl 등) : 캐비닛에 "산"이라고 적고, 원래의 용기에 저장

178 표준용액의 저장방법과 유효기간이 맞게 연결된 것은?

① 사이안화 이온 - 실온 보관 - 1개월
② TOC - 갈색병, 냉장보관 - 6개월
③ 총 페놀 - 유리병, 냉장보관 - 3개월
④ 오일과 윤활유 - 밀봉된 용기, 냉동보관 - 6개월

 ① 사이안화 이온 - 냉장보관 - 1개월
② TOC - 갈색병, 냉장보관 - 3개월
④ 오일과 윤활유 - 밀봉된 용기, 냉장보관 - 6개월

179 실험기구의 세척과 건조방법으로 <u>옳지 않은</u> 것은?

① 유리기구의 세척은 세제를 이용하거나 초음파 세척기를 사용하기도 한다.
② 플라스틱 기구의 세척은 알칼리성 세제를 이용하여 세척 후 정제수로 헹구어 사용한다.
③ 유기분석용 기구는 주로 알칼리성 세척제를 많이 사용하고 중금속용 용기는 주로 무기산을 이용한 세척제를 사용한다.
④ 눈금이 새겨져 있는 피펫, 뷰렛 등은 건조시 고온(90 ℃를 넘지 않도록)을 피해야 한다.

 플라스틱 기구의 세척은 비알칼리성 세제를 이용하여 세척 후 정제수로 헹구어 사용한다.

180 기체 크로마토그래프를 이용한 내부표준물질 분석법의 장점이 <u>아닌</u> 것은?

① 분석시간이 단축된다.

② 각 성분의 머무름 시간 변화를 상대적으로 보정해 줄 수 있다.

③ 검출기의 감응 변화를 상대적으로 보정해 줄 수 있다.

④ 실험과정에서 발생하는 실험적 오차를 줄일 수 있다.

> **해설** 내부표준물질 분석법과 분석시간 단축은 상관성이 없다.

181 수질 중 5.0 ng/L의 벤젠을 5회 분석한 결과 다음과 같은 결과를 얻었다. 빈 칸 ㉠ 및 ㉡에 옳은 것은?

1회	2회	3회	4회	5회	정확도(%)	정밀도(%)
5.1	5.2	4.8	4.9	5.0	㉠	㉡

① ㉠ 100, ㉡ 3.2

② ㉠ 100, ㉡ 1.6

③ ㉠ 1.0, ㉡ 3.2

④ ㉠ 1.0, ㉡ 1.6

> **해설**
> - 정확도 : $\% R = \dfrac{측정값}{참값} \times 100\,\% = \dfrac{\bar{x}}{참값} \times 100 = \dfrac{5.0}{5.0} \times 100 = 100\,\%$
> - 정밀도 : $\% \mathrm{RSD} = \dfrac{s}{X} \times 100\,\% = \dfrac{0.158}{5.0} \times 100 = 3.2\,\%$

182 다음 중 분석에 사용되는 시약 등급수(reagent-grade water)에 관해 설명한 것으로 맞지 <u>않는</u> 것은?

① 유형 Ⅰ는 최소의 간섭물질과 편향 최대 정밀도를 필요로 할 때 사용된다.

② 유형 Ⅱ는 박테리아의 존재를 무시할 수 있는 목적에 사용된다.

③ 유형 Ⅲ은 유리기구의 세척과 예비 세척에 사용된다.

④ 유형 Ⅳ는 더 높은 등급수의 생산을 위한 원수로 사용한다.

> **해설** 유리기구의 세척과 예비 세척에 사용되는 시약 등급수는 유형 Ⅲ, Ⅳ이다. 더 높은 등급수의 생산을 위한 원수(feedwater)로 사용하는 시약 등급수는 유형 Ⅲ 등급수이다.

183 시료분석 시 정도관리 절차로 바탕시료 분석, 첨가시료의 분석, 반복시료의 분석을 수행한다. 이에 대한 설명으로 옳지 않은 것은?

① 바탕시료의 분석을 통해 시험방법 절차, 실험실 환경, 분석장비의 오염 유무를 파악할 수 있다.
② 바탕시료 측정결과는 실험실의 방법검출한계(MDL)를 초과하지 않아야 한다.
③ 첨가시료의 분석을 통해 결과의 정밀도를 확인할 수 있다.
④ 반복시료의 분석을 통해 결과의 정밀도를 확인할 수 있다.

> 해설 첨가시료의 분석을 통해 결과의 정확도를 확인할 수 있다.

184 시료분석 결과에 대한 정도보증을 위해 실험실에서 반드시 수행해야 하는 내용으로 관련이 적은 것은?

① 실험실 관리시료는 최소한 매달 1회씩 시험항목의 측정분석 중 수행한다.
② 실험실 관리시료의 확인을 통해 검정용 표준물질의 안정성을 확인할 수 있다.
③ 인증표준물질(CRM)을 실험실 관리시료로 사용할 수 있다.
④ 실험실 수행평가는 실험실 내부에서 검증받을 수 있다.

> 해설 실험실 수행평가는 실험실 외부에서 검증받을 수 있다.

185 측정분석기관의 정도관리 현장평가에 대한 설명으로 관련이 적은 것은?

① 평가위원은 현장평가 시 실험실 순회를 실시하여 시험에 적합한 환경조건을 갖추고 있는지를 확인하여야 한다.
② 평가위원은 현장평가 시 분석자와 질의·응답을 통하여 분석자가 해당 항목을 시험할 수 있는 능력을 가지고 있는가를 평가하며, 필요 시 기술책임자와 면담을 실시할 수 있다.
③ 평가위원은 평가내용이 대상 기관과 관련이 없는 경우 그 평가내용에 대해 평가하지 않을 수 있으며, 대상 기관과 협의하여 평가내용을 추가할 수 있다.
④ 다른 업무와 관련되어 재확인이 요구되거나 확인이 불가한 사항은 다른 평가위원의 평가기록과 대조하거나 별도의 방법으로 확인하여야 한다.

> 해설 평가위원은 평가내용이 대상 기관과 관련이 없는 경우 그 평가내용에 대해 평가하지 않을 수 있으며, 국립환경과학원 담당부서의 사전 동의하에 평가내용을 추가할 수 있다.

186 배출허용기준의 적합 여부를 판정하기 위한 시료채취방법으로 적절하지 <u>않은</u> 것은?

① 환경오염사고 등과 같이 신속대응이 필요한 경우를 제외하고는 복수시료 채취를 원칙으로 한다.

② 복수시료를 수동으로 채취할 경우에는 30분 이상 간격으로 2회 이상 채취하여 단일시료로 한다.

③ 휘발성 유기화합물, 오일, 미생물 분석용 시료는 채취하려는 시료로 용기를 헹군 후 채취한다.

④ 용존가스, 환원성 물질, 수소이온농도를 측정하기 위한 시료는 시료병에 가득 채워서 채취한다.

> **해설** 휘발성 유기화합물, 오일, 미생물 분석용 시료는 용기를 헹구지 않고 채취한다.

187 정도관리와 관련된 용어의 설명으로 <u>잘못된</u> 것은?

① 우연오차 : 재현 불가능한 것으로, 이로 인해 측정값은 분산이 생기나 보정이 가능하다.

② 편향 : 온도 혹은 추출의 비효율성, 오염 등과 같은 시험방법에서의 계통오차로 인해 발생하는 것으로 평균의 오차가 0이 되지 않을 경우에 측정결과가 편향되었다고 한다.

③ 정도관리 시료 : 방법검출한계의 10배 또는 검정곡선의 중간 농도로 제조하여 일상적인 시료의 측정분석과 같이 수행하며, 정밀도와 정확도 자료는 계산하여 관리차트를 작성한다.

④ 관리차트 : 동일한 시험방법 수행에 의해 측정항목을 반복하여 측정분석한 결과를 시간에 따라 표현한 것으로 통계적으로 계산된 평균선과 한계선도 함께 나타낸다.

> **해설** 우연오차(random error) : 재현 불가능한 것으로, 원인을 알 수 없어 보정할 수 없는 오차이며 이것으로 인해 측정값은 분산이 생긴다.

188 시멘트 소성로의 굴뚝 단면이 원형이고, 굴뚝 직경이 2 m인 경우 대기시료채취를 위한 측정점 수와 굴뚝 중심에서 측정점까지의 거리를 바르게 연결한 것은?

① 4개 − 0.707 m ② 4개 − 0.866 m
③ 8개 − 0.707 m ④ 8개 − 0.866 m

> **해설**

〈원형 단면의 측정점〉

굴뚝 직경 $2R$ (m)	반경 구분수	측정점수	굴뚝 중심에서 측정점까지의 거리 r_n (m)				
			r_1	r_2	r_3	r_4	r_5
1 이하	1	4	0.707 R	−	−	−	−
1 초과 2 이하	2	8	0.500 R	0.866 R	−	−	−
2 초과 4 이하	3	12	0.408 R	0.707 R	0.913 R	−	−
4 초과 4.5 이하	4	16	0.354 R	0.612 R	0.791 R	0.935 R	−
4.5 초과	5	20	0.316 R	0.548 R	0.707 R	0.837 R	0.949 R

정답 186 ③ 187 ① 188 ④

189 현장시료 보관 및 현장기록에 대한 사항으로 옳지 않은 것은?

① 모든 시료채취는 시료 인수인계 양식에 맞게 문서화해야 한다.
② 시료의 수집, 운반, 저장, 폐기는 숙달된 직원에 의해서 행할 수 있다.
③ 시료의 보관자 혹은 시료채취자 서명, 날짜를 기록해야 한다.
④ 필요할 때는 시정조치에 대한 기록도 보관해야 한다.

> 해설 모든 시료채취는 시료 인수인계 양식에 맞게 문서화해야 한다. 시료 수집, 운반, 저장, 분석, 폐기는 자격을 갖춘 직원에 의해서 행해야 한다.

190 수질시료의 채취 장비 준비에 대한 설명으로 옳지 않은 것은?

① 현장세척과 실험실 세척에 대한 문서를 작성한다.
② 세척제는 인산을 함유한 세제 또는 인산과 암모니아로 된 세제를 사용한다.
③ 용매는 일반적으로 메탄올을 사용한다.
④ 초음파 세척기를 이용한 세척에서는 인산과 암모니아로 된 세제를 더 자주 사용한다.

> 해설 용매는 일반적으로 아이소프로판올(isopropanol)을 사용하고 정제수로 헹군다.

191 정도관리 현장평가 보고서의 작성에 대한 설명으로 잘못된 것은?

① 평가팀장은 미흡사항 보고서에 품질시스템 및 기술 향상을 위한 사항은 포함할 수 없다.
② 평가팀장은 발견된 모든 미흡사항에 대해 상호 토론과 확인을 하여야 한다.
③ 평가팀장은 대상 기관의 분야별 평가에 대해 현장평가기준에 따라 적합, 부적합으로 구분한다.
④ 평가팀장은 운영 및 기술 점검표, 시험분야별 분석능력 점검표를 모두 취합하고 평가결과를 상호 대조하여 현장평가 보고서를 최종 작성한다.

> 해설 평가팀장은 발견된 미흡사항에 대한 적절한 보완조치를 하고 필요사항과 품질시스템 및 기술 향상을 위한 사항을 미흡사항 보고서에 포함할 수 있다.

192 분석항목별 시료의 보관방법으로 잘못 설명한 것은?

① COD 측정용 시료에 황산 처리를 하는 이유는 미생물 활동을 억제하기 위해서이다.
② 중금속 측정을 위한 시료는 금속을 용해성 이온 형태로 보존할 수 있도록 산처리한다.
③ 수은은 산 처리를 할 경우 휘발성이 커지므로 알칼리 처리한다.
④ 용존산소 측정을 위해서는 보관된 시료를 사용할 수 없다.

> 해설 수은(0.2 μg/L 이하) : 1 L당 HCl(12 mol/L) 5 mL 첨가(수은은 알칼리 처리를 할 경우 휘발성이 커지므로 산 처리한다.)

193 정도관리(현장평가) 운영에 대한 설명으로 옳지 않은 것은?

① 평가위원들은 현장평가의 첫번째 단계로 대상 기관 참석자들과 시작회의를 한다.

② 시험분야별 평가는 분석자가 업무를 수행하는 곳에서 진행한다.

③ 분석 관련 책임자 또는 분석자와의 면담을 통해서 평가할 수 있다.

④ 검증기관의 검증유효기간 및 검증항목 확대 시 유효기간은 모두 심의일로부터 3년이다.

 검증기관의 검증유효기간은 규정에 따라 심의된 날로부터 3년으로 한다.

194 다음 수들의 유효숫자 개수를 맞게 나열한 것은?

0.212,   − 90.7,   − 800.00,   0.0670

① 3-3-5-3   ② 4-3-5-3

③ 3-3-5-5   ④ 3-3-1-3

해설 • 0.212의 유효숫자 : 3개
　　• −90.7의 유효숫자 : 3개
　　• −800.00의 유효숫자 : 5개
　　• −0.0670의 유효숫자 : 3개

195 분석결과의 정도보증을 위한 절차 중 기기에 대한 검증을 할 때 필요한 시료가 아닌 것은?

① 인증표준물질(CRM)

② 바탕시료(blanks)

③ 반복시료(replicate sample)

④ 표준물질(standards)

해설 반복시료는 기기에 대한 검증과는 관련이 없다.

196 정도관리용 시료의 필요조건에 대한 설명으로 관련이 적은 것은?

① 안정성이 입증되어야 하며, 최소 수 개월간 농도 변화가 없어야 한다.

② 환경시료에 표준물질을 첨가한 시료는 정도관리용 시료에서 배제된다.

③ 충분한 양의 확보와 보존기간 동안 용기의 영향이 배제되어야 한다.

④ 시료의 성상과 농도에 대한 대표성이 있어야 한다.

해설 환경시료에 표준물질을 첨가한 시료는 정도관리용 시료에 포함된다.

정답 **193** ④ **194** ① **195** ③ **196** ②

197 습식 가스미터를 사용할 때 가스 채취량을 나타낸 식으로 옳은 것은?

① $V_s = V \times \dfrac{273}{273+t} \times \dfrac{P_a - P_m + P_v}{760}$

② $V_s = V \times \dfrac{273}{273+t} \times \dfrac{P_a + P_m}{760}$

③ $V_s = V \times \dfrac{273+t}{273} \times \dfrac{P_a + P_m + P_v}{760}$

④ $V_s = V \times \dfrac{273}{273+t} \times \dfrac{P_a + P_m - P_v}{760}$

 V : 가스미터로 측정한 흡입가스량(L)
V_s : 건조시료가스 채취량(L)
t : 가스미터의 온도(℃)
P_a : 대기압(mmHg)
P_m : 가스미터의 게이지압(mmHg)
P_v : t ℃에서의 포화수증기압(mmHg)

198 대기 시료의 채취지점수(측정점수)를 결정할 때 고려되는 사항이 <u>아닌</u> 것은?

① 발생원 분포　　　　　　　　　② 인구
③ 기상조건　　　　　　　　　　　④ 건물의 배치상황

 건물의 배치상황은 대기 시료의 측정점수 결정 시 고려되지 않는다.

199 원자흡수분광광도법에 사용되는 고압가스의 취급과 관련하여 틀린 것은?

① 고압 가스통은 규격에 맞는 검사필의 것을 사용한다.
② 가스는 완전히 없어질 때까지 사용한다.
③ 가능한 한 옥외에 설치한다.
④ 아세틸렌을 사용할 경우에는 구리 또는 구리합금의 관을 사용해서는 안 된다.

 고압가스 사용은 가스통에 가스가 완전히 없어질 때까지 사용하면 안 된다.

200 측정 시 측정값의 온도를 보정하여야 하는 항목은?

① 화학적 산소 요구량　　　　　　② 잔류염도
③ 전도도　　　　　　　　　　　　④ 알칼리도

 전도도는 온도 보정을 행하여야 한다.

201 다음 분석항목 중 플라스틱이 시료채취기구의 재질로 <u>부적합한</u> 것은?

① 휘발성 유기화합물　　　　② 무기물질
③ 중금속　　　　　　　　　④ 영양염류

해설　VOC의 시료채취 용기로 플라스틱은 사용하지 않는다.

202 수질조사지점의 정확한 지점 결정에 고려되어야 하는 사항이 <u>아닌</u> 것은?

① 대표성
② 모니터링 용이성
③ 안전성
④ 유량 측정

해설　모니터링 용이성은 수질시료 채취지점 결정의 고려사항이 아니다.

203 시험검사기관의 정도관리 활용으로 <u>적합하지 않은</u> 것은?

① 기술책임자가 기관의 문서 변경, 폐기를 최종 결정
② 시험용 초자류를 구매할 때 구매물품 검수
③ 직원의 시험능력 향상 교육
④ 문서 및 기록의 관리

해설　기술책임자는 기관의 문서 변경, 폐기를 최종 결정할 권한이 없다.

204 실험실에서 기본적으로 사용되는 장비와 기구의 관리방법에 대한 설명으로 <u>적절하지 않은</u> 것은?

① 저울은 진동이 없는 곳에 설치해야 하며, 표준 분동을 사용해 정기적으로 점검한다.
② 정제수 제조장치는 멤브레인 필터의 유효 사용기간을 엄격히 준수하여 교환하고 정제수 수질도 정기점검하여야 한다.
③ 배양기는 표시창의 설정 온도와 실제 내부 온도를 주기적으로 확인하고 항상 청결성을 유지하여야 한다.
④ 건조 오븐은 120 ℃까지 온도를 높일 수 있어야 하며 사용 시마다 이를 점검한다.

해설　180 ℃ 이상 온도를 유지하는지, 설정 온도에서 ±2 ℃ 이내의 정도를 유지하는지 확인한다.

205 실험실에서 사용되는 유리기구의 세척 후 건조에 관한 일반적인 사항으로 잘못된 것은?

① 열풍건조는 40 ℃ ~ 50 ℃에서 한다.

② 에탄올, 에테르의 순서로 유리기구를 씻은 후 에테르를 증발시켜 건조할 수도 있다.

③ 급히 건조하여야 할 경우 105 ℃에서 가열건조를 할 수 있다.

④ 세척된 유리기구를 정제수로 헹군 후 건조대에서 자연건조하는 것이 좋다.

> 해설 열풍건조 : 급히 건조할 경우 사용하는 것으로 온도는 40 ℃ ~ 50 ℃이다.

206 정밀 저울로 시료의 무게를 측정한 결과 0.00670 g이었다. 측정값의 유효숫자의 자릿수는?

① 5자리 ② 4자리

③ 3자리 ④ 2자리

> 해설 0.00670이란 수에서 '0.00'은 유효숫자가 아닌 자릿수를 나타내기 위한 것이므로, 이 숫자의 유효숫자는 3개이다.

207 현장 기록부에 포함되는 내용이 아닌 것은?

① 분석방법 ② 시료 인수인계 양식

③ 시료 라벨 ④ 보존제 준비 기록부

> 해설 분석방법은 현장 기록부에 포함되지 않는다.

208 정확도를 구하기 위한 가장 기준이 되는 물질은?

① 내부표준물질 ② 대체표준물질

③ 인증표준물질(CRM) ④ 표준원액

> 해설 정확도를 구하기 위해 기준이 되는 물질은 CRM이다.

209 환경측정분석기관 정도관리 운영지침에 의하면 과학원장은 현장평가를 위하여 정도관리 평가팀을 구성하여야 한다. 이때 평가팀은 대상 기관별로 며칠 이내에서 현장평가를 하도록 되어 있는가?

① 2 ② 3

③ 7 ④ 15

> 해설 평가팀은 대상 기관별로 2일 이내에서 현장평가한다. 다만, 분야, 항목, 측정분석방법, 기술적 난이 등을 감안하여 평가 일수를 적절히 조정할 수 있다.

정답 **205** ③ **206** ③ **207** ① **208** ③ **209** ①

210 실험실 안전 행동의 일반 행동지침으로 틀린 것은?

① 대부분의 실험은 보안경만 사용해도 되지만 특수한 화학물질 취급 시에는 약품용 보안경 또는 안전마스크를 착용하여야 한다.

② 귀덮개는 85 dB 이상의 높은 소음에 적합하고, 귀마개는 90 dB ~ 95 dB 범위의 소음에 적합하다.

③ 천으로 된 마스크는 작은 먼지는 보호할 수 있으나 화학약품에 의한 분진으로부터는 보호하지 못하므로 독성실험 시 사용해서는 안 된다.

④ 실험실에서 혼자 작업하는 것은 좋지 않으며, 적절한 응급조치가 가능한 상황에서만 실험을 해야 한다.

 귀덮개(ear-cap)는 95 dB 이상의 높은 소음에 적합하고, 귀마개(ear-plug)는 80 dB ~ 95 dB 범위의 소음에 적합하다.

211 정확도를 계산하는 바른 식은?

① (spiked value – unspiked value) × 100 / unspiked value

② true value × 100 / measured value

③ 검증확인결과의 수 / 측정분석결과의 수

④ (spiked value – unspiked value) × 100 / spiked value

 정확도는 결과가 얼마나 참값에 접근하는가를 나타내는 척도로서 임의오차와 계통오차 요소들을 포함한다. 또한 정확도는 정제수 또는 시료 matrix로부터 % 회수율(% R)을 측정하여 평가하는데 % R을 나타내는 식이 보기항 ④이다.

212 측정분석 결과의 기록방법에 관한 내용 중 국제 단위계에서 <u>적합하지 않은</u> 내용은?

① 양(量)의 기호는 이탤릭체(사체)로 쓰며, 단위 기호는 로마체(직립체)로 쓴다.

② 숫자의 표시는 일반적으로 로마체(직립체)로 한다. 여러 자리 문자를 표시할 때는 읽기 쉽도록 소수점을 중심으로 세 자리씩 묶어서 약간 사이를 띄어서(컴퓨터로서는 1바이트) 쓴다.

③ 어떤 양(量)의 수치와 단위 기초로 나타날 때 그 사이를 한 칸(컴퓨터로서는 1바이트) 띄운다. 다만, 평면각의 도(°), 분(′), 초(″)에 대해서는 그 기호와 수치 사이를 띄우지 않는다.

④ ppm, ppb 등은 보편화된 단위이므로 공식적으로 사용하고, 농도를 나타낼 때의 리터는 소문자를 사용한다.

 ppm, ppb 등은 공식적으로 사용하지 않고, 농도를 나타낼 때의 리터는 대문자를 사용한다.

213 실험실 안전장치에 대한 설명으로 <u>옳지 않은</u> 것은?

① 세안을 위해 물 또는 눈 세척제는 직접 눈을 향하게 하여 바로 세척되도록 한다.
② 세안장치는 실험실의 모든 장소에서 15 m 이내 또는 15초 ~ 30초 이내에 도달할 수 있는 위치에 설치한다.
③ 샤워장치는 화학물질(예 산, 알칼리, 기타 부식성 물질)이 있는 곳에는 반드시 설치하여야 한다.
④ 독성 화합물의 잠재적인 접촉이 있을 때 적합한 장갑을 낀다.

> **해설** 물 또는 눈 세척제는 직접 눈을 향하게 하는 것보다는 코의 낮은 부분을 향하도록 하는 것이 화학물질을 눈에서 제거하는 효과를 증가시켜 준다.

214 다른 물질의 존재에 관계없이 분석하고자 하는 대상 물질을 정확히 분석할 수 있는 능력을 무엇이라 하는가?

① 선택성　　　　　　　　② 특이성
③ 회수율　　　　　　　　④ 검출관계

> **해설** 특이성은 다른 물질의 존재에 관계없이 대상 물질을 정확히 분석할 수 있는 능력이다.

215 실험실에서 생성된 폐액은 정해진 폐액 절차에 의거하여 배출해야 한다. 이때 폐액은 크게 네 가지 종류로 분류·보관하여 서로 섞이지 않도록 하여 분리·보관하는 것이 기본 안전수칙이다. 네 가지 종류의 폐액을 바르게 나열한 것을 고르면?

① 액상계, 고상계, 분말계, 유기계
② 산계, 알칼리계, 유기계, 무기계
③ 휘발계, 비휘발계, 유기계, 무기계
④ 액상계, 고상계, 산계, 알칼리계

> **해설** 실험실 폐액은 산, 알칼리, 유기계, 무기계로 나뉜다.

216 분석장비를 사용할 때 매일 확인해야 하는 내용은?

① 기기감도　　　　　　　② 정확도
③ 검정곡선(전 범위)　　　④ 검출한계

> **해설** 분석장비의 기기감도는 매일 확인해야 한다.

217 실험실에서 사용되는 안전표시 중 다음 그림이 나타내는 것은?

① 인화성 물질
② 산화성 물질
③ 부식성 물질
④ 방사선 물질

 GHS 유해화학물질 그림문자

　　폭발성 물질　　　　인화성 물질　　　　산화성 물질　　　　고압가스

　부식성 물질　　　급성독성 물질　　자극성 · 과민성 물질　　건강유해성 물질　　환경유해성 물질

218 다음 숙련도 시험 평가는 Z값, 오차율을 사용하는데 기준값으로 사용될 수 있는 것을 모두 선택한 것은?

㉠ 표준시료 조제값	㉡ 전문기관에서 분석한 값
㉢ 인정표준물질과의 비교로부터 얻은 값	㉣ 대상 기관의 분석 평균값

① ㉠, ㉡, ㉢, ㉣　　　　　　　　　　② ㉡, ㉢, ㉣
③ ㉠, ㉢, ㉣　　　　　　　　　　　④ ㉠, ㉡

 숙련도 시험 평가 시 전문기관에서 분석한 값은 필요 없다.

219 화학물질과 저장방법이 부합되는 것은?

① pH 표준물질 – 냉암소　　　　　　② 페놀 – 냉장고
③ 미생물 시료 – 실온　　　　　　　④ 중금속 표준물질 – 캐비닛

 ① pH 표준물질 – 실온
　② 페놀 – "화학물질 저장"이라고 냉장고에 적은 후 저장하고, 뚜껑이 단단히 조여 있는 봉해진 용기에 보관
　③ 미생물 시료 – 미생물 실험실과 분리된 냉장고에 저장
　④ 중금속 표준물질 – 실온에서 저장(실험실에서 지정된 저장장소에 보관)

 217 ③　218 ③　219 ②

220 변동계수(CV, coefficiency of variation)에 대한 설명 중 <u>틀린</u> 것은?

① 어떤 인자(시험방법, 장비 등)의 변화로 초래되는 효과를 비교하는 척도로서 평균에 대한 표준편차로 표시한다.
② 각 측정값에 대한 정확도를 검색하는 데 유용하다.
③ 측정값이 상이한 두 개 이상의 분석실을 비교하거나, 각 실험실의 상대적 동질성을 비교하고자 할 때 사용한다.
④ 보통 농도가 낮으면 변동계수가 높고, 높은 농도에서는 낮게 나타난다.

> **해설** 각 측정값에 대한 정밀도를 검색하는 데 유용하다.

221 실험실 보관시설 운영방법에 대한 설명으로 <u>틀린</u> 것은?

① 시약보관시설은 환기속도 0.3 m/s 이상의 시설을 설치하여 실험실 내부에서 운영한다.
② 미생물 실험 등에 사용하는 특별한 유리기구는 별도의 보관실을 두어 분리 보관한다.
③ 유기성 및 무기성 물질 전처리 시설은 별도로 구분하여 설비한다.
④ 시료보관시설은 응축이 발생하지 않도록 상대습도를 25 % 정도로 유지한다.

> **해설** 시약보관시설은 항상 통풍이 잘 되도록 설비해야 하고, 환기는 외부 공기와 원활하게 접촉할 수 있도록 설치하며, 환기속도는 최소한 약 0.3 m/s ~ 0.4 m/s(단위 m²당 18 m³/min ~ 24 m³/min) 이상이어야 한다.

222 법률에서 정하고 있는 정도관리의 방법에 대한 내용으로 <u>틀린</u> 것은?

① 측정기관에 대하여 3년마다 정도관리를 실시한다.
② 정도관리의 방법은 기술인력·시설·장비 및 운영 등에 대한 측정·분석능력의 평가와 이와 관련된 자료를 검증하는 것으로 한다.
③ 정도관리 실시 후 측정·분석능력이 우수한 기관은 정도관리 검증서를 발급할 수 있으며, 평가기준에 미달한 기관은 인정을 취소한다.
④ 정도관리를 위한 세부적인 평가방법, 평가기준 및 운영기준 등은 별도로 정하여 고시한다.

> **해설** 평가기준에 미달한 기관은 보완조치를 취한다.

223 측정치 1, 3, 5, 7, 9의 정밀도를 표현하는 변동계수(CV)는?

① 약 13 % 　　　　　　　　② 약 63 %
③ 약 133 % 　　　　　　　④ 약 183 %

변동계수(coefficient of variation, CV)는 표준편차(σ)를 산술평균($\overline{X}$)으로 나눈 것이다.

$$\therefore \overline{X} = 5, \ \sigma = \sqrt{\frac{1}{n-1}\sum_{i=1}^{n}(X_i - \overline{X})^2} = 3.16$$

$$CV = \frac{3.16}{5} \times 100 = 63.2\ \%$$

224 실험실에서 사용하는 모든 화학물질에는 취급할 때 알려진 유독성과 안전하게 처리할 수 있는 주의사항이 수록되어 있는 문서가 있다. 이 문서에 나타난 정보에 따라 화학약품을 취급하여야 하며 약품과 관련된 안전사고 시 대처하는 절차와 방법에 도움을 준다. 이 문서를 지칭하는 영어 약자는 무엇인가?

① SDS
② EDS
③ EDTA
④ MSDS

 MSDS(물질안전보건자료)를 설명한 것이다.

225 정도관리(quality control, QC)와 관련된 법적 근거에 대한 설명으로 옳지 않은 것은?

① '환경기술 개발 및 지원에 관한 법률'이 법적 근거이다.
② 환경오염물질 측정분석기관에 대한 측정분석 능력 향상을 목적으로 한다.
③ 환경오염물질 측정분석기관에 대한 정확성 및 신뢰성 확보를 목적으로 한다.
④ 정도관리는 5년마다 시행한다.

 정도관리는 3년마다 시행한다.

226 모든 측정에는 실험오차라고 부르는 약간의 불확도가 들어있다. 다음에 서술된 오차는 어떤 오차에 해당하는가?

잘못 표준화 된 pH미터를 사용하는 경우를 들 수 있다. pH미터를 표준화하기 위하여 사용되는 완충용액의 pH가 7.0인데 실제로는 7.08인 것을 사용했다고 가정해 보자. 만약 pH미터를 다른 방법으로 적당히 조절하지 않는다면 읽는 모든 pH는 0.08 pH 단위만큼 적은 값이 될 것이다. pH를 5.600이라고 읽는다면, 실제 시료의 pH는 5.680이 된다.

① 계통오차
② 우연오차
③ 불가측오차
④ 표준오차

 보기항에서 제시된 오차는 계통오차이다.

227 오차에 대한 설명으로 <u>올바르지 않은</u> 것은?

① 개인오차(personal error) : 측정자 개인차에 따라 일어나는 오차
② 계통오차(systematic) : 재현 불가능한 것으로 원인을 알 수 없어 보정할 수 없는 오차
③ 검정허용오차(verification tolerance) : 계량기 등의 검정 시에 허용되는 오차
④ 기기오차(instrumental error) : 측정기기가 나타내는 값에서 나타내야 할 참값을 뺀 값

> **해설** 계통오차(systematic error) : 재현 가능하여 어떤 수단에 의해 보정이 가능한 오차로서 이것에 따라 측정값은 편차가 생긴다.

228 정밀도는 모두 3.0 % 안에 드는데, 정확도가 70 %에 못 미치는 실험결과가 나왔을 때 그 원인으로 <u>맞지 않는</u> 것은?

① 표준물질의 농도가 정확하지 않다.
② 실험자가 숙련되지 않았다.
③ 검정곡선의 작성이 정확하지 않다.
④ 회수율 보정이 잘 되지 않았다.

> **해설** 실험자의 숙련도는 주관적인 판단이므로 정밀도와 정확도의 원인이 되지 않는다.

229 위해성 물질과 라벨링에 대한 설명 중 <u>옳지 않은</u> 것은?

① 가연성 물질은 빨간색 바탕에 불꽃 표시를 한다.
② 산화물질은 노란색 바탕에 알파벳 'O'를 적고 불꽃 표시를 한다.
③ 독성물질은 흰색과 검은색 라벨에 "독성"이라고 적는다.
④ 폭발성 물질은 오렌지색 바탕에 폭파 모양을 표시한다.

> **해설** • 독성물질 : 흰색 바탕에 두개골과 뼈를 엇갈리게 한 기호를 표시한다.
> • 부식성 물질 : 손이나 벽돌 혹은 다른 물질을 시험관과 함께 그리고, 흰색과 검은색 라벨에 "부식"이라고 적는다.

230 시료채취 시 분석대상 물질과 채취기구와의 연결이 <u>잘못된</u> 것은?

① 중금속 – 스테인리스   ② 무기물질 – 알루미늄
③ 휘발성 유기화합물 – 테플론   ④ 미생물 – 플라스틱

> **해설** ① 중금속 – 스테인리스, 플라스틱, 테플론
> ② 무기물질 – 알루미늄, 플라스틱, 유리, 테플론, 스테인리스, 금속
> ③ 휘발성 유기화합물 – 테플론, 유리, 스테인리스
> ④ 미생물 – 멸균된 용기

231 실험실의 QA/QC에서 '원자료 및 계산된 자료의 기록' 내용에 포함되지 않는 것은?

① 현장기록부
② 시험일지
③ 실험실 기록부
④ 시약 및 기구관리대장

> **해설** 시약 및 기구관리대장은 '원자료 및 계산된 자료의 기록' 내용에 포함되지 않는다.

232 측정분석결과의 기록방법으로 틀린 것은?

① 국제 단위계(SI)를 바탕으로 한다.
② 농도를 나타낼 때 리터는 대문자를 사용한다.
③ ppm, ppb 등은 특정 언어에서 온 약어이므로 사용하지 않는다.
④ 두 개의 단위의 나누기로 표시되는 유도단위를 나타내기 위해서는 사선 또는 음의 지수를 사용해야 하고 횡선은 사용하지 않는다.

> **해설** 곱하기 기호와 나누기 기호가 함께 사용되어 표현이 복잡한 경우는 음의 지수나 괄호를 사용하며, 두 개 이상의 단위가 곱하여지는 경우는 각 단위 간에 가운뎃점을 사용하며 전체를 괄호로 묶을 수 있다. 곱하기와 나누기를 쓸 때 기호와 단어를 혼용할 수 없으며 숫자 간의 곱하기 기호는 가운뎃점으로 대신 사용할 수 없다.
>
> 예 $m \cdot kg/s^2 \cdot mol$ (×) → $(m \cdot kg)/(s^2 \cdot mol)$ (○), $m \cdot kg \cdot s^{-2} \cdot mol^{-1}$ (○),
> joules/kg (×), joules/kilogram (×) → $J \cdot kg^{-1}$ (○), joules per kilogram (○)
> $2 \cdot 10^{-6}$ (×) → 2×10^{-6} (○)

233 정도관리에서 통계량의 사용에 대한 설명으로 잘못된 것은?

① 시험검출한계(MDL)는 어떠한 매질에 포함된 분석물질의 검출 가능한 최저 농도로, 측정분석한 결과가 99 % 신뢰수준에서 0보다 분명히 큰 최소 농도로 정의할 수 있다.
② Currie's와 미국화학협회의 정량한계(LOQ)는 시험검출한계와 같은 낮은 농도 시료 7회 ~ 10회 반복 측정한 표준편차의 10배를 최소 수준 또는 최소 측정농도로 정의한다.
③ 유효숫자란 측정결과 등을 나타내는 숫자 중에서 위치만을 나타내는 0을 제외한 의미 있는 숫자를 말한다.
④ 관리차트 작성 시 충분한 자료의 축적으로 결과가 유효할 때까지 실험실은 각각의 시험방법에 대해 최고 7회 이상 측정분석결과를 반복하고 이 결과를 관리기준 수립에 사용한다.

> **해설** 관리차트 작성 시 충분한 자료의 축적으로 결과가 유효할 때까지 실험실은 각각의 시험방법에 대해 최소 20회~30회 이상 시험·검사를 반복하고 그 결과를 관리기준 수립에 사용한다.

정답 231 ④ 232 ④ 233 ④

234 시료의 분석결과에 대한 시험검사결과 보고 시 분석자료의 승인을 얻기 위해서 수시교정표준물질과 원래의 교정표준물질과의 편차는 무기물 및 유기물인 경우 각각 어느 정도이어야 하는가?

① ±3%와 ±5%

② ±3%와 ±7%

③ ±5%와 ±10%

④ ±5%와 ±15%

 • 무기물 편차 : ±5%
• 유기물 편차 : ±10%

235 자외선/가시선 분광광도계의 상세 교정 절차를 설명한 것 중 올바른 것을 모두 선택한 것은?

> ㉠ 바탕시료로 기기의 영점을 맞춘다.
> ㉡ 5개의 수시교정표준물질로 곡선을 그린다. 참값의 5% 내에 있어야 한다.
> ㉢ 분석한 검정확인 표준물질에 의해 곡선을 검정한다. 참값의 15% 내에 있어야 한다.
> ㉣ 곡선을 점검하고 검정할 때 시료 5개를 분석한다.

① ㉠

② ㉠, ㉡

③ ㉠, ㉡, ㉢

④ ㉠, ㉡, ㉢, ㉣

 ㉡ 1개의 연속교정표준물질(CCS)로 검정곡선을 작성해야 하며, 이 경우 참값의 5% 이내에 있어야 한다.
㉢ 분석한 교정검증표준물질(CVS)에 의해 검정곡선을 검증해야 하며, 이 경우 참값의 10% 이내에 있어야 한다.
㉣ 시료 10개를 분석 시마다 검정곡선에 대한 검증을 실시하며, 바탕시료(reagent blank), 첨가시료, 이중시료를 측정한다.

236 다음 그림에서 정확도(accuracy)는 낮으나 정밀도(precision)가 높은 것은?

 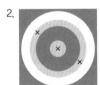 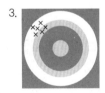

① 1

② 2

③ 3

④ 4

 • 1 : 정확도 낮음, 정밀도 낮음
• 2 : 정확도 낮음, 정밀도 낮음
• 3 : 정밀도만 높음
• 4 : 정확도·정밀도 모두 높음

237 실험실에서 분석기기의 검증을 하기 위해 사용하는 필요한 시료로 적당하지 **않은** 것은?

① 바탕시료

② 첨가시료

③ 표준물질

④ 인증표준물질

 첨가시료는 분석기기의 검증에는 적합하지 않다.

238 여러 번 반복해서 측정한 값은 통계처리를 행하여 신뢰구간을 정할 수 있으며, 다음 식으로 표현된다. 아래 항목 중 옳은 것은?

$$\mu = \bar{x} \pm \frac{ts}{\sqrt{n}}$$

㉠ μ : 참평균, $\bar{x}$: 시료 평균, t : student의 t, s : 시료의 표준편차, n : 시료수

㉡ 신뢰구간은 참평균 μ가 측정한 평균 $\bar{x}$의 어떤 거리 내에 있을 것 같다는 것을 나타냄

㉢ 측정횟수를 늘리면 신뢰구간을 늘릴 수 있음

㉣ 신뢰수준이 높아짐에 따라 허용범위(참값이 들어갈 구간)가 좁아짐

① ㉠, ㉡

② ㉠, ㉣

③ ㉡, ㉢

④ ㉢, ㉣

 ㉢ 측정횟수를 늘리는 것과 신뢰구간을 늘리는 것은 상관없음
㉣ 신뢰수준이 높아지면 허용범위가 넓어짐

239 VOC 시료를 취급하는 방법이 **틀린** 것은?

① VOC는 휘발성을 갖고 있기 때문에 특별한 주의가 필요하다.

② 뚜껑 안쪽에 테플론 격막이 있는 유리 바이알에 시료를 담는다.

③ 보존처리된 VOC 시료의 보존시간은 25일이다.

④ VOC 시료는 반드시 분석할 때까지 4 ℃에서 냉장보관해야 한다.

 보존처리된 VOC 시료의 보존시간은 14일이다. 공기방울이 생겼다면 시료를 폐기하고 새로운 시료를 수집해 공기방울을 점검해야 한다.

240 다음 표준물질에 대한 설명이 <u>틀린</u> 것은?

① 정량용 내부표준물질은 분석대상 물질과 비슷한 화학적 성질을 가져야 한다.
② 대체표준물질은 분석대상 물질을 정량하기 위하여 시료에 첨가한다.
③ 대체표준물질은 전처리 과정부터 분석과정의 효율을 판단하기 위하여 사용한다.
④ 정량용 내부표준물질은 일반적으로 동위원소 치환물질을 많이 사용하고 있다.

 분석대상 물질을 정량하기 위하여 시료에 첨가하는 물질은 내부표준물질이다.

241 포괄적인 QA/QC 프로그램에 포함되어야 할 사항이 <u>아닌</u> 것은?

① 정밀도, 정확도에 대한 QC 목표   ② 시료보관 및 분석방법
③ 교정방법과 주기   ④ 운영자의 실험실 운영방침

 운영자의 실험실 운영방침은 QA/QC 프로그램에 포함되지 않는다.

242 실제 참값의 반복 측정 분석한 결과의 일치 정도를 나타내는 용어는?

① 정확도(accuracy)   ② 정밀도(precision)
③ 오차(error)   ④ 분산(dispersion)

해설 정밀도는 참값의 반복 측정 분석한 결과의 일치 정도를 나타낸다.

243 용어에 대한 설명이 옳은 것은?

① 대체표준물질은 시험 측정항목과 비슷한 물리·화학적 성질을 가진 것으로 일반적으로 환경 시료에서는 발견되지 않는 물질이다. 시험법과 분석자의 전반적인 오차를 확인하기 위해 사용한다.
② 내부표준물질은 측정 분석 직전에 일정량을 첨가하는 물질로서 분석 장비의 손실과 오염, 측정분석결과를 보정하기 위해 사용한다. 내부표준물질은 화학적으로 비슷하지 않은 성질을 가진 복합물이다. 이 물질은 분석하고자 하는 물질의 분석에 방해가 되지 않는 물질이다.
③ 정밀도는 반복 측정 분석한 결과의 일치도를 의미한다. 이는 일반적으로 % 회수율을 측정하여 평가한다.
④ 정밀도는 결과가 얼마나 참값에 근접하는가를 의미한다. 이는 일반적으로 상대표준편차의 계산에 의해 표현된다.

해설 ③ % 회수율 측정은 정확도를 파악한다.
④ 정확도는 참값에 근접하는가를 의미한다.

244 정밀도(precision)를 표현하는 데 가장 <u>부적합한</u> 통계량은?

① 상대표준오차(relative standard error)

② 상대표준편차(relative standard deviation)

③ 변동계수(coefficient of variation)

④ 평균오차(average error)

> 해설 평균오차는 정확도를 표현할 때 쓰는 통계량이다.

245 오차에 대한 정의가 <u>틀린</u> 것은?

① 개인오차(personal error) : 측정자 개인차에 따라 일어나는 오차

② 계통오차(system error) : 재현 가능하여 어떤 수단에 의해 보정이 가능한 오차. 이것에 따라 측정값의 편차가 발생함

③ 우연오차(random error) : 재현 불가능한 것으로 원인을 알 수 없어 보정할 수 없는 오차. 이것으로 인해 측정값의 분산이 생김

④ 분석오차(analytical error) : 측정기가 나타내는 값에서 나타내야 할 참값을 뺀 값으로 표준기의 수치에서 부여된 수치를 뺀 값

> 해설 분석오차(analytical error) : 시험·검사에서 수반되는 오차

246 실험기구 중 뷰렛의 사용방법에 대한 설명으로 <u>틀린</u> 것은?

① Geissler형 뷰렛은 코크가 유리로 되어 있기 때문에 실리콘 그리스를 약간 발라 사용한다.

② 뷰렛의 눈금은 무색인 경우 메티스커스 상단을 눈금으로 읽는다.

③ 이상적인 적정 속도는 매초 0.5 mL 정도, 즉 20 mL를 떨어뜨리는 데 40초 정도의 속도가 적당하다.

④ 뷰렛을 사용한 후에는 씻어 충분히 건조한 다음 코크에 종이를 끼워 건조로 인하여 접합되는 것을 방지한다.

> 해설 뷰렛의 눈금은 무색인 경우 메티스커스 하단을 눈금으로 읽는다.

247 다음 중 플라스틱 재질의 용기를 사용해서 시료를 채취해야 하는 항목은?

① 노말헥세인 추출 물질

② 유기인

③ 폴리클로리네이티드비페닐(PCBs)

④ 플루오린

> 해설 플루오린 시료채취 시 플라스틱 용기를 사용한다.

248 실험실에서 사용하는 유리기구와 플라스틱 기구의 세척방법이 <u>틀린</u> 것은?

① 유리기구 세척은 세제를 사용하여 세척하거나 초음파 세척기를 사용한다.
② sodium alkoxide 용액에 유리기구를 5분 이상 담가 놓으면 유리가 부식된다.
③ 플라스틱 기구는 비알칼리성 세제를 이용하여 솔로 세척한다.
④ 탄소 잔류물은 trisodiumphosphate 세정액으로 제거한다.

 플라스틱 기구는 비알칼리성 세제를 이용하여 손으로 세척 후 정제수로 헹구어 사용한다. 이때 브러시나 솔은 사용하지 않는다.

249 현장에서의 QC 점검과정에 대한 설명으로 <u>틀린</u> 것은?

① 현장평가의 정밀도는 이중시료 분석을 기본으로 상대표준편차 백분율(RSD)로 나타낸다.
② RPD가 0이면 가장 이상적인 상태로서 정밀도가 가장 좋은 상태이다.
③ 현장 측정의 정확성은 QC 점검 표준용액의 참값의 회수율을 기본으로 % 회수율로 나타내며, 100 %를 초과하는 경우도 있다.
④ 현장 첨가시료의 정확성은 첨가하지 않은 시료값을 첨가값으로 나눈 % 회수율로 나타내며, 100 %를 초과하는 경우도 있다.

 현장 첨가시료의 정확성은 첨가값을 첨가하지 않은 시료값으로 뺀 후 첨가값으로 나눈 % 회수율로 나타내며, 100 %를 초과하는 경우도 있다.

250 실험실 조명, 배관, 배전시스템에 관한 설명 중 옳은 것은?

① 실험실 및 사무실의 실내 온도 유지와 관리는 중앙 통제 형태로 설비되는 것보다 자체 조절 시설로 하는 것이 바람직하다.
② 실내 환기는 냉난방을 위해 복도쪽으로 향하게 창을 설치하고, 그 면적은 바닥면적의 20분의 1 이상이 되도록 해야 한다.
③ 가스 공급 배관은 가스 누출을 방지하기 위해 개개 배관별로 압력 게이지와 스톱밸브 등을 설비한 경우 누출경보장치를 설치할 필요는 없다.
④ 전원이 중단될 경우 비상전력이 공급되도록 설비해야 한다.

해설 ① 실험실 및 사무실의 실내 온도 유지와 관리는 중앙 통제 형태로 설비되는 것이 바람직하다.
② 실내 환기는 직접 외부공기를 향하여 개방할 수 있는 창을 설치하고, 그 면적은 바닥면적의 20분의 1 이상이 되도록 해야 한다.
③ 가스 공급 배관은 가스 누출을 방지하기 위해 개개 배관별로 압력 게이지와 스톱밸브 등을 설비하고, 가스 누출로 인한 사고를 예방하기 위해 누출경보장치를 설치하여야 한다.

251 기기검출한계(IDL)에 대한 설명으로 **틀린** 것은?

① 내부표준물질을 사용하여 7회 반복 측정한 값으로부터 구한다.
② 신호(S)/잡음(N)의 비가 2배 ~ 5배인 농도이다.
③ 기기 제조사에서 제시한 검출 한계값으로 대신 사용할 수 있다.
④ 바탕시료를 반복 측정한 표준편차의 3배에 해당하는 농도이다.

> **해설** 보기항 ①은 방법검출한계를 설명한 것이다.

252 실험실 안전장치 및 시설에 대한 설명으로 **틀린** 것은?

① 후드 내 풍속은 매우 유해한 화학물질의 경우 안면부의 풍속이 45 m/min 정도 되게 한다.
② 인화물질의 경우 선반의 유리병은 최대 100 L로 제한하여 보관한다.
③ 세안장치는 실험실의 모든 장소에서 15초 ~ 30초 이내에 도달할 수 있는 위치에 설치한다.
④ 세안장치는 실험실의 모든 장소에서 15 m 이내에 설치한다.

> **해설** 인화물질의 경우 실험대나 선반의 유리병은 최대 40 L, 승인된 안전용기(can)는 최대 100 L, 승인된 안전 캐비닛(cabinet)은 최대 240 L로 제한하여 보관한다.

253 정도관리용 시료의 필요조건이 **아닌** 것은?

① 시료의 성상과 농도에 대한 대표성이 있어야 한다.
② 함량은 검정곡선의 직선성 범위를 최대한 포함해야 한다.
③ 보존기간에 용기의 영향이 배제되어야 한다.
④ 안정성이 입증되어야 한다.

> **해설** 함량은 검정곡선의 직선성 범위를 최소한 포함해야 한다.

254 물리적 양을 측정하는 기본 단위인 SI 단위가 **잘못** 짝지어진 것은?

① 시간 - 초
② 물질량 - 킬로그램
③ 전류 - 암페어
④ 광도 - 칸델라

> **해설** 물질량 - 몰(mol)

255 산과 염기의 사용에 대한 설명으로 <u>틀린</u> 것은?

① 항상 정제수를 산에 가하면서 희석한다. 반대로 하면 안 된다.

② 강산과 강염기는 공기 중 수분과 반응하여 치명적 증기를 생성하므로 사용하지 않을 때는 뚜껑을 닫아 놓는다.

③ 불화수소(HF)는 가스 및 용액은 맹독성을 나타내며, 화상과 같은 즉각적인 증상이 없이 피부에 흡수되므로 취급에 주의를 요한다.

④ 과염소산은 강산(强酸)의 특성을 띠며 유기화합물, 무기화합물 모두와 폭발성 물질을 생성하며 가열, 화기와의 접촉, 충격, 마찰에 의해 또는 저절로 폭발하므로 특히 주의해야 한다.

해설 정제수에 산을 서서히 가하면서 희석한다.

256 눈에 산이 들어갔을 때는 어떻게 조치하는가?

① 메탄올로 씻는다.

② 즉시 물로 씻고 묽은 소듐 용액으로 씻는다.

③ 즉시 물로 씻고 묽은 수산화소듐 용액으로 씻는다.

④ 즉시 물로 씻고 묽은 탄산수소소듐 용액으로 씻는다.

해설 눈에 산(acid)이 들어갔을 때는 즉시 흐르는 물로 씻어내고 중성의 $NaHCO_3$ 용액으로 다시 한 번 씻어낸다.

257 굴뚝에서 배출가스를 채취할 경우 시험에 영향을 주지 않도록 스테인리스강 채취관을 사용하여야 하는 가스는?

① 불화수소 ② 염화수소

③ 벤젠 ④ 브로민

해설 굴뚝에서 산화성이 강한 불화수소산 가스를 채취할 경우에는 녹이 슬지 않는 스테인리스강 채취관을 사용해야 한다.

258 시험분석에 있어 원자료(raw data)의 취급방법이 <u>틀린</u> 것은?

① 사용된 모든 식과 계산은 향후 정리를 위하여 연필로 기재한다.

② 원자료와 모든 관련 계산에 대한 기록은 보관되어야 한다.

③ 틀린 곳은 한 줄을 긋고 수정한 다음 날짜와 서명을 해야 한다.

④ 기입한 내용은 절대 지울 수 없다.

해설 사용된 모든 식과 계산은 잉크로 기입하고, 기입한 내용은 지울 수 없고, 틀린 곳이 있다면 틀린 곳에 한 줄을 긋고 수정하여 날짜와 서명을 해야 한다.

정답 255 ① 256 ④ 257 ① 258 ①

259 표준물질, 시약, 화학물질에 대한 저장방법이 틀린 것은?

① 가연성 용매 : 원래의 용기에 저장하며, 저장장소에는 "가연성 물질"이라고 반드시 명시
② 페놀 : 화학물질 저장이라고 냉장고에 적은 후 저장하고, 뚜껑이 단단히 조여 있는 봉해진 용기에 보관
③ 중금속, 표준물질 : 바이알에 보관해 냉동고에 저장
④ 용매 : 분리된 용매 캐비닛에 원래 용기에 저장하며, 환기가 잘 되는 장소에 저장

 중금속, 표준물질 : 실온에서 저장

260 실험실 간 정밀도의 재현성을 표현하는 변동계수(coefficient of variation, CV)의 설명으로 틀린 것은?

① 변동계수는 표준편차를 평균값으로 나눈 값이다.
② 변동계수가 작을수록 더 정확한 측정값이다.
③ 분석물의 농도가 감소할수록 변동계수는 감소한다.
④ 주요 영양소보다 소수 영양소의 변동계수가 크다.

 분석물의 농도가 증가할수록 변동계수는 감소한다. 변동계수(coefficient of variation, CV)는 표준편차(σ)를 산술평균($\bar{x}$)으로 나눈 것이다. 상대표준편차(relative standard deviation, RSD)라고도 한다. 변동계수의 값이 클수록 상대적인 차이가 크다는 것을 의미한다.

261 유해 화학물질의 MSDS(material safety data sheet)의 필수항목이 <u>아닌</u> 것은?

① 화학물질의 물리 · 화학적 성질
② 화학물질의 유해성 정보
③ 화학물질의 유통기한
④ 화학물질에 노출 시 응급처치 요령

 화학물질의 유통기한은 MSDS 필수항목에 없다.

262 어떤 납용액(밀도는 $1\,100\ \text{g mL}^{-1}$)의 농도가 1.50 ppm이라면 몰농도는 얼마인가? (단, 납의 평균 원자량은 207.2임)

① 7.24×10^{-6} ② 7.96×10^{-6}
③ 7.239×10^{-6} ④ 7.69×10^{-6}

 $\dfrac{1\,100}{207.2} \times 1.50 \times 10^{-6} = 7.96 \times 10^{-6}$

263 실험실 안전장치로 설치하는 샤워장치에 대한 설명으로 틀린 것은?

① 샤워장치는 신속하게 접근이 가능한 위치에 설치하고 알기 쉽도록 확실한 표시를 한다.

② 실험실 작업자들이 눈을 감은 상태에서 샤워장치에 도달할 수 있어야 한다.

③ 샤워장치에서 쏟아지는 물줄기는 몸 전체를 덮기보다 국부에 집중하여 쏟아질 수 있어야 한다.

④ 샤워장치는 배수구 근처에 설치하여야 한다.

 응급샤워시설은 쉽게 작동시킬 수 있게 사슬이나 삼각형 손잡이로 작동할 수 있도록 하고 전체적으로 몸을 씻을 수 있도록 하며, 전기 인입구 등에서 떨어져 있어야 한다.

264 국제 단위계에 따른 측정분석결과의 표현으로 옳은 것은?

① 2 400 kPa

② 532 mg

③ (28.4 ± 0.2) ℃

④ 0.00783 μm

 보기항에서 국제 단위계에 따른 측정분석결과의 표현은 ③이며, 유체압력은 hPa, 질량은 kg, 길이는 m로 나타낸다.

265 실험실의 가스누출경보기 설치기준에 관한 설명으로 틀린 것은?

① 감지 대상 가스가 가연성이면서 독성인 경우는 독성가스를 기준으로 경보기를 설치한다.

② 가스 누출이 우려되는 화학설비 및 부속설비 주변에 설치한다.

③ 가스누출경보기는 실험자가 상주하는 곳에 설치한다.

④ 가연성 가스의 경우 폭발 상한값 25 % 이하에서 울리도록 설치한다.

 가연성 가스누출감지 경보기는 감지 대상 가스의 폭발 하한값 25 % 이하, 독성가스 누출감지경보기는 해당 독성가스 허용농도 이하에서 경보가 울리도록 설정한다.

266 굴뚝 배출가스 중 휘발성 유기화합물질(VOC)을 채취하는 과정의 정도관리 사항 중 틀린 것은?

① VOC 채취장치 중 채취관은 플루오린수지뿐만 아니라 가열이 가능한 유리, 석영 등도 사용할 수 있다.

② 연결 부위는 진공용 그리스를 사용하지 않게 플루오린수지관을 사용하여 연결한다.

③ 흡착관은 사용 전 일정한 온도(300 ℃)에서 안정화하여 오염 여부를 반드시 확인하여야 한다.

④ 시료채취주머니를 사용할 때 배출가스의 온도가 100 ℃에는 응축기 트랩을 사용하지 않아도 된다.

해설 흡착관은 사용 전 반드시 안정화(conditioning)시켜서 사용해야 하며, 안정화 온도는 흡착제마다 다르다. Carbotrap은 350 ℃, 100 mL/min, Tenax는 330 ℃, 100 mL/min, Chromosorb는 250 ℃, 100 mL/min의 유량으로 한다.

정답 263 ③ 264 ③ 265 ④ 266 ③

267 실험실 장비 유지관리방법으로 **부적절한** 것은?

① pH미터의 probe는 매일 점검관리한다.
② 용존산소측정기의 probe는 필요할 시에 점검관리한다.
③ 저울의 펜 청소는 매일 점검관리한다.
④ 기준전극의 probe는 매일 점검관리한다.

해설 용존산소측정기기의 정도관리 기준은 pH 측정기 정도관리 기준과 동일하다.

268 화학물질을 취급할 때 일반적인 기준에 대한 설명 중 **틀린** 것은?

① 절대로 모든 약품에 대하여 맛 또는 냄새 맡는 행위를 금하고, 입으로 피펫을 빨지 않는다.
② 모든 용기에는 물질의 명칭을 기재하여야 하지만, 정제수의 경우는 기재하지 않아도 된다.
③ 위험한 물질을 사용할 때는 가능한 한 소량을 사용하고, 미지의 물질에 대해서는 예비 시험을 할 필요가 있다.
④ 화학물질과 직접적인 접촉을 피하며, 약품이 엎질러졌을 때는 즉시 청결하게 조치하도록 한다.

해설 모든 용기에는 정제수를 포함하여 모든 물질의 명칭을 기재하여야 한다.

269 화학적 시험방법의 유효성 확인을 위한 KOLAS 지침사항 중 유효성 수행인자에 **해당되지 않는** 것은?

① 직선성   ② 유효숫자
③ 측정 불확도   ④ 정확도

해설 유효숫자는 KOLAS 지침사항 중 유효성 수행인자에 해당되지 않는다.

270 괄호 안에 들어갈 것을 차례대로 제시하면?

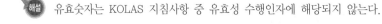

방법검출한계를 결정하기 위해서는 검출한계에 다다를 것으로 생각되는 농도를 ( )번 반복 측정한 후, 이 농도값을 바탕으로 얻은 표준편차에 99 % 신뢰구간에서의 자유도값 ( )를 곱한다.

① 7, 3.14   ② 6, 4.15
③ 5, 5.16   ④ 4, 6.17

해설 방법검출한계의 정의이다.

271 함께 보관할 수 있는 화학물질을 올바르게 연결한 것은?

① 아세톤 – 황산

② 아세틸렌 – 수은

③ 하이드라진 – 과산화수소

④ 리튬 – 파라핀유

 화학약품 혹은 유해위험물질은 취급 및 보관 시 일어날 수 있는 폭발, 인화 등의 물리적 위험성과 흡입, 접촉 시 부식, 과민, 발암성 등 환경 유해성에 따라 분류하는 방법 혹은 대상물과 법규에 따라서 여러 가지 형태로 분류되고 있으며 이에 입각하여 보기항 중 함께 보관할 수 있는 물질은 ④이다.

272 실험실에서의 화학약품 보관방법이 **틀린** 것은?

① 양립할 수 없는 약품들은 나란히 두지 않아야 한다.

② 캐비닛 밖에 놓아두는 화학약품은 최소로 줄여야 한다.

③ 유리상자에 보관된 것은 가능한 한 선반의 제일 아래에 보관한다.

④ 화학약품은 반드시 알파벳 순으로 이름을 분류 저장하여 찾기 쉽도록 한다.

 화학약품 혹은 유해위험물질은 취급 및 보관 시 일어날 수 있는 폭발, 인화 등의 물리적 위험성과 흡입, 접촉 시 부식, 과민, 발암성 등 환경 유해성에 따라 분류하는 방법 혹은 대상물과 법규에 따라서 여러 가지 형태로 분류되어 보관해야 한다.

273 어느 대기오염물질 배출업소에서 배출되는 SO_2의 실측농도는 400 ppm이었다. 이때의 배출가스 중의 O_2 실측농도는 11 %이고, 이 업소의 SO_2 배출허용기준은 표준 산소농도(6 %)를 적용받는다. 표준 산소농도로 보정한 SO_2 농도(ppm)는?

① 500 ppm

② 600 ppm

③ 700 ppm

④ 800 ppm

 $$C = C_a \times \frac{21 - O_s}{21 - O_a} = 400 \times \frac{21 - 6}{21 - 11} = 600 \text{ ppm}$$

274 기기의 성능 검증에 이용될 수 있는 것은?

① 검정확인(calibration verification)

② 시험검출한계시험(method detection limit)

③ 회수율 시험(recovery test)

④ 표준작업 절차 작성(SOP 작성)

 검정확인(calibration verification)은 기기의 성능 검정에 이용된다.

275 t – test를 사용할 수 없는 때는?

① 두 시료집단의 평균값이 서로 같은가를 비교할 때

② 두 실험집단의 분포가 같은가를 비교할 때

③ 새롭게 고안한 실험방법이 기존의 것과 같은가를 비교할 때

④ 실험한 시료의 평균값이 참값(표준시료의 값)과 같은가를 비교할 때

> 해설 두 실험집단의 분포가 같은가를 비교할 때는 정규분포도를 확인한다.

276 실험실에서 흄 후드가 갖추어야 할 내용이 잘못된 것은?

① 위해한 가스 및 증기는 외부로 배출해야 한다.

② 시약이나 폐액 보관장소로 사용될 수 있다.

③ 약간 유해한 물질에 대하여 안면부 풍속은 21 m/min ~ 30 m/min이다.

④ 발암물질 등 매우 위해한 물질은 45 m/min 이상이다.

> 해설 실험실 흄 후드 내에 시약이나 폐액을 보관하면 안 된다.

277 일차 표준물질이 갖추어야 할 조건으로 틀린 것은?

① 일상적인 보관에서 분해되지 않아야 한다.

② 공기 중의 수분을 흡수하거나 이산화탄소 등을 흡수하지 않아야 한다.

③ 결정수를 포함하지 않는 것이 좋다.

④ 순도 100 %급의 시약을 반드시 사용한다.

> 해설 매우 높은 순도(거의 100 %)와 정확한 조성을 알아야 하며, 불순물의 함량이 0.01 % ~ 0.02 %이어야 한다.

278 분석자료를 승인할 때, 허용할 수 없는 바탕시료값과 교정범위에 대한 설명이 옳은 것은?

① 초기 교정에서 교정곡선의 계산된 상관계수값이 0.995 이상일 때 용인한다.

② 수시교정표준물질과 원래의 교정표준물질과의 편차가 무기물은 ±5 %, 유기물은 ±10 %여야 한다.

③ 교정검증표준물질 혹은 QC 점검표준물질의 허용범위는 무기물의 경우 참값의 ±15 %, 유기물의 경우 참값의 ±20 %이다.

④ 분석용 정제수 수질에 대한 조건은 유기, 무기, 미생물 성분 분석에 무관하게 동일하다.

> 해설 ① 초기 교정에서 검정곡선의 계산된 상관계수값이 0.9998 이상일 때 용인한다.
> ③ 교정검증표준물질 혹은 QC 검증표준물질의 허용범위는 무기물의 경우 참값의 ±5 %, 유기물은 참값의 ±10 %이다.
> ④ 분석용 정제수 수질에 대한 조건은 유기, 무기, 미생물에 따라 다르게 적용한다.

279 시험기관 및 교정기관에서 사용되는 측정 및 시험장비로서 시험 또는 교정 결과의 측정 불확도에 중대한 영향을 미치는 장비에 대하여 측정의 소급성 출처를 입증하여야 한다. 이에 해당되지 <u>않는</u> 것은?

① 한국인정기구(KOLAS)로부터 공인받은 교정기관에서 발행한 교정 성적서
② 한국표준과학연구원(KRISS)에서 발행한 교정 성적서
③ 한국기초과학지원연구원(KBSI)에서 발행한 교정 성적서
④ 국가표준상호인증협정(CIPM-MRA)을 체결한 각 국의 표준기관(NMI)에서 발행한 교정 성적서

 한국기초과학지원연구원(KBSI)에서 발행한 교정 성적서는 시험기관 및 교정기관에서 사용되는 측정 및 시험장비로서 시험 또는 교정 결과의 측정 불확도에 중대한 영향을 미치는 장비에 대하여 측정의 소급성 출처를 입증하는 데 해당되지 않는다.

280 실험실 사고 발생 시 상황별 대처 요령으로 적절하지 <u>않은</u> 것은?

① 화재 발생의 경우 원인물질의 누출은 먼저 중지하고 진화를 시도한다.
② 경미한 화상의 경우 통증과 부풀어 오르는 것을 줄이기 위해 20분 ~ 30분간 얼음물에 화상 부위를 담그고 그리스를 바른다.
③ 약물을 섭취한 경우 입안 세척 및 많은 양의 물 또는 우유를 마시게 하되, 억지로 구토를 시키지 않는다.
④ 안구에 화학물질이 노출된 경우 많은 양의 물을 사용하여 적어도 15분 동안 눈을 즉시 세척한다.

 그리스는 열이 발산되는 것을 막아 화상을 심하게 하므로 사용하지 않는다.

281 10 ℃의 물 10 g에 해당되는 표준상태에서의 수증기의 부피는 얼마인가?

① 약 6.22 L
② 약 12.44 L
③ 약 14.44 L
④ 약 16.44 L

 $18 : 22.4 = 10 : x$
$\therefore x = 12.44 \, \text{L}$

282 유기물질 분석에서 사용하는 대체표준물질에 대한 설명으로 틀린 것은?

① 일반적으로 환경에서 쉽게 나타나는 화학물질을 대체표준물질로 사용한다.
② 분석대상 물질과 유사한 거동을 나타내는 물질을 대체표준물질로 사용한다.
③ 대체표준물질은 GC 또는 GC/MS로 분석하는 미량 유기물질의 검출에 이용된다.
④ 대체표준물질은 추출 또는 퍼징(purging) 전에 주입된다.

 유기물질 분석에서 사용하는 대체표준물질은 환경에서 쉽게 나타나는 화학물질을 사용해서는 안 된다.

정답 **279** ③ **280** ② **281** ② **282** ①

283 테플론 튜브의 세척과정을 바르게 나열한 것은?

> ㉠ 수돗물로 헹군다.
> ㉡ 뜨거운 비눗물에 튜브를 집어넣고, 오염물 입자 제거를 위해 솔을 사용하거나 초음파 세척기에 넣어 세척한다.
> ㉢ 깨끗한 알루미늄 호일 위에 튜브를 올려 놓는다.
> ㉣ 메탄올이나 아이소프로판올을 사용해 헹구고, 정제수를 사용해 마지막으로 헹군다.
> ㉤ 수돗물로 튜브 내부를 헹구고, 10 % ~ 15 % 질산을 사용해 튜브 표면과 끝을 헹군다.

① ㉡ - ㉣ - ㉠ - ㉤ - ㉢
② ㉡ - ㉤ - ㉠ - ㉣ - ㉢
③ ㉤ - ㉡ - ㉠ - ㉣ - ㉢
④ ㉤ - ㉡ - ㉠ - ㉢ - ㉣

> **해설** 테플론 튜브의 세척과정은 초음파 세척 → 튜브 내부 세척 → 헹굼 ,알코올류로 세척 후 정제수로 헹굼 → 알루미늄 호일에 위치 순이다.

284 정도의 관리 숙련도 시험 결과를 오차율로 평가하고자 한다. 숙련도 시험용 시료의 기준값으로 적당하지 않은 것은?

① 표준시료 제조값
② 대상 기관의 분석 평균값
③ 분석자가 실험한 공시험값
④ 인증표준물질과의 비교로부터 얻은 값

> **해설** 숙련도 시험용 시료의 기준값으로 분석자가 실험한 바탕시험값은 사용하지 않는다.

285 시료채취장치의 채취관 재질에 대한 설명으로 틀린 것은?

① 화학반응이나 흡착작용으로 배출가스의 분석결과에 영향을 주지 않는 것
② 배출가스 중 부식성 성분에 의하여 잘 부식되지 않는 것
③ 배출가스의 온도, 유속에 견딜 수 있는 충분한 기계적 강도를 갖는 것
④ 염화수소를 채취하는 경우 채취관의 재질이 석영 또는 스테인리스강인 것

> **해설** 염화수소는 스테인리스강을 쓰면 안 된다.

286 유효숫자를 결정하기 위한 법칙이 틀린 것은?

① 0이 아닌 정수는 항상 유효숫자이다.
② 소수자리 앞에 있는 숫자 '0'은 유효숫자에 포함되지 않는다.
③ 0이 아닌 숫자 사이에 있는 '0'은 항상 유효숫자이다.
④ 더하는 경우 계산하는 숫자 중에서 가장 큰 유효숫자의 자릿수에 맞춘다.

> **해설** 더하는 경우 계산하는 숫자 중에서 가장 작은 유효숫자의 자릿수에 맞춘다.

정답 283 ② 284 ③ 285 ④ 286 ④

287 QA/QC 관련 용어의 정의에 대한 설명으로 **틀린** 것은?

① 평균 : 측정값의 중심, 서로 더하여 평균한 값

② 중앙값 : 일련의 측정값 중 최솟값과 최댓값의 중앙에 해당하는 크기를 갖는 측정값

③ 상한 관리기준 : 정도관리 평균 회수율 +2배 편차($m + 2s$)

④ 시료군 : 동일한 절차로 시험검사 할 비슷한 시료 그룹

> **해설** 상한 관리기준 $= m + 3s$

288 실험실에서 지켜야 할 일반적인 규칙에 대한 설명으로 **틀린** 것은?

① 각자의 신체를 보호하기 위하여 실험복과 보호안경을 쓴다.

② 시약은 내용물을 꺼내기 전에 시약병의 라벨을 다시 확인하고 사용하되, 필요 이상의 양을 취하지 말고, 쓰고 남은 시약은 원래의 시약병에 넣는다.

③ 실험 중에 일어나는 모든 변화를 자세히 관찰하고, 순서대로 정확하게 기록하여 보고서 작성에 참고해야 한다.

④ 눈금이 새겨진 기구는 가열해서는 안 되며 반드시 표준기구나 장치를 규정에 따라 사용하여야 한다.

> **해설** 시약은 내용물을 꺼내기 전에 시약병의 라벨을 다시 확인하고 사용하되, 필요 이상의 양을 취하지 말고, 쓰고 남은 시약은 원래의 시약병에 넣지 않고 버린다.

289 분석장비의 주입 손실과 오염, 자동시료채취장치의 손실과 오염, 시료보관 중의 손실과 오염 또는 시료의 점도 등 물리적 특성에 따른 편차를 보정하기 위해 분석시료와 표준용액 등에 첨가되는 물질은?

① 매질첨가물질   ② 대체표준물질

③ 내부표준물질   ④ 인증표준물질

> **해설** 내부표준물질은 편차를 보정하기 위해 분석시료와 표준용액 등에 첨가되는 물질이다.

290 시료의 보존 기술 중 설명이 **틀린** 것은?

① 암모니아성 질소 : 황산을 첨가하여 pH 2 이하로 4 ℃에서 보관한다.

② 중금속 : 시료 1 L당 2 mL의 진한 질산을 첨가한다.

③ 사이안화물 : 수산화소듐을 pH 12가 될 때까지 첨가한다.

④ E.coli : 밀폐된 유리용기에 담아 실온 보관하며 수집 후 1일 이후 분석한다.

> **해설** 미생물 시험을 위한 시료는 혼합해서는 안 되며, 시료채취 6시간 안에 실험실로 운반해야 한다. 보존시간은 6시간이다.

291 어떤 매질 종류에 측정항목이 포함된 시료를 시험방법에 의해 측정한 결과가 99 % 신뢰수준 (student t value = 3.14)에서 0보다 분명히 큰 최소 농도로 정의된 방법검출한계(MDL)는 얼마인가? (단, 7회 측정하여 계산된 농도(mg/L)는 0.154, 0.178, 0.166, 0.130, 0.117, 0.178, 0.166임)

① 0.045
② 0.065
③ 0.075
④ 0.085

- 평균값 : $\overline{X} = \dfrac{0.154 + 0.178 + 0.166 + 0.130 + 0.117 + 0.178 + 0.166}{7} = 0.156$

- 표준편차 : $s = \sqrt{\dfrac{1}{n-1}\left(\sum_{i=1}^{n}(X_i - \overline{X})^2\right)} = 0.0237$

$\therefore$ MDL $= 0.0237 \times 3.143 = 0.075$ mg/L

292 유효숫자에 관한 법칙이 **틀린** 것은?

① 0이 아닌 정수는 항상 유효숫자이다.
② 소수자리 앞에 있는 숫자 '0'은 유효숫자이다.
③ 0이 아닌 숫자 사이에 있는 '0'은 항상 유효숫자이다.
④ 결과를 계산할 때 곱하거나 더할 경우, 계산하는 숫자 중에서 가장 작은 유효숫자 자릿수에 맞춰 결과값을 넣는다.

 소수자리 앞에 있는 숫자 '0'은 유효숫자가 아니다.

293 환경측정분석기관에 대한 현장 보고서에 반드시 포함되어야 할 사항이 <u>아닌</u> 것은?

① 운영 · 기술 점검표
② 시험 분야별 분석능력 점검표
③ 부적합 판정에 대한 증빙자료
④ 미흡사항 보고서

 부적합 판정에 대한 증빙자료는 현장 보고서에 포함하지 않아도 된다.

294 정도관리 현장평가 시 분석기관의 미흡사항에 해당되지 <u>않는</u> 것은?

① 직원에 대한 교육계획 및 기록이 없는 경우
② 성적서에 측정 불확도를 표기하지 않은 경우
③ 품질문서가 없는 경우
④ GC 크로마토그램을 인쇄하여 보관하지 않고 컴퓨터에 저장하고 있는 경우

 '성적서에 측정 불확도를 표기하지 않은 경우'는 정도관리 현장평가 시 분석기관의 미흡사항에 해당되지 않는다.

295 검정곡선에 관한 설명이 틀린 것은?

① 검정곡선은 시료를 측정분석하는 날마다 수행해야 하며, 부득이하게 한 개 시료군(batch)의 측정분석이 하루를 넘길 경우 가능한 2일을 초과하지 않아야 하며, 일주일 이상 초과한다면 검정곡선을 새로 작성해야 한다.

② 오염물질 측정분석 수행에 사용할 검정곡선은 정도관리 시료와 실제 시료에 존재하는 오염물질 농도 범위를 모두 포함해야 한다.

③ 검정곡선은 실험실에서 환경오염공정시험기준 또는 검증된 시험방법을 토대로 작성한 표준작업 절차서에 따라 수행한다.

④ 검정곡선은 최소한 바탕시료와 1개의 표준물질을 단계별 농도로 작성해야 하고, 특정 유기화학물질을 분석하기 위한 시험방법은 표준물질 7개를 단계별 농도로 작성하도록 권장하기도 한다.

> **해설** 검정곡선은 시료를 측정분석하는 날마다 수행해야 하며, 부득이하게 한 개 시료군(batch)의 측정분석이 하루를 넘길 경우 가능한 2일을 초과하지 않아야 하며, 3일 이상 초과한다면 검정곡선을 새로 작성해야 한다.

296 실험실에서 정확한 부피를 측정할 때 사용되는 실험기구의 사용방법이 적절하지 않은 것은?

① 부피 측정용 유리기구는 허용오차 범위 내에 있는 제품을 사용하여 분석의 정확성을 유지할 필요가 있다.

② 표준용액을 취하는 경우 피펫을 직접 시약병에 넣어 채우개(filler)를 사용한다.

③ 부피를 측정하는 유리기구는 온도가 높은 오븐에 넣어 가열하지 않는 것이 좋다.

④ 뷰렛 속의 액체 높이를 읽을 때에는 눈을 액체의 맨 위쪽과 같은 높이가 되도록 맞추어야 한다.

> **해설** 표준용액을 취하는 경우는 시약의 순도를 오염시킬 염려가 있기 때문에 일단 비커 등에 일정량을 따른 후 취한다.

297 시험항목에 따른 세척방법과 건조방법이 바르게 나열된 것은?

① 무기물질(이온물질) : 세척제 사용 세척, 정제수 헹굼, 습식 건조

② 중금속 : 세척제 사용 세척, 20 % 질산 수용액에서 4시간 이상 담가두었다가 정제수로 헹굼, 공기 건조

③ 소독물질과 부산물 : 뜨거운 물 헹굼, 아세톤으로 헹굼

④ 농약 : 마지막 사용한 용매로 즉시 헹구고 뜨거운 물로 세척, 공기 건조

> **해설** ① 무기물질(이온물질) : 세척제 사용 세척, 수돗물 헹굼, 정제수 헹굼, 자연 건조
> ③ 소독물질과 부산물 : 세척제 사용 세척, 수돗물 헹굼, 정제수 헹굼, 105 ℃에서 1시간 건조
> ④ 농약 : 마지막 사용한 용매로 즉시 헹구고 뜨거운 물로 세척, 세척제로 세척, 수돗물로 헹구고 정제수로 헹굼, 공기 건조, 400 ℃에서 1시간 건조 또는 아세톤으로 헹굼

정답 295 ① 296 ② 297 ②

298 현장평가 보고서 작성에 대한 설명이 틀린 것은?

① 정도관리 평가기준에 따라 대상 기관의 분야별 적합도를 평가한다.

② 현장평가 시 발견된 미흡사항에 대하여 상호 토론, 확인하게 한다.

③ 대상 기관은 현장평가 보고서를 작성한다.

④ 측정분석기관 정도관리 평가내용과의 부합 정도를 확인하여 점검표에 평점을 기재한다.

 현장평가 보고서는 현장평가 평가팀이 작성한다.

299 유효숫자에 대한 설명이 옳은 것은?

① 9 540, 0.954, 9.540×10^3의 유효숫자는 모두 같다.

② 5.345+6.728=12.073과 같이 유효숫자가 많아질 수 있다.

③ KrF_2의 분자식을 계산할 때 18.9984032+18.9984032+83.798=121.7948064이지만 유효숫자를 고려하여 121.794로 표기한다.

④ log 0.001237과 $10^{2.531}$은 유효숫자를 고려하여 −2.9076과 339.6으로 표기한다.

 ① 9 540(유효숫자 3개), 0.954(유효숫자 3개), 9.540×10^3(유효숫자 4개)

③ 유효숫자를 고려하여 121.79로 표기

④ 유효숫자를 고려하여 −2.908과 339.6으로 표기

300 시약 등급수(reagent-grade water) 유형에 대한 설명이 옳은 것은?

① Ⅰ유형의 시약 등급수는 분석방법의 검출한계에서 분석되는 화합물 또는 원소가 검출되지 않는다.

② Ⅱ유형은 시약 조제에 사용되며, 미생물(박테리아) 실험에는 사용할 수 없다.

③ Ⅲ유형은 유리기구의 세척과 시약의 조제에 모두 사용할 수 있다.

④ Ⅳ유형은 유리기구의 세척과 예비 세척에 사용되며, 더 높은 등급수 생산을 위한 원수(feedwater)로 사용된다.

해설 시약 등급수
- 유형 Ⅰ 등급 : 증류 또는 다른 동등한 과정을 거쳐 생산한 정제수로 혼합이온교환수지와 0.2 μm 멤브레인 필터를 통과한 것을 말한다.
- 유형 Ⅱ 등급 : 증류 또는 이와 비슷한 과정을 거쳐 생산한 정제수로 전기전도도가 25 ℃(298 K)에서 1.0 $\mu S/cm$ 이하인 것을 말한다.
- 유형 Ⅲ 등급 : 증류, 이온 교환, 역삼투에 의한 전기분해식 이온화 장치 또는 이것들의 조합에 의해 제조된 정제수로 0.45 μm 멤브레인 필터를 통과한 것을 말한다.
- 유형 Ⅳ 등급 : 증류, 이온 교환, 역삼투에 의한 전기분해식 이온화 장치, 전기투석장치 또는 이것들의 조합에 의해 제조된 정제수를 말한다.

정답 298 ③ 299 ② 300 ①

301 측정분석결과의 기록방법 중 틀린 것은?

① 양(量)의 기호는 이탤릭체로 쓰며, 단위 기호는 로마체로 쓴다.

② 단위 기호는 복수의 경우에도 변하지 않으며, 단위 기호 뒤에 마침표 등 다른 기호나 다른 문자를 첨가해서는 안 된다.

③ 두 개의 단위의 나누기로 표시되는 유도 단위는 가운뎃점이나 한 칸을 띄어 쓴다.

④ 숫자의 표시는 일반적으로 로마체(직립체)와 이탤릭체를 혼용해서 쓴다.

> **해설** 숫자의 표시는 일반적으로 보통 두께의 '직립체'로 쓸 것을 권장한다.

302 바탕시료(blank)값이 평소보다 높게 나왔을 경우 대처법이 틀린 것은?

① 분석에 사용한 정제수가 오염되었는지 점검하여야 한다.

② 분석에 사용한 유리기구나 용기가 오염되었는지 점검하여야 한다.

③ 분석에 사용한 시약이 오염되었는지 점검하여야 한다.

④ 시료(sample)값도 같은 조건에서 분석하기 때문에 상관없다.

> **해설** 바탕시료(blank)값이 평소보다 높게 나왔을 경우에는 정제수의 오염, 기구의 오염, 시약의 오염을 점검해야 한다.

303 시료채취방법에 대한 기술로 틀린 것은?

① 일회용 장갑을 사용하고 위험한 물질을 채취할 경우에는 고무장갑을 이용한다.

② 미량 유기물질과 중금속 분석에는 스테인리스, 유리, 테플론 제품의 막대를 사용한다.

③ 시료 수집에 있어 우선순위는 첫번째로 추출할 수 있는 유기물질이며, 이어 중금속, 용해금속, 미생물 시료, 무기 비금속 순으로 수집해야 한다.

④ VOC, 오일, 그리스, TPH 및 미생물 분석용 시료채취 장비와 용기는 채취 전에 그 시료를 이용해 미리 헹구고 사용한다.

> **해설** VOC, 오일, 그리스, TPH 및 미생물 분석용 시료채취 장비와 용기는 시료채취 시 헹구지 않는다.

304 분석결과의 정도보증을 위한 절차 중 기기에 대한 검증에서 불필요한 것은?

① 바탕시료　　　　　　　　　　② 표준물질

③ 인증표준물질　　　　　　　　④ 현장시료

> **해설** 현장시료는 기기에 대한 검증에 관계가 없다.

305 유리기구 제품의 표시 중 **틀린** 것은?

① 교정된 유리기구를 표시할 때 'A'라고 적힌 것은 허용오차가 0.001 %인 정확도를 가진 유리기구를 의미한다.

② 25 mL 피펫에 'TD 20 ℃'라고 적혀 있는 것은 to deliver의 약자로 20 ℃에서 25.00 mL를 옮길 수 있다는 뜻이다.

③ 500 mL 부피플라스크에 'TC 20 ℃'라고 적혀 있는 것은 to contain의 약자로 20 ℃에서 500.00 mL를 담을 수 있다는 뜻이다.

④ 연결 유리기구에 표시된 TS는 'standard taper size'의 약자이다.

 교정된 유리기구를 표시할 때 'A'라고 적힌 것은 온도에 대한 교정이 이루어진 것을 의미한다.

306 배출허용기준 적합 여부를 판정하기 위한 복수시료 채취방법의 적용을 제외할 수 있는 경우가 **아닌** 것은?

① 환경오염 사고로 신속한 대응이 필요한 경우

② 수질 및 수생태계 보전에 관한 법률 제38조 제1항의 규정에 의한 비정상적인 행위를 하는 경우

③ 취약시간대인 09:00 ~ 18:00의 환경오염 감시 등 신속한 대응이 필요한 경우

④ 사업장 내에서 발생하는 폐수를 회분식으로 처리하여 간헐적으로 방류하는 경우

해설 취약시간대인 09:00 ~ 18:00의 환경오염 감시 등 신속한 대응이 필요한 경우는 복수시료 채취방법의 적용을 제외할 수 없다.

307 정도관리의 수식이 옳은 것은?

① 검출한계(LOD) = 표준편차 × 10

② 정량한계(LOQ) = 표준편차 × 3.14

③ 정확도(%) = (측정량/첨가량) × 100

④ 정밀도(% RSD) = [(초기 측정값 − 후기 측정값)/ 측정 평균] × 100

해설 • 검출한계(limit of detection, LOD) : 검체 중에 존재하는 분석대상물질의 검출 가능한 최소량 또는 최소 농도를 말한다.
• 정량한계(limit of quantitation, LOQ) : 적절한 정밀도와 정확도를 가진 정량값으로 표현할 수 있는 검체 중 분석대상물질의 최소량 또는 최소 농도를 말한다.
• 정밀도(precision) : 시료를 여러 번 채취하여 정해진 조건에 따라 측정하였을 때 각각의 측정값들 사이의 근접한 정도(분산 정도)를 말한다.

308 '측정분석기관 정도관리의 방법 등에 대한 규정'에서 검증기관의 사후관리 내용이 **틀린** 것은?

① 검증기관에 대한 사후관리는 숙련도 시험으로 대체할 수 있다.

② 숙련도 시험결과가 부적합한 것으로 판정된 경우에는 즉시 측정분석 업무를 폐지하여야 한다.

③ 거짓 또는 기타 부정한 방법으로 정도관리 검증을 받은 경우, 국립환경과학원장은 그 내용을 국립환경과학원 누리집(홈페이지)에 공고하여야 한다.

④ 국립환경과학원장은 검증기관의 시험결과와 관련하여 분쟁이 발생한 경우에는 해당 검증기관에 대해 수시로 정도관리를 실시할 수 있다.

> **해설** 숙련도 시험결과가 부적합 판정된 경우 그 결과 통보일로부터 해당 분야의 검증유효기간이 만료된 것으로 본다.

309 정도관리와 관련한 용어의 설명이 **틀린** 것은?

① 기기검출한계 : 분석장비의 검출한계는 일반적으로 S/N비의 2배 ~ 5배 농도이다.

② 완성도 : 완성도는 일련의 시료군(batch)들에 대해 모든 측정분석결과에 대한 유효한 결과의 비율을 나타낸 것으로 일정 수준 이하(수질인 경우 95 % 이상)인 경우 원인을 찾아 해결해야 한다.

③ 최소정량한계(minimum level of quantitation) : 일반적으로 검출한계와 동일한 수행 절차에 의해 수립되며, 시험검출한계와 같은 낮은 농도 시료 7개 ~ 10개를 반복 측정한 표준편차의 10배에 해당하는 값을 최소 정량 수준으로 한다.

④ 분할시료(split sample) : 같은 지점에서 동일한 시각에 동일한 방법으로 채취한 시료

> **해설** 분할시료(split sample) : 하나의 시료가 각각의 다른 분석자 또는 분석실로 공급되기 위해 둘 또는 그 이상의 시료로 나누어진 것

310 특정 시료채취 과정에 대한 설명이 **틀린** 것은?

① 용해 금속은 시료를 보존하기 전에 $0.45~\mu m$ 셀룰로오스 아세테이트 멤브레인 필터를 통하여 여과한 후 산을 첨가한다.

② VOC 시료는 절대로 혼합할 수 없으며, 시료는 분석할 때까지 반드시 냉동보관하여야 한다.

③ 유기물질을 추출하기 위하여 단일시료로 유리용기에 수집하며, 수집 전에 용기를 시료로 미리 헹굴 필요는 없다.

④ 알칼리성이 높은 중금속 시료는 pH미터를 이용하여 산성도를 확인하면서 산을 첨가하고, 그 산을 바탕시료에도 첨가하고 문서화해야 한다.

> **해설** VOC 시료는 절대로 혼합할 수 없으며, 시료는 분석할 때까지 4 ℃에서 냉장보관한다.

311 시료를 10번 반복 측정한 평균값이 150.5 mg/L이고, 표준편차가 2.5 mg/L일 때 상대표준편차 백분율은?

① 0.017 % ② 0.17 %

③ 1.70 % ④ 17.0 %

 표준편차 백분율 $= \dfrac{2.5}{150.5} \times 100 = 1.70\,\%$

312 유해물질에 노출되었을 경우, 실험실 안전행동지침으로 <u>부적절한</u> 것은?

① 실험자는 눈을 감은 상태로 가장 가까운 세안장치에 도달할 수 있어야 한다.

② 세안장치와 샤워장치는 혼잡을 피하기 위하여 일정 간격 떨어져 있어야 한다.

③ 눈꺼풀을 인위적으로 열어 눈꺼풀 뒤도 효과적으로 세척하도록 한다.

④ 물 또는 눈 세척제로 최소 15분 이상 눈과 눈꺼풀을 씻어낸다.

해설 세안장치와 샤워장치는 실험실 내에 있어야 한다.

313 온도 효과 혹은 추출의 비효율성, 오염, 교정오차 등과 같은 시험방법에서의 계통오차로 발생되는 것은?

① 오차(error) ② 편향(bias)

③ 분산(variation) ④ 편차(deviation)

해설 측정의 편향(bias)이란 계통오차로 인해 발생되는 측정결과의 치우침으로서 시험분석 절차의 온도 효과 혹은 추출의 비효율성, 오염, 교정오차 등에 의해 발생한다.

314 정도관리용 표준시료의 조건에 해당되지 <u>않는</u> 것은?

① 장기간에 걸쳐 사용할 수 있도록 충분한 양이 확보되어야 한다.

② 최소한 몇 개월은 정해진 보존조건하에 변화되지 않음이 보장되어야 한다.

③ 표준시료의 보관을 위한 용기에 대해서는 특별히 규정하지 않아도 된다.

④ 일부를 채취하는 경우에도 정도관리용에 영향을 주지 않아야 한다.

해설 표준시료의 보관을 위한 용기에 대해서는 반드시 규정해야 한다.

315 환경측정분석기관의 현장평가 업무 절차가 <u>아닌</u> 것은?

① 시작 회의 ② 시험실 순회

③ 분석자와의 질의응답 ④ 미흡사항 시정

해설 미흡사항 시정은 현장평가 업무에 포함되지 않는다.

 정답 311 ③ 312 ② 313 ② 314 ③ 315 ④

316 실험실 첨가시료(LFS) 분석 시 사용하지 <u>않는</u> 것은?

① 매질첨가(matrix spike)　　　　　② 대체표준물질(surrogate standard)
③ 내부표준물질(IS, internal standard)　④ 외부표준물질(OS, outer standard)

> **해설** 실험실 첨가시료 분석에 외부표준물질은 없다.

317 ISO/IEC 17025에서 기술한 소급성(traceability)의 구성요소가 <u>아닌</u> 것은?

① 끊이지 않는 비교 고리(an unbroken chain of comparison)
② 측정 불확도(uncertainty)
③ 문서화(documentation)
④ 정확도(accuracy)

> **해설** 정확도는 ISO/IEC 17025에서 기술한 소급성(traceability)의 구성요소가 아니다.

318 한국인정기구(KOLAS)에서 규정하고 있는 측정결과의 '반복성' 조건에 포함되지 <u>않는</u> 것은?

① 동일한 측정 절차　　　　　② 동일한 관측자
③ 동일한 장소　　　　　　　④ 긴 시간 내의 반복

> **해설** 한국인정기구(KOLAS)에서 규정하고 있는 측정결과의 '반복성' 조건에 포함되는 요소는 동일한 측정 절차, 동일한 장소, 동일한 관측자이다.

319 국제 단위체계에 따른 측정량의 단위 표시가 적절한 것은?

① 5.32 Kg　　　　　　　　② 20.0℃
③ (22.4 ± 0.2) ℃　　　　　④ 1.23 mg/l

> **해설** ① 5.32 kg, ② 20.0 ℃, ④ 1.23 mg/L

320 시험분석 결과의 반복성을 나타내는 것으로 반복시험하여 얻은 결과를 상대표준편차(RSD, relative standard deviation)로 나타낸 것은?

① 정확도　　　　　　　　② 정밀도
③ 근사값　　　　　　　　④ 분해도

> **해설** 상대표준편차로 나타내는 것은 정밀도이다.

정답 316 ④　317 ④　318 ④　319 ③　320 ②

321 검정곡선(calibration curve)은 분석물질의 농도 변화에 따른 지시값을 나타낸 것으로 시료 중 분석대상 물질의 농도를 포함하도록 범위를 설정하고, 검정곡선 작성용 표준용액은 가급적 시료의 매질과 비슷하게 제조하여야 한다. 다음 중 검정곡선법이 <u>아닌</u> 것은?

① 절대검정곡선법(external standard method)
② 표준물첨가법(standard addition method)
③ 상대검정곡선법(internal standard calibration)
④ 적정곡선법(titration curve method)

 검정곡선법에 적정곡선법은 없다.

322 기체 크로마토그래피에서 운반기체로 사용되지 <u>않는</u> 기체는 무엇인가?

① 산소
② 수소
③ 헬륨
④ 질소

 ㉠ 운반기체의 조건
  • 시료분자나 고정상에 대해서 화학적으로 비활성이어야 함
  • 분리관 내에서 시료분자의 확산을 최소로 줄일 수 있어야 함
  • 사용되는 검출기의 종류에 적합해야 함
  • 순수기체, 건조기체로 순도 99.995 % 이상이어야 함
  ㉡ 운반기체의 종류 : 수소, 헬륨, 질소, 아르곤 등

323 실험실 기기의 초기 교정에 대한 설명으로 틀린 것은?

① 표준용액의 농도와 기기의 감응은 교정곡선을 이용하고 그 상관계수는 0.9998 이상이어야 한다.
② 곡선을 검증하기 위해 수시교정표준물질을 사용해 교정하고, 검증된 값의 5 % 이내에 있어야 한다.
③ 검증확인표준물질은 교정용 표준물질과 다른 것을 사용하고, 초기 교정이 허용되기 위해서는 참값의 10 % 이내에 있어야 한다.
④ 분석법이 시료 전처리가 포함되어 있다면, 바탕시료와 실험실 관리 표준물질을 분석 중에 사용하고 그 결과는 참값의 20 % 이내에 있어야 한다.

 분석법이 시료 전처리가 포함되어 있다면, 바탕시료와 실험실 관리 표준물질을 분석 중에 사용하고 그 결과는 실제값의 15 % 이내에 있어야 한다.

324 정도관리용 시료의 필요조건에 대한 설명으로 <u>틀린</u> 것은?

① 안정성이 입증되어야 하며, 최소 수 개월간 농도 변화가 없어야 한다.
② 환경시료에 표준물질을 첨가한 시료는 정도관리용 시료에서 배제된다.
③ 충분한 양의 확보와 보존기간 동안 용기의 영향이 배제되어야 한다.
④ 시료의 성상과 농도에 대한 대표성이 있어야 한다.

해설 환경시료에 표준물질을 첨가한 시료도 정도관리용 시료에 포함된다.

325 환경 실험실 운영관리 및 안전에서는 유해 화학물질을 특성에 따라 분류하여 관리하고 있다. 유해 화학물질의 특성에 대한 설명으로 <u>틀린</u> 것은?

① 발화성 물질은 스스로 발화하거나 물과 접촉하여 발화하고, 가연성 가스를 발생시키는 물질이다.
② 폭발성 물질은 가열·마찰·충격 등으로 인하여 폭발하나, 산소나 산화제 공급 없이는 폭발하지 않는다.
③ 인화성 물질은 대기압에서 인화점이 65 ℃ 이하인 가연성 액체이다.
④ 가연성 가스는 폭발한계 농도의 하한이 10 % 이하 또는 상하한의 차이가 20 % 이상인 가스이다.

해설 폭발성 물질은 가열·마찰·충격 등으로 인하여 폭발하나, 산소나 산화제 공급 없이도 자체적으로 폭발한다.

326 분석대상 물질과 시료채취기구 재질의 연결이 적합하지 <u>않은</u> 것은?

① 중금속 : 플라스틱, 스테인리스, 테플론
② 휘발성 유기물질 : 유리
③ 추출할 수 있는 물질 : 알루미늄, 테플론, 플라스틱
④ 영양염류 : 플라스틱, 스테인리스, 테플론, 알루미늄, 금속

해설 추출할 수 있는 물질 : 유리, 알루미늄, 금속 재질, 스테인리스, 테플론

327 평균값의 3배의 표준편차를 더한 정확도의 관리기준은?

① 상한 경고기준(UWL) 　　② 하한 경고기준(LWL)
③ 상한 관리기준(UCL) 　　④ 하한 관리기준(LCL)

해설 상한 관리기준 = 평균값+3×표준편차 = $m + 3s$

328 실험에 의하여 계산된 결과가 다음과 같을 때 유효숫자만을 가질 수 있도록 반올림한 것으로 옳은 것은?

$$\log 6.000 \times 10^{-5} = -4.22184875$$

① −4.222

② −4.2218

③ −4.22185

④ −4.221848

 $\log n$의 가수에 있는 유효숫자의 수는 n의 유효숫자와 같아야 한다.

$\log 6.000 \times 10^{-5} = -4.22184875$에서 6.000의 4자리이므로 계산값에서 소수점 아래의 가수가 4자리이어야 한다.

329 시험검출한계(MDL, method detection limit)에 대한 설명이 옳은 것은?

① 분석자가 다르다 해도 동일한 기기, 동일한 분석법을 사용하면 그 시험검출한계는 항상 동일하다.

② 분석시스템에서 가능한 범위의 검정 농도와 질량 분석 데이터를 완전히 확인할 수 있는 수준으로 정의한다.

③ 일반적으로 신호/잡음비의 5배 이상의 농도, 또는 바탕시료를 반복 측정 분석한 결과 표준편차의 3배에 해당하는 농도이다.

④ 감도에 있어 분명한 변화가 있는 검정곡선 영역, 즉 검정곡선 기울기의 갑작스러운 변화점 농도로 시험검출한계를 예측한다.

 ① 시험검출한계 계산은 분석장비, 분석자, 시험방법에 따라 달라질 수 있다.

② 분석시스템에서 가능한 범위의 검정 농도와 질량 분석 데이터를 완전히 확인할 수 없기 때문에 시험검출한계를 계산한다.

③ 일반적으로 신호/잡음비의 2.5배~5배 이상의 농도, 또는 바탕시료를 반복 측정 분석한 결과 표준편차의 3배에 해당하는 농도이다.

330 하천수를 대상으로 BOD를 측정하기 위하여 시료를 7번 분석한 결과 평균값이 9.5 mg/L, 표준편차가 0.9 mg/L였다. 다음 중 불확도에 대한 설명으로 틀린 것은?

① 하천수 BOD 측정결과의 불확도 단위는 mg/L이다.

② 불확도는 일반적으로 측정횟수를 증가시키면 감소한다.

③ 같은 조건으로 측정한 결과의 표준편차가 클수록 불확도는 커진다.

④ 검정곡선의 농도범위 내에서 불확도는 동일하다.

해설 검정곡선의 농도범위 내에서 불확도는 동일하지 않을 수 있다.

331 시료분석 결과의 정도보증방법이 <u>아닌</u> 것은?

① 회수율 검토(spike recovery test)
② 관리차트(control chart)
③ 숙련도 시험(PT, proficiency test)
④ 시험방법에 대한 분석자의 능력 검증(IDC, initial demonstration of capability)

> 해설 '시험방법에 대한 분석자의 능력 검증'은 정도보증방법에 해당되지 않는다.

332 정도관리(현장평가) 운영에 대한 설명으로 <u>틀린</u> 것은?

① 평가위원들은 현장평가의 첫번째 단계로 대상 기관 참석자들과 시작 회의를 한다.
② 시험 분야별 평가는 분석자가 업무를 수행하는 곳에서 진행한다.
③ 분석 관련 책임자 또는 분석자와의 면담을 통해서 평가할 수 있다.
④ 검증기관의 검증유효기관 및 검증항목 확대 시 유효기간은 모두 심의일부터 3년이다.

> 해설 검증기관의 검증유효기관 및 검증항목 확대 시 유효기간은 모두 심의된 날로부터 3년이다.

333 시료채취 시 유의사항에 대한 설명으로 <u>틀린</u> 것은?

① 유류 또는 부유물질 등이 함유된 시료는 침전물이 부상하여 혼입되어서는 안 된다.
② 수소이온농도, 유류를 측정하기 위한 시료채취 시는 시료 용기에 가득 채워야 한다.
③ 시료채취량은 시험항목 등에 따라 차이는 있으나 보통 3 L ~ 5 L 정도이어야 한다.
④ 지하수 시료는 취수정 내에 고여 있는 물의 교란을 최소화하면서 채취하여야 한다.

> 해설 지하수 시료는 취수정 내에 고여 있는 물을 충분히 퍼낸 다음 새로 나온 물을 채취한다.

334 오차(error)의 종류와 설명이 <u>틀린</u> 것은?

① 기기오차(instrument error) : 측정기가 나타내는 값에서 나타내야 할 참값을 뺀 값이다.
② 계통오차(systematic error) : 재현 가능하여 어떤 수단에 의해 보정이 가능한 오차로서 이것에 따라 측정값은 편차가 생긴다.
③ 개인오차(personal error) : 재현 불가능한 것으로 원인을 알 수 없어 보정할 수 없는 오차이며 이것으로 인해 측정값은 분산이 생긴다.
④ 방법오차(method error) : 분석의 기초 원리가 되는 반응과 시약의 비이상적인 화학적 또는 물리적 행동으로 발생하는 오차로 계통오차에 속한다.

> 해설 개인오차(personal error) : 실험하는 사람의 부주의, 무관심, 개인적인 한계 등에 의해 생기는 오차

정답 **331** ④ **332** ④ **333** ④ **334** ③

335 시료 용기의 세척에 대한 설명으로 틀린 것은?

① VOC 분석용 용기는 최종적으로 메탄올로 씻어낸 후 가열하여 건조한다.
② 금속 분석용 용기는 초기 세척 후 50 % 염산 및 질산으로 헹군 다음 정제수로 헹군다.
③ 영양물질 분석용 용기는 세제 세척 후 50 % 질산으로 헹군 다음 정제수로 헹군다.
④ 추출을 위한 유기물 분석용 용기는 고무 또는 플라스틱 솔을 사용하여 닦지 않는다.

> **해설** 영양물질 분석용 용기는 세제 세척 후 50 % 염산으로 헹군 다음 정제수로 헹군다.

336 시험검사기관의 정도관리를 위한 문서 중 기술문서인 것은?

① 품질절차서
② 국가 및 국제규격
③ 국가법령 등 관련 법률
④ 설비 운전용 컴퓨터 소프트웨어

> **해설** '국가 및 국제규격'은 정도관리를 위한 기술문서에 속한다.

337 정도관리 오차에 관한 설명 중 바르게 짝지어진 것은?

> ㉠ 계량기 등의 검정 시에 허용되는 공차(규정된 최댓값과 최솟값의 차)
> ㉡ 재현 가능하여 어떤 수단에 의해 보정이 가능한 오차. 이것에 따라 측정값은 편차가 생긴다.
> ㉢ 재현 불가능한 것으로 원인을 알 수 없어 보정할 수 없는 오차이며, 이것으로 인해 측정값은 분산이 생긴다.
> ㉣ 측정분석에서 수반되는 오차

① ㉠ 검정허용오차, ㉡ 계통오차, ㉢ 우연오차, ㉣ 분석오차
② ㉠ 검정허용오차, ㉡ 우연오차, ㉢ 계통오차, ㉣ 분석오차
③ ㉠ 분석오차,   ㉡ 계통오차, ㉢ 우연오차, ㉣ 검정허용오차
④ ㉠ 우연오차,   ㉡ 계통오차, ㉢ 분석오차, ㉣ 검정허용오차

> **해설**
> • 검정허용오차 : 계량기 등의 검정 시에 허용되는 공차
> • 계통오차 : 재현 가능하여 어떤 수단에 의해 보정이 가능한 오차
> • 우연오차 : 재현 불가능한 것으로 원인을 알 수 없어 보정할 수 없는 오차
> • 분석오차 : 측정분석에서 발생하는 오차

338 다음에 제시된 시료채취방법은 어느 특정 항목에 대한 설명인가?

> 시료를 가능한 한 현장에서 0.45 μm 셀룰로오스 아세테이트 멤브레인 필터를 통해 여과한 후,
> 신속히 실험실로 운반하여야 한다.

① 용해 금속 분석
② 휘발성 유기화합물 분석
③ 노말헥세인 추출 물질(oil and grease 물질)
④ 미생물 분석

 해설 노말헥세인 추출 물질의 시료채취방법은 시료를 가능한 한 현장에서 0.45 μm 셀룰로오스 아세테이트 멤브레인 필터를 통해 여과한 후, 신속히 실험실로 운반하여야 한다.

339 다음 내용은 무엇에 대한 설명인가?

> 시료와 비슷한 매질 중에서 시험분석 대상을 검출할 수 있는 최소한의 농도로서, 제시된 정량한계
> 부근의 농도를 포함하도록 준비한 n개의 시료를 반복 측정하여 얻은 결과의 표준편차에 99 %
> 신뢰도에서의 t 분포값을 곱한 것이다.

① 검출한계   ② 기기검출한계
③ 방법검출한계   ④ 정량한계

 해설 시험검출한계 또는 방법검출한계(MDL)란 시료와 비슷한 매질 중에서 시험분석 대상을 검출할
수 있는 최소한의 농도로서, 제시된 정량한계 부근의 농도를 포함하도록 준비한 n개의 시료를
반복 측정하여 얻은 결과의 표준편차(s)에 99 % 신뢰도에서의 t분포값을 곱한 것이다. 산출된
시험검출한계는 제시한 정량한계값 이하여야 한다. 또한 어떠한 매질 종류에 측정항목이 포함된
시료를 시험방법에 의해 시험 · 검사한 결과가 99 % 신뢰수준에서 0보다 분명히 큰 최소 농도로
정의할 수 있다. 그리고 시험검출한계 계산은 분석장비, 분석자, 시험방법에 따라 달라질 수 있다.

340 관찰사항, 데이터 및 계산 결과를 기록할 때 한국인정기구(KOLAS)의 요구사항에 <u>적합하지 않</u>
<u>은</u> 것은?

① 원시데이터(raw data) 및 계산으로 유도된 가공데이터 둘다 보존하는 것이 원칙이다.
② 시험기록서 또는 작업서에 확인한 실무자의 서명 또는 날인하는 곳을 둔다.
③ 기록에 잘못이 발생할 경우는 즉시 잘못된 부분을 삭제하고 정확한 값을 기입하여야 한다.
④ 컴퓨터화된 기록시스템의 경우는 소프트웨어를 사용하기 전의 검증이 필요하게 된다.

 해설 기록에 잘못이 발생할 경우 이를 수정하고자 할 때는 일자, 수정자, 내용, 사유, 승인자 등 성적서
수정 발급에 필요한 정보가 기록 · 유지되어야 한다.

정답 **338** ③ **339** ③ **340** ③

341 적정 용액의 표준화에 관한 설명에서 옳은 것을 모두 고르면?

> ㉠ 표준화를 통해 적정 용액의 농도계수를 계산할 수 있는 것은 아니다.
> ㉡ 적정 용액을 표준화하는 목적은 정확한 농도를 알기 위해서이다.
> ㉢ 적정 용액을 표준화할 때 사용하는 용액들의 농도 단위는 규정 농도이다.

① ㉠, ㉡
② ㉠, ㉢
③ ㉡, ㉢
④ ㉠, ㉡, ㉢

 표준화를 통해 적정 용액의 농도계수를 계산할 수 있다.

342 휘발성 유기화합물(VOCs) 시료를 채취하는 방법 중 옳은 것은?

① 시료가 완전히 봉해졌는지 확인하기 위해 시료 용기를 뒤집어 공기방울이 있음을 확인하고 냉장 운반한다.
② 수돗물을 채취하는 경우에는 수도꼭지를 틀고 바로 받아 휘발성 유기물이 휘산되지 않도록 한다.
③ 수돗물을 채취하는 경우에는 잔류 염소를 제거하고 시료를 반 정도 채우고 염산으로 pH를 조정한 후 시료를 채우고 봉한다.
④ 시료로 병을 헹구어 용기를 채우되 물이 넘치도록 받으며, 이 경우 과도하게 넘치지는 않도록 한다.

 수돗물을 채취하는 경우는 먼저 수도꼭지를 틀어 물을 3분~5분간 흘려보내어 공급관을 깨끗이 한 후 채취한다. 이때 물이 과도히 넘치지 않게 한다. 시료용기는 공기방울이 없어야 한다.

343 정밀도를 나타내기 위한 방법이 <u>아닌</u> 것은?

① 변동계수(coefficient of variance)
② 분산(variance)
③ 상대오차(relative error)
④ 표준편차(standard deviation)

 상대오차(relative error)는 정확도를 나타내기 위한 방법이다.

344 분석결과의 정도보증을 위한 정도관리 절차 중 시험방법에 대한 분석자의 능력을 평가하기 위한 필요 요소로 옳은 것은?

① 분석기기의 교정 및 검정
② 방법검출한계, 정밀도 및 정확도 측정
③ 검정곡선 작성
④ 관리차트의 작성

해설 분석결과의 정도보증을 위한 정도관리 절차 중 시험방법에 대한 분석자의 능력을 평가하기 위한 필요 요소는 방법검출한계, 정밀도 및 정확도 측정이다.

정답 **341** ③ **342** ③ **343** ③ **344** ②

345 현장 기록은 시료채취 동안 발생한 모든 데이터에 대해 기록되어야 한다. 다음 중 현장 기록에 포함되어야 하는 내용이 모두 나열된 것은?

① 시료현장기록부, 시료 라벨, 분석항목, 현장측정데이터, 시료운반방법
② 시료현장기록부, 시료 라벨, 보존준비기록, 현장시료 첨가용액 준비기록부, 인수인계 양식, 시료기록시트
③ 시료현장기록부, 시료 라벨, 분석항목, 시료운반방법, 보존준비기록
④ 시료현장기록부, 시료 라벨, 보존준비기록, 현장시료 첨가용액 준비기록부, 분석항목

 해설 시료채취 시 현장 기록 내용 : 시료현장기록부, 시료 라벨, 보존준비기록, 현장시료 첨가용액 준비기록부, 인수인계 양식, 시료기록시트 등

346 건축 자재에서 방출되는 실내 오염물질을 측정하는 용기인 소형 방출시험 챔버의 정도보증/정도관리 중 공급 공기질에 관한 설명이다. (   ) 안에 알맞은 것은?

> 소형 방출시험 챔버에 공급되는 공기의 질은 방출시험에 영향을 미치지 않는 정도로 오염물질의 농도가 낮아야 한다. 공급공기 중 총 휘발성 농도는 (   ) $\mu g/m^3$ 이하, 폼알데하이드의 농도는 (   ) $\mu g/m^3$ 이하이어야 한다.

① 10, 10   ② 20, 5
③ 10, 5   ④ 20, 10

해설 • 공급공기 중 총 휘발성 오염물질(VOC) 농도 : 20 $\mu g/m^3$ 이하
• 폼알데하이드(HCHO)의 농도 : 5 $\mu g/m^3$ 이하

347 오차에 대한 설명으로 맞지 <u>않는</u> 것은?

① 계통오차(systematic error) : 재현 가능하여 어떤 수단에 의해 보정이 가능한 오차로서 이것에 따라 측정값은 편차가 생긴다.
② 우연오차(random error) : 재현 불가능한 것으로 원인을 알 수 없어 보정할 수 없는 오차이며 이것으로 인해 측정값은 분산이 생긴다.
③ 기기오차(instrument error) : 계량기 등의 검정시험에 허용되는 오차
④ 방법오차(method error) : 분석의 기초 원리가 되는 반응과 시약의 비이상적인 화학적 또는 물리적 행동으로 발생하는 오차로 계통오차에 속한다.

해설 기기오차는 측정장치의 불완전성, 잘못된 검정 및 전력 공급기의 불안전성에 의해 발생되는 오차이다.

348 가스 취급 시 유의사항으로 적절하지 <u>않은</u> 것은?

① 산소가스 → 폭발 : 산소밸브를 열 때는 천천히 열어야 한다.
② 헬륨가스 → 동상 : 눈 또는 피부에 접촉하지 않도록 하며 보호구를 필히 착용한다.
③ 수소가스 → 폭발 : 주위에는 화기 및 가연성 물질을 가까이 두지 말아야 한다.
④ 질소가스 → 질식 : 가스누출감지장치를 장착한다.

> **해설** 헬륨가스는 불활성 기체로서 폭발의 위험이 있으므로 주의해야 한다.

349 운송 중 라돈 검출기의 보관방법에 대한 설명으로 옳은 것은?

① 젖지 않은 종이로 포장한다. ② PVC 포장지로 밀봉한다.
③ 폴리에틸렌 포장지로 포장한다. ④ 알루미늄 코팅지로 밀봉한다.

> **해설** 라돈(Rn) 검출기는 알루미늄 코팅지로 밀봉하여 보관한다.

350 정도관리를 운용하는 목적으로 적합하지 <u>않은</u> 것은?

① 시험검사의 정밀도 유지 ② 정밀도 상실의 조기 감지 및 원인 추적
③ 타 실험실에 비하여 법적 우월성 유지 ④ 검사방법 및 장비의 비교 선택

> **해설** ③ 타 실험실에 비하여 법적 우월성 유지는 정도관리의 운용 목적이 아니다.

351 정도관리를 위한 품질경영시스템(quality management system) 또는 품질시스템의 구성문서로 적절하지 <u>않은</u> 것은?

① 품질매뉴얼 ② 품질절차서
③ 품질지시서 ④ 품질보증서

> **해설** 정도관리를 위한 품질경영시스템 또는 품질시스템의 구성문서는 품질매뉴얼, 품질절차서, 품질지시서 등이 있다.

352 다음 중 유효숫자 기본 규칙에 의하여 계산 결과의 유효숫자의 수가 나머지 셋과 <u>다른</u> 것은?

① 61.60, 61.46, 61.55 및 61.61의 평균값 ② 8.234 − 7.843
③ $\log (5.41 \times 10^{-8})$ ④ $2.324 \times 10^{-3} + 3.455 \times 10^{-3}$

> **해설** ② 8.234 − 7.843 = 0.391로, 처음 유효숫자 4개에서 3개로 바뀌었다.

353 숙련도 평가에 관련된 사항으로 **틀린** 것은?

① 측정값의 정규분포 변수로서 대상 기관의 측정값과 기준값의 차를 측정값의 분산 정도(또는 목표표준편차, target standard deviation)로 나눈 값으로 산출한다.

② 기준값은 시료의 제조방법, 시료의 균질성 등을 고려하여 표준시료 제조값, 전문기관에서 분석한 평균값, 인증표준물질과의 비교로부터 얻은 값, 대상 기관의 분석 평균값의 4가지 방법 중 한 방법을 선택한다.

③ 분야별 항목 평가는 도출된 개별 평가 항목의 Z 값에 따라 평가결과를 "적합"과 "부적합"으로 판정한다.

④ 오차율은 대상 기관의 분석값과 기준값의 차를 대상 기관의 분석값으로 나누어 구한다.

 오차율은 대상 기관의 분석값과 기준값의 차를 대상 기관의 기준값으로 나누어 구한다.

354 다음은 환경시험·검사기관 정도관리 운영 등에 관한 규정(제2012-47호, '12. 12. 21) 중 숙련도 시험을 위한 표준시료의 시험결과 제출에 관련한 사항이다. **틀린** 사항은?

> ㉠ 대상 기관은 과학원장이 숙련도 시험을 위하여 표준시료를 배포하면 이를 수령한 날로부터 60일 이내에 표준시료 시험결과 등을 과학원장에게 제출하여야 한다. 다만, 과학원장은 평가 분야 및 항목에 따라서 기간을 단축하여 정할 수 있다.
> ㉡ 수시 숙련도 시험의 대상 기관은 표준시료 시험결과와 함께 반드시 근거자료를 제출하여야 한다.
> ㉢ 과학원장은 다른 정기 숙련도 시험결과에 대한 신뢰성 확인을 위하여 필요하다고 인정되는 경우에는 별도의 근거자료를 대상 기관에 요청할 수 있다.
> ㉣ 시료채취 등을 위한 장비운영능력 등을 평가하는 숙련도 시험에 참여하지 않았거나 제1항의 기간 내에 표준시료 시험결과를 제출하지 않을 경우에는 부적합으로 판정한다.

① ㉠   ② ㉡   ③ ㉢   ④ ㉣

 대상 기관은 과학원장이 숙련도 시험을 위하여 표준시료를 배포하면 이를 수령한 날로부터 30일 이내에 표준시료 시험결과 등을 과학원장에게 제출하여야 한다.

355 정도관리에서 시험검사 결과 보고에 관한 내용으로 **틀린** 것은?

① 원자료는 분석에 의해 발생된 자료로 정도관리 점검이 포함되지 않은 것이다.

② 보고 가능한 데이터는 원자료로부터 수학적, 통계학적으로 계산한 것이다.

③ 계산을 시작하기 전에 기기로부터 나온 모든 산출값이 올바르고, 선택된 식이 적절한지 확인해야 한다.

④ 원자료와 모든 관련 계산에 대한 기록은 보관해야 한다.

 원자료는 분석에 의해 발생된 자료로 정도관리 점검에 반드시 포함한다.

정답 **353** ④ **354** ① **355** ①

356 시험 분석 자료의 승인 절차에 대한 설명으로 <u>옳지 않은</u> 것은?

① 교정범위는 초기 교정에서 교정곡선의 계산된 상관계수 값이 0.9998 이상일 때 용인한다.

② 적정 용액의 허용한계는 QC 점검 표준용액의 참값과 ±5 %까지로 용인한다.

③ 유효숫자 처리는 사업별 혹은 분야별 지침에서 유효숫자 처리방법을 제시하였을 경우 이를 따른다.

④ 허용되지 않은 정밀도 값의 원인과 수정은 분할시료를 사용하여 평가한다.

> **해설** 허용되지 않은 정밀도 값의 원인과 수정은 이중시료를 사용하여 평가한다.

357 공기희석관능법에 사용되는 무취공기의 오염 유무는 어떤 물질을 측정하여 확인하는가?

① 총 이산화탄소의 양   ② 총 질소의 양

③ 총 수소의 양   ④ 총 탄화수소의 양

> **해설** 공기희석관능법에 사용되는 무취공기의 오염 유무는 총 탄화수소의 양을 측정하여 확인한다.

358 시료의 분석 결과에 대한 신뢰성을 부여하기 위한 정도의 관리와 관련된 용어로 <u>옳지 않은</u> 것은?

① 최소정량수준(MLQ)이란 일반적으로 시험검출한계와 동일한 수행 절차에 의해 수립되며, 시험검출한계와 같은 낮은 농도 시료 3개 ~ 7개를 반복 측정한 표준편차의 5배에 해당하는 값을 최소정량수준으로 정한다.

② 분산(dispersion)이란 측정값의 크기가 가지런하지 않은 것을 말하며, 분산의 크기를 표시하기 위하여 대표적으로 표준편차를 이용한다.

③ 시험검출한계(MDL)란 매질에 포함된 측정항목의 검출 가능한 최저 농도로 측정 가능하고, 분석 농도가 0보다 분명히 큰 농도로 신뢰도 99 %를 가진다.

④ 기기검출한계란 일반적으로 S/N비의 2배 ~ 5배 농도 또는 바탕시료를 반복 측정 분석한 결과 표준편차의 3배에 해당하는 농도를 말한다.

> **해설** 최소정량수준은 시험검출한계와 같은 낮은 농도 시료 7개 ~ 10개를 반복 측정하여 표준편차의 10배에 해당하는 값을 최소정량수준으로 정한다.

359 현장평가 시 평가팀장이 작성하는 평가 보고서에 반드시 포함하여야 하는 사항이 <u>아닌</u> 것은?

① 대상 기관 현황   ② 운영·기술 점검표

③ 부적합 판정에 대한 증빙자료   ④ 시험분야별 분석능력 점검표

> **해설** 부적합 판정에 대한 증빙자료는 현장 보고서에 포함하지 않아도 된다.

정답   356 ④   357 ④   358 ①   359 ③

360 대기 시료채취 시스템을 구성하는 각각의 장치와 이에 대한 설명으로 올바르게 연결된 것은?

> ㉠ 유입구 분할관　　㉡ 공기이동장치　　㉢ 채취매체　　㉣ 유량측정장치
>
> a) 가스상물질을 용해하기 위한 액체 흡수제 또는 고상 흡착제와 입자를 채취하기 위한 막표면 과 분석을 위한 분취공기를 포함하는 챔버로 되어 있음
> b) 가급적 변질되지 않은 상태로 물질을 환경대기에서 분석장치로 전송
> c) 질량유속유량계, 로터미터, 임계 오리피스 등이 있음
> d) 시료채취 시스템의 마지막에 위치하여 진공이나 낮은 압력을 만들 수 있는 동력을 제공

① ㉠ – a, ㉡ – c, ㉢ – d, ㉣ – b　　　　② ㉠ – b, ㉡ – d, ㉢ – a, ㉣ – c

③ ㉠ – c, ㉡ – d, ㉢ – a, ㉣ – b　　　　④ ㉠ – d, ㉡ – c, ㉢ – b, ㉣ – a

 해설
- 유입구 분할관 : 물질을 환경대기에서 분석장치로 전송한다.
- 공기이동장치 : 시료채취 시스템의 마지막에 위치하여 진공이나 낮은 압력을 만들 수 있는 동력 을 제공한다.
- 채취매체 : 가스상물질을 용해하기 위한 액체 흡수제 또는 고상 흡착제와 입자를 채취하기 위한 막표면과 분석을 위한 분취공기를 포함하는 챔버로 되어 있다.
- 유량측정장치 : 질량유속유량계, 로터미터, 임계 오리피스 등이 있다.

361 다음 중 시약 보관방법이 <u>잘못된</u> 것은?

① 가연성 용매는 실험실 밖에 저장하고, 많은 양은 금속 캔에 저장하며, 저장장소에는 '가연성 물질'이라고 반드시 명시한다.
② 화학물질은 화학물질 저장실에 알파벳 순서대로 저장하며, 도착 날짜와 개봉 날짜를 모두 기입하여 보관한다.
③ 암모니아 산화물, 질소화물, 인산 저장용액은 냉장고에 '유기물질용 냉장고'라고 적어서 보 관한다.
④ 실리카 저장용액은 반드시 플라스틱병에 보관한다.

해설　암모니아 산화물, 질소화물, 인산 저장용액은 냉장고에 '무기물질용 냉장고'라고 적어서 보관한다.

362 시료보관시설에 대한 설명으로 <u>옳지 않은</u> 것은?

① 시료의 변질을 막기 위해 보관시설은 약 4 ℃로 유지하여야 한다.
② 시료의 특성상 독성물질, 방사성 물질 그리고 감염성 물질의 시료는 별도의 공간에 보관해야 한다.
③ 시료보관시설은 시료의 장시간 보관 시 변질로 인한 악취가 발생할 경우를 대비해 환기시설 을 설치해야 한다.
④ 시료보관시설의 조명은 기재사항을 볼 수 있도록 최소한 150 Lux 이상이어야 한다.

해설　시료보관시설의 조명은 기재사항을 볼 수 있도록 최소한 300 Lux 이상이어야 한다.

정답✓　360 ②　361 ③　362 ④

363 실험실 관리시료(laboratory control samples)에 대한 설명으로 <u>적절하지 않은</u> 것은?

① 최소한 한 달에 한 번씩은 실험실의 시험항목을 측정분석 중에 수행해야 한다.

② 권장하는 실험실 관리시료에는 기준표준물질, 인증표준물질이 있다.

③ 실험실 관리시료를 확인하기 위해 검정에 사용하는 표준물질의 안정성을 확인할 수 있다.

④ 검정표준물질에 의해 어떠한 문제가 발생할 경우 실험실 관리시료를 즉시 폐기한다.

> **해설** 검정표준물질에 의해 어떠한 문제가 발생할 경우라도 실험실 관리시료를 즉시 폐기해서는 안 된다.

364 정확도의 관리기준에서 측정된 물질의 회수율(%)로부터 계산된 평균값이 89.9 %, 표준편차가 2.6 %일 때 상한 경고기준은 얼마인가?

① 82.1 %

② 84.7 %

③ 95.1 %

④ 97.7 %

> **해설** 상한 경고기준 $= m + 2s = 89.9 + 2 \times 2.6 = 95.1\%$

365 산에 의해 화상을 입었을 경우 적절한 치료를 받기 전에 어떤 용액으로 즉시 씻는 것이 좋은가?

① 묽은 탄산수소소듐(NaHCO$_3$) 용액

② 묽은 아세트산(CH$_3$COOH) 용액

③ 묽은 과산화수소(H$_2$O$_2$) 용액

④ 묽은 메탄올(CH$_3$OH) 용액

> **해설** 산에 의해 화상을 입었다면, 즉시 흐르는 물로 씻어내고 중성의 NaHCO$_3$ 용액으로 다시 한 번 씻는다.

366 높이가 30 m, 직경이 2.5 m인 원형 수직굴뚝의 측정공 위치의 선정범위로 적절한 것은? (단, 측정상의 불편이나 안전상의 문제점이 없는 조건임)

① 15.7 m ~ 27.3 m

② 5 m ~ 28.75 m

③ 20 m ~ 25 m

④ 27.4 m

> **해설** 수직굴뚝 하부 끝단으로부터 위를 향하여 그 곳의 굴뚝 내경의 8배 이상이 되고, 상부 끝단으로부터 아래를 향하여 그 곳의 굴뚝 내경의 2배 이상이 되는 지점에 측정공 위치를 선정하는 것을 원칙으로 한다. 즉 굴뚝 상부 쪽 : 30 − 5 = 25 m, 굴뚝 하부 쪽 : 2.5 × 8 = 20 m이다.

정답 363 ④ 364 ③ 365 ① 366 ③

367 실험기구 재질과 각 재질의 화학적 내구성에 대한 설명으로 **틀린** 것은?

① 용융석영 : 산에 강하나, 할로겐에 약함
② 붕규산 유리 : 가열할 때 알칼리 용액에 의해 약간 침식 받음
③ 스테인리스강 : 진한 염산, 묽은 황산 및 끓는 진한 질산 이외의 알칼리와 산에 침식되지 않음
④ 폴리에틸렌 : 알칼리성 용액이나 HF에 침식되지 않으나 유기용매에 의해 침식됨(아세톤과 에탄올은 사용 가능)

 해설 용융석영 : 대부분의 산과 할로겐에 강함

368 명시된 불확도를 갖는 끊어지지 않는 비교의 사슬을 통하여 국제표준 등 규정된 기준과 연관될 수 있는 표준값의 특성을 무엇이라고 하는가?

① 기준값 ② 설정값
③ 소급성 ④ 이상값

 해설 명시된 불확도를 갖는 끊어지지 않는 비교의 사슬을 통하여 국제표준 등 규정된 기준과 연관될 수 있는 표준값의 특성을 소급성이라고 한다.

369 정도관리의 평가에 대한 설명 중 **옳지 않은** 것은?

① 정도관리의 평가방법은 대상 기관에 대하여 숙련도 평가의 적합 여부로 판단하는 것을 말한다.
② 측정분석기관의 기술인력, 시설, 장비 및 운영 등에 관한 것은 3년마다 시행한다.
③ 검증기관이라 함은 규정에 따라 국립환경과학원장으로부터 정도관리 평가기준에 적합하여 우수 판정을 받고 정도관리 검증서를 교부받은 측정기관을 말한다.
④ 숙련도 시험 평가기준은 Z값에 의한 평가와 오차율에 의한 평가가 있다.

 해설 정도관리의 평가방법은 표준시료의 분석능력에 대한 숙련도와 시험·검사기관에 대한 현장평가로 이루어진다.

370 시약을 표준화하거나 기기를 검정하는 데 사용되는 화학약품의 표준물질이 갖추어야 할 조건으로 **옳지 않은** 것은?

① 비흡습성이고 안정하여 정확한 무게달기가 가능하여야 한다.
② 무게로 2 %를 넘지 않는 불순물을 가져야 한다.
③ 순수한 원소 이외에는 무게 등의 오차를 최소화하기 위해서 높은 상대적 몰질량을 가져야 한다.
④ 용액에서 분석물질과 빠르게 반응해야 한다.

해설 불순물의 함량이 0.01 % ~ 0.02 %이어야 한다.

371 실험실 안전장치에 대한 설명으로 틀린 것은?

① 후드의 제어 풍속은 부스를 개방한 상태로 개구면에서 0.4 m/s 정도로 유지되어야 한다.

② 부스 위치는 문, 창문, 주요 보행통로로부터 근접해 있어야 한다.

③ 후드 및 국소배기장치는 1년에 1회 이상 자체 검사를 실시하여야 한다.

④ 실험용 기자재 등이 후드 위에 연결된 배기 덕트 안으로 들어가지 않도록 한다.

 부스 위치는 문, 창문, 주요 보행통로로부터 떨어져 있어야 한다.

372 일반 대기환경 중 입자상물질의 시료채취방법으로 옳은 것은?

① 활동 시간대인 주간에 12시간 동안 채취

② 성인의 흡입 위치인 1.7 m 높이에서 채취

③ 관심 지역마다 한 개의 시료를 채취

④ 장애물 풍하 방향에 장애물 높이 10개 거리에서 채취

 일반 대기환경 중 입자상물질의 시료채취는 밤, 낮 구분 없이 1.5 m 높이에서 대표성을 지닌 지역에서 행한다.

373 시료채취 시 지켜야 할 규칙으로 틀린 것은?

① 시료채취 시 일회용 장갑을 사용하고, 위험물질 채취 시에는 고무장갑을 사용한다.

② 수용액 매질의 경우 시료채취 장비와 용기는 채취 전에 그 시료를 이용하여 미리 헹구고 사용한다.

③ 호흡기관 보호를 위해서는 소형 활성탄 여과기가 있는 일회용 마스크가 적당하다.

④ VOCs 등 유기물질 시료채취 용기는 적절한 유기용매를 사용하여 헹군 후 사용한다.

 VOCs 등 유기물질 시료채취 용기는 헹구지 않고 사용한다.

374 실험실 안전장치 및 시설에 관한 설명 중 옳은 것은?

① 휘발성이 강한 물질에 대한 실험은 실험실의 후드 안에서 하는 것이 좋다. 후드를 시약 또는 폐액 보관 장소로 사용할 수 있다.

② 일반 냉장고는 음식물을 저장하지 않고 실험실 전용으로 사용하는 경우 가연성 물질 같은 유해화학물질 보관용으로 사용할 수 있다.

③ 수직형의 세안장치는 즉시 사용 가능하게 항상 보호커버를 제거하여 두어야 한다.

④ 소화기 선택에 있어 D급 화재는 가연성 금속(마그네슘, 소듐, 리튬, 포타슘)에 의한 화재이다.

① 후드를 시약 또는 폐액 보관 장소로 사용할 수 없다.
② 일반 냉장고는 가연성 물질 같은 유해화학물질 보관 장소로 사용할 수 없다.
③ 수직형 세안장치는 보호커버를 해 놓아두어야 한다.

375 환경부의 정도관리 제도와 지식경제부의 한국인정기구(KOLAS)에 대한 설명으로 옳지 않은 것은?

① 두 제도는 ISO/IEC 17025를 바탕으로 운영하고 있으며, 평가사를 통한 현장평가 위주로 실시되고 있다.
② 정도관리 제도와 KOLAS는 환경 관련 분석기관이 의무적으로 수행하여야 한다.
③ 정도관리 제도는 '환경기술개발 및 지원에 관한 법률 제14조'에 근거를 두고 있으며, KOLAS 는 '국가표준 기본법 시행령 제16조'에 근거하고 있다.
④ KOLAS는 측정 불확도를 도입하고 있지만, 정도관리 제도는 측정 불확도를 도입하고 있지 않다.

해설 KOLAS는 환경 관련 분석기관의 권고사항이다.

376 정도관리에 대한 통계적 용어 설명으로 틀린 것은?

① "중앙값"은 최솟값과 최댓값의 중앙에 해당하는 크기를 가진 측정값 또는 계산값을 말한다.
② "회수율"은 순수 매질 또는 시료 매질에 첨가한 성분의 회수 정도를 %로 표시한다.
③ "상대편차 백분율(RPD)"은 측정값의 변이 정도를 나타내며, 두 측정값의 차이를 한 측정값 으로 나누어 백분율로 표시한다.
④ "방법검출한계(method detection limit)"는 99 % 신뢰수준으로 분석할 수 있는 최소 농도 를 말하는데, 시험자나 분석기기 변경처럼 큰 변화가 있을 때마다 확인해야 한다.

해설 "상대편차 백분율(RPD)"은 측정값의 변이 정도를 나타내며, 두 측정값의 차이를 평균값으로 나누 어 백분율로 표시한다.

377 측정분석 결과 기록방법에 대한 설명으로 옳지 않은 것은?

① 양을 나타내는 기호는 이탤릭체로 쓰며, 단위 기호는 로마체로 쓴다.
② 농도를 나타낼 때의 리터는 대문자를 사용한다.
③ 어떤 양의 수치와 단위를 나타낼 때 붙여서 표기한다.
④ 측정분석 결과의 기록은 국제 단위계(SI 단위)를 사용한다.

해설 어떤 양의 수치와 단위를 나타낼 때 한 칸 띄어서 표기한다.

378 다음 보기 중 일차표준물질로 사용하는 데 가장 <u>부적합한</u> 것은?

① 염화소듐

② 질산은

③ 수산화소듐

④ 아이오딘산포타슘

 일차표준물질의 조건은 안정하고 쉽게 건조되어야 하며, 대기 중 수분과 이산화탄소를 흡수하지 않아야 하는데, 수산화소듐은 대기 중 수분을 쉽게 흡수하므로 부적합하다.

379 인화성 페인트에 의한 화재가 발생하였을 때 사용하기 적절한 소화기는?

① A급 회제 표시 소화기

② B급 화재 표시 소화기

③ C급 화재 표시 소화기

④ D급 화재 표시 소화기

 소화기의 선택
- A급 화재(일반화재) : 가연성 나무, 옷, 종이, 고무, 플라스틱 등 화재
- B급 화재 : 가연성 액체, 기름, 그리스, 페인트 등 화재
- C급 화재 : 전기에너지, 전기기계기구에 의한 화재
- D급 화재 : 가연성 금속 화재

380 무게를 측정하기 위하여 7번 반복하여 저울로 다음의 값을 얻었다. 이때 저울의 방법검출한계 (MDL)를 구하시오. (단, 신뢰도 98 %에서 자유도 6에 대한 값인 t 분포값은 3.143을 이용하고, 표준편차와 검출한계값은 소수 셋째 자리에서 반올림하여 계산하시오.)

무게 : 5.1, 4.9, 5.0, 4.7, 4.8, 5.2, 5.2 (g)

① 0.12 g   ② 0.21 g

③ 0.31 g   ④ 0.63 g

 평균값 : $\overline{X} = \dfrac{5.1 + 4.9 + 5.0 + 4.7 + 4.8 + 5.2 + 5.2}{7} = 5.0$

편차 : $s = \sqrt{\dfrac{1}{n-1}\left(\displaystyle\sum_{i=1}^{n}(X_i - \overline{X})^2\right)}$

$= \left(\dfrac{1}{6} \times [(5.1-5.0)^2 + (4.9-5.0)^2 + (4.7-5.0)^2 + (4.8-5.0)^2 + (5.2-5.0)^2 + (5.2-5.0)^2]\right)^{\frac{1}{2}}$

$= 0.2$

$\therefore \ \mathrm{MDL} = 0.2 \times 3.143 = 0.63 \ \mathrm{g}$

381 시험 검사 결과의 기록 · 방법은 국제 단위계(SI, The International System of Units)를 기본으로 하고 있다. SI의 표현방법으로 옳지 <u>않은</u> 것은?

① 약어를 단위로 사용하지 않으며, 복수인 경우에도 바뀌지 않는다.
② 접두어 기호와 단위기호는 붙여 쓰며, 접두어 기호는 소문자로 쓴다.
③ 범위로 표현되는 수치에는 단위를 한 번만 붙인다.
④ 부피를 나타내는 단위 리터(liter)는 'L' 또는 '*l*'로 쓴다.

> **해설** 범위로 표현되는 수치에는 단위를 각각 붙인다.
> 10~20% (×) → 10 % ~ 20 % (O), 20±2 ℃ (×) → 20 ℃±2 ℃, 또는 (20±2) ℃ (O)

382 검정곡선에 대한 설명으로 <u>틀린</u> 것은?

① 검정곡선은 선형 또는 이차함수일 수 있고, 원점을 통과하거나 통과하지 않을 수 있다.
② 내부표준물질 검정을 위한 감응인자(response fector), 외부표준물질 검정 또는 검정곡선을 위한 검정인자(calibration factor)에 따라 여러 검정곡선이 있다.
③ 감응인자 또는 검정인자가 사용된다면, 각각의 분석물질에 대한 상대표준편차(RSD)는 10 % 이하여야 한다.
④ 검정범위에 따라 검정곡선을 작성한 다음 검정곡선에 대한 상관관계를 산출하여 0.9998을 초과해야 한다.

> **해설** 감응인자 또는 검정인자가 사용된다면, 각각의 분석물질에 대한 상대표준편차(RSD)는 20 % 이하여야 한다.

383 정량한계(LOQ, limit of quantification)에 대한 설명으로 <u>틀린</u> 것은?

① 검정농도(calibration points)와 질량분광(mass spectra)을 완전히 확인할 수 있는 최소수준을 말한다.
② 일반적으로 방법검출한계와 동일한 수행 절차에 의해 수립되며, 방법검출한계와 같은 낮은 농도 시료 7개 ~ 10개를 반복 측정하여 표준편차의 5배에 해당하는 값을 정량한계(LOQ)로 정의한다.
③ 정량한계(LOQ)의 개념은 시험, 검사시스템에서 가능한 범위에서의 검정농도(calibration points)와 질량분광(mass spectra)을 완전히 확인할 수 있는 최소수준이다.
④ 최소정량한계(MQL), 최소수준(minimum level), 최소정량수준(MLQ) 등이 있다.

> **해설** 일반적으로 방법검출한계와 동일한 수행 절차에 의해 수립되며, 방법검출한계와 같은 낮은 농도 시료 7개 ~ 10개를 반복 측정하여 표준편차의 10배에 해당하는 값을 정량한계(LOQ)로 정의한다.

384 바탕시료의 종류와 설명이 각각 올바르게 연결된 것은?

> ㉠ 방법바탕시료　　　㉡ 현장바탕시료　　　㉢ 기구바탕시료
> ㉣ 운반바탕시료　　　㉤ 전처리 바탕시료　　　㉥ 매질바탕시료
>
> a) 시료채취 후 보관용기에 담아 운송 중에 용기로부터 오염되는 것을 확인하기 위한 바탕시료
> b) 먼저 시료에 있던 오염물질이 시료채취 기구에 남아 있는지를 평가하는 시료
> c) 분석의 모든 과정(채취, 운송, 분석)에서 생기는 문제점을 찾는 데 사용되는 시료
> d) 전처리에 사용되는 기구에서 발생할 수 있는 오염을 확인하기 위한 바탕시료
> e) 측정하고자 하는 물질이 전혀 포함되어 있지 않은 것이 증명된 시료
> f) 분석장비의 바탕값을 평가하기 위한 시료

① ㉠ - b, ㉡ - d, ㉥ - f　　　　　② ㉡ - c, ㉢ - b, ㉤ - d
③ ㉢ - a, ㉣ - c, ㉤ - e　　　　　④ ㉣ - b, ㉤ - d, ㉥ - f

- 방법바탕시료 : 분석장비의 바탕값을 평가하기 위한 시료
- 현장바탕시료 : 분석의 모든 과정(채취, 운송, 분석)에서 생기는 문제점을 찾는 데 사용되는 시료
- 기구바탕시료 : 먼저 시료에 있던 오염물질이 시료채취 기구에 남아 있는지를 평가하는 시료
- 전처리 바탕시료 : 전처리에 사용되는 기구에서 발생할 수 있는 오염을 확인하기 위한 바탕시료
- 운반바탕시료 : 시료채취 후 보관용기에 담아 운송 중에 용기로부터 오염되는 것을 확인하기 위한 바탕시료
- 매질바탕시료 : 측정하고자 하는 물질이 전혀 포함되어 있지 않은 것이 증명된 시료

385 실험실에서 유해 화학물질에 대한 안전조치로 틀린 것은?

① 염산은 강산으로 유기화합물과 반응, 충격, 마찰에 의해 폭발할 수 있다.
② 항상 물에 산을 가하면서 희석하여야 하며, 산에 정제수를 가하여서는 안 된다.
③ 독성물질을 취급할 때는 체내에 들어가는 것을 막는 조치를 취해야 한다.
④ 강산과 강염기는 수분과 반응하여 치명적인 증기를 발생시키므로 뚜껑을 닫아 놓는다.

 염산은 폭발성 물질이 아니라 산화성 물질이다.

386 어떤 착물 용액은 470 nm에서 9.32×10^3 L/mol · cm의 몰 흡광계수를 갖는다. 1.0 cm 셀에 들어있는 3.12×10^{-5} M 착물 용액의 흡광도는?

① 0.191　　　　　② 0.291
③ 0.582　　　　　④ 0.873

흡광도 : $A = \varepsilon \times C \times l = 9.32 \times 10^3 \times 3.12 \times 10^{-5} \times 1 = 0.291$

387 다음은 유효숫자에 대한 설명이다. 잘못 설명한 것은?

① 0이 아닌 정수는 항상 유효숫자이다.

② 0.0025란 수에서 '0.00'은 유효숫자가 아닌 자릿수를 나타내기 위한 것이므로, 이 숫자의 유효숫자는 2개이다.

③ 1.008이란 수는 4개의 유효숫자를 가지고 있다.

④ 결과를 계산할 때 계산하는 숫자 중에서 가장 큰 유효숫자 자릿수에 맞춰 결과값을 적는다.

해설 결과를 계산할 때 계산하는 숫자 중에서 가장 적은 유효숫자 자릿수에 맞춰 결과값을 적는다.

388 검정은 초기검정과 수시검정으로 구분되는데, 이 중 초기검정에 대한 설명으로 틀린 것은?

① 분석대상 표준물질의 최소 3개 농도를 가지고 초기검정을 수행하며, 가장 낮은 농도는 최소 정량한계값 이상이어야 한다.

② 감응인자 또는 검정인자가 사용된다면 각각의 분석물질에 대한 상대표준편차가 20 % 이하 이어야 한다.

③ 선형회귀방법을 사용한다면 상관계수는 0.995 이상이어야 한다.

④ 검정곡선은 선형 또는 이차함수일 수 있고 원점을 통과하거나 통과하지 않을 수 있다.

해설 분석대상 표준물질의 최소 5개 농도(예 1, 5, 10, 20, 40)를 가지고 초기검정을 수행하며, 가장 낮은 농도는 최소정량한계(LOQ, limit of quantification)이어야 한다.

389 반복시료(replicate sample)에 대한 설명이 틀린 것은?

① 둘 또는 그 이상의 시료를 같은 지점에서 동일한 시각에 동일한 방법으로 채취한 것을 말한다.

② 반복시료를 분석한 결과로 시료의 대표성을 평가한다.

③ 시료가 단지 두 개만 채취되었다면 이를 분할시료(split sample)라고 한다.

④ 현장에서의 자연적인 차이와 현장 시료채취방법상의 차이를 찾는 데 사용할 수 있다.

해설 시료가 단지 두 개만 채취되었다면 이를 이중시료(duplicate sample)라고 한다.

390 이황화탄소를 분석하기 위하여 분석용 흡수병으로 시료를 채취할 때 사용하는 흡수액은?

① 다이에틸아민구리용액   ② 아연아민착염용액

③ 오르토톨리딘염산염용액   ④ 과산화수소 수용액(3 %)

해설 ② 아연아민착염용액 : 황화수소 흡수액
③ 오르토톨리딘염산염용액 : 염소 흡수액
④ 과산화수소 수용액(3 %) : 황산화물

정답   387 ④   388 ①   389 ③   390 ①

391 괄호 안의 숫자로 옳은 것은?

화학물질 흄 후드는 화학물질에서 발생되는 유해한 증기 및 가스를 채취하여 외부로 배출하는 장치로, 후드 내 풍속은 약간 유해한 화학물질에 대하여 안면부 풍속이 (㉠) m/min 정도, 발암물질 등 매우 유해한 화학물질에 대하여 안면부 풍속이 (㉡) m/min 정도 되어야 한다.

① ㉠ 11 ~ 20, ㉡ 35 　　　　② ㉠ 21 ~ 30, ㉡ 45
③ ㉠ 31 ~ 40, ㉡ 55 　　　　④ ㉠ 41 ~ 50, ㉡ 65

 해설
- 일반 유해화학물질의 흄 후드 내 안면부 풍속 : (21~30) m/min
- 매우 유해한 화학물질(발암물질 등)의 흄 후드 내 안면부 풍속 : 45 m/min

392 시료 수집에 있어 우선순위가 가장 앞서는 것은?

① 중금속 　　　　② 무기 비금속
③ VOCs 　　　　④ 미생물 시료

 해설
시료 수집의 순위
- 1순위 : VOCs, 오일과 그리스 및 TRPHs를 포함한 추출하여야 하는 유기물질
- 2순위 : 중금속, 용존금속(dissolved metal, 예 구리(Ⅱ), 철(Ⅲ) 금속화합물)
- 3순위 : 미생물 시료
- 4순위 : 무기 비금속

393 계통오차를 검출하는 방법으로 옳지 않은 것은?

① 표준기준물질(standard reference meterial, SRM)과 같은 조성을 아는 시료를 분석한다.
② 분석 성분이 들어있지 않은 바탕시료(blank)를 분석한다.
③ 같은 양을 측정하기 위하여 여러 가지 다른 방법을 이용한다.
④ 다른 시료를 같은 실험실이나 같은 실험자에 의해서 분석한다.

 해설
같은 시료를 다른 실험실이나 다른 실험자에 의해서 분석한다.

394 잔류 염소를 포함한 상태에서 VOCs 시료를 보관할 때 사용되는 보존제로 적합한 시약은?

① 싸이오황산소듐($Na_2S_2O_3$) 　　　　② 과망간산포타슘($KMnO_4$)
③ 아이오딘(I_2) 분말 　　　　④ 염화주석($SnCl_2$)

 해설
잔류 염소를 포함한 상태에서 VOCs 시료를 보관할 때 사용되는 보존제로 적합한 시약 : $Na_2S_2O_3$

정답 391 ② 392 ③ 393 ④ 394 ①

395 미국 ATSM에서 제공하는 시약 등급수(reagent-grade water) 유형의 설명으로 틀린 것은?

① 유형 Ⅰ은 환경분석과 같은 정밀한 분석을 필요로 할 때 사용한다.

② 유형 Ⅱ는 박테리아의 존재를 무시할 목적으로 한 실험이나 시약에 사용된다.

③ 유형 Ⅲ은 유리기구의 세척에 사용된다.

④ 유형 Ⅳ는 더 높은 등급수의 생산을 위한 원수(feedwater)로 사용된다.

해설 유형 Ⅲ, Ⅳ는 유리기구의 세척이나 예비 세척에 사용된다.

396 측정할 때 조절하지 않은 (그리고 조절할 수 없는) 변수 때문에 발생하는 오차로서, 양의 값을 가지거나 음의 값을 가질 확률이 같고, 항상 존재하며 보정할 수 없는 오차는 무슨 오차인가?

① 개인오차
② 계통오차
③ 우연오차
④ 분석오차

해설 보정할 수 없는 오차는 우연오차이다.

397 GHS 체계에 따른 유해 화학물질과 그림문자가 잘못 짝지어진 것은?

① 인화성 물질 :
② 부식성 물질 :

③ 고압가스 :
④ 자극성 물질 :

해설

• 인화성 물질 :   • 산화성 물질 :

398 다음 중 시료채취 장비의 준비를 적절하게 기술한 것은?

① 세척용매는 일반적으로 아세톤을 사용하고 정제수로 헹군다.

② 초음파 세척기를 이용한 세척에서는 5 % 인산으로 된 ALCONOX를 사용한다.

③ 스테인리스 혹은 금속으로 된 장비는 산으로 헹군다.

④ 영양물질인 경우 10 % ~ 15 % 질산으로 세척하고 정제수로 헹군 후 완전히 말린다.

해설 ① 세척용매는 아이소프로판을 사용한다.
③ 산으로 헹구면 안 된다.
④ 영양물질인 경우에는 LIQUINOX®을 사용하여 세척한다.

정답 **395** ④ **396** ③ **397** ① **398** ②

399 자외선/가시선 분광광도계의 상세 교정 절차에 대한 설명 중 <u>옳지 않은</u> 것은?

① 바탕시료로 기기의 영점을 맞춘다.

② 1개의 연속교정표준물질(CCS)로 검정곡선을 작성해야 하며, 이 경우 참값의 5 % 이내에 있어야 한다.

③ 분석한 교정검증표준물질(CVS)에 의해 검정곡선을 검증해야 하며, 이 경우 참값의 10 % 이내에 있어야 한다.

④ 파장의 정확도 검정방법은 광학필터의 흡수곡선을 측정하고, 가장 작은 흡수값을 구하여 파장 표시값과 파장 표준값의 편차로 나타낸다.

 파장의 정확도 검정방법은 광학필터의 흡수곡선을 측정하고, 가장 큰 흡수값을 구하여 파장 표시값과 파장 표준값의 편차로 나타낸다.

400 실험데이터에서 계통오차의 종류가 <u>아닌</u> 것은?

① 통계오차(statistical error)

② 기기오차(instrumental error)

③ 방법오차(method error)

④ 개인오차(personal error)

 계통오차는 기기오차, 방법오차, 개인오차 등이 있다.

401 자외선/가시선 분광광도계의 검정항목이 <u>아닌</u> 것은?

① 파장의 정밀도   ② 바탕선의 안정도

③ 측광반복 정밀도   ④ 파장의 반복 정밀도

 파장의 정확도

402 분석자료의 평가와 승인과정의 점검사항에 대한 설명으로 <u>옳지 않은</u> 것은?

① 시약 바탕시료의 오염

② 바탕시료값은 방법검출한계보다 낮아야 한다.

③ 오염된 기구 및 유리제품의 오염을 확인하기 위해 세척과정을 점검한다.

④ 현장 이중시료, 실험실 이중시료 또는 매질첨가 이중시료로 정확도 값의 원인을 확인할 수 있다.

 현장 이중시료, 실험실 이중시료 또는 매질첨가 이중시료는 분석의 오차를 평가한다.

403 폭발성 물질과 발화성 물질의 구분에 따른 유해 화학물질의 종류를 연결한 것으로 <u>잘못된</u> 것은?

① 폭발성 물질 – 다이아조화합물   ② 폭발성 물질 – 황화인

③ 발화성 물질 – 철분   ④ 발화성 물질 – 마그네슘

 • 폭발성 물질(explosive substance) : 화학반응에 의하여 주변 환경에 손상을 줄 수 있을 정도의 온도, 압력 및 속도로 가스를 자체 발생할 능력이 있는 고체 또는 액체 물질(또는 그 혼합물)
 • 발화성 물질 : 스스로 발화하거나 물과 접촉하여 발화하는 등 발화가 쉽고 가연성 가스가 발생할 수 있는 물질로서, 크게 가연성 고체, 자연 발화성 물질, 금수성 물질로 구분한다. 이 중 가연성 고체로는 황화인, 황, 철분, 금속분, 마그네슘, 인화성 고체 등이 있다.

404 이중시료 분석을 통해 현장측정의 정밀도를 평가하고자 이중시료의 측정값이 각각 95 mg/L, 100 g/L임을 확인하였을 경우 상대차이 백분율(RPD, relative percent difference)은?

① 97.5   ② 19.5   ③ 5.13   ④ 1.05

 상대차이 백분율(RPD, relative percent difference) : 표준편차를 측정값의 평균으로 나누어 백분율로 나타낸 정밀도

$$RPD = \frac{s}{x} \times 100 = \frac{(100-95)}{\left(\frac{100+95}{2}\right)} \times 100 = 5.13$$

405 정도관리에서 유의수준은 결과가 신뢰수준 밖에 존재할 확률을 의미한다. 신뢰수준이 95 %일 경우 유의수준은?

① 5   ② 0.5   ③ 0.05   ④ 0.005

 유의수준(significance level)은 통계적인 가설검정에서 사용되는 기준값이다. 일반적으로 유의수준은 α값으로 표시하고, 95 %의 신뢰도를 기준으로 한다면 (1-0.95)인 0.05값이 유의수준 값이 된다.

406 실험결과 보고에서 최종값의 계산에 관한 설명으로 <u>옳지 않은</u> 것은?

① 올바른 pH값을 위한 온도 수정에서 온도가 보고서에 명시되지 않았다면 보통 25 ℃이다.

② 전기전도도의 온도 보정에서 시료 온도가 20 ℃인 경우 온도당 측정값에 5 %를 추가한다.

③ 어떤 고체의 수분은 105 ℃ 실험실 오븐 안에서 골고루 섞은 시료의 알고 있는 양을 건조시켜 계산한다.

④ 고체 매질에 대한 결과 계산에서 최종 보고서에서 mg/kg 또는 μg/kg 단위를 사용하여 결과를 보고한다.

 전기전도도의 온도 보정에서 시료 온도가 25 ℃ 이하라면 온도당 측정값에 2 %를 추가하고, 온도가 25 ℃ 이상이라면 온도당 측정값에 2 %를 뺀다. 항상 25 ℃에서 전도도를 보고한다.

407 현장 측정에서의 QC 점검에 대한 설명으로 옳지 않은 것은?

① 이론적으로 회수율이 가장 좋은 경우는 측정값과 참값이 같은 경우이다.
② 현장 측정의 정확성은 % 회수율(R : recovery)로 나타낸다.
③ % 회수율은 항상 100 % 이내의 값으로 나타낸다.
④ 계산된 상대표준편차 백분율(RPD)과 회수율(% R) 값은 계산된 관리기준 안에 있어야 한다.

해설 % 회수율은 100 %를 초과하는 경우도 있다.

408 현장 측정에서의 정밀도 분석과 관련된 설명으로 옳지 않은 것은?

① 보통 이중시료를 분석한다.
② 상대표준편차 백분율(RSD) 값이 0이면 가장 이상적인 상태이다.
③ 정밀도는 상대표준편차 백분율(RSD)로 나타낸다.
④ 상대표준편차 백분율(RPD)이 커질수록 정밀도는 높다.

해설 상대표준편차 백분율(RSD)이 커질수록 정밀도는 낮다.

409 GC/MS 분석 시 검정곡선 작성을 위해 권장되는 상대표준편차에 따른 표준물질 최소 측정점 수가 바른 것은?

	상대표준편차(RSD)	검정곡선 작성을 위한 표준물질 최소 측정점
㉠	0 ~ 2 미만	1
㉡	2 ~ 10 미만	5
㉢	10 ~ 25 미만	10
㉣	25 이상	15

① ㉠　　　　　② ㉡　　　　　③ ㉢　　　　　④ ㉣

해설 권장되는 상대표준편차에 따른 표준물질 최소 측정점수
• 2 ~ 10 미만 : 3
• 10 ~ 25 미만 : 5
• 25 이상 : 7

410 100 ppm 벤젠 2 mL를 질소로 희석하여 1,000 mL를 만든 후 Tenax-TA에 흡착시켜 TD-GC/MS를 이용하여 1,000 mL 중 벤젠의 농도를 반복 측정한 결과이다. 상대 정확도(%)는?

농 도	1	2	3	4	5
ppb	190	188	192	208	214

① 97.8 %　　　　　　　　　　② 98.5 %
③ 99.2 %　　　　　　　　　　④ 99.5 %

정답 407 ③　408 ④　409 ①　410 ③

상대 정확도(relative accuracy) $= \dfrac{측정값 \ 또는 \ 평균값}{참값} \times 100$

$$\therefore \ 상대 \ 정확도 = \dfrac{\dfrac{(190+188+192+208+214)}{5}}{100 \times \dfrac{1}{500} \times 1\,000} \times 100 = 99.2 \ \%$$

411 KS Q ISO/IEC 17025에서는 고객이 이용할 방법을 규정하지 않는 경우, 해당 기관은 일반적으로 유효성이 보장되고 있다고 간주하는 방법을 선택한다. 이에 해당되는 것을 모두 고르면?

> ㉠ 국제, 지역, 국가규격으로 발간된 방법
> ㉡ 저명한 기술기관이 발행한 방법
> ㉢ 관련된 과학서적 또는 잡지에 발표된 방법
> ㉣ 제조업체가 정한 적절한 방법

① ㉠, ㉡, ㉢
② ㉠, ㉡, ㉣
③ ㉠, ㉢, ㉣
④ ㉠, ㉡, ㉢, ㉣

 KS Q ISO/IEC 17025에서 고객이 이용할 방법을 규정하지 않는 경우, 해당 기관은 일반적으로 유효성이 보장되고 있다고 간주하는 방법, 즉 보기항에 있는 모든 방법을 선택한다.

412 분석에 사용되는 유리기구에 대한 설명 중 옳은 것은?

① 일반적으로 열팽창계수가 높고, 내열충격성이 우수해야 한다.
② 연성유리는 열적 안정성과 화학적 내구성이 우수하다.
③ 유리기구 중에는 테플론 제품이 물리·화학적 성질이 우수하다.
④ 붕규산 유리의 최대 작업온도는 200 ℃이다.

 ① 유리기구는 열팽창계수가 낮고, 내열충격성이 우수해야 한다.
② 연성유리는 열적 안정성과 화학적 내구성에 약하다.
③ 테플론은 플라스틱 기구이다.
유리기구는 내마모성과 경도가 높고, 화학적 침식에도 강해야 한다.

413 시약 등급수의 유형을 구분 짓기 위해 고려하는 항목이 아닌 것은?

① 전기저항(최솟값)
② 전기전도도(최댓값)
③ 총 실리카(최댓값)
④ Ca의 농도(최댓값)

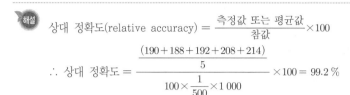 시약 등급수의 유형을 구분 짓기 위해 고려하는 항목은 전기저항, 전기전도도, 총 실리카 값 등이다.

정답 411 ④ 412 ④ 413 ④

414 다음은 실험실 소방안전설비에 대한 설명으로 **틀린** 것은?

① 이산화탄소 소화기는 가연성 금속(리튬, 소듐 등)에 의한 화재에 사용될 수 있다.

② 화재경보장치는 실험실 내 인원들에게 위험사항을 신속히 알릴 수 있어야 한다.

③ 모든 소화기를 매 12개월마다 점검하며, 내부 충전상태가 불량하면 새것으로 교체하거나 충전한다.

④ 화재용 담요는 화재현장으로부터 화상을 입지 않고 탈출하기 위해 사용할 수 있다.

 이산화탄소 소화기는 B급, C급 화재에 사용된다.
- A급 화재 : 일반화재(가연성 나무, 옷, 종이, 고무, 플라스틱 등의 화재)
- B급 화재 : 가연성 액체, 기름, 윤활유, 페인트 등의 화재
- C급 화재 : 전기에너지, 전기기계기구에 의한 화재
- D급 화재 : 가연성 금속(리튬, 수듐, 티타늄, 포타슘 등)에 의한 화재

415 특정 시료의 채취과정에 대한 설명으로 **틀린** 것은?

① 용해금속은 0.45 μm 셀룰로오스 아세테이트 멤브레인 필터로 여과한 후 즉시 냉장보관한다.

② 중금속은 시료를 채취하고 50 % 질산 3 mL 혹은 진한 질산 1.5 mL를 첨가하여 보존한다.

③ VOC는 공기방울이 생기면 안 되며 분석까지 밀봉하여 4 ℃에 보관한다.

④ 부유금속은 0.45 μm 멤브레인 필터를 통해 여과시키고 그 필터는 분석을 위해 남겨둔다.

 용해금속은 시료를 보존하기 전에 0.45 μm 셀룰로오스 아세테이트 멤브레인 필터로 여과한 후, 산을 첨가하고 가능한 한 빨리 실험실로 운반하는 것이 좋다.

416 분석용 가스저장시설의 운영관리에 대한 설명 중 **틀린** 것은?

① 분석용 가스저장시설은 가능한 한 실험실 외부공간에 배치하여야 하며, 채광면적을 최대화하여 설치한다.

② 적절한 습도를 유지하기 위해 상대습도 65 % 이상 유지하도록 환기시설을 설비하는 것이 바람직하다.

③ 분석용 가스저장시설의 최소 면적은 분석용 가스 저장분의 약 1.5배 이상이어야 하며, 가스별로 배관을 별도로 설비하고 가능한 한 이음매 없이 설비해야 한다.

④ 가스저장시설의 환기는 가능한 한 자연배기방식으로 하는 것이 바람직하다.

해설 분석용 가스저장시설은 가능한 한 실험실 외부공간에 배치하여야 하며, 외부의 열을 차단할 수 있는 지하공간이나 음지 쪽에 설치해야 한다.

417 정도관리 관련 수식에 대한 설명으로 **틀린** 것은?

① '중앙값'은 최솟값과 최댓값의 중앙에 해당하는 크기를 가진 측정값 또는 계산값을 말한다.
② '회수율'은 순수 매질 또는 시료 매질에 첨가한 성분의 회수 정도를 %로 표시한다.
③ '상대차이 백분율(RPD)'은 측정값의 변이 정도를 나타내며, 두 측정값의 차이를 한 측정값으로 나누어 백분율로 표시한다.
④ '표준편차'는 측정값의 분산 정도를 나타내는 값이다.

 상대차이 백분율(RPD, relative percent difference)은 이중시료의 정밀도를 나타내며 다음과 같이 계산한다.

$$RPD = \frac{|x_1 - x_2|}{\bar{x}} \times 100$$

여기서, x_1과 x_2 : 측정 1과 측정 2의 관찰된 값, $\bar{x}$: 관찰된 값들의 평균

418 검정곡선을 작성할 때, 기기의 가변성에 따른 측정값의 계통오차를 가장 효과적으로 상쇄할 수 있는 방법은?

① 표준물첨가법   ② 최소 자승법
③ 외부표준법   ④ 내부표준법

 검정곡선을 작성할 때, 기기의 가변성에 따른 측정값의 계통오차를 가장 효과적으로 상쇄할 수 있는 방법은 내부표준법이다.

419 시료채취 장비 준비에 대한 설명으로 **틀린** 것은?

① 현장에서 세척한 장비는 식별 가능한 라벨로 표기한다.
② 현장 세척과 실험실 세척은 문서로 작성해야 한다.
③ 세척제는 분해성, 부식 방지 등을 고려해서 선정한다.
④ 테플론 튜브는 가급적 현장에서 세척한다.

 테플론 튜브는 가급적 현장에서 세척하면 안 되고, 반드시 실험실에서 세척해야 한다.

420 시험방법에 관한 작업 절차서(SOP, standard operating procedure)가 포함해야 할 내용이 **아닌** 것은?

① 시험방법 개요(분석항목 및 적용 가능한 매질)
② 시약과 표준물질(사용하고 있는 표준물질 제조방법, 설정 유효기간)의 잔고량
③ 실험실 환경 및 폐기물 관리
④ 시험 · 검사장비(기기에 대한 조작 절차)

 시약과 표준물질의 잔고량은 SOP에 포함되지 않는다.

정답   417 ③   418 ④   419 ④   420 ②

421 화학물질별 저장방법이 <u>틀린</u> 것은?

① 염산, 황산, 질산, 아세트산은 원래의 용기에 저장한다.

② 과산화수소의 경우 '화학물질 저장'이라고 냉장고에 적은 후 저장하고, 뚜껑이 단단히 조여 있는 봉해진 용기에 보관한다.

③ 미량 유기물질을 위한 저장용액과 표준물질의 경우 바이알에 보관해 냉장고에 저장한다.

④ 실리카 저장용액의 경우 반드시 플라스틱 병에 저장한다.

> **해설** 미량 유기물질을 위한 저장용액과 표준물질의 경우 바이알에 보관해 냉동고에 저장한다.

422 분석에 사용되는 시약 등급수(reagent-grade water)에 관한 설명으로 <u>옳지 않은</u> 것은?

① 유형 I 등급수는 정밀분석용으로 사용한다.

② 유형 II 등급수는 박테리아의 존재를 무시할 목적으로 사용된다.

③ 유형 III 등급수는 유리기구의 세척과 예비 세척에 사용된다.

④ 유형 IV 등급수는 더 높은 등급수의 생산을 위한 원수(feedwater)로 사용한다.

> **해설** • 더 높은 등급수의 생산을 위한 원수(feedwater)로 사용하는 시약 등급수는 유형 III 등급수이다.
> • 유리기구의 세척과 예비 세척에 사용되는 시약 등급수는 유형 III, IV 등급수이다.

423 바탕시료 종류로 볼 수 <u>없는</u> 것은?

① 방법바탕시료(method blank sample)

② 현장바탕시료(field blank sample)

③ 운반바탕시료(trip blank sample)

④ 약품바탕시료(test blank sample)

> **해설** 바탕시료의 종류는 방법, 현장, 기구, 운반, 전처리, 매질 등이 있다.

424 정도관리/정도보증(QC/QA)과 관련된 수식 중에 다음의 수식이 의미하는 것은?

$$\sqrt{\frac{1}{n-1}\left[\sum_{i=1}^{n}(X_i - X)^2\right]}$$

① 회수율　　　　　　　　② 중앙값

③ 평균　　　　　　　　　④ 표준편차

> **해설** 표준편차(s)는 자료의 상관 분산 측정으로 보기항에 주어진 식과 같다.

425 실험실에서 사용하는 유리기구 취급방법에 대한 설명으로 옳은 것은?

> ㉠ 새로운 유리기구를 사용할 때에는 탈알칼리 처리를 하여야 한다.
> ㉡ 눈금피펫이나 부피피펫은 보통 실온에서 건조시키는데, 빨리 건조시키려면 고압 멸균기에 넣어 고온에서 건조시켜도 된다.
> ㉢ 중성세제로 세척된 유리기구는 충분히 물로 헹궈야 한다.
> ㉣ 유리마개가 있는 시약병에 강알칼리액을 보존하면 마개가 달라붙기 쉬우므로 사용하지 않는 것이 좋다.

① ㉠, ㉡
② ㉠, ㉣
③ ㉠, ㉡, ㉣
④ ㉠, ㉢, ㉣

 눈금피펫이나 부피피펫을 빨리 건조시키려고 고압 멸균기에 넣어 고온에서 건조시키면 눈금의 변화가 생겨 안 된다.

426 분석자의 초기능력검증에 대한 내용으로 옳은 것은?

> ㉠ 시험방법에 의한 정확하고 안정된 바탕값을 얻을 수 있는지 검증한다.
> ㉡ QA/QC 지침에 주어진 절차에 따른 정밀도와 정확도, 방법검출한계를 달성할 수 있는지 검증한다.
> ㉢ 눈가림 시료에 대한 분석을 안정적으로 수행하는지 검증한다.
> ㉣ 관리차트를 올바로 작성할 수 있는지 검증한다.

① ㉠, ㉡
② ㉡, ㉢
③ ㉠, ㉡, ㉢
④ ㉠, ㉡, ㉢, ㉣

해설 관리차트를 올바로 작성할 수 있는지의 검증은 분석자의 초기능력검증에 대한 내용이 아니다.

427 정도관리에 있어 방법검출한계와 관련된 내용에 대한 설명으로 틀린 것은?

① 시험방법에 의해 검사한 결과가 99 % 신뢰수준에서 0보다 큰 최소 농도로 정의한다.
② 방법검출한계의 계산은 분석장비, 분석자, 시험방법에 따라 달라질 수 있다.
③ 실험실에 중대한 변화가 발생하지 않더라도 2년마다 정기적으로 재시험하여 계산하고 문서화한다.
④ 시험방법에서 제시한 정량한계(LOQ) 이하의 시험 · 검사값을 갖기 위해 분석자의 능력과 분석장비의 성능을 극대화해야 한다.

해설 중대한 변화가 발생하지 않았다 할지라도 6개월 또는 1년마다 정기적으로 실시하여 관리한다.

428 정도관리에서 측정시스템의 결과에 대한 양적인 평가를 하는 것을 무엇이라고 하는가?

① 작업감사
② 시스템 감사
③ 내부정도평가
④ 외부정도평가

 정도관리에서 측정시스템의 결과에 대한 양적인 평가를 하는 것을 작업감사라고 한다.

429 유효숫자를 결정하기 위한 법칙이 **틀린** 것은?

① '0'이 아닌 숫자 사이에 있는 '0'은 항상 유효숫자이다.
② 소수점 오른쪽에 있는 숫자의 끝에 있는 '0'은 항상 유효숫자이다.
③ 곱하거나 나눌 때 가장 큰 유효숫자를 갖는 수의 자릿수에 맞춰 결과값을 적는다.
④ '0'이 아닌 정수는 항상 유효숫자이다.

 결과를 계산할 때 곱하거나 더할 경우, 계산하는 숫자 중에서 가장 작은 유효숫자 자릿수에 맞춰 결과값을 적는다.

430 다음 휘발성 화합물(VOC)의 시료채취에 대한 설명 중 옳은 것은?

① 휘발성 유기화합물 실험에서는 혼합시료를 사용하여야 한다.
② 휘발성 유기화합물 시료채취 시에는 채취용기를 미리 세척하여 사용해야 한다.
③ 휘발성 유기화합물 시료는 플라스틱, 스테인리스, 테플론을 사용하고 유리기구는 사용할 수 없다.
④ 휘발성 유기화합물은 중금속 등 무기물질에 우선하여 시료를 채취한다.

 ① 휘발성 유기화합물 실험에서는 혼합시료를 사용하지 않아야 한다.
② 휘발성 유기화합물 시료채취 시에는 채취용기를 미리 세척하지 않는다.
③ 휘발성 유기화합물 시료는 유리기구를 사용한다.

431 실험실 세안장치에 대한 설명으로 **옳지 않은** 것은?

① 물 또는 눈 세척제로 최소 15분 이상 눈과 눈꺼풀을 씻어낸다.
② 실험실의 모든 장소에서 15 m 이내 또는 15초 ~ 30초 이내에 도달할 수 있는 위치에 설치한다.
③ 수직형의 세안장치는 공기 중의 오염물질로부터 노즐(nozzle)을 보호하기 위한 보호커버를 설치한다.
④ 물 또는 눈 세척제는 직접 눈을 향하게 하여 바로 세척되도록 한다.

 물 또는 눈 세척제는 직접 눈을 향하게 하는 것보다는 코의 낮은 부분을 향하도록 하는 것이 화학물질을 눈에서 제거하는 효과를 증가시켜 준다.

정답 **428** ① **429** ③ **430** ④ **431** ④

432 다음은 감전사고 발생 시 대처 요령으로 <u>틀린</u> 것은?

① 전기가 소멸했다는 확신이 있을 때까지 감전된 사람을 건드리지 않는다.

② 검진 받기 전에 따뜻한 물을 마시도록 해준다.

③ 감전된 환자를 담요나 재킷으로 따뜻하게 한다.

④ 감전된 사람이 철사나 전선 등을 접촉하고 있다면 마른 막대기로 멀리 치운다.

 의사에게 검진을 받을 때까지 감전된 사람이 음료수나 음식물 등을 먹지 못하게 한다.

433 내부표준물질에 대한 설명으로 <u>옳지 않은</u> 것은?

① 일반 환경에서 발견되지 않는 물질이어야 한다.

② 분석대상 물질의 분석에 방해가 되지 않아야 한다.

③ 분석시료, 품질관리시료, 바탕시료에 모두 사용할 수 있어야 한다.

④ 분석대상 물질과 화학적으로 다른 성질을 가지고 있어야 한다.

해설 분석대상 물질과 화학적으로 유사한 성질을 가지고 있어야 한다.

434 적정 용액의 표준화에 대한 내용으로 옳은 것은?

> ㉠ 표준화를 통해 적정 용액의 농도계수를 계산할 수 있는 것은 아니다.
> ㉡ 적정 용액을 표준화하는 목적은 정확한 농도를 알기 위해서이다.
> ㉢ 일차표준물질은 정확도와 순도의 관계성이 입증된 것이다.

① ㉠, ㉡ ② ㉠, ㉢

③ ㉡, ㉢ ④ ㉠, ㉡, ㉢

해설 표준화를 통해 적정 용액의 농도계수를 계산할 수 있다.

435 환경부장관은 5년마다 시험·검사 등의 기준 및 운영체계의 선진화를 위하여 환경시험·검사 발전 기본 계획을 수립해야 한다. 다음 중 기본 계획에 포함되어야 할 사항이 <u>아닌</u> 것은?

① 시험·검사 등의 운영체계의 기본 방향

② 시험·검사 등의 단기투자계획

③ 시험·검사 등 관련 기술의 연구개발 및 인적자원에 관한 사항

④ 시험·검사 등 관련 국제협력에 관한 사항

해설 환경시험·검사발전 기본 계획에 시험·검사 등의 단기투자계획은 없다.

정답 432 ② 433 ④ 434 ③ 435 ②

환경측정분석사 필기

436 자외선/가시선 분광광도계의 교정에 관한 설명으로 옳은 것은?

① 200 nm ~ 1 000 nm 파장범위에 대한 바탕선의 안정성과 반복 측정의 재현성을 확인한다.
② 제조사는 검 · 교정 사항과 유지 · 관리 내역을 기록하여 보관한다.
③ 검 · 교정주기는 18개월에 1회이다.
④ 분광광도계가 표준용액의 특정 파장에서의 흡광도가 달라도 무방하다.

 ② 제조사와 검 · 교정 계약을 체결하여 주기적으로 정확도를 검증받는 것이 권장된다.
③ 일반적으로 자외선/가시선 분광광도계의 검 · 교정주기는 12개월이다.
④ 분광광도계가 표준용액의 특정 파장에서의 흡광도는 같아야 한다.

437 원자료(raw data)와 관련된 설명 중 틀린 것은?

① 원자료는 분석에 의해 발생된 자료로서 정도관리 점검이 포함되어 있지 않다.
② 보고 가능한 데이터 혹은 결과는 원자료로부터 수학적, 통계학적 계산을 한 결과를 말한다.
③ 원자료를 계산하는 과정에서 사용된 모든 식은 잉크로 기입하고, 기입한 내용은 필요할 때마다 수정할 수 있다.
④ 보고가 끝난 후 원자료에 대한 기록은 보관되어야 한다.

 원자료는 분석에 의해 발생된 자료로서 정도관리 점검이 포함된 것이다.

438 측정분석 결과의 기록방법에 대한 표기가 잘못된 것은?

① 24.2±0.3 ℃　　　　　② 28 mm
③ 84 J/(kg · K)　　　　　④ 2 mg/L

 범위로 표시되는 수치에는 단위를 각각 붙인다.
예 20 ± 2℃ (×) → 20 ℃ ± 2 ℃ (○) 또는 (20 ± 2) ℃ (○)

439 정도관리 현장평가의 기술요건이 아닌 것은?

① 직원
② 표준물질
③ 결과보고
④ 문서관리

 정도관리 현장평가의 기술요건에는 직원, 표준물질, 결과보고 등이 있다.

 436 ① 437 ① 438 ① 439 ④

I-306

440 실험실 작업환경의 유해 화학물질 노출 정도를 정의하는 용어에 대한 진술이 <u>틀린</u> 것은?

① TWA(time weighted average concentration) : 시간가중평균농도

② STEL(short term exposure limits) : 단기노출한계

③ PELs(permissible exposure limits) : 허용노출단계

④ MEL(maximal available limits) : 최대허용한계치

 최대허용한계치(maximum acceptable limit)는 미생물을 계수할 경우에 적용하는 용어이다.

441 실험실 안전수칙이 <u>아닌</u> 것은?

① 콘텍트렌즈는 실험실에서 절대로 사용해서는 안 된다.

② 피부나 옷에 시약을 쏟았을 경우에는 흐르는 수돗물로 10분 이상 씻어낸다.

③ 가열된 유리기구를 만질 때 특히 조심해야 한다.

④ 보호안경은 갑갑하므로 중요한 실험을 할 때만 꼭 착용해도 좋다.

 실험실에서 보호안경은 화학물질을 취급할 경우 꼭 착용해야 한다.

442 다음 표준물질 및 시약 등의 저장방법으로 옳은 것은?

① 실리카 저장용액은 유리병에 보관한다.

② 중금속 표준물질은 실험실의 지정된 장소에 항상 냉장상태로 보관하여야 한다.

③ 용매의 경우 분리된 용매 캐비닛에 저장하되 밀폐된 장소이어야 한다.

④ 미량 유기표준물질은 바이알에 담아 냉동고에 보관한다.

 ① 실리카 저장용액은 플라스틱병에 보관한다.
② 중금속 표준물질은 실험실의 지정된 장소에 보관하여야 한다.
③ 용매의 경우 분리된 용매 캐비닛에 저장하되 환기가 되는 장소이어야 한다.

443 실험실의 보관시설에 대한 설명으로 <u>틀린</u> 것은?

① 실험에 필요한 가스보관시설의 경우 환기는 기계를 이용한 강제환기방식이 바람직하다.

② 시료보관시설은 시료의 변질을 막기 위하여 약 4 ℃로 유지되어야 한다.

③ 시약보관시설은 항상 통풍이 잘 되어야 하며, 환기속도는 최소 0.3 m/s ~ 0.4 m/s 이상이어야 한다.

④ 유리기구 보관시설은 유리기구의 기재사항을 볼 수 있도록 150 Lux 이상의 조명을 갖추어야 한다.

 가스저장시설의 환기는 가능한 한 자연배기방식으로 하는 것이 바람직하며, 만약 환기구를 설치할 경우에는 지붕 위 또는 지상 2 m 이상의 높이에서 회전식이나 루프 팬(roof fan) 방식으로 설치하는 것이 바람직하다.

444 시료채취지점 선정 시 반드시 고려할 사항이 <u>아닌</u> 것은?

① 대표성   ② 접근성
③ 산란성   ④ 안전성

 해설   시료채취지점 선정 시 산란성은 고려하지 않는다.

445 대기오염물질의 시료채취에 대한 주의사항으로 <u>틀린</u> 것은?

① 측정물질에 대한 방해성분의 영향이 적은 방법을 선택
② 악취물질은 농도의 변동이 심하므로 장시간 채취
③ 환경기준이 설정된 물질은 법적 시간을 기준
④ 채취 유량은 규정하는 범위 내에서 되도록 많이 채취

해설   악취물질은 농도의 변동이 심하므로 단시간 채취

446 환경분야 시험·검사 등에 관한 법률과 관련 고시에 명시된 정도관리에 관한 내용으로 <u>틀린</u> 것은?

① 국립환경과학원장은 시험·검사기관에 대하여 5년의 범위에서 시험·검사기관별로 주기를 달리하여 정도관리를 실시할 수 있다.
② 정도관리는 국립환경과학원장이 시험·검사기관의 기술인력·시설·장비 및 운영 등에 대한 시험·검사능력의 평가와 이와 관련된 자료를 검증하는 방법으로 한다.
③ 국립환경과학원장은 시험·검사능력이 국립환경과학원장이 정하는 평가기준에 맞는 대상 기관에 대하여는 정도관리 검증서를 발급할 수 있다.
④ 시험·검사능력이 평가기준에 미치지 못하는 대상 기관에 대하여는 국립환경과학원장이 정하는 기관에서 해당 시험·검사항목에 대한 교육을 받도록 하거나 현지 지도를 실시할 수 있다.

해설   환경부장관은 5년마다 시험·검사 등의 기준 및 운영체계의 선진화를 위하여 환경시험·검사발전 기본계획을 수립해야 한다.

447 2016 정도관리 숙련도 시험에서 적합 기관은?

① 숙련도 시험 신청 12항목 중 10항목 합격기관
② 숙련도 시험 신청 15항목 중 13항목 합격기관
③ 숙련도 시험 신청 18항목 중 16항목 합격기관
④ 숙련도 시험 신청 20항목 중 18항목 합격기관

해설   2016 정도관리 숙련도 시험에서 적합 기관은 숙련도 시험 신청 20항목 중 18항목 합격기관이다.

정답   444 ③   445 ②   446 ①   447 ④

448 실험분석 시 사용하는 표준물질에 관한 내용 중 틀린 것은?

① 대체표준물질은 시료에 첨가하였을 때 시험항목과 비슷한 작용을 하여 측정항목 성분의 거동을 유추할 수 있다.

② 대체표준물질은 분석시료, 정도관리시료, 바탕시료에 모두 첨가할 수 있다.

③ 내부표준물질은 추출, 정제, 농축 등 시료 전처리 전에 넣어 기기분석 과정에서 영향된 분석결과를 보정하기 위해 사용된다.

④ 내부표준물질은 각 실험방법에서 정하는 대로 분석시료, 정도관리시료, 바탕시료에 모두 첨가할 수 있다.

> 해설 내부표준물질은 시료를 분석하기 전에 바탕시료, 검정곡선용 표준물질, 시료 또는 시료 추출물에 첨가되는 농도를 알고 있는 화합물이다.

449 실험실 간 정밀도의 재현성을 표현하는 변동계수(CV, coefficient of variation)의 설명으로 틀린 것은?

① 변동계수는 표준편차를 평균값으로 나눈 값에 100을 곱해 구한다.

② 변동계수가 작을수록 더 정밀하다.

③ 분석물의 농도가 감소할수록 변동계수는 감소한다.

④ 표준편차가 커지면 우연오차가 커진다.

> 해설 분석물의 농도가 증가할수록 변동계수는 감소한다. 변동계수(coefficient of variation, CV)는 표준편차(σ)를 산술평균($\bar{x}$)으로 나눈 것이다. 상대표준편차(relative standard deviation, RSD) 라고도 한다. 변동계수의 값이 클수록 상대적인 차이가 크다는 것을 의미한다.

450 검증방법은 의도한 목적을 위해 받아들일 수 있는 분석방법을 증명하는 과정이다. 그 중 정밀도 (precision)에 대한 설명으로 틀린 것은?

① 실제 참값과 반복 시험·검사한 결과의 일치도, 즉 재현성을 의미한다.

② 정밀도는 이중/반복시료 분석에 따라 확인한다.

③ 정밀도는 일반적으로 상대표준편차(RSD, relative standard deviation)나 변동계수(CV, coefficient of variation)의 계산에 의해 표현된다.

④ 실험시간 정밀도는 같은 사람이 다른 실험실에서 분석하는 경우이다.

> 해설 실험시간 정밀도는 같은 사람이 재현성을 위해 같은 실험실에서 분석하는 경우이다.

451 다음의 정도관리에 대한 설명으로 틀린 것은?

① 보고한계(reporting limit)의 농도는 검출한계의 농도보다 더 높다.
② 검정점검(calibration check) 용액은 검정곡선용 표준용액을 사용한다.
③ 정확도를 평가하기 위해서는 검정점검, 소량 첨가 회수율, 품질관리시료 등이 필요하다.
④ 표준작업절차(standard operating procedure)는 시료의 수집, 기기의 유지 및 신뢰도 보증을 위한 검정, 시료의 보관상태까지 포함하여야 한다.

 검정점검(calibration check) 용액은 교정검증표준물질을 사용한다. 교정검증표준물질은 검정곡선이 실제 시료에 정확하게 사용할 수 있는지를 검증하고, 검정곡선의 정확성을 검증하는 표준물질이다. 이 용액은 인정표준물질(CRM, certified reference material)을 사용하거나 다른 검정곡선으로 검증한 표준물질을 사용한다.

452 정도관리를 위하여 분석의 모든 과정(채취, 운송, 분석)에서 생기는 문제점을 찾는 데 사용되는 시료는?

① 현장바탕시료(field blank)
② 시약첨가시료(reagent spike sample)
③ 미지 현장이중시료(blind field duplicate)
④ 미지 QC 점검시료(blind QC check sample)

• 방법바탕시료 : 분석장비의 바탕값을 평가하기 위한 시료
• 현장바탕시료 : 분석의 모든 과정(채취, 운송, 분석)에서 생기는 문제점을 찾는 데 사용되는 시료
• 기구바탕시료 : 먼저 시료에 있던 오염물질이 시료채취 기구에 남아 있는지를 평가하는 시료
• 전처리 바탕시료 : 전처리에 사용되는 기구에서 발생할 수 있는 오염을 확인하기 위한 바탕시료
• 운반바탕시료 : 시료채취 후 보관용기에 담아 운송 중에 용기로부터 오염되는 것을 확인하기 위한 바탕시료
• 매질바탕시료 : 측정하고자 하는 물질이 전혀 포함되어 있지 않은 것이 증명된 시료

453 전자저울 설치 및 측정환경으로 틀린 것은?

① 직사광선이 닿지 않도록 설치한다.
② 저울 발판을 돌려 수평기의 물방울이 수평기 가운데 오도록 설치한다.
③ 이상적인 측정환경을 유지하기 위하여 에어컨과 환풍기를 저울 가까이에 설치한다.
④ 저울은 진동에 매우 민감하므로 견고한 받침대를 사용해야 하며, 필요시에는 석재와 같은 받침대를 사용하여 평형을 유지한다.

 이상적인 측정환경을 유지하기 위하여 바람의 영향이 많은 에어컨과 환풍기를 저울에서 멀리 떨어지게 설치한다.

454 시약 등급수를 준비하기 위한 처리방법이 <u>아닌</u> 것은?

① 증류
② 이온교환
③ 흡착
④ 흡수

> **해설** 이외에 역삼투가 있다.

455 정도관리 기술위원회의 기능이 <u>아닌</u> 것은?

① 현장평가 시 기술적 쟁점에 관한 사항
② 정도관리 시행계획 수립에 관한 사항
③ 현장평가 내용 및 평가 점검표 개선에 관한 사항
④ 대상 기관에 대한 정도관리 평가 보고서

> **해설** 대상 기관에 대한 정도관리 평가 보고서는 정도관리 기술위원회의 기능에 해당되지 않는다.

456 시료채취 후 활동에 대한 내용으로 <u>틀린</u> 것은?

① 시료 선적을 위한 운반이나 포장은 현장과 시료 보관 담당 직원의 책임이다.
② 양도받은 사람은 운반 날짜와 시각에 서명하고, 실험실로 시료가 운반되어 오면 시료채취 지역과 분석 유형에 의한 시료 분리를 하여야 한다.
③ VOCs 시료는 플라스틱 백 하나에 포장하고, 일반 시료와 함께 동일한 냉각기에 보관하여야 한다.
④ 시료채취 동안에 발생한 폐기물은 라벨을 붙인 용기에 분리하고, 폐기물 관리를 위해 실험실로 갖고 온다.

> **해설** VOCs 시료는 각각의 플라스틱 백에 포장하고 "VOCs만"이라고 적힌 별도의 냉각기에서 보관해야 한다.

457 일산화탄소 측정기 정도관리 중 교정주기가 <u>틀린</u> 것은?

① 분석기를 처음 구매했을 때
② 감응 특성에 영향을 주는 유지보수를 했을 때
③ 분석기를 간헐적으로 사용하는 경우에는 정기적으로 제로만 교정을 수행
④ 제로드리프트와 스팬드리프트가 허용범위를 초과할 때

> **해설** 분석기를 간헐적으로 사용하는 경우에는 정기적으로 제로와 스팬 모두 교정을 수행한다.

458 대기시료채취에 관한 다음의 설명 중 (   )에 들어갈 용어는?

> (   )시료채취는 운동량에 변화 없는 조건에서 시료를 채취하는 것이다. 이런 조건에서 모든 크기의 입자가 효과적으로 수집된다.

① 연속

② 등속

③ 가변

④ 반응

해설 운동량에 변화 없는 조건에서 시료를 채취하는 것이 등속시료채취이다.

459 고체 흡착법에 의한 가스상물질 시료채취는 활성탄 실리카젤과 같은 고체 분말 표면에 가스가 흡착되는 방법이다. 이와 관련된 메커니즘은 무엇인가?

① 산화현상

② 브라운 운동

③ 확산

④ 응집

해설 확산에 의해 활성탄 실리카젤과 같은 고체 분말 표면에 가스가 흡착된다.

460 시험결과의 표시방법이 <u>아닌</u> 것은?

① 시험결과의 표시 단위는 따로 규정이 없는 한 가스상 성분은 ppm(μmol/mol) 또는 ppb(nmol/mol)로, 입자상 성분은 μg/Sm^3 또는 μg/Sm^3 또는 ng/Sm^{3}으로 표시한다.

② 시험성적 수치는 마지막 유효숫자의 다음 단위까지 계산하여 한국공업규격 KS Q 5002(데이터의 통계적 해석방법 – 제1부 : 데이터의 통계적 기술)의 수치맺음법에 따라 기록한다.

③ 얻어진 성적이 기대한 정밀도 및 오차범위 내에서 만족하고 있는가에 대하여는 비교분석, 기타 적당한 방법으로 확인하여야 한다.

④ 모든 결과에 대하여 불확도를 계산하여 표기한다.

해설 그 외에 방법검출한계 미만의 시험결과값은 검출되지 않은 것으로 간주하고 불검출로 표시한다.

461 실험실에서 사용하는 분석용 저울(analytical balance)의 측정범위는 사용 시험방법을 수행하기 위해 적절해야 한다. 다음 중 일반 시험방법의 정도관리에 적합한 분석용 저울의 최소 측정값은?

① 1 g

② 0.01 g

③ 0.0001 g

④ 0.000001 g

해설 0.1 mg = 0.0001 g

462 유효자리를 유의하여 바르게 계산한 것은?

$$(8.0 \times 10^4) \times (5.0 \times 10^2)$$

① 4.0×10^7 ② 40.0×10^6

③ 400×10^5 ④ 400.00×10^5

 결과를 계산할 때 곱하거나 더할 경우, 계산하는 숫자에서 가장 작은 유효숫자 자릿수에 맞춰 결과 값을 적는다. 예를 들어, 4.56×1.4=6.38은 유효숫자를 적용하여 6.4로 반올림하여 적는다(계산 하는 숫자 4.56과 1.4에서 1.4가 작으므로 가장 작은 유효숫자는 2자리).
다른 예로서 12.11+18.0+1.013=31.123에서는 최소 유효숫자를 적용하여 31.1로 적는다.

463 다음 중 정밀도(precision)와 정확도(accuracy)의 관리기준(control limit)에 대한 설명으로 <u>틀린</u> 것은?

① 정밀도의 관리기준은 20개 이상의 RPD 데이터를 수집하고 평균값($\bar{x}$)과 표준편차(s)를 계산하고 평균값 2배의 표준편차를 더해 경고기준(warning limit)을 구한다.

② 정밀도의 관리기준에서 관리기준 밖의 값은 그 시스템이 관리기준을 벗어났다는 것을 의미한다.

③ 정확도의 관리기준은 20개의 정확도 데이터(% 회수율)를 모은 후, 이들 회수율로부터 평균 ($\bar{x}$)과 표준편차(s)를 계산하고 경고기준과 관리기준을 구한다.

④ 정확도의 관리기준에서 상한 경고기준은 평균값에 3배의 표준편차를 더한 것이고, 하한 경고기준은 평균값에 3배의 표준편차를 뺀 것이다.

 • 상한 관리기준 = $m + 3s$, 상한 경고기준 = $m + 2s$
• 하한 관리기준 = $m - 3s$, 하한 경고기준 = $m - 2s$
④ 정확도의 관리기준에서 상한 경고기준은 평균값에 2배의 표준편차를 더한 것이고, 하한 경고 기준은 평균값에 2배의 표준편차를 뺀 것이다.

464 측정분석 결과를 단위 표기법에 맞게 나열한 것은?

• 섭씨 32도
• 5초
• 용액 1리터에 포함된 시료물질 1 mg

① 32 ℃, 5 sec, 1 ppm   ② 32 ℃, 5 s, 1 ppm

③ 32 ℃, 5 s, 1 mg/L   ④ 32 ℃, 5 sec, 1 mg/L

 ℃의 표기 : 단위이므로 숫자와 한 칸 띄어 쓴다.

465 실험실 사고 발생 시 상황별 대처 요령으로 틀린 것은?

① 화재 발생의 경우 원인물질의 누출을 먼저 중지시키고 진화를 시도한다.

② 경미한 화상의 경우 통증과 부풀어 오르는 것을 줄이기 위해 20분 ~ 30분간 얼음물에 화상 부위를 담그고 그리스를 바른다.

③ 약물을 섭취한 경우 입안 세척 및 많은 양의 물 또는 우유를 마시게 하되, 억지로 구토를 시키지 않는다.

④ 안구에 화학물질이 노출된 경우 많은 양의 물을 사용하여 적어도 15분 동안 눈을 즉시 세척한다.

 화염에 의한 국소 부위의 경미한 화상 시 통증과 부풀어 오르는 것을 줄이기 위하여 20분 ~ 30분 동안 얼음물에 화상 부위를 담근다. 그리스는 열이 발산되는 것을 막아 화상을 심하게 하므로 사용하지 않는다.

466 기기검출한계에 대한 설명으로 옳은 것은?

① 분석장비의 검출한계를 구하기 위하여 일반적으로 신호 대 잡음비(S/N ratio) 2배 ~ 5배 농도이다.

② 바탕시료를 반복 측정 분석한 결과의 평균에 해당되는 농도이다.

③ 매질에 포함된 측정항목의 검출 가능한 최저 농도로 기기별로 동일하다.

④ 기기검출한계는 분석항목에 관계없이 항상 일정하다.

 분석장비의 검출한계는 일반적으로 S/N(signal/noise)비의 2배 ~ 5배 농도, 또는 바탕시료에 대한 반복시험·검사결과 표준편차의 3배에 해당하는 농도, 분석장비 제조사에서 제시한 검출한계 값을 기기검출한계로 사용할 수 있다.

467 기체 크로마토그래프(GC, gas chromatograph)를 이용하여 대기 중의 유해물질을 분석할 때, 질소(N₂)가스를 운반 기체로 사용할 수 없는 검출기(detector)로 옳은 것은?

① 열전도도 검출기(TCD) ② 전자포착검출기(ECD)
③ 질소-인 검출기(NPD) ④ 전해질전도도검출기(ELCD)

해설 전해질전도도검출기(ELCD)는 He 가스를 사용한다.

468 농축되지 않는 끓는점 화합물인 질소가스나 에테인 등을 대상으로 시료채취를 하려고 한다. 저장용기에 대한 설명으로 틀린 것은?

① 테플론백은 깨끗한 공기로 씻어내고 가스 찌꺼기가 있는지 점검한 후 사용이 가능하다.

② 유리용기는 황화수소, 산화질소와 같은 반응성 가스에는 적합하지 않다.

③ 산소, 질소, 메테인, 일산화탄소와 같은 가스를 채취하기에 탁월한 것은 유리용기이다.

④ 스테인리스강 용기는 비활성 가스와 반응성 가스 수집에 탁월하다.

스테인리스강 용기는 비활성 가스와 반응성 가스 수집에는 적합하지 않다.

469 건축자재에서 방출되는 실내 대기오염물질을 측정하는 용기인 소형 방출시험 챔버의 기밀성에 대한 설명으로 **틀린** 것은?

① 1 000 Pa의 초과 압력에서 1분간 새는 공기의 양이 챔버 부피의 0.1 % 미만이면 기밀하다고 본다.
② 공기의 누출량이 공급공기 유량의 1 % 미만이면 기밀하다고 본다.
③ 실험실 공기의 영향을 방지하기 위하여 대기압보다 약간 낮은 압력으로 유지하여야 한다.
④ 추적가스 희석법으로 최소 연 1회 이상 챔버의 기밀성을 확인해야 한다.

 실험실 공기의 영향을 방지하기 위하여 대기압보다 약간 높은 압력으로 유지하여야 한다.

470 시료채취에 대한 설명으로 **틀린** 것은?

① 시료채취는 실험실에서 다루기 쉽고, 그 조성이 시료 전체 물질의 대표성을 나타낼 수 있도록 시료 전체 물질의 크기를 줄이는 과정을 말한다.
② 전체 물질에서 시료를 취하는 단계로서 모집단의 확인 – 대표 시료 모으기 – 실험실 시료 만들기로 이루어지는 것이 일반적이다.
③ 대표 시료는 화학 조성에서 뿐만 아니라 조성입자들의 크기 분포에서도 전체를 대표해야 한다.
④ 시료를 취할 때 발생하는 오차는 분석에 관련된 다른 불확정성과 밀접한 관계를 가지며, 적절한 관리를 통하여 없앨 수 있다.

 시료를 취할 때 발생하는 오차는 분석에 관련된 다른 불확정성과 밀접한 관계를 가지며, 적절한 관리를 통하여 없앨 수 없다.

471 시료에 대한 설명으로 **틀린** 것은?

① 바탕시료는 동일한 환경조건에서 대표성을 갖는다.
② 반복시료는 둘 또는 그 이상의 시료를 같은 지점에서 동일한 시각에 동일한 방법으로 채취된 것을 말한다.
③ 이중시료는 한 개의 시료를 두 개(또는 그 이상)의 시료로 나누어 동일한 조건에서 측정하여 그 차이를 확인하는 것으로 분석의 오차를 평가한다.
④ 분할시료는 하나의 시료가 각각의 다른 분석자 또는 분석실로 공급되기 위해 둘 또는 그 이상의 시료용기에 나뉘어진 것을 말한다.

 바탕시료를 측정하는 것은 실험과정의 바탕값 보정과 실험과정 중 발생할 수 있는 오염을 파악하기 위해서이다. 반복시료를 분석한 결과로 시료의 대표성을 평가한다.

472 시료채취 장치의 채취관 재질에 대한 설명으로 틀린 것은?

① 화학반응이나 흡착작용으로 배출가스의 분석결과에 영향을 주지 않는 것

② 배출가스 중 부식성 성분에 의하여 잘 부식되지 않는 것

③ 배출가스의 온도, 유속에 견딜 수 있는 충분한 기계적 강도를 갖는 것

④ 염화수소를 채취하는 경우 채취관의 재질이 석영 또는 스테인리스강인 것

> **해설** ④ 염화수소를 채취하는 경우 채취관의 재질이 석영(O) 또는 스테인리스강(×)인 것

473 ISO/ IEC 17025에서 문서(documents)와 기록물(records)의 차이를 바르게 나타낸 것은?

① 기록물은 서명이 필요하고, 문서는 필요 없다.

② 기록물은 문서의 유효성에 대한 증거물이다.

③ 문서와 달리 기록물은 수정될 수 없다.

④ 문서는 활자체로, 기록물은 수기로 작성되어야 한다.

> **해설** 문서의 유효성에 대한 증거물은 기록물이다.

474 유기염소계 농약과 polychlorinated biphenyl(PCB) 분석을 위한 시료채취 내용으로 틀린 것은?

① 시료는 추출할 때까지 4 ℃에서 냉장보관해야 한다.

② 시료 수집 후 72시간 내에 바로 추출되지 않았다면, 시료의 pH를 수산화소듐 또는 황산을 이용해 pH 5 ~ pH 9의 범위까지 적정한다.

③ 알드린(aldrine)을 분석할 때 잔류 염소가 있다면 시료 1 L당 80 mg $Na_2S_2O_3$를 첨가한다.

④ 황산을 이용해 pH 5 ~ pH 9로 맞추어 놓은 시료는 즉시 추출해서 분석을 완료해야 한다.

> **해설** 황산을 이용해 pH 5 ~ pH 9로 맞추어 놓은 시료는 7일 안에 추출해야 하고, 추출물질을 공기에 노출시켰다면 7일 내에 분석을 완료해야 한다.

475 GC/MS 기기분석 시 시료분석 전에 확보하여야 할 필수항목이 <u>아닌</u> 것은?

① 검정곡선식 및 농도범위

② 질량 교정값 및 주사범위

③ 기기검출한계 및 방법검출한계

④ 분석결과의 희석배수 및 기타 환산계수

> **해설** 분석결과의 희석배수는 GC/MS 기기분석 시 시료분석 전에 확보하여야 할 필수항목이 아니다.

476 방사능 기기 취급자의 준수사항에 대한 설명으로 **틀린** 것은?

① 휴대용 γ선용 선량계는 항시 착용하여 수시로 개인의 피폭선량을 측정하고 그 측정량을 기록·관리하여야 한다.

② 실내는 방사능 오염 방지를 위해 항상 깨끗이 청소를 실시하고, 실내 기기 특히 가속기 실내의 기기는 수시로 오염 여부를 확인한다.

③ 실험실 또는 가속기실로부터 장치·기구·비품 등을 반출하려고 할 때는 표면 오염 유무를 감시하고 최대 허용 표면밀도의 1/5 이하임을 확인한 후에 반출하여야 한다.

④ 관련 규정에 따라 측정된 공간선량률 및 표면 오염밀도의 결과로 작업량을 조절하여 최대 허용 피폭선량과 최대 허용 직접선량을 초과하여 피폭되지 않도록 하여야 한다.

> **해설** 실험실 또는 가속기실로부터 장치·기구·비품 등을 반출하려고 할 때는 표면 오염 유무를 감시하고 최대 허용 표면밀도의 1/10 이하임을 확인한 후에 반출하여야 한다.

477 표준작업 절차서에 대한 설명으로 **틀린** 것은?

① 제조사로부터 제공되거나 시험기관 내부적으로 작성될 수 있다.

② 표준작업 절차서는 문서 유효일자와 개정번호와 승인자의 서명 등이 포함되어야 한다.

③ 표준작업 절차서는 분석담당자 이외 직원이 분석할 수 있도록 자세한 시험방법을 기술한 문서이다.

④ 표준작업 절차서는 모든 직원이 쉽게 이용 가능하여야 하지만, 컴퓨터에 파일로 저장한 형태는 인정되지 않는다.

> **해설** 표준작업 절차서는 모든 직원이 쉽게 이용 가능하여야 하며, 컴퓨터에 파일로 저장한 형태도 인정된다.

478 실험실 안전 행동지침으로 **틀린** 것은?

① 실험실에서 혼자 작업하는 것은 좋지 않으며, 적절한 응급조치가 가능한 상황에서만 실험을 해야 한다.

② 귀덮개는 85 dB 이상의 높은 소음에 적합하고, 귀마개는 90 dB ~ 95 dB 범위의 소음에 적합하다.

③ 천으로 된 마스크는 작은 먼지는 보호할 수 있으나, 화학약품에 의한 분진으로부터는 보호하지 못하므로 독성실험 시 사용해서는 안 된다.

④ 대부분의 실험은 보안경만 사용해도 되지만, 특수한 화학물질 취급 시에는 약품용 보안경 또는 안전마스크를 착용하여야 한다.

> **해설** 80 dB 이하의 소음은 청각에 위험을 주지 않으나, 130 dB 이상에서는 위험하므로 피해야 한다. 귀덮개(ear-cap)는 95 dB 이상의 높은 소음에 적합하고, 귀마개(ear-plug)는 80 dB ~ 95 dB 범위의 소음에 적합하다. 만일 청각의 유해 영향인자가 존재한다고 판단되면 안전부서를 통하여 소음 측정을 해야 한다.

정답✓ 476 ③ 477 ④ 478 ②

479 측정 소급성에 대한 설명으로 **틀린** 것은?

① 표준용액은 인증표준물질에 의하여 주기적으로 교정하여야 한다.

② 일반적으로 측정값은 SI(국제 단위계)에 대해 소급 가능해야 한다.

③ 환경분야 오염물질 농도의 측정을 포함한 화학분석에 대하여는 인증표준물질이 소급성을 제공한다.

④ 소급성은 개인의 시험 · 검사과정에서 측정한 결과가 국가 또는 국제표준에 일치되도록 불연속적으로 비교하고 교정하는 체계이다.

 측정 소급성(traceability) : 모든 불확도가 명확히 기술되고 끊어지지 않는 비교의 연결고리를 통하여 명확한 기준(국가 또는 국제표준)에 연관시킬 수 있는 표준값이나 측정결과의 특성을 말한다.
④ 소급성은 개인의 시험 · 검사과정에서 측정한 결과가 국가 또는 국제표준에 일치되도록 연속적으로 비교하고 교정하는 체계이다.

480 시료 및 시약 보관시설에 대한 설명으로 **옳은** 것은?

① 시료보관시설을 갖추기 위한 최소한의 공간은 분석량 또는 시료의 수 등을 고려하여 최소한 3개월분의 시료를 보관할 수 있는 시설을 갖추어야 한다.

② 시약보관시설의 최소 공간은 분석량 또는 시료의 개수 등에 있어 시약 여유분을 확보할 수 있도록 시약 여유분의 약 3배 이상 공간이 확보되어야 한다.

③ 시료보관시설은 전기 공급이 일정기간 공급되지 않아도 최소한 3시간 정도 4 ℃ 미만으로 유지되도록 별도의 무정전 전원을 설치하는 것이 좋다.

④ 시약보관시설의 조명은 시약보관실을 개방할 경우에만 조명이 들어오게 하고, 시약의 기재사항을 알 수 있도록 최소한 75 Lux 이상이어야 한다.

 ② 시약보관시설의 최소 공간은 해당 기관의 분석량 또는 시료의 수 등에 있어 실험에 지장이 없도록 시약 여유분을 확보할 수 있는 최소한의 공간을 갖추어야 하며, 시약보관시설은 시약 여유분의 약 1.5배 이상 공간이 확보되어야 한다.
③ 시료보관시설 내부에서도 잠금장치를 풀 수 있도록 해야 하며, 전기 공급이 일정기간 공급되지 않아도 최소한 1시간 정도 4 ℃를 유지할 수 있는 별도의 무정전 전원을 설치하는 것이 좋다.
④ 시료보관시설의 조명은 문을 개방할 경우에만 조명이 들어오게 하거나 별도의 독립된 전원스위치를 설치하며, 시료의 기재사항 확인 및 작업을 할 수 있도록 최소한 75 Lux 이상이어야 한다.

481 시료보관시설의 요건으로 **틀린** 것은?

① 별도의 배수 라인
② 약 4 ℃의 온도 유지
③ 상대습도 40 % ~ 60 %
④ 0.5 m/s의 배기속도의 환기시설

시료보관시설은 벽면 응축이 발생하지 않도록 상대습도는 25 % ~ 30 %로 조절해야 하며, 배수 라인을 별도로 설비하여 바닥에 물이 고이지 않도록 해야 한다.

정답 479 ④ 480 ① 481 ③

482 '전처리 바탕시료'에 대한 설명으로 바르게 묶여진 것은?

> ㉠ '시료보관 바탕시료'라고도 부른다.
> ㉡ 측정하기 직전의 시료에 일정한 양을 첨가하는 시료이다.
> ㉢ 시료채취기구의 청결함을 확인하는 데 사용하는 시료이다.
> ㉣ 교반, 혼합 등 시료를 분석하기 위한 다양한 전처리 과정에 대한 시료이다.

① ㉠, ㉢
② ㉠, ㉡
③ ㉡, ㉢
④ ㉠, ㉣

 해설 전처리 바탕시료(preparation blank sample)는 시료처리 바탕시료(sample preparation blank) 또는 시료보관 바탕시료(sample bank blank)라고도 표현한다. 전처리 바탕시료는 교반, 혼합, 분취 등 시료를 분석하기 위한 다양한 전처리 과정에 대한 바탕시료이다.
㉢ 기구바탕시료(equipment blank sample)/세척바탕시료(rinsate blank sample)

483 log(1 236)을 계산한 결과를 유효숫자를 고려하여 올바르게 표기한 것은?

① 3.09
② 3.092
③ 3.0920
④ 3.09202

해설 대수(logarithm)와 음의 대수(antilogarithm) 계산에서의 유효숫자 밑이 10인 n의 대수 (logarithm)가 a라면,
$$\log n = a \Leftrightarrow 10^a = n$$
여기서, n은 a의 음의 대수(antilogarithm)라고 한다. 대수는 가수(mantissa)와 지표(characteristic) 로 구성되며, 지표는 정수 부분이고 가수는 소수 부분이다.
$\log n$의 가수에 있는 유효숫자의 수는 n의 유효숫자의 수와 같아야 한다.
예를 들어, $\log(\underset{4자리}{5.403} \times 10^{-8}) = -\underset{4자리}{7.2674}$

484 대기압에서 인화점이 65 ℃ 이하인 가연성 액체를 인화성 물질이라 할 때, 인화점과 대상 물질 과의 관계가 **틀린** 것은?

① 인화점 -30 ℃ 이하 : 에틸에테르
② 인화점 -30 ℃ ~ 0 ℃ : 노말헥세인
③ 인화점 0 ℃ ~ 30 ℃ : 아세톤
④ 인화점 30 ℃ ~ 65 ℃ : 등유

 해설 인화점 -30 ℃ ~ 0 ℃ : 노말헥세인, 산화에틸렌, 아세톤, 메틸에틸케톤

485 기체 크로마토그래프의 검출기와 검출대상 항목에 대한 설명이다. 다음 중 잘못 짝지어진 것은?

① 전해질 전도도 검출기(ELCD) – 할로겐, 질소, 황 또는 나이트로아민을 포함한 유기화합물
② 전자포획형 검출기(ECD) – 아민, 알코올, 탄화수소와 같은 작용기를 포함한 유기화합물
③ 불꽃이온화검출기(FID) – 거의 모든 유기탄소화합물
④ 열전도도 검출기(TCD) – O_2, N_2, H_2O, 비탄화수소 등의 기체분석

> 전자포획형 검출기(ECD)는 할로겐족을 포함한 분자에는 매우 민감하지만 아민, 알코올, 탄화수소와 같은 작용기에는 민감하지 못하다.

486 시험결과를 표기할 때 유효숫자에 관한 설명으로 **틀린** 것은?

① 1.008은 2개의 유효숫자를 가지고 있다.
② 0.002는 1개의 유효숫자를 가지고 있다.
③ $4.12 \times 1.7 = 7.004$는 유효숫자를 적용하여 7.0으로 적는다.
④ $4.2 \div 3 = 1.4$는 유효숫자를 적용하여 1로 적는다.

> ① 1.008은 4개의 유효숫자를 가지고 있다.

487 실험검사 결과의 표현으로 **틀린** 것은?

① joules per kilogram
② kilometer
③ L
④ ppm

> ppm, ppb, ppt 등은 특정 국가에서 사용하는 약어이므로 정확한 단위로 표하든지, 백만분율, 십억분율, 일조분율 등의 수치로 표현한다.
> • 5 ppb (×) → 5 μg/kg (○)는 5×10^{-9} (○)
> • 2 ppt (×) → 2 ng/kg (○)는 2×10^{-12} (○)

488 유리기구 중 TD 표시를 할 수 **없는** 것은?

① 25 mL 홀피펫
② 10 mL 피펫
③ 10 mL 부피플라스크
④ 10 mL 메스실린더

> 25 mL 피펫에 "TD 20 ℃"라고 적혀 있다면, TD는 to deliver의 약자로서 이것은 '20 ℃에서 25.00 mL를 옮길 수 있다'는 것이다. 뷰렛, 메스피펫, 메스실린더의 선은 축(부피계의 중심축)에 하여 수직일 때 수면의 하단 눈금을 읽는다.

489 실험실은 시료분석을 수행하는 장소로서 시료의 성격에 따라 여러 실험실 형태로 나누어진다. 각 실험실에 대한 일반적 고려사항으로 **틀린** 것은?

① 악취실험실 : 악취실험을 위한 피복이나 장비를 보관하는 별도의 공간을 두는 것이 바람직하다.

② 바이오실험실 : 시료의 유·출입 시 내부의 공기가 밖으로 나가지 못하도록 이중문을 설비하여야 한다.

③ 이화학실험실 : 실험 수행 실내 조명은 실험 수행이 원활할 수 있도록 설비해야 하며, 최소한 150 Lux 이상이어야 한다.

④ 기기분석실 : 안정적인 전원을 공급하여 분석기기들을 안전하게 보호하기 위해 무정전 전원장치(UPS)를 설치하고, 정전 시 사용시간은 총 30분 이상이 될 수 있도록 설비하는 것이 좋다.

> **해설** 이화학실험실 : 실험 수행 실내 조명은 실험 수행이 원활할 수 있도록 설비해야 하며, 최소한 300 Lux 이상이어야 한다.

490 정도관리 현장평가 보고서의 작성에 대한 설명으로 **틀린** 것은?

① 평가팀장은 미흡사항 보고서에 품질시스템 및 기술 향상을 위한 사항은 포함할 수 없다.

② 평가팀장은 발견된 모든 미흡사항에 대해 상호 토론과 확인을 하여야 한다.

③ 평가팀장은 대상 기관의 분야별 평가에 대해 현장평가 기준에 따라 적합, 부적합으로 구분한다.

④ 평가팀장은 운영 및 기술 점검표, 시험분야별 분석능력 점검표를 모두 취합하고 평가결과를 상호 대조하여 현장평가 보고서를 최종 작성한다.

> **해설** 평가팀장은 미흡사항 보고서에 품질시스템 및 기술 향상을 위한 사항을 포함할 수 있다.

491 시약 등급수의 종류 및 사용에 대한 설명으로 **틀린** 것은?

① 유형 Ⅱ는 박테리아의 존재를 무시할 목적으로 사용된다.

② 유형 Ⅲ과 Ⅳ는 유리기구의 세척과 예비 세척에 사용된다.

③ 유형 Ⅲ은 보다 낮은 등급수를 생산하기 위한 원수(feedwater)로 사용된다.

④ 정밀분석용인 유형 Ⅰ은 최소의 간섭물질과 편향 최대 정밀도를 필요로 할 때 사용된다.

> **해설** 유형 Ⅲ 등급수는 보다 높은 등급수를 생산하기 위한 원수(feedwater)로 사용된다.

정답 489 ③   490 ①   491 ③

492 특정 시료채취에 대한 설명으로 옳은 것은?

① 중금속 : 시료를 채취하고 50 % 질산 6 mL 혹은 진한 질산 3 mL를 첨가하여 보존한다. 알칼리성이 높은 시료는 pH미터(meter)를 이용하여 산을 첨가하고 그 산을 바탕시료에도 첨가하고 문서화해야 한다.

② 용해금속 : 시료를 보존하기 전에 산을 첨가한 후 0.45 m 멤브레인(cellulose acetate membrane) 필터를 통해 여과시킨다. 가능한 한 현장에서 시료를 여과하는 것이 좋다.

③ 부유금속 : 보존되지 않은 시료는 0.45 m 멤브레인 필터를 통해 여과시키고, 그 필터는 뒤에 분석을 위해 남겨둔다. 그러나 시료는 가능한 한 실험실로 바로 운반한 뒤 여과하며, 필터는 정제수로 깨끗이 씻어 말린다.

④ VOC : 분석물들이 휘발성을 갖고 있기 때문에 특별한 주의가 필요하며, 뚜껑 안쪽에 테플론 격막이 있는 40 mL 유리 바이알에 시료를 담는다.

 ① 중금속 : 시료를 채취하고 50 % 질산 3 mL 혹은 진한 질산 1.5 mL를 첨가하여 보존한다. 알칼리성이 높은 시료에는 pH미터(meter)를 이용하여 산을 첨가한다. 그 산을 바탕시료에도 첨가하고 문서화해야 한다. 시료의 보존시간은 6개월이다.

② 용해금속 : 시료를 보존하기 전에 0.45 μm 셀룰로오스 아세테이트 멤브레인(cellulose acetate membrane) 필터를 통해 여과시킨다. 그 후에 산을 첨가한다. 가능한 한 현장에서 시료를 여과하며 시료 수집 후 가능한 빨리 실험실로 시료를 운반하는 것이 좋다.

③ 부유금속 : 보존되지 않은 시료는 0.45 μm 멤브레인 필터를 통해 여과시키고, 그 필터는 뒤에 분석을 위해 남겨둔다. 시료는 현장 혹은 실험실에서 여과한다. 그러나 시료는 가능한 한 실험실로 바로 운반한 뒤 여과하며, 필터는 산으로 씻고 말린다.

최신
필기 기출문제

• 최근 대기환경측정분석 분야
  환경측정분석사 필기 기출문제 수록

〈 대기분야 환경측정분석사 필기 시험과목 안내 〉

시험과목(4과목)	시험방법(객관식)
정도관리	100점(40문항)
대기오염 공정시험기준	100점(20문항)
실내공기질 공정시험기준	100점(20문항)
악취 공정시험기준	100점(20문항)

※ 제9회까지는 객관식+주관식 혼합형으로 출제되었으나, 제10회부터는 모든 문항이 객관식(4지선다형)으로 출제되고 있습니다.

2017년 제9회 1차 환경측정분석사 필기

● 검정분야 : (1) 공통

01 다음에서 설명하는 내용은 어떤 바탕시료에 대한 설명인가? [2.5점]

> 측정하고자 하는 물질이 전혀 포함되어 있지 않은 것이 증명된 시료로 시험 · 검사 매질에 시료의 시험방법과 동일하게 같은 용량, 같은 비율의 시약을 사용하고 시료의 시험 · 검사와 동일한 전처리와 시험 절차로 준비하는 바탕 시료를 말한다.

① 기구바탕시료
② 매질바탕시료
③ 방법바탕시료
④ 현장바탕시료

> **해설** 방법바탕시료 : 분석장비의 바탕값을 평가하기 위한 시료

02 실험실 분석기기에 대한 초기교정 절차 중 틀린 것은? [2.5점]

① 곡선을 검증하기 위해 수시교정 표준물질을 사용해 교정한다.
② 교정용 표준물질과 동일한 검증 확인 표준물질을 사용해 교정한다.
③ 분석 과정에 시료 전처리가 포함되어 있다면, 바탕시료와 실험실 관리 표준물질을 사용한다.
④ 10개의 시료를 분석한 후에 수시교정 표준물질을 사용해 다시 곡선을 점검한다.

> **해설** ② 교정용 표준물질과 다른 검증 확인 표준물질을 사용해 교정한다.

03 실험실 첨가시료 분석 시 매질첨가(matrix spike)의 내용 중 틀린 것은? [2.5점]

① 실험실은 시료의 매질간섭을 확인하기 위하여 일정한 범위의 시료에 대해 측정항목 오염물질을 첨가하여야 한다.
② 첨가농도는 시험방법에서 특별히 제시하지 않은 경우, 검증하기 위해 선택한 시료의 배경농도 이하여야 한다.
③ 만일 시료 농도를 모르거나 농도가 검출한계 이하일 경우, 분석자는 적절한 농도를 선택해야 한다.
④ 매질첨가 회수율에 대한 관리기준을 설정하여 측정의 정확성을 검증하여야 한다.

> **해설** 첨가농도는 시험방법에서 특별히 제시하지 않은 경우, 검증하기 위해 선택한 시료의 배경농도 이상이어야 한다.

04 대기시료 채취 시 시료의 안정도에 관한 설명으로 틀린 것은? [2.5점]

① 간섭은 최소화되어야 하고, 해석만 가능하다면 존재한다 하더라도 무방하다.
② 시료의 안정도는 시료채취와 분석 사이의 시간이 증가될수록 더욱더 중요하다.
③ 가변적인 회수율이 정성분석을 방해하기 때문에 거의 100 %의 회수율이 요구된다.
④ 온도는 채취된 물질이 채취매체로부터 소실되게 하거나, 회수율을 저해하는 변형 따위를 야기할 수 있다.

> **해설** 가변적인 회수율이 정량분석을 방해하기 때문에 거의 100 %의 회수율이 요구된다.

정답 01 ③ 02 ② 03 ② 04 ③

05 다음 중 정규오차곡선에 대한 일반적 성질로 틀린 것은? [2.5점]

① 최대 빈도수는 평균에 근접한다.

② 양과 음의 편차가 대칭한다.

③ 편차가 커짐에 따라 빈도수는 지수함수로 감소한다.

④ 큰 우연 불확도들은 매우 작은 우연 불확도들보다 훨씬 더 많이 관찰된다.

> **해설** 정규오차곡선에 대한 일반적인 성질
> - 평균은 최대 빈도수에서 나타난다.
> - 최고점을 중심으로 양과 음의 편차는 대칭으로 분포한다.
> - 편차의 크기가 커짐에 따라 빈도수는 지수함수로 감소한다.
>
> 즉, 작은 우연 불확도들은 매우 큰 우연 불확도들보다 훨씬 더 많이 관찰된다.

06 현장에서의 QC 점검 과정에 대한 설명이 틀린 것은? [2.5점]

① 현장평가의 정밀도는 이중시료 분석을 기본으로 상대차이백분율(RPD)로 나타낸다.

② 상대차이백분율(RPD)이 0이면 가장 이상적인 상태로서 정밀도가 가장 좋은 상태이다.

③ 현장 측정의 정확성은 QC 점검 표준용액의 참값의 회수율을 기본으로 % 회수율로 나타내며, 이론적인 회수율은 100 %를 초과하는 경우도 있다.

④ 현장 첨가시료의 정확성은 첨가하지 않은 시료값을 첨가값으로 나눈 % 회수율로 나타내며, 100 %를 초과하는 경우도 있다.

> **해설** 현장 첨가시료의 정확성은 첨가한 시료값과 첨가하지 않은 시료값의 차를 첨가값으로 나눈 % 회수율로 나타낸다.
>
> $$\%R = \frac{(\text{첨가한 시료값} - \text{첨가하지 않은 시료값})}{\text{첨가값}} \times 100$$

07 검정곡선에 대한 설명으로 틀린 것은? [2.5점]

① 검정곡선은 선형 또는 이차함수일 수 있고, 원점을 통과하거나 통과하지 않을 수 있다.

② 내부표준물질 검정을 위한 감응인자(response factor), 외부표준물질 검정 또는 검정곡선을 위한 검정인자(calibration factor)에 따라 여러 검정곡선이 있다.

③ 감응인자 또는 검정인자가 사용된다면, 각각의 분석물질에 대한 상대표준편차(RSD)는 10 % 이하여야 한다.

④ 검정곡선에 대한 상관관계는 1에 가까울수록 좋다.

> **해설** 감응인자 또는 검정인자가 사용된다면, 각각의 분석물질에 대한 상대표준편차(RSD)는 20 % 이하이어야 한다.

08 실험실 안전을 위한 행동지침에 대한 설명 중 틀린 것은? [2.5점]

① 산을 희석할 때는 산에 정제수를 넣어서 희석한다.

② 위험한 화학물질은 반드시 후드 안에서 취급하며 냄새를 맡거나 맛을 보지 않는다.

③ 장갑을 착용해야 하는 실험을 할 경우에는 적절한 장갑을 착용한다.

④ 실험실에서 혼자 실험하는 것은 피한다.

> **해설** 산을 희석할 때는 정제수에 산을 넣어서 희석한다.

09 시료채취 현장 기록에 포함되지 않아도 될 사항은? [2.5점]

① 사용된 시료채취방법

② 시료채취자

③ 환경조건(필요한 경우)

④ 시료인계자 및 인수자

> **해설** 사용된 시료채취방법은 시료채취 현장 기록에 포함하지 않는다.

10 대기시료채취 시스템을 구성하는 각각의 장치와 이에 대한 설명으로 옳게 연결된 것은? [2.5점]

> ㉠ 유입구 분할관 ㉡ 공기이동장치
> ㉢ 채취매체 ㉣ 유량측정장치
>
> a) 가스상물질을 용해하기 위한 액체 흡수제 또는 고상 흡착제와 입자를 채취하기 위한 막 표면과 분석을 위한 분취공기를 포함하는 챔버로 되어 있다.
> b) 가급적 변질되지 않은 상태로 물질을 환경 대기에서 분석장치로 전송된다.
> c) 질량유속유량계, 로터미터, 임계 오리피스 등이 있다.
> d) 시료채취 시스템의 마지막에 위치하여 진공이나 낮은 압력을 만들 수 있는 동력을 제공한다.

① ㉠ - a, ㉡ - c, ㉢ - d, ㉣ - b
② ㉠ - b, ㉡ - d, ㉢ - a, ㉣ - c
③ ㉠ - c, ㉡ - d, ㉢ - a, ㉣ - b
④ ㉠ - d, ㉡ - c, ㉢ - b, ㉣ - a

> 해설 ㉠ 유입구 분할관 : 대기오염물질을 환경 대기에서 분석장치로 전송하는 관
> ㉡ 공기이동장치 : 시료채취 시스템의 마지막에 위치한 흡입펌프
> ㉢ 채취매체 : 액체 흡수제 또는 고체상 흡착제, 필터 및 챔버
> ㉣ 유량측정장치 : 유량계

11 다음은 실험실 운영 관리에서 시료보관시설에 대한 설명이다. 틀린 것은? [2.5점]

① 시료의 변질을 막기 위해 보관시설은 약 4 ℃로 유지하여야 한다.
② 시료보관시설의 조명은 최소한 75 Lux 이상이어야 한다.
③ 환기시설은 약 0.5 m/s 이상 환기되어야 한다.
④ 시료보관실의 상대습도는 10 % ~ 20 %로 조절해야 한다.

> 해설 시료보관시설은 벽면 응축이 발생하지 않도록 상대습도는 25 % ~ 30 %로 조절해야 하며, 배수라인을 별도로 설비하여 바닥에 물이 고이지 않도록 해야 한다.

12 다음 중 굴뚝 시료채취 위치에 대한 설명이 틀린 것은? [2.5점]

① 굴뚝 단면이 사각형일 경우는 1 m 이하의 범위에서 4개 이상의 등단면적의 직사각형으로 나누어 측정점을 선정한다.
② 굴뚝 단면이 사각형일 경우, 굴뚝 단면적이 0.25 m^2 이하인 경우는 단면의 중심 1점만 측정한다.
③ 수직굴뚝에 측정공의 설치가 곤란한 경우, 수평굴뚝에 설치된 측정공을 이용할 수 있으나 측정공의 위치는 수평굴뚝 측정 위치 기준에 준하여 선정된 곳이라야 한다.
④ 굴뚝 단면이 사각형인 경우 환산 직경 = 2× [(가로 치수×세로 치수)/(가로 치수+세로 치수)]의 공식으로 산출한다.

> 해설 수직굴뚝에 측정공을 설치하기가 곤란하여 부득이 수평굴뚝에 측정공이 설치되어 있는 경우는 수평굴뚝에서도 측정할 수 있으나, 측정공의 위치가 수직굴뚝의 측정 위치 선정기준에 준하여 선정된 곳이어야 한다.

13 가스 또는 증기 시료를 채취하고자 할 때의 설명으로 틀린 것은? [2.5점]

① 반응성 가스 시료를 채취할 때는 테플론으로 안을 피복한 펌프를 사용한다.
② 반응성 가스 시료채취에는 유리용기를 쓴다.
③ 끓는점이 낮은 화합물을 채취할 때는 플라스틱 백을 쓴다.
④ 비활성 가스(inert gas) 시료를 채취할 때는 금속용기를 쓴다.

> 해설 유리용기 : 산소, 질소, 메테인, 일산화탄소 및 이산화탄소와 같은 가스를 채취하기에 탁월하나 H_2S, 산화질소, SO_3와 같은 반응성 가스에는 적합하지 않다.

14 악취방지법에 따라 악취측정기관이 갖추어야 하는 시설과 장비가 있다. 다음 보기에 제시한 시설과 장비 중에서 악취측정기관이 악취 측정을 위해 갖추어야 하는 것을 모두 고른 것은 무엇인가? [2.5점]

> ㉠ 공기희석관능 실험실
> ㉡ 지정악취물질 실험실
> ㉢ 무취공기 제조장비 1식
> ㉣ 악취희석장비 1식
> ㉤ 악취농축장비(필요한 측정분석장비별) 1식

① ㉠, ㉡
② ㉠, ㉡, ㉢
③ ㉠, ㉡, ㉢, ㉣
④ ㉠, ㉡, ㉢, ㉣, ㉤

해설 악취측정기관이 갖추어야 할 시설과 장비는 보기항에 주어진 것이 전부이다.

15 다음 중 계통오차를 검출하는 방법으로 틀린 것은? [2.5점]

① 표준기준물질(standard reference material, SRM)과 같은 조성을 아는 시료를 분석한다.
② 숙련도 프로그램의 미지시료 분석을 통해 분석의 정확도를 확인한다.
③ 분석 성분이 들어있지 않은 바탕시료(blank)를 분석한다.
④ 같은 시료를 각기 다른 실험실이나 다른 실험자(같은 방법 또는 다른 방법의 이용)에 의해서 분석한다.

해설 ①, ③, ④ 이외에 계통오차를 검출하는 방법은 같은 양을 측정하기 위하여 여러 가지 다른 방법을 이용하는 것이다. 만일 각각의 방법에서 얻은 결과가 일치하지 않으면 한 가지 또는 그 이상의 방법에 오차가 발생한 것이다.

16 흡수병 또는 채취병을 장치한 시료채취장치의 가스미터는 어느 정도 압력에서 사용해야 하는가? [2.5점]

① 50 mmH₂O 이상
② 50 mmH₂O 이내
③ 100 mmH₂O 이상
④ 100 mmH₂O 이내

해설 흡수병을 장치한 시료채취장치의 가스미터의 압력은 100 mmH₂O 이내로 기밀을 유지해야 한다.

17 다음 중 실험의 바탕시료에 대한 설명으로 틀린 것은? [2.5점]

① 방법바탕시료는 측정하고자 하는 물질이 전혀 포함되지 않은 시료로 시료의 시험방법과 동일한 전처리와 시험 절차로 준비하는 바탕시료를 말한다.
② 현장바탕시료는 현장에서의 시료채취, 운송, 분석 과정에서 생기는 문제점을 찾는 데 사용된다.
③ 기구바탕시료는 시료채취 후 보관용기에 담아 운송 중에 용기로부터 오염되는 것을 확인하기 위하여 사용된다.
④ 검정곡선 바탕시료는 분석장비의 바탕값을 평가하기 위한 것으로 측정 성분이 포함되지 않은 용매를 시료와 같은 용량의 전처리 물질을 주입하여 측정한다.

해설
- 기구바탕시료 : 시료채취기구의 청결함을 확인하기 위해 사용되는 "깨끗한 시료"로서 동일한 시료채취기구의 재이용으로 인하여 먼저 시료에 있던 오염물질이 시료채취기구에 남아 있는지를 평가하는 데 이용된다.
- 운반바탕시료 : 시료채취 후 보관용기에 담아 운송 중에 용기로부터 오염되는 것을 확인하기 위한 바탕시료이다.

정답 14 ④ 15 ② 16 ④ 17 ③

18 수소불꽃에 의해 시료 성분을 연소시킬 때 발생하는 불꽃의 광도를 분광학적으로 측정하는 방법으로 인 또는 황화합물의 분석에 사용되는 GC 검출기는? [2.5점]

① ECD
② FID
③ FPD
④ TCD

해설 • 불꽃광도검출기(FPD, flame photometric detector) : 수소불꽃에 의해 시료 성분을 연소시켜 이때 발생하는 불꽃의 광도를 분광학적으로 측정하는 방법으로 인 또는 유황화합물을 선택으로 검출할 수 있다.
• 전해질전도도검출기(ELCD, electrolytic conductivity detector) : 기준전극과 분석전극과 기체-액체 접촉기(contactor) 및 기체-액체 분리기(separator)를 가지고 있다. 할로겐, 질소, 황 또는 나이트로아민(nitroamine)을 포함한 유기화합물을 이 방법으로 검출할 수 있다.
• 전자포획검출기(ECD, electron capture detector) : 플라티늄(Pt) 혹은 타이타늄(Ti) 호일에 흡착된 방사능 β-입자 방출제(emitter, 보통 니켈-63 혹은 삼중수소)로부터 방출되는 β선이 운반기체를 전리하여 미소 전류를 흘려보낼 때 시료 중의 할로겐이나 산소 같은 전자 포획력이 강한 화합물에 의해 전자가 포획되어 전류가 감소하는 것을 이용하는 방법이다. 이 검출기는 할로겐족을 포함한 분자에는 매우 민감하지만 아민, 알코올, 탄화수소와 같은 작용기에는 민감하지 못하다.
• 불꽃이온화검출기(FID, flame ionization detector) : 수소연소 노즐(nozzle), 이온 수집기(ion collector), 이온 전류를 측정하기 위한 전류전압 변환회로, 감도조절부, 신호감쇄부 등으로 구성되어 있다. FID는 거의 모든 유기 탄소화합물에는 민감하지만 물과 이산화탄소와 같은 운반기체 불순물에는 응답하지 않는다.
• 광이온화검출기(PID, photoionization detector) : UV 광원을 가진 장치로 이것은 이온화 챔버를 통해 광학적으로 투명 창을 통해 지나가는 광자(photon)를 방출한다.

• 질량검출기(MSD, mass spectrophotometer detector) : 다양한 화합물을 검출할 수 있고, 물질의 파쇄(fragmentation)로 화합물 구조를 유추할 수 있다.
• 열도도검출기(TCD, thermal conductivity detector) : 금속 필라멘트, 전기저항체(thermistor)를 검출소자로 하여 금속판(block) 안에 들어있는 본체와 안정된 직류 전기를 공급하는 전원회로, 전류조절부, 신호검출 전기회로, 신호감쇄부 등으로 구성되어 있다.

19 다음 중 VOC 시료를 취급하는 방법으로 틀린 것은? [2.5점]

① VOC는 휘발성을 갖고 있기 때문에 특별한 주의가 필요하다.
② 뚜껑 안쪽에 테플론 격막이 있는 유리 바이알에 시료를 담는다.
③ 보존 처리된 VOC 시료의 보존시간은 25일이다.
④ VOC 시료는 반드시 분석할 때까지 4 ℃에서 냉장보관해야 한다.

해설 보존 처리된 VOC 시료의 보존시간은 14일이다.

20 유효숫자에 대한 설명 중 틀린 것은? [2.5점]

① 0이 아닌 정수는 항상 유효숫자이다.
② 0.0025란 수에서 '0.00'은 유효숫자가 아닌 자릿수를 나타내기 위한 것이므로, 이 숫자의 유효숫자는 2개이다.
③ 1.008이란 수는 4개의 유효숫자를 가지고 있다.
④ 결과를 계산할 때 계산하는 숫자 중에서 가장 큰 유효숫자 자릿수에 맞춰 결과값을 적는다.

해설 결과를 계산할 때, 곱하거나 더할 경우 계산하는 숫자 중에서 가장 작은 유효숫자 자릿수에 맞춰 결과값을 적는다.

21 냉증기 원자흡수분광도법을 적용하여 배출가스 중 수은의 농도를 3회 반복 분석한 결과, 농도가 20.3 ppm, 20.7 ppm, 22.4 ppm으로 산출되었다. 90 % 신뢰도 수준에서 참값의 최대치를 추정하면 얼마가 되는가? (단, 90 % 신뢰수준에서 자유도(d_f)에 따른 t값은 다음과 같다.) [2.5점]

> • $t(d_f = 1) = 6.314$
> • $t(d_f = 2) = 2.920$
> • $t(d_f = 3) = 2.353$

① 24.2   ② 22.4
③ 24.0   ④ 23.0

해설 3개 표본의 자유도는 3−1=2이므로 $t=2.920$

주어진 농도의 평균 $\overline{X} = \dfrac{20.3 + 20.7 + 22.4}{3}$
$= 21.1$

표준편차 $\sigma = \sqrt{\dfrac{(20.3 - 21.1)^2 + (20.7 - 21.1)^2 + (22.4 - 21.1)^2}{3}}$
$= 0.91$

90 % 신뢰수준에서 참값의 최대치
$\overline{X} + t \times \dfrac{\sigma}{\sqrt{n-1}} = 21.1 + 2.920 \times \dfrac{0.91}{\sqrt{2}} = 23.0$

22 다음 중 정도관리 품질문서 평가 내용이 <u>아닌</u> 것은? [2.5점]

① 업무분장서   ② 시료관리 기록
③ 시험성적서   ④ 장비구매 계약서

해설 정도관리 품질문서의 평가 내용
• 조직도(인력현황 포함)
• 업무분장서
• 시험방법 목록
• 장비관리 기록
• 표준용액(물질) 및 시약 목록
• 시료관리 기록
• 시험성적서(원자료 및 산출근거 포함)
• 정도관리 품질문서에 따른 3년간의 실적 및 기록

23 정도관리를 위한 품질경영관리 요건 중 <u>틀린</u> 것은? [2.5점]

① 측정분석기관은 수탁기관의 업무에 대하여 모든 책임을 진다.
② 모든 문서는 주기적으로 문서의 사용 가능성을 검토하여야 한다.
③ 측정분석기관은 다른 고객의 비밀을 보장할 수 있는 범위 내에서 시험 결과를 확인해준다.
④ 측정분석기관은 전자적 저장 기록을 보호하고 예비 파일로 다시 저장히여야 한디.

해설 측정분석기관은 의뢰한 고객에 한하여 비밀을 보장할 수 있는 범위 내에서 시험 결과를 확인해준다.

24 환경시험·검사기관 정도관리 운영 등에 관한 규정으로 <u>틀린</u> 것은? [2.5점]

① 정도관리 대상기관은 환경분야 시험·검사 등에 관한 법률 시행령 제13조의 2 제1항에 의거 규정된 시험·검사기관을 말한다.
② 정도관리 검증기관은 국립환경과학원장으로부터 정도관리 결과 적합 판정을 받고 정도관리검증서를 교부받은 시험·검사기관을 말한다.
③ 숙련도 시험은 정도관리의 일부로서 시험·검사기관의 분석 능력을 향상시키기 위하여 표준물질에 대한 분석 능력을 평가하는 것을 말한다.
④ 환경분야 시험·검사 등에 관한 법률 시행령 제22조 각 호에 규정된 시험·검사기관 이외의 기관은 정도관리검증서를 받을 수 없다.

해설 "숙련도 시험"이라 함은 정도관리의 일부로서 시험·검사기관의 정도관리 시스템에 대한 주기적인 평가를 위하여 표준시료에 대한 시험·검사 능력과 시료채취 등을 위한 장비운영 능력 등을 평가하는 것을 말한다.

정답   21 ④   22 ④   23 ③   24 ③

25 다음 중 분석 시 방해물질에 대한 설명으로 틀린 것은? [2.5점]

① 원자흡수분광광도계(AAS, atomic absorption spectrophotometer) 사용 시 방해물질은 불꽃이 분자를 충분히 분해시키지 못했거나 분해된 원자가 불꽃의 온도에서 분해되지 않는 화합물로 산화될 때 발생한다.

② 기체 크로마토그래프(gas chromatograph) 사용 시 방해물질은 시료, 용매 또는 운반가스 오염 또는 많은 양의 화합물을 GC에 삽입했을 경우, 그리고 검출기에 화합물이 오래 머무르면서 발생한다.

③ 기체 크로마토그래프(gas chromatograph) 사용 시 시료 주입부의 격막(septum)은 대부분이 고무 재질이므로 그 격막이 가열되면서 방해물질이 발생한다.

④ 이온 크로마토그래프(ion chromatograph) 사용 시 시료의 주입을 위해 사용하는 6-portvalve와 시료 루프(loof)의 오염으로 인해 방해물질이 생성된다.

해설 시료 주입부의 격막(septum)은 부분 실리콘 재질이며, 그 격막이 가열되면서 오염이 발생한다.

26 현장 측정값의 상대차이백분율(RPD) 값을 수집한 결과, 평균값과 표준편차가 각각 3.5 %와 1.2 %이었다. 정밀도의 경고기준과 관리기준은 각각 얼마인가? [2.5점]

① 경고기준 : 5.9 %, 관리기준 : 7.1 %
② 경고기준 : 7.1 %, 관리기준 : 5.9 %
③ 경고기준 : ±5.9 %, 관리기준 : ±7.1 %
④ 경고기준 : ±7.1 %, 관리기준 : ±5.9 %

해설 RPD에서 경고기준과 관리기준은 $m+2s$와 $m+3s$ 값에 ±를 붙여준다.
∴ 경고기준 $= m+2s = 3.5+2\times1.2 = \pm5.9\,\%$
관리기준 $= m+3s = 3.5+3\times1.2 = \pm7.1\,\%$

27 분석자료의 승인과 관련된 다음 설명 중 옳은 것은? [2.5점]

① 초기교정에서 교정곡선의 계산된 상관계수값이 0.9998 이상일 때 용인한다.

② 수시교정 표준물질과 원래의 교정 표준물질과의 편차가 무기물의 경우 ±10 %여야 한다.

③ 수시교정 표준물질과 원래의 교정 표준물질과의 편차가 유기물의 경우 ±5 %여야 한다.

④ 교정 검증 표준물질 혹은 QC 점검 표준물질의 허용범위는 무기물의 경우 참값의 ±10 %이다.

해설 수시교정 표준물질과 원래의 교정 표준물질과의 편차가 무기물의 경우 ±5 %, 유기물의 경우 ±10 %여야 한다. 교정 검증 표준물질 혹은 QC 점검 표준물질의 허용범위는 무기물의 경우 참값의 ±5 %, 유기물은 참값의 ±10 %이다.

28 검정은 초기검정과 수시검정으로 구분되는데, 다음 중 초기검정에 대한 설명으로 틀린 것은? [2.5점]

① 분석대상 표준물질의 최소 3개 농도를 가지고 초기검정을 수행하며 가장 낮은 농도는 최소 정량한계값 이상이어야 한다.

② 감응인자 또는 검정인자가 사용된다면 각각의 분석물질에 대한 상대표준편차가 20 % 이하이어야 한다.

③ 선형회귀방법을 사용한다면 상관계수는 0.995 이상이어야 한다.

④ 검정곡선은 선형 또는 이차함수일 수 있고 원점을 통과하거나 통과하지 않을 수 있다.

해설 분석대상 표준물질의 최소 5개 농도(예를 들어 1, 5, 10, 20, 40)를 가지고 초기검정을 수행하며 가장 낮은 농도는 최소 정량한계(LOQ, limit of quantification)이어야 한다.

정답 **25** ③ **26** ③ **27** ① **28** ①

29 정도관리와 관련하여 설명한 용어의 정의를 나타낸 것으로 <u>틀린</u> 것은? [2.5점]

① "대상기관"이라 함은 환경분야 시험·검사 등에 관한 법률 시행령 제13조의 2 제1항 각 호에 규정된 시험·검사기관과 규칙 제17조의 4 등의 규정에 의하여 정도관리 신청을 한 기관을 말한다.

② "정도관리 검증기관"이라 함은 국립환경과학원장이 실시하는 정도관리를 받고 정도관리 판정 기준에 적합 판정을 받음으로써 정도관리 검증서를 교부받은 시험·검사기관을 말한다.

③ "숙련도 시험"이라 함은 정도관리의 일부로서 시험·검사기관의 정도관리 시스템에 대한 주기적인 평가를 위하여 표준시료에 대한 시험·검사 능력과 장비수리 능력을 평가하는 것을 말한다.

④ "현장평가"라 함은 정도관리를 위하여 평가위원이 시험·검사기관을 직접 방문하여 시험·검사기관의 정도관리 시스템 및 시행을 평가하기 위하여 시험·검사기관의 기술인력·시설·장비 및 운영 등에 대한 실태와 이와 관련된 자료를 검증·평가하는 것을 말한다.

해설 "숙련도 시험"이라 함은 정도관리의 일부로서 시험·검사기관의 정도관리 시스템에 대한 주기적인 평가를 위하여 표준시료에 대한 시험·검사 능력과 시료채취 등을 위한 장비운영 능력 등을 평가하는 것을 말한다.

30 시료채취를 위한 계획 수립 시 나올 수 있는 질문으로 적절하지 <u>않은</u> 것은? [2.5점]

① 어느 지역에서 시료를 채취할 것인가?

② 어떤 전처리가 필요한가?

③ 어떻게 자료를 평가하고 보고할 것인가?

④ 누가 시료를 채취할 것인가?

해설 평가와 보고방법은 시료채취 수립 시에는 해당되지 않는다.

31 GC/MS 분석 시 검정곡선을 작성하기 위한 최소 측정점이 옳은 것은? [2.5점]

상대표준편차 2~10 미만

① 1

② 3

③ 5

④ 7

해설 GC/MS 분석 시 검정곡선을 작성하기 위한 최소 측정점

상대표준편차(RSD)	표준물질 최소 측정점
0 ~ 2 미만	1
2 ~ 10 미만	3
10 ~ 25 미만	5
25 이상	7

32 대표성 있는 시료의 채취지점 선정방법으로 <u>틀린</u> 것은? [2.5점]

① 유의적 샘플링

② 임의적 샘플링

③ 계통 표본 샘플링

④ 계통 편차 샘플링

해설 ① 유의적 샘플링 : 전문적인 지식을 바탕으로 주관적인 선택에 따른 채취방법으로 선행 연구나 정보가 있을 경우 또는 현장 방문에 의한 시각적 정보, 현장 채수요원의 개인적인 지식과 경험을 바탕으로 채취지점을 선정하는 방법이다.
② 임의적 샘플링 : 시료군 전체에 대해 임의적으로 시료를 채취하는 방법으로 넓은 면적 또는 많은 수의 시료를 대상으로 할 때 임의적으로 선택하여 시료를 채취하는 방법이다.
③ 계통 표본 샘플링 : 시료군을 일정한 패턴으로 구획하여 선택하는 방법이다.

33 배출가스 입자상물질 시료채취방법에 대한 설명으로 <u>틀린</u> 것은?   [2.5점]

① 먼지가 채취된 여과지를 (110 ± 5) ℃에서 충분히(1시간 ~ 3시간) 건조시켜 부착수분을 제거한 후 먼지의 중량농도를 계산한다.

② 먼지농도 표시는 표준상태(0 ℃, 760 mmHg)의 건조배출가스 1 Sm^3 중에 함유된 먼지의 중량으로 표시한다.

③ 배연탈황시설과 황산미스트에 의해서 먼지농도가 영향을 받은 경우에는 여과지를 160 ℃ 이상에서 4시간 이상 건조시킨 후 먼지농도를 계산한다.

④ 수직굴뚝 하부 끝단으로부터 위를 향하여 그 곳의 굴뚝 내경의 2배 이상이 되고, 상부 끝단으로부터 아래를 향하여 그 곳의 굴뚝 내경의 8배 이상이 되는 지점에 측정공 위치를 선정하는 것을 원칙으로 한다.

> **해설** 수직굴뚝 하부 끝단으로부터 위를 향하여 그 곳의 굴뚝 내경의 8배 이상이 되고, 상부 끝단으로부터 아래를 향하여 그 곳의 굴뚝 내경의 2배 이상이 되는 지점에 측정공 위치를 선정하는 것을 원칙으로 한다.

34 20개의 정확도 데이터를 모은 후 계산한 결과 회수율 평균은 98.9 %, 표준편차는 1.9 %였다. 정확도의 관리기준으로 올바른 것은? [2.5점]

① 경고기준은 ±102.7 %이다.

② 관리기준은 ±104.6 %이다.

③ 상한 경고기준은 102.7 %이다.

④ 하한 관리기준은 95.1 %이다.

> **해설** • 상한 관리기준 = $m+3s$
> • 상한 경고기준 = $m+2s$
> • 하한 관리기준 = $m-3s$
> • 하한 경고기준 = $m-2s$
> 여기서, m : 평균값, s : 표준편차
> ∴ 상한 경고기준 = 98.9 %+2×1.9 %
>   = 102.7 %

35 다음 중 연소 기체인 수소가 필요하지 <u>않은</u> 검출기는?   [2.5점]

① 질소-인 검출기(NPD)

② 불꽃광도검출기(FPD)

③ 불꽃이온화검출기(FID)

④ 열전도율 검출기(TCD)

> **해설** NFD, FPD, FID는 수소를 연소기체로 사용하여 시료를 태워 생성된 이온과 전하입자를 방출하여 분석하고, TCD는 금속필라멘트를 사용하여 수소가스를 분석하는 데 사용한다. 이때 운반기체는 질소를 사용한다.

36 대기오염공정시험기준에서 정하고 있는 화학분석 일반사항으로 <u>틀린</u> 것은? [2.5점]

① "방울수"란 20 ℃에서 정제수 20방울을 떨어뜨릴 때 그 부피가 약 0.1 mL 되는 것을 뜻한다.

② "항량이 될 때까지 건조한다"라 함은 따로 규정이 없는 한 보통의 건조방법으로 1시간 더 건조할 때 전후 무게의 차가 g당 0.3 mg 이하일 때를 뜻한다.

③ "액체의 성분량을 정확히 취한다"라 함은 홀피펫, 메스플라스크 등을 사용하여 조작하는 것을 뜻한다.

④ "감압 또는 진공 이하"라 함은 따로 규정이 없는 한 15 mmHg 이하를 뜻한다.

> **해설** "방울수"란 20 ℃에서 정제수 20방울을 떨어뜨릴 때 그 부피가 약 1 mL가 되는 것을 뜻한다.

정답   33 ④   34 ③   35 ④   36 ①

주1 시료채취 시 데이터의 품질은 주요 활동에 따라 달라질 수 있다. 이 주요 활동을 3가지 이상 기술하시오. [2.5점]

해설 • 시료채취의 목적
• 대표적인 시료의 수집
• 시료의 수집과 보존
• 시료 인수인계(chain-of-custody)와 시료 확인
• 현장에서의 정도보증과 정도관리 수행
• 시료분석

주2 현장에서의 정밀도(precision)를 평가하기 위하여 다음과 같이 무게를 분석하였다. 이때 현장평가의 정밀도인 상대차이백분율(RPD, relative percent difference)을 구하시오. (단, 소수 첫째 자리에서 반올림하여 계산하고, 정답에 단위를 포함하시오.) [2.5점]

> ㉠ 50 g
> ㉡ 49 g

해설 상대차이백분율(RPD, relative percent difference)은 관찰값을 수정하기 위한 변이성을 측정하는 것으로 $\left\{ \dfrac{(X_1 - X_2)}{\dfrac{(X_1 + X_2)}{2}} \right\} \times 100$으로 나타낸다. 즉, 두 측정값의 차이를 측정값의 평균값으로 나누어 백분율로 표시한다.

$$\therefore \ \dfrac{(50-49)}{\dfrac{(50+49)}{2}} \times 100 = 2 \ \%$$

주3 실험실 안전과 관련하여 실험실에서 사용하는 유해 화학물질 중 가연성 가스의 특징과 종류에 대해 설명하시오. [2.5점]

해설 • 특징 : 폭발한계농도의 하한이 10 % 이하 또는 상하한의 차이가 20 % 이상인 가스
• 종류 : 수소, 아세틸렌, 에틸렌, 메테인, 에테인, 프로페인, 뷰테인, 기타(15 ℃, 760 mmHg에서 기체상태인 가연성 가스)

주4 다음 표는 측정분석 결과의 시료분석 업무절차와 이에 요구되는 분석 과정을 나타낸 것이다. 이 표에서 괄호 안에 들어갈 용어를 순서대로 쓰시오. [2.5점]

정도보증 절차	요구되는 분석 과정
기기에 대한 검증	교정, ( )
시험방법에 대한 분석자의 능력	( ), 정확도, 정밀도
시료분석	정확도, 정밀도
정도보증	관리 차트

해설 • 기기에 대한 검증 : 교정(calibration), 교정 검증(calibration verification)
• 시험방법에 대한 분석자의 능력 : 방법검출한계(MDL), 정확도(accuracy), 정밀도(precision)

• 검정분야 : (2) 대기환경측정분석

[1과목 : 대기오염 공정시험기준]

01 배출가스의 연속자동측정기 설치에서 측정공 위치에 대한 설명으로 틀린 것은? [5점]

① 모든 방지시설의 후단이어야 하나, 필요에 따라서는 전단에 설치할 수도 있다.

② 먼지를 측정하는 경우에 수평굴뚝에서는 측정위치는 하부 직경의 4배 이상인 곳으로 하고, 시료를 채취하는 측정기의 채취지점은 굴뚝 바닥으로부터 굴뚝 내경의 1/3과 1/2 사이의 단면 위에 위치하도록 한다.

③ 가스상물질의 측정에서 수직굴뚝의 경우 측정위치는 굴뚝 하부 끝에서 위를 향하여 굴뚝 내경의 2배 이상이 되고, 상부 끝단으로부터 아래를 향하여 굴뚝 상부 내경의 1/2배 이상이 되는 지점으로 한다.

④ 먼지와 가스상물질을 모두 측정하는 경우 측정위치는 가스상물질을 따른다.

해설 먼지와 가스상물질을 모두 측정하는 경우 측정위치는 먼지를 따른다.

02 환경대기 중 아황산가스를 파라로자닐린법으로 측정할 때의 주요 방해물질이 <u>아닌</u> 것은? [5점]

① 크롬(Cr)

② 망가니즈(Mn)

③ 오존(O₃)

④ 벤젠(C₆H₆)

해설 알려진 주요 방해물질은 질소산화물(NO_x), 오존(O_3), 망가니즈(Mn), 철(Fe) 및 크로뮴(Cr)이다. 여기에서 설명하고 있는 방법은 이러한 방해물질을 최소한으로 줄이거나 제거할 수 있다. NO_x의 방해는 설퍼민산(NH_3SO_3)을 사용함으로써 제거할 수 있고, 오존의 방해는 측정기간을 늦춤으로써 제거된다.

03 배출가스 휘발성 유기화합물질 시료채취장치 (VOST ; Volatile Organic Sampling Train)의 구성에 관한 설명 중 괄호 안에 들어가야 할 숫자를 차례대로 옳게 나열한 것은? [5점]

장 치	설 명
채취관	채취관 재질은 유리, 석영, 플루오린수지 등으로 ( ) ℃ 이상까지 가열이 가능한 것이어야 한다.
응축기 및 응축수 트랩	응축기 및 응축수 트랩은 유리 재질이어야 하며, 응축기는 기체가 앞쪽 흡착관을 통과하기 전 기체를 ( ) ℃ 이하로 낮출 수 있는 용량이어야 한다.
흡착관	흡착관은 사용 전 반드시 안정화시켜서 사용해야 하며, carbotrap의 경우 안정화 온도는 ( ) ℃로 한다.

① 120, 20, 350

② 100, 30, 250

③ 120, 30, 330

④ 100, 20, 330

해설
• 채취관 재질은 유리, 석영, 플루오린수지 등으로 120 ℃ 이상까지 가열이 가능한 것이어야 한다.

• 응축기 및 응축수 트랩은 유리 재질이어야 하며, 응축기는 기체가 앞쪽 흡착관을 통과하기 전 기체를 20 ℃ 이하로 낮출 수 있는 부피이어야 하고, 상단 연결부는 밀봉윤활유를 사용하지 않고도 누출이 없도록 연결해야 한다.

• 각 흡착제는 반드시 지정된 최고 온도범위와 기체유량을 고려하여 사용하여야 하며, 흡착관은 사용하기 전에 반드시 안정화(컨디셔닝) 단계를 거쳐야 한다. 보통 350 ℃(흡착제의 종류에 따라 조절 가능)에서 99.99 % 이상의 헬륨기체 또는 질소기체 50 mL/min ~ 100 mL/min으로 적어도 2시간 동안 안정화(시판된 제품은 최소 30분 이상)시키고, 흡착관은 양쪽 끝단을 테플론 재질의 마개를 이용하여 밀봉하거나, 불활성 재질의 필름을 사용하여 밀봉한 후 마개가 달린 용기 등에 넣어 이중 밀봉하여 보관한다.

04 굴뚝 배출가스의 시료채취장치로 흡수병을 사용하여 조립할 때 누출확인시험에 관한 설명으로 옳지 <u>않은</u> 것은? [5점]

① 누출 확인 시 흡수병에 거품이 생기면 그 앞의 부분에 공기가 새는 것으로 본다.

② 흡입유량에 있어서의 장치 안의 부압(대기압과 압차)은 수은 마노미터로 측정한다.

③ 먼저 채취관 쪽의 3방코크를 닫고 펌프 쪽의 3방코크를 연 다음 펌프의 유량조절 코크를 조작한다.

④ 펌프의 3방코크를 닫았을 때 압력측정기의 압차가 적어지면 펌프 바로 뒷부분부터 공기가 새는 것으로 본다.

해설 흡수병에 거품이 생기면 그 앞의 부분에 공기가 새는 것으로 본다. 또 펌프의 3방코크를 닫았을 때의 수은 마노미터의 압차가 적어지면, 펌프 바로 앞부분까지 새는 곳이 있는 것으로 본다.

05 란타넘-알리자린 컴플렉션법에 관한 설명으로 옳은 것은? [5점]

① 무기사이안화물의 사이안기를 분석하기 위한 방법이다.

② 암모니아를 정량하기 위한 방법이다.

③ 발색법으로 분광광도계를 사용한다.

④ 질산 이온을 정량하기 위한 방법이다.

해설 • 이 시험기준은 굴뚝 등에서 배출되는 배출가스 중의 무기 플루오린화합물을 플루오린화이온으로 분석하는 방법이다.
• 굴뚝에서 적절한 시료채취장치를 이용하여 얻은 시료 흡수액을 일정량으로 묽게 한 다음 완충액을 가하여 pH를 조절하고 란타넘과 알리자린 컴플렉션을 가하여 생성되는 생성물의 흡광도를 분광광도계로 측정하는 방법이다. 흡수 파장은 620 nm를 사용한다.

06 배출가스 중 가스상물질의 시료채취방법에서 채취부에 대한 설명 중 <u>틀린</u> 것은? [5점]

① 수은 마노미터 : 대기와 압력차가 없는 것을 쓴다.

② 가스건조탑 : 유리로 만든 가스건조탑을 쓰며 건조제로는 입자상태의 실리카젤, 염화칼슘 등을 쓴다.

③ 펌프 : 배기능력이 0.5 L/min ~ 5 L/min인 밀폐형을 쓴다.

④ 가스미터 : 일회전이 1 L인 습식 또는 건식 가스미터로 온도계와 압력계가 붙어 있는 것을 쓴다.

해설 대기와 압력차가 100 mmHg 이상인 것을 쓴다.

07 분석대상 가스별 분석방법 및 흡수액이 옳지 <u>않은</u> 것은? [5점]

① 암모니아 – 인도페놀법 – 붕산용액

② 질소산화물 – 아연환원나프틸에틸렌다이아민법 – 과산화수소수용액

③ 염화수소 – 자외선/가시선 분광법 – 수산화소듐용액

④ 플루오린화합물 – 자외선/가시선 분광법 – 수산화소듐용액

해설 질소산화물을 아연환원나프틸에틸렌다이아민법으로 분석할 경우 흡수액은 황산용액(0.005 mol/L)이다.

08 굴뚝에서 배출되는 매연을 링겔만 매연농도법으로 비교 측정하고자 할 경우에 대한 설명으로 <u>틀린</u> 것은? [5점]

① 가능하면 무풍일 때 측정한다.

② 연기 흐름의 수평인 위치에서 태양광선을 측면으로 받는 방향에서 측정한다.

③ 매연의 검은 정도를 비교하여 각각 (0~5)도까지 6종으로 분류한다.

④ 굴뚝 배출구에서 30 cm ~ 45 cm 떨어진 곳의 농도를 측정자의 눈높이에 수직이 되게 관측한다.

해설 • 될 수 있는 한 바람이 불지 않을 때 굴뚝 배경의 검은 장해물을 피해 연기의 흐름에 직각인 위치에 태양광선을 측면으로 받는 방향으로부터 농도표를 측정치의 앞 16 m에 놓고 200 m 이내(가능하면 연도에서 16 m)의 적당한 위치에 서서 굴뚝 배출구에서 (30 ~ 45) cm 떨어진 곳의 농도를 측정자의 눈높이의 수직이 되게 관측 비교한다.

• 보통 가로 14 cm, 세로 20 cm의 백상지에 각각 0 mm, 1.0 mm, 2.3 mm, 3.7 mm, 5.5 mm 전폭의 격자형 흑선을 그려 백상지의 흑선 부분이 전체의 0 %, 20 %, 40 %, 60 %, 80 %, 100 %를 차지하도록 하여 이 흑선과 굴뚝에서 배출하는 매연의 검은 정도를 비교하여 각각 (0 ~ 5)도까지 6종으로 분류한다.

09 자외선/가시선 분광법(흡광광도법)에 대한 설명으로 틀린 것은?　　　　　　　[5점]

① 가시부와 근적외선부의 광원으로는 주로 텅스텐 램프를 사용한다.

② 시료를 증기화하여 기저상태의 원자가 이 원자 증기층을 투과하는 파장의 빛을 흡수하는 현상을 이용한다.

③ 단색화 장치는 프리즘, 회절격자 또는 이 두 가지를 조합시킨 것을 말한다.

④ 자외선부의 광원으로는 중수소 방전관을 사용한다.

해설 이 시험방법은 시료물질이나 시료물질의 용액 또는 여기에 적당한 시약을 넣어 발색시킨 용액의 흡광도를 측정하여 시료 중의 목적 성분을 정량하는 방법으로 파장 200 nm ~ 1 200 nm에서의 액체의 흡광도를 측정함으로써 대기 중이나 굴뚝 배출가스 중의 오염물질 분석에 적용한다.
②는 원자흡수분광광도법의 설명이다.

10 다음은 대기오염 측정과정에서 "표정"을 설명한 것이다. 측정 대상 물질은?　[5점]

① 옥시던트　　　　② 일산화탄소
③ 이산화질소　　　④ 염소

해설 위 방법은 오르토톨리딘법으로 염소를 정량하기 위해서 사용되는 염소 표준착색용액(하이포아염소산소듐용액)의 factor를 구하기 위하여 0.1N –싸이오황산소듐용액을 표정하는 방법이다.

• 표정 : (120 ~ 140) ℃로 (1.5 ~ 2)시간 건조한 아이오딘산포타슘(KIO₃, potassium iodate, 분자량 : 214.0, 99.7 %) (표준 시약) (1 ~ 5) g을 정확히 취하고 정제수에 녹여 정확히 250 mL로 한다. 이 중 25 mL를 유리마개가 있는 삼각플라스크에 정확히 취하고 아이오드화포타슘(KI, potassium iodide, 분자량 : 164.9, 99 %) 2 g과 황산(H₂SO₄, sulfuric acid, 분자량 : 98.07, 특급) (1 + 5) 5 mL를 가한 후 바로 마개를 막고 조용히 흔들어 어두운 곳에서 5분간 방치한다. 유리된 아이오딘을 0.1 N–싸이오황산소듐으로 적정한다. 종말점 부근에서 액이 엷은 황산으로 되면 녹말용액 5 mL를 가하고 계속 적정하여 청색이 없어질 때를 종말점으로 한다. 같은 방법으로 바탕시험을 하여 보정한다. 역가는 다음 식에 의하여 계산한다.

$$f = \frac{W \times \frac{p}{100} \times \frac{25}{250}}{(x - y) \times 0.003567}$$

여기서, f : 0.1 N–싸이오황산소듐용액의 역가
W : 아이오딘산포타슘의 양(g)
p : 아이오딘산포타슘의 함유량 (부피분율 %)
x : 적정에 소요되는 0.1 N–싸이오황산소듐의 양(mL)
y : 바탕시험에 소요된 0.1 N–싸이오황산소듐의 양(mL)
0.003567 : 0.1 N–싸이오황산소듐용액 1 mL의 아이오딘산포타슘 상당량(g)

11 자외선/가시선 분광법으로 배출가스 중 이황화탄소를 분석할 때 사용되는 흡수액은 무엇인가? [5점]

① 다이에틸아민구리 용액

② 질산포타슘 용액

③ 오르토톨리딘 염산용액

④ 황산 + 과산화수소수

해설 흡수액(다이에틸아민구리 용액)

황산구리($CuSO_4 \cdot 5H_2O$, cupric sulfate pentahydrate, 분자량 249.69) 0.2 g을 물에 녹여 1 L로 하고, 이 용액 10 mL에 다이에틸아민염산염[$(C_2H_5)_2NH \cdot HCl$, diethylamine hydrochloride, 분자량 109.60] 0.75 g을 가하여 암모니아수(NH_4OH, ammonium hydroxide solution, 분자량 35.05) 0.5 mL 및 시트르산 용액(150 g/L) 1 mL를 가한 후 에탄올(CH_3CH_2OH, ethyl alcohol, 분자량 46.07) 90 %(부피분율)를 가하여 100 mL로 하여 잘 흔들어 섞는다.

12 상하 크기가 일정한 원형 굴뚝에서 대기오염물질을 측정하려고 한다. 아래 그림과 같은 단면의 크기를 가지고 있는 원형 굴뚝에서 반경 구분수와 측정점수를 바르게 짝지은 것은? [5점]

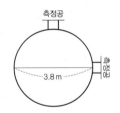

① 반경 구분수 - 2, 측정점수 - 4

② 반경 구분수 - 2, 측정점수 - 8

③ 반경 구분수 - 3, 측정점수 - 6

④ 반경 구분수 - 3, 측정점수 - 12

해설 원형 단면의 측정점

굴뚝 직경 $2R$(m)	반경 구분수	측정 점수	굴뚝 중심에서 측정점까지의 거리 r_n(m)				
			r_1	r_2	r_3	r_4	r_5
1 이하	1	4	$0.707 R$	-	-	-	-
1 초과 2 이하	2	8	$0.500 R$	$0.866 R$	-	-	-
2 초과 4 이하	3	12	$0.408 R$	$0.707 R$	$0.913 R$	-	-
4 초과 4.5 이하	4	16	$0.354 R$	$0.612 R$	$0.791 R$	$0.935 R$	-
4.5 초과	5	20	$0.316 R$	$0.548 R$	$0.707 R$	$0.837 R$	$0.949 R$

13 하이볼륨 에어 샘플러를 사용해서 1일간 부유하는 입자상물질을 측정하였다. 유량은 채취 시작 시 $0.2 \, m^3/s$, 채취가 끝날 무렵 $0.22 \, m^3/s$이었고, 채취 전후 여과재의 중량차는 3.0 g이었다. 입자상물질의 농도(mg/m^3)는 얼마인가? [5점]

① $0.146 \, mg/m^3$ ② $0.156 \, mg/m^3$

③ $0.165 \, mg/m^3$ ④ $0.175 \, mg/m^3$

해설 • 1일간 채취가스량

$$= \left(\frac{0.20 + 0.22}{2}\right) \times 86\,400 \, s/d = 18\,144 \, m^3$$

• 여과재 중량차 = 3.0 g = 3 000 mg

∴ 입자상물질의 농도 $= \dfrac{3\,000}{18\,144}$

$= 0.165 \, mg/m^3$

14 다음 중 배출가스에서 일산화탄소를 측정할 때 탄화수소 등 방해성분을 고려해야 하는 분석방법은? [5점]

① 연속측정 비분산 적외선 분광분석법

② 채취법에 의한 비분산 적외선 분광분석법

③ 정전위 전해법

④ 기체 크로마토그래프법

해설 정전위 전해법으로 CO를 측정할 경우 탄화수소, 황산화물, 황화수소 및 질소산화물과 같은 방해성분의 영향을 무시할 수 없는 경우에는 흡착관을 이용하여 제거한다. 연속 측정하는 경우와 채취용 백을 이용하는 경우도 있다.

15 대기오염물질의 분석에 적용하는 흡광차분광법에 관한 설명으로 **틀린** 것은? [5점]

① 측정원리는 Beer-Lambert 법칙을 응용한 것이다.
② 측정물질에 대한 간섭 성분은 오존, 수분, 톨루엔 등이다.
③ 분광계로는 미분측광과 2파장 측광이 가능한 광전분광광도계를 사용한다.
④ 측정에 필요한 광원은 180 nm ~ 2 850 nm의 파장대역을 갖는 제논(Xenon) 램프이다.

해설 분광계는 czerny-turner 방식이나 holographic 방식 등을 사용한다. 분광장치는 측정가스의 분석 최적 파장대로, 즉 그 가스가 갖는 고유 파장대역으로 입사광을 분광시킨다. 분광된 빛은 반사경을 통해 광전자증배관(photo multiplier tube) 검출기나 PDA(photo diode array) 검출기로 들어간다. 검출기 앞에는 검출창(detection window)이 있어 특정 범위의 스펙트럼만을 통과시킨다. 이렇게 구해진 스펙트럼 곡선은 이 중 최대 흡수 봉우리에 대해서만 선택적으로 비교·분석된다.

16 환경대기 중 옥시던트를 측정하기 위해 시료를 채취하여 실험실로 이동하였다. 실험실 이동거리가 1시간 이상 소요될 경우에 가장 적절한 분석방법은? [5점]

① 자외선광도법
② 화학발광법
③ 중성 아이오딘화 포타슘법
④ 알칼리성 아이오딘화 포타슘법

해설 • 중성 아이오딘화 포타슘법은 시료를 채취한 후 1시간 이내에 분석할 수 있을 때 사용할 수 있으며, 한 시간 내에 측정할 수 없을 때는 알칼리성 아이오딘화 포타슘법을 사용하여야 한다.
• 알칼리성 아이오딘화 포타슘법으로 시료채취 직후 측정할 수 없을 때는 깨끗이 건조한 유리마개가 달린 눈금실린더에 옮겨 보관한다. 장기간 보관하면 유리마개가 교착될 염려가 있으며, 채취된 옥시던트는 안정된 화합물이므로 수 일간 보관할 수 있다.

주1 환경대기 중의 먼지 측정법 중 광산란법(light scattering method)과 광투과법(light transmission method)의 측정원리를 비교 설명하시오. [5점]

해설 1. 광산란 적분법
• 먼지를 포함하는 환경대기에 빛을 조사하면 먼지로부터 산란광이 발생
• 산란광의 강도는 먼지의 성상, 크기, 상대굴절률 등에 따라 변화하지만 이들 조건이 동일하다면 먼지 농도에 비례하는 것을 이용하여 측정
2. 광투과법
• 먼지 입자들에 의한 빛의 반사, 흡수, 분산으로 인한 감쇠현상에 기초
• 먼지를 포함하는 환경대기에 일정한 광량을 투과하여 투과된 광의 강도 변화를 측정하여 먼지농도와 투과도의 상관관계식을 이용하여 먼지의 농도를 연속적으로 측정

주2 원칙적으로 비산먼지 측정을 위한 시료채취를 할 수 없는 경우를 4가지 제시하시오. (단, 수치로 나타낼 경우에는 단위 및 수치를 정확하게 표기할 것) [5점]

해설 시료채취는 1회 1시간 이상 연속 채취한다. 다음과 같은 경우에는 원칙적으로 시료채취를 하지 않는다.
• 대상 발생원의 조업이 중단되었을 때
• 비나 눈이 올 때
• 바람이 거의 없을 때(풍속이 0.5 m/s 미만일 때)
• 바람이 너무 강하게 불 때(풍속이 10 m/s 이상일 때)

정답 **15** ③ **16** ④

[2과목 : 실내공기질 공정시험기준]

01 실내공기 중 총 부유세균 측정방법인 충돌법의 TSA 배지 성분으로 옳지 <u>않은</u> 것은? [5점]

① Agar

② KCl

③ NaCl

④ Enzymatic digest of soybean meal

해설 총 부유세균용 배지(TSA 배지) 성분의 예
- approximate formula per liter pancreatic digest of casein
- enzymatic digest of soybean meal
- 염화소듐(sodium chloride, NaCl)
- 한천[Agar, $(C_{12}H_{18}O_9)_n$]

02 알파비적검출기를 이용하여 라돈을 측정할 때 고려할 내용이 <u>아닌</u> 것은? [5점]

① 측정(축적)기간을 일반적으로 90일 이상 길게 한다.

② 검출기의 일련번호와 설치 날짜 및 시간을 기록한다.

③ 검출기는 가능한 한 통풍이 잘 되는 곳에 설치한다.

④ 측정이 종료되면 기밀이 유지되도록 밀봉하여 운반한다.

해설 알파비적검출기(라돈검출기 또는 검출기)는 측정에 방해가 되는 외적 요인을 제거하기 위해 적절한 용기 내에 장착하여 사용한다. 일반적으로 아래의 측정결과에 영향을 미칠 수 있는 아래의 변수를 고려한다.
- 온도
- 바탕방사선
- 검출기 바탕농도
- 습도
- 시료채취 중 급격한 대류의 변화
- 검출기 또는 검출소자 보관상태
- 시료채취 후 보관
- 라돈 붕괴 생성물의 농도
- 검출기 내부의 알파입자 방출물질
- 시료채취 중 열 및 전자기장

03 신축 공동주택의 실내공기 채취조건으로 4개의 괄호 안에 들어갈 숫자를 <u>모두</u> 합한 값은 얼마인가? [5점]

시료채취 시 실내온도는 ( )℃ 이상을 유지하도록 한다. 실내공기질 채취 순서는 ( )분 이상 환기, ( )시간 이상 밀폐, 시료채취 순이다. 외부 공기와 면하는 개구부(창호, 출입문, 환기구 등)를 ( )시간 이상 모두 닫아 실내외 공기의 이동을 방지한다.

① 50 ② 55

③ 60 ④ 65

해설 시료채취 시 실내온도는 20 ℃ 이상을 유지하도록 한다. 실내공기질 채취 순서는 30분 이상 환기, 5시간 이상 밀폐 순서로 한다. 외부 공기와 면하는 개구부(창호, 출입문, 환기구 등)를 5시간 이상 모두 닫아 실내외 공기의 이동을 방지한다.
∴ 20+30+5+5 = 60

04 다음은 실내공기 중 일산화탄소 측정방법인 비분산 적외선 분광분석법과 전기화학식 센서법에 관한 내용으로 <u>틀린</u> 것은? [5점]

① 비분산 적외선 분광분석법은 실내공기 중 일산화탄소 농도를 측정하기 위한 주시험방법이다.

② 전기화학식 센서법 측정기기의 성능 사양은 측정범위가 0 ppm ~ 100 ppm 이하, 분해능은 0.2 ppm 이하에 적합하여야 한다.

③ 비분산 적외선 분광분석법 성능 사양의 스팬 드리프트는 최대 눈금값의 ±2 % 이내이다.

④ 전기화학식 센서법의 일산화탄소 변환기는 보통 0 ppm ~ 200 ppm 농도의 일산화탄소를 0.1 ppm보다 낮게 변환시킨다.

해설 전기화학식 측정기기의 분해능은 0.1 ppm 이하이다.

정답 01 ② 02 ③ 03 ③ 04 ②

05 다음 중 실내 및 건축자재에서 방출되는 휘발성 유기화합물 측정방법인 고체흡착관과 기체 크로마토그래프 – MS/FID법에 대한 설명으로 옳은 것은? [5점]

① 실내 및 건축자재에서 방출되는 휘발성 유기화합물 농도 측정을 위한 부시험방법이다.

② 휘발성 유기화합물은 실내공기 중에서 끓는점이 (50 ~ 100) ℃에서 (140 ~ 200) ℃ 사이에 있는 유기물이다.

③ 실내 및 건축자재 중 $\mu g/m^3$에서 mg/m^3의 농도범위에 있는 극성을 띠는 휘발성 유기화합물 측정에 적합하다.

④ 분석기기 회수율은 휘발성 유기화합물 채취용 흡착관 전처리 장치인 자동 열탈착 장치의 효율을 평가한다.

해설 고체흡착관과 기체 크로마토그래프–MS/FID법은 실내 및 건축자재에서 방출되는 휘발성 유기화합물(VOCs) 농도 측정을 위한 주시험방법으로 사용된다. 휘발성 유기화합물은 실내공기 중에서 끓는점이 (50 ~ 100) ℃에서 (240 ~ 260) ℃ 사이에 있는 유기화합물이다.
이 시험방법은 실내 및 건축자재 중 $\mu g/m^3$에서 mg/m^3의 농도범위에 있는 비극성 및 약간 극성을 띠는 휘발성 유기화합물(VOCs) 측정에 적합하다.

06 실내공기 중 미세먼지(PM-10) 측정 부시험방법은? [5점]

① 자외선광도법
② 베타선흡수법
③ 화학발광법
④ 비분산 적외선 분광분석법

해설 베타선흡수법은 미세먼지(PM-10) 측정의 연속측정방법으로 부시험방법이며, 주시험방법은 중량법이다.

07 기체 크로마토그래프-MS/FID법을 이용한 휘발성 유기화합물 분석에서 정밀도 평가와 관련이 <u>없는</u> 것은? [5점]

① 머무름 시간
② 피크 면적
③ 공명선
④ 감응계수

해설 정밀도는 표준물질을 반복 분석하여 머무름 시간(RT), 피크 면적(area) 또는 감응계수(RF)의 상대표준편차(RSD %)를 이용하여 평가한다.

08 실내공기 중 이산화탄소 측정기기의 성능 평가를 위해서 스팬가스 초기 지시값을 측정했더니 50 ppm이었고, 눈금값과 스팬가스 초기 지시값과의 최대 편차를 구했더니 25 ppm이었다. 이때 구한 스팬 드리프트(%)의 값은? [5점]

① 5
② 50
③ 100
④ 200

해설 스팬 드리프트(%)
$$= \frac{|\bar{d}|}{\text{스팬가스 초기 지시값}} \times 100$$
$$\therefore \text{스팬 드리프트} = \frac{25}{50} \times 100 = 50\,\%$$

09 폼알데하이드 건축자재 시험방법에서 사용되는 용어의 의미로 틀린 것은? [5점]

① 환기횟수 : 단위시간당 소형 방출시험 챔버에 공급되는 공기비

② 시료 부하율 : 시험편의 노출 표면적과 소형 방출시험 챔버 부피의 비

③ 액체 건축자재 : 액체 상태의 건축자재로 건조와 같은 상전이(phase transition) 후에 사용 설명서에 따르는 특성을 갖는 자재

④ 단위면적당 유량 : 공급유량과 시험편의 면적 간의 비

해설 환기횟수(air exchange rate)는 단위시간당 소형 방출시험 챔버에 공급되는 공기의 부피와 방출시험 챔버 부피의 비이다.

정답 05 ④ 06 ② 07 ③ 08 ② 09 ①

10 실내공기 중의 석면 측정방법인 위상차현미경법에 대한 설명으로 **틀린** 것은? [5점]

① 석면 및 섬유상 먼지의 농도를 측정하기 위한 주시험방법으로 사용된다.

② 측정범위는 100개~1 300개(섬유수)/mm^2(여과지 면적)이며, 방법검출한계는 7개(섬유수)/mm^2(여과지 면적)이다.

③ 석면의 조성이나 특별한 섬유 형태의 특성을 식별하지 못하므로 석면과 섬유상의 먼지를 구분할 수 없다.

④ 석면 및 섬유상 먼지를 채취한 여과지를 투명화 과정을 거쳐 탄소 코팅 및 회화 전처리를 하여야 한다.

해설 위상차현미경법은 실내공기 중 석면 및 섬유상 먼지를 여과지에 채취하여 투명하게 전처리한 후 위상차현미경으로 계수하여 공기 중 석면 및 섬유상 먼지의 수 농도를 측정한다. ④ 석면 및 섬유상 먼지를 채취한 여과지를 투명화 과정을 거쳐 탄소 코팅 및 회화 전처리는 투과전자현미경법에 적용된다.

11 다음의 실내공기질 공정시험기준에 나오는 '용기'에 관련된 설명으로 **틀린** 것은? [5점]

① '밀폐용기'라 함은 물질을 취급 또는 보관하는 동안에 이물이 들어가거나 내용물이 손실되지 않도록 보호하는 용기를 뜻한다.

② '차광용기'라 함은 물질을 취급 또는 보관하는 동안에 내용물의 광화학적 변화를 방지할 수 있는 용기를 뜻한다.

③ '용기'라 함은 시험용액 또는 시험에 관계된 물질을 보존, 운반 또는 조작하기 위하여 넣어두는 것을 뜻한다.

④ '기밀용기'라 함은 물질을 취급 또는 보관하는 동안에 미생물 등이 침입하지 않도록 내용물을 보호하는 용기를 뜻한다.

해설 • 기밀용기 : 물질을 취급 또는 보관하는 동안에 외부로부터의 공기 또는 다른 기체가 침입하지 않도록 내용물을 보호하는 용기를 뜻한다.
• 밀봉용기 : 물질을 취급 또는 보관하는 동안에 기체 또는 미생물이 침입하지 않도록 내용물을 보호하는 용기를 뜻한다.

12 다음은 2,4-DNPH 카트리지와 액체 크로마토그래피법으로 폼알데하이드를 측정하는 그래프를 표현한 것이다. ⓐ와 ⓑ의 차이는 어떤 물질로 인한 간섭현상으로 생긴 것인가? [5점]

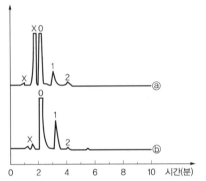

(x : unknown, 0 : DNPH, 1 : formaldehyde, 2 : acetaldehyde)

① 오존　　　　　　② 헥세인
③ 이산화탄소　　　④ 아세토나이트릴

해설 폼알데하이드 분석에 방해물질인 오존 영향을 제거하기 위해 전단에 오존 스크러버를 장착한다.

13 석면 및 섬유상 먼지 시료 시험 결과에 포함되지 **않는** 것은? [5점]

① 시험일　　　　　② 분석자명
③ 환기량　　　　　④ 시료채취 현장 특성

해설 석면 및 섬유상 먼지 시료 시험에서 '환기량'은 측정하지 않으며, 계산식에서도 환기량은 고려되지 않는다.
즉, 대상 실내시설에서 1 200 m^{3}을 먼지 채취하여 전처리 후 위상차현미경으로 분석한다.

정답 10 ④　11 ④　12 ①　13 ③

14 자외선광도법으로 실내공기 중 오존의 농도를 측정하고자 한다. 시료채취구 및 배관에 대한 설명으로 **틀린** 것은? [5점]

① 재질은 오존에 대한 비활성 물질을 사용한다.

② 먼지 등의 유입을 방지하기 위하여 채취관의 적당한 위치에 여과지를 넣는다.

③ 채취구 끝 모양은 통풍을 위하여 가능한 넓은 것으로 한다.

④ 배관 안쪽의 응축을 막기 위하여 내부 청소 시 주위 조건과 평형을 유지하는 시간이 필요하다.

해설 채취구 끝의 모양은 먼지, 빗물 등의 혼입이 적은 구조로 한다.

15 다음 중 화학발광법에 의한 이산화질소 측정장치의 시료 분석부에 관한 설명으로 **틀린** 것은? [5점]

① 시료 셀은 이산화질소에 대한 비활성 물질로 구성되고 상압상태를 유지하여야 한다.

② 이산화질소 변환기는 몰리브데넘 등 탄소 성분으로 만들어진다.

③ 광학필터는 복사선을 제거하여 불포화탄화수소와의 화학발광반응에 의한 간섭을 피할 수 있다.

④ 디지털 기록계는 분석된 이산화질소 농도를 디지털로 표시 및 저장한다.

해설 시료 셀은 일산화질소와 오존과의 반응으로 생긴 이산화질소로부터 발생하는 발광도를 측정하기 위한 셀이며, 이산화질소에 대한 비활성 물질로 구성되고 진공상태여야 한다.

16 실내 라돈 연속측정방법의 절차와 방법의 설명 중 **틀린** 것은? [5점]

① 실내 측정기가 안정화된 후 최소 48시간 이상 측정한다.

② 실내 라돈 농도 저감을 위한 시설 설치의 필요성을 판단하는 목적으로 하는 측정은 실내 라돈 농도를 측정하기 전 최소 12시간 전에 외부로 통하는 문과 창문을 모두 닫고 실시한다.

③ 연속 라돈 측정기의 교정은 12개월에 1회 이상 실시해야 하며, 적어도 3개 이상의 서로 다른 라돈 농도($148 \ Bq \cdot m^{-3}$ 이상)에서 이루어져야 한다.

④ 연속 라돈 측정기의 오차는 라돈 농도($148 \ Bq \cdot m^{-3}$ 이상)가 알려진 챔버 내에 노출시킨 후 RPE를 계산하고 이 값이 25 % 이내로 유지되어야 한다.

해설 오차는 15 % 이내로 유지하는 것을 목표로 한다.

17 미세먼지(PM-10)의 채취에 사용하는 여과지와 조건에 대한 설명으로 **틀린** 것은? [5점]

① 멤브레인이나 섬유상 재질의 여과지 둘다 사용 가능하다.

② $0.3 \ \mu m$ 의 입자상물질에 대하여 99.97 % 이상의 HEPA급의 초기 포집률을 가지며, 가능한 압력손실이 낮은 것을 사용한다.

③ 온도범위 온도 (20 ± 2) ℃, 상대습도 (35 ± 5) %, 일정 온·습도 범위로 유지되는 조건에서 24시간 이상 보관하여 항량시킨 후에 사용하도록 한다.

④ 시료채취 후의 여과지의 무게는 분석용 저울을 이용하여 3회 이상 여과지의 무게를 측정하여 평균값으로 나타낸다.

해설 여과지는 $0.3 \ \mu m$의 입자상물질에 대하여 99 % 이상의 초기 포집률을 가져야 한다.

정답 14 ③ 15 ① 16 ④ 17 ②

18 고성능 액체 크로마토그래프를 이용하여 실내공기 중에 존재하는 폼알데하이드의 농도를 측정 및 분석하고자 할 때 실험에 필요한 것이 <u>아닌</u> 것은? [5점]

① 형광검출기
② 오존 스크러버
③ 아세토나이트릴
④ DNPH 카트리지

해설 폼알데하이드 측정방법 – 2.4 DNPH 카트리지와 액체 크로마토그래프법은 시약으로 아세토나이트릴과 시료 중 오존을 없애기 위해 고순도의 아이오딘화포타슘(KI)으로 충전되어 DNPH와 반응하는 오존을 제거해준다. 폼알데하이드는 자외선(UV) 검출기로 파장 360 nm에서 분석한다.

주1 다중이용시설의 실내공기질 시료채취 조건을 4가지 기술하시오. [5점]

해설 1. 해당 시설이 실제 운영하고 있는 시간 내에 실제 운영 환경에서 실시한다.
2. 자연 환기구가 설치되어 있거나 기계환기 설비가 가동되는 시설인 경우 채취지점이 이러한 공기유동 경로 및 기류 발생원 주변에 위치하지 않도록 최대한 주의한다.
3. 지하역사 승강장 등 불가피하게 기류가 발생하는 곳에 한해서는 실제 조건하에서 시료채취를 수행한다.
4. 황사경보와 황사주의보 발령 시 시료채취는 실시하지 않는다.

주2 다음 검출한계에 대하여 각각 설명하시오. [5점]

1. IDL
2. MDL

해설 1. 기기검출한계(IDL, instrument detection limit) : 시험분석 대상 물질을 기기가 검출할 수 있는 최소한의 농도로서, 일반적으로 S/N비의 2배 ~ 5배 농도 또는 바탕시료를 반복 측정 분석한 결과의 표준편차에 3배한 값 등을 말한다.
2. 방법검출한계(MDL, method detection limit) : 시료와 비슷한 매질 중에서 시험분석 대상을 검출할 수 있는 최소한의 농도로서, 제시된 정량한계 부근의 농도를 포함하도록 준비한 n개의 시료를 반복 측정하여 얻은 결과의 표준편차(s)에 99 % 신뢰도에서의 t–분포값을 곱한 것이다.

정답 18 ①

[3과목 : 악취 공정시험기준]

01 자외선/가시선 분광법에서 어떤 악취 성분의 흡광도가 0.3이었다. 이때 악취 성분을 통과하는 투과 백분율은? [5점]

① 20 %
② 30 %
③ 50 %
④ 70 %

> **해설** 흡광도$(A) = \log(1/T)$ (여기서, T: 투과율)
> $0.3 = \log(1/T)$
> $(1/T) = 10^{0.3}$
> $T = 1/10^{0.3}$
> $T = 0.5$이므로, 투과 백분율은 50 %이다.

02 저온농축장치를 이용한 스타이렌의 연속측정 방법에 관한 설명으로 틀린 것은? [5점]

① 저온 농축관은 시료가 흡착관에 잘 흡착될 수 있도록 −10 ℃로 냉각되어야 한다.
② 스타이렌은 전자포획검출기(GC/ECD)를 사용하여 분석한다.
③ 연속측정방법은 대기 중의 시료를 채취하여 저온 농축과 농도 분석을 1시간의 주기로 연속 측정하는 구조이다.
④ 스타이렌의 정확한 정량을 위해서는 저농도의 표준가스는 안정성이 낮으므로 일반적인 ppm 수준의 표준가스를 수 ppb 수준으로 희석하여 사용한다.

> **해설** 스타이렌의 분석검출기는 불꽃이온화검출기(FID), 질량분석기(MS)를 사용한다.

03 대기환경 중에 존재하는 알데하이드 화합물의 시료채취방법으로 틀린 것은? [5점]

① 시료 중 알데하이드의 양에 따라 DNPH 충전량이 다르다.
② DNPH 카트리지를 이용하여 시료를 채취할 때에는 오존 스크러버를 DNPH 카트리지 후단에 장착해야 한다.

③ DNPH 카트리지로 시료를 채취할 경우, 적절한 시료 공기유량은 1 L/min ~ 2 L/min 으로서 5분 이내에 이루어지게 한다.
④ 채취된 시료는 차광, 밀봉하여 10 ℃ 이하에서 운반하며, 용매로 추출하기 전까지는 4 ℃ 이하에서 냉장보관한다.

> **해설** 아이오딘화포타슘(KI)을 충진한 오존 스크러버를 DNPH 카트리지 전단에 설치한다.

04 현장연속측정방법 중 황화합물 측정방법에 있어서 on-line 시료채취 시 수분 전처리 방법으로 적절하지 <u>않은</u> 것은? [5점]

① 건조장치(nafion dryer 등)를 사용하는 방법
② 전기냉각(펠티어)방식으로 수분을 응결시키는 방법
③ 냉매냉각(cryogenic)으로 제거하는 방법
④ 유리섬유(glass fiber) 필터를 설치하여 제거하는 방법

> **해설** 유리섬유 여과지(glass fiber filter)는 시료채취 시 미세 입자상물질을 적절하게 처리할 때 사용한다.

05 고효율 막채취장치를 이용한 유기산류의 연속측정방법 중 틀린 내용은? [5점]

① 유기산류의 대상 물질은 프로피온산, $n-$뷰티르산, $n-$발레르산, $i-$발레르산이다.
② 유기산류의 측정방법은 확산 충진을 통해 대기 중의 기체상 유기산을 흡수액에 채취하고 흡광차 분석장치를 이용하여 정량한다.
③ 유기산류의 흡수액으로는 비저항값이 18 MΩ 이상인 초순수를 사용한다.
④ 흡수액의 유량은 50 μL/min ~ 100 μL/min 의 범위 내에서 결정한다.

정답 01 ③ 02 ② 03 ② 04 ④ 05 ②

해설 측정방법은 확산 충진을 통해 공기 중의 기체상 유기산을 흡수액에 흡수시켜 채취하고 이온 크로마토그래피 시스템에 주입하여 분석하는 과정을 통해 이루어진다.

06 기기분석법 중 트라이메틸아민 시험방법에 대한 설명으로 <u>틀린</u> 것은? [5점]

① 트라이메틸아민은 악취방지법상 단일악취물질로 지정하고 있다.

② 기체 크로마토그래피는 FID 또는 NPD를 검출기로 사용한다.

③ 칼럼 내 충전제는 입경 100 mesh ~ 120 mesh 백색 규조토 담체를 활용하여 만든다.

④ 분해시약은 수산화포타슘 500 g을 정제수에 용해시켜 1 L로 만든다.

해설 입경 60 mesh ~ 80 mesh의 백색 규조토 고체 지지체에 다이그리세롤을 15 %, 테트라에티렌펜타민을 15 %, 수산화포타슘 2 %를 피복한 것 또는 이와 동등 이상의 성능을 가진 충전제를 충전한 분리관을 사용한다.

07 지방산류 분석방법 중 고체상 미량추출법 (SPME) 적용과 관련하여 <u>틀린</u> 항목은? [5점]

① 부분평형의 원리

② 유도체화 촉진

③ 헤드스페이스에 적용

④ Carboxen/Polydimethylsiloxane

해설 유도체화 촉진은 알데하이드류의 2-4 DNPH 유도체에서 적용된다.

08 램버트-비어(Lambert-Beer)의 법칙에서 시료의 농도에 비례하는 양은? [5점]

① 입사광 강도와 투과광 강도의 차

② 투과광 강도의 역수

③ 광로거리

④ 흡광도

해설 램버트-비어 법칙은 미지 시료 농도에 비례하는 흡광도를 구할 때 사용한다.

흡광도$(A) = \varepsilon \cdot c \cdot l = \log(1/T)$

여기서, ε : 흡광계수

C : 미지 시료 농도

l : cell 길이

09 악취시료 측정분석 과정에서 측정값에 문제가 있기 때문에 재측정하거나 잘못된 측정으로 취급하는 경우가 <u>아닌</u> 것은? [5점]

① 분석기기의 감도 변동이 큰 경우

② travel blank 값이 커서 시료의 오염이 있는 경우

③ 2중 측정결과가 크게 다른 경우

④ 현장공 시험값의 평균값(e)이 조작 blank값(a)과 동등(같다)하다고 간주할 경우

해설 현장바탕시료값의 평균(e)이 조작바탕시료값(a)과 동등하다고 간주할 수 있을$(a ≒ e)$ 시에는 이송 중의 오염은 무시할 수 있다. 즉, 이송 중에 오염이 없는 것으로 간주할 수 있다. 따라서, 측정값으로부터 조작바탕시료값(a)을 공제하여 농도를 계산한다.

10 다음 조건으로 다이메틸설파이드 표준가스 제조 시 표준가스의 농도(ppm)를 구하라. [5점]

- 다이메틸설파이드 시약 순도 : 99 % 이상 고순도 시약
- 다이메틸설파이드 비중 : 0.845 g/mL
- 다이메틸설파이드 분자량 : 62.14 g/mol
- 다이메틸설파이드 주입량 : 2 μL
- 실내조건 : 25 ℃, 1기압(760 mmHg)
- 표준가스 제조용기 부피 : 5 L

① 66.5 ppm ② 121.8 ppm

③ 133.0 ppm ④ 266.0 ppm

해설 비중 0.845인 DMS 2 μL를 유리병 5 L(25 ℃, 760 mmHg)로 옮겼을 때의 농도를 구하므로,

DMS 농도(ppm)

= [2 μL×0.845 g/mL×(22.4 μL/ 62.14 μg) ×(298/273)×1 000]/5 L=133 ppm

정답 06 ③ 07 ② 08 ④ 09 ④ 10 ③

11 괄호 안에 들어갈 내용이 모두 옳은 것은? [5점]

> 스타이렌은 악취방지법에 단일악취물질로서 지정
> 악취물질로 정하고 있으며, 배출허용기준은 공
> 업지역 (㉠) ppm 이하, 기타 지역 (㉡) ppm
> 이하, 엄격한 배출허용기준은 (㉢) ppm이다.

① ㉠ 0.5, ㉡ 0.3, ㉢ 0.4 ~ 0.6

② ㉠ 0.6, ㉡ 0.4, ㉢ 0.4 ~ 0.8

③ ㉠ 0.7, ㉡ 0.3, ㉢ 0.4 ~ 0.6

④ ㉠ 0.8, ㉡ 0.4, ㉢ 0.4 ~ 0.8

해설 악취방지법 시행규칙 별표 3에 "배출허용기준
및 엄격한 배출허용기준의 설정범위"가 나와 있
으며, 스타이렌은 2005년 2월 10일부터 설정되
었다. 스타이렌 배출허용기준(ppm)은 공업지역
0.8 이하, 기타 지역 0.4 이하이며, 엄격한 배출
허용기준의 범위는 0.4 ppm ~ 0.8 ppm이다.

12 악취공정시험방법 중 지정악취물질의 시료채취
방법-기기분석방법의 연결로 옳은 것은? [5점]

① 황화합물 : 시료채취주머니 흡입상자법 - 헤
드스페이스 기체 크로마토그래피법

② 트라이메틸아민 : 알칼리 함침 필터 필터법
- 헤드스페이스 기체 크로마토그래피법

③ 유기산 : 알칼리수용액 흡수법 - 헤드스페이
스 기체 크로마토그래피법

④ 알데하이드류 : DNPH 유도체법 - 자외선/가
시선 분광법

해설 ① 황화합물 : 흡입상자법 - 저온농축 모세관
칼럼[또는 저온농축 충전분리관, 전기냉각
저온농축 모세관 칼럼] 기체 크로마토그래피
② 트라이메틸아민 : 임핀저(또는 산성 여과지)
- 헤드스페이스 모세관 칼럼(또는 SPME 모
세관 칼럼, 저온농축 충전칼럼) 기체 크로마
토그래피
③ 유기산 : 알칼리 함침 여과지(또는 알칼리
수용액 흡수법) - 헤드스페이스 기체 크로
마토그래피
④ 알데하이드류 : DNPH 카트리지 유도체 -
고성능 액체 크로마토그래피(또는 기체 크
로마토그래피)

13 다음 중 악취방지법상 지정악취물질이 <u>아닌</u>
것은? [5점]

① 톨루엔 ② 에틸벤젠

③ 자일렌 ④ 황화수소

해설 악취방지법 시행규칙 별표 1에 제시된 지정악
취물질은 다음과 같다.

종 류	적용시기
1. 암모니아 2. 메틸메르캅탄 3. 황화수소 4. 다이메틸설파이드 5. 다이메틸다이설파이드 6. 트라이메틸아민 7. 아세트알데하이드 8. 스타이렌 9. 프로피온알데하이드 10. 뷰틸알데하이드 11. n-발레르알데하이드 12. i-발레르알데하이드	2005년 2월 10일부터
13. 톨루엔 14. 자일렌 15. 메틸에틸케톤 16. 메틸아이소뷰틸케톤 17. 뷰틸아세테이트	2008년 1월 1일부터
18. 프로피온산 19. n-뷰틸산 20. n-발레르산 21. i-발레르산 22. i-뷰틸알코올	2010년 1월 1일부터

14 알데하이드를 채취하기 위해 사용하는 DNPH
카트리지는 시료채취 시 공기 중의 오존에 의
한 방해를 제거하기 위하여 오존 스크러버를
사용한다. 다음 중 오존 스크러버에 채워 사용
하는 물질은 무엇인가? [5점]

① KOH ② KI

③ NaOH ④ $(NH_4)_2SO_4$

해설 약 1.5 g의 아이오딘화포타슘(KI)을 충진한 오존
스크러버를 DNPH 카트리지 전단에 설치한다.
공기 시료 중에는 오존이 항상 존재하므로 반드시
오존 제거용으로 사용하여야 한다. 한 번 사용
후 새로이 충전한 스크러버를 사용하여야 한다.

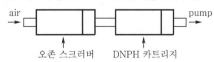

〈DNPH 카트리지 및 오존 스크러버 사용방법〉

15 이온 크로마토그래피법에 관한 설명으로 **틀린** 것은? [5점]

① 용리액조는 이온 성분이 용출되지 않는 재질로써 일반적으로 폴리에틸렌이나 경질 유리제를 사용한다.

② 공급전원은 기기의 사용에 지정된 전압 전기용량 및 주파수로 전압변동은 10 % 이하이고 주파수 변동이 없어야 한다.

③ 이온 크로마토그래피의 구성은 용리액조 → 송액펌프 → 시료주입장치 → 분리관 → 서프레서 → 검출기 → 기록계 순서이다.

④ 서프레서는 관형과 이온교환막형이 있는데, 관형의 경우 음이온에는 스티롤계 강염기형(OH⁻)의 수지가 충진된 것을 사용한다.

> **해설** 서프레서는 관형과 이온교환막형이 있으며, 관형은 음이온에는 스티롤계 강산형(H^+) 수지가, 양이온에는 스티롤계 강염기형(OH^-)의 수지가 충진된 것을 사용한다.

16 악취물질 중 카르보닐류의 연속 측정은 확산 스크러버를 통해 환경대기 중의 카르보닐류를 흡수액으로 채취하고, 고성능 액체 크로마토그래피(HPLC) 시스템에 주입하여 분석하는 과정을 통해 이루어진다. 이때 사용되는 흡수액은? [5점]

① 2,4-다이나이트로페닐하이드라존 용액
② 붕산용액
③ 아세토나이트릴 용액
④ 18.2 MΩ 이상의 초순수

> **해설** 흡수액으로서 2,4-다이나이트로페닐하이드라존(2,4-dinitropheny-lhydrazine, $C_6H_6N_4O_4$, 이하 2,4-DNPH) 용액을 사용한다.

17 다음 중 현장 공시험(travel blank)에 대한 설명으로 **틀린** 것은? [5점]

① 이송 중 오염이 없을 경우는 측정값에서 조작 blank값을 빼서 농도를 계산한다.

② travel blank 값이 조작 blank 값보다 클 경우 측정값에서 travel blank 값을 빼서 농도를 계산한다.

③ travel blank 값 > 조작 blank 값은 시료의 이송 중 오염이 있다는 것을 의미한다.

④ travel blank 값과 조작 blank 값이 같을 때에는 이송 중에 오염이 있다고 가정한다.

> **해설** 현장바탕시료값의 평균(e)이 조작바탕시료값(a)과 동등하다고 간주할 수 있을($a≒e$) 시에는 이송 중의 오염은 무시할 수 있으므로, 오염이 없다고 판단한다. 따라서, 측정값으로부터 조작바탕시료값(a)을 공제하여 농도를 계산한다.

주1 악취물질 분석방법 중 헤드스페이스의 정의와 헤드스페이스–분리관(충전관형/모세관형) GC 분석법의 측정원리에 대해 설명하시오.　[5점]

해설 헤드스페이스(headspace)는 시료를 밀폐용기에 넣고 일정 온도로 유지시킨 다음 밀폐용기 안에서 고체나 액체상 시료 위 공간의 기체상과 상평형을 이룬 기체상 부분을 말하며, 헤드스페이스 바이알 안의 시료를 주사기나 헤드스페이스 자동주입장치를 이용하여 모세관 칼럼에 주입하여 기체 크로마토그래피로 분석한다.

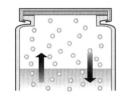

〈헤드스페이스 바이알의 구조〉

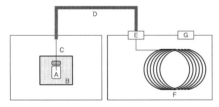

A : 헤드스페이스 바이알, B : 가열블록, C : 주삿바늘, D : 이송관
E : 기체 크로마토그래피 주입구, F : 분석분리관, G : 검출기

〈헤드스페이스 – 모세관 칼럼 – 기체 크로마토그래피 구조도〉

주2 고효율 막채취장치를 이용한 암모니아와 아민류의 현장연속측정법에서 시료채취 시 이용되는 확산 스크러버 장치의 시료채취 원리를 기술하시오.　[5점]

해설 확산 스크러버는 공기가 흐르는 공기통로와 흡수액이 흐르는 흡수액 통로, 그리고 이 두 통로를 분리하는 반투막의 세 부분으로 구성되어 있다. 반투막은 소수성 재질로 이루어져 있으며 $10\,\mu m \sim 30\,\mu m$ 정도의 미세기공을 가지고 있다. 반투막의 미세기공을 통해 공기 채널 안을 흐르는 공기 속의 채취하고자 하는 성분이 흡수액 채널 쪽으로 확산되어 채취된다.

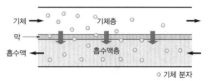

〈확산 스크러버의 채취 원리〉

• 검정분야 : (1) 공통

[정도관리(대기)]

01 다음 중 정도관리 용어에 대해 설명한 것으로 틀린 것은? [2.5점]

① 내부표준물질은 시료를 분석하기 직전에 바탕시료, 검정곡선용 표준물질, 시료 또는 시료추출물에 첨가되는 농도를 알고 있는 화합물이다.

② 대체표준물질은 대상 분석물질의 특성과 유사하지 않은 크로마토그래피 특성을 가져야 한다.

③ 매질은 시험 측정항목을 포함하는 고유한 환경매체 또는 기질을 말한다.

④ 매질첨가란 시험항목의 알고 있는 농도를 분석하고자 하는 시료에 첨가하는 것을 말한다.

해설 대체표준물질은 화학적 시험 측정항목과 비슷한 성분이나 일반적으로 환경시료에서는 발견되지 않는 물질로서, 매질효과를 보정하거나 시험방법을 확인하고 분석자를 평가하기 위해 사용한다.

02 다음 중 연구실 안전장치에 대한 설명으로 틀린 것은? [2.5점]

① 흄 후드를 사용할 때에 이물질이 후드에 연결된 배기덕트 안으로 들어가지 않도록 한다.

② 화학물질 저장 캐비닛의 화학약품은 성상 분류가 아닌 알파벳 순이나 가나다 순 등 이름 분류로 저장해야 한다.

③ 냉장고에는 저장한 위험화학물질을 기록한 표지를 붙여야 한다.

④ 샤워장치는 작업자들이 그들의 눈을 감은 상태에서 샤워장치에 도달할 수 있어야 한다.

해설 화학물질 저장 캐비닛의 화학약품은 성상별 분류를 원칙으로 한다.

03 다음은 시료의 채취에 있어 대표성이 있는 채취지점의 선정방법이다. 이때 유의적 샘플링 (judgmental sampling)에 대한 설명으로 옳은 것은? [2.5점]

① 연구기간이 짧고, 예산이 충분하지 않을 때, 과거 측정지점에 대한 조사자료가 있을 때, 특정지점의 오염 발생 여부를 확인하고자 할 때 선택하는 방법이다.

② 시료군을 일정한 격자로 구분하여 시료를 채취한다.

③ 넓은 면적 또는 많은 수의 시료를 대상으로 할 때 임의적으로 선택하여 시료를 채취하는 방법이다.

④ 채취지점이 명확하여 시료 채취가 쉽고, 현장 요원이 쉽게 찾을 수 있으나 구획 구간의 거리를 정하는 것이 매우 중요하다.

해설 ②, ④ 계통 표본 샘플링을 말한다.
③ 임의적 샘플링을 말한다.

04 대기시료 채취 시 시료의 안정도에 관한 설명으로 틀린 것은? [2.5점]

① 간섭은 최소화되어야 하고, 해석만 가능하다면 존재한다 하더라도 무방하다.
② 시료의 안정도는 시료 채취와 분석 사이의 시간이 증가될수록 더욱더 중요하다.
③ 가변적인 회수율이 정성분석을 방해하기 때문에 거의 100 %의 회수율이 요구된다.
④ 온도는 채취된 물질이 채취매체로부터 소실되게 하거나, 회수율을 저해하는 변형 따위를 야기할 수 있다.

해설 가변적인 회수율은 정량분석을 방해한다.

05 실험실에서 사용하는 유리 및 플라스틱 재질에 대한 설명이 틀린 것은? [2.5점]

① 석영의 최대 작업온도는 1 050 ℃이며, 대부분의 산과 할로겐에 내구성이 있다.
② 폴리에틸렌(polyethylene)의 최대 작업온도는 115 ℃이며, 알칼리 또는 HF에 잘 견딘다.
③ 폴리스타이렌(polystyrene)의 최대 작업온도는 70 ℃이며, 많은 유기용매에 침식을 받는다.
④ 테플론(teflon)의 최대 작업온도는 250 ℃이며, 산과 알칼리에 의해 침식을 받는다.

해설 테플론은 산과 알칼리에 의해 침식을 받지 않는다.

06 시료분석 업무에서 시험방법에 대한 분석자의 능력을 확인하기 위한 분석과정이 아닌 것은? [2.5점]

① 교정   ② 정확도
③ 정밀도   ④ 방법검출한계(MDL)

해설 교정은 분석자의 능력을 확인하기 위한 분석과정이 아니다.

07 시험검사 결과의 기록방법은 국제단위계(SI, The International System of Units)를 기본으로 하고 있다. SI의 표현방법으로 틀린 것은? [2.5점]

① 약어를 단위로 사용하지 않으며 복수인 경우에도 바뀌지 않는다.
② 접두어 기호와 단위기호는 붙여 쓰며, 접두어 기호는 소문자로 쓴다.
③ 범위로 표현되는 수치에는 단위를 한번만 붙인다.
④ 부피를 나타내는 단위 리터(liter)는 'L'로 쓴다.

해설 범위로 표현되는 수치에는 단위를 각각 붙이거나 괄호를 하여 붙인다.

08 실험실의 특정고압가스 사용방법 및 취급 시 주의사항으로 틀린 것은? [2.5점]

① 용기는 40 ℃ 이하에서 보관한다.
② 실험실 공기질은 산소를 이용해 조절한다.
③ 질소와 탄산가스 누출 시 질식에 주의한다.
④ 조연성 가스는 가연성 물질 주변에서 보관 또는 사용하지 않는다.

해설 실험실의 특정고압가스 사용 시 산소 및 공기가 혼합된 가스 용기의 사용을 금해야 한다.

09 시료를 3회 채취한 농도의 각 절대불확도가 15, 20, 23이었다. 위 농도 합에 대한 절대불확도에 가장 근접한 값은? [2.5점]

① 31   ② 32
③ 33   ④ 34

해설 절대불확도는 측정에 따르는 불확도의 한계에 대한 표현이다.
절대불확도 $e = \sqrt{e_{x_1}^2 + e_{x_2}^2 + e_{x_3}^2}$

$= \sqrt{(15^2 + 20^2 + 23^2)} = 34$

10 매질별 대표성 있는 시료를 채취하는 것은 샘플링 방법의 선택과 함께 매우 중요한 요소이다. 대기시료의 대표성에 대한 설명으로 **틀린** 것은? [2.5점]

① 대기시료는 변이성과 이질성이 크다. 따라서 대기시료 측정은 채취지점의 시·공간적 요소를 고려하여 '표본(일반) 시료'와 오염이 의심되는 '최악 시료'로 대표하는 것이 중요하다.

② 기체상의 오염물질이 비가역적으로 여과지 혹은 시료 용기나 채취기구의 표면에 반응 또는 침적되지 않게 하거나 최소화하여야 한다.

③ 굴뚝과 같이 특정지점에서 배출되는 오염원에서 샘플링을 할 경우 발생원과 인근 주변의 대표 지점을 선정하여 채취하여야 한다.

④ 대기시료 채취 시 오염원에 방출된 오염물질은 수평적 오염보다는 수직적 오염이 더 높게 나타난다.

> **해설** 대기시료 채취 시 오염원에 방출된 오염물질은 수평적 오염보다는 수직적 오염이 더 낮게 나타난다.

11 다음은 유해 화학물질의 분류와 특성을 설명한 것 중 **틀린** 것은? [2.5점]

① 폭발성 물질 : 가열, 마찰, 충격 또는 다른 화학물질과의 접촉으로 인하여 산소나 산화제 공급없이 폭발

② 발화성 물질 : 스스로 발화하거나 발화가 용이한 것 또는 물과 접촉하여 발화하면서 가연성 가스를 발생시키는 물질

③ 인화성 물질 : 대기압에서 인화점이 50 ℃ 이하인 가연성 액체

④ 가연성 가스 : 폭발한계 농도의 하한이 10 % 이하 또는 상하한의 차이가 20 % 이상인 가스

> **해설** 인화성 물질 : 대기압에서 인화점이 65 ℃ 이하인 가연성 액체

12 측정분석기관 정도관리의 방법 등에 관한 규정에서 정한 정도관리 및 평가방법 및 항목에 대한 설명으로 **옳은** 것은? [2.5점]

① 과학원장은 대상 기관에 대하여 정도관리 평가기준의 적합 여부를 판단하기 위하여 숙련도 시험, 서류심사를 실시하여야 한다.

② 대상 기관은 숙련도 시험항목 중에서 분석 실적이 없거나, 기타 요인으로 일부 또는 전체 항목에 대하여 숙련도 시험을 실시할 수 없는 경우에는 숙련도 시험 시행 15일 전까지 변경을 요청할 수 있다.

③ 과학원장은 숙련도 시험을 위한 표준시료를 대상 기관에 배포하고, 대상 기관은 이를 수령한 날로부터 15일 이내에 표준시료 분석 결과 등을 과학원장에게 제출하여야 한다.

④ 과학원장은 대상 기관이 분석결과를 제출한 날로부터 60일 이내에 평가결과를 통지하여야 한다.

> **해설** ① 과학원장은 대상 기관에 대하여 정도관리 평가기준의 적합 여부를 판단하기 위하여 숙련도 시험, 현장평가를 실시하여야 한다.
> ② 대상 기관은 숙련도 시험항목 중에서 분석 실적이 없거나, 기타 요인으로 일부 또는 전체 항목에 대하여 숙련도 시험을 실시할 수 없는 경우에는 숙련도 시험 시행 30일 전까지 변경을 요청할 수 있으며, 과학원장은 특별한 사유가 없는 한 이를 수용하여야 한다.
> ③ 과학원장은 숙련도 시험을 위한 표준시료를 제1항의 대상 기관에 배포하고, 대상 기관은 이를 수령한 날로부터 30일 이내에 표준시료 분석결과 등을 과학원장에게 제출하여야 한다.

13 전처리 시설의 조건으로 틀린 것은? [2.5점]

① 안전시설을 포함하여 전체 실험실 면적의 최소 15 % 이상을 확보한다.

② 시설 내 후드의 흡입속도는 0.5 m/s ~ 0.75 m/s 으로 한다.

③ 조명은 300 Lux 이상으로 한다.

④ 유기성 및 무기성 물질 시설을 별도로 구분하여 설비한다.

해설 전처리 시설을 요하는 실험실에 있어 전처리 시설의 최소한의 공간은 실험실 면적의 약 15 % 이상을 별도로 확보해야 하며, 안전시설 또한 별도로 갖추어져야 한다.

14 인화성 유기용매를 엎질렀을 때의 응급조치로 적당하지 않은 것은? [2.5점]

① 불꽃(spark)을 일으킬 수 있는 모든 전원을 밖으로부터 차단한다.

② 유기용매의 휘발성을 낮출 수 있는 흡수제를 사용해야 한다.

③ 모래는 휘발성을 낮추는 데 효과가 크지 않으므로 후속 조치가 필요하다.

④ 흡수제나 흡착제를 사용할 때 엎질러진 약품의 가운데에서 시작해 차츰 외곽으로 뿌려준다.

해설 인화성 유기용매를 엎질렀을 때 흡수제나 흡착제를 사용하여 제거할 경우 엎질러진 외곽에서 시작해 약품의 가운데로 뿌려준다.

15 대기시료 측정의 정밀도를 계산하기 위하여 이중시료 분석을 시행하였다. 측정값이 각각 2.6 μg/m^{3}와 3.1 μg/m^{3}일 때 상대표준편차 백분율은 얼마인가? [2.5점]

① 8.8 % ② 16.1 %
③ 17.5 % ④ 19.2 %

해설 상대표준편차 백분율

$$\% \, RSD = \frac{s}{x} \times 100$$

$$= \frac{3.1 - 2.6}{\left(\frac{3.1 + 2.6}{2}\right)} \times 100 = 17.5 \, \%$$

16 굴뚝 먼지는 위치 선정–온도 측정–수분량 측정–정압 측정–유속 측정–시료 채취–농도 계산으로 측정한다. 위치 선정할 때에 원칙과 기타 고려사항을 설명한 것으로 틀린 것은? [2.5점]

① 배출가스의 하부 난류가 시작되는 곳으로부터 위를 향해 그 곳 내경의 8배 이상 지점에 측정공을 설치한다.

② 상부 난류지점으로부터 아래를 향해 그 곳 연도 내경의 2배 이상 내려온 지점에 측정공을 설치한다.

③ 현장 안정성 등이 문제가 될 경우에는 위를 향해 하부 직경의 2배 이상, 아래를 향해 상부 직경의 1/2배 이상 내려온 지점에 측정공 위치를 선정할 수 있다.

④ 수직굴뚝에 측정공 설치가 곤란한 경우, 수평연도에서 측정할 수 있으나, 난류가 심하지 않은 곳에서 측정공을 설치할 수 있다.

해설 수직굴뚝에 측정공을 설치하기가 곤란하여 부득이 수평굴뚝에 측정공이 설치되어 있는 경우는 수평굴뚝에서도 측정할 수 있으나, 측정공의 위치가 수직굴뚝의 측정위치 선정기준에 준하여 선정된 곳이어야 한다.

17 유량측정장치가 아닌 것은? [2.5점]

① 질량유속유량계 ② 로터미터
③ 임계 오리피스 ④ 임핀저

해설 유량측정장치로는 질량유속유량계, 로터미터, 임계 오리피스, 피토관, 열선 유속계, 와류유속계를 이용하여 측정하는 방법이 있다.

정답 13 ① 14 ④ 15 ③ 16 ④ 17 ④

18 반복하여 얻어진 Data 192, 216, 202, 195, 204가 있다. 이 중 216을 버려야 할지의 여부를 Q-test를 통하여 판단하면? (단, 90 % 신뢰도에서 Q-값은 0.55이다.) [2.5점]

① 관측된 Q-값은 0.5이고, 90 % 신뢰도에서 Q-값은 0.55보다 작으므로 버린다.

② 관측된 Q-값은 0.5이고, 90 % 신뢰도에서 Q-값은 0.55보다 작으므로 버리지 않는다.

③ 관측된 Q-값은 1이고, 90 % 신뢰도에서의 Q-값은 0.55보다 크므로 버린다.

④ 관측된 Q-값은 1이고, 90 % 신뢰도에서의 Q-값은 0.55보다 크므로 버리지 않는다.

해설 $Q_{계산} = \dfrac{범위}{간격} = \dfrac{216-204}{216-192} = 0.5$

따라서, 90 % 신뢰도에서 Q-값은 0.55보다 작으므로 버리지 않는다.

19 다음 중 품질경영시스템의 실행에 속하지 않는 것은? [2.5점]

① 정도보증　② 품질경영
③ 표준화　④ 정도관리

해설 품질경영시스템은 품질경영(quality management), 정도보증(quality assurance), 정도관리(quality control) 등을 통하여 실행된다.

20 시험검사기관 정도관리 현장평가 시 주의사항에 해당하는 것은? [2.5점]

① 혁신적인 자세로 평가자 개인 지식을 대상 기관 담당자에게 전수한다.

② 질문은 가급적 어렵게 하여 부적합 사항을 되도록 많이 이끌어낸다.

③ 중대한 미흡사항이 발견되면 평가위원 스스로 현장평가 종료를 즉시 선언한다.

④ 평가위원이 발견한 미흡사항에 대하여 대표가 동의하지 않으면 국립환경과학원 정도관리심의회에서 판정한다.

해설 시험검사기관 정도관리 현장평가 시 주의사항에 평가를 종료시킬 정도의 중대한 미흡사항이 발견되는 경우, 평가팀장은 대상 기관의 경영진에게 미흡사항의 심각성을 설명하되, 현장평가는 정상적으로 진행하며 평가위원이 발견한 미흡사항에 대하여 대표가 동의하지 않으면 국립환경과학원 정도관리심의회에서 판정하는 것이 포함된다.

21 분석 결과의 정확도를 평가하기 위한 방법으로 틀린 것은? [2.5점]

① 회수율 측정
② 상대표준편차 계산
③ 공인된 방법과의 비교
④ 표준물질 분석

해설 상대표준편차 계산은 정밀도를 평가하기 위한 방법이다.

22 다음은 현장 측정의 QC 점검을 위한 설명이다. 빈칸에 들어갈 말로 옳은 것은? [2.5점]

> 이중시료는 측정의 (㉠)를 계산하기 위해 분석한다. QC 점검을 위해 농도를 알고 있는 표준물질을 이용해 비슷한 매질의 같은 시료 세트와 함께 분석하고, 분석의 (㉡)을 측정하는 데도 사용한다. 이중시료와 QC 점검 표준시료는 (㉢)개의 시료당 한 번 분석되어야 한다.

① ㉠ 정밀도, ㉡ 정확성, ㉢ 20
② ㉠ 정확성, ㉡ 정밀도, ㉢ 100
③ ㉠ 정밀도, ㉡ 참값, ㉢ 20
④ ㉠ 참값, ㉡ 회수율, ㉢ 100

해설 이중시료는 한 개의 시료를 두 개(또는 그 이상)의 시료로 나누어 동일한 조건에서 측정하여 그 차이를 확인하는 것으로 분석의 오차를 평가한다. 이중시료는 측정의 정밀도를 계산하기 위해 분석한다. QC 점검을 위해 농도를 알고 있는 표준물질을 이용해 비슷한 매질의 같은 시료 세트와 함께 분석하고, 분석의 정확성을 측정하는 데도 사용한다. 이중시료와 QC 점검 표준시료는 20개의 시료당 한 번 분석되어야 한다.

23 다음은 어느 용어에 대한 설명인가? [2.5점]

> 측정·분석항목이 포함되지 않은 기준 시료를 의미하며, 측정·분석 또는 운반 과정에서 오염 상태를 확인하거나 검정곡선 작성 과정에서 기기 또는 측정시스템의 바탕값을 확인하기 위하여 사용

① 반복시료　　　　② 이중시료
③ 분취시료　　　　④ 바탕시료

해설 바탕시료는 측정·분석항목이 포함되지 않은 기준 시료를 의미하며, 측정·분석 또는 운반 과정에서 오염 상태를 확인하거나 검정곡선 작성 과정에서 기기 또는 측정시스템의 바탕값을 확인하기 위하여 사용한다. 바탕시료는 사용 목적에 따라 방법바탕시료(method blank), 현장바탕시료(field blank), 운송바탕시료(trip blank), 정제수 바탕시료(reagent water blank), 실험실바탕시료(laboratory blank), 기기바탕시료(equipment blank) 등이 있다.

24 많은 종류의 검출기가 기체 크로마토그래프에 이용되는데, 다음은 어떤 종류의 검출기에 대한 설명인가? [2.5점]

> 다양한 화합물을 검출할 수 있고, 물질의 파쇄로 화합물 구조를 유추할 수 있다. 분자를 이온화시켜 여러 개의 렌즈를 통해 사중극자를 통해 가속화하고, 다른 크기의 전하를 띤 조각을 분리한다. 대부분의 화학물질은 고유의 파편 유형을 가지고 있는데, 이에 따라 다양한 스펙트럼이 형성된다.

① 전해질전도도 검출기(ELCD)
② 전자포획검출기(ECD)
③ 불꽃이온화검출기(FID)
④ 질량분석검출기(MSD)

해설 문제에 제시된 내용은 GC에 질량분석기(MS)를 부착하여 검출기로 사용하는 질량분석검출기(mass spectrometric detector, MSD)를 설명한 것이다.

25 기체 크로마토그래피법의 정량방법 중 내부표준법에 대한 설명으로 틀린 것은? [2.5점]

① 내부표준물질은 대상시료에 존재하지 않는 물질을 사용한다.
② 내부표준물질과 분석대상물질을 동시에 분석할 수 있어야 한다.
③ 내부표준물질은 분석대상물질과 물리화학적 성질이 유사한 것을 사용한다.
④ 내부표준법에서 전처리 후 최종 부피를 알아야 한다.

해설 내부표준법은 상대검정곡선법으로 전처리 후 최종 부피를 알 필요는 없다.

26 정도관리 현장평가에서 시험분야별 평가 절차 및 요소에 해당하는 것은? [2.5점]

① 평가위원의 개인적 지식 역량에 따라 분석 능력 평가표와 관계없이 평가 진행
② 해당 기관의 업무 방해를 예방하기 위하여 평가위원이 위치한 회의실에서 진행
③ 해당 기관의 담당자의 부담을 덜어주기 위하여 시험검사 업무 관찰은 지양
④ 숙련도 시험 기록 검토 및 필요시 현장입회 시험

해설 정도관리 현장평가에서 시험분야별 평가 절차 및 요소는 시험실 환경의 관찰, 시험방법 및 관련 작업지시서의 평가, 표준용액 및 시약의 관리현황 조사기록의 검토, 시험업무의 관찰 및 시험결과 생산의 정확성, 장비의 교정 및 관리기록 조사, 보관된 시험 결과 및 관리기록 조사, 숙련도 시험 기록의 검토 및 필요시 등이 있다.

27 정도관리에서 유의수준은 결과가 신뢰수준 밖에 존재할 확률을 의미한다. 신뢰수준이 95 % 일 경우 유의수준으로 옳은 것은? [2.5점]

① 5　　　　　　② 0.5
③ 0.05　　　　④ 0.005

해설 신뢰수준이 95 %일 경우 유의수준은 0.05이다.

28 실험실의 운영관리에서 환기에 대한 설명으로 옳지 않은 것은? [2.5점]

① 실험실 내 환기는 근무시간에는 시간당 8회 ~ 10회 정도, 비근무시간에는 시간당 6회 ~ 8회 정도 환기되어야 하며, 환기량은 약 0.1 m³/min ~ 0.3 m³/min 이상이어야 한다.

② 후드의 제어풍속은 0.4 m/s ~ 0.5 m/s 정도로 하여 입자, 가스 및 증기의 확산, 후드 내외에서 발생되는 모든 기체의 움직임에 대응할 수 있어야 한다.

③ 후드 및 국소 배기설비의 덕트 구조는 불연성 재료이어야 하며, 각 실험실의 덕트는 건물 외부 또는 환기구까지 분리하여 설치해야 한다.

④ 실내 환기는 직접 외부공기를 향하여 개방할 수 있는 창을 설치하고, 그 면적은 바닥면적의 10분의 1 이상이 되도록 해야 한다.

해설 실내 환기는 직접 외부공기를 향하여 개방할 수 있는 창을 설치하고, 그 면적은 바닥면적의 20분의 1 이상이 되도록 해야 한다. 단, 환기를 충분히 할 수 있는 성능의 설비를 갖춘 때는 예외로 한다.

29 실험실 폐기물 처리나 저장에 관한 설명으로 틀린 것은? [2.5점]

① 화학폐기물 수집용기는 반드시 플라스틱 용기를 사용하여야 한다.

② 폐유기용제는 폭발 방지를 위해 밀폐되지 않는 용기에 보관한다.

③ 방사성 물질을 함유한 폐기물은 별도 수집한다.

④ 의료폐기물 전용용기 색상은 흰색으로 한다.

해설 폐유기용제는 휘발되지 않도록 밀폐된 용기에 보관하여야 한다.

30 실험실 장비의 유지관리 주기가 '매일'이 아닌 것은? [2.5점]

① pH미터의 probe 청소
② 용존산소 측정기의 probe 청소
③ 자외선/가시선 분광기의 파장 최적상태 확인
④ AA/flame 분광기의 튜브, 펌프, 램프 점검

해설 자외선/가시선 분광기의 파장 최적상태 확인은 매주이다.

31 수치 0.704, 1.0704, 0.7040, 0.0704는 각각 몇 개의 유효숫자로 구성되어 있는가? [2.5점]

① 3-5-4-3 ② 3-5-3-4
③ 4-3-3-3 ④ 2-3-2-2

해설
- 0.704(유효숫자 7, 0, 4)
- 1.0704(유효숫자 1, 0, 7, 0, 4)
- 0.7040(유효숫자 7, 0, 4, 0)
- 0.0704(유효숫자 7, 0, 4)

32 굴뚝 시료를 채취하는 채취관에 관한 설명으로 맞는 것은? [2.5점]

① 흡착이 잘 일어나서 먼지 제거율이 좋고, 압력손실이 적은 물질을 여과재로 사용한다.

② 유리솜을 여과재로 사용할 경우 50 mg ~ 150 mg 정도 채운다.

③ 가스의 수분 응축을 막기 위해 무수염화칼슘을 채우고 보온 또는 가열하는 방법을 쓴다.

④ 채취관은 흡입가스의 유량을 고려하여 안지름 6 mm ~ 25 mm 정도를 사용하고, 연결관은 흡입펌프의 능력도 고려하여 4 mm ~ 25 mm 정도를 쓴다.

해설 ① 흡착작용 등으로 배출가스의 분석결과에 영향을 주지 않아야 한다.
② 채취관에 유리솜을 채워서 여과재로 쓰는 경우, 그 채우는 길이는 50 mm ~ 150 mm 정도로 한다.
③ 수분 응축되는 것을 막기 위하여 보온 또는 가열한다.

33 한 항목의 동일한 표준시료의 반복 분석 · 측정한 결과 농도 대비 감응도가 변하는 것을 그린 것으로써 표준시료 분석에 대한 흡광광도계의 흡광치, 크로마토그램의 봉우리 면적에 대한 변화를 나타낸 것은? [2.5점]

① 관리차트
② 검정선 작성
③ 검출기 감도
④ 측정 분석의 재현성

해설 관리차트는 동일한 항목을 동일한 측정 · 분석법에 따라서 주기적으로 반복 측정한 결과를 시간에 따라 그림으로 나타낸 것으로 평균선과 한계 상하한선도 함께 나타낸다. 시간에 따른 정밀 · 정확성을 평가하고 편차를 확인할 수 있다.

34 가스누출감지 경보기 설정값에 대한 설명으로 틀린 것은? [2.5점]

① 가연성 가스 폭발 하한값의 25 % 이하로 설정한다.
② 독성가스 허용농도의 50 % 이하로 설정한다.
③ 가연성 가스 정밀도는 경보 설정값의 ±25 % 이하로 한다.
④ 독성가스 정밀도는 경보 설정값의 ±30 % 이하로 한다.

해설 독성가스 허용농도의 30 % 이하로 설정한다.

35 100 ppm 벤젠 2 mL를 질소로 희석하여 1 000 mL를 만든 후, Tenax-TA에 흡착시켜 TD-GC/MS를 이용하여 1 000 mL 중 벤젠의 농도를 반복 측정한 결과이다. 상대정확도 (%)는? [2.5점]

농도	1	2	3	4	5
ppb	190	188	192	208	214

① 97.8 %
② 98.5 %
③ 99.2 %
④ 99.5 %

해설 상대정확도
$$= \frac{평균값}{참값} \times 100$$
$$= \frac{\left(\dfrac{190 + 188 + 192 + 208 + 214}{5}\right)}{200} \times 100$$
$$= 99.2 \%$$

주1 「환경분야 시험·검사 등에 관한 법률」 시행령 제13조에서 규정하고 있는 '측정대행업의 등록사항 변경'의 중요한 사항을 5가지 기술하시오. [2.5점]

> **해설** 1. 대표자 또는 상호
> 2. 영업소 또는 실험실의 소재지
> 3. 측정대행 항목
> 4. 기술능력
> 5. 실험시설 또는 장비

주2 검정곡선은 분석물질의 농도 변화에 따른 지시값을 나타내는 것으로 세 가시 방법이 있다. 이 중 절대검정곡선법에 대해서 설명하시오. [2.5점]

> **해설** 분석기기 및 시스템을 교정하기 위하여 검정곡선을 작성하여야 한다. 이때, 검정곡선 작성용 시료는 시료의 분석 대상 원소의 농도와 매질이 비슷한 수준에서 제작하여야 한다. 특히, 검정곡선 작성 시료는 시료와 같은 수준으로 매질을 조정하여 제조하여야 하며 시험 절차는 다음과 같다.
> - 검정곡선의 직선이 유지되는 경우 검정곡선 작성용 시료는 (4~5)개, 그렇지 못한 경우에는 분석 범위 내에서 (5~6)개를 사용한다.
> - 이와 같이 제조한 n개의 검정곡선 작성용 시료를 분석기기 또는 시스템으로 측정하여 지시값과 제조 농도의 자료를 각각 얻는다.
>
> n개의 시료에 대하여 제조 농도와 지시값 쌍을 각각 $(x_1,\ y_1)$, ……, $(x_n,\ y_n)$이라 하고, 그림과 같이 농도에 대한 지시값의 검정곡선을 도시한다.

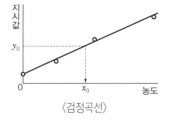

〈검정곡선〉

주3 대기 중에서 연중 50일간 채취된 PM_{10} 시료 50개의 질량농도에 대한 평균값과 표준편차가 각각 $67.8\ \mu g/m^3$과 $15.2\ \mu g/m^3$으로 산출되었다. PM_{10}의 연평균 질량농도가 $73.5\ \mu g/m^3$이었을 때, 채취된 PM_{10} 시료의 평균농도에 대한 신뢰수준을 95 % 신뢰수준에서 평가하시오. (단, 95 % 신뢰수준의 $z = 1.96$이다.)

> **해설** 신뢰구간(CI) $= \bar{x} \pm \dfrac{z\sigma}{\sqrt{N}}$
>
> $$= 67.8 \pm \frac{1.96 \times 15.2}{\sqrt{50}}$$
>
> $\therefore\ (63.59 \sim 72.01)\ \mu g/m^3$
>
> 95 % 신뢰수준에서 PM_{10}의 연평균 질량농도가 $73.5\ \mu g/m^3$에 대한 채취된 PM_{10} 시료의 평균 농도($67.8\ \mu g/m^3$)의 신뢰수준은 신뢰구간을 벗어나 있다.

주4 정확도의 관리기준에서 측정된 물질의 회수율(%)로부터 계산된 평균값이 98.9 %, 표준편차가 2.0 %일 때 관리기준의 범위를 계산하시오. [2.5점]

> **해설** - 상한관리기준(UCL)
>   = 정도관리 평균 회수율+3배 편차
> $= 98.9 + 3 \times 2 = 104.9\ \%$
> - 하한관리기준(LCL)
>   = 정도관리 평균 회수율−3배 편차
> $= 98.9 - 3 \times 2 = 92.9\ \%$
> $\therefore$ 관리기준의 범위는 92.9 % ~ 104.9 %

• 검정분야 : (2) 대기환경측정분석

[1과목 : 대기오염 공정시험기준]

01 굴뚝 연속자동측정기에서 피토관을 이용하여 유량을 측정할 경우, 배출가스 평균 유속을 구하는 식은 평균 유속 $V = C\sqrt{2gh/\gamma}$ 이다. 여기서, γ로 옳은 것은? [5점]

① 피토관의 내경
② 굴뚝의 반경
③ 배출가스의 평균 동압 측정치
④ 굴뚝 내의 습한 배출가스 밀도

해설 배출가스 평균 유속 $\overline{V} = C\sqrt{\dfrac{2gh}{\gamma}}$

여기서, $\overline{V}$: 배출가스 평균 유속(m/s)
　　　　C : 피토관 계수
　　　　g : 중력 가속도(9.81 m/s²)
　　　　h : 배출가스의 평균 동압 측정치
　　　　　　(mmH₂O)
　　　　γ : 굴뚝 내의 습한 배출가스 밀도
　　　　　　(kg/m³)

02 대기시료 채취 위치에 관한 설명으로 틀린 것은? [5점]

① 시료채취 위치는 그 지역의 오염도가 가장 높은 곳을 선정한다.
② 주위에 건물이나 수목 등의 장애물이 있을 경우에는 채취위치로부터 장애물까지의 거리가 그 장애물 높이의 2배 이상 또는 채취점과 장애물 상단을 연결하는 직선이 수평선과 이루는 각도가 30° 이하 되는 곳을 선정한다.
③ 시료채취의 높이는 그 부근의 평균 오염도를 나타낼 수 있는 곳으로서 가능한 한 1.5 m ~ 30 m 범위로 한다.
④ 주위에 건물 등이 밀집되거나 접근되어 있을 경우에는 건물 바깥 벽으로부터 적어도 1.5 m 이상 떨어진 곳에 채취점을 선정한다.

해설 시료채취 위치는 원칙적으로 주위에 건물이나 수목 등의 장애물이 없고, 그 지역의 오염도를 대표할 수 있다고 생각되는 곳을 선정한다.

03 환경대기 중 석면을 측정분석하는 방법에 대한 설명으로 틀린 것은? [5점]

① 셀룰로오스 에스테르제 멤브레인 필터에 석면섬유를 채취한다.
② 개방형 필터홀더를 사용한다.
③ 채취한 먼지 중에 길이 5 μm 이상이고, 길이와 폭의 비가 5 : 1 이상인 섬유를 석면섬유로서 계수한다.
④ 아세톤-트리아세틴을 사용하여 필터를 투명화시킨다.

해설 채취한 먼지 중에 길이 5 μm 이상이고, 길이와 폭의 비가 3 : 1 이상인 섬유를 석면섬유로서 계수한다.

04 다음 대기오염공정시험기준에서 배출가스 중 일산화탄소의 농도측정법에 관한 설명으로 틀린 것은? [5점]

① 분석방법으로는 비분산 적외선 분광분석법, 정전위전해법, 기체 크로마토크래피법이 있다.
② 1 L ~ 50 L의 합성수지로 된 채취백을 이용하여 배출가스를 채취한 후 실험실에 운반하여 측정할 수 있다.
③ 기체 크로마토그래프로 분석할 경우 일산화탄소의 농도가 0.1 % 이상이면 불꽃이온화 검출기를 사용한다.
④ 정전위전해식 일산화탄소 계측기는 소형 경량으로 이동 측정에 적합하다.

해설 배출가스 중 일산화탄소의 농도측정법에 사용하는 검출기는 열전도도검출기 또는 메테인화 반응장치가 있는 불꽃이온화검출기를 사용한다. 열전도형 검출기는 CO 함유율이 0.1 % 이상인 경우에 사용한다.

05 환경대기 중 부유하고 있는 입자상 물질을 채취하기에 적합하고, 채취입자의 입경은 일반적으로 $0.1\ \mu m \sim 100\ \mu m$이고, 흡입유량은 $1.2\ \text{m}^3/\text{min} \sim 1.7\ \text{m}^3/\text{min}$인 시료채취 장치는? [5점]

① 고용량 공기시료채취기
　　(High Volume Air Sampler)
② 저용량 공기시료채취기
　　(Low Volume Air Sampler)
③ 캐니스터(Canister)
④ 앤더슨 공기시료채취기
　　(Anderson Air Sampler)

해설 고용량 공기시료채취기(High Volume Air Sampler)의 채취입자의 입경은 $0.1\ \mu m \sim 100\ \mu m$이고, 흡입유량은 $1.2\ \text{m}^3/\text{min} \sim 1.7\ \text{m}^3/\text{min}$이다.

06 다음 굴뚝 배출가스 중 수분량 측정방법으로 옳은 것은? [5점]

① 두 번째 임핀저에 100 mg의 실리카젤을 넣고, 네 번째 임핀저에 50 mg의 정제수를 넣는다.
② 흡입기체량은 흡습된 수분이 0.1 g ~ 1 g이 되도록 한다.
③ 흡입기체량은 적산유량계로서 1 L 단위까지 읽는다.
④ 여과부 가열장치가 있는 경우 가열장치가 정확히 100 ℃가 되도록 가열한 후 흡입한다.

해설 ① 임핀저 트레인 중에 첫 번째와 두 번째 임핀저에 100 g의 정제수를 넣고, 네 번째 임핀저에 (200 ~ 300) g의 실리카젤을 넣는다.
③ 흡입가스량은 적산유량계로서 0.1 L 단위까지 읽는다.
④ 흡입관과 여과부 가열장치가 (120 ± 14) ℃가 되도록 가열한 후 흡입한다.

07 배출가스 중 염화수소 분석 시 싸이오사이안산제이수은법에 관한 설명으로 적합하지 않은 것은? [5점]

① 다량의 할로겐 화합물이 함유되었을 때 측정한다.
② 다량의 사이안 화합물의 영향을 받지 않을 경우에 측정한다.
③ 싸이오사이안산제이수은과 황산철(Ⅱ)암모늄 용액을 가하고 염소이온과 반응시켜 측정한다.
④ 이 방법은 460 nm 흡광도를 측정한다.

해설 이 시험법은 이산화황, 기타 할로겐화물, 사이안화물 및 황화합물의 영향이 무시되는 경우에 적합하다.

08 등속흡입계수에 대한 설명으로 틀린 것은? [5점]

① 가스상 대기오염물질의 농도를 산정하기 위해 필수적으로 측정하여야 한다.
② 등속흡입계수의 적정 범위는 90 % ~ 110 %이다.
③ 등속흡입계수를 산정하기 위해서는 배출가스의 정압, 오리피스압차, 굴뚝 내 배출가스 온도, 진공 게이지압, 시료채취시간 등을 측정하여야 한다.
④ 시료채취부에 있는 노즐의 종류에 따라 등속흡입계수가 변한다.

해설 등속흡입계수는 입자상 대기오염물질의 농도를 산정하기 위해 필수적으로 측정하여야 한다.

정답 05 ① 06 ② 07 ① 08 ①

09 굴뚝에서 배출되는 배출가스 중 무기 플루오린 화합물을 자외선/가시선 분광법으로 분석하는 경우 공존하는 방해이온을 짝지은 것으로 옳은 것은? [5점]

① Al^{3+}, Pb^{2+}, Cl^-
② Cu^{2+}, Zn^{2+}, PO_4^{3-}
③ Fe^{3+}, Mn^{2+}, NH_4^+
④ Zn^{2+}, Cr^{3+}, SO_4^{2-}

해설 배출가스 중 무기 플루오린화합물을 자외선/가시선 분광법으로 분석하는 경우 간섭물질로 시료가스 중에 알루미늄(Ⅲ), 철(Ⅱ), 구리(Ⅱ), 아연(Ⅱ) 등의 중금속 이온이나 인산이온이 존재하면 방해 효과를 나타낸다.

10 대기 중으로 배출되는 가스상 물질에 대한 분석방법과 흡수액에 대한 설명 중 옳지 <u>않은</u> 것은 무엇인가? [5점]

① 암모니아 – 인도페놀법,
   붕산 용액(5 g/L)
② 염화수소 – 이온 크로마토그래피법,
   싸이오사이안산제이수은법 – 수산화소듐 용액
   (0.1 mol/L)
③ 황산화물 – 침전적정법,
   과산화수소수 용액(1+9)
④ 사이안화수소
   아연환원나프틸에틸렌다이아민법 – 수산화소듐 용액(2 W/V %)

해설 사이안화수소는 4 – 피리딘카복실산 – 피라졸론법으로, 흡수액은 수산화소듐(NaOH, sodium hydroxide, 분자량 : 40, 98 %) 20 g을 정제수에 녹여서 1 L로 한다. 아연환원나프틸에틸렌다이아민법은 질소산화물 측정방법이다.

11 대기 중 탄화수소는 기체 크로마토그래피법을 이용하여 측정하고 검출기로는 불꽃이온화검출기(FID)를 이용해 검출한다. 탄화수소 중 활성탄화수소는 총 탄화수소에서 무엇을 제외했을 때인가? [5점]

① 유기금속계
② 유기염소계
③ 올레핀계/방향족 탄화수소
④ 유기인계

해설 활성탄화수소는 총 탄화수소 가운데 세정기를 이용해서 제거되는 올레핀계 탄화수소, 방향족 탄화수소 등의 총칭을 말한다.

12 환경대기에서 옥시던트 측정방법 중 중성 아이오딘화포타슘법(수동)에 대한 설명으로 틀린 것은? [5점]

① 오존으로서 $0.01\ \mu mol/mol \sim 10\ \mu mol/mol$ 범위의 옥시던트를 측정한다.
② 시료를 채취한 후 1일 이내에 분석할 수 있을 때 사용한다.
③ 시험액은 파장 352 nm에서 흡광도를 측정한다.
④ 흡수액에는 인산이수소포타슘이 들어간다.

해설 이 방법은 시료를 채취한 후 1시간 이내에 분석할 수 있을 때 사용할 수 있으며, 1시간 내에 측정할 수 없을 때는 알칼리성 아이오딘화포타슘법을 사용하여야 한다.

13 다음 중 환경대기 중 질소산화물 측정방법에 대한 설명으로 틀린 것은? [5점]

① 야곱스-호흐하이저법의 측정 범위는 $0.01\ \mu mol/mol \sim 0.4\ \mu mol/mol$이다.
② 수동 살츠만법의 측정 범위는 $0.005\ \mu mol/mol \sim 5\ \mu mol/mol$이다.
③ 야곱스-호흐하이저법은 540 nm에서 흡광도를 측정한다.
④ 수동 살츠만법은 650 nm에서 흡광도를 측정한다.

해설 수동 살츠만법은 시료용액을 뚜껑이 있는 셀에 옮겨 550 nm에서 흡광도를 측정하고 대조액으로 흡수액을 사용한다.

14 다음은 굴뚝 배출가스 중 질소산화물을 연속 적으로 측정하기 위해 사용하는 어떤 분석계 의 원리를 기술한 것이다. 제시한 원리로 적용 되는 분석계로 옳은 것은? [5점]

> • 일산화질소와 오존이 반응하면 이산화질소가 생성되는데, 이때 590 nm ~ 875 nm에 이르는 폭을 가진 빛이 발생한다. 이 빛의 강도를 측정 하여 시료가스 중 일산화질소 농도를 연속적으 로 측정한다.
> • 질소산화물 농도는 시료가스를 환원장치를 통 과시켜 이산화질소를 일산화질소로 환원한 다 음 위와 같이 측정하여 구한다.

① 적외선 흡수분석계
② 자외선 흡수분석계
③ 정전위전해 분석계
④ 화학발광 분석계

> 해설 화학발광 분석계의 원리는 일산화질소와 오존 이 반응하면 이산화질소가 생성되는데, 이때 590 nm ~ 875 nm에 이르는 폭을 가진 빛(화학 발광)이 발생한다. 이 발광강도를 측정하여 시 료가스 중 일산화질소 농도를 연속적으로 측 정한다.

15 배출가스 중 암모니아 분석방법인 인도페놀 법에서 사용되는 시약으로 옳은 것은? [5점]

① 하이포아염소산소듐 용액
② 아세트산소듐삼수화물 용액
③ 싸이오사이안산포타슘 용액
④ 황산

> 해설 인도페놀법에서 사용되는 시약은 하이포아염 소산소듐 용액, 페놀-나이트로프루시드소듐 용액, 싸이오황산소듐 용액 등이 있다.

16 고용량 공기시료채취기를 사용해서 1일간 부유 하는 입자상 물질을 측정하였다. 유량은 채취 시작 시 $0.2 \text{ m}^3/\text{s}$, 채취가 끝날 무렵 $0.22 \text{ m}^3/\text{s}$ 이었고, 채취 전후 여과재의 중량차는 3.0 g 이었다. 입자상 물질의 농도(mg/m^3)는 얼마 인가? [5점]

① 0.146 mg/m^3
② 0.156 mg/m^3
③ 0.165 mg/m^3
④ 0.175 mg/m^3

> 해설 • 평균 유량
> $$Q = \frac{Q_1 + Q_2}{2} = \frac{0.2 + 0.22}{2} = 0.21 \text{ m}^3/\text{s}$$
> • 총 공기흡입량
> $$= 0.21 \text{ m}^3/\text{s} \times 24 \times 60 \times 60 = 18\,144 \text{ m}^3$$
> • 먼지농도$(\text{mg/m}^3) = \dfrac{W_e - W_s}{V} \times 10^3$
>
> 여기서, W_e : 채취 후 여과지의 질량(g)
> W_s : 채취 전 여과지의 질량(g)
> $V = Q \times t$: 총 공기흡입량(m^3)
> t : 시료채취시간(s)
> ∴ 먼지농도(mg/m^3)
> $$= \frac{3.0}{18\,144} \times 10^3 = 0.165 \text{ mg/m}^3$$

정답✓ **14** ④ **15** ① **16** ③

주1 아르세나조Ⅲ법으로 배출가스 중 황산화물을 분석하기 위하여 0.004 N 황산 용액 10 mL를 200 mL 삼각플라스크에 정확히 분취하고, 아이소프로필알코올 40 mL, 아세트산 1 mL 및 아르세나조Ⅲ 지시약 4방울 ~ 6방울을 가하여 적정 용액인 0.01 N 아세트산바륨 용액으로 적정하였다. 종말점까지 사용된 0.01 N 아세트산바륨의 용액량이 4.2 mL이었으며, 0.004 N 황산 용액의 역가는 1.0이었을 때, 0.01 N 아세트산바륨 용액의 역가를 소수 4째자리까지 계산하시오. [5점]

해설 $f = \dfrac{10 \times f'}{V'} \times \dfrac{100}{250}$

여기서, f : 0.01 N 아세트산바륨 용액의 역가
f' : 0.004 N 황산의 역가
　　　(0.01 N 황산의 역가와 같다)
V' : 적정에 사용한 아세트산바륨 용액
　　　[0.01 N의 양(mL)]

$\therefore f = \dfrac{10 \times 1.0}{4.2} \times \dfrac{100}{250} = 0.9524$

주2 석탄 야적장에서 외부로 비산되는 비산먼지를 측정하기 위해 농도가 가장 높을 것으로 예상되는 3개 지점을 선정하여 측정한 결과 다음과 같은 결과를 얻었다. 이와 같은 조건하에서 비산먼지의 농도를 구하시오. (단, 대조위치에서의 비산먼지 농도는 0.15 mg/m³로 한다.) [5점]

- 풍향에 대한 보정계수 : 1.2
- 풍속에 대한 보정계수 : 1.0
- 측정 위치에서의 비산먼지 농도
  - 1지점 : 0.55 mg/m³
  - 2지점 : 0.80 mg/m³
  - 3지점 : 0.65 mg/m³

해설 비산먼지 농도

$C = (C_H - C_B) \times W_D \times W_S$

여기서, C_H : 채취먼지량이 가장 많은 위치에서의 먼지농도(mg/m³)
C_B : 대조위치에서의 먼지농도 (mg/m³)
W_D, W_S : 풍향, 풍속 측정결과로부터 구한 보정계수

단, 대조위치를 선정할 수 없는 경우 C_B는 0.15 mg/m³로 한다.

1, 2, 3지점에서의 평균 비산먼지 농도

$= \dfrac{0.55 + 0.80 + 0.65}{3} = 0.67 \text{ mg/m}^3$

$\therefore C = (0.67 - 0.15) \times 1.2 \times 1.0$

$= 0.62 \text{ mg/m}^3$

[2과목 : 실내공기질 공정시험기준]

01 실내공기 중 미세먼지(PM₁₀)의 베타선흡수법에 의한 연속측정방법에 대한 설명으로 틀린 것은? [5점]

① 입경분리장치의 입경분리기준은 기준점인 $10\,\mu m$에서 그 효율이 $50\,\%$ 이상이어야 한다.

② 실내 공기 중 미세먼지(PM₁₀)를 여과지에 채취하고 여과지에 베타선을 투과시켜 흡수되는 베타선의 정도를 이용하여 미세먼지(PM₁₀)의 중량농도를 연속적으로 측정하는 방법이다.

③ 일반적으로 시료채취 후 농도값은 1시간 간격으로 나타내나, 농도가 먼지의 $0.01\,mg/m^3$ 이하의 저농도일 경우는 시료채취 시간을 연장하여 측정하여야 한다.

④ 측정기의 유속 교정은 동작 유속에서 측정값의 $\pm 5\,\%$ 이내의 정확성을 가져야 한다.

해설 측정기의 유속 교정은 동작 유속에서 측정값의 $\pm 2\,\%$ 이내의 정확성을 가져야 한다.

02 실내 및 건축자재에서 방출되는 휘발성 유기화합물 측정방법인 고체 흡착관과 GC-MS/FID법에 대한 설명으로 옳은 것은? [5점]

① 실내 및 건축자재에서 방출되는 휘발성 유기화합물 농도 측정을 위한 부시험방법이다.

② 휘발성 유기화합물은 실내공기 중에서 끓는 점이 $50\,℃ \sim 100\,℃$에서 $140\,℃ \sim 200\,℃$ 사이에 있는 유기물이다.

③ 실내 및 건축자재 중 $\mu g/m^3$에서 mg/m^3의 농도 범위에 있는 극성을 띠는 휘발성 유기화합물 측정에 적합하다.

④ 분석기기 회수율은 휘발성 유기화합물 채취용 흡착관 전처리 장치인 자동열탈착장치의 효율을 평가한다.

해설 ① 실내 및 건축자재에서 방출되는 휘발성 유기화합물(VOCs) 농도 측정을 위한 주시험방법으로 사용된다.

② 실내공기 중에서 끓는점이 $(50 \sim 100)\,℃$에서 $(240 \sim 260)\,℃$ 사이에 있는 유기화합물이다.

③ 실내 및 건축자재 중 $\mu g/m^3$에서 mg/m^3의 농도 범위에 있는 비극성 및 약극성을 띠는 휘발성 유기화합물(VOCs) 측정에 적합하다.

03 실내공기 중 폼알데하이드(HCHO)의 측정 과정에서 현장 이중시료(field duplicate)에 대한 설명으로 틀린 것은? [5점]

① 현장 이중시료는 동일 위치에서 동일한 조건으로 중복 채취한 시료로서 독립적으로 분석하여 비교한다.

② 현장 이중시료는 필요시 하루에 20개 이하의 시료를 채취할 경우에는 1개를, 그 이상의 시료를 채취할 때에는 시료 20개당 1개를 추가로 채취한다.

③ 동일한 조건에서 측정한 두 시료의 측정값 차를 두 시료 측정값의 평균값으로 나누어 두 측정값의 상대적인 차이(RPD, relative percentage difference)를 구한다.

④ 두 측정값의 차이는 $10\,\%$가 넘지 않아야 한다.

해설 현장 이중시료는 필요시 하루에 20개 이하의 시료를 채취할 경우에는 1개를, 그 이상의 시료를 채취할 때에는 시료 20개당 1개를 추가로 채취하며, 동일한 조건에서 측정한 두 시료의 측정값 차를 두 시료 측정값의 평균값으로 나누어 두 측정값의 상대적인 차이(RPD, relative percentage difference)를 구한다. 두 측정값의 차이는 $20\,\%$가 넘지 않아야 한다.

정답 **01** ④ **02** ④ **03** ④

04 실내공기 중 이산화탄소 분석기(비분산 적외선 분광분석법)의 최소 성능으로 옳은 것은? [5점]

> - 재현성(반복성) : 최대 눈금값의 ±( )% 이내
> - 제로 드리프트 : 최대 눈금값의 ±( )% 이내
> - 스팬 드리프트 : 최대 눈금값의 ±( )% 이내
> - 직선성(지시오차) : 최대 눈금값의 ±( )% 이내

① 재현성 : 1, 제로 드리프트 : 1,
    스팬 드리프트 : 1, 직선성 : 1

② 재현성 : 1, 제로 드리프트 : 2,
    스팬 드리프트 : 2, 직선성 : 2

③ 재현성 : 2, 제로 드리프트 : 2,
    스팬 드리프트 : 2, 직선성 : 2

④ 재현성 : 2, 제로 드리프트 : 2,
    스팬 드리프트 : 2, 직선성 : 5

해설 최소 성능
 - 재현성(반복성) : 최대 눈금값의 ±2 % 이내
 - 제로 드리프트 : 최대 눈금값의 ±2 % 이내
 - 직선성(지시오차) : 최대 눈금값의 ±5 % 이내

05 비분산 적외선 분광분석법을 이용한 일산화탄소 측정기기의 제로 드리프트를 평가하기 위해 측정기기에 제로가스를 설정유량으로 도입하여 8시간 연속 측정한 결과, 제로가스 초기 지시값이 0.05 ppm이었고, 8시간 연속 측정한 기간 동안 최댓값이 0.06 ppm이었다면 제로 드리프트는 몇 %인가? [5점]

① 17 %　　　　　　② 20 %
③ 83 %　　　　　　④ 120 %

해설 제로 드리프트(%)

$$= \frac{|\bar{d}|}{\text{제로가스 초기 지시값}} \times 100$$

$$= \frac{0.06 - 0.05}{0.05} \times 100 = 20\%$$

여기서, $|\bar{d}|$: 제로가스 초기 지시값으로부터
        최대 편차

06 신축 공동주택의 총 세대수가 450세대일 경우, 시료채취 세대는 몇 세대인가? [5점]

① 4　　　　　　② 5
③ 6　　　　　　④ 7

해설 신축 공동주택 내 시료채취 세대의 수는 공동주택의 총 세대수가 100세대일 때 3개 세대(저층부, 중층부, 고층부)를 기본으로 한다. 100세대가 증가할 때마다 1세대씩 추가하며 최대 20세대까지 시료를 채취한다.

07 건축자재 방출 휘발성 유기화합물 및 폼알데하이드 시험방법인 소형 챔버법에서 공기시료의 채취에 관한 규정으로 옳지 않은 것은? [5점]

① 휘발성 유기화합물 채취에는 고체 흡착관을 사용한다.
② 폼알데하이드 채취에는 DNPH 카트리지를 사용한다.
③ 공기시료채취는 시험 시작일로부터 7일이 경과한 후에 실시한다.
④ 공기시료채취기를 작동한 시점으로부터 방출시험이 시작된 것으로 한다.

해설 방출량 측정을 위한 공기시료채취는 시험 시작일로부터 7일(168시간 ± 2시간)이 경과한 후에 실시한다. 준비된 시험편을 챔버 내 설치하는 시점에서 방출시험이 시작된 것으로 한다.

08 오존 측정을 위한 자외선광도법의 간섭물질이 아닌 것은? [5점]

① 미세먼지
② 질소산화물
③ 습도
④ 스팬가스

해설 오존 측정을 위한 자외선광도법의 간섭물질은 입자상 물질, 질소산화물, 이산화황, 톨루엔, 습도가 공기 중 오존농도를 측정하는 데 간섭물질로 작용할 수 있다.

정답 04 ④　05 ②　06 ③　07 ④　08 ④

09 다음 중 이산화질소 분석부에서 배출되어 주변의 오염물질로 작용할 수 있으며, 시료채취 펌프를 보호하기 위해 반드시 관리하여야 할 기체는? [5점]

① 오존
② 질소
③ 일산화질소
④ PAN

해설 이산화질소 분석부에서 배출되어 주변의 오염물질로 작용할 수 있는 기체는 오존이다.

10 1.3 pCi/L는 몇 Bq/m^3인가? [5점]

① 0.035
② 35.0
③ 48.1
④ 48 100

해설 퀴리(Ci)는 과거에 사용하던 방사능 단위이다.
$1\,pCi/L = 37\,Bq/m^3$
$\therefore\ 37 \times 1.3 = 48.1\,Bq/m^3$

11 고체 흡착관을 이용한 실내공기 중 휘발성 유기화합물 시료채취에 대한 설명으로 옳은 것은 무엇인가? [5점]

① 시료채취는 연속 2회 측정한다.
② 시료채취 유속은 10 mL/min 이하로 한다.
③ 시료채취의 부피는 10 L 이상으로 한다.
④ 건축자재에서 방출되는 시료채취는 공급공기 유량의 100 %로 한다.

해설 ② 실내공기 중 휘발성 유기화합물의 측정 시 적절한 시료채취 유속은 (50 ~ 2 000) mL/min 범위이다.
③ 시료채취 부피는 (1~5) L 범위로 연속 2회 측정한다.
④ 건축자재에서 방출되는 휘발성 유기화합물 측정은 공급공기 유량의 80 % 이하로 하여 최소 2회 이상 측정한다.

12 실내공기 중 일산화탄소 측정방법 중 시료채취 및 관리에 대한 사항으로 **틀린** 것은? [5점]

① 측정지점이 여러 곳일 경우에는 미리 장소별로 고유번호를 부여하여 측정 시 기록 등을 구별한다.
② 담배의 연소과정에서도 일산화탄소가 발생하여 실내공기질에 영향을 미치므로 흡연 장소 가까이 측정 위치를 선정하여야 한다.
③ 전원을 넣고 일산화탄소 농도 지시값을 확인하여 충분한 안정화 시간을 갖는다.
④ 측정 중간에도 측정기기의 상대를 확인하여 고장 등 긴급한 상황 발생 시에는 신속한 조치를 취해야 한다.

해설 담배의 연소과정에서도 일산화탄소가 발생하므로 흡연 장소를 피하여 측정 위치를 선정하여야 한다.

13 실내공기 중 총 부유세균의 측정방법 중 충돌법의 용어로 **틀린** 것은? [5점]

① 배지는 미생물의 증식이나 생존능의 유지를 돕기 위한 천연 또는 합성성분을 함유하는 액체, 반고체, 고체상의 물질 제제이다.
② 총 부유세균 측정에 사용되는 한천배지는 TSA(tryptic soy agar) 배지, 카제인 대두 소화 한천배지(casein soybean digest agar)를 사용한다.
③ 배양기는 별도로 규정하지 않는 한, 온도가 ±1 ℃ 이내의 범위에서 안정하고 고른 온도 분포를 유지할 수 있는 챔버(chamber)로 구성된다.
④ 고압 증기 멸균기는 미생물의 파괴라는 관점에서 최소한 151 ℃의 포화 증기 온도를 얻을 수 있는 장치이다.

해설 고압 증기 멸균기는 미생물의 파괴라는 관점에서 최소한 121 ℃의 포화 증기 온도를 얻을 수 있는 장치이다.

정답 **09** ① **10** ③ **11** ① **12** ② **13** ④

14 석면과 섬유상 먼지시료 분석에서 그래티큘 경계에 있는 섬유의 계수방법으로 틀린 것은? [5점]

① 그래티큘 안에 완전하게 들어와 있는 길이가 5 μm 이상인 섬유를 1개로 계수한다.

② 섬유의 한쪽 끝은 그래티큘 안에, 다른 한쪽 끝은 그래티큘 바깥에 놓여 있는 경우에는 1/2개로 계수한다.

③ 그래티큘 경계를 두 번 이상 지나는 섬유는 2개로 계수한다.

④ 그 외의 모든 섬유들은 계수하지 않는다.

해설 그래티큘 경계를 두 번 이상 지나는 섬유는 계수하지 않는다.

15 다음 중 신축 공동주택에서 실내공기 시료를 채취하기 위한 조건을 충족하는 것으로 옳은 것은? [5점]

① 25분 환기한 다음 3시간 밀폐 후 채취 시작

② 25분 환기한 다음 6시간 밀폐 후 채취 시작

③ 45분 환기한 다음 3시간 밀폐 후 채취 시작

④ 45분 환기한 다음 6시간 밀폐 후 채취 시작

해설 신축 공동주택에서 실내공기 시료를 채취하기 위한 충족조건은 45분 환기한 다음 6시간 밀폐 후 채취를 시작하는 것이다.

16 실내공기 중 미세먼지 측정방법(중량법)에 사용하는 여과지의 조건으로 틀린 것은? [5점]

① 가능한 압력손실이 낮은 것

② 취급하기 쉽고 충분한 강도를 가질 것

③ 기체상 물질의 흡착이 적고, 흡습성 및 대전성이 낮은 것

④ 10 μm의 입자상 물질에 대하여 99 % 이상의 초기 채취율을 갖는 것

해설 채취에 사용하는 여과지는 0.3 μm의 입자상 물질에 대하여 99 % 이상의 초기 채취율을 갖는 나이트로셀룰로오스(nitro cellulose) 재질의 멤브레인 여과지(membrane filter), 석영섬유 재질의 여과지, 테플론 재질의 여과지 등을 사용한다.

17 실내공기질 공정시험기준 중 일반사항에 해당하지 <u>않는</u> 것은? [5점]

① '방울수'라 함은 25 ℃에서 정제수 10방울을 떨어뜨릴 때 그 부피가 약 1 mL 되는 것을 뜻한다.

② '약'이란 그 무게 또는 부피에 대하여 ±10 % 이상의 차가 있어서는 안 된다.

③ 표준품을 채취할 때, 표준액이 정수로 기재되어 있어도 실험자가 환산하여 기재수치에 '약'자를 붙여 사용할 수 있다.

④ 표준액을 조제하기 위한 표준용 시약은 따로 규정이 없는 한 데시케이터에 보존된 것을 사용한다.

해설 '방울수'라 함은 20 ℃에서 정제수 20방울을 떨어뜨릴 때 그 부피가 약 1 mL 되는 것을 뜻한다.

18 연면적(m^2)이 10 000 초과 ~ 20 000 이하인 다중이용시설의 실내공기 시료채취를 위한 시료채취지점수로 맞는 것은? [5점]

① 2 　　　　② 3

③ 4 　　　　④ 5

해설 다중이용시설 내 최소 시료채취지점수 결정

다중이용시설의 연면적(m^2)	최소 시료채취지점수
10 000 이하	2
10 000 초과 ~ 20 000 이하	3
20 000 이상	4

정답 14 ③　15 ④　16 ④　17 ①　18 ②

주1 실내 및 건축자재에서 방출되는 폼알데하이드 측정방법(2,4-DNPH 카트리지와 액체 크로마토그래프법) 중 폼알데하이드 측정결과에 영향을 미치는 간섭물질을 쓰시오. **[5점]**

> (   )은 카트리지 내에서 DNPH 및 그 유도체와 반응하여 농도를 감소시키는 방해물질로 작용한다. 시료에 (   )이 존재하면 폼알데하이드 유도체의 머무름 시간보다 더 짧은 머무름 시간을 가진 새로운 화합물의 출현으로 분석에 방해가 된다. 따라서 (   )에 의한 간섭작용을 최소화하기 위해서는 DNPH 카트리지의 앞부분에 (   ) 스크러버를 지렬로 연결하여 사용한다.

해설 오존은 카트리지 내에서 DNPH 및 그 유도체와 반응하여 농도를 감소시키는 방해물질로 작용한다. 시료에 오존이 존재하면 폼알데하이드 유도체의 머무름 시간보다 더 짧은 머무름 시간을 가진 새로운 화합물의 출현으로 분석에 방해가 된다. 따라서 오존에 의한 간섭작용을 최소화하기 위해서는 DNPH 카트리지의 앞부분에 오존 스크러버(ozone scrubber)를 지렬로 연결하여 사용한다.

주2 실내공기 중 석면 측정방법(투과전자현미경법)에 따른 투과전자현미경 스크린 배율 검증과 관련하여 아래 빈칸에 적합한 계산식을 쓰시오. **[5점]**

> 배율을 10 000배로 조정하고, 격자라인이 그리드 2개의 격자 간 거리(mm)를 측정한다. 형광화면상의 실제 배율을 (   )에 따라 계산한다.
> 여기서, m : 배율
> X : 두 그리드 격자 간 거리(mm)
> G : 그리드의 보정값(lines/mm)
> Y : 계산된 그리드의 수

해설 $m = \dfrac{X \times G}{Y}$

[3과목 : 악취 공정시험기준]

01 트라이메틸아민의 고체상 흡착-모세관 칼럼 -기체 크로마토그래피 방법의 시료채취 및 분석방법에 관한 설명으로 옳은 것은? **[5점]**

① 고체상 흡착방법에서 사용되는 고체상 미량 추출(SPME) 파이버는 Carbonxen/Polydimethyl-siloxane(CAR/PDMS)이 75 μm ~ 85 μm 로 입혀진 파이버를 사용한다.

② 기체 크로마토그래피 검출기는 불꽃이온화 검출기(FID) 혹은 열전도도검출기(TCD)를 사용한다.

③ 채취용 산성 여과지는 직경 47 mm, 구멍크기 0.3 μm 원형 유리섬유 거름종이 또는 실리카 섬유 여과지를 0.1 N 염산 1 mL에 함침시켜 제조한다.

④ 시료채취는 20 L/분의 유량으로 5분 이내 시료공기를 흡입하여 채취되도록 한다.

> **해설** ② 기체 크로마토그래피는 불꽃이온화검출기 (FID, flame ionization detector) 또는 질소인검출기(NPD, nitrogen phosphorus detector) 또는 질량분석기(MS, mass spectrometer)를 갖고 있는 것이어야 한다.
> ③ 채취용 산성 여과지(거름종이)는 직경 47 mm, 구멍크기 0.3 μm의 원형 유리섬유 거름종이 또는 실리카 섬유 여과지를 전기로 내에서 500 ℃로 1시간 가열한 후 실리카젤 건조용기에서 방치하여 냉각하고 거름종이를 한 장씩 유리 샬레에 옮기고 1 N 황산 1 mL를 함침시킨 후 실리카젤 건조용기나 진공 건조용기 안에서 하룻동안 보존한다.
> ④ 시료채취는 시료채취장치의 흡수병 속에 채취용액 약 20 mL를 넣어 2개를 직렬로 연결하여 10 L/min의 유량으로 5분 이내 시료공기를 흡입하여 채취한 후 시료용액을 합하여 전량이 40 mL로 맞춘 후 분석용 시료용액으로 한다.

02 황화합물의 연속측정방법(on-line) 시료채취 시 대기 중에 존재하는 수분제거방식으로 적절하지 **않은** 것은? **[5점]**

① 필터제거방식
② 건조장치방식(nafion dryer 등)
③ 전기냉각(팰티어)방식
④ 냉매냉각(cryogenic)방식

> **해설** 대기 중에 있는 수분을 제거하는 방법으로는 건조장치(nafion dryer 등)를 사용하는 방법, 전기냉각(팰티어)방식으로 시료채취 주입부 (tube)를 저온으로 유지하여 수분을 응결시켜 제거하는 방법, 냉매냉각(cryogenic)으로 제거하는 방법으로 수분 제거 효율 95 % 이상의 장치를 사용하여야 하며, 수분 제거 장치에 의해서 시료의 변질이 없어야 한다.

03 고체 흡착관을 이용하여 스타이렌을 시료채취하는 경우에 파과부피에 대한 정의와 관련 **없는** 것은? **[5점]**

① 분석대상물질이 손실 없이 안전하게 채취할 수 있는 일정 농도에 대한 공기의 부피

② 시료채취 시에 분석대상물질이 흡착관에 채취되지 않고 흡착관을 통과하는 부피

③ 흡착관에 충전된 흡착제의 최대 흡착부피

④ 두 개의 흡착관을 직렬로 연결할 경우 후단의 흡착관에 채취된 양이 전체의 5 % 이상을 차지할 경우의 공기 부피

> **해설** 파과부피는 시료채취 시에 분석대상물질이 흡착관에 채취되지 않고 흡착관을 통과하는 부피, 즉 흡착관에 충전된 흡착제의 최대 흡착부피를 말한다. 또는 두 개의 흡착관을 직렬로 연결할 경우, 후단의 흡착관에 채취된 양이 전체의 5 % 이상을 차지할 경우의 공기 부피를 말한다.

04 악취공정시험법상 헤드스페이스 장치를 이용하여 분석할 수 있는 물질을 바르게 나열한 것은? [5점]

① 스타이렌, 프로피온산

② 트라이메틸아민, n-발레르산

③ 뷰틸아세테이트, 메틸머캅탄

④ i-뷰틸알코올, n-뷰티르산

해설 헤드스페이스 장치를 이용하여 분석할 수 있는 물질은 트라이메틸아민, n-발레르산이다.

05 저온 농축장치를 이용한 휘발성 유기화합물의 연속측정법에서 측정분석 성능에 대한 설명 중 틀린 것은? [5점]

① 방법검출한계(MDL)는 검출한계에 다다를 것으로 생각되는 농도를 3번 반복 측정한 후 이 농도값을 바탕으로 하여 얻은 표준편차에 3.14를 곱한다.

② 측정과 분석의 정밀도는 3회 이상 반복분석의 표준편차로 구하고 이 값은 10 nmol/mol ~ 100 nmol/mol 농도의 시료 1 L를 취하여 측정할 때 10 % 이내로 한다.

③ 검정곡선의 결정계수는 대기 중 농도 10 nmol/mol ~ 100nmol/mol 범위에서 3개 ~ 5개의 농도에 대해 0.98 이상이어야 한다.

④ 분석정밀도는 동일한 시간 동안 동일한 조건에서 4회 반복 분석하여 크로마토그램의 적분면적과 봉우리의 머무름 시간(RT)의 정밀도를 확인한다.

해설 방법검출한계(MDL, method detection limit)는 검출한계에 다다를 것으로 생각되는 농도를 7번 반복 측정한 후 이 농도값을 바탕으로 하여 얻은 표준편차에 3.14를 곱한다. 방법검출한계는 각 물질별로 10 nmol/mol 이하이어야 한다.

06 스타이렌 연속측정방법에 사용되는 흡광차분광법(DOAS)에 대한 설명으로 적절하지 <u>않은</u> 것은? [5점]

① 모든 형태의 가스 분자는 분자 고유의 흡수 스펙트럼을 가진다.

② 적외선 흡수를 이용한 분석으로 비어-램버트(Beer-Lambert) 법칙을 근거로 한다.

③ 스타이렌 가스의 고유 흡수파장에서 농도에 비례하여 흡수가 이루어진다.

④ 농도 측정을 위해 스타이렌 가스 농도에 대한 빛의 투과율, 흡광계수, 투사거리를 계측한다.

해설 자외선 흡수를 이용한 분석으로 자외선/가시선 분광법의 기본 원리인 비어-램버트 법칙(Beer-Lambert)에 근거한 분석 원리를 적용한다.

07 고효율 막채취장치를 이용한 암모니아의 연속측정방법 중 시료채취 조건이 <u>틀린</u> 것은? [5점]

① 흡수액 통로의 부피는 흡수액 유량과 더불어 흡수액의 확산 스크러버 내에서의 머무름 시간을 결정하는 요소이다.

② 측정지점으로부터 시료채취 장치로 이송하는 공기 유량은 10 L/min을 넘지 않도록 한다.

③ 측정지점과 시료채취 장치와의 거리가 20 m 이하인 경우 전단 공기 흡입펌프는 사용하지 않는 것이 좋다.

④ 흡수액의 유량은 실제 시료채취시간을 결정하는 요소 중에 하나로서 감소할수록 흡수액의 확산 스크러버 내에서의 머무름 시간이 길어져 농축도가 증가한다.

해설 전단 공기 흡입펌프에 의해 측정하고자 하는 장소의 공기를 채취 장치까지 이송한다. 측정 장소와 채취 장치의 거리가 5 m 이내인 경우에는 사용하지 않는 것이 좋다.

08 시료 중의 아세트알데하이드 DNPH 유도체의 농도는 2.2 mg/L였다. 아세트알데하이드의 농도로 환산하시오. (단, 아세트알데하이드의 분자량은 44.1 g, 아세트알데하이드 DNPH 유도체의 분자량은 224.2 g) [5점]

① 0.39 mg/L   ② 0.41 mg/L

③ 0.43 mg/L   ④ 0.45 mg/L

해설 알데하이드 농도(mg/L)

$$= \frac{\text{알데하이드 분자량(g)}}{\text{DNPH 유도체의 분자량(g)}}$$

$$\times \text{DNPH 유도체의 농도(mg/L)}$$

$$= \frac{44.1\,g}{224.2\,g} \times 2.2\,mg/L$$

$$= 0.43\,mg/L$$

09 다음 조건으로 다이메틸설파이드의 표준가스를 제조할 경우 다이메틸설파이드 표준가스의 농도(ppm)는? [5점]

- 다이메틸설파이드 시약 순도 : 99 % 이상 고순도 시약
- 다이메틸설파이드 비중 : 0.845 g/mL
- 다이메틸설파이드 분자량 : 62.14 g/mol
- 다이메틸설파이드 주입량 : 2 μL
- 실내조건 : 25 ℃, 1기압(760 mmHg)
- 표준가스 제조용기 부피 : 5 L

① 66.5 ppm   ② 121.8 ppm

③ 133.0 ppm   ④ 266.0 ppm

해설
$$\frac{2\,\mu L \times 0.845\,g/mL \times \frac{mL}{10^3\,\mu L} \times \frac{10^3\,mg}{g}}{5\,L \times 0.99 \times \frac{m^3}{10^3\,L}}$$

$$= 341.41\,mg/m^3$$

$$\therefore ppm = 341.41\,mg/m^3 \times \frac{22.4 \times \frac{273+25}{273}}{62.14}$$

$$= 134.34\,ppm$$

10 흡광차분광법에서 응답시간이란 스팬 조정용 가스의 주입시점으로부터 최종 지시값의 어느 정도에 도달하기까지 시간(분)을 측정한 값을 말하는지 다음 중에서 고르시오. [5점]

① 60 %   ② 70 %

③ 80 %   ④ 90 %

해설 교정장치 주입구 직후로부터 제로 조정용 가스를 주입하여 지시가 안정된 후 유로를 스팬 조정용 가스로 전환한다. 이때의 지시 기록에서, 스팬 조정용 가스의 주입시점으로부터 최종 지시값의 90 % 값에 도달하기까지의 시간(분)을 측정하여 응답시간으로 한다.

11 황화합물 분석을 위한 기체 크로마토그래프 검출기로 적합하지 않은 것은? [5점]

① 펄스형 불꽃광도검출기(PFPD)

② 원자발광검출기(AED)

③ 불꽃이온화검출기(FID)

④ 황화학발광검출기(SCD)

해설 황화합물 분석을 위한 기체 크로마토그래프 검출기는 불꽃광도검출기(FPD, flame photometric detector), 펄스형 불꽃광도검출기(PFPD, pulsed flame photometric detector), 원자발광검출기(AED, atomic emission detector), 황화학발광검출기(SCD, sulfur chemiluminescence detector), 질량분석기(MS, mass spectrometer) 등을 사용할 수 있다.

12 다음은 황화합물 저온농축장치 회수율 측정에 대한 내용이다. ㉠과 ㉡에 들어갈 내용으로 옳은 것은? [5점]

상대습도 (㉠)% 이하(질소가스)와 함께 주입된 황화수소의 저온농축장치의 회수율은 80 % 이상, 상대습도 (㉡)%(공기)와 함께 주입된 황화수소의 회수율은 60 % 이상이어야 한다.

① ㉠ 20, ㉡ 60   ② ㉠ 10, ㉡ 60

③ ㉠ 10, ㉡ 80   ④ ㉠ 20, ㉡ 80

해설 농축장치의 회수율 측정은 상대습도 10 % 이하인 바탕시료 가스와 함께 주입된 황화수소의 저온농축장치의 회수율은 80 % 이상 혹은 상대습도 80 %인 바탕시료 가스와 함께 주입된 황화수소의 회수율은 60 % 이상으로 유지한다.

13 이온 크로마토그래피 분석법에 관한 설명 중 틀린 것은? [5점]

① 이온 크로마토그래프는 고성능 액체 크로마토그래프(HPLC)의 일종으로 환경 중에 존재하는 유기산이나 이온성분을 정성·정량 분석하는 데 이용된다.

② 이온 크로마토그래프는 일반적으로 열전도도검출기(TCD)를 사용한다.

③ 음이온을 분석할 경우에는 음이온 교환수지를 분리칼럼(separator)에 충진시켜 Na_2CO_3 용리액을 이용하며, 양이온 분석 시는 양이온 교환수지와 HCl 용리액을 사용한다.

④ 서프레서(suppressor)란 용리액 자체의 전도도를 감소시키고 목적성분의 전도도를 증가시켜 목적성분을 고감도로 분석하기 위한 장치이다.

해설 이온 크로마토그래프는 전도도검출기를 많이 사용하고, 그 외 자외선, 가시선 흡수 검출기(UV, VIS 검출기), 전기화학적 검출기 등이 사용된다.

14 다음 중 악취 공정시험기준에 따른 지정악취물질과 시료채취방법을 연결한 것으로 틀린 것은? [5점]

① 황화합물 : 흡입상자법

② 트라이메틸아민 : 산성 여과지법

③ 스타이렌 : 붕산용액 흡수법

④ 지방산류 : 알칼리함침필터법

해설 스타이렌은 악취방지법에 단일악취물질로서 지정악취물질로 정하고 있으며 시료채취방법은 고체 흡착관, 캐니스터, 시료주머니를 이용한 방법이 있다.

15 악취 공정시험기준상 관련 용어에 관한 설명으로 옳은 것은? [5점]

① "밀폐용기"라 함은 물질을 취급 또는 보관하는 동안에 외부로부터의 공기 또는 다른 기체가 침입하지 않도록 내용물을 보호하는 용기를 뜻한다.

② 시험조작 중 "즉시"란 10초 이내에 표시된 조작을 하는 것을 뜻한다.

③ "정량적으로 씻는다"라 함은 어떤 조작으로부터 다음 조작으로 넘어갈 때 사용한 비커, 플라스크 등의 용기 및 여과막 등에 부착한 정량 대상 성분을 사용한 용매로 씻어 그 세액을 합하고 먼저 사용한 같은 용매를 채워 일정 용량으로 하는 것을 뜻한다.

④ "이상", "초과", "이하", "미만"이라고 기재하였을 때 이(以)자가 쓰여진 쪽은 어느 것이나 기산점 또는 기준점인 숫자를 포함하며, "a~b"라 표시한 것은 "a 초과 b 미만"임을 뜻한다.

해설 ① "밀폐용기"라 함은 물질을 취급 또는 보관하는 동안에 이물이 들어가거나 내용물이 손실되지 않도록 보호하는 용기를 뜻한다.

② 시험조작 중 "즉시"란 30초 이내에 표시된 조작을 하는 것을 뜻한다.

④ "이상", "초과", "이하", "미만"이라고 기재하였을 때 이(以)자가 쓰인 쪽은 어느 것이나 기산점 또는 기준점인 숫자를 포함하며, "미만" 또는 "초과"는 기산점 또는 기준점의 숫자는 포함하지 않는다. 또 "a~b"라 표시한 것은 "a 이상 b 이하"임을 뜻한다.

정답 13 ② 14 ③ 15 ③

16 공기 중 알데하이드의 DNPH 카트리지 – 액체 크로마토그래피법에 적용하는 검출기로 옳은 것은? [5점]

① 자외선–가시광선 검출기
② 불꽃이온화검출기
③ 전자포획형 검출기
④ 불꽃염광광도 검출기

해설 공기 중 알데하이드의 DNPH 카트리지 – 액체 크로마토그래피법에 적용하는 검출기는 자외선–가시광선 검출기이다.

17 악취물질 중 황화합물(메틸머캅탄, 황화수소, 다이메틸설파이드, 다이메틸다이설파이드)을 분석하려고 한다. 황화합물을 분석하는 시험방법이 <u>아닌</u> 것은? [5점]

① 저온 농축 – 모세관 칼럼 기체 크로마토그래피법
② 저온 농축 – 충전 칼럼 기체 크로마토그래피법
③ 저온 농축 – 고체상 흡착 – 기체 크로마토그래피법
④ 전기냉각 저온 농축 – 모세관 칼럼 기체 크로마토그래피법

해설 황화합물을 분석하는 시험방법은 저온 농축 – 모세관 칼럼 기체 크로마토그래피법, 저온 농축 – 충전 칼럼 기체 크로마토그래피법, 전기냉각 저온 농축 – 모세관 칼럼 기체 크로마토그래피법 등이 있다.

주1 악취 공정시험기준에 따른 공기희석관능법을 위한 부지경계선에서의 시료채취방법을 기술하시오. [5점]

해설
• 시료채취자는 시료채취 시 시료에 영향을 주지 않도록 신체의 청결을 유지하여야 한다.
• 펌프와 채취관은 시료를 채취하기 전에 시료로 3분간 흘려보낸 후 사용한다.
• 깨끗한 시료주머니에 시료채취 전에 시료공기로 1회 이상 채우고 배기한 후 시료를 채취한다.
• 시료채취는 1 L/min ~ 10 L/min의 유량으로 5분 이내에 이루어지도록 한다.

주2 공기희석법을 이용한 악취관능시험을 통해 악취시료를 측정·분석하고자 한다. 공기희석법의 시험법 절차에 의한 평가가 다음과 같을 경우 복합악취 희석배수를 산정하시오. [5점]

판정요원	1차 평가 1조	1조	2차 ×30	3차 ×100	4차 ×300	5차 ×1 000
1	O	O	×	중단	중단	중단
2	O	O	O	O	O	O
3	O	O	O	O	O	×
4	O	O	O	×	중단	중단
5	O	O	O	O	×	중단

해설 복합악취 희석배수 계산
• 판정요원 1 : $\sqrt{(10\times10)} = 10$
• 판정요원 2 : 1 000
• 판정요원 3 : 300
• 판정요원 4 : 30
• 판정요원 5 : 100
여기서, 최소 희석배수(판정요원 1)와 최대 희석배수(판정요원 2)를 제외한다.
∴ 전체의 희석배수
$= \sqrt[3]{(300\times30\times100)} = 96.6$

2018년 제10회 1차 환경측정분석사 필기

• 검정분야 : (1) 공통

[정도관리(대기)]

01 대기오염 공정시험기준의 용어에 대한 설명으로 틀린 것은?

① '항량이 될 때까지 건조한다'라고 함은 한 시간 더 건조할 때 전후 무게차가 g당 0.3 mg 이하일 때를 말한다.
② '즉시'란 3초 이내를 말한다.
③ '감압 또는 진공'은 15 mmHg 이하의 압력을 뜻한다.
④ '방울수'란 20 ℃에서 정제수 20방울을 떨어뜨릴 때 그 부피가 약 1 mL 되는 것을 말한다.

[해설] ② 시험조작 중 '즉시'란 30초 이내에 표시된 조작을 하는 것을 뜻한다.

02 시험분석 용어에 대한 정의가 틀린 것은?

① 검정곡선(calibration curve) : 시료의 측정 항목 농도를 계산하기 위해 기지 표준물질을 해당 분석방법으로 측정 분석하여 농도와 반응을 나타낸 곡선
② 바탕시료(blanks) : 측정항목이 포함되지 않은 기준시료를 의미하며 측정 분석의 오염 확인과 이상 유무의 확인을 위해 사용
③ 이중시료(duplicate sample) : 둘 또는 그 이상의 시료로서 같은 지점에서 동일한 시간에 동일한 방법으로 채취된 시료
④ 대체표준물질(surrogates) : 화학적 시험 측정항목과 비슷한 성분이나 일반적으로 환경 시료에서는 발견되지 않음.

[해설] ③ 이중시료 : 시료가 오직 두 개만 채취되었을 경우의 시료
측정의 정밀도를 확인하는 데 사용되며, 같은 지점에서 동일한 시간에 동일한 방법으로 채취하여 독립적으로 처리하고 같은 방법으로 측정한 둘 이상의 시료를 반복시료 또는 분할시료라고 한다.

03 분석에 사용되는 유리기구의 특성으로 옳은 것은?

① 실험실용 부피측정용 유리기구를 위한 기준 온도는 20 ℃이다.
② 내열충격성이 낮고 선팽창계수가 높아야 한다.
③ 부피측정용 유리기구의 허용 오차범위는 측정값의 정확도와 무관하다.
④ 붕규산 유리기구는 가열할 때에 산성 용액에 의해 침식된다.

[해설] ② 내열충격성이 높고 선팽창계수가 낮아야 한다.
③ 부피측정용 유리기구의 허용 오차범위는 측정값의 정확도와 관계가 깊어 허용 오차 범위 내에 있는 제품을 사용하여 분석의 정확성을 유지할 필요가 있다.
④ 붕규산 유리기구는 가열할 때 알칼리 용액에 의해 약간의 침식을 받는다.

04 실험에 사용할 유리기구의 세척과 건조에 관한 설명으로 **틀린** 것은?

① 휘발성 유기화합물 분석을 위해 세척제로 세척하고 수돗물, 정제수로 헹군 후 공기 중에서 건조시킨다.

② 중금속 분석을 위해 세척제로 세척하고 수돗물로 헹군 후 20 % 질산수용액에 4시간 이상 담가 두었다가 정제수로 헹군 후 공기 중에서 건조시킨다.

③ 무기이온물질 분석을 위해 세척제로 세척하고 수돗물, 정제수로 헹군 후 공기 중에서 건조시킨다.

④ 미생물 분석을 위해 세척제로 세척하고 뜨거운 물, 정제수로 헹군 후 유리기구는 160 ℃에서 2시간 이내 건조시킨다.

해설 ① 휘발성 유기화합물 분석을 위해 세척제로 세척하고 수돗물, 정제수로 헹군 후 105 ℃에서 1시간 건조시킨다.

05 실험실에서 사용하는 실험기구 재질 특성에 대한 설명으로 **틀린** 것은?

① 고순도 실리카 유리의 최대작업온도는 1 000 ℃이며 붕규산 유리보다 알칼리에 약하다.

② 연성 유리는 열적 안정성이 약하며 알칼리 용액에 침식을 받는다.

③ 항알칼리성 유리는 열적 안정성이 붕규산 유리보다 더욱 민감하다.

④ 용융석영의 최대작업온도는 1 050 ℃이며 대부분의 산과 할로겐에 강하다.

해설 ① 고순도 실리카 유리의 최대작업온도는 1 000 ℃이며 열적 안정성은 매우 강하다. 또한, 화학적 내구성 측면에서는 붕규산 유리보다 알칼리성에 강하다.

06 표준물질, 시약 및 화학물질의 저장방법에 대한 설명으로 **틀린** 것은?

① 실리카 저장용액은 반드시 플라스틱병에 저장해야 한다.

② 페놀은 실험실 밖에 저장하며, 많은 양은 금속 캔에 저장한다.

③ 과산화수소는 "화학물질 저장"이라고 적은 냉장고에 저장하고, 뚜껑이 단단히 조여 있는 봉해진 용기에 보관한다.

④ 중금속 표준물질은 실험실의 지정된 저장장소에 실온에서 보관한다.

해설 • 실험실 외부에 저장하고, 많은 양은 금속 캔에 저장해야 하는 화학물질은 '가연성 용매' 이다.
• 페놀과 과산화수소는 "화학물질 저장"이라고 냉장고에 적은 후 저장하고, 뚜껑이 단단히 조여 있는 봉해진 용기에 보관해야 한다.

07 시료채취장비를 세척할 때 옳은 것은?

① 세척제는 인산과 암모니아로 된 ALCONOX® 또는 5 % 인산으로 된 LIQINOX®을 사용한다.

② LIQINOX®은 쉽게 분해되기 때문에 초음파 세척기 이용 시 사용된다.

③ ALCONOX®은 유리, 금속, 플라스틱 등에 대해 부식 형성을 방지하는 데 탁월하다.

④ 용매는 일반적으로 아이소프로판올(iso-propanol)을 사용하고 정제수로 헹군다.

해설 ① 세척제는 5 % 인산으로 된 ALCONOX® 또는 인산과 암모니아로 된 LIQINOX®을 사용한다.
② ALCONOX®은 쉽게 분해되기 때문에 초음파 세척기를 이용한 세척에서는 LIQINOX®보다 더 많이 사용된다.
③ ALCONOX®은 원래 양이온으로 유리기구뿐만 아니라 금속, 플라스틱, 고무 등을 세척하는 데 유용하게 사용한다.

정답 **04** ① **05** ① **06** ② **07** ④

08 교정용 저장용액의 농도와 보존기간으로 틀린 것은?

① 인산염인 : 0.1 mg/mL : 3개월
② 아질산성 질소 : 0.25 mg/mL : 3개월
③ 사이안이온 : 1 mg/mL : 3개월
④ 암모니아성 질소 : 0.1 mg/mL : 3개월

해설 ③ 사이안이온의 저장용액 농도는 1 mg/mL이고, 보존기간은 1개월이다.

09 시료채취 시 지켜야 할 일반적인 규칙으로 틀린 것은?

① VOCs 등 유기물질 시료채취용기는 적절한 유기용매를 사용하여 헹군 후 사용한다.
② 수용액 매질의 경우, 시료채취 장비와 용기는 채취 전에 그 시료를 이용하여 미리 헹구고 사용한다.
③ 호흡기관 보호를 위해서는 소형 활성탄 여과기가 있는 일회용 마스크가 적당하다.
④ 시료채취 시 일회용 장갑을 사용하고, 위험물질 채취 시에는 고무장갑을 사용한다.

해설 시료채취 규칙에서 VOCs, 오일, 윤활유, TRPHs 및 미생물 분석용 시료채취 장비와 용기는 미리 헹구지 않는 것이 원칙이다.

10 시료채취장비를 준비하기 위한 과정으로 틀린 것은?

① 실험실에서 세척된 장비는 정제수로 헹구고 완전히 말린 후 저장을 위해 알루미늄 포일로 싼다.
② 테플론 튜브는 현장에서 비눗물, 수돗물, 정제수로 헹구고 알루미늄 포일 위에 올려놓는다.
③ 퍼지 장비 중 펌프와 호스는 입자 제거를 위해 비누용액, 수돗물, 정제수로 헹귀 말린다.

④ 현장에서는 뜨거운 물을 사용하는 것을 제외하고는 실험실과 같은 절차를 사용한다.

해설 ② 테플론 튜브는 현장에서 세척하면 안 되고, 반드시 실험실에서 세척해야 한다.

11 대기 시료채취에 대한 일반적 주의사항으로 틀린 것은?

① 시료채취를 할 때에는 되도록 측정하려는 가스 또는 입자의 손실이 없도록 한다.
② 채취관은 항상 깨끗한 상태로 보존한다.
③ 미리 측정하려고 하는 성분과 이외의 성분에 대한 물리적·화학적 성질을 조사하여 방해성분의 영향이 적은 방법을 선택한다.
④ 시료채취유량은 각 항에서 규정하는 범위 내에서는 되도록 적게 채취하는 것을 원칙으로 한다.

해설 ④ 시료채취유량은 되도록 많이 채취하는 것을 원칙으로 한다.
※ 사용 유량계는 그 성능을 잘 파악하여 사용하고 채취유량은 반드시 온도와 압력을 기록하여 표준상태로 환산한다.

12 실험실의 각종 시설에 대한 설명으로 틀린 것은?

① 기기분석실의 실내 온도는 약 18 ℃ ~ 28 ℃를 유지하는 것이 좋다.
② 시료의 보관시설은 시료의 변질을 막기 위해 상온을 유지해야 한다.
③ 저울실의 조명은 측정 시 잘 볼 수 있도록 약 300 lux 이상이어야 한다.
④ 전처리시설의 최소 공간은 전체 실험실 면적의 약 15 % 이상으로 확보해야 하며, 안전시설 또한 별도로 갖추어야 한다.

해설 ② 시료의 보관시설은 시료의 변질을 막기 위해 약 4 ℃로 유지하여야 한다.

정답 08 ③ 09 ① 10 ② 11 ④ 12 ②

13 실험실의 가스누출경보기 설치기준에 관한 설명으로 **틀린** 것은?

① 가스누출 경보가 발령된 경우에는 가스 농도가 변화하게 되면 경보가 정지되어야 한다.

② 가스누출이 우려되는 화학설비 및 부속설비 주변에 설치한다.

③ 가스누출경보기는 실험자가 상주하는 곳에 설치한다.

④ 감지대상 가스가 가연성이면서 독성인 경우는 독성 가스를 기준으로 경보기를 설치한다.

> **해설** ① 가스누출 경보가 발령된 경우에는 가스 농도가 변화하여도 계속 경보가 울려야 하며, 그 확인 또는 대책을 조치할 때에 경보를 정지시킨다.

14 다음 중 연구실 안전장치에 대한 설명으로 **틀린** 것은?

① 후드를 시약 또는 폐액 보관장소로 사용하지 않도록 한다.

② 비상샤워장치는 실험실 작업자들이 눈을 감은 상태에서도 비상샤워장치에 도달할 수 있어야 한다.

③ 위험수준을 낮추기 위하여 냉장고에 보관하는 물질은 보관기간을 가능한 짧게 하고, 정기적으로 점검되어야 한다.

④ 유리제품 캐비닛을 구매할 때에는 폭발위험을 최소화할 수 있도록 배출용 뚜껑(vent cap)이 부착된 것을 사용하지 않도록 한다.

> **해설** ④ 유리제품 캐비닛을 구매할 때에는 폭발위험을 최소화할 수 있도록 배출용 뚜껑이 부착된 것을 사용한다.

15 화학물질 취급 시 화학물질의 성상별 안전조치에 대한 설명으로 **틀린** 것은?

① 독성물질 : 대부분 물질들이 호흡장애의 위험성을 가지고 있으므로 밀폐된 지역에서 많은 양을 사용해서는 안 되며, 항상 후드 내에서만 사용해야 한다.

② 강산화제 : 매우 적은 양(약 0.25 g)으로 심한 폭발을 일으킬 수 있으므로 방화복, 가죽장갑, 안면보호대 같은 보호구를 착용하고 취급한다.

③ 유기용제 : 대부분의 유기용제는 해로운 증기에 의해 건강에 악영향을 미치며, 휘발성이 매우 크고 증기는 가연성이다.

④ 산과 염기 : 위험성은 화상, 해로운 증기의 흡입, 화재 또는 폭발 등이 있으며, 희석할 때는 물을 산에 가하면서 희석한다.

> **해설** ④ 산과 염기의 취급 시에는 항상 물에 산을 서서히 가하면서 희석한다. 반대로 하면 안 된다.

16 소량 첨가(spike)란 시료에 대한 감응이 교정곡선에서 예상하는 것과 같은지를 시험하기 위하여 시료에 첨가하는 아는 양의 분석물질을 지칭한다. 1 L 중에 분석물질이 10 μg 들어있는 미지시료에 추가로 5.0 μg/L를 소량 첨가하여 4.6 μg/L를 얻었을 경우 소량 첨가의 회수율(%)은?

① 97 % ② 92 %

③ 46 % ④ 102 %

> **해설** 회수율 $R(\%) = \dfrac{측정값}{참값} \times 100$
>
> $= \dfrac{4.6}{5} \times 100$
>
> $= 92\%$

17 시험검사 결과의 기록방법에서 유효숫자를 결정하기 위한 법칙으로 **틀린** 것은?

① '0'이 아닌 정수는 항상 유효숫자이다.
② 소수 자리 앞에 있는 숫자 '0'은 유효숫자에 포함되지 않는다.
③ 더하는 경우 계산하는 숫자 중에서 가장 큰 유효숫자의 자릿수에 맞춘다.
④ '0'이 아닌 숫자 사이에 있는 '0'은 항상 유효숫자이다.

해설 결과를 계산할 때 곱하거나 더할 경우, 계산하는 숫자 중에서 가장 작은 유효숫자 자릿수에 맞춰 결과값을 적는다.

18 유효숫자를 고려한 계산으로 바르게 제시한 것은?

> ㉠ $2.75 \times 10^{-3} + 3.4 \times 10^{-2}$
> ㉡ $\log(5.403 \times 10^{-8})$

① ㉠ 3.7×10^{-2}, ㉡ -7.267
② ㉠ 3.68×10^{-2}, ㉡ -7.2674
③ ㉠ 3.68×10^{-2}, ㉡ -7.267
④ ㉠ 3.7×10^{-2}, ㉡ -7.2674

해설 ㉠의 유효숫자는 계산하는 숫자 중에서 가장 작은 유효숫자 자릿수에 맞춰 2개이다.
∴ ㉠ $= 3.7 \times 10^{-2}$

$\log n = a \leftrightarrow 10^a = n$
위 식에서 n은 a에 대한 음의 대수라고 한다. 대수는 가수(mantissa)와 지표(characteristic)로 구성되며, 지표는 정수 부분이고 가수는 소수 부분이다.
$\log n$의 가수에 있는 유효숫자의 수는 n의 유효숫자의 수와 같아야 한다.
여기서 ㉡의 유효숫자는 4자리이다.
∴ ㉡ $= \log(5.403 \times 10^{-8}) = -7.\underset{\text{4자리}}{2674}$

19 측정분석기관의 정도관리 평가 방법 및 항목에 대한 설명으로 **틀린** 것은?

① 숙련도 시험을 위한 표준시료를 수령한 대상 기관은 수령한 날로부터 30일 이내에 분석 결과 등을 과학원장에게 제출하여야 한다.
② 정도관리 평가기준의 적합 여부를 판단하기 위해 숙련도 시험, 현장평가, 정도관리 책임자 평가를 실시하여야 한다.
③ 정도관리 평가 분야는 대기, 수질, 먹는 물, 폐기물, 토양, 실내공기질, 악취, 잔류성 유기오염물질 분야의 8기지이다.
④ 과학원장은 정도관리 평가 결과 미달 판정을 받은 기관에 대해 과학원 홈페이지에 공고할 수 있다.

해설 국립환경과학원장은 대상 기관에 대하여 정도관리 평가기준의 적합 여부를 판단하기 위해 숙련도 시험과 현장평가를 실시하여야 한다.

20 직사각형으로 된 굴뚝의 면적과 불확도를 계산하는 과정 중 너비의 표준불확도는 1.1, 감도계수는 435, 높이의 표준불확도는 5.8, 감도계수는 679일 때, 합성표준불확도는 얼마인가? (단위 : cm^2)

① 2 631
② 3 967
③ 3 270
④ 4 417

해설 합성표준불확도
$$u(a) = \sqrt{\{c_w \times u(w)\}^2 + \{c_h \times u(h)\}^2}$$
여기서, c_w : 너비의 감도계수
c_h : 높이의 감도계수
$u(w)$: 너비의 표준불확도
$u(h)$: 높이의 감도계수
∴ $u(a) = \sqrt{(435 \times 1.1)^2 + (679 \times 5.8)^2}$
$= 3\,967\ (cm^2)$

21 검정은 초기검정과 수시검정으로 구분되는데, 이 중 초기검정에 대한 설명으로 **틀린** 것은?

① 감응인자 또는 검정인자가 사용된다면 각각의 분석물질에 대한 상대표준편차가 20 % 이하이어야 한다.

② 분석대상 표준물질의 최소 3개 농도를 가지고 초기검정을 수행하며 가장 낮은 농도는 최소정량한계값 이상이어야 한다.

③ 선형 회귀방법을 사용한다면 상관계수는 0.995 이상이어야 한다.

④ 검정곡선은 선형 또는 이차함수일 수 있고 원점을 통과하거나 통과하지 않을 수 있다.

해설 ② 분석대상 표준물질의 최소 3개 농도를 가지고 초기검정을 수행하며, 최고농도의 절반 농도를 '중간농도'로 하고, 최고농도의 5분의 1 농도(20 %)를 '최저농도'로 한다.

22 바탕시료(blank sample)의 종류와 설명이 각각 올바르게 연결된 것은?

㉠ 방법 바탕시료 ㉡ 현장 바탕시료
㉢ 기구 바탕시료 ㉣ 운반 바탕시료
㉤ 전처리 바탕시료 ㉥ 매질 바탕시료

a) 시료채취 후 보관용기에 담아 운송 중에 용기로부터 오염되는 것을 확인하기 위한 바탕시료

b) 먼저 시료에 있던 오염물질이 시료채취기구에 남아 있는지를 평가하는 시료

c) 분석의 모든 과정(채취, 운송, 분석)에서 생기는 문제점을 찾는 데 사용되는 시료

d) 전처리에 사용되는 기구에서 발생할 수 있는 오염을 확인하기 위한 바탕시료

e) 측정하고자 하는 물질이 전혀 포함되어 있지 않은 것이 증명된 시료

f) 시료매질(정제수, 대기 시료 중의 입자, 폐수나 토양 시료 중의 유기용매 등)에 존재할 수 있는 물질에 대한 평가이며, 분석과정에서 매질의 영향으로 회수율이나 정확도가 떨어질 때 하는 시료

① ㉠ - b, ㉡ - d, ㉥ - f

② ㉢ - a, ㉣ - c, ㉤ - e

③ ㉡ - c, ㉢ - b, ㉤ - d

④ ㉣ - b, ㉤ - d, ㉥ - f

해설 **바탕시료의 종류**

• 방법 바탕시료(method blank sample) : 측정하고자 하는 물질이 전혀 포함되어 있지 않은 것이 증명된 시료

• 현장 바탕시료(field blank sample) : 현장에서 만들어지는 깨끗한 시료로 분석의 모든 과정(채취, 운송, 분석)에서 생기는 문제점을 찾는 데 사용되는 시료

• 기구 바탕시료(equipment blank sample), 세척 바탕시료(rinsate blank sample) : 시료채취기구의 청결함을 확인하기 위해 사용되는 깨끗한 시료로서 동일한 시료채취기구의 재이용으로 인하여 먼저 시료에 있던 오염물질이 시료채취기구에 남아 있는지를 평가하는 데 이용되는 시료

• 운반 바탕시료(trip blank sample) : 용기 바탕시료(container blank sample)라고도 하며, 일반적으로 시료채취 후 보관용기에 담아 운송 중에 용기로부터 오염되는 것을 확인하기 위한 바탕시료

• 전처리 바탕시료(preparation blank sample) : 시료전처리 바탕시료(sample preparation blank) 또는 시료보관 바탕시료(sample bank blank)라고도 하며, 교반, 혼합, 분취 등 시료를 분석하기 위한 다양한 전처리 과정에 대한 바탕시료

• 매질 바탕시료(matrix blank sample) : 시료 매질에 존재할 수 있는 물질에 대한 평가를 위한 시료

※ 시료 매질은 정제수만을 지칭하는 것은 아니며, 대기 시료 중의 입자, 폐수나 토양 시료 중의 유기용매 등을 지칭하기도 한다.

• 검정곡선 바탕시료(calibration blank) : 기기 바탕시료(instrument blank)라고도 하며, 분석장비의 바탕값(background level)을 평가하기 위한 시료

따라서, 주어진 바탕시료와 설명을 각각 연결하면 다음과 같다.

㉠ - e, ㉡ - c, ㉢ - b, ㉣ - a, ㉤ - d, ㉥ - f

23 정도관리/정도보증(QA/QC)의 통계 용어에 대한 정의로 <u>틀린</u> 것은?

① 유효숫자는 측정결과 등을 나타내는 숫자 중에서 소수점 셋째 자리 이하를 반올림한 숫자이다.

② 상대차이백분율은 관찰값을 수정하기 위한 변이성을 나타내는 값이다.

③ 회수율은 순수 매질에 첨가한 성분의 회수율 또는 시료 매질에 첨가한 성분 회수율이다.

④ 중앙값은 일련의 측정값 중 최솟값과 최댓값의 중앙에 해당하는 크기를 가진 측정값이다.

> **해설** 측정결과값에서 소수점 뒷자리를 반올림할 때 5 미만은 버리고 5 이상의 경우 반올림하여(오사오입법) 유효숫자 계산법에 의해 유효숫자를 정한다.
> 예를 들어, 4.56×1.4=6.38은 유효숫자를 적용하여 6.4로 반올림하여 적는다.
> 이때, 숫자 4.56과 1.4에서 1.4가 작으므로 가장 작은 유효숫자인 2자리를 적용하는 것이다.

24 기체 크로마토그래프(GC) 시스템에 이용되는 검출기에 대한 설명으로 <u>틀린</u> 것은?

① 전자포획검출기(ECD)는 시료 중의 할로겐이나 산소 같은 전자포획력이 강한 화합물에 의해 전류가 감소하는 것을 이용하는 방법이다.

② 광이온화검출기(PID)는 매우 민감하고, 노이즈가 적고, 직선성이 탁월하며, 시료를 파괴하지 않아도 된다.

③ 질량검출기(MSD)는 금속 필라멘트, 전기저항체를 검출소자로 하여 산소 및 질소와 같은 무기가스 분석에 많이 사용된다.

④ 불꽃광도검출기는(FPD)는 수소불꽃에 의해 시료성분을 연소시켜 발생하는 불꽃의 광도를 분광학적으로 측정하는 방법으로 인 또는 유황화합물을 선택적으로 검출할 수 있다.

> **해설** ③ 질량검출기(MSD ; Mass Spectrophotometer Detector)는 다양한 화합물을 검출할 수 있고, 물질의 파쇄(fragmentation)로 화합물 구조를 유추할 수 있다.
> ※ 열전도도검출기(TCD ; Thermal Conductivity Detector) : 금속 필라멘트와 전기저항체(thermistor)를 검출소자로 하여 금속판(block) 안에 들어있는 본체와 안정된 직류전기를 공급하는 전원회로, 전류조절부, 신호검출 전기회로, 신호감쇄부 등으로 구성되어 있다. 열전도도 차이를 통해 모든 분자를 검출할 수 있으므로 범용적으로 사용되며, 특히 무기가스(O_2, N_2, H_2O, 비탄화수소)에 많이 사용된다.

25 전자저울 설치 및 측정환경에 대한 설명으로 <u>틀린</u> 것은?

① 직사광선이 닿지 않도록 설치한다.

② 이상적인 측정환경은 실내온도 (20±5) ℃, 상대습도 (45~60) %이다.

③ 저울을 사용하기 전에는 반드시 1시간 이상 안정화하여 사용한다.

④ 저울이 설치될 장소로는 먼지가 적은 방을 선정한다.

> **해설** ② 이상적인 측정환경은 실내온도 (20±2) ℃, 상대습도 (45~60) %이다.

26 시료를 보존하고 저장할 때에 고려사항과 대응방안을 <u>모두</u> 바르게 제시한 것은?

① 흡착 – 화학물질 첨가

② 화학적 반응 – 화학물질 첨가

③ 광화학 반응 – 화학물질 첨가

④ 미생물 성장 – 적정 용기 선정

> **해설** ① 흡착 – 적정 용기 선정·보관
> ③ 광화학 반응 – 암실 보관
> ④ 미생물 성장 – 냉장고 보관

정답 23 ① 24 ③ 25 ② 26 ②

27 다음은 현장 측정의 QC 점검을 위한 설명이다. 빈칸에 들어갈 말로 옳은 것은?

> 이중시료는 측정의 (㉠)를 계산하기 위해 분석한다. QC 점검을 위해 농도를 알고 있는 표준물질을 이용해 비슷한 매질의 같은 시료 세트와 함께 분석하고, 분석의 (㉡)을 측정하는 데도 사용한다. 이중시료와 QC 점검 표준시료는 (㉢)개의 시료당 한 번 분석되어야 한다.

① ㉠ 정밀도, ㉡ 참값, ㉢ 20
② ㉠ 정확성, ㉡ 정밀도, ㉢ 100
③ ㉠ 정밀도, ㉡ 정확성, ㉢ 20
④ ㉠ 참값, ㉡ 회수율, ㉢ 100

해설 현장 측정에서 QC 점검 시 이중시료는 측정의 정밀도(precision)를 계산하기 위해 분석한다. QC 점검을 위해 농도를 알고 있는 표준물질을 이용해 비슷한 매질의 같은 시료 세트와 함께 분석하고, 분석의 정확성(accuracy)을 측정하는 데도 사용한다. 이중시료와 QC 점검 표준시료는 20개의 시료당 한 번 분석되어야 한다.

28 대기 중 가스와 증기 시료를 추출하고 농축하기 위한 건식법에 관한 설명으로 틀린 것은?

① 기포발생기와 확산기를 가진 시스템을 이용한다.
② 흡착된 가스는 기체 크로마토그래피나 적외선분광법을 사용해 추출하고 분석한다.
③ 추출에 사용되는 용매는 보통 알코올, 다이메틸설폭사이드 혹은 이황화탄소가 있는 정제수와 같은 극성 물질을 사용한다.
④ 흡착제와 같은 다공성 고체의 값을 기초로 활성탄, 실리카젤을 흡착제로 사용한다.

해설 • 습식법(wet collection system) : 기포발생기(bubbler)와 확산기(diffuser)를 가진 시스템으로 구성되어 있으며, 이를 포함한 임핀저(impinger)는 흡수제가 들어있어 세정용액이라고 한다.
• 건식법(dry collection system) : 흡착제와 같은 다공성 고체의 값을 기초로 하며, 활성탄, 실리카젤, 활성 알루미늄을 흡착제로 사용한다.

29 다음 설명 중 검정곡선에 대한 설명으로 틀린 것은?

① 시료를 분석할 때마다 매번 새로 작성해야 한다.
② 표준물질을 사용하여 단계별 농도로 작성한다.
③ 시료의 농도범위를 모두 포함할 수 있어야 한다.
④ 상관계수는 0에 가까울수록 좋다.

해설 ④ 검정곡선에 대한 상관계수는 0.9998을 초과해야 한다.

30 계통오차(systematic error)의 종류는 기기오차, 방법오차, 개인오차의 3가지가 있다. 계통오차를 검출하는 방법으로 틀린 것은?

① 표준기준물질(Standard Reference Material ; SRM)과 같은 조성을 아는 시료를 분석한다.
② 분석성분이 들어있지 않은 바탕시료(blank)를 분석한다.
③ 다른 시료를 같은 실험실이나 같은 실험자에 의해서 분석한다.
④ 같은 양을 측정하기 위하여 여러 가지 다른 방법을 이용한다.

해설 계통오차를 검출하는 방법
- 표준기준물질(SRM ; Standard Reference Material)과 같은 조성을 아는 시료를 분석한다. 그 분석방법은 알고 있는 값을 재현할 수 있어야 한다.
- 분석성분이 들어있지 않은 바탕시료(blank)를 분석한다. 만일 측정결과가 0이 되지 않으면 분석방법은 얻고자 하는 값보다 더 큰 값을 얻게 된다.
- 같은 양을 측정하기 위하여 여러 가지 다른 방법을 이용한다. 만일 각각의 방법에서 얻은 결과가 일치하지 않으면 한 가지 또는 그 이상의 방법에 오차가 발생한 것이다.
- 같은 시료를 각기 다른 실험실이나 다른 실험자(같은 방법 또는 다른 방법 이용)에 의해 분석한다. 예상한 우연오차 이외에 일치하지 않는 결과는 계통오차이다.

31 정확도를 측정하기 위해 시료의 무게를 6번 측정하여 다음의 결과값을 얻었다. 상대정확도(relative accuracy)를 정확하게 표현한 것은? (단, 결과값은 소수 셋째 자리에서 내림하시오.)

> 99, 100, 93, 95, 92, 91 (단위 : g)
> (단, 참값은 99 g)

① 95 RPD
② 95.95 %
③ RSD 95
④ 95 % RPD

해설 상대정확도

$= \dfrac{측정값 \ 또는 \ 평균값}{참값} \times 100$

$= \dfrac{\left(\dfrac{99+100+93+95+92+91}{6}\right)}{99} \times 100$

$= 95.95 \%$

32 현장평가의 정밀도는 이중시료 분석을 기본으로 상대차이백분율(RPD ; Relative Percent Difference)로 나타낸다. 측정값이 각각 2, 90일 때 RPD는 약 몇 %인가?

① 180 %
② 185 %
③ 195 %
④ 191 %

해설 상대차이백분율은 두 측정값의 차이를 그 평균으로 나누어 백분율로 표시한 값으로, 이중시료의 정밀도를 나타내며 다음과 같이 계산한다.

$RPD = \dfrac{|x_1 - x_2|}{\bar{x}} \times 100$

$= \dfrac{|2-90|}{46} \times 100 = 191 \%$

여기서, x_1, x_2 : 측정 1과 측정 2의 관찰된 값
$\bar{x}$: 관찰된 값들의 평균

33 정도관리에서 유의수준은 결과가 신뢰수준 밖에 존재할 확률을 의미한다. 신뢰수준이 95 %일 경우의 유의수준으로 옳은 것은?

① 0.05
② 0.5
③ 5
④ 0.005

해설 유의수준(significance level)이란 결과가 신뢰수준 밖에 존재할 확률로, 신뢰수준이 95 %라면 유의수준(α)은 0.05이다.

34 시료를 3회 채취한 농도의 절대불확도가 각각 15, 20, 23이었다. 이들 농도 합에 대한 절대불확도에 가장 근접한 값은?

① 34
② 32
③ 33
④ 31

해설 덧셈의 계산된 결과에 대한 불확도의 전파는 다음과 같다.

$e_y = \sqrt{e_{x_1}^2 + e_{x_2}^2 + e_{x_3}^2} = \sqrt{15^2 + 20^2 + 23^2} = 34$

여기서, e : 절대불확도

정답 31 ② 32 ④ 33 ① 34 ①

35 반복하여 얻은 결과값 192, 216, 202, 195, 204가 있다. 이 중 216의 결과값이 나머지 결과값과 일치하지 않는 것처럼 보일 때 216을 버려야 할지 받아들여야 할지의 여부를 Q-test를 통하여 판단한 것으로 옳은 것은? (단, 90 % 신뢰도에서 Q-값은 0.55이다.)

① 관측된 Q-값은 0.5이고 90 % 신뢰도에서 Q-값은 0.55보다 작으므로 버린다.

② 관측된 Q-값은 1이고 90 % 신뢰도에서 Q-값은 0.55보다 크므로 버리지 않는다.

③ 관측된 Q-값은 1이고 90 % 신뢰도에서 Q-값은 0.55보다 크므로 버린다.

④ 관측된 Q-값은 0.5이고 90 % 신뢰도에서 Q-값은 0.55보다 작으므로 버리지 않는다.

해설 192, 195, 202, 204, 216에서 범위(range)는 데이터의 전체 분산이고, 간격(gap)은 의심스러운 측정값과 가장 가까운 측정값 사이의 차이이다.

여기서, 전체 범위 = 216 − 192 = 24
간격 = 216 − 204 = 12

$Q = \dfrac{간격}{범위}$ 이므로,

$\therefore\ Q = \dfrac{12}{24} = 0.5$

이때, 신뢰도값의 판단은 다음을 기준으로 한다.

• $Q_{계산} < Q_{90\,\%\,신뢰도값}$: 의심스러운 값 받아들인다.

• $Q_{계산} > Q_{90\,\%\,신뢰도값}$: 의심스러운 값 버린다.

$Q(=0.5) < Q_{90\,\%\,신뢰도값}(=0.55)$이므로, 90 % 신뢰수준에서 의심스러운 측정값 216은 받아들인다.

36 가연성 액체, 기름, 그리스, 페인트 등의 화재가 발생하였을 때 사용하는 소화기로 옳은 것은?

① A급 화재 표시 소화기

② D급 화재 표시 소화기

③ C급 화재 표시 소화기

④ B급 화재 표시 소화기

해설 ① A급 화재 : 가연성 나무, 옷, 종이, 고무, 플라스틱 등의 화재(일반화재)

② D급 화재 : 가연성 금속, 마그네슘, 티타늄, 소듐, 리튬, 포타슘에 의한 화재

③ C급 화재 : 전기에너지, 전기기계기구에 의한 화재

37 괄호 안에 들어갈 숫자로 옳은 것은?

> 화학물질 흄 후드는 화학물질에서 발생되는 유해한 증기 및 가스를 채취하여 외부로 배출하는 장치로, 후드 내 풍속은 약간 유해한 화학물질에 대하여 안면부 풍속이 (㉠) m/min 정도, 발암물질 등 매우 유해한 화학물질에 대하여, 안면부 풍속이 (㉡) m/min 정도가 되어야 한다.

① ㉠ 11 ~ 20, ㉡ 35

② ㉠ 41 ~ 50, ㉡ 65

③ ㉠ 31 ~ 40, ㉡ 55

④ ㉠ 21 ~ 30, ㉡ 45

해설 위험물질의 방출이나 유출은 대체로 예측할 수 있으나 실험실에서는 뜻밖의 사태가 발생할 수 있으므로, 필요에 따라서는 안전막이 설치되어 있는 후드를 사용한다.

화학물질 흄 후드의 후드 내 풍속은 약간 유해한 화학물질에 대하여 안면부 풍속이 21 m/분 ~ 30 m/분 정도, 발암물질 등 매우 유해한 화학물질에 대하여 안면부의 풍속이 45 m/분 정도가 되어야 한다.

정답 35 ④ 36 ④ 37 ④

38 정도관리 결과 부적합 판정을 받은 기관이 다시 정도관리를 신청할 수 있는 경과기간은?

① 1개월　　　　② 6개월
③ 3개월　　　　④ 12개월

해설 정도관리를 다시 하려는 자는 정도관리 신청서를 국립환경과학원장에게 제출하여야 한다. 이때 정도관리를 신청하는 경우에는 부적합 판정을 통보받은 날부터 3개월이 경과된 이후에 정도관리를 신청할 수 있다.
다만, 부적합 판정을 통보받은 사유가 시설 또는 장비로 인한 것으로 인정되는 경우에는 보완을 완료한 즉시 신청할 수 있다.

39 정도감사에 대한 설명으로 틀린 것은?

① 정도감사는 내부감사와 외부감사 및 시스템감사와 작업감사로 구분된다.
② 정도감사의 빈도는 결과에 대한 비판의 정도, 잘못에 연관되었을 위험성 등에 의해서 좌우된다.
③ 시스템감사는 측정시스템의 결과에 대한 양적인 평가를 하는 것이다.
④ 외부감사는 내부감사에 비해 형식을 중요시한다.

해설 ③ 시스템감사는 측정시스템의 결과에 대한 질적인 평가를 하는 것이다.

40 정도관리 품질문서 평가 시에 평가위원이 검토해야 할 사항으로 틀린 것은?

① 조직도(인력현황 포함) 및 업무분장서
② 정도관리 품질문서에 따른 2년간의 실적 및 기록
③ 장비관리 및 시료관리 기록
④ 시험방법 목록

해설 정도관리 품질문서의 평가 시 평가위원은 경영요건 및 기술요건을 포함한 대상 기관의 정도관리 품질문서 및 기록물 등을 검토한다.
• 조직도(인력현황 포함)
• 업무분장서
• 시험방법 목록
• 장비관리 기록
• 표준용액(물질) 및 시약 목록
• 시료관리 기록
• 시험성적서(원자료 및 산출근거 포함)
• 정도관리 품질문서에 따른 3년간의 실적 및 기록

• 검정분야 : (2) 대기환경측정분석

[1과목 : 대기오염 공정시험기준]

01 대기오염 공정시험기준 시료 전처리에 대한 설명으로 틀린 것은?

① 용매추출법은 필터에 채취한 무기질 시료를 용해시키기 위하여 단일산이나 혼합산의 묽은산 혹은 진한산을 사용하여 오픈형 열판에서 직접 가열하여 시료를 분해하는 방법이다.

② 마이크로파 산분해방법은 원자흡수분광법이나 유도결합플라스마 방출분광법 등으로 무기물을 분석하기 위한 시료의 전처리방법으로 주로 이용된다.

③ 회화법은 유기물 및 동식물 생체시료 중의 회분을 측정하기 위하여 일반적으로 사용하는 전처리방법이다.

④ 단일산이나 혼합산을 사용하여 가열하지 않고 시료 중 분석하고자 하는 성분을 추출하고자 할 때 초음파 추출기를 이용한다.

해설 ①은 산분해법의 설명이다.
용매추출법은 적당한 용매를 사용하여 액체나 고체 시료에 포함되어 있는 성분을 추출하는 방법이다.
• 액체 시료의 추출 : 분별 깔때기(separatory funnel)를 이용하여 액체 시료와 용매를 격렬히 흔들어 액체 시료 중 용매의 가용 성분을 추출한다.
• 고체 시료의 추출 : 둥근바닥 플라스크(round bottomed flask)에 고체 시료와 용매를 가하고, 환류냉각관(reflux condenser)을 달아 용매의 끓는점 이상에서 수 시간 끓여 추출한 후 여과하여 추출물을 분리한다.

02 배출가스 중 가스상 물질 시료채취방법으로 분석물질과 채취관 재질의 선택이 틀린 것은?

① 암모니아 – 경질유리
② 사이안화수소 – 석영

③ 페놀 – 플루오린수지
④ 플루오린화합물 – 실리콘수지

해설 플루오린화합물은 스테인리스강 재질 또는 플루오린수지만 사용하여야 한다.

분석물질 종류별 채취관 및 연결관 등의 재질

분석물질, 공존가스	채취관, 연결관의 재질	여과재
암모니아	①②③④⑤⑥	ⓐⓑⓒ
일산화탄소	①②③④⑤⑥⑦	ⓐⓑⓒ
염화수소	①② ⑤⑥⑦	ⓐⓑⓒ
염소	①② ⑤⑥⑦	ⓐⓑⓒ
황산화물	①② ④⑤⑥⑦	ⓐⓑⓒ
질소산화물	①② ④⑤⑥	ⓐⓑⓒ
이황화탄소	①② ⑥	ⓐⓑ
폼알데하이드	①② ⑥	ⓐⓑ
황화수소	①② ④⑤⑥⑦	ⓐⓑⓒ
플루오린화합물	④ ⑥	ⓒ
사이안화수소	①② ④⑤⑥⑦	ⓐⓑⓒ
브로민	①② ⑥	ⓐⓑ
벤젠	①② ⑥	ⓐⓑ
페놀	①② ④ ⑥	ⓐⓑ
비소	①② ④⑤⑥⑦	ⓐⓑⓒ

[비고] ① 경질유리
② 석영
③ 보통강철
④ 스테인리스강 재질
⑤ 세라믹
⑥ 플루오린수지
⑦ 염화비닐수지
⑧ 실리콘수지
⑨ 네오프렌
ⓐ 알칼리 성분이 없는 유리솜 또는 실리카솜
ⓑ 소결유리
ⓒ 카보런덤

03 배출가스 중 입자상 물질의 시료채취방법으로 수동식 시료채취기를 1형과 2형으로 구분하는 기준은 무엇인가?

① 연결관의 재질
② 먼지채취부의 위치
③ 가스흡입부의 구성
④ 가스미터의 종류

정답 01 ① 02 ④ 03 ②

해설 수동식 시료채취기는 먼지채취부, 가스흡입부, 흡입유량측정부 등으로 구성되며, 먼지채취부의 위치에 따라 1형과 2형으로 구분된다. 1형은 먼지채취기를 굴뚝 안에 설치하고, 2형은 먼지채취기를 굴뚝 밖으로 설치하는 것이다. 먼지시료채취장치의 모든 접합부는 가스가 새지 않도록 하여야 하고, 2형일 때는 배출가스 온도가 이슬점 이하가 되지 않도록 보온 또는 가열해 주어야 한다.

04 환경대기 중의 입자상 및 가스상 물질의 채취방법 중 시료채취위치 선정방법으로 **틀린** 것은?

① 시료채취위치는 원칙적으로 주위에 건물이나 수목 등의 장애물이 없고 그 지역의 오염도를 대표할 수 있다고 생각되는 곳을 선정한다.

② 주위에 장애물이 있을 경우에는 채취 위치로부터 장애물까지의 거리가 그 장애물 높이의 2배 이상 되는 곳을 선정한다.

③ 시료채취의 높이는 그 부근의 평균 오염도를 나타낼 수 있는 곳으로서 1 m 높이에서 한다.

④ 주위에 건물 등이 밀집되거나 접근되어 있을 경우에는 건물 바깥벽으로부터 적어도 1.5 m 이상 떨어진 곳에 채취점을 선정한다.

해설 ③ 시료채취의 높이는 그 부근의 평균 오염도를 나타낼 수 있는 곳으로서 가능한 한 1.5 m ~ 30 m의 범위로 한다.

05 기체 크로마토그래피 분석법에 대한 설명으로 **틀린** 것은?

① 검출기로 열전도도검출기, 질소인검출기, 불꽃이온화검출기, 전자포획검출기 등이 사용된다.

② 고정상 액체는 가능한 한 사용온도에서 증기압이 높고, 점성이 작은 것이어야 한다.

③ 일반적으로 무기물 또는 유기물의 대기오염물질에 대한 정성·정량 분석에 이용한다.

④ 시료를 분리관에 도입시킨 후 그 중의 어떤 성분이 검출되어 기록지상에 봉우리로 나타날 때까지의 시간을 보유시간이라고 한다.

해설 고정상 액체는 가능한 한 다음의 조건을 만족시키는 것을 선택한다.
- 분석대상 성분을 완전히 분리할 수 있는 것이어야 한다.
- 사용온도에서 증기압이 낮고, 점성이 작은 것이어야 한다.
- 화학적으로 안정된 것이어야 한다.
- 화학적 성분이 일정한 것이어야 한다.

06 배출가스 중 비소화합물 측정 시 수소화물 생성 원자흡수분광광도법에 대한 설명으로 **틀린** 것은?

① 이 시험기준은 배출가스 중의 입자상 및 가스상 비소화합물의 농도 측정을 위한 기준방법이다.

② 시료용액 중 비소를 수소화비소로 하여 아르곤 – 수소 불꽃 중에 도입하여 흡광도를 측정한다.

③ 채취시료를 전처리하는 동안 휘발성이 없으므로 전처리방법으로 초음파추출법을 권장한다.

④ 배출가스 중의 입자상 및 가스상 비소 농도를 ppm으로 산출한다.

해설 비소 및 비소화합물 중 일부 화합물은 휘발성이 있어 채취시료를 전처리하는 동안 비소의 손실 가능성이 있다. 따라서, 전처리방법으로써 마이크로파 산분해법을 이용할 것을 권장한다.

07 기기분석방법 중 이온 크로마토그래피 방법의 설명으로 **틀린** 것은?

① 저용량의 이온교환체가 충진되어 있는 분리관 중에서 강전해질의 용리액을 이용하여 용리액과 함께 목적이온 성분을 순차적으로 이동시켜 분리 용출한다.

② 검출기는 일반적으로 전도도검출기를 많이 사용하고, 그 외 자외선·가시선 흡수검출기(UV, VIS 검출기), 전기화학적 검출기 등이 사용된다.

③ 강전해질이 제거된 용리액과 함께 목적이온 성분을 전기전도도 셀에 도입하여 각각의 머무름 시간에 해당하는 전기전도도를 검출함으로써 각각의 이온성분 농도를 측정한다.

④ 분리관은 용리액에 사용되는 전해질 성분을 저전도도 용매로 바꿔줌으로써 전기전도도 셀에서 목적이온 성분을 고감도로 검출할 수 있게 해준다.

해설 ④는 서프레서에 대한 설명이다.
분리관은 이온교환체의 구조 면에서는 표층피복형, 표층박막형, 전다공성 미립자형이 있으며, 기본재질 면에서는 폴리스타이렌계, 폴리아크릴레이트계 및 실리카계가 있다. 또한 양이온교환체는 표면에 설폰산기를 보유한다. 분리관의 재질은 내압성·내부식성으로 용리액 및 시료액과 반응성이 적은 것을 선택하며, 에폭시수지관 또는 유리관이 사용된다. 일부는 스테인리스관이 사용되지만 금속이온 분리용으로는 좋지 않다.

08 배출가스 중 먼지 시료채취방법(반자동식 측정법)에 관한 설명으로 **틀린** 것은?

① 굴뚝 단면이 원형일 경우 측정점수는 굴뚝 직경이 4.5 m를 초과할 경우 10점까지로 한다.

② 수직굴뚝 하부 끝단으로부터 위를 향하여 그곳의 굴뚝 내경의 8배 이상이 되고, 상부 끝단으로부터 아래를 향하여 그곳의 굴뚝 내경의 2배 이상이 되는 지점에 측정공 위치를 선정한다.

③ 한 채취점에서의 채취시간을 최소 2분 이상으로 하고 모든 채취점에서 채취시간을 동일하게 한다.

④ 등속흡입정도를 보기 위해 등속흡입계수를 구하고 그 값이 90 % ~ 110 % 범위 내에 들지 않는 경우에는 다시 시료채취를 행한다.

해설 굴뚝 단면이 원형일 경우 아래의 그림과 같이 측정 단면에서 서로 직교하는 직경선상에 표에서 부여하는 위치를 측정점으로 선정한다. 측정점수는 굴뚝 직경이 4.5 m를 초과할 때는 20점까지로 하고, 굴뚝 단면적이 0.25 m² 이하로 소규모일 경우에는 그 굴뚝 단면의 중심을 대표점으로 하여 1점만 측정한다.

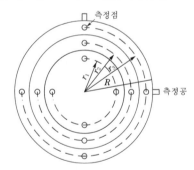

〈원형 단면 측정의 예〉

원형 단면의 측정점

굴뚝 직경 2R(m)	반경 구분수	측정 점수	굴뚝 중심에서 측정점까지의 거리 r_n(m)				
			r_1	r_2	r_3	r_4	r_5
1 이하	1	4	0.707 R	-	-	-	-
1 초과 2 이하	2	8	0.500 R	0.866 R	-	-	-
2 초과 4 이하	3	12	0.408 R	0.707 R	0.913 R	-	-
4 초과 4.5 이하	4	16	0.354 R	0.612 R	0.791 R	0.935 R	-
4.5 초과	5	20	0.316 R	0.548 R	0.707 R	0.837 R	0.949 R

09 비산먼지의 고용량 공기 시료 채취법에 관한 설명으로 옳은 것은?

① 시료채취장소는 바람의 영향이 가장 적은 곳으로 선정한다.

② 대조위치를 선정할 수 없는 경우 대조위치의 먼지농도는 $0.15 \, \text{mg/m}^3$로 한다.

③ 바람이 거의 없을 때(풍속이 $0.5 \, \text{m/s}$ 미만일 때) 시료채취를 해야 한다.

④ 풍향·풍속 측정 시 연속기록장치가 없을 경우에는 적어도 1시간 간격으로 같은 지점에서 2회 이상 풍향·풍속을 측정하여 기록한다.

해설 **비산먼지의 고용량 공기 시료 채취법**

1. 측정위치의 선정
   시료채취장소는 원칙적으로 측정하려고 하는 발생원의 부지경계선상에 선정하며, 풍향을 고려하여 아래의 그림과 같이 그 발생원의 비산먼지농도가 가장 높을 것으로 예상되는 지점을 3개소 이상 선정한다.

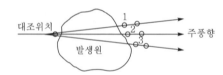

〈시료채취장소의 선정〉

이때 시료채취위치는 부근에 장애물이 없고 바람에 의하여 지상의 흙모래가 날리지 않아야 하며, 기타 다른 원인에 영향을 받지 않고 그 지점에서의 비산먼지 농도를 대표할 수 있는 위치를 선정한다. 별도로 발생원의 위(upstream)인 바람의 방향을 따라 대상 발생원의 영향이 없을 것으로 추측되는 곳에 대조위치를 선정한다.

2. 시료채취의 방법
   시료채취는 1회 1시간 이상 연속 채취하며, 다음과 같은 경우에는 원칙으로 시료채취를 하지 않는다.
   • 대상 발생원의 조업이 중단되었을 때
   • 비나 눈이 올 때
   • 바람이 거의 없을 때(풍속 $0.5 \, \text{m/s}$ 미만)
   • 바람이 너무 강하게 불 때(풍속 $10 \, \text{m/s}$ 이상)

3. 풍향·풍속의 측정
   시료채취를 하는 동안에 별도로 그 지역을 대표할 수 있는 지점에 풍향풍속계를 설치하여 전 채취시간 동안의 풍향·풍속을 기록한다.
   단, 연속기록장치가 없을 경우에는 적어도 10분 간격으로 같은 지점에서 3회 이상 풍향·풍속을 측정하여 기록한다.

4. 비산먼지의 농도 계산
   측정지점의 채취먼지량과 풍향·풍속의 측정 결과로부터 비산먼지농도를 구한다.
   비산먼지농도 $C = (C_H - C_B) \times W_D \times W_S$
   여기서, C_H : 채취먼지량이 가장 많은 위치에서의 먼지농도(mg/m^3)
   C_B : 대조위치에서의 먼지농도 (mg/m^3)
   W_D, W_S : 풍향·풍속 측정 결과로부터 구한 보정계수
   단, 대조위치를 선정할 수 없는 경우에는 C_B를 $0.15 \, \text{mg/m}^3$로 한다.

10 환경대기 중 납화합물 분석방법과 정량범위가 틀린 것은?

① 유도결합플라스마 분광법
   $(0.1 \, \text{mg/L} \sim 2 \, \text{mg/L})$

② 원자흡수분광법($0.2 \, \text{mg/L} \sim 25 \, \text{mg/L}$)

③ 수소화물 발생 원자흡수분광법($0.005 \, \text{mg/L} \sim 0.05 \, \text{mg/L}$)

④ 자외선/가시선 분광법($0.001 \, \text{mg} \sim 0.04 \, \text{mg}$)

해설 **환경대기 중 납화합물 분석방법과 정량범위**

분석방법	정량범위	방법 검출한계	정밀도 (%RSD)
원자흡수 분광법	(0.2~25) mg/L	0.06 mg/L	2~10
유도결합 플라스마 분광법	(0.1~2) mg/L	0.032 mg/L	2~10
자외선/가시선 분광법	(0.001~0.04) mg	–	3~10

11 배출가스 중 염화수소 분석법(싸이오사이안 산제이수은 – 자외선/가시선 분광법)에 대한 설명으로 <u>틀린</u> 것은?

① 싸이오사이안산제이수은 용액과 황산철(Ⅱ) 암모늄 용액을 가하여 발색시켜, 파장 280 nm에서 흡광도를 측정한다.

② 이산화황, 기타 할로겐화물, 사이안화물 및 황화물의 영향이 무시되는 경우에 적합하다.

③ 2개의 연속된 흡수병에 흡수액(0.1 mol/L 수산화소듐 용액)을 각각 50 mL 담은 뒤 40 L 정도의 시료를 채취한다.

④ 정량범위는 시료기체를 통과시킨 흡수액을 250 mL로 묽히고 분석용 시료용액으로 하는 경우 0.4 ppm ~ 80 ppm이다.

해설 염화수소 분석법은 이산화황, 기타 할로겐화물, 사이안화물 및 황화합물의 영향이 무시되는 경우에 적합하다. 2개의 연속된 흡수병에 흡수액(0.1 mol/L의 수산화소듐 용액)을 각각 50 mL 담은 뒤 40 L 정도의 시료를 채취한 다음, 싸이오사이안산제이수은 용액과 황산철(Ⅱ)암모늄 용액을 가하여 발색시켜 파장 460 nm에서 흡광도를 측정한다. 정량범위는 시료기체를 통과시킨 흡수액을 250 mL로 묽히고 분석용 시료용액으로 하는 경우 0.4 ppm ~ 80 ppm이며, 방법검출한계는 0.13 ppm이다.

12 배출가스 중 총탄화수소 측정 및 분석방법의 설명으로 <u>틀린</u> 것은?

① 주시험방법은 불꽃이온화검출기법과 비분산 적외선 분광분석법이다.

② 불꽃이온화검출기를 사용하는 경우에는 연소가스로 수소/헬륨 가스, 수소/질소 가스, 또는 수소를 사용한다.

③ 총탄화수소의 측정은 연속 공정인 경우 30분 동안 연속 측정하고, 공정이나 작업주기가 30분 이하인 경우에는 작업시간 동안 측정한다.

④ 불꽃이온화검출기를 사용하는 경우에는 배출가스 중 이산화탄소, 수분이 존재한다면 음의 오차를 가져올 수 있다.

해설 ④ 불꽃이온화검출기를 사용하는 경우에는 배출가스 중 이산화탄소(CO_2), 수분이 존재한다면 양의 오차를 가져올 수 있다.
단, 이산화탄소(CO_2)와 수분의 퍼센트(%) 농도의 곱이 100을 초과하지 않는다면 간섭은 없는 것으로 간주한다.

13 환경대기 중 미세먼지(PM 2.5) 자동측정법 – 베타선법에 대한 설명으로 <u>틀린</u> 것은?

① 측정 질량농도의 최소검출한계는 $5 \mu g/m^3$ 이하이다.

② 공기흡입부에는 분립장치가 설치되어 있어 입경 $2.5 \mu m$ 이상의 입자를 제거하며 설정 유량으로 공기를 흡입하여 여과지 위에 입경 $2.5 \mu m$ 이하의 먼지를 채취한다.

③ 이 측정방법은 베타선이 여과지 위에 채취된 먼지를 통과할 때 흡수 소멸하는 베타선의 차로서 미세먼지(PM 2.5) 농도를 측정하는 방법으로 질량소멸계수(μ)는 먼지의 성분, 입경분포, 밀도 등에 영향을 받지 않는다.

④ 신규 또는 교체하는 자동측정기는 중량농도 법과 비교 측정을 통해 등가성을 확인하여야 한다.

해설 베타선법에서 질량소멸계수(μ)는 먼지의 성분, 입경분포, 밀도 등에 영향을 받는다.
PM 2.5는 지역적·공간적 특성에 따라 미세먼지의 성분, 입경분포, 밀도 등이 달라질 수 있는데, 이에 따라 질량소멸계수가 차이를 나타낼 수 있는 것이다.

정답 **11** ① **12** ④ **13** ③

14 환경대기 중 이산화황을 채취하여 파라로자 닐린법으로 분석할 때 간섭물질에 대한 설명으로 <u>틀린</u> 것은?

① 주요 방해물질은 질소산화물, 오존, 망가니즈, 철 및 크로뮴이다.

② 암모니아, 황화물 및 알데하이드는 방해물질에 해당된다.

③ 에틸렌다이아민테트라아세트산 및 인산은 금속성분들의 방해를 방지한다.

④ NO_x의 방해는 설퍼민산을 사용함으로써 제거할 수 있다.

해설 알려진 주요 방해물질은 질소산화물(NO_x), 오존(O_3), 망가니즈(Mn), 철(Fe) 및 크로뮴(Cr)이며, 암모니아, 황화물 및 알데하이드는 환경대기 중 이산화황의 방해물이 되지 않는다.

15 환경대기 중의 질소산화물을 측정하는 방법 중 야곱스-호흐하이저법에 대한 설명으로 <u>틀린</u> 것은?

① 수산화소듐 용액에 시료가스를 흡수시키면 대기 중의 이산화질소는 아질산소듐 용액으로 변화된다.

② 시료채취는 60분간 연속해서 시료채취를 한다.

③ 방해물질인 이산화황은 과산화수소로 제거한다.

④ 인산설퍼닐아마이드 및 나프틸에틸렌다이아민이염산염으로 발생한다.

해설 시료의 채취 및 관리
• 시료채취는 흡수장치를 이용한다.
• 시료채취는 50 mL의 흡수액에 흡수관을 넣는다.
• 깔때기를 떼어내고 처음부터 검량된 유량계를 넣어 시료채취 전에 유량을 측정한다. 시료채취 전의 유량이 만일 주사침 검량치의 85 % 이하인 경우는 새는 곳이 없는지 확인하고 여과지를 교환할 필요가 있다.
• 정상의 유량이면 유량계를 떼어내고 깔때기를 달아 24시간 연속해서 시료채취를 한다. 시료채취가 끝나면 다시 유량을 확인한다.

16 환경대기 중의 먼지 측정방법 중 저용량 공기 시료채취법에 대한 설명으로 <u>틀린</u> 것은?

① 환경대기 중에 부유하고 있는 입자상 물질을 여과지 위에 채취하는 방법으로 일반적으로 총 부유먼지와 $10 \, \mu m$ 이하의 입자상 물질을 여과지 위에 채취하고 질량농도를 구하거나 금속 등의 성분 분석에 이용한다.

② 저용량 공기 시료채취기의 기본 구성은 흡입 펌프, 분립장치, 여과지 홀더 및 유량측정부로 구성된다.

③ 저용량 공기 시료채취기 분립장치의 세척은 알코올로 연 1회만 씻는다.

④ 여과지 홀더는 보통 직경이 110 mm 또는 47 mm 정도의 여과지를 파손되지 않고 공기가 새지 않도록 장착할 수 있는 것이어야 한다.

해설 저용량 공기채취기의 세척방법

세척부위	세척횟수	세척방법
분립장치	채취 때마다	중성세제 또는 초음파 세척기를 사용하여 씻는다.
패킹		
망		
유량계	연 1회	알코올 또는 중성세제로 씻는다.
펌프 사일렌서 (pump silencer)		펠트(felt) 모양의 필터를 교환한다.

17 환경대기 중 다환방향족탄화수소류 분석방법으로 추출 정제된 시료의 농축액을 추가로 농축하여 1 mL 이하 용량으로 만드는 데 필요한 장치는 무엇인가?

① 속실렛 추출장치

② 가속용매 추출장치

③ 회전증발농축기

④ 질소 농축장치

해설 질소 농축장치는 추출 정제된 시료의 농축액을 추가로 농축하기 위하여 1 mL 이하 용량의 농축관과 질소 증발장치(필요시 가열장치 포함)로 구성된다.

18 환경대기 중 옥시던트 측정방법에 대한 설명으로 틀린 것은?

① 자외선광도법은 오존 농도 측정의 주시험법으로 환경대기 중 오존 농도 1 nmol/mol ~ 500 nmol/mol의 범위에서 적용한다.

② 중성 아이오딘화포타슘법은 산화성 물질이나 환원성 물질이 결과에 영향을 미치지 않으므로 오존만을 측정할 수 있는 방법이다.

③ 화학발광법은 대기시료 중에 오존과 에틸렌가스가 반응할 때 생기는 발광도가 오존 농도와 비례한다는 것을 이용하여 오존 농도를 측정한다.

④ 알칼리성 아이오딘화포타슘법은 대기 중에 존재하는 저농도의 옥시던트를 측정하는 데 사용된다.

해설 중성 아이오딘화포타슘법의 주요 특징

• 오존으로 $(0.01 \sim 10)$ μmol/mol 범위에 있는 전체 옥시던트를 측정하는 데 사용되며, 산화성 물질이나 환원성 물질이 결과에 영향을 미치므로 오존만을 측정하는 방법은 아니다.

• 시료를 채취한 후 1시간 이내에 분석할 수 있을 때 사용할 수 있으며, 한 시간 내에 측정할 수 없을 때는 알칼리성 아이오딘화포타슘법을 사용하여야 한다.

19 환경대기 중 벤조(a)피렌의 주시험방법으로 옳은 것은?

① 이온 크로마토그래피법
② 유도결합플라스마 분광법
③ 기체 크로마토그래피법
④ 주사전자현미경법

해설 기체 크로마토그래피법은 환경대기 중에서 채취한 먼지 중의 여러 가지 다환방향족탄화수소(PAH)를 분리하여 분리된 PAH 중에서 벤조(a)피렌의 농도를 구하는 주시험방법이다.

20 환경대기 중 다환방향족탄화수소류(PAHs) 시험방법 중 기체 크로마토그래피/질량분석법에 대한 설명으로 틀린 것은?

① 입자상 물질을 채취하기 위하여 산처리된 석영여과지(지름 : 105 mm)를 사용하고 사용 전에 여과지를 120 ℃에서 24시간 동안 구워 불순물을 제거한다.

② PAHs는 넓은 범위의 증기압을 가지며 대략 10^{-8} kPa 이상의 증기압을 갖는 PAH는 환경대기 중에서 기체와 입자상으로 존재한다.

③ 증기상태로 존재하는 PAHs는 Tenax, XAD-2 수지, PUF(polyurethane foam)을 사용하여 채취한다.

④ 비휘발성(증기압 < 10^{-8} mmHg) 물질로 존재하는 PAHs는 필터상에 채취한다.

해설 ① 입자상 물질을 채취하기 위하여 산처리된 석영여과지(지름 : 105 mm)를 사용하고 사용 전에 여과지를 600 ℃에서 5시간 동안 구워 불순물을 제거한다.

사용 전 전처리한 여과지 중의 한 장을 공시료로 하여 분석하고 그 농도가 각각의 분석대상 물질에 대하여 10 ng/필터 이하인 것을 사용한다. 현장으로 이동하기 전에 확인용으로 PUF 유리 카트리지 일체와 결합하기 전에는 깨끗한 보관함에 여과지를 따로 보관한다.

01 실내공기질 시료채취지점 선정을 위한 다음의 보기에 들어갈 ㉠과 ㉡을 합한 측정지점수로 옳은 것은?

> • 수도권 내 한 도서관(다중이용시설)의 연면적은 9 000m²로서 최소 시료채취지점수는 (㉠)이다.
> • 경기도 내 신축 공동주택의 총 세대수가 250세대일 때 시료채취세대수는 (㉡)세대이다.

① 6   ② 5
③ 7   ④ 8

해설 다중이용시설의 최소 시료채취지점수는 연면적 10 000 m² 미만의 경우 2개이다.
공동주택의 시료채취세대수는 100세대까지 3세대이며, 이후 100세대마다 1세대가 추가되므로, 총 세대수 250세대의 시료채취세대수는 4세대이다.
그러므로, 2+4=6

02 건축자재 방출 휘발성 유기화합물 및 폼알데하이드의 소형 챔버법에서 방출량 측정을 위한 공기시료의 채취는 시험 시작일로부터 며칠이 경과한 후에 실시하는가?

① 1일   ② 3일
③ 7일   ④ 5일

해설 방출량 측정을 위한 공기시료채취는 시험 시작일로부터 7일(168시간 ± 2시간)이 경과한 후에 실시한다.

03 소형 챔버를 이용하여 건축자재에서 방출되는 휘발성 유기화합물 및 폼알데하이드를 정량하는 시험방법의 용어 정의에 대한 설명으로 **틀린** 것은?

① 시료부하율(product loading factor) : 시험편의 노출 표면적과 방출시험 챔버 표면적의 비

② 단위방출량(specific emission rate) : 시험 시작에서 규정된 시간 이후에 시험대상 건축자재의 시험편으로부터 단위시간당 방출되는 휘발성 유기화합물과 폼알데하이드의 질량

③ 환기횟수(air exchange rate) : 단위시간당 소형 방출시험 챔버에 공급되는 공기의 부피와 방출시험 챔버 부피의 비

④ 총휘발성 유기화합물(total volatile organic compounds) : 실내공기 중 가스 크로마토그래프에 의해 n-헥세인에서 n-헥사데칸까지의 범위에서 검출되는 휘발성 유기화합물을 대상으로 하며 톨루엔으로 환산하여 정량

해설 ① 시료부하율은 시험편의 노출 표면적과 소형 방출시험 챔버 부피의 비이다.

04 건축자재 방출 휘발성 유기화합물 및 폼알데하이드 시험방법에서 소형 방출시험 챔버에 공급되는 공기의 질로 옳은 것은?

① 공급공기 중 총휘발성 유기화합물의 농도는 $10 \, \mu g/m^3$ 이하 및 폼알데하이드의 농도는 $10 \, \mu g/m^3$ 이하

② 공급공기 중 총휘발성 유기화합물의 농도는 $20 \, \mu g/m^3$ 이하 및 폼알데하이드의 농도는 $20 \, \mu g/m^3$ 이하

③ 공급공기 중 총휘발성 유기화합물의 농도는 $20 \, \mu g/m^3$ 이하 및 폼알데하이드의 농도는 $5 \, \mu g/m^3$ 이하

④ 공급공기 중 총휘발성 유기화합물의 농도는 $10 \, \mu g/m^3$ 이하 및 폼알데하이드의 농도는 $5 \, \mu g/m^3$ 이하

해설 공급공기 중 총휘발성 유기화합물의 농도는 $20 \, \mu g/m^3$ 이하, 개별 휘발성 유기화합물 및 폼알데하이드의 농도는 $5 \, \mu g/m^3$ 이하여야 한다. 방출시험기간 동안 공급공기의 조건은 지속적으로 유지되고 주기적으로 확인되어야 한다.

정답 **01** ① **02** ③ **03** ① **04** ③

05 실내공기 중 미세먼지(PM 10) 측정방법인 중량법 측정에서 유량계의 사용에 대한 설명으로 옳은 것은?

① 질량유량제어장치(MFC ; Mass Flow Controller)를 사용해도 된다.
② 유량계에 새겨진 최소눈금은 25 ℃, 1기압에서 (0~20) L/min 범위에 있어야 한다.
③ 입경분리장치의 설계유량의 ±5 % 이내의 정확도를 유지할 수 있으며, 입경분리장치의 설계유속 범위 내에 있어야 한다.
④ 유량계는 흡입펌프 후단에 설치한다.

<u>해설</u> 유량계의 특징
　• 여과지 홀더와 흡입펌프 사이에 설치한다.
　• 유량계에 새겨진 최소눈금은 25 ℃, 1기압에서 0 L/min ~ 30 L/min 범위에 있어야 한다.
　• 입경분리장치 설계유량의 ±2 % 이내의 정확도를 유지해야 한다.
　• 입경분리장치의 설계유속 범위 내에 있어야 한다.

06 미세먼지(PM 10) 농도 측정 및 분석에서 여과지에 대한 설명으로 틀린 것은?

① 여과지는 0.5 μm의 입자상 물질에 대하여 99 % 이상의 초기채취율을 갖는 것을 사용한다.
② 10^{-6} g(0.001 mg) 이상의 감도를 갖는 분석용 저울로 정확히 여과지의 무게를 측정한다.
③ 여과지를 미리 온도범위 (20±2) ℃, 상대습도 (35±5) %, 일정 온·습도 범위에서 유지되는 조건에서 24시간 이상 항량이 될 때까지 보관하여 사용한다.
④ 여과지의 무게는 저울을 이용하여 3회 이상 여과지의 무게를 측정하여 평균값으로 나타낸다.

<u>해설</u> 여과지는 0.3 μm의 입자상 물질에 대하여 99 % 이상의 초기채취율을 갖는 나이트로셀룰로오스(nitrocellulose) 재질의 멤브레인 여과지(membrane filter), 석영섬유 재질의 여과지, 테플론 재질의 여과지 등을 사용한다.

07 실내공기 중 미세먼지 채취용 여과지에 대한 설명으로 틀린 것은?

① 흡습성은 높고 대전성은 낮아야 한다.
② 나이트로셀룰로오스, 석영섬유, 테플론 등의 재질을 사용해야 한다.
③ 압력손실은 낮고 강도는 높아야 한다.
④ 0.3 μm의 입자상 물질에 대하여 99 % 이상의 초기채취율을 가져야 한다.

<u>해설</u> 여과지는 기체상 물질의 흡착이 적고, 흡습성과 대전성이 낮아야 한다.

08 실내공기 중 석면 및 섬유상 먼지의 측정방법에 대한 설명으로 틀린 것은?

① 이 시험기준은 실내공기 중 석면의 조성이나 특별한 섬유 형태의 특성을 식별할 수 있으며 석면과 섬유상의 먼지를 구분할 수 있다.
② 이 시험기준의 측정범위는 100개(섬유수)/mm^2(여과지 면적) ~ 1 300개(섬유수)/mm^2(여과지 면적)이며, 방법검출한계는 7개(섬유수)/mm^2(여과지 면적)이다.
③ 실내공기 중 석면 및 섬유상 먼지를 여과지에 채취하여 투명하게 전처리한 후 위상차현미경으로 계수하여 공기 중 석면 및 섬유상 먼지의 수 농도를 측정한다.
④ 이 시험기준에서 사용하는 굴절률은 약 1.45이므로 굴절률이 1.4 ~ 1.5인 섬유가 존재하는 환경에서 사용하기에는 적절하지 않다.

<u>해설</u> 실내공기 중 석면 및 섬유상 먼지농도 측정방법은 위상차현미경법으로, 석면의 조성이나 특별한 섬유 형태의 특성을 식별하거나 석면과 섬유상의 먼지를 구분할 수 없다.

<u>정답</u> 05 ① 06 ① 07 ① 08 ①

09 실내공기 중에서 휘발성 유기화합물 시료를 채취하는 흡착관에 대한 설명으로 **틀린** 것은?

① 흡착관 세척장치는 비활성 가스를 사용하여 흡착관을 세척할 경우 사용하며 반드시 대기 중 공기가 흡입되는 것을 방지해야 하며 ±5 ℃ 내외로 온도를 정밀하게 유지한다.

② 유리관 또는 스테인리스강관에 Tenax TA를 약 200 mg 충진한다.

③ 열탈착은 (220 ~ 250) ℃ 내외로 온도를 유지하며 약 3시간 동안 (50 ~ 100) mL/min으로 공급한다.

④ 주로 입자 크기가 (0.18 ~ 0.25) mm인 Tenax TA를 사용한다.

해설 열탈착은 320 ℃ ~ 350 ℃ 범위에서 탈착한다.

10 실내공기 중 총부유세균 측정방법인 충돌법의 TSA 배지 성분으로 **틀린** 것은?

① Agar

② NaCl

③ KCl

④ Enzymatic digest of soybean meal

해설 TSA 배지에 사용되는 조성은 approximate formula per liter pancreatic digest of casein, enzymatic digest of soybean meal, 염화소듐(sodium chloride, NaCl), 한천(Agar) 등이다.

11 실내공기 중 총부유세균 측정방법에 관한 설명으로 **틀린** 것은?

① 총부유세균 측정에 사용되는 한천배지는 TSA 배지나, 카제인대두 소화 한천배지를 사용한다.

② 하나의 지점에서 사용한 배지가 여러 개일 경우 가장 많은 집락수를 선택하여 측정대상 공간의 총부유세균수로 한다.

③ 시료채취는 채취하고자 하는 지점에서 20분 이상 간격으로 3회 측정한다.

④ 총공기채취량이 많으면 여러 개의 세균이 하나의 홀에 겹쳐 하나의 집락으로 계수되므로 실제 농도보다 낮게 평가된다.

해설 ② 하나의 지점에서 사용한 배지가 여러 개일 경우에는 각 배지의 집락수를 센 후 평균 집락수를 구하여 측정대상 실내공간의 총부유세균수로 한다.

12 실내공기 중 라돈 연속측정방법 중 적용범위에 대한 설명으로 **옳은** 것은?

① 이 시험기준은 실내공기 중 라돈 농도 측정을 위한 주시험방법으로 사용된다.

② 이 시험기준을 이용한 실내공기 중 라돈 측정은 단기 측정으로 2일 이상 90일 이하의 측정시간을 필요로 한다.

③ 라돈에 대한 연속측정방법이므로 장기 측정방법에 비해 연평균 라돈 농도 평가를 위해 사용하기에 적절하다.

④ 이 시험기준은 신축 공동주택 내 라돈 농도 측정을 위한 부시험방법으로 사용된다.

해설 ① 이 시험기준은 실내공기 중 라돈 농도 측정을 위한 부시험방법으로 사용된다.
③ 이 시험기준은 장기 측정방법에 비해 연평균 라돈 농도 평가를 위해 사용하기에 적절하지 못하다.
④ 이 시험기준은 신축 공동주택 내 라돈 농도 측정을 위한 주시험방법으로 사용된다.

13 자외선/가시선 분광광도법으로 실내공기 중 오존을 측정할 때, 간섭물질로서 휘발성 유기화합물 가운데 오존 생성 기여율이 가장 큰 것은?

① 벤젠　　　　② 에틸벤젠

③ 자일렌　　　　④ 톨루엔

해설 오존 측정 시 간섭물질로는 입자상 물질, 질소산화물, 이산화황, 톨루엔, 습도 등이 있다.

정답 **09** ③　**10** ③　**11** ②　**12** ②　**13** ④

14 다음은 실내공기 중 연속라돈측정기 검출방식 중 하나의 설명이다. 이에 해당되는 방식은?

> 여과지를 거친 후, 자연확산 또는 동력펌프를 통해 측정기 내부로 유입된 라돈과 측정기 내부에서 생성된 라돈 붕괴 생성물에서 방출되는 α입자에 ZnS(Ag)가 반응하여 나온 것을 증배관으로 증폭하여 계수한다.

① 퀴리   ② 이온화상자
③ 섬광셀   ④ 실리콘검출기

해설 ① 퀴리는 라듐(Ra) 1 g의 방사능을 의미한다.
1 Ci=3.7×10^{10} Bq
② 이온화상자(ionization chamber) 방식은 여과지를 거친 후, 동력펌프를 통해 이온화상자 내로 유입된 라돈과 이온화상자 내부에서 생성된 라돈 붕괴 생성물에서 방출되는 α입자가 고전기장에서 만든 이온화의 전기적 신호를 계수하는 방식이다.
④ 실리콘검출기(silicon detector) 방식은 여과지를 거친 후 동력펌프를 통해 측정용기로 유입된 공기 중 라돈 및 라돈 붕괴 생성물이 붕괴할 때 방출하는 α입자를 실리콘 반도체 검출기를 이용하여 계수하는 방식이다.

15 화학발광법을 이용한 이산화질소 측정기기에 오존 스크러버를 설치하는 이유로 옳은 것은?

① 일산화질소를 이산화질소로 전환시키기 위하여
② 측정기기 시료 셀에서 오존과 순차적으로 반응하도록 유도하기 위하여
③ 측정기기 시료 셀로 들어가는 공기 중에 존재하는 오존을 제거하기 위하여
④ 측정기기에서 배기되는 공기로 인해 근접한 대기가 오염되는 것을 막기 위하여

해설 오존은 독성 가스이므로 활성탄 스크러버 또는 후드 배기를 이용하여 시료 채취구로부터 멀리 떨어진 외부로 배출해야 한다.

16 다음은 실내공기 중 이산화탄소 측정에 사용되는 비분산 적외선 분석기의 최소성능 사양에 관한 설명이다. 괄호 안의 숫자가 다른 하나는?

> • 전압변동에 대한 안정성 : 최대눈금값의 ±(㉠)% 이내
> • 제로 드리프트 : 최대눈금값의 ±(㉡)% 이내
> • 재현성(반복성) : 최대눈금값의 ±(㉢)% 이내
> • 스팬 드리프트 : 최대눈금값의 ±(㉣)% 이내

① ㉢   ② ㉡
③ ㉠   ④ ㉣

해설 • 전압변동에 대한 안정성은 최대눈금값의 ±1% 이내여야 한다.
• 제로 드리프트, 재현성, 스팬 드리프트는 최대눈금값의 ±2% 이내여야 한다.

17 비분산 적외선 분광분석법으로 실내공기 중 일산화탄소 농도를 측정하는 분석기기의 교정주기에 대한 설명으로 모두 바르게 제시한 것은?

> ㉠ 분석기를 처음 구매했을 때 한다.
> ㉡ 제로 드리프트가 허용범위를 초과할 때 한다.
> ㉢ 감응특성에 영향을 주는 유지보수를 했을 때 한다.
> ㉣ 분석기를 연속적으로 사용하는 경우는 정기적으로 한다.

① ㉠, ㉡
② ㉠, ㉡, ㉢, ㉣
③ ㉡, ㉢, ㉣
④ ㉡, ㉢

해설 분석기기의 교정주기
• 분석기를 처음 구매했을 때
• 감응특성에 영향을 주는 유지보수를 했을 때
• 각 시료채취의 전과 후 또는 분석기를 연속적으로 사용할 때(정기적으로 제로와 스팬 조정을 수행함)
• 제로 드리프트와 스팬 드리프트가 허용범위를 초과할 때

정답 14 ④   15 ④   16 ③   17 ②

18 미세먼지 측정방법 중 중량법에 관한 설명으로 <u>틀린</u> 것은?

① 이 시험기준은 미세먼지(PM 10 및 PM 2.5) 농도 측정을 위한 주시험방법으로 사용한다.
② 흡입펌프는 일반적으로 (1~30) L/min 정도의 용량을 갖는 것을 사용하고, 시료채취시간 동안 유량의 변화는 10 % 이내이다.
③ 일정 온·습도 범위로 유지되는 조건에서 24시간 이상 보관하여 항량시킨 후에 사용한다.
④ 0.001 mg 이상의 감도를 갖는 분석용 저울을 사용한다.

해설 시료채취를 위해 사용되는 펌프는 모든 상황에서 일정한 유량으로 시료를 채취할 수 있어야 하고, 시료채취시간 동안 유량의 변화는 5 % 이내여야 한다.

19 일산화탄소 측정을 위한 전기화학식 센서의 구조를 설명한 것이다. 아래 괄호 안에 들어갈 내용을 모두 바르게 제시한 것은?

> 측정물질의 산화가 일어나는 (㉠), (㉠)에 외부로부터 전압을 걸어줄 때 기준이 되는 (㉡), (㉠)에서 흐르는 전류만큼의 대응전류를 흘려줌으로써 평형을 유지시키는 (㉢)으로 구성된다.

① ㉠ 감응전극, ㉡ 상대전극, ㉢ 기준전극
② ㉠ 상대전극, ㉡ 기준전극, ㉢ 감응전극
③ ㉠ 감응전극, ㉡ 기준전극, ㉢ 상대전극
④ ㉠ 기준전극, ㉡ 감응전극, ㉢ 상대전극

해설 일산화탄소의 측정을 위한 전기화학식 센서는 감응전극(sensing electrode), 기준전극(reference electrode), 상대전극(counter electrode)으로 구성된다.

20 실내공기 중 일산화탄소 측정방법인 비분산 적외선 분광분석법에 대한 설명으로 <u>틀린</u> 것은?

① 제로가스(zero gas)는 질소 또는 공기 중의 일산화탄소 함유량이 0.09 ppm 이하의 것을 사용한다.
② 이산화황, 질소산화물 등은 주요 간섭물질이고, 수증기는 방해요소가 아니다.
③ 교정장치에 일산화탄소 변환기(converter)가 필요하다.
④ 측정장치에 적외선 광원이 필요하다.

해설 일산화탄소 측정을 위한 비분산 적외선 분광분석법의 간섭물질에는 입자상 물질, 수증기, 이산화탄소 등이 있다.

정답 18 ② 19 ③ 20 ②

[3과목 : 악취 공정시험기준]

01 악취 시료채취 기록표에 기록해야 할 사항으로 올바르게 짝지은 것은?

> ㉠ 시료채취자 의견(현황, 시료채취 사항)
> ㉡ 시료채취지점(높이, 공정 및 시설)
> ㉢ 시료채취주머니 종류
> ㉣ 현장 시료채취 냄새강도

① ㉠, ㉡, ㉢, ㉣
② ㉠, ㉡, ㉢
③ ㉡, ㉢, ㉣
④ 없음

해설 악취 시료채취 기록표의 기록내용
- 시료채취일시(시간)
- 시료채취자의 인적사항
- 시료채취자의 의견
- 시료채취업소
- 공장의 조업상태
- 시료채취 시 기상 상태
- 시료채취지점
- 시료채취주머니의 종류
- 현장 시료채취 냄새강도
- 냄새의 주성분 등

02 악취 공정시험기준의 설명으로 틀린 것은?

① 배출허용기준 및 엄격한 배출허용기준의 초과 여부를 판정하기 위한 악취의 측정은 공기희석관능법으로 복합악취를 측정하는 것을 원칙으로 한다.
② 복합악취 측정을 위한 시료의 채취는 배출구와 부지경계선 및 피해지점에서 실시하는 것을 원칙으로 한다.
③ 악취물질 배출 여부를 확인할 필요가 있는 경우에는 공기희석관능법으로 복합악취를 측정한다.
④ 지정악취물질의 시료는 부지경계선 및 피해지점에서 채취한다.

해설 악취방지법에 의한 배출허용기준 및 엄격한 배출허용기준의 초과 여부를 판정하기 위한 악취의 측정은 복합악취를 측정하는 것을 원칙으로 한다. 단, 악취물질 배출 여부를 확인할 필요가 있는 경우에는 기기분석법에 의해 지정악취물질을 측정한다.

03 악취 공정시험기준의 시료채취방법과 기기분석방법의 연결로 옳은 것은?

① 트라이메틸아민 : 산성여과지 방법 - 액체 크로마토그래피법
② 알데하이드류 : DNPH 카트리지 - 기체 크로마토그래피법
③ 지방산류 : 산성여과지 필터법 - 헤드스페이스 기체 크로마토그래피법
④ 황화합물 : 시료채취주머니 흡입상자법 - 헤드스페이스 기체 크로마토그래피법

해설 ① 트라이메틸아민
- 헤드스페이스 – 모세관 칼럼-기체 크로마토그래피법
- 고체상 미량 추출 – 모세관 칼럼-기체 크로마토그래피법
- 저온 농축 – 충전 칼럼-기체 크로마토그래피법
③ 지방산류 : 헤드스페이스 또는 고체상 미량 추출 – 기체 크로마토그래피법
④ 황화합물 : 저온 농축 – 기체 크로마토그래피법(연속측정방법)

04 악취 분석요원은 최초 시료희석배수에서의 관능시험 결과 모든 판정요원의 정답률을 구하여 평균정답률을 기준으로 판정시험을 끝낸다. 이때 기준이 되는 정답률로 옳은 것은?

① 0.4 미만
② 0.6 미만
③ 0.5 이상
④ 0.7 이상

해설 악취 분석요원은 최초 시료희석배수에서의 관
능시험 결과 모든 판정요원의 정답률을 구하
여 평균정답률이 0.6 미만일 경우 판정시험을
끝낸다.
정답률의 산정은 시료 냄새주머니를 선정한
경우 1.00으로, 무취 냄새주머니를 선정한 경
우 0.00으로 산정한다.

05 공기희석관능법에서 악취강도 인식 시험액
또는 판정요원 선정용 시험액이 <u>아닌</u> 것은?

① 노말뷰탄올　　② 암모니아

③ 아세트산　　　④ 트라이메틸아민

해설 • 악취강도 인식 시험액 : 노말뷰탄올
• 판정요원 선정용 시험액 : 아세트산(Acetic acid),
트라이메틸아민(Trimethylamine), Methyl-
cyclopentenolone, β-Phenylethylalcohol

06 공기희석관능법으로 공업지역의 부지경계선
에서 복합악취를 측정한 결과가 아래와 같을
경우, 결과의 표시와 배출허용기준에 따른 적
합 여부를 모두 바르게 제시한 것은?

판정요원 구분	1차 평가		2차 평가 (×30)	3차 평가 (×100)
	1조 (×10)	2조 (×10)		
a	×	○		
b	○	○	○	○
c	○	○	○	×
d	○	○	○	×
e	○	○	×	

① 14, 적합　　　② 21, 부적합

③ 20, 적합　　　④ 30, 부적합

해설 a는 최소, b는 최대로서 제외하고, c, d, e의
전 단계 값들로 계산한다. 이때, 결과의 소수
점 이하는 절삭하고 정수로 표시한다.
즉, $\sqrt[3]{(30\times30\times10)} = 20.8 ≒ 20$
공업지역의 부지경계선에서 복합악취의 배출
허용기준은 20 이하이므로 적합하다.

07 암모니아 시험방법(붕산용액 흡수법 – 자외선/
가시선 분광법)으로 <u>틀린</u> 것은?

① 구리이온이 존재하면 발색이 강화되어 양의
방해가 발생한다.

② 시료채취 시에 입자상 물질을 제거하기 위
하여 필터를 사용하면 기체상 암모니아가
제거될 수도 있다.

③ 시료채취장치에 시료공기를 10 L/min의 유
량으로 흡입하여 5분 이내에 시료채취가 이
루어지도록 한다.

④ 분석용 시료용액은 640 nm 파장에서 흡광
도를 측정한다.

해설 ① 간섭물질로서 구리이온이 존재하면 발색을
방해하여 음의 방해가 발생한다.

08 황화합물의 저온 농축 – 모세관 칼럼 – 기체 크
로마토그래피법의 설명으로 <u>틀린</u> 것은?

① 이산화황의 머무름 시간(RT)은 메틸메르캅
탄의 머무름 시간과 매우 비슷하기 때문에 충
분한 분리가 이루어질 수 있도록 해야 한다.

② 0.1 nmol/mol ~ 60 nmol/mol 농도범위의 대
기 중 황화합물 악취성분을 분석하는 데 적
합하다.

③ 황화합물 중 황화수소는 극성이 커서 수분
에 의한 영향으로 가스상 시료 중 농도 변화
가 일어날 수 있다.

④ 모세관 칼럼은 규정물질의 항목별 검출 분
리능이 1 이상($R \geq 1$)되는 칼럼을 사용한다.

해설 황화수소의 머무름 시간(RT)은 이산화황(SO₂),
카르보닐설파이드(COS)의 머무름 시간과 매우
비슷하기 때문에 확실하게 분리가 이루어지는
칼럼을 사용해야 한다.

09 악취 공정시험기준에 따른 트라이메틸아민 측정분석방법의 설명으로 틀린 것은?

① 분석 가능한 농도범위는 0.1 nmol/mol ~ 25 nmol/mol이 적합하다.

② 트라이메틸아민과 공존하는 탄화수소들이 충분히 분리되지 않으면 질소인검출기를 사용할 경우에 양의 간섭현상이 나타날 수 있다.

③ 시료채취는 임핀저 방법과 산성여과지 방법으로 한다.

④ 기체 크로마토그래피는 불꽃이온화검출기 또는 질소인검출기를 갖고 있는 것이어야 한다.

해설 ② 트라이메틸아민과 공존하는 탄화수소들이 충분히 분리되지 않으면 불꽃이온화검출기(FID ; Flame Ionization Detector)를 사용할 경우에 양의 간섭현상으로 나타날 수 있다.

10 휘발성 유기화합물을 저온 농축 – 기체 크로마토그래피법으로 분석하는 경우 두 개의 고체 흡착관을 직렬로 연결하였을 때, 후단의 고체 흡착관에 채취된 농도의 양이 전체의 몇 % 이상 차지하는 경우를 파과부피라고 정의할 수 있는가?

① 1 % 　　　　② 2 %

③ 10 % 　　　　④ 5 %

해설 파과부피(breakthrough volume)는 시료채취 시에 분석대상 물질이 흡착관에 채취되지 않고 흡착관을 통과하는 부피, 즉 흡착관에 충전된 흡착제의 최대 흡착부피 또는 2개의 흡착관을 직렬로 연결할 경우 후단의 흡착관에 채취된 양이 전체의 5 % 이상을 차지할 경우의 공기 부피를 말한다.

11 대기 중 알데하이드류 악취물질을 분석하기 위한 DNPH 카트리지 – 액체 크로마토그래피 분석법의 설명으로 옳은 것은?

① 시료추출에 사용하는 모든 유리기구는 아세토나이트릴로 세척한 후 60 ℃ 이상에서 건조한다.

② 시료채취주머니를 사용할 경우 시료채취는 10분 이내에 이루어지도록 한다.

③ 채취된 시료는 DNPH 카트리지에 1 L/min ~ 10 L/min의 유량으로 채취한다.

④ 공기 중 오존에 의한 방해를 제거하기 위해 오존 스크러버를 DNPH 카트리지 뒤에 연결한다.

해설 ② 시료주머니를 사용할 경우 시료채취는 5분 이내에 이루어지도록 한다.
③ 채취한 시료는 DNPH 카트리지에 1 L/min ~ 2 L/min의 유량으로 채취한다.
④ 알데하이드 시료채취 시 공기 중 오존에 의한 방해를 제거하기 위해 오존 스크러버를 DNPH 카트리지 앞에 연결하여 시료를 채취한다.

12 악취 분석방법 중 현장연속측정방법이 아닌 것은?

① 카르보닐류 : 고효율 막채취장치 – 액체 크로마토그래피법

② 휘발성 유기화합물 : 저온 농축 – 기체 크로마토그래피법

③ 암모니아 : 흡광차분광법

④ 지방산류 : 고효율 막채취장치 – 기체 크로마토그래피법

해설 ④ 지방산류 : 고효율 막채취장치 – 이온 크로마토그래피법

13 지정악취물질의 현장연속측정방법 중 흡수액으로 초순수를 사용하지 **않는** 것은?

① 고효율 막채취장치를 이용한 트라이메틸아민 측정

② 고효율 막채취장치를 이용한 카르보닐류 측정

③ 고효율 막채취장치를 이용한 지방산류 측정

④ 고효율 막채취장치를 이용한 암모니아 측정

해설 고효율 막채취장치를 이용한 카르보닐류의 측정에서 흡수액은 아세토나이트릴에 인산을 녹여 3%의 농도로 만든 후, 다시 2,4-DNPH를 녹여 그 농도가 60 ppm이 되도록 만들어 사용한다.

14 다음 중 저온농축장치를 이용한 휘발성 유기화합물의 연속측정방법에 관한 설명으로 **틀린** 것은?

① 기체 크로마토그래피의 검출기는 불꽃이온화검출기(FID)를 사용한다.

② 저온흡착관은 환경 중의 시료를 저온농축관에 채취하기 전에 열탈착장치에 의해 불활성 기체가 흐르는 상태에서 보통 (100±10) ℃로 순도 99.999% 이상의 불활성 기체로 안정화시킨 후 사용한다.

③ 저온농축관은 시료가 흡착관에 잘 흡착될 수 있도록 −10 ℃ 이하로 냉각한다.

④ 분석장치의 검·교정을 위한 표준물질의 농도는 100 nmol/mol 또는 1 μmol/mol 정도의 혼합표준가스를 사용하여야 한다.

해설 환경대기 중 시료를 직접 저온농축관에 채취하기 전에 열탈착장치에 의해 불활성 기체가 흐르는 상태에서 보통 230 ℃ ± 10 ℃로 순도 99.999% 이상의 불활성 기체로 안정화시킨 후 사용한다.

15 다음 중 황화합물의 저온 농축 − 모세관 칼럼 기체 크로마토그래프법에서 정도관리방법으로 옳은 것은?

① 방법검출한계(MDL)는 황화수소, 메틸메르캅탄, 다이메틸설파이드, 다이메틸다이설파이드를 측정하며 분석에 사용하는 시료 부피 범위에서 황화수소 0.2 nmol/mol 이하로 한다.

② 모든 분석과정을 통한 측정·분석의 정밀도는 3회 반복 분석의 상대표준편차로서 구하고, 이 값은 20 ppb의 농도에서 20% 이내로 한다.

③ 상대습도 80%인 바탕시료 가스와 함께 주입된 황화수소의 저온농축장치 회수율은 60% 이상으로 유지한다.

④ 내부 정도관리 주기는 월 1회 이상 실시하는 것을 원칙으로 하고, 장비 교체, 수리, 분석자가 변경될 때마다 수시로 한다.

해설 ① 방법검출한계(MDL)는 황화수소, 메틸메르캅탄, 다이메틸설파이드, 다이메틸다이설파이드를 분석에 사용하는 시료 부피 범위에서 분석하며, 각 물질의 방법검출한계는 메틸메르캅탄으로 0.2 ppb 이하로 한다.

② 모든 분석과정을 통한 측정·분석의 정밀도는 3회 반복 분석의 상대표준편차로서 구하고, 이 값은 10 ppb의 농도에서 10% 이내로 한다.

④ 내부 정도관리 주기는 연 1회 이상 측정하는 것을 원칙으로 하며, 분석기기의 주요 부품 교체, 수리, 분석자의 변경 시 등에 수시로 한다.

정답 13 ② 14 ② 15 ③

16 톨루엔, 자일렌 등의 휘발성 유기화합물 시료채취를 위한 고체흡착관의 설명으로 **틀린** 것은?

① 고체흡착관은 사용하기 전에 반드시 열세척 안정화(thermal cleaning) 단계를 거쳐야 한다.

② 수분이 많은 시료의 경우 Tenax류와 같은 친수성 흡착제들을 이용한다.

③ 다공성 폴리머 흡착제로 충전된 흡착관은 약 100번의 열처리 사용 후 흡착 성능을 확인하고 교체한다.

④ 고체흡착관은 각 흡착제의 돌파부피를 고려하여 200 mg 이상으로 충전한 후 사용하고, 24시간 안에 사용하지 않을 경우에는 4 ℃의 냉암소에 보관한다.

> 해설 ② 수분이 많은 시료일 경우에는 Tenax류와 같은 소수성 흡착제들을 이용하여 채취한다.

17 흡광차분광법을 이용한 암모니아의 연속측정 방법에서 응답시간이란 스팬 조정용 가스의 주입시점으로부터 최종 지시값의 어느 정도에 도달하기까지 시간(분)을 측정한 값을 말하는지 다음 중에서 고르시오.

① 90 %
② 80 %
③ 70 %
④ 60 %

> 해설 교정장치 주입구 직후로부터 제로 조정용 가스를 주입하여 지시가 안정된 후 유로를 스팬 조정용 가스로 전환한다. 이때의 지시기록에서 스팬 조정용 가스의 주입시점으로부터 최종 지시값의 90 % 값에 도달하기까지의 시간(분)을 측정하여 응답시간으로 한다.

18 다이메틸설파이드 표준가스를 직접 제조하기 위해 고순도(순도 100 % 가정) 다이메틸설파이드 용액을 기체용 주사기로 2 μL를 채취한 후 10 L 크기의 경질 유리병에 주입 후 1분간 교반하여 실내온도 25 ℃, 1기압 조건의 실내공간에 10분간 방치하였다. 이때 경질 유리병 내부의 다이메틸설파이드 농도는 얼마인가? (단, 다이메틸설파이드의 비중 0.845, 분자량 62.14)

① 약 56.5 ppm
② 약 86.5 ppm
③ 약 76.5 ppm
④ 약 66.5 ppm

> 해설 다이메틸설파이드(C_2H_6S) 용액 2 μL에 들어 있는 양을 계산하고, 이를 표준상태 기체 ppm으로 환산한다.
> 0.845 mg/L × 2 μL = 1.69 mg
> 62.14 : 22.4 = 1.69 : x
> x = 0.6092 mL
> 경질 유리병에 주입된 다이메틸설파이드의 농도를 계산하고, 이를 실내온도 25 ℃, 1기압으로 환산한다.
> 609.2 μL/10 L = 60.92 ppm
> ∴ 60.92 × (273 + 25)/273 = 66.5 ppm

19 스타이렌 연속측정방법에 사용되는 흡광차분광법(DOAS)의 설명으로 적절하지 **않은** 것은?

① 모든 형태의 가스 분자는 분자 고유의 흡수 스펙트럼을 가진다.

② 농도 측정을 위해 스타이렌 가스 농도에 대한 빛의 투과율, 흡광계수, 투사거리를 계측한다.

③ 스타이렌 가스의 고유 흡수파장에서 농도에 비례하여 흡수가 이루어진다.

④ 적외선 흡수를 이용한 분석으로 비어-램버트(Beer-Lambert) 법칙을 근거로 한다.

> 해설 ④ 자외선 흡수를 이용한 분석으로 자외선/가시선 분광법의 기본원리인 비어-램버트(Beer-Lambert) 법칙에 근거한 분석원리를 적용한다.

20 용기(容器)에 대한 설명으로 옳은 것은?

① '밀봉용기'라 함은 물질을 취급 또는 보관하는 동안에 기체 또는 미생물이 침입하지 않도록 내용물을 보호하는 용기이다.

② '밀폐용기'라 함은 광선이 투과되지 않는 갈색 용기 또는 투과하지 않게 포장을 한 용기이다.

③ '차광용기'라 함은 물질을 취급 또는 보관하는 동안에 외부로부터 공기 또는 다른 기체가 침입하지 않도록 내용물을 보호하는 용기이다.

④ '기밀용기'라 함은 물질을 취급 또는 보관하는 동안에 이물이 들어가거나 내용물이 손상되지 않도록 보호하는 용기이다.

해설 ② '밀폐용기'라 함은 물질을 취급 또는 보관하는 동안에 이물질이 들어가거나 내용물이 손실되지 않도록 보호하는 용기를 뜻한다.

③ '차광용기'라 함은 광선이 투과되지 않는 갈색 용기 또는 투과하지 않게 포장을 한 용기로서 취급 또는 보관하는 동안에 내용물의 광화학적 변화를 방지할 수 있는 용기를 뜻한다.

④ '기밀용기'라 함은 물질을 취급 또는 보관하는 동안에 외부로부터의 공기 또는 다른 기체가 침입하지 않도록 내용물을 보호하는 용기를 뜻한다.

정답 20 ①

• 검정분야 : (1) 공통

[정도관리(대기)]

01 인구밀도가 5 000명/km², 전국 평균 인구밀도가 800명/km²이고, 거주지 면적이 200 km²인 A도시의 환경기준시험을 위한 시료채취 측정지점수를 인구비례에 의한 방법으로 구하면 몇 개인가?

① 10개 ② 20개
③ 40개 ④ 50개

해설 측정점수

$$= \frac{\text{그 지역 거주지 면적}}{25 \text{ km}^2} \times \frac{\text{그 지역 인구밀도}}{\text{전국 평균 인구밀도}}$$

$$= \frac{200}{25} \times \frac{5\,000}{800}$$

$$= 50 \text{개}$$

02 대기 중 입자 시료채취 시 일반적인 규칙에 대한 설명으로 틀린 것은?

① 시료는 가장 관심 있는 날의 시간에 채취하거나 24시간 동안 채취를 한다.
② 시료는 관심 지점에서 다른 위치별로 몇 개를 채취한다.
③ 시료채취기는 주요 지점으로부터 바람이 불어가는 쪽으로 직접 설치한다.
④ 지표면으로부터 약 1.5 m 상부에 시료채취기를 위치하게 한다.

해설 ③ 시료채취기는 주요 지점으로부터 바람이 불어가는 쪽으로는 직접 설치하지 않는다.

03 굴뚝 배출가스 중의 먼지농도를 측정할 경우, 흡입유량범위가 (15~25) L/min인 흡입펌프를 이용하여 등속흡입하기 위해서는 내부 직경이 몇 mm인 흡입노즐을 선택해야 되는가?

(단, 등속흡입유량을 산출하고 보유하고 있는 흡입노즐의 내경은 6 mm, 8 mm, 10 mm, 12 mm이며, 배출가스 유속은 8 m/s, 배출가스 온도는 227 ℃, 배출가스 정압은 13.6 mmH₂O, 건식 가스미터에서의 흡입가스 온도 및 차압은 각기 27 ℃ 및 13.6 mmH₂O, 배출가스 중의 수분농도는 10 %, 측정 시의 대기압은 760 mmHg이다.)

① 6 mm ② 8 mm
③ 10 mm ④ 12 mm

해설 흡입노즐을 사용할 때 등속흡입을 위한 흡입량을 구하는 식은 다음과 같다.

$$q_m = \frac{\pi}{4} d^2 v \left(1 - \frac{X_w}{100}\right) \frac{273 + \theta_m}{273 + \theta_s}$$
$$\times \frac{P_a + P_s}{P_a + P_m - P_v} \times 60 \times 10^{-3}$$

주어진 조건에서 압력 계산 부분은 1이 되어 보정이 필요 없기 때문에 보기의 흡입유량을 각각 구하면 다음과 같다.

• 6 mm의 노즐에 대한 흡입유량

$$q_m = \frac{\pi}{4} \times 6^2 \times 8 \times \left(1 - \frac{10}{100}\right) \times \left(\frac{273 + 27}{273 + 227}\right)$$
$$\times 60 \times 10^{-3} = 7.3 \text{ L/min}$$

• 8 mm의 노즐에 대한 흡입유량

$$q_m = \frac{\pi}{4} \times 8^2 \times 8 \times \left(1 - \frac{10}{100}\right) \times \left(\frac{273 + 27}{273 + 227}\right)$$
$$\times 60 \times 10^{-3} = 13.4 \text{ L/min}$$

• 10 mm의 노즐에 대한 흡입유량

$$q_m = \frac{\pi}{4} \times 10^2 \times 8 \times \left(1 - \frac{10}{100}\right) \times \left(\frac{273 + 27}{273 + 227}\right)$$
$$\times 60 \times 10^{-3} = 20.3 \text{ L/min}$$

• 12 mm의 노즐에 대한 흡입유량

$$q_m = \frac{\pi}{4} \times 12^2 \times 8 \times \left(1 - \frac{10}{100}\right) \times \left(\frac{273 + 27}{273 + 227}\right)$$
$$\times 60 \times 10^{-3} = 29.3 \text{ L/min}$$

따라서, 흡입유량범위가 (15~25) L/min이므로 노즐의 직경은 10 mm이다.

04 실내공기질 분야 QA/QC에 대한 설명으로 **틀린 것은?**

① 시료채취용 펌프는 주기적으로 외부 교정검사를 받고 1차 유량계로 보정되어야 한다.
② 시료채취용 펌프의 유량 보정은 실험실에서 비누막 유량계로 월 1회 실시하는 것이 바람직하다.
③ VOCs 및 폼알데하이드 시료채취에 사용되는 펌프의 유량 보정 시에는 DNPH 카트리지 또는 흡착관을 펌프에 장착하고 실시한다.
④ 하루에 17개 시료를 채취한 경우 1개가 현장 바탕시료를 채취한다.

> 해설 시료채취용 펌프의 유량 보정은 시료를 채취하기 전에 바로 측정장소에서 하는 것이 가장 바람직하고, 그렇지 않을 경우 측정지점으로 이동하기 전 오염물질이 없는 곳에서 보정하여야 한다.

05 악취 분야의 정도관리에 대한 설명으로 **틀린 것은?**

① 시료의 이송 중에 오염의 유무를 판단하기 위하여 현장 바탕시료를 채취하여 시험한다.
② 현장 바탕시료값이 조작 바탕시료값보다 작으면 시료 운반과정에서 오염은 무시할 수 있는 것을 나타낸다.
③ 시료가 극히 고농도이기 때문에 오염이 있어도 문제가 되지 않는다고 판단되는 경우에는 현장 바탕시료의 확인을 생략할 수 있다.
④ 현장 바탕시료값이 조작 바탕시료값보다 클 경우에는 측정값에서 조작 바탕시료값을 빼서 농도를 계산한다.

> 해설 '현장 바탕시료값 > 조작 바탕시료값'인 경우에는 이송 중에 오염이 있는 경우이므로 측정값으로부터 현장 바탕시료값의 평균을 공제해 농도를 계산한다.

06 양(quantity)의 참값에 대한 설명 중 **틀린 것은?**

① 주어진 특정량에 대한 정의와 일치하는 값이다.
② 참값은 본성적으로 확정되어 있다.
③ 참값은 완전한 측정에 의해서만 얻어지는 값이다.
④ 주어진 특정량에 대한 정의와 일치하는 값은 여럿 있을 수 있다.

> 해설 양의 참값은 측정량의 바른 값을 의미하며, 특별한 경우를 제외하고는 관념적인 값으로 실제로는 구할 수 없다. 따라서 본성적으로 확정되어 있지 않다.

07 측정값의 불확도 분포곡선이 평균값 주위에서 대칭적이라는 가정을 토대로 할 경우 다음 중 **틀린 것은?**

① 시험결과가 규정된 신뢰수준에서 확장불확도 구간의 반을 늘려도 규격 한계를 벗어나지 않을 경우, 규격에 적합하다고 말할 수 있다.
② 시험결과가 확장불확도 구간의 반을 아래쪽으로 늘려도 규격의 상한 한계를 벗어난 경우, 규격에 부적합하다고 말할 수 있다.
③ 시험결과가 확장불확도 구간의 반을 위쪽으로 늘려도 규격 하한 한계를 벗어난 경우, 규격에 부적합하다고 말할 수 있다.
④ 시험결과가 정확히 규격 한계와 일치된 경우, 주어진 신뢰수준에서 적합 또는 부적합을 진술하는 것이 가능하다.

> 해설 ④ 시험결과가 정확히 규격 한계와 일치된 경우, 주어진 신뢰수준에서 적합 또는 부적합을 진술하는 것은 불가능하다.

08 환경시험·검사기관 정도관리의 내부 심사에 대한 설명으로 **틀린** 것은?

① 미리 정해진 일정표와 절차에 따라 기관 활동에 대한 심사를 정기적으로 실시하여야 한다.

② 정해진 일정표에 따라 경영진이 요청한 대로 심사를 계획하고 운영하는 것은 기술책임자의 책임이다.

③ 심사는 여건이 허락하는 한도 내에서 심사 대상 활동으로부터 독립적이고, 적절한 훈련을 통해 자격을 갖춘 직원에 의해 실시하여야 한다.

④ 심사받은 활동 분야, 심사결과 및 이에 따른 시정조치를 기록하여야 한다.

해설 **내부 정도관리 평가의 실시기준**
• 품질책임자의 책임하에 정해진 일정표와 절차에 따라 정기적인 내부 정도관리 평가를 실시하여야 한다(최소 연 1회).
• 내부 정도관리 평가는 여건이 허락하는 한도 내에서 독립적이며, 적절한 훈련을 통해 자격을 갖춘 직원에 의해 실시되어야 한다.
• 내부 정도관리 사항·결과 및 이에 따른 시정조치를 기록하여야 한다.
• 내부 정도관리에서는 취해진 시정조치의 이행 및 효과를 검증하고 기록하여야 한다.

09 시험 및 교정기관에서 기록을 관리하는 일반적인 사항으로 **틀린** 것은?

① 품질 기록에는 시정 및 예방 조치를 제외한 내부 심사 및 기술검토 보고서를 포함한다.

② 모든 기록은 읽기 쉬워야 하며, 기록 보유기간은 정해져 있어야 한다.

③ 기록은 전자적 매체를 포함한 하드카피도 가능하다.

④ 모든 기록은 안전하고 비밀이 보장되어야 한다.

해설 ① 품질 기록에는 시정 및 예방 조치를 포함한 내부 심사 및 기술검토 보고서가 있다.

10 측정결과에 관련하여, 측정량을 합리적으로 추정한 값의 분산(dispersion) 특성을 나타내는 파라미터로 정의되는 용어는 다음 중 무엇인가?

① 유효성 ② 선택성
③ 불확도 ④ 감도

해설 불확도(uncertainty)란 사용된 정보를 기초로 하여 측정량에 대한 측정값의 분산(dispersion) 특성을 나타내는 음이 아닌 파라미터로, 불확정도라고도 한다.

11 다음 설명에 맞는 문서로 옳은 것은?

> 조직 내에 구축된 품질시스템에서 개개인의 담당업무와 연관된 규정, 지침서 등을 종합하여 각 업무별로 위임전결, 업무처리 시 필요한 품질문서, 교육, 자격요건 등을 상세히 기술한 개인별 업무지침서

① 직무기술서
② 품질매뉴얼
③ 개인이력카드
④ 품질수행계획서

해설 문제에서 설명하는 문서는 '직무기술서'로, 직무분석 결과 직무의 능률적인 수행을 위하여 직무의 성격, 요구되는 개인의 자질 등 중요한 사항을 기록한 문서이다.
② 품질매뉴얼 : 조직의 품질경영시스템을 규정한 문서
④ 품질수행계획서 : 제품 또는 시설이 정상적으로 가동한다는 확증을 얻기 위해 실시하는 작업, 즉 설계, 재료구입, 제작공정, 시험, 검사·측정 시험기기의 교정, 시정조치, 기록의 보관 등 품질관리계획에 대한 사항이 명시된 문서

정답 **08** ② **09** ① **10** ③ **11** ①

12 문서화된 끊어지지 않은 교정의 연결고리를 통하여 측정결과를 기준에 결부시킬 수 있는 측정결과의 특성은 무엇인가?

① 측정 불확도 ② 적합성 평가
③ 설정값 추정 ④ 측정 소급성

해설 문제에서 설명하는 측정결과의 특성은 측정 소급성(metrological traceability)이며, 각 단계는 측정 불확도에 기여한다.

13 방사성 폐기물의 처리에 관한 내용으로 **틀린** 것은?

① 방사성 폐기물을 비방사성 폐기물과 혼합시키거나 동일한 컨테이너에 같이 보관하지 않는다.

② 방사성 물질이 용기에 추가될 때마다 날짜, 물질명 등을 상세하게 기록하고 고체 및 액체 폐기물을 분리하여 보관한다.

③ 고체 폐기물은 지정된 방사성 폐기물 용기에 담아 보관한다.

④ 액상 방사성 폐기물은 다른 보조용기를 사용하지 않고 플라스틱병에만 넣어 보관한다.

해설 ④ 액상 방사성 폐기물은 다른 보조용기, 즉 폐액증발기, 이온교환기, 여과기 등을 이용하여 함유된 방사성 물질을 제거한다.

14 연구실험실 안전관리를 위한 안전기구의 조직에 대한 설명으로 **틀린** 것은?

① 안전관리 유형에는 직계식(line형), 참모식(staff형), 직계-참모식(line-staff형)이 있다.

② 직계식(line형)은 전문기술을 그렇게 필요로 하지 않는 100인 미만의 소규모 조직에 적용하면 유효하다.

③ 참모식(staff형)은 연구활동 종사자 입장에서 연구 및 안전에 관한 명령이 일원화되어 질서유지가 쉽고 통제수단이 단순하다.

④ 안전조직을 구성할 때에는 학교(연구소)의 특성과 규모에 부합하게 조직되어야 한다.

해설 ③은 직계식(line형) 조직의 장점에 대한 설명이다.
참모식(staff) 조직의 경우 안전에 관한 전문지식 및 기술의 축적과 안전정보 수집이 용이하고 신속한 반면, 안전에 대한 무책임·무권한 문제로 타 부서와의 마찰이 일어나기 쉽다. 또한 중규모(100인~1 000인) 조직에 적용하면 유용하다.

15 실험실에서 사용되는 안전표시 중 설명으로 **틀린** 것은?

① Oxidizer ② Flammable ③ Corrosive ④ Explosive

① 산화제(Oxidizer)
② 인화제(Flammable)
③ 부식제(Corrosive)
④ 폭발성 물질(Explosive)

해설 ③의 표시는 자극성 물질, 피부과민성 물질, 급성독성 물질, 마취제 효과물질에 공통으로 사용하는 GHS 유해화학물질 그림문자이다.

16 독성과 독성 유발물질이 **잘못** 연결된 것은?

① 급성독성 물질 – 오존, 포스겐
② 부식성 물질 – 질산, 페놀
③ 질식사 – 이산화탄소, 질소
④ 신경독소 – 비소

해설 • 신경독소에는 주로 납, 에탄올(음용 알코올), 망가니즈, 글루탐산염, 산화질소(NO), 보툴리눔 독소(예 보톡스 등), 파상풍 독소, 테트로도톡신 등이 있다.
• 비소의 주된 독소증상은 피부 및 호흡중추의 마비 등이다.

정답 12 ④ 13 ④ 14 ③ 15 ③ 16 ④

17 실험실에서 과산화물 취급 시 주의사항에 대한 설명으로 틀린 것은?

① 과산화물은 소량씩 사용하고, 남은 과산화물을 다시 병에 넣지 않도록 한다.
② 용매가 증발할 수 있는 휘발성 용매 조건하에서 과산화물 용액을 사용하지 않는다. 용액에서 과산화물 농도가 감소하기 때문이다.
③ 바닥에 흘린 경우 즉시 깨끗이 치운다. 다른 흡착성 물질에 과산화물 용액을 흡착시키고 절차에 따라 처리한다.
④ 과산화물을 다루기 위해 금속 시약수저(spatulas)를 사용하지 않는다. 금속에 의한 오염은 폭발로 이어질 수 있다.

해설 휘발성 용매 조건하에서는 과산화물 농도가 증가하기 때문에 과산화물을 사용하지 않아야 한다.

18 화학물질의 급성독성 또는 단일 노출 후 독성을 평가하는 방법인 치사량(LD) 또는 치사농도(LC)에 대한 설명으로 틀린 것은?

① LD_{50}은 통제된 실험실 조건하에서 시험 동물의 피부에 흡입, 주사 또는 피부에 접촉시켰을 때 절반(50 %)의 동물을 죽이는 화학물질의 양이다. LD_{50}은 일반적으로 체중 kg당 밀리그램 또는 그램으로 표시된다.
② LC_{50}은 노출된 시험 동물의 50 %를 죽일 수 있는 공기 중 화학물질의 농도이다. LC_{50}은 백만분의 일, 리터당 밀리그램, 입방미터당 밀리그램으로 주어진다.
③ 시험 동물의 사망을 유발하는 가장 낮은 농도 또는 용량으로 정의되는 LC_{100} 또는 LD_{100} 값이 유용하다.
④ 일반적으로 LD_{50} 또는 LC_{50}이 낮을수록 화학물질의 독성이 낮다.

해설 ④ 일반적으로 LD_{50} 또는 LC_{50}이 낮을수록 화학물질의 독성은 높아진다.

19 환경시험·검사기관 정도관리의 부적합 기관에 대한 조치사항으로 틀린 것은?

① 부적합 판정 이후 환경시험·검사를 할 수 없다.
② 환경시험·검사 업무중지 규정을 위반하면 1년 이하의 징역에 처할 수 있다.
③ 측정대행업은 영업정지 1년의 행정처분을 받을 수 있다.
④ 환경시험·검사의 업무중지 규정을 위반하면 1 000만원 이하의 벌금에 처할 수 있다.

해설 ③ 측정대행업은 영업정지 3개월의 행정처분을 받을 수 있다.

20 Z-score에 의한 숙련도시험 결과 부적합 기관의 수로 옳은 것은? (단, 전체 참여기관 평균 : 2.0 mg/L, 목표 표준편차 : 0.4 mg/L)

- 기관 A : 1.6 mg/L
- 기관 B : 2.7 mg/L
- 기관 C : 3.0 mg/L
- 기관 D : 1.2 mg/L

① 0 ② 1
③ 2 ④ 3

해설 $Z = \dfrac{x - X}{s}$

여기서, x : 대상기관의 측정값
X : 기준값(전체 참여기관 평균)
s : 측정값의 분산 정도 또는 목표 표준편차

- 기관 A의 $Z = -1$
- 기관 B의 $Z = 1.75$
- 기관 C의 $Z = 2.5$
- 기관 D의 $Z = -2$

Z값에 따른 평가기준

적 합	부적합
$|Z| \leq 2$	$2 < |Z|$

따라서, 숙련도 시험 결과 부적합 기관은 C로, 1군데이다.

17 ② 18 ④ 19 ③ 20 ②

21 다음 중 정도관리 숙련도 시험에서 분야별 적합 판정을 받은 경우를 <u>모두</u> 고른 것은?

> ㉠ 숙련도 시험 13항목 중 12항목 적합
> ㉡ 숙련도 시험 19항목 중 16항목 적합
> ㉢ 숙련도 시험 15항목 중 13항목 적합
> ㉣ 숙련도 시험 20항목 중 15항목 적합

① ㉠
② ㉠, ㉡
③ ㉠, ㉡, ㉢
④ ㉠, ㉡, ㉢, ㉣

해설 정도관리 숙련도 시험의 기관 평가기준

적 합	부적합
≥ 90점	< 90점

문제에서 ㉠ 92점, ㉡ 84점, ㉢ 87점, ㉣ 75점 이므로, 위 표의 기준에 따라 적합 판정을 받은 경우는 ㉠만 해당한다.

22 현장평가 시 고압가스 안전에 대해 평가할 때의 설명으로 <u>틀린</u> 것은?

① 내용적이 3 L 이상인 용기의 경우 용기 넘어짐 및 밸브의 손상을 방지하는 조치를 할 것
② 충전용기는 항상 40 ℃ 이하의 온도를 유지하고, 직사광선을 받지 않도록 조치할 것
③ 해당 조치를 위해 「고압가스 안전관리법」 시행규칙 별표 8에 따라 관리할 것
④ 가스 저장장소는 그 외면으로부터 화기취급 장소까지 2 m 이상 우회거리를 유지할 것 (가연성 가스 또는 산소의 경우 8 m)

해설 고압가스 안전유지기준에 의하면 충전용기의 넘어짐 등에 의한 충격 및 밸브의 손상을 방지하는 등의 조치를 하고 난폭한 취급을 하지 않아야 한다. 단, 충전용기의 내용적이 5 L 이하인 것은 제외한다.

23 현장평가 시 중대한 미흡사항에 대하여 <u>틀린</u> 것은?

① 정도관리 검증기관이 검증서를 발급받은 이후 정당한 사유 없이 1년 이상 시험·검사 등의 실적이 없는 경우
② 측정대행업을 등록하려는 자에 대하여 현장평가를 실시하는 경우 숙련도 시험 분석자와 등록 예정인력이 불일치하는 경우
③ 평가팀장은 현장평가를 종료시킬 정도의 중대한 미흡사항이 발견되면 즉시 국립환경과학원에 알리고 협의한 다음 내상기관의 대표자에게 이를 설명하고 그 시점에서 평가 종료를 선언한다.
④ 중대한 미흡사항이 발견된 경우 평가팀장은 확인서를 작성하고 대상기관의 대표자에 대한 동의로서 확인서에 서명한다.

해설 현장평가 시 중대한 미흡사항인 경우
  1. 인력을 허위기재한 경우(자격증만 대여한 경우 포함)
  2. 숙련도 시험의 부정행위
    • 숙련도 시험의 근거자료가 없는 경우
    • 숙련도 표준시료의 위탁 분석행위 등
  3. 고의 또는 중대한 과실로 측정결과를 거짓으로 산출한 경우
    • 시험 근거자료가 없는 경우
    • 시험성적서의 거짓 기재 및 발급
  4. 기술능력·시설 및 장비가 등록 지정·기준에 미달된 경우
  5. 정도관리 검증서를 발급받은 이후 정당한 사유 없이 1년 이상 영업 또는 업무실적이 없는 경우(용역사업 참여실적은 인정)
위와 같이 평가를 종료시킬 정도의 중대한 미흡사항이 발견되는 경우, 평가팀장은 대상기관의 경영진에게 미흡사항의 심각성을 설명하되 현장평가는 정상적으로 진행한다.

24 시험·검사기관에 대한 현장평가를 수행하기 위한 정도관리 평가위원은 국가공무원법의 결격사유가 없는 자 중에서 다음의 자격을 갖춘 자를 위촉할 수 있다. 여기에 해당되지 않는 것은?

① 학사학위를 취득한 후 3년 이상인 자
② 관련분야 기술사 자격을 취득한 자
③ 정도관리 현장평가의 자문위원으로 10회 이상 참여한 자
④ 환경측정분석사 자격을 취득한 후 3년 이상 환경분야 시험·검사 경력을 갖춘 자

해설 ① 학사학위를 취득한 후 5년 이상인 자

25 정도관리 평가위원들은 현장평가의 첫 번째 단계로서 대상기관의 관련분야 참석자들과 시작회의를 실시하여야 한다. 이에 대한 내용으로 틀린 것은?

① 대상기관의 관련분야 참석자들은 평가위원들과 시작회의를 하며, 시작회의의 주관은 평가팀장이 한다.
② 평가팀장은 참석자들에게 현장평가의 목적, 대상, 방법 등의 평가계획에 대해서 설명하고 대상기관으로부터 참석자들을 소개받고 담당 업무와 책임에 대해 설명을 들을 수 있다.
③ 대상기관의 대표자는 공식 의사전달체계를 수립하고, 대상기관은 시험실 순회, 정도관리문서 평가 및 시험분야별 평가의 담당자를 지정한다.
④ 대상기관은 현장평가에 필요한 정도관리 품질문서 등을 제출하고, 평가위원들이 장비(컴퓨터 등), 시설(평가위원회의실 등) 등을 사용할 수 있도록 한다.

해설 시작회의의 주요 사항
• 평가위원들은 현장평가의 첫 번째 단계로서 대상기관의 관련분야 참석자들과 시작회의를 하며, 시작회의의 주관은 평가팀장이 한다.

• 시작회의에는 대상기관의 대표자(또는 위임받은 대리인)와 현장평가계획에서 요청받은 분야의 관계자가 참석하여야 하며 평가위원은 참석자 명단을 기록한다.
• 평가팀장은 참석자들에게 현장평가의 목적, 대상, 방법 등 평가계획에 대해서 설명하고 대상기관으로부터 참석자들을 소개받고 담당 업무와 책임에 대해 설명을 들을 수 있다.
• 평가팀장은 대상기관과의 공식 의사전달체계를 수립하고, 대상기관은 시험실 순회, 정도관리문서 평가 및 시험분야별 평가의 담당자를 지정한다.
• 대상기관은 현장평가에 필요한 정도관리 품질문서 등을 제출하고, 평가위원들이 장비(컴퓨터 등), 시설(평가위원회의실 등) 등을 사용할 수 있도록 한다.
• 평가팀장은 시작회의 종료 전에 종료회의 날짜와 시기를 정하여야 한다.

26 다음 중 정도관리 시행계획을 수립할 때 ISO/IEC 17043 규정을 준수하는 숙련도 시험 시행계획을 수립하도록 노력하여야 하는 사항으로 틀린 것은?

① 표준시료의 균질성 및 안정성 평가를 위한 표준불확도
② 숙련도 시험 평가 등에 적용될 통계분석에 대한 세부적인 설명
③ 대상기관에 대한 숙련도 시험 평가기준
④ 대상기관에 통보되는 숙련도 시험 평가결과 등에 대한 설명

해설 정도관리 시행계획 수립 시에는 숙련도 시험 시행계획을 수립하도록 노력하여야 하며, 이때 다음 사항이 포함되어야 한다.
• 표준시료의 균질성 및 안정성 평가를 위한 표준편차 자료
• 숙련도 시험 평가 등에 적용될 통계분석에 대한 세부적인 설명
• 대상기관에 대한 숙련도 시험 평가기준
• 대상기관에 통보되는 숙련도 시험 평가결과 등에 대한 설명

정답 24 ① 25 ③ 26 ①

27 기술위원회의 위원 위촉에 대한 설명으로 틀린 것은?

① 기술위원회의 위원은 해당 분야의 학식과 경험이 풍부한 자 중에서 국립환경과학원장이 위촉한다.

② 기술위원회의 위원 임기는 3년으로 연임할 수 있다.

③ 과학원장은 기술위원회의 위원이 특별한 사유 없이 연 2회 이상 해당 분야의 기술위원회에 불참하는 경우 해촉할 수 있다.

④ 과학원장은 기술위원회의 위원이 해당 분야의 기술위원회 운영에 중대한 지장을 야기하는 경우 해촉할 수 있다.

해설 국립환경과학원장은 기술위원회의 위원이 다음의 하나에 해당하는 경우에는 해촉할 수 있다.
- 특별한 사유 없이 연 3회 이상 해당 분야의 기술위원회에 불참하는 경우
- 해당 분야의 기술위원회 운영에 중대한 지장을 야기하는 경우

28 정도관리 판정기준으로 틀린 것은?

① 과학원장은 대상기관에 대한 정도관리 적합 여부를 판정하기 위하여 숙련도 시험 및 현장평가를 실시하여야 한다.

② 숙련도 시험은 숙련도 시험 판정기준에 따라 평가하며 적합·부적합으로 분야별로 판정하되, 기준값의 선정 등에 관한 사항은 필요한 경우 기술위원회의 의견을 반영하여 정할 수 있다.

③ 정도관리는 정도관리 판정기준에 따라 적합·부적합으로 분야별로 판정하며 숙련도 시험과 현장평가 결과가 모두 적합한 경우에만 최종 적합으로 판정한다.

④ 폐·하수종말처리시설 및 보건소·정수장의 정도관리는 과학원장이 따로 정하는 일정 규모 이상인 경우에는 해당 기관의 시험·검사 업무 담당 부서장의 책임하에 과학원장이 배포한 농도를 표시한 표준시료에 대하여 실시한 자체 숙련도 시험으로 갈음할 수 있다.

해설 ④ 폐·하수종말처리시설 및 보건소·정수장의 정도관리는 과학원장이 따로 정하는 일정 규모 이상인 경우에는 정기 숙련도 시험으로, 일정 규모 미만인 경우에는 해당 기관의 시험·검사 업무 담당 부서장의 책임하에 과학원장이 배포한 농도를 표시한 표준시료에 대하여 실시한 자체 숙련도 시험으로 갈음할 수 있다.

29 평가위원이 운영 및 기술 점검표에 따라 경영요건 및 기술요건을 포함한 대상기관의 정도관리 품질문서 및 기록물을 검토하는 내용으로 틀린 것은?

① 시험성적서 및 정도관리 품질문서에 따른 2년간의 실적 및 기록

② 조직도(인력현황 포함) 및 업무분장서

③ 시험방법 목록 및 장비관리 기록

④ 표준용액(물질), 시약 목록 및 시료관리 기록

해설 평가위원은 운영 및 기술 점검표에 따라 다음의 내용 등 경영요건 및 기술요건을 포함한 대상기관의 정도관리 품질문서, 기록물 등을 검토한다.
- 조직도(인력현황 포함)
- 업무분장서
- 시험방법 목록
- 장비관리 기록
- 표준용액(물질) 및 시약 목록
- 시료관리 기록
- 시험성적서(원자료 및 산출근거 포함)
- 정도관리 품질문서에 따른 3년간의 실적 및 기록

정답 **27** ③ **28** ④ **29** ①

30 과학원장이 시·도 보건환경연구원과 공동으로 실시할 수 있는 정도관리 업무 중 옳은 것은?

① 정도관리 계획 수립 및 보고
② 정도관리 업무와 관련된 규정의 제·개정
③ 정도관리 심의회와 기술위원회 구성 및 운영
④ 정도관리 현장평가

> **해설** 과학원장은 정도관리 현장평가 업무를 시·도 보건환경연구원과 공동으로 실시할 수 있다.

31 다음 중 환경시험·검사기관 정도관리 현장평가에서 적합한 경우는?

① 현장평가 평점이 100점이고, 미흡사항 보완조치가 50일만에 제출된 경우
② 현장평가 평점이 70점이고, 미흡사항 보완조치가 30일만에 제출된 경우
③ 현장평가 평점이 69점이고, 미흡사항 보완조치가 20일만에 제출된 경우
④ 현장평가 시작 날로부터 6개월 전에 중대한 미흡사항으로 행정처분을 받은 경우

> **해설** 현장평가 적합 기준
> • 미흡사항이 없는 경우
> • 현장평가 평점이 70점 이상이고, 미흡사항에 대한 보완조치(현장평가 이후의 보완조치 이행은 평가 종료일부터 30일 내에 할 것) 결과가 적합한 경우

32 실험실 폐액 처리 및 관리 규정으로 틀린 것은?

① 보관창고에 보관표지(노란 바탕, 검은 글씨)를 잘 보이는 곳에 부착하여 보관한다.
② 폐산, 폐알칼리, 폐유기용제 등은 보관이 시작된 날로부터 45일을 초과하여 보관하면 안된다(1년간 배출총량이 3톤 이상일 경우).
③ 지정폐기물 보관표지에는 폐기물 종류, 보관기간, 관리책임자, 운반(처리) 예정장소를 표기한다.

④ 보관창고에 부착하는 표지의 규격은 가로 60센티미터 이상 세로 20센티미터 이상이어야 한다.

> **해설** 보관창고에 부착하는 표지 기준
> • 규격 : 가로 60 cm 이상×세로 40 cm 이상 (드럼 등 소형 용기에 부착하는 경우 : 가로 15 cm 이상×세로 10 cm 이상)
> • 색깔 : 황색 바탕에 흑색 선 및 흑색 글자

33 현장평가 종료회의에 대한 설명으로 틀린 것은?

① 종료회의 전에 미흡사항에 대해 대상기관의 대표자의 확인서명을 받는다.
② 의견이 불일치된 평가결과에 대해서는 7일 이내에 이의신청이 가능함을 알린다.
③ 현장평가 종료일로부터 20일 이내에 보완조치 이행이 완료되어야 한다.
④ 최종평가 결과의 통보에 대한 대략적인 일정을 설명한다.

> **해설** 종료회의의 주요 사항
> • 현장평가를 마감하는 종료회의는 평가팀장이 주재하며 대상기관의 대표자, 기술책임자, 품질책임자가 참석한 상태에서 현장평가 중 발견된 사항들을 설명한다.
> • 평가팀은 대상기관에 대한 평가 시 알게 된 모든 사항에 대한 기밀을 누설하지 않을 것을 대상기관에 약속한다.
> • 평가위원은 평가결과와 발견된 미흡사항에 대해 대상기관 참석자에게 설명하며, 의견이 불일치된 평가결과에 대해서는 현장평가 종료일로부터 7일 이내에 과학원장에게 이의신청을 할 수 있음을 알린다.
> • 평가팀장은 미흡사항 보고서를 대상기관에 제시하고, 대상기관의 대표자 또는 위임받은 자는 발견된 미흡사항에 대한 동의로서 미흡사항 보고서에 서명한다.
> • 평가팀장은 대상기관의 참석자에게 현장평가 이후의 보완조치 이행 및 정도관리 최종평가 결과의 통보에 대한 대략적인 일정에 대해 설명한다.

34 환경시험·검사기관에 대한 요구사항 중 '직원'에 대한 설명으로 <u>틀린</u> 것은?

① 직원의 범위에는 정규직뿐 아니라 임시직도 포함한다.

② 매년 1회 이상의 숙련도 시험 계획을 수립하고 수행하여야 한다.

③ 내부 숙련도 시험 결과 평가 시 직원이 1~2명일 경우 Z-score보다는 오차율로 평가하는 것이 합당하다.

④ 품질책임자는 직원에 대한 담당업무, 교육·훈련 내용 등을 기록한 직무기술서를 보관하여야 한다.

> **해설** ④ 해당 기관의 경영진은 직원에 대한 담당업무, 교육·훈련 내용 등을 기록한 직무기술서를 보관하여야 한다.

35 현장평가의 평가요소는 경영요건과 기술요건으로 나뉘는데, 다음 중 경영요건이 <u>아닌</u> 것은?

① 조직　　　　② 직원
③ 문서관리　　④ 내부 정도관리 평가

> **해설** 경영요건에는 조직, 품질시스템, 문서관리, 시험 의뢰 및 계약 시의 검토, 시험의 위탁, 서비스 및 물품 구매, 고객에 대한 서비스, 부적합 업무 관리 및 보완조치, 기록관리, 내부 정도관리 평가 등이 있다.

36 환경시험·검사 업무처리규정 중 시료채취 및 의뢰내용으로 <u>틀린</u> 것은?

① 시료채취자는 일시, 채취자, 관리분야, 시험항목, 채취량 등을 기록하여야 한다.

② 시험·검사기관은 민간인 등이 채취하고 의뢰하는 경우 시료채취기록부 서식에 작성하여 제출하도록 할 수 있다.

③ 시험·검사기관은 민간인 등이 시료를 채취하여 의뢰한 경우에도 자체적으로 채취한 시료와 동일하게 성적서를 발급·통보하여야 한다.

④ 타 부서(기관)에서 채취하여 의뢰하는 경우에는 시료와 함께 시료채취기록부 사본을 제출하여야 한다.

> **해설** ③ 시험·검사기관은 민간인 등이 시료를 채취하여 의뢰하는 경우에는 시료채취방법, 용기, 보존·운반 방법 등이 환경오염 공정시험기준에 적합하도록 시험·검사기관의 홈페이지 등에 공지하여야 하며, 시험·검사에 필요한 사항을 시료채취기록부 서식에 작성하여 제출하도록 할 수 있다.

37 A.V. Feigenbaum은 품질관리(Quality Control ; QC) 발달과정을 5단계로 설명하고 있는데, 이를 순서대로 바르게 나열한 것은?

① 작업자 품질관리 → 조장 품질관리 → 검사 품질관리 → 통계적 품질관리 → 통합적 품질관리

② 조장 품질관리 → 작업자 품질관리 → 검사 품질관리 → 통계적 품질관리 → 통합적 품질관리

③ 작업자 품질관리 → 조장 품질관리 → 검사 품질관리 → 통합적 품질관리 → 통계적 품질관리

④ 조장 품질관리 → 검사 품질관리 → 작업자 품질관리 → 통계적 품질관리 → 통합적 품질관리

> **해설** 품질관리의 시대별 발달과정
> 1. 작업자 품질관리시대 (operator quality control)
> 2. 조장(책임자) 품질관리시대 (foreman quality control)
> 3. 검사 품질관리시대 (inspection quality control)
> 4. 통계적 품질관리시대 (statistical quality control)
> 5. 통합적(종합적) 품질관리시대 (total quality control)

정답 34 ④　35 ②　36 ③　37 ①

38 채취한 시료의 암모니아 농도를 5번 반복 측정하여 7.23, 7.92, 8.56, 8.74, 8.82(mg/L)의 측정값을 얻었다. 측정값 중 의심스러운 값을 버릴 것인지 받아들일 것인지를 결정하고자 90 % 신뢰수준에서 Q-test를 진행할 경우 버릴 수 있는 값은? (단, 90 % 신뢰수준에서 Q의 임계값은 0.64이다.)

① 7.23 mg/L

② 8.82 mg/L

③ 7.23 mg/L와 8.82 mg/L

④ 모든 측정값을 받아들일 수 있다.

해설 Q-test(Q-시험법)에서 범위(range)는 데이터 전체의 분산이고, 간격(gap)은 의심스러운 측정값과 가장 가까운 측정값 사이의 차이이다.

$$Q_{계산}\left(=\frac{간격}{범위}\right)=\frac{8.82-8.74}{8.82-7.23}=0.05$$

이 값은 90 % 신뢰수준에서 Q의 임계값 0.64보다 작으므로 받아들인다. 같은 방법으로 다른 값들도 마찬가지이다. 즉, 모든 측정값을 받아들일 수 있다.

39 분석된 자료의 계산 시 유효숫자에 대한 설명으로 틀린 것은?

① 0.00105란 수의 유효숫자는 3개이다.

② 2.0108이란 수는 5개의 유효숫자를 가지고 있다.

③ 12.34×5.6=69.104의 계산 결과는 유효숫자를 적용하여 69.1로 반올림하여 적는다.

④ 12.10+18+1.100=31.200에서는 유효숫자를 적용하여 31.2로 적는다.

해설 ① 0.00105에서 소수 자리 앞에 있는 숫자 0은 유효숫자에 포함되지 않으므로 유효숫자는 3개이다.
② 2.0108에서 0이 아닌 숫자 사이에 있는 0은 항상 유효숫자이므로 유효숫자는 5개이다.
③ 12.34×5.6=69.104에서 곱하여 계산하는 경우 계산하는 숫자 중 가장 작은 유효숫자 자릿수에 맞춰 결과값을 적기 때문에 69.1로 반올림하여 적는다.

④ 12.10+18+1.100=31.200에서 더하여 계산하는 경우 계산하는 숫자 중에서 가장 작은 유효숫자 자릿수에 맞춰 결과값을 적기 때문에 31로 적는다.

40 2018년 8월 1일과 2일의 미세먼지(PM 10) 농도 분포가 동일한지를 평가하기 위해 〈자료〉에 대한 평균과 분산, 등분산 가정 t-test 등을 수행한 통계처리 결과가 나왔다. 95 % 신뢰구간에서 통계처리 결과에 대한 해석으로 옳은 것은?

〈자료〉
서울 미세먼지 농도($\mu g/m^3$)
• 2018년 8월 1일(01시부터 24시까지) : 16, 6, 5, 18, 3, 11, 6, 23, 33, 30, 12, 2, 5, 0, 7, 22, 16, 12, 20, 2, 12, 4, 4, 11
• 2018년 8월 2일(01시부터 24시까지) : 18, 8, 7, 20, 5, 13, 8, 25, 35, 32, 14, 4, 7, 100, 9, 24, 18, 14, 22, 80, 14, 6, 6, 13

〈통계처리 결과〉

구 분	'18년 8월 1일	'18년 8월 2일
평균	11.66667	20.91667
분산	81.10145	531.6449
관측수	24	24
자유도	46	
t 통계량	−1.83066	
$P(T \le t)$ 양측 검정	0.073634	
t 기각치 양측 검정	2.012896	

① 8월 1일과 2일의 미세먼지 농도분포는 95 % 신뢰구간에서 다르다.

② 8월 1일과 2일의 미세먼지 농도분포는 95 % 신뢰구간에서 동일하다.

③ 8월 1일과 2일의 미세먼지 농도분포는 95 % 신뢰구간에서는 판단하기 어렵다.

④ 모두 해당사항 없다.

해설 $P(T \le t)$ 양측 검정값이 유의수준 0.05보다 크므로 8월 1일과 2일의 미세먼지 농도분포는 95 % 신뢰구간에서 동일하다고 볼 수 있다.

정답 38 ④ 39 ④ 40 ②

• 검정분야 : (2) 대기환경측정분석

[1과목 : 대기오염 공정시험기준]

01 굴뚝을 통해 대기 중으로 배출되는 가스의 평균유속을 피토관으로 측정한 결과 동압이 $29.91 \, \text{mmH}_2\text{O}$이었다. 이때 배출가스의 평균유속(m/s)은? (단, 피토관계수는 1.2, 배출가스의 온도는 150 ℃, 배출가스의 밀도는 $1.3 \, \text{kg/Sm}^3$이다.)

① 0.3172
② 3.172
③ 31.72
④ 317.2

해설 평균유속 $v = C\sqrt{\dfrac{2gh}{\gamma}}$

여기서, γ(배출가스 밀도)

$$= \gamma_0 \times \frac{273}{273+T}$$
$$= 1.3 \times \frac{273}{273+150}$$
$$= 0.839 \, (\text{kg/m}^3)$$
$$\therefore v = 1.2 \times \sqrt{\frac{2 \times 9.8 \times 29.91}{0.839}}$$
$$= 31.72 \, \text{m/s}$$

02 다음은 반자동식 굴뚝 배기가스 먼지시료 측정순서를 나타낸 것이다. 괄호 안에 들어갈 내용은?

> 위치 선정 → 온도 측정 → ( ) 측정 → 정압 측정 → 유속 측정 → 시료채취 → 농도 계산

① 등속흡입
② 동압
③ 수분량
④ 대기압

해설 반자동 측정기에 의한 시료채취 순서
1. 측정점수를 선정한다(위치 선정).
2. 배출가스의 온도를 측정한다.
3. 배출가스의 수분량을 측정한다.
4. 측정점을 선정하여 시료채취부의 노즐을 상부 방향으로 측정점에 도달시킨 후 측정과 동시에 하부 방향으로 돌린다(정압 측정).
5. 채취점마다 동압을 측정하여 계산자(노모그래프) 또는 계산기를 이용하여 등속흡입을 위한 적정한 흡입노즐 및 오리피스압차를 구한 후 그 오리피스압차가 유지되도록 유량조절밸브로 유량을 조절한다(유속 측정).
6. 시료를 채취한다.
7. 농도를 계산한다.

03 대기오염 공정시험기준에 따른 대기 중 오염물질과 그 측정방법으로 옳은 것은?

① 이산화황 : 자외선형광법
② 이산화질소 : 원자흡수 분광광도법
③ 오존 : 비분산 적외선 분광분석법
④ 일산화탄소 : 자외선/가시선 분광법

해설 각 보기의 물질에 적용 가능한 측정방법은 다음과 같다.
① 이산화황 : 자외선형광법, 파라로자닐린법, 산정량수동법, 산정량반자동법, 용액전도율법, 불꽃광도법, 흡광차분광법
② 이산화질소 : 화학발광법, 야곱스-호흐하이저법, 자외선/가시선 분광법(살츠만법), 수동 살츠만법, 흡광차분광법
③ 오존 : 자외선광도법, 화학발광법, 중성 아이오딘화포타슘법, 알칼리성 아이오딘화포타슘법, 흡광차분광법
④ 일산화탄소 : 비분산 적외선 분광분석법, 불꽃이온화검출법

04 원자흡수 분광광도법에서 가장 흔히 사용되는 광원(light source)으로 옳은 것은?

① 레이저
② 중수소램프
③ 텅스텐램프
④ 속빈음극램프

해설 원자흡광분석용 광원은 원자흡광 스펙트럼선의 선폭보다 좁은 선폭을 갖고 휘도가 높은 스펙트럼을 방사하는 속빈음극램프가 많이 사용된다.

05 자외선/가시선 분광법을 이용하여 배출가스 중의 플루오린화합물 농도를 측정하였다. 측정조건이 다음과 같았을 때 플루오린화합물의 농도(ppm, F)는?

• 플루오린화합물 이온의 질량 : 0.01 mg
• 건조시료가스량 : 200 L
• 시료용액 전량(방해이온이 존재하지 않았음)
• 분취한 액량 : 30 mL
• 플루오린 분자량 : 19 g/mol

① 0.17
② 0.20
③ 0.33
④ 0.39

해설 시료 중 플루오린화합물의 농도

$$C = \frac{A_F \times V/v}{V_s} \times 1\,000 \times \frac{22.4}{19}$$

여기서, C : 플루오린화합물의 농도(ppm, F)
　　　　A_F : 검정곡선에서 구한 플루오린화합물 이온의 질량(mg)
　　　　V_s : 건조시료가스량(L)
　　　　V : 시료용액 전량(방해이온이 존재할 경우 250 mL, 방해이온이 존재하지 않을 경우 200 mL)
　　　　v : 분취한 액량(mL)

$$\therefore C = \frac{0.01 \times 200/30}{200} \times 1\,000 \times \frac{22.4}{19}$$
$$= 0.39(\text{ppm, F})$$

06 고용량 공기시료채취법을 이용하여 비산먼지를 측정하였다. 측정결과 채취먼지량이 가장 많은 위치에서의 먼지농도는 55 $\mu g/m^3$, 대조위치에서의 먼지농도는 25 $\mu g/m^3$이었다. 전 시료채취기간 중 주풍향은 서남서에서 북북동 방향으로 측정되었고, 풍속은 전 채취시간의 60 %가 0.3 m/s로 측정되었다. 이때 비산먼지의 농도는?

① 36 $\mu g/m^3$
② 43 $\mu g/m^3$
③ 45 $\mu g/m^3$
④ 54 $\mu g/m^3$

해설 각 측정지점의 채취먼지량과 풍향·풍속의 측정결과로부터 비산먼지의 농도를 구한다.
비산먼지농도 $C = (C_H - C_B) \times W_D \times W_S$
여기서, C_H : 채취먼지량이 가장 많은 위치에서의 먼지농도(mg/m^3)
　　　　C_B : 대조위치에서의 먼지농도(mg/m^3)
　　　　W_D, W_S : 풍향·풍속 측정결과로부터 구한 보정계수
단, 대조위치를 선정할 수 없는 경우에는 C_B를 0.15 mg/m^3로 한다.

풍향에 대한 보정

풍향 변화 범위	보정계수
전 시료채취기간 중 주풍향이 90° 이상 변할 때	1.5
전 시료채취기간 중 주풍향이 45° ~ 90° 변할 때	1.2
전 시료채취기간 중 주풍향이 변동 없을 때(45° 미만)	1.0

풍속에 대한 보정

풍속 범위	보정계수
풍속이 0.5 m/s 미만 또는 10 m/s 이상 되는 시간이 전 채취시간의 50 % 미만일 때	1.0
풍속이 0.5 m/s 미만 또는 10 m/s 이상 되는 시간이 전 채취시간의 50 % 이상일 때	1.2

$$\therefore C = (C_H - C_B) \times W_D \times W_S$$
$$= (55 - 25) \times 1.5 \times 1.2$$
$$= 54 \ \mu g/m^3$$

07 배출가스 중 사이안화수소를 자외선/가시선 분광법(4-피리딘카복실산 피라졸론법)으로 분석하고자 한다. 다음 분석방법에 대한 설명 중 옳은 것으로만 짝지어진 것은?

> ㉠ 시료채취관에서부터 흡수병에 이르는 사이에 시료 중의 수분을 응축시키기 위해 응축관을 설치한다.
>
> ㉡ 흡수병은 시료를 주입하기 전에 배관을 시료로 충분히 치환해 두고 약 100 mL를 약 1분간 주사기에 흡입한다.
>
> ㉢ 측정결과는 ppm 단위로 소수점 넷째 자리까지 유효자릿수를 계산하고, 결과 표시는 소수점 셋째 자리로 표기한다. 방법검출한계 미만의 값은 소수점 넷째 자리까지 표시한다.
>
> ㉣ 시료 중에 먼지 등이 섞여 들어오는 것을 막기 위하여 시료채취관의 적당한 곳에 여과재로 유리솜, 유리종이 또는 유리여과재를 넣는다.
>
> ㉤ 흡수액은 아세트산을 이용한다.
>
> ㉥ 시료채취관은 배출가스 중의 부식성 가스에 부식되지 않는 유리관, 석영관 또는 스테인리스관 등의 재질을 써야 한다.

① ㉠, ㉢, ㉤
② ㉡, ㉣, ㉥
③ ㉢, ㉤, ㉥
④ ㉣, ㉤, ㉥

> **해설** ㉠ 시료 중의 수분이 응축하는 것을 막기 위하여 시료채취관에서부터 흡수병에 이르는 사이를 가열하여야 한다.
>
> ㉢ 측정결과는 ppm 단위로 소수점 넷째 자리까지 유효자릿수를 계산하고, 결과 표시는 소수점 셋째 자리로 표기한다. 방법검출한계 미만의 값은 불검출로 표시한다.
>
> ㉤ 흡수액은 수산화소듐(NaOH, sodium hydroxide, 분자량 40, 98 %) 20 g을 정제수에 녹여서 1 L로 한다.

08 배출가스 중 미세먼지를 반자동식 채취기에 의한 방법으로 측정하고자 한다. 반자동식 채취장치에 대한 설명으로 틀린 것은?

① 사이클론은 스테인리스강 재질이어야 하며 온도와 상관없이 내부의 O-ring은 플루오린수지 재질이어야 한다.

② 흡입노즐의 경우 PM-10용 흡입노즐의 내경은 3.18 mm ～ 9.90 mm, PM-2.5의 경우 3.18 mm ～ 5.08 mm 범위에서 선택한다.

③ 여과지 홀더는 여과지가 파손되지 않으면서 공기가 새지 않게 하기 위하여 O ring, 개스킷, 스크린이 포함되어 있다.

④ 피토관은 반드시 내열성이 있는 스테인리스강 재질이어야 하며 배출가스 유속을 지속적으로 측정하기 위하여 흡입관에 부착하여 사용한다.

> **해설** 사이클론은 스테인리스강 재질이어야 하며 내부의 O-ring은 플루오린수지 재질로써 변형 없는 한계온도는 205 ℃이므로 주의한다. 배출가스 온도가 205 ℃를 초과할 경우 스테인리스강 재질의 O-ring으로 교체하여 사용한다.

09 다음은 배출가스 중 카드뮴화합물을 원자흡수 분광광도법으로 분석한 결과이다. 이때 카드뮴 농도는 몇 mg/Sm^3인가?

> • 시료용액 1 mL 중 카드뮴의 양 : 0.15 μg
> • 시료용액 전량 : 250 mL
> • 표준상태에서 습한 시료가스 채취량 : 1 200 L
> • 배출가스 중의 수분량 : 10 %

① 0.0313
② 0.0347
③ 0.3125
④ 0.3472

> **해설** 카드뮴의 농도(mg/Sm^3)
> $$= \frac{0.15\ \mu g/mL \times 250\ mL}{(1\,200-120)\ L}$$
> $$= 0.0347\ \mu g/L = 0.0347\ mg/Sm^3$$

10 환경대기 중 미세먼지(PM-10)를 베타선 자동 측정법으로 측정하였다. 측정조건이 아래 가정과 같다고 할 때 표준용적유량의 계산값으로 옳은 것은?

> 〈가정〉 실제 체적유량 : 16.7 L/min,
> 대기압 : 700 mmHg, 대기온도 : 15 ℃

① 14.6 L/min

② 15.1 L/min

③ 15.6 L/min

④ 16.2 L/min

해설 PM-10 질량농도는 상온상태(20 ℃, 760 mmHg)로 계산하여 보고한다. 측정기의 측정유량은 실제 대기조건을 기준으로 결정되기 때문에 표준공기체적을 이용해 PM-10 농도를 계산해야 한다.

$$Q_{std} = Q_a \times \left(\frac{P_a}{P_{std}} \right) \times \left(\frac{T_{std}}{T_a} \right)$$

여기서, Q_{std} : 표준용적유량(m^3/min)

Q_a : 실제 체적유량(m^3/min)

P_{std} : 표준대기압(=760 mmHg)

P_a : 대기압(mmHg)

T_{std} : 표준공기온도

T_a : 대기온도(K)

이때, Q_a는 실제 온도 및 압력조건에서 측정한 실제 용적유량이며 PM-10 입경분리장치 설계유량은 항상 실제 용적유량에 의해 결정된다. Q_{std}는 상온상태(20 ℃, 760 mmHg)로 보정한 표준용적유량으로, 표준용적유량으로부터 얻은 표준체적은 PM-10 질량농도를 계산하는 데 적용된다.

$$\therefore Q_{std} = 16.7 \times \left(\frac{700}{760} \right) \times \left(\frac{293}{273+15} \right)$$
$$= 15.6 \text{ L/min}$$

11 환경대기 중 오존을 자외선광도법을 이용하여 측정하고자 한다. 이때 다음의 측정기기, 시료채취 장치 및 방법에 대한 설명 중 옳은 것으로만 짝지어진 것은?

㉠ 이 방법은 파장 253.7 nm 자외선 흡수량의 변화를 측정하여 환경대기 중의 오존을 연속적으로 측정하는 방법이다.

㉡ 발광부는 광원으로 제논램프를 사용한다.

㉢ 채취된 시료 공기의 일부를 오존 촉매변환기를 사용하여 오존으로 전환한다. 시료 흡수셀(단일셀 배치)에 시료와 번갈아 흘리거나 이중 흡수셀(2중셀 배치)에 흘리면서 전환된 오존의 자외선 세기를 측정한다.

㉣ 측정기는 시료가스 채취구, 필터, 유량계, 시료가스 흡입펌프, 흡수셀, 광원램프, 검출기, 증폭기 및 지시기록계 등으로 구성된다.

㉤ 시료 배관은 체류시간을 최소로 유지할 수 있을 만큼 짧아야 하며, 최대 5초까지의 체류시간이 허용된다.

㉥ 입자 여과지는 5 μm 이상의 입자를 제거할 수 있는 여과지를 사용하고 오존에 대해서 선택적으로 반응할 수 있는 재료를 사용하여야 한다.

㉦ 원칙적으로 바탕가스는 질소를 바탕으로 한 산소 20.5 % ~ 20.9 %, 오존 함유량 1 nmol/mol 이하의 고순도 공기를 사용한다.

① ㉠, ㉦
② ㉡, ㉣
③ ㉢, ㉤
④ ㉣, ㉥

해설 ㉡ 발광부는 안정된 저압 수은(Hg) 방전램프로부터 방출된 253.7 nm의 자외선이 시료 공기가 흐르는 광학 흡수셀을 통과하면서 오존에 의해 흡수되고, 광전다이오드 또는 광전관으로 측정되어 전기신호로 바뀐다.

㉢ 채취된 시료 공기의 일부를 오존 촉매변환기를 사용하여 오존만을 선택적으로 제거하고, 시료 흡수셀(단일셀 배치)에 시료와 번갈아 흘리거나 이중 흡수셀(2중셀 배치)에 흘리면서 오존 흡수가 없는 상태의 자외선 세기를 측정한다.

㉥ 입자 여과지는 5 μm 이상의 입자를 제거할 수 있는 폴리테트라플루오로에틸렌(PTFE)과 같이 오존에 대해서 불활성 재료를 사용하여야 하며, 전체 시스템을 깨끗이 유지하기 위해 시료채취 입구에 설치할 것을 권장한다.

12 환경대기 중 석면을 위상차현미경으로 측정하였다. 측정조건이 다음과 같을 때 석면농도(개/mL)로 옳은 것은?

- 유효채취면적 : 385 cm^2
- 위상차현미경으로 계측한 총 섬유수 : 8개
- 광학현미경으로 계측한 총 섬유수 : 1개
- 현미경으로 계측한 1시야의 면적 : 0.00785 cm^2
- 표준상태로 환산한 채취 공기량 : 400 L
- 계수한 시야의 총수 : 150개
---

① 0.0033 　　② 0.0045

③ 0.0057 　　④ 0.0069

해설 채취한 시료의 석면농도를 구하는 식은 다음과 같다.

$$섬유수(개/mL) = \frac{A \times (N_1 - N_2)}{a \times V \times n} \times \frac{1}{1\,000}$$

여기서, A : 유효채취면적(cm^2)
　　　N_1 : 위상차현미경으로 계측한 총 섬유수(개)
　　　N_2 : 광학현미경으로 계측한 총 섬유수(개)
　　　a : 현미경으로 계측한 1시야의 면적(cm^2)
　　　V : 표준상태로 환산한 채취 공기량(L)
　　　n : 계수한 시야의 총수(개)

$$\therefore 섬유수 = \frac{385 \times (8-1)}{0.00785 \times 400 \times 150} \times \frac{1}{1\,000}$$
$$= 0.0057 개/mL$$

13 환경대기 중의 금속화합물 농도 측정방법에 대한 설명으로 옳은 것은?

① 구리 화합물을 유도결합플라스마 분광법으로 분석 시 규소(Si)를 다량 포함하고 있을 때는 0.2 % 염화칼슘 용액을 첨가하여 분석할 수 있다.

② 베릴륨 화합물을 유도결합플라스마 분광법으로 분석 시 전처리방법으로는 마이크로파 산분해법을 적용하여 분석한다.

③ 구리, 비소, 아연 화합물을 유도결합플라스마 분광법으로 분석 시 전처리방법으로는 1-피롤리딘다이싸이오카바민산법을 적용하여 분석한다.

④ 크로뮴 화합물을 유도결합플라스마 분광법으로 분석 시 불꽃 또는 광원에서 발생하는 스펙트럼으로 인하여 분석원소의 흡수세기에 영향을 미치는 스펙트럼 방해가 나타난다.

해설 ① 철 화합물을 유도결합플라스마 분광법으로 분석 시 규소(Si)를 다량 포함하고 있을 때는 0.2 % 염화칼슘 용액을 첨가하여 분석할 수 있다.

③ 비소 및 비소 화합물 중 일부 화합물은 휘발성이 있다. 따라서 채취 시료를 전처리하는 동안 비소의 손실 가능성이 있다. 전처리방법으로는 고압 산분해법을 이용할 것을 권장한다.

④ 크로뮴 화합물은 시료용액 중에 소듐, 포타슘, 마그네슘, 칼슘 등의 농도가 높고, 크로뮴의 농도가 낮은 경우에는 N,N-다이옥틸옥탄아민(트라이옥틸아민)의 아세트산부틸 용액으로 추출 후, 플라스마 토치 중에 분무하여 크로뮴을 정량할 수 있다.

14 아래의 시험방법은 환경대기 중 입자상 금속화합물의 농도를 측정하기 위해 사용되는 '원자흡수분광광도법'에 대해 설명한 것이다. 해당하는 입자상 금속화합물로 옳은 것은?

- 측정파장 : 232 nm
- 정량범위 : (0.2~20.0) mg/L
- 간섭물질 : 다량의 탄소가 포함된 시료의 경우 전기로를 사용하여 800 ℃에서 30분 가열한 후 전처리 조작을 행한다.
---

① Cd 　　② Cr

③ Ni 　　④ Pb

해설 니켈을 원자흡수분광광도법에 의해 정량할 경우 니켈 속빈음극램프를 점등하여 안정화시킨 후, 232 nm의 파장에서 원자흡수분광광도법 통칙에 따라 조작을 하여 시료용액의 흡광도 또는 흡수백분율을 측정한다. 이때, 원자흡수분광광도법의 정량범위는 0.2 mg/L ~ 20.0 mg/L이며, 반복표준편차는 2 % ~ 10 %이다. 다량의 탄소가 포함된 시료의 경우, 시료를 채취한 필터를 적당한 크기로 잘라서 자기도가니에 넣고 전기로를 사용하여 800 ℃에서 30분 이상 가열한 후 전처리 조작을 행한다.

정답 　12 ③　 13 ②　 14 ③

15 환경대기 중 납화합물을 유도결합플라스마 분광법으로 분석할 때 주의할 점으로 **틀린** 것은?

① 시료용액 중에 소듐, 포타슘, 마그네슘, 칼슘 등의 농도가 높고 납의 농도가 낮은 경우에는 산분해법을 이용한다.

② 유도결합플라스마 분광법용 기체로는 순도 99.99 % 이상의 아르곤(Ar)을 사용한다.

③ 시료채취는 저용량 공기시료채취기를 사용할 경우에는 3일 ~ 7일간 연속 채취하는 것을 원칙으로 한다.

④ 내부 정도관리 주기는 방법검출한계, 정밀도, 정확도의 측정은 연 1회 이상 측정하는 것을 원칙으로 한다.

> 해설 ① 시료용액 중에 소듐, 포타슘, 마그네슘, 칼슘 등의 농도가 높고 납의 농도가 낮은 경우에는 용매추출법을 이용하여 납을 정량할 수 있다.

16 환경대기 중 수은 분석을 위한 습성 침적량 측정방법에 대한 설명으로 **틀린** 것은?

① 총수은은 BrCl에 의해 산화 가능한 수은의 형태로 2가수은이나 0가수은에만 한정된 것이 아니라 2가수은 화합물이나 흡착된 입자상 수은, 유기수은을 포함한다.

② 시료 내에 염화브로민이 50 ng/L ~ 100 ng/L의 농도로 존재할 경우 수은의 회수율이 100 %까지 감소될 수 있다.

③ 강우시료의 채취는 염산용액 20 mL를 첨가한 PTFE병과 유리깔때기, 테플론 어댑터, 테플론 커플링, 유리베이퍼포크와 연결하여 강우 채취기를 통해 이루어진다.

④ 모든 시료는 화요일 아침 8시 ~ 10시에 교환하는 것을 원칙으로 하며 8일 이상으로 채취된 시료는 유효하지 않은 시료로 판정한다.

> 해설 시료 내에 아이오딘화물이 30 ng/L ~ 100 ng/L의 농도로 존재할 경우 수은의 회수율이 100 %까지 감소될 수 있다. 따라서 만일 시료 내 아이오딘화물의 농도가 3 mg/L를 초과하면 보통 시료보다 더 많은 양의 $SnCl_2$를 첨가하여야 한다. $SnCl_2$를 첨가한 후에는 재빨리 시료병의 뚜껑을 닫고 즉시 분석해야 하며, 만일 시료 내 아이오딘화물의 농도가 30 mg/L를 초과하면 분석 후 모든 분석도구 및 시스템을 4N HCl 용액으로 씻어내야 한다.

17 굴뚝 연속 자동측정기기의 설치방법에 대한 설명으로 **틀린** 것은?

① 1개 배출시설에서 2개 이상의 굴뚝으로 오염물질이 나뉘어서 배출되는 경우에 측정기는 나뉘기 전 굴뚝에 설치하거나 나뉜 각각의 굴뚝에 설치하여야 한다.

② 굴뚝 내경이 2 m를 초과할 때는 중심영역에 채취관을 설치하여야 한다.

③ 수평굴뚝의 측정위치는 외부공기가 새어들지 않고 굴뚝에 요철부분이 없는 곳으로서 굴뚝의 방향이 바뀌는 지점으로부터 굴뚝 내경의 2배 이상 떨어진 곳을 선정한다.

④ 수직굴뚝의 측정위치는 굴뚝 하부 끝에서 위를 향하여 굴뚝 내경의 2배 이상이 되고, 상부 끝단으로부터 아래를 향하여 굴뚝 상부 내경의 1/2배 이상이 되는 지점으로 한다.

> 해설 • 굴뚝 내경이 2 m를 초과할 경우 : 굴뚝 벽면으로부터 1 m 이상 떨어진 지점에서 측정

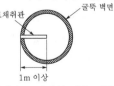

> • 굴뚝 내경이 2 m 이하일 경우 : 굴뚝 중심으로부터 단면적 1 % 이하의 범위에서 측정

18 굴뚝 배출가스 중 이산화황을 연속 자동 측정하는 측정원리에 대한 설명으로 **틀린** 것은?

① 용액전도율법은 이산화황이 흡수액에서 과산화수소에 의해 황산으로 산화되어 흡수되고, 이때 흡수액의 전도율을 측정하는 방법이다.

② 정전위전해법은 이산화황을 전해질에 흡수시킨 후 전기화학적 반응을 이용하여 이산화황의 농도를 측정하는 방법이다.

③ 비분산 자외선흡수법은 수은램프로부터 나온 빛을 둘로 나누어 두 개의 광학필터를 통과시켜 각각의 흡광도를 측정하여 이산화황의 농도를 측정하는 방법이다.

④ 적외선흡수법은 빛을 조사하면 이산화황으로부터 산란광이 발생하고, 산란광의 강도는 광전자증배관에 의해 측정되어 이산화황의 농도를 측정하는 방법이다.

해설 이산화황을 연속 자동 측정하는 측정법에는 용액전도율법, 정전위전해법, 비분산 자외선흡수법이 있다.

19 굴뚝 연속 자동측정기로 가스상 물질을 측정하는 경우 각 물질에 대한 분석방법으로 **옳은** 것은?

① 염화수소 : 이온전극법, 정전위전해법

② 암모니아 : 용액전도율법, 적외선가스분석법

③ 이산화황 : 화학발광법, 적외선흡수법, 자외선흡수법, 정전위전해법

④ 질소산화물 : 용액전도율법, 적외선흡수법, 자외선흡수법, 정전위전해법, 불꽃광도법

해설 ① 염화수소 : 이온전극법, 비분산 적외선 분광분석법

③ 이산화황 : (측정원리에 따라) 용액전도율법, 적외선흡수법, 자외선흡수법, 정전위전해법, 불꽃광도법

④ 질소산화물 : (측정원리에 따라) 화학발광법, 적외선흡수법, 자외선흡수법, 정전위전해법

20 굴뚝에서 배출되는 가스의 유량을 피토관을 이용하여 연속적으로 자동 측정한 데이터가 관제센터로 전송되고 있다. 아래의 측정값을 이용하여 계산한 5분간의 건조배출가스량(Sm^3)은?

- 배출가스의 5분 평균 유속 : 6 m/s
- 굴뚝 단면적 : 20 m^2
- 대기압 : 760 mmHg
- 배출가스의 5분 평균 정압 : 10 mmHg
- 배출가스의 5분 평균 온도 : 100 ℃
- 배출가스의 수분량 : 8 %(v/v)

① 23 926

② 24 560

③ 26 695

④ 45 847

해설 피토관을 이용한 건조배출가스의 유량 계산

$$Q_s = \overline{V} \times A \times \frac{P_a + P_s}{760} \times \frac{273}{273 + T_s} \times \left(1 - \frac{X_w}{100}\right)$$

여기서, Q_s : 건조배출가스 유량(5분 적산치, Sm^3)

$\overline{V}$: 배출가스 평균유속(m/s)

A : 굴뚝 단면적(m^2)

P_a : 대기압(mmHg)

P_s : 배출가스 정압의 평균치(mmHg)

T_s : 배출가스 온도의 평균치(℃)

X_w : 배출가스 중의 수분량(%)

$$\therefore Q_s = 6 \times 20 \times \frac{760 + 10}{760} \times \frac{273}{273 + 100}$$
$$\times \left(1 - \frac{8}{100}\right) \times 300$$
$$= 24\,559.5$$
$$\fallingdotseq 24\,560 \ Sm^3$$

정답 **18** ④ **19** ② **20** ②

[2과목 : 실내공기질 공정시험기준]

01 고체 흡착관과 기체 크로마토그래피를 이용하여 실내 및 건축자재에서 방출되는 휘발성 유기화합물을 측정하는 방법에 관한 설명이다. 괄호 안의 숫자가 가장 큰 것은?

- 분석기기에 공급되는 전원은 지정된 전력부피 및 주파수이어야 하고, 전원변동은 지정전압의 (㉠)% 이내로서 주파수의 변동이 없는 것이어야 한다.
- 시험과정의 정밀도는 현장 이중시료를 이용하여 평가하고, 동일한 조건에서 측정한 두 시료의 측정값 차를 두 시료 측정값의 평균값으로 나누어 두 측정값의 상대적 차이를 구하는데, 이때 두 측정값의 차이는 (㉡)%가 넘지 않아야 한다.
- 흡착관의 파과용량 평가 시 뒤쪽의 흡착관에 채취된 휘발성 유기화합물의 양이 전체 채취된 양의 (㉢)%를 넘으면 파과가 일어난 것으로 본다.
- 정밀도는 최소 연 1회 평가하며, 머무름 시간과 감응계수의 상대표준편차가 (㉣)% 미만으로 유지되어야 한다.

① ㉠
② ㉡
③ ㉢
④ ㉣

해설 ㉠ 전원변동은 지정전압의 10 % 이내로서 주파수 변동이 없어야 한다.
㉡ 동일한 조건에서 측정한 두 시료의 측정값 차를 두 시료 측정값의 평균값으로 나누어 구하는 두 측정값의 상대적 차이는 20 %를 넘지 않아야 한다.
㉢ 뒤쪽의 흡착관에 채취된 휘발성 유기화합물의 양이 전체 채취된 양의 5 %를 넘으면 파과가 일어난 것으로 본다.
㉣ 정밀도는 최소 연 1회 평가하며, 머무름 시간과 감응계수의 상대표준편차가 각각 1 %, 5 % 미만으로 유지되어야 한다.

02 어린이집 실내공기 중 폼알데하이드 농도를 측정하면서 DNPH – 폼알데하이드 유도체 분석농도를 구하고 아래와 같은 정보를 얻었다. 실내공기 중 폼알데하이드 유도체 농도(C)의 범위로 옳은 것은?

- 시료 중 DNPH – 폼알데하이드 유도체 분석농도 : 3.5 μg/mL
- 바탕시료 중 DNPH – 폼알데하이드 유도체 분석농도 : 1.0 μg/mL
- 시료 카트리지에서 추출된 용액의 총 부피 : 20 mL
- 바탕시료 카트리지에서 추출된 용액의 총 부피 : 20 mL
- 환산된 총 실내공기 채취부피 : 480 L

① $91 \ \mu g/m^3 < C < 100 \ \mu g/m^3$
② $101 \ \mu g/m^3 < C < 110 \ \mu g/m^3$
③ $111 \ \mu g/m^3 < C < 120 \ \mu g/m^3$
④ $121 \ \mu g/m^3 < C < 130 \ \mu g/m^3$

해설 $$\frac{(3.5 \ \mu g/mL \times 20 \ mL) - (1.0 \ \mu g/mL \times 20 \ mL)}{0.48 \ m^3}$$
$$= 104.2 \ \mu g/m^3$$

03 실내공기 중 라돈 연속측정방법으로 틀린 것은?

① 연평균 라돈 농도 평가를 위해 사용하기 적절하다.
② 실내공기 중 라돈 측정을 위한 부시험방법으로 사용된다.
③ 신축 공동주택 내 라돈 농도 측정을 위한 주시험방법으로 사용된다.
④ 연속 라돈 측정기에서의 검출방식은 섬광셀, 이온화상자, 실리콘검출기가 있다.

해설 라돈 연속측정방법은 장기 측정방법에 비해 연평균 라돈 농도 평가를 위해 사용하기에 적절하지 못하다.

04 다음 실내공기질 시료채취에 관한 설명에서 괄호 안에 들어갈 숫자를 모두 더한 값은?

> - 다중시설의 연면적 20 000 m² 이상인 시료채취지점의 수는 (   )이다.
> - 신축 공동주택에서 라돈을 측정할 경우. 공동주택의 총 세대수가 100세대일 때는 (   )세대를 측정한다.
> - 폼알데하이드를 신축 공동주택에서 측정할 경우. 100세대가 증가할 때마다 1세대씩 추가하여 최대 (   )세대까지 시료를 채취한다.

① 15　　　　　　② 20
③ 27　　　　　　④ 30

해설 · 다중시설의 연면적 20 000 m² 초과 시 시료채취지점의 수는 "4"이다.
　　· 공동주택의 총 세대수가 100 ~ 199인 경우 시료채취세대수는 "3"세대이다.
　　· 100세대가 증가할 때마다 1세대씩 추가하여 최대 "20"세대까지 시료를 채취한다.
　　∴ 4＋3＋20＝27

05 실내공기 오염물질별 시료채취 시간 및 횟수에 관한 설명이 옳은 것은?

> - ㉠ 석면의 경우 1회 측정하되. 미세먼지(PM－10)의 농도를 고려하여 시료채취량을 조절한다.
> - ㉡ 휘발성 유기화합물의 경우 30분 연속 3회 측정한다.
> - ㉢ 미세먼지(PM－10)의 경우 6시간 이상 1회 측정한다.
> - ㉣ 총 부유세균은 시료채취량 250 L 이하로 3회 측정하며. 시료채취간격은 60분 이상이다.
> - ㉤ 오존은 1시간 1회 측정한다.

① ㉠, ㉡, ㉢　　　② ㉠, ㉢, ㉤
③ ㉡, ㉢, ㉣　　　④ ㉡, ㉣, ㉤

해설 ㉡ 휘발성 유기화합물의 시료채취는 30분 연속 2회 측정한다.
　　㉣ 총 부유세균은 시료채취량 250 L 이하로 3회 측정하며. 시료채취간격은 20분 이상이다.

06 다중이용시설에서 실내공기질을 측정하려고 한다. 다음 중 옳은 것은?

> - ㉠ 황사주의보가 발령되어 다중이용시설 내 실내공기를 시료채취한다.
> - ㉡ 일반적으로 신축 공동주택에서 시료를 채취하기 위해서는 30분간 환기 후 5시간 이상 밀폐한 후 시료를 채취한다.
> - ㉢ 지하역사 승강장의 경우 등 불가피하게 기류가 발생하는 경우는 지하철이 다니지 않는 경우에 시료를 채취한다.
> - ㉣ 일반적으로 시료채취는 중앙점에서 바닥면으로부터 1.2 m ~ 1.5 m 높이에서 수행하나. 라돈의 경우 천장과의 거리는 최소 0.5 m 떨어지도록 한다.

① ㉠, ㉢　　　　　② ㉠, ㉣
③ ㉡, ㉢　　　　　④ ㉡, ㉣

해설 ㉠ 황사경보와 황사주의보 발령 시는 시료를 채취하지 않는다.
　　㉢ 지하역사 승강장 등 불가피하게 기류가 발생하는 곳에 한해서는 실제 조건하에서 시료채취를 수행한다.

07 알파비적 검출기를 사용하여 라돈 농도를 검출하고자 할 때 다음 설명으로 **틀린** 것은?

① 라돈 농도와 알파 및 감마 방사선에 의해 생산된 비적과의 비, 즉 환산계수를 구하는 것을 교정이라 한다.
② 교정은 공인 교정기관을 통하여 수행하여야 한다.
③ 라돈 검출기 교정시설은 온도 및 습도 등 환경조건을 안정하게 유지할 수 있는 능력을 갖추고 있다.
④ 교정은 적어도 12개월에 1회 이상 실시해야 하며, 3개 이상의 서로 다른 라돈 농도에서 교정이 수행되어야 한다.

해설 알파비적 검출기를 사용하여 라돈 농도를 검출하고자 할 때는 검출소자에 알파입자에 의해 생성된 비적과 검출기가 노출된 라돈 농도와의 환산계수(CF 또는 교정효율)를 산출해야 한다. 이는 반드시 측정에 앞서 수행되어야 하며 이 과정을 교정이라 한다.

08 중량법에 의한 실내공기 중 미세먼지(PM-10) 시료채취를 16.7 L/min로 12시간 동안 연속 채취한 분진의 질량이 0.4 mg이었고, 공여지(바탕시료)의 시료채취 전후 무게차가 0.02 mg이었다면 미세먼지(PM-10)의 농도는 몇 $\mu g/m^3$인가? (단, 시료채취 시의 온도, 압력은 35 ℃, 1기압이다.)

① 약 25.7 $\mu g/m^3$
② 약 32.7 $\mu g/m^3$
③ 약 38.7 $\mu g/m^3$
④ 약 45.7 $\mu g/m^3$

해설 유량 $= 16.7 \times 12 \times \dfrac{60}{1\,000} = 12.024 \text{ m}^3$

25 ℃, 1기압으로 유량 보정하면,

$12.024 \times \dfrac{298}{308} = 11.634 \text{ m}^3$

$\therefore (0.4 - 0.02) \times \dfrac{1\,000}{11.634} ≒ 32.7 \ \mu g/m^3$

09 여과지채취법에 의한 실내공기 시료채취기의 유량 교정 설정곡선을 작성하고자 한다. 1기압에서 유량 20 L/min로 시료를 채취할 때 압력손실이 200 mmHg이었다면 유량계의 눈금은 몇 L/min로 설정해야 하는가?

① 18.1　　　　② 21.2
③ 23.3　　　　④ 25.4

해설 유량계 눈금값 $Q_r = 20 \times \sqrt{\dfrac{760}{(760 - 200)}}$

$= 23.3 \text{ L/min}$

10 지하역사의 미세먼지 시료채취방법으로 틀린 것은?

① 총 시료채취시간은 6시간으로 하였다.
② 6시간 동안 채취한 총 유량은 25 ℃, 1기압에서 12 m^3였다.
③ 지하역사의 경우 출근시간대 혹은 퇴근시간대를 포함하여야 한다.
④ 총 유량은 시료채취 전과 종료 전의 평균유량과 채취시간의 곱으로 계산하였다.

해설 미세먼지(PM-10, PM-2.5)는 $(1 \sim 30)$ L/min의 용량 범위에서 입경분리장치에서 요구되는 용량에 맞추어 6시간 연속 채취하여야 한다. 6시간 동안 12 m^3를 채취했다면 유량은 약 33.3 L/min으로 용량 범위를 벗어난다.

11 위상차현미경법에 의해 석면 및 섬유상 먼지를 계수한 결과 4 μm 크기의 섬유 4개, 6 μm 크기의 섬유 2개, 5 μm 크기의 동일한 다발에서 나온 것으로 보이는 끝부분이 4개로 갈라져 있는 것 2개, 그래티큘을 한 번 통과하는 섬유 2개, 그래티큘을 두 번 통과하는 섬유 2개, 그래티큘을 세 번 통과하는 섬유 2개였다면 석면섬유는 몇 개인가?

① 5개　　　　② 7개
③ 9개　　　　④ 11개

해설 • 석면 섬유의 계수는 섬유 길이가 5 μm 이상인 경우 계수한다.
• 섬유 길이가 5 μm 이상이면서 가는 섬유가 동일한 다발에서 나오는 것처럼 보이면 하나로 계수한다.
• 그래티큘을 한 번 통과하는 섬유는 1/2로 계수한다.
$\therefore$ (6 μm 크기 섬유 2개)+(끝부분이 4개로 갈라져 있는 것 2개)+(그래티큘을 한 번 통과하는 섬유 2개는 1/2로 인정되므로 1개) =총 5개

12 폼알데하이드 농도 분석에서 방법검출한계 (MDL)에 이를 것으로 생각되는 대상물질의 농도($\mu g/m^3$)를 7회 반복 측정한 값은 다음과 같다. 방법검출한계값으로 옳은 것은?

> 0.23, 0.21, 0.24, 0.19, 0.18, 0.23, 0.22

① 0.059
② 0.069
③ 0.079
④ 0.089

해설 방법검출한계는 예상되는 검출한계 부근의 농도를 7번 반복 측정·분석 후 이 농도값의 표준편차에 3.14를 곱한 값이다.
이때, 표준편차는 0.022이므로,
$0.022 \times 3.14 = 0.069$

13 다중이용시설 실내환경(35 ℃, 1 atm)에서 휘발성 유기화합물을 고체 흡착관으로 채취한 후, 가스 크로마토그래프 질량분석기(GC-MS)로 분석하였다. 유량 0.1 L/min으로 30분 동안 시료채취하였고, GC-MS로 톨루엔(분자량 92)을 분석할 때 0.14 μg이 검출되었다. 이 실내환경의 톨루엔 농도는 몇 $\mu g/m^3$인가? (단, 고체 흡착관에서 파과는 없는 것으로 가정한다.)

① 46.67
② 48.28
③ 50.67
④ 52.28

해설 채취유량은 $0.1 \, L/min \times \dfrac{30 \, min}{1\,000} = 0.003 \, m^3$
25 ℃, 1기압으로 보정하면,
$0.003 \times \dfrac{298}{308} = 0.0029 \, m^3$
톨루엔 검출량이 0.14 μg이므로,
$\therefore \dfrac{0.14}{0.0029} = 48.28 \, \mu g/m^3$

14 400개의 홀을 갖는 공기충돌(impacting) 방식의 바이오에어 채취기(bio air sampler)에 의해 35 ℃, 0.8기압에서 평균유량 10 L/min으로 30분 동안 채취한 총 부유세균의 농도(CFU/m^3)를 계산하시오. (단, 보정된 집락수는 482이다.)

① 약 2 077 CFU/m^3
② 약 2 197 CFU/m^3
③ 약 3 077 CFU/m^3
④ 약 3 197 CFU/m^3

해설 채취유량은 $10 \, L/min \times \dfrac{30 \, min}{1\,000} = 0.3 \, m^3$
25 ℃, 1기압으로 보정하면,
$0.3 \times 298 \times \dfrac{0.8}{308} = 0.232 \, m^3$
보정된 집락수가 482이므로,
$\therefore \dfrac{482}{0.232} = 2\,077 \, CFU/m^3$

15 어떤 실내환경의 총 부유세균의 농도를 측정하기 위하여 매회 10 L/min의 유량으로 총 유량 250 L를 채취할 때 최소로 소요되는 시료 채취시간은 몇 분인가?

① 25분
② 75분
③ 115분
④ 135분

해설 1회 시료채취에 소요되는 시간을 먼저 구한다.
$$V(m^3) = Q_{ave}(L/min) \times \dfrac{T}{103}$$
$0.25 = 10 \times \dfrac{T}{1\,000}$
$T = 25 \, min$
실내공기 중 총 부유세균 측정 시 채취하고자 하는 지점에서 20분 간격으로 3회 연속 측정한다.
따라서, 25+20+25+20+25=115분이 최소 소요된다.

16 실내공기 중 미세먼지 연속측정방법에서 베타선흡수법에 대한 설명으로 틀린 것은?

① 보정값＝측정값×보정계수

② 보정계수＝$\dfrac{\text{베타선흡수법 측정농도값}}{\text{중량법 측정농도값}}$

③ 입자상 물질을 일정 시간 여과지 위에 채취하여 베타선을 투과시켜 물질의 중량농도를 연속적으로 측정하는 방법이다.

④ 입자성분 사이의 상호작용, 습도의 영향 등으로 농도 차이를 나타낼 수 있으므로, 미세먼지 주시험방법인 중량법과 비교하여 보정하는 것이 필요하다.

해설 ② 보정계수＝$\dfrac{\text{중량법 측정농도값}}{\text{베타선흡수법 측정농도값}}$

17 다음은 실내공기질 오존 측정을 위한 자외선광도법 측정기기의 성능 사양을 나열한 것이다. 괄호 안에 들어갈 숫자로 옳은 것은?

ㄱ 재현성(반복성) : 최대눈금값의 ±( )% 이내
ㄴ 직선성(지시오차) : 최대눈금값의 ±( )% 이내
ㄷ 전압변동에 대한 안정성 : 최대눈금값의 ±( )% 이내
ㄹ 유량변동에 대한 안정성 : 최대눈금값의 ±( )% 이내

① ㄱ 1, ㄴ 2, ㄷ 5, ㄹ 5
② ㄱ 2, ㄴ 5, ㄷ 1, ㄹ 5
③ ㄱ 1, ㄴ 2, ㄷ 1, ㄹ 2
④ ㄱ 5, ㄴ 2, ㄷ 1, ㄹ 2

해설 오존 분석을 위한 자외선광도법 측정기기의 최소 성능 사양
• 측정범위 : 0 ppm ~ 1 ppm
• 분해능 : 0.001 ppm 이하
• 재현성(반복성) : 최대눈금값의 ±2 % 이내
• 제로 드리프트 : 최대눈금값의 ±2 % 이내
• 스팬 드리프트 : 최대눈금값의 ±2 % 이내
• 직선성(지시오차) : 최대눈금값의 ±5 % 이내
• 응답시간 : 2분 30초 이하
• 간섭성분의 영향 : 최대눈금값의 ±5 % 이하
• 온도변화의 안정성 : 최대눈금치의 ±2 % 이내

• 오존 스크러버의 효율 : 99.5 % 이상
• 전압변동에 대한 안정성 : 최대눈금값의 ±1 % 이내
• 유량변화에 대한 안정성 : 최대눈금값의 ±5 % 이내
※ 내전압은 이상이 없어야 하고, 절연저항은 2 MΩ 이상이어야 한다. 단, 전지내장형의 경우에는 적용하지 않는다.

18 이산화질소 농도 측정을 위하여 이산화질소 변환기를 사용하는데, 실험 ㄱ, ㄴ, ㄷ, ㄹ, ㅁ의 측정값을 이용한 이산화질소 변환기의 효율은?

ㄱ 오존발생기의 동작을 멈추고, 일산화질소 표준가스 및 정제공기를 흘려 측정
ㄴ 일산화질소 표준가스 및 정제공기를 흘려 측정기기의 지시값이 측정범위의 약 80 %를 지시하도록 유량을 조정하고 측정
ㄷ 오존발생기를 작동시키고 통과한 표준가스 및 정제공기를 측정
ㄹ 측정한 지시값이 측정범위의 약 10 %를 지시하도록 오존발생기를 조정하고 측정
ㅁ 질소산화물 변환기 측정유로로 유로변환을 하여 지시값 측정

항 목	ㄱ	ㄴ	ㄷ	ㄹ	ㅁ
지시값	25	21	22	4	20

① 76.2 %   ② 88.9 %
③ 94.1 %   ④ 96.2 %

해설 컨버터 효율(%)＝$\dfrac{(C-B)}{(A-B)}\times100$

여기서, A : 일산화질소 표준가스 및 정제공기를 흘려 측정기기의 지시값이 측정범위의 80 %를 지시하도록 유량을 조정할 때의 지시값
B : 오존발생기를 작동시켜 통과한 표준가스 및 정제공기를 측정한 지시값이 측정범위의 약 10 %를 지시하도록 오존발생기를 조정할 때의 지시값
C : 질소산화물 변환기 측정유로로 유로변환을 하였을 때의 지시값

∴ $\dfrac{(20-4)}{(21-4)}\times100=94.1\%$

19 실내공기 중 이산화질소 측정에 관한 설명으로 옳은 것은?

① 변환기는 300 ℃ 이상의 일정한 온도로 가열되어야 한다.

② 스팬가스는 측정기기 최대눈금값의 90 % ~ 95 % 농도를 사용한다.

③ 측정기의 직선성은 최대눈금값의 ±5 % 이내의 값을 가져야 한다.

④ 환경부 고시 실내공기 이산화질소 권고기준은 1시간 평균 0.5 ppm이다.

해설 ② 스팬가스는 측정기기 최대눈금값의 80 % ~ 90 % 농도를 사용한다.
③ 측정기기의 직선성은 최대눈금값의 ±4 % 이내이어야 한다.
④ 이산화질소의 실내공기 권고기준은 1시간 평균 0.05 ppm 이하이다.

20 실내공기 중의 일산화탄소의 양을 측정하기 위하여 사용하는 비분산 적외선 분광분석법의 설명으로 틀린 것은?

① 이산화황, 질소산화물은 간섭물질이다.

② 직선성은 최대눈금값의 5 % 이내여야 한다.

③ 일산화탄소 측정농도범위는 (0 ~ 500) ppm 이다.

④ 대기 중 탄화수소는 보통 방해요인이 되지 않는다.

해설 비분산 적외선 분광분석법의 일산화탄소 측정 농도범위는 0 ppm ~ 100 ppm이다.

[3과목 : 악취 공정시험기준]

01 지정악취물질 암모니아 시험방법에 대한 설명으로 **틀린** 것은?

① 분석용 시료용액에 페놀니트로프루시드소듐 용액과 하이포아염소산소듐 용액을 가하여 암모늄이온과 반응시켜 생성되는 인도페놀류 흡광도를 측정하는 것이다.

② 시료채취방법은 용액흡수법과 인산함침필터법이 있다.

③ 용액흡수법의 흡수병은 20 mL 용량을 담을 수 있는 단일 채취병으로 한다.

④ 암모니아의 흡광광도계 측정결과 ppm 단위의 소수점 둘째 자리까지 결과를 산출하고 소수점 첫째 자리로 결과를 표기한다.

해설 용액흡수법에서 흡수병은 용액 20 mL를 담을 수 있는 경질유리 재질의 여과구가 있는 것을 사용하며, 흡수병 상단부가 볼록한 모양의 것이어야 한다. 또한 이 장치는 용액 20 mL를 담은 흡수병 2개를 직렬로 연결시킬 수 있어야 한다.

02 악취 공정시험기준의 단위, 기호, 농도 및 온도 표시방법으로 옳은 것은?

① 악취농도를 공기희석관능법에 의한 희석배수로 나타낼 때는 희석배수 산정방법에 따라 소수점 첫째 자리까지 계산한다.

② 기체 중의 농도는 표준상태인 0 ℃, 1기압으로 환산하여 표시한다.

③ 상온은 1 ℃ ~ 35 ℃, 실온은 15 ℃ ~ 25 ℃로 하고, 찬 곳은 따로 규정이 없는 한 0 ℃ 이하의 곳을 뜻한다.

④ ppm, ppb, ppt와 같은 분율은 배출허용기준에서 사용되고 있어 악취방지법 시행령이 개정될 때까지 함께 사용되지 못한다.

해설 ② 기체 중의 농도는 표준상태(25 ℃, 1기압)로 환산하여 표시한다.
③ 상온은 15 ℃ ~ 25 ℃, 실온은 1 ℃ ~ 35 ℃로 하고, 찬 곳은 따로 규정이 없는 한 0 ℃ ~ 15 ℃의 곳을 뜻한다.
④ ppm, ppb, ppt와 같은 분율은 배출허용기준 및 엄격한 배출허용기준에서 사용되고 있어 악취방지법 시행령이 개정될 때까지 함께 사용한다.

03 악취 공정시험기준의 공기희석관능법으로 기타 지역의 부지경계선에서 복합악취를 측정한 결과가 아래와 같을 경우, 희석배수와 적합여부를 판단하시오.

판정요원 구 분	1차 평가		2차 평가 (×30)	3차 평가 (×100)
	1조 (×10)	2조 (×10)		
a	O	O	O	X
b	O	X		
c	O	O	X	
d	O	O	O	O
e	X	O		

① 10, 적합
② 11, 적합
③ 20, 부적합
④ 21, 부적합

해설 최솟값과 최댓값을 제외하고 전체 희석배수를 계산 후 소수점 이하 절삭한다.

판정요원	계산과정	비 고
a	30	
b	$\sqrt{(3 \times 10)} = 5.477$	최소(제외)
c	10	
d	100	최대(제외)
e	$\sqrt{(3 \times 10)} = 5.477$	

∴ 전체 희석배수 = $\sqrt[3]{(5.477 \times 30 \times 10)}$

= 11.8 ≒ 11

즉, 소수점을 절삭하면 희석배수는 11이고, 최솟값과 최댓값을 제외하면 이 값은 적합하다.

04 악취 공정시험기준의 공기희석관능법으로 복합악취를 측정하기 위한 관능시험 절차에 대한 설명이다. 괄호 안에 들어갈 내용으로 옳은 것은?

> 악취분석요원은 최초 시료희석배수에서의 관능시험 결과 모든 판정요원의 정답률을 구하여 평균 정답률이 (㉠) 미만일 경우 판정시험을 끝낸다. 정답률의 산정은 시료 냄새주머니를 선정한 경우 (㉡), 무취 냄새주머니를 선정한 경우 (㉢)으로 산정한다.

① ㉠ 0.6, ㉡ 1.00, ㉢ 0.00
② ㉠ 0.7, ㉡ 2.00, ㉢ 1.00
③ ㉠ 0.8, ㉡ 3.00, ㉢ 2.00
④ ㉠ 0.9, ㉡ 4.00, ㉢ 3.00

해설 악취분석요원은 최초 시료희석배수에서의 관능시험 결과 모든 판정요원의 정답률을 구하여 평균 정답률이 0.6 미만일 경우 판정시험을 끝낸다. 정답률의 산정은 시료 냄새주머니를 선정한 경우 1.00, 무취 냄새주머니를 선정한 경우 0.00으로 산정한다.
관능시험은 환기장치가 설치되고 통풍과 배기가 원활한 공기희석 관능실험실에서 실시하며, 시료 희석주머니의 희석배수가 낮은 것부터 높은 순으로 실시한다.

05 악취 공정시험기준의 공기희석관능법 시험을 위한 판정요원의 선정방법으로 옳은 것은?

① 냄새를 맡을 때는 뚜껑을 연 상태에서 코와의 간격을 5 cm 이상 두고 3초 이후에 냄새를 맡는다.
② 판정요원은 판정시험 전 악취강도에 대한 정도를 인식시켜 주기 위하여 아세트산으로 제조한 냄새를 인식시킨다.
③ 악취분석요원은 악취강도 인식 시험액 1도의 시험액을 예비 판정요원 모두에게 냄새를 맡게 하여 냄새의 인식 유무를 확인한다.

④ 악취강도 인식 시험액을 통풍이 잘 되는 곳에서 밀봉을 풀어 5도에서 1도의 순으로 냄새를 맡게 하여 악취강도에 대한 정도를 인식하도록 한다.

해설 ① 냄새를 맡을 때는 뚜껑을 연 상태에서 코와의 간격을 3 cm ~ 5 cm 정도 두고 3초 이내에 냄새를 맡는다.
② 판정요원은 판정시험 전 악취강도에 대한 정도를 인식시켜 주기 위하여 노말뷰탄올로 제조한 냄새를 인식시킨다.
④ 판정요원(panel)을 대상으로 악취강도 인식 시험액을 통풍이 잘 되는 곳에서 밀봉을 풀어 1도에서 5도의 순으로 냄새를 맡게 하여 악취강도에 대한 정도를 인식하도록 한다.

06 악취 공정시험기준의 암모니아 측정 시 대기 중 암모니아 농도는?

> - 시료 공기량 : 20 L
> - 시료채취 후 2개의 흡수병 중 붕산용액을 합하여 부피 50 mL로 하고 용액 10 mL를 시험관에 옮겨 분석용 시료로 사용
> - 유량계의 온도 : 10 ℃
> - 시료채취 시의 대기압 : 750 mmHg
> - 검량선에서 구한 시료의 암모니아 양 : 20 μL

① 3.1 ppm
② 4.8 ppm
③ 5.6 ppm
④ 6.6 ppm

해설 암모니아의 농도 $C = \dfrac{5A}{V \times \dfrac{298}{273+t} \times \dfrac{P}{760}}$

여기서, C : 대기 중 암모니아 농도(ppm)
A : 분석용 시료 중 암모니아량(μL)
V : 유량계에서 측정한 흡입량(L)
t : 유량계의 온도(℃)
P : 시료채취 시의 대기압(mmHg)
$5 = \dfrac{\text{전체 붕산용액 시료량(50 mL)}}{\text{분석용 시료량(10 mL)}}$

$\therefore C = \dfrac{5 \times 20}{20 \times \dfrac{298}{283} \times \dfrac{750}{760}} = 4.8 \text{ ppm}$

07 암모니아 인산함침여과지법 – 자외선/가시선 분광법에 대한 설명으로 **틀린** 것은?

① 인산함침여과지는 석영 재질 여과지로 전기로에서 500 ℃에서 1시간 가열 후 방치하여 냉각한다.

② 암모니아 분석의 방법검출한계는 $0.01\ \mu\text{mol/mol}$ 이하이어야 한다.

③ 대기 중의 시료를 $10\ \text{L/min} \sim 20\ \text{L/min}$의 유량으로 채취할 수 있어야 한다.

④ 구리이온이 존재하면 발색을 촉진시켜 양의 방해가 발생한다.

> **해설** ④ 간섭물질로서 구리이온이 존재하면 발색을 방해하여 음의 방해가 발생한다.

08 악취 공정시험기준의 트라이메틸아민 분석방법으로 **틀린** 것은?

① 트라이메틸아민 – 저온농축 – 충전 칼럼 – 기체 크로마토그래피법

② 트라이메틸아민 – 헤드스페이스 – 모세관 칼럼 – 기체 크로마토그래피법

③ 트라이메틸아민 – 전기냉각 저온농축 – 모세관 칼럼 – 기체 크로마토그래피법

④ 트라이메틸아민 – 고체상 흡착 – 모세관 칼럼 – 기체 크로마토그래피법

> **해설** ③ 황화합물 – 전기냉각 저온농축 – 모세관 칼럼 – 기체 크로마토그래피법

09 트라이메틸아민 분석법의 전처리방법으로 **틀린** 것은?

① 고체상 흡착법

② 붕산용액 흡수법

③ 저온농축법

④ 헤드스페이스법

> **해설** 붕산용액 흡수법은 암모니아를 자외선/가시선 분광법으로 측정할 때의 전처리방법이다.

10 악취 공정시험기준의 기체 크로마토그래피법을 이용하여 트라이메틸아민을 분석한 결과는 다음과 같다. 이때 트라이메틸아민의 농도는?

- 시료 공기량 : 30 L
- 시료채취 시의 대기온도 : 20 ℃
- 시료채취 시의 대기압력 : 750 mmHg
- 검정곡선에 의해 계산된 트라이메틸아민의 양 : 160 ng
- 트라이메틸아민의 분자량 : 59 g/mol

① 0.002 ppm

② 0.004 ppm

③ 0.006 ppm

④ 0.008 ppm

> **해설** 트라이메틸아민의 농도
>
> $$C = \frac{m}{V_s} \times \frac{24.46}{M} \times \frac{1}{1\,000}$$
>
> 여기서, C : 대기 중 트라이메틸아민의 농도 $(\text{ppm} : \mu\text{mol/mol})$
>
> m : 검정곡선에 의해 계산된 트라이메틸아민의 양(ng)
>
> V_s : 표준상태(25 ℃, 1기압)로 환산한 대기시료의 양(L)
>
> M : 트라이메틸아민의 분자량(g/mol)
>
> 이때, $V_s = Q \times t \times \dfrac{298}{273+T} \times \dfrac{P}{760}$
>
> 여기서, Q : 채취한 시료의 흡입속도 (L/min)
>
> t : 시료의 채취시간(분)
>
> T : 시료채취 시 온도(℃)
>
> P : 시료채취 시 압력(mmHg)
>
> $V_s = 30 \times \dfrac{298}{293} \times \dfrac{750}{760} = 30.11\ \text{L}$
>
> $\therefore\ C = \dfrac{160}{30.11} \times \dfrac{24.46}{59} \times \dfrac{1}{1\,000}$
>
> $= 0.002\ \text{ppm}$

11 알데하이드 – DNPH 카트리지 – 액체 크로마토그래피법에서 표준혼합용액 중 DNPH 유도체의 농도가 300 mg/L이면 아세트알데하이드의 농도는? (단, 아세트알데하이드의 분자량 : 44.1, DNPH 유도체의 분자량 : 224.2)

① 59.0 mg/L   ② 68.0 mg/L

③ 77.0 mg/L   ④ 86.0 mg/L

해설 알데하이드의 농도(mg/L)

$$= \frac{\text{알데하이드의 분자량}}{\text{DNPH 유도체의 분자량(g)}} \times \left(\begin{array}{c} \text{DNPH 유도체의} \\ \text{농도(mg/L)} \end{array} \right)$$

$$\therefore C = \frac{44.1}{224.2} \times 300 = 59.0 \text{ mg/L}$$

12 대기에 존재하는 악취물질 중 알데하이드류를 분석하는 방법으로 알데하이드 – DNPH 카트리지 – 액체 크로마토그래피법의 시험방법에 대한 설명으로 틀린 것은?

① 측정물질이나 방해물질은 액체 크로마토그래피법과 동일하다.

② 알데하이드 분석 시 기체 크로마토그래프에 사용되는 검출기로는 불꽃이온화검출기(FID), 질소인검출기(NPD), 질량분석기(MS) 등을 사용한다.

③ 시료주머니를 사용할 경우 시료채취는 10분 이상 이루어지도록 해야 한다.

④ 채취한 시료는 DNPH 카트리지에 1 L/min ~ 2 L/min의 유량으로 채취한다.

해설 ③ 시료주머니를 사용할 경우 시료채취는 5분 이내에 이루어지도록 한다.

13 악취물질에 따른 분석방법으로 알데하이드 – DNPH 카트리지 – 액체 크로마토그래피법의 시험방법에 대한 설명으로 틀린 것은?

① 알데하이드 물질을 DNPH 유도체로 형성하여 고성능 액체 크로마토그래피로 분석한다.

② 고온 및 수분이 높을 경우, DNPH 카트리지의 회수율에 영향을 미치므로 채취단계의 적절한 관리가 필요하다.

③ 대기 중 아세트알데하이드, 프로피온알데하이드, 뷰틸알데하이드, n-발레르알데하이드, iso-발레르알데하이드 등 물질의 측정을 하기 위한 방법이다.

④ DNPH 유도체는 자외선 영역에서 흡광성이 있고, 360 nm ~ 400 nm의 파장 범위에서 감도를 가지며 검출기의 최대파장(λ_{max})을 380 nm에 고정시켜 분석한다.

해설 ④ 용출한 DNPH 유도체는 자외선 영역에서 흡광성이 있으며 350 nm ~ 380 nm에서 최대의 감도를 가지므로 자외선 검출기의 파장을 360 nm에 고정시켜 분석한다.

14 휘발성 유기화합물 저온농축 기체 크로마토그래피법의 분석 기기 및 기구에 대한 설명으로 옳은 것은?

① 흡입펌프 유량의 안정성은 시료채취시간 동안 10 % 이내여야 한다.

② 다공성의 폴리머 흡착제로 충전된 흡착관들은 약 300번의 열처리 사용 후 흡착성능을 확인한다.

③ 시료를 채취한 고체흡착관 내의 수분을 제거하기 위해서 흡착관을 시료채취 반대방향으로 연결하여 탈착시킨다.

④ 기체 크로마토그래프의 운반기체는 비활성의 건조하고 순수한(99.999 % 이상) 질소 혹은 산소를 사용한다.

해설 ① 흡입펌프는 유량 50 mL/min ~ 200 mL/min을 유지할 수 있어야 하며, 유량의 안정성은 시료채취시간 동안 5 % 이내여야 한다.

② 다공성의 폴리머 흡착제로 충전된 흡착관들(chromosorb, porapaks, tenax)은 약 100번의 열처리 사용 후 흡착성능을 확인한다.

④ 기체 크로마토그래프의 운반기체는 비활성의 건조하고 순수한(순도 99.999 % 이상) 질소 또는 헬륨을 사용한다.

정답   11 ①   12 ③   13 ④   14 ③

15 다음은 지방산류의 헤드스페이스 기체 크로마토그래피법의 시료채취방법이다. 각각 괄호 안의 내용으로 옳은 것은?

> • 알칼리함침 여과지를 이용한 시료채취 : 알칼리함침 필터를 2단으로 필터 지지대에 설치한 상태에서 (㉠)L/min으로 5분 이내에 시료 공기를 알칼리함침 여과지에 채취한다.
> • 알칼리수용액 흡수방법을 이용한 시료채취 : 시료채취장치의 흡수병 속에 흡수용액 10 mL 씩 넣고 (㉡)L/min의 유량으로 5분간 시료를 흡입하여 채취한다.

① ㉠ 2, ㉡ 5
② ㉠ 5, ㉡ 5
③ ㉠ 10, ㉡ 2
④ ㉠ 10, ㉡ 5

해설 • 유량계는 2 L/min ~ 15 L/min의 유량을 측정할 수 있어야 한다. 흡입펌프는 알칼리함침 여과지를 2단으로 필터 지지대에 설치한 상태에서 10 L/min으로 5분 이내에 시료기체를 알칼리함침 여과지에 채취한다.
• 알칼리수용액 흡수방법에서는 흡수병에 흡수액을 10 mL씩 넣고 채취유량을 2 L/min 으로 하여 5분간 흡입한다.

16 휘발성 유기화합물(지정악취물질) 저온농축 기체 크로마토그래피법의 설명으로 틀린 것은?

① 기체 크로마토그래피의 검출기는 질량분석기 혹은 불꽃이온화검출기를 사용한다.
② 시료는 고체 흡착관을 사용하여 부지경계선에서 채취한다.
③ Tenax류의 흡착제는 오존이 10 nmol/mol 이하의 환경에서 사용한다.
④ 휘발성 지정악취물질인 벤젠, 톨루엔, 자일렌, 스타이렌, 메틸에틸케톤을 동시에 측정하기 위한 방법이다.

해설 대기환경 중에 존재하는 휘발성 악취물질인 톨루엔, 자일렌, 메틸에틸케톤, 메틸아이소뷰틸케톤, 뷰틸아세테이트, 스타이렌, i-뷰틸알코올을 동시에 측정하기 위한 시험방법이다.

17 지방산류 – 고체상 흡착 – 기체 크로마토그래피법에서 제시된 고체상 미량추출(SPME) 파이버의 종류로 옳은 것은?

① (50/30) μm divinylbenzene/carboxen on polydimethylsiloxane
② 65 μm polydimethylsiloxane/divinylbenzene
③ 85 μm carboxen/polydimethyl-siloxane
④ 100 μm polydimethylsiloxane

해설 SPME 파이버는 carboxen/polydimethyl-siloxane(CAR/PDMS)이 75 μm ~ 85 μm로 입혀진 파이버를 사용한다.

18 어떤 조건에서 CP-Sil 5 CB 칼럼으로 H_2S와 COS를 분리할 때 머무름 시간은 각각 2.70분, 2.82분이었고, H_2S와 COS 피크의 밑면 너비(피크의 좌우 변곡점에서의 접선이 자르는 바탕선의 길이)는 각각 0.10분과 0.09분이었다. 칼럼의 분리도는?

① 0.63
② 0.79
③ 1.26
④ 1.58

해설 칼럼의 분리도$(R) = \dfrac{2(t_{R_2} - t_{R_1})}{W_1 + W_2}$

여기서, t_{R_1} : 시료 도입점으로부터 봉우리 1의 최고점까지의 길이
t_{R_2} : 시료 도입점으로부터 봉우리 2의 최고점까지의 길이
W_1 : 봉우리 1의 좌우 변곡점에서의 접선이 자르는 바탕선의 길이
W_2 : 봉우리 2의 좌우 변곡점에서의 접선이 자르는 바탕선의 길이

$$\therefore R = \frac{2 \times (2.82 - 2.70)}{0.10 + 0.09} = 1.26$$

19 악취 공정시험기준의 황화합물 연속 측정에 대한 설명 중 옳은 것은?

① 시료채취 주입부를 저온으로 유지하여 대기 중 수분을 응결시켜 제거한다.
② 시료 주머니에 채취한 악취시료는 전처리 없이 바로 사용한다.
③ 시료채취 시 간섭물질 유입을 막기 위해 반응성이 있는 필터를 설치한다.
④ 저온농축관에 농축된 시료는 저압에서 탈착시켜 GC의 분리관에 주입한다.

해설 ① 대기 중에 있는 수분은 저온으로 유지하여 수분을 응결시켜 제거한다.
② 대기 중에는 많은 입자상 물질들이 존재하는데, 시료채취 시 입자상 물질은 제거해야 하므로 전처리 장비를 사용하여야 한다.
③ 시료채취 시 미세 입자상 물질을 적절하게 처리할 수 있도록 유리섬유여과지(glass fiber filter)나 규소질섬유(silanized glass wool)와 같은 반응성이 없는 필터를 설치하여야 한다.
④ 저온농축관에 농축된 시료는 가열하여 GC에 주입한다.

20 악취 공정시험기준의 공기희석관능법 시 사용되는 채취용기에 대한 설명으로 **틀린** 것은?

① 시료채취용기의 제작 시 실리콘(silicone rubber)이나 천연고무(natural rubber)와 같은 재질은 최소한의 접합부(seals and joints)에서는 사용이 적합하다.
② 시료 주머니는 충분히 세척하고 미리 고순도 질소 혹은 공기(순도 99.999 % 이상)를 충전하여 기체 크로마토그래피 등으로 오염이 없는 것을 확인한 후, 고순도 질소 혹은 공기를 빼낸 후 밀봉하여 보관한다.
③ 시료 주머니는 폴리테트라플로로에틸렌(PTFE, polytetrafluoroethylene), 폴리바이닐플로라이드(PVF, polyvinylfluoride) 등으로 만들어진 내용적 3 L ~ 20 L 정도의 것으로 한다.
④ 채취관은 취기 성분이 흡착, 투과 또는 상호 반응에 의해 변질되지 않는 것이어야 한다.

해설 ① 시료채취용기의 제작 시 실리콘이나 천연고무와 같은 재질은 최소한의 접합부에서도 사용할 수 없다.

● 검정분야 : (1) 공통

[정도관리(대기)]

01 측정의 소급성에 대한 설명으로 <u>틀린</u> 것은?

① 문서화된 끊어진 교정의 사슬을 통하여 측정 결과를 국가기술기준에 결부시킬 수 있는 측정결과의 특성이다.

② 소급성 사슬 내의 각 단계별 측정불확도는 승인된 방법에 따라 계산 및 추정되어야 하며, 총괄적인 불확도 계산을 위해 제시되어야 한다.

③ 환경오염물질의 농도 측정에 대한 측정결과의 소급성을 유지하기 위하여 표준물질을 사용한다.

④ 시험분석 분야에서 소급성의 유지는 교정 및 검정곡선 작성과정의 표준물질을 적절히 사용함으로써 달성할 수 있다.

> 해설 측정 소급성(metrological traceability)은 문서화된 끊어지지 않은 교정의 사슬을 통하여 측정결과를 기준에 결부시킬 수 있는 측정결과의 특성이며, 각 단계는 측정불확도에 기여한다.

02 시료 전처리 과정의 상대농도 변화를 보정하기 위하여 대체표준물질(surrogate)을 첨가하는 시기로 옳은 것은?

① 시료채취 시   ② 시료추출 직전

③ 시료희석 직전   ④ 기기분석 직전

> 해설 대체표준물질(surrogates, 유사표준물질)은 시료분석 시 모든 분석과정에 대한 정도관리를 위해 첨가되는 표준물질로서, 내부표준물질과 같이 시료추출 직전에 첨가되어야 하며, 분석 대상물질의 정량이 아닌 회수율 등을 대체 표현하기 위해 사용된다.

03 시료분석 결과의 신뢰성을 부여하기 위한 정도관리 용어에 대한 설명으로 <u>틀린</u> 것은?

① 바탕시료는 측정·분석 항목이 포함되지 않은 기준시료를 의미하여 측정·분석의 오염 확인과 이상 유무를 확인하기 위해 사용한다.

② 계통오차는 재현 불가능한 것으로 원인을 알 수 없어 보정할 수 없는 오차이며 이것에 따라 측정값은 편차가 발생한다.

③ 정확도는 시험·검사 결과가 얼마나 참값에 근접하는가를 나타내는 척도로서 임의오차와 계통오차 요소들을 포함한다.

④ 정도보증은 시험·검사 결과가 정도목표를 만족하고 있음을 보증하기 위한 제반적인 활동을 말한다.

> 해설 ② 계통오차(systematic error)는 재현 가능하여 어떤 수단으로도 보정이 가능한 오차이며, 이것에 따라 측정값에 편차가 생긴다.

04 확장불확도에 대한 설명으로 <u>틀린</u> 것은?

① 측정결과가 여러 개의 다른 입력량으로부터 구해질 때 이 측정결과의 표준불확도이다.

② 합성표준불확도에 포함인자 k를 곱하여 구한다.

③ 포함인자 k의 값은 그 구간에 대해 요구되는 포함확률 또는 신뢰수준에 따라 정한다.

④ 포함인자 k의 값은 보통 2와 3 사이의 값을 갖는다.

> 해설 확장불확도란 측정량의 합리적인 추정값이 이루는 분포의 대부분을 포함할 것으로 기대되는 측정결과 주위의 어떤 구간을 정의하는 양이다. ①은 합성표준불확도의 설명이다.

정답 **01** ① **02** ② **03** ② **04** ①

05 대기오염공정시험기준에 따른 내부정도관리에 대한 설명으로 틀린 것은?

① 업무분장 변경으로 분석자가 변경된 경우에는 내부정도관리를 실시한다.

② 장비를 새로 구입한 경우에는 내부정도관리를 실시한다.

③ 장비가 고장나서 수리를 한 경우에는 내부정도관리를 실시하여야 하나, 장비를 이동한 경우에는 내부정도관리를 하지 않아도 된다.

④ 분석자, 장비, 실험실에 변동사항이 없는 경우에도 매년 1회 이상 내부정도관리를 실시하는 것을 원칙으로 한다.

해설 내부정도관리 주기는 분기별로 1회 이상 측정하는 것을 원칙으로 하며, 분석장비의 주요 부품 교체, 수리 분석자의 변경 시 등에는 수시로 실시한다.

06 한국인정기구(KOLAS) 규정에 따라 측정불확도를 보고할 때, 기반이 되는 불확도 추정 결과의 신뢰수준값(%)으로 옳은 것은?

① 99 % ② 95 %

③ 75 % ④ 50 %

해설 불확도 추정 결과의 신뢰수준값은 95 %이다.

07 한국인정기구(KOLAS) 규정에서 경영요구사항으로 틀린 것은?

① 조직

② 문서관리

③ 서비스 및 물품구매

④ 시설 및 환경조건

해설 ④ 시설 및 환경조건은 기술요구사항(technical requirements)이다.
경영요구사항(system requirements)의 종류
조직, 경영시스템, 문서관리, 의뢰 · 입찰 및 계약 검토, 시험 · 교정의 위탁, 서비스 및 물품의 구매, 고객에 대한 서비스, 불만사항, 부적합 시험 · 교정작업 관리, 개선, 시정조치, 예방 조치, 기록관리, 내부심사, 경영검토 등

08 측정 및 시험 방법의 유효성을 확인하는 두 번째 단계는 성능변수라고 불리는 성능특성을 결정하는 것이다. 이러한 성능특성에 대한 설명으로 틀린 것은?

① 선택성(selectivity) : 간섭물질이 존재할 때의 측정의 정확성

② 진도(trueness) : 분석대상성분의 농도(또는 양) 변화에 따른 측정신호값의 변화에 대한 비율

③ 검출한계(LOD) : 0과는 확실하게 구별할 수 있는 분석대상성분의 최소량 또는 최저 농도

④ 둔감도(ruggedness) : 시험결과가 절차상에 제시된 시험조건에 대한 작은 변화의 영향을 받지 않는 수준

해설 ② 진도(trueness) : 편향(bias)이 적은 정도
성능특성의 종류
• 선택성 : 간섭물질이 존재할 때의 측정의 정확성
• 직선성 : 장비의 농도응답값에 대한 함수
• 감도 : 분석대상물질의 농도 변화에 따른 측정신호값 변화에 대한 비율
• 정확도 : 시험결과의 품질을 측정하는 것(구성요소 : 정밀도, 진도)
• 검출한계(LOD) : 분석과정을 실시한 후 분석대상물질의 유무를 확인할 수 있는 최소검출농도
• 정량한계(LOQ) : 합리적인 신뢰성을 가지고 분석대상물질의 정량적 측정결과를 산출할 수 있는 최소검출농도
• 범위 : 적절한 불확도 수준을 갖는 시험결과를 얻을 수 있는 농도범위
• 둔감도 : 시험결과가 절차상에 제기된 시험조건에 대한 작은 변화
• 측정불확도 : 측정결과와 관련하여 측정량을 합리적으로 추정한 값의 분산특성을 나타내는 파라미터
※ 화학적 시험방법의 유효성 확인단계
• 1단계 : 무엇을 측정하고자 하는지를 정의하는 것
• 2단계 : 성능변수라고도 하는 성능특성을 결정하는 것

정답 05 ④ 06 ② 07 ④ 08 ②

09 측정결과의 소급성 유지를 위한 지침에서 사용되는 용어의 정의로 <u>틀린</u> 것은?

① 내부교정(in-house calibration) : 공인기관 및 산업체에서 인정받은 시험 또는 교정 활동을 목적으로 표준기 또는 측정기기에 대해 측정소급성을 확립하기 위해 자체적으로 수행되는 교정

② 측정불확도(uncertainty of measurement) : 측정결과와 관련된 측정량을 합리적으로 추정한 값들의 분산특성을 나타내는 음이 아닌 파라미터

③ 인증표준물질(CRM) : 측정이나 명목특성시험에 사용할 목적으로 만들어진 명시된 특성에 관하여 충분히 균질하고 안정된 물질

④ 명목특성(nominal property) : 크기가 없는 현상, 물체 또는 물질의 특성

> **해설** ③ 인증표준물질(CRM) : 공인기관에 의해 발급된 문서가 포함된 유효한 절차를 사용하여 한 개 이상의 명시한 특성값과 연계 불확도 및 소급성을 제공하는 표준물질(예 교정기 또는 측정진도 관리물질로 사용되는 성적서에 콜레스테롤 농도의 값과 불확도가 명시된 인간의 혈청)
>
> ※ 표준물질(RM) : 측정이나 명목특성시험에 사용할 목적으로 만들어진 명시된 특성에 관하여 충분히 균질하고 안정된 물질

10 숙련도 시험 운영기관에서 다른 기관과 위탁계약이 가능한 사항으로 옳은 것은?

① 숙련도 시험 스킴 계획
② 숙련도 아이템의 균질성, 안정성 시험
③ 숙련도 시험 결과에 대한 수행도 평가
④ 최종결과보고서 승인

> **해설** 숙련도 시험 운영기관은 숙련도 시험 아이템에 대하여 기술적 능력과 품질보증 요건을 갖춘 위탁기관을 선정하여 해당 업무를 수행하게 할 수 있다.

11 화학용 흄 후드(fume hoods)에 대한 설명으로 <u>틀린</u> 것은?

① 흄 후드 및 관련 부품은 잘 부식되지 않는 재질로 제작되어야 한다.

② 충분한 보급공기(make-up)가 배출가스로 대체되어 보급되어야 한다.

③ 흄 후드(exhaust duct)는 가능한 한 이동이 많은 통로 및 출입구에 가까이 위치해야 한다.

④ 흄 후드의 완전 개방 시 정면 중앙에서 공기의 주입속도는 $0.3\,\text{m/s} \sim 0.75\,\text{m/s}$여야 한다.

> **해설** ③ 흄 후드는 사람의 통행으로 인해 배기가스의 흐름이 방해받지 않도록 출입구로부터 $3\,\text{m}$ 이상 이격하여 설치한다.

12 화재의 종류에 대한 설명으로 옳은 것은?

① A급 화재 : 전기화재
② B급 화재 : 일반화재
③ C급 화재 : 유류화재
④ D급 화재 : 금속화재

> **해설** 화재의 분류
>
> | 등 급 | 종 류 | 표시색 | 내 용 |
> |---|---|---|---|
> | A급 | 일반화재 | 백색 | 목재 섬유, 고무류, 합성수지 등의 화재 |
> | B급 | 유류화재 | 황색 | 인화성 액체 등 기름 성분인 것의 화재 |
> | C급 | 전기화재 | 청색 | 통전 중인 전기 설비 및 기기의 화재 |
> | D급 | 금속화재 | 무색 | 금속분, 박 등의 화재 |
> | E급 | 가스화재 | 황색 | LPG, LNG, 도시가스 등의 화재 |

정답 09 ③ 10 ② 11 ③ 12 ④

13 실험실은 시료 분석을 수행하는 장소로서 시료의 성격에 따라 여러 실험실 형태로 나누어진다. 각 실험실에 대한 일반적 고려사항으로 틀린 것은?

① 이화학 실험실 : 실험자의 피복이나 장비 등 세정을 반드시 해야 하므로 별도로 세정실을 설비하여야 한다.

② 바이오 실험실 : 시료의 유입과 유출 시 내부의 공기가 밖으로 나가지 못하도록 이중문으로 설비하여야 한다.

③ 악취 실험실 : 악취 실험을 위한 피복이나 장비를 보관하는 별도의 공간을 두는 것이 바람직하다.

④ 기기 분석 : 안정적인 전원을 공급하여 분석기기들을 안전하게 보호하기 위해 무정전 전원장치(UPS)를 설치하고, 정전 시 사용시간은 총 30분 이상 될 수 있도록 설비하는 것이 좋다.

> 해설 ①은 바이오 실험실과 악취 실험실에 대한 설명이다.

14 실험실 내 실험자와 청소 및 유지보수자가 생물학적 유해물질에 노출되는 것을 방지하기 위해 지켜야 할 폐기물 처리절차에 대한 설명으로 틀린 것은?

① 유리 폐기물은 '유리 폐기물 전용' 용기에 폐기하고 용기의 적정량(3/4) 이상으로 채우지 않는다.

② 미생물 폐기물(배양, 시료)은 고압멸균기로 멸균한 후 폐기한다. 병원성 폐기물(pathological waste)은 절대 소각하지 않는다.

③ 실험실에서 오염된 물질을 운반하기 전에 용기 외부를 소독하거나 물질을 이중봉투(double bag)에 담는다.

④ 실험실 폐기물 용기는 식별이 가능한 표식을 반드시 하여야 한다.

> 해설 ② 병원성 폐기물은 반드시 소각 처리한다.

15 실험실 안전 일반사항과 안전장치 및 시설에 대한 설명으로 틀린 것은?

① 후드 내 풍속은 약간 유해한 화학물질에 대해 안면부 풍속이 21 ~ 30 m/분 정도, 매우 유해한 화학물질의 경우에는 45 m/분 정도가 되어야 한다.

② 냉장고의 위험수준을 낮추기 위하여 물질의 보관기간은 가능한 한 짧게 하고, 정기적으로 점검되어야 한다.

③ 비상샤워장치에서 쏟아지는 물줄기는 몸 전체를 덮을 수 있어야 하며, 작동되는 동안 혼자서 옷을 벗고 신발이나 장신구를 벗을 수 있어야 한다.

④ 이산화탄소 소화기는 이산화탄소(CO_2)를 높은 압력으로 압축 액화시켜 단단한 철제용기에 넣은 것으로 A급 화재에 쓸 수 있고 고가의 분석기기와 같이 물을 뿌리면 안 되는 화재에 사용해서는 안 된다.

> 해설 실험실 소방시스템
> • 실내온도가 설정온도보다 높은 경우, 화재경보시스템이 자동으로 작동되어야 하며, 가능한 한 각 실험실마다 독립적으로 가동되게 하는 것이 바람직하다.
> • 복도에는 화재용 스프링클러를 설비하고 분말소화기를 비치한다.
> • 기기분석실 등 고가의 장비가 있는 곳에는 눈에 잘 띄게 CO_2 소화기 또는 할론 소화기를 두어 소화기 사용으로 인한 기기 손실을 최소화할 수 있도록 하고, 그 외에는 분말소화기를 가능한 한 각 실험실마다 설비해야 한다. 복도에는 약 10 m ~ 15 m 정도 간격을 두고 소화기를 비치하는 것이 바람직하다.
> • 화재경보장치는 반드시 설비해야 하며, 고가의 분석장비나 물에 매우 약한 분석기기 가까운 곳에 화재 담요를 비치하여 화재 시 분석기기를 덮어 화재로 인한 장비 및 기기 전체가 손상되지 않도록 준비하는 것도 좋다.
> • 복도에는 화재 예방을 위해 별도의 소화전을 설치하되, 소방호스의 길이는 실험실까지 충분히 도달할 수 있는 길이여야 한다.

정답 13 ① 14 ② 15 ④

16 화학물질 중 유기용제의 유출관리에 대한 설명으로 **틀린** 것은?

① 아세톤 : 독성과 가연성 증기를 가진다. 적절한 환기시설에서 보호장갑, 보안경 등 보호구를 착용한다.

② 메탄올 : 약간의 노출에도 결막, 두통, 위장장애, 시력장애의 원인이 되므로 메탄올은 환기시설이 잘 된 후드에서 사용하고 네오프렌 장갑을 착용한다.

③ 벤젠 : 발암물질로서 적은 양을 오랜 기간에 걸쳐 흡입할 때 만성중독이 일어날 수 있다. 피부를 통해 침투되지는 않으며, 증기는 불연성이므로 가연성 액체와 함께 저장해도 된다.

④ 에테르 : 과산화물을 생성하는 에테르는 완전히 공기를 차단하여 황갈색 유리병에 저장하여 암실이나 금속용기에 보관하는 것이 좋다.

해설 ③ 벤젠은 피부를 통해 침투되며, 증기는 가연성이다.

17 산업현장에서의 화재는 대규모 시설과 인화성 물질이 많기 때문에 심각한 피해를 야기한다. 화재의 발생원인 빈도가 가장 **낮은** 것은?

① 전기스파크
② 용접 불티
③ 담배 불티
④ 촛불 불티

해설 산업현장에서 화재발생원인의 순위
• 1위 : 누전, 합선
• 2위 : 용접 불티
• 3위 : 담배 불티

18 환경측정분석사가 될 수 없는 자에 대한 설명으로 **틀린** 것은?

① 피성년후견인 또는 피한정후견인
② 파산선고를 받고 복권되지 아니한 자
③ 환경측정분석사 자격증을 다른 사람에게 대여하여 자격이 취소된 후 3년이 경과되지 아니한 자
④ 「대기환경보전법」 또는 「물환경보전법」을 위반하여 징역의 형을 선고받고 그 집행이 종료된 날부터 3년이 경과되지 아니한 자

해설 ④ 「환경시험검사법」, 「대기환경보전법」, 「물환경보전법」, 「소음·진동관리법」, 「실내공기질관리법」 또는 「악취방지법」을 위반하여 징역의 형을 선고받고, 그 집행이 종료(집행이 종료된 것으로 보는 경우를 포함한다)되거나 집행이 면제된 날부터 2년이 지나지 아니한 사람

19 「환경분야 시험·검사 등에 관한 법률」에 따른 측정대행업자의 준수사항에 대한 설명으로 **틀린** 것은?

① 시료채취기록부, 시험기록부 및 시약소모대장(소음·진동 분야는 제외)의 서류를 작성하여 3년 동안 보관하여야 한다.

② 보유차량에 국가기관의 오염물질 검사차량으로 잘못 알게 하는 문구를 표시하거나 과대표시를 하여서는 아니 된다.

③ 측정·분석은 해당 분야에 등록된 기술인력이 수행하여야 한다. 다만, 시료채취인력은 다른 분야·업종의 기술인력으로 대체할 수 있다.

④ 환경오염 공정시험기준에 따라 환경오염도를 정확하고 엄정하게 측정·분석하여야 하며, 측정 후 작성한 측정기록부 중 1부를 측정 의뢰인에게 보내야 한다.

해설 ③ 등록된 기술인력을 다른 분야·업종의 기술인력으로 근무하게 하여서는 아니 되며, 시료채취 및 측정·분석은 해당 분야에 등록된 기술인력이 수행하여야 한다.

정답 16 ③ 17 ④ 18 ④ 19 ③

20 「환경분야 시험 · 검사 등에 관한 법률」에 따른 정도관리 판정기준에 대한 설명으로 **틀린** 것은?

① 숙련도 시험 결과와 현장평가 결과가 모두 판정기준에 적합한 경우만 적합으로 판정한다.

② 현장평가 합계 평점이 70점 미만인 경우 부적합으로 판정한다.

③ 오차율에 의한 숙련도 시험 평가의 경우 오차율 산정 시 기준값으로 대상기관의 분석평균값을 사용해서는 안 된다.

④ 오차율에 의한 숙련도 시험 평가의 경우 분야별 항목 평가는 개별 항목의 오차율이 ±30% 이하인 경우 '적합'으로 평가함을 원칙으로 한다.

> **해설** 오차율에 의한 숙련도 시험 평가의 경우 오차율 산정 시 기준값으로 시료의 제조방법, 시료의 균질성 등을 고려하여 다음 4가지 방법 중 한 방법을 선택한다.
> • 표준시료 제조값
> • 전문기관에서 분석한 평균값
> • 인증표준물질과의 비교로부터 얻은 값
> • 대상기관의 분석평균값

21 환경 시험 · 검사기관 정도관리 판정기준 중 **틀린** 것은?

① 숙련도 판정기준 : Z값 또는 오차율

② Z값에 따른 평가 시 '부적합' : $2 \leq |Z|$

③ 미생물 항목 : 별도의 기준 적용

④ 분야별 기관 평가 : 90점 이상 적합

> **해설** 숙련도 시험 판정기준
> • Z값에 의한 평가 : Z값이 2 이하($2 \leq |Z|$)이면 만족
> • 오차율에 의한 평가 : ±30% 이하이면 만족
> • 기타 방법에 의한 평가 : 정성분석인 경우 숙련도 시험 환산점수 90점 이상이면 적합
> ※ '정도관리 판정기준' 중 현장평가는 70점 이상이면 적합

22 정도관리 검증기관과 관련된 규정으로 **틀린** 것은?

① 정도관리 대상기관의 보완조치는 현장평가 완료일로부터 30일 이내에 제출하여야 한다.

② 정도관리 검증기관의 검증유효기간은 심의된 날로부터 3년 이내로 한다.

③ 정도관리 3년 주기 숙련도 시험에 지속적으로 참가하여야 검증유효기간이 유지된다.

④ 정도관리 현장평가 결과에 대하여 평가위원과 불일치하는 경우 현장평가 종료일로부터 7일 이내에 이의신청을 할 수 있다.

> **해설** 검증기관의 검증유효기간 및 정도관리 유지
> • 검증기관의 검증유효기간은 심의된 날로부터 3년 이내로 한다.
> • 검증기관은 정도관리 판정기준을 지속적으로 충족시켜야 하며, 시험 · 검사능력 향상을 위하여 다음의 제반조치를 취하여야 한다.
> – 매년 과학원장이 실시하는 숙련도 시험 참가
> – 시험 · 검사 기술 및 환경의 개선을 위한 노력

23 검증기관의 검증유효기간이 결과 통보일로부터 만료된 것으로 보는 사항으로 **틀린** 것은?

① 시험성적서의 거짓 기재 및 발급

② 기술능력 · 시설 및 장비가 등록기준에 미달하여 행정처분을 받은 경우

③ 정도관리검증서 원본을 포함한 검증기관 변경 보고를 하지 않은 경우

④ 현지실사 결과에 따른 검증내용의 변동사항에 대한 보완조치가 정해진 기간 내에 완료되지 않은 경우

검증기관의 검증유효기간이 결과 통보일로부터 만료된 경우는 보기 ①, ②, ④ 외에도 다음의 경우가 있다.
- 분야별 숙련도 시험 결과가 부적합 판정된 경우
- 현장평가 결과가 부적합 판정된 경우
- 인력의 허위기재(자격증만 대여해 놓은 경우 포함)
- 숙련도 시험의 부정행위(산출근거 미보유 및 부적정, 숙련도 표준시료의 위탁분석행위 등)

24 「환경 시험·검사기관 정도관리 운영 등에 관한 규정」에서 설명하는 내용으로 틀린 것은?

① 분야별 기술위원회는 각 기술위원회별로 외부 또는 과학원 내부의 각 분야별 전문가 등 20명 이내의 위원을 두고 분야별 기술위원회의 장은 위원 중에서 호선한다.
② "정도관리 검증기관"이라 함은 국립환경과학원장이 실시하는 정도관리(숙련도 시험 및 현장평가)를 받고 「환경분야 시험·검사 등에 관한 법률」 제18조의 2 및 동 법률 시행규칙 별표 11의 2의 정도관리검증서를 교부받은 시험검사기관을 말한다.
③ "숙련도 시험"이라 함은 정도관리의 일부로서 시험검사기관의 정도관리시스템에 대한 주기적인 평가를 위하여 표준시료에 대한 시험검사능력과 시료채취 등을 위한 장비운영능력 등을 평가하는 것을 말한다.
④ "정도관리"라 함은 시험·검사기관이 시험·검사결과의 신뢰도를 확보하기 위하여 내부적으로 ISO/IEC 17025를 인용한 별표 1에 따라 정도관리시스템을 확립·시행하고 내부적으로 이에 대한 주기적인 검증·평가를 하는 것을 말한다.

해설 ④ "정도관리"라 함은 시험·검사기관이 시험·검사결과의 신뢰도를 확보하기 위하여 내부적으로 ISO/IEC 17025를 인용한 별표 1에 따라 정도관리시스템을 확립·시행하고 외부적으로 이에 대한 주기적인 검증·평가를 받는 것을 말한다.

25 정도관리 현장평가 시 주의사항으로 틀린 것은?

① 합리적인 시간계획 및 태도를 준수하여야 하며, 가능한 현장평가점검표에 따라 평가한다.
② 질문 시에는 간단하고 분명하게 하도록 하며 편견이 없어야 한다. 또한, 평가기준이 아닌 평가위원 개인의 의견이 평가에 개입되지 않도록 한다.
③ 평가 중에 대상기관의 불법사항 또는 거짓사항이 발견되었거나 이에 대한 의혹이 생길 경우에는 관련 자료들을 충분히 수집 후 최종 회의에서 평가팀장에게 보고한다.
④ 평가를 종료시킬 정도의 미흡사항이 발견되면 평가팀장은 대상기관의 경영진에게 미흡사항의 심각성을 설명하고 그 시점에서 평가의 종료 여부를 협의하여야 한다.

해설 정도관리 현장평가 시 주의사항
- 합리적인 시간계획 및 태도를 준수하여야 한다.
- 가능한 현장평가점검표에 따라 평가한다.
- 질문 시에는 간단하고 분명하게 하도록 하며 편견이 없어야 한다.
- 평가기준이 아닌 평가위원 개인의 의견이 평가에 개입되지 않도록 한다.
- 평가 중에 대상기관의 불법사항 또는 거짓사항이 발견되었거나 이에 대한 의혹이 생길 경우에는 관련 자료들을 충분히 수집 후 중간 회의에서 평가팀장에게 보고한다.
- 중대한 미흡사항과 관련하여 평가를 더 깊이 있게 진행하고자 할 경우, 평가팀장에게 즉시 연락을 취하고 평가의 깊이와 진행방향을 결정하여야 한다.
- 평가를 종료시킬 정도의 미흡사항이 발견되면 평가팀장은 대상기관의 경영진에게 미흡사항의 심각성을 설명하고 그 시점에서 평가의 종료 여부를 협의하여야 한다.
- 평가팀과 대상기관과의 의견이 상충되어 합의되지 못하는 상황이 발생될 경우, 평가팀장은 해당 사항에 대한 무리한 결론은 정하지 말고 과학원에 이를 보고하여야 하며 과학원의 결정사항을 해당 대상기관 및 평가위원에게 통보하여야 한다.

26 현장평가점검표 및 미흡사항보고서 작성 시 틀린 것은?

① 점검표의 평가내용 중 '평점 0'을 받은 내용은 미흡사항보고서를 작성한다.

② 미흡사항 등에 이의가 있을 경우 현장평가 종료일로부터 7일 이내에 이의신청이 가능하다.

③ 대상기관에서 미흡사항에 수긍하지 않을 경우 분야별 기술위원회를 거쳐 최종 판정됨을 알린다.

④ 현장평가 이후의 보완조치 이행을 평가 종료일로부터 30일 이내에 완료해야 한다.

> 해설 ③ 부적합에 대한 평가위원과 대상기관 간의 의견이 일치하지 않은 경우에는 정도관리심의회에서 이를 최종 판정하도록 한다.

27 정도관리는 표준시료의 분석능력에 대한 숙련도와 시험 · 검사기관에 대한 현장평가로 구분된다. 현장평가에 대한 설명으로 틀린 것은?

① 정도관리를 위하여 평가위원이 시험 · 검사기관을 직접 방문하여 시험 · 검사기관의 정도관리시스템 및 시행을 평가하는 것을 말한다.

② 평가위원을 통하여 시험 · 검사기관의 기술인력, 시설, 장비 및 운영 등에 대한 실태와 이와 관련된 자료를 검증 · 평가하는 것을 말한다.

③ 표준시료에 대한 시험 · 검사능력과 시료채취 등을 위한 장비운영능력 등을 평가하는 것을 말한다.

④ 평가위원이 직접 대상기관에 방문하여 ISO/IEC 17025 규정을 인용하여 시험분야별 분석능력점검표에 따라 평가를 실시한다.

> 해설 ③은 숙련도 시험에 대한 내용이다.
> **정도관리의 판정기준별 판정방법**
> • 표준시료의 분석능력에 대한 숙련도 : 표준시료에 대한 시험 · 검사능력과 시료채취 등을 위한 장비운영능력 등을 평가하여 판정
> • 시험 · 검사기관에 대한 현장평가 : 시험 · 검사기관의 기술인력 · 시설 · 장비 및 운영 등에 대한 실태 평가와 이와 관련된 자료를 검증 · 평가하여 판정

28 다음 중 악취검사기관의 숙련도 시험 평가항목으로 틀린 것은?

① 톨루엔　　　　② 에틸벤젠
③ 자일렌　　　　④ 스타이렌

> 해설 **악취검사기관의 숙련도 시험 평가항목**
> • 아세트알데하이드
> • 뷰틸알데하이드
> • 복합악취
> • 톨루엔
> • 자일렌
> • 스타이렌

29 정도관리 현장평가 절차로 틀린 것은?

① 시험실 순회
② 시험성적서 확인
③ 직원의 고충사항
④ 정도관리문서 검토

> 해설 **현장평가 절차**
> 평가팀의 현장평가는 시작회의, 시험실 순회, 중간회의, 정도관리문서 평가, 시험성적서 확인, 주요 직원 면담, 시험분야별 평가, 현장평가보고서 작성, 정도관리문서 검토 및 종료회의로 이루어진다.

30 환경 시험 · 검사기관 정도관리 현장평가의 중대한 미흡사항으로 틀린 것은?

① 숙련도 시험의 근거자료가 없는 경우
② 해당 기관의 기술인력 부족이 30일 지속된 경우
③ 품질문서가 구비되어 있으나 매우 미흡한 경우
④ 시험성적서를 거짓 기재 및 발급한 경우

> 해설 **정도관리 현장평가 시 중대한 미흡사항**
> • 인력의 허위 기재(자격증만 대여해 놓은 경우 포함)
> • 숙련도 시험에서의 부정행위(근거자료가 없는 경우 및 숙련도 표준시료의 위탁분석행위 등)
> • 고의 또는 중대한 과실로 측정결과를 거짓으로 산출(근거자료가 없는 경우 및 시험성적서의 거짓 기재 및 발급 등)한 경우
> • 기술 능력 · 시설 및 장비가 개별법의 등록 · 지정 · 인정기준에 미달된 경우
> • 품질문서를 구비하지 못한 경우

정답 26 ③ 27 ③ 28 ② 29 ③ 30 ③

31 관리차트를 만들기 위해 암모니아를 측정하였다. % 회수율 결과로부터 평균값(x)은 99.8 %, 계산된 표준편차(s)는 2.3 %였다면, 관리기준을 벗어난 값은?

① 91.9 %   ② 95.0 %

③ 104.4 %   ④ 106.4 %

해설 • 정확도의 상한 관리기준(UCL)
　　　$= x + 3s = 99.8 + 3 \times 2.3 = 106.7 \%$
　　• 정확도의 하한 관리기준(LCL)
　　　$= x - 3s = 99.8 - 3 \times 2.3 = 92.9 \%$
　　∴ 정확도의 관리범위
　　　$= 92.9 \% \sim 106.7 \%$

32 방법검출한계를 예측하는 방법으로 틀린 것은?

① 검량범위의 50 % 농도 1개 시료를 7회 반복한 평균값

② 기기의 신호/잡음비의 2.5배 ~ 5배에 해당하는 농도

③ 감도에 있어 분명한 변화가 있는 검정곡선 영역

④ 정제수를 다중 분석한 표준편차값의 3배 농도

해설 방법검출한계는 다음 중 한 가지를 사용하여 예측한다.
　　• 기기의 신호/잡음비의 2.5배 ~ 5배에 해당하는 농도
　　• 정제수를 다중 분석한 표준편차값의 3배에 해당하는 농도
　　• 감도에 있어 분명한 변화가 있는 검정곡선 영역(즉, 검정곡선 기울기의 갑작스런 변화점 농도)

33 저울실의 이상적인 측정환경 조건으로 옳은 것은?

① 실내온도 (20±2) ℃, 상대습도 (45~60) %

② 실내온도 (20±3) ℃, 상대습도 (40~60) %

③ 실내온도 (25±2) ℃, 상대습도 (45~60) %

④ 실내온도 (25±3) ℃, 상대습도 (40~60) %

해설 저울실의 이상적인 측정환경 조건은 실내온도 (20±2) ℃, 상대습도 (45~60) %이다.

34 시험기구별 세척방법으로 틀린 것은?

① 유리기구 및 석영기구는 더운 질산(1 : 1)으로 세척한 후 정제수로 충분히 헹구어 씻는다.

② 백금기구는 황산(1 : 1)에 담가 80 ℃ 이상으로 1일 이상 가열한 후 정제수로 충분히 헹구어 세척한다.

③ 합성수지기구는 폴리에틸렌제 용기에 넣은 질산(1 : 1)에 0.5일 이상 담근 후 정제수로 충분히 헹구어 씻는다.

④ 보존용기는 세척제와 수돗물, 정제수로 씻은 후 질산(1 : 3)을 가득 채워 0.5일 이상 방치하고, 물, 염산(1 : 1)의 순서로 씻은 후 시험목적에 따라 정제수로 세척한다.

해설 ② 백금기구는 질산(1 : 3)에 담가 80 ℃ 이상으로 1일 이상 가열한 후 정제수로 충분히 헹구어 씻는다. 사용 직전에는 시험목적에 따라 반드시 정제수로 세척한다.

35 정도관리에 관한 용어를 설명한 내용이다. 각각의 괄호 안에 들어갈 내용으로 옳은 것은?

> • 내부표준물질법(internal standard method)에 의해 정량할 때, 내부표준물질의 감응과 비교하여 모든 분석물질의 감응을 측정한다. 내부표준물질 감응은 검정곡선의 감응에 비해 ± (㉠)이내에 있어야 한다.
> • 시험방법에 정의되어 있지 않다면 검정곡선은 시료를 분석할 때마다 매번 수행하여야 하며 부득이한 경우라도 한 개 시료군(batch)의 분석에 (㉡) 이상 초과한다면 검정곡선을 새로 작성하여야 한다.

① ㉠ 20 %, ㉡ 2일   ② ㉠ 30 %, ㉡ 2일

③ ㉠ 20 %, ㉡ 3일   ④ ㉠ 30 %, ㉡ 3일

정답   31 ①   32 ①   33 ①   34 ②   35 ④

해설 • 내부표준물질법에 의해 정량할 때, 내부표 준물질의 감응과 비교하여 모든 분석물질의 감응을 측정한다. 내부표준물질 감응은 검 정곡선의 감응에 비해 ±30% 이내에 있어 야 한다.

• 시험방법에 정의되어 있지 않다면 검정곡선 은 시료를 분석할 때마다 매번 수행해야 하며, 부득이하게 한 개 시료군의 분석이 하루를 넘 길 경우라도 가능한 2일을 초과하지 않아야 하고, 3일 이상 초과한다면 검정곡선을 새로 작성한다.

36 각각의 현장 분석물질에 대한 관리기준을 세 우고자 한다. 현장 분석물질의 측정값을 모은 상대표준편차 백분율(RPD ; Relative Percent Difference) 데이터에 의해 평균값 $x = 5.4\%$, 계산된 표준편차값 $s = 3.3\%$로 계산되었 다면, 이때 RPD 데이터로 계산한 경고기준 (㉠)과 관리기준(㉡)이 짝지어진 것으로 옳은 것은?

① ㉠ ±12.0%, ㉡ ±15.3%
② ㉠ ±14.2%, ㉡ ±16.4%
③ ㉠ ±15.3%, ㉡ ±12.0%
④ ㉠ ±16.4%, ㉡ ±14.2%

해설 • 경고기준(WL_s) = $x \pm 2SD$
- 상한 경고기준(UWL) = $x + 2SD$
- 하한 경고기준(LWL) = $x - 2SD$
• 관리기준(CL_s) = $x \pm 3SD$
- 상한 관리기준(UCL) = $x + 3SD$
- 하한 관리기준(LCL) = $x - 3SD$

∴ 경고기준 = $5.4 + 2 \times 3.3 = 12$
관리기준 = $5.4 + 3 \times 3.3 = 15.3$

37 절대불확도를 나타내는 식이다. 이 중 자연대수 (natural logarithm) 식으로부터 x의 자연 대수(natural logarithm, ln)가 $x = e^y$로 표 현된다면, y의 절대불확도(e_y)로 옳은 것은?

① ye_x

② $\dfrac{e_x}{x}$

③ $(\ln 10)ye_x$

④ $\left(\dfrac{1}{\ln 10}\right)\left(\dfrac{e_x}{x}\right)$

해설 x의 자연대수(ln)는 $x = e^y$이고, $e(= 2.71828\cdots)$ 는 자연대수의 밑수가 된다.
$$y(\pm e_y) = \ln x(\pm e_x)$$
∴ y의 절대불확도(e_y) = $\dfrac{e_x}{x}$

38 대기 시료채취 시 일반적인 주의사항에 대한 설명으로 틀린 것은?

① 시료채취 유량은 각 항에서 규정하는 범위 내에서는 되도록 많이 채취하는 것을 원칙으 로 한다.

② 입자상 물질을 위한 채취관은 수평방향으로 연결할 경우에는 되도록 관의 길이를 짧게 하고 곡률반경은 크게 한다.

③ 악취물질은 되도록 짧은 시간 내에 끝내고 입자상 물질 중의 금속성분이나 발암성 물질 등은 되도록 장시간 채취한다.

④ 가스상 측정기기는 현장의 대기환경을 대표 할 수 있도록 실외에 설치한다.

해설 시료채취를 할 때는 되도록 측정하려는 가스 또는 입자의 손실이 없도록 한다. 특히 바람이 나 눈, 비로부터 보호하기 위하여 측정기기는 실내에 설치하고, 채취구를 밖으로 연결할 경 우에는 채취관 벽과의 반응, 흡착, 흡수 등에 의한 영향을 최소한도로 줄일 수 있는 재질과 방법을 선택한다.

39 반복 측정하여 얻어진 결과값 192, 216, 202, 195, 204가 있다. 이 중 가장 의심스러운 결과값의 선택 여부를 Q-test를 통하여 판단한 것으로 옳은 것은? (단, 90 % 신뢰수준의 임계값 Q_{crit} 는 0.64이다.)

① 계산된 Q값은 0.5이고 90 % 신뢰도에서 Q값은 0.64보다 작으므로 버린다.

② 계산된 Q값은 0.5이고 90 % 신뢰도에서 Q값은 0.64보다 작으므로 버리지 않는다.

③ 계산된 Q값은 1이고 90 % 신뢰도에서 Q값은 0.64보다 크므로 버린다.

④ 계산된 Q값은 1이고 90 % 신뢰도에서 Q값은 0.64보다 크므로 버리지 않는다.

해설

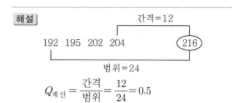

$$Q_{계산} = \frac{간격}{범위} = \frac{12}{24} = 0.5$$

90 % 신뢰수준의 임계값(Q_{crit})은 0.64이다.
$Q_{계산}(=0.5) < Q_{표}(=0.64)$이므로 90 % 신뢰수준에서 의심스러운 측정값(0.5)은 받아들인다.

• 검정분야 : (2) 대기환경측정분석

[1과목 : 대기오염 공정시험기준]

01 굴뚝 배출가스 중의 수분 농도를 알아보기 위해 흡습관법으로 시료가스를 흡입 채취하였다. 수분 농도의 부피백분율(%)로 옳은 것은? (단, 습식 가스미터에서의 흡입가스 온도는 17 ℃, 흡입가스 차압은 27.2 mmH₂O, 흡입가스량은 20 L, 측정 시 대기압은 760 mmHg, 흡습수분의 중량은 1.8 g, 17 ℃에서 물의 포화수증기압은 14.53 mmHg)

① 약 10.8 %　　　② 약 9.8 %

③ 약 8.8 %　　　④ 약 7.8 %

해설

$$X_w = \frac{\frac{22.4}{18} m_a}{V_m \times \frac{273}{273 + \theta_m} \times \frac{P_a + P_m - P_v}{760} + \frac{22.4}{18} m_a} \times 100$$

$$= \frac{\frac{22.4}{18} \times 1.8}{18.83 \times \frac{273}{273 + 17} \times \frac{760 + \frac{27.2}{13.6} - 14.53}{760} + \frac{22.4}{18} \times 1.8} \times 100$$

$$= 10.8$$

여기서, X_w : 배출가스 중 수증기의 부피백분율(%)

　　m_a : 흡습수분의 질량[$(m_a)_2 - (m_a)_1$, g]

　　V_m : 흡입가스량(습식 가스미터에서 읽은 값, L)

　　θ_m : 가스미터에서의 흡입가스 온도(℃)

　　P_a : 대기압(mmHg)

　　P_m : 가스미터에서의 가스 게이지압(mmHg)

　　P_v : θ_m 에서의 포화수증기압(mmHg)

02 원자흡수분광광도법에서 음이온이 공존하여 화학적 간섭을 발생시킬 수 있는데, 이들의 간섭을 피하는 방법으로 **틀린** 것은?

① 이온교환이나 용매추출 등에 의한 방해물질의 제거

② 과량의 간섭원소 첨가

③ 이온화 전압이 더 낮은 원소 등을 첨가

④ 표준첨가법의 이용

해설 화학적 간섭은 원소나 시료에 특유한 것으로, 다음과 같은 경우에 일어난다.

• 불꽃 중에서 원자가 이온화하는 경우 이온화 전압이 낮은 알칼리 및 알칼리토류 금속원소의 경우에 많고, 특히 고온 불꽃을 사용한 경우에 두드러진다. 이 경우 이온화 전압이 더 낮은 원소 등을 첨가하여 목적원소의 이온화를 방지함으로써 간섭을 피할 수 있다.

• 공존물질과 작용하여 해리하기 어려운 화합물이 생성되어 흡광에 관계하는 기저상태의 원자수가 감소하는 경우 공존하는 물질이 음이온의 경우와 양이온의 경우가 있으나, 일반적으로 음이온 쪽 영향이 크다. 이러한 간섭을 피하는 데는 다음과 같은 방법을 이용한다.

－ 이온교환, 용매추출 등에 의한 방해물질 제거

－ 과량의 간섭원소 첨가

－ 간섭을 피하는 양이온, 음이온 또는 은폐제, 킬레이트제 등의 첨가

－ 목적원소의 용매추출

－ 표준첨가법의 이용

03 배출가스 중 폼알데하이드 및 알데하이드류 고성능 액체 크로마토그래피 방법에 따른 시료채취장치의 구성으로 **틀린** 것은?

① 산소 흡수병

② 임핀저 트레인

③ 차압게이지(마노미터)

④ 피토관

해설 시료채취장치의 구성

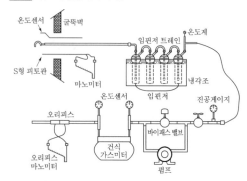

04 고용량 공기시료채취기를 사용하여 철강공장 주변으로 비산되는 먼지를 24시간 동안 측정하였다. 채취 전 여과지의 중량은 3.6 g이었고, 채취 시작 시 유량은 1.5 m³/min이었다. 채취 종료 시 유량은 1.7 m³/min, 채취 후 여과지의 중량은 3.9 g이었다면, 이때 비산먼지의 농도(μg/m³)로 옳은 것은?

① 118

② 123

③ 130

④ 139

해설 채취가 종료되기 직전에 다시 유량계를 연결하고 유량을 읽어 다음과 같이 흡입공기량을 산출한다.

$$흡입공기량 = \frac{Q_s + Q_e}{2} t$$
$$= \frac{1.5 + 1.7}{2} \times 24 \times 60$$
$$= 2\,304 \text{ m}^3/\text{min}$$

여기서, Q_s : 채취 개시 직후의 유량(m³/min)
Q_e : 채취 종료 직전의 유량(m³/min)
t : 채취시간(min)

채취 전후 여과지의 질량 차이와 흡입공기량으로부터 다음 식에 의하여 비산먼지의 농도를 구한다.

$$비산먼지의 농도 = \frac{W_e - W_s}{V} \times 10^3$$
$$= \frac{3.9 - 3.6}{2\,304} \times 1\,000$$
$$= 0.13 \text{ mg/m}^3$$
$$= 130 \ \mu\text{g/m}^3$$

여기서, W_e : 채취 후 여과지의 질량(mg)
W_s : 채취 전 여과지의 질량(mg)
V : 총공기흡입량(m³)

05 굴뚝에서 배출되는 플루오린화합물을 자외선/가시선 분광법을 이용하여 플루오린화이온으로 아래 측정조건과 같이 분석한 결과, 결과값에 큰 오차가 발생하였다. 다음 분석과정 중 틀린 것끼리 짝지어진 것은?

[측정조건]
㉠ 플루오린화이온 표준원액(100 mg F⁻/L)을 조제하기 위하여 플루오르화소듐(NaF, 분자량 41.99, 97 %)을 백금접시에 담고, 500 ℃ ~ 550 ℃에서 40분 ~ 50분간 가열하고, 데시케이터 속에서 실온으로 냉각한 시약 0.221 g을 정제수에 녹인 후 1 L 부피플라스크에 옮기고 표선까지 정제수로 채웠다.
㉡ 시료채취 시 시료의 흡수병은 2개의 250 mL 부피흡수병에 각각 0.1 mol/L 수산화소듐 용액 50 mL를 넣어서 사용하였다.
㉢ 시료가스 중에 중금속이온이 존재하지 않고 인산이온만 존재하여 두 개의 흡수병 내의 흡수액을 200 mL 부피플라스크에 정량적으로 옮기고 페놀프탈레인 용액(5 g/L) 1방울을 가해, 액의 색이 무색이 될 때까지 0.1 mol/L 염산을 적절히 가한 후, 정제수를 표선까지 가하여 이것을 분석용 시료용액으로 하였다.
㉣ 흡광도 분석은 640 nm에서 측정하였다.

① ㉠, ㉡
② ㉡, ㉢
③ ㉢, ㉣
④ ㉣, ㉠

해설 ㉢ 시료가스 중에 알루미늄(Ⅲ), 철(Ⅱ), 구리(Ⅱ), 아연(Ⅱ) 등의 중금속이온이나 인산이온이 존재하면 방해효과를 나타낸다. 따라서 적절한 증류방법을 통해 플루오린화합물을 분리한 후 정량하여야 한다.
㉣ 흡광도 분석은 굴뚝에서 적절한 시료채취장치를 이용하여 얻은 시료 흡수액을 일정량으로 묽게 한 다음 완충액을 가하여 pH를 조절하고 란타넘과 알리자린 컴플렉션을 가하여 생성되는 생성물의 흡광도를 분광광도계로 측정하는 방법으로, 흡수파장은 620 nm를 사용한다.

06 배출가스 중 사이안화수소를 자외선/가시선 분광법(피리딘피라졸론법)으로 분석하고자 한다. 사이안화수소 표준원액, 표준액을 제조하여 검정곡선을 작성하는 과정 중 설명이 **틀린** 것은?

① 사이안화수소 용액은 사이안화포타슘(KCN, 분자량 65.12, 특급) 약 2.5 g을 정제수에 녹여 1 L로 하고 표정한다.

② 검정곡선은 10 mL 부피플라스크에 사이안화수소 표준액 (1~10) mL를 단계적으로 취하여 정제수로 표선까지 채운다.

③ 사이안화수소 표준원액은 사이안화수소 용액 $10.0 \times (0.0448 \times a \times f)^{-1}$ mL를 취하여 수산화소듐 용액(1 mol/L) 100 mL를 가하고 다시 정제수를 가하여 전량을 1 L로 한다. 사이안화수소 표준용액 1 mL는 기체상 HCN 0.010 mL (0 ℃, 760 mmHg)에 상당한다.

④ 사이안화수소 표준액은 표준원액 1.0 mL를 50 mL 부피플라스크에 취하여 흡수액 20 mL를 가하고 지시약으로 페놀프탈레인 용액(질량분율 0.1 %) 한 방울을 가한 후 아세트산(99.7 %)으로 중화한 다음 정제수를 가하여 50 mL로 한다. 이 사이안화수소 표준액 1 mL는 기체상 HCN 0.25 μL(0 ℃, 760 mmHg)에 상당한다.

해설 사이안화수소 표준원액 1.0 mL를 50 mL 부피플라스크에 취하여 흡수액 20 mL를 가하고 지시약으로 페놀프탈레인 용액(질량분율 0.1 %) 한 방울을 가한 후 아세트산(CH₃COOH, acetic acid, 분자량 60.05, 99.7 %, 부피분율 10 %)으로 중화한 다음 정제수를 가하여 50 mL로 한다. 이 표준액은 사용 시에 제조하며, 사이안화수소 표준액 1 mL는 HCN 0.2 μL(0 ℃, 760 mmHg)에 상당한다.

07 배출가스 중 미세먼지를 반자동식 채취기에 의한 방법으로 아래 조건과 같이 측정하였다. 측정결과 농도값에 큰 오차가 발생하였다. 측정조건 중 오차요인으로 작용할 수 있는 항목으로 옳은 것끼리 짝지어진 것은?

[측정조건]
ㄱ 흡입노즐 안지름(d) : 1 mm
ㄴ 흡입관은 수분농축 방지를 위해 시료가스 온도를 (120 ± 14) ℃로 유지 패스용 세척병에는 수산화소듐을 적당량 넣음
ㄷ 원통형 여과지에 채취된 먼지시료는 보관하기 위하여 자쌍을 위해 은박 포일로 감싸서 실험실로 이동함
ㄹ 분석용 저울은 1 mg까지 정확하게 측정할 수 있는 저울을 사용함
ㅁ 원통형 여과지를 (110 ± 5) ℃에서 충분히 (1 ~ 3)시간 건조하고 데시케이터 내에서 실온까지 냉각하여 무게를 잼

① ㄱ, ㄴ　　　　② ㄴ, ㅁ
③ ㄷ, ㄹ　　　　④ ㄹ, ㅁ

해설 측정조건 중 오차요인으로 작용할 수 있는 경우는 분석기기인 저울을 사용할 때 나타나는 무게 측정의 정확도에서 발생되므로, 측정조건 중 ㄹ, ㅁ이 이에 해당된다.

08 굴뚝 내 배출가스 중 크로뮴을 원자흡수분광광도법으로 분석한 결과이다. 표준상태 (0 ℃, 760 mmHg)로 환산한 건조시료가스 1 m³ 중의 크로뮴을 mg수로 옳은 것은? (단, 검정곡선으로부터 구한 시험용액 1 mL 중 크로뮴의 양 0.7 μg, 시험용액 전량 250 mL, 건조시료가스 채취량 1 100 L이다.)

① 0.16 mg/Sm³
② 0.26 mg/Sm³
③ 1.59 mg/Sm³
④ 2.59 mg/Sm³

해설 $C = \dfrac{m \times 10^3}{V_S}$

$$= \dfrac{0.7\,\mu g/mL \times 250\,mL \times \dfrac{mg}{10^3\,\mu g}}{1\,100\,L} \times 10^3$$

$$= 0.16\,mg/Sm^3$$

여기서, C : 크로뮴 농도(mg/m³)

m : 시료 중 크로뮴의 양(mg)

V_S : 건조시료가스량(L)

09 배출가스 중 페놀류를 기체 크로마토그래피법의 내부표준물질법을 적용하여 분석하고자 한다. 농도를 산정하는 공식의 설명으로 **틀린** 것은?

$$C = \dfrac{k \times a \times V_1}{S_L \times V_S} \times 1\,000$$

단. C : 시료 중의 페놀류의 농도(ppm)

S_L : 정량에 사용한 분석용 시료용액의 양(μL)

① k : 페놀류의 이온 농도(mg/kg)

② a : 검정곡선으로부터 구한 정량에 사용된 분석용 시료용액 중 페놀류의 양(μL)

③ V_1 : 분석용 시료용액의 조제량(mL)

④ V_S : 건조시료가스량(L)

해설 $C = \dfrac{k \times a \times V_1}{S_L \times V_S} \times 1\,000$

여기서, C : 시료 중 페놀류의 농도(ppm)

k : 페놀류의 질량으로부터 부피의 환산계수(페놀의 경우 22.4/98)

a : 검정곡선으로부터 구한 정량에 사용된 분석용 시료용액 중 페놀류의 양(μg)

V_1 : 분석용 시료용액의 조제량(mL, 여기에서는 5 mL)

S_L : 정량에 사용한 분석용 시료용액의 양(μL)

V_S : 건조시료가스량(L)

10 배출가스 중 에틸렌옥사이드 HBr 유도체화 – 기체 크로마토그래피법에 대한 설명으로 **틀린** 것은?

① 전자포획검출기(ECD)에 의해 측정한다.

② 시료채취 후 8시간 이내에 분석할 수 없고, 시료의 안정성에 의심이 되는 경우에 적용한다.

③ 24 L 채취 시료일 경우 5 μmol/mol ~ 20 μmol/mol 범위에서 측정할 수 있다.

④ 배출가스 중에 존재하는 에틸렌옥사이드화합물이 저농도일 때 적용한다.

해설 ③ 24 L 채취 시료일 경우 0.05 μmol/mol ~ 4.6 μmol/mol 범위에서 측정할 수 있다.

※ 에틸렌옥사이드 HBr 유도체화 – 기체 크로마토그래피법은 배출가스 중에 존재하는 에틸렌옥사이드화합물이 저농도이거나 시료채취 후 8시간 이내에는 분석할 수 없고, 시료 안정성이 의심되는 경우에 적용한다.

11 환경대기 중 미세먼지(PM-10)를 중량농도법으로 측정한 결과 오차가 크게 발생하였다. 시료채취 및 분석방법으로 **틀린** 것은?

① 유량조절장치의 유량확인 결과 동작유속에서 측정값의 ± 5 %로 정확성이 확인됨

② 시료채취유속 0.1 m³/min 이하의 저용량 시료채취를 사용함

③ 0.01 mg까지 정확하게 측정할 수 있는 저울을 사용함

④ 시료채취필터는 0.3 μm의 입자상 물질을 99 % 이상 채취할 수 있는 유리섬유 재질의 필터를 사용함

해설 측정기는 설계유량의 정확한 유지가 필요하다. 유량조절장치는 주기적으로(연 1회) 표준유속계를 이용하여 교정되어야 하고, 설계유량이 확인되어야 하며, 측정기의 유속 교정은 동작유속에서 측정값의 ± 2 % 이내의 정확성을 가져야 한다.

정답 09 ② 10 ③ 11 ①

12 환경대기 중 질소산화물 측정법과 그 내용에 대한 설명으로 **틀린** 것은?

① 자외선/가시선 분광법(absorption spectrometry-Sal- tzman method) : 흡수발색액(Saltzman 시약)을 사용하여 자외선/가시선 분광법에 의해 시료가스 중에 함유된 일산화질소와 이산화질소의 1시간 평균값을 동시에 연속 측정하는 방법이다.

② 수동 살츠만법(Saltzman method) : 살츠만 시약을 이용하여 흡수발색액에 NO_2를 흡수시켜 생성되는 적동색 아조염료의 흡광도를 측정하여 NO_2 농도를 측정한다.

③ 야곱스호흐하이저법(Jacob Hochheiser method) : NO_2를 수산화소듐에 흡수시켜 아질산소듐으로 만든 후 아질산이온으로 하여 발색시약에 의해 발색되는 용액의 흡광도를 측정하여 NO_2를 측정한다.

④ 파라로자닐린법(Pararosaniline method) : NO를 사염화수은산포타슘 용액에 흡수시켜 이염화아질산수은염을 형성하여 여기에 파라로자닐린 및 폼알데하이드를 반응시켜 파라로자닐린메틸설폰산을 형성한 후 적자색으로 발색시켜 NO의 흡광도를 측정한다.

> **해설** 파라로자닐린법은 사염화수은포타슘(potassium tetrachloro mercurate) 용액에 대기 중의 이산화황을 흡수시켜 안전한 이염화아황산수은염(dichlorosulfite mercurate) 착화합물을 형성시키고, 이 착화합물과 파라로자닐린(pararosaniline) 및 폼알데하이드를 반응시켜 진하게 발색되는 파라로자닐린 메틸설폰산(pararosaniline methyl sulfonic acid)을 형성시키는 것이다.

13 환경대기 중 다환방향족탄화수소류(PAHs) 기체 크로마토그래피/질량분석법의 시료 채취 및 관리에 대한 설명으로 **틀린** 것은?

① 시료채취는 대기흐름의 방해물로부터 적어도 2 m 이상 떨어져 시료채취기를 설치한다.

② 배기관은 시료 도입부로 공기의 재순환을 막기 위하여 상향류 방향으로 하며, 측정지점과 배출지점이 관계된 상황을 기록지에 기록한다.

③ 시료채취유량이 초기값과 10 % 이상 차이가 있을 때는 원인을 알아보고 시료로 쓸 것인지 결정한다.

④ 시료는 냉장 보관 · 운반 · 저장하며 시료는 4 ℃에서 7일 이내 추출하고 추출액은 40일 이내 분석한다.

> **해설** ② 배기관은 시료 도입부로 공기의 재순환을 막기 위하여 하향류 방향으로 하며, 측정지점과 배출지점이 관계된 상황을 기록지에 기록한다.

14 환경대기 중 휘발성 유기화합물의 시료보관 또는 추출된 시료의 분석기간에 대한 설명으로 **틀린** 것은?

① 알데하이드류 – 고성능 액체 크로마토그래피법 : 채취된 시료는 용매로 추출하기 전까지 냉동(4 ℃ 이하) 보관하고 추출된 시료는 특별한 사유가 없는 한 30일 이내에 분석한다.

② 다환방향족 탄화수소류(PAHs) – 기체 크로마토그래피/질량분석법 : 시료는 4 ℃에서 7일 이내에 추출하고 추출액은 40일 이내에 분석한다.

③ 유해휘발성 유기화합물 – 고체흡착법 : 흡착관은 양쪽 끝단을 테플론 재질의 마개를 이용하여 밀봉하거나 이중 밀봉하여 보관하고, 24시간 이내에 사용하지 않을 경우 4 ℃의 냉암소에 보관한다.

④ 벤조(a)피렌 시험방법 – 기체 크로마토그래피법 : 시료채취 후 즉시 20 mL 바이올에 핀셋으로 조심스럽게 필터를 옮겨 넣고 침전물이 흐트러지지 않도록 끝부분에 필터를 고정시킨 후 바이올의 뚜껑을 막고 알루미늄 포일로 감싼다.

정답 12 ④ 13 ② 14 ①

해설 ① 알데하이드류 – 고성능 액체 크로마토그래피법 : 채취된 시료는 알루미늄 포일로 포장하여 외부공기와 차단할 수 있는 비닐봉지(지퍼백 등)에 이중으로 밀봉한 뒤 저온·차광·밀봉 상태로 보관(10 ℃ 이하)하여 운반하며, 용매로 추출하기 전까지 냉장(4 ℃ 이하) 보관한다. 시료가 저장되는 냉장고는 실험에 사용되는 시약이나 기타 오염물질에서의 오염의 영향이 없는 곳이어야 한다.

15 굴뚝 연속자동측정기기로 배출가스 중 가스상 물질을 측정하는 방법 및 측정원리가 **틀린** 것은?

① 이산화황을 측정하는 정전위전해법은 이산화황을 전해질에 흡수시킨 후 전기화학적 반응을 이용하여 그 농도를 구하는 방법이다.

② 질소산화물을 측정하는 화학발광법은 일산화질소와 오존이 반응하면 이산화질소가 생성되고, 이때 590 nm ~ 875 nm에 이르는 폭을 가진 빛이 발생하는데, 이 발광강도를 측정하여 농도를 구하는 방법이다.

③ 암모니아를 측정하는 불꽃광도법은 불꽃 중에서 암모니아가 환원될 때 발생되는 빛 가운데 394 nm 부근의 빛에 대한 발광강도를 측정하여 암모니아의 농도를 구하는 방법이다.

④ 염화수소를 측정하는 이온전극법은 시료가스 중 염화수소가 분석계의 비교부에 도입된 후 그 안에 들어있던 흡수액과 접촉하게 되고, 이 시료액과 비교부에 새로 도입된 흡수액 중의 염소이온농도차를 염소이온전극으로 측정하여 농도를 구하는 방법이다.

해설 ③ 불꽃광도법은 이산화황을 측정하는 방법으로, 환원성 수소 불꽃에 도입된 이산화황이 불꽃 중에서 환원될 때 발생하는 빛 가운데 394 nm 부근의 빛에 대한 발광강도를 측정하여 연도 배출가스 중 이산화황 농도를 구한다.
※ 암모니아를 측정하는 방법에는 용액전도율법과 적외선가스분석법이 있다.

16 다음 오염물질 중 대기오염 공정시험기준의 굴뚝 연속자동측정기기 측정항목으로 **틀린** 것은?

① 플루오르화수소 ② 사이안화수소
③ 암모니아 ④ 염화수소

해설 굴뚝 자동측정감시체제는 사업장에 설치된 굴뚝 자동측정기(먼지, 이산화황, 질소화합물, 암모니아, 일산화탄소, 염화수소, 플루오르화수소 등)와 제어실의 컴퓨터를 온라인(on-line)으로 연결하여 배출되는 오염물질 농도를 신속히 파악함으로써 대기오염으로 인한 피해를 사전에 방지할 수 있는 시스템으로, 자료처리가 연속적으로 행해져야 한다.

17 굴뚝에서 배출되는 건조배출가스의 유량을 연속적으로 자동 측정하는 방법에 대한 설명으로 **틀린** 것은?

① 피토관 : 관내 유체의 전압과 정압과의 차인 동압을 측정하여 유속을 구하고 유량을 산출한다.

② 자기풍 : 자계 내에서 흡입된 산소분자의 일부가 가열되어 자기성을 잃는 것에 의하여 생기는 자기풍의 세기를 이용하여 유속을 구하고 유량을 산출한다.

③ 열선유속계 : 유체와 열선 사이에 열교환이 이루어짐에 따라 열선의 열손실은 유속의 함수가 되기 때문에 이 열량을 측정하여 유속을 구하고 유량을 산출한다.

④ 와류유속계 : 유동하고 있는 유체 내에 고형물체를 설치하면 이 물체의 하류에는 유속에 비례하는 주파수의 소용돌이가 발생하므로 이것을 측정하여 유속을 구하고 유량을 산출한다.

해설 굴뚝에서 배출되는 건조배출가스의 유량을 연속적으로 자동 측정하는 방법에는 피토관, 열선유속계, 와류유속계를 이용하는 방법이 있다.
※ ② 자기풍 측정방법은 사용되지 않는다.

정답 **15** ③ **16** ② **17** ②

18 굴뚝에서 배출되는 건조배출가스의 유량을 연속적으로 자동 측정하는 피토관을 이용하는 방법에 대한 설명으로 틀린 것은?

① 시료채취부는 피토관, 흡입관과 온도계로 구성되어 있다.

② 굴뚝 내경이 1 m 이하인 경우 굴뚝 직경의 중앙점에서 측정한다.

③ 흡입관은 수분응축 방지를 위해 시료가스 온도를 120 ± 14 ℃로 유지할 수 있는 가열기를 갖춘 보로실리게이트, 스테인리스강 또는 석영유리관을 사용하여야 한다.

④ 피토관은 L형 피토관(피토관계수 : 1.0 전후) 또는 S형 피토관(피토관계수 : 0.85 전후)을 흡입관에 부착하여 사용한다.

해설 굴뚝 내경이 1 m 이하인 경우 굴뚝 직경의 16.7 %, 50.0 %, 83.3 %에 위치한 지점에서 측정하여야 한다.

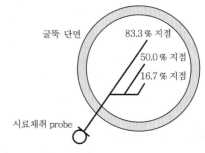

〈굴뚝 내경이 1 m 이하인 곳에서의 여러 지점 선정〉

정답 18 ②

[2과목 : 실내공기질 공정시험기준]

01 실내공기질과 관련된 용어 및 단어의 설명으로 <u>모두</u> 옳은 것은?

> ㉠ 시험조작 중 '즉시'란 10초 이내에 표시된 조작을 하는 것을 뜻한다.
> ㉡ '감압 또는 진공'이라 함은 따로 규정이 없는 한 15 mmHg 이하를 뜻한다.
> ㉢ '항량'이라 함은 같은 조건에서 1시간 더 건조할 때 전후 무게차이가 매 g당 0.1 mg 이하일 때를 뜻한다.
> ㉣ '기밀용기'라 함은 물질을 취급·보관하는 동안 외부로부터 공기 또는 다른 기체가 침입하지 않도록 내용물을 보호하는 용기를 뜻한다.
> ㉤ '밀봉용기'라 함은 물질을 취급 또는 보관하는 동안 이물질이 들어가거나 내용물이 손상되지 않도록 보호하는 용기를 뜻한다.

① ㉠, ㉡   ② ㉠, ㉢, ㉣
③ ㉡, ㉣   ④ ㉢, ㉣, ㉤

해설 ㉠ 시험조작 중 '즉시'란 15초 이내에 표시된 조작을 하는 것을 뜻한다.
㉢ '항량'이라 함은 같은 조건에서 1시간 더 건조할 때 전후 무게차이가 매 g당 0.3 mg 이하일 때를 뜻한다.
㉤ '밀봉용기'라 함은 물질을 취급 또는 보관하는 동안에 기체 또는 미생물이 침입하지 않도록 내용물을 보호하는 용기를 뜻한다.

02 다중이용시설 내 최소 시료채취지점수를 결정하고자 한다. 각각의 지점수를 <u>모두</u> 더한 값으로 옳은 것은?

> ㉠ 연면적 19 000(m²)인 목욕장
> ㉡ 연면적 15 000(m²)인 장례식장
> ㉢ 연면적 25 000(m²)인 영화상영관
> ㉣ 연면적 9 000(m²)인 지하역사

① 8   ② 11
③ 12   ④ 15

해설 다중이용시설 내 최소 시료채취지점수는 다음 표에 따라 결정한다.

다중이용시설의 연면적(m²)	최소 시료채취지점수
10 000 이하	2
10 000 초과 ~ 20 000 이하	3
20 000 이상	4

㉠ 연면적 19 000(m²)인 목욕장=3지점
㉡ 연면적 15 000(m²)인 장례식장=3지점
㉢ 연면적 25 000(m²)인 영화상영관=4지점
㉣ 연면적 9 000(m²)인 지하역사=2지점
∴ 3+3+4+2=12

03 실내공기질관리법에서 정하는 실내공기질 유지기준에 관한 설명이다. 괄호 안에 값을 <u>모두</u> 합한 것으로 옳은 것은?

> ㉠ 실내주차장 미세먼지(PM-10)의 경우 (   ) $\mu g/m^3$ 이하이다.
> ㉡ 의료기관, 산후조리원, 노인요양시설의 총부유세균은 (   ) CFU/m³ 이하이다.
> ㉢ 실내주차장 일산화탄소의 경우 (   ) ppm 이하이다.
> ㉣ 지하역사, 지하도상가, 철도역사의 대합실, 영화상영관, 학원 등에서의 폼알데하이드는 (   ) $\mu g/m^3$ 이하이다.

① 985
② 1 055
③ 1 095
④ 1 125

해설 ㉠ 실내주차장 미세먼지(PM-10)의 경우 200 $\mu g/m^3$ 이하이다.
㉡ 의료기관, 산후조리원, 노인요양시설의 총부유세균은 800 CFU/m³ 이하이다.
㉢ 실내주차장 일산화탄소의 경우 25 ppm 이하이다.
㉣ 지하역사, 지하도상가, 철도역사의 대합실, 영화상영관, 학원 등에서의 폼알데하이드는 100 $\mu g/m^3$ 이하이다.
∴ 200+800+25+100=1 125

정답 01 ③   02 ③   03 ④

04 알파비적검출기를 이용한 라돈의 측정에서 에칭을 하는 이유와 사용되는 시약으로 옳은 것은?

① 방사선으로 손상된 부분을 부식하기 위한 작업, KOH

② 방사선으로 손상되지 않은 부분을 부식하기 위한 작업, KOH

③ 방사선으로 손상된 부분을 부식하기 위한 작업, HCl

④ 방사선으로 손상되지 않은 부분을 부식하기 위한 작업, HCl

해설 에칭(etching)
NaOH나 KOH과 같은 용액에 담가 방사선으로 손상된 부분을 부식시키는 방법이다. 에칭을 함으로써 현미경 등으로 방사선으로 손상된 부분을 확인할 수 있다.

05 베타선흡수법의 미세먼지 연속측정기기 장치의 구성으로 틀린 것은?

① 분립장치, 베타선 광원

② 테이프 여과지, 베타선 감지부

③ 유량조절부, 파장선택부

④ 공기흡입부, 베타선 감지부

해설 베타선흡수법 장치 구성의 예

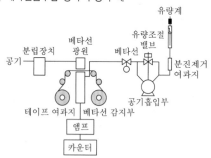

06 사람에게 미치는 석면의 해로운 정도가 큰 것부터 작은 것 순으로 옳게 나타낸 것은?

① 청석면 > 갈석면 > 백석면

② 청석면 > 백석면 > 갈석면

③ 백석면 > 청석면 > 백석면

④ 백석면 > 갈석면 > 청석면

해설 일반적으로 사용되는 석면의 독성 정도는 크로시도라이트(crocidolite, 청석면), 아모사이트(amosite, 갈석면), 크리소타일(chrysotile, 백석면)의 순으로 크다.

07 위상차현미경을 이용하여 분석한 결과가 기준치를 초과하여 투과전자현미경(TEM)을 이용하여 석면 농도를 측정하였다. 위상차현미경 분석에 의한 공기 중 석면 농도(f/cc)가 300이고, 시료 중 석면으로 확인된 섬유의 개수가 40, 현장바탕시료 중 석면으로 확인된 섬유의 개수가 3, 시료 중 석면과 비석면을 포함하는 모든 섬유의 개수가 150, 현장바탕시료 중 석면과 비석면을 포함하는 모든 섬유의 개수가 18일 때 공기 중 석면의 농도(f/cc)는?

① 77 ② 84

③ 1 070 ④ 1 172

해설
$$C = C_{PCM} \times \frac{f_s - f_b}{F_s - F_b}$$

여기서, C : 공기 중 석면 농도(f/cc)
C_{PCM} : 위상차현미경 분석에 의한 공기 중 석면 농도(f/cc)
f_s : 시료 중 석면으로 확인된 섬유의 개수
f_b : 현장바탕시료 중 석면으로 확인된 섬유의 개수
F_s : 시료 중 석면과 비석면을 포함하는 모든 섬유의 개수
F_b : 현장바탕시료 중 석면과 비석면을 포함하는 모든 섬유의 개수

$$\therefore C = 300 \times \frac{40 - 3}{150 - 18} = 84 \text{ f/cc}$$

08 실내공기 중 폼알데하이드 측정 시 현장바탕시료 및 현장이중시료에 대한 설명으로 **틀린** 것은?

① 각 시료군마다 적어도 하나의 현장바탕시료를 분석하여야 한다.

② 현장바탕시료는 카트리지를 통하여 공기를 채취하지 않는 것을 제외하고는 동등한 것으로 간주한다.

③ 동일 군이나 동일 시간 시료의 수는 주어진 공기를 시료채취한 현장바탕시료수를 결정하기 위하여 기록되어야 한다.

④ 하루에 20개 이하의 시료를 채취할 경우에는 1개를, 그 이상의 시료를 채취할 경우에는 시료 40개당 1개를 추가로 채취한다.

해설 ④ 현장이중시료는 필요 시 하루에 20개 이하의 시료를 채취할 경우에는 1개를, 그 이상의 시료를 채취할 때에는 시료 20개당 1개를 추가로 채취하며, 동일한 조건에서 측정한 두 시료의 측정값 차를 두 시료 측정값의 평균값으로 나누어 두 측정값의 상대적인 차이(RPD ; Relative Percentage Difference)를 구한다.

09 총휘발성 유기화합물(TVCOs)에 대한 설명으로 **틀린** 것은?

① 톨루엔으로 환산하여 정량한다.

② 표준물질 분석 시 벤젠, 톨루엔, 자일렌이 반드시 포함되어야 한다.

③ 실내공기 중에서 기체 크로마토그래프에 의하여 n-헥세인에서 n-헥사데칸까지의 범위에서 검출되는 모든 휘발성 유기화합물을 대상으로 한다.

④ 시료 중 분석물질 양(ng)은 '시료의 크로마토그램에서 헥세인에서 헥사데칸 사이의 분석물질 피크 면적의 합'에서 '검정곡선의 세로축 절편'을 뺀 후 검정곡선의 기울기로 나눈다.

해설 총휘발성 유기화합물은 크로마토그램에서 헥세인에서 헥사데칸까지의 범위에서 검출되는 모든 휘발성 유기화합물로, 표준물질 분석 시 헥세인, 톨루엔, 헥사데칸이 반드시 포함되어 있어야 한다.

10 고체흡착관과 기체 크로마토그래프법을 이용한 휘발성 유기화합물 측정방법 중 열탈착장치를 이용한 시료의 탈착에 대한 설명으로 **틀린** 것은?

① 흡착관 내의 수분 제거를 위하여 흡착관을 시료채취방향으로 연결하여 탈착함

② 흡착제의 종류에 따라 흡착관 탈착에 사용될 운반기체 유량과 가열온도를 설정함

③ 흡착관에서 탈착된 시료는 -30 ℃ 이하의 저온농축관으로 이송함

④ 저온농축 및 열탈착 시 온도설정 조건은 사용하는 흡착제와 분석물질에 따라 설정함

해설 ① 흡착관 내의 수분을 제거하기 위해서 흡착관을 시료채취 반대방향으로 연결하여 탈착시킨다.

11 휘발성 유기화합물(VOCs) 측정 및 분석에서 '다른 조건(다른 조작자, 다른 장치, 다른 실험실 및 다른 시간)하에서 같은 시험방법을 적용하여 얻은 같은 시험재료의 2회 이상 시험결과'가 의미하는 것으로 옳은 것은?

① 재현성(reproducibility)
② 반복성(repeatability)
③ 회수율(recovery)
④ 방법검출한계(method detection limit)

해설 **재현성과 반복성의 의미**
• 재현성(reproducibility) : 다른 조건(다른 조작자, 다른 장치, 다른 실험실 및 다른 시간)하에서 같은 시험방법을 적용하여 얻은 같은 시험재료에 대한 2회 이상의 시험결과
• 반복성(repeatability) : 같은 조건(같은 조작자, 같은 장치, 같은 실험실과 짧은 시간 간격 내외)하에서 같은 방법을 사용하여 얻은 같은 시험재료에 대한 2회 이상의 시험결과

12 실내 및 건축자재에서 방출되는 폼알데하이드 측정방법(2,4-DNPH 카트리지와 액체 크로마토그래프법)에 대한 설명으로 옳은 것은?

① 시료채취 전 냉장 보관했던 카트리지는 용기에서 꺼낸 즉시 카트리지의 마개를 제거하고 시료채취장치에 연결한다.

② 유리튜브(glass-tube)로 제작된 카트리지의 경우에는 카트리지의 양 끝을 깬 후 시료채취장치에 연결한다.

③ 시료채취는 50 mL/min에서 200 mL/min의 유속으로 30분간 연속 2회 채취한다. 단, 채취시간은 현장여건 및 장치의 특성에 따라 조정이 가능하다.

④ DNPH 카트리지의 파과용량 평가 시 뒤쪽의 카트리지에 채취된 폼알데하이드의 양이 전체 채취된 양의 10 %를 넘으면 파과가 일어난 것으로 본다.

해설 ① 시료채취 전 냉장 보관했던 카트리지는 용기에서 꺼내어 실온이 될 때까지 따뜻하게 둔다.
③ 시료채취는 0.5 L/min에서 1.2 L/min의 유량으로 30분간 연속 2회 채취한다.
④ DNPH 카트리지의 파과용량은 뒤쪽의 카트리지에 채취된 폼알데하이드의 양이 전체 채취된 양의 5 %를 넘으면 파과가 일어난 것으로 본다.

13 실내공기 중 충돌법에 의한 총부유세균의 분석절차와 결과가 **틀린** 것은?

① 시료를 채취한 배지는 (35 ± 1) ℃에서 2일 동안 배양하였다.

② 400개의 헤드홀을 갖는 샘플러를 사용했을 때 총집락수가 399개였다.

③ 공기 중 농도는 ASTM에서 제시한 집락계수 환산표를 이용하여 계산하였다.

④ 400개의 헤드홀을 갖는 채취기에서 모두 집락이 생성되어 동일 지점에서 시료채취 총유량을 줄여 시료채취를 재시험히였다.

해설 공기 중 총부유세균의 농도는 Anderson 샘플러 (400 holes)의 충돌방식 시료채취기의 집락계수 환산표를 사용한다.

14 휘발성 유기화합물 분석에서 전처리장치인 열탈착장치를 이용하여 시료가 주입되는 경우에는 반드시 분석기기 간에 회수율이 평가되어야 한다. 분석기기 회수율에 대한 내용으로 **틀린** 것은?

① 표준물질을 흡착관에 주입한 농도와 기체 크로마토그래프에 직접적으로 주입한 농도값을 비교한다.

② 최소 연간 1회 이상 하도록 한다.

③ 회수율 평가는 대상물질마다 80 % ~ 120 % 범위가 되어야 한다.

④ 회수율 범위에서 벗어날 때에는 열탈착장치에서 기체 크로마토그래프로 유입되는 가스 배관의 누출을 점검하고 흡착관의 상태를 점검한다.

해설 ② 회수율 평가는 최소 연간 2회 이상 하도록 한다.

정답 **12** ② **13** ③ **14** ②

15 총부유세균과 총부유곰팡이 분석을 위한 시료의 이동과 보관에 관한 공통점이 아닌 것은?

① 밀봉
② 차광
③ 냉장(10 ℃ 이하)
④ 온도차이로 인한 물기발생 주의

> **해설** • 총부유세균 : 채취가 끝나면 페트리접시의 뚜껑을 덮고 파라필름으로 밀봉한다. 밀봉한 시료는 직사광선을 피해 실온에서 보관·운반하며, 온도차이로 인해 물기가 생기지 않게 주의한다.
> • 총부유곰팡이 : 밀봉한 시료는 직사광선을 피해 냉장온도(10 ℃ 이하)에서 보관·운반하며, 이때 온도차이로 인해 물기가 생기지 않게 주의한다.

16 현장점검자가 부유곰팡이 시료채취일지에 기록해야 할 사항 중 틀린 것은?

① 배지 종류 및 보관온도
② 시료채취량, 기온 및 상대습도
③ 채취높이, 부착곰팡이 발생 유무 및 정도
④ 채취 시 활동양상(조리, 환기상태 등)

> **해설** 부유곰팡이 시료채취기록지의 예
>
> **부유곰팡이 시료채취기록지**
>
> • 의뢰자 :
> • 측정대상시설명 및 유형 :
> • 장치유형 및 일련번호 :
> • 시료채취일시 :
> • 시료채취 현장점검자 :   (인)
>
> | 측정 위치 | 배지 번호 | 설정 유속 | 시작 시간 | 소요 시간 | 설치 높이 | 온도 | 상대 습도 | 현장 상태 | 날씨 |
> |---|---|---|---|---|---|---|---|---|---|
> | | | | | | | | | | |
> | | | | | | | | | | |
> | | | | | | | | | | |
> | | | | | | | | | | |
> | | | | | | | | | | |
>
> • 시료채취자 의견
> (시료채취 주변의 상태(녹지공간 유무 등), 조사대상건물의 특성(방 및 거주자 수), 세탁물 실내건조 유무, 실내 마감재 등의 부착곰팡이 유무 등 기술)

17 실내공기 중 라돈(^{220}Rn)이 자연붕괴되어 초기농도의 100분의 1로 줄어드는 데 걸리는 시간이 6.16분이라 할 때, ^{220}Rn의 반감기와 전구물질로 옳은 것은?

① 반감기 3.8초,   전구물질 ^{238}U
② 반감기 3.8초,   전구물질 ^{232}Th
③ 반감기 55.6초, 전구물질 ^{238}U
④ 반감기 55.6초, 전구물질 ^{232}Th

> **해설** ^{220}Rn(라돈)은 ^{232}Th(토륨)의 자연붕괴에서 생성되기 때문에 ^{220}Rn의 전구물질은 ^{232}Th이 된다.
> $R = R_0 \times e^{-\lambda t}$에서,
> $$0.01 = 100 \times e^{-\frac{0.693 \times 2 \times 369.6}{T}}$$
> $\therefore T = 55.6$초

18 화학발광법에 의한 이산화질소 측정장치와 방법에 관한 설명으로 틀린 것은?

① 실내공기질 공정시험기준에 따른 이산화질소 농도의 측정범위는 약 0 ppm ~ 10 ppm 이다.
② 화학발광법을 이용한 선형 측정가능범위는 일산화질소 기준으로 약 0.001 ppm ~ 10 000 ppm 이다.
③ 공기 중 포함된 황화합물이 측정의 방해요소 중 하나이다.
④ 탄화수소의 영향을 없애기 위하여 적외선 파장영역을 차단하는 광학필터를 사용한다.

> **해설** 화학발광법에 의한 이산화질소 측정에서 간섭물질은 입자상 물질과 암모니아, 아민, 질산, 무기 또는 질산과산화아세틸(PAN ; Peroxy Acetyl Nitrate), 그리고 유기아질산염, 질산염 등이 있다. 또한 컨버터에서 황화합물 및 카르보닐에 의한 촉매독으로 인하여 측정이 영향을 받을 수도 있다. 이러한 간섭이 의심되는 물질의 영향을 막기 위해서는 각 물질에 해당하는 여과지 및 스크러버를 사용하여야 한다.

19 실내공기질 측정과정 중에 오존 스크러버가 공기 중 다른 요소들에 노출되어 불량이 의심된다. 다음의 인자들을 가지고 계산한 스크러버 효율(%)로 옳은 것은? (단, 효율은 소수 둘째 자리에서 반올림하시오.)

- 오존 발생장치에 의해서 발생시킨 약 1 ppm 농도의 오존가스를 가습기에 의해서 상대습도 50 % 이상으로 가습하여 소정의 유량으로 오존 스크러버에 24시간 연속 통과시킴
- 오존 스크러버의 입구 농도와 출구 농도를 2방향 콕으로 방향 전환하여 자동측정기로 측정
- (1차 측정)
  - 오존 스크러버 입구 농도 : 0.752(vol ppm)
  - 오존 스크러버 출구 농도 : 0.071(vol ppm)
- (2차 측정)
  - 오존 스크러버 입구 농도 : 0.732(vol ppm)
  - 오존 스크러버 출구 농도 : 0.062(vol ppm)

---

① 93.3 %　　② 82.2 %
③ 91.1 %　　④ 90.6 %

해설 $R_{oz} = \dfrac{A-B}{A} \times 100$

　　여기서, R_{oz} : 오존 분해효율(%)
　　　　　　A : 오존 스크러버의 입구 농도 (vol ppm)
　　　　　　B : 오존 스크러버의 출구 농도 (vol ppm)

〈오존 스크러버의 효율 시험장치의 예〉

- 1차 오존 분해효율
  $R_{oz} = \dfrac{0.752 - 0.071}{0.752} \times 100 = 90.56 \%$
- 2차 오존 분해효율
  $R_{oz} = \dfrac{0.732 - 0.062}{0.732} \times 100 = 91.53 \%$

∴ $\dfrac{90.56 + 91.53}{2} = 91.1 \%$

20 전기화학식 센서법을 이용한 측정기기를 사용하여 실내공기질 중 일산화탄소를 측정 시 방법검출한계는 0.1 ppm이라고 한다. 이 말의 의미로 옳은 것은?

① 실내공기 중 일산화탄소 농도가 0.1 ppm 미만이면 측정이 불가능하다는 의미이다.
② 실내공기 중 일산화탄소 농도가 0.1 ppm 부근이면 측정이 가능하다는 의미이다.
③ 실내공기 중 일산화탄소 농도가 0.1 ppm이면 정량이 가능하다는 의미이다.
④ 실내공기 중 일산화탄소 농두가 0.1 ppm보다 낮아야 정량이 가능하다는 의미이다.

해설 전기화학식 센서법을 이용한 일산화탄소의 측정 분해능이 0.1 ppm 이하이기 때문에, 0.1 ppm 미만이면 측정이 불가능하다는 의미이다.

[3과목 : 악취 공정시험기준]

01 악취 공정시험기준에서 정의하고 있는 용어 및 단어에 대한 설명으로 **틀린** 것은?

① '무취공기'란 오염되지 않은 공기를 무취공기 제조장치의 정제수, 실리카젤 및 활성탄으로 정제하여 냄새를 인지하지 못하는 공기를 뜻한다.

② 용액의 산성, 중성 또는 알칼리성을 검사할 때는 따로 규정이 없는 한 유리전극법에 의한 pH 측정기로 측정하고 구체적으로 표시할 때는 pH값을 쓴다.

③ '차광용기'란 물질을 취급 또는 보관하는 동안에 기체 또는 미생물이 침입하지 않도록 내용물을 보호하는 용기를 뜻한다.

④ 시료의 시험, 바탕시험 및 표준액에 대한 시험을 일련의 동일 시험으로 행할 때, 사용하는 시역 또는 시액은 동일 로트(lot)로 조제된 것을 사용한다.

> **해설** • 차광용기 : 광선이 투과되지 않는 갈색 용기 또는 투과하지 않게 포장을 한 용기로서 취급 또는 보관하는 동안에 내용물의 광화학적 변화를 방지할 수 있는 용기
> • 기밀용기 : 물질을 취급 또는 보관하는 동안에 외부로부터의 공기 또는 다른 기체가 침입하지 않도록 내용물을 보호하는 용기

02 지정악취물질 시료채취기록표에 기록해야 할 사항으로 옳은 것은?

> ㉠ 시료채취 시 기상상태(날씨, 기온, 풍향, 풍속)
> ㉡ 시료채취자 인적사항(소속, 직명, 성명)
> ㉢ 채취방법 및 유량(유속)
> ㉣ 현장시료채취 냄새강도

① ㉠, ㉡, ㉢, ㉣   ② ㉠, ㉡, ㉢
③ ㉡, ㉢, ㉣   ④ 없음

> **해설** ㉣ 현장시료채취 냄새강도 : 악취 시료채취기록표에 기재할 사항

03 악취 공정시험기준에 따른 시료채취용 기재 및 장치의 준비에 관한 설명으로 **틀린** 것은?

① 흡착관채취법으로 사용하는 흡착관은 열을 가하지 않고 고순도 질소 혹은 공기(순도 99.999 % 이상)로 충분히 세척하여 깨끗하게 해둬야 하며, 오염이 없는 것이 확인된 흡착관은 끝을 테프론 등의 플루오린수지 마개를 이용하여 밀봉한 상태로 보관한다.

② 시료채취에 사용되는 시료주머니는 충분히 세척하여 미리 고순도 질소 혹은 공기(순도 99.999 % 이상)를 충전하여 기체 크로마토그래피 등으로 분석하여 오염이 없는 것을 확인한 후 고순도 질소 혹은 공기를 빼낸 후 밀봉하여 보관한다.

③ DNPH 카트리지에 의한 시료채취는 밀봉 및 보관상태를 유지하고 있어야 하며, 시료채취 시에 개봉하여 사용한다.

④ 시료채취에 있어서는 장치를 조립한 후, 시료로 채취장치를 세정·치환하고 기구 등에 의한 오염이나 흡착을 줄여주고 장치가 새지 않음을 확인한다.

> **해설** ① 흡착관채취법으로 시료채취 후에는 유리제의 투명한 흡착관의 경우에 흡착관을 알루미늄박 등으로 둘러 감아 차광하고 밀봉한 후, 다시 활성탄이 들어있는 밀폐용기에 보관한다. 가능한 빨리 흡착제부터 분석하는 것이 바람직하다.

04 지방산류 고체상 미량추출 기체 크로마토그래피법의 알칼리함침 여과지에 사용되는 용액의 설명으로 옳은 것은?

① 0.5 N 수산화포타슘 용액
② 0.5 N 수산화소듐 용액
③ 0.1 N 탄산포타슘 용액
④ 0.1 N 탄산소듐 용액

정답 01 ③ 02 ② 03 ① 04 ①

해설 직경 47 mm (구멍 크기 0.3 μm)의 유리(glass) 재질이나 석영 재질의 여과지에 0.5 N 수산화포타슘 용액 1 mL를 가한 뒤 건조시킨 여과지를 사용한다.

05 공기희석관능법 시험을 위한 악취강도 인식 시험액 제조절차에 대한 설명으로 **틀린** 것은?

① 바이알에 준비된 노말뷰탄올 용액은 1시간 이후에 실험에 사용한다.

② 악취강도 1도의 인식시험액을 제조하기 위해서는 정제수 1 L에 노말뷰탄올 0.1 mL를 주입하여 제조한다.

③ 실험 시작 전까지 교반기를 이용하여 용액을 교반시키고, 인식시험 전 준비된 바이알에 용액을 각각 100 mL씩 넣어 파라필름이나 뚜껑을 이용하여 밀봉한다.

④ 준비된 둥근 플라스크에 정제수 1 L를 넣는다. 뚜껑을 닫고(뚜껑이 없으면 파라필름으로 밀봉) 초음파 세척기에 넣어 기포를 제거한다(30분 이상).

해설 ① 바이알에 준비된 노말뷰탄올 용액은 1시간 이내에 실험에 사용한다.

06 공기희석관능법의 판정요원 선정용 시험액을 정제수 및 유동파라핀으로 만들어 사용한다. 판정요원 선정용 시험액과 냄새의 연결이 옳은 것은?

① 아세트산(acetic acid) : 생선 썩는 냄새

② 트라이메틸아민(trimethylamine) : 식초 냄새

③ Methylcyclopentenolone($C_6H_8O_2$) : 달콤한, 설탕 타는 냄새

④ β-Phenylethylalcohol($C_8H_{10}O$) : 크레졸 냄새

해설

시험액	농도	제조용액	냄새의 성격
아세트산 (acetic acid)	1.0 wt%	정제수	식초 냄새
트라이메틸아민 (trimethylamine)	0.1 wt%	정제수	생선 썩는 냄새
Methylcyclo-pentenolone	0.32 wt%	유동파라핀	달콤한, 설탕 타는 냄새
β-Phenylethyl-alcohol	1.0 wt%	유동파라핀	장미 냄새

07 대기 중 암모니아를 측정하기 위해 붕산용액 흡수법으로 측정한 결과가 다음과 같을 때, 대기 중의 암모니아 농도(㉠)와 흡광도를 측정할 수 있는 파장(㉡)으로 **모두** 옳은 것은?

[측정조건]
• 총공기시료의 부피는 50 L
• 표준물질(8 μL)의 흡광도는 0.0991
• 분석용 미지시료의 흡광도는 0.0892
• 흡수액 바탕시료의 흡광도는 0.0131
• 채취용액의 용량은 50 mL
• 시료채취 시 온도는 17.2 ℃
• 대기압은 640 mmHg
(소수점 첫째 자리로 결과 표기)

① ㉠ 0.7 ppm, ㉡ 460 nm

② ㉠ 0.6 ppm, ㉡ 460 nm

③ ㉠ 0.7 ppm, ㉡ 640 nm

④ ㉠ 0.6 ppm, ㉡ 640 nm

해설 분석용 미지시료 중의 암모니아량(x, μL)은 표준물질 8 μL일 때의 흡광도가 0.0991이므로,

$0.0991 : 8$ μL $= (0.0892 - 0.0131) : x$

$\therefore x = 6.1$ μL

㉠ 대기 중 암모니아 농도

$$= \frac{5 \times 6.1}{50 \times \left(\dfrac{298}{273 + 17.2} \right) \times \left(\dfrac{640}{760} \right)}$$

$= 0.7$ ppm

㉡ 흡광도 파장 = 640 nm

08 악취 공정시험기준의 암모니아 측정방법으로 <u>틀린</u> 것은?

① 시료는 10 L/min의 유량으로 흡입하여 5분 이내 시료채취가 이루어지도록 한다.

② 측정결과 농도 표기는 ppm 단위로 소수점 첫째 자리로 결과를 표기한다.

③ 암모니아 분석의 방법검출한계는 0.001 ppm 이하이어야 한다.

④ 검정곡선의 결정계수는 0.98 이상이어야 한다.

해설 ③ 암모니아 분석의 방법검출한계는 0.01 ppm 이하이어야 한다.

09 표준상태(25 ℃, 1기압 기준)에서 프로피온알데하이드의 공업지역 배출허용기준은 0.1 ppm 이하이다. 프로피온알데하이드 농도 0.1 ppm을 $\mu g/m^3$로 환산한 값으로 옳은 것은? (단, 프로피온알데하이드의 분자량은 58이다.)

① 237 $\mu g/m^3$
② 259 $\mu g/m^3$
③ 303 $\mu g/m^3$
④ 330 $\mu g/m^3$

해설 mg/m^3

$$= ppm \times \frac{MW}{22.4} \text{(0℃, 1기압일 때)}$$
$$= 0.1 \times \frac{58}{(22.4 \times 298/273)} \text{(25℃, 1기압일 때)}$$
$$= 0.237$$
$$\therefore\ 0.237\ mg/m^3 = 237\ \mu g/m^3$$

10 스타이렌 표준가스를 제조하고자 한다. 1.3 bar의 공기를 25 ℃의 순수한 스타이렌에 통과시킬 때, 공기 중 스타이렌의 농도로 옳은 것은? (단, 스타이렌은 15 %에서 포화된다고 가정한다. 또한 25 ℃에서 스타이렌의 증기압은 5 mmHg이고, 1기압은 1.013 bar이다.)

① 749 ppm
② 759 ppm
③ 769 ppm
④ 779 ppm

해설 1 atm = 760 mmHg = 1.013 bar

$1.013 : 1.3 = 760 : x$

$x = 975.32$ mmHg(공기압)

$$\left(\frac{증기압}{공기압}\right) \times 포화도 \times 10^6 \text{(ppm 변환)}$$
$$= \left(\frac{5\ mmHg}{975.32\ mmHg}\right) \times 0.15 \times 10^6$$
$$= 768.97\ ppm ≒ 769\ ppm$$

11 휘발성 유기화합물 분석결과를 ppm 단위로 표시할 경우, 결과표시 및 유효자릿수가 <u>틀린</u> 것은?

구분	물질명	결과표시	유효자릿수
㉠	메틸에틸케톤	0	0.0
㉡	톨루엔	0	0.0
㉢	자이렌	0	0.0
㉣	스타이렌	0	0.0

① ㉠
② ㉡
③ ㉢
④ ㉣

해설 스타이렌의 결과표시는 "0.0", 유효자릿수는 "0.00"으로 표시한다.

12 고체상 미량추출(SPME) – 기체 크로마토그래피법으로 지방산류와 스타이렌을 분석하고자 할 때 SPME 파이버로 옳은 것은?

① Carboxen/Polydimethylsiloxane이 85 μm로 피복된 파이버

② Divinylbenzene/Carboxen/Polydimethylsiloxane이 50/30 μm로 피복된 파이버

③ Polyacrylate가 85 μm로 피복된 파이버

④ Polydimethylsiloxane이 85 μm로 피복된 파이버

해설 SPME 파이버는 carboxen/polydimethylsiloxane(CAR/PDMS)이 75 μm ~ 85 μm로 피복된 파이버를 사용한다.

정답 **08** ③ **09** ① **10** ③ **11** ④ **12** ①

13 악취 공정시험기준의 황화합물 연속 측정에서 시료채취 시 펠티어(peltier) 방식의 대기 중 수분제거에 대한 설명으로 옳은 것은?

① Nafion dryer 등의 건조장치를 사용하여 시료채취 주입부의 유입 전에 수분을 제거한다.
② 전기냉각방식으로 시료채취 주입부를 저온으로 유지하여 수분을 응결시켜 제거한다.
③ 냉매냉각방법을 이용하여 시료채취 주입부를 극저온으로 유지하여 수분을 응결한다.
④ 무기계 수분흡착 필터를 시료채취 주입부의 유입부 전단에 설치하여 수분을 제거한다.

[해설] 황화합물 연속 측정에서 시료채취 시 전기냉각(펠티어)방식으로 시료채취 주입부(tube)를 저온으로 유지하여 수분을 응결시켜 제거한다.

14 다음은 카르보닐류 – 고효율막 채취장치 – 액체크로마토그래피법 – 연속측정방법에 관한 설명이다. 아래 내용 중 괄호 안에 들어갈 용어로 옳은 것은?

> (   )는 공기가 흐르는 공기 통로, 흡수액이 흐르는 흡수액 통로, 두 통로를 분리하는 반투막으로 구분할 수 있다. 반투막의 미세공을 통하여 공기 통로로부터 채취하고자 하는 성분이 흡수액 통로로 확산 채취된다.

① 흡입상자
② DNPH 카트리지
③ 확산 스크러버
④ 연속측정장치

[해설] 확산 스크러버는 공기가 흐르는 공기 통로, 흡수액이 흐르는 흡수액 통로와 이 두 통로를 분리하는 반투막으로 구분할 수 있다. 반투막은 소수성 재질로 이루어져 있고, 10 미크론 ∼ 30 미크론(micron) 정도의 미세공을 가지고 있으며, 미세공을 통해 공기 통로로부터 채취하고자 하는 성분이 흡수액 통로로 확산 채취된다.

15 대기 중 스타이렌의 연속측정방법인 흡광차분광법은 UV 흡수를 이용한 분석으로서 자외선/가시선 분광법의 기본원리인 Beer–Lambert 법칙을 근거로 스타이렌의 농도를 측정한다. 스타이렌에 대해 흡광광도를 분석하니 빛의 60 %가 흡수되었다. 만일 빛의 투사거리만을 3배 늘린다면, 흡수되는 빛의 %로 옳은 것은?

① 64.8 % ② 78.4 %
③ 80.6 % ④ 93.6 %

[해설] 대기 중 스타이렌(기타 톨루엔, 자일렌 측정 가능)의 농도는 Beer–Lambert 법칙을 사용하여 계산할 수 있다.

$$I_t = I_o \times 10^{-\varepsilon CL}$$

여기서, I_o : 입사광의 광도
$\quad\quad\quad I_t$: 투사광의 광도
$\quad\quad\quad \varepsilon$: 흡광계수
$\quad\quad\quad L$: 빛의 투사거리
$\quad\quad\quad C$: 스타이렌가스의 농도

$$\frac{I_t}{I_o} = 10^{-\varepsilon CL}$$

$$\log\left(\frac{I_t}{I_o}\right) = -\varepsilon CL$$

빛의 흡수가 60 %일 때 $\Rightarrow \log\left(\frac{40}{100}\right) = -\varepsilon CL$

빛의 투사거리가 3배 늘어났을 때
$\Rightarrow \log(x) = -\varepsilon C3L$이므로,

$$\frac{\varepsilon CL}{\log 0.4} = \frac{\varepsilon C3L}{\log(x)}$$

$$3\log(0.4) = \log(x)$$

$$\log(0.4)3 = \log(x)$$

$$\therefore (0.4)3 = x$$

즉, $\dfrac{I_t}{I_o} = 0.064 = \dfrac{6.4}{100}$

흡수된 빛의 %는 $(I_o - I_t)$이므로
$$\therefore \text{투과율} = (100 - 6.4) = 93.6\,\%$$

16 휘발성 유기화합물 – 저온농축 – 기체 크로마토 그래피법 – 연속측정방법의 분석기기 및 기구 에 대한 설명으로 틀린 것은?

① 시료 중의 과량의 수분제어를 위해 서프레서 를 설치한다.

② 저온농축관은 시료가 흡착관에 잘 흡착될 수 있도록 −10 ℃ 이하로 냉각한다.

③ 자동연속열탈착분석법은 대기 중의 공기를 직접 채취하여 저온응축과 농도분석을 약 1시간 주기로 연속 측정하는 시스템이다.

④ 모세관 칼럼은 일반적으로 한 개의 모세관 칼럼 을 사용하지만 두 개를 함께 사용할 수도 있다.

해설 시료 중의 과량의 수분제어를 위해 반투과성의 막여과지(semi-permeable membrane)가 설치 된 건조기를 이용한다. 이 장치는 동축의 관형 막 을 설치한 스테인리스관(stainless-steel tube) 으로 구성되어 있으며, 반투막의 주변에 건조 공기를 통과시켜 수분을 제거한다.

17 지방산류 – 고효율막 채취장치 – 이온 크로마토 그래피법 – 연속측정방법의 확산 스크러버 채 취원리에 대한 설명으로 틀린 것은?

① 반투막은 소수성 재질로 이루어져 있으며 10 μm ~ 30 μm 정도의 미세 기공을 가지고 있다.

② 반투막 미세 기공을 통해 공기 채널을 흐르 는 공기로부터 채취하고자 하는 성분이 흡수 액 채널 쪽으로 확산되어 채취된다.

③ 확산이 빠른 입자상 성분은 막을 통해 흡수액에 녹게 되고, 상대적으로 확산이 느린 기체상 성 분은 곧바로 통과되어 선택적으로 분리된다.

④ 확산 스크러버는 공기가 흐르는 공기 통로와 흡수액이 흐르는 흡수액 통로, 그리고 이 두 통로를 분리하는 반투막의 세 부분으로 구성 되어 있다.

해설 확산이 빠른 기체성분은 막(멤브레인)을 통해 흡 수액에 녹게 되지만, 상대적으로 확산이 느린 입 자상 성분은 곧바로 통과되어 대기 중 기체상 성 분을 선택적으로 분리하여 채취할 수 있게 된다.

18 지정악취물질 분석방법 중 간섭물질을 설명하 는 글이다. 해당하는 분석방법으로 옳은 것은?

〈간섭물질〉
공기 중에 공존하는 분자량이 큰 지방산이나 양 성자산이 모세관 칼럼에서 늦게 용출되어 이어 지는 분석 사이클을 방해할 수 있다.

① 지방산류 – 고효율막 채취장치 – 이온 크로마 토그래피법 – 연속측정방법

② 지방산류 – 고체상 미량 추출 – 기체 크로마토 그래피법

③ 지방산류 – 저온농축 – 기체 크로마토그래피 법 – 연속측정방법

④ 지방산류 – 헤드스페이스 – 기체 크로마토그 래피법

해설 주어진 간섭물질에 해당되는 분석방법은 지방 산류를 고효율막 채취장치를 이용하여 이온 크 로마토그래피로 분석하는 연속측정방법이다.

19 하이포아염소산소듐 용액의 유효염소농도를 구하는 방법에 관한 설명으로 틀린 것은?

① 유효염소농도 단위는 (질량분율%)로 계산한다.

② 하이포아염소산소듐 용액은 희석하여 아이오 딘화포타슘 및 아세트산을 넣고 적정한다.

③ 싸이오황산소듐 용액으로 적정하고 지시약 으로 전분 용액을 넣는다.

④ 하이포아염소산소듐 용액의 유효염소농도는 시간이 지나면 증가하므로 사용할 때마다 유 효염소농도를 구한다.

해설 하이포아염소산소듐 용액의 유효염소농도는 구입 시에 10 % 전후이지만, 시간이 지나면 감 소하므로 사용할 때마다 유효염소농도를 구 한다.

정답 **16** ① **17** ③ **18** ① **19** ④

2020년 제12회 환경측정분석사 필기

• 검정분야 : (1) 공통

[정도관리(대기)]

01 적정분석에서 적정용액의 표준화에 관한 설명으로 옳은 것을 <u>모두</u> 고른 것은?

> ㉠ 적정분석에서 적정용액의 정확한 농도를 정하는 것을 표준화라고 한다.
> ㉡ 정확한 규정농도는 2번의 실험을 통한 결과의 평균을 사용한다.
> ㉢ 적정용액 표준화는 2가지 절차에 의해서 할 수 있는데, 일차 표준 고체 화학물질을 사용하는 방법과 정확한 농도를 가진 표준용액을 사용하는 방법이 있다.

① ㉠
② ㉠, ㉢
③ ㉡
④ ㉡, ㉢

해설 ㉡ 정확한 규정농도는 3번의 실험을 통한 결과값의 평균을 사용한다.

02 각각의 괄호 안에 들어갈 내용으로 옳은 것은?

> 대기 중 오염물질 측정에 사용되는 기기의 (㉠)에 사용되는 기체에는 측정하고자 하는 분석성분이 포함되어 있지 않은 기준기체로서 기기에 대한 측정범위의 바탕시험값을 보정하기 위해 사용되는 (㉡)와 기기에 대하여 검정곡선의 기울기 또는 감응계수를 교정하기 위해 사용되는 (㉢)가 (이) 있다.

① ㉠ 교정,   ㉡ 스팬기체, ㉢ 제로기체
② ㉠ 교정,   ㉡ 제로기체, ㉢ 스팬기체
③ ㉠ 스팬기체, ㉡ 제로기체, ㉢ 교정
④ ㉠ 제로기체, ㉡ 스팬기체, ㉢ 교정

해설
• 제로기체 : 측정하고자 하는 분석성분이 포함되어 있지 않은 기준기체로서, 측정·분석방법 또는 기기에 대하여 측정범위의 바탕시험값을 보정하기 위한 기체
• 스팬기체 : 교정에 사용되는 기준기체로서, 직선성이 양호한 측정·분석방법 또는 기기에 대하여 검정식의 기울기 또는 감응계수를 교정하기 위한 기체

03 다음은 이산화황(SO_2) 측정장비를 사용하여 대기 중 이산화황을 측정한 결과이다. 이산화황 측정값의 합성표준불확도로 옳은 것은? (단, 계산결과는 소수점 셋째 자리에서 반올림하여 소수점 둘째 자리까지만 표시하였다.)

> 이산화황 측정장비를 사용하여 5회 반복 측정하였더니 측정값은 1.99 nmol/L였고, 측정값의 표준불확도는 0.04 nmol/L였다. 이산화황 측정장비는 이산화황 표준가스(표준물질)를 사용하여 교정하였고, 교정성적서에 명시되어 있는 값과 불확도는 2 nmol/L ± 0.06 nmol/L($k=2$, 95 % 신뢰수준)였다. 시료의 반복측정결과와 이산화황 측정장비 교정을 위한 측정결과는 서로 상관관계가 없었다.

① 0.03 nmol/L   ② 0.04 nmol/L
③ 0.05 nmol/L   ④ 0.06 nmol/L

해설 교정성적서에 따른 표준불확도

$$u_{교정} = \frac{교정성적서상 확장불확도}{포함인자}$$

$$= \frac{0.06}{2} = 0.03$$

∴ 측정값의 합성표준불확도

$$= \sqrt{u_{측정값의 표준불확도}^2 + u_{교정}^2}$$

$$= \sqrt{0.04^2 + 0.03^2} = 0.05 \text{ nmol/L}$$

정답 01 ② 02 ② 03 ③

04 측정불확도에 대한 설명으로 틀린 것은?

① 측정결과의 품질을 나타내는 도구이다.

② 측정의 소급성은 측정불확도 추정과 관련이 없다.

③ 측정불확도는 측정량을 합리적으로 추정한 값의 산포 특성을 나타내는 인자이다.

④ 사용된 정보를 기초로 하여, 측정량에 대한 측정값의 분산특성을 나타내는 음이 아닌 파라미터이다.

해설 측정불확도를 줄이기 위해서는 측정결과를 국가표준과 소급성이 이루어지도록 해야 한다 [이것은 끊어지지 않는 연결고리로 일련의 측정이 국가측정표준과 소급성(tracebility)이 유지되는 교정값을 사용한다]. 측정이 교정·시험 인정기구(한국에서는 KOLAS)에서 품질 보증이 되고 있는 것이면 측정의 소급성에 관하여는 신뢰를 할 수 있다.

따라서, 측정의 소급성은 측정불확도 추정과 관련이 깊다.

05 실내공기질 측정 시 사용되는 DNPH(2,4 – dinitrophenylhydrazine) 카트리지 또는 흡착관의 QA/QC에 대한 설명으로 틀린 것은?

① VOCs 흡착관은 매년 혹은 20회 사용 후 재점검되어야 한다.

② 파과용량 평가는 카트리지 또는 흡착관 2개를 병렬로 연결하여 평가한다.

③ DNPH 카트리지 파과용량 평가는 0.5 L/min ~1.2 L/min의 유량으로 30분간 채취하여 실시한다.

④ 흡착관의 파과용량 평가 시 뒤쪽의 흡착관을 분석하여 채취된 휘발성 유기화합물의 양이 전체 채취된 양의 5 %를 넘으면 파과가 일어난 것으로 본다.

해설 DNPH 카트리지 파과용량 평가는 카트리지 또는 흡착관 2개를 직렬로 연결하여 평가한다.

06 악취 공정시험기준에서 기체 크로마토그래피법의 정량분석과 정성분석에 이용되는 것으로 옳은 것은?

① 정량분석 : 머무름 시간, 정성분석 : 분리도

② 정량분석 : 분리도, 정성분석 : 머무름 시간

③ 정량분석 : 머무름 시간, 정성분석 : 피크 높이

④ 정량분석 : 피크 면적, 정성분석 : 머무름 시간

해설 기체 크로마토그래피에서 혼합물 중에 섞여 있는 성분물질을 분석하는 정량분석에 이용하는 것은 피크 면적이고, 분리관에 연결된 검출기에서 나온 신호를 이용하여 측정하는 정성분석에서 이용하는 것은 머무름 시간이다.

07 악취 공정시험기준의 트라이메틸아민 분석법에 대한 설명으로 틀린 것은?

① 분석 가능한 농도범위는 0.6 ppm ~ 7.7 ppm 농도의 대기 중 트라이메틸아민을 분석하는 데 적합하다.

② 검정곡선의 결정계수는 트라이메틸아민 표준물질 2 μg/L ~ 20 μg/L 범위에서 $R^2 =$ 0.98 이상이어야 한다.

③ 트라이메틸아민의 분석결과는 ppm 단위로 소수점 넷째 자리까지 유효자리수를 계산하고, 결과 표시는 소수점 셋째 자리로 표기한다.

④ 방법검출한계(MDL)는 검출한계에 근접한 수준의 트라이메틸아민 표준물질을 저온 농축장치나 헤드스페이스 장치를 이용하여 7번 반복 측정한다.

해설 ① 기체 크로마토그래피법으로 트라이메틸아민을 분석할 경우 0.7 ppb ~ 6.6 ppb 농도의 대기 중에서 하는 것이 적합하다.

정답 04 ② 05 ② 06 ④ 07 ①

08 측정분야별 환경기준에 따라 신청기관 또는 한국인정기구(KOLAS) 인정교정기관이 측정환경을 적정하게 유지·관리하는지에 대한 적합 여부를 평가하기 위한 설명으로 <u>틀린</u> 것은? (단, 각 항목에 영향을 받지 않거나 특수기구에서 측정이 이루어지는 경우는 제외함)

① 피평가기관의 환경평가일수는 최소 5일(5MD)간 실시하는 것을 원칙으로 한다.

② 환경평가기관은 보유하고 있는 환경평가장비에 대하여 국가측정표준과의 소급성을 유지하여야 한다.

③ 표준실 환경기준에서 온도선택조건은 20 ℃, 23 ℃ 또는 25 ℃이고, T-3 등급에서 1시간당 온도변화량은 1.5 ℃ 이내여야 한다.

④ 표준실 환경기준에서 습도조건 및 변동폭은 H-2 등급에서 1일 습도분포는 30 % R.H. ~ 70 % R.H. 이내여야 하고, 1시간당 습도변화량은 10 % R.H. 이내여야 한다.

> **해설** ① 피평가기관의 환경평가일수는 2일(2MD)간 실시하는 것을 원칙으로 한다.

09 화학적 시험방법의 유효성 확인에서 성능특성 (performance characteristics)에 대한 설명으로 <u>틀린</u> 것은?

① 정확도(accuracy)는 시험결과의 품질을 측정하는 것으로 매질효과(matrix effect)와 진도(trueness)로 구성된다.

② 분석회수율을 추정하기 가장 좋은 방법은 일정한 농도(또는 양)의 분석대상성분이 포함된 매질 인증표준물질(CRM)을 분석하는 것이다.

③ 선택성(selectivity)은 간섭물질이 존재할 때의 측정의 정확성을 뜻한다.

④ 첨가시료(spiked samples)는 적절한 인증표준물질 및 표준물질이 모두 사용 불가능한 경우 적용할 수 있다.

> **해설** ① 정확도는 시험결과의 품질(결과가 고객에게 얼마나 유용한가)을 측정하는 것으로, 정밀도(precision)와 진도(trueness)의 2가지 요소로 구성된다.

10 시험 및 교정 기관의 결과가 기술적으로 적절하고 유효한지 보증하기 위한 방법에 대한 설명으로 <u>틀린</u> 것은?

① 결과의 유효성을 확인하기 위한 물질은 반드시 균질성과 안정성을 확보하여야 한다.

② 시험기관은 품질관리를 위해 내부사용을 목적으로 자체적으로 생산한 품질관리물질(QCM)을 사용하여 측정 소급성이나 측정결과의 진도를 입증하도록 한다.

③ 시험 및 교정 기관 간 비교가 바람직하나 해당 시험 및 교정을 수행하는 타기관이 없는 경우 시험자 간 비교시험 등의 방법으로 기관 내 비교시험을 실시할 수 있다.

④ 인증표준물질은 인증값의 측정 소급성과 특성값의 불확도가 반드시 포함되어야 한다는 점에서 표준물질과 차이가 있다.

> **해설** 품질관리물질(QCM ; Quality Control Materials)은 품질관리를 위해 내부사용을 목적으로 시험실에서 자체적으로 생산된 물질로서, 측정결과의 반복성, 중간정밀도, 재현성 평가에 이용할 수 있으나, 측정 소급성이나 측정결과의 진도를 입증하는 목적으로 이용할 수는 없다.

11 한국인정기구(KOLAS) 공인시험기관 평가 및 인정에 적용되는 기준으로 <u>틀린</u> 것은?

① KS Q ISO/IEC 17025

② 측정결과의 불확도 추정 및 표현을 위한 지침

③ 측정결과의 안정도 추정을 위한 지침

④ 측정결과의 소급성 유지를 위한 지침

정답 08 ① 09 ① 10 ② 11 ③

해설 KOLAS 공인시험기관 평가 및 인정에 적용하는 기준으로는 법, 영 및 이 요령에서 정한 규정 이외에 다음 기준을 적용한다.
- KS Q ISO/IEC 17025(시험 및 교정 기관의 적격성에 대한 일반요구사항)
- 해당되는 경우, 분야별 추가 기술요건
- 측정결과의 소급성 유지를 위한 지침
- 측정결과의 불확도 추정 및 표현을 위한 지침
- 숙련도 시험 운영기준
- 인정마크 사용 및 인정지위 주장을 위한 지침
- KS Q ISO/IEC 17025 해설서
- 공인기관의 기술기록관리에 관한 기본지침

12 한국인정기구(KOLAS) 규정에 따른 측정결과의 불확도 추정 및 표현을 위한 지침 내용 중 측정결과에 대한 설명과 특성으로 **틀린** 것은?

① 반복성(repeatability)은 같은 측정조건에서 같은 측정량을 연속적으로 측정하여 얻은 결과들 사이의 일치하는 정도이다.
② 재현성(reproducibility)은 같은 측정량을 측정하여 얻은 측정결과들과 측정량의 참값이 서로 일치하는 정도이다.
③ 측정결과의 완전한 보고는 측정불확도에 대한 정보를 포함하여야 한다.
④ 반복성과 재현성 모두 결과의 분산특성을 이용하여 정량적으로 표현할 수 있다.

해설 재현성과 반복성은 측정결과의 정밀도를 나타낸다.
- 재현 : 다른 사람이 같은 방법으로 검증실험을 할 경우 같은 결과가 얻어지는지의 여부
- 반복 : 본인이 같은 방법으로 실험했을 때 연속해서 같은 결과가 얻어지고 있는지를 알려주는 지표

13 한국인정기구(KOLAS)에서 인정기구의 장이 공인기관의 인정을 취소할 수 있는 경우로 **틀린** 것은?

① 사후관리 결과 기술인력, 설비 등에 중대한 결함이 발견된 경우
② 해당 분야의 기술책임자 또는 실무자가 없이 KOLAS 공인성적서를 발급한 경우
③ 소급성을 입증할 수 없는 시험·측정 장비 또는 (인증)표준물질을 사용하여 KOLAS 공인성적서를 발행한 경우
④ KOLAS 공인성적서를 허위로 발급하거나 처리능력을 초과하여 발급한 경우

해설 ① 사후관리 결과 기술인력, 설비 등에 중대한 결함이 발견된 경우는 6개월 이내의 기간을 정하여 일부 또는 전체 인정항목에 대해 KOLAS 인정마크 및 공인기관 명칭의 사용중지를 명할 수 있다.

공인기관의 인정을 취소할 수 있는 조건
- KOLAS 인정마크의 사용중지 및 공인기관 명칭의 사용중지 명령을 위반한 경우나 부여된 기간 중에 개선조치를 취하지 않은 경우
- 허위, 기타 부정한 방법으로 인정을 획득한 사실이 인지되었거나 공인기관으로서의 업무수행이 불가능하다고 판단되는 경우
- 기술책임자 또는 해당 분야 실무자 없이 성적서를 발급한 경우
- 소급성이 확보되지 않은 시험기기를 사용하여 성적서를 발급한 경우
- 시험·검사 처리능력을 초과하여 성적서를 발급한 경우
- 부도, 폐업 또는 기타 사유로 공인기관의 업무수행이 불가능하다고 판단되는 경우
- 인정서를 자진 반납한 경우
- 숙련도 시험 결과 불만족 결과를 산출한 것으로 통보를 받은 후 기간 내 개선조치를 취하지 않은 경우
- 숙련도 시험 결과 동일 항목에 대해 2회 연속적으로 불만족 결과를 산출한 경우
- 휴지기간 만료일까지 정당한 사유 없이 업무재개 신고를 하지 않을 경우
- 공인기관이 인정기구에서 수행하는 인정행위 또는 이와 유사한 행위, 홍보 등을 행하는 경우
- 평가결과 치명결함이 발견된 경우

14 하나 또는 그 이상의 숙련도 아이템의 특성을 식별하거나 기술하는 데 목적이 있는 숙련도 시험 스킴(schem)은?

① 순차적 스킴 　② 연속적 스킴
③ 정성적 스킴 　④ 정량적 스킴

해설 **숙련도 시험(proficiency testing)**
- 정량적 스킴 : 하나 또는 그 이상의 숙련도 시험 아이템의 측정량을 재는 데 목적이 있는 경우
- 정성적 스킴 : 하나 또는 그 이상의 숙련도 시험 아이템의 특성을 식별하거나 기술하는 데 목적이 있는 경우
- 순차적 스킴 : 하나 또는 그 이상의 숙련도 시험 아이템이 시험 또는 측정을 위해 순차적으로 배포되고 일정 간격으로 운영기관에 회수되는 경우
- 동시적 스킴 : 숙련도 시험 아이템이 정해진 시간범위 내에서 동시진행시험 또는 측정을 위해 배포되는 경우
- 연속적 스킴 : 숙련도 시험 아이템을 정해진 간격으로 제공받는 경우

15 한국인정기구(KOLAS)의 최초 인정신청 현장 평가 결과, 부적합 사항이 발견되면 현장평가 후 몇 개월 이내에 시정조치를 완료해야 하는가?

① 1개월 　② 3개월
③ 6개월 　④ 12개월

해설 현장평가 결과 부적합 사항이 발견된 신청기관은 현장평가가 종료된 날로부터 3개월 이내 (사후관리는 1개월 이내)에 해당 부적합 사항에 대하여 시정조치를 완료하고, 시정조치내용을 e-KOLAS 시스템을 통하여 인정기구의 장에게 보고하여야 한다.

16 기기분석실 시설에 대한 설명으로 틀린 것은?

① 냉난방장치는 기기실별로 별도로 설비되어야 하고, 특히 주말 등 휴무기간의 온도 유지를 위하여 반드시 별도로 설비한다.

② 조명의 밝기는 실험의 수행이 원활할 수 있도록 설비해야 하며, 최소한 300 lux 이상이어야 한다.

③ 기기분석실의 최소한의 면적은 분석장비 및 분석항목에 따라 차이가 있을 수 있으나, 대체적으로 실험실 면적의 약 20 % ~ 30 % 이상 갖추어 설비하는 것이 바람직하다.

④ 원활한 실험 수행과 분석기기의 안정을 위해 실내온도는 약 18 ℃ ~ 28 ℃로 유지시키는 것이 바람직하다.

해설 기기분석실 공간은 일정 규모 이상으로 격리하여 설치되어야 하며, 실험에 용이하도록 분석장비 현황을 고려하여 여유 있게 공간을 배치하는 것이 좋다. 최소한의 면적은 분석장비 및 분석항목에 따라 차이가 있을 수 있으나, 대체적으로 실험실 면적의 약 60 % ~ 70 % 이상 갖추어 설비하는 것이 바람직하다.

17 흄 후드(fume hood)에 대한 설명으로 틀린 것은?

① 대개 안면부의 배기속도는 24 m/분 ~ 36 m/분으로 요구된다.

② 후드 내 풍속은 발암물질 등 매우 유해한 화학물질에 대하여 안면부 풍속이 15 m/분 정도 되어야 한다.

③ 위험물질의 방출이나 유출은 대체로 예측할 수 있으나 실험실에서는 뜻밖의 사태가 발생할 수 있으므로 필요에 따라서는 안전막이 설치되어 있는 후드를 사용한다.

④ 후드 내 풍속은 약간 유해한 화학물질에 대하여 안면부 풍속이 21 m/분 ~ 30 m/분 정도 되어야 한다.

해설 후드 내 안면부 풍속은 약간 유해한 화학물질의 경우 21 m/min ~ 30 m/min 정도, 발암물질 등 매우 유해한 화학물질의 경우 45 m/min 정도가 되어야 한다.

정답 **14** ③ **15** ② **16** ③ **17** ②

18 화학물질의 독성 위험도 평가에 대한 설명으로 틀린 것은?

① EC_{50}은 노출된 시험동물의 50 %를 사망시키는 공기 중의 화학물질 농도이다.

② LC_{50}은 흡입이 체내에 화학물질로 유입되는 중요한 경로가 되는 충분한 증기압의 휘발성 화학물질에 더 자주 사용된다.

③ 화학물질의 급성독성 또는 단일노출 후 독성을 평가하는 한 가지 방법은 치사량(LD) 또는 치사농도(LC) 값을 검사하는 것이다.

④ LD_{50}은 통제된 실험실 조건하에서 시험동물에 투여, 주사 또는 피부 접촉 시 동물의 절반(50 %)을 사망시키는 화학물질의 양이다.

> **해설** ① EC_{50}(Effective Concentration 50 %)은 대상 생물의 50 %에 측정 가능할 정도의 유해한 영향을 주는 물질의 유효농도를 말한다.

19 화학물질 저장 캐비닛에 대한 설명으로 틀린 것은?

① 인화성 물질 저장 캐비닛은 벽에 고정되어야 한다. 특히 불꽃이나 점화원 근처에 설치하지 않도록 주의해야 한다.

② 용기는 꼭 막을 수 있는 뚜껑, 배출구 덮개를 가지고 있어야 하며, 내부에서 생성되는 압력을 안전하게 배출시킬 수 있는 구조로 되어 있어야 한다.

③ 인화물질의 경우 실험대나 선반의 유리병은 최대 40 L, 승인된 안전용기는 최대 100 L, 승인된 안전 캐비닛은 최대 240 L로 제한하여 보관한다.

④ 실험실 내에는 가연성 및 부식성 물질의 저장을 가능한 한 최소화하고 실험실 내에 저장할 경우에는 물질에 적합하게 제작된 통풍이 되는 캐비닛에 저장해야 한다.

> **해설** ① 인화성 물질 저장 캐비닛은 벽에 고정해서는 안 되며, 실험실 내에 저장할 경우에는 물질에 적합하게 제작된 통풍이 되는 캐비닛에 저장해야 한다.

20 안전에 관한 정보를 제공하는 안내표지에 해당하지 않는 것은?

① 금연
② 들것
③ 녹십자
④ 응급구호

> **해설** 안내표지에는 녹십자, 응급구호, 들것, 세안장치, 비상구 등이 있다.
> ① 금연은 금지표지에 해당한다.

21 「환경분야 시험·검사 등에 관한 법률」 중 환경 시험·검사결과의 효력에 대한 내용으로 틀린 것은?

① 환경 시험·검사기관은 시험·검사결과의 신뢰도 검증에 필요한 자료를 3년 동안 유지·관리하여야 한다.

② 환경 시험·검사기관은 시험·검사성적서에 환경부령으로 정하는 자(환경측정분석사 등)의 서명을 하여야 한다.

③ 시험·검사결과를 소송 등의 근거자료로 활용하기 위해서는 정도관리 적합 판정을 받은 자가 생산한 것이어야 한다.

④ 국공립연구기관은 정도관리 적합 판정을 받지 않고 시험·검사한 결과를 환경부령으로 정하는 사업 관련 보고서에 제공할 수 있다.

> **해설** ④ 누구든지 정도관리 적합 판정을 받지 아니하고 시험·검사한 결과를 사업 관련 보고서에 제공하여서는 아니 된다.

22 실험실 안전을 위한 장갑의 재질과 특징에 대한 설명으로 **틀린** 것은?

① 천연고무 장갑 – 유기용매, 기름, 그리스 등에 좋고 가격이 저렴하나, 수용성 물질에는 좋지 않음

② 나이트릴(nitrile) 장갑 – 용매, 오일, 그리스 등에 좋고 일반적으로 사용하기에 매우 좋음

③ 폴리비닐클로라이드(PVC) 장갑 – 산, 알칼리, 오일, 지방, 과산화물 등에 좋고, 대부분의 유기용매에 좋지 않음

④ 네오프렌(neoprene) 장갑 – 산, 알칼리, 알코올, 과산화물 등에 좋고 대부분의 유해성 물질에 좋음

해설 ① 천연고무 장갑은 탄력이 좋고 수용액상에서 안전하며, 밀착감이 좋아 장갑을 끼더라도 손을 편하게 사용할 수 있다는 장점이 있어 의료용으로 적합하다. 하지만 두께가 얇아 쉽게 찢어지고, 알레르기 반응이 보고된 바도 있다. 특히 화학약품에 대한 저항성을 살펴보면, 대부분의 유기용매를 통과시키므로 화학실험실에서 사용하는 데는 좋지 않다.

23 「환경분야 시험 · 검사 등에 관한 법률」에 따른 시험 · 검사 기술인력의 교육에 대한 내용으로 옳은 것은?

① 측정대행업무를 담당하는 기술인력은 환경부장관이 실시하는 전문교육을 받아야 한다.

② 측정대행업에 등록된 기술인력이 받아야 하는 전문교육과정은 측정분석 기술요원과정으로 하며, 교육기간은 3일 이내로 한다.

③ 측정대행업자는 고용하고 있는 기술인력 중 해당 분야의 기술인력으로 최초로 고용된 자에게 그 사유가 발생한 날부터 2년 이내에 전문교육을 받도록 하여야 한다.

④ 환경청장은 시험 · 검사 등의 업무를 수행하는 기술인력의 전문성을 향상시키기 위하여 교육의 실시, 전문인력의 확보 · 관리 등에 관한 시책을 강구하여야 한다.

해설 시험 · 검사 기술인력의 교육 등
1. 환경부장관은 시험 · 검사 등의 업무를 수행하는 기술인력의 전문성을 향상시키기 위하여 교육의 실시, 전문인력의 확보 · 관리 등에 관한 시책을 강구하여야 한다.
2. 측정대행업무를 담당하는 기술인력은 환경부장관이 실시하는 전문교육을 받아야 한다.
3. 측정대행업자는 제2항의 규정에 따른 기술인력에 대하여 해당 전문교육을 받게 하여야 한다.

24 현장평가를 위한 정도관리 평가팀의 구성에 대한 내용으로 **틀린** 것은?

① 평가팀은 대상기관별로 2일 이내에서 현장평가를 한다. 다만, 분야, 항목, 측정분석방법, 기술적 난이 등을 감안하여 평가일수를 적절히 조정할 수 있다.

② 정도관리 평가위원 중 현장평가에 5회 이상 참여한 자를 평가팀장으로 선임한다.

③ 평가팀장은 평가팀을 대표하며 현장평가일정의 진행, 현장평가보고서의 조정 및 제출 업무를 수행하여야 한다.

④ 과학원장은 현장평가 시 필요하다고 인정되는 경우에는 전문가를 자문위원으로 둘 수 있으며 자문위원은 평가위원이 요구하는 자문에 기술적 지원을 한다.

해설 현장평가를 위한 정도관리 평가팀의 구성
과학원장은 대상기관에 대한 현장평가를 위하여 해당 분야의 정도관리 평가위원으로 정도관리 평가팀을 구성하고, 정도관리 평가위원 중 다음의 자격을 갖춘 자 중에 1인을 평가팀장으로 선임한다.
• 현장평가에 7회 이상 참여한 자
• 과학원장이 적합한 자격을 갖추었다고 인정한 자

정답 22 ① 23 ① 24 ②

25 악취 분야 A시험기관은 2019년도 국립환경과학원에서 실시하는 아세트알데하이드 항목의 숙련도 시험에 참여하였으며 그 결과 Z-score가 3.7로 평가되었다. A시험기관의 조치사항으로 <u>틀린</u> 것은?

① 분석절차 및 방법을 점검한다.

② 분석장비(HPLC 등)를 점검한다.

③ 표준용액농도 및 검정곡선을 점검한다.

④ 측정값이 과소평가되고 있음을 인식한다.

──────────────

해설 정량분석인 경우의 판단기준
- 양호 : $|Z| \leq 2$에 해당하는 경우
- 주의 : $2 < |Z| < 3$에 해당하는 경우
- 미흡 : $|Z| \geq 3$에 해당하는 경우
Z-score가 3.7이면 '미흡'에 해당하여, 측정값이 과대평가되고 있음을 인식한다.

26 대기 시험항목 중 시험·검사의 표준처리기간이 <u>다른</u> 것은?

① 사이안화수소

② 질소산화물

③ 이황화탄소

④ 브로민화합물

──────────────

해설 시험·검사의 표준처리기간
- 암모니아, 염화수소, 사이안화수소 : 5일
- 질소산화물, 플루오린화물, 이황화탄소, 염소, 황화수소, 브로민화합물, 페놀화합물 : 6일
※ 표준처리기간＝시험검사기간＋행정처리기간

27 「환경 시험·검사기관 정도관리 운영 등에 관한 규정」의 설명으로 옳은 것은?

① 현장평가는 현장평가 판정기준에 따라 평가하며 적합, 조건부 적합, 부적합으로 구분하여 판정한다.

② 측정대행업을 등록하려는 자가 ISO/IEC 17043 규정을 준수하는 숙련도 시험에 참여하여 Z값의 절댓값이 3 이하의 판정을 받은 실적이 있는 항목에 대하여는 대상기관이 당해 연도 말까지 그 결과 사본을 제출하는 경우, 익년도에 실시하는 정기 숙련도 시험을 면제할 수 있다.

③ 현장평가계획을 통보받은 해당 기관은 이해관계 또는 기밀유지 등 정당한 사유가 있을 경우에는 현장평가일정 또는 정도관리 평가위원의 변경을 현장평가 예정일 3일 전까지 요청할 수 있다.

④ 시·도지사 또는 환경청장은 측정대행업소, 먹는 물 수질검사기관 및 토양 관련 전문기관 등에 행정처분을 내린 경우 또는 이들 기관이 폐업신고를 한 경우에는 행정처분을 내린 날로부터 또는 폐업신고를 한 날로부터 10일 이내에 과학원장에게 그 사실을 알려야 한다.

──────────────

해설 ① 현장평가는 현장평가 판정기준에 따라 평가하며 적합, 부적합으로 구분하여 판정한다.

② 과학원장은 국가 또는 공공기관이 기관 및 단체에 대하여 정도관리를 의뢰한 경우, 측정대행업을 등록하려는 자, 측정대행항목을 변경하려는 자, 시험·검사결과를 공공기관이 실시하는 사업 관련 보고서에 활용하고자 하는 자가 숙련도 시험 및 현장평가 신청서를 제출한 경우 및 정도관리를 다시 받으려는 자가 정도관리신청서를 제출한 경우에는 해당 기관에 대하여 수시로 숙련도 시험을 실시하여야 한다.

④ 시(구)·도(군)지사 또는 환경청장은 측정대행업소, 먹는 물 수질검사기관 및 토양 관련 전문기관 등에 행정처분을 내린 경우 또는 이들 기관이 폐업신고를 한 경우에는 행정처분을 내린 날로부터 또는 폐업신고를 한 날로부터 7일 이내에 과학원장에게 그 사실을 알려야 한다.

──────────────

28 「환경 시험 · 검사기관 정도관리 운영 등에 관한 규정」에 따른 정도관리심의회의 심의 · 의결사항이 <u>아닌</u> 것은?

① 정도관리 시행계획 수립에 관한 사항
② 정도관리 평가위원의 위촉 및 해촉 심의
③ 이의 또는 불만 처리에 대한 최종 결정 및 분쟁 조정에 관한 사항
④ 대상기관에 대한 정도관리 평가보고서 및 보완조치 결과 등을 통한 정도관리 결과의 적합 또는 부적합 여부의 판정에 관한 사항

해설 정도관리심의회의 심의 · 의결사항
- 대상기관에 대한 정도관리 평가보고서 및 보완조치 결과 등을 통한 정도관리 결과의 적합 또는 부적합 여부의 판정에 관한 사항
- 정도관리 평가위원의 위촉 및 해촉 심의
- 이의 또는 불만 처리에 대한 최종 결정 및 분쟁 조정에 관한 사항

29 시약등급수(reagent grade water, 실험실용 정제수) 제조 시 준비방법을 설명한 내용이다. 괄호 안에 들어갈 시약등급수 제조방법으로 <u>틀린</u> 것은?

시약등급수는 요구되는 수준을 만족할 수 있는 제조방법을 선택하여 제조한다. 부적절한 제조방법의 선택 시 시약등급수의 오염을 유발할 수 있으므로 주의해야 한다. 시약등급수 제조방법으로는 (　　), 증류, (　　), (　　), (　　) 등의 방법이 적용된다.

① 역삼투 　　② 탈이온화
③ 한외여과 　② 적외선처리

해설 시약등급수는 요구되는 수준을 만족할 수 있는 제조방법을 선택하여 제조한다. 부적절한 제조방법의 선택 시 시약등급수의 오염을 유발할 수 있으므로 주의해야 한다. 시약등급수 제조방법으로는 역삼투(reverse osmosis), 증류, 탈이온화(deionization), 한외여과(ultrafiltration), 자외선처리 등의 방법이 적용된다.

30 검정표준물질에 관한 설명이다. 괄호 안에 들어갈 용어로 알맞게 짝지은 것은?

- (㉠)은 시료를 분석하는 중에 검정곡선의 정확성을 확인하기 위해 사용하는 표준물질이다.
- (㉡)은 검정곡선이 실제 시료에 정확하게 적용할 수 있는지를 검증하고, 검정곡선의 정확성을 검증하는 표준물질이다.

① ㉠ 교정검증표준물질, ㉡ 연속검정표준물질
② ㉠ 교정검증표준물질, ㉡ 실험실관리표준물질
③ ㉠ 연속검정표준물질, ㉡ 실험실관리표준물질
④ ㉠ 언속검정표준물질, ㉡ 교정검증표준물질

해설 ㉠ 연속검정표준물질 : 시료를 분석하는 중에 검정곡선의 정확성을 확인하기 위해 사용하는 표준물질이다. 일반적으로 초기검정곡선 작성 시 중간농도표준물질을 사용하여 농도를 확인하며, 연속검정은 검정곡선이 평가된 후 바로 실시한다.
㉡ 교정검증표준물질 : 검정곡선이 실제 시료에 정확하게 적용할 수 있는지를 검증하고, 검정곡선의 정확성을 검증하는 표준물질이다. 이 용액은 인정표준물질(CRM ; Certified Reference Material)을 사용하거나 다른 검정곡선으로 검증한 표준물질을 사용한다.

31 일차 표준물질을 이용하여 조제한 표준용액의 특성으로 <u>틀린</u> 것은?

① 한 번의 측정으로 그 농도를 결정할 수 있을 만큼 매우 안정해야 한다.
② 적정시약이 첨가되는 시간을 최소화하기 위하여 분석물과 빠르게 반응하여야 한다.
③ 만족할 만한 종말점을 얻기 위해 분석물과 거의 완전히 반응해야 한다.
④ 간단한 균형반응식으로 설명할 수 있도록 분석물과 비선택적으로 반응하여야 한다.

해설 ④ 간단한 균형반응식으로 설명할 수 있도록 분석물과 선택적으로 반응하여야 한다.

32 정도관리 현장평가 시 배출가스 중 굴뚝먼지 항목의 분석능력점검표 항목평가 내용으로 틀린 것은?

① 흡입가스량 또는 흡입시간은 적절한가?
② 먼지 시료채취기록은 현장에서 기록되고 있는가?
③ 측정점의 위치와 그 수는 적정하게 결정되고 있는가?
④ 동압은 10 mmH₂O 단위까지 정확하게 측정되고 있는가?

해설 ④ 동압은 0.1 mmH₂O 단위까지 정확하게 측정되고 있는가?

33 계통오차만을 모두 고른 것은?

> ㉠ pH 7.0 완충용액의 실제 pH는 7.08이다.
> ㉡ A급 25 mL 부피 피펫과 실제 옮겨지는 부피
> ㉢ 25 mL 이동 피펫을 반복 사용해서 편차가 ± 0.009 mL 발생했다.
> ㉣ 크로마토그래프 4회 연속 분석 시 특정 피크의 면적은 4 383, 4 410, 4 401, 4 390이었다.

① ㉠, ㉡
② ㉠, ㉢
③ ㉡, ㉢
④ ㉢, ㉣

해설 검정을 통하여 보정할 수 있는 계통오차의 종류에는 다음의 3가지가 있다.
- 측정장치의 불완전성, 잘못된 검정 및 전력공급기의 불안정성에 의해 발생하는 기기오차 (instrumental error)
- 분석장치의 비이상적인 화학적 · 물리적 영향에 의해 발생하는 방법오차(method error)
- 실험하는 사람의 부주의, 무관심, 개인적인 한계 등에 의해 생기는 개인오차(personal error)

여기서는 ㉠, ㉡이 계통오차에 해당되며, 편차나 퍼짐현상은 우연오차 또는 불가측오차로 보정할 수 없다.

34 실험실에서 사용하는 실험기구의 재질 특성에 대한 설명으로 틀린 것은?

① 용융석영의 최대작업온도는 1 050 ℃이며 대부분의 산과 할로겐에 강하다.
② 연성유리는 열적 안정성이 약하며 알칼리 용액에 침식을 받는다.
③ 항알칼리성 유리는 열적 안정성이 붕규산유리보다 더욱 민감하다.
④ 고순도 실리카유리의 최대작업온도는 1 000 ℃이며, 붕규산유리보다 알칼리에 약하다.

해설 ④ 고순도 실리카유리의 최대작업온도는 1 000 ℃이며, 붕규산유리보다 알칼리에 강하다.

35 시료채취에 대표성 있는 채취지점의 선정방법 중 유의적 샘플링(judgmental sampling)에 대한 설명으로 옳은 것은?

① 연구기간이 짧고, 예산이 충분하지 않을 때, 과거 측정지점에 대한 조사자료가 있을 때, 특정 지점의 오염발생 여부를 확인하고자 할 때 선택하는 방법이다.
② 시료군을 일정한 격자로 구분하여 시료를 채취한다.
③ 넓은 면적 또는 많은 수의 시료를 대상으로 할 때 임의적으로 선택하여 시료를 채취하는 방법이다.
④ 채취지점이 명확하여 시료채취가 쉽고 현장요원이 쉽게 찾을 수 있으나, 구획구간의 거리를 정하는 것이 매우 중요하다.

해설 시료채취의 대표성이 있는 채취지점의 선정방법은 유의적 샘플링, 임의적 샘플링, 계통적 샘플링에 의한 방법으로 구분된다.
① : 유의적 샘플링
②, ④ : 계통적 샘플링
③ : 임의적 샘플링

36 시료 중 암모니아를 측정하였다. 의심스러운 측정값을 버릴 것인지 받아들일 것인지를 결정할 때 Q-시험법(Q-test)을 사용한다. 다음 중 Q-시험법 결과로 옳은 것은?

> 암모니아(NH_3)의 5회 측정결과 : 2.14 ppm, 2.20 ppm, 2.12 ppm, 2.43 ppm, 2.20 ppm
> (단, Q-시험법은 90 %의 신뢰수준을 적용하며, 이때 Q_{90}의 임계값은 0.642이다.)

① $Q = 0.532$로, 그 측정값은 버린다.
② $Q = 0.742$로, 그 측정값은 버린다.
③ $Q = 0.532$로, 그 측정값은 받아들인다.
④ $Q = 0.742$로, 그 측정값은 받아들인다.

해설

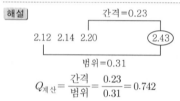

$$Q_{계산} = \frac{간격}{범위} = \frac{0.23}{0.31} = 0.742$$

90 % 신뢰수준의 임계값(Q_{crit})이 0.642이다.
0 % 신뢰수준의 임계값(Q_{crit})이 0.642이다.
$Q_{계산}(=0.742) > Q_{표}(=0.642)$이므로, 90 % 신뢰수준에서 의심스러운 측정값(0.742)은 버린다.

37 현장기록은 시료채취 동안 발생한 모든 데이터에 대해 기록되어야 한다. 현장기록에 대한 설명으로 **틀린** 것은?

① 현장기록의 내용에는 인수인계양식, 시료 라벨, 시료 현장기록부, 보존준비기록 등이 있다.
② 시료라벨은 모든 시료용기에 부착한다.
③ 현장노트는 방수용 용지와 하드커버를 사용해야 한다.
④ 현장기록의 입력은 수용성 잉크를 사용해 작성하고 수정 부분은 두 줄을 긋고 적어야 한다.

해설 ④ 모든 현장기록의 입력은 방수용 잉크를 사용해 작성하고, 오타는 한 줄을 긋고, 수정 부분에 직원 서명과 날짜를 적어야 한다.

38 수시교정용 표준물질에 대한 설명으로 **틀린** 것은?

① 분석장비의 바탕값을 평가하기 위해 사용한다.
② 분석하는 동안 정확도를 확인하기 위해 사용한다.
③ 수시교정용 표준용액 또는 표준가스에 의한 초기교정에 대한 검증이 허용기준을 초과할 경우에는 초기교정을 다시 실시하여 분석한다.
④ 수시교정용 표준물질과 원래의 교정 표준물질과의 편차가 무기물의 경우 ±5 %, 유기물의 경우 ±10 %여야 한다.

해설 ① 분석장비의 바탕값을 평가하기 위해 사용하는 시료는 분석하고자 하는 물질이 들어있지 않은 바탕시료이다.

39 대기 중 입자상 물질을 고용량 공기채취기를 이용하여 채취하는 경우, 채취 시의 유량이나 채취 후의 중량농도에 이상한 값이 나타날 경우 점검하는 사항으로 **틀린** 것은?

① 유량계에 이상이 없는가를 확인
② 샘플러에서 공기가 새지 않는가를 확인
③ 전원전압에 변동이 없는가를 확인
④ 흡입장치의 풍향을 확인

해설 대기 중 입자상 물질을 고용량 공기채취기를 이용하여 채취 시 유량이나 채취 후의 중량농도에 이상한 값이 인정될 경우에는 다음 사항을 점검한다.
• 유량계에 이상이 없는가를 확인한다.
• 샘플러에서 공기가 새지 않는가를 확인한다.
• 전원전압에 변동이 없는가를 확인한다.

정답 **36** ② **37** ④ **38** ① **39** ④

40 휴대용 측정기를 이용하여 중유 중 황 함유량을 측정하였다. t-시험법에 의한 시험통계량으로 옳은 것은?

- 중유의 황(S) 함유량 : 1.24 %
- 휴대용 측정기 황 함유량 측정결과(4회)
  : 1.12 %, 1.14 %, 1.16 %, 1.20 %

① 1.25   ② 3.35

③ 4.97   ④ 8.15

해설 귀무가설 $H_o : \mu = 1.24$ %S

대안가설 $H_o : \mu \neq 1.24$ %S

$\sum x_i = 1.12\,\% + 1.14\,\% + 1.16\,\% + 1.20\,\%$

$\quad\quad = 4.62\,\%$

$\overline{x} = \dfrac{4.62\,\%}{4} = 1.155\,\%$

x_i	$x_i - \overline{x}$	$(x_i - \overline{x})^2$
1.12	−0.035	0.001225
1.14	−0.015	0.000225
1.16	0.005	0.000025
1.20	0.045	0.002025
	$\sum(x_i - \overline{x})^2 = 0.0035$	

$\therefore \; s = \sqrt{\dfrac{\sum(x_i - \overline{x})^2}{N-1}}$

$\quad\quad = \sqrt{\dfrac{0.0035}{4-1}}$

$\quad\quad = \sqrt{0.001167} = 0.0342$

따라서, 시험통계량은 다음과 같이 계산할 수 있다.

$t = \dfrac{|\overline{x} - \mu_0|}{\dfrac{s}{\sqrt{N}}} = \dfrac{|1.155 - 1.24|}{\dfrac{0.0342}{\sqrt{4}}} = 4.97$

• 검정분야 : (2) 대기환경측정분석

[1과목 : 대기오염 공정시험기준]

01 N_2^+이온(질량$=28.0061$)과 CO^+이온(질량$=27.9949$)을 분리하기 위한 질량분석기의 분리능으로 옳은 것은?

① 4.50×10^{-4}　　② 1.26×10^{-2}

③ 1.04　　④ 2.50×10^3

> **해설** $R = \dfrac{m}{\Delta m} = \dfrac{27.9949}{(28.0061 - 27.9949)} = 2.499 \times 10^3$

02 대기오염 공정시험기준에 따른 자외선/가시선 분광법에 사용되는 램버트－비어(Lambert－Beer)의 법칙에 대한 설명으로 틀린 것은?

> ㉠ 투과도가 0.01인 시료의 흡광도는 2이다.
> ㉡ 흡광도는 흡광물질의 농도와 빛의 투사거리에 비례한다.
> ㉢ 몰흡광계수는 특정 파장의 빛을 흡수하는 물질의 고유특성이다.
> ㉣ 저농도 시료(0.01 mol/L 미만)에서 흡광도와 농도의 편차가 크다.

① ㉠　　② ㉡

③ ㉢　　④ ㉣

> **해설** ㉣ 저농도 시료(0.01 mol/L 미만)에서 흡광도와 농도의 편차가 적은 직선관계가 성립된다.

03 환경대기 중 알데하이드류의 고성능 액체 크로마토그래피법에서 DNPH 카트리지로부터 용출시킨 용액 중 미반응 2,4-DNPH를 제거하기 위해 사용하는 것으로 옳은 것은?

① 여과지
② 강음이온 교환수지
③ 강양이온 교환수지
④ 스테인리스스틸 필터

> **해설** 강양이온 교환수지관은 미반응의 2,4-DNPH를 포착하기 위해 사용된다. DNPH 카트리지로부터 아세토나이트릴을 써서 용출시킨 용액 중에 미반응의 과잉 2,4-DNPH를 제거하여 시료의 크로마토크램을 좋게 할 수도 있다. 강양이온 교환수지는 입경 40 μm ~ 100 μm의 다공성 친수성 바이닐폴리머 또는 이것과 동등 이상의 성능을 지닌 것을 사용한다.

04 대기오염 공정시험기준에 따른 고성능 액체 크로마토그래피에서 분리관 정지상에 따른 액체 크로마토그래피의 종류에 대한 설명으로 모두 옳은 것은?

> ㉠ 화학종의 분리방식에는 분배, 흡착, 크기별 배제, 이온교환방식이 있으며, 가장 널리 이용되는 방법은 분배 크로마토그래피이다.
> ㉡ 분배 크로마토그래피의 액체－액체 크로마토그래피는 정지상이 충전물의 지지체 입자에 물리적 흡착에 의해 붙잡혀 있다.
> ㉢ 분배 크로마토그래피는 이동상과 정지상의 상대적 극성에 따라 정상과 역상 크로마토그래피로 구분할 수 있으며, 역상 크로마토그래피에서는 극성이 가장 큰 성분이 가장 늦게 용리된다.
> ㉣ 분배 크로마토그래피의 역상 크로마토그래피 충전물로 디올($-C_3H_6OCH_2CHOHCH_2OH$), 시아노($-C_2H_4CN$), 아미노($-C_3H_6NH_2$), 다이메틸아미노[$-C_3H_6N(CH_3)_2$]기와 같은 작용기를 가진 것을 사용한다.

① ㉠, ㉡　　② ㉠, ㉡, ㉢

③ ㉠, ㉢, ㉣　　④ ㉠, ㉡, ㉢, ㉣

> **해설** ㉣ 디올($-C_3H_6OCH_2CHOHCH_2OH$), 시아노($-C_2H_4CN$), 아미노($-C_3H_6NH_2$), 다이메틸아미노[$-C_3H_6N(CH_3)_2$]기와 같은 작용기는 분배 크로마토그래피의 정상결합상 충전물이다.

정답 01 ④　02 ④　03 ③　04 ②

05 배출가스 중 암모니아를 자외선/가시선 분광법으로 분석할 때, 시료채취 장치 및 방법에 대한 설명으로 <u>모두 옳은 것</u>은?

> ㉠ 여과지로는 유리섬유여과지 또는 유리여과기를 쓴다.
> ㉡ 바이패스용 세척병에는 수산화소듐을 적당량 넣는다.
> ㉢ 가스 중에 먼지가 섞여 들어가는 것을 막기 위하여 시료채취관의 적당한 곳에 여과재를 넣는다.
> ㉣ 산성 가스가 없는 경우 시료가스의 흡입속도는 1 L/min ~ 2 L/min 정도로 한다.
> ㉤ 산성 가스가 있는 경우 흡수병 2개 이상을 준비하여 각각에 흡수액으로 정제수를 50 mL씩 넣고 흡수병은 위로 향한 여과판이 있는 부피 150 mL ~ 250 mL의 것을 사용한다.

① ㉠, ㉡, ㉢
② ㉠, ㉢, ㉣
③ ㉡, ㉢, ㉣
④ ㉢, ㉣, ㉤

해설 ㉡ 바이패스용 세척병에는 황산(부피분율 10 %)을 적당량 넣는다.
㉤ 산성 가스가 있는 경우 흡수병 2개 이상을 준비하여 각각에 흡수액으로 과산화수소(1+9)를 50 mL씩 넣고 흡수병은 위로 향한 여과판이 있는 부피 150 mL ~ 250 mL의 것을 사용한다.

06 배출가스 중 무기화합물의 시료채취에 대한 설명으로 <u>틀린 것</u>은?

① 플루오린화합물은 2개의 250 mL 시료 흡수병에 각각 0.1 M 수산화소듐 용액 50 mL를 넣은 것으로 한다.
② 암모니아는 산성 가스가 없는 경우 여과관 또는 여과구가 붙은 흡수병 1개 이상을 준비하고 각 흡수병에 붕산 용액(부피분율 0.5 %) 50 mL를 넣는다.
③ 사이안화수소의 흡수액은 수산화소듐 20 g을 정제수에 녹여서 1 L로 한다. 흡수병 1개를 준비하고 여기에 흡수액 20 mL를 넣는다.

④ 황화수소 시료채취를 위한 흡수액은 수산화소듐 4.0 g을 정확하게 취하여 정제수에 용해시켜 1 L를 만든 수산화소듐 용액(0.1 mol/L)을 사용한다. 부피 250 mL의 흡수병에 흡수액 50 mL를 각각 넣는다.

해설 황화수소 시료채취용 흡수액은 황산아연($ZnSO_4 \cdot 7H_2O$, zinc sulfate monohydrate, 분자량 161.44, 특급) 5 g을 약 500 mL의 정제수에 녹이고, 여기에 수산화소듐(NaOH, sodium hydroxide, 분자량 40, 특급) 6 g을 약 300 mL의 정제수에 녹인 용액을 가한다. 이어 황산암모늄((NH_4)$_2SO_4$, ammonium sulfate, 분자량 132.13, 84 %) 70 g을 저으면서 가하고 수산화아연[Zn(OH)$_2$, zinc hydroxide, 분자량 99.38]의 침전이 녹으면 정제수를 가하여 전량을 1 L로 한다.

07 배출가스 중 금속화합물을 유도결합플라스마 분광법을 이용하여 분석할 때 주의할 점으로 <u>틀린 것</u>은?

① 소듐, 칼슘, 마그네슘 등과 같은 염의 농도가 높은 시료에서, 절대검정곡선법을 적용할 수 없는 경우에는 표준물질첨가법을 사용하도록 한다.
② 표준원액은 일반적으로 1 000 mg/kg 농도에서 0.3 % 이내의 불확도를 나타내야 한다.
③ 구리 표준원액은 구리 표준용액을 사용하거나 금속구리(순도 99.9 % 이상) 0.1 g을 취해 최소량의 6 N 염산에 녹인 후, 부피분율 2 % 염산으로 묽혀서 사용한다.
④ 셀룰로스제 여과지를 써서 시료를 채취할 때에는 전처리 시 분해법 및 용매추출법을 따라서는 안 된다.

해설 구리 표준원액은 유도결합플라스마 분광법용 구리 표준용액 1 mg/mL를 사용하거나 금속구리(순도 99.9 % 이상) 1 g을 취해 최소량의 6 N 질산에 완전히 녹이고, 1 L 부피플라스크에 옮긴 후 부피분율 2 % 질산으로 표선까지 묽혀서 사용한다.

정답 05 ② 06 ④ 07 ③

08 환경대기 중 다환방향족탄화수소류(PAHs) 시험방법에서 적용범위와 간섭물질에 대한 설명으로 틀린 것은?

① 대략 10^{-8} kPa 이상의 증기압을 갖는 PAH는 환경대기 중에서 기체와 입자상으로 존재한다.

② 환경대기 중에서 기체상과 입자상으로 존재하므로 여과지와 흡착제의 동시 채취가 필요하다.

③ 측정 및 분석 과정 중 동일한 분석절차의 공시료 점검을 통하여 불순물에 대한 확인이 필요하다.

④ 휘발성 PAHs는 필터상에 채취하고 비휘발성 PAHs는 Tenax, XAD-2 수지, PUF를 사용하여 채취한다.

해설 측정대상의 화합물은 일반적인 탄화수소류와 달리 질소, 황, 산소 등 다른 원소를 포함한 다환방향족탄화수소류(PAHs) 환(ring) 구조의 물질들도 포괄적으로 의미한다.
PAHs는 대기 중에 비휘발성 또는 휘발성 물질들로 존재한다. 비휘발성(증기압 < 10^{-8} mmHg) PAHs는 필터상에 채취하고, 증기상태로 존재하는 PAHs는 Tenax, XAD-2 수지, PUF (polyurethane foam)을 사용하여 채취한다.

09 환경대기 중 유해 휘발성 유기화합물(VOCs) 시험방법에 대한 설명으로 틀린 것은?

① 다수의 염소화 VOC는 캐니스터에서 불안정하므로 적용이 어렵다.

② 고체흡착 열탈착법은 $C_3 \sim C_{20}$까지에 해당되는 주요 VOC에 광범위하게 적용할 수 있다.

③ 고체흡착법은 대기환경 중 0.5 nmol/mol ~ 25 nmol/mol 농도의 휘발성 유기화합물의 분석에 적합하다.

④ 캐니스터법은 대기 중에 존재하는 유해 VOC를 0.1 nmol/mol ~ 100 nmol/mol 범위에서 측정할 수 있다.

해설 캐니스터법은 대기 중에 존재하는 유해 VOC를 0.1 nmol/mol ~ 100 nmol/mol 범위에서 측정할 수 있다. 측정 가능 VOC 항목은 염소를 포함한 화합물로 40여 종이며, 시험방법은 일정 기압하에 또는 대기압 이하에서 캐니스터에 안정하게 보관할 수 있는 VOC 화합물에 대해서만 적용이 가능하고, 다수의 염소화 VOC 화합물은 캐니스터에서 안정하므로 적용이 가능하다.

10 다음은 배출가스 중 구리화합물을 원자흡수분광법으로 분석한 결과를 나타낸 것이다. 구리 농도로 옳은 것은?

- 검정곡선에서 구한 값 : 15 μg/mL
- 시험용액 전량 : 200 mL
- 건조시료가스 채취량 : 1 200 L(26 ℃, 770 mmHg)

① 0.70 mg/Sm^3
② 1.70 mg/Sm^3
③ 2.70 mg/Sm^3
④ 3.70 mg/Sm^3

해설 구리 농도는 0 ℃, 760 mmHg로 환산한 건조배출가스 1 m^3 중 구리를 mg수로 나타내며, 다음 식에 따라서 계산한다.

$$C = \frac{m \times 10^3}{V_S}$$

$$= \frac{15\ \mu g/mL \times 200\ mL \times \dfrac{mg}{10^3\ \mu g}}{1\ 200\ L \times \dfrac{273}{273+26} \times \dfrac{770}{760}} \times 1\ 000$$

$$= 2.70\ mg/Sm^3$$

여기서, C : 구리 농도(mg/Sm^3)
m : 시료 중의 구리량(mg)
V_S : 건조시료가스량(L)

11 환경대기 중 미세먼지(PM_{10})를 중량농도법으로 측정하고자 한다. 측정절차를 측정순서에 따라 옳게 나열한 것은?

> ㉠ 필터를 제조사의 설명서에 따라 시료채취기에 설치한다.
> ㉡ 시작과 종료를 기록할 타이머를 맞춘다. 경과시간기록계를 영으로 맞추고 초기지시값을 기록한다.
> ㉢ 시료채취기 전원을 켜고 운전온도조건을 확인한 후 유속지시계를 읽고 기록한다.
> ㉣ 필터를 24시간 평형화한 후 필터의 무게를 재고 시료채취 전의 필터 질량을 식별번호와 함께 기록한다.
> ㉤ 시료채취기간 동안의 평균유속을 시료채취기 제조사 설명서의 지시에 따라 기록한다.

① ㉣ – ㉠ – ㉢ – ㉡ – ㉤
② ㉠ – ㉡ – ㉢ – ㉤ – ㉢
③ ㉤ – ㉣ – ㉢ – ㉠ – ㉡
④ ㉡ – ㉢ – ㉤ – ㉣ – ㉠

해설 미세먼지를 중량농도법으로 측정할 경우의 측정절차
1. 각 필터의 세공, 입자 및 다른 불완전성 등을 검사하고, 각 필터에 식별번호를 적고 기록하여 필터 정보를 수집한다.
2. 각 필터를 환경조건(15 ℃ ~ 30±3 ℃, 20 % ~ 45±5 %)에서 최소 24시간 평형화한다.
3. 평형화에 이어 각 필터의 무게를 재고 시료채취 전의 필터 질량을 식별번호와 함께 기록한다.
4. 초기 질량을 잰 필터를 제조사의 설명서에 따라 시료채취기에 설치한다.
5. 시료채취기 전원을 켜고 운전온도조건을 확인한 후 유속지시계를 읽고 기록한다. 만약 필요하다면 대기온도와 압력계도 설치한다. 시료채취기의 유속을 시료채취기 제조사의 설계유속에 따라 결정한다.
6. 유속이 적용 가능 범위 밖에 있을 경우, 누출 여부를 조사하고 유속을 재조정한다.
7. 시작과 종료를 기록할 타이머를 맞춘다. 경과시간기록계를 영으로 맞추고 초기지시값을 기록한다.
8. 시료채취정보(위치, 식별번호, 날짜)를 기록한다.
9. (24 ± 1)시간 동안 시료채취를 한다.

10. 시료채취기간 동안의 평균유속(Q_a)을 시료채취기 제조사 설명서의 지시에 따라 기록하고, 경과시간기록계의 최종값을 기록한다. 만약 필요하면 평균대기온도와 압력을 기록한다.
11. 시료채취기로부터 필터를 주의하여 꺼내어 보관함에 담는다. 이때 시료채취기 제조사의 설명서를 따르고 필터의 바깥쪽 끝부분을 잡는다.
12. 기상조건, 건설활동, 산불 또는 황사와 같은 모든 요소들을 기록한다.
13. 시료 필터를 이동시켜 가능한 빨리 질량 측정을 할 수 있도록 평형화시킨다.
14. 채취된 필터를 필터 유지 환경에서 최소 24시간 동안 시료채취 전 필터 준비 때와 같은 온도·습도의 조건에서 평형화시킨다.
15. 평형화시킨 후 즉시 필터의 무게를 다시 재고 식별번호와 함께 기록한다.

12 환경대기 중 비소화합물을 수소화물 발생 원자흡수분광법으로 측정할 때 간섭물질에 대한 설명으로 틀린 것은?

① 비소 및 비소화합물 중 휘발성 비소의 손실을 방지하기 위하여 전처리방법으로서 고압산분해법 이용을 권장한다.
② 전이금속에 의한 간섭은 염산 농도에 따라 달라지며, 4 N ~ 6 N 염산의 사용을 권장한다.
③ 시료 분석 시 213.8 nm 측정파장을 이용할 경우 불꽃에 의한 흡수 때문에 바탕선이 높아지는 경우가 있다.
④ 시료 중에 귀금속의 농도가 100 μg/L 이상, 구리, 납 등의 농도가 1 mg/L 이상, 수소화물 생성원소의 농도가 각각 0.1 mg/L ~ 1 mg/L 이상일 경우에는 수소화비소의 발생에 간섭을 준다.

해설 비소를 수소화물 원자흡수분광법으로 정량할 경우, 수소화비소 발생장치를 부착하고 속빈음극램프를 점등하여 안정화시킨 후, 193.7 nm의 파장에서 원자흡수분광법 통칙에 따라 조작하여 시료용액의 흡광도 또는 흡수백분율을 측정한다.

13 다음은 환경대기 중 니켈화합물을 원자흡수분광법으로 분석하기 위한 시료채취 및 분석결과를 나타낸 것이다. 니켈 농도로 옳은 것은?

> • 시료채취
>   – 장치 : 고용량 공기시료채취기
>   – 시간 : 24시간
>   – 평균유량 : 1.5 m³/min
>   – 온도 및 압력 : 27 ℃, 765 mmHg
> • 전체 여과지 크기 : 20 cm×23 cm
> • 분취한 여과지 크기 : 2.5 cm×20 cm
> • 조제한 분석용 시료용액 최종부피 : 15 mL
> • 원자흡수분광법 분석결과
>   – 시료용액 측정값 : 0.987 μg/mL
>   – 바탕시험용액 측정값 : 0.011 μg/mL

① 0.07 $\mu g/Sm^3$

② 0.17 $\mu g/Sm^3$

③ 1.07 $\mu g/Sm^3$

④ 1.17 $\mu g/Sm^3$

> 해설 환경대기 중 니켈 농도는 0 ℃, 760 mmHg로 환산한 표준가스 1 m³ 중의 니켈을 mg수로 나타내며, 다음 식에 따라 계산한다.
>
> $$C = \frac{m \times 10^3}{V_S} \times M$$
>
> $$= \frac{(0.987 - 0.011) \times 15 \times 10^3}{1.5 \times 60 \times 24 \times \frac{273}{273+27} \times \frac{770}{760}} \times \frac{20 \times 23}{2.5 \times 20}$$
>
> $$= 0.07 \,\mu g/Sm^3$$
>
> 여기서, C : 니켈 농도(mg/m³)
> m : 시료 중의 니켈량(mg)
> V_S : 표준시료가스량(L)
> M : 시료 여과지 사용 배수

14 환경대기 중 금속화합물을 유도결합플라스마분광법으로 분석하기 위한 용매추출 전처리 과정에 해당하는 시료로 옳은 것은?

> • 시료용액의 적정량을 비커에 취해 아세트산 – 아세트산소듐 완충용액(pH 5) 10 mL를 가하여 (1 + 1) 암모니아수 및 (1 + 10) 질산으로 pH를 5.2로 조정한다.
> • 정제한 아세트산 – 아세트산소듐 완충용액(pH 5)을 1 L 분액깔때기에 옮기고, 1-피롤리딘카르바다이싸이오산암모늄 용액(20 g/L) 2 mL, 헥사메틸렌암모늄헥사메틸렌카르바모다이싸이오산의 메탄올 용액(20 g/L) 2 mL를 가하여 혼합한 후 자일렌 일정량(5 mL ~ 20 mL)을 가하여 약 5분간 세게 흔들어 정치한다.
> • 정제수 층을 버리고 자일렌 층을 시험관에 넣어 정량에 이용한나.

① 칼슘   ② 소듐
③ 카드뮴   ④ 마그네슘

> 해설 문제의 용액은 카드뮴뿐만 아니라 납, 니켈, 망가니즈, 바나듐의 정량에 이용할 수 있다.

15 굴뚝 연속자동측정기기의 설치방법 중 시료채취장치에 대한 설명으로 틀린 것은?

① 측정기기에 따라서는 습기제거와 기체-액체 분리가 필요한 것이 있다.
② 필요에 따라 펌프, 유량계, 분석계 등을 보호하기 위하여 여과지 또는 마이크로 유리솜 등의 미세여과지를 사용한다.
③ 가스상 장치의 구성은 채취관, 연결관, 연속자동측정기기 순으로 이루어지며 기체-액체 분리관, 응축수 트랩 등을 갖추어야 한다.
④ 펌프는 굴뚝으로부터 분석계까지 시료를 운반하는 데에 사용하는 것으로 흡입유량은 0.1 L/min 이하여야 한다.

> 해설 굴뚝 연속자동측정기기에 사용되는 펌프는 굴뚝으로부터 분석계까지 시료를 운반하는 것으로, 공기가 새거나 윤활유 유입으로 인한 오염이 없는 다이어프램 펌프나 배출펌프(배기펌프)를 사용하며, 흡입유량은 0.2 L/min ~ 10 L/min 정도여야 한다.

정답 / 13 ① 14 ③ 15 ④

16 다음은 환경대기 중 금속화합물 분석법의 간섭물질 전처리 과정을 설명한 것이다. 해당하는 시료로 옳은 것은?

> • 시료 내 아이오딘화물의 농도가 3 mg/L를 초과하면, 보통 시료보다 더 많은 양의 $SnCl_2$를 첨가하여야 한다.
> • 시료 내 아이오딘화물의 농도가 30 mg/L를 초과하면 분석 후 모든 분석도구 및 시스템을 4 N HCl 용액으로 씻어내야 한다.
> • 금아말감 튜브에 수분이 흡착되는 것을 방지하고, 수분이 흡착된 금아말감 튜브는 사용하지 않는다.
> • 금아말감 튜브에 수분이 흡착되면 분석 시 또 다른 피크를 생성할 수 있다.

① 니켈
② 수은
③ 아연
④ 크로뮴

해설 환경대기 중 수은에 대한 간섭물질 전처리 과정
• 시료 내 아이오딘화물이 30 ng/L ~ 100 ng/L의 농도로 존재할 경우 수은의 회수율이 100 %까지 감소될 수 있다. 따라서 만일 시료 내 아이오딘화물의 농도가 3 mg/L를 초과하면, 보통 시료보다 더 많은 양의 $SnCl_2$를 첨가하여야 한다. $SnCl_2$를 첨가한 후 재빨리 시료병의 뚜껑을 닫고 즉시 분석해야 하며, 만일 시료 내 아이오딘화물의 농도가 30 mg/L를 초과하면 분석 후 모든 분석도구 및 시스템을 4 NHCl 용액으로 씻어내야 한다.
• 금아말감 튜브에 수분이 흡착되면 간섭이 일어나거나 형광셀에 응결할 수 있으며, 이는 분석 시 또 다른 피크(peak)를 생성할 수 있다. 따라서 금아말감 튜브에 수분이 흡착되는 것을 방지하고, 수분이 흡착된 금아말감 튜브는 사용하지 않아야 한다.

17 굴뚝 연속자동측정기기로 배출가스 중 가스상 물질을 측정하는 방법 및 측정원리가 <u>틀린</u> 것은?

① 이산화황을 측정하는 불꽃광도법은 환원성 수소불꽃에 도입된 이산화황이 불꽃 중에서 환원될 때 발생하는 빛 가운데 394 nm 부근의 빛에 대한 발광강도를 측정하여 농도를 구하는 방법이다.

② 질소산화물을 측정하는 광산란적분법은 시료가스에 빛을 조사하면 이산화질소로부터 산란광이 발생하고, 산란광의 강도는 광전자증배관에 의해 측정되어 이산화질소의 농도를 측정하는 방법이다.

③ 염화수소를 측정하는 이온전극법은 시료가스 중 염화수소가 분석계의 비교부에 도입된 후 그 안에 들어있던 흡수액과 접촉하게 되고, 이 시료액과 비교부에 새로 도입된 흡수액 중의 염소이온농도차를 염소이온전극으로 측정하여 농도를 구하는 방법이다.

④ 암모니아를 측정하는 용액전도율법은 시료가스와 흡수액을 일정한 비율로 접촉시켜서 시료가스가 포함된 암모니아가스를 흡수액에 흡수시킨 다음, 흡수 전후의 전도율 변화를 측정하여 암모니아의 농도를 구하는 방법이다.

해설 ② 광산란적분법은 굴뚝 배출가스의 먼지를 연속 자동 측정하는 방법이다.
※ 굴뚝 배출가스 중 질소산화물(NO, NO_2)을 연속적으로 자동 측정하는 방법에는 설치방식에 따라 시료채취형과 굴뚝부착형으로 나뉘어지며 측정원리에 따라 화학발광법, 적외선흡수법, 자외선흡수법 및 정전위전해법 등으로 분류할 수 있다.

18 대기오염공정시험기준에 따른 굴뚝 유형별 굴뚝연속자동측정기기의 설치방법으로 **틀린** 것은?

① 불가피하게 외부공기가 유입되는 경우에 측정기기는 외부공기 유입 전에 설치하여야 한다.

② 1개 배출시설에서 2개 이상의 굴뚝으로 오염물질이 나뉘어서 배출되는 경우에 측정기는 나뉘기 전 굴뚝에 설치하거나, 나뉜 각각의 굴뚝에 설치한다.

③ 배출허용기준이 다른 2개 이상의 배출시설이 1개의 굴뚝을 통하여 오염물질을 배출하는 경우 측정기기는 오염물질이 합쳐진 후 지점에 설치한다.

④ 표준산소농도를 적용받는 시설의 가스상 오염물질 측정기기는 산소측정기기의 측정시료와 동일한 시료로 측정할 수 있도록 하여야 한다.

해설 2개 이상의 배출시설이 1개의 굴뚝을 통하여 오염물질을 배출 시 배출허용기준이 다른 경우에는 합쳐지기 전 각각의 지점에 설치하여야 한다.

19 굴뚝 배출가스 중 먼지를 연속적으로 자동 측정하는 방법에 대한 설명으로 **틀린** 것은?

① 먼지농도는 표준상태(0 ℃, 760 mmHg)의 건조배출가스 1 m^3 안에 포함된 먼지의 무게로서 mg/Sm^3의 단위를 갖는다.

② 교정용 입자는 실내에서 감도 및 교정오차를 구할 때 사용하는 균일계 단분산 입자로서 기하평균입경이 0.3 μm ~ 3 μm인 인공입자로 한다.

③ 광투과법의 광원은 안정화 회로에 의하여 점등되고 중수소방전관 또는 속빈음극램프를 사용한다.

④ 베타선흡수법은 자동연속측정기 내부의 여과지 위에 먼지시료를 채취하고, 이 여과지에 베타선을 조사하여 농도를 구하는 방법이다.

해설 ③ 광투과법의 광원은 안정화 회로에 의하여 점등되고 텅스텐램프(tungsten lamp), 레이저(laser)광 등을 사용한다.

정답 **18** ③ **19** ③

[2과목 : 실내공기질 공정시험기준]

01 실내공기질 공정시험기준의 화학분석 일반사항에 관한 내용이다. 다음 괄호 안의 값을 모두 합한 것은?

> • '약'이란 그 무게 또는 부피에 대하여 ± (㉠) % 이상의 차가 있어서는 안 된다.
> • '방울수'라 함은 20 ℃에서 정제수 (㉡)방울을 떨어뜨릴 때 그 부피가 약 1 mL 되는 것을 뜻한다.

① 15   ② 20
③ 25   ④ 30

해설 • '약'이란 그 무게 또는 부피에 대하여 ± 10 % 이상의 차가 있어서는 안 된다.
• '방울수'라 함은 20 ℃에서 정제수 20방울을 떨어뜨릴 때 그 부피가 약 1 mL 되는 것을 뜻한다.
따라서, 10+20=30이다.

02 실내공기질 공정시험기준에 따른 실내공기 오염물질 시료채취 및 평가방법에서 신축 공동주택의 실내공기 오염물질에 관한 시료채취세대 선정에 관한 설명으로 틀린 것은?

① 총 세대수가 299세대이면 4세대를 채취한다.
② 일반적으로 신축 공동주택에서 실내공기시료의 채취는 오후 1시에서 6시 사이에 실시한다.
③ 라돈의 경우에는 신축 공동주택 내 시료채취는 최저층에서 측정한다. 공동주택의 총 세대수가 100세대일 때 2세대를 측정한다.
④ 각 단위세대에서 실내공기의 채취는 거실의 중앙점에서 바닥면으로부터 1.2 m ~ 1.5 m 높이에서 실시한다.

해설 ③ 라돈의 경우에는 신축 공동주택 내 시료채취는 최저층에서 측정한다. 공동주택의 총 세대수가 100세대일 때 3세대를 측정하고, 이후 100세대가 증가할 때마다 1세대씩 추가하며 최대 12세대까지 시료를 채취한다.
※ 라돈 측정은 연속측정방법을 사용한다.

03 라돈의 물리화학적 성질에 대한 설명으로 틀린 것은?

① 라돈은 색깔과 냄새, 맛이 없어서 인간이 라돈의 존재를 쉽게 느낄 수 없다.
② 밀도는 표준상태에서 공기보다 가벼워 지중에서 건물 내로 쉽게 유입될 수 있다.
③ 다른 물질과 화학반응을 잘 하지 않지만 물리적으로 매우 불안정하여 방사선을 방출하면서 붕괴한다.
④ 라돈(^{222}Rn)의 반감기는 3.8일이다.

해설 라돈은 방사성 비활성 기체로, 무색·무미·무취의 성질을 가지고 있으며, 공기보다 무겁고, 자연에서는 우라늄과 토륨의 자연붕괴에 의해서 발생된다. 가장 안정적인 동위원소는 ^{222}Rn으로 반감기는 3.8일이고, 이는 방사선 치료 등에 사용된다. 라돈의 방사능을 흡입하게 되면 폐의 건강을 위협할 수 있다.

04 실내공기질 공정시험기준에 따른 실내공기 중 미세먼지(PM_{10}, $PM_{2.5}$) 시료채취방법에 대한 설명으로 틀린 것은?

① 시료채취는 입경분리장치 용량에 맞추어 1 L/min ~ 30 L/min 범위에서 24시간 연속 채취한다.
② 여과지 보관은 온도 (20 ± 2) ℃, 상대습도 (35 ± 5) % 범위의 항온·항습 조건에서 24시간 이상 항량이 될 때까지 보관한다.
③ 관성충돌 입경분리장치는 원심형 분립장치에 들어간 입자가 원심력에 의해 낙하하여 채취되는 장치이다.
④ 흡입펌프는 일정한 유량으로 시료를 채취할 수 있어야 하며, 유량변화는 5 % 이내여야 한다.

정답   **01** ④   **02** ③   **03** ②   **04** ③

해설 원심형 분립장치에 들어간 입자가 원심력에 의해 낙하하여 채취하는 장치는 사이클론식 입경분리장치이다.
관성충돌 입경분리장치는 입자의 관성충돌을 이용하여 입자를 채취하는 장치이다.

05 실내공기질 공정시험기준에 따라 알파비적검출기를 사용하여 라돈 측정을 수행하였다. 이 경우 노출일수로 옳은 것은?

- 알파비적검출기의 교정효율
  : 0.95 (tracks · cm^{-2} · h^{-1} · Bq^{-1} · m^3)
- 측정검출기의 단위면적당 비적수
  : 15 000 (tracks · cm^{-2})
- 바탕농도검출기의 단위면적당 비적수
  : 3 600 (tracks · cm^{-2})
- 라돈 평균방사능농도 : 100 (Bq · m^{-3})

① 5일   ② 7일
③ 9일   ④ 12일

해설 $C_{Rn} = \dfrac{(G-B)}{\Delta t \, C_F}$

여기서, C_{Rn} : 라돈 평균방사능농도(Bq · m^{-3})
G : 측정한 검출기의 단위면적당 비적수 (tracks · cm^{-2})
B : 바탕농도검출기의 단위면적당 비적수(tracks · cm^{-2})
Δt : 노출시간(h)
C_F : 교정효율 (tracks · cm^{-2} · h^{-1} · Bq^{-1} · m^3)

위 식에서, $100 = \dfrac{(15\,000 - 3\,600)}{\Delta t \times 0.95}$

$\therefore \Delta t = 120\,h = 5일$

06 각각의 석면 종류에 대한 형태와 특성으로 옳은 것은?

① 청석면 : 곧은 모양, 가장 강도가 강함
② 갈석면 : 곧은 모양, 외부 압력에 쉽게 부스러지지 않음
③ 백석면 : 곱슬곱슬한 모양, 전기가 잘 통함
④ 직섬석석면 : 곱슬곱슬한 모양, 외부 압력에 쉽게 부스러짐

해설 ② 갈석면 : 내열성이 강한 석면으로 바늘 모양의 직선 섬유다발 형태를 띠며, 대부분 직경이 50 μm ~ 100 μm이다. 갈석면은 과거 보온재로 많이 이용되었으며, 청석면보다 강하고 탄력이 있어 휘어도 원상태로 복원하는 성질이 있다.
③ 백석면 : 사문암의 광맥상에 존재하는 석면 중 가장 일반적인 종류로서 전세계 석면 생산량 중 약 95 %에 이르는 것으로 알려져 있다. 주요 성분은 실리카와 마그네슘이며, 백색을 띠고 곱슬곱슬한 모양의 섬유다발 형태로 가늘고 부드러우며 잘 휘어지고, 전기가 통하지 않는다.
④ 직섬석석면 : 안소필라이트로 바늘 모양의 곧고 흰 섬유로 취성(脆性)을 나타내며, 절단된 파편 형태로 존재한다.

07 실내공기질 공정시험기준에 따른 석면의 분석절차에 대한 설명으로 틀린 것은?

① 석면시료를 채취한 여과지를 절단할 때 여과지의 조각은 중심부분을 주로 포함하게 외과용 메스를 이용하여 잘라낸다.
② 여과지 절단을 위하여 가위를 사용하는 것은 권장하지 않는다.
③ 투명화 과정은 아세톤 증기 발생장치를 이용하고 여과지면이 아세톤 증기에 균일하게 접촉하게 한다.
④ 고정화는 투명해진 여과지에 가능한 빨리 마이크로피펫을 사용하여 트라이아세틴을 여과지 중심부에 떨어뜨리고 그 위에 커버글라스를 덮는 과정이다.

해설 공기 중 석면 및 섬유상 먼지의 시료를 채취한 여과지를 여과지 홀더에서 꺼내어 2 ~ 4등분 하며, 절단된 5여과지의 각 조각은 전체 여과지의 중심부터 가장자리까지 모두 포함하여야 한다. 여과지를 자를 때에는 외과용 메스 또는 이것과 같이 둥글고 예리한 날을 가진 칼을 이용한다.

08 실내공기질 공정시험기준에 따라 채취한 실내공기 중 석면 및 섬유상 먼지의 농도로 옳은 것은?

- 유효채취면적 : 100 cm²
- 위상차현미경으로 계측한 시료의 총섬유수 : 200개
- 위상차현미경으로 계측한 바탕시료의 총섬유수 : 4개
- 현미경으로 계측한 1시야의 면적 : 0.0002 cm²
- 현미경으로 계측한 시야의 총수 : 10
- 0 ℃, 770 mmHg에서 채취한 공기의 총유량 : 2 000 L

① 4.4 개/cc
② 4.9 개/cc
③ 44.3 개/cc
④ 49 개/cc

해설

$$C = \frac{A \times (N_1 - N_2)}{a \times V_{(25\,℃,\,1\,atm)} \times n} \times \frac{1}{1\,000}$$

여기서, C : 공기 중 석면 및 섬유상 먼지의 농도(개/cc)

A : 유효채취면적(cm²)

N_1 : 위상차현미경으로 계측한 시료의 총섬유수(개)

N_2 : 위상차현미경으로 계측한 바탕시료의 총섬유수(개)

a : 현미경으로 계측한 1시야의 면적(cm²)

$V_{(25\,℃,\,1\,atm)}$: 환산한 채취공기량(L)

n : 계수한 시야의 총수(개)

위 식에서

$$V_{(25\,℃,\,1\,atm)} = 2\,000 \times \frac{273 + 25}{273} \times \frac{760}{770}$$

$$= 2\,155\ L$$

$$C = \frac{100 \times (200 - 4)}{0.0002 \times 2\,155 \times 10} \times \frac{1}{1\,000} = 4.55\ \text{개/cc}$$

09 실내공기질 공정시험기준에 따라 투과전자현미경을 이용하여 섬유상 먼지 시료에 대한 석면 정성분석 후 공기 중의 석면 농도를 구하였더니 40 (f/cc)였다. 시료로부터 확인된 섬유의 개수가 보기와 같을 때 위상차현미경 분석에 의한 공기 중 석면 농도는?

- 시료 중 석면으로 확인된 섬유의 개수 : 21
- 현장 바탕시료 중 석면으로 확인된 섬유의 개수 : 11
- 시료 중 석면과 비석면을 포함하는 모든 섬유의 개수 : 32
- 현장 바탕시료 중 석면과 비석면을 포함하는 모든 섬유의 개수 : 30

① 5 f/cc
② 7 f/cc
③ 8 f/cc
④ 11 f/cc

해설

$$C = C_{PCM} \times \frac{f_s - f_b}{F_s - F_b}$$

여기서, C : 공기 중 석면 농도(f/cc)

C_{PCM} : 위상차현미경 분석에 의한 공기 중 석면 농도(f/cc)

f_s : 시료 중 석면으로 확인된 섬유의 개수

f_b : 현장 바탕시료 중 석면으로 확인된 섬유의 개수

F_s : 시료 중 석면과 비석면을 포함하는 모든 섬유의 개수

F_b : 현장 바탕시료 중 석면과 비석면을 포함하는 모든 섬유의 개수

$$40 = C_{PCM} \times \frac{f_s - f_b}{F_s - F_b} = C_{PCM} \times \frac{21 - 11}{32 - 30}\ \text{(f/cc)}$$

$$\therefore C_{PCM} = 8\ \text{f/cc}$$

10 실내공기질 공정시험기준에 따른 실내공기 중 폼알데하이드 농도 분석을 위한 검정곡선 작성에 대한 설명으로 틀린 것은?

① 표준시료를 분석하여 폼알데하이드의 면적을 구하여 이를 이용하여 검정곡선을 작성한다.
② 표준시료의 농도는 미지시료의 농도가 포함될 수 있는 범위로 설정한다.
③ 검정곡선 작성 시 표준용액의 농도는 DNPH-유도체화 폼알데하이드 농도를 사용한다.
④ 검정곡선 작성용 표준시료는 메탄올로 희석하여 5개 이상 농도 단계로 제조한다.

정답 08 ① 09 ③ 10 ④

해설 DNPH-유도체화 폼알데하이드 표준용액을 아세토나이트릴로 희석하여 5개 이상 농도 단계의 표준시료를 제조하며, 이때 표준시료의 농도는 미지시료의 농도가 포함될 수 있는 범위(예 0.1 ppm ~ 10 ppm)로 설정한다.

11 실내공기질 공정시험기준에 따른 실내공기 중 폼알데하이드의 시료채취에 대한 설명으로 틀린 것은?

① 시료채취 시 알루미늄 포일 등을 이용하여 DNPH 카트리지가 빛에 노출되는 것을 차단한다.

② 오존 스크러버는 고순도의 아이오딘화포타슘(KI)으로 충진되어 DNPH와 반응하는 오존을 제거해준다.

③ 건축자재 방출시험 공기 시료채취 시 채취유량은 공급공기 유량의 90 % 이하여야 한다.

④ 실내공기 중 시료채취는 0.5 L/min ~ 1.2 L/min의 유량으로 30분간 연속 2회 채취한다.

해설 ③ 건축자재 방출시험 공기 시료채취 시 채취유량은 공급공기 유량의 80 % 이하여야 한다.

12 실내공기질 공정시험기준에 따른 실내공기 중 충돌법에 의한 총부유세균 측정을 위한 배지로 즉시 사용할 수 없는 것은?

① 완성된 형태로 페트리접시에 포장되어 공급된 배지

② 동결건조된 형태로 포장되어 공급된 상업용 배지

③ 건조분말배지를 정제수로 멸균한 상업용 배지

④ 건조과립배지를 정제수로 멸균한 상업용 배지

해설 상업용 건조제제로 준비한 배지는 즉시 사용이 불가능한 건조형태의 배지(분말, 과립, 동결건조된 제품 등)로, 정제수(필요에 따라 다른 성분 추가)를 가하여 멸균하여 사용해야 한다.

13 실내공기질 공정시험기준에 따라 실내공기 중 총부유세균을 측정하기 위해 400개의 홀(hole)을 갖는 바이오 공기채취기를 사용하여 제시된 조건으로 측정한 총부유세균의 농도로 옳은 것은?

- 측정온도 : 25 ℃, 1기압
- 초기유량 : 21 L/min
- 종료 시 유량 : 25 L/min
- 측정시간 : 5분
- 계수한 세균수를 보정한 집락수(CFU) : 326

① 283.478 CFU/m^3

② 310.76 CFU/m^3

③ 2 834.78 CFU/m^3

④ 3 104.76 CFU/m^3

해설 $Q_{ave} = \dfrac{Q_1 + Q_2}{2}$

여기서, Q_{ave} : 시료채취기간의 평균유량 (L/min)
Q_1 : 시료채취 시작 시의 유량 (L/min)
Q_2 : 시료채취 종료 시의 유량 (L/min)

$V = \dfrac{Q_{ave} \times T}{10^3}$

여기서, V : 채취한 공기의 총부피(m^3)
Q_{ave} : 시료채취기간의 평균유량 (L/min)
T : 시료채취시간(min)

$Q_{ave} = \dfrac{21 + 25}{2} = 23$ L/min

$\therefore V = \dfrac{23 \times 5}{10^3} = 0.115$ m^3

$C = \dfrac{CFU}{V(25\,℃,\,1\,atm)}$

여기서, C : 실내공기 중 총부유세균의 농도 (CFU/m^3)
CFU : 보정된 집락수
$V_{(25\,℃,\,1\,atm)}$: 환산된 채취공기량(m^3)

$\therefore C = \dfrac{326}{0.115} = 2\,834.78$ CFU/m^3

14 실내공기질 공정시험기준에 따른 실내공기 중 부유곰팡이 측정방법에 대한 설명으로 틀린 것은?

① 집락수 계수는 2회 반복한다.

② 시료를 채취한 배지는 최소 5일 동안 배양하며 최대 7일을 초과하지 않아야 한다.

③ 배양 2일 후부터 24시간 간격으로 집락수를 계수한다.

④ 배양과정 중 진동으로 인한 세균오염을 주의해야 한다.

해설 별도로 규정하지 않는 한 진동이 없고 (25 ± 3) ℃에서 안정하며 고른 온도분포로 유지할 수 있는 장치를 배양기로 사용한다.

15 실내공기질 공정시험기준에 따라 실내공기 중 라돈을 측정하기 위한 연속 라돈 측정분석기기와 기구에 대한 설명으로 틀린 것은?

① 섬광셀 방식, 이온화상자 방식, 실리콘 검출기 모두 여과지와 동력펌프를 필요로 한다.

② 실리콘 검출기는 용기 내부에 유입된 라돈과 셀 내부에서 생성된 라돈붕괴생성물에서 방출되는 알파입자를 실리콘 반도체 검출기로 측정하는 방식이다.

③ 섬광셀 방식은 셀 내부에 유입된 라돈과 셀 내부에서 생성된 라돈붕괴생성물에서 방출되는 알파입자와 ZnS(Ag)가 반응하여 나온 섬광을 바로 측정하는 방식이다.

④ 이온화상자 방식은 이온화상자 내부에 유입된 라돈과 상자 내부에서 생성된 라돈붕괴생성물에서 방출되는 알파입자가 고전기장에서 만든 이온화의 전기적 세기를 측정하는 방식이다.

해설 ③ 섬광셀(scintillation cell) 방식은 여과지를 거친 후, 자연확산 또는 동력펌프를 통해 셀 내로 유입된 라돈과 셀 내부에서 생성된 라돈붕괴생성물에서 방출되는 α입자에 ZnS(Ag)가 반응하여 나온 섬광을 광증배관으로 증폭하여 계수한다.

16 실내공기질 공정시험기준에 따른 미세먼지 연속측정방법(베타선흡수법)으로 실내공기 중 미세먼지(PM_{10})를 측정하는 방법에 대한 설명으로 옳은 것은?

① 미세먼지 농도는 소수점 둘째 자리까지 표시한다.

② 미세먼지 중량법과 비교하여 보정계수 적용이 필요하다.

③ 베타선흡수법은 미세먼지의 중량을 측정하는 직접적인 방법이다.

④ 입경분리장치 입경분리기준 기준점인 10 μm에서 그 효율이 90 % 이상이어야 한다.

해설 이 시험기준 사용 시 주시험방법인 '실내공기 중 미세먼지(PM_{10}, $PM_{2.5}$) 중량법(측정방법)'과 비교한 보정계수 적용이 필요하다.

17 실내공기질 공정시험기준에 따라 일산화탄소를 비분산 적외선 분광분석법을 이용하여 측정할 때 방해요소와 그 제거방법으로 옳은 것은?

① 수증기 : 활성탄

② 이산화탄소 : 소다석회

③ 질소산화물 : 광학필터

④ 에틸렌 : 활성탄

해설 대기 중 이산화탄소의 방해영향은 그다지 크지 않지만, 소다석회를 사용하여 영향을 줄일 수 있다.

정답 14 ④ 15 ③ 16 ② 17 ②

18 실내공기질 공정시험기준에 따른 실내공기 중 이산화질소 측정에 관한 설명으로 **틀린** 것은?

① 입자상 물질은 이산화질소를 측정하는 데 간섭물질로 작용하지 않는다.

② 변환기는 스테인리스강, 구리, 텅스텐으로 만들어진다.

③ 스팬가스는 측정기기 최대눈금값의 80 % ~ 90 % 농도를 사용한다.

④ 측정기기의 직선성은 최대눈금값의 ± 4 % 이내의 값을 가져야 한다.

해설 ① 입자상 물질 등은 공기 중 이산화질소를 측정하는 데 간섭물질로 작용할 수 있다.
※ 간섭이 의심되는 물질의 영향을 막기 위해서는 각 물질에 해당하는 여과지 및 스크러버를 사용하여야 한다.

19 실내공기질 공정시험기준에 따른 실내공기 중 일산화탄소 측정방법 중 비분산 적외선 분광분석법에 사용하는 일산화탄소 변환기에 대한 설명으로 **틀린** 것은?

① 시료공기 중의 일산화탄소를 이산화탄소로 변환시킨다.

② 일산화탄소를 포함하지 않은 제로가스를 흘려보낸다.

③ 약 300 ℃로 가열한 백금(platinum)이나 팔라듐(palladium) 여과지를 사용한다.

④ 보통 0 ppm ~ 200 ppm 농도의 일산화탄소를 0.1 ppm보다 낮게 변환시킨다.

해설 일산화탄소 변환기(converter)는 방향전환밸브의 조작으로 들어온 시료공기 중의 일산화탄소를 이산화탄소로 바꾸어 일산화탄소를 포함하지 않은 제로가스를 흘려보내는 것으로, 약 90 ℃로 가열한 백금이나 팔라듐 여과지를 사용한다.

20 실내공기질 공정시험기준에 따른 비분산 적외선 분광분석법 중 일산화탄소 측정기기의 제로드리프트를 평가하기 위해 측정기기에 제로가스를 설정유량으로 도입하여 8시간 연속 측정하였다. 제로드리프트는 몇 %인가?

- 제로가스 초기지시값 : 0.05 ppm
- 8시간 연속 측정한 기간 동안 최댓값 : 0.06 ppm

① 17 %   ② 20 %

③ 83 %   ④ 120 %

해설 제로드리프트(%)

$$= \frac{|\bar{d}|}{\text{제로가스 초기지시값}} \times 100$$

여기서, d : 제로가스 초기지시값으로부터 최대편차

$$\therefore \text{제로드리프트(\%)} = \frac{0.06 - 0.05}{0.05} \times 100 = 20 \%$$

[3과목 : 악취 공정시험기준]

01 악취 공정시험기준에 따른 공기희석관능법 중 시료의 공기희석과 관능시험방법에 대한 설명으로 틀린 것은?

① 자동식 희석장치의 경우 희석조작이 끝나면 10분 이상 무취공기로 시료가스가 통과한 라인 및 혼합조를 세척한다.

② 악취분석요원은 최초 시료희석배수에서의 관능시험 결과 모든 판정요원의 정답률을 구하여 평균정답률이 0.6 미만일 경우 판정시험을 끝낸다.

③ 자동식 희석장치 활성탄통의 활성탄 여과지는 1개월에 한 번씩 갈아준다(1일 2시간 측정기준).

④ 시험용 냄새주머니의 희석배수는 부지경계선에는 약 3배수씩(3배, 10배, 30배) 단계별로 증가시키면서 희석하며, 배출구일 경우는 (100배, 300배, 1 000배)의 희석배수로 시험을 시작한다.

> 해설 ④ 배출구일 경우는 (300배, 1 000배, 3 000배)의 희석배수로 시험을 시작한다.

02 악취 공정시험기준에 따른 공기희석관능법 중 판정요원 선정절차에 대한 설명이 틀린 것은?

① 판정요원은 만 19세 이상이어야 한다.

② 악취강도 1도의 인식시험액 냄새를 인식하지 못하면 판정요원 선정시험을 받도록 한다.

③ 여과지 5매 중 3매는 판정요원 선정용 시험액에 담그고, 나머지 2매는 정제수와 유동파라핀에 각각 1분 동안 담가둔다.

④ 냄새나는 여과지 3매를 선택하게 하여 냄새의 종류를 맞추고, 악취강도가 3도, 4도인 사람을 예비판정요원으로 선정한다.

> 해설 ② 예비 판정요원이 냄새를 인식하지 못하면 판정요원 선정시험대상에서 제외한다.

03 악취 공정시험기준에 따른 공기희석관능법 자동희석장치의 구성 명칭이 바르게 연결된 것은?

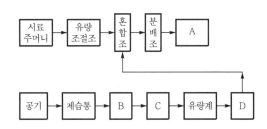

① A : 시료 희석주머니
② B : 바늘밸브
③ C : 활성탄통
④ D : 격막펌프

> 해설 ② B : 격막펌프
> ③ C : 바늘밸브
> ④ D : 활성탄통

04 악취 공정시험기준에 따른 암모니아-붕산 용액 흡수법의 시료채취 및 분석방법에 대한 설명으로 틀린 것은?

① 유량계는 1 L/min ~ 15 L/min 범위의 유량을 측정할 수 있어야 한다.

② 분석기의 재현성은 상대표준편차 10 % 이내여야 한다.

③ 페놀-나이트로프루시드소듐 용액은 차고 어두운 곳에 보존하고 조제한 후 1개월 이상 경과한 것은 사용하지 않는다.

④ 암모니아 표준용액은 갈색 병에 넣어 냉장 보관해야 하며, 1개월 이상 경과한 것은 불안정하여 사용할 수 없다.

> 해설 ④ 암모니아 표준용액은 갈색 병에 넣어 냉장 보존으로, 1년 정도 안정하다.

정답 **01** ④ **02** ② **03** ① **04** ④

05 악취 공정시험기준에 따른 암모니아-붕산 용액 흡수법 - 자외선/가시선 분광법에 대한 설명으로 틀린 것은?

① 시료채취 후 2개의 흡수병 중 붕산 용액을 합하여 부피 50mL의 눈금플라스크에 옮긴다.
② 암모니아 표준용액 0 mL ~ 40 mL를 단계적으로 취하여 각각 붕산 용액을 가하여 50 mL로 한 후, 이 용액 10 mL를 시험관으로 취한다.
③ 시료채취장치는 붕산 용액을 담은 흡수병 2개를 직렬로 연결시킬 수 있어야 한다.
④ 시료채취장치는 시료채취홀더, 채취관, 흡입콕으로 구성된다.

해설 ④ 시료채취장치는 흡수병, 흡입펌프, 가스미터로 구성된다.

06 악취 공정시험기준에 따른 기체 크로마토그래피법 중 불꽃이온화검출기(FID)를 사용하는 분석법으로 틀린 것은?

① 스타이렌 - 저온농축 - 모세관 칼럼 - 기체 크로마토그래피법
② 황화합물 - 저온농축 - 모세관 칼럼 - 기체 크로마토그래피법
③ 트라이메틸아민 - 헤드스페이스 - 모세관 칼럼 - 기체 크로마토그래피법
④ 지방산류 - 헤드스페이스 - 기체 크로마토그래피법

해설 ② 황화합물 - 저온농축 - 모세관 칼럼 - 기체 크로마토그래피법은 불꽃광도검출기(FPD), 펄스형 불꽃광도검출기(PFPD) 등으로 검출한다.

07 악취 공정시험기준에 따른 트라이메틸아민 분석방법으로 틀린 것은?

① 저온농축 - 충전 칼럼 - 기체 크로마토그래피법
② 헤드스페이스 - 모세관 칼럼 - 기체 크로마토그래피법

③ 고체상 미량추출 - 모세관 칼럼 - 기체 크로마토그래피법
④ 고효율막 채취장치 - 기체 크로마토그래피법 - 연속측정방법

해설 ④ 고효율막 채취장치 - 이온 크로마토그래피법 - 연속측정방법

08 악취 공정시험기준에 따라 트라이메틸아민을 산성 여과지를 이용하여 제시된 조건으로 시료 채취하여 기체 크로마토그래피법으로 분석 시 대기 중 트라이메틸아민의 농도로 옳은 것은?

- 채취한 시료의 흡입속도 : 10 L/min
- 시료의 채취시간 : 5분
- 시료채취 시 온도 : 15 ℃
- 시료채취 시 압력 : 720 mmHg
- 검정곡선에 의해 계산된 트라이메틸아민의 양 : 2 000ng
- 트라이메틸아민의 분자량 : 59g

① 0.013 ppm ② 0.015 ppm
③ 0.017 ppm ④ 0.019 ppm

해설 표준상태로 환산한 시료의 양(L)
$$= 10\,\text{L/min} \times 5\,\text{min} \times \frac{298}{273+15} \times \frac{720}{760}$$
$$= 49.0\,\text{L}$$
∴ 트라이메틸아민의 농도(ppm)
$$= \frac{2\,000\,\text{ng}}{49\,\text{L}} \times \frac{\frac{24.46}{59}}{1\,000} = 0.017\,\text{ppm}$$

09 악취 공정시험기준에 따른 지방산류 - 고체상 미량흡착 - 기체 크로마토그래피법 중 고체상 미량추출(SPME) 파이버 헤드스페이스에서의 흡착시간과 기체 크로마토그래피 주입구(injector)에서의 탈착시간으로 옳은 것은?

① 5분 흡착, 1분 탈착(240 ℃)
② 10분 흡착, 1분 탈착(240 ℃)
③ 15분 흡착, 3분 탈착(240 ℃)
④ 30분 흡착, 3분 탈착(240 ℃)

정답 05 ④ 06 ② 07 ④ 08 ③ 09 ③

해설 지방산류를 GC 중 고체상 미량추출 파이버 헤드 스페이스에서의 분석조건은 다음과 같다.
• 주입부 온도 : 240 ℃
• 흡착시간 : 15분
• 탈착시간 : 3분

10 악취 공정시험기준에 따라 대기 중 아세트알데하이드를 DNPH 유도체를 형성하여 액체 크로마토그래피법으로 분석할 때, 제시된 조건에서 아세트알데하이드의 농도는?

• 시료 중 아세트알데하이드 양 : 200 ng
• 바탕시료 중 아세트알데하이드 양 : 30 ng
• 표준상태에서 측정된 총 공기시료 부피 : 60 L
• 아세트알데하이드 분자량 : 44.1 g

① 1.57 ppb
② 1.75 ppb
③ 1.87 ppb
④ 1.95 ppb

해설 아세트알데하이드의 농도

$$농도(\mu g/m^3) = \frac{(200-30)\,ng}{60\,L} = 2.833\,\mu g/m^3$$

$$농도(ppb) = 2.833 \times \frac{\dfrac{24.26}{44.1}}{1\,000} \times 1\,000 = 1.57\,ppb$$

11 악취 공정시험기준에 따라 휘발성 유기화합물을 저온농축 기체 크로마토그래피법을 이용하여 제시된 조건으로 분석하고자 한다. 검출되는 물질의 순서로 옳은 것은?

• 모세관 칼럼 : HP-1, 30 m, 0.53 mm, 2.65 μm
• 칼럼 유량 : 7 mL/min
• 검출기 : 불꽃이온화검출기(FID)
• 검출기 온도 : 250 ℃
• 오븐 온도 : 40 ℃(4분) → 7 ℃/min → 180 ℃
　　　　　　　→ 10 ℃/min → 200 ℃

① 톨루엔 → 자일렌 → 메틸에틸케톤 → *i*-뷰틸알코올
② 자일렌 → 메틸에틸케톤 → *i*-뷰틸알코올 → 톨루엔
③ 메틸에틸케톤 → *i*-뷰틸알코올 → 톨루엔 → 자일렌
④ *i*-뷰틸알코올 → 톨루엔 → 자일렌 → 메틸에틸케톤

해설 저온농축 GC법을 이용하여 휘발성 유기화합물 분석 시 검출되는 물질의 순서는 다음과 같다.
메틸에틸케톤 → *i*-뷰틸알코올 → 메틸이소뷰틸케톤 → 톨루엔 → *n*-뷰틸아세테이트 → 자일렌

12 악취 공정시험기준에 따른 저온농축 – 기체 크로마토그래피법을 이용한 휘발성 유기화합물 분석방법 중 시료채취를 위한 고체흡착관에 대한 설명으로 <u>틀린</u> 것은?

① 200 mg 정도 충전된 탄소성 흡착제류들의 유기물 바탕값은 0.01 ng 정도이다.
② 높은 오존 농도에서는 tenax류의 흡착제는 고분자가 산화되므로 오존이 10 ppb 이하인 환경에서 사용한다.
③ Porapaks와 같은 다공성의 폴리머 흡착제로 충전된 흡착관은 약 100번의 열처리 사용 후 교체한다.
④ 안전시료부피(safe sample volume)의 경우 채취에 사용되는 흡착관의 최대흡착부피 3/4에 해당하는 값을 적용한다.

해설 ④ 안전시료부피(SSV ; Safe Sample Volume)는 분석대상물질의 손실 없이 안전하게 채취할 수 있는 일정 농도에 대한 공기의 부피를 말하며, 채취에 사용되는 흡착관의 최대흡착부피 2/3에 해당하는 값을 적용한다.

13 악취 공정시험기준에 따라 흡착관을 이용하여 스타이렌 시료를 채취할 때 부피에 대한 설명으로 옳은 것은?

① 채취부피 : 흡착관에 충전된 흡착제의 최대 흡착부피

② 안전부피 : 흡착관으로부터 분석물질을 탈착하기 위하여 필요한 운반가스의 부피

③ 파과부피 : 시료채취 시에 분석대상물질이 흡착관에 채취되지 않고 흡착관을 통과하는 부피

④ 머무름부피 : 분석대상물질의 손실 없이 안전하게 채취할 수 있는 일정 농도에 대한 공기의 부피

해설 ① 채취부피 : 흡입펌프 및 유량계를 이용하여 시료가스가 흡착관에 통과된 부피
② 안전부피 : 분석대상물질의 손실 없이 안전하게 채취할 수 있는 일정 농도에 대한 공기의 부피
④ 머무름부피 : 흡착관으로부터 분석물질을 탈착하기 위하여 필요한 운반가스의 부피

14 악취 공정시험기준에 따른 트라이메틸아민, 암모니아 – 연속측정방법 시료채취장치의 구성이다. 2번, 3번, 7번 장치로 옳은 것은?

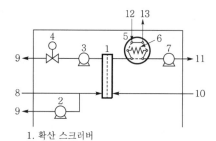

1. 확산 스크러버

〈시료채취장치 구성〉

① 2번 : 전단 공기배출펌프, 3번 : 후단 공기펌프, 7번 : 흡수액펌프

② 2번 : 전단 공기흡입펌프, 3번 : 흡수액펌프, 7번 : 후단 공기펌프

③ 2번 : 전단 공기배출펌프, 3번 : 흡수액펌프, 7번 : 후단 공기펌프

④ 2번 : 전단 공기흡입펌프, 3번 : 후단 공기펌프, 7번 : 흡수액펌프

해설 문제의 그림에 표시된 장치는 각각 다음과 같다.
1 : 확산 스크러버
2 : 전단 공기흡입펌프
3 : 후단 공기펌프
4 : 공기유속조절기
5 : 시료주입기
6 : 주입루프
7 : 흡수액펌프
8 : 공기 흡입구
9 : 공기 배출구
10 : 흡수액 입구
11 : 흡수액 배출구
12 : 용리액(eluent) 입구(이온 크로마토그래피 시스템)
13 : 용리액 출구

15 악취 공정시험기준에 따른 지방산류 – 고체상 미량 추출 – 기체 크로마토그래피법에 대한 설명으로 틀린 것은?

① 검출기로서 질량분석기를 갖고 있는 것이어야 한다.

② 알칼리함침 여과지법, 알칼리수용액 흡수법을 시료채취방법으로 한다.

③ 모세관 칼럼은 기체 크로마토그래피에 사용되는 속이 빈 모세관 칼럼의 일종으로 내경이 0.25 mm ~ 0.75 mm인 것을 말한다.

④ 헤드스페이스 주입에 사용하는 바늘은 산에 의해 부식되거나 흡착될 가능성이 있으므로 내식성인 주사기 바늘을 사용한다.

해설 SPME 장치는 일정한 두께로 흡착 코팅한 파이버와 일반적인 주사기를 변형한 모양으로 되어 있으며, SPME 파이버는 Carboxen/Poly-dimethylsiloxane(CAR/PDMS)이 85 μm으로 입혀진 파이버를 사용한다. 파이버는 사용 전에 기체 크로마토그래피 주입구에서 250 ℃에서 1시간 가열하여 열세척을 한 후 사용한다.

16 악취 공정시험기준에 따른 스타이렌 분석 시 시료분할(splitting)에 대한 설명으로 옳은 것은?

① 수분의 간섭으로 인한 칼럼과 검출기의 피해를 최소화하기 위해 분할(splitting) 주입을 실시할 수 있다.
② 측정결과 시료의 농도가 낮아 검정곡선의 범위에 못 미칠 때 분할(splitting) 주입을 실시할 수 있다.
③ 흡착관을 사용하지 않고 흡입상자로 시료를 채취할 때 분할(splitting) 주입을 실시할 수 있다.
④ 10 ppb 이하의 매우 낮은 농도의 스타이렌을 측정할 때 오존 스크러버 대신 분할(splitting) 주입을 실시할 수 있다.

해설 측정결과 시료의 농도가 검정곡선의 범위를 초과할 경우와 수분의 간섭으로 인한 모세관 칼럼과 검출기의 피해를 최소화하기 위해 분할(splitting) 주입을 실시할 수 있다. 이 경우에는 보통 10:1 정도로 분할하는 것이 적당하며, 10 ppb 이하의 낮은 농도의 스타이렌을 시료채취할 때에는 반드시 오존 스크러버가 사용되어야 한다.

17 악취 공정시험기준에 따른 카르보닐류 – 고효율막 채취장치 – 액체 크로마토그래피법 – 연속측정방법에 대한 설명으로 틀린 것은?

① 시료채취유량은 채취하는 모든 성분에 대해 흡수율이 0.95 이상이 되도록 결정한다.
② 시료주입루프의 부피를 증가시키면 검출력은 향상되지만 각 성분들 봉우리의 분리도가 떨어질 수 있다.
③ 측정지점으로부터 시료채취장치로 공기를 이송하는 전단 공기흡입펌프의 공기흡입유량은 10 L/min을 넘지 않도록 한다.
④ 흡수액의 유량은 실제 채취시간을 결정하는 요소 중에 하나로서 증가할수록 흡수액의 확산 스크러버 내에서의 머무름 시간이 길어져 농축도가 증가한다.

해설 ④ 흡수액의 유량은 실제 채취시간을 결정하는 요소 중에 하나로서 감소할수록 흡수액의 확산 스크러버 내에서의 머무름 시간이 길어져 농축도가 증가한다.

18 악취 공정시험기준에 따른 카르보닐류 – 고효율막 채취장치 – 액체 크로마토그래피법 – 연속측정방법 중 흡수액, 표준용액, 용리액에 공통으로 사용되는 용매로 옳은 것은?

① 에탄올
② 노말헥세인
③ 에틸아세테이트
④ 아세토나이트릴

해설 문제에서 설명하는 공통 용매는 아세토나이트릴(acetonitrile, C_2H_3N)이다.

19 악취 공정시험기준에 따른 카르보닐류 – 고효율막 채취장치 – 액체 크로마토그래피법 – 연속측정방법 중 시료채취장치의 구성요소로 옳은 것은?

① 확산 스크러버, 공기흡입펌프, 공기유속조절기, 주입루프
② 확산 스크러버, DNPH 카트리지, 공기유속조절기, 흡수액 입출구
③ 오존 스크러버, 공기흡입펌프, 용리액 입출구, 주입루프
④ 오존 스크러버, DNPH 카트리지, 용리액 입출구, 흡수액 입출구

해설 시료채취장치의 구성요소에는 확산 스크러버, 전단 공기흡입펌프, 후단 공기펌프, 공기유속조절기, 시료주입기, 주입루프, 흡수액 펌프, 공기 흡입구, 공기 배출구, 흡수액 입구, 흡수액 배출구, 용리액 입구(액체 크로마토그래피 시스템), 용리액 출구(액체 크로마토그래피 시스템)가 있다.

[정도관리(대기)]

01 다음 중 검출한계를 구하는 방법에 대한 설명으로 **틀린** 것은?

① 분석기기에 직접 시료를 주입하여 분석하는 경우엔 기기검출한계, 전처리 또는 분석과정이 포함된 경우엔 방법검출한계로 구분하기도 한다.

② 검정농도와 질량분광을 완전히 확인할 수 있는 최소수준으로, 낮은 농도 시료 7개 ~ 10개를 반복 측정하여 표준편차의 10배에 해당하는 값을 구하고 이를 검출한계로 한다.

③ 시각적 평가에 근거하는 방법은 검출한계에 가깝다고 생각되거나, 이미 알고 있는 양의 분석대상물질을 함유하는 시료를 반복 분석하여 분석대상물질이 확실하게 검출 가능하다는 것을 확인하고 이를 검출한계로 한다.

④ 신호 대 잡음비(S/N비)에 근거하는 방법은 이미 알고 있는 분석대상물질을 낮은 농도로 함유하는 시료의 신호를 바탕시료의 신호와 비교하여 신호 대 잡음비가 2배 ~ 3배로 나타나는 분석대상물질 농도를 검출한계로 한다.

해설 ②는 정량한계(LOQ ; Limit Of Quantificatoin)를 구하는 방법에 대한 설명이다.

02 시료채취과정, 시료의 운송, 보관 및 분석 과정에서 생기는 문제점을 찾는 데 사용되는 바탕시료로 옳은 것은?

① 방법바탕시료(method blank)

② 세척바탕시료(rinsate blank)

③ 장비바탕시료(equipment blank)

④ 현장바탕시료(field blank)

해설 ④ 현장바탕시료는 현장에서 만들어지는 깨끗한 시료로, 분석의 모든 과정(채취, 운송, 보관 및 분석)에서 생기는 문제점을 찾는 데 사용된다.

03 환경대기 중 가스상 물질의 시료채취방법에 대해 설명한 것으로 **틀린** 것은?

① 직접채취법은 시료를 측정기에 직접 도입하여 분석하는 방법으로 채취관, 분석장치, 흡입펌프로 구성된다.

② 고체흡착법은 고체분말 표면에 가스가 흡착되는 것을 이용하는 방법으로 흡착관, 유량계, 흡입펌프로 구성된다.

③ 저용량 공기시료채취법은 저용량 공기시료채취기를 이용하여 여과지 위에 채취하는 방법으로 흡입펌프, 분립장치, 여과지 홀더 및 유량 측정부로 구성된다.

④ 용매채취법은 측정대상 가스와 선택적으로 흡수 또는 반응하는 용매에 시료가스를 일정 유량으로 통과시켜 채취하는 방법으로 채취관, 여과재, 채취부, 흡입펌프, 유량계로 구성된다.

해설 ③ 저용량 공기시료채취법은 가스상 물질의 시료채취방법이 아닌, 대기 중에 부유하고 있는 10 μm 이하의 입자상 물질을 저용량 공기시료채취기를 사용하여 여과지 위에 채취하고 질량농도를 구하거나 금속 등의 성분 분석에 이용하는 방법이다.

정답 01 ② 02 ④ 03 ③

04 시료채취 프로그램 설계를 위한 7단계 과정을 순서대로 나열한 것으로 옳은 것은?

> ㉠ 프로그램의 조사활동영역 및 의사결정단위 설정
> ㉡ 결과값 결정에 있어 에러의 허용기준 설정
> ㉢ 시료채취와 분석계획에 대한 자원 대비 효율을 비교하여 극대화 방안 선택
> ㉣ 프로그램에서 확인하고자 하는 현재의 문제점 규정
> ㉤ 연구 의문점 확인 및 해결방법 모색, 대체방법 규정
> ㉥ 결정을 위한 필요 정보의 확인(자료의 근원, 기본행동수칙, 시료채취/분석법 등)
> ㉦ 수집된 시료의 결과값에 대한 통계요소 설정, 특별행동수칙, 행동에 대한 논리 개발

① ㉠→㉢→㉦→㉥→㉤→㉣→㉡
② ㉡→㉢→㉦→㉥→㉤→㉢→㉠
③ ㉢→㉠→㉣→㉥→㉤→㉡→㉦
④ ㉣→㉤→㉥→㉠→㉦→㉡→㉢

해설 시료채취 프로그램 설계를 위한 7단계 과정
- 1단계 : 프로그램에서 확인하고자 하는 현재의 문제점을 규정하고 시료채취 프로그램 설계팀을 구성하며, 분석에 필요한 예산을 산정하여 채취일정을 계획한다.
- 2단계 : 1단계 사항을 검토하여 확정하고, 의문점에 대한 해결방법을 모색한다.
- 3단계 : 결정에 필요한 정보(자료의 출처, 기본행동수칙, 시료 채취 및 분석법)를 수집하여 확인한다.
- 4단계 : 프로그램의 조사활동영역을 설정한다(시료의 특성 규정, 시료채취 시 시공간적 제한을 규정, 의사결정단위 설정).
- 5단계 : 의사결정에 필요한 규칙을 개발하고, 수집된 시료의 결과값에 대한 통계처리방법을 개발한다.
- 6단계 : 5단계의 통계처리방법을 통해 측정결과의 에러가 허용기준 이내의 범위인지 판단한다.
- 7단계 : 확보된 데이터에 대해 효율성을 평가한다.

05 정도보증/정도관리와 관련된 용어에 대한 설명으로 옳은 것은?

① 측정값의 분산은 계통오차로 인해 발생되는 측정결과의 치우침을 말한다.
② 정확도는 인증표준물질을 분석한 결과값과 인증값과의 상대표준편차와 같다.
③ 정밀도는 시험분석결과의 반복성을 나타내는 것으로, 반복 시험하여 얻은 결과의 상대백분율로 나타낸다.
④ 현장분할시료는 같은 지점에서 동일한 시간에 동일한 방법으로 채취하고 독립적으로 처리하고 같은 방법으로 측정된 둘 이상의 시료로 시료채취현장에서 분리한 것을 말한다.

해설 ① 측정값의 분산은 우연오차(random error)로 인해 발생되는 측정결과의 치우침을 말한다.
② 정확도는 인증표준물질을 분석한 결과값과 인증값과의 상대백분율과 같다.
③ 정밀도는 시험분석결과의 반복성을 나타내는 것으로, 반복 시험하여 얻은 결과의 상대표준편차로 나타낸다.

06 시료채취에 있어서 시료의 대표성은 시료채취 과정에서 가장 중요한 요소로, 대표성 있는 채취지점 선정방법에 대한 설명이다. 해당하는 선정방법으로 옳은 것은?

> - 시료군을 일정한 격자로 구분하여 시료를 채취
> - 채취지점이 명확하여 시료채취가 쉽고, 현장요원이 쉽게 찾을 수 있음
> - 구획구간의 거리를 정하는 것이 중요하며, 시·공간적 영향을 고려하여 충분히 작은 구간으로 구획

① 유의적 샘플링
② 임의적 샘플링
③ 계통 표본 샘플링
④ 층별 임의 샘플링

해설 문제에서 설명하는 선정방법은 계통 표본 샘플링(systematic sampling)이다.

07 정도관리 현장평가 시 평가위원의 주의사항으로 <u>틀린</u> 것은?

① 합리적인 시간계획 및 태도를 준수하여야 한다.

② 질문 시에는 간단하고 분명하게 하도록 하며 편견이 없어야 한다.

③ 평가내용이 대상기관과 관련이 없는 경우라도 세부 평가내용에 대하여 평가하여야 한다.

④ 평가를 종료시킬 정도의 미흡사항이 발견되면 평가팀장은 대상기관의 경영진에게 미흡사항의 심각성을 설명하고 ㄱ 시점에서 평가이 종료 여부를 협의하여야 한다.

해설 평가위원의 현장평가 시 주의사항

1. 합리적인 시간계획 및 태도를 준수하여야 한다.
2. 가능한 현장평가점검표에 따라 평가한다.
3. 질문 시에는 간단하고 분명하게 하도록 하며 편견이 없어야 한다.
4. 평가기준이 아닌 평가위원 개인의 의견이 평가에 개입되지 않도록 한다.
5. 평가 중에 대상기관의 불법사항 또는 거짓 사항이 발견되었거나 이에 대한 의혹이 생길 경우에는 관련 자료들을 충분히 수집 후 중간 회의에서 평가팀장에게 보고한다.
6. 중대한 미흡사항과 관련하여 평가를 더 깊이 있게 진행하고자 할 경우, 평가팀장에게 즉시 연락을 취하고 평가의 깊이와 진행방향을 결정하여야 한다.
7. 평가를 종료시킬 정도의 미흡사항이 발견되면 평가팀장은 대상기관의 경영진에게 미흡사항의 심각성을 설명하고 그 시점에서 평가의 종료 여부를 협의하여야 한다.
8. 평가팀과 대상기관과의 의견이 상충되어 합의되지 못하는 상황이 발생될 경우, 평가팀장은 해당 사항에 대한 무리한 결론을 정하지 말고 과학원에 이를 보고하여야 하며, 과학원의 결정사항을 해당 대상기관 및 평가위원에게 통보하여야 한다.

08 현장 정도관리에 대한 설명으로 <u>틀린</u> 것은?

① 20개의 시료마다 현장 이중시료 및 정도관리(QC) 점검 표준시료를 분석한다.

② 정확도 데이터가 관리기준을 벗어난 경우 분석을 중지하고 즉시 시정조치를 한다.

③ 20개의 정확도 데이터(% 회수율)의 평균은 99.8 %, 표준편차는 2.3 %일 때, 위험(경고) 기준은 92.9 % ~ 106.7 %이다.

④ 현장 측정의 정확성은 정도관리(QC) 점검 표준용액 참값의 회수율을 기본으로 % 회수율로 나타내며, 이론적인 회수율은 100 %이나, 100 %를 초과하는 경우도 있다.

해설 상한 경고기준은 평균값에 2배의 표준편차를 더한 것이고, 하한 경고기준은 평균값에 2배의 표준편차를 뺀 것이다.

즉, 상한 경고기준(UWL ; Upper Warning Limit)
$$= x + 2s = 99.8 + 2 \times 2.3 = 104.4(\%)$$
하한 경고기준(LWL ; Lower Warning Limit)
$$= x - 2s = 99.8 - 2 \times 2.3 = 95.2(\%)$$

따라서, 20개의 정확도 데이터(% 회수율)의 평균은 99.8 %, 표준편차는 2.3 %일 때, 위험(경고) 기준은 95.2 % ~ 104.4 %이다.

09 우리나라에서 사용되는 시약의 등급을 설명한 것으로 <u>틀린</u> 것은?

① E. P. : 1급 시약

② G. R. : 화학용 시약

③ T. G. : 공업용 시약

④ U. F. : 정밀분석용 시약

해설 ② G. R. : 특급 시약(Guaranteed Reagent)

국내 시약 등급

등 급	시약의 등급
S. P.	Specially Prepared reagent(용도별 조제 시약)
U. F.	Ultra Fine grade(정밀분석용 시약)
G. R.	Guaranteed Reagent(특급 시약)
E. P.	Extra Pure reagent(1급 시약)
C. P.	Chemical Pure reagent(화학용 시약)
T. G.	Technical Grade(공업용 시약)

정답 07 ③ 08 ③ 09 ②

10 교정용 표준원액 및 표준용액에 대한 설명으로 틀린 것은?

① 수시교정 표준용액을 제조할 때도 이를 관리일지에 기록한다.

② 실험실에서 제조한 용액도 검정에 사용되는 표준용액으로 사용할 수도 있다.

③ 표준물질(RM ; Reference Material)은 인증서가 수반되는 표준물질로 각 인증값에는 표기된 신뢰수준에서의 불확도가 첨부된 것이다.

④ 실험실에서 교정 표준용액을 제조할 때 사용되는 비커, 부피플라스크, 피펫 등 모든 기구는 그 정확성을 검증받은 것이어야 한다.

해설 **표준물질과 인증표준물질**
- 표준물질(RM ; Reference Material) : 기기의 교정이나 측정방법의 평가를 위해 사용되며, 순수한 기체이거나 혼합된 기체, 액체 또는 고체의 형태이다.
- 인증표준물질(CRM ; Certified Reference Material) : 인증서가 수반되는 표준물질로, 각 인증값에는 표기된 신뢰수준에서의 불확도가 첨부된 것이다.

11 자외선/가시선 분광광도계를 이용하여 산정한 방법검출한계로 옳은 것은? (단, 계산과정 및 방법검출한계 자릿수는 소수 넷째 자리에서 반올림한다.)

- 표준용액 농도와 흡광도의 검정곡선 상관관계식은 $y=0.10x$(y : 흡광도, x : 표준용액의 농도)이다.
- 방법검출한계로 첨가한 0.1 mg/L 시료 7개의 흡광도는 0.012, 0.014, 0.011, 0.009, 0.010, 0.011, 0.013이다.
- 신뢰수준 99 %에서 자유도 6에 대한 t 분포값은 3.140이다.

① 0.031 mg/L   ② 0.053 mg/L

③ 0.075 mg/L   ④ 0.101 mg/L

해설 $y=0.10x$의 상관관계식에서 계산된 농도 (mg/L)는 0.12, 0.14, 0.11, 0.09, 0.10, 0.11, 0.13이다.

이 값으로부터 평균값($\bar{x}$)과 표준편차(s)를 구하면 다음과 같다.

$\bar{x} = 0.11$

$s = \sqrt{\dfrac{(x_i - \bar{x})^2}{n}}$

$= \sqrt{\dfrac{(0.12-0.11)^2 + (0.14-0.11)^2 + \cdots + (0.13-0.11)^2}{7}}$

$= 0.0165$

∴ 방법검출한계(MDL ; Method Detection Limit)

$= 3.143 \times s$

$= 3.143 \times 0.0165$

$= 0.052$ mg/L

12 기체 크로마토그래프의 관리 및 점검에 대한 설명으로 틀린 것은?

① 칼럼 충전물질 중 흡착형 충전물은 실리카젤, 활성탄, 알루미나, 제올라이트 등의 흡착성 고체분말을 말한다.

② 불꽃이온화검출기(FID ; Flame Ionization Detector)에는 연소 · 반응 기체로 H_2, 운반기체로 Air를 사용한다.

③ 시료 주입부의 격막(septum)은 대부분 실리콘 재질이며, 장시간 사용 시 가열에 의해 오염을 유발하므로 주기적으로 교체해주는 것이 좋다.

④ 허깨비 피크(ghost peak)는 많은 양의 화합물 또는 칼럼 코팅에 흡착된 화합물이 포함된 시료가 장비 운영 중에 발생하며, 상호작용을 막을 수 있는 칼럼 코팅제를 선택해 최소화할 수 있다.

해설 ② 불꽃이온화검출기에는 연소 · 반응 기체로 H_2, 운반기체로 He 또는 N_2를 사용한다.

13 자외선/가시선 분광광도계 파장의 정확도 검정에 대한 설명으로 옳은 것은?

① 고압 수은램프에서 방사되는 선스펙트럼을 이용한다.

② 몰리브데넘의 흡수곡선을 측정한다.

③ 선스펙트럼에서는 가장 큰 강도를 나타내는 파장, 광학필터에서는 가장 큰 흡수값을 구한다.

④ 중수소방전관은 253.65 nm, 365.01 nm 파장에서 빛의 세기가 극대 강도를 나타낸다.

해설 ① 저압 수은램프 또는 중수소방전관에서 방사되는 선스펙트럼을 이용한다.

② 파장교정용 광학필터[네오디뮴 필터(neody-mium filter), 홀뮴 필터(holmium filter) 등의 유리제 광학필터, 홀뮴 용액 필터 등이 사용 가능]의 흡수곡선을 측정한다.

④ 중수소방전관은 가장 많이 사용되는 램프로, 486.00 nm, 656.10 nm 파장에서 빛의 세기가 극대 강도를 나타낸다.

14 측정대행업체 숙련도 시험에서 다음과 같은 분석결과값을 제출하였다. 각 업체의 변동계수(CV ; Coefficient of Variance)로 옳은 것은? (단, 계산과정에서는 소수 셋째 자리에서 반올림하고, 변동계수는 소수 둘째 자리에서 반올림한다.)

- A업체 : 30.1, 25.3, 17.9, 34.2, 18.4
- B업체 : 25.7, 44.5, 30.9, 19.2, 26.6
- C업체 : 19.9, 23.4, 41.9, 17.8, 36.7

① A업체 : 38.4 %, B업체 : 28.4 %, C업체 : 32.1 %

② A업체 : 32.1 %, B업체 : 38.4 %, C업체 : 28.4 %

③ A업체 : 28.4 %, B업체 : 32.1 %, C업체 : 38.4 %

④ A업체 : 38.4 %, B업체 : 32.1 %, C업체 : 28.4 %

해설 변동계수(CV)=상대표준편차(%RSD)
(RSD ; Relative Standard Deviation)

$$CV(또는 \text{ \%RSD}) = \frac{s(표준편차)}{\bar{x}(평균)} \times 100$$

- A업체 : $\bar{x} = 25.18$, $s = 7.15$

$$\therefore CV = \frac{7.15}{25.18} \times 100 = 28.4\,(\%)$$

- B업체 : $\bar{x} = 29.38$, $s = 9.43$

$$\therefore CV = \frac{9.43}{29.38} \times 100 = 32.1\,(\%)$$

- C업체 : $\bar{x} = 27.94$, $s = 10.72$

$$\therefore CV = \frac{10.72}{27.94} \times 100 = 38.4\,(\%)$$

15 기체 크로마토그래피의 정성분석 시 이용하는 보유치(머무른 값)에 대한 설명이다. 괄호 안에 들어갈 내용으로 옳은 것은?

보유시간을 측정할 때는 3회 측정하여 그 평균치를 구한다. 일반적으로 5분 ~ 30분 정도에서 측정하는 봉우리의 보유시간은 반복시험을 할 때 (㉠) 오차범위 이내이어야 한다. 보유치의 표시는 (㉡)의 보정유무를 기록하여야 한다. 보유시간에 운반가스의 (㉢)을 곱한 것을 보유부피(retention volume)라 한다.

① ㉠ ±1 %, ㉡ 바탕값, ㉢ 유속

② ㉠ ±1 %, ㉡ 바탕값, ㉢ 유량

③ ㉠ ±3 %, ㉡ 무효부피, ㉢ 유량

④ ㉠ ±3 %, ㉡ 무효부피, ㉢ 유속

해설 보유시간을 측정할 때는 3회 측정하여 그 평균치를 구한다. 일반적으로 5분 ~ 30분 정도에서 측정하는 봉우리의 보유시간은 반복시험을 할 때 ±3 % 오차범위 이내이어야 한다. 보유치의 표시는 무효부피(dead volume)의 보정유무를 기록하여야 한다. 보유시간에 운반가스의 유량을 곱한 것을 보유부피(retention volume)라 한다.

정답✔ **13** ③ **14** ③ **15** ③

16 실험실 정도관리와 관련된 다음의 설명으로 옳은 것은?

① 방법검출한계는 분석자에 따라 달라질 수 있다.

② 실험실 관리시료는 방법검출한계보다 낮은 농도로 제조한다.

③ 실험실 첨가시료에 첨가되는 성분의 주입량은 방법검출한계의 약 100배이다.

④ 방법바탕시료는 방법검출한계의 3배 ~ 10배 높은 농도로 제조한다.

해설 ① 방법검출한계는 초기능력 검증(분석값의 평균, 표준편차, 교정곡선의 작성)을 통하여 계산하기 때문에 분석능력 평가수단이라 볼 수 있으므로, 분석자에 따라 달라질 수 있다.

② 실험실 관리시료(laboratory control samples)는 방법검출한계의 3배 ~ 10배 또는 교정표준용액의 중간농도로 제조하여 일상적인 시료의 측정과 동일하게 측정한다.

③ 실험실 첨가시료에 첨가되는 성분의 주입량은 일반적으로 방법검출한계(MDL)의 약 10배 또는 기기검출한계(IDL)의 약 100배 농도를 넣는 것이 바람직하다.

④ 방법바탕시료(method blank sample)는 측정하고자 하는 물질이 전혀 포함되어 있지 않은 것이 증명된 시료로, 시험 · 검사 매질에 시료의 시험방법과 동일하게 같은 용량, 같은 비율의 시약을 사용하고 시료의 시험 · 검사와 동일한 전처리와 시험절차로 준비하는 바탕시료이다. 시험 · 검사 수행으로부터 오염 결과를 설명하기 위해 이용하며, 따라서 시험 · 검사 시 시약, 수행절차, 오염을 확인하며 방법검출한계보다 반드시 낮은 농도여야 한다.

17 정밀도를 나타내기 위하여 사용하는 용어들에 대한 설명 중 각각의 괄호 안에 들어갈 내용으로 옳은 것은?

- (㉠) : 한 무리의 반복측정 결과에서 가장 큰 값과 가장 작은 값 사이의 차이
- (㉡) : 표준편차의 제곱
- (㉢) : 백분율로 나타낸 상대표준편차
- (㉣) : 평균의 표준편차

① ㉠ 퍼짐 또는 영역, ㉡ 분산, ㉢ 변동계수, ㉣ 표준오차

② ㉠ 표준오차, ㉡ 변동계수, ㉢ 퍼짐 또는 영역, ㉣ 분산

③ ㉠ 분산, ㉡ 변동계수, ㉢ 표준오차, ㉣ 퍼짐 또는 영역

④ ㉠ 변동계수, ㉡ 분산, ㉢ 퍼짐 또는 영역, ㉣ 표준오차

해설 정밀도를 나타내기 위한 방법으로는 평균의 표준오차, 분산, 변동계수, 상대범위, 상대표준편차, 상대차이백분율 및 퍼짐 또는 범위(영역)가 있으며, 표준편차가 가장 일반적으로 사용된다.

㉠ 퍼짐 또는 영역 : 한 무리의 반복측정 결과에서 가장 큰 값과 가장 작은 값 사이의 차이이다.

㉡ 분산 : 측정값의 크기가 가지런하지 않은 것으로, 우연오차(임의오차)의 결과로 발생되며, 측정이 불가능하다. 분산의 크기를 표시하기 위하여 대표적으로 표준편차를 이용하는데, 표준편차의 제곱이 분산이다.

㉢ 변동계수 : 백분율로 나타낸 상대표준편차(%RSD)이다.

$$변동계수(CV) = \frac{표준편차}{평균} \times 100$$

㉣ 표준오차 : 근본적으로 통계량에 관한 특성값으로, 평균의 표준편차를 나타낸다.

$$표준오차(S.E) = \frac{s}{\sqrt{N}}$$

18 다음은 정도관리에 대한 설명이다. 각각의 괄호 안에 들어갈 내용으로 옳은 것은?

눈금이 잘못된 자를 이용하거나 고장난 저울을 이용한다면 측정이 (㉠)할 수는 있으나, (㉡)할 수는 없다.

① ㉠ 동일, ㉡ 정밀

② ㉠ 정밀, ㉡ 정확

③ ㉠ 정확, ㉡ 동일

④ ㉠ 정확, ㉡ 정밀

해설 눈금이 잘못된 자를 이용하거나 고장난 저울을 이용한다면 측정이 정밀할 수는 있으나, 정확할 수는 없다. 즉, 정밀(精密, precision)은 반복에 따른 차이를 뜻하고, 정확(正確, accuracy)은 참값과의 차이를 뜻한다.

19 실험실 및 시험자의 정도관리를 위해 관리차트를 작성하였다. 상 · 하한 관리기준 및 위험(경고)기준값으로 옳은 것은?

> 동일 조건에서 측정한 시료의 분석결과에 대해 20개의 정확도 데이터를 계산한 결과로 평균은 98.2%, 표준편차는 1.2%이다.

① 상한 관리기준(UCL)은 100.6%이다.
② 하한 관리기준(LCL)은 95.2%이다.
③ 상한 위험(경고)기준(UWL)은 101.8%이다.
④ 하한 위험(경고)기준(LWL)은 95.8%이다.

해설 ① 상한 관리기준(UCL)
$$= \bar{x} + 3s = 98.2 + 3 \times 1.2 = 101.8\%$$
② 하한 관리기준(LCL)
$$= \bar{x} - 3s = 98.2 - 3 \times 1.2 = 94.6\%$$
③ 상한 위험(경고)기준(UWL)
$$= \bar{x} + 2s = 98.2 + 2 \times 1.2 = 100.6\%$$
④ 하한 위험(경고)기준(LWL)
$$= \bar{x} - 2s = 98.2 - 2 \times 1.2 = 95.8\%$$

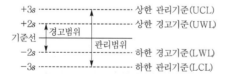

20 배출가스 중 플루오린화수소를 자외선/가시선 분광광도계로 분석한 실험의 정확도와 정밀도로 옳은 것은? (단, 계산과정에서는 소수 셋째 자리에서 반올림하고, 정확도와 정밀도는 소수 둘째 자리에서 반올림한다.)

> • 플루오린화이온 표준용액 참값($\mu g/mL$) : 2.0
> • 플루오린화이온 표준용액 분석값($\mu g/mL$) : 2.1, 2.2, 1.8, 1.9, 2.0, 1.7, 1.6

① 정확도 : 95.0%, 정밀도 : 10.6%
② 정확도 : 90.0%, 정밀도 : 11.0%
③ 정확도 : 95.0%, 정밀도 : 11.6%
④ 정확도 : 90.0%, 정밀도 : 12.0%

해설 • 정확도(상대정확도)
$$= \frac{측정값(또는 평균)}{참값} \times 100$$
$$= \frac{1.9}{2.0} \times 100 = 95\%$$
• 정밀도[%RSD(상대표준편차)]
$$= \frac{표준편차}{평균값} \times 100 = \frac{0.22}{1.9} \times 100 = 11.6\%$$

21 정확도를 표현하는 방법으로 **틀린** 것은?

① 절대오차   ② 상대오차
③ 상대정확도   ④ 상대표준편차

해설 ④ 상대표준편차는 정밀도를 나타내기 위한 방법 중 하나이다.
정확도를 나타내기 위한 방법
• 회수율(recovery)
• 절대오차(absolute error)
• 상대오차(relative error)
• 상대정확도(relative accuracy)

22 시험 · 검사 결과의 기록방법은 국제단위계 (SI, The International System of Units)를 기본으로 하고 있다. 다음 중 단위표현으로 옳은 것은?

① 5L ② 10 hr
③ 3 g   ④ 5 ppb

해설 ① 5L → 5 L
② 10 hr → 10 h
④ 5 ppb → 5 $\mu g/kg$ 또는 5×10^{-9}

23 사용된 정보를 기초로 하여 측정량에 대한 측정값의 분산특성을 나타내는 파라미터를 의미하는 용어로 옳은 것은?

① 우연오차
② 상대오차
③ 계통오차
④ 측정불확도

해설 측정결과의 불확도 추정 및 표현을 위한 지침 (KOLAS-G-002)에서, (측정)불확도(uncertainty of measurement)는 사용된 정보를 기초로 측정량에 대한 측정값의 분산특성을 나타내는 음이 아닌 파라미터라고 정의하고 있다.

24 유효숫자 결정을 위한 법칙에 대한 설명으로 틀린 것은?

① 0이 아닌 정수는 항상 유효숫자이다.
② 0이 아닌 숫자 사이의 '0'은 항상 유효숫자이다.
③ 0.0025란 숫자의 유효숫자는 4개이다.
④ 결과 계산 시 곱하거나 더할 경우, 계산하는 숫자 중 가장 작은 유효숫자 자릿수에 맞춰 결과값을 적는다.

해설 ③ 0.0025란 수에서 '0.00'은 유효숫자가 아닌 자릿수를 나타내기 위한 것이므로, 유효숫자는 2개이다.

25 반복실험을 통하여 얻은 결과값 중 좋지 않은 데이터를 버릴 것인지 받아들일 것인지 결정하기 위하여, 가장 높은 결과값을 대상으로 Q-test를 수행하였다. 다음의 Q-test를 통해 판단한 것으로 옳은 것은?

• 반복실험을 통하여 얻은 결과값 : 81, 78, 86, 90, 98
• 90% 신뢰수준의 임계값(Q_{crit}) : 0.64

① 계산된 Q-값은 0.4이고, 90% 신뢰수준에서의 임계값 Q_{crit} 0.64보다 작으므로 버린다.

② 계산된 Q-값은 0.9이고, 90% 신뢰수준에서의 임계값 Q_{crit} 0.64보다 크므로 받아들인다.

③ 계산된 Q-값은 0.9이고, 90% 신뢰수준에서의 임계값 Q_{crit} 0.64보다 작으므로 버린다.

④ 계산된 Q-값은 0.4이고, 90% 신뢰수준에서의 임계값 Q_{crit} 0.64보다 작으므로 받아들인다.

해설 한 데이터가 나머지 데이터와 일치하지 않는 것처럼 보일 때가 있는데, 이러한 의심스러운 데이터를 버릴 것인지 받아들일 것인지를 결정할 필요가 있다. 이를 위해 다음과 같은 판정기준으로 Q-test를 이용할 수 있다.

$$Q_{계산} = \frac{간격}{범위}$$

• $Q_{계산} < Q_{crit}$: 의심스러운 값은 받아들임
• $Q_{계산} > Q_{crit}$: 의심스러운 값은 버림

문제에서 주어진 5개 데이터를 작은 값부터 큰 값의 순으로 열거하면 78, 81, 86, 90, 98과 같고, 이때 의심스러운 값은 '가장 작은 값' 또는 '가장 큰 값'이다.
문제에서 의심스러운 값은 '가장 높은 결과값'을 대상으로 Q-test를 수행하였으므로,
• 범위=가장 큰 값-가장 작은 값 =98-78=20
• 간격=의심스러운 값-바로 인접한 값 =98-90=8

∴ $Q_{계산} = \frac{간격}{범위} = \frac{8}{20} = 0.4$

90% 신뢰수준의 임계값(Q_{crit})이 0.64로 주어졌으므로 $Q_{계산}$ 값이 Q_{crit} 값보다 작다. 그러므로 가장 큰 값 98은 받아들인다.

※ 의심스러운 값이 '가장 작은 값'일 경우
• 범위=가장 큰 값-가장 작은 값 =98-78=20
• 간격=의심스러운 값-바로 인접한 값 =81-78=3

∴ $Q_{계산} = \frac{간격}{범위} = \frac{3}{20} = 0.15$

90% 신뢰수준의 임계값(Q_{crit})이 0.64로 주어졌으므로 $Q_{계산}$ 값이 Q_{crit} 값보다 작다. 그러므로 가장 작은 값 78은 받아들인다.

정답 23 ④ 24 ③ 25 ④

26 한국인정기구(KOLAS)에서 규정하는 시험방법의 유효성 확인(method validation)에 대한 설명으로 옳은 것은?

① 시험방법의 선택성(selectivity)은 간섭물질이 존재할 때 측정의 정확성을 뜻한다.

② 시험방법의 유효성 확인은 KS Q ISO/IEC 17043에 대한 시험기관 인정의 기본적인 요구사항이다.

③ 표준시험방법(ASTM 등)은 공동연구에 의해 포괄적으로 유효성이 확인되어 있기 때문에 검증 없이 바로 적용이 가능하다.

④ 많은 분석법에서 농도의 장비 응답값에 대한 함수는 지정된 범위에서 직선적이다. 이관계식을 직선모델로 만들 때, 최소제곱회귀법을 사용할 경우 회귀분석을 통해 유도된 상관계수를 사용하여 직선의 정확성을 나타낸다.

해설 ② 시험방법의 유효성 확인은 KS Q ISO/IEC 17025에 대한 시험기관 인정의 기본적인 요구사항이다.

③ 표준시험방법(ASTM 등)은 공동연구에 의해 포괄적으로 유효성이 확인되어 있지 않기 때문에 검증 없이 바로 적용이 불가능하다.

④ 많은 분석법에서 농도의 장비 응답값에 대한 함수는 지정된 범위 내에서 직선적이며, 이는 보통 그래프법을 통해 증명할 수 있다. 시험방법의 유효성 확인과정의 일부로서 검정모델(calibration model)의 유효성을 수립할 때는 다음의 규칙을 활용할 것이 권장된다.
- 검정표준은 5개 이상이어야 한다.
- 검정표준은 측정하고자 하는 농도범위에 고르게 분포하고, 독립적으로 제조되어야 한다.
- 범위에는 발생 가능한 농도의 0 % ~ 150 % 또는 50 % ~ 150 % 중 더 적절한 범위가 포함되어야 한다.
- 검정표준은 최소 2회 이상, 가급적이면 3회 또는 그 이상 무작위로 시행한다.

27 양(quantity)의 값에 대한 설명으로 틀린 것은?

① 어떤 양의 값은 한 가지 이상의 방법으로 나타낼 수 없다.

② 어떤 양의 값은 양수, 음수 또는 영의 값이다.

③ 차원이 1인 양의 값들은 일반적으로 숫자로만 나타낸다.

④ 측정의 단위에 어떤 수를 곱하여 나타낼 수 없는 양은 약정에 의한 기준척도나 측정절차, 또는 이 두 가지 모두를 기준으로 하여 표현할 수 있다.

해설 양의 참값(true value of quantity)은 주어진 특정량에 대한 정의와 일치하는 값으로 정의되며, 다음과 같은 특징이 있다.
- 참값은 완전한 측정에 의해서만 얻어지는 값이다.
- 참값은 본성적으로 확정되어 있지 않다.
- 주어진 특정량에 대한 정의와 일치하는 값은 여럿 있을 수 있다.

28 창고, 샤워 및 세척 시설 등 실험실 지원시설에 관한 설명으로 틀린 것은?

① 실험실 지원시설에 설치되는 조명은 장비를 잘 확인할 수 있도록 150 Lux 이상이어야 한다.

② 창고는 기기 및 장비를 보관하는 곳으로 실험실과는 달리 별도로 설비하여야 하며, 최소 공간은 실험실 면적의 약 7 % 이상이어야 한다.

③ 샤워 및 세척 시설의 공간은 최소한 10 m^2 이상이어야 하며, 실험실과 근접한 위치에 별도로 설비하여야 한다.

④ 장비의 보관을 위해서 장비별로 라벨링을 하고, 내부를 선반 등으로 구분하여 보관할 수 있도록 설비하는 것이 바람직하다.

해설 ① 실험실 지원시설에 설치되는 조명은 장비를 잘 확인할 수 있도록 300 Lux 이상이어야 한다.

정답 26 ① 27 ① 28 ①

29 실험실 안전행동지침 중 일반지침에 대한 설명으로 옳은 것은?

① 실험실에서는 가능한 혼자 작업하는 것이 좋다.

② 독성 실험 시에 호흡이 편안한 천으로 된 마스크를 사용하는 것이 좋다.

③ 모든 화학물질에는 물질의 이름, 특성, 위험도, 주의사항 및 관리자 이름을 표시한다.

④ 귀마개(earplug)는 95 dB 이상의 높은 소음에 적합하다.

해설 ① 실험실에서는 혼자 작업하는 것은 좋지 않으며, 적절한 응급조치가 가능한 상황에서만 실험을 해야 한다.
② 독성 실험 시에 호흡이 편안한 천으로 된 마스크는 작은 먼지는 보호할 수 있으나, 화학약품에 의한 분진으로부터는 보호하지 못하므로 사용해서는 안 된다.
④ 귀마개(earplug)는 80 dB(A) ~ 95 dB(A) 범위의 소음에 적합하다.

30 기기분석실(GC, GC/MS, AAS, ICP 등) 설계 및 설비 구성 시 고려사항으로 틀린 것은?

① 기기분석실은 시료 분석항목별로 독립적으로 설비되어야 하며, 별도의 공간으로 갖추어져야 한다.

② 기기분석실은 대체적으로 실험실 면적의 약 60 % ~ 70 % 이상 갖추어 설비하는 것이 바람직하다.

③ 무정전 전원장치는 정전 시 사용시간이 최대 10분이 확보되도록 설비해야 한다.

④ 주말 등 휴무기간의 온도 유지를 위하여 냉·난방장치는 반드시 별도 설비를 갖추고 실내 온도는 약 18 ℃ ~ 28 ℃로 유지시키는 것이 바람직하다.

해설 기기분석실에는 안정적인 전원을 공급할 수 있도록 무정전 전원장치(UPS) 또는 전압조정장치(AVR)를 설치해야 하며, 특히 UPS는 정전 시 사용시간(back－up time)이 총 30분 이상 될 수 있도록 설비해야 한다.

31 실험실에서 화학물질에 의한 화상 발생 시 대처요령으로 틀린 것은?

① 화학물질로 오염된 모든 의류는 제거하고 물로 씻어내도록 한다.

② 화학약품에 의해 화상을 입었을 경우 즉각 그리스를 발라 상처를 보호한다.

③ 화학약품이 눈에 들어갔을 경우 15분 이상 흐르는 물에 깨끗이 씻고 즉각 도움을 청하도록 한다.

④ 몸에 화학약품이 묻었을 경우 적어도 15분 이상 수돗물에 씻어내고, 많이 묻은 경우 의료진의 도움을 요청한다.

해설 ② 화학약품에 의해 화상을 입었을 경우 그리스를 바르면 열이 발산되는 것을 막아 화상을 심하게 하므로 사용하지 않는다.

32 실험실에서 사용하는 특정 고압가스 사용방법에 대한 설명으로 틀린 것은?

① 산소가스와 관련된 압력계 및 압력조정기 등은 산소 전용을 사용하여야 한다.

② 산소가스 밸브와 용기의 연결부위 및 기타 가스가 직접 접촉하는 곳에는 유기물질 등이 묻지 않도록 하여야 한다.

③ 용기 보관실 및 사용장소에는 가죽끈이나 체인으로 고정하여 넘어지지 않도록 하여야 한다.

④ 산소가스를 사용하여 압력시험을 해서는 안 되나, 주위 먼지 제거 및 청소에는 산소가스를 사용할 수 있다.

해설 ④ 산소를 사용하여 압력시험 또는 먼지 제거 및 청소 등을 해서는 절대 안 된다.

정답 29 ③ 30 ③ 31 ② 32 ④

33 실험실에서 사용하는 유해화학물질 분류 구분에 따른 물질의 종류로 옳은 것은?

① 폭발성 물질 : 질산에스테르류, 나이트로화합물, 유기과산화물
② 발화성 물질 : 염소산 및 그 염류, 과염소산 및 그 염류, 과망간산 염류
③ 산화성 물질 : 에틸에테르, 메탄올, 자일렌, 프로판
④ 인화성 물질 : 황화인, 유황, 포타슘, 알킬알루미늄

해설 ① 폭발성 물질 : 가열, 마찰, 충격 또는 다른 화학물질과의 접촉으로 인하여 산소나 산화제 공급 없이 폭발하는 물질(질산에스테르류, 나이트로화합물, 유기과산화물)
② 발화성 물질 : 스스로 발화하거나 발화가 용이한 것 또는 접촉하여 발화하고 가연성 가스를 발생시키는 물질(황화인, 유황, 포타슘, 알킬알루미늄)
③ 산화성 물질 : 산화력이 강하여 열을 가하거나 충격을 줄 경우 또는 다른 화학물질과 접촉할 경우에 격렬히 분해되는 반응을 일으키는 고체 또는 액체 물질(염소산 및 그 염류, 과염소산 및 그 염류, 과망간산 염류)
④ 인화성 물질 : 대기압에서 인화점이 65 ℃ 이하인 가연성 액체(에틸에테르, 메탄올, 자일렌, 이황화탄소, 노말헥세인)

34 분석실험실 시설 중 흄 후드에 대한 설명으로 틀린 것은?

① 후드는 시약 저장시설, 전처리실 등의 상부에 설치할 수 있으며, 통상 흄 후드 시스템 전체를 스테인리스스틸(type316)로 제작한다.
② 흄 후드 근처에 천장 배출구가 있으면 천장 배출구의 배기속도는 후드 배기속도의 30 %를 초과하여야 한다.
③ 환풍기 등에 의한 유입공기는 후드의 성능에 도움이 되도록 조절되어야 하며 후드의 영향 범위에 들어오기 전에 환풍기 등에 의한 공기 흐름에 의한 영향이 없도록 해야 한다.

④ 배출구를 통해 배출되는 가스의 종류에 따라 다르기는 하나, 독성 가스 배출구는 실험실의 환기 시스템에 의해 배출된 가스가 실험실로 재유입되는 것을 억제하기 위하여 공기 유입구로부터 약 23m 이상 이격된 곳에 설치되어야 한다.

해설 ② 흄 후드 근처에 천장 배출구가 있으면 천장 배출구의 배기속도는 흄 후드의 배기속도에 영향을 미치므로 천장 배출구의 배기속도는 후드 배기속도의 30 %를 초과하지 않도록 하여야 한다.

35 실험실에서 사용한 화학물질은 지정폐기물로 분류하여 보관 후 적정하게 처리해야 하는데, 실험실 폐기물 보관에 대한 설명으로 틀린 것은?

① 폐기물은 폐산, 폐알칼리, 폐유기용제로 분류하여 보관하여야 한다.
② 염산, 플루오린화수소와 같은 휘발성 산과 비휘발성 산은 혼합하여 함께 보관한다.
③ 캔이나 유리용기는 보관 시 부식이나 운반 시 파손에 따른 위험이 있으므로 화학폐기물 수집용기로 사용하지 않아야 한다.
④ 수집 · 보관된 화학폐기물 용기는 폐액의 유출이나 악취가 발생되지 않도록 2중마개로 닫는 등 필요한 조치를 하여야 한다.

해설 실험실에서 사용한 다음의 폐액은 서로 혼합하여 보관하면 안 된다.
• 과산화물과 유기물
• 사이안화물, 황화물, 하이포아염소산염과 산
• 염산, 플루오린화수소 등의 휘발성 산과 비휘발성 산
• 진한 황산, 설폰산, 옥살산, 폴리인산 등의 산과 기타 산
• 암모늄염, 휘발성 아민과 알칼리

정답 **33** ① **34** ② **35** ②

36 「환경분야 시험·검사 등에 관한 법률」에 따른 시험·검사기관의 정도관리에 대한 설명으로 틀린 것은?

① 환경부장관은 시험·검사기관에 대하여 시험·검사에 필요한 능력과 시험·검사를 한 자료의 검증을 할 수 있다.

② 정도관리대상 시험·검사기관에는 환경측정기기 검사기관 등이 포함되며 측정대행업자는 제외된다.

③ 정도관리의 판정기준은 표준시료의 분석능력에 대한 숙련도와 시험·검사기관에 대한 현장평가이다.

④ 정도관리 결과 부적합 판정을 받은 시험·검사기관은 그 판정을 통보받은 날부터 해당 시험·검사 등을 할 수 없다.

> **해설** ② 정도관리대상 시험·검사기관에는 환경측정기기 검사기관 등이 포함되며, 환경부장관이 지정하는 자, 즉 측정대행업자가 대행하게 할 수 있다.

37 「환경분야 시험·검사 등에 관한 법률」에 따른 시험·검사 기술인력의 교육에 대한 내용으로 틀린 것은?

① 측정대행업무를 담당하는 기술인력은 환경부장관이 실시하는 전문교육을 받아야 하고, 교육의 실시기관은 국립환경과학원으로 한다.

② 기술인력이 받아야 하는 전문교육과정은 측정분석 기술요원 과정으로 하며, 교육기간은 5일 이내로 한다.

③ 측정대행업자는 고용하고 있는 기술인력 중 해당 분야의 기술인력으로 최초로 고용된 사람에게 전문교육을 받도록 하여야 한다.

④ 측정대행업자는 고용하고 있는 기술인력에 대한 전문교육은 그 사유가 발생한 날부터 1년 이내에 전문교육을 받도록 하여야 한다.

> **해설** ① 측정대행업무를 담당하는 기술인력은 환경부장관이 실시하는 전문교육을 받아야 하고, 교육의 실시기관은 국립환경인재개발원으로 한다.

38 환경 시험·검사결과의 효력에 대한 규정 내용으로 틀린 것은?

① 환경 시험·검사결과를 소송 등의 근거자료로 활용하기 위해서는 정도관리 적합 판정을 받은 자가 생산한 것이어야 한다.

② 국가기관은 정도관리검증서 없이 시험·검사한 결과를 행정처분 등을 위한 근거자료로 활용할 수 있다.

③ 시험·검사기관은 시험·검사성적서에 환경부령으로 정하는 자의 서명을 하여야 한다.

④ 시험·검사기관은 시험·검사결과의 신뢰도 검증에 필요한 자료를 3년 동안 유지·관리하여야 한다.

> **해설** 시험·검사결과의 효력
> - 환경분야 관계 법령에서 정하는 바에 따라 시험·검사한 결과를 소송 및 행정처분 등을 위한 근거 또는 국가, 지방자치단체, 공공기관이 실시하는 사업 관련 보고서에 활용하고자 하는 경우에는 반드시 정도관리 적합 판정을 받은 자가 생산한 것이어야 한다.
> - 누구든지 정도관리 적합 판정을 받지 아니하고 시험·검사한 결과를 위에 따른 사업 관련 보고서에 제공하여서는 아니 된다.
> - 사업 관련 보고서의 종류 및 범위 등은 환경부령으로 정한다.
> - 시험·검사기관은 시험·검사성적서 및 관련 기록부에 환경부령으로 정하는 자의 서명을 하여야 하며, 시험·검사결과의 신뢰도 검증에 필요한 자료를 3년 동안 유지·관리하여야 한다.

정답 36 ② 37 ① 38 ②

• 검정분야 : (2) 대기환경측정분석

[1과목 : 대기오염 공정시험기준]

01 대기오염 공정시험기준에 따라 액체 크로마토그래피에 이용할 이동상 혼합용매를 제조하고자 한다. 아세톤을 용매로 헥세인(9 → 10) 100 mL를 제조하는 방법으로 옳은 것은?

① 헥세인 90 g을 아세톤 10 g과 섞었다.

② 헥세인 90 mL와 아세톤 10 mL를 혼합하였다.

③ 헥세인 90 g을 100 mL 용량플라스크에 넣고 아세톤을 표선까지 채웠다.

④ 헥세인 90 mL를 100 mL 용량플라스크에 넣고 아세톤을 표선까지 채웠다.

해설 액의 농도를 (9→10)으로 표시한 것은 그 용질의 성분이 액체일 때 9 mL를 용매에 녹여 전량을 10 mL로 한다는 것을 뜻한다.
따라서, 아세톤을 용매로 헥세인(9→10) 100 mL를 제조하기 위해서는 헥세인 90 mL를 100 mL 용량플라스크에 넣고 아세톤을 표선까지 채운다.

02 대기오염 공정시험기준에 따른 이온 크로마토그래피 분석법에서 서프레서에 대한 설명으로 틀린 것은?

① 용리액에 사용되는 전해질 성분을 제거하기 위하여 분리관 뒤에 직렬로 연결한 것이다.

② 서프레서 용리액과 재생용액은 같은 방향으로 흐르도록 하고 속도를 조절해 주어야 한다.

③ 전해질을 정제수 또는 저전도도의 용매로 바꿔줌으로써 전기전도도셀에서 목적이온 성분과 전기전도도만을 고감도로 검출할 수 있게 해주는 것이다.

④ 관형과 이온교환막형이 있으며, 관형은 음이온에는 스티롤계 강산형(H^+) 수지가, 양이온에는 스티롤계 강염기형(OH^-) 수지가 충진된 것을 사용한다.

해설 ② 서프레서 용리액과 재생용액은 반대방향으로 흐르도록 하고 속도를 조절해 주어야 한다.

03 대기오염 공정시험기준에 따른 고성능 액체 크로마토그래피법에 대한 설명으로 옳은 것은?

┌─────────────────────────────┐
│ ㉠ 비휘발성 화학종 또는 열적으로 불안정한 물질을 분리할 수 있다.
│ ㉡ 이동상으로 사용되는 용매에 용해된 기체를 제거하기 위해 필터를 사용한다.
│ ㉢ 펌프장치는 맥동을 갖추어야 하며 치환펌프와 기압식 펌프가 해당된다.
│ ㉣ 분석관으로 사용되는 마이크로관은 100 000 plate/m(plate : 이론단수)를 가지고 있다.
└─────────────────────────────┘

① ㉠, ㉡   ② ㉡, ㉢

③ ㉢, ㉣   ④ ㉠, ㉣

해설 ㉠ 비휘발성 화학종 또는 열적으로 불안정한 물질을 분리할 수 있으며, 유기물과 무기물의 대기오염물질에 대한 정성분석과 정량분석에 사용된다.
㉡ 용매에서부터 용해된 기체를 제거하기 위하여 사용되는 탈기체장치로는 진공펌프, 증류장치, 용매를 가열하거나 저어주는 장치 또는 용해되어 있는 기체를 쫓아내기 위하여 용해도가 낮은 비활성 기체의 미세기포를 용액에 통과시키는 스파저(sparger) 장치 등이 있고, 먼지를 제거하기 위해서는 필터를 사용하여 용매를 거르면 된다.
㉢ 고성능 액체 크로마토그래프의 펌프장치가 갖추어야 할 필요조건들은 다음과 같다.
• 약 200기압까지의 압력 발생
• 맥동충격이 없는 출력
• 0.1 mL/min ~ 10 mL/min의 흐름속도
• 흐름속도 조절 및 흐름속도 재현성의 상대오차가 0.5 % 또는 그 이하일 것
• 잘 부식되지 않는 스테인리스강으로 된 장치와 봉합재로써 테플론을 사용할 것
• 왕복식 펌프, 치환(주사기형) 펌프 및 기압식(일정압력) 펌프의 세 가지를 주로 사용
㉣ 분석관으로 사용되는 마이크로관은 100 000 plate/m를 가지고 있고, 속도가 빠르며 용매의 소비가 적다는 것이 장점이다.

정답 **01** ④ **02** ② **03** ④

04 대기오염 공정시험기준에 따라 유도결합플라즈마 분광법으로 분석한 대기 중의 중금속 농도로 옳은 것은?

> • 농도는 0 ℃, 760 mmHg로 환산한 공기 $1 \ m^3$ 중 μg 수로 나타낸다.
> • 시료 중 중금속 성분의 양 : 0.003 μg
> • 건조시료가스량(0 ℃, 760 mmHg) : 20 L
> • 측정결과는 유효숫자 세 자리까지 구하고, 결과는 유효숫자 두 자리로 표시한다.

① 0.15 $\mu g/m^3$

② 0.30 $\mu g/m^3$

③ 0.45 $\mu g/m^3$

④ 0.60 $\mu g/m^3$

해설 대기환경 중 중금속 성분(Cd, Pb, Cu, Ni, Zn, Fe)의 농도는 0 ℃, 760 mmHg로 환산한 공기 $1 \ m^3$ 중 μg수로 나타내며, 다음 식에 따라서 계산한다.

$$C = \frac{m \times 10^3}{V_s} = \frac{0.003 \times 10^3}{20} = 0.15 \ \mu g/m^3$$

여기서, C : 중금속 성분의 농도($\mu g/m^3$)

m : 시료 중 중금속 성분의 양(μg)

V_s : 건조시료가스량(L)

(0 ℃, 760 mmHg)

05 대기오염 공정시험기준에 따라 굴뚝 측정공에서의 대기압이 763 mmHg, 배출가스 정압이 50 mmHg, 배출가스 온도가 50 ℃였을 때, 굴뚝 내의 배출가스 밀도로 옳은 것은?

> 부피백분율 10 %의 수증기를 포함한 배출가스의 건조배출가스 조성을 측정한 결과, 질소의 부피백분율은 80 %, 산소의 부피백분율은 15 %, 이산화탄소의 부피백분율이 5 %이었다.

① 1.14 kg/m^3 ② 1.20 kg/m^3

③ 1.26 kg/m^3 ④ 1.30 kg/m^3

해설
$$\gamma = \gamma_o \times \frac{273}{273 + \theta_s} \times \frac{P_a + P_s}{760}$$
$$= 1.26 \times \frac{273}{273 + 50} \times \frac{763 + 50}{760}$$
$$= 1.14 \ kg/m^3$$

여기서,
$$\gamma_o = \frac{1}{22.4 \times 100} \left\{ (M_1 x_1 + M_2 x_2 + \cdots + M_n x_n) \right.$$
$$\left. \frac{100 - X_w}{100} + 18 \, X_w \right\}$$
$$= \frac{1}{22.4 \times 100} \left\{ (28 \times 80 + 32 \times 15 + 44 \times 5) \right.$$
$$\left. \frac{100 - 10}{100} + 18 \times 10 \right\}$$
$$= 1.26 \ kg/m^3$$

06 대기오염 공정시험기준에 따라 고용량 공기시료채취기를 사용하여 입자상 물질을 채취하기 위한 유량계의 교정 결과이다. 마노미터의 압력차가 50 mmHg일 때 부속유량계의 참값을 계산한 결과로 옳은 것은?

> • 표준유량계의 읽은 값을 기온과 기압으로 보정하여 (20 ℃, 760 mmHg) 마노미터의 읽은 값과 함께 검정곡선을 작성한 결과 : 검정곡선 $y = 0.58 \ln(x) - 1.09$
> (y : 표준유량계에 의한 유량, x : 마노미터의 압력차)
> • 부속유량계의 지시값과 참값의 검정곡선을 작성한 결과 : 검정곡선 $y = 1.25 x - 0.11$
> (y : 부속유량계의 지시값, x : 마노미터 표선으로 얻은 검정곡선을 이용하여 구한 유량의 참값)

① 1.31 m^3/min ② 1.36 m^3/min

③ 1.41 m^3/min ④ 1.46 m^3/min

해설 마노미터 표선으로 얻은 검정곡선을 이용하여 구한 유량의 참값

$= 0.58 \ln(x) - 1.09$

$= 0.58 \times \ln 50 - 1.09 = 1.18 \ m^3/min$

부속유량계의 참값을 계산한 결과

$= 1.25 x - 0.11$

$= 1.25 \times 1.18 - 0.11 = 1.36 \ m^3/min$

07 대기오염 공정시험기준에 따른 배출가스 중 무기물질 분석법으로 옳은 것은?

① 암모니아 – 정전위전해법
② 이황화탄소 – 피리딘피라졸론법
③ 황화수소 – 페놀다이설폰산법
④ 염소 – 자외선/가시선 분광법 – 오르토톨리딘법

해설 ① 암모니아(NH_3) – 자외선/가시선 분광법(인도페놀법)
② 이황화탄소(CS_2) – 기체 크로마토그래피, 자외선/가시선 분광법
③ 황화수소(H_2S) – 자외선/가시선 분광법(메틸렌블루)

08 대기오염 공정시험기준에 따른 스크러버 출구 등 배출가스 중에 물방울이 공존할 때, 배출가스 중의 수증기 부피백분율로 옳은 것은?

• 배출가스의 온도는 40 ℃이고, 이때 포화수증기압은 55.34 mmHg이다.
• 측정공 위치에서 대기압은 760 mmHg이고, 정압은 2 mmHg이다.

① 5.97 %
② 7.26 %
③ 10.37 %
④ 13.73 %

해설 스크러버 출구 등 배출가스 중에 물방울이 공존할 때는 배출가스 온도의 포화수증기압을 사용하며, 다음 식으로 수분량을 계산한다. (100 ℃ 이하일 때)

$$X_w = \frac{P_v}{P_a + P_s} \times 100 = \frac{55.34}{760+2} \times 100 = 7.26\%$$

여기서, X_w : 배출가스 중 수증기 부피백분율(%)
P_v : 배출가스 온도의 포화수증기압(mmHg)
P_a : 대기압(mmHg)
P_s : 배출가스의 정압(mmHg)

09 대기오염 공정시험기준에 따른 배출가스 중 카드뮴화합물 분석을 위한 자외선/가시선 분광법에 대한 설명으로 틀린 것은?

① 카드뮴이온을 수산화소듐 · 사이안화포타슘 용액 중에서 디티존에 반응시켜, 생성되는 카드뮴 착염을 클로로폼으로 추출한다.
② 시료분석을 위한 시약으로 시트르산이암모늄 용액, 타타르산 용액, 메틸오렌지 용액 및 염산하이드록실아민 용액이 사용된다.
③ 시료분석을 위한 장치 및 기구로 10 mm 이상의 석영 또는 유리 흡수셀과 50 mL, 100 mL, 300 mL, 500 mL 분별깔때기를 사용한다.
④ 시료용액 중 다량의 아연, 구리 등이 함유되어 있을 때는 4–메틸–2–펜타논 용액으로 추출하여 분석한다.

해설 카드뮴 분석 시 간섭물질로 시료용액 중에 다량의 철 또는 망간이 함유되어 있는 경우, 디티존 · 클로로폼 용액에 의한 카드뮴 추출이 불완전하게 된다. 이 경우에는 이온교환수지를 사용하여 카드뮴을 분리한 후 정량할 수 있다.

10 대기오염 공정시험기준에 따른 배출가스 중 대기오염물질 분석 시 간섭물질로 틀린 것은?

① 브로민화합물(적정법) – 아이오딘
② 폼알데하이드(크로모트로핀산 자외선/가시선 분광법) – 이산화황
③ 에틸렌옥사이드(HBr 유도체화 기체 크로마토그래피법) – 2–브로모에탄올
④ 페놀류(4–아미노안티피린 자외선/가시선 분광법) – 염소, 브로민 및 황화수소

해설 ② 폼알데하이드(크로모트로핀산 자외선/가시선 분광법) – 다른 폼알데하이드의 영향이 0.01 % 정도, 불포화 알데하이드의 영향이 수% 정도이다.

11 대기오염 공정시험기준에 따른 환경대기 중 금속화합물 측정방법에 대한 설명으로 옳은 것은?

① 시료 내 납, 카드뮴, 크로뮴의 양이 미량으로 존재하거나 방해물질이 존재할 경우, 희석법을 적용하여 정량할 수 있다.

② 카드뮴 분석 시 213.8 nm 측정파장을 이용할 경우 불꽃에 의한 흡수 때문에 바탕선(baseline)이 높아지는 경우가 있다.

③ 니켈 분석 시 다량의 탄소가 포함된 경우, 시료를 채취한 여과지를 적당한 크기로 잘라서 자기도가니에 넣어 전기로를 사용하여 800 ℃에서 30분 이상 가열한 후 전처리 조작을 행한다.

④ 아연 분석 시 알칼리금속의 할로겐화물이 다량 존재하면 분자흡수, 광산란 등에 의해 양의 오차가 발생한다.

해설 ① 시료 내 납, 카드뮴, 크로뮴의 양이 미량으로 존재하거나 방해물질이 존재할 경우, 용매추출법을 적용하여 정량할 수 있다.
② 아연 분석 시 213.8 nm 측정파장을 이용할 경우 불꽃에 의한 흡수 때문에 바탕선(baseline)이 높아지는 경우가 있다.
④ 카드뮴 분석 시 알칼리금속의 할로겐화물이 다량 존재하면 분자흡수, 광산란 등에 의해 양의 오차가 발생한다.

12 대기오염 공정시험기준에 따른 환경대기 중 알데하이드류 분석을 위한 고성능 액체 크로마토그래피법에 대한 설명으로 틀린 것은?

① 고정상으로는 C_{18} 칼럼을 주로 사용한다.

② 시료채취에 사용된 DNPH 카트리지는 아세토나이트릴 용매로 추출한다.

③ 이동상으로 아세토나이트릴(이동상 A)과 증류수, 아세토나이트릴, 테트라하이드로퓨란 혼합용액(이동상 B)을 사용할 수 있다.

④ 시료채취 시 공기 중 오존에 의한 방해를 제거하기 위해 NaOH 오존 스크러버를 DNPH 카트리지 앞에 연결하여 사용한다.

해설 ④ 시료채취 시 공기 중 오존에 의한 방해를 제거하기 위해 내경 1.0 cm × 길이 4 cm의 폴리프로필렌 튜브에 KI 결정을 채운 오존 스크러버를 DNPH 카트리지 앞에 연결하여 시료를 채취한다.

13 대기오염 공정시험기준에 따른 환경대기 중 유해 휘발성 유기화합물 시험방법에 대한 설명으로 틀린 것은?

① 고체흡착법에는 고체흡착 열탈착법과 고체흡착 용매추출법이 있다.

② 돌연변이물질(artifact) 간섭을 최소화하기 위하여 오존 스크러버가 사용된다.

③ 짧은 길이로 흡착제가 충전된 흡착관을 통과하면서 분석물질의 증기띠를 이동시키는 데 필요한 운반기체의 부피를 파과부피라고 한다.

④ '강한' 흡착제라 함은 표면적이 대략 1 000 m^2/g의 근처에 있는 흡착제를 말한다.

해설 ③ 짧은 길이로 흡착제가 충전된 흡착관을 통과하면서 분석물질의 증기띠를 이동시키는 데 필요한 운반기체의 부피를 머무름부피(RV ; Retention Volume)라고 한다.
※ 파과부피(BV ; Breakthrough Volume) : 일정 농도의 VOC가 흡착관에 흡착되는 초기 시점부터 일정 시간이 흐르게 되면 흡착관 내부에 상당량의 VOC가 포화되기 시작하고 전체 VOC 양의 5 %가 흡착관을 통과하게 되는데, 이 시점에서 흡착관 내부로 흘러간 총 부피를 파과부피라 한다.

정답 11 ③ 12 ④ 13 ③

14 대기오염 공정시험기준에 따른 도로 재비산먼지 연속측정방법에 대한 설명으로 <u>틀린</u> 것은?

① 도로 재비산먼지는 도로를 주행하는 차량의 타이어(휠)와 도로면의 마찰에 의해서 재비산되는 먼지를 말하며 도로 재비산먼지의 입경 분류는 입경에 따라 구분한다.

② 도로 미사 부하량은 도로의 단위면적당 표면에 쌓여 있는 먼지 중 기하학적 등가입경이 75 μm 이하인 미사(silt)의 질량을 의미한다.

③ 유효한계입경은 공기역학적 직경별 분리(혹은 채취)효율 분포곡선에서 90 %의 분리(혹은 채취)효율을 나타내는 입자의 입경을 의미한다.

④ 입경분립장치는 충돌판 방식(impactor)으로 입자상 물질을 내부 노즐을 통해 가속시킨 후 충돌판에 충돌시켜, 관성이 큰 입자가 선택적으로 충돌판에 채취되는 원리를 이용하여 일정 크기 이상의 입자를 분리하는 장치이다.

> **해설** ③ 유효한계입경($d_{p,\,50}$)은 공기역학적 직경별 분리(혹은 채취)효율(effectiveness) 분포곡선에서 50 %의 분리(혹은 채취)효율을 나타내는 입자의 입경을 의미한다.

15 대기오염 공정시험기준에 따른 배출가스 중 벤조(a)피렌 분석을 위한 기체 크로마토그래피 질량분석법에 대한 설명으로 <u>틀린</u> 것은?

① 주사기 첨가용 내부표준물질은 시료채취용, 정제용 내부표준물질과 같은 물질을 사용한다.

② 가스상 물질을 채취하기 위해 스타이렌/다이바이닐벤젠 계열의 다공성 고분자수지를 사용한다.

③ 벤조(a)피렌은 대략 10^{-8} kPa 이상의 증기압을 나타내며, 대기 중에서 가스상과 입자상으로 존재한다.

④ 입자상 여과지 사용에 앞서 유리섬유는 400 ℃ 이상, 석영섬유는 650 ℃ 이상에서 2시간 강열 시킨 후, 아세톤 및 톨루엔으로 각각 30분간 초음파 세정을 한 다음 진공 건조시킨다.

> **해설** ① 주사기 첨가용 내부표준물질은 시료채취용, 정제용 내부표준물질과 다른 물질을 사용한다.
> ※ 주사기 첨가용 내부표준물질
> • D_8−나프탈렌(D_8−naphthalene)
> • D_{10}−아세나프텐(acenaphthene)
> • D_{10}−페난트렌(phenanthrene)
> • D_{12}−크리센(chrysene)
> • D_{12}−페릴렌(perylene)
> ※ 정제용 대채표준물질
> • D_{10}−fluorene
> • D_{10}−pyrene

16 대기오염 공정시험기준에 따른 환경대기 중 오존전구물질 자동측정법에 대한 설명으로 <u>틀린</u> 것은?

① 대기환경 중 0.1 nmol/molC ~ 100 nmol/molC 농도범위의 분석에 적합하다.

② 캐니스터 내에 수분이 축적되면 시료분석과정에서 간섭이 일어날 수 있다.

③ 자동열탈착장치의 고온농축트랩에서 탈착이 이루어지면 기체 크로마토그래피로 분석한다.

④ 대기 중의 공기시료는 소형 펌프를 이용하여 분당 15 mL의 유량으로 40분간 600 mL를 채취한다.

> **해설** ③ 자동열탈착장치의 저온농축트랩에서 탈착이 이루어지면 기체 크로마토그래피로 분석한다.
> ※ 자동열탈착장치(automated thermal desorption) : 대기 중에서 1시간을 주기로 연속적으로 채취한 시료를 고체상의 저온농축트랩에 농축하여 다시 탈착하는 과정을 거쳐 기체 크로마토그래피의 유입구로 시료를 연속적으로 유입시키기 위한 장치

정답 14 ③ 15 ① 16 ③

17 대기오염 공정시험기준에 따라 굴뚝에서 배출되는 가스의 유량을 연속적으로 자동 측정하는 방법에 대한 설명으로 틀린 것은?

① 건조배출가스 유량은 배출되는 표준상태의 건조배출가스량[Sm^3(60분 적산치)]으로 나타낸다.
② 배출가스 유량을 측정하는 방법에는 피토관, 열선유속계 및 와류유속계를 이용하는 방법이 있다.
③ 피토관은 피토관계수가 정해진 L형 피토관(피토관계수 : 1.0 전후) 또는 S형 피토관(피토관계수 : 0.85 전후)을 흡입관에 부착하여 사용한다.
④ 열선유속계를 이용하는 방법은 유체와 열선 사이에 열교환이 이루어짐에 따라 열선의 열손실은 유속의 함수가 되기 때문에 이 열량을 측정하여 유속 및 유량을 산정한다.

> **해설** ① 건조배출가스 유량은 배출되는 표준상태의 건조배출가스량[Sm^3(5분 적산치)]으로 나타낸다.

18 대기오염 공정시험기준에 따라 굴뚝 배출가스 중 먼지를 연속 자동 측정하기 위한 측정기기의 성능규격에 대한 설명으로 틀린 것은?

① 교정오차는 10 % 이하여야 한다.
② 재현성은 최대눈금치의 2 % 이하여야 한다.
③ 응답시간은 최대 2분 이내여야 한다(단, 베타선 흡수법은 15분 이내여야 함).
④ 상대정확도는 주시험법의 30 % 이하여야 한다(다만, 측정값이 해당 배출허용기준의 50 % 이하인 경우에는 배출허용기준의 20 % 이하여야 함).

> **해설** ④ 상대정확도는 주시험법의 20% 이하여야 한다(다만, 측정값이 해당 배출허용기준의 50 % 이하인 경우에는 배출허용기준의 15 % 이하여야 함).

19 대기오염 공정시험기준에 따라 굴뚝 배출가스 중 먼지를 연속적으로 자동 측정하는 방법으로 틀린 것은?

① 광투과법
② 광산란적분법
③ 베타(β)선 흡수법
④ 비분산 적외선 분광분석법

> **해설** ④ 비분산 적외선 분광분석법은 배출가스 중 일산화탄소 측정법이다.
> ※ 먼지의 연속자동측정법에는 광산란적분법과 베타(β)선 흡수법, 광투과법이 있다.

20 대기오염 공정시험기준에 따라 굴뚝 연속 자동측정기기로 질소산화물을 측정하는 방법에 대한 설명으로 틀린 것은?

① 질소산화물을 측정하는 방법은 화학발광법, 적외선흡수법, 자외선흡수법 및 정전위전해법 등이 있다.
② 화학발광분석계는 유량제어부, 반응조, 검출기, 오존발생기 등으로 구성되고, 590 nm ~ 875 nm에 이르는 폭을 가진 빛을 분석한다.
③ 정전위전해분석계는 전해셀, 정전위전원 및 증폭기로 구성되고, 전해액은 약 0.5 mol/L 질산 용액을 사용한다.
④ 적외선흡수분석계는 광원, 광학계 및 검출기 등으로 구성되고, 광원은 5.25 μm 전후의 일정한 폭을 가진 비분산적외선광을 발생시킨다.

> **해설** ③ 정전위전해분석계는 전해셀, 정전위전원 및 증폭기로 구성되고, 전해액은 약 0.5 mol/L 황산 용액을 사용한다.
> ※ 전해액 : 가스투과성 격막을 통과한 가스를 흡수하기 위한 용액으로, 약 0.5 mol/L의 황산 용액을 사용한다.

[2과목 : 실내공기질 공정시험기준]

01 실내공기 중 PM−2.5 측정방법(중량법)에 대한 설명으로 틀린 것은?

① 여과지의 무게는 저울을 이용하여 3회 이상 측정하여 평균값으로 나타낸다.

② 여과지 무게 측정은 데시케이터에서 꺼낸 후 30분 이내에 수행되어야 한다.

③ 입경분리장치는 2.5 μm 크기에 대해서 그 채취효율이 50 % 이상이어야 한다.

④ 실내공기 중 미세먼지 농도는 소수점 첫째 자리까지 표시한다.

해설 ② 여과지 무게 측정은 데시케이터에서 꺼낸 후 3분 이내에 수행되어야 한다.

02 중량법으로 측정한 실내공기 중 PM−10 농도로 옳은 것은?

- 시료채취 유량 : 16.7 L/min
- 시료채취 시간 : 24시간
- 시료채취 시 온도 : 35 ℃
- 시료채취 시 압력 : 1기압
- 미세먼지 질량 : 0.4 mg
- 공여지(바탕시료)의 시료채취 전후 무게차 : 0.02 mg

① 12.3 μg/m^3 ② 16.3 μg/m^3

③ 19.3 μg/m^3 ④ 22.3 μg/m^3

해설 • 채취한 공기의 부피

$$V = \frac{Q_{ave} \times T}{10^3} = \frac{16.7 \times 1\,440}{10^3} = 24.048 \text{ m}^3$$

• 25 ℃, 1기압 조건으로 보정하여 환산

$$V_{(25℃, 1\,atm)} = V \times \frac{T_{(25℃)}}{T_2} \times \frac{P_2}{P_{(1\,atm)}}$$

$$= 24.048 \times \frac{298}{273+35} = 23.27 \text{ m}^3$$

• 미세먼지 농도 계산(μg/m^3)

$$C = \frac{(W_2 - W_1) - (B_2 - B_1)}{V_{(25℃, 1\,atm)}}$$

$$= \frac{(0.4 - 0.02) \times 10^3}{23.27} = 16.3 \text{ } \mu\text{g/m}^3$$

03 실내공기질 공정시험기준에 따라 혼합액을 만들려고 한다. 각각의 제조방법으로 옳은 것은?

> ㉠ 염산(1 + 2)
> ㉡ 황산(1 : 5)

① ㉠ 염산 1 mL를 정제수에 넣어 전량 2 mL로 채움, ㉡ 황산 1용량에 정제수 5용량을 혼합

② ㉠ 염산 1용량에 정제수 2용량을 혼합, ㉡ 황산 1용량에 정제수 5용량을 혼합

③ ㉠ 염산 1 mL를 정제수에 넣어 전량 2 mL로 채움, ㉡ 황산 1 mL를 정제수에 넣어 전량 5 mL로 채움

④ ㉠ 염산 1용량에 정제수 2용량을 혼합, ㉡ 황산 1 mL를 정제수에 넣어 전량 5 mL로 채움

해설 • 염산(1+2)의 제조방법 : 염산 1용량에 정제수 2용량을 혼합한 것

• 황산(1 : 5)의 제조방법 : 황산 1용량에 정제수 5용량을 혼합한 것[황산(1+5)와 같음]

※ 실제로 실험실에서 제조할 때는 정제수에 황산을 서서히 가하여야 한다.

04 실내공기질 공정시험기준에 따른 실내공기 오염물질별 측정방법에 대한 설명으로 틀린 것은?

① 이산화질소의 측정은 자외선광도법을 이용한다.

② 일산화탄소의 시료채취시간은 1시간이며 횟수는 1회이다.

③ 일산화탄소(비분산 적외선법)의 측정범위는 0 ppm ~ 100 ppm이다.

④ 이산화질소는 특정 파장의 적외선을 흡수하는 특성을 이용하여 농도를 연속 자동 측정한다.

해설 ① 이산화질소의 측정은 화학발광법을 이용한다.

※ 자외선광도법은 오존의 측정방법이다.

05 실내공기 중 총부유세균 및 곰팡이를 측정하는 데 사용하는 충돌방식 시료채취장치(Andersen type)의 모식도이다. 이 충돌법 기기의 원리에 대한 설명으로 <u>틀린</u> 것은?

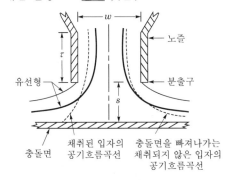

① 충돌면은 페트리접시의 평판 배지를 의미한다.
② 충돌면에 접한 입자는 충돌 후 충돌면에서 채취된다.
③ 채취되는 입자 수는 흡입펌프의 유량에 영향을 받는다.
④ 입자가 클수록 공기흐름곡선을 따라 빠져나가는 경향이 크다.

해설 ④ 입자가 클수록 공기흐름곡선을 따라 빠져나가는 경향이 작다.

06 신축 공동주택의 실내공기 중 휘발성 유기화합물 및 폼알데하이드 시료채취방법으로 옳은 것은?

① 시료채취시간은 오전 10시에서 오후 6시 사이에 실시한다.
② 시료채취 시 실내온도는 20 ℃ 이상을 유지하도록 한다.
③ 각 단위세대에서 실내공기의 채취는 침실 중앙점의 바닥면으로부터 1.2 m ~ 1.5 m 높이에서 실시한다.
④ 시료채취를 위한 조건으로 30분 환기 후 5시간 이상 밀폐 시 외부공기와 면하는 개구부와 실내 간의 이동을 위한 문과 수납기구 등의 문을 모두 닫는다.

해설 ① 시료채취시간은 오후 1시에서 오후 6시 사이에 실시한다.
③ 각 단위세대에서 실내공기의 채취는 거실 중앙점의 바닥면으로부터 1.2 m ~ 1.5 m 높이에서 실시한다.
④ 시료채취를 위한 조건으로 30분 환기 후 5시간 이상 밀폐 시 외부공기와 면하는 개구부와 실내 간의 이동을 위한 문과 수납기구 등의 문을 모두 개방한다.

신축 공동주택의 실내공기 시료채취(측정)조건
30분 이상 환기 → 5시간 이상 밀폐 → 시료채취
• 30분 이상 환기 : 신축 공동주택의 단위세대 외부에 면한 모든 개구부(창호, 출입문, 환기구 등)와 실내출입문, 수납가구의 문 등을 개방하고, 이 상태를 30분 이상 지속한다.
• 5시간 이상 밀폐 : 외부공기와 면하는 개구부(창호, 출입문, 환기구 등)를 5시간 이상 모두 닫아 실내·외 공기의 이동을 방지한다. 이때, 실내 간의 이동을 위한 문과 수납기구 등의 문은 개방한다.
• 시료채취 : 시료채취는 실내에 자연환기 및 기계환기 설비가 설치되어 있을 경우, 이를 밀폐하거나 가동을 중단하고 실시하며, 실내온도는 20 ℃ 이상을 유지하도록 한다.

07 실내공기질 공정시험기준에 따라 PM-10 시료채취 시 사용하는 여과지의 조건에 대한 설명으로 <u>틀린</u> 것은?

① 취급하기 쉽고 충분한 강도를 가질 것
② 기체상 물질의 흡착이 크고, 흡습성 및 대전성이 낮을 것
③ 가능한 압력손실이 낮고 분석에 방해되는 물질을 함유하지 않을 것
④ 0.3 μm의 입자상 물질에 대하여 99 % 이상의 초기채취율을 갖는 것

해설 **여과지의 조건**
• 0.3 μm의 입자상 물질에 대하여 99 % 이상의 초기채취율을 갖는 것
• 가능한 압력손실이 낮을 것
• 기체상 물질의 흡착이 작고, 흡습성 및 대전성이 낮을 것
• 취급하기 쉽고, 충분한 강도를 가질 것
• 분석에 방해되는 물질을 함유하지 않을 것

정답 **05** ④ **06** ② **07** ②

08 실내공기 중 폼알데하이드의 시료채취 및 분석 시 간섭물질에 대한 설명으로 옳은 것은?

> • 오존은 카트리지 내에서 DNPH 및 그 유도체와 반응하여 폼알데하이드 농도를 (㉠)시키는 방해물질로 작용한다.
> • 시료에 오존이 존재하면 폼알데하이드 유도체의 머무름 시간보다 더 (㉡) 머무름 시간을 가진 새로운 화합물의 출현으로 분석에 방해가 된다.
> • 오존에 의한 간섭작용을 최소화하기 위해 DNPH 카트리지 (㉢) 부분에 오존 스크러버를 (㉣)로 연결하여 사용한다.

① ㉠ 증가, ㉡ 짧은, ㉢ 뒤, ㉣ 병렬
② ㉠ 감소, ㉡ 긴, ㉢ 앞, ㉣ 직렬
③ ㉠ 증가, ㉡ 긴, ㉢ 뒤, ㉣ 병렬
④ ㉠ 감소, ㉡ 짧은, ㉢ 앞, ㉣ 직렬

해설 ㉠ 오존은 카트리지 내에서 DNPH 및 그 유도체와 반응하여 폼알데하이드 농도를 감소시키는 방해물질로 작용한다.
㉡ 시료에 오존이 존재하면 폼알데하이드 유도체의 머무름 시간보다 더 짧은 머무름 시간을 가진 새로운 화합물의 출현으로 분석에 방해가 된다.
㉢ 오존에 의한 간섭작용을 최소화하기 위해서는 DNPH 카트리지의 앞 부분에 오존 스크러버(ozone scrubber)를 직렬로 연결하여 사용한다.

09 실내공기 중 총휘발성 유기화합물 분석 시 반드시 포함되어야 하는 표준물질로 틀린 것은?

① 헥세인
② 벤젠
③ 톨루엔
④ 헥사데칸

해설 총휘발성 유기화합물은 크로마토그램에서 헥세인에서 헥사데칸까지의 범위에서 검출되는 모든 휘발성 유기화합물로 표준물질 분석 시 헥세인, 톨루엔, 헥사데칸이 반드시 포함되어 있어야 한다.

10 실내공기 중 휘발성 유기화합물을 기체 크로마토그래프 – 불꽃이온화검출기를 이용하여 분석한 기기조건이다. 휘발성 유기화합물의 검출순서로 옳은 것은?

> • 칼럼 유량 : 1 mL/min
> • 칼럼 종류 : VB – 1(0.25 mm, 60 m, 1.0 μm)
> • 오븐 온도 : 40 ℃(4 min) → 4 ℃/min → 230 ℃ → 20 ℃/min → 280 ℃(10 min)

① 벤젠 → 트리클로로에틸렌 → 톨루엔 → 테트라클로로에틸렌 → 에틸벤젠 → 스타이렌
② 트리클로로에틸렌 → 벤젠 → 톨루엔 → 에틸벤젠 → 스타이렌 → 테트라클로로에틸렌
③ 트리클로로에틸렌 → 벤젠 → 톨루엔 → 에틸벤젠 → 테트라클로로에틸렌 → 스타이렌
④ 벤젠 → 톨루엔 → 트리클로로에틸렌 → 테트라클로로에틸렌 → 스타이렌 → 에틸벤젠

해설 GC를 이용한 휘발성 유기화합물의 검출순서는 휘발성 유기화합물 표준물질의 크로마토그램을 확인하면 알 수 있는데, 그 검출순서는 헥세인(Hexane)을 시작으로, 벤젠, 트리클로로에틸렌, 톨루엔, 테트라클로로에틸렌, 에틸벤젠, 스타이렌의 순이다.

11 대기 중 폼알데하이드 분석 시 DNPH 카트리지로부터 아세토나이트릴을 이용하여 용출시킨 용액 중 미반응 2,4 – DNPH를 제거하기 위해 사용하는 것으로 옳은 것은?

① 서프레서
② 테트라하이드로퓨란
③ 강 양이온 교환수지관
④ 오존 스크러버

해설 ③ 강 양이온 교환수지관은 미반응의 2,4 – DNPH를 포착하기 위해 사용된다.
※ DNPH 카트리지로부터 아세토나이트릴을 써서 용출시킨 용액 중에 미반응의 과잉의 2,4 – DNPH를 제거하여 시료의 크로마토크램을 좋게 할 수도 있다.

정답 08 ④ 09 ② 10 ① 11 ③

12 실내공기 중 오존 측정방법인 자외선광도법에 관한 설명으로 **틀린** 것은?

> ㉠ 파장 254 nm 부근에서 자외선 흡수량의 변화를 측정하여 환경대기 중의 오존 농도를 연속적으로 측정하는 방법이다.
> ㉡ 측정범위는 0.001 ppm 이하여야 한다.
> ㉢ 입자상 물질, 질소산화물, 이산화황, 톨루엔, 습도가 공기 중 오존 농도를 측정하는 데 간섭물질로 작용할 수 있다.
> ㉣ 오존 발생기는 수은 방전관을 사용하여 일정 농도의 오존을 발생시킬 수 있는 것이어야 한다.

① ㉠ ② ㉡
③ ㉢ ④ ㉣

해설 ㉡ 자외선광도법에서의 측정범위는 약 0 ppm ~ 1 ppm이다.

13 실내공기질 공정시험기준에 따른 실내공기 중 이산화질소의 측정방법에 관한 설명으로 옳은 것은?

① 이 시험기준에 따른 이산화질소 농도의 측정범위는 약 0 ppm ~ 100 ppm이다.
② 시료셀은 이산화질소와 오존과의 반응으로 생긴 일산화질소로부터 발생하는 발광도를 측정하기 위한 셀이다.
③ 공기 중 포함된 황화합물은 간섭물질이 아니다.
④ 600 nm 이하의 파장 영역을 차단하는 광학 필터를 사용한다.

해설 ① 이 시험기준에 따른 이산화질소 농도의 측정범위는 약 0 ppm ~ 10 ppm이다.
② 시료셀은 일산화질소와 오존과의 반응으로 생긴 이산화질소로부터 발생하는 발광도를 측정하기 위한 셀이다.
③ 공기 중 포함된 황화합물은 간섭물질로, 무시할 수 없는 영향을 미칠 수 있다.

14 실내공기 중 석면과 섬유상 먼지 농도를 실내공기질 공정시험기준에 따른 위상차현미경법으로 측정하였다. 석면섬유 ①~⑨를 석면 계수 규칙에 따라 계수한 총 섬유수로 옳은 것은?

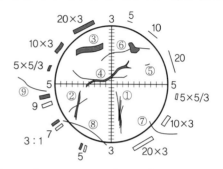

① 6.5개 ② 7.5개
③ 9.5개 ④ 11개

해설 석면 및 섬유상 먼지 계수방법

대상번호	섬유 수	계수 근거
①	1개	여러 개의 가는 섬유가 묶인 다발 형태로, 가는 섬유가 동일한 다발로부터 나온 것으로 보이면 하나의 섬유로 계수. 단, 모든 섬유가 길이 5 μm 이상이고, 길이와 폭의 비가 3 : 1 이상인 조건을 만족해야 함
②	2개	섬유가 길이 5 μm 이상이고, 길이와 폭의 비가 3 : 1 이상인 조건을 만족하고 동일한 다발에서 나온 것처럼 보이지 않고 서로 겹쳐 있으면 분리하여 계수
③	1개	비록 상대적으로 직경이 넓어 보이나 (> 3 μm), 하나의 섬유로 계수. 섬유 직경 최대한도는 제한이 없으며 다만, 길이와 너비의 비 조건을 만족하면 계수
④	1개	비록 길고 가느다란 섬유들이 섬유뭉치에서 삐져나와 있어도 이 섬유들은 원래 묶음의 부분으로 보이므로 개별 섬유로 보지 않음
⑤	세지 않음	길이가 5 μm 이하이므로 세지 않음
⑥	1개	입자 때문에 섬유가 부분적으로 가려진 경우 하나의 섬유로 계수. 만약, 입자로부터 나온 섬유의 끝이 동일한 섬유로부터 나온 것처럼 보이지 않고 각각의 끝이 길이, 길이와 너비의 비를 만족하는 경우 서로 다른 섬유로 계수
⑦	1/2개	그래티큘을 한번 통과하는 섬유는 1/2로 계수
⑧	세지 않음	한번 이상 그래티큘을 통과하는 섬유는 세지 않음
⑨	세지 않음	그래티큘 경계선 바깥에 있는 섬유는 세지 않음

따라서, 합계 : 6.5개

15 실내 및 건축자재에서 방출되는 오염물질의 단위방출을 측정하기 위한 소형 방출챔버의 일반적인 구성도이다. 구성요소의 배치로 **틀린** 것은?

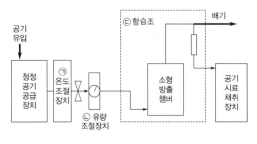

① ㉠, ㉡ ② ㉠, ㉢
③ ㉡, ㉢ ④ ㉠, ㉡, ㉢

해설 소형 방출챔버장치의 일반적인 구성도

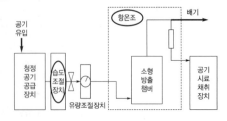

16 실내공기 중 라돈-222에 관한 설명이다. 괄호 안의 내용으로 옳은 것은?

라돈은 (㉠)-226이 방사성 붕괴할 때 생성되는 불활성 원소로서 3,823일의 반감기를 갖는 무색무취의 방사성 기체다. 라돈이 붕괴되면서 차례로 생성되는 라돈 붕괴 생성물은 폴로늄-218, (㉡)-214, 폴로늄-214, (㉢)-210으로 방사성을 띠며 알파, 베타 또는 감마선을 방출한다.

① ㉠ 라듐, ㉡ 비스무스, ㉢ 납
② ㉠ 라듐, ㉡ 토륨, ㉢ 철
③ ㉠ 우라늄, ㉡ 비스무스, ㉢ 납
④ ㉠ 우라늄, ㉡ 토륨, ㉢ 철

해설 라돈과 라돈 붕괴 생성물
• 라돈-222(Rn-222) : 라듐-226(Ra-226)이 방사성 붕괴할 때 생성되는 불활성 원소로서 3,823일의 반감기를 갖는 무색무취의 방사성 기체다. 흙이나 암석 등 자연계에서 생성되는 천연 라돈은 3개의 동위원소(Rn-222, 220, 219)가 있으며 천연 방사능 붕괴 계열이 함유된 우라늄-238(U-238), 토륨-232(Th-232), 우라늄-235(U-235)은 방사성 붕괴 계열에서 각각 생긴 것들이다.
• 라돈 붕괴 생성물(radon decay product) : 라돈이 붕괴되면서 차례로 생성되는 생성물이다. 폴로늄-218(Po-218), 비스무스-214(Bi-214), 폴로늄-214(Po-214), 납-210(Pb-210)이 있으며, 방사성을 띠고, 알파, 베타 또는 감마선을 방출한다.

17 준공 후 10년 지난 건물에 있는 어린이집에서 실내공기질 공정시험기준에 따라 라돈을 연속측정방법으로 조사하려고 한다. 이때 고려해야 할 사항으로 **틀린** 것은?

① 측정하기 전 최소 5시간 전에 외부로 통하는 문과 창문을 모두 닫는다.
② 측정은 가능한 외부로 통하는 건물의 모든 창문과 문을 닫은 채 실시한다.
③ 건물 내 공기를 내부 순환시키는 냉난방설비는 가동하여도 무방하다.
④ 외부 공기를 유입하는 팬이나 기타 설비는 가동하지 않도록 한다.

해설 실내 라돈 농도 저감을 위한 시설 설치의 필요성을 판단하는 목적으로 실내 라돈 농도를 측정하는 경우에는 측정하기 최소 12시간 전에 외부로 통하는 문과 창문을 모두 닫는다. 측정은 가능한 외부로 통하는 건물의 모든 창문과 문을 닫은 채 실시하며, 건물 내 공기를 내부 순환시키는 냉난방설비는 가동하여도 무방하다. 다만, 외부 공기를 유입하는 팬이나 기타 설비는 가동하지 않도록 한다(측정하는 동안 짧은 시간이라도 배기팬을 작동하면 실내 라돈 농도가 감소할 수 있음).

정답 15 ② 16 ① 17 ①

18 실내공기질 공정시험기준에 따른 투과전자현미경법으로 석면농도 측정 시, 섬유의 손상을 고려하여 전자회절(ED) 분석을 마치고 에너지 분산 엑스선 분석(EDXA)을 실시해야 하는 석면 종류로 옳은 것은?

① 청석면 ② 갈석면
③ 트레몰라이트 ④ 백석면

해설 | 사문석 그룹의 섬유성 광물인 백석면의 경우 EDXA로 인한 손상이 가능하므로 ED 수행 후 EDXA를 실시하며, 각섬석류 석면(청석면, 갈석면, 트레몰라이트, 안소필라이트, 악티노라이트 등)의 경우에는 EDXA와 ED는 순서에 상관없이 사용한다.

19 실내공기 중 총부유세균과 부유곰팡이 시료채취에 사용되는 배지 및 고압증기멸균기에 대한 설명으로 옳은 것은?

실내공기 중 총부유세균 시료채취에 사용되는 배지는 (㉠), 부유곰팡이 배지는 (㉡)을 사용한다. 측정이 완료된 배지의 미생물의 파괴를 위하여 사용되는 고압증기멸균기(autoclave)는 (㉢) ℃의 포화증기온도를 얻을 수 있어야 한다.

① ㉠ 맥아추출물 한천배지,
  ㉡ 감자덱스트로오스 한천배지, ㉢ : 121
② ㉠ TSA 배지,
  ㉡ 카제인대두소화 한천배지, ㉢ 100
③ ㉠ 카제인대두소화 한천배지,
  ㉡ 맥아추출물 한천배지, ㉢ 121
④ ㉠ TSA 배지,
  ㉡ 감자덱스트로오스 한천배지, ㉢ 100

해설 | • 총부유세균 측정에는 TSA(Tryptic Soy Agar) 배지, 카제인대두소화 한천배지(casein soybean digest agar)를 사용하고, 부유곰팡이의 채취, 배양 및 증식에는 맥아추출물 한천배지(MEA ; Malt-Extract Agar), 감자덱스트로오스(potato dextrose agar) 한천배지 등을 사용한다.
• 고압증기멸균기는 미생물의 파괴라는 관점에서 최소한 121 ℃의 포화증기 온도를 얻을 수 있는 장치이다.

20 어린이집의 실내공기 중 부유곰팡이 농도를 20분간 측정하였다. 보정된 집락수가 300 CFU일 때 부유곰팡이 농도로 옳은 것은?

• 공기 시료채취 시 유량 : 30 (L/min)
• 공기 시료채취 종료 시 유량 : 28 (L/min)
• 공기 시료채취 시 온도 : 25 ℃
• 공기 시료채취 시 기압 : 0.8기압 (atm)

① 64.655 CFU/m^3
② 154.66 CFU/m^3
③ 646.55 CFU/m^3
④ 1 546.6 CFU/m^3

해설 | • 시료채취 유량은 시료채취 기간의 평균 유량으로 한다.
$$Q_{ave} = \frac{Q_1 + Q_2}{2} = \frac{30 + 28}{2} = 29 \,(\text{L/min})$$
• 채취한 공기의 총 부피
$$V = \frac{Q_{ave} \times T}{10^3} = \frac{29 \times 20}{10^3} = 0.58 \,(\text{m}^3)$$
• 25 ℃, 1기압 조건으로 보정하여 환산
$$V_{(25\,℃,\,1\,atm)} = V \times \frac{P_2}{P_{(1\,atm)}}$$
$$= 0.58 \times \frac{0.8}{1} = 0.464 \,(\text{m}^3)$$
• 실내공기 중 부유곰팡이 농도
$$C = \frac{\text{CFU}}{V_{(25\,℃,\,1\,atm)}} = \frac{300}{0.464} = 646.55 \,\text{CFU/m}^3$$

정답 | 18 ④ 19 ③ 20 ③

[3과목 : 악취 공정시험기준]

01 복합악취 및 지정악취 측정을 위한 시료채취에 관한 설명으로 옳은 것은?

> 복합악취 측정을 위한 시료의 채취는 (㉠)과(와) 부지경계선 및 (㉡)에서 실시하는 것을 원칙을 하며, 기기분석법에 의한 지정악취물질 측정을 위한 시료의 채취는 부지경계선 및 (㉡)에서 채취한다. 부지경계선에서 시료를 채취할 때는 (㉢) 이내에 (㉣)강도의 악취로 판단되는 악취시료를 채취한다.

① ㉠ 피해지점, ㉡ 피해지점, ㉢ 10분, ㉣ 순산최대

② ㉠ 배출구, ㉡ 피해지점, ㉢ 10분, ㉣ 평균

③ ㉠ 배출구, ㉡ 피해지점, ㉢ 5분, ㉣ 순간최대

④ ㉠ 피해지점, ㉡ 피해지점, ㉢ 5분, ㉣ 평균

해설 복합악취 측정을 위한 시료의 채취는 배출구와 부지경계선 및 피해지점에서 실시하는 것을 원칙으로 하며, 기기분석법에 의한 지정악취물질 측정을 위한 시료의 채취는 부지경계선 및 피해지점에서 채취한다. 부지경계선 및 피해지점에서 시료를 채취할 때는 5분 이내에 순간최대강도의 악취로 판단되는 악취시료를 채취하는 것을 원칙으로 한다.

02 악취 공정시험기준 기록관리 유의사항 중 표준작업절차서(SOP) 작성내용으로 틀린 것은?

① 악취분석요원에 대한 인적사항, 근무기록, 교육사항, 외부정도관리 수행실적

② 시료채취용 시약류의 준비, 정제, 보관 및 취급방법

③ 분석용 시약, 표준물질 등의 준비, 보관 및 취급방법

④ 시료채취장치의 조립이나 기기, 기구의 교정 · 조작방법

해설 ① 악취분석요원에 대한 인적사항, 근무기록, 교육사항, 외부정도관리 수행실적은 악취분석요원에 대한 악취판정인 관리대장이다.

표준작업절차서(SOP)의 작성
악취를 측정하는 기관은 다음 항목에 대해서 작업순서를 설정해 둔다. 이 작업순서는 구체적으로 작성되어야 하며, 각 측정 · 분석 항목별로 정확히 유지 · 수행되어야 한다. 표준작업내용은 다음과 같다.
- 시료채취용 시약류의 준비, 정제, 보관 및 취급방법
- 분석용 시약, 표준물질 등의 준비, 보관 및 취급방법
- 시료채취장치의 조립이나 기기, 기구의 교정, 조작방법
- 측정 · 분석기기의 측정 · 분석조건의 설정, 조정, 조작순서
- 측정 · 분석조작의 모든 공정의 기록(사용하는 컴퓨터의 하드웨어 및 소프트웨어를 포함)
- 시료농도 산출에 사용되는 측정 · 분석결과의 데이터의 처리방법 및 결과

03 악취 시료채취와 보관에 대한 설명으로 틀린 것은?

① 사용하는 흡착관은 충분히 열세척하여 깨끗하게 해 둔다.

② 시료채취 용기의 재질이나 흡착제가 변한 경우에는 반드시 시료 속 측정대상 물질에 대한 보존성, 회수율, 수분의 영향 등을 확인한다.

③ 시료주머니는 충분히 세척하고 미리 고순도 질소 혹은 공기(순도 99.999 % 이상)를 충전하여 기체 크로마토그래피 등으로 분석하여 오염이 없는 것을 확인한다.

④ DNPH 카트리지를 이용하여 채취한 시료는 즉시 시험하지 못할 경우 20 ℃ 항온상태에서 보관한다.

해설 DNPH 카트리지 채취법

시료채취 후 차광과 외부공기의 접촉을 막기 위해 알루미늄박 등으로 차광하고, 밀봉용기를 2중 지퍼백 등으로 처리하여 이송 및 보관한다. 즉시 시험하지 못할 경우에는 저온 냉장 보관한다.

04 악취 공정시험기준 총칙상 온도의 표시에 대한 설명으로 틀린 것은?

① 냉수는 15 ℃ 이하, 열수는 약 100 ℃를 말한다.
② 실온은 1 ℃ ~ 35 ℃를 뜻한다.
③ 표준온도는 20 ℃를 뜻한다.
④ 찬 곳은 따로 규정이 없는 한 0 ℃ ~ 15 ℃의 곳을 뜻한다.

해설 ③ 표준온도는 25 ℃를 뜻한다.
※ 상온은 15 ℃ ~ 25 ℃, 실온은 1 ℃ ~ 35 ℃로 하고, 찬 곳은 따로 규정이 없는 한 0 ℃ ~ 15 ℃의 곳을 뜻한다.

05 복합악취 측정을 위한 공기희석관능법에서 사용하는 주머니에 대한 설명으로 틀린 것은?

① 시료주머니는 시료채취지점에서 시료를 채취한 주머니를 말한다.
② 냄새주머니는 시료주머니와 동일한 재질로 악취판정요원이 판정시험에 사용하는 주머니를 말한다.
③ 무취주머니는 냄새주머니에 무취공기 제조장치로 제조된 무취공기를 채운 주머니를 말한다.
④ 시료희석주머니는 냄새공기가 채워진 냄새주머니에 시료를 적정 희석배수로 희석한 주머니를 말한다.

해설 ④ 시료희석주머니는 무취공기가 채워진 무취주머니에 시료를 적정 희석배수로 희석한 주머니를 말한다.

06 공기희석관능법에서 사용하는 무취공기 제조장치의 설명으로 옳은 것은?

① 무취공기 제조장치는 제습통, 격막펌프, 바늘밸브, 유량계, 활성탄병으로 구성된다.
② 제조된 무취공기는 공기희석관능법에 따라 판정요원으로 선정한 3명이 시험하였을 때 냄새를 인지할 수 없어야 한다.
③ 무취공기는 주기적으로 측정하도록 하며, 1인 이상 냄새를 인지할 경우에는 별도 조치 없이 그대로 사용한다.
④ 흡수병 및 실리카겔병은 약 500 mL 이상, 활성탄병은 약 2 L 이상의 부피를 권장한다.

해설 ① 무취공기 제조장치는 흡입펌프, 흡수병(정제수), 빈병, 실리카겔병, 활성탄병, 무취주머니로 구성된다.
② 제조된 무취공기는 공기희석관능법에 따라 판정요원으로 선정한 5명이 시험하였을 때 냄새를 인지할 수 없어야 한다.
③ 무취공기는 주기적으로 측정하도록 하며, 1인 이상 냄새를 인지할 경우에는 흡수액 및 활성탄 교체 등의 필요한 조치를 취한다.

07 공기희석관능법으로 복합악취 측정 시 시약 및 표준용액에 대한 설명으로 틀린 것은?

① 판정요원 선정용 시험액 중 β −Phenylethylalcohol의 제조용액은 유동 파라핀이다.
② 악취강도 인식 시험액 희석 시 사용하는 용기는 갈색의 부피플라스크를 사용한다.
③ 판정요원 선정용 아세트산 시험액은 1.0 wt% 농도로 만들어 사용한다.
④ 판정요원 선정용 시험액 중 Methylcyclo−pentenolone은 장미 냄새에 해당한다.

해설 ④ 판정요원 선정용 시험액 중 Methylcyclo−pentenolone은 달콤한 설탕 타는 냄새에 해당한다.

08 악취강도 인식시험액 제조에 대한 설명이다. 노말뷰탄올 주입량으로 옳은 것은?

> 악취강도 2인 인식시험액을 제조하기 위하여 1 L 갈색병 부피플라스크에 노말뷰탄올(분자량 : 74.12, 순도 : 99.5 % 이상) (   ) mL 주입하고 정제수로 최종 1 L가 되게 한다.

① 0.01 mL   ② 0.1 mL

③ 0.4 mL   ④ 1.5 mL

해설 악취강도 인식시험액 노말뷰탄올(n-butanol) 제조

악취강도	노말뷰탄올 주입량 (mL/L)	농도 (ppm)
1	0.1	100
2	0.4	400
3	1.5	1 500
4	7.0	7 000
5	30.0	30 000

09 복합악취 측정을 위한 공기희석관능법 시료채취 및 관리방법에 대한 설명으로 <u>틀린</u> 것은?

① 시료채취용기의 제작 시 실리콘이나 천연고무와 같은 재질은 최소한의 접합부에서도 사용할 수 없다.

② 부지경계선에서 시료를 수동 채취하는 경우 시료채취펌프는 흡입유량이 1 L/min ~ 10 L/min인 격막 펌프로 취기 흡착성이 낮은 플루오린수지 재질로 된 것을 사용한다

③ 시료채취용기는 시료채취 전 무취공기로 3분 이상 치환한 후 사용한다.

④ 시료주머니에 채취된 냄새시료는 15 ℃ ~ 25 ℃를 유지하여야 하며 직사광선을 피할 수 있도록 차광용기나 차광막을 사용하여 운반하여야 한다.

해설 ③ 시료채취용기는 시료채취 전 이물질을 제거하고, 무취공기로 10분 이상 치환한 후 사용한다.

10 공기희석관능법으로 복합악취를 측정할 때 판정요원 선정방법으로 옳은 것은?

① 악취분석요원은 악취강도 인식시험액 5도의 시험액을 예비판정요원 모두에게 냄새를 맡게 하여 냄새의 인식 유무를 확인한다.

② 악취강도 인식시험액을 통풍이 잘 되는 곳에서 밀봉을 풀어 1도에서 5도의 순으로 냄새를 맡게 하여 악취강도에 대한 정도를 인식하도록 한다.

③ 냄새를 맡을 때는 뚜껑을 연 상태에서 코와의 간격을 10 cm 이상 두고 3초 이후에 냄새를 맡는다.

④ 시험액에 1분 동안 담가둔 거름종이는 제조 후 바로 다음날 시험에 사용한다.

해설 ① 악취분석요원은 악취강도 인식시험액 1도의 시험액을 예비판정요원 모두에게 냄새를 맡게 하여 냄새의 인식 유무를 확인한다.
③ 냄새를 맡을 때는 뚜껑을 연 상태에서 코와의 간격을 3 cm ~ 5 cm 두고 3초 이내에 냄새를 맡는다.
④ 시험액에 1분 동안 담가둔 거름종이는 제조 후 바로 시험에 사용한다.

11 암모니아 시료채취방법으로 인산 함침 여과지에 대한 설명으로 옳은 것은?

> 직경 47 mm, 구멍 크기 0.3 μm의 원형 (㉠) 재질 여과지를 전기로에서 (㉡) ℃에서 1시간 가열 후 실리카젤 건조용기에서 방치하여 냉각한다. 그리고 (㉢) % 인산·에틸알코올에 5분간 함침 후 실리카젤 건조용기에서 하루 동안 보존하고 밀봉·보관한다.

① ㉠ 테프론, ㉡ 500, ㉢ 5

② ㉠ 석영, ㉡ 500, ㉢ 5

③ ㉠ 테프론, ㉡ 200, ㉢ 10

④ ㉠ 석영, ㉡ 200, ㉢ 10

해설 인산 함침 여과지

직경 47 mm, 구멍 크기 0.3 μm의 원형의 석영 재질 여과지를 전기로에서 500 ℃에서 1시간 가열 후, 실리카젤 건조용기에서 방치하여 냉각한다. 그리고 5 % 인산·에틸알코올에 5분간 함침 후 실리카젤 건조용기에서 하루 동안 보존하고 밀봉하여 보관한다.

12 지정악취물질 중 스타이렌 분석을 위한 저온 농축방법에 대한 설명으로 옳은 것은?

① 저온농축관에 고체흡착제를 사용할 경우 0 ℃ 이하의 온도를 유지하여 저온 농축할 수 있어야 한다.

② 고체흡착관의 탈착온도는 250 ℃까지 가열하면서 이동상 가스를 흘려 흡착된 시료를 열탈착할 수 있어야 한다.

③ 저온농축장치는 고체흡착관을 고온 열탈착할 수 있는 장치나 캐니스터에서 시료를 흡입할 수 있는 구조이어야 한다.

④ 저온농축관에 유리비드를 장치한 경우 시료의 저온 농축을 위하여 냉매를 사용하여 −10 ℃ 이하로 유지할 수 있어야 한다.

해설 ① 저온농축관에 고체흡착제를 사용할 경우 −10 ℃ 이하의 온도를 유지하여 저온 농축할 수 있어야 한다.

② 고체흡착관의 탈착온도는 350 ℃까지 가열하면서 이동상 가스를 흘려 흡착된 시료를 열탈착할 수 있어야 한다.

④ 저온농축관에 유리비드를 장치한 경우 시료의 저온 농축을 위하여 냉매를 사용하여 −180 ℃ 이하로 유지할 수 있어야 한다.

13 지정악취물질 중 황화합물 분석방법에 대한 설명으로 틀린 것은?

① 전기냉각 저온농축관의 충전물질은 carbopack과 tenax로 이뤄진 2단 충전방식을 사용한다.

② 분석에 사용하는 시료부피 범위로부터 구한 검정곡선의 결정계수는 1 ppb ~ 50 ppb 범위에서 $R_2 = 0.98$ 이상이어야 한다.

③ 불꽃광도검출기, 펄스형 불꽃광도검출기인 경우 봉우리 넓이에 제곱근을 취하여 검정곡선을 작성한다.

④ 이산화황과 카르보닐설파이드의 머무름 시간은 황화수소의 머무름 시간과 비슷하므로 충분한 분리가 이루어질 수 있도록 해야 한다.

해설 ① 전기냉각 저온농축관의 충전물질은 carbopack B와 silica－gel로 이뤄진 2단 충전방식을 사용한다.

14 대기환경 중에 존재하는 지정악취물질인 황화합물 농도 분석을 위한 저온농축장치 및 분석법에 대한 설명으로 틀린 것은?

① 시료주머니에서 저온농축장치로 시료가 주입되는 관은 황화합물의 흡착과 탈착에 영향이 적은 설피너트(sulfinert) 재질의 관을 써야 한다.

② 주사기펌프법은 열탈착장치로 열탈착 시 주사기펌프를 이용하여 가압을 걸어주는 원리로 5 mL 미만의 주사기에 탈착된 시료를 이동시킨다.

③ 시료는 시료채취부를 거쳐 저온농축관에 농축이 되고, 재탈착되어 기체 크로마토그래피로 주입된다.

④ 시료의 저온 농축 후 열탈착과 열세척을 위하여 유로전환용 밸브가 필요하다.

해설 ② 주사기펌프법은 열탈착장치로 열탈착 시 주사기펌프를 이용하여 감압을 걸어주는 원리로 5 mL 미만의 주사기에 탈착된 시료를 이동시킨다.

15 지정악취물질 중 휘발성 유기화합물을 동시에 측정하기 위한 시험방법인 저온농축 기체 크로마토그래피법의 시료채취에 관한 설명으로 **틀린** 것은?

① 고체흡착관에 유량을 약 100 mL/min으로 안정되게 조정하고 5분간 채취한다.

② 일일 최소 1개 이상의 현장 바탕시험용 고체흡착관을 시료채취 때마다 사용한다.

③ 유량의 안정성을 파악하기 위해 시료채취 전후의 유량을 비교하여 10 % 이내인가를 확인한다.

④ 현장 바탕시험용 고체흡착관은 시료채취 지점에 실험실에서 출발하기 전에 개봉하여 운반한다.

해설 ④ 현장 바탕시험용 고체흡착관은 측정지점까지 운반되고 측정지점에서 개봉된다.

16 악취 공정시험기준의 트라이메틸아민 측정방법에 대한 설명으로 **틀린** 것은?

① 시료채취방법으로 임핀저 방법과 산성 여과지 방법을 적용할 수 있다.

② 기체 크로마토그래피는 불꽃이온화검출기 또는 전자포획검출기를 갖고 있는 것이어야 한다.

③ 분석에 사용하는 모세관 칼럼은 규정물질의 항목별 검출분리능이 1 이상 되는 것을 사용한다.

④ 고체상 미량추출분석법은 헤드스페이스 바이알 상단부의 기체상이 평형상태를 유지하면 상단부의 트라이메틸아민 기체를 고체상 미량추출장치(SPME) 파이버(fiber)에 흡착시킨 후 기체 크로마토그래피에 주입한다.

해설 ② 기체 크로마토그래피는 불꽃이온화검출기 (FID) 또는 질소인검출기(NPD ; Nitrogen Phosphorus Detector) 또는 질량분석기 (MS)를 갖고 있는 것이어야 한다.

17 다음은 공기희석관능법으로 부지경계선에서 복합악취를 측정한 결과이다. 관능시험 결과에 따른 희석배수로 옳은 것은?

| 구 분 | 판정요원 1차 평가 | | 2차 평가 (×30) | 3차 평가 (×100) |
	1조 (×10)	2조 (×10)		
a	×	○		
b	○	○	○	○
c	○	○	○	×
d	○	○	○	×
e	○	○	×	

① 14   ② 20

③ 50   ④ 30

해설

판정요원	계산과정	비 고
a	$\sqrt{(3\times10)} = 5.477$	최대(제외)
b	100	최소(제외)
c	30	→
d	30	→
e	10	→

∴ 전체의 희석배수 $= \sqrt[3]{(30\times30\times10)} = 20.8$

18 25 ℃, 1기압 조건에서 프로피온알데하이드의 공업지역 배출허용기준은 0.1 ppm 이하이다. 프로피온알데하이드 농도 0.1 ppm을 $\mu g/m^3$로 환산한 값으로 옳은 것은? (단, 프로피온알데하이드의 분자량은 58이다.)

① 237 $\mu g/m^3$ ② 259 $\mu g/m^3$

③ 303 $\mu g/m^3$ ④ 330 $\mu g/m^3$

해설 $ppm = \mu g/m^3 \times \dfrac{24.46}{58} \times \dfrac{1}{1\,000}$ 에서

$\mu g/m^3 = ppm \times \dfrac{58}{24.46} \times 1\,000$

$= 0.1 \times \dfrac{58}{24.46} \times 1\,000$

$= 237\ \mu g/m^3$

19 악취 공정시험기준에 따른 연속측정방법에는 저온 농축 – 기체 크로마토그래피법, 흡광차분석법, 고효율막 채취장치 – 이온 크로마토그래피법 등이 있다. 다음 중 간섭물질에 대한 설명으로 **틀린** 것은?

① 황화합물 중 황화수소는 극성이 커서 수분에 의한 영향으로 가스상 시료 중 농도변화가 일어날 수 있다.

② 저농도의 황화합물 분석에서는 대기 중 질소산화물의 영향이 매우 커 간섭을 줄일 수 있는 조치를 취하여야 한다.

③ 흡광차분석법은 광학적 스펙트럼의 해석에 기반한 분석법이므로 유사 파장대 물질의 간섭이 일어날 수 있다.

④ 대기 중 암모니아 농도가 높은 경우, 트라이메틸아민 봉우리가 암모니아 봉우리에 묻히는 경우가 있다.

해설 ② 저농도의 황화합물 분석에서는 대기 중 수분 영향이 매우 커 간섭을 줄일 수 있는 조치를 취하여야 한다.

20 지방산류 – 고효율막 채취장치 – 이온 크로마토그래피법 – 연속측정방법의 설명으로 **틀린** 것은?

① 시료 흡입펌프는 펌프에 의한 오염 및 기억효과를 피하기 위해 확산 스크러버의 전단에 설치한다.

② 공기 중에 공존하는 분자량이 큰 지방산이나 양성자산은 모세관 칼럼에서 늦게 용출되어 이어지는 분석 사이클에 방해할 수 있다.

③ 총불순물 양이 1.0 ppb를 넘지 않는 순수한 용리액의 제조 및 기울기 용리가 가능한 용리액 제조장치가 부착되어 있어야 한다.

④ 확산 스크러버의 다공성 막의 한쪽에는 시료를, 다른 한쪽에는 흡수액을 반대방향으로 흘려주어 시료와 흡수액이 접촉하도록 한다.

해설 ① 시료 흡입펌프는 펌프에 의한 오염 및 기억효과(memory effect)를 피하기 위해 확산 스크러버의 후단에 설치되어 있으며 공기펌프의 후단에는 공기의 유량을 조절하기 위해 유량조절장치가 부착되어 있어야 한다.

2021년 제14회 환경측정분석사 필기

● 검정분야 : 대기환경측정분석

[1과목 : 정도관리]

01 측정 통계 용어에 대한 설명으로 틀린 것은?

① 측정값의 참값에 대한 백분율을 상대정확도(relative accuracy)라고 한다.

② 참값과 측정값과의 차이는 부호를 포함하여 상대오차(relative error)라고 한다.

③ 시험방법에서의 계통오차로 인해 발생되는 것을 편향(bias)이라고 한다.

④ 표준편차의 제곱을 분산(variance)이라고 한다.

> **해설** 상대오차(relative error)
> 절대오차나 평균오차를 참값의 비(ratio)로 나타내며, 상대오차 백분율(percent relative error) 또는 상대오차 천분율(parts per thousand)로도 나타낸다. 상대오차를 상대 불확도(relative uncertainty) 또는 근사오차(approximation error)라고도 한다.
>
> $$상대오차 = \frac{절대오차(또는\ 평균오차)}{참값}$$
> $$= \frac{|참값 - 측정값|}{참값}$$

02 시험분석에 사용되는 통계 용어에 대한 내용으로 틀린 것은?

① 평균의 표준오차는 평균을 계산하는데 사용된 데이터의 수의 제곱근에 역비례한다.

② Gauss의 정규오차곡선은 편차의 크기가 커짐에 따라 빈도수는 지수함수로 감소한다.

③ 평균에 대한 신뢰한계는 실험적으로 얻은 평균 주위에 모집단 평균이 어떤 확률로 존재할 한계값이다.

④ 퍼짐은 한 무리의 반복 측정한 결과의 정확도를 나타내는 데 사용되며, 그 무리의 가장 큰 값과 가장 작은 값 사이의 차이로 나타낸다.

> **해설** 퍼짐(spread) 또는 범위(range)
> 데이터들이 얼마나 퍼져 있는지에 대한 측정값으로 한 무리의 반복 측정한 결과의 정밀도를 나타내는 데 사용되며, 그 무리의 가장 큰 값과 가장 작은 값 사이의 차이로 나타낸다.
> 범위=그 무리의 가장 큰 값-가장 작은 값

03 기체 크로마토그래프 분석 시 방해요인 또는 방해물질에 대한 설명으로 틀린 것은?

① 칼럼에 물이 들어갔을 경우 손상이 발생할 수 있다.

② 검출기에 화합물이 오래 머무를 경우 방해물질로 작용할 수 있다.

③ 허깨비 피크(ghost peak)는 칼럼 코팅에 흡착된 화합물이 포함된 시료가 시스템을 지나갈 때 발생할 수 있다.

④ 클로로폼 및 다른 할로겐화탄화수소 용매는 오염을 유발하지 않는다.

> **해설** 방해물질은 시료, 용매 또는 운반가스 오염 또는 많은 양의 화합물을 GC에 삽입했을 경우, 그리고 검출기에 화합물이 오래 머무르면서 발생한다. 다이클로로메테인, 클로로폼 및 다른 할로겐화탄화수소 용매는 오염을 유발하기 쉽다.

04 불순물, 방해물질 등이 혼재되어 있어도 다른 공존성분의 신호에 의한 방해를 받지 않고 분석대상물질을 선택적으로 정확하게 측정하는 능력으로 옳은 것은?

① 특이성   ② 재현성

③ 완성도   ④ 편향성

정답✓   01 ②   02 ④   03 ④   04 ①

해설 특이성(specificity)이란 불순물, 방해물질 등이 혼재되어 있는 상태에서도 분석대상물질을 선택적으로 정확하게 측정할 수 있는 능력으로서 사람에 대해 적용되는 것이 아니라 시험방법에 대해 적용된다. 적용되는 시험방법이 특이성이 있다는 것은 검출된 신호(시그널)가 분석대상 성분에 의한 것이며, 다른 공존성분의 신호에 의해 방해를 받지 않는다는 것을 의미한다. 특이성은 시험방법의 식별능력을 나타내는 것으로 선택성(selectivity)이라고도 한다.

05 대기 중 톨루엔 농도를 5회 측정한 결과이다. 측정값 중 $19.8 \ \mu g/m^3$은 다른 측정값에 비하여 높게 측정되었다. 이 측정값을 Q–시험법(Q–test)을 이용하여 90 % 신뢰수준으로 값의 적합성을 판단한 것으로 옳은 것은?

- 15.6 $\mu g/m^3$, 16.5 $\mu g/m^3$, 14.2 $\mu g/m^3$, 19.8 $\mu g/m^3$, 14.9$\mu g/m^3$
- 90 % 신뢰수준에서 $Q_{임계값}$은 0.642

① $Q_{계산} > Q_{임계값}$이므로 측정값 $19.8 \ \mu g/m^3$은 받아들인다.

② $Q_{계산} > Q_{임계값}$이므로 측정값 $19.8 \ \mu g/m^3$은 버린다.

③ $Q_{계산} < Q_{임계값}$이므로 측정값 $19.8 \ \mu g/m^3$은 받아들인다.

④ $Q_{계산} < Q_{임계값}$이므로 측정값 $19.8 \ \mu g/m^3$은 버린다.

해설 한 데이터가 나머지 데이터와 일치하지 않는 것처럼 보일 때가 있다. 그 의심스런 데이터를 버릴 것인지 받아들일 것인지를 결정할 필요가 있다. 이를 위해 다음과 같은 판정기준으로 Q–test를 이용할 수 있다.

- $Q_{계산}\left(=\dfrac{간격}{범위}\right) < Q_{표}$: 의심스러운 값은 받아들임
- $Q_{계산}\left(=\dfrac{간격}{범위}\right) > Q_{표}$: 의심스러운 값은 버림

주어진 5개 데이터를 작은 값부터 큰 값의 순으로 열거하면 $14.2 \ \mu g/m^3$, $14.9 \ \mu g/m^3$, $15.6 \ \mu g/m^3$, $16.5 \ \mu g/m^3$, $19.8 \ \mu g/m^3$
의심스러운 값은 '가장 작은 값' 또는 '가장 큰 값'이다.
의심스러운 값이 '가장 큰 값'일 경우
범위=가장 큰 값−가장 작은 값
$\quad\quad = 19.8 - 14.2 = 5.6$
간격=의심스러운 값−바로 인접한 값
$\quad\quad = 19.8 - 16.5 = 3.3$
$Q_{계산} = \dfrac{간격}{범위} = \dfrac{3.3}{5.6} = 0.589$, $Q_{임계값}$은 0.642
로 주어졌으므로 $Q_{계산}$이 $Q_{임계값}$보다 작다.
그러므로 가장 큰 값 2.43은 받아들인다.

06 바탕시료를 측정하는 것은 실험과정의 바탕값 보정과 실험과정 중 발생할 수 있는 오염을 파악하기 위한 것으로, 각각의 바탕시료들로부터 얻을 수 있는 정보, 즉 시료 오염원을 맞게 나열한 것으로 옳은 것은?

① 운반 바탕시료 : 용기, 채취기구, 교차오염, 분석기기

② 기구/세척 바탕시료 : 용기, 채취기구, 운반 및 보관, 교차오염

③ 시약 바탕시료 : 채취기구, 전처리 장비, 시약, 분석기기

④ 전처리 바탕시료 : 전처리 장비, 교차오염, 채취기구, 분석기기

해설 정도관리용 바탕시료로부터 얻을 수 있는 정보

바탕 시료	시료 오염원							
	용기	채취 기구	전처리	운반 및 보관	전처리 장비	교차 오염	시약	분석 기기
기구/ 세척	○	○		○		○		
현장	○		○	○		○		
운반	○			○		○		
전처리					○		○	○
기기								○
시약							○	○
방법						○		

07 정도관리를 위해 정도관리 확인 시료의 평균 회수율(m)과 표준편차(s)로부터 실험실첨가 시료 관리차트를 작성하였다. 상한 및 하한 관리기준과 경고기준에 대한 기준으로 옳은 것은?

① 상한관리기준＝$m+3s$

② 상한경고기준＝$m-3s$

③ 하한관리기준＝$m-2s$

④ 하한경고기준＝$m+3s$

해설 분석결과의 정확도를 평가하기 위해 각 분석결과로부터 구한 % 회수율의 평균값(m)과 표준편차(s)를 계산하여 다음과 같은 방법으로 경고기준(warning limit)과 관리기준(control limit)을 구한다.
- 상한관리기준＝$m+3s$
- 상한경고기준＝$m+2s$
- 하한관리기준＝$m-3s$
- 하한경고기준＝$m-2s$

08 내부표준물질(internal standard)에 대한 설명 중 각각의 괄호 안에 들어갈 용어로 모두 옳은 것은?

> 내부표준물질은 시험 분석하려는 성분과 물리 · 화학적 성질은 유사하나 (㉠)에는 없는 (㉡)물질을 선택한다. 일반적으로 내부표준물질로는 분석하려는 성분에 (㉢)가 치환된 것을 많이 사용한다.

① ㉠ 시료, ㉡ 표준, ㉢ 수소

② ㉠ 정제수, ㉡ 표준, ㉢ 탄소

③ ㉠ 시료, ㉡ 순수, ㉢ 동위원소

④ ㉠ 정제수, ㉡ 순수, ㉢ 동위원소

해설 정량용 내부표준물질은 분석대상물질과 비슷한 화학적 성질을 가져야 하지만 시료에는 없는 순수물질을 선택하고 일반적으로 분석하려는 성분에 동위원소가 치환물질을 많이 사용하고 있다.

09 품질시스템의 구축과 운용을 위한 체계도에서 각각의 구성요소 ㉠, ㉡, ㉢에 대한 용어로 모두 옳은 것은?

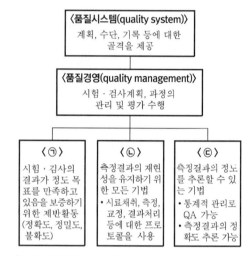

① ㉠ 정도평가(quality assessment),
㉡ 협의의 정도관리(quality control),
㉢ 정도보증(quality assurance)

② ㉠ 정도보증(quality assurance),
㉡ 협의의 정도관리(quality control),
㉢ 정도평가(quality assessment)

③ ㉠ 정도보증(quality assurance),
㉡ 정도평가(quality assessment),
㉢ 협의의 정도관리(quality control)

④ ㉠ 협의의 정도관리(quality control),
㉡ 정도평가(quality assessment),
㉢ 정도보증(quality assurance)

해설 정도관리 체계도

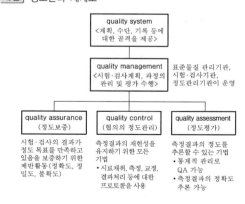

10 적정용액의 표준화에 사용되는 일차표준물질 (primary standards)의 조건으로 **틀린** 것은?

① 매우 높은 순도(거의 100 %)와 정확한 조성을 알아야 한다.

② 안정하며, 대기 중 수분과 이산화탄소를 흡수하지 않아야 한다.

③ 표준화용액과 화학양론적으로 반응하지 않아야 한다.

④ 무게달기와 연관된 상대오차를 최소화하기 위하여 비교적 큰 화학식량을 가지고 있어야 한다.

해설 정확도와 순도의 관계성이 입증되어 있는 일차표준물질(primary standards)은 다음과 같은 조건을 갖추어야 한다.
- 매우 높은 순도(거의 100 %)와 정확한 조성을 알아야 하며, 불순물의 함량이 0.01 % ~ 0.02 % 이어야 한다.
- 일차표준물질은 안정하며, 쉽게 건조되어야 하며, 대기 중 수분과 이산화탄소를 흡수하지 않아야 한다.
- 가급적 결정수가 없어야 한다.
- 정제하기 쉽고 오랫동안 보관하여도 변질되지 않아야 한다.
- 표준화용액과 화학양론적으로 신속하게 반응하여야 한다.
- 비교적 큰 화학식량을 가지고 있어 칭량 시 상대오차가 최소화되어야 한다.

11 대기시료채취에 대한 일반적인 주의사항으로 **틀린** 것은?

① 시료채취 유량은 규정하는 범위 내에서는 되도록 많이 채취하는 것을 원칙으로 한다.

② 미리 측정하려고 하는 성분과 이외의 성분에 대한 물리적, 화학적 성질을 조사하여 방해성분의 영향이 적은 방법을 선택한다.

③ 입자상 물질을 채취할 때 채취관을 수평방향으로 연결할 경우에는 되도록 관의 길이를 짧게 하고 곡률반경은 크게 한다.

④ 시료채취 시간은 오염물질의 영향을 고려하여 결정하며, 악취공정시험기준에 따른 암모니아 농도 분석을 위한 시료채취는 10 L/min으로 30분 이상 채취한다.

해설 시료채취 시간은 원칙적으로 그 오염물질의 영향을 고려하여 결정한다. 예를 들어 악취물질은 되도록 짧은 시간 내에 끝내야 하고(예를 들어 악취공정시험기준에 따른 암모니아 농도 분석을 위한 시료채취는 시료를 10 L/min의 유량으로 흡입하여 5분 이내 시료채취가 이루어지도록 한다), 입자상 물질 중의 금속성분이나 발암성 물질 등은 되도록 장시간 채취한다.

12 환경 대기 중 가스상 물질의 시료채취방법에 관한 설명으로 **틀린** 것은?

① 직접 채취법은 시료를 측정기에 직접 도입하여 분석하는 방법으로 채취관, 분석장치, 흡입펌프로 구성된다.

② 고체흡착법은 고체분말 표면에 가스가 흡착되는 것을 이용하는 방법으로 흡착관, 유량계, 흡입펌프로 구성된다.

③ 저용량 공기시료채취법은 저용량 공기시료채취기를 이용하여 여과지 위에 채취하는 방법으로 흡입펌프, 분립장치, 여과지 홀더 및 유량측정부로 구성된다.

④ 용매채취법은 측정대상 가스와 선택적으로 흡수 또는 반응하는 용매에 시료가스를 일정 유량으로 통과시켜 채취하는 방법으로 채취관, 여과재, 채취부, 흡입펌프, 유량계로 구성된다.

해설 저용량 공기시료채취기법(low volume air sampler method)
이 방법은 환경 대기 중에 부유하고 있는 입자상 물질을 저용량 공기시료채취기를 사용하여 여과지 위에 채취하는 방법으로, 일반적으로 총부유먼지와 10 μm 이하의 입자상 물질을 채취하여 질량농도를 구하거나 금속 등의 성분 분석에 이용한다.

13 시료채취 프로그램 설계단계에 포함되는 내용이다. 설계단계의 순서로 옳은 것은?

> ㉠ 현재의 문제점 규정 및 설계팀 구성
> ㉡ 결정에 필요한 정보 수집
> ㉢ 문제점에 대한 해결방법 모색
> ㉣ 의사결정에 필요한 규칙 개발
> ㉤ 프로그램의 조사활동영역 설정
> ㉥ 의사결정 에러에 대한 허용기준 규정
> ㉦ 확보된 데이터에 대해 효율성 평가

① ㉠ → ㉡ → ㉢ → ㉣ → ㉤ → ㉥ → ㉦
② ㉠ → ㉡ → ㉣ → ㉤ → ㉢ → ㉥ → ㉦
③ ㉠ → ㉢ → ㉡ → ㉤ → ㉣ → ㉥ → ㉦
④ ㉠ → ㉢ → ㉣ → ㉤ → ㉡ → ㉥ → ㉤

해설 시료채취 프로그램 설계단계
- 1단계 : 현재 문제점-문제점 규정, 계획팀 구성, 분석 예산, 일정
- 2단계 : 결정 확인, 결정사항-연구 의문점 확인, 대체 방법 규정
- 3단계 : 결정에 필요한 사항 확인-결정을 위한 필요 정보의 확인(자료의 근원, 기본 행동수칙, 시료채취/분석법)
- 4단계 : 조사활동영역 설정, 시료 특성 규정-시·공간적 제한 규정, 의사결정 단위
- 5단계 : 의사결정 규칙 개발, 통계요소 설정(평균, 중간값)-특별행동수칙, 행동에 대한 논리 개발
- 6단계 : 의사결정 에러에 대한 허용기준 규정-결과값 결정에 있어 에러의 허용기준 설정(건강 위해성, 비용)
- 7단계 : 확보된 데이터에 대한 완벽한 계획 수립-시료채취와 분석계획을 자원 대비 효율을 비교하여 극대화 방안 선택

14 저울의 성능을 충분히 활용하고 안정적으로 사용하기 위한 저울 사용 시 주의사항으로 **틀린** 것은?

① 저울이 수평을 이루고 표시값이 영점에 있는지 확인하고, 사용 전에는 반드시 영점 조정을 실시한다.

② 질량 측정에 긴 시간이 요구되어 습도에 의한 오차가 발생할 수 있는 경우 계량부 부근에 건조제(실리카젤)를 넣어둘 수 있다.

③ 주변 습도가 50 % 이상이 되면 플러스체크 등의 절연물로 인해 정전기가 발생할 수 있다. 따라서 상대습도를 낮추거나 시료를 전도성(傳導性) 용기에 넣어 계량한다.

④ 주변 온도와 계량물(용기 포함)의 온도 차이가 있으면 계량오차가 발생할 수 있으므로 시료와 용기는 가능한 주위 온도와 비슷한 온도에서 측정한다.

해설 저울의 사용 시 정전기의 영향에 의해 계량오차가 발생할 수 있는데 주변 습도가 45 % 이하가 되면 플러스체크 등의 절연물로 인해 정전기가 발생할 수 있다. 따라서 상대습도를 높이든지 시료를 전도성(傳導性) 용기에 넣어 계량한다.

15 부피 측정용 유리제품에 표시된 내용이다. 'A'라고 적혀 있는 'TC 20 ℃' 500 mL 플라스크와 'TD 20 ℃' 25 mL 피펫에 대한 설명으로 옳은 것은?

① 'TC 20 ℃' 500 mL 플라스크란 '20 ℃에서 액체 500.00 mL를 옮길 수 있다'는 것을 의미한다.

② 'TD 20 ℃' 25 mL 피펫이란 '20 ℃에서 액체 25.00 mL를 담을 수 있다'는 것을 의미한다.

③ TC란 Temperature Contain, TD란 Temperature Deliver의 약자이다.

④ 'A'라고 적힌 것은 교정된 유리기구를 표시할 때 나타내는 것으로 온도에 대해 교정이 이루어진 것을 의미한다.

해설
- 500 mL 플라스크에 "TC 20 ℃"라고 적혀 있다면, TC는 To Contain의 약자로서 이것은 '20 ℃에서 액체 500.00 mL를 담을 수 있다'는 것을 의미한다.
- 25 mL 피펫에 "TD 20 ℃"라고 적혀 있다면, TD는 To Deliver의 약자로서 이것은 '20 ℃에서 25.00 mL를 옮길 수 있다'는 것이다.

16 실험에 사용되는 기구의 재질 특성으로 옳은 것은?

① 붕규산 유리의 최대작업온도는 200 ℃이고, 가열을 해도 알칼리 용액에 침식되지 않는다.

② 고순도 실리카 유리는 열적 안정성이 매우 강하며, 최대작업온도는 1 000 ℃이다.

③ 스테인리스강은 진한 염산, 묽은 황산 및 끓는 진한 질산에 침식되지 않는다.

④ 테플론은 알칼리성 용액에 침식되지 않지만, 산성 용액에는 쉽게 침식된다.

해설 ① 붕규산 유리의 최대작업온도는 200 ℃이고, 가열할 때 알칼리 용액에 의해 약간 침식을 받는다.

③ 스테인리스강은 진한 염산, 묽은 황산 및 끓는 진한 질산 이외의 알칼리와 산에 침식되지 않는다.

④ 테플론은 대부분의 화학약품에 비활성이기 때문에 알칼리성 용액은 물론 산성 용액에도 쉽게 침식되지 않는다.

17 환경분석에 사용하는 시약등급수(실험실용 정제수)는 보통 4개 등급으로 구분하고 있다. 등급에 대한 설명으로 **틀린** 것은?

① 유형 Ⅰ 등급수는 염화이온 최댓값이 1 μg/L인 것이다.

② 유형 Ⅱ 등급수는 정제수 또는 이와 비슷한 과정으로 생산한 정제수로 전기전도도가 25 ℃(298 K)에서 1.0 μS/cm 이하인 것을 말한다.

③ 유형 Ⅲ 등급수는 혼합이온교환수지와 2 μm 멤브레인 필터를 통과한 것이다.

④ 유형 Ⅳ 등급수는 전기저항 최솟값이 0.2 M$\Omega \cdot$cm (25 ℃)으로 유리 세척이나 예비 세척에 사용한다.

해설 유형 Ⅲ 등급수는 증류, 이온교환, 역삼투에 의한 전기분해식 이온화 장치(continuous electrodeionization reverse osmosis) 또는 이것들의 조합에 의해 제조된 것으로 0.45 μm 멤브레인 필터를 통과한 것이다.

18 시약 및 표준용액의 조제방법으로 **틀린** 것은?

① 과망가니즈산포타슘 용액(3 W/V %)은 과망가니즈산포타슘(KMnO$_4$) 3 g을 정제수에 녹여서 100 mL로 한다.

② 네오트린 용액(질량분율 0.05)은 네오트린 0.05 g을 정제수에 녹여서 100mL로 한다.

③ 수산화소듐(5 N)은 수산화소듐 200.0 g을 정확히 잰 후 정제수에 녹여서 전량을 1L로 한다.

④ 암모니아수(1+2)는 정제수 25 mL에 암모니아수 50 mL를 첨가한 다음 혼합하여 제조한다.

해설 암모니아수(1+2)는 암모니아수 25 mL에 정제수 50 mL를 첨가한 다음 혼합하여 제조한다.

19 교정용 표준원액 및 표준용액에 대한 설명으로 **틀린** 것은?

① 수시교정 표준용액을 제조할 때도 이를 관리일지에 기록한다.

② 실험실에서 제조한 용액도 검정에 사용되는 표준용액으로 사용할 수도 있다.

③ 표준물질(RM, Reference Material)은 인증서가 수반되는 표준물질로 각 인증값에는 표기된 신뢰수준에서의 불확도가 첨부된 것이다.

④ 실험실에서 교정 표준용액을 제조할 때 사용되는 비커, 부피플라스크, 피펫 등 모든 기구는 그 정확성을 검증받은 것이어야 한다.

해설 • 표준물질(RM, Reference Material) : 기기의 교정이나 측정방법의 평가를 위해 사용되는 것으로 하나 또는 그 이상의 특성값을 나타내는 것으로 균일하고 규정된 것이며 순수한 또는 혼합된 기체, 액체 또는 고체의 형태를 갖는 것

• 인증표준물질(CRM, Certified Reference Material) : 인증서가 수반되는 표준물질로 하나 또는 그 이상의 특성값이 그 특성값을 나타내는 단위의 정확한 현시에의 소급성을 확립하는 절차에 따라 인증되고, 각 인증값에는 표기된 신뢰수준에서의 불확도가 첨부된 것

정답 **16** ② **17** ③ **18** ④ **19** ③

20 자외선/가시선(UV-VIS) 분광광도계의 점검 방법을 설명한 글이다. 설명에 해당하는 점검 항목으로 옳은 것은?

> 경시 변화가 없는 시료를 시료부에 장착하고 투과율 또는 흡광도를 측정한다. 이어 먼저 시료를 꺼내고 새 시료를 같은 방법으로 장착하고 측정한다. 이 조작을 여러 번 반복했을 때 측정값의 편차로 나타낸다. 최소 3회 이상 반복 측정하여 기록한다.

① 바탕선의 안정도
② 파장의 반복 정밀도
③ 측광 반복 정밀도
④ 파장의 정확도

해설 ① 바탕선의 안정도 : 시료부에 시료를 넣지 않고 지정 파장영역을 주사했을 때의 투과율 또는 흡광도 측정값의 변동으로 나타낸다.
② 파장의 반복 정밀도 : 저압 수은램프 또는 중수소 방전관에서 방사되는 동일 선스펙트럼의 스펙트럼 또는 광학 필터의 흡수곡선을 여러 번 반복 측정했을 때 파장값의 편차로 나타낸다. 최소 3회 이상 반복 측정하여 기록한다.
④ 파장의 정확도 : 저압 수은램프 또는 중수소 방전관에서 방사되는 선스펙트럼이나 파장 교정용 광학 필터(네오디뮴 필터(neodymium filter), 홀뮴 필터(holmium filter) 등의 유리제 광학 필터, 홀뮴 용액 필터 등이 사용 가능)의 흡수 곡선을 측정하고 선스펙트럼에서는 가장 큰 강도를 나타내는 파장, 광학 필터에서는 가장 큰 흡수값을 구하여 파장 표시값과 파장 표준값의 편차로 나타낸다. 파장 교정용 광학 필터는 구매 비용이 비싸고 검정기관에서 주로 사용되는 것으로 램프의 선스펙트럼을 사용하여 파장의 눈금을 교정한다. 중수소 방전관은 가장 많이 사용되는 램프로 486.00 mm, 656.10 mm 파장에서 빛의 세기가 극대 강도를 나타낸다.

21 다음 중 눈금피펫의 호칭용량별 설명으로 틀린 것은?

① 호칭용량 1 mL : 최소눈금단위 0.05 mL
A등급 허용오차 ±0.01 mL
B등급 허용오차 ±0.02 mL
② 호칭용량 5 mL : 최소눈금단위 0.05 mL
A등급 허용오차 ±0.03 mL
B등급 허용오차 ±0.05 mL
③ 호칭용량 10 mL : 최소눈금단위 0.1 mL
A등급 허용오차 ±0.05 mL
B등급 허용오치 ±0.1 mL
④ 호칭용량 20 mL : 최소눈금단위 0.1 mL
A등급 허용오차 ±0.1 mL
B등급 허용오차 ±0.2 mL

해설 **눈금피펫의 호칭용량별 허용오차**

호칭용량 (mL)	최소눈금 단위(mL)	허용오차(mL)	
		A등급	B등급
0.1 ~ 0.5	0.01 이하	±0.005	
1	0.01	±0.01	±0.015
2	0.02	±0.015	±0.02
3	0.02	±0.03	±0.05
5	0.05	±0.03	±0.05
10	0.1	±0.05	±0.1
20	0.1	±0.1	±0.2
25	0.1	±0.1	±0.2
	0.2		
50	0.2	±0.2	±0.4

22 이온 크로마토그래피 정도관리를 위한 내용으로 항목과 측정시기 연결이 옳은 것은?

① 초기검정검증 : 검정곡선 작성 직전
② 초기검정바탕시료 : 초기검정검증 직후
③ 검정곡선검증 : 시료 20개당 1회, 분석 종료 후 1회
④ 연속 검정곡선 바탕시료 : 검정곡선 작성 이전 2회

해설 ① 초기검정검증(ICV, Initial Calibration Verification) : 측정 시기/주기는 검정곡선 작성 직후(일반적으로 중간 농도 사용)
② 초기검정바탕시료(ICB, Initial Calibration Blanks) : 측정 시기/주기는 초기검정검증 직후
③ 검정곡선검증(CCV, Contining Calibration Verification) : 측정 시기/주기는 시료 10개당 1회, 분석 종료 후 1회
④ 연속 검정곡선 바탕시료(CCB, Contining Calibration Blanks) : 측정 시기/주기는 검정곡선검증(CCV) 이후 매회

23 자외선/가시선(UV-VIS) 분광광도계를 이용한 검정곡선 작성과 시료측정방법에 대한 설명으로 틀린 것은?

① 바탕시료로 기기의 영점을 맞춘다.
② 시료 10개를 분석 시마다 검정곡선에 대한 검증을 실시한다.
③ 한 개의 연속교정표준물질(CCS, Continuing Calibration Standard)로 검정곡선을 검사하여 검정곡선의 변동을 확인한다.
④ 실험실관리표준물질(LCS, Laboratory Control Standard)로 검정곡선을 검증한다. 참값의 15 % 내에 있어야 한다.

해설 UV-VIS 분광광도계를 이용한 검정곡선 작성 및 시료 측정방법
• 바탕시료로 기기의 영점을 맞춘다.
• 한 개의 CCS로 검정곡선을 그린다. 참값의 5 % 내에 있어야 한다.
• 분석한 CVS에 의해 검정곡선을 검증한다. 참값의 10 % 내에 있어야 한다.
• 시료 10개를 분석 시마다 검정곡선에 대한 검증을 실시하며, 바탕시료(reagent blank), 첨가시료, 이중시료를 측정한다.
• CCS로 검정곡선을 검사하여 검정곡선의 변동을 확인한다.
• 초기교정 절차에서 언급한 것과 같이 분석과정을 진행한다.

24 기체 크로마토그래프 검출기에 대한 설명으로 틀린 것은?

① 불꽃광도검출기(FPD)는 수소연소 노즐, 이온수집기, 이온전류를 측정하기 위한 전류전압 변환회로, 감도조절부, 신호감쇄부 등으로 구성되어 있으며, 모든 유기탄소화합물을 분석하는데 사용된다.
② 전자포획검출기(ECD)는 보통 니켈-63으로부터 방출되는 β선이 운반기체를 전리하여 미소 전류가 발생될 때 전자 포획력이 강한 화합물에 의해 전류가 감소하는 현상을 이용한다.
③ 질량검출기(MSD)는 분자를 전기 또는 화학적으로 이온화시킨 후 사중극자 등의 분석기(analyzer)를 통과하면서 질량/전하비에 따라 분리시킨다.
④ 열전도도검출기(TCD)는 열전도도 차이를 통해 모든 분자를 검출할 수 있어 범용적으로 사용할 수 있으며, 특히 O_2, N_2, H_2O, 비탄화수소와 같은 무기가스 분석에 많이 사용된다.

해설 • 불꽃광도검출기(FPD, Flame Photometric Detector) : 수소불꽃에 의해 시료성분을 연소시켜 이때 발생하는 불꽃의 광도를 분광학적으로 측정하는 방법으로 인 또는 유황화합물을 선택적으로 검출할 수 있다. 따라서 황계통의 악취성분이나 인계통의 잔류농약 분석에 많이 사용된다.
• 불꽃이온화검출기(FID, Flame Ionization Detector)는 수소연소 노즐(nozzle), 이온수집기(ion collector), 이온전류를 측정하기 위한 전류전압 변환회로, 감도조절부, 신호감쇄부 등으로 구성되어 있다. 유기화합물을 분리관(column)으로부터 불꽃으로 집어넣을 때 전기적으로 전하를 띤 중간체(charged intermediate)가 형성된다. 이것은 불꽃에 전위를 걸어주면 수집되고, 수집된 신호를 증폭기를 거쳐 측정된다. FID는 거의 모든 유기탄소화합물에는 민감하지만 정제수와 이산화탄소와 같은 운반기체 불순물에는 응답하지 않는다.

정답 23 ④ 24 ①

25 원자흡수분광도계의 방해물질에 대한 설명이다. 괄호 안에 들어갈 용도로 옳은 것은?

> 실리콘, 알루미늄, 바륨, 베릴륨, 바나듐의 분자는 더 (㉠) 온도의 불꽃이 필요하고, (㉡) 불꽃이 필요하다. 분자 흡수 및 빛 산란은 불꽃 속의 고체 입자 때문에 발생하는데 높은 흡광도 값을 나타낼 수 있어 문제가 발생할 수 있다.

① ㉠ 낮은, ㉡ 황산화물－아세틸렌
② ㉠ 낮은, ㉡ 질소산화물－아세틸렌
③ ㉠ 높은, ㉡ 황산화물－아세틸렌
④ ㉠ 높은, ㉡ 질소산화물－아세틸렌

해설 실리콘, 알루미늄, 바륨, 베릴륨, 바나듐의 분자는 더 높은 온도의 불꽃이 필요하고, 질소산화물－아세틸렌 불꽃이 필요하다. 분자 흡수 및 빛 산란은 불꽃 속의 고체 입자 때문에 발생하는데 높은 흡광도 값을 나타낼 수 있어 문제가 발생할 수 있다.

26 대기오염 공정시험기준에 따른 오염물질 측정 시 측정기기의 신호대 잡음비(S/N)가 3배되는 농도값을 7회 반복 측정한 결과이다. 정량한계로 옳은 것은?

> 0.25 mg/L, 0.21 mg/L, 0.26 mg/L, 0.24 mg/L, 0.25 mg/L, 0.29 mg/L, 0.23 mg/L

① 0.08 mg/L
② 0.15 mg/L
③ 0.25 mg/L
④ 0.35 mg/L

해설 정량한계(LOQ, Limit Of Quantification)
교정농도(calibration points)와 질량분광(mass spectra)을 완전히 확인할 수 있는 최소수준을 말한다. 일반적으로 방법검출한계와 동일한 수행절차에 의해 수립되며 방법검출한계와 같은 낮은 농도의 시료 7개~10개를 반복 측정하여 표준편차의 10배에 해당하는 값을 정량한계로 정의한다.

• 산술평균을 구한다.
$$\overline{x} = \frac{\begin{matrix}(0.25 + 0.21 + 0.26 + 0.24\\ +\ 0.25 + 0.29 + 0.23)\end{matrix}}{7} = 0.25$$

• 표준편차를 구한다.
$$s = \sqrt{\frac{\sum_{i=1}^{N}(x - \overline{x})^2}{N}}$$
$$= \sqrt{\frac{\begin{matrix}(0.25 - 0.25)^2 + (0.21 - 0.25)^2\\ +\ \cdots + (0.23 - 0.25)^2\end{matrix}}{7}}$$
$$= 0.025$$

• LOQ $= s \times 10 = 0.025 \times 10 = 0.25$ mg/L

27 2 μg/mL 농도의 벤젠 1 mL를 질소가스로 희석하여 100 mL를 만든 다음 흡착관에 흡착한 후 열탈착하여 가스 크로마토그래프로 5회 실험한 결과이다. 이 실험의 분석정확도(%)는?

> 19.2 μg/L, 19.7 μg/L, 20.0 μg/L, 19.5 μg/L, 19.6 μg/L

① 95 %
② 96 %
③ 97 %
④ 98 %

해설 • 산술평균을 구한다.
$$\overline{x} = \frac{(19.2 + 19.7 + 20.0 + 19.5 + 19.6)}{5}$$
$$= 19.6 \ \mu g/mL$$

• 벤젠의 참값
$$\frac{2\ \mu g}{100\ mL} \times 1\,000\,mL/L = 20\ \mu g/L$$

• 분석정확도(%)
$$\% = \frac{측정값(또는\ 평균)}{참값} \times 100 = \frac{19.6}{20}$$
$$= 98\ \%$$

28 액체 크로마토그래프를 이용하여 악취 중 알데하이드 5.0 μg/mL를 7회 분석한 결과이다. 방법검출한계는? (단, 신뢰도 99 %에서 자유도 6에 대한 t 분포값은 3.143을 이용한다.)

> 5.42 μg/mL, 5.28 μg/mL, 5.01 μg/mL, 5.24 μg/mL, 5.43 μg/mL, 5.35 μg/mL, 4.99 μg/mL

① 0.50 μg/mL
② 0.57 μg/mL
③ 0.65 μg/mL
④ 0.71 μg/mL

해설 **방법검출한계(MDL, Method Detection Limit)**

한쪽 꼬리시험에서 99 % 신뢰수준으로 분석할 수 있는 최소농도를 말하는데, 시험자나 분석기기 변경처럼 큰 변화가 있을 때마다 확인해야 한다. 일반적으로 검출이 가능한 정도의 측정항목 농도를 가진 최소 7개 시료를 시험방법으로 분석한다. 각 시료에 대한 표준편차에 자유도 $n-1$의 t 분포값 3.143(한쪽 꼬리시험 신뢰도 98 %에서 자유도 6에 대한 값)을 곱하여 방법검출한계를 구한다.

- 산술평균을 구한다.

$$\bar{x} = \frac{\begin{array}{c}(5.42 + 5.28 + 5.01 + 5.24 \\ + 5.43 + 5.35 + 4.99)\end{array}}{7}$$
$$= 5.25$$

- 표준편차를 구한다.

$$s = \sqrt{\frac{\sum\limits_{i=1}^{n}(x - \bar{x})^2}{N}}$$
$$= \sqrt{\frac{\begin{array}{c}(5.42 - 5.25)^2 + (5.28 - 5.25)^2 \\ + \cdots + (4.99 - 5.25)^2\end{array}}{7}}$$
$$= 0.18$$

$\therefore$ 표준편차가 0.18이므로
$$MDL = 0.18 \times 3.143 = 0.57 \ \mu g/mL$$

29 먼지 중 비소 농도를 측정하기 위한 새로운 분석법을 개발하였다. 이 방법이 계통오차가 있는지 판단하고자, 중금속 분석용 표준기준물질을 구입하여 분석을 수행한 결과이다. 새로운 분석법으로 분석한 결과에 대한 설명으로 옳은 것은? (단, 통계는 t-시험법을 이용한다.)

- 분석결과
  - 분석횟수 : 7회
  - 평균($\mu g/L$) : 0.025
  - 표준편차 : 0.0022
- 표준기준물질 보증값 : 0.027 $\mu g/L$
- 자유도와 신뢰수준에서의 t 값

자유도	신뢰수준	
	90 %	95 %
5	2.015	2.571
6	1.943	2.447
7	1.895	2.362
8	1.860	2.306
9	1.833	2.262

① 새로운 분석법은 95 % 신뢰수준에서 계통오차가 없다.

② 새로운 분석법은 95 % 신뢰수준에서 계통오차가 있다.

③ 새로운 분석법은 90 % 신뢰수준에서 계통오차가 없다.

④ 이 결과를 가지고는 계통오차가 존재하는지를 판단할 수 없다.

해설 **신뢰수준(CL, Confidence Level)**

실험적으로 얻은 평균($\bar{x}$) 주위에 모집단 평균 μ가 존재할 확률을 의미하며 %로 나타내므로 여기서는 μ의 신뢰구간을 구하여 새로운 분석법으로 분석한 결과를 파악한다. 즉, 실험적으로 얻은 평균($\bar{x}$) 주위에 모집단 평균 μ가 어떤 확률로 존재할 값의 범위인 μ의 신뢰구간

$(CI) = \bar{x} \pm \dfrac{t \times s}{\sqrt{N}}$ 이므로

$$\bar{x} + \frac{ts}{\sqrt{N}} = 0.025 + \frac{2.362 \times 0.0022}{\sqrt{7}} = 0.0267$$

$$\bar{x} - \frac{ts}{\sqrt{N}} = 0.025 - \frac{2.362 \times 0.0022}{\sqrt{7}} = 0.0230$$

결국, 신뢰구간은 0.0230 $\mu g/L \sim$ 0.0267 $\mu g/L$가 되므로 이 값이 표준기준물질 보증값인 0.027 $\mu g/L$를 벗어났으므로 새로운 분석법은 95 % 신뢰수준에서 계통오차가 없다고 판단된다.

30 환경시료의 특정 성분 분석결과를 0.050 $\mu g/m^3$으로 보고하려고 한다. 이때 유효숫자 표기에 대한 설명으로 틀린 것은?

① 유효숫자는 총 2개이다.

② $5 \times 10^{-2} \ \mu g/m^3$으로 표현된다.

③ 유효숫자는 5와 오른쪽 끝의 0이다.

④ 소숫점에 인접한 왼쪽의 0과 오른쪽의 0은 유효숫자에 포함되지 않는다.

해설 $5 \times 10^{-2} \ \mu g/m^3$으로 표현될 경우 유효숫자는 1개가 되므로 틀린다.

31 황 함유량이 2.25 %인 B-C유를 연소관식 공기법을 이용하여 황 함유량을 4회 반복 측정한 결과이다. t-시험법에 의한 시험 통계량으로 옳은 것은?

| 2.29 %, 2.35 %, 2.37 %, 2.39 % |

① 4.351　　　② 4.451

③ 4.551　　　④ 4.651

해설 귀무가설 H_0는 $\mu=2.25\,\%$S이고, 대안가설 H_a는 $\mu=2.25\,\%$S이다.

$\sum x_i = 2.29+2.35+2.37+2.39$
　　　$= 9.4\,\%$

$\bar{x} = \dfrac{9.4\,\%}{4} = 2.35\,\%$

x_i	$x_i-\bar{x}$	$(x_i-\bar{x})^2$
2.29	-0.06	0.0036
2.35	0	0
2.37	0.02	0.0004
2.39	0.04	0.0016
	$\sum(x_i-\bar{x})^2=0.0056$	

$\therefore s = \sqrt{\dfrac{\sum(x_i-\bar{x})^2}{N-1}} = \sqrt{\dfrac{0.0056}{4-1}} = 0.043$

시험 통계량은 다음과 같이 계산할 수 있다.

$t = \dfrac{|\bar{x}-\mu_0|}{s/\sqrt{N}} = \dfrac{|2.35-2.25|}{0.043/\sqrt{4}} = 4.651$

32 환경시료 측정결과의 신뢰구간을 결정하기 위한 필수 정보로 틀린 것은?

① 중앙값과 범위
② 반복 측정횟수
③ 평균과 표준편차
④ 신뢰수준

해설 신뢰구간(confidence interval)을 결정하기 위한 필수 정보는 평균값과 표준편차, 그리고 실험적으로 얻은 평균값 주위에 모집단 평균이 존재할 확률을 의미하는 신뢰수준(%로 나타냄), 그리고 반복 측정횟수가 필요하다.

33 시험 목적에 적합한지의 여부를 먼저 검증하여, 고객이 이 방법을 통해 얻은 결과를 확신을 가지고 활용할 수 있도록 해야 한다. 시험방법의 유효성 확인(method validation)의 수행인자로 틀린 것은?

① 직선성(linearity)
② 둔감도(ruggedness)
③ 관리도(control chart)
④ 측정불확도(measurement uncertainty)

해설 시험방법의 유효성 확인(method validation)의 수행인자
• 선택성 : 간섭물질이 존재할 때의 측정의 정확성
• 직선성 : 장비의 농도 응답값에 대한 함수
• 감도 : 분석대상물질의 농도의 변화에 따른 측정신호값의 변화에 대한 비율
• 정확도 : 시험결과의 품질을 측정하는 것(구성요소 : 정밀도, 진도(trueness) : 편향(bias)이 적은 정도를 말함)
• 검출 및 정량한계 : 0과는 확실하게 구별할 수 있는 분석대상 성분의 최소량 또는 최저 농도
• 범위 : 적절한 불확도 수준을 갖는 시험결과를 얻을 수 있는 농도범위
• 둔감도 : 시험결과가 절차상에 제기된 시험조건에 대한 작은 변화
• 측정불확도 : 시험결과에 대한 특성이지만 시험방법의 효과에 중요

34 「환경분야 시험·검사 등에 관한 법률」에 따른 100만원 이하의 과태료 부과대상으로 틀린 것은?

① 법 제16조 제5항을 위반하여 측정대행에 관한 계약체결 사실을 기한까지 통보하지 아니한 자
② 법 제18조 제1항을 위반하여 측정분석결과를 기록·보존하지 아니하거나 거짓으로 기록한 자
③ 법 제24조 제2항 또는 제3항을 위반하여 교육을 받지 아니하거나 교육을 받게 하지 아니한 자
④ 법 제28조 제2항을 위반하여 자료제출을 하지 아니하거나 거짓으로 자료제출을 한 자

정답 31 ④　32 ①　33 ③　34 ②

해설 법 제18조 제1항을 위반하여 측정분석결과를 기록·보존하지 아니하거나 거짓으로 기록한 자는 5년 이하의 징역이나 5천만원 이하의 벌금에 처한다.

35 환경시료 분석결과에 대해 두 시료의 평균이 유의하게 다른 지를 알아보기 위해 통계적 가설 검정을 수행하고자 한다. 이를 위해 신뢰수준을 95 %로 설정했을 때 유의수준으로 옳은 것은?

① 0.01

② 0.05

③ 0.95

④ 0.99

해설 95 %의 신뢰수준에서 유의수준(버리는 영역)을 아래에 그림으로 나타내었다. 양쪽 꼬리시험(two-tailed test)에서 임계값(z(임계))을 벗어나는 양의 z값이나 혹은 음의 z값 모두를 버릴 수 있다. 95 % 신뢰수준에서 z값이 임계값을 초과할 확률은 각각 0.025로 양쪽을 합하면 전체적으로 0.05이다. 따라서 우연오차에 인하여 z값이 z(임계)값보다 크거나 같은 경우 혹은 z값이 $-z$(임계)값보다 작거나 같은 경우가 될 확률은 5 %에 지나지 않는다. 즉, 양쪽 꼬리시험에서 신뢰수준이 95 %이면, 유의수준은 5 %이다.

36 소화기는 화재의 종류에 따라서 분류되며 화재에 따라서 해당되는 문자나 표시를 가진 종류를 사용한다. 화재 분류에 대한 내용으로 옳은 것은?

① A급 화재 : 가연성 금속에 의한 화재

② B급 화재 : 가연성 액체, 기름, 그리스, 페인트 등의 화재

③ C급 화재 : 가연성 나무, 옷, 종이, 플라스틱 등의 화재

④ D급 화재 : 전기에너지, 전기기계기구에 의한 화재

해설 • 일반화재(A급 화재) : 나무, 섬유, 종이, 고무, 플라스틱류와 같은 일반 가연물이 타고 나서 재가 남는 화재를 말한다. 일반화재에 대한 소화기의 적응 화재별 표시는 'A'로 표시한다.

• 유류화재(B급 화재) : 인화성 액체, 가연성 액체, 석유 그리스, 타르, 오일, 유성도료, 솔벤트, 래커, 알코올 및 인화성 가스와 같은 유류가 타고 나서 재가 남지 않는 화재를 말한다. 유류화재에 대한 소화기의 적응 화재별 표시는 'B'로 표시한다.

• 전기화재(C급 화재) : 전류가 흐르고 있는 전기기기, 배선과 관련된 화재를 말한다. 전기화재에 대한 소화기의 적응 화재별 표시는 'C'로 표시한다.

• 주방화재(K급 화재) : 주방에서 동·식물유를 취급하는 조리기구에서 일어나는 화재를 말한다. 주방화재에 대한 소화기의 적응 화재별 표시는 'K'로 표시한다.

37 실험실에서 취급하는 가스는 취급 소홀 시 실험실 안전사고로 연결될 수 있다. 실험실에서 사용하는 액체가스 사용 및 취급방법으로 틀린 것은?

① 밸브 주위가 얼어 조작할 수 없을 경우에는 물을 얼음 주위에 부어 녹인 후 사용한다.

② 별도의 기화기를 사용할 경우 액체 충전구에 유동성 호스 또는 동관으로 연결한다.

③ 압력계의 압력이 사용하고자 하는 압력보다 높게 표시될 경우에는 벤트밸브(vent valve)를 열어 압력을 낮추도록 한다.

④ 장시간 사용하지 않을 때에는 자연 기화되어 가스 압력이 상승하는 것을 방지하기 위해 벤트밸브(vent valve)를 닫아둔다.

해설 액체가스 사용 시 장시간 사용하지 않고 방치해두면 자연 기화되어 가스 압력이 상승하므로 벤트밸브를 열어 압력을 낮추어야 한다.

38 「환경시험·검사기관 정도관리 운영 등에 관한 규정」에 따라 특정한 경우에 정기 숙련도 시험을 적합 확인서를 발급받은 날로부터 1년 이내에 실시할 경우 해당 분야 정기 숙련도 시험을 면제할 수 있다. 면제조건에 해당하는 경우로 **틀린** 것은? (단, 규칙은 「환경분야 시험·검사 등에 관한 법률」 시행규칙을 의미함)

① 규칙 제14조에 따라 등록한 측정대행업소
② 규칙 제15조 제1항에 따라 측정대행항목을 변경하려는 자
③ 규칙 제16조에 따라 측정대행업 등록의 말소를 신청하려는 자
④ 규칙 제17조의 4에 따라 정도관리를 재신청한 자

해설 제21조(숙련도 시험의 면제)
과학원장은 규칙 제14조에 따라 등록한 측정대행업소, 제15조 제1항에 따라 측정대행항목을 변경하려는 자 및 규칙 제17조의 4에 따라 정도관리를 재신청한 자에 대하여 제18조 제1항에 따른 정기 숙련도 시험을 적합 확인서를 발급받은 날로부터 1년 이내에 실시할 경우 해당 분야 정기 숙련도 시험을 면제할 수 있다.

39 「환경분야 시험·검사 등에 관한 법률」 시행규칙에 따른 측정대행업자에 대한 행정처분기준의 개별기준 1차에서 등록취소에 해당하는 것은?

① ㉠ 측정대행업체는 시험·분석업무 과다 등의 사유로 다른 측정대행 계약을 재위탁하였다.
② ㉡ 측정대행업체는 시료채취기록부, 시험기록부를 작성하지 않았다.
③ ㉢ 측정대행업체는 영업정지기간 중 측정대행 업무를 하였다.
④ ㉣ 측정대행업체는 등록 후 2년 이상 영업실적이 없었다.

해설 ① 측정대행업체는 시험·분석업무 과다 등의 사유로 다른 측정대행 계약을 재위탁하였다. → 4차에서 등록취소
② 측정대행업체는 시료채취기록부, 시험기록부를 작성하지 않았다. → 4차에서 등록취소
④ 측정대행업체는 등록 후 2년 이상 영업실적이 없었다. → 2차에서 등록취소

40 「환경분야 시험·검사 등에 관한 법률」 및 「환경시험·검사기관 정도관리 운영 등에 관한 규정」에 따른 중대한 미흡사항으로 **틀린** 것은?

① 품질문서를 미구비한 경우
② 규칙 제14조 제5항에 따라 측정대행업의 항목을 추가하려는 자에 대하여 현장평가를 실시하는 경우 숙련도 시험 분석자와 등록예정인력 또는 등록된 기술인력이 불일치하는 경우
③ 규칙 제17조의 4에 따라 정도관리를 다시 하려는 자에 대하여 현장평가를 실시하는 경우 숙련도 시험 분석자와 등록예정인력 또는 등록된 기술인력이 불일치하는 경우
④ 정도관리 검증기관이 검증서를 발급받은 이후 정당한 사유 없이 6개월 이상 시험·검사 등의 실적이 없는 경우(단, 용역사업 참여 실적은 포함됨)

해설 「환경시험·검사기관 정도관리 운영 등에 관한 규정」 제39조(중대한 미흡사항)
• 정도관리 검증기관이 검증서를 발급받은 이후 정당한 사유 없이 1년 이상 시험·검사 등의 실적이 없는 경우(단, 용역사업 참여 실적은 업무실적에 포함됨)
• 규칙 제14조 제5항에 따라 측정대행업을 등록하려는 자, 또는 측정대행업의 항목을 추가하려는 자, 규칙 제17조의 4에 따라 정도관리를 다시 하려는 자에 대하여 현장평가를 실시하는 경우 숙련도 시험 분석자와 등록예정인력 또는 등록된 기술인력이 불일치하는 경우
• 제25조 제1항에 따른 품질문서를 미구비한 경우

정답 38 ③ 39 ③ 40 ④

[2과목 : 대기오염물질 공정시험기준]

01 대기오염 공정시험기준에 따른 용어에 대한 설명으로 틀린 것은?

① '용기'라 함은 시험용액 또는 시험에 관계된 물질을 보존, 운반 또는 조작하기 위하여 넣어두는 것으로 시험에 지장을 주지 않도록 깨끗한 것을 뜻한다.

② '밀폐용기'라 함은 물질을 취급 또는 보관하는 동안에 외부로부터의 공기 또는 다른 가스가 침입하지 않도록 내용물을 보호하는 용기를 뜻한다.

③ '밀봉용기'라 함은 물질을 취급 또는 보관하는 동안에 기체 또는 미생물이 침입하지 않도록 내용물을 보호하는 용기를 뜻한다.

④ '차광용기'라 함은 광선을 투과하지 않은 용기 또는 투과하지 않게 포장을 한 용기로서 취급 또는 보관하는 동안에 내용물의 광화학적 변화를 방지할 수 있는 용기를 뜻한다.

> **해설** • '밀폐용기'라 함은 물질을 취급 또는 보관하는 동안에 이물이 들어가거나 내용물이 손실되지 않도록 보호하는 용기를 뜻한다.
> • '기밀용기'라 함은 물질을 취급 또는 보관하는 동안에 외부로부터의 공기 또는 다른 가스가 침입하지 않도록 내용물을 보호하는 용기를 뜻한다.

02 대기오염 공정시험기준에 따른 환경대기 중 질소산화물의 자동측정법에 대한 설명으로 틀린 것은?

① 고농도 오존을 발생시키기 위해 무성방전 또는 자외선 램프를 이용한다.

② NO₂/NO 변환기란 시료가스 중의 이산화질소를 일산화질소로 변환시키는 것으로 변환기의 온도는 700 ℃를 초과하지 않는 온도에서 가동된다.

③ 분석기 구성에서 '광로교환' 또는 '유로교환' 방식은 '두 유로 두 광로방식'에 비해 안정적이지 않다.

④ 화학발광이란 물질이 화학반응에 의해 들뜬 상태로 된 다음 바닥상태로 떨어지는 과정에서 빛을 발생시키는 현상을 의미한다.

> **해설** NO₂/NO 변환기
> 시료가스 중의 이산화질소를 일산화질소로 변환시키는 것으로서 정온 가열로와 탄소, 몰리브데넘 등의 촉매로 구성된다. 400 ℃를 초과하지 않는 온도에서 이산화질소를 일산화질소로 95 % 이상의 효율로 변환시키는 것으로 한다.

03 대기오염 공정시험기준에 따른 온도의 표시에 대한 설명으로 틀린 것은?

① 셀시우스(Celcius)법에 따라 아라비아 숫자의 오른쪽에 ℃를 붙인다.

② 냉수는 15 ℃ 이하, 온수는 (75 ~ 85) ℃, 열수는 약 100 ℃를 말한다.

③ 표준온도는 0 ℃, 상온은 (15 ~ 25) ℃, 실온은 (1 ~ 35) ℃로 한다.

④ 절대온도는 K로 표시하고 절대온도 0 K는 -273 ℃로 한다.

> **해설** 냉수는 15 ℃ 이하, 온수는 (60 ~ 70) ℃, 열수는 약 100 ℃를 말한다.

04 대기오염 공정시험기준에 따른 기체 크로마토그래피 검출기 중 황이나 인을 포함한 화합물 분석에 유용한 검출기로 옳은 것은?

① 불꽃광도검출기(FPD)

② 열전도도검출기(TCD)

③ 불꽃이온화검출기(FID)

④ 전자포획검출기(ECD)

정답✓ 01 ② 02 ② 03 ② 04 ①

해설 • 불꽃광도검출기(FPD, Flame Photometric Detector) : 황이나 인을 포함한 탄화수소화합물의 분석에 유용한 검출기이다.
• 열전도도검출기(TCD, Thermal Conductivity Detector) : 모든 화합물을 검출할 수 있어 분석 대상에 제한이 없고 값이 싸며 시료를 파괴하지 않는 장점에 비하여 다른 검출기에 비해 감도(sensitivity)가 낮다.
• 전자포획검출기(ECD, Electron Capture Detector) : 유기 염소계의 농약 분석이나 PCB(polychlorinated biphenyls) 등의 환경오염 시료의 분석에 많이 사용되고 있다.
• 불꽃이온화검출기(FID, Flame Ionization Detector) : 대부분의 유기화합물의 검출이 가능하므로 가장 흔히 사용된다.
• 질소인검출기(NPD, Nitrogen Phosphorous Detector) : 질소나 인을 함유하는 화합물의 이온화를 증진시켜 유기질소 및 유기인화합물을 선택적으로 검출할 수 있다.
• 불꽃열이온화검출기(FTD, Flame Thermoionic Detector) : 질소인검출기와 같은 검출기이다.
• 광이온화검출기(PID, Photo Ionization Detector) : 벤젠이나 톨루엔과 같은 대부분의 방향족 화합물과 H_2S, 헥세인, 에탄올을 선택적으로 검출할 수 있다.
• 펄스방전검출기(PDD, Pulsed Discharge Detector) : 프레온, 염소성 살충제 등의 할로겐 함유 화합물을 수 펨토그램($1\,fg=10^{-15}\,g$)까지 선택적으로 검출할 수 있다.
• 원자방출검출기(AED, Atomic Emission Detector) : 대부분의 화합물 분석이 가능하다.
• 전해질전도도검출기(ELCD, Electrolytic Conductivity Detector) : 할로겐, 질소, 황 또는 나이트로아민(nitroamine)을 포함한 유기화합물을 이 방법으로 검출할 수 있다.
• 질량분석검출기(MSD, Mass Spectrometric Detector) : 대부분의 화합물을 수 ng까지 고감도로 분석할 수 있다. 질량분석기는 다양한 화합물을 검출할 수 있고, 조각난 패턴(fragmentation pattern)으로 화합물 구조를 유추할 수도 있다.

05 대기오염 공정시험기준에 따른 시료 전처리 방법 중 염산과 질산 등을 이용한 산 분해에 대한 설명으로 틀린 것은?

① 다량의 시료를 처리할 수 있다.
② 분해속도가 느리고 시료가 쉽게 오염될 수 있다.
③ 휘발성 원소들의 손실 가능성이 적어서 극미량 원소의 분석이나 휘발성 원소의 정량분석에 적합하다.
④ 산의 증기로 인해 열판과 후드 등이 부식되며, 분해용기에 의한 시료의 오염을 유발할 수 있다.

해설 시료 전처리 방법으로 산 분해(acid digestion)법은 휘발성 원소들의 손실 가능성이 있어 극미량 원소의 분석이나 휘발성 원소의 정량분석에는 적합하지 않다.

06 대기오염 공정시험기준에 따라 입자상 및 기체상 시료의 분석을 위한 시료 전처리 방법 중 마이크로파 산 분해법에 대한 설명으로 틀린 것은?

① 사용되는 용기의 재질은 스테인리스(stainless)이다.
② 사용되는 파장은 12.2 cm, 주파수는 2 450 MHz이다.
③ 고압에서 270 ℃까지 온도를 상승시킬 수 있어 기존의 대기압 하에서의 산분해 방법보다 최고 100배 빠르게 시료를 분해할 수 있다.
④ 시료의 분해가 닫힌 계에서 일어나기 때문에 외부로부터의 오염, 산 증기의 외부 유출, 휘발성 원소의 손실이 없다.

해설 마이크로파 산 분해방법은 원자흡수분광도법(AAS, Atomic Absorption Spectrometry)이나 유도결합플라스마분광법(ICP-AES, Inductively Coupled Plasma-atomic emission spectroscopy) 등으로 무기물을 분석하기 위한 시료의 전처리 방법으로 주로 이용된다. 이것은 일정한 압력까지 견디는 테플론(teflon) 재질의 용기 내에 시료와 산을 가한 후 마이크로파를 이용하여 일정 온도로 가열해 줌으로써, 소량의 산을 사용하여 고압 하에서 짧은 시간에 시료를 전처리하는 방법이다.

정답 05 ③ 06 ①

07 대기오염 공정시험기준에 따라 기체 크로마토그래피로 분석한 결과이다. 이론단수 또는 1이론단에 해당하는 분리관의 길이(HETP)로 옳은 것은?

> • 시료 도입점으로부터 봉우리 최고점까지의 길이(보유시간) : 480초
> • 봉우리의 좌우 변곡점에서 접선이 자르는 바탕선의 길이 : 12초
> • 기체 크로마토그래피 칼럼의 길이 : 60 m

① 1.23 mm   ② 2.34 mm

③ 3.45 mm   ④ 4.56 mm

해설 보통 이론단수 또는 1이론단에 해당하는 분리관의 길이(HETP, Height Equivalent to a Theoretical Plat)는 분리관 효율을 나타낸다.

$$HETP = \frac{L}{n}$$

여기서, n : 이론단수, L : 분리관의 길이(mm)

이때, $n = 16 \times \left(\frac{t_R}{W}\right)^2$

여기서, t_R : 시료 도입점으로부터 봉우리 최고점까지의 길이(보유시간, 초)

      W : 봉우리의 좌우 변곡점에서 접선이 자르는 바탕선의 길이(초)

$$\therefore \ n = 16 \times \left(\frac{480}{12}\right)^2 = 25\,600$$

$$HETP = \frac{60\,m \times 1\,000\,mm/m}{25\,600} = 2.34\,mm$$

08 대기오염 공정시험기준에 따른 배출가스 중 가스상 물질 시료채취방법에 대한 설명이다. 분석물질(㉠), 채취관 재질(㉡), 흡수액(㉢)의 연결로 틀린 것은?

① ㉠ 플루오린화합물, ㉡ 플루오린수지, ㉢ 수산화소듐 용액(0.1 N)

② ㉠ 암모니아, ㉡ 염화바이닐수지, ㉢ 붕산 용액(질량분율 0.5 %)

③ ㉠ 염화수소, ㉡ 경질유리, ㉢ 수산화소듐 용액(0.1 N)

④ ㉠ 황산화물, ㉡ 스테인리스강, ㉢ 과산화수소수 용액(3 %)

해설 암모니아의 채취관 재질은 경질유리, 석영, 보통강철, 스테인리스강 재질, 세라믹, 플루오린수지는 가능하지만 염화바이닐수지는 사용하지 못한다.

09 대기오염 공정시험기준에 따른 배출가스 중 휘발성 유기화합물(VOCs) 시료채취방법에 대한 설명으로 틀린 것은?

① 채취관 재질은 유리, 석영, 플루오린수지 등으로 100 ℃ 이상까지 가열이 가능한 것이어야 한다.

② 밸브는 플루오린소수지, 유리 및 석영재질로 밀봉 윤활유를 사용하지 않고 기체의 누출이 없는 구조이어야 한다.

③ 응축기 및 응축수 트랩은 유리재질이어야 하며, 응축기는 기체가 앞쪽 흡착관을 통과하기 전 기체를 20 ℃ 이하로 낮출 수 있는 부피여야 한다.

④ 흡착관은 스테인리스강 재질 또는 파이렉스 유리로 된 관을 사용한다.

해설 채취관 재질은 유리, 석영, 플루오린수지 등으로, 120 ℃ 이상까지 가열이 가능한 것이어야 한다.

10 대기오염 공정시험기준에 따른 배출가스 중 먼지-반자동식 측정법에서 굴뚝 직경 환산에 대한 설명으로 틀린 것은?

① 굴뚝의 단면이 사각형일 때 원형직경에 상당하는 직경으로 계산된다.

② 사각단면 굴뚝의 가로, 세로 길이가 각각 2 m와 3 m일 때 환산직경은 2.4 m이다.

③ 굴뚝의 단면적이 동일한 원형 굴뚝과 정사각형 굴뚝의 환산직경은 동일하다.

④ 굴뚝의 단면이 서서히 변하는 경우 환산 하부직경은 하부직경과 선정된 측정공 위치 직경의 산술평균으로 계산된다.

해설 • 굴뚝 단면이 원형인 경우(상·하 동일 단면적) : 굴뚝 상·하 직경은 수직 굴뚝의 배출가스가 흐트러짐이 시작되는 위치의 내경을 기준으로 한다.
• 굴뚝 단면이 정사각형인 경우(상·하 동일 단면적) : 굴뚝 단면이 상·하 동일 단면적인 사각형 굴뚝의 직경 산출은 환산직경 공식을 이용한다.

환산직경 $= 2 \times \left(\dfrac{A \times B}{A + B} \right) = 2 \times \left(\dfrac{\text{가로} \times \text{세로}}{\text{가로} + \text{세로}} \right)$

②항의 환산직경

$= 2 \times \left(\dfrac{A \times B}{A + B} \right) = 2 \times \left(\dfrac{2 \times 3}{2 + 3} \right) = 2.4 \text{ m}$

11 대기오염 공정시험기준에 따라 배출가스 중 베릴륨화합물을 형광광도법으로 분석한 결과이다. 베릴륨 농도로 옳은 것은?

> • 검정곡선에서 구한 베릴륨의 질량 : 1 mg
> • 분석용 시료용액의 양 : 500 mL
> • 분석용 시료용액의 분취량 : 10 mL
> • 건조시료가스 채취량 : 1 000 Sm³

① 0.03 mg/Sm³   ② 0.05 mg/Sm³

③ 0.07 mg/Sm³   ④ 0.09 mg/Sm³

해설 베릴륨 농도

$$C = \frac{m \times 10^3}{V_s} = \frac{1 \times \dfrac{500}{10} \times 10^3}{1\,000 \times 1\,000} = 0.05 \text{ mg/Sm}^3$$

12 대기공정시험기준에 따라 환경대기 중 카드뮴을 원자흡수분광법으로 분석한 결과이다. 카드뮴의 농도로 옳은 것은?

> • 검정곡선에서 구한 값 : 0.04 μg/mL
> • 시험용액 전량 : 250 mL
> • 건조시료가스 채취량 : 1 000 L
> • 가스미터의 온도 : 24 ℃
> • 대기압력 : 750 mmHg

① 0.005 mg/Sm³   ② 0.011 mg/Sm³

③ 0.126 mg/Sm³   ④ 0.138 mg/Sm³

해설 배출가스 중의 카드뮴 농도는 0 ℃, 760 mmHg로 환산한 건조배출가스 1 Sm³ 중의 카드뮴을 mg수로 나타낸다.

∴ 카드뮴 농도

$C = \dfrac{m \times 10^3}{V_s}$

$= \dfrac{0.04\,\mu g/mL \times 250\,mL \times 10^{-3}\,mg/\mu g \times 10^3}{1\,000\,L \times \dfrac{273\,K}{(273 + 24)\,K} \times \dfrac{750\,mmHg}{760\,mmHg}}$

$= 0.011 \text{ mg/Sm}^3$

13 대기오염 공정시험기준에 따른 배출가스 중 폼알데하이드-크로모트로핀산 자외선/가시선 분광법에서 습식 가스미터로 채취한 시료의 부피를 계산할 때 필요한 값으로 <u>틀린</u> 것은?

> ㉠ 가스미터의 온도(℃)
> ㉡ 대기압력(mmHg)
> ㉢ 배출가스 유속(m/s)
> ㉣ t ℃에 포화된 수증기압(mmHg)

① ㉠

② ㉡

③ ㉢

④ ㉣

해설 습식 가스미터를 사용한 경우 채취된 배출가스의 부피 계산

습식 가스(V_m)의 부피는 표준상태(0 ℃, 760 mmHg)에서 다음 식으로 계산된다.

$$V_m = V \times \frac{273}{273 + t} \times \frac{P_a + P_m - P_v}{760}$$

여기서, V_m : 건조가스량(L)
       V : 가스미터에 의해서 측정된 기체의 부피(L)
       t : 가스미터의 온도(℃)
       P_a : 대기압력(kPa) 또는 (mmHg)
       P_m : 가스미터에 게이지 압력(mmHg)
       P_v : t ℃에 포화된 수증기압(mmHg)

14 대기오염 공정시험기준에 따른 환경대기 중 유해 휘발성 유기화합물 시험방법−고체 흡착법에 관한 설명으로 <u>틀린</u> 것은?

① 파과부피란 일정 농도의 VOC가 흡착관에 흡착되는 초기 시점부터 일정 시간이 흐르게 되면 흡착관 내부에 상당량의 VOC가 포화되기 시작하고 전체 VOC양의 5 %가 흡착관을 통과하게 되는데, 이 시점에서 흡착관 내부로 흘러간 총 부피를 말한다.

② 2단 열탈착이란 흡착제로부터 분석물질을 열탈착하여 저온 농축관에 농축한 후 다시 이 관을 가열하여 농축된 화합물을 기체 크로마토그래피로 전달하는 과정을 말한다.

③ 시료분할은 시료의 양이 많거나 민감한 검출기를 사용할 경우, 그리고 고농도(10 nmol/mol 이상) 시료에서 수분의 간섭으로 인한 칼럼과 검출기의 피해를 최소화하기 위해 실시하고, 보통 10 : 1 미만으로 분할하는 것이 바람직하다.

④ 흡착관은 유리재질 또는 시판되는 별도 규격의 관에 측정대상 성분에 따라 흡착제를 선택하여 각 흡착제의 파과부피를 고려하여 200 mg 이상으로 충전한 후에 사용한다.

> 해설 | 시료분할은 시료의 양이 많거나 민감한 검출기를 사용할 경우, 그리고 고농도(10 nmol/mol 이상) 시료에서 수분의 간섭으로 인한 칼럼과 검출기의 피해를 최소화하기 위해 실시하고, 보통 10 : 1 이상으로 분할하는 것이 바람직하다.

15 대기오염 공정시험기준에 따른 배출가스 중 암모니아−중화적정법의 분석방법에 대한 설명으로 <u>틀린</u> 것은?

① 분석용 시료 용액을 황산으로 적정하여 암모니아를 정량한다.

② 시료채취량 40 L인 경우 시료 중의 암모니아의 농도가 약 100 ppm 이상인 것의 분석에 적합하다.

③ 염기성 가스나 산성가스의 영향을 무시할 수 있는 경우에 적합하다.

④ 암모니아 농도에 대하여 이산화질소가 100배 이상 또는 이산화황이 10배 이상 각각 공존하면 분석 시 방해물질로 작용한다.

> 해설 | 시료채취량 40 L인 경우 시료 중의 암모니아의 농도가 약 100 ppm 이상인 것의 분석에 적합하고, 다른 염기성 가스나 산성가스의 영향을 무시할 수 있는 경우에 적합하다.
> ※ 2021년 대기오염 공정시험기준의 개정으로 배출가스 중 암모니아 분석방법에서 중화적정법은 삭제되었다.

16 대기오염 공정시험기준에 따라 굴뚝연속자동측정기기로 오염물질을 측정하는 경우 각각의 물질에 대한 분석방법 중 <u>틀린</u> 것은?

① 플루오린화수소 : 이온전극법

② 먼지 : 광산란적분법, 베타(β)선흡수법, 광투과법

③ 암모니아 : 화학발광법, 불꽃광도법

④ 질소산화물 : 화학발광법, 적외선흡수법, 자외선흡수법, 정전위전해법

> 해설 | 굴뚝배출가스 중 암모니아를 연속적으로 자동측정하는 방법은 용액전도율법과 적외선가스분석법이 있다.

17 대기오염 공정시험기준에 따라 굴뚝연속자동측정기기로 이산화황을 측정하는 방법에 대한 설명 중 <u>틀린</u> 것은?

① 측정기기의 검출한계는 5 ppm 이하로 한다.

② 측정방법의 종류에는 용액전도율법, 적외선흡수법, 이온전극법이 있다.

③ 측정기기의 측정값과 황산화물 주시험방법과의 상대정확도는 20 % 이하여야 한다.

④ 성능시험방법 시 제로가스는 공인기관에서 이산화황 농도가 1 ppm 미만으로 보증된 표준가스를 사용한다.

:: 환경측정분석사 **필기**

해설 굴뚝연속자동측정기기로 이산화황(아황산가스)을 측정하는 방법으로는 측정원리에 따라 용액전도율법, 적외선흡수법, 자외선흡수법, 정전위전해법 및 불꽃광도법 등이 있다.

18 대기오염 공정시험기준에 따른 굴뚝연속자동측정기기 배출가스 유량을 계산하기 위한 평균유속 측정식이다. 해당하는 측정방법과 측정원리로 옳은 것은?

$$V = \frac{L}{2t_0^2 \cos\theta} \Delta t$$

여기서, $t_0 = \frac{t_d + t_u}{2}$

① 피토관을 이용하는 방법 : 관내 유체의 전압과 정압과의 차인 동압을 측정하여 유속을 구하고 유량을 산출한다.
② 열선 유속계를 이용하는 방법 : 열선의 열 손실은 유속의 함수가 되기 때문에 이 열량을 측정하여 유속을 구하고 유량을 산정한다.
③ 초음파 유속계를 이용하는 방법 : 직접 시간차 측정, 위상차 측정, 주파수차 측정방법을 이용하여 유속을 구하고 유량을 산정한다.
④ 와류유속계를 이용하는 방법 : 유동하고 있는 유체 내 고형물체 하류 주파수의 소용돌이를 측정하여 유속을 구하고 유량을 산출한다.

해설 **초음파 유속계를 이용하는 방법의 측정원리**
굴뚝 내에서 초음파를 발사하면 유체흐름과 같은 방향으로 발사된 초음파와 그 반대의 방향으로 발사된 초음파가 같은 거리를 통과하는데 걸리는 시간차가 생기게 되며, 이 시간차를 직접 시간차 측정, 위상차 측정, 주파수차 측정방법을 이용하여 유속을 구하고 유량을 산정한다.
① 피토관을 이용하는 방법 : 관내 유체의 전압과 정압과의 차인 동압을 측정하여 유속을 구하고 유량을 산출한다.

② 열선 유속계를 이용하는 방법 : 흐르고 있는 유체 내에 가열된 물체를 놓으면 유체와 열선(가열된 물체) 사이에 열 교환이 이루어짐에 따라 가열된 물체가 냉각된다. 이때 열선의 열 손실은 유속의 함수가 되기 때문에 이 열량을 측정하여 유속을 구하고 유량을 산정한다.
④ 와류유속계를 이용하는 방법 : 유동하고 있는 유체 내에 고형물체(소용돌이 발생체)를 설치하면 이 물체의 하류에는 유속에 비례하는 주파수의 소용돌이가 발생하므로 이것을 측정하여 유속을 구하고 유량을 산출한다.

19 대기오염 공정시험기준에 따른 굴뚝연속자동측정기기의 기능 중 디지털 통신방식에 대한 설명으로 틀린 것은?

① 굴뚝연속자동측정기기의 이상상태가 종료된 경우, 알람은 지속되지 않고 자동적으로 해지되어야 한다.
② 측정값들이 기록·보존될 수 있도록 기록계 또는 동등한 기능을 갖고 있는 장치가 구비되어야 한다.
③ 굴뚝연속자동측정기기에 설정되어 있는 날짜 및 시각은 자료수집기(data logger)에 입력된 날짜 및 시각과 동기화를 통해 일치되게 하여야 한다.
④ 측정값이 측정범위를 초과하여 알람이 발생하는 경우 상태정보와 알람정보는 전송하되 최댓값은 전송하지 않는다.

해설 측정값이 측정범위를 초과하여 알람이 발생하는 경우 상태정보, 알람정보와 함께 최댓값을 전송한다.
• 상태정보(status information) : 측정기기가 시료 기체를 분석하기 위해 가지고 있는 측정기기 정보
• 알람정보(alarm information) : 상태정보 변경의 유무를 알려주는 정보

정답 18 ③ 19 ④

I-540

20 대기오염 공정시험기준에 따라 굴뚝연속자동 측정기기 배출가스 유량을 측정하는 방법 중 피토관을 사용하여 배출가스 평균유속을 구 하려고 한다. 유속으로 옳은 것은?

- 피토관의 계수 : 1.4
- 배출가스의 평균 동압 측정값 : 10 mmHg
- 굴뚝 내의 습한 배출가스 밀도 : 1.3 kg/m³
- 중력가속도 : 9.81 m/s²

① 6.9 m/s   ② 17.2 m/s

③ 36.8 m/s   ④ 63.4 m/s

해설 배출가스 평균유속

$$V = C \times \sqrt{\frac{2gh}{\gamma}}$$

여기서, V : 배출가스 평균유속(m/s)

C : 피토관계수

g : 중력 가속도(9.81 m/s²)

h : 배출가스의 평균 동압 측정치 (mmH₂O)

γ : 굴뚝 내의 습한 배출가스 밀도 (kg/m³)

$$\therefore V = 1.4 \times \sqrt{\frac{2 \times 9.81 \times (10 \times 13.6)}{1.3}}$$

$$= 63.4 \text{ m/s}$$

정답 **20** ④

01 실내공기질 공정시험기준 총칙에 따른 '항량'에 대한 정의이다. 괄호 안에 들어갈 내용으로 옳은 것은?

'항량'이라 함은 같은 조건에서 (㉠) 더 건조할 때 전후 무게 차이가 매 g당 (㉡) 이하일 때를 뜻한다.

① ㉠ 1시간, ㉡ 0.1 mg
② ㉠ 1시간, ㉡ 0.3 mg
③ ㉠ 2시간, ㉡ 0.1 mg
④ ㉠ 2시간, ㉡ 0.3 mg

해설 '항량(恒量)'이라 함은 같은 조건에서 1시간 더 건조할 때 전후 무게 차이가 매 g당 0.3 mg 이하일 때를 뜻한다.

02 실내공기 중 미세먼지 농도를 중량법으로 측정하고자 한다. 입경분리장치 채취효율에 대한 설명으로 옳은 것은?

① 입경분리장치는 10 μm 크기의 입자에 대해서 그 채취효율이 90 % 이상이어야 한다.
② 입경분리장치는 5 μm 크기의 입자에 대해서 그 채취효율이 50 % 이상이어야 한다.
③ 입경분리장치는 10 μm 크기의 입자에 대해서 그 채취효율이 50 % 이상이어야 한다.
④ 입경분리장치는 5 μm 크기의 입자에 대해서 그 채취효율이 90 % 이상이어야 한다.

해설 실내공기 중 미세먼지(PM-10, 공기역학적 직경이 10 μm 이하의 미세먼지를 뜻한다) 측정 시 입경분리장치는 10 μm 크기의 입자에 대해서 그 채취효율이 50 % 이상이어야 한다.

03 실내공기 중 석면 및 섬유상 먼지 농도 측정방법-위상차현미경법에 대한 설명으로 **틀린** 것은?

① 시료채취 유량은 5 L/min ~ 10 L/min으로 하며 최소공기채취량은 1 200 L이다.
② 일반적으로 0.8 μm 공극을 가지는 25 mm 직경의 셀룰로오스 에스터 재질의 여과지를 이용한다.
③ 50 mm 길이의 원통형 집풍기를 포함한 3조각으로 구성된 25 mm 직경의 폐쇄형 여과지 홀더를 이용한다.
④ 여과지 홀더를 바닥으로부터 1.2 m ~ 1.5 m 높이에서 약 45° 각도 아래를 향하도록 설치한다.

해설 여과지 홀더는 50 mm 길이의 진도성이 있는 원통형의 집풍기를 포함한 3조각으로 구성된 25 mm 직경의 개방형 여과지 홀더를 이용한다.

04 신축 공동주택 실내공기 중 라돈 연속측정방법에 대한 설명으로 **틀린** 것은?

① 실내 측정기가 안정화된 후 최소 24시간 이상 측정한다.
② 검출방식은 섬광셀, 이온화상자, 실리콘검출기 방식으로 구분된다.
③ 실내공기 중 라돈 농도 측정은 2일 이상 90일 이하의 측정시간을 필요로 한다.
④ 측정기간 동안 측정지점의 급격한 환경변화가 예상될 경우 라돈 측정을 수행해서는 안 된다.

해설 실내 측정기가 안정화된 후 최소 48시간 이상 측정한다.

05 실내공기 중 부유곰팡이 계수에 대한 설명이다. 각각 괄호 안에 들어갈 값으로 옳은 것은?

• 90 mm의 표준 평판접시 사용
• 부유곰팡이 계수에 적절한 집락의 수
 – 동정 및 정량 분석 시 : (㉠)개
 – 정량분석 시 : 약 (㉡)개

① ㉠ 100, ㉡ 200
② ㉠ 200, ㉡ 40 ~ 60
③ ㉠ 200, ㉡ 100
④ ㉠ 20 ~ 40, ㉡ 100

해설 90 mm의 표준 평판접시 사용할 때 부유곰팡이 계수에 적절한 집락의 수는 동정 및 정량분석의 경우 20개 ~ 40개이며, 정량분석은 약 100개 이내가 좋다.

06 신축 공동주택 실내공기 중 라돈 측정조건이다. 괄호 안에 들어갈 값으로 모두 옳은 것은?

(1) (㉠)분 (2) (㉡)시간 (3) (㉢)시간 측정 (4) 환기설비 가동 및
환기 밀폐 (㉣)시간 측정

① ㉠ 30, ㉡ 12, ㉢ 24, ㉣ 48

② ㉠ 60, ㉡ 5, ㉢ 24, ㉣ 48

③ ㉠ 30, ㉡ 5, ㉢ 48, ㉣ 24

④ ㉠ 60, ㉡ 12, ㉢ 48, ㉣ 24

해설 신축 공동주택에서 실내공기 중 라돈 농도 측정은 그림과 같은 조건이 필요하다.

(1) 30분 환기 (2) 5시간 밀폐 (3) 48시간 측정 (4) 환기설비 가동 및
24시간 측정

- 환기 : 신축 공동주택의 단위세대의 외부에 면한 모든 개구부(창호, 출입문, 환기구 등)와 실내 출입문, 수납가구의 문 등을 개방하고, 이 상태를 30분 이상 지속한다.
- 밀폐 : 외부공기와 면하는 개구부(창호, 출입문, 환기구 등)를 5시간 이상 모두 닫아 실내외 공기의 이동을 방지한다. 이때, 실내 간의 이동을 위한 문과 수납가구 등의 문은 개방한다.
- 라돈 측정 : 밀폐 후 실내 농도 측정은 실내에 자연환기 및 기계환기 설비가 설치되어 있을 경우, 이를 밀폐하거나 가동을 중단하고 48시간 측정한다. 측정 시 실내온도는 20 ℃ 이상을 유지하도록 한다.
- 환기설비 가동 및 측정 : 실내에 자연환기 및 기계환기 설비가 설치되어 있을 경우, 이를 가동하면서 24시간 측정한다. 측정 시 실내온도는 20 ℃ 이상을 유지하도록 한다.
- ※ 환기설비 가동조건은 "건축물의 설비기준 등에 관한 규칙(국토부 시행령)"에 따르며 자연환기설비는 최대개방하고, 기계환기설비의 경우 "적정"단계로 가동하여 측정한다.

07 중량법으로 실내 미세먼지 농도를 측정할 때 유량계의 유량을 보정하고자 한다. 압력보정계수로 옳은 것은?

- 1기압에서 유량 : 20 L/min
- 유량계의 설정조건에서의 압력 : 760 mmHg
- 마노미터로 측정한 유량계의 압력손실 : 30 mmHg

① 0.98

② 1.02

③ 20.41

④ 21.46

해설 압력보정계수

$$C_p = \sqrt{\frac{760 - \Delta P}{P_o}}$$

여기서, P_o : 유량계의 설정조건에서의 압력
(보통 760 mmHg)

ΔP : 마노미터로 측정한 유량계 내의
압력손실(mmHg)

$$\therefore \ C_p = \sqrt{\frac{760 - \Delta P}{P_o}} = \sqrt{\frac{(760 - 30)}{760}} = 0.98$$

08 실내공기질 공정시험기준에 따라 실내공기 중 폼알데하이드 농도를 측정한 결과로 옳은 것은?

- 시료채취 조건 : DNPH 카트리지 2개를 직렬로 연결하고 0.5 L/min 유량으로 30분간 채취
- 분석결과

앞쪽 DNPH 카트리지	뒤쪽 DNPH 카트리지
250 $\mu g/m^3$	15 $\mu g/m^3$

① 폼알데하이드 농도 : 265 $\mu g/m^3$

② 폼알데하이드 농도 : 250 $\mu g/m^3$

③ 폼알데하이드 농도 : 235 $\mu g/m^3$

④ 재측정 필요

해설 DNPH 카트리지의 파과용량은 시료채취 시 DNPH 카트리지를 2개로 직렬연결하여 0.5 L/min ~ 1.2 L/min의 유량으로 30분간 채취하여 앞쪽과 뒤쪽의 DNPH 카트리지를 분석하여 파과용량을 평가한다. 뒤쪽의 카트리지에 채취된 폼알데하이드의 양이 전체 채취된 양의 5 %를 넘으면 파과가 일어난 것으로 보아 이 경우에는 재측정이 필요하게 된다.

$$\therefore \frac{15}{250+15} \times 100 = 5.7\,\%\,\text{이므로 파과가 일어}$$

나 재측정이 필요하다.

09 실내공기질 공정시험기준에 따른 다중이용시설 실내공기 중 폼알데하이드를 측정하고자 한다. 측정 및 분석에 대한 설명으로 모두 옳은 것은?

> ㉠ 분석기기에 사용되는 UV 검출기 또는 다이오드 배열 검출기의 흡수파장은 380 nm이다.
> ㉡ 현장 이중시료 평가 시 두 시료의 측정값의 상대적인 차이는 20 %가 넘지 않아야 한다.
> ㉢ DNPH-유도체화 폼알데하이드 표준용액의 검정곡선 결정계수(R^2)는 0.98 이상 되어야 한다.
> ㉣ 채취된 시료 카트리지를 냉장보관에서 분석 시까지 기간은 40일을 넘어서는 안 된다.

① ㉠, ㉡   ② ㉠, ㉣
③ ㉡, ㉢   ④ ㉢, ㉣

해설 ㉠ 분석기기에 사용되는 UV 검출기 또는 다이오드 배열 검출기의 흡수파장은 360 nm이다.
㉣ 채취된 시료 카트리지는 분석 시까지 냉장보관한다. 냉장보관에서 분석까지의 기간은 30일을 넘어서는 안 된다.

10 실내공기질 공정시험기준에 따라 휘발성 유기화합물(VOC) 시료를 채취하려고 한다. 흡착관에 대한 설명으로 **틀린** 것은?

① 2,6-diphenylene oxide 다공성 중합체로 채워져 있다.

② 주로 사용되는 흡착제의 입자크기는 0.18 mm ~ 0.25 mm이다.

③ 흡착성능이 있는 다른 재료를 혼합하여 사용할 수 없다.

④ 생산된 직후의 흡착관은 오염을 방지하기 위하여 개봉하자마자 바로 사용해야 한다.

해설 시료를 채취하는 흡착관은 Tenax TA를 사용하여 주로 입자크기가 0.18 mm ~ 0.25 mm(60 mesh ~ 80 mesh)를 유리관 또는 스테인리스강 관에 약 200 mg 충진하여 사용한다. 이때 사용되는 Tenax TA는 2,6-diphenylene oxide의 다공성 중합체로 생산된 직후 다양한 불순물이 함유되어 있으므로 휘발성 유기화합물을 시료채취하기 전 열탈착을 이용하여 이를 제거해야 한다.

11 다중이용시설 실내공기 중 휘발성 유기화합물(VOC)의 시료채취 조건 및 분석결과이다. 톨루엔 농도로 옳은 것은?

> • 시료채취 시간 : 30 min
> • 평균 시료채취 유량 : 1 L/min
> • 시료채취 시 평균 온도 및 압력 : 30 ℃, 1기압
> • 시료 중 톨루엔 검출농도 : 20 ng
> • 현장바탕시료 중 톨루엔 검출농도 : 2 ng

① 0.6 $\mu g/m^3$ ② 0.7 $\mu g/m^3$
③ 6.2 $\mu g/m^3$ ④ 6.8 $\mu g/m^3$

해설 • 채취한 공기는 25 ℃, 1기압 조건으로 보정하여 그 값을 환산하여 사용한다.

$$V_{(25℃,\,1\text{atm})} = V \times \frac{T_{(25℃)}}{T_2} \times \frac{P_2}{P_{(1\text{atm})}}$$

$$= 1\,\text{L/min} \times 30\,\text{min} \times \frac{(273+25)\,\text{K}}{(273+30)\,\text{K}}$$

$$= 29.5\,\text{L}$$

• 시료채취된 공기 중에 식별된 톨루엔의 질량농도

$$C = \frac{(m_A - m_{A_o})}{V_{(25℃,\,1\text{atm})}} = \frac{(20-2)\,\text{ng}}{29.5\,\text{L}}$$

$$= 0.6\,\text{ng/L} = 0.6\,\mu g/m^3$$

12 실내공기질 공정시험기준에 따라 실내공기 중 휘발성 유기화합물(VOC) 농도를 분석한 결과이다. 총휘발성 유기화합물(TVOCs) 농도로 옳은 것은?

- 시료채취 부피 : 3 L
- 시료채취 시 온도 및 압력 : 28 ℃, 1기압
- 검정곡선 : 기울기 25, 세로축 절편 0
- 현장바탕시료 농도 : 0
- 시료 크로마토그램 피크 면적

검출 화합물	피크 면적
Ethane	100
Benzene	50
Toluene	1 500
n-Hexadecane	300

① $24.4\ \mu g/m^3$

② $24.9\ \mu g/m^3$

③ $25.7\ \mu g/m^3$

④ $26.3\ \mu g/m^3$

해설 총휘발성 유기화합물(TVOCs)

n-헥세인과 n-헥사데칸 사이($C_6 \sim C_{16}$) 크로마토그램의 총면적을 고려한다.

∴ 시료 중 분석물질의 양(ng)

$$m_A = \frac{(A_T - C_A)}{b_{st}}$$

여기서, A_T : 시료의 크로마토그램에서 헥세인에서 헥사데칸 사이의 분석물질 피크 면적의 합

b_{st} : 검정곡선 기울기

C_A : 검정곡선의 세로축 절편

만일 검정곡선이 원점을 지나면, $C_A = 0$

$$\therefore m_A = \frac{(A_T - C_A)}{b_{st}}$$

$$= \frac{[(50 + 1\,500 + 300) - 0]}{25}$$

$$= 74\ ng$$

총휘발성 유기화합물(TVOCs) 농도

$$C_{\text{total}} = \frac{74\ ng}{3\ L \times \left(\frac{(273 + 25)\ K}{(273 + 28)\ K} \right)}$$

$$= 24.9\ ng/L = 24.9\ \mu g/m^3$$

13 실내공기질 공정시험기준에 따라 실내공기 중 휘발성 유기화합물(VOC)을 기체 크로마토그래프-MS법으로 분석한 결과이다. 총휘발성 유기화합물(TVOCs) 농도 계산 시 사용되는 분석물질 피크 면적의 합으로 옳은 것은?

검출 화합물	피크 면적
Propane	520
Hexane	330
Benzene	25
Toluene	2 500
Butylacetate	75
n-Hexadecane	50
D-Limonene	95

① 3 595

② 3 075

③ 2 980

④ 2 905

해설 총휘발성 유기화합물(TVOCs)

n-헥세인과 n-헥사데칸 사이($C_6 \sim C_{16}$) 크로마토그램의 총면적이므로 Propane(C_3H_8), Hexane(C_6H_{14}), Benzene(C_6H_6), Toluene($C_6H_5CH_3$), Butylacetate($C_6H_{12}O_2$), n-Hexadecane($C_{16}H_{34}$), D-Limonene($C_{10}H_{16}$)에서 Propane의 피크 면적만 제외하고 합산을 하면 된다.

∴ 분석물질 피크 면적의 합

$= (330 + 25 + 2\,500 + 75 + 50 + 95) = 3\,075$

14 실내공기질 공정시험기준에 따라 이산화탄소 농도를 비분산 적외선법으로 측정할 때 시료 배관과 분석부에 축적되어 측정결과에 영향을 미칠 수 있는 간섭물질로 옳은 것은?

① 입자상 물질

② 이산화황

③ 수증기

④ 질소산화물

해설 입자상 물질은 시료 도입부에서 여과지에 의해 제거되지 않을 경우 시료 배관과 분석부에 축적되어 이산화탄소 측정에 대해 무시할 수 없는 영향을 미칠 수 있다.

15 알파비적검출법으로 실내공기 중 라돈 농도를 측정하고자 한다. 알파비적검출기와 검출소자 관련 설명으로 틀린 것은?

① 검출소자는 제조사의 엄격한 품질관리 하에 제조되기 때문에 자체적으로 비적이 존재할 수 없으나, 의도하지 않은 노출 예방을 위해 사용 시까지 질소가 계속 주입되는 용기나 질소가 주입된 기밀용기에 보관하여야 한다.

② 측정기간 대비 검출기 운송시간은 상대적으로 매우 짧아 운송시간동안 발생한 비적 생성은 무시 가능하나, 외부로부터 라돈이 스며들지 않도록 검출기를 밀봉하여야 한다.

③ 검출기의 정확도 관리를 위하여 교정은 적어도 12개월에 1회 이상 실시해야 하며, 3개 이상의 서로 다른 라돈 농도에서 교정이 이루어져야 한다.

④ 운송 중인 라돈 검출기에는 PVC 재질보다는 알루미늄 코팅된 포장지를 사용하는 것이 바람직하다.

해설 검출소자의 품질관리 측면에서 보면 검출소자는 자체적으로 비적이 존재할 수 있으며, 이는 검출소자 본래의 흠집 또는 라돈 및 라돈자손에의 의도하지 않은 노출에 의해 기인된다. 따라서 이를 최소화하기 위해 사용 시까지 검출소자를 질소가 계속해서 주입되어 외부공기가 들어오지 못하는 용기나 질소가 주입된 기밀용기에 보관하여야 한다.

16 실내공기 중 라돈 농도를 알파비적검출법으로 측정한 결과이다. '측정검출기의 단위면적당 비적수'로 옳은 것은?

- 노출기간 : 40일
- 라돈 평균 방사능 농도 : 140 Bq · m^{-3}
- 교정효율 : 0.91 tracks · cm^{-2} · h^{-1} · Bq^{-1} · m^3
- 바탕농도검출기의 단위면적당 비적수 : 2 000 tracks · cm^{-2}

① 3 096 tracks · cm^{-2}

② 7 096 tracks · cm^{-2}

③ 120 304 tracks · cm^{-2}

④ 124 304 tracks · cm^{-2}

해설 라돈 농도 산출식

$$C_{Rn} = \frac{(G-B)}{\Delta t \times C_F}$$

여기서, C_{Rn} : 라돈 평균 방사능 농도(Bq · m^{-3})

G : 측정한 검출기의 단위면적당 비적수 (tracks · cm^{-2})

B : 바탕농도검출기의 단위면적당 비적수(tracks · cm^{-2})

Δt : 노출시간(h)

C_F : 교정효율 (tracks · cm^{-2} · h^{-1} · Bq^{-1} · m^3)

$$\therefore 140 = \frac{(G-2\,000)}{(40 \times 24) \times 0.91}$$

$G = 124\,304$ tracks · cm^{-2}

17 실내공기 중 석면 측정의 정도관리를 위하여 투과전자현미경(TEM) 스크린 배율을 검정하고자 한다. 형광화면상의 실제 배율로 옳은 것은?

- 두 그리드 격자 간 거리 : 10 mm
- 그리드의 보정값 : 5 lines/mm
- 계산된 그리드의 수 : 50

① 1 　　　　② 2

③ 5 　　　　④ 10

해설 투과전자현미경(TEM) 스크린 배율의 검정

형광화면상의 실제 배율을 구하는 식

$$m = \frac{X \times G}{Y}$$

여기서, m : 배율

X : 두 그리드 격자 간 거리(mm)

G : 그리드의 보정값(lines/mm)

Y : 계산된 그리드의 수

$$\therefore m = \frac{10 \times 5}{50} = 1$$

즉, 형광화면상의 실제 배율은 1이 된다.

정답 15 ① 16 ④ 17 ①

18 위상차현미경의 접안렌즈 계수선을 보정하고 석면 및 섬유상 먼지 농도를 분석하려고 한다. 보정작업에 대한 설명으로 틀린 것은?

① 스테이지 마이크로미터는 대물대 위에 설치한다.

② 대물렌즈 배율과 사용된 중간 배율을 모두 기록한다.

③ 스테이지 마이크로미터 눈금 표시 옆에 현미경의 초점을 맞춘다.

④ 현미경 위의 눈금이 새겨진 부분으로 접안렌즈 그래티큘을 준비한다.

해설 접안렌즈 계수선의 보정에서 현미경의 초점은 스테이지 마이크로미터 눈금 표시 위로 맞춘다.

19 실내공기질 공정시험기준에 따른 실내공기 중 총부유세균 및 부유곰팡이 배양조건이다. 괄호 안에 들어갈 내용으로 모두 옳은 것은?

> 실내공기 중 총부유세균은 배양 시 페트리 접시 뚜껑이 (㉠)으로 가게 하여 (㉡) ℃에서 (㉢) 동안 배양하고, 부유곰팡이는 뚜껑이 (㉣)으로 가게 하여 (㉤) ℃에서 (㉥) 동안 배양한다.

① ㉠ 위쪽, ㉡ 25±1, ㉢ 48시간, ㉣ 아래쪽, ㉤ 35±1, ㉥ 최소 5일

② ㉠ 아래쪽, ㉡ 25±1, ㉢ 최소 5일, ㉣ 위쪽, ㉤ 35±1, ㉥ 48시간

③ ㉠ 위쪽, ㉡ 35±1, ㉢ 최소 5일, ㉣ 아래쪽, ㉤ 25±1, ㉥ 48시간

④ ㉠ 아래쪽, ㉡ 35±1, ㉢ 48시간, ㉣ 위쪽, ㉤ 25±1, ㉥ 최소 5일

해설 • 총부유세균의 배양조건
- 페트리 접시를 뚜껑이 아래로 가게 뒤집어 배양기에 넣어 배양한다.
- 시료를 채취한 배지는 (35±1) ℃에서 48시간 동안 배양기에서 배양한다.

• 부유곰팡이 배양조건
- 시료를 채취한 평판접시는 접시의 뚜껑이 위쪽을 향하도록 하여 배양기에 넣어 배양한다.
- 시료를 채취한 배지는 (25±1) ℃에서 최소 5일 동안 배양하며 최대 7일을 초과하지 않아야 한다. 배양 과정에서 진동에 의한 포자 확산으로 인한 2차 집락이 형성되지 않도록 주의하여야 한다.

20 실내공기 중 부유세균을 실내공기질 공정시험기준에 따라 분석한 결과이다. 25 ℃, 1기압 조건에서 총부유세균 농도로 옳은 것은?

> • 채취 시 온도 및 기압 : 30 ℃, 1기압
> • 평균 유량 : 28.3 L/min
> • 채취시간 : 5분
> • 보정된 집락수 : 101 CFU

① 662 CFU/m³
② 726 CFU/m³
③ 783 CFU/m³
④ 840 CFU/m³

해설 총부유세균의 농도 계산(CFU/m³)

$$C = \frac{CFU}{V_{(25℃, 1atm)}}$$

여기서, CFU : 보정된 집락수
$V_{(25℃, 1atm)}$: 환산된 채취공기량(m³)
채취한 공기는 25 ℃, 1기압 조건으로 보정하여 그 값을 환산하여 사용한다.

$V_{(25℃, 1atm)}$
$$= V \times \frac{T_{(25℃)}}{T_2} \times \frac{P_2}{P_{(1atm)}}$$
$$= 28.3 \text{ L/min} \times 5 \text{ min} \times 10^{-3} \text{ m}^3/\text{L}$$
$$\times \frac{(273+25) \text{ K}}{(273+30) \text{ K}}$$
$$= 0.1392 \text{ m}^3$$
$$\therefore C = \frac{101 \text{ CFU}}{0.1392 \text{ m}^3} = 726 \text{ CFU/m}^3$$

[4과목 : 악취 공정시험기준]

01 모세관 칼럼을 사용하여 황화수소와 메틸메르캅탄을 분리할 때 머무름 시간은 각각 2.49분, 2.61분이었고, 분리도는 1.22이었다. 동일한 조건에서 칼럼 길이만 늘려 분리도를 1.5로 조정한다면, 이때 메틸메르캅탄의 머무름 시간으로 옳은 것은?

① 2.87분   ② 3.09분

③ 3.52분   ④ 3.95분

해설 동일 물질의 분리도(Resolution)와 머무름 시간(Retention Time)의 관계식

$$\frac{t_{R2}}{t_{R1}} = \left(\frac{R_{s1}}{R_{s2}}\right)^2$$

여기서, t_{R_1} : 처음의 머무름 시간

t_{R_2} : 칼럼 길이를 늘인 후 머무름 시간

R_{s_1} : 처음 분리도

R_{s_2} : 칼럼 길이를 늘인 후의 분리도

$\therefore \dfrac{2.61}{t_{R_2}} = \left(\dfrac{1.22}{1.5}\right)^2$ 에서 $t_{R2} = 3.95$분

02 무취공기 제조장치의 요소별 구성순서가 옳은 것은?

① 흡입펌프 → 흡수병(증류수) → 빈 병 → 실리카젤병 → 활성탄병 → 무취주머니

② 흡입펌프 → 빈 병 → 흡수병(증류수) → 활성탄병 → 실리카젤병 → 무취주머니

③ 흡입펌프 → 실리카젤병 → 흡수병(증류수) → 빈 병 → 활성탄병 → 무취주머니

④ 흡입펌프 → 활성탄병 → 흡수병(증류수) → 빈 병 → 실리카젤병 → 무취주머니

해설 무취공기 제조장치 구성도

공기

A:흡입펌프   B:흡수병   C:빈 병   D:실리카젤병   E:활성탄병   F:무취주머니
(증류수)

03 공기희석관능법으로 복합악취물질을 측정할 때, 악취강도 인식시험액(노말뷰탄올, 순도 최소 99.5 % 이상)에 대한 설명으로 **틀린** 것은?

① 악취강도 3도의 인식시험액 노말뷰탄올 농도는 1500 ppm에 해당된다.

② 바이알에 준비된 노말뷰탄올 용액은 1시간 이내에 실험에 사용한다.

③ 노말뷰탄올을 정제수를 사용하여 악취강도 1도에서 5도의 인식시험액을 제조한다.

④ 악취강도 4도의 인식시험액은 노말뷰탄올 7.5 mL/L를 주입하여 만든다.

해설 악취강도 인식시험액(n-Butanol) 제조

악취강도	노말뷰탄올 주입량(mL/L)	농도(ppm)
1	0.10	100
2	0.40	400
3	1.50	1 500
4	70.0	7 000
5	300.0	30 000

04 악취방지법에 따른 복합악취 및 지정악취 물질의 시료채취 기준으로 **틀린** 것은?

① 사업장 안에 지면으로부터 높이 5 m 이상의 일정한 악취배출구와 다른 악취발생원이 섞여 있는 경우에는 복합악취 시료를 부지경계선 및 배출구에서 각각 채취한다.

② 사업장 안에 지면으로부터 높이 5 m 이상의 일정한 악취배출구 외에 다른 악취발생원이 없는 경우에는 복합악취 시료를 일정한 배출구에서 채취한다.

③ 사업장 안에 지면으로부터 높이 5 m 이상의 일정한 악취배출구가 없고 다른 악취발생원이 있는 경우에는 복합악취 시료를 부지경계선에서 측정한다.

④ 사업장 안에 지면으로부터 높이 5 m 이상의 일정한 악취배출구와 다른 악취발생원이 섞여 있는 경우에는 지정악취물질을 배출구에서 채취한다.

정답   01 ④   02 ①   03 ④   04 ④

해설 복합악취 측정을 위한 시료의 채취는 배출구와 부지경계선 및 피해지점에서 실시하는 것을 원칙으로 하며, 기기분석법에 의한 지정악취물질 측정을 위한 시료의 채취는 부지경계선 및 피해지점에서 채취한다. 따라서 사업장 안에 지면으로부터 높이 5 m 이상의 일정한 악취배출구와 다른 악취발생원이 섞여 있는 경우에는 지정악취물질을 부지경계선 및 피해지점에서 채취한다.

05 공기희석관능법에 따른 악취시료의 자동채취에 대한 내용으로 틀린 것은?

① 시료 자동채취장치 제어방식의 종류는 압력제어, 유량제어, 온도제어 방식이 있다.

② 시료 자동채취장치는 시료채취부, 간접흡입상자부, 제어부 및 통신부 등으로 구성되어 있다.

③ 시료 자동채취기의 응답시간은 외부에서 통신부로 신호가 도착해서 시료를 채취 시작하기까지 걸리는 시간이며 10초 이내에 시료채취부가 동작되어야 한다.

④ 시료 자동채취기의 시료채취시간(시료공기를 시료주머니에 1회 치환 후, 시료 채취완료까지 걸린 시간)은 5분 이내이어야 한다.

해설 시료 자동채취장치의 제어방식 종류
- 압력제어방식 : 흡입상자 내부의 압력을 이용하여 시료채취를 제어하는 방식
- 유량제어방식 : 흡입유량을 측정하여 시료채취를 제어하는 방식
- 시간제어방식 : 흡입시간을 조절하여 시료채취를 제어하는 방식

06 공기희석관능법으로 복합악취를 측정하기 위한 관능시험절차의 '정답률' 산정에 관한 내용이다. 각각의 괄호 안에 들어갈 내용으로 옳은 것은?

악취분석요원은 최초 시료희석배수에서의 관능시험 결과 모든 판정요원의 정답률을 구하여 평균 정답률이 (㉠) 미만일 경우 판정시험을 끝낸다. 정답률의 산정은 시료 냄새주머니를 선정한 경우 (㉡) 무취 냄새주머니를 선정한 경우 (㉢)으로 산정한다.

① ㉠ 0.8, ㉡ 2.00, ㉢ 1.00

② ㉠ 0.8, ㉡ 1.00, ㉢ 0.50

③ ㉠ 0.6, ㉡ 1.00, ㉢ 0.00

④ ㉠ 0.4, ㉡ 1.00, ㉢ 0.00

해설 악취분석요원은 최초 시료희석배수에서의 관능시험 결과 모든 판정요원의 정답률을 구하여 평균 정답률이 0.6 미만일 경우 판정시험을 끝낸다. 정답률의 산정은 시료 냄새주머니를 선정한 경우 1.00, 무취 냄새주머니를 선정한 경우 0.00으로 산정한다.

07 공기희석관능법으로 공업지역의 배출구에서 복합악취를 평가한 결과이다. 희석배수와 배출허용기준에 따른 적합 여부가 모두 옳은 것은? (단, 해당 공업지역은 엄격한 배출허용기준이 적용되지 않음)

| 판정요원 구분 | 1차 평가 | | 2차 평가 (×1 000) | 3차 평가 (×3 000) | 4차 평가 (×10 000) |
	1조 (×300)	1조 (×300)			
a	×	○			
b	○	○	○	×	
c	○	○	○	○	
d	○	○	×		
e	○	○	×		

① 965배, 적합

② 1 050배, 적합

③ 1 390배, 부적합

④ 1 442배, 부적합

해설 희석배수 산정방법

전체 판정요원(5인 이상)의 시료희석배수 중 최댓값과 최솟값을 제외한 나머지를 기하평균한 값을 판정요원 전체의 희석배수로 한다.

판정요원 구분	계산과정	비고	전체의 희석수
a	$a = \sqrt{(100 \times 300)}$ $= 173$	최소 (제외)	
b	$b = 3\,000$	→	$\sqrt[3]{(1\,000 \times 1\,000 \times 3\,000)}$ $= 1\,442$
c	$c = 10\,000$	최대 (제외)	
d	$d = 1\,000$	→	
e	$e = 1\,000$	→	

※ "○" : 시료희석주머니 판정 시 정답
　 "×" : 냄새주머니 판정 시 오답

※ 당해 시료희석배수에서 감지하지 못한 판정인의 계산값은 한 단계 아래의 시료희석배수 값을 적용한다(이 문제에서는 300배에서 오답일 경우 100배수로 산정).

판정방법 : 관능시험 결과 얻어진 판정요원 전체의 시료희석배수가 배출허용기준치 이내이면 적합, 배출허용기준치를 초과하면 부적합으로 판정한다.

08 헤드스페이스 모세관 칼럼을 사용하여 트라이메틸아민을 기체 크로마토그래피로 분석하고자 한다. 산성용액 흡수법으로 시료를 채취 후 분석하는 과정에 대한 설명으로 **틀린** 것은?

① 흡수액은 정제수 359 mL를 플라스크에 넣고, 진한 황산 1 mL를 피펫으로 소량씩 떨어뜨려 혼합하여 만든다.

② 시료채취 시 흡수병은 부피 20 mL의 흡수액을 넣을 수 있는 것으로 사용하고, 흡수병 안에 흡수액을 넣어 2개를 직렬로 연결시킨다.

③ 흡수병 시료 40 mL 중 분석을 위해서 흡수병 채취시료 4 mL를 사용한다.

④ 헤드스페이스 분석을 위해서 채취시료가 들어있는 바이알에 진한 황산 1 mL 주입 후 초음파 세척기로 20분간 반응시킨다.

해설 바이알에 흡수병 채취시료 4 mL를 넣고 실리콘(silicone) 재질에 플루오린수지 재질(PTEE) 격막이 있는 마개로 밀봉한 후, 50 % 수산화포타슘(KOH) 수용액 5 mL를 주사기로 주입한다. 시료와 수산화포타슘 수용액이 담긴 바이알을 초음파 세척기에 넣고 20분간 반응시킨 후, 바이알 상층부 기체층으로 트라이메틸아민이 용출되면 이를 기체 크로마토그래피로 주입 분석한다.

09 지정악취물질 중 암모니아의 농도 분석을 위한 흡수법에 대한 설명으로 **틀린** 것은?

① 표준용액의 제조는 130 ℃에서 건조한 황산암모늄[$(NH_4)_2SO_4$]을 사용한다.

② 구리이온이 존재하면 발색을 방해하여 음의 방해가 발생한다.

③ 암모니아 분석의 방법검출한계는 0.1 ppm 이하이어야 한다.

④ 흡수용액은 붕산용액을 사용하고, 붕산 5 g을 정제수에 녹여 전량을 1 L로 하여 조제한다.

해설 암모니아 분석의 방법검출한계는 0.01 ppm 이하이어야 한다.

10 기체 크로마토그래피법을 이용하여 악취물질을 분석할 때 악취물질과 간섭물질이 옳게 짝지어진 것은?

① 황화수소 : SO_2, H_2O

② 스타이렌 : C_6H_6, O_3

③ 트라이메틸아민 : H_2O, CH_3OH

④ 아세트알데하이드 : O_3, CO

해설 ② 스타이렌 : O_3, H_2O
③ 트라이메틸아민 : 공존 탄화수소, C_2H_5OH
④ 아세트알데하이드 : 고온, H_2O

정답 08 ④ 09 ③ 10 ①

11 지정악취물질을 함침여과지법으로 시료채취 하는 방법에 대한 설명으로 틀린 것은?

① 여과지는 직경 47 mm의 원형 여과지를 사용한다.

② 암모니아의 시료채취 여과지는 5 % 인산·에틸알코올을 함침하여 사용한다.

③ 트라이메틸아민의 시료채취 여과지는 1 N 질산을 함침하여 사용한다.

④ 지방산류의 시료채취 여과지는 0.5 N 수산화포타슘을 함침하여 사용한다.

> **해설** 트라이메틸아민의 채취용 산성 여과지는 직경 47 mm, 구멍크기 0.3 μm의 원형 유리섬유 여과지 또는 실리카 섬유 여과지를 전기로 내에서 500 ℃로 1시간 가열한 후 실리카겔 건조용기에서 방치하여 냉각하고 여과지를 한 장씩 페트리 접시에 옮기고 1 N 황산 1 mL를 함침시킨 후 실리카겔 건조용기나 진공 건조용기 안에서 하루 동안 보관한다.

12 상대습도에 따른 황화합물 회수율 측정을 위해서 상대습도를 함유하는 바탕시료를 제조하고자 한다. 상대습도 20 %인 바탕시료를 만들고자 할 때 수분 주입 부피로 옳은 것은?

- 대기 중 온도 : 21 ℃
- 포화수증기압 : 18.650 mmHg
- 시료주머니 부피 : 6 L
- 이상기체상수 : 0.08205 (L · atm) / (K · mole)

① 22.0 μL

② 23.0 μL

③ 24.0 μL

④ 25.0 μL

> **해설** • 대기 중 온도가 21 ℃일 때, 포화수증기압 (mmHg)이 18.650 mmHg이면 이 값을 압력 (atm) 단위로 변환한다.
>
> $$\text{atm} = \frac{18.650 \text{ mmHg}}{760 \text{ mg/atm}} = 0.02454 \text{ atm}$$

> • 이상기체 상태방정식을 이용하여 H_2O의 몰수를 구한다.
>
> $$n = \frac{0.02454 \text{ atm} \times 6 \text{ L}}{0.08205 (\text{L} \cdot \text{atm})/(\text{K} \cdot \text{mole}) \times (273 + 21)\text{K}}$$
>
> $= 0.00610$ moles of H_2O required for 100 % RH in the bag

> • 계산된 H_2O의 몰수(n)를 이용하여 21 ℃일 때 대기 중 상대습도의 %에 따른 수분의 부피를 구한다.
>
> $0.00610 \text{ moles} \times \text{RH}(20\% \times 0.01) \times 18 \text{ g/mole}$
>
> $\times 1\,000 \text{ mg/g} \times \dfrac{1.0\,\mu\text{L}}{1.0\,\text{mg}} = 22\,\mu\text{L}$

13 악취 중 휘발성 유기화합물인 i-뷰틸알코올을 고체 흡착관을 이용하여 시료를 채취한 후 저온 농축 기체 크로마토그래피법으로 분석한 결과이다. 대기 중 i-뷰틸알코올의 농도로 옳은 것은?

- 채취한 대기시료의 흡입속도 : 100 mL/min
- 대기시료 채취시간 : 5분
- 시료채취 시 온도 : 20 ℃
- 시료채취 시 압력 : 750 mmHg
- 검정곡선에 의해 계산된 i-뷰틸알코올의 양 : 3 200 ng
- i-뷰틸알코올 화학식 : C_4H_9OH

① 0.2 ppm

② 1.2 ppm

③ 2.1 ppm

④ 3.3 ppm

> **해설** • 표준상태(25 ℃, 1기압)로 환산한 대기시료의 양(L)
>
> $$V_s = Q \times t \times \frac{298}{273 + T} \times \frac{P}{760}$$
>
> $= 100 \text{ mL/min} \times 5 \text{ min} \times 10^{-3} \text{ L/mL}$
>
> $\times \dfrac{298}{273 + 20} \times \dfrac{750}{760}$
>
> $= 0.5 \text{ L}$

> • 대기 중 i-뷰틸알코올(분자량 : 74 g/mole)의 농도
>
> $$C = \frac{m}{V_s} \times \frac{24.46}{M} \times \frac{1}{1\,000}$$
>
> $= \dfrac{3\,200}{0.5} \times \dfrac{24.46}{74} \times \dfrac{1}{1\,000}$
>
> $= 2.1$ (ppm 또는 μmole/mole)

정답✔ 11 ③ 12 ① 13 ③

14 지정악취물질 중 황화합물의 저온 농축–모세관 칼럼–기체 크로마토그래피법에 관한 설명으로 틀린 것은?

① 황화합물 각 물질의 방법검출한계는 메틸메르캅탄으로 0.2 ppb 이하로 한다.
② 황화합물 시료를 액체냉매로 저온 농축하여 기체 크로마토그래피로 분석한다.
③ 상대습도 10 % 이하인 바탕시료와 함께 주입된 황화수소의 저온농축장치 회수율은 60 % 이상을 유지하여야 한다.
④ 검출기는 불꽃광도검출기(FPD), 펄스형 불꽃광도검출기(PFPD), 질량분석기(MS) 등을 사용할 수 있다.

해설 회수율 추정
상대습도 10 % 이하인 바탕시료와 함께 주입된 황화수소의 저온농축장치의 회수율은 80 % 이상 혹은 상대습도 80 %인 바탕시료 가스와 함께 주입된 황화수소의 회수율은 60 % 이상으로 유지한다.

15 지정악취물질 중 스타이렌의 시료채취 및 분석방법에 대한 설명으로 틀린 것은?

① 검출기는 불꽃이온화검출기(FID)와 질량분석기(MS)를 사용한다.
② 수분이 많은 시료를 채취할 경우에는 친수성 흡착제를 사용하여 간섭을 최소화해야 한다.
③ 스타이렌 시료를 채취하기 위한 캐니스터의 내부 압력은 고진공(0.05 mmHg)이 유지된 상태이어야 한다.
④ 흡착관을 이용한 시료채취는 유량 150 mL/min ~200 mL/min으로 시료 가스의 양이 약 1 L 이상 되도록 짧은 시간에 채취한다.

해설 수분이 많은 시료를 채취할 경우에는 tenax, carbotrap과 같은 소수성 흡착제를 선택하여 수분에 의한 간섭을 최소화해야 한다.

16 악취 공정시험기준에 따른 지방산류–고체상 미량추출–기체 크로마토그래피법의 분석기기 및 시약 등에 관한 설명으로 틀린 것은?

① SPME 파이버는 사용 전에 기체 크로마토그래피 주입구에서 250 ℃에서 1시간 가열하여 열세척을 한 후 사용한다.
② 헤드스페이스 바이알은 플루오린수지/실리콘 재질의 고무마개가 달린 것을 사용한다.
③ 알칼리 함침 여과지의 재질은 셀룰로오스인 것을 사용한다.
④ 시료채취용 흡입펌프는 2 L/min ~ 20 L/min의 유량 범위를 갖는 것을 사용한다.

해설 알칼리 함침 여과지의 재질은 유리나 석영 재질의 여과지를 사용한다.

17 악취 공정시험기준의 알데하이드–DNPH 카트리지–액체 크로마토그래피법에 대한 설명이다. 모두 옳은 것은?

• DNPH 카트리지의 시료추출용매 : (㉠)
• 추출시간 : (㉡)
• 추출에 사용되는 유리기구 건조온도 : (㉢)

① ㉠ 사염화탄소, ㉡ 약 10분, ㉢ 30 ℃ 이상
② ㉠ 아세토나이트릴, ㉡ 약 10분, ㉢ 30 ℃ 이상
③ ㉠ 사염화탄소, ㉡ 약 1분, ㉢ 60 ℃ 이상
④ ㉠ 아세토나이트릴, ㉡ 약 1분, ㉢ 60 ℃ 이상

해설 • 시료추출용매 : 아세토나이트릴(acetonitrile, 시료 추출 및 액체 크로마토그래피 이동상 용매, 액체 크로마토그래피 등급)
• 주입한 아세토나이트릴 용매로 약 1분 동안 DNPH 유도체를 추출하여 눈금 있는 시험관(혹은 부피플라스크)에 받는다.
• 추출에 사용하는 모든 유리기구는 아세토나이트릴로 세척한 후 60 ℃ 이상에서 건조한다.

정답 14 ③ 15 ② 16 ③ 17 ④

18 악취 공정시험기준 중 카르보닐류-고효율 막채취장치-액체 크로마토그래피법-연속측정 방법에 대한 설명으로 틀린 것은?

① 반투막은 소수성 재질로 $10\,\mu m \sim 30\,\mu m$ 정도의 미세기공을 가진 막을 사용한다.

② 확산 스크러버는 공기가 흐르는 통로와 흡수액이 흐르는 통로와 이 두 통로를 분리하는 반투막으로 구성되어 있다.

③ UV 검출기의 검출파장은 510 nm로 한다.

④ 확산 스크러버 내의 흡수액 흐름 통로의 부피는 $10\,\mu L \sim 20\,\mu L$의 범위 내에서 결정할 것을 권장한다.

해설 UV 검출기의 검출파장은 360 nm로 한다.

19 악취 공정시험기준에 따른 트라이메틸아민-고체상 미량추출-모세관 칼럼-기체 크로마토그래피법의 시료채취 및 분석방법에 대한 설명으로 틀린 것은?

① 10 L/min의 유량으로 5분 이내 시료공기를 흡입하여 채취한다.

② 흡수병은 부피 20 mL의 흡수액을 넣을 수 있는 경질 유리재질로 여과구가 장치되어 있는 것을 사용한다.

③ 검출기는 질소인검출기(NPD)를 사용한다.

④ SPME 파이버는 carboxen/polydimethyl이 $85\,\mu m \sim 95\,\mu m$로 입혀진 파이버를 사용한다.

해설 SPME 파이버는 carboxen/polydimethyl이 $85\,\mu m$로 입혀진 파이버($85\,\mu m$ carboxen/PDMS)를 사용한다.

20 지정악취물질 중 카르보닐류 분석을 위해서 고효율 막채취장치를 사용하고자 한다. 확산 스크러버의 흡수율 검량을 위해 직렬로 연결시킨 두 확산 스크러버(A, B)에 표준물질을 주입하여 분석한 결과이다. 흡수율로 옳은 것은?

> 표준물질을 확산 스크러버 A를 통과한 뒤 두 번째로 스크러버 B를 통과하게 하였다. 이때 채취한 표준물질 성분의 봉우리의 넓이는 각각 A는 20 mV · 분, B는 3 mV · 분이다. 다시 표준물질을 확산 스크러버 먼저 B를 통과한 뒤 두 번째로 스크러버 A를 통과하게 하였고, 이때 채취한 표준물질 성분의 봉우리 넓이는 각각 B는 30 mV · 분, A는 6 mV · 분이다.

① 0.6   ② 0.7

③ 0.8   ④ 0.9

해설 흡수율 계산식

$$A = 1 - \left(\frac{I_B}{I_B{'}} \right)$$

여기서, I_B : 확산 스크러버 B의 첫 번째 연결 구성(스크러버 A → 스크러버 B)에서 채취한 표준물질 성분의 봉우리의 넓이(mV · 분)

$I_B{'}$: 확산 스크러버 B의 두 번째 연결 구성(스크러버 B → 스크러버 A)에서 채취한 표준물질 성분의 봉우리의 넓이

$$\therefore A = 1 - \left(\frac{3}{30} \right) = 0.9$$

• 검정분야 : 대기환경측정분석

[1과목 : 정도관리]

01 동일한 실험실 내에서 실험일, 실험자, 기구, 기기 등 한 가지 이상의 조건을 바꾸어 측정하는 경우의 측정값 간 정밀도로 옳은 것은?

① 기기 정밀도
② 병행 정밀도
③ 중간 정밀도
④ 실험실 간 정밀도

> **해설** 문제에서 설명하는 정밀도를 중간 정밀도(실험실 내 정밀도)라고 한다.

02 괄호 안에 들어갈 정도관리 통계 용어로 옳은 것은?

> ( )은(는) 모집단으로부터 각 N개의 데이터가 포함된 여러 표본집단을 선택할 때, 각 표본집단의 표본수(N)에 따라 평균의 흩어진 정도를 나타낸다. ( ) 값은 표본수(N)의 제곱근에 반비례한다.

① 분산
② 변동계수
③ 상대표준편차
④ 평균의 표준오차

> **해설** 평균의 표준오차(s_m, standard error of mean)
> 각각 N개의 데이터를 포함하는 일련의 반복시료들이 모집단의 데이터로부터 마구잡이로 선택되었다면, 각 무리의 평균은 N이 증가함에 따라 점점 더 적게 흩어지게 된다. 이때 각 평균의 표준편차를 표준오차라 한다.
>
> $$s_m = \frac{s}{\sqrt{N}}$$
>
> 여기서, s는 표준편차이다. 표준오차는 평균을 계산하는 데 사용된 데이터의 수(표본수) N의 제곱근에 반비례한다.

03 UV–VIS 분광광도계(UV–VIS Spectrometer)의 검정항목으로 틀린 것은?

① 파장의 정확도
② 바탕선의 안정도
③ 바탕선의 반복 정확도
④ 파장의 반복 정밀도

> **해설** UV–분광광도계의 검정항목은 파장의 정확도, 파장의 반복 정밀도, 측광 반복 정밀도, 바탕선의 안정도 등이다.

04 대기오염 공정시험기준에 따라 바탕시료 수준의 시료를 9회 반복 측정하여 계산한 표준편차는 0.02 mg/L이다. 방법검출한계로 옳은 것은? (단, 계산된 방법검출한계의 신뢰수준은 99 %)

Student–t values						
One Sided	90 %	95 %	97.5 %	99 %	99.5 %	99.9 %
1	3.078	6.314	12.71	31.82	63.66	318.3
2	1.886	2.920	4.303	6.965	9.925	22.33
3	1.638	2.353	3.182	4.541	5.841	10.21
4	1.533	2.132	2.776	3.747	4.604	7.173
5	1.476	2.015	2.571	3.365	4.032	5.893
6	1.440	1.943	2.447	3.143	3.707	5.208
7	1.415	1.895	2.365	2.998	3.499	4.785
8	1.397	1.860	2.306	2.896	3.355	4.501
9	1.383	1.833	2.262	2.821	3.250	4.297

① 0.051 mg/L
② 0.058 mg/L
③ 0.062 mg/L
④ 0.072 mg/L

정답 01 ③ 02 ④ 03 ③ 04 ②

해설 각 시료에 대한 표준편차와 자유도 $n-1$의 t 분포값 2.896(한쪽꼬리시험 신뢰도 99 %에서 자유도 8에 대한 값)을 곱한다.
주어진 측정값의 표준편차(s)는 0.02 mg/L, 자유도 8일 때 99 % 신뢰수준에서의 t 분포값은 2.896이므로,
방법검출한계(MDL)$=2.896\times s$
$=2.896\times 0.02$
$=0.058\,\text{mg/L}$

05 측정결과의 오차는 계통오차와 우연오차에 의해 발생한다. 계통오차에 대한 설명으로 **틀린** 것은?

① 측정자 개인에 따라 일어나는 오차
② 측정기기가 나타내는 값에서 나타내야 할 참값을 뺀 값
③ 재현 불가능한 것으로 원인을 알 수 없어 보정할 수 없는 오차
④ 분석의 기초원리가 되는 반응과 시약의 비이상적인 화학적 또는 물리적 행동으로 발생하는 오차

해설 재현 불가능한 것으로 원인을 알 수 없어 보정할 수 없는 오차는 우연오차(random error)로, 우연오차로 인해 측정값의 분산이 생긴다.

06 시료분석 중간에 분석기기의 오염평가(memory effect)에 사용할 수 있는 바탕시료로 옳은 것은?

① 기구 바탕시료
② 운반 바탕시료
③ 전처리 바탕시료
④ 검정곡선 바탕시료

해설 검정곡선 바탕시료(calibration blank)는 검정곡선 작성 시마다 준비하며, 시료분석 중간에 분석기기의 오염과 잔류량 평가(memory effect)에 사용할 수 있다.

07 황화이온 표준용액을 이용하여 검정곡선을 작성하였을 때 얻을 수 있는 정보로 **틀린** 것은?

① 농도범위　② 둔감도
③ 직선성　④ 감응인자

해설 둔감도(ruggedness)는 시험결과가 절차상에 제기된 시험조건(온도, pH, 시약 농도, 유속, 추출시간, 이동상의 조성 등)에 대한 작은 변화의 영향을 받지 않는 수준을 나타내는 것이다. 둔감도는 계획된 시험방법 조건들의 작은 변화가 결과에 미치는 영향을 측정하여 파악할 수 있으며, 검정곡선의 작성으로 둔감도를 얻을 수는 없다.

08 25개 측정 데이터의 표준편차가 10인 경우, 평균의 표준오차로 옳은 것은?

① 0.25　② 1
③ 2　④ 2.5

해설 s_m(평균의 표준오차)$=\dfrac{s}{\sqrt{N}}=\dfrac{10}{\sqrt{25}}=2$

09 정도관리에 사용되는 용어의 설명으로 **틀린** 것은?

① 매질첨가시료는 시료매질의 간섭현상을 확인하기 위해 사용된다.
② 정도관리 절차 수행 시 한 그룹의 시료수를 가능하면 20개나 그 미만으로 조절해야 한다.
③ 방법바탕시료는 시험·검사 수행으로부터 오염결과를 설명하기 위해 이용하며, 방법검출한계보다 반드시 낮은 농도이어야 한다.
④ 내부표준물질은 모든 바탕시료, 표준물질, 시료에 주입되어 각 시료에 대한 시험방법의 효율을 점검하기 위하여, 시료의 전처리부터 추출과 분석에 이르기까지 전반적인 과정을 조사하는 데 사용한다.

해설 • 모든 바탕시료, 표준물질, 시료에 주입되어 각 시료에 대한 시험방법의 효율을 모니터하기 위하여 시료의 전처리부터 추출과 분석에 이르기까지 전반적인 과정을 조사할 수 있는 표준물질은 대체표준물질이다.
• 내부표준물질이란 시료를 분석하기 직전에 바탕시료, 교정곡선용 표준물질, 시료 또는 시료추출물에 첨가되는 농도를 알고 있는 화학물로서 대상 분석물질의 특성과 유사한 크로마토그래피 특성을 가져야 한다.

10 측정값의 정확도를 표현하는 방법으로 <u>틀린</u> 것은?

① 분산(variance)
② 상대오차(relative error)
③ 절대오차(absolute error)
④ 상대정확도(relative accuracy)

해설 정확도를 나타내기 위한 방법으로는 회수율(recovery), 절대오차(absolute error), 상대오차(relative error) 및 상대정확도(relative accuracy)가 있다.
① 분산(variance)은 정밀도를 나타내기 위한 방법이다.

11 환경시료 채취 및 분석 시 정도관리를 목적으로 둘 또는 그 이상의 시료를 같은 지점에서 동일한 시각에 동일한 방법으로 채취하는 시료의 용어로 옳은 것은?

① 첨가시료
② 반복시료
③ 이중시료
④ 분할시료

해설 반복시료는 둘 또는 그 이상의 시료를 같은 지점에서 동일한 시각에, 동일한 방법으로 채취한 것을 말하며, 동일한 방법으로 하여 독립적으로 분석된다. 반복시료를 분석한 결과로 시료의 대표성을 평가한다.

12 시료채취에 있어 시료의 대표성은 시료채취 과정에서 가장 중요한 요소이다. 대표성 있는 시료채취지점 선정방법에 대한 설명으로 <u>틀린</u> 것은?

① 혼합채취방법(composite sampling)은 시료 채취지점에서 각각 다른 시간대에 채취한 시료를 혼합하는 방법이다.
② 유의적 샘플링(judgmental sampling)은 과거 측정지점에 대한 조사자료가 있을 때, 특정 지점의 오염 발생 여부를 확인하고자 할 때 선택하는 방법이다.
③ 임의적 샘플링(random sampling)은 좁은 면적 또는 적은 수의 시료를 대상으로 할 때 추천되는 방법으로 선행 시료에 따라 다음 시료의 채취지점이 결정되는 방법이다.
④ 계통 표본 샘플링(systematic sampling)은 시료군을 일정한 패턴으로 구획하여 선택하는 방법으로, 격자의 교차점 또는 중심에서 시료를 채취하는 방법이다.

해설 ③ 임의적 샘플링은 시료군 전체에 대해 임의적으로 시료를 채취하는 방법으로, 넓은 면적 또는 많은 수의 시료를 대상으로 할 때 임의적으로 선택하여 시료를 채취하는 방법이다. 시료가 우연히 발견되는 것이 아니라 폭넓게 모든 지점(장소)에서 발생할 수 있다는 전제를 갖고 있다.

13 시료채취를 위한 현장 정도관리에서 현장 첨가시료의 정확성에 대한 설명으로 옳은 것은?

① % 회수율은 100 %를 초과할 수 없다.
② % 회수율이 0에 가까우면 이상적인 상태이다.
③ 이론적인 회수율은 측정값과 참값이 같은 경우로서 % 회수율이 100 %인 경우이다.
④ 첨가한 시료값과 첨가하지 않은 시료값의 차를 첨가하지 않은 시료값으로 나눈 % 회수율로 나타낸다.

정답 10 ① 11 ② 12 ③ 13 ③

> **해설** 현장 첨가시료의 정확성은 첨가한 시료값과 첨가하지 않은 시료값의 차를 첨가값으로 나눈 % 회수율로 나타낸다. 이 경우도 이론적인 회수율, 즉 가장 좋은 경우는 측정값과 참값이 같은 경우로서 % 회수율은 100 %이다.

14 부피측정용 유리기구의 표시 및 사용방법에 관한 설명으로 <u>틀린</u> 것은?

① 뷰렛, 메스피펫 및 메스실린더의 눈금선은 관축(부피계의 중심축)에 대하여 수직일 때 수면의 하단 눈금을 읽는다.

② 연결 유리기구에 표시된 TS는 숫자가 클수록 직경이 더 크다.

③ 'A'라고 적힌 것은 교정된 유리기구를 표시할 때 나타내는 것으로 온도에 대한 교정이 이루어진 것을 의미한다.

④ 500 mL 플라스크에 'TC 20 ℃'라고 적혀 있다면, 20 ℃에서 액체 500 mL를 옮길 수 있음을 표시한 정보이다.

> **해설** 500 mL 플라스크에 'TC 20 ℃'라고 적혀 있다면, TC는 To Contain의 약자로서 '20 ℃에서 액체 500.00 mL를 담을 수 있다'는 것을 의미한다. 또 25 mL 피펫에 'TD 20 ℃'라고 적혀 있다면, TD는 To Deliver의 약자로서 '20 ℃에서 25.00 mL를 옮길 수 있다'는 것을 의미한다.

15 정도관리 시료가 제공하는 정보로 <u>틀린</u> 것은?

① 분석반복시료(analysis replicates)는 장비의 정밀도 정보를 제공한다.

② 방법바탕시료(method blank)는 운반, 저장, 현장채취 과정의 편향에 대한 정보를 제공한다.

③ 시약바탕시료(reagent blank)는 정제수의 오염에 대한 정보를 제공한다.

④ 대체표준물질 첨가시료(surrogate spike)는 분석과정의 편향 정보를 제공한다.

> **해설** • 현장에서의 시료채취, 운송, 분석 과정에서 생기는 문제점을 찾는 데 사용되는 것은 현장바탕시료이다.
> • 방법바탕시료(method blank sample)는 측정하고자 하는 물질이 전혀 포함되어 있지 않은 것이 증명된 시료로, 시험 · 검사 매질에 시료의 시험방법과 동일하게 같은 용량, 같은 비율의 시약을 사용하고 시료의 시험 · 검사와 동일한 전처리와 시험절차로 준비하는 바탕시료를 말한다. 방법바탕시료는 시험 · 검사 수행으로부터 오염결과를 설명하기 위해 이용한다.

16 실험실에서 일반적으로 사용하는 기구의 세척방법으로 <u>틀린</u> 것은?

① 백금 기구 : 질산(1 : 3)에 담가 상온에서 1일 이상 보관한 후 물로 충분히 헹구어 씻는다.

② 유리 기구 및 석영 기구 : 더운 질산(1 : 1)으로 세척한 후 물로 충분히 헹구어 씻는다.

③ 보존용기 : 세척제와 수돗물, 물로 씻은 후 질산(1 : 3)을 가득 채워 0.5일 이상 방치하고, 물, 염산(1 : 1)의 순서로 씻은 후 시험목적에 따라 정제수로 세척한다.

④ 합성수지기구 : 폴리에틸렌제 용기에 넣어 질산(1 : 3)에 0.5일 이상 담그고, 0.5일 이상 초음파 세척을 한 후 물로 충분히 헹구어 씻는다.

> **해설** ① 백금 기구는 질산(1 : 3)에 담가 80 ℃ 이상으로 1일 이상 가열한 후 물로 충분히 헹구어 씻는다. 사용 직전에는 시험목적에 따라 반드시 정제수로 세척한다.

17 실험실에서 사용하는 시약 중에서 다음 물질안전보건자료(MSDS ; Material Safety Data Sheet)의 안전표지가 나타내는 것으로 옳은 것은?

① 발화성 물질　　② 산화성 물질
③ 인화성 물질　　④ 부식성 물질

해설 안전표지의 종류

201 인화성물질 경고	202 상화성물질 경고	203 폭발성물질 경고	204 급성독성물질 경고	205 부식성물질 경고

18 연속검정표준물질(CCS ; Continuing Calibration Standard)에 대한 설명으로 옳은 것은?

① 측정하고자 하는 대상 물질이 포함되지 않은 시료

② 검정곡선이 실제 시료에 정확하게 적용할 수 있는지를 검증하기 위해 인정표준물질을 사용하거나 다른 검정곡선으로 검증한 표준물질을 사용한다

③ 시료를 분석하는 중에 검정곡선의 정확성을 확인하기 위해 사용하는 표준물질

④ 시료 전처리에 대한 시료의 영향을 검증하는 표준물질로 교정검증 표준물질과 같은 농도의 시료

해설 연속검정표준물질(CCS)은 시료를 분석하는 중에 검정곡선의 정확성을 확인하기 위해 사용하는 표준물질로, 일반적으로 초기검정곡선 작성 시 중간농도 표준물질을 사용하여 농도를 확인한다.

19 원자흡수분광광도계(AAS)의 정도관리에 대한 설명으로 틀린 것은?

① 바탕시료와 정제수를 이용하여 바탕선 안정도, 램프의 이상 유무, 회절격자, 광전자 증배관, 검출기 등의 확인을 주기적으로 수행한다.

② 감도검사표준용액(sensitivity check standard)을 이용하여 램프 혹은 분광기의 문제점 등 기기의 최적 상태를 점검한다.

③ 운반가스의 유속조절 프로그램 성능 유지, 분할-비분할 주입기능을 점검한다.

④ 자동 시료채취장치가 부착되어 있을 경우 자동 시료채취장치의 성능, 시험항목별 정확도 · 정밀도 시험을 정기적으로 수행한다.

해설 ③ 운반가스의 유속조절 프로그램 성능 유지, 분할-비분할 주입기능을 확인하는 것은 기체 크로마토그래프(gas chromatograph)의 정도관리이다.

20 굴뚝으로 배출되는 가스상 대기오염물질을 고성능 액체 크로마토그래프(HPLC)로 분석하기 위해 기기 내부정도관리를 실시하였다. 방법검출한계와 정량한계 계산값으로 옳은 것은?

표준용액 농도 (mg/L)	크로마토그램 면적
0.01	10.4668
0.02	21.1897
0.04	41.4268
0.05	53.2386
0.10	105.8921

검정곡선 : $y = mx + b$
여기서, m은 1059.514
b는 -0.147

측정횟수	크로마토그램 면적
1	3.2333
2	3.0075
3	3.3528
4	3.5985
5	3.6487
6	4.0517
7	3.5966

① 방법검출한계 0.0001 mg/L,
정량한계 0.0003 mg/L

② 방법검출한계 0.0003 mg/L,
정량한계 0.001 mg/L

③ 방법검출한계 0.001 mg/L,
정량한계 0.003 mg/L

④ 방법검출한계 0.003 mg/L,
정량한계 0.01 mg/L

정답 18 ③ 19 ③ 20 ③

해설 7회 측정 크로마토그램 면적으로 방법검출계와 정량한계를 구하는 방법

　㉠ 방법검출한계(MDL ; Method Detection Limit)

$$MDL = 3.143 \times \frac{s(표준편차)}{m(기울기)}$$

7회 측정한 크로마토그램 면적값의 표준편차는 0.33686이고, 기울기는 검정곡선 $y = 1,059.514x - 0.147$에서 1,059.514이므로,

$$MDL = 3.143 \times \frac{0.33686}{1,059.514} = 0.001\,(mg/L)$$

　㉡ 정량한계(LOQ ; Llimit Of Quantification)

$$LOQ = 10 \times \frac{s}{m} = 10 \times \frac{0.33686}{1,059.514}$$
$$= 0.003\,(mg/L)$$

21 대기오염 공정시험기준에 따른 기기검출한계에 대한 설명 중 각각의 괄호 안에 들어갈 내용으로 모두 옳은 것은?

> 기기검출한계(IDL ; Instrument Detection Limit)란 기기가 분석대상을 검출할 수 있는 (㉠)의 농도로서, 방법바탕시료 수준의 시료를 분석대상 시료의 분석조건에서 (㉡) 반복 측정하여 결과를 얻고, (㉢)을(를) 구하여 2.624를 곱한 값으로서, 계산된 기기검출한계의 신뢰수준은 99 %이다.

① ㉠ 최소한, ㉡ 7회, ㉢ 평균
② ㉠ 최소한, ㉡ 15회, ㉢ 표준편차
③ ㉠ 최대한, ㉡ 7회, ㉢ 평균
④ ㉠ 최대한, ㉡ 15회, ㉢ 표준편차

해설 기기검출한계는 기기가 분석대상을 검출할 수 있는 최소한의 농도로서, 방법바탕시료 수준의 시료를 분석대상 시료의 분석조건에서 15회 반복 측정하여 결과를 얻고, 표준편차(바탕세기의 잡음, s)를 구하여 2.624를 곱한 값으로서, 계산된 기기검출한계의 신뢰수준은 99 %이다.
기기검출한계＝$2.624 \times s$

22 상대차이백분율(RPD ; Relative Percent Difference, %)은 관찰값의 변이성을 측정한 값이다. 현장에서 채취한 이중시료 분석결과값이 각각 66, 76일 때 계산된 상대차이백분율로 옳은 것은?

① 10 %　　　　② 14 %
③ 18 %　　　　④ 20 %

해설 상대차이백분율(RPD)은 이중시료를 측정하여 그 정밀도를 나타내는 한 방법으로, 다음과 같이 계산된다.

$$RPD = \left[\frac{(A-B)}{\left(\frac{A+B}{2}\right)}\right] \times 100$$
$$= \left[\frac{(76-66)}{\left(\frac{76+66}{2}\right)}\right] \times 100 = 14\,(\%)$$

여기서, A는 큰 측정값, B는 작은 측정값이다.

23 굴뚝연속 자동측정기기를 이용하여 배출가스 중 질소산화물을 측정한다. 굴뚝연속 자동측정기기의 성능규격 확인을 위해 배출허용기준에 의한 방법으로 상대정확도(%)를 계산한 값으로 옳은 것은?

> • 주시험방법에 의한 측정값(ppm)
> 　: 22.73(1회), 23.48(2회), 29.25(3회)
> • 연속 자동측정기기에 의한 측정값(ppm)
> 　: 29.09(1회), 29.44(2회), 31.24(3회)
> • 대상 배출시설의 질소산화물 배출허용기준(ppm)
> 　: 70
> • 95% 신뢰구간(C.I.95) 값은 0으로 가정

① 4.89 %　　　　② 5.55 %
③ 6.81 %　　　　④ 7.32 %

해설 • 주시험방법에 의한 평균 측정값 : 25.15 ppm
　• 연속 자동측정기기에 의한 평균 측정값
　　: 29.92 ppm
　• 배출허용기준에 의한 상대정확도
　　$= \dfrac{29.92 - 25.15}{70} \times 100 = 6.81\,(\%)$

24 측정분석 데이터의 신뢰구간에 대한 유의수준 (α, significance level)이라 함은 측정결과가 신뢰수준 밖에 존재할 확률을 말한다. 신뢰수준이 98 %일 경우 유의수준으로 옳은 것은?

① 2   ② 0.2

③ 0.02   ④ 0.002

> **해설** 신뢰수준이 98 %일 경우 유의수준은 2 %이므로 0.02이다.

25 시험분석 결과에 대한 변동계수(CV, %) 계산값으로 옳은 것은?

> 4 mg/L, 6 mg/L, 8 mg/L,
> 10 mg/L, 12 mg/L

① 37.5%   ② 68.5%

③ 95.0%   ④ 133.5%

> **해설** 변동계수를 통하여 측정값의 정밀도를 나타낼 수 있으며, 백분율로 나타낸 상대표준편차(%RSD)를 변동계수라 한다. 따라서 다음과 같은 방식으로 계산이 가능하다.
>
> 변동계수 $CV = \dfrac{\text{표준편차}(s)}{\text{평균}(\overline{x})} \times 100$
>
> $\qquad\qquad = \dfrac{3.16}{8} \times 100 = 39.5(\%)$

26 환경오염 공정시험기준에서 규정하고 있는 시험 · 검사 결과의 기록방법 중 단위에 대한 설명으로 틀린 것은?

① 시험 · 검사 결과값의 수치와 단위는 한 칸 띄어 쓴다.(3g → 3 g)

② ℃와 %도 단위이므로 수치와 한 칸 띄어 쓴다. (20℃ → 20 ℃, 100% → 100 %)

③ 범위로 표현되는 수치에는 마지막에만 단위를 표시한다.(10 % ~ 20 % → 10 ~ 20 %)

④ 약어를 단위로 사용하지 않으며, 복수인 경우에도 바뀌지 않는다.(sec → s, hr → h)

> **해설** ③ 범위로 표현되는 수치에는 단위를 각각 붙인다.
> (10 ~ 20 % → 10 % ~ 20 %)

27 「환경분야 시험 · 검사 등에 관한 법률」에 따른 숙련도 시험은 Z값(Z-score), 오차율 등을 사용하여 평가항목별로 평가하고 이를 종합하여 기관을 평가한다. Z값과 오차율에 의한 평가를 위해 사용하는 기준값으로 틀린 것은?

① 표준시료 제조값

② 전문기관에서 분석한 평균값

③ 인증표준물질과의 비교로부터 얻은 값

④ 대상 기관의 분석 중간값

> **해설** 오차율에 의한 평가에서 오차율 산정방법은 다음과 같다.
>
> 오차율(%) = $\dfrac{\text{대상 기관의 분석값} - \text{기준값}}{\text{기준값}}$ $\times 100$
>
> 단, 기준값은 시료의 제조방법, 시료의 균질성 등을 고려하여 다음 4가지 방법 중 한 방법을 선택한다.
> - 표준시료 제조값
> - 전문기관에서 분석한 평균값
> - 인증표준물질과의 비교로부터 얻은 값
> - 대상 기관의 분석 평균값

28 실험실 사고발생 시 대처요령 중 화상 사고에 대한 대처요령으로 틀린 것은?

① 눈 화상 : 다량의 물을 흘려 보낸 후 깨끗한 젖은 수건 등으로 눈을 덮어준다.

② 국소부위의 경미한 화상 : 통증과 부풀어 오르는 것을 줄이기 위하여 그리스를 발라준다.

③ 옷에 불이 붙었을 때 : 근처에 소방 담요가 있다면 화염을 덮어 싸도록 한다. 비상샤워기로 가기 위해 뛰어서는 안 된다.

④ 전기에 의한 화상 : 피부 표면으로 증상이 나타나지 않기 때문에 피해 정도를 알아내기 힘들고 합병증을 유발할 수 있으므로 즉시 의료진의 치료를 받는다.

정답   24 ③   25 ①   26 ③   27 ④   28 ②

해설 • 화염에 의한 국소부위의 경미한 화상에는 통증과 부풀어 오르는 것을 줄이기 위하여 20분 ~ 30분 동안 얼음물에 화상 부위를 담근다.
• 그리스는 열이 발산되는 것을 막아 화상을 심하게 한다.

29 환경오염 공정시험기준에서 규정하고 있는 유효숫자에 대한 설명으로 틀린 것은?

① 정확도를 잃지 않으면서 과학적 표기방법으로 측정자료를 표시하는 데 필요한 최소한의 자릿수이다.

② 측정값의 마지막 유효숫자는 항상 어느 정도의 불확도(uncertainty)를 가지며 최소의 불확도는 마지막 유효숫자에 ±1이 될 것이다.

③ 4사5입법으로 수치를 맺음하고자 할 때는 여러 번으로 나누어 계산하여야 한다. 예를 들어 5.346을 유효숫자 2로 맺는다면, 첫 단계는 5.35가 되고, 두 번째 단계는 5.4가 되어 최종 5.4로 표시한다.

④ (n +1)번째 수치가 5이고 n번째 자리에서 짝수 맺음법으로 수치를 맺음하고자 할 때는 n번째 자리의 수치가 0, 2, 4, 6, 8이면 (n +1)번째 자리 이하의 수치를 버리고, n번째 자리의 수치가 1, 3, 5, 7, 9이면 n번째 자리를 1단위만 올리고 (n +1)번째 자리 이하의 수치를 버린다.

해설 ③ 4사5입법으로 수치맺음을 할 경우 반올림 할 때 5 미만은 버리고 5 이상의 경우 반올림 한다. 예를 들어, 5.346을 유효숫자 2로 맺는다면 5.3이 된다.

30 의료폐기물 전용 용기에 표시하는 도형의 색상으로 틀린 것은?

① 격리 의료폐기물 : 붉은색
② 일반 의료폐기물 : 주황색
③ 위해 의료폐기물 : 노란색
④ 인체 조직물 중 태반(재활용하는 경우) : 녹색

해설 **의료폐기물 전용 용기 색상**

종 류	도형 색상
인체 조직물 중 태반(재활용하는 경우)	녹색
격리 의료폐기물	붉은색
위해 의료폐기물	노란색
일반 의료폐기물	검은색

31 실험실 일반시설에 대한 설명으로 틀린 것은?

① 전처리시설 : 조명은 실험에 용이하도록 적어도 300 Lux 이상이어야 한다.

② 시료 보관시설 : 벽면 응축이 발생하지 않도록 상대습도는 40 % ~ 60 %를 유지해야 한다.

③ 유리기구 보관시설 : 전체 유리기구를 보관할 수 있는 공간의 약 1.5배 정도 이상 갖추어야 한다.

④ 시약 보관시설 : 항상 통풍이 잘 되도록 설비해야 하고 환기는 외부 공기와 원활하게 접촉할 수 있도록 설치하며 환기속도는 최소한 약 0.3 m/s ~ 0.4 m/s 이상이어야 한다.

해설 시료 보관시설과 같이 냉장 또는 냉동 기기를 사용하는 곳의 천장과 벽면의 내부는 스테인리스 스틸로 마무리한다. 시설 내부에서 사용되는 선반 등의 기구도 녹이 슬지 않는 재질로 하고, 조명은 고정하되 방수기능이 있어야 한다.

32 폭발성 물질은 가열, 마찰, 충격 또는 다른 화학물질과의 접촉으로 인하여 산소나 산화제 공급 없이 폭발하는 물질이다. 폭발성 물질로 틀린 것은?

① 아염소산
② 아조화합물
③ 하이드라진
④ 질산에스테르류

해설 **폭발성 물질의 종류**
질산에스테르류(니트로글리콜 · 니트로글리세린 · 니트로셀룰로오스 등), 니트로화합물(트리니트로벤젠 · 트리니트로톨루엔 · 피크린산 등), 니트로소화합물, 아조화합물, 디아조화합물, 하이드라진유도체 · 아염소산($HClO_2$)은 약한 무기산이다.

정답 29 ③ 30 ② 31 ② 32 ①

33 「환경분야 시험 · 검사 등에 관한 법률 시행규칙」에 따른 측정대행업자의 준수사항으로 틀린 것은?

① 차량 운행일지를 작성하여 1년 동안 보관하여야 한다.
② 시료채취는 해당 분야에 등록된 기술인력이 수행하여야 한다.
③ 측정 후 작성한 측정기록부 중 1부를 측정의뢰인에게 보내야 한다.
④ 측정대행계약을 체결한 경우에는 측정대행계약서를 3년 동안 보관하여야 한다.

해설 시행규칙 [별표 11] 측정대행업자의 준수사항(제17조 제2항 관련)
차량 운행일지를 작성하여 3년 동안 보관하여야 한다.

34 시험검사기관의 주기적인 정도관리 평가를 위하여 표준시료에 대한 시험검사능력과 시료채취 등을 위한 장비운영능력을 평가하는 것으로 옳은 것은?

① 숙련도 시험
② 측정 심사
③ 교차 분석
④ 측정소급성

해설 문제에서 설명하는 것은 숙련도 시험으로, 정도관리의 일부이다.

35 「환경분야 시험 · 검사 등에 관한 법률」에 따른 시험 · 검사기관의 정도관리에 대한 설명으로 틀린 것은?

① 정도관리의 판정기준은 표준시료의 분석능력에 대한 숙련도와 시험 · 검사기관에 대한 현장평가가 있다.

② 정도관리 결과 부적합 판정을 받은 시험 · 검사기관은 그 판정을 통보받은 날부터 해당 시험 · 검사 등을 할 수 없다.
③ 시험 · 검사한 결과를 소송 및 행정처분 등을 위한 근거로 활용하고자 하는 경우에는 반드시 정도관리 적합 판정을 받은 자가 생산한 것이어야 한다.
④ 정도관리 결과 부적합 판정을 받은 시험 · 검사기관이 해당 시험 · 검사를 다시 하려는 경우에는 부적합한 사항을 개선 · 보완한 조치보고서를 승인받은 후 재신청할 수 있다.

해설 법률 제18조의 2(시험 · 검사기관의 정도관리)
④ 제3항에 따른 시험 · 검사기관이 해당 시험 · 검사 등을 다시 하려는 경우에는 부적합한 사항을 개선 · 보완한 후 환경부령으로 정하는 바에 따라 정도관리를 신청하여 적합 판정을 받아야 한다.

36 「환경분야 시험 · 검사 등에 관한 법률」에 따른 환경측정분석사 검정의 응시자격에 대한 내용으로 틀린 것은?

① 해당 자격종목 분야 기사 또는 화학분석기사의 자격을 취득한 사람
② 고등학교 또는 고등기술학교를 졸업한 사람이 졸업 후 환경측정분석 분야에서 4년 이상 실무에 종사한 경우
③ 환경기능사 또는 화학분석기능사의 자격을 취득한 후 환경측정분석 분야에서 3년 이상 실무에 종사한 사람
④ 대기, 수질, 토양, 폐기물, 먹는물, 실내공기질, 악취 또는 유해화학물질 분야의 석사 이상의 학위를 소지한 사람

해설 법률 시행령 [별표 3] 환경측정분석사 검정의 응시자격(제14조 제1항 관련)
「초 · 중등교육법」의 고등학교 또는 고등기술학교를 졸업한 사람이 졸업 후 환경측정분석 분야에서 5년 이상 실무에 종사한 경우

37 「환경분야 시험·검사 등에 관한 법률 시행규칙」 제25조 측정대행업에 등록된 기술인력교육에 대한 내용으로 <u>틀린</u> 것은?

① 측정대행업에 등록된 기술인력의 교육 실시 기관은 국립환경인재개발원으로 한다.

② 전문교육과정은 측정분석 기술요원과정으로 하며, 교육기간은 5일 이내로 한다.

③ 측정대행업자는 고용하고 있는 기술인력 중 법 또는 법에 따른 명령을 위반한 사람에게 그 사유가 발생한 날부터 1년 이내에 국립환경인재개발원이 실시하는 전문교육을 받도록 하여야 한다.

④ 측정대행업자는 고용하고 있는 기술인력 중 해당 분야의 기술인력으로 최초로 고용된 사람에게 그 사유가 발생한 날부터 24개월 이내에 국립환경인재개발원이 실시하는 전문교육을 받도록 하여야 한다.

해설 시행규칙 제25조(측정대행업에 등록된 기술인력교육)
법에 따라 측정대행업자는 고용하고 있는 기술인력 중 다음 각 호의 어느 하나에 해당하는 사람에게 그 사유가 발생한 날부터 1년 이내에 국립환경인재개발원이 실시하는 전문교육을 받도록 하여야 한다.
1. 해당 분야의 기술인력으로 최초로 고용된 사람
2. 법 또는 법에 따른 명령을 위반한 사람

38 「환경분야 시험·검사 등에 관한 법률」에 따른 측정기기의 정도검사에 대한 설명으로 옳은 것은?

① 형식승인을 받은 측정기기는 1년간 최초 정도검사를 면제한다.

② 수입신고를 한 측정기기를 사용하는 자는 환경부장관이 실시하는 정도검사의 대상에서 제외한다.

③ 측정기기를 사용하는 자가 정도검사기간 전에 정도검사를 받은 경우, 그 후의 정도검사기간은 정도검사기간 만료일의 다음 날부터 산정한다.

④ 환경오염도를 측정하여 그 결과를 행정목적으로 사용하지 않거나 외부에 알리기 위한 목적으로 사용하지 않는 측정기기의 경우에는 정도검사를 받지 않고 사용할 수 있다.

해설 법률 시행규칙 제7조(정도검사의 기준과 주기)
환경오염도를 측정하여 그 결과를 행정목적으로 사용하지 아니하거나 외부에 알리기 위한 목적으로 사용하지 아니하는 측정기기의 경우에는 정도검사를 받지 아니하고 사용할 수 있다.

39 정도관리 검증기관이 국립환경과학원장에게 변경신고서를 제출해야 할 요건으로 <u>틀린</u> 것은?

① 항목의 변경

② 시험실의 소재지 변경

③ 등록된 기술인력의 변경

④ 대표자 또는 상호의 변경

해설 「환경시험·검사기관 정도관리 운영 등에 관한 규정」 제50조(검증사항의 변경)
검증기관은 다음 각 호의 어느 하나에 대하여 변경사항이 발생한 때는 정도관리 검증서 원본을 포함한 별지 서식의 정도관리 검증기관 변경신고서와 변경을 증명하는 서류를 첨부하여 과학원장에게 제출하여야 한다.
1. 대표자 또는 상호의 변경
2. 시험실의 소재지의 변경
3. 항목의 변경

정답 37 ④ 38 ④ 39 ③

40 「환경시험 · 검사기관 정도관리 운영 등에 관한 규정」에서 요구하고 있는 환경시험 · 검사기관의 경영요건 중 조직에 관한 내용으로 **틀린** 것은?

① 시험검사기관은 해당 기관의 임시 및 이동 시험 · 검사시설에서도 조직에 관한 요구사항들을 만족하는 방법으로 운영하여야 한다.

② 품질책임자가 기술책임자 또는 분석실무자를 겸직할 수 없으며, 품질부책임자는 기술부책임자를 겸직할 수 없다.

③ 품질시스템의 이행을 총괄하는 품질책임자 및 기술자 업무를 총괄하는 기술책임자를 선임하고 각 책임자는 시험 · 검사기관의 최고경영자로부터 필요한 권한과 자원을 위임받는다.

④ 측정대행업체는 등록된 기술인력에 국한하여 기술책임자 및 기술부책임자를 지정하여야 하며, 품질책임자와 품질부책임자는 등록된 기술인력이 아니어도 시험 · 검사기관의 직원이면 상관없다.

해설 규정 [별표 1] 환경시험 · 검사기관에 대한 요구사항(제2조 관련)

2.0 경영요건

2.1 조직

　2.1.4 품질책임자 및 기술책임자의 대리자를 임명하고 있다.

[비고]

1. 측정대행업체는 등록된 기술인력에 국한하여 기술책임자 및 기술부책임자를 지정하여야 하며, 품질책임자와 품질부책임자는 등록된 기술인력이 아니어도 시험 · 검사기관의 직원이면 상관없다.

2. 품질책임자가 기술책임자 또는 분석 실무자를 겸직할 수 없으며, 품질부책임자는 기술부책임자를 겸직할 수 있다.

01 대기오염 공정시험기준에 따른 환경대기 중 미세먼지(PM₂.₅) 측정방법 – 중량농도법에 대한 설명으로 틀린 것은?

① 2차 분립장치는 유효한계입경(dp₅₀) 2.5 μm 입자보다 큰 입자를 제거하는 장치로서 충돌판방식이 사용되며 WINS PM₂.₅ Impactor와 동등하거나 우수한 성능의 분립장치를 사용하여야 한다.

② 시료채취를 위한 여과지는 폴리테트라플루오로에틸렌(PTFE ; Polytetrafluoroethylene) 재질의 직경 47 mm 원형으로 공극 크기(pore size)가 0.2 μm이고 두께가 30 μm ~ 50 μm인 것을 사용한다.

③ 시료채취유량은 정확한 입자상 물질의 분립을 위하여 16.7 L/min으로 일정하게 흡입하여야 한다.

④ 환경대기 중 PM₂.₅ 중량농도법의 정량한계는 3 μg/m³이다.

해설 ② 시료채취를 위한 여과지는 폴리테트라플루오로에틸렌(PTFE) 재질의 직경 47 mm 원형으로 여과지 공극 크기(pore size)가 2 μm이고, 두께가 30 μm ~ 50 μm인 것을 사용한다.

02 기체 크로마토그래피 분석에 사용하는 검출기 중 시료를 파괴하지 않는 검출기로 올바르게 짝지어진 것은?

① 질량분석검출기(MSD) – 질소인검출기(NPD)

② 열전도도검출기(TCD) – 광이온화검출기(PID)

③ 불꽃이온화검출기(FID) – 전자포획검출기(ECD)

④ 불꽃열이온 검출기(FTD) – 불꽃광도검출기(FPD)

해설 • 열전도도검출기(TCD ; Thermal Conductivity Detector)는 모든 화합물을 검출할 수 있어 분석대상에 제한이 없고 값이 싸며 시료를 파괴하지 않는다는 장점이 있지만, 다른 검출기에 비해 감도(sensitivity)가 낮다.
• 광이온화검출기(PID ; Photo Ionization Detector)는 매우 민감하고 잡음(noise)이 적고, 직선성이 탁월하고 시료를 파괴하지 않는다는 장점이 있다.

03 대기오염 공정시험기준에 따른 환경대기 중 중금속화합물 동시분석 – 유도결합플라즈마 분광법에 대한 내용으로 틀린 것은?

① 시료용액 중에 소듐, 칼륨, 마그네슘, 칼슘 등의 농도가 높고, 중금속 성분의 농도가 낮은 경우에는 용매추출법을 이용하여 정량할 수 있다.

② 검정곡선의 직선성 검증은 방법검출한계의 5배 ~ 50배 또는 검정곡선의 중간 농도에 해당하는 표준용액에 대한 측정값이 검정곡선 작성 시의 값과 10 % 이내에서 일치하여야 한다.

③ 현장 이중시료(field duplicate)는 동일한 시료채취 장소에서 동일한 조건으로 중복 채취한 시료로서, 두 시료 간의 측정값 편차는 20 % 이하이어야 한다.

④ 정량범위 내 농도의 3개 ~ 5개 표준용액을 이용하여 검정곡선을 작성하고 얻어진 검정곡선의 직선성 결정계수(r_2)가 0.99 이상, 또는 감응계수의 상대표준편차가 10 % 이내이어야 한다.

해설 ③ 현장 이중시료는 동일한 시료채취 장소에서 동일한 조건으로 중복 채취한 시료로서, 시료군마다 1개의 시료를 추가 채취하여 분석하는 것이 바람직하다. 동일한 조건의 두 시료 간의 측정값 편차는 15 % 이하이어야 한다.

정답 01 ② 02 ② 03 ③

04 환경대기 중 금속화합물을 분석하기 위한 장치이다. 해당하는 시료와 분석방법으로 옳은 것은?

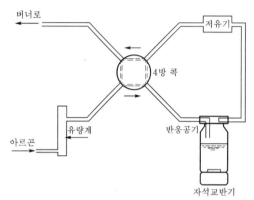

① 수은 : 냉증기 원자형광광도법
② 비소 : 흑연로 원자흡수분광법
③ 수은 : 냉증기 원자흡수분광법
④ 비소 : 수소화물 발생 원자흡수분광법

해설 문제의 그림은 환경대기 중 비소 화합물을 수소화물 발생 원자흡수분광법으로 분석할 경우 수소화비소 발생장치를 나타낸다.

05 굴뚝 배출가스의 유속을 피토관으로 측정하였다. 배출가스의 평균 유속(m/s)으로 옳은 것은?

- 피토관계수(C) : 0.85
- 중력가속도(g) : 9.81 m/s²
- 배출가스의 평균 동압 측정(h) : 10 mmH₂O
- 굴뚝 내의 배출가스 밀도(γ) : 1.2 kg/m³

① 8.83 m/s
② 9.45 m/s
③ 10.87 m/s
④ 11.26 m/s

해설 배출가스의 평균 유속

$$\bar{v} = C\sqrt{\frac{2gh}{\gamma}}$$
$$= 0.85 \times \sqrt{\frac{2 \times 9.81 \times 10}{1.2}} = 10.87(\text{m/s})$$

06 배출가스 중 휘발성 유기화합물(VOCs)의 시료채취방법에 대한 설명으로 <u>틀린</u> 것은?

① 흡착관은 24시간 이내에 사용하지 않을 경우 4 ℃의 냉암소에 보관하고, 반드시 시료채취 방향을 표시해주고 고유번호를 적도록 한다.
② 흡착관은 보통 350 ℃에서 99.99 % 이상의 헬륨기체 또는 질소기체 150 mL/min ~ 250 mL/min으로 적어도 2시간 동안 안정화시킨다.
③ 시료채취주머니 방법의 시료채취장치는 시료채취관, 응축기, 응축수 트랩, 진공흡입 상자, 진공펌프로 구성되며, 각 장치의 모든 연결부위는 플루오로수지 재질의 관을 사용하여 연결한다.
④ 시료채취주머니는 시료채취 동안이나 채취 후 보관 시 반드시 직사광선을 받지 않도록 하여 시료성분이 흡착, 투과 또는 서로 간의 반응에 의하여 손실 또는 변질되지 않아야 한다.

해설 흡착관은 보통 350 ℃(흡착제의 종류에 따라 조절 가능)에서 99.99 % 이상의 헬륨기체 또는 질소기체 50 mL/min ~ 100 mL/min으로 적어도 2시간 동안 안정화(시판된 제품은 최소 30분 이상)시키고, 흡착관은 양쪽 끝단을 테플론 재질의 마개를 이용하여 밀봉하거나 불활성 재질의 필름을 사용하여 밀봉한 후 마개가 달린 용기 등에 넣어 이중 밀봉하여 보관한다.

07 배출가스 중 구리의 농도를 원자흡수분광광도법으로 측정할 때, 건조 시료채취량(L)으로 옳은 것은?

- 배출가스 시료채취량 : 1,200 L
- 배출가스 중의 수분량 : 10 %
- 가스미터의 흡입가스 온도 : 26 ℃
- 가스미터의 가스게이지압 : 750 mmHg

① 950.5L
② 965.2L
③ 973.1L
④ 986.3L

정답 **04** ④ **05** ③ **06** ② **07** ③

해설 배출가스 중 수분을 제외한 시료채취량

$= 1,200 - 1,200 \times 0.1 = 1,080 (L)$

∴ 건조 시료채취량은 0 ℃, 760 mmHg로 환산

하므로 $1,080 \times \dfrac{273}{273+26} \times \dfrac{750}{760} = 973.1 (L)$

08 대기오염 공정시험기준에 따라 사각형 굴뚝에서 배출가스 중 먼지를 측정하고자 한다. 적용 상부 직경(m)과 적용 하부 직경(m) 계산값 및 측정공 위치 채택 여부로 옳은 것은?

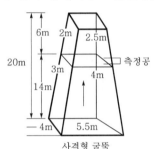

사격형 굴뚝

① 적용 상부 직경 : 2.8 m,
　 적용 하부 직경 : 4.0 m, 채택
② 적용 상부 직경 : 4.0 m,
　 적용 하부 직경 : 2.8 m, 미채택
③ 적용 상부 직경 : 2.5 m,
　 적용 하부 직경 : 3.5 m, 채택
④ 적용 상부 직경 : 3.5 m,
　 적용 하부 직경 : 2.5 m, 미채택

해설 사각형 굴뚝의 경우

　ⓐ 1차 계산

　　• 상부 환산직경 $= 2 \times \left(\dfrac{2 \times 2.5}{2+2.5} \right) = 2.2 (m)$

　　• 하부 환산직경 $= 2 \times \left(\dfrac{4 \times 5.5}{4+5.5} \right) = 4.6 (m)$

　　• 선정된 측정공 위치의 직경

　　　 $= 2 \times \left(\dfrac{3 \times 4}{3+4} \right) = 3.4 (m)$

　ⓑ 2차 계산

　　• 적용 하부 직경 $= 2 \times \left(\dfrac{4.6 \times 3.4}{4.6+3.4} \right) = 3.9 (m)$

　　• 적용 상부 직경 $= 2 \times \left(\dfrac{2.2 \times 3.4}{2.2+3.4} \right) = 2.7 (m)$

　ⓒ 사각형 굴뚝의 측정공 위치 채택여부 검토
　　• $14 \div 3.9 = 3.6$배
　　　(하부 직경의 2배 이상이므로 채택함)
　　• $6 \div 2.7 = 2.2$배
　　　(상부 직경의 1/2배 이상이므로 채택함)

09 대기오염 공정시험기준에 따른 환경대기 중 시료채취방법에서 시료채취위치를 선정하는 방법에 대한 설명으로 틀린 것은?

① 시료채취위치는 원칙적으로 주위에 건물이나 수목 등의 장애물이 없고 그 지역의 오염도를 대표할 수 있다고 생각되는 곳을 선정한다.
② 주위에 건물이나 수목 등의 장애물이 있을 경우에는 채취위치로부터 장애물까지의 거리가 그 장애물 높이의 2배 이상 또는 채취점과 장애물 상단을 연결하는 직선이 수평선과 이루는 각도가 45° 이하 되는 곳을 선정한다.
③ 주위에 건물 등이 밀집되거나 접근되어 있을 경우에는 건물 바깥벽으로부터 적어도 1.5 m 이상 떨어진 곳에 채취점을 선정한다.
④ 시료채취의 높이는 그 부근의 평균오염도를 나타낼 수 있는 곳으로서 가능한 1.5 m ~ 30 m 범위로 한다.

해설 ② 주위에 건물이나 수목 등의 장애물이 있을 경우에는 채취위치로부터 장애물까지의 거리가 그 장애물 높이의 2배 이상 또는 채취점과 장애물 상단을 연결하는 직선이 수평선과 이루는 각도가 30° 이하 되는 곳을 선정한다.

10 환경대기 중의 대기오염물질 분석을 위해 시료채취지점을 정하려고 한다. 대상 지역의 오염정도에 따른 시료채취지점의 수로 옳은 것은?

- C_n : 최대농도 = 150
- C_s : 환경기준(행정기준) = 50
- C_b : 최저농도(자연상태) = 5
- x : 환경기준보다 농도가 높은 지역(km²) = 10
- y : 환경기준보다 농도가 낮으나 자연농도보다 높은 지역(km²) = 125
- z : 자연상태의 농도와 같은 지역(km²) = 50

① 3개 　　　　② 4개
③ 5개 　　　　④ 6개

해설 대상 지역의 오염정도에 따라 공식을 이용하는 방법

$$N = N_x + N_y + N_z = 1.9 + 1.08 + 0.02 = 3(개)$$

이때, $N_x = 0.095 \times \left(\dfrac{C_n - C_s}{C_s} \right) \times x$

$= 0.095 \times \left(\dfrac{150 - 50}{50} \right) \times 10 = 1.9$

$N_y = 0.0096 \times \left(\dfrac{C_s - C_b}{C_s} \right) \times y$

$= 0.0096 \times \left(\dfrac{50 - 5}{50} \right) \times 125 = 1.08$

$N_z = 0.0004 \times z$

$= 0.0004 \times 50 = 0.02$

11 환경대기 중 미세먼지($PM_{2.5}$) 연속측정방법 베타선흡수법의 측정 주요 장치 및 구성에 대한 설명으로 옳은 것은?

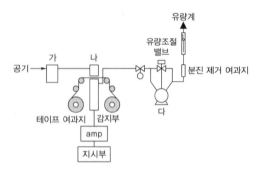

① (가)는 분립장치로 1차 분립장치는 유효한계입경 2.5 μm 이상 입자를 제거하는 장치이고, 2차 분립장치는 유효한계입경 10 μm 입자보다 큰 입자를 제거하는 장치이다.

② 채취된 먼지의 양은 (나)의 베타선 광원으로부터 방출된 베타선이 먼지가 채취된 여과지에 반사된 에너지가 감지된 양으로 연산장치 또는 기록부에 기록되어 입자상 물질의 농도를 계산하게 된다.

③ (다)는 공기 흡입부이고, 유속 및 유량의 측정은 실험 전후로 측정해야 하며 매 실험마다 표준유속 또는 유량계를 사용하여 교정하여야 하며 측정값의 ±10 % 이내의 정확성을 가져야 한다.

④ 등가성 평가는 국가기준 측정시스템과 비교 측정하여 성능을 검증받은 중량농도법 측정기(Class Ⅰ, 1대)와 검증대상 자동측정기(Class Ⅱ, 1대)를 동시에 비교 측정하고, 자동측정기에서 측정된 일평균[(24±1)시간] 자료를 산술평균하여 중량농도법 측정치와 비교 분석하도록 한다.

해설 문제의 그림은 초미세먼지($PM_{2.5}$) 베타선법 장치의 구성이다.

① 분립장치 : 1차 분립장치는 유효한계입경(d_p 50 %, effective cut off diameter) 10 μm 이상 입자를 제거하는 장치로서 충돌판(impactor) 방식을 이용하여 입자상 물질을 분리한다. 2차 분립장치는 유효한계입경(d_p 50 %) 2.5 μm 입자보다 큰 입자를 제거하는 장치로서 충돌판 방식이 사용된다.

② 베타선원 : 채취된 먼지의 양은 베타선 광원으로부터 방출된 베타선이 먼지의 채취된 여과지를 통과할 때 흡수·소멸된 나머지가 감지부에 도달되어 연산장치 또는 기록부에 감지된 양으로 입자상 물질의 농도를 계산하게 된다.

③ 공기 흡입부에서의 유속 및 유량 측정은 실험 전후로 측정해야 하고 실험마다 표준유속 또는 유량계를 사용해 교정하여야 하며 측정값의 ±4 % 이내의 정확성을 가져야 한다.

12 환경대기 중 다환방향족 탄화수소(PAHs) 시료의 취급요령에 대한 설명으로 틀린 것은?

① 채취된 시료는 2주일 이내에 추출한다.

② 시료는 시료채취와 분석시간의 차이가 24시간이 넘으면 4 ℃에서 보관한다.

③ 채취된 시료는 분석대상물질이 광분해되는 것을 막기 위해 가능한 자외선으로부터 보호해야 한다.

④ 시료채취기를 조립할 때는 시료와 닿는 모든 부분을 시약등급의 헥세인으로 닦고, 시료를 채취하기 전에 모듈에서 헥세인을 증발시킨다.

정답 11 ④ 12 ①, ④

해설 ① 채취된 시료는 냉장 보관하여 운반 · 저장하며 시료는 4 ℃에서 7일 이내에 추출하고 추출액은 40일 이내에 분석한다.
④ 시료채취기에서 모듈을 제거하고 시료와 닿는 모든 부분을 실험과정의 같은 시약등급의 헥세인으로 닦고, 시료를 채취하기 전에 모듈에서 헥세인을 증발시킨다.

13 대기오염 공정시험기준에 따른 배출가스 중 다환방향족 탄화수소류 기체 크로마토그래피법에서 사용하는 분석 기기 및 기구로 틀린 것은?

① 가속용매 추출장치
② K-D 농축기
③ 테들러백
④ 정제용 칼럼

해설 기체 크로마토그래프(질량)의 분석 기기 및 기구에는 주입구(injector), 본체, 모세관칼럼(capillary column), 질량검출기(mass spectrometer), 가속용매 추출장치(ASE ; Accelerated Solvent Extractor), 속슬레(soxhlet) 추출장치, 고용량 공기시료채취기(high volume air sampler), K-D 농축기(Kuderna-Danish concentrator), 회전증발농축기(rotary evaporator), 정제용 칼럼, 질소농축장치 등이 있다.

14 배출가스 중 다환방향족 탄화수소류의 나프탈렌을 기체 크로마토그래피로 분석하였다. 내부표준분석법으로 분석한 표준물질과 내부표준물질 결과가 다음과 같을 때, 평균상대감응계수값으로 옳은 것은?

	농도(ng)	분석피크 면적
표준물질	0.1	9,015
	0.5	45,601
	1.0	92,230
내부표준물질	0.1	9,524
	0.5	48,724
	1.0	96,532

① 0.95 ② 1.05
③ 1.15 ④ 1.25

해설 상대감응계수(RRF ; Relative Response Factor)

$$RRF = \frac{A_n}{A_l} \times \frac{C_l}{C_n}$$

여기서, A_n : 표준물질 선택이온의 봉우리 면적
A_l : 표준물질에 첨가된 내부표준물질의 봉우리 면적
C_l : 표준물질에 첨가된 내부표준물질의 농도
C_n : 표준물질의 농도

따라서, 농도 0.1 ng일 때

$$RRF = \frac{9,015}{9,524} \times \frac{0.1}{0.1} = 0.95,$$

농도 0.5 ng일 때

$$RRF = \frac{45,601}{48,724} \times \frac{0.5}{0.5} = 0.94,$$

농도 1.0 ng일 때

$$RRF = \frac{92,230}{96,532} \times \frac{1.0}{1.0} = 0.96$$

∴ 평균 상대감응계수($RRF_{ave.}$)

$$= \frac{\sum_{i=1}^{n} RRF_i}{n} = \frac{0.95 + 0.94 + 0.96}{3} = 0.95$$

15 배출가스 중 1,3-뷰타다이엔의 측정결과가 다음과 같을 때 배출가스의 농도로 옳은 것은?

- 표준상태로 환산한 시료가스 양 : 5 L
- 검정곡선에 의해 계산된 1,3-뷰타다이엔 양 : 75 μg
- 1,3-뷰타다이엔 분자량 : 54 g/mole

① 1.39 ppm
② 4.08 ppm
③ 6.22 ppm
④ 15.42 ppm

해설 흡착관법에 의한 배출가스 중 1,3-뷰타다이엔의 농도

$$C = \frac{m}{V_s} \times \frac{22.4}{M} = \frac{75}{5} \times \frac{22.4}{54} = 6.22(\text{ppm})$$

정답 13 ③ 14 ① 15 ③

16 대기오염 공정시험기준에 따라 유류 중의 황 함유량을 연소관식 공기법으로 분석하고자 한다. 시료채취방법과 그 적용 기름의 종류로 옳은 것은?

① 쇼벨 채취방법 – 깡통의 윤활유
② 보링 채취방법 – 항공터빈 연료유
③ 추가 붙은 채취장치방법 – 선박의 경유
④ 시브 채취방법 – 화차의 석유코크스

해설 시료채취방법과 그 적용 기름의 종류

시료채취방법	채취개소	적용 기름의 종류
추가 붙은 채취장 치, 자기제 채취장 치 또는 실린더 채 취장치에 의한 채 취방법	고정탱크, 선박, 바지탱크, 탱크 차, 로리	원유, 자동차 휘발유, 항공 가솔린, 항공터 빈 연료유(제트 연료 유), 등유, 경유, 중유, 윤활유, 재생유 등
시브 채취방법	고정탱크, 선박, 탱크차	원유, 자동차 휘발유, 항공 가솔린, 항공터 빈 연료유(제트 연료 유), 등유, 경유, 중유, 윤활유 등
쇼벨(셔블) 채취방법	화차, 컨베이어, 자루, 통, 상자	석유 코크스
보링 채취방법	통, 상자, 자루	고형 파라핀

17 대기오염 공정시험기준에 따른 환경대기 중 벤조(a)피렌 시험방법 중 기체 크로마토그래 피법에 대한 설명으로 틀린 것은?

① 환경대기 중의 벤조(a)피렌의 농도를 측정하 기 위한 주시험방법이다.
② 필터추출 용매는 아세토니트릴, 벤젠, 사이크 로헥산, 메치렌클로라이드 또는 기타 적당한 용매를 사용한다.
③ 시료채취는 2 L/min 유속으로, 시료채취량 이 200 L ~ 1,000 L가 되도록 한다.
④ 교정용액(0.25 mg/mL)은 빛이 차단되고 냉 장고에 보관하면 1년간 안정하다.

해설 교정용액(0.25 mg/mL)은 GC(FID), HPLC(형 광검출기)에 의해 각 PAH 표준품의 순도와 비점 을 점검하는 데 사용된다. 각 PAH 25 mg을 달아 서 100 mL에 메스플라스크에 넣고 톨루엔으로 표선을 맞춘다. 이 용액은 빛이 차단되고 냉장고 에 보관하면 6개월간 안정하다.

18 굴뚝 배출가스 중 먼지를 연속적으로 자동 측 정하는 광투과법에 대한 설명으로 틀린 것은?

① 광원은 안정화 회로에 의하여 점등되고 중수 소방전관 또는 중압수은을 사용한다.
② 광투과법의 장치 구성은 시료채취부, 검출 및 분석부, 농도지시부, 데이터처리부, 교정장 치로 구성된다.
③ 먼지 농도는 표준상태(0 ℃, 760 mmHg)의 건조배출가스 1 m^3 안에 포함된 먼지의 무게 로서 mg/Sm^{3}의 단위를 갖는다.
④ 빛의 반사, 흡수, 분산으로 인한 감쇄현상에 기초한 것으로 일정한 광량을 투과하여 얻 어진 투과된 광의 강도변화를 측정하여 먼 지 농도를 측정한다.

해설 ① 광원은 안정화 회로에 의하여 점등되고 텅 스텐램프(tungsten lamp), 레이저(laser) 광 등을 사용한다.

정답 16 ③ 17 ④ 18 ①

[3과목 : 실내공기질 공정시험기준]

01 소형 챔버법의 페인트 시험편 제작 시 제조사에서 권장하는 평균 건조도막 두께가 20 μm 이다. 이때 건축자재 방출시험용 건조도막 두께로 옳은 것은?

① 5 μm ② 15 μm

③ 40 μm ④ 60 μm

> **해설** 제조자 권장 평균 건조도막 두께(T_m)가 20 μm 일 경우 등급은 중(20 μm 이상 60 μm 미만)에 해당하므로 건축자재 방출시험용 건조도막 두께(T_c)는 40 μm이다.

02 실내건축자재에서 방출되는 오염물질 농도 측정을 위한 소형 방출시험 챔버에 관한 설명으로 틀린 것은?

① 챔버 내 온도는 일정하게 유지되어야 한다.

② 청정한 공기를 공급할 수 있는 장치를 가져야 한다.

③ 소형 방출시험 챔버 내부 부피는 20 L를 원칙으로 한다.

④ 방출량 측정을 위한 공기시료채취는 시험 시작일로부터 5일이 경과한 후 실시한다.

> **해설** ④ 방출량 측정을 위한 공기시료채취는 시험 시작일로부터 7일[(168±2)시간]이 경과한 후에 실시한다.

03 소형 챔버법으로 건축자재 오염물질 방출시험 시 '롤 형태'의 제품 시료채취방법에 관한 설명으로 모두 옳은 것은?

> ㉠ 시험대상 건축자재는 일반적인 제조과정에 의해 생산되고 포장 및 취급된 것이어야 한다.
> ㉡ 제품의 1 m 안쪽 혹은 가장 바깥층을 제외한 안쪽에서 시료를 채취한다.
> ㉢ 시료는 제품의 가장 바깥 부분에서 채취한다.
> ㉣ 반복적인 무늬가 있는 제품의 경우에는 무늬가 없는 부분이 시험편 중심에 오도록 한다.

① ㉠, ㉡   ② ㉢, ㉣

③ ㉠, ㉣   ④ ㉡, ㉢

> **해설** 제품 시료의 채취방법
> • 시험대상이 되는 건축자재는 일반적인 제조과정에 의해 생산되고 포장 및 취급되어야 하며, 채취된 시료는 1시간 이내에 포장하여야 한다.
> • 롤 형태의 제품은 롤의 1 m 안쪽 혹은 가장 바깥층을 제외한 안쪽에서 시료를 채취한다.
> • 시료는 제품의 중앙 부분에서 채취한다.
> • 반복적인 무늬가 있는 제품의 경우에는 무늬 부분이 시험편의 중심에 오도록 채취한다.

04 실내공기질 공정시험기준에 따른 검정곡선의 작성 및 검증에 대한 설명으로 틀린 것은?

① 검정곡선을 작성하고 얻어진 검정곡선 결정계수(R_2) 또는 감응계수(RF ; Response Factor)의 상대표준편차가 일정 수준 이내이어야 하며, 허용범위를 벗어나면 재작성한다.

② 감응계수는 검정곡선 작성용 표준용액의 반응(R)에 대한 농도값(C)으로 감응계수 $= C/R$ 로 구한다.

③ 검정곡선은 분석할 때마다 작성하는 것이 원칙이며, 분석과정 중 검정곡선의 직선성을 검증하기 위하여 각 시료군(시료 20개 이내)마다 1회의 검정곡선 검증을 실시한다.

④ 검증은 방법검출한계의 5배 ~ 50배 또는 검정곡선의 중간 농도에 해당하는 표준용액에 대한 측정값이 검정곡선 작성 시의 지시값과 10 % 이내에서 일치하여야 한다.

> **해설** 감응계수는 검정곡선 작성용 표준용액의 농도(C)에 대한 반응값(R ; Response)으로, 다음과 같이 구한다.
> $$감응계수 = \frac{R}{C}$$

정답   01 ③   02 ④   03 ①   04 ②

05 다음은 다중이용시설 실내공기 시료채취 시 고려할 사항이다. 괄호 안에 들어갈 내용으로 모두 옳은 것은?

> - 대상 시설의 최소측정 지점 수는 건물의 규모와 (㉠)에 따라 결정한다.
> - 라돈 측정 시 천장과의 거리는 최소 (㉡) 떨어지도록 한다.
> - (㉢) 발령 시 다중이용시설 실내공기의 시료채취는 실시하지 않는다.

① ㉠ 용도, ㉡ 0.5 m, ㉢ 황사 경보
② ㉠ 이용자 수, ㉡ 1 m, ㉢ 미세먼지 경보
③ ㉠ 용도, ㉡ 1 m, ㉢ 미세먼지 경보
④ ㉠ 이용자 수, ㉡ 0.5 m, ㉢ 황사 경보

해설
- 대상 시설의 최소측정 지점 수는 건물의 규모와 용도에 따라 결정한다.
- 시료채취는 인접 지역에 직접적인 오염물질 발생원이 없고, 가능하면 시료채취지점의 중앙점에서 바닥면으로부터 1.2 m ~ 1.5 m 높이에서 수행한다. 다만, 라돈과 같이 사람이 많이 왕래하는 곳에서 장기간(90일 이상) 시료 채취할 경우에는 사람의 손이 닿지 않는 곳에서 측정할 수 있으나, 천장과의 거리는 최소 0.5 m 떨어지도록 한다.
- 다중이용시설 실내공기 시료채취시간을 황사 경보 발령기간과 겹치지 않도록 하여야 한다.

06 베타선 흡수법으로 측정된 미세먼지 농도가 $43~\mu g/m^3$일 때 보정계수가 적용된 농도값으로 옳은 것은?

> - 실내 동일한 공간에서 보정계수 산출을 위해 베타선 흡수법과 중량법을 이용하여 미세먼지 농도를 각각 10회 반복 측정하였다.
> - 베타선 흡수법의 평균농도 : $40~\mu g/m^3$
> - 중량법의 평균 농도 : $36~\mu g/m^3$

① $32.4~\mu g/m^3$　　② $38.7~\mu g/m^3$
③ $42.5~\mu g/m^3$　　④ $47.8~\mu g/m^3$

해설
$$보정계수 = \frac{중량법의~평균~농도}{베타선~흡수법의~평균~농도}$$
$$= \frac{36}{40} = 0.9$$
$$\therefore 보정값 = 측정값 \times 보정계수 = 43 \times 0.9$$
$$= 38.7(\mu g/m^3)$$

07 어떤 물질의 방사능값(Bq)을 구하려고 한다. 관련 원소의 원자수가 2, 관련 방사성 원소의 반감기가 3.5 s일 때 방사능값(Bq)으로 옳은 것은?

① 0.396 Bq　　② 0.614 Bq
③ 1.21 Bq　　④ 2.42 Bq

해설 주어진 물질 내에서 단위시간 동안 일어나는 원자핵 붕괴의 수인 방사능을 구하는 계산식

$$A = \lambda N = \frac{\ln 2}{T} \times N$$

여기서, A : 방사능(Bq)

λ : 붕괴상수(s^{-1}), $\lambda = \frac{\ln 2}{T} ≒ \frac{0.693}{T}$

N : 관련 원소의 원자수

T : 관련 방사성 원소의 반감기(s)

$$\therefore A = \frac{0.693}{3.5} \times 2 = 0.396(Bq)$$

08 실내공기질 공정시험기준에 따라 자외선광도법으로 실내공기 중 오존 측정 시 측정기기 보수점검에 대한 설명으로 틀린 것은?

① 입자상 여과지 위의 과도한 입자상 축적은 유량 이상 또는 시료공기로부터 오존 손실을 일으킬 수 있기 때문에 약 1개월 단위로 점검·교체해야 한다.
② 자외선 광원 램프는 측정기기가 올바르게 동작할 수 있도록 충분한 양의 빛의 강도를 낼 수 있어야 하며, 약 1년 단위로 점검·교체해야 한다.
③ 오존 스크러버가 오존과 순수 공기에만 노출될 경우에는 영구적으로 사용할 수 있지만, 불안정한 측정의 원인이 될 수 있으므로 약 1년 단위로 점검·교체해야 한다.
④ 디지털 기록계의 경우, 사용설명서에 따라 점검을 수행한다.

해설 ① 입자상 여과지 위의 과도한 입자상 축적은 유량 이상 또는 시료공기로부터 오존 손실을 일으킬 수 있기 때문에 약 1주일 단위로 교체·점검해야 한다.

09 실내공기질 공정시험기준에 따른 신축공동주택 실내공기 중 라돈 측정에 대한 설명으로 **틀린** 것은?

① 신축공동주택에서 라돈 농도 측정의 주시험법은 연속측정방법이다.

② 환기설비를 가동하며 측정 시 환기설비 가동 조건은 기계환기설비의 경우 적정 단계로 한다.

③ 라돈 농도 측정은 30분 환기, 5시간 밀폐, 48시간 측정, 환기설비 가동 및 48시간 측정 순으로 한다.

④ 라돈 측정세대 선정은 공동주택의 총세대수가 100세대일 때 3개 세대(저층부, 중층부, 고층부)를 기본으로 한다. 100세대 증가할 때마다 1세대씩 추가하며 최대 12세대까지 측정한다.

해설 신축 공동주택에서 실내공기 중 라돈 농도 측정은 다음 그림과 같은 조건이 필요하다.

(1) 30분 환기 (2) 5시간 밀폐 (3) 48시간 측정 (4) 환기설비 가동 및 24시간 측정

10 실내공기 중 미세먼지를 중량법으로 측정하였다. 미세먼지 농도($\mu g/m^3$)로 옳은 것은?

- 시료채취 시간(h) : 24
- 시료채취 시작 시의 유량(L/min) : 16.7
- 시료채취 종료 시의 유량(L/min) : 16.9
- 시료채취 시 온도(℃) : 29
- 시료채취 시 기압(mmHg) : 765
- 시험 전 여과지 무게(g) : 0.145338
- 시험 후 여과지 무게(g) : 0.145626
- 시험 전 바탕시료 여과지 무게(g) : 0.145778
- 시험 후 바탕시료 여과지 무게(g) : 0.145785

① 11.7 $\mu g/m^3$ ② 12.7 $\mu g/m^3$
③ 13.7 $\mu g/m^3$ ④ 14.7 $\mu g/m^3$

해설 미세먼지 농도 계산($\mu g/m^3$)

㉠ 시료채취 유량

$$Q_{ave} = \frac{Q_1 + Q_2}{2}$$

$$= \frac{16.7 + 16.9}{2}$$

$$= 16.8(L/min)$$

㉡ 채취한 공기의 부피

$$V = \frac{Q_{ave} \times T}{10^3}$$

$$= \frac{16.8 \times 24 \times 60}{10^3}$$

$$= 24.2(m^3)$$

㉢ 25 ℃, 1기압 조건으로 보정하여 환산한다.

$$V_{(25\,℃,\,1\,atm)} = V \times \frac{T_{(25\,℃)}}{T_2} \times \frac{P_2}{P_{(atm)}}$$

$$= 24.2 \times \frac{298}{273+29} \times \frac{765}{760}$$

$$= 24.04(m^3)$$

㉣ 미세먼지 농도

$$C = \frac{(W_2 - W_1) - (B_2 - B_1)}{V_{(25\,℃,\,1\,atm)}}$$

$$= \frac{(0.145626 - 0.145338) \times 10^6}{24.04}$$
$$\quad - (0.145785 - 0.145778) \times 10^6$$

$$= 11.7(\mu g/m^3)$$

11 실내공기질 공정시험기준에 따른 실내공기 중 미세먼지 연속측정방법 – 베타선 흡수법에 관한 설명으로 **모두** 옳은 것은?

㉠ 실내공기 중 미세먼지 농도 측정을 위한 주시험방법으로 사용된다.

㉡ 실내공기 중 미세먼지 측정방법(중량법)과 비교한 보정계수 적용이 반드시 필요하다.

㉢ 여과지(glass fiber filter(roll))는 한 달 사용 후 체크한다.

㉣ 여과지에 베타선을 조사하여 반사되는 정도로 미세먼지의 중량농도를 연속적으로 측정한다.

① ㉠, ㉡ ② ㉡, ㉢
③ ㉢, ㉣ ④ ㉠, ㉣

해설 ㉠ 실내공기 중 미세먼지 연속측정방법 – 베타선 흡수법은 실내공기 중 미세먼지 농도 측정을 위한 부시험방법으로 사용된다.

㉡ 입자성분 사이의 상호작용, 습도(수분)의 영향 등으로 농도 차이를 나타낼 수 있으므로, 미세먼지 주시험방법인 중량법과 비교하여 보정계수 적용이 필요하다.

㉢ 여과지(glass fiber filter(roll))는 한 달 사용 후 체크하고 교체주기가 1년 이상인 소모품은 부품 교체내역을 기록하여 둔다.

㉣ 베타선 흡수법은 미세먼지의 중량을 측정하는 직접적인 방법이 아니고 입자상 물질을 일정 시간 여과지 위에 채취하여 베타선을 투과시켜 물질의 중량농도를 연속적으로 측정하는 방법이다.

12 실내공기질 공정시험기준상의 휘발성 유기화합물의 시료채취에 사용되는 고체 흡착관 전처리에 대한 설명으로 <u>모두</u> 옳은 것은?

> • 시료를 채취하기 전 관에 포집되어 있을 수 있는 미량의 유기 휘발성분을 제거하기 위해 비활성 가스를 (㉠)로 흘려주면서 (㉡)의 온도에서 10분간 미리 세척된 고체 흡착관을 안정화시킨다.
> • 안정화시킨 시료 채취관은 (㉢) 이내에 이용해야 한다. (㉢) 이상 보관된 관은 시료채취 전에 다시 안정화시켜야 한다.

① ㉠ 50 mL/min ~ 100 mL/min, ㉡ 250 ℃, ㉢ 2주

② ㉠ 50 mL/min ~ 100 mL/min, ㉡ 300 ℃, ㉢ 4주

③ ㉠ 50 mL/min ~ 200 mL/min, ㉡ 250 ℃, ㉢ 2주

④ ㉠ 50 mL/min ~ 200 mL/min, ㉡ 300 ℃, ㉢ 4주

해설 고체 흡착관 전처리
시료를 채취하기 전 관에 포집되어 있을 수 있는 미량의 유기 휘발성분을 제거하기 위해 비활성 가스를 50 mL/min ~ 100 mL/min로 흘려주면서 300 ℃의 온도에서 10분간 미리 세척된 고체 흡착관을 안정화시킨다. 안정화시킨 고체 흡착관은 PTFE 패럴이 장착된 금속 스크류 마개 부품으로 밀봉하고 실온에서 밀폐용기에 보관한다. 안정화시킨 시료 채취관은 4주 이내에 이용해야 한다. 4주 이상 보관된 관은 시료채취 전에 다시 안정화시켜야 한다.

13 오존 분해효율이 90.8 %인 오존 스크러버의 출구농도가 0.065 ppm일 때, 입구농도로 옳은 것은?

① 0.059 ppm ② 0.605 ppm

③ 0.707 ppm ④ 1.083 ppm

해설 오존 분해효율 $R_{OZ} = \dfrac{A-B}{A} \times 100(\%)$

여기서, A : 오존 스크러버의 입구농도(vol ppm)
B : 오존 스크러버의 출구농도(vol ppm)

$90.8 = \dfrac{A-0.065}{A} \times 100$

$\therefore A = 0.707(\text{ppm})$

14 실내공기질 공정시험기준에 따른 실내공기 중 이산화질소 측정방법 – 화학발광법에 대한 설명으로 틀린 것은?

① 실내공기 중 이산화질소 측정에 대한 주시험방법이다.

② 입자상 물질과 암모니아는 공기 중 이산화질소를 측정하는 데 간섭물질로 작용할 수 있다.

③ 시료 분석부로부터 배출되는 기체 중의 오존은 유리섬유(glass wool)를 통과하여 제거되어야 한다.

④ 이산화질소 변환기는 300 ℃ 이상의 일정한 온도로 가열되어야 한다.

해설 시료 분석부로부터 배출되는 기체 중의 오존은 활성탄(activated carbon)을 통과하여 제거되어야 한다. 이것은 근접한 대기오염을 방지하며 시료채취 펌프를 보호한다.

15 소형 방출시험챔버 간 정밀도를 평가하고자 한다. 동일한 시험자재를 3개의 챔버에 나누어 넣고 방출 시험한 평균값과 표준편차이다. 정밀도가 공정시험기준 허용범위 이내에 있는 것은?

① 평균 : $100 \, mg/m^3$, 표준편차 : $42 \, mg/m^3$

② 평균 : $50 \, mg/m^3$, 표준편차 : $14 \, mg/m^3$

③ 평균 : $30 \, mg/m^3$, 표준편차 : $14 \, mg/m^3$

④ 평균 : $10 \, mg/m^3$, 표준편차 : $4 \, mg/m^3$

해설 소형 방출시험챔버 간 정밀도는 30 % 이내여야 한다.

정밀도(%) = $\dfrac{\text{표준편차}}{\text{평균값}} \times 100$ 에서, ①의 정밀도는 42 %, ②는 28 %, ③은 47 %, ④는 40 %이므로, 정답은 ②이다.

16 실내공기 중 라돈 농도를 측정하기 위하여 알파비적 검출기를 사용하였다. 검출소자의 화학적 에칭을 위한 부식용액으로 옳은 것은?

① NaOH ② CH_3COOH

③ H_2SO_4 ④ NaCl

해설 검출소자의 화학적 에칭(etching)을 위한 부식은 NaOH나 KOH과 같은 용액에 담가 방사선으로 손상된 부분을 부식시키는 방법이다. 에칭을 행함으로써 현미경 등으로 방사선으로 손상된 부분을 확인할 수 있다.

17 연속 라돈 측정기에 이용되는 검출방식으로 틀린 것은?

① 전기화학식(Electrochemical)

② 이온화상자(Ionization chamber)

③ 섬광셀(Scintillation cell)

④ 실리콘검출기(Silicon detector)

해설 연속 라돈 측정기는 주로 섬광셀, 이온화상자, 실리콘검출기 등 세 가지 검출방식을 이용하여 라돈을 계수한다.

18 실내공기질 공정시험기준에 따른 실내공기 중 석면 및 섬유상 먼지 농도 측정방법 – 위상차현미경법에 대한 설명으로 틀린 것은?

① 실내공기 중 석면의 농도를 측정하기 위한 주시험방법이다.

② 실내공기 중 석면의 조성이나 특별한 섬유 형태의 특성을 식별하지 못하므로 석면과 섬유상의 먼지를 구분할 수 없다.

③ 시료채취 시 여과지 홀더는 바닥으로부터 1.2 m ~ 1.5 m 높이에서 약 90도 각도로 아래를 향하도록 설치한다.

④ 슬라이드글라스와 커버글라스는 중성세제 용액에 담가 표면에 묻은 오물을 제거할 수 있다.

해설 공기 중 석면 및 섬유상 먼지는 시료채취 시 바닥으로부터 1.2 m ~ 1.5 m 높이에서 약 45도 각도로 아래를 향하도록 여과지 홀더를 설치하고 여과지 홀더의 입구를 완전히 개방하여 채취한다.

19 총부유세균 측정방법에 대한 설명으로 틀린 것은?

① 배양기 내부 공기순환에 주의를 기울여야 한다.

② 공기를 채취한 배지는 뚜껑이 위쪽에 놓이도록 배양한다.

③ 배양기 안에서 벽면과 최소 2.5 cm 거리를 두고 배양한다.

④ 여러 장의 배지를 배양할 때는 적층하는 배지의 수가 5장 이내면 적당하다.

해설 배양 시 공기를 채취한 배지는 페트리 접시를 뚜껑이 아래로 가게 뒤집어 배양기에 넣어 배양한다.

정답 **15** ② **16** ① **17** ① **18** ③ **19** ②

20 현장에서 채취한 석면 시료를 위상차현미경으로 분석했을 때 기준 농도를 초과하여 투과전자현미경으로 추가 분석하였다. 공기 중 석면의 농도(f/cc)로 옳은 것은?

- 위상차현미경 분석에 의한 공기 중 농도 : 150 f/cc
- 시료 중 석면과 비석면을 포함하는 모든 섬유의 개수 : 60개
- 시료 중 석면으로 확인된 섬유의 개수 : 20개
- 현장 바탕시료 중 석면과 비석면을 포함하는 모든 섬유의 개수 : 3개
- 현상 바탕시료 숭 석면으로 확인된 섬유의 개수 : 1개

① 20 f/cc
② 45 f/cc
③ 50 f/cc
④ 65 f/cc

해설 공기 중 석면의 농도

$$C = C_{PCM} \times \frac{f_s - f_b}{F_s - F_b}$$
$$= 150 \times \frac{(20 - 1)}{(60 - 3)}$$
$$= 50 \,(\text{f/cc})$$

여기서, C : 공기 중 석면 농도(f/cc)

C_{PCM} : 위상차현미경 분석에 의한 공기 중 석면 농도(f/cc)

f_s : 시료 중 석면으로 확인된 섬유의 개수

f_b : 현장 바탕시료 중 석면으로 확인된 섬유의 개수

F_s : 시료 중 석면과 비석면을 포함하는 모든 섬유의 개수

F_b : 현장 바탕시료 중 석면과 비석면을 포함하는 모든 섬유의 개수

[4과목 : 악취 공정시험기준]

01 악취 공정시험기준에 따라 지정악취물질(카르보닐류) 연속측정에 사용한 확산스크러버의 흡수율 시험 결과값과 사용 적합 여부가 <u>모두</u> 옳은 것은?

구분	확산스크러버 A, B 연결 구성	표준물질(10 ppb) 봉우리 넓이(mV·분)	
		스크러버 A	스크러버 B
㉠	스크러버 A 통과 후 B 통과	30	6
	스크러버 B 통과 후 A 통과	10	35
㉡	스크러버 A 통과 후 B 통과	35	3
	스크러버 B 통과 후 A 통과	12	35
㉢	스크러버 A 통과 후 B 통과	40	3
	스크러버 B 통과 후 A 통과	15	40
㉣	스크러버 A 통과 후 B 통과	45	2
	스크러버 B 통과 후 A 통과	18	45

① ㉠ 흡수율(0.82), 사용 적합
② ㉡ 흡수율(0.91), 사용 적합
③ ㉢ 흡수율(0.62), 사용 부적합
④ ㉣ 흡수율(0.60), 사용 부적합

해설 지정악취물질(카르보닐류) 연속측정에 사용한 확산스크러버의 흡수율 시험 결과

$$A = 1 - \left(\frac{I_B}{I_B{}'} \right)$$

여기서, A : 흡수율(0.0 ~ 1.0)

I_B : 확산스크러버 B의 첫 번째 연결 구성(스크러버 A → 스크러버 B)에서 채취한 표준물질 성분의 봉우리의 넓이(mV·분)

$I_B{}'$: 확산스크러버 B의 두 번째 연결 구성(스크러버 B → 스크러버 A)에서 채취한 표준물질 성분의 봉우리의 넓이(mV·분)

각 성분의 흡수율은 표준물질의 농도가 10 ppb일 때 0.9 이상이어야 한다.

㉠ : $A = 1 - \left(\frac{6}{35} \right) = 0.83$, 사용 부적합

㉡ : $A = 1 - \left(\frac{3}{35} \right) = 0.91$, 사용 적합

㉢ : $A = 1 - \left(\frac{3}{40} \right) = 0.93$, 사용 적합

㉣ : $A = 1 - \left(\frac{2}{45} \right) = 0.96$, 사용 적합

∴ ㉡이 옳다.

02 악취 공정시험기준의 적용범위에 대한 설명으로 <u>틀린</u> 것은?

① 기기분석법에 의한 지정악취물질 시료채취는 배출구 및 부지경계선에서 채취한다.
② 악취의 연속적인 측정이 필요한 경우에는 연속측정방법을 활용하여 주기적·연속적인 측정을 할 수 있다.
③ 배출허용기준 및 엄격한 배출허용기준의 초과 여부를 판정하기 위한 악취의 측정은 복합악취를 측정하는 것을 원칙으로 한다.
④ 부지경계선 및 피해지점에서 시료를 채취할 때는 5분 이내에 순간 최대 강도의 악취로 판단되는 악취 시료를 채취하는 것을 원칙으로 한다.

해설 ① 기기분석법에 의한 지정악취물질 측정을 위한 시료의 채취는 부지경계선 및 피해지점에서 채취한다.

03 악취 공정시험기준의 악취물질 시료채취에 관한 설명으로 <u>틀린</u> 것은?

① 채취한 흡착관을 밀봉하고, 활성탄이 들어있는 밀폐용기에 보관한다.
② 채취한 DNPH 카트리지를 차광·밀봉하고, 보관 시에는 저온 냉장한다.
③ 시료주머니에 채취한 시료는 가능한 빨리 분석한다.
④ 시료주머니는 차광하고, 파손 방지에 유의하고, 보관 시에는 저온 냉장한다.

해설 시료주머니 채취법에서 시료주머니로 시료채취한 후에는 시료가 변질되지 않도록 차광 및 상온 상태를 유지할 수 있는 조건을 동시에 만족할 수 있어야 하며, 수송 시 파손 방지에 유의한다. 채취한 시료는 가능한 한 빨리 분석하는 것이 바람직하다.

04 악취 공정시험기준 기록관리 유의사항에 대한 설명으로 **틀린** 것은?

① 관리차트는 한 항목의 동일한 표준물질의 반복 분석한 결과 대비 반응(response)이 변하는 것을 그린 것이다.
② 분석자는 일정 횟수 이상 표준물질로 측정한 결과값들의 평균과 표준편차를 계산하고 반응도의 허용한계 및 경고한계 등을 설정한다.
③ 악취분석요원에 대한 관리대장 기록사항은 일반사항과 악취관능시험결과, 악취판정시험횟수 등이다.
④ 악취를 측정하는 기관은 표준작업순서(SOP)를 구체적으로 작성해야 하며 각 측정분석 항목별로 정확히 유지 및 수행되어야 한다.

해설 악취판정인 관리대장 작성 시 악취분석요원은 악취분석요원에 대한 인적사항, 근무기록, 교육사항, 외부 정도관리 수행실적 등을 기록하고, 악취판정요원은 악취판정요원에 대한 일반사항과 악취판정요원 선정 시험결과, 악취관능시험결과(정답률 등), 악취판정시험횟수 등을 기록한다.

05 악취 공정시험기준의 공기희석관능법에 사용되는 자동희석장치의 흡착성 시험방법에 대한 설명이다. 괄호에 들어갈 내용으로 **모두** 옳은 것은?

> 흡착성 시험을 위하여 (㉠)을 사용하며, 일정 농도의 (㉠)을 통과 후 무취공기로 (㉡) 간 자동희석장치의 유로를 세척한다.

① ㉠ n−발레르산, ㉡ 10분
② ㉠ 메탄, ㉡ 10분
③ ㉠ n−발레르산, ㉡ 5분
④ ㉠ 메탄, ㉡ 5분

해설 공기희석관능법에 사용되는 자동희석장치의 흡착성 시험을 위하여 30 L 무취주머니에 무취공기를 20 L 채운 후 주사기로 n−발레르산(n−valeric acid) 1 μL를 주입한다. n−발레르산을 통과시킨 후 무취공기로 10분간 자동희석장치의 유로를 세척한다. 세척을 완료한 후 무취공기가 담긴 시료주머니를 시료 주입구에 연결한다. 희석배수 3배로 희석된 무취공기 시료를 냄새봉지에 담아 판정요원 5명이 모두 무취로 판정하여야 한다.

06 악취 공정시험기준의 공기희석관능법에서 사용하는 자동희석장치 구성에 관한 설명으로 **틀린** 것은?

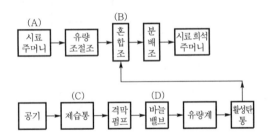

① 시료주머니(A)는 시료채취지점에서 시료를 채취한 주머니를 말한다.
② 혼합조(B)는 실리콘 재질로서 무취공기와 악취시료가스를 균일하게 혼합한다.
③ 제습통(C)는 공기 중의 수분을 실리카겔 등으로 제거한다.
④ 바늘밸브(D)는 격막 펌프에서 나오는 공기의 유량을 일정하게 제어한다.

해설 혼합조는 경질유리 재질로서 무취공기와 악취시료가스를 균일하게 혼합한다.

07 악취 공정시험기준의 액체 크로마토그래피분석법을 이용하여 아래와 같은 구성 및 운전조건에서 주요 알데하이드류 및 케톤화합물 표준혼합용액의 크로마토그램을 얻었다. 봉우리(peak)의 머무름시간(RT ; Retention Time)이 가장 긴 물질로 옳은 것은?

〈구성 및 운전조건〉	
주입기	20 μL 샘플 루프(sample loop)
칼럼 종류	ODS(C18) 4.6 mm×250 mm
칼럼 온도	상온
검출기	자외선 검출기
이동상	• 이동상 A : 아세토나이트릴 100(V%) • 이동상 B : 물/아세토나이트릴/테트라하이드로퓨란 50/45/5(V%)
용리 기울기	• 0분 ~ 2분 : 용매 B(100 %) • 2분 ~ 25분 : 용매 A(0 %에서 50 %로 증가), 용매 B(100 %에서 50 %로 감소) • 25분 ~ 30분 : 용매 A(100 %)
용매 유량	1.0 mL/min
시료 주입량	20 μL
검출파장	흡광도 360 nm

① 아세톤
② 아세트알데하이드
③ 발레르알데하이드
④ 프로피온알데하이드

해설 주요 알데하이드 및 케톤화합물 표준혼합용액의 액체 크로마토그래피 크로마토그램

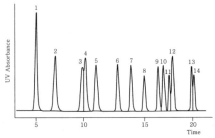

위 크로마토그램에서 번호별 주요 알데하이드 및 케톤화합물 표준혼합용액은 다음과 같다.

1. Formaldehyde(CH_2O)
2. Acetaldehyde(CH_3CHO)
3. Acrolein(CH_2CH_2CHO)
4. Acetone(CH_3COCH_3)
5. Propionaldehyde(C_2H_5CHO)
6. Crotonaldehyde($CH_3CHCHCHO$)
7. Butyraldehyde($CH_3CH_2CH_2CHO$)
8. Benzaldehyde(C_6H_5CHO)
9. iso−Valeraldehyde[$(CH_3)_2CHCH_2CHO$]
10. n−Valeraldehyde[$CH_3(CH_2)_3CHO$]
11. o−Tolualdehyde($CH_3C_6H_4CHO$)
12. m−Tolualdehyde($CH_3C_6H_4CHO$),
   p−Tolualdehyde($CH_3C_6H_4CHO$)
13. Hexaldehyde[$CH_3(CH_2)_4CHO$]
14. 2,5−Dimethylbenzaldehyde[$(CH_3)_2C_6H_3CHO$]

따라서, 머무름시간은 아세트알데하이드<아세톤<프로피온알데하이드<발레르알데하이드 순으로 길다.

08 악취 공정시험기준의 공기희석관능법으로 복합악취를 측정하기 위한 무취공기의 오염 여부 확인과정에 대한 설명이다. 괄호 안에 들어갈 내용으로 모두 옳은 것은?

• 공기희석관능법에 사용되는 무취공기의 (㉠)의 양을 일정 주기로 측정하여 가급적 무취공기의 오염 여부를 확인하도록 한다.
• 제조된 무취공기는 공기희석관능법에 따라 판정요원으로 선정한 (㉡)명이 시험하였을 때 냄새를 인지할 수 없어야 한다.
• 무취공기는 주기적으로 측정하도록 하며, (㉢)인 이상 냄새를 인지할 경우 흡수액 및 활성탄 교체 등의 필요한 조치를 취한다.

① ㉠ 총탄화수소류, ㉡ 5, ㉢ 1
② ㉠ 암모니아, ㉡ 5, ㉢ 2
③ ㉠ 암모니아, ㉡ 3, ㉢ 1
④ ㉠ 총탄화수소류, ㉡ 3, ㉢ 2

해설 공기희석관능법에 사용되는 무취공기의 총탄화수소류의 양을 일정 주기로 측정하여 가급적 무취공기의 오염 여부를 확인하도록 하며, 제조된 무취공기의 질은 공기희석관능법에 따라 판정요원으로 선정한 5명이 시험하였을 때 냄새를 인지할 수 없어야 한다. 그리고 무취공기는 주기적으로 측정하도록 하며, 1인 이상 냄새를 인지할 경우 흡수액 및 활성탄 교체 등의 필요한 조치를 취한다.

09 악취 공정시험기준에 따라 악취판정요원 선정을 위해 여과지 5매 1조(시험액 3매, 정제수 1매, 유동파라핀 1매)를 준비하여 악취강도 인식시험을 수행하였다. 예비판정요원으로 최종 합격한 사람으로 옳은 것은?

① 시험액 3종류 냄새와 냄새나지 않는 여과지 2개를 맞춤, 악취도는 2
② 시험액 2종류 냄새와 냄새나지 않는 여과지 3개를 맞춤, 악취도는 3
③ 시험액 2종류 냄새와 냄새나지 않는 여과지 3개를 맞춤, 악취도는 2
④ 시험액 3종류 냄새와 냄새나지 않는 여과지 2개를 맞춤, 악취도는 4

해설 판정요원의 선정은 5매 1조의 여과지를 건강한 피검자에게 주어 냄새가 나는 여과지 3매를 선택하게 하여 3종류의 시험액을 냄새의 종류와 냄새나는 여과지를 모두 맞추고 악취도가 3, 4인 사람을 예비판정요원으로 합격한 것으로 한다.

10 악취 공정시험기준의 공기희석관능법으로 복합악취를 측정하기 위한 관능시험 절차로 옳은 것은?

① 판정요원에게 현장에서 채취한 냄새 시료를 공급하여 평가대상 냄새를 인식시키고 즉시 시험에 임한다.

② 판정요원은 관능시험용 마스크를 쓰고 시료희석주머니와 무취주머니를 손으로 눌러 주면서 각각 2초 ~ 3초 간 냄새를 맡는다.
③ 판정요원은 시료의 냄새를 정확히 판정하기 어려운 경우에는 5분 휴식 후 재시험한다.
④ 악취분석요원은 최초 시료희석배수 2조를 동시에 제조하여 판정요원에게 관능시험을 한다.

해설 ① 판정요원에게 현장에서 채취한 냄새 시료를 공급하여 평가 대상 냄새를 인식시키고 5분 간 휴식을 취하게 한다.
③ 판정요원은 시료의 냄새를 정확히 판정하기가 어려운 경우에는 "X"로 표기하며 이때의 결과 산정은 정답을 맞히지 못한 것으로 간주한다.
④ 악취분석요원은 최초 시료희석배수 1조의 관능시험 절차가 완료된 후 다시 최초 시료희석배수 1조를 제조하여 판정요원에게 관능시험을 한다.

11 악취 공정시험기준의 암모니아 시료채취방법에 대한 설명으로 틀린 것은?

① 암모니아의 시료채취는 붕산용액 또는 인산함침 여과지를 사용한다.
② 입자상 물질을 제거하기 위해 필터를 사용하면 기체상 암모니아가 제거될 수 있다.
③ 흡수병은 용액 20 mL를 담을 수 있는 경질 유리 재질의 여과구가 있는 것을 사용한다.
④ 여과지는 2단으로 연결하여 10 L/min ~ 20 L/min으로 10분 이내 시료채취가 이루어지도록 한다.

해설 암모니아를 인산함침 여과지법(자외선/가시선 분광법)으로 시료를 채취할 때 2단 여과지 홀더에 인산함침 여과지를 끼워 대기 중의 암모니아 기체를 흡수할 수 있게 하고 10 L/min ~ 20 L/min으로 5분 이내 시료채취가 이루어지도록 한다.

정답✓   09 ④   10 ②   11 ④

12 악취 공정시험기준에 따른 지정악취물질의 간섭물질로 **틀린** 것은?

① 황화합물(저온농축 – 모세관칼럼 기체 크로마토그래피법) : 이황화탄소

② 암모니아(붕산용액 흡수법 – 자외선/가시선 분광법) : 암모늄염, 구리이온

③ 트라이메틸아민(헤드스페이스 – 모세관칼럼 기체 크로마토그래피법) : 탄화수소

④ 스타이렌(저온농축 – 기체 크로마토그래피법) : 오존, 수분

> **해설** 황화합물 중 황화수소(H_2S)는 극성이 커서 수분에 의한 영향으로 가스상 시료 중 농도변화가 일어날 수 있다.

13 지정악취물질인 휘발성 유기화합물을 저온농축 기체 크로마토그래피법으로 분석 시, 간섭에 대한 설명으로 **틀린** 것은?

① 친수성 흡착제는 수분이 공존하면 활성이 급격히 감소한다.

② 수분이 많은 시료는 carbosive SIII와 carboxen 같은 소수성 흡착제를 사용하여 채취한다.

③ Tenax류의 흡착제는 고농도의 오존의 존재 하에서 시료채취 시 벤즈알데하이드, 페놀, 아세토페논과 같은 물질이 생성된다

④ Tenax류의 흡착제는 오존이 10 ppb 이하의 환경에서 사용한다.

> **해설** Carbosive SIII와 carboxen 같은 친수성 흡착제들은 수분이 공존하면 활성이 급격하게 감소하므로 수분이 많은 시료일 경우에는 tenax류와 같은 소수성 흡착제들을 이용하여 채취한다.

14 악취 공정시험기준의 황화합물 – 저온농축 – 기체 크로마토그래피법에서 내부 정도관리방법에 대한 설명으로 **틀린** 것은?

① 방법검출한계(MDL)는 메틸메르캅탄으로 0.2 ppb 이하로 한다.

② 모든 분석과정을 통한 분석 정밀도는 3회 반복분석의 상대표준편차로서 구하고 이 값은 10 ppb의 농도에서 10 %로 한다.

③ 회수율 측정을 위한 표준물질 주입방법은 표준물질을 바탕시료의 흐름이 없는 동안에 주사기를 사용하여 천천히 주입한다.

④ 상대습도 10 % 이하인 바탕시료가스와 함께 주입된 황화수소의 저온농축장치에서 회수율은 80 % 이상, 상대습도 80 %인 바탕시료가스와 함께 주입된 황화수소의 회수율은 60 % 이상으로 유지한다.

> **해설** 회수율 측정을 위한 표준물질 주입방법은 상대습도 10 % 이하(질소가스) 혹은 80 %(공기)의 바탕시료 가스를 약 50 mL/분 속도로 5분간 저온농축관에 농축시키는 중에 황화합물 표준물질을 바탕시료가스와 같이 흐름이 있는 동안(dynamic flow 상태) 주사기(gas tight syringe)를 사용하여 서서히 주입한다.

15 악취 공정시험기준의 헤드스페이스 방법에 대한 설명으로 **틀린** 것은?

① 헤드스페이스 시험방법은 트라이메틸아민과 지방산류 분석에 적용할 수 있다.

② 헤드스페이스 바이알의 마개 및 시료접촉부는 실리콘 재질을 사용한다.

③ 주사기를 사용하여 헤드스페이스 바이알의 상층부에 있는 기체를 기체 크로마토그래프에 주입한다.

④ 일정 온도로 유지시킨 헤드스페이스 바이알 안의 시료용액 상단부의 상평형을 이룬 기체상 부분을 헤드스페이스라 한다.

> **해설** 헤드스페이스 바이알(head space vial)의 경우 마개에는 실리콘(silicone) 재질의, 시료 접촉부에는 불소수지(PTEE) 재질 격막이 있어야 한다. 시료 기체의 누출 방지를 위하여 알루미늄 외부 뚜껑으로 시료 용기를 밀봉한다.

정답 　12 ①　13 ②　14 ③　15 ②

16 악취 공정시험기준의 헤드스페이스 – 기체 크로마토그래피법을 이용하여 지방산을 분석하고자 한다. 알칼리 함침 여과지에 사용하는 시약(㉠)과 시료에 녹아 있는 지방산에 대해 염석 효과를 내려고 첨가하는 물질(㉡)이 모두 옳은 것은?

① ㉠ NaOH, ㉡ NaCl

② ㉠ NaOH, ㉡ H₂SO₄

③ ㉠ KOH, ㉡ NaCl

④ ㉠ KOH, ㉡ H₂SO₄

해설 알가리 힘침 여과지는 직경 47 mm의 유리(glass) 재질이나 석영 재질의 것을 사용한다. 필터에 0.5 N 수산화포타슘(KOH) 용액을 1 mL를 가하여 함침시키고, 염 효과를 내기 위해 염화소듐(NaCl)을 첨가하면 액상에 녹아 있던 지방산이 액체 상단부의 기체상으로 용출하게 된다.

17 악취 공정시험기준에 따라 인산 함침 필터법을 이용하여 암모니아를 분석하였다. 암모니아 농도로 옳은 것은?

- 시료공기량 : 20 L
- 시료추출액 20 mL 중 10 mL를 시험관에 옮기고 분석용 시료로 사용
- 시료채취 온도 : 10 ℃
- 시료채취 시의 대기압 : 750 mmHg
- 검량선에서 구한 시료의 암모니아 농도 : 30 μL
- 검정곡선에서 구한 바탕시험 암모니아 농도 : 3 μL

① 2.6 ppm 　② 3.6 ppm

③ 4.5 ppm 　④ 5.6 ppm

해설 암모니아 농도 계산

$$C_t = \frac{(C_a - C_b) \times 2}{V \times \frac{298}{273+t} \times \frac{P}{760}}$$

$$= \frac{(30-3) \times 2}{20 \times \frac{298}{273+10} \times \frac{750}{760}} = 2.6 \text{(ppm)}$$

18 지정악취물질인 알데하이드 중 뷰틸알데하이드의 측정결과이다. 대기(표준상태 25 ℃, 1기압) 중 농도(ppm)와 공업지역의 배출허용기준의 적합 여부가 <u>모두</u> 옳은 것은? (단, 뷰틸알데하이드의 공업지역 배출허용기준은 0.1 ppm)

- 시료 중 뷰틸알데하이드 양 : 300 ng
- 바탕시료 중 뷰틸알데하이드 양 : 30 ng
- 측정된 온도와 입력하에서 총 공기시료 부피 : 1 L
- 평균 대기압력 : 750 mmHg
- 평균 대기온도 : 20 ℃
- 뷰틸알데하이드 분자량 : 72.1 g/mole

① 0.045 ppm, 부적합

② 0.091 ppm, 적합

③ 0.102 ppm, 적합

④ 0.204 ppm, 부적합

해설 뷰틸알데하이드의 농도 계산

$$C = \frac{24.46 \times (A_a - A_b)}{MW \times V \times \frac{298}{273+t} \times \frac{P}{760}} \times \frac{1}{1,000}$$

$$= \frac{24.46 \times (300-30)}{72.1 \times 1 \times \frac{298}{273+20} \times \frac{750}{760}} \times \frac{1}{1,000}$$

$$= 0.091 \text{(ppm)}$$

∴ 뷰틸알데하이드의 공업지역 배출허용기준이 0.1 ppm이므로, 적합

19 악취 공정시험기준의 지정악취물질별 연속측정방법으로 <u>틀린</u> 것은?

① 스타이렌, 암모니아 : 흡광차분광법(DOAS)

② 휘발성 유기화합물 : 저온농축 – 기체 크로마토그래피법

③ 지방산류 : 고효율막 채취장치 – 액체 크로마토그래피법

④ 트리메틸아민, 암모니아 : 고효율막 채취장치 – 이온 크로마토그래피법

해설 지정악취물질 중 지방산류의 연속측정방법은 고효율막 채취장치(이온 크로마토그래피법)이다. 측정방법은 확산 충진를 통해 공기 중의 기체상 유기산을 흡수액에 흡수시켜 채취하고 이온 크로마토그래피 시스템에 주입하여 분석하는 과정을 통해 이루어진다.

20 대기 중 황화합물 연속 측정을 위하여 온라인 (On–line) 시료채취 시 전처리방법에 대한 설명으로 <u>틀린</u> 것은?

① 황화수소(H_2S) 같은 반응성이 강한 물질은 수분에 의해서 많은 영향을 받을 수 있으므로 시료채취 전에 수분은 제거되어야 한다.

② 입자상 물질 제거용 필터의 위치는 여과지 내부에 수분 응축현상을 막기 위하여 수분 제거장치 앞단에 설치해야 된다.

③ 수분 제거방법으로 건조장치(예 : nafion dryer)를 사용할 경우, 깨끗한 공기 또는 질소 가스를 먼저 2분간 흘려보내 시료의 삼투효과가 제대로 일어나도록 한다.

④ 수분 제거방법 중에는 시료채취 주입부를 저온으로 유지하여 수분을 응결시켜 제거하는 전기냉각(팰티어)방식과 냉매냉각(cryogenic)으로 제거하는 방법이 있다.

해설 ② 입자상 물질 제거용 필터의 설치위치는 여과지 내부에 수분 응축현상을 막기 위하여 수분 제거장치 다음에 설치하여야 한다.

정답 **20** ②

2023년 제16회 환경측정분석사 필기

• 검정분야 : 대기환경측정분석

[1과목 : 정도관리]

01 신뢰구간에 대한 설명으로 틀린 것은?

> • σ : 표준편차, N : 측정횟수
> • z : $\dfrac{(x-\mu)}{\sigma}$, x : 측정값, μ : 평균

① 유의수준은 결과가 신뢰수준 밖에 존재할 확률로 신뢰수준이 95 %일 때 0.05이다.
② 신뢰구간은 표본집단의 평균 주위에 모집단 평균이 어떤 확률로 존재할 값의 범위이다.
③ 95 % 신뢰수준은 정규오차곡선의 가로축이 $\pm 1.96\,\sigma$에 해당하는 면적을 말한다.
④ N번 측정한 값을 사용했을 때 신뢰구간은 $\pm\dfrac{z\sigma}{N}$이다.

해설 N번 측정한 값을 사용하게 되면 측정 평균값 $\bar{x}$와 평균의 표준오차(s_m)는 $\dfrac{\sigma}{\sqrt{N}}$가 되므로 평균에 대한 신뢰구간(CI, Confidence Interval) $=\bar{x}\pm\dfrac{z\sigma}{\sqrt{N}}$이다.

02 유도결합플라스마 원자발광분광기의 정도관리기준인 초기검정검증(ICV)의 허용기준으로 옳은 것은?

① 90 % ~ 110 %
② 85 % ~ 115 %
③ 80 % ~ 120 %
④ 75 % ~ 125 %

해설 유도결합플라스마 원자발광분석기의 정도관리기준에서 초기검정검증(ICV)의 허용기준은 90 % ~ 110 %이고, 측정시기(주기)는 검정곡선 작성 직후이다(일반적으로 중간 농도 사용).

03 정도관리 용어 중 오차에 대한 설명으로 옳은 것은?

① 개인오차 : 측정자 개인차에 따라 발생하는 오차로서 계통오차에 속한다.
② 계통오차 : 재현 불가능한 것으로 원인을 알 수 없어 보정할 수 없는 오차이다.
③ 우연오차 : 재현 가능하여 어떤 수단에 의해 보정이 가능한 오차이다.
④ 방법오차 : 분석의 기초원리가 되는 반응과 시약의 비이상적인 화학적 또는 물리적 행동으로 발생하는 오차로 우연오차에 속한다.

해설 ② 계통오차 : 재현 가능하여 어떤 수단에 의해 보정이 가능한 오차로서 이것에 따라 측정값은 편차가 생긴다.
③ 우연오차(random error) : 재현 불가능한 것으로 원인을 알 수 없어 보정할 수 없는 오차로 이것으로 인해 측정값의 분산이 생긴다.
④ 방법오차(method error) : 분석의 기초원리가 되는 반응과 시약의 비이상적인 화학적 또는 물리적 행동으로 발생하는 오차로 계통오차에 속한다.

04 측정기기의 교정이나 측정방법의 평가를 위해 사용하며, 하나 또는 그 이상의 특성값을 나타내는 균일하고 규정된 물질로 옳은 것은?

① 대체물질
② 표준물질
③ 대표물질
④ 방해물질

해설 문제에서 설명하는 물질은 표준물질이며, 표준물질에는 내부표준물질(IS, Internal Standard)과 대체표준물질(surrogate)이 있다.

05 시료채취 용어에 대한 설명이다. 괄호 안에 들어갈 내용으로 옳은 것은?

> ( )은 시료군을 일정한 패턴으로 구획하여 선택하는 방법이다. ( )은 시료채취 지점이 명확하여 시료채취가 쉽고 현장요원이 쉽게 찾을 수 있다.

① 유의적 샘플링
② 임의적 샘플링
③ 계통표본 샘플링
④ 조사용 샘플링

해설 계통표본 샘플링은 시료군을 일정한 패턴으로 구획하여 선택하는 방법이다. 즉, 시료군을 일정한 격자로 구분하여 시료를 채취한다. 시료채취 지점은 격자의 교차점 또는 중심에서 채취하므로, 시료채취 지점이 명확하여 시료채취가 쉽고 현장요원이 쉽게 찾을 수 있다.

06 바탕시료에 대한 설명이다. 설명에 해당하는 용어로 옳은 것은?

> 시료를 사용하지 않고 추출, 농축, 정제 및 분석 과정에 따라 모든 시약과 용매를 처리하여 측정한 것을 말하며, 이때 실험절차, 시약 및 측정장비 등으로부터 발생하는 오염물질을 확인할 수 있다.

① 방법바탕시료
② 시약바탕시료
③ 현장바탕시료
④ 매질바탕시료

해설 시약바탕시료(reagent blank)는 시료를 사용하지 않고 추출, 농축, 정제 및 분석 과정에 따라 모든 시약과 용매를 처리하여 측정한 것을 말하며, 이때 실험절차, 시약 및 측정장비 등으로부터 발생하는 오염물질을 확인할 수 있다. 수질시료에는 시약바탕시료 또는 실험실 바탕시료(laboratory blank)를 방법바탕시료로 사용한다.

07 시료채취 프로그램 설계단계의 순서로 옳은 것은?

> ㉠ 현재 문제점 규정
> ㉡ 문제점에 대한 해결방법 모색
> ㉢ 조사활동영역 설정
> ㉣ 결정에 필요한 정보 수집
> ㉤ 확보된 데이터에 대해 완벽한 계획 수립
> ㉥ 의사결정 에러에 대한 허용기준 규정
> ㉦ 의사결정에 필요한 규칙 개발

① ㉠ → ㉡ → ㉣ → ㉢ → ㉦ → ㉥ → ㉤
② ㉣ → ㉡ → ㉠ → ㉢ → ㉤ → ㉥ → ㉦
③ ㉢ → ㉡ → ㉣ → ㉠ → ㉤ → ㉥ → ㉦
④ ㉠ → ㉡ → ㉢ → ㉦ → ㉣ → ㉥ → ㉤

해설 시료채취 프로그램 설계를 위한 7단계 과정
- 1단계 : 프로그램에서 확인하고자 하는 현재의 문제점을 규정하고 시료채취 프로그램 설계팀을 구성하며, 분석에 필요한 예산을 산정하여 채취일정을 계획한다.
- 2단계 : 1단계 사항을 검토하여 확정하고, 의문점에 대한 해결방법을 모색한다.
- 3단계 : 결정에 필요한 정보(자료의 출처, 기본행동수칙, 시료 채취 및 분석법)를 수집하여 확인한다.
- 4단계 : 프로그램의 조사활동영역을 설정한다(시료의 특성 규정, 시료채취 시 시공간적 제한을 규정, 의사결정단위 설정).
- 5단계 : 의사결정에 필요한 규칙을 개발하고, 수집된 시료의 결과값에 대한 통계처리 방법을 개발한다.
- 6단계 : 5단계 통계처리방법을 통해 측정결과의 에러가 허용기준 이내 범위인지 판단한다.
- 7단계 : 확보된 데이터에 대해 효율성을 평가한다.

08 배출가스 중 가스상 물질을 흡수병과 건식 가스미터를 사용하여 시료를 채취하였다. 건조 시료가스 채취량(L)으로 옳은 것은?

> - 가스미터로 측정한 흡입가스량 : 20.0 L
> - 대기압과 가스미터 게이지압의 합 : 780 mmHg
> - 가스미터의 온도 : 25 ℃

① 18.8 L
② 17.9 L
③ 21.3 L
④ 22.4 L

해설 건식 가스미터 사용 시 건조 시료가스 채취량

$$V_s = V \times \frac{273}{273+t} \times \frac{P_a + P_m}{760}$$
$$= 20.0 \times \frac{273}{273+25} \times \frac{780}{760}$$
$$= 18.8 \, L$$

09 환경대기 중 휘발성 유기화합물을 고체흡착법으로 시료채취하고자 한다. 채취 전에 흡착관의 회수율 및 파과부피를 평가하였다. 회수율과 파과부피로 모두 옳은 것은?

- 조건 : 흡착관 1(전단), 흡착관 2(후단)
- 포집유량 : 100 mL/분
- 농도 : 2 mg/L

시간(h)	10	20	30	40
전단(mg)	117.6	235.2	335.2	335.2
후단(mg)	0.0	0.0	18.0	138.0

① 회수율 : 95.0 %, 파과부피 : 180 L
② 회수율 : 98.0 %, 파과부피 : 180 L
③ 회수율 : 95.0 %, 파과부피 : 240 L
④ 회수율 : 98.0 %, 파과부피 : 240 L

해설
- 회수율(정확도) $= \dfrac{C_M}{C_C} \times 100$
  $$= \frac{1.96}{2} \times 100$$
  $$= 98 \, \%$$
- 30시간부터 파과가 시작되므로,
  파과부피 $= 100 \, mL/min \times 30 \, h \times 60 \, min/h$
  $$= 180 \, L$$

10 실험실 안전설비의 설치·운영에 대한 설명으로 옳은 것은?

① 가스 실린더 캐비닛에 독성 가스를 보관하는 경우에는 40 ℃ 이하의 온도를 유지하고 배기용 환기장치를 갖추어야 한다.
② 가스 충전용기에는 넘어짐 등에 의한 충격 및 밸브의 손상을 방지하는 등의 조치를 하여야 하나, 내부 용적이 10 L 이하인 것은 제외한다.

③ 정격소비전력 2 kW 이하의 실험장비를 사용하는 경우에는 반드시 별도의 분전반과 긴급 차단스위치를 설치하여야 한다.
④ 비상구는 출입구와 같은 방향으로 설치하며, 출입구와 3 m 이상 떨어져 있어야 하고, 너비 0.75 m, 높이 1.5 m 이상으로 한다.

해설 ② 고압가스의 피해저감설비기준에서 충전용기(내용적이 5 L 이하인 것을 제외)에는 넘어짐 등에 의한 충격 및 밸브의 손상을 방지하는 등의 조치를 하고 난폭한 취급을 하지 않아야 한다.
③ 정격소비전력 2 kW 이상의 실험장비를 사용하는 경우에는 반드시 별도의 분전반과 긴급차단스위치를 설치하여야 한다.
④ 비상구는 출입구와 같은 방향에 있지 아니하며, 출입구와 3 m 이상 떨어져 있어야 하고, 너비 0.75 m, 높이 1.5 m 이상으로 한다.

11 시료분석을 위한 시약과 여과지 등의 무게를 측정하는 저울실에 대한 설명으로 틀린 것은?

① 조명은 약 300 Lux 이상이어야 한다.
② 실내온도는 20 ℃ ~ 25 ℃를 유지하여야 한다.
③ 상대습도는 40 % ~ 60 %를 유지하여야 한다.
④ 환기시설은 독립적으로 개폐할 수 있도록 해야 하며, 약 0.3 m/s 이상의 배기속도로 환기되어야 한다.

해설 시료분석을 위한 시약과 여과지 등의 무게를 측정하는 저울실의 이상적인 측정환경은 실내온도 (20±2) ℃, 상대습도 (40~60) %이다.

12 적정용액의 질량농도를 정확히 측정하기 위한 일차 표준물질에 대한 설명으로 틀린 것은?

① 비교적 큰 화학식량을 가지고 있어야 한다.
② 불순물의 함량이 0.01 % ~ 0.02 %이어야 한다.
③ 쉽게 건조되어야 하며, 대기 중 수분과 이산화탄소를 흡수하지 않아야 한다.
④ 산, 염기 적정에서 염기 적정용액용 일차 표준물질로 탄산소듐(Na_2CO_3)을 주로 사용한다.

정답 09 ② 10 ① 11 ② 12 ④

해설 염기 적정용액용 일차 표준물질로 프탈산수소칼륨(potassium hydrogen phthalate, $C_8H_5O_4K$)이 주로 사용되며, 설퍼민산(sulfanmic acid, $HOSO_2NH_2$), 아이오딘수소포타슘(potassium diiodate, $KH(IO_3)_2$)과 같은 강산도 좋은 일차 표준물질이다.

13 표준물첨가법에 대한 설명으로 틀린 것은?

① 매질효과가 큰 시험분석에 사용한다.
② 대상 시료와 동일한 매질의 표준시료를 확보하지 못한 경우에 사용한다.
③ 분석대상 시료를 n개로 나눈 후 분석하려는 대상 성분의 표준물질을 균등하게 첨가한다.
④ 첨가시료의 지시값은 바탕값을 보정하여 사용하여야 한다.

해설 ③ 분석대상 시료를 n개로 나눈 후 분석하려는 대상 성분의 표준물질을 0배, 1배, …, $n-1$배로 각각의 시료에 첨가한다.

14 환경대기 중 금속화합물 농도 측정을 위한 유도결합플라스마 분광법에 대한 설명으로 틀린 것은?

① 검정곡선용 내부표준물질은 산화이트륨 용액을 사용한다.
② 크롬의 방법검출한계가 카드뮴의 방법검출한계보다 낮다.
③ 검정곡선 작성용 표준용액은 표준물질의 함량이 1 % 이내의 함량 정밀도를 가져야 한다.
④ 오차를 줄이기 위해 시료매질 중의 측정성분 이외의 분자형태의 화학종이 광원에서 방출되는 빛을 산란 또는 흡수함으로써 일어나는 바탕값을 보정한다.

해설 ② 크롬의 방법검출한계(2.6 ng/m^3)가 카드뮴의 방법검출한계(1.1 ng/m^3)보다 높다.

15 기체 크로마토그래프를 이용하여 측정할 때 방해물질에 대한 설명으로 틀린 것은?

① 다이클로로메테인, 클로로폼 및 할로겐화탄화수소 용매는 오염을 유발하기 쉽다.
② 시료 주입부의 격막에 실리콘 재질을 사용하여 가열에 따른 오염을 방지한다.
③ 분리관의 손상은 온도가 높은 상태에서 수분 또는 산소가 주입될 경우 발생한다.
④ 특정 계면활성제의 주입은 분리관을 손상시킬 수 있다.

해설 ② 시료 주입부의 격막(septum)은 대부분 실리콘 재질이며, 그 격막이 가열되면서 오염이 발생한다.

16 대기오염 공정시험기준에서 정의하고 있는 기체 크로마토그래프 분리능에 대한 설명으로 틀린 것은?

① 분리능은 2개의 접근한 봉우리의 분리정도를 나타내는 용어이다.
② 분리능은 분리계수 또는 분리도를 가지고 정량적으로 정의하여 사용한다.
③ 분리도는 봉우리의 좌우 변곡점에서의 접선이 자르는 바탕선의 길이를 사용하여 계산한다.
④ 분리계수는 시료 도입점으로부터 첫 번째 봉우리의 최고점까지의 길이와 시료 도입점으로부터 두 번째 봉우리의 최고점까지의 길이를 더한 값이다.

해설 분리계수$(d) = \dfrac{t_{R_2}}{t_{R_1}}$

여기서, t_{R_1} : 시료 도입점으로부터 봉우리 1의 최고점까지의 길이
t_{R_2} : 시료 도입점으로부터 봉우리 2의 최고점까지의 길이

정답 13 ③ 14 ② 15 ② 16 ④

17 실내공기 중 라돈 측정방법인 알파비적검출법의 교정효율에 대한 설명으로 **틀린** 것은?

① 알파비적검출기로 측정하기에 앞서 교정효율을 산출하는 교정과정을 수행하여야 한다.

② 라돈 검출기 교정시설은 온도 및 습도 등 환경조건을 안정하게 유지할 수 있는 능력을 갖추고 있어야 한다.

③ 교정효율은 라돈 노출량을 교정용 검출소자와 바탕농도 검출기의 단위면적당 비적 수의 차로 나누어서 산출한다.

④ 교정은 공인교정기관을 통하여 교정을 수행하거나, 적어도 교정시설 내 기준 라돈 농도는 일차 측정표준에 소급한 측정값이어야 한다.

해설 알파비적검출기 교정효율(tracks $\cdot$ cm^{-2} $\cdot$ h^{-1} $\cdot$ Bq^{-1} $\cdot$ m^3) $C_F = \dfrac{G-B}{E_x}$

여기서, G : 교정용 검출소자의 단위면적당 비적 수(tracks $\cdot$ cm^{-2})
B : 바탕농도 검출기의 단위면적당 비적 수(tracks $\cdot$ cm^{-2})
E_x : 라돈 노출량(h $\cdot$ Bq $\cdot$ m^{-3})

18 기체 크로마토그래프의 검출기에 사용되는 가스에 관한 설명으로 **틀린** 것은?

① 전자포획검출기(ECD)의 운반가스로 수소가 사용된다.

② 불꽃이온화검출기(FID)는 연소/반응을 위한 가스가 필요하다.

③ 질소-인검출기(NPD)는 연소/반응을 위한 가스가 필요하다.

④ 열전도도검출기(TCD)는 운반가스의 유량이 변하면 감도가 변한다.

해설 ① 전자포획검출기(ECD)의 운반가스로 질소(N$_2$)가 사용된다.

19 대기오염 공정시험기준에서 정하고 있는 크로마토그래피에서 1이론단에 해당하는 분리관의 길이 HETP(Height Equivalent to a Theoretical Plate)로 표시되는 용어로 옳은 것은?

① 분리관 효율
② 머무름시간
③ 분배계수
④ 용리곡선

해설 분리관 효율은 보통 이론단수 또는 1이론단에 해당하는 분리관의 길이 HETP로 표시히며, 크로마토그램상의 봉우리로부터 다음 식에 의하여 구한다.

이론단수$(n) = 6 \times \left(\dfrac{t_R}{W}\right)^2$, HETP $= \dfrac{L}{n}$

여기서, t_R : 시료 도입점으로부터 봉우리 최고점까지의 길이(보유시간)
W : 봉우리의 좌우 변곡점에서 접선이 자르는 바탕선의 길이
L : 분리관의 길이(mm)

20 다음은 암모니아 표준시료를 7회 분석한 결과이다. 방법검출한계(MDL, Method Detection Limit)로 옳은 것은? (단, 신뢰도 99 %에서 자유도 6에 대한 t-분포값은 3.143)

1.37 mg/L, 1.29 mg/L, 1.23 mg/L, 1.38 mg/L, 1.36 mg/L, 1.44 mg/L, 1.33 mg/L

① 0.15 mg/L
② 0.17 mg/L
③ 0.19 mg/L
④ 0.21 mg/L

해설 표준편차 $s = \dfrac{\sqrt{\sum(x-\mu)^2}}{N}$ 에서,

$\mu = 1.343$이므로, $s = 0.063$

$\therefore$ MDL $= 3.143 \times s$
$\quad\quad\quad = 3.143 \times 0.063 = 0.2$ mg/L

정답 **17** ③ **18** ① **19** ① **20** ④

21 배출가스 중 벤지딘을 황산함침 여지를 이용하여 시료를 채취하고 기체 크로마토그래프로 분석하는 경우에 대한 설명으로 <u>틀린</u> 것은?

① 배출가스 시료채취량이 20 L 이상일 경우, 정량범위는 0.3 ppm 이상이다.

② 내부정도관리 주기는 검정곡선의 검증 및 방법바탕시료 측정의 경우 시료군당 1회를 실시하도록 한다.

③ 정량범위 내의 바탕시료를 제외한 3개 이상의 농도에 대해 검정곡선을 작성하고 얻어진 검정곡선의 결정계수는 0.98 이상이어야 한다.

④ 검정곡선의 직선성을 검증하기 위해 검정곡선의 중간 농도에 해당하는 표준물질을 측정하는 경우, 측정값은 검정곡선 작성 시의 값과 10 % 이내에서 일치해야 한다.

해설 이 시험기준은 배출가스 시료채취량이 20 L 이상일 경우, 벤지딘의 정량범위는 0.03 ppm 이상이며, 방법검출한계(MDL, method detection limit)는 0.01 ppm이다.

22 악취 공정시험기준에는 트라이메틸아민의 분석방법으로 3가지 방법이 규정되어 있다. 각 방법의 방법검출한계에 대한 내용으로 옳은 것은?

① 3가지 분석법 모두 방법검출한계는 동일하다.

② 고체상 미량추출 기체 크로마토그래피의 방법검출한계는 1 ppb 이하이어야 한다.

③ 헤드스페이스 기체 크로마토그래피의 방법검출한계는 1.5 ppb 이하이어야 한다.

④ 저온농축 충전칼럼 기체 크로마토그래피의 방법검출한계는 2 ppb 이하이어야 한다.

해설 트라이메틸아민의 분석방법인 헤드스페이스 – 모세관칼럼 – 기체 크로마토그래피법, 고체상 미량추출 – 모세관칼럼 – 기체 크로마토그래피법, 저온 농축 – 충전칼럼 – 기체 크로마토그래피법의 3가지 분석법 모두 방법검출한계(MDL)는 0.5 ppb 이하로 동일하다.

23 지정악취물질인 황화합물의 전기냉각 저온농축 모세관칼럼 기체 크로마토그래피에 대한 정도관리 설명으로 <u>틀린</u> 것은?

① 각 물질의 방법검출한계는 메틸메르캅탄으로 0.2 ppb 이하로 한다.

② 크로마토그램의 적분넓이와 봉우리의 머무름시간에 대하여 정밀도를 확인하고, 이 값은 10 ppb 농도에서 10 %로 한다.

③ 농축장치의 황화수소 회수율은 높이 비(ratio) 또는 넓이 비(ratio)를 이용하여 계산할 수 있다.

④ 상대습도 80 %인 바탕시료와 함께 주입된 황화수소의 회수율은 50 % 이상으로 유지한다.

해설 상대습도 10 % 이하인 바탕시료와 함께 주입된 황화수소의 저온농축장치 회수율은 80 % 이상 혹은 상대습도 80 %인 바탕시료 함께 주입된 황화수소의 회수율은 60 % 이상으로 유지한다.

24 이중시료를 기기 분석한 결과값이 8.85 mg/L, 9.25 mg/L이었다. 이때, 상대차이백분율(RPD, Relative Percent Difference)은?

① 4.0 %

② 4.2 %

③ 4.4 %

④ 4.6 %

해설 정밀도를 나타내는 상대차이백분율(RPD)은 두 측정값의 차이를 두 측정값의 평균으로 나누어 백분율로 표시한다. RPD가 0이면 정밀도가 가장 좋음을 의미한다.

$$RPD = \left[\frac{(A-B)}{\{(A+B)/2\}} \right] \times 100$$
$$= \left[\frac{(9.25-8.85)}{\{(9.25+8.85)/2\}} \right] \times 100$$
$$= 4.4 \%$$

여기서, A는 큰 측정값이며, B는 작은 측정값이다.

25 환경시료 분석에서 실험실 첨가시료(LFS) 관리차트를 개발하는 경우 정도관리 확인시료의 평균회수율에 2배의 표준편차를 더한 관리기준으로 옳은 것은?

① 상한 경고기준   ② 상한 관리기준
③ 하한 경고기준   ④ 하한 관리기준

해설 일반적으로 각각의 현장 분석물질에 대한 정확도 관리기준을 세우기 위해, 20개 이상의 % 회수율 데이터를 수집하고 평균값($\bar{x}$)과 표준편차(s)를 계산하여 다음과 같은 방법으로 경고기준(warning limit)과 관리기준(control limit)을 구한다.
- 상한 관리기준 = $\bar{x} + 3s$
- 상한 경고기준 = $\bar{x} + 2s$
- 하한 관리기준 = $\bar{x} - 3s$
- 하한 경고기준 = $\bar{x} - 2s$

26 서로 다른 두 시험방법으로 10개 시료를 정량 분석하였다. 이 결과값에 대한 설명으로 옳은 것은?

- 두 시험방법 평균값 차이 : −3.532 mg/L
- 표준편차 : 5.147 mg/L
- t-분포값 : 2.262(95 % 신뢰수준, 자유도 9)

① 계산된 t 값은 t-분포값보다 작으므로 두 결과값이 다를 확률은 95 % 미만이다.
② 계산된 t 값은 t-분포값보다 크므로 두 결과값이 다를 확률은 95 % 미만이다.
③ 계산된 t 값은 t-분포값보다 작으므로 두 결과값이 다를 확률은 95 % 이상이다.
④ 계산된 t 값은 t-분포값보다 크므로 두 결과값이 다를 확률은 95 % 이상이다.

해설 $t = \dfrac{\bar{x} - \mu_o}{(s/\sqrt{N})} = \dfrac{-3.532}{(5.147/\sqrt{10})} = -2.17$
즉, 계산된 t 값(−2.17)은 t-분포값(2.262)보다 작으므로, 두 결과값이 다를 확률은 95 % 미만이다.

27 환경시료를 반복 측정하여 얻은 결과값의 평균이 10 mg/L, 표준편차가 3 mg/L이었다. 이 때 변동계수(CV, Coefficient of Variation)로 옳은 것은?

① 3.0 %   ② 3.3 %
③ 30.0 %   ④ 33.3 %

해설 $CV = \dfrac{s}{\bar{x}} \times 100$
$= \dfrac{3}{10} \times 100 = 30 \%$

28 국제단위계(SI)에 따른 환경오염 공정시험기준의 단위표시법으로 옳은 것은?

① 5 sec
② 5 joules/kg
③ 5 h
④ 5 μg/ml

해설 ① 5 sec → 5 s
② 5 joules/kg → 5 J · kg^{-1} 또는
5 joules per kilogram
④ 5 μg/ml → 5 μg/mL

29 환경오염 공정시험기준에 따른 시험검사 결과의 기록방법으로 옳은 것은?

① ℃와 %는 결과값과 붙여쓴다.
② 양(量)의 기호는 로마체(직립체)로 쓰며, 단위기호는 이탤릭체(사체)로 쓴다.
③ 범위로 표현되는 수치에는 단위를 각각 표기한다.
④ 약어를 단위로 사용하지 않으며 복수인 경우에는 단위를 복수형으로 쓴다.

해설 ① ℃와 %도 단위이므로 수치와 한 칸 띄어쓴다.
② 양의 기호는 이탤릭체(기울임체)로 쓰며, 단위기호는 로마체(직립체)로 쓴다.
④ 약어를 단위로 사용하지 않으며 복수인 경우에도 바뀌지 않는다.

정답   25 ①   26 ①   27 ③   28 ③   29 ③

30 환경시료를 5회 측정한 결과에서 12.77이 의심스러운 값으로 버릴 것인지 받아들일 것인지 결정하기 위한 Q-test 내용으로 **틀린** 것은?

- 5회 측정결과 : 12.47, 12.48, 12.53, 12.56, 12.77
- 거부지수에 대한 임계값(Q-test)

측정횟수	80 %	90 %	95 %	99 %
4	0.679	0.765	0.829	0.926
5	0.557	0.642	0.710	0.821
6	0.482	0.560	0.625	0.740

① 95 % 신뢰수준의 임계값($Q_표$)은 0.710이다.
② $Q_계산$ > $Q_표$이면 의심스러운 값을 받아들인다.
③ $Q_계산$ 값은 의심스러운 측정값과 가장 가까운 측정값의 차이를 전체 범위로 나눈 값이다.
④ 분석결과 중 의심스러운 값 12.77은 95 % 신뢰수준에서 받아들여진다.

해설 한 데이터가 나머지 데이터와 일치하지 않는 것처럼 보일 때가 있으며, 이 의심스러운 데이터를 버릴 것인지 받아들일 것인지를 결정할 필요가 있다. 이때 Q-test를 사용하며, 그 판정은 다음과 같이 한다.

- $Q_계산 = \dfrac{간격}{범위} < Q_표$: 의심스러운 값을 받아들임
- $Q_계산 = \dfrac{간격}{범위} > Q_표$: 의심스러운 값을 버림

문제에서 주어진 5회의 측정결과에서 12.77이 의심스러우므로
- 간격=12.77-12.56=0.21
- 범위=12.77-12.47=0.3
이 값으로 $Q_계산$을 계산하면
$$Q_계산 = \frac{간격}{범위} = \frac{0.21}{0.3} = 0.7$$
문제의 거부지수에 대한 임계값 표에서 측정횟수 5회에 대한 신뢰수준 90 %의 임계값은 0.642이며, 계산된 임계값 0.7이 표에서 주어진 임계값 0.642보다 크므로, 의심스러운 값 12.77은 버린다.
② $Q_계산$ > $Q_표$이면 의심스러운 값을 버린다.

31 생물시험에 사용되는 화학적 소독제에 대한 설명으로 **틀린** 것은?

① 곰팡이 항산균 및 지질을 함유하지 않은 바이러스는 감수성이 높은 반면, 세균 아포는 화학적 소독작용에 쉽게 사멸된다.
② 염소 용액의 효력은 보관기간에 따라 감소하므로 매일 새롭게 제조하도록 한다.
③ 폼알데하이드는 적합한 효과를 위해 상대습도가 70 % ~ 90 %인 경우에만 사용하도록 한다.
④ 유기물 또는 셀룰로오스 및 합성물질은 소독제를 불활성화한다.

해설 ① 곰팡이 항산균 및 지질을 함유하지 않은 바이러스는 감수성이 높은 반면, 세균 아포는 화학적 소독작용에 쉽게 사멸하지 못한다.

32 자외선/가시선 분광광도계에 대한 설명에서 각각의 괄호 안에 들어갈 내용으로 **모두** 옳은 것은?

일반적으로 자외선/가시선 분광광도계는 (㉠) 사이의 파장을 측정하며, 이 파장 범위에 대한 (㉡)의 안정도와 반복 측정에 의한 반복성과 재현성이 확보되어야 한다. 직사광선이 닿지 않고 (㉢)는 45 % ~ 80 %로 변화가 적은 실내에 설치한다.

① ㉠ 200 nm ~ 1,000 nm, ㉡ 바탕선, ㉢ 상대습도
② ㉠ 20 Hz ~ 20,000 Hz, ㉡ 바탕선, ㉢ 절대습도
③ ㉠ 200 nm ~ 1,000 nm, ㉡ 검정곡선, ㉢ 절대습도
④ ㉠ 20 Hz ~ 20,000 Hz, ㉡ 검정곡선, ㉢ 상대습도

해설 일반적으로 자외선/가시선(UV-VIS) 분광광도계는 200 nm~1,000 nm 사이의 파장을 측정하며, 이 파장 범위에 대한 바탕선(baseline, blank)의 안정도와 반복 측정에 의한 반복성과 재현성이 확보되어야 한다. 또한 설치환경은 직사광선이 닿지 않고, 상대습도는 45 % ~80 %로 변화가 적으며, 이슬이 생기지 않는 실내에 설치한다.

33 실험실에서 위해성 폐기물을 확인하기 위한 확인절차에 대한 설명으로 **틀린** 것은?

① 인화성 폐기물은 발화점이 60 ℃ 이하인 물질을 말한다.

② 침출액 독성 확인시험의 가장 일반적인 방법은 추출과정 독성시험(EP)과 독성 특성 침출액 절차(TCLP)가 있다.

③ 반응성은 폐기물의 6가 크롬 및 그 화합물과 황의 함량을 조사하면 된다.

④ 부식성 확인범위는 pH 2 이하거나 pH 12 이상이다.

해설 ③ 반응성은 폐기물의 시안(cyanide) 및 그 화합물과 황의 함량을 조사하면 된다.

34 실험실에서 사고가 발생했을 때 상황별 응급처치에 대한 설명으로 **틀린** 것은?

① 화학약품이 묻거나 화상을 입었을 경우 즉각 물로 씻도록 한다.

② 감전사고 발생 시 전기가 소멸했다는 확신이 있을 때까지 감전된 사람을 건드리지 않는다.

③ 약물을 섭취했을 경우 의식이 있는 사람에 한하여 많은 양의 물 또는 우유를 마시게 하고 억지로 구토를 하도록 한다.

④ 외부출혈이 있는 경우 출혈부위가 손, 팔, 발 및 다리 등일 때에는 이 부위를 심장보다 높게 위치시켜 중력을 이용하여 출혈을 줄일 수 있다.

해설 ③ 약물을 섭취했을 경우 의식이 있는 사람에 한하여 입 안 세척 및 많은 양의 물 또는 우유를 마시게 하되, 억지로 구토를 시키지는 않는다.

35 실험실에서 연구자의 귀 보호에 관한 설명으로 **모두** 옳은 것은?

> ㉠ 150 dB 이하의 소음은 청각에 위험을 주지 않는다.
> ㉡ 정상적인 귀로는 15 Hz ~ 20,000 Hz까지의 소리를 들을 수 있다.
> ㉢ 오랜 시간 높은 소음에 노출되면 영구적으로 청각이 상실될 수 있다.
> ㉣ 귀덮개는 95 dB 이상, 귀마개는 80 dB ~ 95 dB 범위의 소음에 적합하다.

① ㉠, ㉡, ㉢

② ㉠, ㉡, ㉣

③ ㉡, ㉢, ㉣

④ ㉠, ㉢, ㉣

해설 ㉠ 85 dB 이하의 소음은 청각에 위험을 주지 않는다.
　　※ 실험실에서 과도한 소음(85 dB 이상)이 발생하는 곳에서는 반드시 적당한 보호장비를 착용하여야 한다.

36 「환경분야 시험·검사 등에 관한 법률 시행규칙」에 따른 정도관리 판정기준에 대한 설명으로 **틀린** 것은?

① 현장평가 합계평점이 70점 미만인 경우 현장평가 부적합으로 판정한다.

② 숙련도시험의 기준값은 시료의 제조방법, 시료의 균질성 등을 고려한다.

③ 숙련도시험 시 부정행위는 현장평가 시 중대한 미흡사항에 해당하지 않는다.

④ 숙련도시험 결과와 현장평가 결과가 모두 판정기준에 적합한 경우만 정도관리 적합으로 판정한다.

정답 33 ③　34 ③　35 ③　36 ③

해설 현장평가 시 중대한 미흡사항

- 인력의 허위기재(자격증만 대여해 놓은 경우 포함)
- 숙련도시험에서의 부정행위(근거자료가 없는 경우 및 숙련도 표준시료의 위탁분석 행위 등)
- 고의 또는 중대한 과실로 측정결과를 거짓으로 산출(근거자료가 없는 경우 및 시험 성적서의 거짓 기재 및 발급 등)한 경우
- 기술능력 · 시설 및 장비가 개별법의 등록 · 지정 · 인정기준에 미달된 경우
- 그 밖에 국립환경과학원장이 고시한 중대한 미흡사항

37 「환경분야 시험 · 검사 등에 관한 법률」에 따른 측정기기의 형식승인 · 수입신고 등에 대한 내용으로 <u>틀린</u> 것은?

① 형식승인의 유효기간은 승인 또는 변경승인을 받은 날부터 10년으로 한다.

② 전량 수출하는 측정기기는 「산업표준화법」에 따라 인증을 받았더라도 환경부장관의 형식승인을 받아야 한다.

③ 형식승인을 받은 측정기기와 동일한 형식의 측정기기를 수입하고자 하는 자는 환경부장관에게 신고하여야 한다.

④ 측정기기의 정확성과 통일성을 기하기 위하여 환경부령이 정하는 측정기기를 제작 또는 수입하려는 자는 해당 측정기기의 구조 · 규격 및 성능 등에 대하여 환경부장관의 형식승인을 받아야 한다.

해설 「환경분야 시험 · 검사 등에 관한 법률」 제9조 (측정기기의 형식승인 · 수입신고 등)
측정기기의 정확성과 통일성을 도모하기 위하여 환경부령으로 정하는 측정기기를 제작 또는 수입하려는 자는 해당 측정기기의 구조 · 규격 및 성능 등에 대하여 환경부장관의 형식승인을 받아야 한다. 다만, 전량 수출하는 측정기기와 「산업표준화법」에 따라 인증받은 제품으로서 환경부장관이 기준에 적합하다고 인정하여 공고하는 측정기기의 경우에는 그러하지 아니하다.

38 「환경분야 시험 · 검사 등에 관한 법률 시행규칙」의 기준시험 · 검사실의 설치 · 운영 기준에 대한 설명으로 <u>틀린</u> 것은?

① 인력기준 중 시험분야 연구원은 10인 이상이어야 한다.

② 기준시험 · 검사실의 설치 · 운영 기준은 인력, 시설, 장비, 운영관리를 포함한다.

③ 관련 분야 석사로서 시험 관련 실무경력이 3년 이상인 자는 시험분야 연구원의 인력기준 자격요건을 가진 것으로 본다.

④ 환경측정분석사로서 시험 관련 실무경력이 3년 이상인 자는 시험분야 책임자의 인력기준 자격요건을 가진 것으로 본다.

해설 ④ 환경측정분석사로서 시험 관련 실무경력이 2년 이상인 자는 시험분야 책임자의 인력기준 자격요건을 가진 것으로 본다.

39 「환경시험 · 검사기관 정도관리 운영 등에 관한 규정」에 따른 숙련도시험에 대한 설명으로 <u>틀린</u> 것은?

① 분야별 기관평가에 대한 환산점수 계산은 숙련도시험을 직접 수행한 시험 항목 수를 기준으로 산출한다.

② 수시 숙련도시험의 대상 기관은 표준시료 시험결과와 함께 반드시 근거자료를 60일 이내 제출하여야 한다.

③ 국립환경과학원장은 숙련도시험용 표준시료의 안정성 및 균질성 확보 등을 위하여 표준시료 생산기관 지정 및 관리제도를 운영할 수 있다.

④ 수시 숙련도시험이 진행 중인 경우는 다른 항목 추가를 위한 수시 숙련도시험을 추가로 신청할 수 없다.

해설 ② 수시 숙련도시험의 대상 기관은 표준시료 시험결과와 함께 반드시 근거자료를 30일 이내 제출하여야 한다.

40 「환경시험 · 검사기관 정도관리 운영 등에 관한 규정」에 따라 환경시험 · 검사기관을 현장 평가할 때 국립환경과학원장이 고시하는 중대한 미흡사항으로 **틀린** 것은?

① 품질 문서를 구비하지 않은 경우

② 숙련도시험 분석자와 등록예정인력 또는 등록된 기술인력이 불일치하는 경우

③ 기술능력 · 시설 및 장비가 개별법의 등록 · 지정 · 인정기준에 미달된 경우

④ 정도관리검증서를 발급받은 이후 정당한 사유 없이 1년 이상 시험 · 검사 등의 실적이 없는 경우

해설 「환경시험 · 검사기관 정도관리 운영 등에 관한 규정」 제39조(중대한 미흡사항)
과학원장이 고시한 중대한 미흡사항이란 다음을 말한다.
1. 정도관리 검증기관이 검증서를 발급받은 이후 정당한 사유 없이 1년 이상 시험 · 검사등의 실적이 없는 경우(단, 용역사업 참여실적은 업무실적에 포함됨)
2. 측정대행업을 등록하려는자, 또는 측정대행업의 항목을 추가하려는자에 대하여 현장평가를 실시하는 경우 숙련도시험 분석자와 등록예정인력이 불일치하는 경우
3. 품질문서를 미구비한 경우

정답 **40** ③

01 대기오염 공정시험기준에 따른 시료 전처리방법으로 틀린 것은?

① 산 분해에는 염산-과산화수소수법이 있다.

② 초음파 추출법에는 질산-염산 혼합액을 사용한다.

③ 저온회화법에서는 염산과 과산화수소수를 사용한다.

④ 회화법에서는 황산과 플루오린화수소산을 사용한다.

> **해설** 산 분해(acid digestion)에는 질산-염산법, 질산-과산화수소수법, 질산법이 있다.

02 대기오염 공정시험기준에 따른 흡광차분광법과 비분산 적외선 분광분석법에 대한 설명으로 틀린 것은?

① 흡광차분광법은 적분적(연속적)이고, 일반 흡광광도법은 미분적(일시적)이란 차이가 있다.

② 비분산 적외선 분석기의 검출기는 적외선 흡수파장 영역 $1 \mu m \sim 5.2 \mu m$ 대역에서 검출능이 좋은 PbSe 센서 등이 사용된다.

③ 흡광차분광법은 빛을 조사하는 발광부와 $50 m \sim 1,000 m$ 정도 떨어진 곳에 있는 수광부 사이에 형성되는 빛의 이동경로(path)를 통과하는 가스를 실시간으로 분석한다.

④ 비분산 적외선 분광분석법의 광원은 180 nm ~ 2,850 nm 파장을 갖는 제논(Xenon) 램프를 사용하고 흡광차분광법의 광원은 흑채 발광을 이용한다.

> **해설** • 비분산 적외선 분광분석법의 광원은 원칙적으로 흑채 발광으로 니크로뮴선 또는 탄화규소의 저항체에 전류를 흘려 가열한 것을 사용한다.
> • 흡광차분광법에서 발광부는 광원으로 제논 램프를 사용하며, 점등을 위하여 시동 전압이 매우 큰 전원공급장치를 필요로 한다. 제논 램프는 180 nm ~ 2,850 nm의 파장대역을 갖는다.

03 대기오염 공정시험기준에 따른 X-선 형광분광법에 대한 설명으로 틀린 것은?

① 시료를 파괴하지 않는다.

② 필터에 채취한 먼지 시료의 원소 분석에 유용하게 사용한다.

③ 산소의 원자번호보다 작은 원자번호를 가지는 원소를 정성적으로 확인하기 위해 가장 널리 사용되는 분석법 중 하나이다.

④ 각 원소들은 특징적인 X-선을 방출하기 때문에 시료의 스펙트럼에 나타난 봉우리의 위치, 즉 에너지로부터 시료를 구성하는 원소가 무엇인지 알 수 있다.

> **해설** ③ X-선 형광분광법(XRF, X-ray Fluorescence spectrometry)은 산소의 원자번호보다 큰 원자번호를 가지는 원소를 정성적으로 확인하기 위해 가장 널리 사용되는 분석법 중의 하나이며, 원소의 반정량 또는 정량 분석에 이용된다.

04 대기오염 공정시험기준에서 굴뚝 단면이 사각형인 경우 측정점에 대한 설명으로 틀린 것은?

① 단면적에 따라 등단면적의 사각형으로 구분한다.

② 굴뚝 단면적이 20 m^2를 초과하는 경우 측정점 수는 20점까지로 한다.

③ 측정 단면에서 유속의 분포가 비교적 대칭을 이루는 경우, 수직굴뚝은 1/2의 단면을 취하여 측정점 수를 줄일 수 있다.

④ 굴뚝 단면적이 0.25 m^2 이하로 소규모일 경우에는 굴뚝 단면의 중심을 대표점으로 하여 1점만 측정한다.

> **해설** 측정 단면에서 유속의 분포가 비교적 대칭을 이루는 경우, 수평굴뚝은 수직대칭 축에 대하여 1/2의 단면을 취하여 측정점의 수를 1/2로 줄일 수 있고, 수직굴뚝은 1/4의 단면을 취하여 측정점의 수를 1/4로 줄일 수 있다.

05 대기오염 공정시험기준에 따른 배출가스 중 가스상 물질 분석방법에서 분석물질별 채취관 및 연결관의 재질(㉠)과 여과재의 종류(㉡)로 **틀린** 것은?

① 암모니아 : ㉠ 보통강철, ㉡ 카보런덤
② 황화수소 : ㉠ 플루오로수지, ㉡ 소결유리
③ 폼알데하이드 : ㉠ 보통강철, ㉡ 소결유리
④ 사이안화수소 : ㉠ 염화바이닐수지, ㉡ 카보런덤

해설 폼알데하이드의 채취관 및 연결관의 재질은 경질유리, 석영, 플루오로수지를 사용하고, 여과재는 카보런덤을 사용한다.

06 대기오염 공정시험기준에 따른 환경대기 중 먼지 측정방법에서 사용하는 먼지 분립장치에 대한 설명으로 **틀린** 것은?

① 임계입자(한계입자)란 90 % 이상의 시료채취효율을 가지는 공기역학직경을 말한다.
② 중력침강형은 중력에 의한 침강속도를 적용하여 큰 침강속도를 가지는 입자는 걸러지고 측정하고자 하는 임계직경 이하의 입자만 채취하는 방법이다.
③ 원심분리형은 원심력을 이용하여 임계직경보다 큰 입자는 채취기의 벽면을 따라 분립장치의 밑부분에 퇴적하고 측정하고자 하는 임계직경 이하의 입자만 채취하는 방법이다.
④ 관성충돌형은 관성력에 의한 입자 채취방법으로 채취기의 입구에 충돌판을 설치하여 임계직경보다 큰 입자는 관성에 의하여 충돌판에서 걸러지고 측정하고자 하는 임계직경 이하의 입자만 채취하는 방법이다.

해설 ① 임계입자(한계입자 ; cutoff diameter)란 50 %의 시료채취효율을 가지는 공기역학직경을 말한다.

07 대기오염 공정시험기준에 따른 환경대기 중 질소산화물 측정방법으로 옳은 것을 **모두** 고르시오.

㉠ 수동살츠만법
㉡ 야곱스호흐하이저법
㉢ 화학발광법
㉣ 자외선형광법

① ㉠
② ㉠, ㉡
③ ㉠, ㉡, ㉢
④ ㉠, ㉡, ㉢, ㉣

해설 화학발광법이 주시험방법이며, 수동살츠만법(흡광광도법), 야곱스호흐하이저법이 있다. 이 외에도 자동측정법으로 흡광차분광법, 공동감쇠분광법이 있다.

08 대기오염 공정시험기준에 따른 배출가스 중 베릴륨화합물 분석방법에 대한 설명으로 **틀린** 것은?

① 원자흡수 분광광도법의 경우 방법검출한계는 0.003 mg/Sm^{3}이며, 정밀도는 10 % 이하이다.
② 베릴륨 농도는 20 ℃, 760 mmHg로 환산한 건조배출가스 1 Sm^3 중의 베릴륨을 mg수로 나타낸다.
③ 연료의 연소, 금속의 제련과 가공, 화학반응 등에 의해 굴뚝 등으로 배출되는 배출가스 중의 베릴륨을 분석하는 방법에 대하여 규정한다.
④ 여과지에 포집한 입자상 베릴륨화합물에 질산을 가하여 가열 분해한 후 이 액을 증발 건고하고 이를 염산에 용해하여 원자흡수 분광광도법에 따라 정량한다.

해설 ② 배출가스 중 베릴륨 농도는 0 ℃, 760 mmHg로 환산한 건조배출가스 1 Sm^3 중의 베릴륨을 mg수로 나타낸다.

정답 **05** ③ **06** ① **07** ③ **08** ②

09 대기오염 공정시험기준에 따른 배출가스 중 카드뮴화합물을 원자흡수 분광광도법으로 분석하기 위한 검정곡선 작성방법에 대한 설명으로 옳은 것은?

$$C = 0.001 \times v \times \frac{A - A_b}{A_s - A_o} \times \frac{25.0}{v} \times \frac{10^3}{V_s}$$

① A_s : 물 V mL의 흡수도
② A : 시료용액 V mL의 흡수도
③ A_b : 표준용액 V mL의 흡수도
④ A_o : 바탕시료용액 V mL의 흡수도

해설 주어진 식에서,
  C : 카드뮴 농도(mg/Sm³)
  A : 시료용액 V mL의 흡수도
  A_b : 현장 바탕시료용액 V mL의 흡수도
  A_s : 카드뮴 표준용액 v mL/ V mL의 흡수도
  A_o : 물 V mL의 흡수도
  a : 카드뮴 표준용액량(mL)
  250 : 전처리 시료액(mL)
  v : 전처리 시료액 중의 분취량(mL)
  V_s : 건조시료가스량(L)(0 ℃, 760 mmHg)
  ※ 문제의 공식은 "배출가스"가 아닌 "환경대기" 중 카드뮴화합물을 원자흡수 분광광도법으로 분석하기 위한 검정곡선 작성방법이다(출제오류).

10 대기오염 공정시험기준에 따른 배출가스 중 폼알데하이드(HCHO) 분석방법으로 틀린 것은?

① 4-아미노안티피린법
② 고성능 액체 크로마토그래피법
③ 아세틸아세톤 자외선/가시선 분광법
④ 크로모트로핀산 자외선/가시선 분광법

해설 4-아미노안티피린(자외선/가시선 분광법)은 배출가스 중 페놀화합물을 분석하는 방법이다.

11 대기오염 공정시험기준에 따른 배출가스 중 휘발성 유기화합물 – 기체 크로마토그래피법의 정도관리에 대한 설명으로 틀린 것은?

① 정밀도는 10 % 이내로 한다.
② 방법검출한계는 0.3 ppm이다.
③ 정도관리주기는 연 1회 이상으로 한다.
④ 정확도는 75 % ~ 125 % 범위 내로 한다.

해설 배출가스 중 휘발성 유기화합물 – 기체 크로마토그래피법(volatile organic compounds in flue gas – gas chromatography)에서 방법검출한계는 0.03 ppm이다.

12 대기오염 공정시험기준에 따른 배출가스 중 황화수소를 기체 크로마토그래피법으로 분석할 때 사용하는 검출기로 틀린 것은?

① 원자방출검출기
② 전기전도도검출기
③ 황화학발광검출기
④ 펄스형 불꽃광도검출기

해설 배출가스 중 황화수소를 기체 크로마토그래피법으로 분석할 때 사용하는 검출기는 펄스형 불꽃광도검출기(pulsed flame photometric detector), 황화학발광검출기(sulfur chemiluminescence detector), 원자방출검출기(atomic emission detector), 질량분석기(mass spectrometer) 등을 사용할 수 있다.

13 대기오염 공정시험기준에 따른 고용량 공기시료채취기법을 이용하여 사업장에서 외부로 비산되는 먼지를 측정한 농도로 옳은 것은?

- 채취 개시 직후의 유량 : 1.8 m³/min
- 채취 종료 직전의 유량 : 1.5 m³/min
- 채취시간 : 24시간
- 채취 전 여과지의 질량 : 2,180 mg
- 채취 후 여과지의 질량 : 2,950 mg
- 대조 위치는 선정할 수 없었음
- 전 시료채취기간 중 주풍향이 90° 이상 변함
- 시료채취시간의 70 % 동안 풍속이 0.4 m/s임

① 0.21 mg/m³
② 0.31 mg/m³
③ 0.41 mg/m³
④ 0.51 mg/m³

정답 09 ② 10 ① 11 ② 12 ② 13 ②

해설
- 채취유량$(m^3) = \dfrac{Q_s + Q_e}{2} \times t$

$$= \dfrac{1.8 + 1.5}{2} \times 24 \times 60$$

$$= 2,376 \ m^3$$

- 채취된 먼지의 농도$= \dfrac{W_e - W_s}{V}$

$$= \dfrac{(2,950 - 2,180) \ mg}{2,376 \ m^3}$$

$$= 0.324 \ mg/m^3$$

각 측정지점의 채취먼지량과 풍향·풍속의 측정결과로부터 비산먼지의 농도를 구한다.

- 대조위치를 선정할 수 없는 경우에는 C_B를 0.15 mg/Sm³로 한다.
- 풍향 변화범위에서 전 시료채취기간 중 주풍향이 90° 이상 변할 때 보정계수는 1.5이다.
- 풍속 범위에서 풍속이 0.5 m/s 미만 또는 10 m/s 이상 되는 시간이 전 채취시간의 50 % 이상일 때 보정계수는 1.2이다.

$\therefore \ C = (C_H - C_B) \times W_D \times W_S$

$$= (0.324 - 0.15) \ mg/m^3 \times 1.5 \times 1.2$$

$$= 0.31 \ mg/m^3$$

14 대기오염 공정시험기준에 따른 환경대기 중 아황산가스 측정방법으로 옳은 것을 <u>모두</u> 고르시오.

> ㉠ 자외선형광법
> ㉡ 파라로자닐린법
> ㉢ 비분산적외선법
> ㉣ 산정량수동법

① ㉠, ㉡, ㉢
② ㉡, ㉢, ㉣
③ ㉠, ㉡, ㉣
④ ㉠, ㉡, ㉢, ㉣

해설 환경대기 중 아황산가스 측정방법에는 자외선형광법, 파라로자닐린법, 산정량수동법이 있으며, 자외선형광법이 주시험방법이다.

15 대기오염 공정시험기준에 따른 환경대기 중 오존을 측정하는 자외선광도법에 대한 설명으로 <u>틀린</u> 것은?

① 환경대기 중 오존 농도 1 nmol/mol ~ 500 nmol/mol의 범위에서 적용한다.
② 환경대기 중 다른 오염물질의 농도가 100 nmol/mol 이하로 낮은 경우 간섭의 영향을 받지 않는다.
③ 파장 253.7 nm 자외선 흡수량의 변화를 측정하여 환경대기 중의 오존을 연속적으로 측정하는 방법이다.
④ 입자 여과지 재질은 폴리테트라플루오로에틸렌(PTFE)을 사용하며, 여과지 교체는 21일을 초과해서는 안 된다.

해설 입자 여과지 재질은 5 μm 이상의 입자를 제거할 수 있는 오존에 대하여 불활성 재료인 폴리테트라플루오로에틸렌(PTFE)을 사용하며, 여과지 교체는 14일을 초과해서는 안 된다.

16 대기오염 공정시험기준에 따른 환경대기 중 석면을 위상차현미경법으로 측정한 결과로 옳은 것은?

> - 유효 포집면적 : 385 cm²
> - 위상차현미경으로 계측한 총 섬유수 : 200 개
> - 광학현미경으로 계측한 총 섬유수 : 0 개
> - 현미경으로 계측한 1시야의 면적 : 0.00785 cm²
> - 표준상태로 환산한 채취 공기량 : 210 L
> - 계수한 시야의 총수 : 150 개

① 0.311 개/mL
② 0.411 개/mL
③ 0.511 개/mL
④ 0.611 개/mL

해설 섬유 수 $= \dfrac{A \times (N_1 - N_2)}{a \times V \times n} \times \dfrac{1}{1,000}$

$$= \dfrac{385 \times (200 - 0)}{0.00785 \times 210 \times 150} \times \dfrac{1}{1,000}$$

$$= 0.311 \ (개/mL)$$

17 대기오염 공정시험기준에 따라 굴뚝연속 자동측정기기를 이용한 암모니아 측정방법에 대한 설명으로 <u>틀린</u> 것은?

① 용액전도율법과 적외선가스분석법이 사용된다.

② 용액전도율법에서 시료가스가 흡수액에 흡수되는 속도는 온도와 관계없이 일정하다.

③ 용액전도율법은 시료가스 중에 포함된 암모니아가스를 흡수액에 흡수시킨 다음, 흡수 전·후의 전도율 변화를 측정한다.

④ 적외선흡수법의 경우 정확한 성분가스 농도를 측정하기 위해서는 시료가스 중 수분 함량을 구하고 이를 필요한 경우 보정해 주어야 한다.

해설 ② 용액전도율법에서 시료가스가 흡수액에 흡수되는 속도 및 용액전도율은 온도에 따라 변화하므로, 시료가스 흡수부 및 전도율을 측정하는 전극 부분은 항온조 내에 들어있어야 한다.

18 대기오염 공정시험기준에 따른 굴뚝연속 자동측정기기 배출가스 유량 측정방법으로 산정한 건조 배출가스의 5분 적산치 유량으로 옳은 것은? (단, 관제센터로 데이터를 전송하는 경우)

- 배출가스의 5분 평균유속 : 10 m/s
- 굴뚝 단면적 : 60 m²
- 대기압 : 760 mmHg
- 배출가스의 5분 평균정압 : 20 mmHg
- 배출가스의 5분 평균온도 : 273 ℃
- 배출가스 중의 수분량 : 25 %

① 69,276 Sm³   ② 74,368 Sm³

③ 167,328 Sm³   ④ 207,828 Sm³

해설 건조배출가스 유량(Sm^3, 5분 적산치)

$$Q_s = \overline{V} \times A \times \frac{P_a + P_s}{760} \times \frac{273}{273 + T_s} \times \left(1 - \frac{X_w}{100}\right) \times 300$$

$$= 10 \times 60 \times \frac{760 + 20}{760} \times \frac{273}{273 + 273} \times \left(1 - \frac{25}{100}\right) \times 300$$

$$= 69,276 \ Sm^3$$

19 대기오염 공정시험기준에 따른 굴뚝연속 자동측정기기 디지털 통신방식의 기능 중에서 측정방법과 전송이 필요한 상태정보에 대한 설명으로 <u>틀린</u> 것은?

① 광산란적분법 : 챔버 압력, 램프 전압

② 이온전극법 : 시료기체의 유량, 챔버 온도

③ 자외선흡수법 : 검정곡선 기울기, 램프 강도

④ 광투과법 : 광투과 백분율, 스팬(기체)의 값

해설 ① 광산란적분법 : 검정곡선 기울기(calibration curve slope), 오프셋(offset), 광산란도(scattered light), 스팬가스의 값(span calibration gas value), 제로가스의 값(zero calibration gas value)

20 대기오염 공정시험기준에 따른 굴뚝 원격감시체계 구성의 용어 정의에 대한 설명으로 <u>틀린</u> 것은?

① 측정자료의 종류에는 1분(평균) 자료와 30분(평균) 자료 두 가지 종류가 있다.

② 교정은 일반적으로 표준가스를 이용하여 검정식의 기울기 또는 감응계수를 교정하여 측정자료의 신뢰도를 높이는 작업을 말한다.

③ 원격제어는 관제센터의 제어신호에 의하여 사업장의 자료수집기, 측정기기를 제어하여 기기의 지시값 및 자료를 검색하거나 설정하는 기능을 말한다.

④ 자료수집기는 측정기기에서 측정되는 자료를 수집·분석 및 저장하여 실시간으로 관제센터로 전송하고, 필요시 관제센터의 원격제어에 의하여 각종 측정기의 동작상태 및 교정 등을 제어할 수 있는 기기를 말한다.

해설 ① 측정자료의 종류는 5초 자료, 5분 자료(평균), 30분 자료(연속된 5분 자료 6개의 평균 혹은 적산값)가 있다.

[3과목 : 실내공기질 공정시험기준]

01 신축공동주택에서 라돈 이외 폼알데하이드 등 오염물질의 시료채취세대를 선정하는 방법에서 ㉠~㉺까지의 숫자를 모두 더한 값으로 옳은 것은?

- 신축공동주택 내 시료채취세대의 수는 공동주택의 총 세대수가 (㉠)세대일 때 (㉡)세대를 기본으로 한다.
- (㉢)세대가 증가할 때마다 (㉣)세대씩 추가하며, 최대 (㉤)세대까지 시료를 채취한다.
- 저층부는 최하부 (㉥)층 이내, 고층부는 최상부 (㉦)층 이내, 중층부는 전체 층 중 중간의 (㉧)개 층을 의미한다.

① 220
② 233
③ 244
④ 255

해설 • 신축 공동주택 내 시료채취세대의 수는 공동주택의 총 세대수가 100세대일 때 3개 세대(저층부, 중층부, 고층부)를 기본으로 한다.
• 100세대가 증가할 때마다 1세대씩 추가하며, 최대 20세대까지 시료를 채취한다.
• 저층부는 최하부 3층 이내, 고층부는 최상부 3층 이내, 중층부는 전체 층 중 중간의 3개 층을 의미한다.
　예 15층 건물에서, 저층부는 1층 ~ 3층, 중층부는 7층 ~ 9층, 고층부는 13층 ~ 15층
∴ 100+3+100+1+20+3+3+3=233

02 신축공동주택에서 자연환기 및 기계환기 설비가 설치됐을 때 라돈 측정조건을 설명한 것으로 모두 옳은 것은?

- 환기설비 가동 및 측정 시 (㉠)시간 측정한다.
- 자연환기설비는 최대한 (㉡)하고 기계환기설비의 경우(㉢) 단계로 가동하여 측정한다.

① ㉠ 24, ㉡ 밀폐, ㉢ 최대
② ㉠ 24, ㉡ 개방, ㉢ 적정
③ ㉠ 48, ㉡ 밀폐, ㉢ 최대
④ ㉠ 48, ㉡ 개방, ㉢ 적정

해설 신축공동주택 실내 라돈 측정조건
• 환기설비 가동 및 측정 시 실내에 자연환기 및 기계환기 설비가 설치되어 있을 경우, 이를 가동하면서 24시간 측정한다. 측정 시 실내온도는 20 ℃ 이상을 유지하도록 한다.
• 환기설비 가동조건은 「건축물의 설비기준 등에 관한 규칙(국토교통부 시행령)」에 따르며, 자연환기설비는 최대 개방하고 기계환기설비의 경우 "적정" 단계로 가동하여 측정한다.

03 실내공기질 공정시험기준에 따라 미세먼지 농도를 베다선흡수법으로 측정하는 방법으로 모두 옳은 것은?

- 보정계수 산출 시 베타선흡수법과 중량법을 동시에 (㉠)회 이상 반복 측정한다.
- 반복 측정된 평균농도가 베타선흡수법은 20 $\mu g/m^3$, 중량법은 10 $\mu g/m^3$인 경우, 보정계수는 (㉡)이다.
- 베타선흡수법 측정기의 보정계수 적용 전 농도가 10 $\mu g/m^3$일 때 적용 후 농도는 (㉢) $\mu g/m^3$이다.

① ㉠ 7, ㉡ 2.0, ㉢ 20
② ㉠ 7, ㉡ 0.5, ㉢ 15
③ ㉠ 10, ㉡ 2.0, ㉢ 10
④ ㉠ 10, ㉡ 0.5, ㉢ 5

해설 ㉠ 보정계수 산출 시 베타선흡수법과 중량법을 동시에 10회 이상 반복 측정한다.
㉡ 반복 측정된 평균농도가 베타선흡수법은 20 $\mu g/m^3$, 중량법은 10 $\mu g/m^3$인 경우, 보정계수는 0.5이다.
$$\because 보정계수 = \frac{중량법\ 측정농도값}{베타선흡수법\ 측정농도값}$$
$$= \frac{10\mu g/m^3}{20\mu g/m^3} = 0.5$$
㉢ 베타선흡수법 측정기의 보정계수 적용 전 농도가 10 $\mu g/m^3$일 경우 적용 후 농도는 5 $\mu g/m^3$이다.
$$\because 보정값 = 측정값 \times 보정계수$$
$$= 10 \mu g/m^3 \times 0.5 = 5 \mu g/m^3$$

정답 **01** ② **02** ② **03** ④

04 다중이용시설에서 실내공기 오염물질 시료채취 시 고려할 사항으로 괄호 안의 숫자를 모두 더한 값으로 옳은 것은?

> • 사람의 왕래가 많은 곳에서 시료를 장기간 채취 시 채취지점은 천장과의 거리가 최소 (㉠) m 떨어지도록 한다.
> • 측정지점에 자연환기구가 있는 경우 최소한 (㉡) m 이상 떨어진 곳에서 채취한다.
> • 실외공기 채취 시 대상 시설 건축물로부터 최소 (㉢) m 떨어져서 채취해야 한다.
> • 연면적 1,500 m²인 경우 최소 시료 채취지점 수는 (㉣)개이다.

① 3.0 ② 4.5
③ 5.0 ④ 5.5

해설 ㉠ 사람의 왕래가 많은 곳에서 시료를 장기간 채취 시 채취지점은 천장과의 거리가 최소 0.5 m 떨어지도록 한다.
㉡ 측정지점에 자연환기구가 있는 경우 최소한 1 m 이상 떨어진 곳에서 채취한다.
㉢ 실외공기 채취 시 대상시설 건축물로부터 최소 1 m 떨어져서 채취해야 한다.
㉣ 연면적 1,500 m²인 경우 최소 시료채취지점 수는 2개이다.
∴ 0.5+1+1+2=4.5

05 실내공기 오염물질별 시료채취시간 및 측정 횟수에 대한 설명으로 모두 옳은 것은?

> ㉠ 휘발성 유기화합물 : 30분, 연속 2회
> ㉡ 석면 : 총 시료채취량 120 L 이상, 1회
> ㉢ 부유곰팡이 : 총 시료채취량 250 L 이상, 20분 이상 간격 3회
> ㉣ 총 부유세균 : 총 시료채취량 250 L 이하, 20분 이상 간격 3회

① ㉠, ㉡ ② ㉠, ㉣
③ ㉡, ㉢ ④ ㉢, ㉣

해설 ㉡ 석면 : 총 시료채취량 120 L 이상, 1회
㉢ 부유곰팡이 : 총 시료채취량 1,200 L 이상, 1회

06 신축공동주택 실내공기 중 폼알데하이드 측정방법으로 틀린 것은?

① 오존은 DNPH 카트리지를 이용한 폼알데하이드 측정 시 방해물질로 작용한다.
② 오존 스크러버는 고순도의 요오드칼륨(KI)으로 충진되어 DNPH와 반응하는 오존을 제거해 준다.
③ 채취된 시료 카트리지는 분석 시까지 냉장 보관하되 분석까지 기간은 50일을 넘어서는 안 된다.
④ 시료의 채취 시 매 시료채취 전후로 펌프 보정을 실시하고, 공기가 새어나오는지 점검해야 한다.

해설 ③ 채취된 시료 카트리지는 분석 시까지 냉장 보관한다. 냉장 보관에서 분석까지의 기간은 30일을 넘어서는 안 된다.

07 실내공기질 공정시험기준의 미세먼지 측정방법에서 측정기에 부착된 유량계의 유량을 보정하였을 때 유량계의 눈금값으로 옳은 것은?

> • 1기압에서 유량이 6 L/min
> • 유량계의 설정조건에서의 압력은 760 mmHg
> • 마노미터로 측정한 유량계의 압력손실이 30 mmHg

① 5.58 L/min
② 5.88 L/min
③ 6.02 L/min
④ 6.12 L/min

해설 유량계의 눈금값을 Q_r, 1기압에서 유량을 Q_o (L/min)라 하면

$Q_o = C_p \times Q_r$ 이므로

$$Q_r = \frac{Q_o}{C_p} = \frac{Q_o}{\sqrt{\dfrac{P}{P_o}}} = \frac{6}{\sqrt{\dfrac{30}{760}}}$$

$= 6.12$ L/min

정답 04 ② 05 ② 06 ③ 07 ④

08 실내공기 중 미세먼지를 중량법으로 측정하였다. 미세먼지 농도로 옳은 것은?

- 시료채취 유량 : 18.2 L/min
- 시료채취 시간 : 11시간
- 시료채취 전·후 바탕시료 여과지 무게차 : 30 μg
- 시료채취 전·후 시료 여과지 무게차 : 380 μg
- 시료채취 시 온도 : 34 ℃
- 시료채취 시 기압 : 1 atm

① 26 μg/m³ ② 28 μg/m³
③ 30 μg/m³ ④ 32 μg/m³

해설 채취한 공기의 부피

$$V = \frac{Q_{ave} \times T}{10^3} = \frac{18.2 \times 11 \times 60}{10^3} = 12 \text{ m}^3$$

채취한 공기는 25 ℃, 1기압 조건으로 보정하여 환산한다.

$$V_{(25℃, 1atm)} = V \times \frac{T_{(25℃)}}{T_2} \times \frac{P_2}{P_{(1atm)}}$$
$$= 12 \times \frac{273+25}{273+34} \times \frac{1}{1} = 11.65 \text{ m}^3$$

공기 중 미세먼지의 농도

$$C = \frac{(W_2 - W_1) - (B_2 - B_1)}{V_{(25℃, 1atm)}}$$
$$= \frac{(380-30) \mu g}{11.65 \text{ m}^3}$$
$$= 30 \mu g/m^3$$

09 실내공기 중 이산화질소 측정방법인 화학발광법에 대한 설명으로 **틀린** 것은?

① 오존 발생을 위해 헬륨기체를 바탕으로 한 2 % 수준의 산소를 사용한다.
② 시료 분석부로부터 배출되는 오존으로 인한 근접부의 대기오염을 방지하여야 한다.
③ 광전자증배관은 출력신호 안정을 위해 자동온도조절이 되는 냉각용기에 내장되어 있다.
④ 이산화질소 변환기는 300 ℃ 이상의 일정한 온도로 가열되어야 하며, 몰리브덴 또는 분광학적으로 순수한 탄소성분으로 만들어진다.

해설 오존 발생기는 자외선 또는 고압 무음 전기 방전에 의해 공기 중의 산소를 오존으로 변환시킨다.

10 실내공기 중 미세먼지 연속측정방법인 베타선흡수법에 사용되는 장치구성 요소로 옳은 것은?

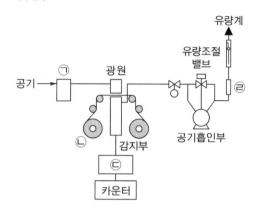

① ㉠ : 엠프
② ㉡ : 분립장치
③ ㉢ : 테이프 여과지
④ ㉣ : 먼지제거용 여과지

해설 베타선흡수법의 장치구성

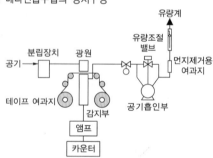

11 실내공기 25 ℃, 1기압 조건에서 일산화탄소 부피농도는 25 ppm이다. 중량농도(g/m³)로 옳은 것은?

① 0.028 g/m³ ② 0.038 g/m³
③ 0.048 g/m³ ④ 0.058 g/m³

해설 일산화탄소의 중량농도(g/m³)

$$= 25 \times \frac{28}{24.45} \times 10^{-3}$$
$$= 0.028 \text{ g/m}^3$$

정답 **08** ③ **09** ① **10** ④ **11** ①

12 실내에서 방출되는 휘발성 유기화합물 채취 시 사용하는 흡착관의 파과용량 평가에 대한 설명으로 모두 옳은 것은?

> 흡착관의 파과용량은 Tenax-TA가 충진된 고체 흡착관 2개를 직렬로 연결하여 (㉠) 유량으로 약 30분간 채취하여 앞쪽과 뒤쪽의 흡착관을 분석하여 파과용량을 평가한다. 뒤쪽의 흡착관에 채취된 휘발성 유기화합물의 양이 전체 채취된 양의 (㉡) %를 넘으면 파과가 일어난 것으로 본다.

① ㉠ 30 mL/min ~ 100 mL/min, ㉡ 5
② ㉠ 30 mL/min ~ 100 mL/min, ㉡ 10
③ ㉠ 50 mL/min ~ 200 mL/min, ㉡ 5
④ ㉠ 50 mL/min ~ 200 mL/min, ㉡ 10

해설 흡착관의 파과용량 평가
흡착관의 파과용량은 Tenax-TA가 충진된 고체 흡착관 2개를 직렬로 연결하여 50 mL/min ~ 200 mL/min 유량으로 약 30분간 채취하여 앞쪽과 뒤쪽의 흡착관을 분석하여 파과용량을 평가한다. 뒤쪽의 흡착관에 채취된 휘발성 유기화합물의 양이 전체 채취된 양의 5 %를 넘으면 파과가 일어난 것으로 본다.

13 실내공기질 공정시험기준에 따라 이산화탄소 측정기기에 스팬가스를 도입하여 8시간 내 1시간 이상 간격으로 5회 측정하였다. 2,000 ppm, 2,050 ppm, 2,100 ppm, 2,150 ppm, 2,100 ppm으로 측정됐을 때 스팬드리프트로 옳은 것은?

① 3.4 % ② 4.0 %
③ 5.0 % ④ 7.5 %

해설 $$스팬드리프트(\%) = \frac{|\bar{d}|}{스팬가스\ 초기지시값} \times 10$$
이때, 제로가스 초기 지시값으로부터 최대편차
$d = 2,150 - 2,000 = 150$
$$\therefore 스팬드리프트(\%) = \frac{150}{2,000} \times 100 = 7.5\ \%$$

14 실내공기 중 초미세먼지(PM-2.5) 측정용 여과지 홀더에 대한 설명으로 틀린 것은?

① 패킹은 불소수지로 만들어진 것을 사용한다.
② 고정나사는 여과지가 파손되지 않도록 내식성 재질을 사용한다.
③ 망은 여과지에 불순물이 들어가지 않도록 내식성 재질을 사용한다.
④ 여과지는 2.5 μm의 입자상 물질에 대하여 99 % 이상의 초기포집률을 갖는 니트로셀룰로오스 재질을 사용할 수 있다.

해설 미세먼지의 채취에 사용하는 여과지는 0.3 μm의 입자상 물질에 대하여 99 % 이상의 초기포집률을 갖는 니트로셀룰로오스(nitrocellulose) 재질의 멤브레인 여과지(membrane filter)를 사용한다.

15 건축자재 오염물질 방출시험방법인 소형 챔버법에서 제품시료 시료채취, 운반 및 시험편 제작에 대한 설명으로 틀린 것은?

① 판상 형태의 제품은 가급적 개봉하지 않은 제품을 시료로 사용하여야 한다.
② 롤 형태의 제품 시료는 롤의 1 m 안쪽 혹은 가장 바깥쪽을 제외한 안쪽에서 시료를 채취한다.
③ 페인트 제품으로 시험편을 제작하는 경우 제품을 제조자 권장 건조도막 두께에 따라 분류하며, 건조도막 두께는 제품 중의 고체 함량에 비례한다.
④ 방출시험은 제품 시료의 채취 후 즉시 시작하도록 한다. 단, 측정의 시작시점까지 시료를 보관하는 경우, 밀봉한 상태에서 시험과 동일한 온·습도에서 보관(최대 6주)하는 것을 원칙으로 한다.

해설 방출시험기간
방출량 측정을 위한 공기시료채취는 시험 시작일로부터 7일((168±2)시간)이 경과한 후에 실시한다. 준비된 시험편을 챔버 내 설치하는 시점에서 방출시험이 시작된 것으로 한다.

16 건축자재 방출시험방법 – 소형 챔버법에 대한 설명으로 <u>모두</u> 옳은 것은?

> • 소형 방출시험챔버는 대기압보다 약간 (㉠) 압력으로 유지하여야 한다.
> • 소형 방출시험챔버 내 환기횟수는 (㉡)회/h로 조절한다.
> • 실란트의 단위방출량을 (㉢) 단위로 기록한다.

① ㉠ 낮은, ㉡ 0.3 ± 0.05, ㉢ $mg/m^2 \cdot h$

② ㉠ 높은, ㉡ 0.5 ± 0.05, ㉢ $mg/m \cdot h$

③ ㉠ 낮은, ㉡ 0.3 ± 0.05, ㉢ $mg/m \cdot h$

④ ㉠ 높은, ㉡ 0.5 ⊥ 0.05, ㉢ $mg/m^2 \cdot h$

> [해설] • 소형 방출시험챔버는 실험실 공기의 영향을 방지하기 위하여 대기압보다 약간 높은 압력으로 유지하여야 한다.
> • 챔버 내 환기횟수는 (0.5±0.05)회/h로 조절하고 유량을 연속적으로 모니터링한다.
> • 실란트의 단위방출량을 $mg/m \cdot h(SER_I)$ 단위로 기록한다.

17 위상차현미경의 대물대에 시료를 놓고 월톤–버켓 그래티큘을 이용하여 석면 및 섬유를 계수한 것으로 옳은 것은? (단, 관측된 모든 섬유의 길이는 5 μm 이상, 길이와 폭의 비는 3 : 1 이상)

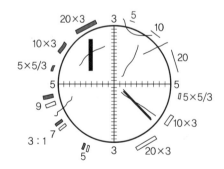

① 4개　　　　② 5개

③ 6개　　　　④ 7개

> [해설] 월톤–버켓 그래티큘(Walton–beckett graticule)의 한 시야에 있는 석면을 대상으로 계수한다.
>
> : 2개
>
> : 1/2+1/2=1개
> (그래티큘을 한 번 통과한 섬유는 1/2로 계수)
>
> : 1개
> (여러 개의 가는 섬유가 묶인 다발 형태는 1개로 계수)
>
> ╱ : 1개
>
> ⌢ : 0개
> (한 번 이상 글래티큘을 통과한 섬유는 세지 않음)
> 따라서, 섬유는 모두 5개이다.

18 실내공기 중 투과전자현미경을 이용하여 공기 중 석면 농도를 계산한 결과로 옳은 것은?

> • 위상차현미경 분석에 의한 공기 중 석면 농도 : 0.5 f/cc
> • 시료 중 석면으로 확인된 섬유의 개수 : 10
> • 시료 중 비석면으로 확인된 섬유의 개수 : 15
> • 현장 바탕시료 중 석면으로 확인된 섬유의 개수 : 1
> • 현장 바탕시료 중 비석면으로 확인된 섬유의 개수 : 3

① 0.21 f/cc

② 0.38 f/cc

③ 0.75 f/cc

④ 1.17 f/cc

> [해설] 공기 중 석면 농도(f/cc)
> $$C = C_{PCM} \times \frac{f_s - f_b}{F_s - F_b}$$
> $$= 0.5 \times \left(\frac{10-1}{15-3} \right)$$
> $$= 0.375 \text{ f/cc}$$

[정답] **16** ② 　**17** ② 　**18** ②

19 실내공기 중 부유곰팡이를 측정하는 방법으로 모두 옳은 것은?

> 부유곰팡이는 공기 중에 존재하는 부유곰팡이를 (㉠) 방식으로 배지에 직접 채취한 후 배양 후에 증식된 곰팡이의 집락 수를 계수하여 채취한 공기의 단위체적당 집락 수 (㉡)로 곰팡이의 공기 중 농도를 측정한다.

① ㉠ 여과, ㉡ CFU/m^3

② ㉠ 여과, ㉡ mg/m^3

③ ㉠ 충돌, ㉡ CFU/m^3

④ ㉠ 충돌, ㉡ mg/m^3

해설 공기 중에 존재하는 부유곰팡이를 충돌(impaction) 방식으로 배지에 직접 채취한 후 배양 후에 증식된 곰팡이의 집락(colony) 수를 계수하여 채취한 공기의 단위체적당 집락 수(CFU/m^3)로 곰팡이의 공기 중 농도를 측정한다.

20 실내공기 중 총 부유세균 및 부유곰팡이를 측정하기 위해 사용하는 배지로 옳은 것은?

① 총 부유세균 : 카제인대두소화 한천배지

② 총 부유세균 : 감자덱스트로오스 한천배지

③ 부유곰팡이 : TSA 배지

④ 부유곰팡이 : 카제인대두소화 한천배지

해설 • 총 부유세균 측정에 사용되는 한천배지는 TSA(Tryptic Soy Agar) 배지, 카제인대두소화 한천배지(casein soybean digest agar)를 사용한다.
• 부유곰팡이의 채취, 배양 및 증식에는 맥아추출물 한천배지(MEA, Malt-Extract Agar), 감자덱스트로오스(potato dextrose agar) 한천배지 등을 사용한다.

정답 **19** ③ **20** ①

[4과목 : 악취 공정시험기준]

01 악취 공정시험기기준 공기희석관능법으로 무취공기를 제조할 때 사용하는 장치의 구성으로 옳은 것은?

(A - 흡입펌프) → (B) → (C) → (D) → (E) → (F - 무취주머니)

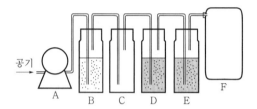

① B - 빈병
② C - 흡수액(증류수)
③ D - 실리카겔
④ E - 유리솜 여과지

해설 무취공기는 다음 그림과 같은 구조나 동등 이상의 장치로 제조한다.

02 악취 공정시험기준 공기희석관능법의 악취강도 인식시험에 대한 설명으로 **틀린** 것은?

① 판정요원의 판정시험 전 악취강도에 대한 정도를 인식시켜 주기 위하여 노말뷰탄올로 제조한 냄새를 인식시킨다.
② 노말뷰탄올(순도 99.5 % 이상)을 정제수를 사용하여 악취강도에 따라 희석하여 제조한다.
③ 희석 시 사용하는 용기는 갈색병의 부피플라스크를 사용한다.
④ 저농도의 희석단계에서는 균질화하는 데 시간이 소요될 수 있으므로 교반기를 사용하여 빠르게 희석하도록 한다.

해설 ④ 고농도의 희석단계에서는 균질화하는 데 시간이 소요될 수 있으므로 교반기를 사용하여 천천히 희석하도록 한다.

03 악취공정시험기준 공기희석관능법의 시료 자동채취장치 제어방식 종류에 대한 설명으로 **틀린** 것은?

① 압력제어방식 : 흡입상자 내부의 압력을 이용하여 시료채취를 제어하는 방식이다.
② 유량제어방식 : 흡입유량을 측정하여 시료채취를 제어하는 방식이다.
③ 시간제어방식 : 흡입시간을 조절하여 시료채취를 제어하는 방식이다.
④ 농도제어방식 : 흡입농도를 산정하여 시료채취를 제어하는 방식이다.

해설 시료 자동채취장치의 제어방식 종류
• 압력제어방식
• 유량제어방식
• 시간제어방식

04 악취 공정시험기준 공기희석관능법의 판정요원 선정용 시험액에 관한 설명으로 옳은 것은?

① 초산(acetic acid) 시험액은 유동파라핀을 이용하여 0.1 wt% 농도로 제조하며 식초 냄새가 난다.
② 트라이메틸아민(trimethylamine) 시험액은 정제수를 이용하여 0.1 wt% 농도로 제조하며 생선 썩는 냄새가 난다.
③ Methylcyclopentenolone 시험액은 유동파라핀을 이용하여 1.0 wt% 농도로 제조하며 장미 냄새가 난다.
④ β -Phenylethylalcohol 시험액은 정제수를 이용하여 0.1 wt% 농도로 제조하며 달콤한 설탕 타는 냄새가 난다.

정답 01 ③ 02 ④ 03 ④ 04 ②

해설 판정요원 선정용 시험액은 다음 표와 같은 농도의 시험액을 정제수 및 유동파라핀으로 만들어 사용한다.

시험액	농도	제조용액	냄새의 성격
초산 (acetic acid)	1.0 wt%	정제수	식초 냄새
트라이메틸아민 (trimethlyamine)	0.1 wt%	정제수	생선 썩는 냄새
Methylcyclopen- tenolone	0.32 wt%	유동파라핀	달콤한 설탕 타는 냄새
β-Phenylethyl- alcohol	1.0 wt%	유동파라핀	장미 냄새

05 사업장 배출구에서 악취 공정시험기준 공기희석관능법을 이용한 악취관능시험 결과가 965배로 나왔다. 판정요원 4의 복합악취 희석배수로 옳은 것은?

판정 요원	1차 평가		2차	3차	4차
	1조 (×300)	2조 (×300)	×1,000	×3,000	×10,000
1	○	×			
2	○	○	○	○	×
3	○	○	○	○	○
4					
5	○	○	×		

① 300배
② 1,000배
③ 3,000배
④ 10,000배

해설

판정요원 구분	계산 과정	비고
1	$\sqrt{(3 \times 300)} = 30$	최소(제외)
2	3,000	
3	10,000	최대(제외)
4	x	
5	300	

전체 희석배수 $= \sqrt[3]{(3,000 \times 300 \times x)} = 965$

∴ $x = 998$배

※ 당해 시료 희석배수에서 감지하지 못한 판정인의 계산값은 한 단계 아래의 시료희석배수 값을 적용한다.

[예] 300배에서 오답일 경우 3배수로 산정

06 악취 공정시험기준 공기희석관능법 시험을 위한 판정요원 선정방법으로 옳은 것은?

① 시험액에 1분 동안 담가둔 거름종이는 제조 후 바로 다음날 시험에 사용한다.
② 냄새를 맡을 때는 뚜껑을 연 상태에서 코와의 간격을 5 cm 이상 두고 3초 이후에 냄새를 맡는다.
③ 악취분석요원은 악취강도 인식 시험액 5도의 시험액을 예비판정요원 모두에게 냄새를 맡게 하여 냄새의 인식 유무를 확인한다.
④ 악취강도 인식 시험액을 통풍이 잘 되는 곳에서 밀봉을 풀어 1도에서 5도의 순으로 냄새를 맡게 하여 악취강도에 대한 정도를 인식하도록 한다.

해설 ① 시험액에 1분 동안 담가둔 거름종이는 제조 후 바로 시험에 사용한다.
② 냄새를 맡을 때는 뚜껑을 연 상태에서 코와의 간격을 3 cm~5 cm 두고 3초 이내에 냄새를 맡는다.
③ 악취분석요원은 악취강도 인식 시험액 1도의 시험액을 예비판정요원 모두에게 냄새를 맡게 하여 냄새의 인식 유무를 확인한다.

07 악취 공정시험기준에 따라 대기 중의 트라이메틸아민을 채취한 조건이다. 표준상태로 환산한 대기시료의 양으로 옳은 것은?

- 채취한 대기시료의 흡입속도 : 5 L/min
- 대기시료의 채취시간 : 10 min
- 시료 채취 시 온도 : 25 ℃
- 시료 채취 시 압력 : 760 mmHg

① 30 L
② 40 L
③ 50 L
④ 60 L

해설 표준상태로 환산한 시료의 양

$$V_s = Q \times t \times \frac{298}{273+T} \times \frac{P}{760}$$
$$= 5 \,\text{L/min} \times 10\,\text{min} \times \frac{298}{273+25} \times \frac{760}{760}$$
$$= 50 \,\text{L}$$

08 악취 공정시험기준에 따른 암모니아 시료채취방법에 대한 설명으로 옳은 것은?

① 시료채취를 위한 흡수병은 경질유리 재질의 여과구가 있는 것으로 사용하고 병렬로 연결시킬 수 있어야 한다.

② 2개의 흡수병에 붕산 용액을 20 mL씩 담은 후 10 L/min의 유량으로 흡입하여 5분 이내 시료를 채취한다.

③ 여과지를 이용한 시료채취에서는 수산화소듐(NaOH)을 함침한 알카리성 여과지를 2단으로 연결하여 사용한다.

④ 배출구 및 부지경계선에 적용하여 시료를 채취한다.

해설 ① 시료채취를 위한 흡수병은 붕산 용액 20 mL를 담을 수 있는 경질유리 재질의 여과구가 있는 것을 사용하며, 이 장치는 붕산 용액 20 mL를 담은 흡수병 2개를 직렬로 연결시킬 수 있어야 한다.

③ 대기 중 암모니아를 붕산 흡수용액에 흡수시켜 채취한다. 입자상 물질을 제거하기 위하여 필터를 사용하면 기체상 암모니아가 제거될 수도 있다.

④ 대기 중 악취물질로 배출허용기준의 지정악취물질로 구분되며, 부지경계선에서 채취한다.

09 악취 공정시험기준의 상대습도에 따른 황화합물 회수율 측정을 위해 제조한 바탕시료의 상대습도 계산 결과로 옳은 것은?

- 대기 중 온도 : 25 ℃
- 포화수증기압 : 23.756 mmHg
- 시료주머니 부피 : 5 L
- 이상기체 상수 : 0.08205(L · atm)/(K · mole)
- 수분 주입부피 : 20 μL

① 10 %   ② 15 %
③ 17 %   ④ 23 %

해설 대기 중 온도가 25 ℃일 경우 포화수증기압(mmHg)은 23.756 mmHg으로서 압력(atm) 단위로 변환하면 $\dfrac{23.756\,\mathrm{mmHg}}{760\,\dfrac{\mathrm{mmHg}}{\mathrm{atm}}} = 0.03125\,\mathrm{atm}$

여기서 대기 중 시료는 상대습도에 따라 수분의 양(moles)이 변화하므로 수분의 양은 이상기체 상태방정식을 이용하여 계산할 수 있다.

$PV = nRT$에서

$n = \dfrac{PV}{RT}$

$= \dfrac{0.03125\,\mathrm{atm} \times 5\,\mathrm{L}}{0.08205\,(\mathrm{L \cdot atm/K \cdot mole}) \times 298\,\mathrm{K}}$

$= 0.00639\,\mathrm{moles}$

계산된 H_2O의 몰수(n)를 이용하여 25 ℃일 때 대기 중 상대습도의 %에 따른 수분의 부피를 구하는 식으로부터 황화합물 회수율 측정을 위해 제조한 바탕시료의 상대습도(%)를 구할 수 있다.

$20\,\mu\mathrm{L} = 0.00639\,\mathrm{moles} \times RH(x\,\% \times 0.01)$
$\times 18\,\dfrac{\mathrm{g}}{\mathrm{mole}} \times 1{,}000\,\dfrac{\mathrm{mg}}{\mathrm{g}} \times \dfrac{1.0\,\mu\mathrm{L}}{1.0\,\mathrm{mg}}$
$\therefore\ RH(\%) = 17.4\,\%$

10 악취 공정시험기준에 따라 고체상 미량추출 – 기체 크로마토그래피법으로 트라이메틸아민을 분석하는 경우, 시료채취를 위한 산성 여과지 조제에 대한 설명으로 모두 옳은 것은?

직경 47 mm, 구멍 크기 0.3 μm의 원형 (㉠) 여과지를 가열하여 냉각하고, 여과지를 한 장씩 1 N (㉡) 1 mL로 함침시킨 후 건조한다.

① ㉠ 실리카섬유, ㉡ 황산
② ㉠ 실리카섬유, ㉡ 질산
③ ㉠ 불소수지, ㉡ 황산
④ ㉠ 불소수지, ㉡ 질산

해설 채취용 산성 여과지는 직경 47 mm, 구멍 크기 0.3 μm의 원형 유리섬유 여과지 또는 실리카 섬유 여과지를 전기로 내에서 500 ℃로 1시간 가열한 후, 실리카젤 건조용기에서 방치하여 냉각하고 여과지를 한 장씩 페트리접시에 옮기고 1 N 황산 1 mL를 함침시킨 후 실리카젤 건조용기나 진공 건조용기 안에서 하루 동안 보존한다.

11 악취 공정시험기준에 따라 대기 중 황화합물을 측정하는 저온농축 – 모세관칼럼 – 기체 크로마토그래피법에 대한 설명으로 <u>모두 옳은 것</u>은?

> ㉠ 액체 냉매를 사용해 저온농축한 후, 미량의 휘발성 화합물을 유기용매로 추출하여 기체 크로마토그래피로 고감도 분석이 가능하다.
> ㉡ 황화합물은 지정악취물질로서 황화수소, 메틸메르캅탄, 다이메틸설파이드, 다이메틸다이설파이드를 분석한다.
> ㉢ 충전물질과 충전물질을 처음 채운 농축관은 사용 전에 유기용매로 1시간 정도 추출한 다음 사용한다.
> ㉣ 저온농축관에 다이메틸클로로실레인(DMCS)으로 처리된 작은 유리구슬(직경 0.2 mm ~ 1 mm)을 충전물질로 사용한다.

① ㉠, ㉢   ② ㉡, ㉣
③ ㉠, ㉡   ④ ㉢, ㉣

> **해설** ㉠ 미량의 휘발성 화합물을 액체 냉매를 사용하여 농축한 후, 휘발성 화합물을 탈착시켜 기체 크로마토그래피에서 고감도 분석이 가능하게 하는 방법이다.
> ㉢ 충전물질을 처음 채운 농축관은 사용 전에 질소(또는 헬륨)를 흘리면서 150 ℃에서 30분간 가열한 다음 사용한다.

12 악취 공정시험기준의 기체 크로마토그래피법을 이용한 황화수소의 분석 시 간섭물질로 <u>틀린 것</u>은?

① 오존(O_3)
② 수분(H_2O)
③ 이산화황(SO_2)
④ 카르보닐설파이드(COS)

> **해설** • 황화합물 중 황화수소는 극성이 커서 수분에 의한 영향으로 가스상 시료 중 농도변화가 일어날 수 있다.
> • 이산화황(SO_2)과 카르보닐설파이드(COS, carbonyl sulfide)의 머무름시간(RT)은 황화수소의 머무름시간과 매우 비슷하다. 이러한 이유로 2개 성분과 황화수소가 겹쳐서 나올 경우 오차가 커지므로 충분한 분리가 이루어질 수 있도록 해야 한다.

13 악취 공정시험기준에 따른 황화합물의 내부 정도관리방법에 대한 설명으로 <u>모두 옳은 것</u>은?

> 방법검출한계는 (㉠)으로 (㉡) ppb 이하로 하고, 상대습도 10 % 이하인 바탕시료와 함께 주입된 (㉢)의 회수율은 80 % 이상으로 유지한다.

① ㉠ 황화수소, ㉡ 0.1, ㉢ 황화수소
② ㉠ 황화수소, ㉡ 0.2, ㉢ 메틸메르캅탄
③ ㉠ 메틸메르캅탄, ㉡ 0.1, ㉢ 메틸메르캅탄
④ ㉠ 메틸메르캅탄, ㉡ 0.2, ㉢ 황화수소

> **해설** 방법검출한계는 메틸메르캅탄으로 0.2 ppb 이하로 하고, 상대습도 10 % 이하인 바탕시료와 함께 주입된 황화수소의 저온농축장치 회수율은 80 % 이상으로 유지한다.

14 지정악취물질인 트라이메틸아민 분석을 위한 헤드스페이스 방법에 대한 설명으로 <u>틀린 것</u>은?

① 헤드스페이스 바이알의 마개는 실리콘(silicone) 재질에 불소수지 재질(PTEE) 격막(시료 접촉부)이 있어야 한다.
② 바이알 상부의 기체상이 평형상태를 유지하면 상부의 기체상 헤드스페이스 시료를 주사기나 헤드스페이스 자동주입장치를 이용하여 분석한다.
③ 검정곡선 작성은 표준용액을 시료의 농도범위에 맞게 희석하여 헤드스페이스 바이알에 주입하여 시료 분석방법과 동일하게 분석한다.
④ 헤드스페이스 바이알 안의 시료 용액 중 트라이메틸아민 성분은 알카리성 흡수용액에 고정되어 있다가 산성의 분해시약을 주입하면 시료 상단부의 공간으로 휘발하게 된다.

> **해설** ④ 헤드스페이스 바이알 안의 시료 용액 중 트라이메틸아민 성분은 산성 흡수용액에 고정되어 있다가 알카리의 분해시약을 주입하면 시료 상단부의 공간으로 휘발하게 된다.

정답 11 ②   12 ②   13 ④   14 ③

15 악취 공정시험기준에 따라 대기 중의 알데하이드류를 DNPH 카트리지로 채취하여 액체 크로마토그래피로 분석하는 경우, 표준혼합용액 중 DNPH 유도체 1 mg/L에 상응하는 각 알데하이드의 농도로 모두 옳은 것은?

알데하이드	분자량(g)	DNPH 유도체 분자량(g)	DNPH 유도체 1 mg/L에 상응하는 각 알데하이드의 농도(mg/L)
아세트 알데하이드	44.1	224.2	㉠
프로피온 알데하이드	58.1	238.2	㉡
뷰틸 알데하이드	72.1	252.4	㉢
발레로 알데하이드	86.1	266.2	㉣

① ㉠ 0.244, ㉡ 0.286, ㉢ 0.323, ㉣ 0.197
② ㉠ 0.286, ㉡ 0.323, ㉢ 0.197, ㉣ 0.244
③ ㉠ 0.323, ㉡ 0.197, ㉢ 0.244, ㉣ 0.286
④ ㉠ 0.197, ㉡ 0.244, ㉢ 0.286, ㉣ 0.323

해설 알데하이드의 농도(mg/L)

$$= \frac{\text{알데하이드의 분자량(g)}}{\text{DNPH 유도체의 분자량(g)}} \times \left(\begin{array}{c} \text{DNPH 유도체} \\ \text{의 농도(mg/L)} \end{array} \right)$$

㉠ $\frac{44.1}{224.2} = 0.197$, ㉡ $\frac{58.1}{238.2} = 0.244$,

㉢ $\frac{72.1}{252.4} = 0.286$, ㉣ $\frac{86.1}{266.2} = 0.323$

16 지정악취물질인 알데하이드의 액체 크로마토그래피 분석방법으로 틀린 것은?

① 알데하이드 시료채취 시 아이오딘화포타슘(KI)을 충진한 오존스크러버를 DNPH 카트리지에 연결하여 시료를 채취한다.
② 액체 크로마토그래피 분리능 향상에 도움을 주기 위해 테트라하이드로퓨란(tetra hydrofuran)의 사용을 권장한다.
③ 시료채취 후 용출한 DNPH 유도체는 적외선 영역에서 흡광성이 있으며, 적외선검출기 파장은 640 nm에 고정시켜 분석한다.

④ 분석정밀도는 표준용액 0.1 mg/L 농도에서 10 % 이내, 검정곡선의 결정계수는 0.01 mg/L ~ 2.0 mg/L 범위에서 $R^2 = 0.98$ 이상이어야 한다.

해설 DNPH 유도체는 카르보닐화합물과 2,4-다이나이트로페닐하이드라진(DNPH)를 반응시켜 DNPH 유도체를 형성하여, 액체 크로마토그래피(HPLC)의 자외선(UV)검출기(360 nm)에 분석이 용이한 상태로 조사대상 물질을 변형시켜 주는 것을 의미한다.

17 악취 공정시험기준의 지방산류 – 고체상 미량추출 – 기체 크로마토그래피법을 이용하여 프로피온산을 분석한 결과이다. 대기 중 프로피온산의 농도로 옳은 것은?

- 채취한 대기시료의 흡입속도 : 2 L/min
- 대기시료의 채취시간 : 5 min
- 시료채취 시 온도 : 20 ℃
- 시료채취 시 압력 : 760 mmHg
- 검정곡선에 의해 계산된 프로피온산 농도 : 25 μg/L
- 시료 흡수액의 전체 부피 : 20 mL
- 프로피온산의 분자량 : 74.1 g/mol

① 0.008 ppm
② 0.012 ppm
③ 0.016 ppm
④ 0.019 ppm

해설 표준상태로 환산한 시료의 양

$$V_s = Q \times t \times \frac{298}{273+T} \times \frac{P}{760}$$

$$= 2 \text{ L/min} \times 5 \text{ min} \times \frac{298}{273+20} \times \frac{760}{760}$$

$$= 10.17 \text{ L}$$

$$C = \frac{m}{V_s} \times \frac{24.46}{M} \times \frac{1}{1,000}$$

$$= \frac{25 \ \mu g/L \times 20 \text{ mL} \times \frac{L}{10^3 \text{ mL}} \times \frac{10^3 \text{ ng}}{\mu g}}{10.17 \text{ L}}$$

$$\times \frac{24.46}{74.1} \times \frac{1}{1,000}$$

$$= 0.016 \text{ ppm}$$

정답 **15** ④ **16** ③ **17** ③

18 악취 공정시험기준의 암모니아 – 붕산용액 흡수법 – 자외선가시선 분광법을 이용한 암모니아 측정결과이다. 대기 중 암모니아 농도로 옳은 것은?

- 유량계에서 측정한 흡입량 : 10 L
- 시료흡수용액 전량 50 mL에서 분석용 시료 10 mL 채취
- 시료채취 시 유량계 온도 : 10 ℃
- 시료채취 시 대기압 : 740 mmHg
- 검량곡선에서 구한 시료의 암모니아 양 : 9 μL
- 검정곡선에서 구한 바탕시험 암모니아 양 : 3 μL

① 2.9 ppm
② 5.8 ppm
③ 8.5 ppm
④ 12.6 ppm

해설 암모니아 농도

$$C = \frac{5\,A}{V \times \frac{298}{273+t} \times \frac{P}{760}}$$

$$= \frac{5 \times (9-3)}{10 \times \frac{298}{273+10} \times \frac{740}{760}} = 2.9 \text{ ppm}$$

19 악취 공정시험기준의 연속측정방법인 흡광차분광법(DOAS)으로 측정할 수 있는 악취물질로 모두 옳은 것은?

① 암모니아, 스타이렌
② 황화수소, 메틸메르캅탄
③ 프로피온산, 트라이메틸아민
④ 아세트알데하이드, 뷰틸알데하이드

해설 악취 공정시험기준의 연속측정방법인 흡광차분광법(DOAS)으로 측정할 수 있는 악취물질은 암모니아와 스타이렌이다.

20 악취 공정시험기준의 지방산류 연속 측정을 위한 고효율 막 채취장치에 대한 설명으로 틀린 것은?

① 확산 스크러버의 반투막은 소수성 재질로 이루어져 있으며 10 μm ~ 30 μm 정도의 미세 기공을 가지고 있다.
② 확산 스크러버는 공기가 흐르는 공기통로와 흡수액이 흐르는 흡수액통로, 그리고 이 두 통로를 분리하는 반투막의 세 부분으로 구성되어 있다.
③ 확산 스크러버의 다공성 막(멤브레인)의 한쪽에는 시료를 다른 한쪽에는 흡수액을 동일한 방향으로 흘려주어 시료와 흡수액이 접촉하도록 한다.
④ 시료가 통과하면서 확산이 빠른 기체성분은 막(멤브레인)을 통해 흡수액에 녹게 되지만 상대적으로 확산이 느린 입자상 성분은 곧바로 통과하게 되어 대기 중 기체상 성분을 선택적으로 분리하여 채취할 수 있게 된다.

해설 ③ 확산 스크러버의 다공성 막(멤브레인)의 한쪽에는 시료를, 다른 한쪽에는 흡수액을 반대 방향으로 흘려주어 시료와 흡수액이 접촉하도록 한다.

2024년 제17회 환경측정분석사 필기

[1과목 : 정도관리]

01 황(S)의 인증 함유량이 0.0125 %인 등유 시료의 황 함유량을 3회 측정한 결과이다. 95 % 신뢰수준에서 이 측정결과의 편향(bias)에 대한 설명으로 옳은 것은?

> • 측정값 : 0.0117 %, 0.0120 %, 0.0123 %
> • Student t 값 : 4.303

① 시험통계량 t 값이 +임계값보다 커 편향되었다.
② 시험통계량 t 값이 −임계값보다 작아 편향되었다.
③ 시험통계량 t 값이 임계값과 같으므로 편향되지 않았다.
④ 시험통계량 t 값이 −임계값과 +임계값 사이에 속하므로 편향되지 않았다.

해설 편향(bias)은 측정과정 또는 모집단의 표본을 추출하는 과정에서 발생하는 계통적인 오차, 즉 통계에서 추정한 결과가 한쪽으로 치우치는 경향을 보임으로써 발생하는 오차이다.

측정값의 표준편차 $s = \sqrt{\dfrac{\sum_{i=1}^{n}(x_i - \bar{x})^2}{n}}$

$= \sqrt{\dfrac{1.8 \times 10^{-7}}{3}}$

$= 2.45 \times 10^{-4}\,(\%)$

시험통계량 $t = \dfrac{|\bar{x} - \mu_o|}{\left(\dfrac{s}{\sqrt{n}}\right)}$

$= \dfrac{|0.012 - 0.0125|}{\left(\dfrac{2.45 \times 10^{-4}}{\sqrt{3}}\right)} = \pm 3.53$

∴ 시험통계량 t 값(±3.53)이 −임계값(−4.303)과 +임계값(4.303) 사이에 속하므로 편향되지 않았다.

02 50개의 시험·검사 결과 중 45개의 유효한 결과를 얻었다. 이 결과로부터 나타낼 수 있는 통계용어와 계산값으로 옳은 것은?

① 편향, 10 %
② 완성도, 90 %
③ 회수율, 90 %
④ 변동계수, 10 %

해설 완성도(completeness) : 일련의 시료군들에 대해 유용한 결과, 정도관리 목표값을 달성한 결과의 수를 가능한 모든 정도관리 분석 결과값의 총수로 나눈 뒤 퍼센트로 표시한 것이다.

완성도(%) $= \dfrac{\text{목적값을 달성한 QC 시료 수}}{\text{모든 QC 시료 수}}$

$= \dfrac{45}{50} \times 100$

$= 90\,\%$

03 정도관리 및 정도보증과 관련된 통계용어에 대한 설명으로 틀린 것은?

① 분산은 표준편차의 제곱으로 계산한다.
② 상대표준편차는 표준편차를 산술평균으로 나누어 계산한다.
③ 산술평균은 측정값의 합을 측정값의 개수로 나누어 계산한다.
④ 표준편차는 각 측정값의 편차들의 합을 측정값의 개수로 나누어 계산한다.

해설 표준편차는 각 측정값과 평균의 차이를 측정하여 해당 자료의 산포도를 나타내는 값이다.

$s = \sqrt{\dfrac{\sum_{i=1}^{n}(x_i - \bar{x})^2}{n}}$

정답 01 ④ 02 ② 03 ④

04 시료채취 및 실험과정 중 발생할 수 있는 오염원을 파악하기 위해 다양한 바탕시료를 사용한다. 교차오염 여부를 판단할 수 있는 바탕시료로 틀린 것은?

① 기구/세척 바탕시료
② 현장 바탕시료
③ 운반 바탕시료
④ 시약 바탕시료

해설 대표적인 바탕시료의 종류
• 방법 바탕시료(method blank sample)
• 현장 바탕시료(field blank sample)
• 기구 바탕시료(equipment blank sample)
• 세척 바탕시료(rinsate blank sample)
• 운반 바탕시료(trip blank sample)
• 전처리 바탕시료(preparation blank sample)
• 매질 바탕시료(matrix blank sample)
• 교정곡선 바탕시료(calibration blank sample)

05 시험 · 검사 결과를 기록하는 단위의 표기방법에 대한 설명으로 옳은 것은?

① 양의 기호는 이탤릭체(기울임체)로 작성한다.
② 접두어기호와 단위기호는 붙여 쓰며, 접두어기호는 대문자로 쓴다.
③ 범위로 표현되는 수치에는 마지막 수치에만 단위를 붙여 쓴다.
④ 약어를 단위로 사용할 수 있다.

해설 ② 접두어기호와 단위기호는 붙여 쓰며, 접두어기호는 소문자로 쓴다.
③ 범위로 표현되는 수치에는 단위를 각각 붙인다.
④ 약어를 단위로 사용하지 않으며 복수인 경우에도 바뀌지 않는다.

06 정밀도를 평가하는 방법으로 틀린 것은?

① 평균의 표준오차
② 표준편차, 분산
③ 절대오차, 상대오차
④ 상대표준편차, 퍼짐

해설 정밀도를 나타내기 위한 방법으로는 표준편차(standard deviation)가 가장 일반적으로 사용되며, 이외에도 평균의 표준오차(standard error), 분산(variance), 변동계수(coefficient of variance), 상대범위(relative range), 상대표준편차(relative standard deviation), 상대차이백분율(RPD, Relative Percent Difference) 및 퍼짐(spread) 또는 범위(range)가 있다.

07 정도관리 및 정도보증 관련 용어에 대한 설명으로 옳은 것은?

① 중앙값 : $\dfrac{1}{n}\sum\limits_{i=1}^{n_{\xi}} X_i$, 측정값의 중심으로 서로 더하여 평균한 값

② 편차율 : $\dfrac{x_1 - x_2}{x_1} \times 100$, 2개 관측값의 차이 측정

③ 회수율 : $\dfrac{X_{mean}}{X_{\min}} \times 100$, 시료 매질에 첨가한 성분 회수율

④ 상대차이백분율 : $\dfrac{s}{x} \times 100$, 관찰값을 수정하기 위한 상대표준편향

해설 ① 중앙값은 최솟값과 최댓값의 중앙에 해당하는 크기를 가진 측정값 또는 계산값을 말한다.
③ 회수율은 순수 매질 또는 시료 매질에 첨가한 성분의 회수 정도를 %로 표현할 때 사용한다.
④ 상대차이백분율(RPD, Relative Percent Difference) 또는 상대표준편차는 이중시료를 측정하여 그 정밀도를 나타내는 한 방법으로, 다음과 같이 계산한다.
$$RPD = \left[\dfrac{(A-B)}{\left\{ \dfrac{(A+B)}{2} \right\}} \right] \times 100$$
여기서, A : 큰 측정값
B : 작은 측정값

정답 **04** ④ **05** ① **06** ③ **07** ②

08 부피측정용 유리기구에 대한 설명으로 옳은 것은?

① 부피측정용 유리기구는 부피의 허용오차에 따라 등급 A, B 및 C로 구분한다.
② 뷰렛의 눈금은 무색인 경우 메니스커스 상단을 눈금으로 읽는다.
③ 미량의 단일 부피를 채취할 수 있도록 눈금이 한 개만 새겨진 피펫은 눈금피펫이다.
④ 'A'라고 적힌 것은 교정된 유리기구를 표시할 때 나타내는 것으로 온도에 대해 교정이 이루어진 것을 의미한다.

해설 ① 부피측정용 유리기구는 부피의 허용오차에 따라 등급 A 및 등급 B로 구분한다.
② 뷰렛의 눈금은 무색인 경우 메니스커스 하단을 눈금으로 읽는다.
③ 눈금피펫은 액체의 부피를 잴 수 있도록 만든 것으로 여러 개의 눈금이 새겨진 피펫이다.

09 대기 시료채취에 대한 일반적인 주의사항으로 틀린 것은?

① 시료채취를 할 때는 되도록 측정하려는 가스 또는 입자의 손실이 없도록 한다.
② 악취물질은 되도록 짧은 시간 내에 끝내고 입자상 물질 중의 금속성분이나 발암성 물질 등은 되도록 장시간 채취한다.
③ 시료채취 유량은 각 시험법에서 규정하는 범위 내에서 되도록 많이 채취하는 것을 원칙으로 한다.
④ 채취관을 수평방향으로 연결할 경우에는 되도록 관의 길이를 길게 하고 곡률반경도 크게 한다.

해설 ④ 채취관을 수평방향으로 연결할 경우에는 되도록 관의 길이를 짧게 하고 곡률반경은 크게 한다.

10 대표성 있는 시료채취지점 선정방법에 대한 설명으로 옳은 것은?

① 유의적 샘플링은 시료군을 일정한 패턴으로 구획하여 선택하는 방법이다.
② 임의적 샘플링은 시료가 우연히 발견되는 것을 전제로 하며, 많이 추천되는 방법이다.
③ 계통표본 샘플링은 전문적인 지식을 바탕으로 주관적인 선택에 따라 채취하는 방법이다.
④ 횡단면 샘플링은 시료채취지역을 일정한 방향으로 진행하면서 시료를 채취하는 방법이다.

해설 ① 유의적 샘플링은 특정 지점의 오염 발생 여부를 확인하고자 할 때 선택하는 방법이다.
② 임의적 샘플링은 시료가 우연히 발견되는 것이 아니라, 폭넓게 모든 지점(장소)에서 발생할 수 있다는 전제를 갖고 있다.
③ 계통표본 샘플링은 시료군을 일정한 패턴으로 구획하여 선택하는 방법이다.

11 현장분석 결과의 정확도 관리기준 작성을 위해 20개의 정확도 결과(%회수율)를 얻었다. 상한 관리기준과 하한 관리기준으로 모두 옳은 것은?

• 평균값 : 99.7 %
• 표준편차 : 2.2 %

① 상한 관리기준 : 99.7, 하한 관리기준 : 95.3
② 상한 관리기준 : 101.9, 하한 관리기준 : 97.5
③ 상한 관리기준 : 104.1, 하한 관리기준 : 95.3
④ 상한 관리기준 : 106.3, 하한 관리기준 : 93.1

해설 일반적으로 각각의 현장분석물질에 대한 정확도 관리기준을 세우기 위해 20개 이상의 %회수율 데이터를 수집하고 평균값($\bar{x}$)과 표준편차(s)를 계산하여 다음과 같은 방법으로 관리기준(control limit)을 구한다.
• 상한 관리기준 = $\bar{x} + 3s$
= $99.7 + 3 \times 2.2 = 106.3$
• 하한 관리기준 = $\bar{x} - 3s$
= $99.7 - 3 \times 2.2 = 93.1$

12 시험방법의 표준작업절차서에 대한 설명으로 틀린 것은?

① 검출한계, 간섭물질, 시험장비, 시험절차 내용을 포함한다.

② 분석담당자 이외의 직원이 분석할 수 있도록 자세한 시험방법을 기술한 문서이다.

③ 제조사로부터 제공된 표준작업절차서는 사용할 수 없다.

④ 문서 유효일자와 개정번호 및 승인자의 서명 등이 포함되어야 한다.

해설 표준작업절차서(SOPs, Standard Operating Procedures)는 시험방법에 대한 구체적인 절차로, 분석담당자 외의 직원이 분석할 수 있도록 자세한 시험방법을 기술한 문서이며, 제조사로부터 제공되거나 시험기관 내부적으로 작성될 수 있다. 표준작업절차서에는 문서 유효일자와 개정번호 및 승인자의 서명 등이 포함되어야 하며, 모든 직원이 쉽게 이용 가능하여야 한다(컴퓨터에 파일로 저장하여 이용 가능).
시험방법에 관한 표준작업절차서의 포함사항
• 시험방법 개요(분석항목 및 적용 가능한 매질)
• 검출한계
• 간섭물질(matrix interference)
• 시험·검사 장비(보유하고 있는 기기에 대한 조작절차)
• 시약과 사용하고 있는 표준물질 제조방법, 설정 유효기한
• 시료관리(시료 보관방법 및 분석방법에 따른 전처리방법)
• QA/QC 방법
• 시험방법 절차
• 결과 분석 및 계산
• 시료 분석결과 및 QA/QC 결과 평가
• 벗어난 값(outlier)에 대한 시정조치 및 처리절차
• 실험실 환경 및 폐기물 관리
• 참고자료
• 표, 그림, 도표와 유효성 검증자료

13 원자흡수분광광도법의 정량방법 중 표준물질첨가법에 대한 설명으로 틀린 것은?

① 목적성분의 농도는 검정곡선이 가로축과 교차하는 점으로부터 첨가 표준물질의 농도가 0인 점까지의 거리로 구한다.

② 각각의 용액에 대한 흡광도를 측정하여 가로축에 용액 영역 중의 표준물질 농도를, 세로축에는 흡광도를 취하여 검정곡선을 작성한다.

③ 같은 양의 분석시료 여러 개에 다른 농도의 표준용액을 각각 첨가하여 검정곡선 작성용 용액을 만든다.

④ 표준물질첨가법이 유효한 범위는 절대검정곡선법의 검정곡선이 저농도 영역까지 양호한 직선성을 가지고 원점을 통과하지 않는 경우로 한하고 그 이외에는 분석오차를 일으킨다.

해설 ④ 표준물질첨가법이 유효한 범위는 절대검정곡선법의 검정곡선이 저농도 영역까지 양호한 직선성을 가지고 원점을 통과하는 경우로 한하고 그 이외에는 분석오차를 일으킨다.

14 분석기기의 초기검정(initial calibration)에 대한 설명으로 틀린 것은?

① 표준물질은 분석자가 준비하거나 높은 신뢰성을 갖는 기관에서 공급한 것이어야 한다.

② 모든 표준물질은 유효기간이 기록되어야 한다.

③ 매뉴얼에 표준물질의 개수가 명시되어 있지 않으면 3개 이상 농도의 표준물질을 이용한다.

④ 표준물질의 농도는 최적의 농도보다 높은 농도를 선택하여 최고농도로 한다. 최고농도의 절반농도를 중간농도, 최고농도의 10 %를 최저농도로 한다.

해설 ④ 표준물질의 농도는 최적의 농도보다 높은 농도를 선택하여 '최고농도'로 한다. 최고농도의 절반농도를 '중간농도'로 하며, 최고농도의 5분의 1(20 %)을 '최저농도'로 한다.

정답 12 ③ 13 ④ 14 ④

15 광전분광광도계에 대한 파장눈금 교정방법 및 흡광도 눈금 보정에 대한 설명으로 **틀린** 것은?

① 수소방전관을 사용하는 경우 파장눈금 교정 시 사용하는 휘선스펙트럼의 파장은 486.13 nm, 656.28 nm이다.

② 파장 λm와 진파장 λt와의 차 $\Delta\lambda$가 파장 오차를 표시하는 것이므로 단색화 장치의 파장 조절기구를 조절하여 $\Delta\lambda$가 영(zero)이 되도록 한다.

③ 다이크로뮴산포타슘 용액의 흡광도를 220 nm에서 측정 결과 흡광도는 0.049, 투과율은 71.0 %가 나타나야 하고, 만일 다른 값을 나타내면 흡광도 눈금을 보정한다.

④ 0.0303 g/L 농도의 다이크로뮴산포타슘을 만들고, 이 용액의 일부를 신속하게 10 mm 흡수셀에 취하고 25 ℃에서 1 nm 이하의 파장 폭에서 흡광도를 측정하여 눈금을 보정한다.

〔해설〕 ③ 다이크로뮴산포타슘 용액의 흡광도를 220 nm에서 측정 결과 흡광도는 0.446, 투과율은 48.3 %가 나타나야 하고, 만일 다른 값을 나타내면 흡광도 눈금을 보정한다.

16 검출한계를 구하기 위해 7개의 매질 첨가시료를 분석한 결과이다. 방법검출한계로 옳은 것은?

- 평균 : 0.50 μg/mL
- 표준편차 : 0.0125 μg/mL
  (단, 98 % 신뢰도로 가정)

① 0.3750 μg/mL
② 0.0375 μg/mL
③ 0.3930 μg/mL
④ 0.0393 μg/mL

〔해설〕 방법검출한계(MDL) = 3.143 × 표준편차
$$= 3.143 \times 0.0125$$
$$= 0.0393 \ \mu g/mL$$

17 검출한계에 대한 설명으로 **모두** 옳은 것은?

㉠ 검출한계란 검출 가능한 최소량을 의미하며, 정량 가능할 필요는 없다.

㉡ 반응의 표준편차와 검량선의 기울기에 근거하여 검출한계를 구하는 방법은 반응의 표준편차를 검량선의 기울기로 나눈 값에 3.3을 곱하여 산출한다.

㉢ 방법검출한계는 어떠한 매질 종류에 측정항목이 포함된 시료를 시험방법에 의해 시험·검사한 결과가 99 % 신뢰수준에서 0보다 분명히 큰 최소농도로 정의할 수 있다.

㉣ 분석장비의 검출한계는 바탕시료에 대한 반복 시험·검사 결과 표준편차의 3배에 해당하는 농도를 기기검출한계로 사용할 수 있다.

㉤ 기기검출한계는 시험방법에서 제시한 정량한계(LOQ, Limit Of Quantification) 이하의 시험·검사값을 갖도록 해야 한다.

① ㉠, ㉡, ㉢, ㉤　　② ㉡, ㉢, ㉣, ㉤
③ ㉠, ㉡, ㉢, ㉤　　④ ㉠, ㉡, ㉢, ㉣

〔해설〕 ㉤ 기기검출한계(IDL, Instrument Detection Limit), 즉 분석장비의 검출한계는 일반적으로 S/N(Signal/Noise)비의 2배 ~ 5배 농도 또는 바탕시료를 반복 측정한 결과의 3배에 해당하는 농도의 표준편차로 표현되며, 분석장비 제조사에서 제시한 검출한계값을 기기검출한계로 사용할 수도 있다.

18 주어진 계산식의 결과값에 대한 유효숫자 개수가 **틀린** 것은?

① 67.2 + 76.8, 유효숫자 3개
② 82.34 − 78.43, 유효숫자 3개
③ 0.0326 × 1.7865, 유효숫자 3개
④ 4.318 ÷ 3.61, 유효숫자 3개

〔해설〕 결과를 계산할 때 곱하거나 더할 경우, 계산하는 숫자 중에서 가장 작은 유효숫자 자릿수에 맞춰 결과값을 적는다.
①번의 계산 결과값은 144.0으로, 유효숫자는 4개이다.

19 4명이 대기오염물질을 분석한 결과(단위 : ppm) 이다. 변동계수(coefficient of variation)를 기준으로 가장 우수한 정밀도를 보여준 분석자로 옳은 것은?

| ㉠ : 20, 25, 30, 40 |
| ㉡ : 20, 25, 30, 35 |
| ㉢ : 25, 30, 35, 40 |
| ㉣ : 30, 35, 40, 45 |

① ㉠   ② ㉡

③ ㉢   ④ ㉣

해설 변동계수 CV(또는 %RSD) $= \dfrac{\text{표준편차}}{\text{측정값 평균}} \times 100$

변동계수가 낮은 값을 가진 분석결과가 가장 우수한 정밀도를 나타낸다.

① 평균 : 28.75, 표준편차 : 7.40

$$CV = \frac{7.40}{28.75} \times 100 = 25.7\ \%$$

② 평균 : 27.5, 표준편차 : 5.59

$$CV = \frac{5.59}{27.5} \times 100 = 20.3\ \%$$

③ 평균 : 32.5, 표준편차 : 5.59

$$CV = \frac{5.59}{32.5} \times 100 = 17.2\ \%$$

④ 평균 : 37.5, 표준편차 : 5.59

$$CV = \frac{5.59}{37.5} \times 100 = 14.9\ \%$$

20 신규 분석자는 분석업무에 들어가기 전에 초기능력 검증을 통해 분석 수행 가능 여부를 판단한다. 제시된 방법검출한계와 자유도를 바탕으로 분석 수행이 불가능한 것으로 옳은 것은?

- 방법검출한계 : 0.3 ppm
- 자유도에 따른 $t-$분포값

자유도	2	3	4	5	6	7
$t-$분포값	6.96	4.54	3.75	3.39	3.14	3.00

① 측정값 : 0.46, 0.34, 0.51, 0.41, 0.61, 0.46, 0.34

   표준편차 : 0.072

② 측정값 : 0.46, 0.34, 0.51, 0.41, 0.61, 0.46

   표준편차 : 0.064

③ 측정값 : 0.46, 0.34, 0.51, 0.41, 0.61

   표준편차 : 0.072

④ 측정값 : 0.46, 0.34, 0.51, 0.41

   표준편차 : 0.072

해설 ① $MDL = 0.072 \times t_{(n-1)} = 0.072 \times 3.14$
           $= 0.23 < 0.3$

  ② $MDL = 0.064 \times t_{(n-1)} = 0.064 \times 3.39$
           $= 0.22 < 0.3$

  ③ $MDL = 0.064 \times t_{(n-1)} = 0.072 \times 3.75$
           $= 0.27 < 0.3$

  ④ $MDL = 0.064 \times t_{(n-1)} = 0.072 \times 4.54$
           $= 0.33 > 0.3$

∴ ④번이 방법검출한계를 초과하여 분석 수행이 불가능하다.

21 배출가스 중 일산화탄소를 기체 크로마토그래피로 분석하고자 한다. 열전도도검출기와 불꽃이온화검출기의 방법검출한계 목표로 모두 옳은 것은?

① 열전도도검출기 : 314 ppm,

   불꽃이온화검출기 : 0.3 ppm

② 열전도도검출기 : 0.3 ppm,

   불꽃이온화검출기 : 314 ppm

③ 열전도도검출기 : 31.4 ppm,

   불꽃이온화검출기 : 30 ppm

④ 열전도도검출기 : 30 ppm,

   불꽃이온화검출기 : 31.4 ppm

해설 배출가스 중 일산화탄소를 기체 크로마토그래피(Carbon Monoxide in Flue Gas-Gas Chromatography)로 분석 시 방법검출한계는 열전도도검출기가 314 ppm, 불꽃이온화검출기가 0.3 ppm이다.

정답 19 ④   20 ④   21 ①

22 환경시료를 반복 분석한 결과값 중 이상치 여부 판정에 대한 설명으로 **틀린** 것은?

① 이상치를 정량적으로 판정하기 위한 통계적 방법으로 Q-검정을 사용할 수 있다.

② 한 측정값이 나머지 측정값들과 일관성이 없는 것처럼 보이는 경우 그 측정값은 이상 치일 수 있다.

③ Q-검정에 의하면 의심스러운 측정값과 가장 가까운 데이터의 간격이 전체 데이터의 범위 대비 클수록 이상치일 가능성이 낮다.

④ 이상치로 의심이 된다고 무조건 버리기보다는 통계적으로 이상치 판정방법을 적용하여 이상치 여부를 검토하는 것이 필요하다.

해설 ③ Q-검정에 의하면 의심스러운 측정값과 가장 가까운 데이터의 간격이 전체 데이터의 범위 대비 클수록 이상치일 가능성이 높다. 의심스러운 값의 선택 여부를 결정하는 방법은 여러 가지가 있으나, Q-검정을 통한 방법은 다음과 같이 계산·판정한다.

- $Q_{계산}\left(=\dfrac{간격}{범위}\right) < Q_표$: 의심스러운 값은 받아들임

- $Q_{계산}\left(=\dfrac{간격}{범위}\right) > Q_표$: 의심스러운 값은 버림

여기서 '범위'란 '가장 큰 값-가장 작은 값'이며, 간격은 '가장 큰 값-바로 인근의 값' 또는 '가장 작은 값-바로 인근의 값'이다.

23 다음은 대기 중 벤젠 농도를 조사한 결과이다. 12.52 ppm이 다른 측정값들과 비교할 때 이상 자료로 의심된다. 측정값(12.52 ppm)을 받아들일 것인지 여부를 90 % 신뢰수준에서 판단하려고 할 때 옳은 것은?

- 실험값(ppm) : 12.42, 12.46, 12.48, 12.50, 12.52
- 90 % 신뢰수준에서 임계값(Q_{crit}) : 0.64

① Q 계산값은 0.20이고 임계값은 0.64이므로 의심스러운 측정값은 받아들인다.

② Q 계산값은 0.20이고 임계값은 0.64이므로 의심스러운 측정값은 받아들이지 않는다.

③ Q 계산값은 0.50이고 임계값은 0.64이므로 의심스러운 측정값은 받아들인다.

④ Q 계산값은 0.50이고 임계값은 0.64이므로 의심스러운 측정값은 받아들이지 않는다.

해설 $Q_{계산값} = \dfrac{(12.52-12.50)}{(12.52-12.42)} = 0.2 < 0.64$

의심스러운 측정값은 받아들인다.

24 배출가스 중 톨루엔을 흡착관에 흡착시켜 GC/MSD로 분석한 결과이다. 상대오차(%)와 상대정확도(%) 계산값으로 옳은 것은?

- 농도 : 50 ppm
- 희석농도 : 250 ppb
- 흡착부피 : 1 L
- 평균농도 : 248 ppb (7회 분석)

① 상대오차 : 0.4 %, 상대정확도 : 98.2 %
② 상대오차 : 0.8 %, 상대정확도 : 99.2 %
③ 상대오차 : 0.4 %, 상대정확도 : 99.5 %
④ 상대오차 : 0.8 %, 상대정확도 : 98.5 %

해설 • 상대오차는 절대오차나 평균오차를 참값의 비(ratio)로 나타낸다.

$$상대오차 = \frac{|참값-측정값|}{참값}$$

$$= \frac{(250-248)}{250} \times 100$$

$$= 0.8 \%$$

• 상대정확도(relative accuracy)는 측정값이나 평균값을 참값에 대한 백분율로 나타낸다.

$$상대정확도 = \frac{측정값\ 또는\ 평균값}{참값} \times 100$$

$$= \frac{248}{250} \times 100$$

$$= 99.2 \%$$

정답 **22** ③ **23** ① **24** ②

25 실험실용 장갑(glove) 재질에 따른 취급대상 화학물질에 대한 내용으로 <u>틀린</u> 것은?

① 천연고무 : 알칼리, 알코올류, 희석된 수용액에 좋음

② PVC(Polyvinyl Chloride) : 강산, 강알칼리, 염류, 알코올류에 좋음

③ Nitrile : 용매, 오일, 그리스 등에 좋음

④ PVA(Polyvinyl Alcohol) : 방향족 용매, 수용성 물질에 좋음

해설 ④ PVA : 방향족 용매, 염화 용매에 좋으며, 수용성 물질에 좋지 않음

26 환경실험실에서 화학물질의 일반적인 취급요령에 대한 설명으로 <u>틀린</u> 것은?

① 약품 명칭이 없는 용기의 약품은 사용하지 않는다.

② 모든 용기에는 약품의 명칭을 기재하여야 하나, 증류수처럼 무해한 것은 제외된다.

③ 절대로 모든 약품에 대하여 맛 또는 냄새를 맡는 행위를 금하고, 입으로 피펫을 빨지 않는다.

④ 위험한 물질을 사용할 때는 가능한 한 소량을 사용하고, 또한 미지의 물질에 대해서는 예비시험을 할 필요가 있다.

해설 무해한 정제수(증류수)라 할지라도 반드시 라벨링하여 잘못 사용하지 않도록 해야 한다. 일반적으로 표준물질 또는 시약의 보관용기 라벨에 표기할 사항으로는 표준물질 또는 시약명, 용도, 제조일, 유효기간, 제조자 등이며, 화학물질 보관용기에 사용되는 GHS 라벨링에 필요한 표지 요소로는 화학물질의 명칭, GHS 그림문자, 신호어, 유해위험 문구, 예방조치 문구, 응급조치 요령, 공급자 정보 등이 있다.

27 대기오염 공정시험기준의 두 가지(A, B) 방법으로 어떤 동일한 시료에 대해 각각 10회, 7회 측정하였다. 두 시험방법의 실험 표준편차에 대한 F 계산값과 A시험방법의 정밀도가 B시험방법의 정밀도보다 열등하다고 주장할 수 있는지에 대한 판정결과로 옳은 것은?

- A 방법 산술평균값 : 100 nmol/mol
- A 방법 실험 표준편차 : 20 nmol/mol
- B 방법 산술평균값 : 105 nmol/mol
- B 방법 실험 표준편차 : 10 nmol/mol
- 95 % 신뢰수준에서 자유도 쌍(9, 6)의 F 임계값 : 4.10

① F 계산값 : 0.25, 판정결과 : 열등하다.

② F 계산값 : 0.5, 판정결과 : 열등하다.

③ F 계산값 : 2, 판정결과 : 열등하지 않다.

④ F 계산값 : 4, 판정결과 : 열등하지 않다.

해설 $$F_{계산값} = \frac{s_1^2}{s_2^2} = \frac{20^2}{10^2} = 4 < 4.10$$

Not Significant(Not S)

28 환경측정기기 검사기관으로 지정을 받은 자가 지정내용을 변경하고자 할 때 환경부장관에게 변경 신청해야 하는 내용으로 <u>틀린</u> 것은?

① 검사대상 기기

② 성능 세부기준

③ 영업소의 소재지

④ 대표자 또는 상호

해설 환경분야 시험·검사 등에 관한 법률 시행령 제11조(검사기관 지정내용의 변경)
1. 대표자 또는 상호
2. 영업소의 소재지
3. 검사분야 또는 검사대상 기기
4. 기술능력
5. 시설 또는 장비

29 「환경분야 시험·검사 등에 관한 법률」 시행규칙에서 규정한 현장평가 시 중대한 미흡사항으로 <u>틀린</u> 것은?

① 인력의 허위기재(자격증만 대여해 놓은 경우 포함)

② 기술능력·시설 및 장비가 개별법의 등록·지정·인정 기준에 미달된 경우

③ 숙련도시험에서의 부정행위(근거자료가 없는 경우 및 표준시료의 위탁분석행위 등)

④ 정도관리 검증기관이 검증서를 발급받은 이후 정당한 사유 없이 1년 이내 시험·검사 실적이 없는 경우(단, 용역사업 참여실적은 업무실적에 포함됨)

해설 환경 시험·검사기관 정도관리 운영 등에 관한 규정 제39조(중대한 미흡사항)
국립환경과학원장이 고시한 중대한 미흡사항이란 다음을 말한다.
1. 정도관리 검증기관이 검증서를 발급받은 이후 정당한 사유 없이 1년 이상 시험·검사 등의 실적이 없는 경우(단, 용역사업 참여실적은 업무실적에 포함됨)
2. 측정대행업을 등록하려는자 또는 측정대행업의 항목을 추가하려는자, 정도관리를 다시 하려는 자에 대하여 현장평가를 실시하는 경우 숙련도시험 분석자와 등록 예정인력 또는 등록된 기술인력이 불일치하는 경우
3. 품질문서를 미구비한 경우

30 환경측정기기 검사기관은 「환경분야 시험·검사 등에 관한 법률」 시행규칙에 따라 정도검사를 실시하고 그 결과를 정도검사점검표에 기록해야 한다. 정도검사점검표의 기술사항으로 <u>틀린</u> 것은?

① 성능　　② 구조
③ 형식　　④ 설치규격

해설 측정기기 및 그 부속기기 정도검사점검표의 '기술사항' 항목
설치규격, 구조, 성능

31 간이측정기 성능인증 등급기준에 대한 설명으로 <u>틀린</u> 것은? (단, 미세먼지 간이측정기는 제외)

① 평가항목별 등급기준은 1등급, 2등급, 등급 외 등 3종류이다.

② 대기, 수질, 소음, 먹는물, 실내공기질 분야 등 5분야가 있다.

③ 평가항목으로는 반복성, 직선성, 상대정확도 등이 있다.

④ 평가항목 중 어느 하나의 항목이 등급 외 판정을 받는 경우 성능인증 등급은 등급 외로 한다.

해설 환경분야 시험·검사 등에 관한 법률 시행규칙 [별표 2의 3] 간이측정기 성능인증 등급기준
① 평가항목별 등급기준은 1등급, 등급 외 등 2종류이다.

32 「환경분야 시험·검사 등에 관한 법률」 시행규칙에서 규정한 측정대행업자에 대한 행정처분기준이 되는 중요 장비 및 실험기기로 <u>틀린</u> 것은?

① 대기 분야 : 산소측정기
② 수질 분야 : 원자흡광광도계
③ 실내공기질 분야 : 진공펌프
④ 악취 분야 : 열탈착장치

해설 환경분야 시험·검사 등에 관한 법률 시행규칙 [별표 10] 측정대행업자에 대한 행정처분기준
③ 실내공기질 분야 : 가스 크로마토그래프/질량분석계(GC/MS), 고성능 액체 크로마토그래프(HPLC), 열탈착장치(TD), 미니볼륨에어샘플러(mini volume air sampler), 전자저울, 위상차 현미경, 일산화탄소 측정기(비분산적외선법, 자동), 이산화탄소 측정기(비분산적외선법), 이산화질소 측정기(화학발광법), 라돈 연속 모니터 측정기 및 총부유세균 측정장비(bio air sampler)

정답 29 ④　30 ③　31 ①　32 ③

33 「환경분야 시험·검사 등에 관한 법률」에 규정한 기준 시험·검사실의 설치·운영기준에 대한 설명으로 틀린 것은?

① 기준 시험·검사실의 설치·운영기준은 인력, 시설, 장비, 운영관리를 포함한다.

② 환경측정분석사로서 시험·검사 관련 실무경력이 5년 이상인 자는 책임자가 될 수 있다.

③ 환경측정분석사로서 시험·검사 관련 실무경력이 2년 이상인 자는 연구원이 될 수 있다.

④ 시설 및 장비 기준 중 장비는 시험분야, 검사분야, 운영분야로 엄격히 구분하여야 한다.

해설 환경분야 시험·검사 등에 관한 법률 시행규칙 [별표 1] 기준 시험·검사실의 설치·운영기준
④ 시설 및 장비 기준 중 장비는 시험분야, 검사분야로 각각 나누어 구비할 수 있다.

34 환경측정기기 정도검사의 기준, 주기 및 방법에 대한 설명이 틀린 것은?

① 측정기기를 사용하는 자는 최초 정도검사를 받은 날부터 정도검사 주기마다 끝나는 날의 30일 전부터 끝나는 날의 30일 후까지 검사기관에서 정도검사를 받아야 한다.

② 환경오염도 측정결과를 행정목적이나 외부에 알리기 위한 목적으로 사용하지 아니하는 측정기기의 경우에는 정도검사를 받지 아니하고 사용할 수 있다.

③ 정도검사 주기는 측정기기의 정밀도, 정확도, 안정성, 사용목적, 사용환경 및 사용빈도 등을 고려하여 1년 미만의 기간으로 한다.

④ 정도검사는 의뢰자가 직접 해당 측정기기를 제출한 경우 외에는 측정기기가 설치된 현장을 직접 방문하여 실시한다.

해설 환경분야 시험·검사 등에 관한 법률 시행규칙 제7조(정도검사의 기준과 주기)
국립환경과학원장은 정도검사 주기를 정하는 경우에는 측정기기의 정밀도, 정확도, 안정성, 사용목적, 사용환경 및 사용빈도 등을 고려하여 1년 이상의 기간으로 정하여야 한다.

35 형식승인을 받은 환경측정기기의 변경승인을 받아야 하는 중요 사항으로 틀린 것은?

① 측정기기 제작일
② 측정기기 운용 프로그램
③ 측정방법·측정원리나 측정항목
④ 측정기기의 기능이나 성능에 영향을 미치는 외관이나 내부 구조

해설 환경분야 시험·검사 등에 관한 법률 시행규칙 제3조(형식승인 등의 변경승인 등)
1. 측정범위나 최소눈금 간격
2. 측정방법·측정원리나 측정항목
3. 측정기기의 기능이나 성능에 영향을 미치는 외관이나 내부 구조
4. 측정기기 운용 프로그램

36 「환경분야 시험·검사 등에 관한 법률」에서 '시험·검사 등'의 정의에 대한 내용으로 틀린 것은?

① 환경유해성의 측정
② 환경오염 측정·분석을 위한 시료의 채취
③ 환경설비의 시험·검사와 관련된 규격의 제정
④ 오염물질 등을 측정·분석하거나 검사하는 장비 또는 기기

해설 환경분야 시험·검사 등에 관한 법률 제2조(정의)
"시험·검사 등"이란 환경의 관리·보전을 위하여 환경분야 관련 법령에 따라 수행하는 환경오염 또는 환경유해성의 측정·분석·평가(측정·분석·평가를 위한 시료의 채취를 포함한다), 측정기기·환경설비의 시험·검사 및 이와 관련된 규격의 제정·확인 등을 말한다.

정답 33 ④ 34 ③ 35 ① 36 ④

37 「환경분야 시험·검사 등에 관한 법률」에서 규정한 환경부장관이 정도관리를 할 수 있는 기관으로 옳은 것은?

> ㉠ 환경측정기기 검사기관
> ㉡ 측정대행업자
> ㉢ 환경관리 대행기관
> ㉣ 대기오염도 검사기관
> ㉤ 공공 폐수처리시설(수질분야의 시험검사를 하는 시설만 해당)
> ㉥ 토양 관련 전문기관
> ㉦ 환경영향평가업의 등록을 한 자 중 관련 법에 따른 분야에 대한 시험·검사를 하는 자
> ㉧ 국가·지방자치단체 또는 공공기관이 정도관리를 의뢰하는 기관이나 단체

① ㉠, ㉡, ㉢, ㉣, ㉤, ㉥, ㉧
② ㉠, ㉡, ㉣, ㉤, ㉥, ㉦, ㉧
③ ㉡, ㉢, ㉣, ㉤, ㉥, ㉦, ㉧
④ ㉠, ㉡, ㉢, ㉣, ㉤, ㉥, ㉦

해설 환경분야 시험·검사 등에 관한 법률 시행령 제13조의 5(시험·검사기관 등)
1. 환경측정기기 검사기관
2. 측정대행업자
3. 대기오염도 검사기관
4. 실내공기질 오염도 검사기관
5. 악취 검사기관
6. 공공 폐수처리시설(실험실 및 장비를 갖추고 수질분야의 시험·검사를 하는 시설만 해당)
7. 오염도 검사기관
8. 먹는물의 수질 검사기관
9. 폐기물 분석 전문기관, 폐기물 처리시설 검사기관 및 오염물질 측정기관
10. 토양 관련 전문기관
11. 환경영향평가업의 등록을 한 자 중 측정기기를 갖추어 시험·검사를 하는 자
12. 잔류성 오염물질 측정기관
13. 국가·지방자치단체 또는 공공기관이 대기·수질, 먹는물 또는 소음·진동 분야 등에 대한 정도관리를 의뢰하는 기관이나 단체

38 「환경 시험·검사기관 정도관리 운영 등에 관한 규정」 제48조에서 규정한 정도관리 검증기관의 검증유효기간 만료조건으로 <u>틀린</u> 것은?

① 실험실 소재지 및 항목 변경
② 시험성적서의 거짓 기재 및 발급
③ 분야별 숙련도 결과 및 현장평가 결과가 부적합 판정된 경우
④ 현지실사 결과에 따른 검증내용의 변동사항에 대한 보완조치가 정해진 기간 내에 완료되지 않은 경우

해설 환경 시험·검사기관 정도관리 운영 등에 관한 규정 제48조(검증기관의 검증유효기간 및 정도관리 유지)
검증기관에 대하여 다음의 사항이 발견된 경우는 그 결과 통보일로부터 해당 분야의 검증유효기간이 만료된 것으로 보며, 해당 분야의 시험·검사 업무를 다시 하려는 자는 정도관리를 다시 받아야 한다.
1. 분야별 숙련도 시험결과가 부적합 판정된 경우
2. 현장평가 결과가 부적합 판정된 경우
3. 현지실사 결과에 따른 검증내용의 변동사항에 대한 보완조치가 정해진 기간 내에 완료되지 않은 경우
4. 인력의 허위기재(자격증만 대여해 놓은 경우 포함)
5. 숙련도 시험의 부정행위(산출근거 미보유 및 부적정, 숙련도 표준시료의 위탁분석 행위 등)
6. 시험성적서의 거짓 기재 및 발급
7. 고의 또는 중대한 과실로 측정결과를 거짓으로 산출하거나 기술능력·시설 및 장비가 등록기준에 미달하여 행정처분을 받은 경우

정답 37 ② 38 ①

39 환경 시험 · 검사기관 중 정도관리 현장평가 대상 기관이 구비 또는 제출해야 할 사항으로 틀린 것은?

① 국립환경과학원장은 정도관리 현장평가 대상 기관에 대하여 정도관리 대상 기관 현황표의 제출을 요청할 수 있다.

② 정도관리 현장평가 대상 기관은 국립환경과학원장이 실시하는 현장평가를 받기 위하여 품질매뉴얼, 품질절차서 등의 정도관리 품질문서를 구비하여야 한다.

③ 정도관리 현장평가 대상 기관은 현장평가를 위하여 해당 기관의 정도관리 품질문서에 부합하는 시험 · 검사 기관의 기술인력, 시설, 장비 등을 갖추어야 한다.

④ 시험 · 검사기관 중 2개 이상 분야의 시험 · 검사 업무에 대하여 등록 또는 지정 또는 인정을 받은 경우에는 품질요건에 대한 품질문서는 분야별로 작성 · 구비하여야 한다.

해설 환경 시험 · 검사기관 정도관리 운영 등에 관한 규정 제25조(현장평가 대상 기관의 구비사항)
1. 현장평가 대상 기관은 국립환경과학원장이 실시하는 현장평가를 받기 위하여 제3조 제1항에 따라 [별표 1]의 경영요건 및 기술요건에 따라 해당 기관의 정도관리시스템을 규정한 품질매뉴얼, 품질절차서 등의 정도관리 품질문서를 구비하여야 한다.
2. 현장평가 대상 기관은 현장평가를 위하여 해당 기관의 정도관리 품질문서에 부합하는 시험 · 검사 기관의 기술인력 · 시설 · 장비 등을 갖추고 시험 · 검사 등을 한 자료의 검증을 위하여 필요한 각종 기록을 구비하고 있어야 한다.
3. 시험 · 검사기관 중 2개 이상 분야의 시험 · 검사 업무에 대하여 등록 또는 지정 또는 인정을 받은 경우에는 기술요건에 대한 품질문서는 분야별로 작성 · 구비하여야 한다.
제26조(대상 기관의 서류 제출)
국립환경과학원장은 현장평가를 하고자 하는 대상 기관에 대하여 정도관리 대상 기관 현황표의 제출을 요청할 수 있다.

40 「환경분야 시험 · 검사 등에 관한 법률」 시행규칙에서 규정한 기준 시험 · 검사실의 설치 · 운영기준에 대한 설명으로 틀린 것은?

① 인력기준 중 시험분야 연구원은 10인 이상이어야 한다.

② 기준 시험 · 검사실의 설치 · 운영기준은 인력, 시설, 장비, 운영관리를 포함한다.

③ 환경측정분석사로서 시험 관련 실무경력이 3년 이상인 자는 시험분야 책임자의 인력기준 자격요건을 가진 것으로 본다.

④ 관련분야 석사로서 시험 관련 실무경력이 3년 이상인 자는 시험분야 연구원의 인력기준 자격요건을 가진 것으로 본다.

해설 환경분야 시험 · 검사 등에 관한 법률 시행규칙 [별표 1] 기준 시험 · 검사실의 설치 · 운영기준
③ 환경측정분석사로서 시험 관련 실무경력이 5년 이상인 자는 시험분야 책임자의 인력기준 자격요건을 가진 것으로 본다.

[2과목 : 대기오염물질 공정시험기준]

01 대기오염 공정시험기준에 따른 화학분석 일반 사항 중 관련 용어에 대한 설명으로 <u>모두</u> 옳은 것은?

> • "정확히 단다"라 함은 규정한 양의 검체를 취하여 분석용 저울로 (㉠)까지 다는 것을 뜻함
> • 시험조작 중 "즉시"란 (㉡) 이내에 표시된 조작을 하는 것을 뜻함
> • "감압 또는 진공"이라 함은 따로 규정이 없는 한 (㉢) 이하를 뜻함

① ㉠ 0.1 mg, ㉡ 30초, ㉢ 15 mmHg
② ㉠ 0.1 mg, ㉡ 60초, ㉢ 15 mmHg
③ ㉠ 1 mg, ㉡ 30초, ㉢ 15 mmHg
④ ㉠ 1 mg, ㉡ 60초, ㉢ 30 mmHg

> **해설** • "정확히 단다"라 함은 규정한 양의 검체를 취하여 분석용 저울로 0.1 mg까지 다는 것을 뜻한다.
> • 시험조작 중 "즉시" 30초 이내에 표시된 조작을 하는 것을 뜻한다.
> • "감압 또는 진공"이라 함은 따로 규정이 없는 한 15 mmHg 이하를 뜻한다.

02 대기오염 공정시험기준에 따른 시료 전처리 방법 중 마이크로파 산분해에 대한 설명으로 <u>모두</u> 옳은 것은?

> 이 방법은 고압에서 (㉠) ℃까지 온도를 상승시킬 수 있어 기존의 대기압하에서의 산분해방법보다 최고 100배 빠르게 시료를 분해할 수 있다. 유기물은 (㉡) g ~ 0.2 g, 무기물은 (㉢) g 정도까지 분해시킬 수 있다.

① ㉠ 200, ㉡ 0.01, ㉢ 1
② ㉠ 270, ㉡ 0.01, ㉢ 2
③ ㉠ 270, ㉡ 0.1, ㉢ 1
④ ㉠ 270, ㉡ 0.1, ㉢ 2

> **해설** 마이크로파 산분해(microwave acid digestion) 방법은 고압에서 270 ℃까지 온도를 상승시킬 수 있어 기존 대기압하에서의 산분해방법보다 최고 100배 빠르게 시료를 분해할 수 있고, 마이크로파 에너지를 조절할 수 있어 재현성 있는 분석을 할 수 있다. 유기물은 0.1 g ~ 0.2 g, 무기물은 2 g 정도까지 분해시킬 수 있다.

03 대기오염 공정시험기준에 따른 고성능 액체 크로마토그래피에서 사용되는 검출기에 대한 설명으로 <u>틀린</u> 것은?

① 자외선흡수검출기의 광원으로 수은에서 나오는 254 nm의 자외선이 일반적으로 사용된다.
② 형광검출기로 아미노산을 검출하기 위해 유도체 시약으로 dansyl chloride를 사용한다.
③ 질량분석검출기는 분리관에서 나오는 용리액의 일부만 직접 주입한다.
④ 굴절률검출기는 대부분의 흡광도방법보다 5배 이상 감도가 높다.

> **해설** ④ 굴절률검출기는 온도에 매우 민감하므로 천분의 수 도(℃) 범위 내에서 일정한 온도를 유지해야 하고 대부분의 다른 형태의 검출기보다 감도가 좋지 않다.

04 대기오염 공정시험기준에 따른 오염물질 분석 시 램버트비어(Lambert-Beer)의 법칙을 이용하지 않는 분석방법은?

① 흡광차분광법
② X-선 형광분광법
③ 자외선/가시선 분광법
④ 비분산적외선 분광법

> **해설** X-선 형광분광법(general rules for X-ray fluorescence spectrometry)은 Bragg의 법칙 ($n\lambda = 2d\sin\theta$)을 이용하여 물질을 정량화한다.

정답 01 ① 02 ④ 03 ④ 04 ②

05 대기오염 공정시험기준에 따른 흡광차분광법 간섭물질의 영향에 대한 설명으로 **틀린** 것은?

① 오존에 대한 수분의 영향을 측정하기 위해서 제로가스 및 스팬가스에 상대습도 70 % 이상이 되도록 수분을 첨가한다.

② SO₂에 대한 오존의 영향을 측정하기 위해서 제로가스 및 스팬가스에 10 ppm 정도의 오존가스를 첨가한다.

③ 최대눈금값이 10 ppm이고 수분 첨가 시 10 ppm, 첨가하지 않은 경우 9 ppm일 때 오존에 대한 수분의 영향은 10 %이다.

④ 오존에 대한 톨루엔의 영향을 측정하기 위해서 제로가스 및 스팬가스에 약 1 ppm이 되도록 톨루엔을 첨가한다.

> 해설 ② SO₂에 대한 O₃의 영향을 측정하기 위해 0.2 ppm 정도의 오존가스를 이용하여 제로가스 및 스팬가스에 첨가하여 지시값이 안정된 후에 지시값을 읽어 취한다.

06 대기오염 공정시험기준에 따른 배출가스 중 가스상 물질 시료채취장치에서 그림과 같은 흡수병이 필요한 분석방법과 분석대상 물질로 옳은 것은?

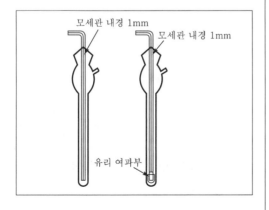

① 인도페놀법 : 암모니아

② 오르토톨리딘법 : 염소

③ 자외선/가시선 분광법 : 이황화탄소

④ 싸이오시안산제2수은법 : 염화수소

> 해설

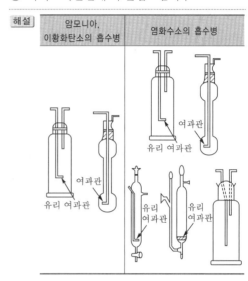

07 고용량 공기시료채취기를 사용하여 입자상 물질을 채취하기 위한 유량계의 교정과정 중 부속유량계 교정절차에 대한 설명으로 **틀린** 것은?

① 고용량 공기시료채취기의 입구 부분에 오리피스가 달리고 유량 결정이 끝난 부속유량계를 장착한다.

② 전원스위치를 넣고 무부하상태에서 5분간 작동한 후 마노미터의 눈금과 부속유량계의 눈금을 읽는다.

③ 전원스위치를 끄고 오리피스와 고용량 공기시료채취기 본체의 접속부분에 공기저항판을 순서대로 끼워가며, 각각의 마노미터 눈금값과 부속유량계의 눈금값을 읽는다.

④ 공기저항판을 끼웠을 때의 마노미터 눈금값으로부터 유량의 참값을 구한다.

해설 ① 고용량 공기시료채취기의 입구 부분에 마노미터를 부착하고 유량 결정이 끝난 오리피스를 장착한다.

08 대기오염 공정시험기준에 따른 배출가스 중 입자상 물질 시료채취방법에 대한 설명으로 **틀린** 것은?

① 시료채취기의 흡입관은 수분응축 방지를 위해 120 ℃ ± 14 ℃로 유지할 수 있는 가열기를 갖춘 것을 사용한다.

② 원통 여과지는 실리카섬유제 여과지로서 99 % 이상의 먼지채취율(0.3 μm 다이옥틸프탈레이트 매연 입자에 의한 먼지 통과시험)을 나타내는 것이어야 하며, 유효직경이 25 mm 이상의 것을 사용한다.

③ 시료채취장치 1형을 사용한 측정에서 시료 회수 시, 임핀저 트레인 중에 첫 번째와 두 번째 임핀저에 들어있는 물을 ±1 mL까지 측정하거나 혹은 저울을 이용해 ±0.5 g 이내까지 정확히 측정한다.

④ 먼지 농도의 습도에 의한 오차를 줄이기 위해 여과지를 데시케이터에서 일반 대기압하에서 20 ℃ ± 5.6 ℃로 적어도 24시간 이상 건조시키며 6시간의 간격을 두고 먼지 질량의 차이가 1 mg일 때까지 측정한다.

해설 ④ 먼지 농도의 습도에 의한 오차를 줄이기 위해 먼지의 질량을 측정하기 전 여과지 홀더 또는 여과지를 데시케이터에서 일반 대기압하에서 20 ℃ ± 5.6 ℃로 적어도 24시간 이상 건조시키며 6시간의 간격을 두고 먼지 질량의 차이가 0.1 mg일 때까지 측정한다.

09 대기오염 공정시험기준에 따라 배출가스 중 대기오염물질 측정을 위한 측정대상 물질(㉠), 주시험방법(㉡), 굴뚝 연속자동측정기 측정방법(㉢)으로 **틀린** 것은?

① ㉠ 플루오린화수소,
   ㉡ 자외선/가시선 분광법,
   ㉢ 이온전극법

② ㉠ 암모니아,
   ㉡ 자외선/가시선 분광법,
   ㉢ 정전위전해법

③ ㉠ 염화수소,
   ㉡ 이온 크로마토그래피,
   ㉢ 비분산적외선 분광분석법

④ ㉠ 질소산화물,
   ㉡ 자동측정법,
   ㉢ 화학발광법

해설 ② ㉠ 암모니아,
   ㉡ 자외선/가시선 분광법,
   ㉢ 용액전도율법과 적외선가스 분석법

10 대기오염 공정시험기준에 따른 환경대기 중 초미세먼지(PM-2.5) 자동측정법(베타선법)에서 농도 계산식에 대한 설명으로 **틀린** 것은?

$$C = \frac{S}{\mu \cdot Q \cdot \Delta t} \ln\left(\frac{I}{I_o}\right)$$

① S : 단위면적당 채취된 분진의 질량

② μ : 미세먼지에 의한 베타선 질량 흡수 소멸 계수

③ I : 여과지에 채취된 분진을 투과한 베타선 강도

④ I_o : Blank 여과지에 투과된 베타선 강도

해설 ① S : 먼지가 채취된 여과지의 면적(m^2)

11 배출가스 중 질소산화물 자동측정기(측정범위 0 ppm ~ 1,000 ppm)의 반복성 실험 결과이다. 반복성(%)으로 옳은 것은?

C_i	$n = 5$	1회차	2회차	3회차	4회차	5회차
	제로가스	5.0	3.0	2.5	4.0	2.0
	스팬가스	903	897	910	890	908

① 0.12 % ② 0.24 %
③ 0.82 % ④ 1.64 %

해설

$$반복성(\%) = \frac{\sqrt{\dfrac{\sum\limits_{i=1}^{n}(C_i)^2 - \dfrac{1}{n}\left(\sum\limits_{i=1}^{n}C_i\right)^2}{n-1}}}{측정범위} \times 100$$

$$= 0.82 \%$$

여기서, C_i : i번째 지시값
　　　　n : 시험횟수

12 대기오염 공정시험기준에 따른 배출가스 중 카드뮴화합물 – 원자흡수분광광도법으로 분석한 결과이다. 카드뮴의 농도(mg/Sm^3)는?

- 분석용 시료용액 1 mL 중의 카드뮴 양 : 0.25 μg
- 현장바탕 시료용액 1 mL 중의 카드뮴 양 : 0.1 μg
- 분석용 시료용액의 전체 부피 : 300 mL
- 표준상태 건조가스 시료채취량 : 1,400 L

① 0.032 mg/Sm^3 ② 0.054 mg/Sm^3
③ 32.143 mg/Sm^3 ④ 66.964 mg/Sm^3

해설 카드뮴의 농도(mg/Sm^3)

$$C = \frac{(a-b) \times V}{V_s} = \frac{(0.25 - 0.1) \times 300}{1,400}$$

$$= 0.032 (mg/Sm^3)$$

여기서, C : 입자상 금속 및 그 화합물 농도 (mg/Sm^3)
　　　　a : 분석용 시료용액의 금속 농도($\mu g/mL$)
　　　　b : 현장바탕 시료용액의 금속 농도 ($\mu g/mL$)
　　　　V : 분석용 시료용액의 전체 부피(mL)
　　　　V_s : 표준상태 건조가스 시료채취량(L)

13 환경대기 중 다환방향족 탄화수소류(PAHs) – 기체 크로마토그래피/질량분석법에서 시료 회수에 대한 설명으로 틀린 것은?

① 냉장 보관 시 기타 다른 유기용제류 등 불순물의 오염에 주의한다.
② 시료채취와 분석시간의 차이가 48시간이 넘으면 4 ℃에서 냉장 보관한다.
③ 운반함은 냉장 보관하거나 분석대상 물질이 광분해되는 것을 막기 위해 가능한 자외선으로부터 보호한다.
④ 시료채취 유량이 초기값과 10 % 이상 차이가 있을 때에는 원인을 알아보고 시료로 사용할 것인지 결정한다.

해설 ② 시료채취와 분석시간의 차이가 24시간이 넘으면 4 ℃에서 냉장 보관한다.

14 환경대기 중 가스상 다환방향족 탄화수소류(PAHs) 시료채취 시 흡착수지를 사용할 때 전처리방법에 대한 설명으로 틀린 것은?

① 흡착수지는 스타이렌/다이비닐벤젠 계열의 다공성 고분자수지를 사용한다.
② 흡착수지 60 g을 속슬레 장치에 넣고 아세톤을 사용하여 4주기/시간 간격으로 16시간 동안 세척한다.
③ 유리 카트리지를 헥세인으로 세척하고 약 55 g의 흡착수지를 2인치 정도의 깊이로 유리 카트리지에 넣는다.
④ 흡착제가 포함된 유리 카트리지를 헥세인으로 세척한 호일로 싸고 라벨을 붙이고 테프론테이프로 단단하게 포장한다.

해설 ② 흡착수지 60 g을 속슬레 장치에 넣고 다이클로로메테인을 사용하여 4주기/시간 간격으로 16시간 동안 세척한다.

정답 **11** ③ **12** ① **13** ② **14** ②

15 대기오염 공정시험기준에서 표준상태로 환산한 건조 배출가스 중에 포함되어 있는 미세먼지(PM-10)의 농도(mg/Sm^3)는?

> - 채취된 먼지량 : 4.5 mg
> - 건식 가스미터에서 읽은 가스 시료채취량 : 1,800 L
> - 건식 가스미터의 평균온도 : 20 ℃
> - 측정공 위치의 대기압 : 758 mmHg
> - 오리피스 압력차 : 25 mmH$_2$O

① 1.68 mg/Sm^3
② 1.98 mg/Sm^3
③ 2.68 mg/Sm^3
④ 2.98 mg/Sm^3

해설 미세먼지(PM-10)의 농도(mg/Sm^3)

$$C_n = \frac{m_d}{V_m{}' \times \frac{273}{273+\theta_m} \times \frac{P_a + \Delta H/13.6}{760}} \times 10^3$$

여기서, C_n : PM-10 농도(mg/Sm^3)
  m_d : 채취된 먼지량(mg)
  $V_m{}'$: 건식 가스미터에서 읽은 가스 시료채취량(L)
  θ_m : 건식 가스미터의 평균온도(℃)
  P_a : 측정공 위치에서의 대기압(mmHg)
  ΔH : 오리피스 압력차(mmH$_2$O)

$$\therefore C_n = \frac{4.5}{1,800 \times \frac{273}{273+20} \times \frac{758+25/13.6}{760}} \times 10^3$$
$$= 2.68 (\text{mg/Sm}^3)$$

16 대기오염 공정시험기준에 따른 배출가스 중 총 탄화수소 – 불꽃이온화 검출기법에 대한 설명으로 옳은 것은?

① 교정편차 점검용 교정가스(측정기기 최대정량농도의 10 % ~ 20 % 범위의 표준가스)에 대해 기기가 반응하는 정도의 차이를 교정편차라고 한다.
② 반응시간은 오염물질 농도의 단계변화에 따라 최종값의 90 %에 도달하는 시간으로 한다.

③ 제로편차는 제로가스에 대해 기기가 반응하는 정도의 차이로서, 측정범위의 ±5 % 이하인지 확인한다.
④ 이산화탄소(CO$_2$), 수분의 퍼센트(%) 농도의 합이 100을 초과하지 않는다면 간섭은 없는 것으로 간주한다.

해설 ① 교정편차 점검용 교정가스(측정기기 최대정량농도의 45 % ~ 55 % 범위의 표준가스)에 대해 기기가 반응하는 정도의 차이를 교정편차라고 한다.
③ 제로편차는 제로가스에 대해 기기가 반응하는 정도의 차이로서, 측정범위의 ±3 % 이하인지 확인한다.
④ 이산화탄소(CO$_2$), 수분의 퍼센트(%) 농도의 곱이 100을 초과하지 않는다면 간섭은 없는 것으로 간주한다.

17 대기오염 공정시험기준에 따른 환경대기 중 아황산가스 자외선형광법에 대한 설명으로 틀린 것은?

① 측정범위는 아황산가스 (0~0.01) μmol/mol에서 (0~1.0) μmol/mol이며, 검출한계는 측정범위 최대눈금의 1 % 이하이어야 한다.
② 대기 중에 고농도의 황화수소가 존재할 것으로 예상될 경우 황화수소를 선택적으로 세정할 수 있는 장치를 사용한다.
③ 계측기는 시료채취부, 자외선형광분석계, 지시기록계 등으로 구성되어 있다.
④ SO$_2$ 분자가 흡수되는 파장대인 240 nm~300 nm 영역의 자외선 빛을 발할 수 있고 빛의 세기가 안정적이어야 한다.

해설 ④ 단파장 영역(200 nm ~ 230 nm)의 자외선 빛이 대기 시료가스 중의 SO$_2$ 분자와 반응하면 SO$_2$ 분자가 빛을 흡수하며 들뜬 상태의 SO$_2$* 분자가 생성되고 다시 안정상태로 회귀하면서 2차 형광(secondary emission)을 발생하게 된다.

정답 15 ③ 16 ② 17 ④

18 대기오염 공정시험기준에 따른 환경대기 중 수은 습성 침적량 측정법에 대한 설명으로 모두 옳은 것은?

- 자동 강우 채취기에 의해 강우 시료가 채취된 즉시 12 N HCl 용액 또는 (㉠) 용액을 첨가하여 수은을 산화시킴
- 산화된 시료는 분석 전에 NH₂OH · HCl을 첨가한 후, 분석 직전에 SnCl₂ 용액을 추가하여 (㉡)를 휘발성이 강한 Hg(0)으로 환원시킴
- 분리된 Hg(0)은 운반가스인 고순도 아르곤가스에 의해 (㉢) 튜브로 이동하여 흡착됨

① ㉠ KCl, ㉡ Hg(Ⅰ), ㉢ 금아말감
② ㉠ BrCl, ㉡ Hg(Ⅱ), ㉢ 금아말감
③ ㉠ BrCl, ㉡ Hg(Ⅰ), ㉢ 석회
④ ㉠ BrCl, ㉡ Hg(Ⅱ), ㉢ 석회

해설
- 자동 강우 채취기에 의해 강우 시료가 채취된 즉시 12 N HCl 용액 또는 BrCl 용액을 첨가하여 수은을 산화시킨다.
- 산화된 시료는 분석 전에 NH₂OH · HCl을 첨가한 후, 분석 직전에 SnCl₂ 용액을 추가하여 Hg(Ⅱ)를 휘발성이 강한 Hg(0)으로 환원시킨다.
- 분리된 Hg(0)는 운반가스인 고순도 아르곤가스에 의해 금아말감 튜브로 이동하여 흡착된다.

19 대기오염 공정시험기준에 따른 굴뚝 연속자동측정기기의 성능규격 중 주시험방법에 의한 상대정확도 기준이 다른 측정항목은?

① 먼지
② 유량
③ 산소
④ 질소산화물

해설
- 산소의 상대정확도 : 주시험법, 기기분석방법의 10 % 이하
- 먼지, 유량, 질소산화물의 상대정확도 : 주시험방법, 기기분석 방법의 20 % 이하

20 굴뚝 연속자동측정기기의 설치방법 중 시료 채취장치에 대한 설명으로 틀린 것은?

① 가스상 장치의 구성은 채취관, 도관, 연속자동측정기기 순으로 이루어지며 기체-액체 분리관, 응축수 트랩 등을 갖추어야 한다.
② 응축수 트랩의 물이 분석계에 들어가지 않도록 필요에 따라서 안전트랩을 사용한다.
③ 펌프, 유량계, 분석계 등을 보호하기 위하여 필요에 따라 여과지 또는 마이크로유리솜 등의 미세여과지를 사용한다.
④ 펌프는 굴뚝으로부터 분석계까지 시료를 운반하는 데 사용하는 것으로 흡입유량은 0.1 L/min 이하로 한다.

해설 ④ 펌프는 굴뚝으로부터 분석계까지 시료를 운반하는 데 사용하는 것으로 흡입유량은 (0.2~10) L/min 정도로 한다.

[3과목 : 실내공기질 공정시험기준]

01 소형 챔버법을 이용한 페인트 시험편 제작에 관한 설명으로 옳은 것은?

① 플라스틱 재질의 바탕판에 도포하여 시험편으로 사용한다.

② 시험편 제작 시 페인트 건조도막 두께의 등급은 3등급(저, 중, 고)으로 분류한다.

③ 제조자 권장 평균 건조도막 두께가 15 m일 때 시험용 건조도막 두께는 15 m이다.

④ 시험편에 페인트 도포 후 건조시키지 않고 고정틀에 고정하여 바로 챔버 내에 설치한다.

해설 ① 오염물질 방출이 없는 비활성 기질의 바탕판(유리 또는 스테인리스강)에 도포하여 시험편으로 사용한다.
② 시험편 제작 시 페인트 건조도막 두께의 등급은 4등급(최소, 저, 중, 고)으로 분류한다.
④ 페인트 도포가 완료된 후 시험대상 제품의 제조회사에서 제공하는 시방서 또는 기술자료집의 경화방법에 따라 시험편의 지촉건조(도막을 손가락으로 가볍게 댔을 때 접착성은 있으나 도료가 손가락에 묻지 않는 상태)시까지 온도 (25±1) ℃, 상대습도 (50±5) %의 조건에서 경화를 실시한 후 시험편 고정틀에 고정하여 챔버 내에 설치한다.

02 실내공기질 공정시험기준에서 오염물질별 시료채취 시간 및 회수에 대한 설명으로 <u>틀린</u> 것은?

① 휘발성 유기화합물과 폼알데하이드는 1회 30분씩 연속 2번 채취한다.

② 미세먼지와 초미세먼지는 24시간 1회 채취한다.

③ 일산화탄소와 오존은 30분 1회 채취한다.

④ 총부유세균은 20분 이상 간격으로 250 L 이하를 3회 채취한다.

해설 ③ 일산화탄소와 오존은 1시간 1회 채취한다.

03 중량법으로 실내공기 중 미세먼지 농도를 측정할 때 시료채취기 조작내용이다. 괄호 안에 들어갈 내용으로 옳은 것은?

- (㉠)가 더럽혀져 있지 않은가를 확인한다.
- 채취기가 정상적으로 작동하는가를 확인한다.
- 무게를 단 여과지를 여과지 홀더에 공기가 새지 않도록 고정시킨다. 이때 금속류의 성분 분석을 목적으로 할 때는 여과지가 직접 금속망에 접촉되지 않도록 (㉡) 망 또는 압력손실이 적은 (㉢) 망을 사용한다.
- 전원스위치를 넣고 채취시작시간을 기록한다.
- 채취종료시간을 기록하고 (㉣)을 구한다.

① ㉠ 입경혼합장치

② ㉡ 불소수지제

③ ㉢ 나일론제

④ ㉣ 흡입공기량

해설 시료채취 조작은 다음과 같이 한다.
1. 입경분리장치가 더럽혀져 있지 않은가를 확인한다.
2. 채취기가 정상적으로 작동하는가를 확인한다.
3. 무게를 단 여과지를 여과지 홀더에 공기가 새지 않도록 고정시킨다. 이때 금속류의 성분 분석을 목적으로 할 때는 여과지가 직접 금속망에 접촉되지 않도록 나일론제 망 또는 압력손실이 적은 불소수지제 망을 사용한다.
4. 전원스위치를 넣고 채취시작시간을 기록한다.
5. 채취종료시간을 기록하고 흡입공기량을 구한다.

04 실내공기 중 오존 측정방법 - 자외선광도법 측정에서 간섭물질로 <u>틀린</u> 것은?

① 입자상 물질

② 질소산화물

③ 이산화탄소

④ 톨루엔

해설 오존 측정방법 - 자외선광도법 측정에서는 입자상 물질, 질소산화물, 이산화황, 톨루엔, 습도가 공기 중 오존을 측정하는 데 간섭물질로 작용할 수 있다.

정답 01 ③ 02 ③ 03 ④ 04 ③

05 신축공동주택 내 라돈 및 폼알데하이드 측정 시 고려할 사항이다. 괄호 안에 들어갈 숫자를 <u>모두</u> 합한 값으로 옳은 것은?

> • 폼알데하이드 측정세대 선정 시 공동주택의 총 세대 수가 1,100세대인 경우 (㉠)세대를 측정한다.
> • 시료채취 시 실내온도는 (㉡) ℃ 이상을 유지하도록 한다.
> • 환기장치 가동 시 라돈 측정 (㉢)시간 평균값이 (㉣) Bq/m³ 이하에 도달하는 시간을 추가로 표시한다.

① 181 ② 182
③ 204 ④ 205

해설 • 신축공동주택 내 시료채취세대의 수는 공동주택의 총 세대 수가 100세대일 때 3개 세대(저층부, 중층부, 고층부)를 기본으로 한다. 100세대가 증가할 때마다 1세대씩 추가하며 최대 20세대까지 시료를 채취한다. 따라서 1,100세대인 경우 13세대를 측정한다.
• 시료채취 시 실내온도는 20 ℃ 이상을 유지하도록 한다.
• 환기장치 가동 시 라돈 측정 1시간 평균값이 148 Bq/m³ 이하에 도달하는 시간을 추가로 표시한다.
따라서, 13+20+1+148=182

06 실내공기질 공정시험기준에서 라돈 연속측정 방법에 대한 설명으로 <u>틀린</u> 것은?

① 신축공동주택 내 측정을 위한 부시험방법으로 사용된다.
② 실내 측정기가 안정화된 후 최소 48시간 이상 측정한다.
③ 라돈 농도 평가를 위한 단기 측정방법이다.
④ 연속 라돈측정기에 주로 사용되는 검출방식에는 섬광셀 방식, 이온화상자 방식, 실리콘 검출기 방식이 있다.

해설 실내공기 중 라돈 연속측정방법은 실내공기 중 라돈 농도 측정을 위한 부시험방법으로 사용된다.

07 건축자재 휘발성 유기화합물 측정을 위한 소형 방출시험챔버법에서 시험편 제작에 대한 설명으로 <u>틀린</u> 것은?

① 액체 건축자재는 페인트, 접착제, 실란트, 퍼티로 구분하여 시험편을 준비한다.
② 액체 건축자재 시료 부하율은 (0.4±0.04) m²/m³로 한다.
③ 접착제는 유리 또는 스테인리스강에 (500 ±50) g/m²의 접착제를 도포하여 시험편으로 사용한다.
④ 실란트 시험편은 길이 40 mm, 깊이 3 mm와 너비 10 mm의 비활성 재질로 된 테플론 재질의 틀 안을 메꾸는 방법으로 제작한다.

해설 ③ 접착제는 오염물질 방출이 없는 비활성 재질의 바탕판(유리 또는 스테인리스강)에 최종적으로 (300±50) g/m²의 접착제를 도포하여 시험편으로 사용한다.

08 실내공기 중 미세먼지 측정방법에서 비누막 유량계를 사용한 펌프의 유량 보정에 대한 설명으로 <u>틀린</u> 것은?

> • 뷰렛 부피 : 10 cm³
> • 거품이 뷰렛 부피의 튜브를 가로지르는 데 걸리는 평균시간 : 5분

① 실제 부피 유량은 2 cm³/min이다.
② 유량 교정 시 여과지 홀더에는 여과지를 함께 장착하여 실험하여야 한다.
③ 스톱워치로 거품이 튜브의 맨 끝 눈금 사이의 튜브를 가로지르는 데 걸리는 시간을 정확하게 측정한다.
④ 원하는 유량의 10 % 이내에 도달할 때까지 실험과 실제 부피 유량 계산을 반복한다.

해설 ④ 원하는 유량의 5 % 이내에 도달할 때까지 실험과 실제 부피 유량 계산을 반복한다.
※ ① $q_e (\text{cm}^3/\text{min}) = \dfrac{V}{t} = \dfrac{10}{5} = 2(\text{cm}^3/\text{min})$

정답 **05** ② **06** ① **07** ③ **08** ④

09 베타선 흡수법으로 측정한 실내공기 중 미세먼지 농도($\mu g/m^3$)는?

- 먼지가 포집된 여과지의 면적 : 12 cm^2
- 흡입된 공기량 : 490 m^3
- 포집시간 : 20 min
- 베타선 감쇠계수 : 0.02 cm^2/mg
- (여과지에 포집된 분진을 투과한 베타선 강도/초기 베타선의 강도)의 자연로그값 : 2.45

① 110 $\mu g/m^3$　　② 130 $\mu g/m^3$
③ 150 $\mu g/m^3$　　④ 170 $\mu g/m^3$

[해설] 미세먼지 농도($\mu g/m^3$)

$$C = \frac{S}{\mu \times V \times \Delta t} \ln\left(\frac{I}{I_o}\right)$$

$$= \frac{12}{0.02 \times 490 \times 20} \times 2.45$$

$$= 0.15 \text{ mg/m}^3 = 150 \ \mu g/m^3$$

여기서, C : 먼지 농도(mg/m^3, $\mu g/m^3$)
　　　　S : 먼지가 포집된 여과지의 면적(cm^2)
　　　　μ : 먼지에 의한 베타선의 감쇠계수 (cm^2/mg)
　　　　V : 흡입된 공기량(m^3)
　　　　Δt : 포집시간(mim)

10 베타선 흡수법으로 실내공기 중 미세먼지 농도 측정 시 산정된 보정계수와 보정계수가 적용된 베타선 흡수법 측정농도값($\mu g/m^3$)은?

- 베타선 흡수법 평균농도 : 60 $\mu g/m^3$
- 중량법 평균농도 : 30 $\mu g/m^3$
- 보정계수 적용 전 베타선 흡수법 측정농도 : 20 $\mu g/m^3$

① 보정계수 : 0.5, 농도 : 40 $\mu g/m^3$
② 보정계수 : 0.5, 농도 : 10 $\mu g/m^3$
③ 보정계수 : 2.0, 농도 : 40 $\mu g/m^3$
④ 보정계수 : 2.0, 농도 : 10 $\mu g/m^3$

[해설] 보정계수 $= \dfrac{\text{중량법 측정농도값}}{\text{베타선 흡수법 측정농도값}}$

$$= \frac{30}{60} = 0.5$$

보정계수가 적용된 베타선 흡수법 측정농도값 ($\mu g/m^3$) $= 0.5 \times 20 = 10 \ \mu g/m^3$

11 신축공동주택 실내공기 중 폼알데하이드 측정농도가 $96.2 \ \mu g/m^3$이었다. 시료채취 당시 실내온도(℃)는?

- 검정곡선 : 기울기 567683, 세로축 절편 0
- 실제로 채취한 기체의 부피 : 14 L
- 시료 및 바탕시료 카트리지에서 추출된 용액의 총 부피 : 5 mL
- 바탕시료 DNPH 폼알데하이드 피크면적 : 3,000
- 시료 DNPH 폼알데하이드 피크면적 : 150,000

① 27 ℃　　② 29 ℃
③ 35 ℃　　④ 37 ℃

[해설]

$$C_A = \frac{(m_A - m_B)}{V \times \dfrac{298}{T}} \times 1,000$$

$$96.2 = \frac{\left(\dfrac{150,000}{567,683} \times 5 - \dfrac{3,000}{567,683} \times 5\right)}{14 \times \dfrac{298}{T}} \times 1,000$$

$$\therefore \ T = 310 \text{ K} = 37 \text{ ℃}$$

12 신축공동주택에서 실내공기 중 라돈 측정 조건 및 방법에 관한 설명으로 옳은 것은?

- ㉠ 측정세대는 100세대가 증가할 때마다 1세대씩 추가하여 최대 12세대까지 측정한다.
- ㉡ 실내가 35 ℃ 이상인 경우 에어컨을 사용하여 20 ℃ 이하를 유지하도록 한다.
- ㉢ 하나의 단지에 시공사가 여러 개인 경우 대표 시공사를 정하여 측정세대를 선정한다.
- ㉣ 밀폐 시 각 세대의 실내공기 중 라돈 측정 평균농도로 평가한다.

① ㉠, ㉡　　② ㉡, ㉢
③ ㉢, ㉣　　④ ㉠, ㉣

[해설] ㉡ 측정 시 실내온도는 20 ℃ 이상을 유지하도록 한다.
㉢ 대상 시설이 여러 개의 동과 층으로 구성되어 있는 경우, 시설의 용도 및 사용목적을 대표할 수 있는 기준 동과 층을 위주로 하여 측정지점을 선정한다.

정답 09 ③　10 ②　11 ④　12 ④

13 고체흡착관과 기체 크로마토그래프 – 질량분석법으로 분석한 실내공기 중 TVOC 농도($\mu g/m^3$)는?

- 시료채취량 : 실내공기 3 L(15 ℃, 1 atm)
- 검정곡선 : 기울기 12, 세로축 절편 0
- 현장 바탕시료 농도 : 0 $\mu g/m^3$
- 시료 크로마토그램 피크면적

검출 화합물	피크면적
Methane	1,000
Ethylene	3,300
Stylene	250
Toluene	7,500
n–Hexadecane	900
n–Nonane	500
beta–Pinene	700

① 379.9 $\mu g/m^3$
② 264.4 $\mu g/m^3$
③ 251.0 $\mu g/m^3$
④ 232.2 $\mu g/m^3$

해설 총휘발성 유기화합물(TVOC, Total Volatile Organic Compounds)은 실내공기 중에서 기체 크로마토그래프에 의하여 n–헥산에서 n–헥사데칸($C_6 \sim C_{16}$)까지의 범위에서 검출되는 휘발성 유기화합물을 대상으로 하며, 톨루엔으로 환산하여 정량한다.

총휘발성 유기화합물(TVOC)의 농도

$$m_A = \frac{(A_T - C_A)}{b_{st}}$$

여기서, m_A : 시료 중 분석물질 양(ng)

A_T : 시료의 크로마토그램에서 헥산에서 헥사데칸 사이의 분석물질 피크면적의 합

b_{st} : 검정곡선 기울기

C_A : 검정곡선의 세로축 절편(만일 검정곡선이 원점을 지나면 $C_A = 0$)

$$\therefore C = \frac{(250 + 7,500 + 900 + 500 + 700)}{12 \times 3 \times \frac{273 + 25}{273 + 15}}$$
$$= 264.78 \ \mu g/m^3$$

14 화학발광법으로 실내공기 중 이산화질소를 측정하는 방법에 대한 설명으로 **틀린** 것은?

① 측정장치는 오존발생기, 시료셀, 증폭기 등으로 구성되어 있다.
② 실내공기 중 이산화질소 농도를 측정하기 위한 부시험방법이다.
③ 광학필터는 600 nm 이하의 파장에서 모든 복사선을 제거해야 한다.
④ 이산화질소 변환기는 300 ℃ 이상의 일정한 온도로 가열되어야 한다.

해설 ② 실내공기 중 이산화질소 농도를 측정하기 위한 주시험방법이다.

15 건축자재 방출 휘발성 유기화합물질 및 폼알데하이드 시험방법 – 소형 챔버법의 용어 정의로 **틀린** 것은?

① '단위면적당 유량'은 공급유량과 시험편의 면적 간의 비를 말한다.
② '회수율'은 주어진 시간 동안 소형 방출시험챔버에서 배기되는 공기 중 대상 개별 휘발성 유기화합물과 폼알데하이드의 양을 동일한 시간 동안 소형 방출시험챔버에 공급한 대상 개별 휘발성 유기화합물과 폼알데하이드의 양으로 나눈 값(%)을 말한다.
③ '시료부하율'은 시험편의 전체 표면적과 소형 방출시험챔버 부피의 비를 뜻한다.
④ '총휘발성 유기화합물'은 가스 크로마토그래피에 의하여 n–헥산에서 n–헥사데칸까지의 범위에서 검출되는 휘발성 유기화합물을 대상으로 하며, 톨루엔으로 환산하여 정량한다.

해설 ③ 시료부하율(product loading factor)은 시험편의 노출 표면적과 소형 방출시험챔버 부피의 비를 뜻한다.

정답 13 ② 14 ② 15 ③

16 비분산적외선 분광법을 사용하여 실내공기 중 미지시료의 양을 측정하려고 한다. 신축운동의 진동에너지 준위 차이가 4.2×10^{-20} J인 미지시료의 적외선 흡수파장(μm)은?

- Plank 상수 : 6.626×10^{-34} J · s
- 빛의 속도 : 2.998×10^{8} m/s

① 4.26 μm   ② 4.64 μm
③ 4.73 μm   ④ 4.95 μm

해설 $E = h \times \nu = h \times \dfrac{c}{\lambda}$ 에서,

$$\lambda = h \times \frac{c}{E}$$

$$= 6.626 \times 10^{-34} \times \frac{2.988 \times 10^{8}}{4.2 \times 10^{-20}}$$

$$= 4.71 \times 10^{-6}\,(\mathrm{m}) = 4.71\,\mu\mathrm{m}$$

17 실내공기질 공정시험기준 내 알파비적검출기의 교정효율(tracks · cm^{-2} · h^{-1} · Bq^{-1} · m^{3})은?

- 라돈 교정챔버 내 라돈 농도 : 1,000 Bq · m^{-3}
- 교정챔버 내 검출기 노출기간 : 12시간
- 교정용 검출소자의 단위면적당 비적 수 : 9,500 tracks · cm^{-2}
- 바탕농도 검출기의 단위면적당 비적 수 : 140 tracks · cm^{-2}

① 0.74 tracks · cm^{-2} · h^{-1} · Bq^{-1} · m^{3}
② 0.76 tracks · cm^{-2} · h^{-1} · Bq^{-1} · m^{3}
③ 0.78 tracks · cm^{-2} · h^{-1} · Bq^{-1} · m^{3}
④ 0.80 tracks · cm^{-2} · h^{-1} · Bq^{-1} · m^{3}

해설 $C_{\mathrm{Rn}} = \dfrac{(G-B)}{\Delta t \times C_F}$ 에서,

$$C_F = \frac{(9,500 - 140)}{12 \times 1,000}$$

$$= 0.78(\mathrm{tracks} \cdot \mathrm{cm}^{-2} \cdot \mathrm{h}^{-1} \cdot \mathrm{Bq}^{-1} \cdot \mathrm{m}^{3})$$

여기서, C_{Rn} : 라돈 평균방사능농도(Bq · m^{-3})

G : 측정한 검출기의 단위면적당 비적 수(tracks · cm^{-2})

B : 바탕농도 검출기의 단위면적당 비적 수(tracks · cm^{-2})

Δt : 노출시간(h)

C_F : 교정효율(tracks · cm^{-2} · h^{-1} · Bq^{-1} · m^{3})

18 접착제를 소형 방출시험챔버에 의해 분석한 결과이다. 단위면적당 방출량($\mathrm{mg/m}^{2}$ · h)은?

- 시간 t 에서 소형 방출시험챔버 내의 오염물질 농도 : 0.05 $\mathrm{mg/m}^{3}$
- 소형 방출시험챔버의 유량 : 167 mL/min
- 시험편의 표면적 : 2,000 cm^{2}

① 0.001 $\mathrm{mg/m}^{2}$ · h
② 0.003 $\mathrm{mg/m}^{2}$ · h
③ 0.005 $\mathrm{mg/m}^{2}$ · h
④ 0.007 $\mathrm{mg/m}^{2}$ · h

해설 단위면적당 방출량

$$SER_u = \frac{C_t \times Q}{A}$$

$$= \frac{0.05 \times 167 \times 60 \times 10^{-6}}{2,000 \times 10^{-4}}$$

$$= 2.51 \times 10^{-3}(\mathrm{mg/m}^{2} \cdot \mathrm{h})$$

여기서, C_t : 시간 t 에서 소형 방출시험챔버 내 오염물질의 농도($\mathrm{mg/m}^{3}$)

A : 시험편의 표면적(m^{2})

Q : 소형 방출시험챔버의 유량(m^{3}/h)

19 실내공기질 공정시험기준에 따른 총부유세균 분석에 관한 설명으로 틀린 것은?

① 시료를 채취한 배지는 (35 ± 1) ℃에서 2일 동안 배양한다.
② 계수는 24시간 단위로 증식상태를 관찰하고 집락 수를 세어 놓는다.
③ 세균의 집락 수가 시료채취기의 구멍 수보다 많을 때 유량환산표를 이용하여 보정한다.
④ 집락 수의 보정은 각 채취장비 제조사에서 제시하는 집락계수 환산표를 사용하여 보정한다.

해설 총부유세균 분석에서 배지에 증식한 집락 수는 세균 집락이 형성된 시료채취장치 뚜껑의 구멍(positive hole) 수를 이용하여 센다. 세균의 집락 수는 시료채취장치 뚜껑의 구멍 수보다 많을 수 없다.

정답 **16** ③ **17** ③ **18** ② **19** ③

20 실내공기 중 총부유세균과 부유곰팡이를 측정하는 방법에 관한 설명으로 <u>모두</u> 옳은 것은?

> ㉠ 총부유세균과 부유곰팡이 측정방법은 충돌법이다.
> ㉡ 충돌법은 채취한 공기의 단위체적당 집락 수(CFU/m^3)로 산출한다.
> ㉢ 부유곰팡이는 최소 3일 동안 배양하며 최대 5일을 초과하지 않아야 한다.
> ㉣ 총부유세균 측정에 사용되는 배지 중 하나는 맥아추출물 한천배지(MEA)이다.

① ㉠, ㉡
② ㉡, ㉢
③ ㉢, ㉣
④ ㉠, ㉣

해설 ㉢ 부유곰팡이 시료를 채취한 배지는 (25±1) ℃에서 최소 5일 동안 배양하며 최대 7일을 초과하지 않아야 한다.

㉣ 부유곰팡이의 채취, 배양 및 증식에는 맥아추출물 한천배지(MEA, Malt-Extract Agar), 감자덱스트로스(potato dextrose agar) 한천배지 등을 사용한다.

※ 총부유세균 측정에 사용되는 배지는 미생물의 증식이나 생존능의 유지를 돕기 위한 천연 또는 합성 성분을 함유하는 액체·반고체·고체상의 물질 제제이다.

[4과목 : 악취 공정시험기준]

01 공기희석관능법의 자동희석장치에 대한 설명으로 옳은 것은?

① 자동희석장치는 유량조절조, 흡인펌프, 흡수병, 유량계, 활성탄병 및 무취주머니로 구성되어 있다.
② n-발레르산을 통과시킨 후 무취공기로 10분간 자동희석장치의 유로를 세척한다.
③ 유량조절조는 경질유리 재질로서 무취공기와 악취 시료가스를 균일하게 혼합한다.
④ 흡수병은 흡입펌프에서 나오는 공기 중의 불순물을 활성탄으로 제거한다.

해설 ① 자동희석장치는 시료와 무취공기를 적정 비율로 혼합하여 소정의 희석배수로 만들어주는 기기로, 유량조절조, 격막펌프, 유량계, 활성탄통 및 혼합조 등으로 구성된다.
③ 혼합조는 경질유리 재질로서 무취공기와 악취 시료가스를 균일하게 혼합한다.
④ 활성탄통은 격막펌프에서 나오는 공기 중의 불순물을 활성탄으로 제거한다.

02 악취 공정시험기준의 시료 채취와 보관방법에 대한 설명으로 틀린 것은?

① 시료채취에 사용되는 시료주머니는 충분히 세척 후 고순도 질소 혹은 공기(순도 99.999 % 이상)를 충전하여 기체 크로마토그래피 등으로 분석하여 오염이 없는 것을 확인한다.
② 흡착관은 열세척하여 몇 개의 흡착관을 기체 크로마토그래피 등으로 확인하여 오염이 없는 것을 확인한다.
③ 공기희석관능법에 사용되는 무취공기는 악취강도 인식 시험액을 통과시킨 무취공기의 양을 일정 주기로 측정하여 오염 여부를 확인하도록 한다.
④ 시료채취가 끝난 시료주머니는 시료가 변질되지 않도록 차광 및 상온 상태를 유지하고 수송 시 파손에 유의한다.

해설 ③ 공기희석관능법에 사용되는 무취공기의 총탄화수소류 양(톨루엔 환산농도(toluene equivalent))을 일정 주기로 측정하여 가급적 무취공기의 오염 여부를 확인하도록 한다.

03 악취 공정시험기준 총칙에 관한 설명으로 틀린 것은?

① 악취는 순간적으로 발생하는 감각공해로 연속적인 측정이 필요한 경우에 연속측정방법을 활용하며, 악취 관리지역의 주변에서 악취의 주기적·연속적인 측정을 위하여 연속측정장치를 설치하여 측정·분석할 수 있다.
② 기기분석법에 의한 지정악취물질 측정을 위한 시료의 채취는 배출구 및 피해지점에서 채취하며, 배출구 및 피해지점에서 시료를 채취할 때는 10분 이상 순간최대강도의 악취로 판단되는 악취시료를 채취하는 것을 원칙으로 한다.
③ 악취 공정시험기준 이외의 방법이라도 측정 결과가 같거나 그 이상의 정확도가 있다고 국내·외에서 공인된 방법은 사용할 수 있으나, 사용한 측정·분석 방법에 대한 세부사항을 악취 공정시험기준의 세부사항에 준하여 제시하여야 한다.
④ 하나 이상의 시험방법으로 시험한 결과가 서로 달라 판정에 영향을 줄 수 있을 경우에는 각 오염물질 항목별 측정·분석 방법 중에서 주시험방법에 의한 측정·분석 결과에 의하여 판정한다.

해설 ② 기기분석법에 의한 지정악취물질 측정을 위한 시료의 채취는 부지경계선 및 피해지점에서 채취한다. 부지경계선 및 피해지점에서 시료를 채취할 때는 5분 이내에 순간최대강도의 악취로 판단되는 악취시료를 채취하는 것을 원칙으로 한다.

정답 **01** ② **02** ③ **03** ②

04 공기희석관능법의 판정요원 선정용 시험액 제조방법에 대한 설명으로 옳은 것은?

① 0.1 wt% 농도의 트라이메틸아민(trimethlyamine)을 정제수로 제조한다.

② 0.32 wt% 농도의 Methylcyclopentenolone을 정제수로 제조한다.

③ 1.0 wt% 농도의 초산(acetic acid)을 유동파라핀으로 제조한다.

④ 0.1 wt% 농도의 β-Phenylethylalcohol을 유동파라핀으로 제조한다.

해설 판정요원 선정용 시험액

시험액	농도	제조용액	냄새의 성격
초산 (acetic acid)	1.0 wt%	정제수	식초 냄새
트라이메틸아민 (trimethylamine)	0.1 wt%	정제수	생선 썩는 냄새
Methylcyclopentenolone	0.32 wt%	유동파라핀	달콤한 설탕 타는 냄새
β-Phenylethylalcohol	1.0 wt%	유동파라핀	장미 냄새

05 공기희석관능법으로 복합악취를 측정하기 위한 악취강도 인식시험의 악취강도 구분에 대한 설명으로 옳은 것은?

① 악취강도 1 : 감지 냄새를 말하며 예비판정요원이 인식하지 못하면 판정요원 선정시험 대상에서 제외

② 악취강도 2 : 강한 냄새를 말하며 병원에서 크레졸 냄새를 맡는 정도의 냄새

③ 악취강도 3 : 극심한 냄새를 말하며 여름철 재래식 화장실에서 나는 심한 정도의 상태

④ 악취강도 4 : 참기 어려운 냄새를 말하며 호흡이 정지될 것 같이 느껴지는 정도의 상태

해설 악취 판정도

악취강도	악취강도 구분	설명	노말뷰탄올 농도(ppm)
0	무취 (none)	상대적인 무취로 평상시 후각으로 아무것도 감지하지 못하는 상태	0
1	감지 냄새 (threshold)	무슨 냄새인지 알 수 없으나 냄새를 느낄 수 있는 정도의 상태	100
2	보통 냄새 (moderate)	무슨 냄새인지 알 수 있는 정도의 상태	400
3	강한 냄새 (strong)	쉽게 감지할 수 있는 정도의 강한 냄새(병원에서 크레졸 냄새를 맡는 정도의 상태)	1,500
4	극심한 냄새 (very strong)	아주 강한 냄새(여름철 재래식 화장실에서 나는 심한 정도의 상태)	7,000
5	참기 어려운 냄새 (over strong)	견디기 어려운 강렬한 냄새로서 호흡이 정지될 것 같이 느껴지는 정도의 상태	30,000

06 악취 시료 자동채취장치에 대한 설명으로 모두 옳은 것은?

> • 흡입펌프는 간접흡입상자 내부 공기를 (㉠) L/min로 흡입할 수 있어야 한다.
> • 시료채취시간의 경우, 시료공기를 시료주머니에 (㉡)회 치환 후, 시료채취 완료까지 걸리는 시간이 (㉢)분 이내이어야 한다.

① ㉠ 1, ㉡ 1, ㉢ 10

② ㉠ 1, ㉡ 2, ㉢ 10

③ ㉠ 10, ㉡ 1, ㉢ 5

④ ㉠ 10, ㉡ 3, ㉢ 5

해설 • 흡입펌프는 간접흡입상자 내부 공기를 10 L/min로 흡입할 수 있어야 한다.

• 시료 자동채취기의 응답시간(시료를 흡입하기 시작하기까지 걸린 시간)은 외부에서 통신부로 신호가 도착해서 시료를 채취 시작하기까지 걸리는 시간으로, 10초 이내에 시료채취부가 동작되어야 하며, 시료 채취시간(시료공기를 시료주머니에 1회 치환 후, 시료채취 완료까지 걸린 시간)은 5분 이내이어야 한다.

정답 04 ① 05 ① 06 ③

07 공기희석관능법으로 복합악취 측정을 위한 관능시험절차에서 판정요원에 대한 설명으로 틀린 것은?

① 판정요원에게 현장에서 채취한 냄새 시료를 공급하여 평가대상 냄새를 인식시키고 5분 간 휴식을 취하게 한다.

② 판정요원은 관능시험용 마스크를 쓰고 시료희석주머니와 무취주머니를 손으로 눌러 주면서 각각 2초 ~ 3초 간 냄새를 맡는다.

③ 판정요원은 최초 시료희석배수를 단계별로 회석시킨 시료희석주머니 1개와 별도로 준비한 무취주머니 2개를 1조로 제조하여 각 분석요원에게 나누어준다.

④ 판정요원은 공급된 시료희석주머니와 무취주머니로부터 시료의 냄새가 구분되는 번호를 기록한다.

해설 악취분석요원은 최초 시료희석배수(부지경계선 10배, 배출구 시료 300배)를 판정요원에게 단계별로 희석시킨 시료희석주머니 1개와 별도로 준비한 무취주머니 2개를 1조로 하여 각 판정요원에게 1조를 제조하여 나누어준다.

08 악취 공정시험기준에 따라 알데하이드 – DNPH 카트리지 – 액체 크로마토그래피의 방해물질과 이를 제거하기 위해 충진하는 물질로 옳은 것은?

① 오존 – 붕산
② 암모니아 – 아이오딘화포타슘
③ 오존 – 아이오딘화포타슘
④ 암모니아 – 붕산

해설 알데하이드 – DNPH 카트리지 – 액체 크로마토그래피의 방해물질은 오존으로, 약 1.5 g의 아이오딘화포타슘(KI)을 충진한 오존 스크러버를 DNPH 카트리지 전단에 설치하여 공기 시료 중 오존을 반드시 제거한다.

09 악취 공정시험기준에 따른 트라이메틸아민 시료채취장치 중 임핀저 채취장치에 대한 설명으로 옳은 것은?

① 흡입펌프의 유량은 15 L/min ~ 20 L/min 수준이다.

② 흡수액량 10 mL의 흡수병을 2개 직렬로 연결한다.

③ 흡입펌프의 유속 안정성은 5 % 이내를 유지할 수 있어야 한다.

④ 흡수액은 증류수와 염산을 일정 비율로 혼합하여 조제한다.

해설 ① 흡입펌프 유량계는 1 L/min ~ 10 L/min의 범위 안에서 유량을 측정할 수 있는 것이어야 한다.
② 흡수병 속에 흡수액 약 20 mL를 넣어 2개를 직렬로 연결하여 10 L/min의 유량으로 5분 이내 시료가스를 흡입하여 채취한 후 시료용액을 합하여 전량이 40 mL로 맞춘 후 분석용 시료용액으로 한다.
④ 흡수액은 정제수 359 mL를 플라스크에 넣고, 진한 황산 1 mL를 피펫으로 소량씩 떨어뜨려 혼합한다.

10 악취 공정시험기준에 따라 DNPH 카트리지 – 기체 크로마토그래피를 사용하여 알데하이드를 분석하기 위해 표준물질을 제조하고자 한다. 내부표준물질로 옳은 것은?

① 아세토나이트릴을 용매로 한 다이페닐아민 용액
② 에틸아세테이트를 용매로 한 다이페닐아민 용액
③ DNPH 유도화된 알데하이드가 아세토나이트릴에 용해된 용액
④ DNPH 유도화된 알데하이드가 에틸아세테이트에 용해된 용액

해설 내부표준물질은 에틸아세테이트를 용매로 한 0.1 mg/mL의 다이페닐아민 용액을 사용한다.

11 악취 공정시험기준에 따른 황화합물 측정방법의 내부정도관리를 위해 회수율을 측정할 때, 상대습도 80 %를 함유하는 바탕시료 제조를 위해 필요한 수분의 부피는? (단, 25 ℃, 1기압 기준)

- 기압 : 760 mmHg
- 25 ℃ 포화수증기압 : 23.756 mmHg
- 채취시료의 부피 : 5 L
- 이상기체상수(0.08205 L · atm/K · mole)

① 18.4 μL
② 92.0 μL
③ 101.3 μL
④ 115.0 μL

해설 대기온도가 25 ℃일 때 포화수증기압(mmHg)은 23.756 mmHg로, 압력(atm) 단위로 변환하면 다음과 같다.

$$\frac{23.756 \text{ mmHg}}{760 \text{ mmHg/atm}} = 0.03125 \text{ atm}$$

일반적으로 대기 중 시료는 상대습도에 따라 수분의 양이 변하며, 수분의 양은 이상기체 상태방정식을 이용하여 계산할 수 있다.

$PV = nRT$에서, $n = \dfrac{PV}{RT}$

여기서,
n : 온도에 따른 H_2O의 몰수
V : 채취시료의 부피
P : 대기 중 온도에 따른 포화수증기압(atm)
T : 기온(273+실제 온도(℃))
R : 이상기체상수(0.08205 L · atm/K · mole)
이상기체 상태방정식을 이용하여 대기 중 온도 25 ℃에서, H_2O의 몰수를 구하면

$$n = \frac{PV}{RT}$$
$$= \frac{0.03125 \times 5}{0.08205 \times (273 + 25)}$$
$$= 0.00639 \text{ moles}$$

계산된 H_2O의 몰수(n)를 이용하여 25 ℃일 때 대기 중 상대습도의 80 %에 따른 수분의 부피를 구하면

$0.00639 \text{ moles} \times 0.8 \times 18 \text{ g/mole} \times 1,000 \text{ mg/g}$

$\times \dfrac{1.0\,\mu\text{L}}{1.0\,\text{mg}} = 92.0\ \mu\text{L}$

12 악취 공정시험기준에서 암모니아 분석을 위한 붕산용액 흡수법 - 자외선/가시선 분광법 농도 계산식에서 괄호 안의 값으로 옳은 것은?

$$C = \frac{(\quad)A}{V \times \dfrac{298}{273 + t} \times \dfrac{P}{760}}$$

① 분석용 시료량(50 mL)을 전체 붕산용액 시료량(10 mL)으로 나눈 값이다.
② 전체 붕산용액 시료량(50 mL)을 분석용 시료량(10 mL)으로 나눈 값이다.
③ 분석용 시료 중의 암모니아 양(50 μL)을 대기 중의 암모니아 양(10 μL)으로 나눈 값이다.
④ 대기 중의 암모니아 양(50 μL)을 분석용 시료 중의 암모니아 양(10 μL)으로 나눈 값이다.

해설 암모니아 - 붕산용액 흡수법 - 자외선/가시선 분광법에서 암모니아 농도 계산식은 다음과 같다.

$$C = \frac{5A}{V \times \dfrac{298}{273 + t} \times \dfrac{P}{760}}$$

여기서, C : 대기 중 암모니아 농도
(ppm : μmol/mol)
A : 분석용 시료 중의 암모니아 양(μL)
$\left(5 = \dfrac{\text{전체 붕산용액 시료량(50 mL)}}{\text{분석용 시료량(10 mL)}}\right)$
V : 유량계에서 측정한 흡입량(L)
t : 유량계의 온도(℃)
P : 시료채취 시의 대기압(mmHg)

13 악취 공정시험기준에 따라 흡광차 분광법으로 스타이렌의 농도를 연속 측정한 결과, 흡광광도에서 빛의 65 %가 투과되었다. 스타이렌의 농도가 2배 증가되었을 때 시료의 흡광도 값(%)은?

① 29.8 %
② 37.4 %
③ 41.8 %
④ 49.6 %

해설 흡광도 $A = \log\left(\dfrac{1}{\tau}\right) = \varepsilon Cl$ 에서 $\log\left(\dfrac{1}{\tau}\right) \propto C$이므로, 농도가 2배 증가되었을 경우

$A = 2 \times \log\left(\dfrac{1}{0.65}\right) = 0.374 = 37.4\ \%$

정답 11 ② 12 ② 13 ②

14 악취 공정시험기준에 따라 대기 중에 존재하는 미량의 황화합물을 현장에서 연속으로 측정하기 위해 사용되는 장치에 대한 설명으로 옳은 것은?

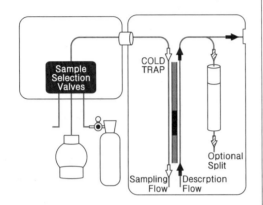

① 전기냉각장치(팰티어 방법)가 있어, 흡입 농축되는 시료들이 액체 냉매 대신 전기적으로 −10 ℃ ~ −30 ℃ 이하의 저온으로 냉각 농축되었다가 열탈착된다.

② 시료주머니는 폴리테트라플로로에틸렌(PTFE), 폴리바이닐플로라이드(PVF) 등 불소수지와 폴리에스터(polyester) 재질 또는 동등 이상의 보존성능을 갖고 있는 재질로 만들어진 내용적이 3 L ~ 20 L 정도의 것으로 한다.

③ 저온 농축관은 시료의 채취 시 −180 ℃ 이하의 온도를 유지할 수 있는 장치이어야 하며 열탈착을 위해 가열장치와 보온장치가 필요하다.

④ 충전물질을 처음 채운 시료 농축관은 사용전에 질소(또는 헬륨)를 흘리면서 탈착온도 이상에서 2시간 ~ 3시간 가열한 다음 사용한다.

해설 문제의 그림은 황화합물 – 저온 농축 – 기체 크로마토그래피법 – 연속측정방법의 저온 농축장치에서 저온 농축부를 나타내며, 여기에는 전기냉각장치(팰티어 방법)가 있어 흡입 농축되는 시료들이 액체 냉매 대신 전기적으로 (−10~−30) ℃ 이하의 저온으로 냉각 농축되었다가 열탈착된다.

탈착유량은 유량조절장치에 의해 정확히 제어되는 유량으로, 모세관칼럼의 유량과 분할되는 유량의 합과 같다. 분할되는 유량을 조절하면 분할비를 조절할 수 있으며, 주사기 펌프가 설치된 측정법의 경우 탈착유량은 주사기 펌프에 채취되는 유속과 동일한 값이다. 탈착유량(flow)과 분할비만 정하면 저온 농축부에 의해 자동으로 계산되어 탈착과 분할이 이루어진다.

15 악취 공정시험기준에 따라 주어진 조건으로 분석이 가능한 악취 물질로 틀린 것은?

• (칼럼) C18, 250 mm × 4.6 mm
• (용리액) 아세토나이트릴 : 3차 정제수 = 60 : 40
• (UV 검출기 파장) 360 nm

① 폼알데하이드(Formaldehyde)
② 아크로레인(Acrolein)
③ 아세톤(Acetone)
④ 메틸에틸케톤(Methyl Ethyl Ketone)

해설 주어진 조건은 카르보닐류 – 고효율막 채취장치 – 액체 크로마토그래피법 – 연속측정방법의 액체 크로마토그래피의 분석조건이다. 적용 대상 물질은 아세트알데하이드, 프로피온알데하이드, 뷰틸알데하이드, n-발레르알데하이드, i-발레르알데하이드이며, 이 5개를 중심으로 적용한다. 그러나 이 외에도 폼알데하이드 (formaldehyde), 아크로레인(acrolein), 아세톤(acetone) 등 기타 카르보닐류의 화합물에 확장 적용할 수 있다.

정답 14 ① 15 ④

16 악취 공정시험기준에 따라 스타이렌을 저온 농축을 통해 기체 크로마토그래피로 분석할 때, 대기 중 스타이렌의 농도(ppm)는?

- 검정곡선에 의해 계산된 스타이렌의 양 : 460 ng
- 표준상태로 환산한 대기시료의 양 : 1 L
- 스타이렌의 분자량 : 104 g/mol

① 0.025 ppm

② 0.108 ppm

③ 0.532 ppm

④ 1.652 ppm

해설 검정곡선에서 스타이렌 면적값의 농도(ng)를 구하고, 다음 스타이렌 – 저온 농축 – 기체 크로마토그래피법에서의 농도 계산식에 의해 대기 중(표준상태 : 25 ℃, 1기압) 스타이렌 농도를 구한다.

$$C = \frac{m}{V_s} \times \frac{24.46}{M} \times \frac{1}{1,000}$$

$$= \frac{460}{1} \times \frac{24.46}{104} \times \frac{1}{1,000} = 0.108 (\text{ppm})$$

여기서, C : 대기 중 스타이렌의 농도
          (ppm : μmol/mol)
      m : 검정곡선에 의해 계산된 스타이렌의 양(ng)
      V_s : 표준상태로 환산한 대기시료의 양(L)
      M : 스타이렌의 분자량(g/mol)

17 악취 공정시험기준에 따라 고효율막 채취장치–이온 크로마토그래피–연속측정방법으로 트라이메틸아민과 암모니아를 동시 분석할 때 트라이메틸아민 분석에 간섭물질로 작용하는 물질은?

① 에탄올

② 암모니아

③ 탄화수소

④ 다이메틸아민

해설 트라이메틸아민, 암모니아 – 고효율막 채취장치 – 이온 크로마토그래피법 – 연속측정방법에서 간섭물질은 일반적으로 대기 중 암모니아 농도가 트라이메틸아민에 비해 매우 높아 트라이메틸아민 봉우리가 암모니아 봉우리에 묻히는 경우가 있으므로 동시 분석을 위해서는 분리조건을 잘 확립하여야 한다. 따라서 암모니아가 간섭물질로 작용한다.

18 악취 공정시험기준에 따른 트라이메틸아민 – 헤드스페이스 – 기체 크로마토그래피에서 부지경계선의 트라이메틸아민 농도(ppm)는?

- 검정곡선에 의해 계산된 트라이메틸아민의 농도 : 50 μg/L
- 시료채취용액의 전체 부피 : 10 mL
- 표준상태(25 ℃, 1기압)로 환산한 대기시료의 양 : 20 L
- 트라이메틸아민 분자량 : 59 g/mol

① 0.005 ppm

② 0.010 ppm

③ 0.030 ppm

④ 0.050 ppm

해설 트라이메틸아민 – 헤드스페이스 – 모세관칼럼 – 기체 크로마토그래피법에서 농도 계산은 표준용액의 검정곡선에서 시료의 넓이값에 농도(μg/L)를 구하고 다음 식에 의해 대기 중 트라이메틸아민의 농도를 구한다.

$$C = \frac{m}{V_s} \times \frac{24.46}{M} \times \frac{1}{1,000}$$

$$= \frac{50}{20} \times \frac{1,000 \times 10}{1,000} \times \frac{24.46}{59} \times \frac{1}{1,000}$$

$$= 0.01 (\text{ppm})$$

여기서, C : 대기 중 트라이메틸아민의 농도
          (ppm : μmol/mol)
      m : 검정곡선에 의해 계산된 트라이메틸아민의 양(ng)
      V_s : 표준상태(25 ℃, 1기압)로 환산한 대기시료의 양(L)
      M : 트라이메틸아민의 분자량(g/mol)

정답 **16** ② **17** ② **18** ②

19 악취 공정시험기준에 따라 지정악취물질의 흡수율을 계산하는 시험방법은?

$$f = \frac{f_1 + f_2}{2} : f_1 = \frac{I_A}{I_A + I_B}, \ f_2 = \frac{I_A{'}}{I_A{'} + I_B{'}}$$

여기서, f : 흡수율

I : 표준물질 성분에 해당하는 봉우리의 넓이

① 휘발성 유기화합물 – 저온 농축 – 기체 크로마토그래피 – 연속측정방법

② 지방산류 – 고효율막 채취장치 – 이온 크로마토그래피 – 연속측정방법

③ 지방산류 – 고체상 미량 추출 – 기체 크로마토그래피

④ 트라이메틸아민 – 헤드스페이스 – 기체 크로마토그래피

해설 지방산류 – 고효율막 채취장치 – 이온 크로마토그래피법 – 연속측정방법에서 확산스크러버 흡수율(f)의 계산식은 다음과 같다.

$$f = \frac{f_1 + f_2}{2} : f_1 = \frac{I_A}{I_A + I_B}, \ f_2 = \frac{I_A{'}}{I_A{'} + I_B{'}}$$

여기서, 각 성분의 흡수율은 표준물질의 농도가 10 ppb 근처일 때 0.9 이상이어야 한다.

20 악취 공정시험기준에 따라 DNPH 카트리지 – 기체 크로마토그래피를 이용하여 아세트알데하이드를 분석할 때 사용되는 검출기로 모두 옳은 것은?

① 불꽃광도검출기(FPD), 질소인검출기(NPD)

② 질소인검출기(NPD), 불꽃이온화검출기(FID)

③ 원자발광검출기(AED), 불꽃광도검출기(FPD)

④ 불꽃이온화검출기(FID), 원자발광검출기(AED)

해설 알데하이드 – DNPH 카트리지 – 기체 크로마토그래피법에서 검출기로는 불꽃이온화검출기(FID), 질소인검출기(NPD), 질량분석기(MS)를 사용한다.

정답 19 ② 20 ②

2024년 제18회 환경측정분석사 필기

• 검정분야 : 대기환경측정분석

[1과목 : 정도관리]

01 대기오염 공정시험기준에서 정의하고 있는 실험실 정도 보증/관리의 적용주기에 대한 설명으로 틀린 것은?

① 실험실 내의 정확도 확인은 최소한 1년마다 1회씩 실시하여야 한다.

② 실험실 내의 정밀도 확인은 최소한 1년마다 1회씩 실시하여야 한다.

③ 분석장비의 교체가 발생하면 관련된 모든 오염물질 항목에 대해 방법검출한계를 재시험하여 계산하고 문서화해야 한다.

④ 시험방법 변경이 발생한 경우라도 최소한 1년마다 정기적으로 사용 시험방법과 분석장비에 대한 분석자의 방법검출한계를 수행하여 계산한다.

해설 실험실 정도 보증/관리에 중요한 변경사항(분석자 교체, 분석장비 교체, 시험방법 변경 등)이 발생하면 관련된 모든 오염물질 항목에 대해 방법검출한계를 재시험하여 계산하고 문서화해야 한다. 또한, 분석자는 방법검출한계 계산에 사용된 시료와 같은 농도의 시료 및 실험실 관리 시료를 시료의 실험 때마다 측정·분석하여 방법검출한계를 규칙적으로 확인한다. 중대한 변화가 발생하지 않는 경우에도 최소한 1년마다 정기적으로 사용 시험방법과 분석장비에 대한 분석자의 방법검출한계를 수행하여 계산한다.

02 정도관리 숙련도 시험에서 적합 판정을 받은 기관으로 옳은 것은?

① 숙련도 시험에 대기분야 8개 항목을 신청하여 7개 항목 '만족'을 받은 기관

② 숙련도 시험에 대기분야 10개 항목을 신청하여 9개 항목 '만족'을 받은 기관

③ 숙련도 시험에 대기분야 15개 항목을 신청하여 13개 항목 '만족'을 받은 기관

④ 숙련도 시험에 대기분야 18개 항목을 신청하여 16개 항목 '만족'을 받은 기관

해설 숙련도 시험에서 기관평가가 적합 판정을 받으려면 환산점수가 90 % 이상이 되어야 한다.

① $\frac{7}{8} \times 100 = 88\%$

② $\frac{9}{10} \times 100 = 90\%$

③ $\frac{13}{15} \times 100 = 87\%$

④ $\frac{16}{18} \times 100 = 89\%$

03 기체 크로마토그래피 분리도 계산결과로 옳은 것은?

- 시료 도입점으로부터 봉우리 1의 최고점까지의 길이 : 25 mm
- 봉우리 1의 좌우 변곡점에서의 접선이 자르는 바탕선의 길이 : 0.3 mm
- 시료 도입점으로부터 봉우리 2의 최고점까지의 길이 : 26 mm
- 봉우리 2의 좌우 변곡점에서의 접선이 자르는 바탕선의 길이 : 0.5 mm

① 1.2 ② 2.5
③ 10 ④ 128

해설 분리도(resolution)는 두 개의 피크가 분리된 정도를 직접적으로 나타내는 척도로, 값이 1.5 이상이 되어야 두 피크가 측정 가능할 정도로 적절히 분리되었음을 나타낸다.

분리도 $R = \frac{2(t_{R_2} - t_{R_1})}{W_1 + W_2} = \frac{2 \times (26 - 25)}{0.3 + 0.5} = 2.5$

정답 **01** ④ **02** ② **03** ②

04 기체 크로마토그래피 분리계수 계산식으로 옳은 것은?

> • t_{R_1} : 시료 도입점으로부터 봉우리 1의 최고점까지의 길이
>
> • t_{R_2} : 시료 도입점으로부터 봉우리 2의 최고점까지의 길이

① t_{R_1} / t_{R_2} ② $t_{R_2} \times t_{R_1}$

③ t_{R_2} / t_{R_1} ④ $(t_{R_1} + t_{R_2}) / 2$

해설 분리계수는 피크들 간 머무름시간의 상대적인 비율을 나타내며, 분리계수가 높을수록 측정이 가능할 정도로 적절히 분리되었음을 나타낸다.

분리계수 $d = \dfrac{t_{R_2}}{t_{R_1}}$

05 한 무리의 반복 측정한 결과의 정밀도를 나타내는 데 사용되고, 그 무리의 가장 큰 값과 가장 작은 값 사이의 차이를 나타내는 용어로 옳은 것은?

① 분산(variance)

② 영역(range)

③ 표준오차(standard error)

④ 변동계수(coefficient of variance)

해설 정밀도를 나타내기 위한 방법으로는 표준편차(standard deviation)가 가장 일반적으로 사용된다. 방법으로는 이 외에도 평균의 표준오차(standard error), 분산(variance), 변동계수(coefficient of variance), 상대범위(relative range), 상대표준편차(relative standard deviation), 상대차이백분율(RPD, Relative Percent Difference) 및 퍼짐(spread) 또는 영역(range) 등이 있다.
※ 영역(range, 범위)이란 시험방법이 적정한 정밀도, 정확도 및 직선성을 충분히 제시할 수 있는 분석대상 물질 양(또는 농도)의 하한값 및 상한값 사이의 범위를 말한다.

06 정확도의 표현방법으로 틀린 것은?

① 절대오차(absolute error)

② 상대오차(relative error)

③ 상대정확도(relative accuracy)

④ 상대표준편차(relative standard deviation)

해설 정확도를 나타내기 위한 방법으로는 회수율(recovery), 절대오차(absolute error), 상대오차(relative error) 및 상대정확도(relative accuracy)가 있다.
④ 상대표준편차(relative standard deviation)는 정밀도를 나타내기 위한 것이다.

07 시료의 균질도에 대한 설명으로 틀린 것은?

① 시료의 균질도는 시료채취방법에 따라 달라진다.

② 시료의 균질도는 시료채취위치에 따라 달라진다.

③ 주어진 특정한 양에 대한 정의와 일치하는 값이다.

④ 시료 내에서 시험분석대상 성분에 차이가 나는 정도이다.

해설 균질도(homogeneity)란 어떤 재료가 균질하다는 것으로, 재료 내 각 지점에서 재료의 물성치가 동일하다는 것을 의미한다.
③ 주어진 특정한 양에 대한 정의와 일치하는 값은 참값(true value)이다.

08 검출한계(limit of detection)를 구하는 방법으로 틀린 것은?

① 시각적 평가에 근거하는 방법

② 신호(signal) 대 잡음(noise)에 근거하는 방법

③ 인증표준물질(CRM)의 회수율에 근거하는 방법

④ 반응의 표준편차와 검정곡선의 기울기에 근거하는 방법

해설 분석 회수율을 추정하기 가장 좋은 방법인 인증표준물질(CRM, Certified Reference Material)은 검출한계를 구하는 방법으로는 적합하지 않다.

정답 **04** ③ **05** ② **06** ④ **07** ③ **08** ③

09 정도관리 체계도에 대한 설명으로 틀린 것은?

① 정도보증(quality assurance), 협의의 정도관리(quality control), 정도평가(quality assessment)의 하위 개념에 정도경영(quality management)이 있다.

② 정도평가(quality assessment)는 측정결과의 정도를 추론할 수 있는 기법으로 통계적 관리로 가능하다.

③ 정도보증(quality assurance)은 시험·검사의 결과가 정도목표를 만족하고 있음을 보증하기 위한 제반활동으로 정확도, 정밀도, 불확도 평가가 포함된다.

④ 협의의 정도관리(quality control)는 측정결과의 재현성을 유지하기 위한 모든 기법으로 시료채취, 측정, 교정, 결과처리 등에 대한 프로토콜을 사용한다.

> 해설 ① 정도보증, 협의의 정도관리, 정도평가의 상위 개념에 정도경영이 있다.

10 정밀도에 대한 설명으로 모두 옳은 것은?

> ㉠ 정밀도란 균질한 시료로부터 여러 차례 채취하여 얻은 시료를 정해진 조건에 따라 측정하였을 때 각각의 측정값들 간의 근접성(분산정도)을 나타내는 것이다.
>
> ㉡ 반복성이란 하나의 균일한 시료에서 채취한 시료를 서로 다른 실험실에서 측정하는 경우의 정밀도를 말한다.
>
> ㉢ 중간정밀도란 동일 실험실 내에서 실험일, 실험자. 기구. 기기 등을 한 가지 이상의 조건이 바뀌어 측정하는 경우에서의 측정값 간 정밀도이다.
>
> ㉣ 시험방법 검증에서는 실험실 간의 환경이 비슷하거나 동등하다는 것을 확인해야 하기 때문에 반복성과 실험실 내 정밀도로 검증한다.

① ㉠, ㉡

② ㉡, ㉢, ㉣

③ ㉠, ㉢, ㉣

④ ㉠, ㉡, ㉢, ㉣

> 해설 반복성(repeatability)이란 단시간 사이에 동일 조건하에서 측정하는 경우, 즉 같은 측정조건에서 같은 측정량을 연속적으로 측정하여 얻은 결과들 사이의 일치하는 정도이다.

11 괄호 안에 들어갈 용어로 옳은 것은?

> 시험방법에 대한 구체적인 절차인 (   )는 분석담당자 이외의 직원이 분석할 수 있도록 자세한 시험방법을 기술한 문서로서 제조사로부터 제공되거나 시험기관 내부적으로 작성될 수 있다. 문서 유효일자. 개정번호, 승인자의 서명 등이 포함되어야 하며 모든 직원에 의해 쉽게 이용 가능하여야 한다.

① 관리차트

② 표준작업절차서

③ 초기능력 검증차트

④ 검정곡선 검증절차서

> 해설 문제에서 설명하는 문서는 표준작업절차서(SOPs, Standard Operating Procedures)이다.

12 시험분석 용어에 대한 설명이다. 해당 설명에 대한 용어로 옳은 것은?

> 시험 분석기기나 시스템의 감도 또는 바탕시험값 등이 변화하는 것으로서. 변화되는 정도가 단시간의 정밀도 또는 잡음수준보다 많이 변하는 현상

① 드리프트(drift)

② 정량한계(limit of quantitation)

③ 안정도(stability)

④ 교정, 검정(calibration)

해설 분석기기 드리프트(drift)는 측정기기의 지시 값이 시간이나 기기 특성의 변화에 따라 달라지는 현상을 말한다.

- 제로 드리프트(zero drift) : 측정기가 정상적으로 가동되는 조건하에서 측정하고자 하는 성분을 포함하지 않는 교정용액(영점 교정용액)을 일정 시간 또는 일정 횟수 이상 반복 측정 후 발생한 편차
- 스팬 드리프트(span drift) : 측정기가 정상적으로 가동되는 조건에서 스팬 교정용액을 이용하여 일정 시간 또는 일정 횟수 이상 반복 측정 후 발생한 편차

13 시험방법에 대한 검증항목으로 틀린 것은?

① 직선성(linearity)
② 특이성(specificity)
③ 숙련성(proficiency)
④ 검출한계(limit of detection)

해설 시험방법에 대한 검증(verification), 즉 유효성 검증은 시험방법의 유효성 확인보다는 좁은 범위의 의미로서 검사기관이 보유한 시험조건에서 표준시험방법에 규정된 성능특성들을 충족할 수 있음을 입증하는 것(실험결과에 대한 신뢰성)이다. 검증항목으로는 선택성, 직선성, 감도, 정확도와 정밀도, 검출한계와 정량한계, 범위, 둔감도, 측정불확도 등이 있다.

14 시료채취 프로그램의 설계단계를 2단계부터 5단계까지 순서대로 나열한 것으로 옳은 것은?

┌─────────────────────────────────────┐
│ ㉠ 결정에 필요한 사항 확인 : 결정을 위한 필요 │
│   정보의 확인   │
│ ㉡ 결정 확인 : 연구 의문점 확인 및 대체방법 규정 │
│ ㉢ 의사결정규칙 개발 : 통계요소 설정 및 행동 │
│   수칙에 대한 논리 개발   │
│ ㉣ 조사활동 영역 설정 : 시료 특성 및 시공간적 │
│   제한 규정   │
└─────────────────────────────────────┘

① ㉠ → ㉡ → ㉢ → ㉣
② ㉡ → ㉠ → ㉢ → ㉣
③ ㉡ → ㉠ → ㉣ → ㉢
④ ㉠ → ㉣ → ㉡ → ㉢

해설 시료채취 프로그램 설계를 위한 7단계 과정

- 1단계 : 프로그램에서 확인하고자 하는 현재의 문제점을 규정하고, 시료채취 프로그램 설계팀을 구성하며, 분석에 필요한 예산을 산정하여 채취일정을 계획한다.
- 2단계 : 1단계 사항을 검토하여 확정하고, 의문점에 대한 해결방법을 모색한다.
- 3단계 : 결정에 필요한 정보(자료의 출처, 기본행동수칙, 시료 채취 및 분석법)를 수집하여 확인한다.
- 4단계 : 프로그램의 조사활동영역을 설정(시료의 특성 규정, 시료채취 시 시공간적 제한을 규정, 의사결정단위 설정)한다.
- 5단계 : 의사결정에 필요한 규칙을 개발하고, 수집된 시료의 결과값에 대한 통계처리방법을 개발한다.
- 6단계 : 5단계 통계처리방법을 통해 측정결과의 에러가 허용기준 이내 범위인지 판단한다.
- 7단계 : 확보된 데이터의 효율성을 평가한다.

15 대기 시료채취에 대한 일반적인 주의사항으로 틀린 것은?

① 시료채취 유량은 규정하는 범위 내에서는 되도록 많이 채취하는 것을 원칙으로 한다.
② 악취물질은 되도록 짧은 시간 내에 시료채취를 끝내야 한다.
③ 입자상 물질 중의 금속성분이나 발암성 물질은 되도록 장시간 채취한다.
④ 배출가스 중 가스상 물질을 채취할 경우에는 반드시 등속흡입을 하여야 한다.

해설 ④ 배출가스 중 입자상 물질을 채취할 경우에는 반드시 등속흡입을 하여야 한다.

16 화학물질 분류 및 표지에 관한 세계조화시스템(GHS)의 그림문자가 나타내는 물질로 옳은 것은?

① 발화성 물질
② 산화성 물질
③ 인화성 물질
④ 부식성 물질

해설 GHS 유해화학물질 그림문자

폭발성 물질　　인화성 물질　　산화성 물질

고압가스　　부식성 물질　　급성독성 물질

자극성·과민성 물질　건강유해성 물질　환경유해성 물질

17 직선성(linearity)과 범위(range)에 대한 설명으로 틀린 것은?

① 적어도 검출하고자 하는 농도의 범위에서 직선성을 입증해야 한다.

② 직선성이 있다는 것을 증명하려면 표준원액을 농도별로 희석하여 최소한 2개의 농도를 사용해야 한다.

③ 직선성을 충분히 제시할 수 있는 분석대상 물질의 농도의 하한값 및 상한값 사이의 영역을 찾아야 한다.

④ 직선성이란 일정한 범위 내에 있는 시료 중 분석대상 물질의 농도에 대하여 직선적인 측정값을 얻을 수 있는 능력을 말한다.

해설 직선성이 있다는 것을 증명하려면 표준원액을 농도별로 희석하여 최소한 3개의 농도를 사용해야 한다.

18 원자흡수분광광도계에 대한 설명이다. 괄호 안에 들어갈 용어로 모두 옳은 것은?

> 실리콘, 알루미늄, 바륨, 베릴륨, 바나듐의 분자는 더 (㉠) 온도의 불꽃이 필요하고, (㉡) 불꽃이 필요하다.

① ㉠ 낮은, ㉡ 황산화물 – 아세틸렌

② ㉠ 낮은, ㉡ 질소산화물 – 아세틸렌

③ ㉠ 높은, ㉡ 황산화물 – 아세틸렌

④ ㉠ 높은, ㉡ 질소산화물 – 아세틸렌

해설 원자흡수분광광도계의 시료원자화부에서 실리콘, 알루미늄, 바륨, 베릴륨, 바나듐의 분자는 더 높은 온도의 불꽃이 필요하고, 질소산화물 – 아세틸렌 불꽃이 필요하다.

19 기체 크로마토그래프 유지관리활동 중 매일 점검하는 항목이 아닌 것은?

① 탄성격막, 가스흐름 점검

② GC 실린지 청소

③ 누출 점검

④ 주입구 청소

해설 기체 크로마토그래프 유지관리활동 중 주입구 청소는 매월 점검하는 항목이다.

20 배출가스 중 안트라센을 분석하기 위해서 아래와 같이 검정곡선 작성용 표준용액을 분석하였다. 평균상대감응계수값과 사용 가능 여부로 모두 옳은 것은?

표준물질		내부표준물질	
농도 (ng/μL)	분석피크 (면적)	농도 (ng/μL)	분석피크 (면적)
0.1	9,015	0.1	9,524
0.5	45,601	0.5	48,724
1.0	92,230	1.0	96,532

① 0.95, 사용 가능

② 0.95, 사용 불가로 재분석 필요

③ 1.06, 사용 가능

④ 1.06, 사용 불가로 재분석 필요

해설 안트라센(anthracene)은 벤젠고리가 직선으로 3개 있는 모양의 분자를 가진 무색 결정으로, 분자량 178.2, 녹는점 218 ℃, 끓는점 340 ℃, 비중 1.25(20 ℃)이며, 분자식은 $C_{14}H_{10}$이다.

$RRF = \dfrac{A_T}{A_{EI}} \times \dfrac{C_I}{C_T}$ 에서, 농도별 상대감응계수 (RRF, Relative Response Factors)는 다음과 같다.

- 표준물질 농도 0.1 ng/μL인 경우

$RRF = \dfrac{146,846}{9,524} \times \dfrac{0.1}{(0.1+0.5+1.0)} = 0.96$

- 표준물질 농도 0.5 ng/μL인 경우

$RRF = \dfrac{146,846}{48,724} \times \dfrac{0.5}{(0.1+0.5+1.0)} = 0.94$

- 표준물질 농도 1.0 ng/μL인 경우

$RRF = \dfrac{146,846}{96,532} \times \dfrac{1.0}{(0.1+0.5+1.0)} = 0.95$

∴ 평균상대감응계수

$RRF_{avg.} = \dfrac{0.96+0.94+0.95}{3} = 0.95$

상대표준편차(RSD) 값이 ±25 % 이내이면 사용 가능하므로,

표준편차 $SD = \sqrt{\dfrac{\sum\limits_{i=1}^{n}(RRF_i - RRF_{avg.})^2}{n-1}}$

$= \sqrt{\dfrac{(0.96-0.95)^2 + (0.94-0.95)^2}{3-1}} = 0.01$

∴ 상대표준편차 $RSD = \dfrac{SD}{RRF_{avg.}} \times 100$

$= \dfrac{0.01}{0.95} \times 100 = 1.05$ %

따라서, 사용 가능하다.

21 정량한계 부근 농도의 표준시료를 7개 조제하여 측정한 정량한계값이다. 표준편차값으로 옳은 것은?

> 정량한계값 : 9.0 μg/m^3

① 9.0 μg/m^3 ② 0.9 μg/m^3
③ 2.86 μg/m^3 ④ 0.28 μg/m^3

해설 현장 바탕시료값을 측정했을 때의 표준편차 (s)로부터 구한 정량한계값은 $10s$이므로, 표준편차는 정량한계값의 $\dfrac{1}{10}$이 된다.

∴ 표준편차 $s = 9.0 \times 0.1 = 0.9(\mu g/m^3)$

22 배출가스 중 황산화물을 자동측정법과 침전적정법으로 분석하고자 한다. 정도관리 목표로 옳은 것은?

① 침전적정법에서 방법검출한계는 100.0 ppm 이다.
② 자동측정법에서 반복성은 측정범위의 ±5 % 이하이어야 한다.
③ 침전적정법에서 정밀도 수행결과 정밀도는 15 % 이내이어야 한다.
④ 자동측정법에서 응답시간은 5분 이하이어야 한다.

해설 ① 침전적정법에서 방법검출한계는 44.0 ppm (광도적정법에서는 15.7 ppm)이다.
② 자동측정법에서 반복성은 측정범위의 ±2.0 % 이하이어야 한다.
③ 침전적정법에서 정밀도 수행결과 정밀도는 상대표준편차 ±10 % 이내이어야 한다.

23 측정절차에 대한 품질관리를 위해 인증농도가 300.0 nmol/mol인 표준가스를 5회 반복 측정한 결과이다. 상대정확도(%)로 옳은 것은?

> 측정값(nmol/mol) : 284.0, 288.0, 292.0, 308.0, 310.0

① 98.8 %   ② 99.5 %
③ 100.0 %   ④ 101.4 %

해설 상대정확도(relative accuracy)는 절대오차 (absolute error), 상대오차(relative error) 와 함께 정확도를 표현하기 위한 방법으로서 측정값이나 평균값을 참값에 대한 백분율로 나타낸다.

상대정확도 $= \dfrac{측정값(또는 평균)}{참값} \times 100$

$= \dfrac{\left(\dfrac{284+288+292+308+310}{5}\right)}{300} \times 100$

$= 98.8\%$

24 시험·검사 결과의 기록방법으로 <u>틀린</u> 것은?

① 범위로 표현되는 수치에는 단위를 각각 붙인다.

② 결과값의 수치와 단위는 한 칸 띄어 쓴다.

③ %도 단위이므로 수치와 한 칸 띄어 쓴다.

④ 부피는 ℓ로 표기한다.

해설 부피를 나타내는 단위 리터(liter)는 "L" 또는 "l"로 쓴다.

25 악취 공정시험기준에 제시된 정도관리 유의사항에서 감도 변동관리에 대한 설명 중 괄호 안에 들어갈 내용으로 옳은 것은?

> 하루에 1회 이상 정기적으로 검정곡선의 중앙 부근 농도의 표준물질 또는 표준용액을 측정하고, 측정·분석 대상 물질의 감도의 변동이 검정곡선 작성 시의 감도에 비해 (   ) % 이내에 있는 것을 확인한다.

① ±5   ② ±10

③ ±15   ④ ±20

해설 감도 변동관리는 감도에 비해 ±20 % 이내에 있는 것을 확인하는 것이다.

26 유효숫자에 대한 설명으로 <u>틀린</u> 것은?

① 0이 아닌 정수는 항상 유효숫자이다.

② 0이 아닌 숫자 사이의 '0'은 항상 유효숫자이다.

③ 0.0025란 숫자의 유효숫자는 4개이다.

④ 결과 계산 시 곱하거나 더할 경우, 계산하는 숫자 중 가장 작은 유효숫자 자릿수에 맞춰 결과값을 적는다.

해설 소숫자리에 앞에 있는 숫자 '0'은 유효숫자에 포함되지 않는다. 즉, 0.0025에서 '0.00'은 유효숫자가 아닌 자릿수를 나타내기 위한 것이므로, 이 숫자의 유효숫자는 2개이다.

27 환경시료를 여러 번 분석해서 얻은 분석값들의 평균이나 분산을 추정할 경우 표본에서 얻을 수 있는 신뢰구간에 대한 설명으로 <u>틀린</u> 것은?

① 유의수준(α, significance level) : 결과가 신뢰수준 안에 존재할 확률

② 신뢰수준(CL, Confidence Level) : 실험적으로 얻은 평균 주위에 모집단 평균이 존재할 확률

③ 평균에 대한 신뢰한계(confidence limit) : 실험적으로 얻은 평균 주위에 모집단 평균이 어떤 확률로 존재할 한계값

④ 평균에 대한 신뢰구간(CI, Confidence Interval) : 실험적으로 얻은 평균 주위에 모집단 평균이 어떤 확률로 존재할 값의 범위

해설 ① 유의수준(α)은 결과가 신뢰수준 밖에 존재할 확률을 의미한다.

28 계통오차를 검출하는 방법으로 <u>틀린</u> 것은?

① 표준기준물질(Standard Reference Material, SRM)과 같은 조성을 아는 시료를 분석한다. 그 분석방법은 알고 있는 값을 재현할 수 있어야 한다.

② 분석성분이 들어있지 않은 바탕시료(blank)를 분석한다. 만일 측정결과가 '0'이 되지 않으면 분석방법은 얻고자 하는 값보다 더 적은 값을 얻게 될 것이다.

③ 같은 양을 측정하기 위하여 여러 가지 다른 방법을 이용한다. 만일 각각의 방법에서 얻은 결과가 일치하지 않으면 한 가지 또는 그 이상의 방법에 오차가 발생한 것이다.

④ 같은 시료를 각기 다른 실험실이나 다른 실험자에 의해서 분석한다. 예상한 우연오차 이외에 일치하지 않는 결과는 계통오차이다.

해설 계통오차(systematic error) : 계통편향(systematic bias)이라고도 하며 주로 분석기기를 교정하지 않거나 잘못 사용함으로써 발생한다. 계통오차로 인해 측정결과가 0이 아니라 평균오차가 0이 되지 않게 하며, 이때 측정결과가 편향되었다고 한다.

29 환경실험실 운영관리를 위한 흄 후드(fume hood)에 대한 설명으로 **틀린** 것은?

① 후드 내 풍속은 약간 유해한 화학물질에 대하여 안면부 풍속이 21 m/분 ~ 30 m/분 정도 되어야 한다.

② 후드를 일부 시약 또는 폐액의 보관장소로 사용할 수 있다.

③ 위험물질의 방출이나 유출은 대체로 예측할 수 있으나 실험실에서는 뜻밖의 사태가 발생할 수 있으므로 필요에 따라서는 안전막이 설치되어 있는 후드를 사용한다.

④ 후드의 문을 완전히 연 상태에서 만족할만한 배기속도를 얻지 못한다면 문을 조금씩 내리면서 배기속도를 측정하여 적절한 위치를 확인하고 문틀에 별도의 표시를 할 수도 있다.

해설 ② 후드를 시약 또는 폐액 보관장소로 사용하지 않도록 한다.

30 환경실험실 운영관리 측면에서 지정폐기물의 보관에 대한 설명으로 **틀린** 것은?

① 지정폐기물은 지정폐기물 외의 폐기물과 구분하여 보관한다.

② 폐유기용제는 휘발되지 아니하도록 밀폐된 용기에 보관한다.

③ 지정폐기물은 지정폐기물에 의하여 부식되거나 파손되지 아니하는 재질로 된 보관시설 또는 보관용기를 사용하여 보관한다.

④ 지정폐기물 중 폐산은 보관이 시작된 날부터 60일을 초과하여 보관하여서는 안 된다.

해설 지정폐기물 중 폐산 · 폐알칼리 · 폐유 · 폐유기용제 · 폐촉매 · 폐흡착제 · 폐흡수제 · 폐농약, 폴리클로리네이티드바이페닐 함유 폐기물, 폐수처리 오니 중 유기성 오니는 보관이 시작된 날부터 45일을 초과하여 보관하여서는 안 되며, 그 밖의 지정폐기물은 60일을 초과하여 보관하여서는 안 된다.

31 환경실험실 중 시료 보관시설의 관리에 대한 내용으로 **틀린** 것은?

① 보관시설은 약 4 ℃로 유지하여야 한다.

② 보관시설의 조명은 기재사항을 볼 수 있도록 50 Lux 이상이어야 한다.

③ 보관시설의 최소 내부 공간은 최소한 3개월분의 시료를 보관할 수 있는 시설을 갖추어야 한다.

④ 환기시설은 독립적으로 개폐할 수 있어야 하며, 작동 시 짧은 시간 내에 환기할 수 있도록 약 0.5 m/s 이상(단위 m²당 30 m³/분)의 배기속도로 환기되어야 한다.

해설 시료 보관시설의 조명은 문을 개방할 경우에만 조명이 들어오게 하거나 별도의 독립된 전원스위치를 설치하며, 시료의 기재사항 확인 및 작업을 할 수 있도록 최소한 75 Lux 이상이어야 한다.

32 환경실험실에서 사용하는 유해화학물질 중 인화성 물질에 대한 설명으로 **틀린** 것은?

① 인화점(30 ℃ ~ 65 ℃) : 등유, 경유, 에테인, 프로페인, 뷰테인

② 인화점(0 ℃ ~ 30 ℃) : 메틸알코올, 에틸알코올, 자일렌

③ 인화점(−30 ℃ ~ 0 ℃) : 노말헥세인, 아세톤, 메틸에틸케톤, 산화에틸렌

④ 인화점(−30 ℃ 이하) : 에틸에터, 가솔린, 아세트산, 산화프로필렌

정답 29 ② 30 ④ 31 ② 32 ④

해설 ④ 인화점(-30 ℃ 이하) : 에틸에터, 가솔린, 산화프로필렌
※ 아세트산의 인화점은 40 ℃이다.

33 실험실 사고 발생 시 행동요령으로 틀린 것은?

① 화재 사고로 건물에서 피신할 경우 승강기는 이용하지 않는다.

② 화염에 의한 국소부위의 경미한 화상 시는 그리스를 사용하여 응급처치를 실시한다.

③ 초기 진압이 어려운 경우에는 즉시 진화를 포기하고 대피한다.

④ 화재 원인물질이 화학물질인 경우, 고압 물줄기로 인해 화학물질이 비산되지 않도록 한다.

해설 화염에 의한 국소부위의 경미한 화상 시 행동요령
• 통증과 부풀어 오르는 것을 줄이기 위하여 20분 ~ 30분 동안 얼음물에 화상 부위를 담근다.
• 그리스는 열이 발산되는 것을 막아 화상을 심하게 하므로, 사용하지 않는다.

34 환경실험실 질식사고 발생 시 의식이 있는 환자에 대한 즉시 대처요령으로 틀린 것은?

① 환자를 세우거나 앉힌다.

② 환자의 머리를 낮추고 환자의 옆 또는 뒤에서 한 손으로 환자의 가슴을 지탱한다.

③ 환자를 똑바로 눕힌 채 인공호흡을 실시한다.

④ 견갑골(목덜미 아래쪽의 날개 뼈) 사이를 4회 타격한다.

해설 환자가 무의식상태인 경우 환자를 똑바로 눕힌 채 인공호흡을 실시한다.

35 「환경분야 시험 · 검사 등에 관한 법률」에 따른 측정기기의 정도검사에 대한 설명으로 옳은 것은?

① 수입신고를 한 측정기기를 사용하는 자는 환경부장관이 실시하는 정도검사의 대상에서 제외한다.

② 형식승인을 받은 측정기기를 사용하는 자는 환경부장관이 실시하는 정도검사의 대상에서 제외한다.

③ 측정기기를 사용하는 자가 정도검사기간 전에 정도검사를 받은 경우에는 정도검사를 받은 것으로 보며, 그 후의 정도검사주기는 해당 정도검사를 받은 다음 날부터 산정한다.

④ 환경오염도를 측정하여 그 결과를 행정목적으로 사용하지 않거나 외부에 알리기 위한 목적으로 사용하지 않는 측정기기의 경우에는 정도검사를 받지 않고 사용할 수 있다.

해설 ① 환경부장관은 수입신고를 받은 경우 그 내용을 검토하여 이 법에 적합하면 신고를 수리하여야 한다.
② 형식승인을 받거나 수입신고를 한 자는 그 형식에 관하여 환경부령으로 정하는 중요 사항을 변경하고자 하는 때에는 환경부장관의 변경승인을 받아야 한다.
③ 측정기기를 사용하는 자가 정도검사기간 전에 정도검사를 받은 경우에는 정도검사를 받은 것으로 보며, 해당 정도검사를 받은 후의 정도검사주기는 해당 정도검사를 받은 날부터 산정한다.

정답 33 ② 34 ③ 35 ④

36 「환경분야 시험 · 검사 등에 관한 법률」에서 정하고 있는 용어 중 '시험 · 검사 등'에 포함되는 내용으로 틀린 것은?

① 측정기기 · 환경설비의 시험 · 검사 포함
② 측정 · 분석 · 평가를 위한 시료의 채취는 포함하지 않음
③ 측정기기 · 환경설비의 시험 · 검사 및 이와 관련된 규격의 제정 · 확인을 포함
④ 환경의 관리 · 보전을 위하여 환경분야 관련 법령에 따라 수행하는 환경오염 또는 환경유해성의 측정 · 분석 · 평가를 포함

해설 환경분야 시험 · 검사 등에 관한 법률 제2조 (정의)
"시험 · 검사 등"이란 환경의 관리 · 보전을 위하여 환경분야 관련 법령에 따라 수행하는 환경오염 또는 환경유해성의 측정 · 분석 · 평가(측정 · 분석 · 평가를 위한 시료의 채취를 포함한다), 측정기기 · 환경설비의 시험 · 검사 및 이와 관련된 규격의 제정 · 확인 등을 말한다. 다만, 해양수산부 소관 법률에 따른 해양환경분야의 경우는 제외한다.

37 「환경시험 · 검사기관 정도관리 운영 등에 관한 규정」에 따른 숙련도 시험에 대한 설명으로 틀린 것은?

① 매년 정기 숙련도 시험을 실시하되 필요한 경우 수시로 숙련도 시험을 할 수 있다.
② 수시 숙련도 시험이 진행 중인 경우에도 다른 항목 추가를 위한 수시 숙련도를 추가로 신청할 수 있다.
③ 숙련도 시험을 위하여 표준시료를 배포하면 이를 수령한 날로부터 30일 이내에 표준시료 시험결과 등을 과학원장에게 제출해야 한다.
④ 정기 숙련도 시험의 경우 불만족 항목에 대해 1회에 한해 재시험을 실시하며, 수시 숙련도 시험의 경우 재시험을 하지 않는다.

해설 환경시험 · 검사기관 정도관리 운영 등에 관한 규정 제18조(숙련도 시험 실시)
수시 숙련도 시험이 진행 중인 경우는 다른 항목 추가를 위한 수시 숙련도를 추가로 신청할 수 없으며, 정도관리 부적합을 받은 경우는 부적합 판정을 통보받은 날부터 3개월이 경과된 이후에 정도관리를 신청할 수 있다.

38 「환경시험 · 검사기관 정도관리 운영 등에 관한 규정」에 따른 정도관리 현장평가에 대한 절차이다. 각각의 괄호 안에 순차적으로 들어갈 내용으로 모두 옳은 것은?

평가팀은 현장평가 해당 기관에 대하여 시작회의, 시험실 순회, (㉠), 정도관리 문서 평가, (㉡), (㉢), (㉣), 현장평가보고서 작성 및 종료회의로 이루어지며, 정도관리 문서 및 기록물은 현장평가일 이전에 사전 검토 또는 평가할 수 있다.

① ㉠ 중간회의, ㉡ 시험성적서 확인, ㉢ 주요 직원 면담, ㉣ 시험분야별 평가
② ㉠ 시험성적서 확인, ㉡ 중간회의, ㉢ 주요 직원 면담, ㉣ 시험분야별 평가
③ ㉠ 중간회의, ㉡ 시험성적서 확인, ㉢ 시험분야별 평가, ㉣ 주요 직원 면담
④ ㉠ 시험성적서 확인, ㉡ 중간회의, ㉢ 시험분야별 평가, ㉣ 주요 직원 면담

해설 환경시험 · 검사기관 정도관리 운영 등에 관한 규정 제30조(현장평가 절차)
평가팀은 현장평가 해당 기관에 대하여 시작회의, 시험실 순회, 중간회의, 정도관리문서 평가, 시험성적서 확인, 주요 직원 면담, 시험분야별 평가, 현장평가보고서 작성 및 종료회의로 이루어지며, 정도관리 문서 및 기록물은 현장평가일 이전에 사전 검토 또는 평가할 수 있다.

정답 36 ② 37 ③ 38 ①

39 「환경시험 · 검사기관 정도관리 운영 등에 관한 규정」에 따른 경영검토 및 내부심사를 통한 내부 정도관리 평가에 대한 설명으로 <u>틀린</u> 것은?

① 품질 책임자의 책임하에 정해진 일정과 절차에 따라 정기적인 내부 정도관리 평가(최소 연 1회)를 실시하도록 규정하고 이를 실행하고 있다.

② 내부 정도관리 평가는 국립환경과학원이 3년마다 실시하는 정도관리 현장평가에 따른 미흡사항 보완에 따른 이행 및 효과의 검증을 포함하여야 한다.

③ 내부 정도관리 평가는 여건이 허락하는 한도 내에서 독립적이며, 적절한 훈련을 통해 자격을 갖춘 외부 전문인력에 의해 실시되어야 한다.

④ 내부 정도관리 평가는 현장평가에 준하여 실시한다.

해설 환경시험 · 검사기관 정도관리 운영 등에 관한 규정 [별표 1] 환경시험 · 검사기관에 대한 요구사항(제2조 관련) 2.10 내부 정도관리 평가 (경영검토 및 내부심사)
2.10.2 내부 정도관리 평가는 여건이 허락하는 한도 내에서 독립적이며, 적절한 훈련을 통해 자격을 갖춘 직원에 의해 실시되어야 한다.

40 정도관리 검증기관이 국립환경과학원장에게 변경신고서와 변경을 증명하는 서류를 첨부하여 제출해야 할 요건으로 <u>틀린</u> 것은?

① 항목의 변경
② 시험실의 소재지 변경
③ 등록된 기술인력의 변경
④ 대표자 또는 상호의 변경

해설 환경시험 · 검사기관 정도관리 운영 등에 관한 규정 제50조(검증사항의 변경)
검증기관은 다음의 어느 하나에 대하여 변경사항이 발생한 때는 정도관리 검증서 원본을 포함한 정도관리 검증기관 변경신고서와 변경을 증명하는 서류를 첨부하여 과학원장에게 제출하여야 한다.
1. 대표자 또는 상호의 변경
2. 시험실의 소재지의 변경
3. 항목의 변경

[2과목 : 대기오염물질 공정시험기준]

01 대기오염 공정시험기준에 따른 환경대기 중 오존 또는 옥시던트 자동측정방법에서 특정한 원거리 내에 존재하는 평균 오존 농도를 측정하는 방법으로 옳은 것은?

① 화학발광법
② 자외선광도법
③ 흡광차분광법
④ 중성아이오딘화포타슘법

해설 환경대기 중의 오존 농도를 측정하기 위한 흡광차분광법은 특정한 원거리 내에 존재하는 평균 오존 농도의 측정방법이다.

02 대기오염 공정시험기준에 따른 온도의 표시에 대한 설명으로 **틀린** 것은?

① 절대온도는 K로 표시하고 절대온도 0 K는 −273 ℃로 한다.
② 표준온도는 0 ℃, 상온은 (15~25) ℃, 실온은 (1~35) ℃로 한다.
③ 셀시우스(Celcius)법에 따라 아라비아숫자의 오른쪽에 ℃를 붙인다.
④ 냉수는 10 ℃ 이하, 온수는 (75~85) ℃, 열수는 약 100 ℃를 말한다.

해설 ④ 냉수는 15 ℃ 이하, 온수는 (60~70) ℃, 열수는 약 100 ℃를 말한다.

03 대기오염 공정시험기준에 따른 시약 및 표준용액에 있어 시약등급수에 대한 설명으로 **틀린** 것은?

① 분석하고자 하는 화합물 혹은 원소가 분석방법의 검출한계에서 검출되지 않는 농도를 가진 시약등급수는 유형 I 이다.
② 유형 II는 박테리아의 존재를 무시할 수 있는 분석에 사용된다.

③ 유형 II는 더 높은 등급수의 생산을 위한 원수(feedwater)로 사용된다.
④ 유형 III과 유형 IV는 유리기구의 세척과 예비세척에 사용된다.

해설 시약등급수의 수질 유형은 다음과 같다.
• 유형 I은 최소의 간섭물질과 편향, 그리고 최대의 정밀도를 필요로 할 때 사용한다.
• 유형 II는 박테리아의 존재를 무시할 수 있는 분석에 사용된다.
• 유형 III과 유형 IV는 유리기구의 세척과 예비세척에 사용되고, 유형 III은 더 높은 등급수의 생산을 위한 원수(feedwater)로 사용된다.

04 대기오염 공정시험기준에서 일반사항의 용어에 대한 설명으로 **틀린** 것은?

① '황산 (1+2)'라 함은 황산 1용량에 물 2용량을 혼합한 것이다.
② '약'이란 그 무게 또는 부피에 대하여 ±10 % 이상의 차가 있어서는 안 된다.
③ '액의 농도를 (1 → 2)'의 의미는 액체일 때는 용질 1 mL를 용매 2 mL와 혼합하는 것을 뜻한다.
④ '수욕상에서 가열한다.'라 함은 따로 규정이 없는 한 수온 100 ℃에서 가열함을 뜻한다.

해설 ③ 액의 농도를 (1 → 2)로 표시한 것은 그 용질의 성분이 고체일 때는 1 g을, 액체일 때는 1 mL를 용매에 녹여 전량을 각각 2 mL로 하는 비율을 뜻한다.

정답 **01** ③ **02** ④ **03** ③ **04** ③

05 대기오염 공정시험기준에 따른 입자상 및 기체상 시료의 분석을 위한 시료 전처리방법 중 마이크로파 산분해방법에 대한 설명으로 **틀린** 것은?

① 무기물을 분석하기 위한 시료의 전처리방법으로 주로 이용된다.

② 닫힌 계에서 일어나므로 외부로부터의 오염, 산 증기의 외부 유출, 휘발성 원소의 손실이 없다.

③ 용기에 의한 금속의 오염이 없고, 고압하에서 분해하므로 과염소산을 사용하여 대부분의 금속을 산화시킬 수 있다.

④ 고압에서 270 ℃까지 온도를 상승시킬 수 있어 기존의 대기압하에서의 산분해방법보다 빠르게 시료를 분해할 수 있다.

> **해설** 마이크로파 산분해(microwave acid digestion) 방법은 테플론 용기를 사용하므로 용기에 의한 금속의 오염이 없고, 고압하에서 분해하므로 질산으로도 대부분의 금속을 산화시킬 수 있다. 따라서 과염소산과 같은 폭발성이 있는 위험한 산을 사용하지 않아도 되는 장점이 있다.

06 대기오염 공정시험기준에 따른 환경대기 중 중금속화합물 동시분석 – 유도결합플라스마 분광법에 대한 설명으로 **틀린** 것은?

① 시료용액 중에 소듐, 포타슘, 마그네슘, 칼슘 등의 농도가 낮고, 중금속 성분의 농도가 높은 경우에는 용매추출법을 이용하여 정량할 수 있다.

② 염의 농도가 높은 시료용액에서 검정곡선법이 적용되지 않을 때는 표준물첨가법을 사용하는 것이 좋다.

③ 시료용액을 플라스마에 분무하고 각 성분의 특성파장에서 발광세기를 측정하여 각 성분의 농도를 구한다.

④ 유도결합플라스마분광법의 내부정도관리 시 정밀도는 10 % 이내이어야 한다.

> **해설** ① 간섭물질로 시료용액 중에 소듐, 포타슘, 마그네슘, 칼슘 등의 농도가 높고, 중금속 성분의 농도가 낮은 경우에는 용매추출법을 이용하여 정량할 수 있다.

07 대기오염 공정시험기준에 따라 환경대기 중 먼지 측정방법에서 저용량 공기시료채취기법에 관한 설명이다. 여과지의 무게를 측정할 때 발생하는 간섭현상에 대한 내용으로 **틀린** 것은?

① 간섭현상은 습도에 의한 영향과 부산물에 의한 측정오차이다.

② 지나치게 높은 습도는 칭량과정에서 수분이 흡착되어 여과지의 무게를 증가시킨다.

③ 낮은 습도는 여과지에 정전기를 발생시켜 주변에 하전된 입자를 끌어당김으로써 여과지의 무게를 증가시킨다.

④ 부산물에 의한 오차는 여과지 위에서 기체상 오염물질이 미세먼지로 변환되면서 무게를 증가 또는 감소시키는 경우를 말한다.

> **해설** ③ 낮은 습도는 여과지에 정전기를 발생시켜 주변에 하전된 입자를 끌어당김으로써 여과지의 무게를 감소시킨다.

08 대기오염 공정시험기준에 따라 환경대기 중 초미세먼지(PM-2.5) 입자분리장치로 사용되는 충돌판 방식 임팩터의 관리방법에 대한 설명으로 **틀린** 것은?

① 임팩터에는 기체상 물질들의 흡수를 위해 충돌판 오일을 사용하여야 한다.

② 충돌판 오일의 조성은 테트라메틸테트라페닐트라이실리옥세인으로 한다.

③ 충돌판 여과지 교체 후에는 충돌판 오일을 떨어뜨려 여과지 전체 면적에 고르게 퍼지게 한다.

④ 충돌판 방식에 사용되는 노즐은 정기적으로 주 1회 이상 세척하여야 한다.

정답 05 ③　06 ①　07 ③　08 ①

해설 충돌판 오일은 입자상 물질의 튐 현상 방지를 위하여 사용된다.

09
대기오염 공정시험기준에 따른 환경대기 중 초미세먼지(PM-2.5)를 중량농도법으로 측정한 결과이다. 초미세먼지(PM-2.5) 농도로 옳은 것은?

- 시료채취 후 여과지 무게 : 5.2 mg
- 시료채취 전 여과지 무게 : 5.0 mg
- 총 시료채취부피 : 2,000 m³

① $0.1\ \mu g/m^3$ ② $0.1\ mg/m^3$
③ $10\ \mu g/m^3$ ④ $10\ mg/m^3$

해설
$$PM\text{-}2.5 = \frac{(W_f - W_i)}{V_a}$$
$$= \frac{(5.2-5.0)\times 1{,}000}{2{,}000}$$
$$= 0.1\,(\mu g/m^3)$$

10
대기오염 공정시험기준에 따라 배출가스 중 구리의 농도를 원자흡수분광광도법으로 측정할 때, 건조시료채취량(L)으로 옳은 것은?

- 배출가스 시료채취량 : 1,000 L
- 배출가스 중의 수분량 : 10 %
- 가스미터의 흡입가스 온도 : 26 ℃
- 가스미터의 가스게이지압 : 750 mmHg

① 800.9 L   ② 805.9 L
③ 810.9 L   ④ 815.9 L

해설 배출가스 중의 수분량이 10 %이므로 배출가스 시료채취량은 $1{,}000 - (1{,}000 \times 0.1) = 900\,(L)$
∴ 건조시료채취량(L)
$$= 900 \times \frac{273}{(273+26)} \times \frac{750}{760}$$
$$= 810.9\ L$$

11
대기오염 공정시험기준에 따른 환경대기 중 알데하이드류 – 고성능 액체 크로마토그래피법에 대한 설명으로 틀린 것은?

① 카보닐화합물과 DNPH가 반응하여 형성된 DNPH 유도체를 아세토나이트릴(acetonitrile) 용매로 추출하여 고성능 액체 크로마토그래피(HPLC)를 이용하여 자외선(UV) 검출기의 550 nm 파장에서 분석한다.

② DNPH는 알데하이드뿐만 아니라 아세톤과 같은 케톤류 화합물과도 쉽게 반응하므로 시료 중 카보닐화합물의 총량이 사용한 카트리지의 허용범위를 초과하지 않도록 시료채취 유량과 시간을 적절히 조절하여야 한다.

③ 공기 시료 중에는 오존이 항상 존재하므로 반드시 오존을 제거하기 위하여 약 1.5 g의 KI가 충전된 오존 스크러버를 DNPH 카트리지 전단에 장착하고 한 번 사용 후 새로이 충전된 스크러버를 사용하여야 한다.

④ 강양이온 교환수지관은 미반응의 2,4 - DNPH를 포착하기 위해 사용된다. DNPH 카트리지로부터 아세토나이트릴을 써서 용출시킨 용액 중에 미반응의 과잉의 2,4 - DNPH를 제거하여 시료의 크로마토그램을 좋게 할 수도 있다.

해설 ① 카보닐화합물과 DNPH가 반응하여 형성된 DNPH 유도체를 아세토나이트릴 용매로 추출하여 고성능 액체 크로마토그래피(HPLC)를 이용하여 자외선(UV) 검출기의 360 nm 파장에서 분석한다.

12 대기오염 공정시험기준에 따른 환경대기 중 다환방향족 탄화수소류(PAHs) – 기체 크로마토그래피/질량분석법에서 시료회수에 대한 설명으로 틀린 것은?

① 냉장 보관 시 기타 다른 유기용제류 등 불순물의 오염에 주의한다.
② 시료채취와 분석시간의 차이가 72시간이 넘으면 4 ℃에서 냉장 보관한다.
③ 운반함은 냉장 보관하거나 분석대상 물질이 광분해되는 것을 막기 위해 가능한 자외선으로부터 보호한다.
④ 시료채취 유량이 초기값과 10 % 이상 차이가 있을 때에는 원인을 알아보고 시료로 사용할 것인지 결정한다.

> 해설 ② 시료채취와 분석시간의 차이가 24시간이 넘으면 4 ℃에서 냉장 보관한다.

13 대기오염 공정시험기준에 따른 배출가스 중 황화수소를 기체 크로마토그래피법으로 분석할 때 사용하는 검출기로 틀린 것은?

① 원자방출검출기
② 전기전도도검출기
③ 황화학발광검출기
④ 펄스형 불꽃광도검출기

> 해설 배출가스 중 황화수소를 기체 크로마토그래피법으로 분석할 때 사용하는 검출기로는 다음과 같은 것들이 있다.
> • 불꽃광도검출기(flame photometric detector)
> • 펄스형 불꽃광도검출기(pulsed flame photometric detector)
> • 황화학발광검출기(sulfur chemiluminescence detector)
> • 원자방출검출기(atomic emission detector)
> • 질량분석기(mass spectrometer)

14 대기오염 공정시험기준에 따른 배출가스 중 브로민화합물의 자외선/가시선 분광법에서 감도에 대한 설명으로 옳은 것은?

① 각 원소 성분에 대해 입사광의 1 %를 흡수할 수 있는 시료의 농도
② 각 원소 성분에 대해 입사광의 5 %를 흡수할 수 있는 시료의 농도
③ 각 원소 성분에 대해 입사광의 10 %를 흡수할 수 있는 시료의 농도
④ 각 원소 성분에 대해 입사광의 100 %를 흡수할 수 있는 시료의 농도

> 해설 배출가스 중 브로민화합물의 자외선/가시선 분광법에서 감도는 각 원소 성분에 대해 입사광의 1 %(0.004 4 흡광도)를 흡수할 수 있는 시료의 농도이다.

15 대기오염 공정시험기준에 따른 환경대기 중 코발트화합물을 유도결합플라스마분광법으로 분석하기 위한 시료채취 및 분석결과를 나타낸 것이다. 코발트 농도($\mu g/Sm^3$)로 옳은 것은?

> • 시료채취
> – 장치 : 고용량 공기시료채취기
> – 시간 : 24시간
> – 평균유량 : 1.5 m³/min
> – 온도 및 압력 : 26 ℃, 780 mmHg
> • 전체 여과지 크기 : 20 cm × 23 cm
> • 분취한 여과지 크기 : 3 cm × 20 cm
> • 조제한 분석용 시료용액 최종 부피 : 20 mL
> • 유도결합플라스마분광법 분석결과
> – 시료용액 측정값 : 0.978 $\mu g/mL$
> – 바탕시험용액 측정값 : 0.012 $\mu g/mL$

① 0.07 $\mu g/Sm^3$
② 0.17 $\mu g/Sm^3$
③ 0.27 $\mu g/Sm^3$
④ 0.37 $\mu g/Sm^3$

> 해설 표준상태에서 건조한 대기 중 코발트화합물의 농도($\mu g/Sm^3$) $C = C_s \times V_f \times \dfrac{A_U}{A_E} \times \dfrac{1}{V_s}$
>
> $V_s = 1.5 \times 24 \times 60 \times \dfrac{273}{273+26} \times \dfrac{780}{760}$
> $= 2,024.1(Sm^3)$
> $\therefore C = (0.978 - 0.012) \times 20 \times \dfrac{(20 \times 23)}{(3 \times 20)}$
> $\times \dfrac{1}{2,024.1} = 0.073(\mu g/Sm^3)$

16 대기오염 공정시험기준에 따른 환경대기 중 벤조(a)피렌 시험방법 중 기체 크로마토그래피법에 대한 설명으로 틀린 것은?

① 환경대기 중의 벤조(a)피렌의 농도를 측정하기 위한 주시험방법이다.
② 교정용액(0.25 mg/mL)은 빛이 차단되고 냉장고에 보관하면 2년간 안정하다.
③ 시료채취는 2 L/min 유속으로, 시료채취량이 200 L ~ 1,000 L가 되도록 한다.
④ 필터추출용매는 아세토나이트릴, 벤젠, 사이클로헥산, 메치렌클로라이드 또는 기타 직당한 용매를 사용한다.

해설 교정용액 0.25 mg/mL(각 PAH 25 mg을 달아서 100 mL에 메스플라스크에 넣고 톨루엔으로 표선을 맞춤)는 GC(FID), HPLC(형광검출기)에 의해 각 PAH 표준품의 순도와 비점을 점검하는 데 사용된다. 이 용액은 빛이 차단되고 냉장고에 보관하면 6개월간 안정하다.

17 대기오염 공정시험기준에 따른 환경대기 중 탄화수소의 측정방법에 대한 설명으로 틀린 것은?

① 자동연속(수소염이온화 검출기법) 측정법으로 총탄화수소, 비메테인 탄화수소, 활성탄화수소를 측정한다.
② 총탄화수소 측정법은 환경대기를 수소염이온화검출기에 도입하여 탄화수소가 수소염 중에 연소할 때 발생하는 이온에 의한 미소전류를 측정해서 대기 중의 총탄화수소 농도를 연속적으로 측정하는 방법이다.
③ 비메테인 탄화수소 측정법의 재현성은 동일 조건에서 스팬가스를 3회 연속 측정해서 측정치의 평균치로부터의 편차는 최대 눈금치의 ±5 % 범위 이내에 있어야 한다.
④ 활성탄화수소 측정부는 두 개의 총탄화수소 분석계로 되어 있으며 시료 도입부의 한 쪽은 보상관으로 다른 한 쪽은 세정기에 연결되어 있다.

해설 비메테인 탄화수소 측정법의 재현성은 동일 조건에서 제로가스와 스팬가스를 번갈아 3회 도입하여 각 측정치의 평균치로부터 편차를 구한다. 이 편차는 각 측정단계(range)마다 최대 눈금치의 ±1 %의 범위 내에 있어야 한다.

18 굴뚝 연속자동측정기기로 배출가스의 유속을 측정하고자 한다. 피토관으로 측정한 결과 배출가스 평균유속은 10 m/s이다. 이때 배출가스의 평균동압(mmH₂O)으로 옳은 것은? (단, 피토관의 계수는 1, 습한 배출가스의 단위체적당 질량은 1.2 kg/m³, 중력가속도는 9.81 m/s² 이다.)

① 0.6 mmH₂O
② 6.1 mmH₂O
③ 8.8 mmH₂O
④ 12.2 mmH₂O

해설 $V = C \times \sqrt{\dfrac{2gh}{\gamma}}$ 에서,

$10 = 1 \times \sqrt{\dfrac{2 \times 9.81 \times h}{1.2}}$

∴ 배출가스의 평균동압 $h = 6.1$(mmH₂O)

19 대기오염 공정시험기준에 따라 굴뚝연속자동측정기기로 염화수소 농도를 측정하는 방법에 대한 설명으로 옳은 것은?

① 측정방법으로는 이온전극법, 용액전도율법이 있다.
② 비분산적외선분석법은 3.55 μm를 중심파장으로 하고 어느 정도의 폭을 가진 적외선이 사용된다.
③ 용액전도율법은 시료가스 중의 염화수소를 흡수액에 흡수시킨 후 전도율을 측정하기 위해 백금전극을 사용한다.
④ 이온전극법에서 시료가스 중 염화수소는 분석계의 비교부에 있는 흡수액과 접촉하여 수소이온으로 변하며 흡수액 중의 수소이온 농도차를 전극으로 측정한다.

해설 굴뚝연속자동측정기기로 염화수소 농도를 측정하는 방법은 비분산적외선분광분석법이다. 3.55 μm를 중심파장으로 하고 어느 정도의 폭을 가진 적외선이 시료가스를 포함하는 시료셀을 통과한 다음, 필터휠에 의해 처음에는 광학필터를 거쳐 검출기로 가고, 이후 고농도의 염화수소가스가 채워져 있는 가스필터셀을 거쳐 검출기로 간다. 이때 전자의 투과광 강도를 TM이라고 하고, 후자의 투과광 강도를 TG.F라고 하면, TG.F는 시료셀 안의 염화수소가스 농도의 고저에 관계없이 항상 일정하게 작은 값을 갖는데 이것이 대조값이 된다. 그리고 시료셀에 몇 가지 종류의 표준가스를 순서대로 흘려주면서 TM을 측정하면 농도가 높을수록 낮은 값을 얻는다.

20 대기오염 공정시험기준에 따라 배출가스 중 가스상 물질을 굴뚝연속자동측정기기로 측정하는 경우에 항목별 검출한계로 틀린 것은?

① 아황산가스 : 5 ppm 이하로 한다.

② 질소산화물 : 5 ppm 이하로 한다.

③ 염화수소 : 10 ppm 이하로 한다.

④ 플루오린화수소 : 10 ppm 이하로 한다.

해설 플루오린화수소를 굴뚝연속자동측정기기로 측정하는 경우에 검출한계는 0.1 ppm 이하로 한다.

01 실내공기질 공정시험기준에서 오염물질별 시료채취 시간 및 횟수로 틀린 것은?

① 이산화탄소 : 30분 1회
② 미세먼지 : 24시간 1회
③ 총부유세균 : 20분 이상 간격으로 3회
④ 휘발성 유기화합물 : 1회 30분 씩 연속 2번

해설 이산화탄소(일산화탄소, 오존, 이산화질소)의 시료채취시간 및 횟수는 1시간 1회이다.

02 다중이용시설의 연면적이 $18,000\,m^2$이다. 실내공기질 최소 시료채취지점 수로 옳은 것은?

① 2   ② 3
③ 4   ④ 5

해설 다중이용시설 내 최소 시료채취지점 수 결정

다중이용시설의 연면적(m^2)	최소 시료채취지점 수
10,000 이하	2
10,000 초과 ~ 20,000 이하	3
20,000 초과	4

03 다중이용시설 실내공기를 채취하고자 한다. 시료채취위치 선정에 대한 설명으로 틀린 것은?

① 시료채취는 인접 지역에 직접적인 오염물질 발생원이 없는 곳에서 수행한다.
② 시설 내 조리시설이 있는 경우 그 규모, 밀집도를 고려하여 시료채취위치로 선정할 수 있다.
③ 시설을 이용하는 사람이 많은 곳을 우선시하여 시료채취위치를 선정한다.
④ 측정지점에 다수의 환기 및 급배기구가 존재하는 곳에서는 시료를 채취할 수 없다.

해설 다수의 환기 및 급배기구가 존재할 경우는 인접한 환기구 설치지점의 중간지점을 채취지점으로 한다.

04 다중이용시설 실내공기 시료채취 시 실외공기를 동시에 채취·분석하여 측정값에 활용하고자 한다. 실외공기 시료채취 시 대상 시설 건축물로부터 떨어져야 하는 거리(m)로 옳은 것은?

① 최소 1 m
② 최대 1 m
③ 최소 0.5 m
④ 최대 0.5 m

해설 실내공기 시료채취 시 실외공기를 동시에 채취·분석하여 실내공기 측정값 검토 시 활용할 수 있다. 이 경우에는 대상 시설 건축물로부터 최소 1 m 이상 떨어져서 실외공기 시료를 채취해야 하며, 시료채취 당시의 온도, 습도, 풍속 등 물리적 환경인자에 관한 정보를 기록한다.

05 신축공동주택 실내공기 중 폼알데하이드 및 휘발성 유기화합물 시료를 채취할 때 일반적인 시료채취시간으로 옳은 것은?

① 오전 9시에서 오후 12시 사이
② 오전 10시에서 오후 1시 사이
③ 오후 1시에서 오후 6시 사이
④ 오후 6시에서 오후 9시 사이

해설 일반적으로 신축공동주택에서 라돈을 제외한 폼알데하이드 및 휘발성 유기화합물의 실내공기 시료채취는 오후 1시에서 6시 사이에 실시한다.

06 신축공동주택 실내공기 시료채취 세대 선정 관련 사항으로 **틀린** 것은?

- 총 세대 수 : 550
- 단지 내 모든 공동주택 건물 1층 : 상업시설
- 단지 내 모든 공동주택 건물 2층 ~ 33층 : 주거세대

① 시료채취 세대의 수 : 총 7세대

② 저층부 : 1층 ~ 3층

③ 중층부 : 16층 ~ 19층

④ 고층부 : 31층 ~ 33층

해설 신축공동주택 내 시료채취 세대의 수는 공동주택의 총 세대 수가 100세대일 때 3개 세대(저층부, 중층부, 고층부)를 기본으로 한다. 100세대가 증가할 때마다 1세대씩 추가하여 최대 20세대까지 시료를 채취한다. 시료채취 세대의 수는 중층부, 저층부, 고층부 순으로 증가한다. 저층부는 최하부 3층 이내, 고층부는 최상부 3층 이내, 중층부는 전체 층 중 중간의 3~4개 층을 의미한다.
문제에서 저층부는 2층 ~ 4층이다.

07 건축자재 방출 오염물질 평가를 위한 소형 방출시험채취법에서 챔버 내 환기횟수(회/h)로 옳은 것은?

① (0.1±0.01) 회/h

② (0.5±0.05) 회/h

③ (1±0.01) 회/h

④ (5±0.05) 회/h

해설 소형 방출시험챔버 농도는 방출시험 조건에서 설정된 단위면적당 유량에 좌우된다. 챔버 내 환기횟수는 (0.5±0.05) 회/h로 조절하고 유량을 연속적으로 모니터링한다.

08 실내공기 중 미세먼지 측정방법에 사용되는 입경분리장치 방식으로 **틀린** 것은?

① 사이클론 방식   ② 중력침강 방식

③ 관성충돌 방식   ④ 입자배제 방식

해설 미세먼지 측정방법에 사용되는 입경분리장치 방식은 사이클론식 입경분리장치, 중력침강형 입경분리장치, 관성충돌 입경분리장치가 있다.

09 베타선흡수법으로 실내공기 중의 미세먼지 농도를 측정하였다. 포집된 미세먼지 농도($\mu g/m^3$)로 옳은 것은? (단, 분진에 의한 베타선의 감쇄계수는 7×10^{-5} cm^2/mg이다.)

- 여과지에 포집된 분진을 투과한 베타선의 강도와 초기 베타선의 강도 비$\left(\dfrac{I}{I_o}\right)$: 1.1
- 먼지가 포집된 여과지의 면적 : 2.2 cm^2
- 1시간 동안 흡입된 공기량 : 1,000 m^3

① 36 $\mu g/m^3$ ② 44 $\mu g/m^3$

③ 50 $\mu g/m^3$ ④ 58 $\mu g/m^3$

해설 포집된 미세먼지 농도($\mu g/m^3$)

$$C = \frac{S}{\mu \times V \times \Delta t} \times \ln\left(\frac{I}{I_o}\right)$$

$$= \frac{2.2}{7 \times 10^{-5} \times 1,000 \times 60} \times \ln 1.1$$

$$= 0.05 (mg/m^3)$$

$$= 50 \, \mu g/m^3$$

10 지하역사 승강장에 설치된 초미세먼지 베타선흡수법 장치가 중량법과의 비교를 통해 보정계수 0.94로 산정되어 운영되고 있다. 베타선흡수법 장치를 통해 보정되어 측정된 초미세먼지 24시간 평균농도가 45.5 $\mu g/m^3$라면, 보정 전 측정농도($\mu g/m^3$)로 옳은 것은?

① 47.9 $\mu g/m^3$ ② 48.2 $\mu g/m^3$

③ 48.4 $\mu g/m^3$ ④ 49.3 $\mu g/m^3$

해설 보정계수 $=\dfrac{\text{중량법 측정농도값}}{\text{베타선흡수법 측정농도값}}$

보정값 $=$ 측정값 $\times$ 보정계수에서,

측정값 $=\dfrac{\text{보정값}}{\text{보정계수}}=\dfrac{45.5}{0.94}=48.4(\mu g/m^3)$

정답 06 ② 07 ② 08 ④ 09 ③ 10 ③

11 실내공기질 공정시험기준의 2,4-DNPH 카트리지를 이용한 폼알데하이드 측정방법에 대한 설명으로 틀린 것은?

① 시료채취 전 냉장 보관했던 카트리지는 실온이 될 때까지 따뜻하게 둔다.

② 시료채취가 종료된 카트리지는 밀봉한 후 기밀성이 유지되는 차광용기에 보관한다.

③ 시료분석을 위해 카트리지를 실험실로 옮기는 동안 냉장되지 않은 기간의 지속기간은 2일 미만이어야 한다.

④ 채취된 시료는 90일 이내에 분석하여야 한다.

해설 채취된 시료 카트리지는 분석 시까지 냉장 보관한다. 냉장 보관에서 분석까지의 기간은 30일을 넘어서는 안 된다.

12 실내공기 중 폼알데하이드 농도를 측정한 결과이다. DNPH – 폼알데하이드 유도체 바탕시료 분석농도(μg/mL)로 옳은 것은? (단, 25 ℃, 1 atm)

• 실내공기 중 DNPH – 폼알데하이드 유도체의 농도 : 100 μg/m³
• 시료 중 DNPH – 폼알데하이드 유도체의 분석농도 : 4.0 μg/mL
• 시료 카트리지에서 추출된 용액의 총 부피 : 20 mL
• 바탕시료 카트리지에서 추출된 용액의 총 부피 : 20 mL
• 환산된 총 실내공기 채취부피 : 400 L

① 1.5 μg/mL ② 2.0 μg/mL
③ 2.5 μg/mL ④ 3.0 μg/mL

해설
$$C_A = \frac{(A_s \times V_s - A_b \times V_b)}{V_{(25℃, 1atm)}} \times 1,000$$
$$100 = \frac{(4.0 \times 20 - A_b \times 20)}{400} \times 1,000$$
∴ 바탕시료 중 DNPH – 폼알데하이드 유도체 분석농도 $A_b = 2.0 (\mu g/mL)$

13 실내공기 중 휘발성 유기화합물 농도를 기체 크로마토그래프를 사용하여 분석한 결과이다. 채취된 총휘발성 유기화합물의 양(ng)으로 옳은 것은? (단, 표준물질을 이용한 검정곡선 작성 시 사용한 단위는 ng이다.)

• n-헥세인에서 n-헥사데케인 사이의 분석물질 피크 면적의 합 : 7,300
• 검정곡선 기울기 : 0.02
• 검정곡선의 세로축 절편 : −700

① 160,000 ng
② 330,000 ng
③ 365,000 ng
④ 400,000 ng

해설 총휘발성 유기화합물의 양
$$m_A = \frac{(A_T - C_A)}{b_{st}}$$
$$= \frac{(7,300 - (-700))}{0.02} = 400,000 (ng)$$

14 실내공기질 공정시험기준에서 휘발성 유기화합물을 분리하기 위해 사용되는 기체 크로마토그래프 칼럼의 유형과 성분의 연결로 옳은 것은?

① 비극성 칼럼 – 100 % Dimethylpolysiloxane
② 비극성 칼럼 – Polyethylene Glycol
③ 극성 칼럼 – 100 % Dimethylpolysiloxane
④ 극성 칼럼 – Polyethylene Glycol

해설 실내공기 중 휘발성 유기화합물의 분석에 적합하다고 입증된 칼럼은 길이 30 m ~ 60 m이며, 안지름 0.25 mm ~ 0.32 mm 및 상 두께 0.25 μm ~ 0.33 μm의 결합형(bonded) 100 % Dimethylpolysiloxane인 비극성 칼럼을 사용한다.

정답 **11** ④ **12** ② **13** ④ **14** ①

15 실내공기질 공정시험기준에 따라 이산화탄소 농도를 비분산적외선법으로 측정할 때 시료 배관과 분석부에 축적되어 측정결과에 영향을 미칠 수 있는 간섭물질로 옳은 것은?

① 벤젠
② 이산화황
③ 질소산화물
④ 입자상 물질

해설 이산화탄소 농도를 비분산적외선법으로 측정할 때 입자상 물질이 시료 도입부에서 여과지에 의해 제거되지 않는 경우 시료 배관과 분석부에 축적되어 이산화탄소 측정에 대해 무시할 수 없는 영향을 미칠 수 있다.

16 페인트로부터 방출되는 폼알데하이드 분석을 위해 소형 방출시험챔버법에 사용될 페인트 시험편을 제작하고자 한다. 비활성 기질의 바탕판(유리 또는 스테인리스강) 위에 도포할 페인트 양(g)으로 옳은 것은?

- 제조사 권장 평균 건조도막 두께 : 59 μm
- 페인트 도포면적 : 100 cm^2
- 페인트 밀도 : 3 g/cm^3
- 제품 중의 고체 함량(부피%) : 30 %

① 4 g
② 5.9 g
③ 40 g
④ 59 g

해설 도포할 페인트의 양(g)
$$= \frac{(T_c \times A \times \delta)}{(V \times 100)}$$
$$= \frac{(59 \times 100 \times 3)}{(30 \times 100)}$$
$$= 5.9(g)$$

17 건축자재 소형 방출시험챔버법에 사용될 표면가공 목질판상 제품 시료채취방법으로 <u>틀린</u> 것은?

① 제품의 정중앙에서 시료를 채취한다.
② 목질 재료 종류, 두께, 표면가공 재료의 종류가 동일한 구성재의 경우 하나의 시료만 채취할 수 있다.
③ 목질 재료 종류, 표면가공 재료가 동일하게 구성되어 있으나, 두께가 다를 경우 가장 두꺼운 제품을 대표로 하여 시료를 채취할 수 있다.
④ 재단 면은 오염물질 저감 테이프나 알루미늄포일로 마감한다.

해설 판상 형태의 제품은 개봉하지 않은 제품을 시료로 한다. 단, 제품이 취급하기에 커서 배송이 어렵다면, 제품의 중앙 부분에서 시료를 채취한다.

18 실내공기 중 라돈 측정방법인 알파비적 검출법에 대한 설명으로 <u>틀린</u> 것은?

① 검출기의 화학적 에칭을 위해 황산 또는 질산과 같은 산성 용액을 사용한다.
② 검출기에 주로 사용되는 검출소자는 LR-115와 CR-39가 있다.
③ 비적계수기는 에칭이 완료된 검출소자의 표면에 생성된 비적의 단위면적당 수를 세는 장비이다.
④ 일반적인 에칭기는 에칭 과정 동안 온도와 접촉시간이 일정하게 유지되도록 교반기가 장착되어 있다.

해설 화학적 에칭에는 NaOH나 KOH 수용액이 사용되며 시험에 사용된 검출소자의 특성 등을 고려하여 최적의 조건(용액의 농도 및 온도, 에칭 시간)이 확보되어야 한다.

정답 15 ④ 16 ② 17 ① 18 ①

19 실내공기 중 총부유세균 및 부유곰팡이 배양 시 사용되는 배양기 사용 주의사항으로 **틀린** 것은?

① 배양기의 벽면은 직사광선으로부터 보호되어야 한다.

② 배양기는 한 번의 단일 작업 시 가능한 한 가득 채워 온도 평형이 이루어지도록 한다.

③ 페트리 접시는 6개를 초과하여 적층하지 말아야 한다.

④ 페트리 접시는 배양기 내벽에서 25 mm 이내에 위치하면 안 된다.

해설 어떤 형식(강제 대류식 또는 기타)의 배양기를 사용하더라도 배지는 온도 평형을 이루는 데 장시간이 필요하므로 배양기는 한 번의 단일 작업 시 가능한 한 가득 채우지 않아야 한다.

20 실내공기 중 부유곰팡이 측정방법에 사용되는 배지에 대한 설명으로 **틀린** 것은?

① 시료채취 전에 현장 온도와 평형화를 시켜 사용하는 것이 좋다.

② 맥아추출물 한천 배지를 사용한다.

③ 고농도 곰팡이의 생장을 억제하기 위해 항생제로 암피실린을 첨가한다.

④ 페트리 접시는 직경 9 cm 유리제품이나 멸균된 1회용 플라스틱 제품을 사용한다.

해설 공기 시료에 고농도의 세균이 존재할 경우, 암피실린 0.1 g/L 또는 클로람페니콜(chloramphenicol) 약 0.05 g/L가 함유된 살균된 배지를 페트리 접시에 분주하기 바로 전에 첨가한다.

[4과목 : 악취 공정시험기준]

01 악취 공정시험기준에 따라 스타이렌 분석에 사용되는 가스 크로마토그래피의 검출기 종류로 옳은 것은?

① 열전도도검출기
② 불꽃이온화검출기
③ 전자포획검출기
④ 전해질전도도검출기

해설 스타이렌 분석 검출기로는 불꽃이온화검출기 (FID), 질량분석기(MS)를 사용한다.

02 악취 공정시험기준에 따른 트라이메틸아민의 기체 크로마토그래프 분석방법에 대한 설명으로 틀린 것은?

① 0.7 ppb ~ 6.6 ppb 농도범위의 대기 중 트라이메틸아민을 분석하는 데 적합하다.
② 트라이메틸아민과 공존하는 탄화수소들이 충분히 분리되지 않으면 불꽃이온화 검출기를 사용할 경우에 음의 간섭현상이 나타날 수 있다.
③ 전처리를 끝낸 시료는 헤드스페이스 분석방법 혹은 고체상 미량추출 분석방법 또는 저온농축 분석방법을 통해 기체 크로마토그래프로 주입한다.
④ 표준용액을 이용한 내부정도관리에 따른 방법검출한계는 0.5 ppb 이하이어야 한다.

해설 ② 트라이메틸아민과 공존하는 탄화수소들이 충분히 분리되지 않으면 불꽃이온화검출기 (FID, Flame Ionization Detector)를 사용할 경우에는 양의 간섭현상으로 나타날 수 있다.

03 악취 공정시험기준에 따라 지정악취물질을 분석할 때 간섭물질의 설명으로 틀린 것은?

① 황화합물 : 이산화황(SO_2), 카보닐설파이드 (COS)의 머무름시간
② 트라이메틸아민 : 메탄올 베이스의 표준용액 사용 시 머무름시간
③ 암모니아 : 입자상 물질에 포함된 암모늄염
④ 지방산류 : 염석효과를 내기 위해 주입하는 염화소듐에 포함된 유기물

해설 에탄올 베이스의 트라이메틸아민 표준용액을 사용하는 경우 에탄올 봉우리와 트라이메틸아민 봉우리가 인접하여 나타날 수 있다. 따라서 이들을 잘 분리하고 머무름시간을 확인한 후 시험한다.

04 악취 공정시험기준에 따른 복합악취 측정에 대한 설명으로 틀린 것은?

① 복합악취의 측정은 기기분석법을 원칙으로 한다.
② 복합악취란 두 가지 이상의 악취물질이 함께 작용하여 사람의 후각을 자극하고 불쾌감과 혐오감을 주는 냄새를 말한다.
③ 복합악취 측정을 위한 시료의 채취는 배출구와 부지경계선 및 피해지점에서 실시하는 것을 원칙으로 한다.
④ 악취방지법에 의한 배출허용기준 및 엄격한 배출허용기준의 초과 여부를 판정하기 위한 악취의 측정은 복합악취를 측정하는 것을 원칙으로 한다.

해설 악취방지법에 의한 배출허용기준 및 엄격한 배출허용기준의 초과 여부를 판정하기 위한 악취의 측정은 복합악취를 측정하는 것을 원칙으로 한다. 단, 악취물질 배출 여부를 확인할 필요가 있는 경우에는 기기분석법에 의해 지정악취물질을 측정한다.

정답 01 ② 02 ② 03 ② 04 ①

05 악취 공정시험기준에 따른 공기희석관능법의 시료 자동채취에 대한 설명으로 **틀린** 것은?

① 흡입펌프는 간접흡입상자의 내부 공기를 10 L/min로 흡입할 수 있어야 한다.

② 제어부는 시료채취부 흡입펌프의 작동을 제어하고 시료채취상태 정보를 사용자에게 전송할 수 있어야 한다.

③ 간접흡입상자부의 시료채취부와 흡입펌프는 현장 시료가스로 치환하기 위하여 시료주머니의 시료를 자동으로 배출할 수 있어야 한다.

④ 기상측정부는 시료 채취장치와 연동해서 운영할 수 있으며, 별도의 기상측정장치로 시료채취시간 동안 측정해 운영할 수도 있어야 한다.

해설 간접흡입상자부는 시료채취부의 흡입펌프와 연결되어 연속적으로 간접흡입상자 내부의 공기를 배출할 수 있어야 하며, 간접흡입상자 내부에 장착된 시료주머니는 채취관으로 연결되어 외부의 시료가 시료주머니로 유입될 수 있어야 한다.

06 악취 공정시험기준에 따른 공기희석관능법의 수동식 공기희석 분석절차에 대한 설명으로 **틀린** 것은?

① 무취공기 제조방법에 의하여 제조된 무취공기로 희석용 냄새주머니를 가득 채운 후 마개로 막는다.

② 시료주머니에서 주사기를 사용하여 필요한 양의 시료를 빼낸 다음 무취 주머니에 주입한다.

③ 시료를 주입한 후 주사 바늘의 구멍은 투명 테이프로 봉한다.

④ 냄새주머니 재질은 실리콘이나 천연고무 또는 동등 이상의 보존성능을 갖고 있는 재질로 만들어진 것을 사용한다.

해설 냄새주머니는 시료주머니와 동일한 재질로 악취판정요원이 판정시험에 사용하는 주머니를 말한다. 시료주머니의 재질은 폴리테트라플로로에틸렌(PTFE, polytetrafluoroethylene), 폴리바이닐플로라이드(PVF, polyvinyl fluoride) 등 불소수지 재질과 폴리에스터(polyester) 재질 또는 동등 이상의 보존성능을 갖고 있는 재질로 만들어진 내용적 3 L ~ 20 L 정도의 것으로 한다. 시료채취용기의 제작 시 실리콘고무(silicone rubber)나 천연고무(natural rubber)와 같은 재질은 최소한의 접합부(seals and joints)에서도 사용할 수 없다.

07 다음 중 악취 공정시험기준에 따른 공기희석 관능법의 관능시험 절차에 대한 설명으로 **틀린** 것은?

① 관능시험은 시료희석주머니의 희석배수가 낮은 것부터 높은 순으로 실시한다.

② 판정요원은 관능시험용 마스크를 쓰고 시료 희석주머니와 무취주머니를 손으로 눌러주면서 각각 2초 ~ 3초 간 냄새를 맡는다.

③ 악취분석요원은 최초 시료희석배수에서의 관능시험 결과 모든 판정요원의 정답률을 구하여 평균 정답률이 0.6 미만일 경우 판정시험을 끝낸다.

④ 다음 시료희석배수의 평가는 첫 번째 시료희석배수 시료의 판정 결과 각 2조 중 하나 이상 정답을 맞힌 판정요원을 대상으로 다음 단계의 시료희석배수 평가를 진행한다.

해설 ④ 다음 시료희석배수의 평가는 첫 번째 시료 희석배수 시료의 판정 결과 각 2조 모두 정답을 맞힌 판정요원만 다음 단계의 시료 희석배수 평가를 진행한다.

정답 05 ③ 06 ④ 07 ④

08 악취 공정시험기준에 따른 공기희석관능법 시험결과가 사업장 배출구에서 114배로 나왔다. 판정요원 4의 복합악취 희석배수로 옳은 것은?

판정요원	1차 평가		2차	3차	4차
	1조 (×30)	2조 (×30)	×100	×500	×1,000
1	○	×			
2	○	○	○	○	×
3	○	○	○	○	○
4					
5	○	○	×		

① 30배
② 100배
③ 500배
④ 1,000배

해설

판정요원	계산과정	비고
1	$\sqrt{(4 \times 30)} = 10.954$	최소(제외)
2	500	
3	1,000	최대(제외)
4	x	–
5	30	–

전체 희석배수가 4배이므로,
$$114 = \sqrt[3]{(500 \times 30 \times x)}$$
$$x = 98.77$$
$$\therefore 100배$$

09 악취 공정시험기준에 따라 지방산을 헤드스페이스 – 기체 크로마토그래피를 이용하여 분석할 때, 시료채취 및 전처리에 대한 설명으로 틀린 것은?

① 알칼리 함침 여과지는 0.5 N 수산화포타슘 용액을 함침하여 사용한다.
② 알칼리수용액을 이용한 시료채취는 0.1 N 수산화소듐 용액을 흡수병에 넣고 2 L/min 유량으로 5분간 시료채취한다.
③ 알칼리 함침 여과지의 전처리는 바이알에 염화소듐과 황산 수용액을 가한 뒤 함침여과지와 정제수를 넣고 여과지가 곤죽화되도록 하여 분석한다.
④ 시료의 주입은 헤드스페이스 바이알의 하층부에 있는 액체층에서 주사기를 사용하여 직접 주입한다.

해설 시료의 주입은 헤드스페이스 바이알의 상층부에 있는 기체층에서 주사기(gas tight syringe)를 사용하여 직접 주입한다.

10 악취 공정시험기준에 따른 저온농축 – 모세관 칼럼 – 기체 크로마토그래피의 황화합물 회수율 측정방법에 대한 설명으로 틀린 것은?

① 농축장치의 황화수소 회수율은 높이 비(ratio) 또는 넓이 비(ratio)를 이용하여 계산할 수 있다.
② 상대습도 10 % 이하인 바탕시료와 함께 주입된 황화수소의 저온농축장치 회수율은 60 % 이상으로 유지한다.
③ 상대습도 80 %인 바탕시료 가스와 함께 주입된 황화수소의 회수율은 60 % 이상으로 유지한다.
④ 시료주머니 안의 상대습도를 조절하기 위하여 온도에 따른 포화수증기압과 이상기체 상태방정식을 이용하여 시료 중 수분의 부피를 계산한 후 주입할 수 있다.

해설 ② 상대습도 10 % 이하인 바탕시료 가스와 함께 주입된 황화수소의 저온농축장치 회수율은 80 % 이상으로 유지한다.

11 악취 공정시험기준에 따라 휘발성 유기화합물 – 저온농축 – 기체 크로마토그래피에서 대상 물질의 선택이온을 선정하여(SIM, Selected Ion Monitoring mode) 정량 분석을 수행하는 경우, 다음 각 분석대상 물질들의 선택이온으로 틀린 것은?

물질명	CAS No.	1차 이온	2차 이온
톨루엔	108-88-3	91	92
메틸에틸케톤	78-93-3	91	78
i-뷰틸알코올	78-83-1	43	31
뷰틸아세테이트	123-86-4	43	56

① 톨루엔　　　② 메틸에틸케톤

③ i-뷰틸알코올　④ 뷰틸아세테이트

해설

물질명	CAS No.	1차 이온	2차 이온
메틸에틸케톤	78-93-3	43	72

12 악취 공정시험기준에 따른 황화합물 분석을 위한 전기냉각 저온농축장비 – 모세관 칼럼 – 기체 크로마토그래피 분석기기의 구성 명칭이 모두 옳은 것은?

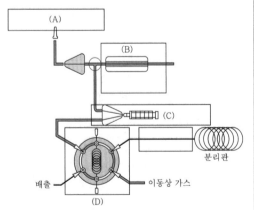

① A : 시료채취부, B : 주사기 펌프, C : 전기 냉각관, D : 6-포트밸브

② A : 시료채취부, B : 자동희석장치, C : 전기 냉각관, D : 6-포트밸브

③ A : 시료채취부, B : 전기 냉각관, C : 주사기 펌프, D : 6-포트밸브

④ A : 시료채취부, B : 수분제거장치, C : 전기 냉각관, D : 6-포트밸브

해설 전기냉각 저온농축장비 – 모세관 칼럼 – 기체 크로마토그래피 분석기기의 구성

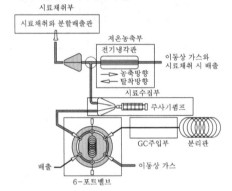

13 악취 공정시험기준에 따른 기체 크로마토그래피 분석대상 악취물질 중 질소인검출기(NPD)로 분석하는 물질로 틀린 것은?

① n-뷰틸산

② 트라이메틸아민

③ 아세트알데하이드

④ 프로피온알데하이드

해설 ① n-뷰틸산은 불꽃이온화검출기(FID)로 분석한다.

14 악취 공정시험기준에 따라 고체상 미량추출(SPME) – 기체 크로마토그래피로 트라이메틸아민을 분석할 때 사용하는 고체상 미량추출 파이버(SPME fiber) 코팅 재질로 옳은 것은?

① Polyacrylate

② Polyvinylfloride/Polyester

③ Carboxen/Carbotrap

④ Carboxen/Polydimethyl – siloxane

해설 고체상 미량추출(SPME)은 일정한 두께로 흡착 코
팅한 파이버와 일반적인 주사기를 변형한 모양으로
되어 있다.
SPME 파이버는 carboxen / polydimethyl-
siloxane(CAR/PDMS)이 75 μm ~ 85 μm로
입혀진 파이버를 사용한다.

15 악취 공정시험기준에 따라 알데하이드 중 뷰
틸알데하이드를 측정한 결과이다. 대기(표준
상태 25 ℃, 1기압) 중 뷰틸알데하이드 농도
(ppm)로 옳은 것은?

- 시료 중 뷰틸알데하이드 양 : 200 ng
- 바탕시료 중 뷰틸알데하이드 양 : 20 ng
- 측정된 온도와 압력하에서 총 공기시료 부피 :
  1 L
- 평균 대기압력 : 755 mmHg
- 평균 대기온도 : 23 ℃
- 뷰틸알데하이드 분자량 : 72.1 g/mole

① 0.051 ppm
② 0.061 ppm
③ 0.071 ppm
④ 0.081 ppm

해설 • 뷰틸알데하이드 농도(μg/m^3)

$$= \frac{A_a - A_b}{V_m \times \frac{P_a}{760} \times \frac{298}{273 + T_a}}$$

$$= \frac{200 - 20}{1 \times \frac{755}{760} \times \frac{298}{273 + 23}} = 180(\mu g/m^3)$$

• 뷰틸알데하이드 농도(ppm)

$$= 180 \times \frac{24.46}{72.1} \times \frac{1}{1,000} = 0.061(\text{ppm})$$

16 악취 공정시험기준에 따라 암모니아를 인산
함침 여과지법 – 자외선가시선 분광법으로 분
석한 결과이다. 대기(표준상태 25 ℃, 1기압) 중
암모니아 농도(ppm)로 옳은 것은?

- 시료공기량 : 20 L
- 시료추출액 : 20 mL
- 분석용 시료량 : 10 mL
- 유량계 온도 : 30 ℃
- 시료채취 시의 대기압 : 750 mmHg
- 검정곡선에서 구한 시료의 암모니아 농도 :
  120 μL
- 검정곡선에서 구한 바탕시험 암모니아 농도 :
  10 μL

① 1.13 ppm
② 11.3 ppm
③ 21.3 ppm
④ 113.3 ppm

해설 대기 중 암모니아 농도(ppm)

$$= \frac{(C_a - C_b) \times 2}{V \times \frac{298}{273 + t} \times \frac{P}{760}}$$

$$= \frac{(120 - 10) \times 2}{20 \times \frac{298}{273 + 30} \times \frac{750}{760}} = 11.33(\text{ppm})$$

17 악취 공정시험기준에 따라 DNPH를 이용하
여 채취한 알데하이드를 기체 크로마토그래
피를 이용하여 분석하는 과정에 대한 설명으
로 틀린 것은?

① 추출에 사용하는 모든 유리기구는 아세토나
이트릴로 세척한 후 60 ℃ 이상에서 건조
한다.
② 시료주머니를 사용할 경우 시료채취는 10분
이상 이루어지도록 한다.
③ 채취한 시료는 DNPH 카트리지에 1 L/min
~ 2 L/min의 유량으로 채취한다.
④ 채취한 시료는 저온, 차광, 밀봉 상태로 보관
(10 ℃ 이하)하여 운반하며, 용매로 추출하
기 전까지 냉장(4 ℃ 이하) 보관한다.

해설 ② 시료주머니를 사용할 경우 시료채취는 5분
이내에 이루어지도록 한다.

18 악취 공정시험기준에 따른 악취물질의 연속 측정방법 중 시료채취 단계가 불필요한 악취 물질로 옳은 것은?

① 황화수소
② 스타이렌
③ 프로피온산
④ 아세트알데하이드

해설 스타이렌의 분석은 광학적 계측방식이므로 별도의 시료채취 및 관리 단계가 필요 없다.

19 악취 공정시험기준에 따라 연속측정방법으로 사용되는 고효율막 채취장치 확산 스크러버에 대한 설명으로 틀린 것은?

① 확산 스크러버는 공기가 흐르는 공기 통로, 흡수액이 흐르는 흡수액 통로, 이 두 통로를 분리하는 반투막으로 구분된다.
② 주입 루프의 용량은 농도 계산에 관계없으며, 흡수액 시료는 일정 시간 간격으로 액체 크로마토그래피로 주입된다.
③ 흡수액이 확산 스크러버 머무름시간 동안 채취하고자 하는 성분을 채취 후 확산 스크러버를 빠져나간 뒤 주입루프를 통과한다.
④ 반투막은 소수성 재질로 되어 있으며, 반투막 미세공을 통해 공기 통로로부터 채취하고자 하는 성분이 흡수액 통로로 확산 채취된다.

해설 주입 루프의 용량은 농도 계산과 관계있으며, 주입 루프에 채워져 있는 흡수액 시료는 일정 시간 간격으로 액체 크로마토그래피로 주입된다.

20 악취 공정시험기준에 따라 저온농축 – 충전 칼럼 – 기체 크로마토그래피로 황화합물 회수율을 측정하려고 한다. 상대습도(RH) 20 % 의 시료주머니를 만들기 위한 수분(H_2O)의 주입 부피(μL)로 옳은 것은?

- 시료채취주머니 : 8 L
- 대기 온도 : 22 ℃
- 22 ℃ 물의 포화수증기압 : 19.827 mmHg
- 이상기체상수(R) : 0.08205 L · atm/K · mole
- 대기압 : 760 mmHg
- 물의 밀도 : 1 g/mL

① 21.0 μL
② 31.0 μL
③ 41.0 μL
④ 51.0 μL

해설 $PV = nRT$ 에서, $n = \dfrac{PV}{RT}$

이상기체 상태방정식을 이용하여 대기 온도 22 ℃에서 H_2O의 몰수를 구한다.

$$n = \frac{\left(\dfrac{19.827}{760}\right)\text{atm} \times 8\,\text{L}}{0.08205\,(\text{L} \cdot \text{atm/K} \cdot \text{mole}) \times (273+22)\text{K}}$$
$$= 0.00862\,\text{mole}$$

계산된 H_2O의 몰수(n)를 이용하여 22 ℃일 때 대기 중 상대습도의 20 %에 따른 수분의 부피를 구하면,

$$0.00862\,\text{mole} \times (20\,\% \times 0.01) \times \frac{18\,\text{g}}{\text{mole}}$$
$$\times \frac{1{,}000\,\text{mg}}{\text{g}} \times \frac{1.0\,\mu L}{1.0\,\text{mg}} = 31.0\,\mu L$$

정답 **18** ② **19** ② **20** ②

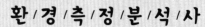

Ⅱ. 실기

PART 01

작업형 실기시험
문제와 해설

환경측정분석사 실기

〈Part 1〉에서는 제2회~제5회까지의

환경측정분석사 대기분야의 작업형 실기시험을

평가과목(일반항목 분석/중금속 분석/유기물질 분석)과

그에 따른 세부 물질별 분석방법으로 구분하고,

모범답안을 정리하여 수록하였습니다.

Chapter 01

일반항목 분석 시험문제

1-1 암모니아 : 인도페놀법

〈 제2회 환경측정분석사(실기) 대기분야 〉

작업형 실기시험 문제지

○ 수험자 요구사항

– 인도페놀법에 따라 암모니아 분석을 수행한다.

– 제공된 미지시료를 시험 · 분석하여 농도값을 구한다.

– 제공된 미지시료 및 표준용액을 이용하여 첨가시료를 조제하고, 시험 · 분석하여 회수율을 구한다.

– 최종 분석 결과는 정리하여 제공된 "시험분석 보고서" 양식에 기록한다.

[문항 1] 평가항목의 시험분석 일반사항에 대해 답하시오. (5점)

(1) 발색 과정에서 사용되는 시약의 조제 과정 및 발색 원리(반응기작 포함)에 대해 상세히 쓰고, 시약 조제 시 고려하여야 할 사항을 기술하시오.

(2) 전처리 과정을 포함한 실험 과정을 적고, 발생 가능한 오차요인을 기술하시오.

(3) 기기분석 조건을 적고, 기기분석 시 주의하여야 할 사항을 기술하시오.

[문항 2] 평가항목의 시험분석 과정에 대해 답하시오. (5점)

(1) 표준용액 조제 과정을 적고, 고려하여야 할 사항을 적으시오.(1,000 ppm 암모늄 Stock Solution 으로 희석 조제하며 공정시험법에 제시된 표준용액 농도와 상이함을 고려하여 기술하시오.)

- 조제한 표준용액의 암모니아 농도(mg/L) 및 대기 중 상당 농도(mL/mL, 0 ℃, 760 mmHg)를 제시하시오.

(2) 첨가시료를 이용한 회수율 시험분석 과정의 의미를 적으시오.

[문항 3] [문항2]에서 작성한 시험분석 과정을 수행하고, 첨부양식(시험분석 보고서)에 따라 결과값을 작성하여 제출하시오. 제출 시 단계별로 기기 원 분석자료(raw data)를 함께 첨부하시오. (40점)

※ 실험에 앞서 제공된 시료를 반드시 증류수로 200배 희석한 후, 이 중 100 mL를 취하여 흡수액으로 250 mL 표선을 채워 <u>미지시료</u>를 조제하시오. (단, 미지시료의 농도 범위는 0.4 ~ 4 mg/L로 추가 희석은 수험자의 판단하에 수행한다.)

※ 또한, 미지시료 농도가 약 1 mg/L 증가하도록 표준용액을 첨가하여 첨가시료를 조제하시오.

(1) 다음 조건에 따라 시료를 채취하였다. 이때 건조시료가스 채취량(L)을 구하시오.

- 가스미터로 측정한 흡입가스량 : 25 L
- 가스미터의 온도 : 70 ℃
- 대기압 : 758 mmHg
- 가스미터 게이지압 : 20 mmH₂O

(2) 미지시료를 분석하여 대기 중 농도(ppm) 및 상대표준편차(%)를 구하고, raw data를 함께 제출하시오(소수점 이하 첫째 자리까지 표기). 이때, 산출식 및 산출 과정에 대해 자세히 기술하시오.

(3) 첨가시료를 분석하여 대기 중 농도(ppm), 회수율(%) 및 상대편차백분율(%)을 구하고, raw data를 함께 제출하시오(소수점 이하 첫째 자리까지 표기). 이때, 첨가시료의 조제 과정 및 회수율, 상대편차백분율(%)의 산출식 및 산출 과정에 대해 자세히 기술하시오.

(4) 기타 미지시료 농도 산정을 위해 고려한 사항이 있을 경우 이에 대해 기술하고 관련 자료를 제출하시오.

[문항 4] 응시자가 수행한 시험분석 과정과 그 결과값에 대해 종합적으로 고찰하시오. (10점)

[문항 5] 각 응시실 감독자가 응시자의 시험분석 과정에 대한 현장 숙련정도 평가(시험방법의 숙지, 저울 등 시험기구 사용의 숙련정도, 피펫 등 유리기구 사용의 숙련정도, 시약 등의 취급 및 조제의 숙련정도, 분석기기 사용의 숙련정도) 실시 (10점)

(응시자는 5번 문항 답안을 작성하지 않습니다.)

시험분석 보고서

(주1) 본 내용은 작업형 실기시험에서 응시자가 설계할 수 있는 최대 시험분석 과정을 나타낸 것으로, 실제 실험은 응시자가 제한된 시간을 감안하여 시험분석 과정을 직접 설계하여 수행하시기 바랍니다.

(주2) 기기분석은 기기별로 주어진 시간 내(UV의 경우 1회 제공시간은 30분임)에서 수행하여야 하므로 주지하시기 바랍니다.

(주3) 모든 실험이 완료된 후 폐액은 주어진 장소에 처리하고, 초자기구 등은 수돗물을 이용하여 1차 세척하여 정리정돈하시기 바랍니다.

구 분	0.05 mol/L 싸이오황산소듐 역가	하이포아염소산소듐 유효 염소량
(1) 시약 조제	$f = (m \times 25/250)/(a \times 0.001783)$ $m =$ $a =$	$C = a \times f \times (200/10) \times (1/V) \times 0.001773 \times 1000$ $a =$ $f =$ $V =$

구 분	농도 (mL/mL, 0 ℃, 760 mmHg)	분취량 (mL)	흡광도
(2) 표준물질		10	

구 분	흡광도	농도 (ppm)	희석배수	최종 농도 (ppm)	평균 농도 (ppm)
(3) 미지시료					평균값 = 상대표준편차(RSD%) =

구 분	흡광도	농도 (ppm)	희석배수	최종 농도 (ppm)	회수율 계산
(4) 첨가시료					평균값 = 회수율(%) = 상대편차백분율(RPD%) =

〈 제4회 환경측정분석사(실기) 대기분야 〉

작업형 실기시험 문제지

○ 수험자 요구사항

  - 인도페놀법에 따라 암모니아 분석을 수행한다.
  - 표준용액을 이용하여 검정곡선을 작성하시오.
  - 미지시료를 희석하여 측정용 시료로 조제하고, 시험·분석하여 대기 중 농도값으로 환산하여 구하시오.
  - 최종 분석 결과는 정리하여 제공된 "시험분석 보고서" 양식에 기록한다.

[문항 1] 평가항목의 시험분석 일반사항에 대해 답하시오. (10점)

(1) 자외선/가시선 분광법의 원리에 대해 간략히 설명하시오.

(2) 전처리 과정을 포함한 실험 과정을 적고, 발생 가능한 오차요인을 기술하시오.

(3) 발색 과정에서 사용되는 시약의 조제 과정 및 발색 원리에 대해 쓰고, 시약 조제 시 고려하여야 할 사항을 기술하시오.

[문항 2] 평가항목의 시험분석 과정에 대해 답하시오. (10점)

(1) 제공된 100 ppm 표준원액으로부터 1 ppm 표준용액을 조제하는 과정을 기술하고, 이때 고려하여야 할 사항을 적으시오.

(2) 제조한 1 ppm 표준용액의 암모니아 농도(mg/L)를 대기 상당 농도(mL/mL, 0 ℃, 760 mmHg)로 산출하시오.

[문항 3] 다음과 같이 시험분석 과정을 수행하고, 시험분석 보고서 양식에 따라 결과값을 작성하여 제출하시오. 제출 시 단계별로 기기 원 분석자료(raw data)를 함께 첨부하시오. (30점)

※ 실험에 앞서 제공된 미지시료는 반드시 증류수로 10배 희석하여 사용한다. 추가 희석은 수험자의 판단하에 수행한다.

※ 채취 과정에서의 시료액량 최종 부피는 250 mL로 가정하여 최종 결과값을 산출하시오.

(1) 시료를 채취한 결과는 다음과 같다. 이때 건조시료가스 채취량(L)을 구하시오.

　　－ 가스미터로 측정한 흡입가스량 : 25 L

　　－ 가스미터의 온도 : 70 ℃

　　－ 대기압 : 758 mmHg

　　－ 가스미터 게이지압 : 20 mmH₂O

(2) 채취한 미지시료를 3반복으로 분석하여 대기 중 농도(ppm) 및 상대표준편차(%)를 구하고, 희석배수를 고려한 미지시료의 최종 농도값과 raw data를 함께 제출하시오(소수점 이하 첫째 자리까지 표기). 이때, 산출식 및 산출 과정에 대해 자세히 기술하시오.

(3) 기타 미지시료 농도 산정을 위해 고려한 사항이 있을 경우 이에 대해 기술하고 관련 자료를 제출하시오.

[문항 4] 응시자가 수행한 시험분석 과정과 그 결과값에 대해 종합적으로 고찰하시오. (10점)

[문항 5] 각 응시실 감독자가 응시자의 시험분석 과정에 대한 현장 숙련정도 평가 실시 (10점)

　　　　　　　　(응시자는 5번 문항 답안을 작성하지 않습니다.)

시험분석 보고서

(주1) 본 내용은 작업형 실기시험에서 응시자가 설계할 수 있는 최대 시험분석 과정을 나타낸 것으로, 실제 실험은 응시자가 제한된 시간을 감안하여 시험분석 과정을 직접 설계하여 수행하시기 바랍니다.

(주2) 기기분석은 기기별로 주어진 시간 내(UV의 경우 1회 제공시간은 30분임)에서 수행하여야 하므로 주지하시기 바랍니다.

(주3) 모든 실험이 완료된 후 폐액은 주어진 장소에 처리하고, 초자기구 등은 수돗물을 이용하여 1차 세척하여 정리정돈하시기 바랍니다.

구 분	하이포아염소산소듐 유효 염소량
(1) 시약 조제	$C = a \times f \times (200/10) \times (1/V) \times 0.001773 \times 100$ $a =$ $f =$ $V =$

구 분	대기 상당 농도(mL/mL, 0 ℃, 760 mmHg)
(2) 표준용액	

구 분	채취량(L)
(3) 건조시료가스	

구 분	흡광도	농도 (ppm)	희석배수	최종 농도 (ppm)	평균 농도 (ppm)
(4) 미지시료					
					평균값 = 상대표준편차(RSD%) =

1-2 염화수소 : 자외선/가시선 분광법

〈 제3회 환경측정분석사(실기) 대기분야 〉

작업형 실기시험 문제지

○ 수험자 요구사항

　－ 자외선/가시선 분광법(싸이오사이안산제이수은법)에 따라 염화수소 분석을 수행한다.

　－ 측정용 미지시료를 시험·분석하여 농도값을 구한다.

　－ 측정용 미지시료 및 표준용액을 이용하여 첨가시료를 조제하고, 시험·분석하여 회수율을 구한다.

　－ 최종 분석 결과는 정리하여 제공된 "시험분석 보고서" 양식에 기록한다.

[문항 1] 평가항목의 시험분석 일반사항에 대해 답하시오. (5점)

(1) 자외선/가시선 분광법의 원리에 대해 간략히 쓰시오.

(2) 시약의 조제 과정 및 발색 원리에 대해 간략히 적으시오.

(3) 전처리 과정을 포함한 전체 실험 과정을 적고, 발생 가능한 오차요인을 기술하시오.

[문항 2] 평가항목의 시험분석 과정에 대해 답하시오. (5점)

(1) 염화소듐을 이용한 염소이온 표준액 조제 과정을 적으시오.

(2) 기기분석 조건을 적고, 기기분석 시 주의하여야 할 사항을 기술하시오.

[문항 3] [문항 1]과 [문항 2]에서 작성한 시험분석 과정을 수행하고, 시험분석 보고서 양식에 따라 결과값을 작성하여 제출하시오. 제출 시 단계별로 기기 원 분석자료(raw data)를 함께 첨부하시오. (40점)

※ 건조시료 가스량은 40 L, 시료가스를 통과시킨 흡수액을 희석한 분석용 최종 시료액량은 250 mL로 가정하여 최종 결과값을 산출하시오.

(1) 조제한 표준액을 분석하여 결과값을 구하고, raw data를 함께 제출하시오.

(2) 측정용 미지시료에 대한 대기 중 농도값(ppm)을 구하시오.

  - 실험에 앞서 제공된 시료를 반드시 정제수로 희석(시료 30 mL를 정확히 취하고 정제수를 넣어 500 mL로 한다)하여 측정용 미지시료를 조제하시오. (단, 측정용 미지시료의 대기 중 농도 범위는 2~80 ppm으로 추가 희석은 수험자의 판단하에 수행한다.)
  - 발색 시료는 측정용 미지시료를 분취하여 3개 조제하시오.
  - 측정용 미지시료를 기기분석하여 대기 중 농도(ppm, 소수점 이하 첫째 자리까지 표기) 및 상대표준편차(%)를 구하고, raw data를 함께 제출하시오.
  - 산출식 및 산출과정을 답안지에 자세히 기술하시오.

(3) 첨가시료에 대한 회수율을 구하시오.

  - 첨가시료는 측정용 미지시료에 제공된 표준용액(100 mg/L)을 첨가하여 미지시료 농도가 3.0 mg/L 증가하도록 조제하시오.
  - 발색 시료는 첨가시료를 분취하여 3개 조제하시오.
  - 첨가시료를 분석하여 대기 중 농도(ppm, 소수점 이하 첫째 자리까지 표기), 상대표준편차(%), 회수율(%)을 구하고, raw data를 함께 제출하시오.
  - 첨가시료의 조제 과정, 회수율의 산출식 및 산출과정을 답안지에 자세히 기술하시오.

(4) 기타 미지시료 농도 산정을 위해 고려한 사항(예 방법바탕시료)이 있을 경우 이에 대해 기술하고 관련 자료를 제출하시오.

[문항 4] 응시자가 수행한 시험분석 과정과 그 결과값에 대해 종합적으로 고찰하시오. (10점)

[문항 5] 각 응시실 감독자가 응시자의 시험분석 과정에 대한 현장 숙련정도 평가(시험방법의 숙지, 저울 등 시험기구 사용의 숙련정도, 피펫 등 유리기구 사용의 숙련정도, 시약 등의 취급 및 조제의 숙련정도, 분석기기 사용의 숙련정도) 실시 (10점)

(응시자는 5번 문항 답안을 작성하지 않습니다.)

시험분석 보고서

(주1) 본 내용은 작업형 실기시험에서 응시자가 설계할 수 있는 최대 시험분석 과정을 나타낸 것으로, 실제 실험은 응시자가 제한된 시간 내 시험분석 과정을 직접 설계하여 수행하시기 바랍니다.

(주2) 기기분석은 기기별로 주어진 시간 내(UV의 경우 1회 제공시간은 30분임)에서 수행하여야 하므로 주지하시기 바랍니다.

(주3) 모든 실험이 완료된 후 폐액은 주어진 장소에 처리하고, 유리기구 등은 수돗물을 이용하여 1차 세척하여 정리정돈하시기 바랍니다.

구 분	분취량 (mL)			흡광도	
(1) 표준액					

구 분	흡광도	대기 중 농도 (ppm)	희석배수	대기 중 최종 농도 (ppm)	평균 농도 (ppm)
(2) 측정용 미지시료 (발색 시료수 : 개)					평균값(ppm) = 상대표준편차(RSD%) =

구 분	표준용액 첨가량/첨가시료 총량(mL)	흡광도	대기 중 농도 (ppm)	희석배수	대기 중 최종 농도 (ppm)	회수율 계산
(3) 첨가시료 (발색 시료수 : 개)	/					평균값(ppm) = 상대표준편차(RSD%) = 회수율(%) =

〈 제5회 환경측정분석사(실기) 대기분야 〉

작업형 실기시험 문제지

○ 응시자 요구사항

 – 자외선/가시선 분광법(싸이오사이안산제이수은법)에 따라 염화수소 분석을 수행한다.

 – 측정용 미지시료를 시험 · 분석하여 농도값을 구한다.

 – 측정값 및 계산값은 소수점 첫째 자리로 작성한다.

 – 최종 분석 결과는 정리하여 제공된 "시험분석 보고서" 양식에 기록한다.

[문항 1] 평가항목의 시험분석 일반사항에 대해 답하시오. (10점)

(1) 자외선/가시선 분광법의 원리에 대해 간략히 쓰시오.

(2) 전처리 과정을 포함한 전체 실험 과정을 적고, 발생 가능한 오차요인을 기술하시오.

[문항 2] 평가항목의 시험분석 과정에 대해 답하시오. (10점)

(1) 제공된 염화소듐을 이용한 염소이온 표준액 조제 과정을 적으시오.

(2) 기기분석 측정조건을 적고, 기기분석 시 주의하여야 할 사항을 기술하시오.

[문항 3] 다음과 같이 시험분석 과정을 수행하고, 시험분석 보고서 양식에 따라 결과값을 작성하여 제출하시오. 제출 시 단계별로 기기 원 분석자료(raw data)를 함께 첨부하시오. (30점)

※ 실험에 앞서 제공된 미지시료는 반드시 증류수로 희석하여 사용한다(제공된 미지시료 20 mL를 정확히 취하고 증류수를 넣어 250 mL로 하여 측정용 미지시료로 조제한다).

※ 추가 희석은 응시자의 판단하에 수행한다.

(1) 시료를 채취한 결과는 다음과 같다. 이때 건조시료가스 채취량(L)을 구하시오.

 – 건식 가스미터로 측정한 흡입가스량 : 40 L

 – 가스미터의 온도 : 25 ℃

 – 대기압 : 757 mmHg

 – 가스미터 게이지압 : 20 mmH$_2$O(＝1.5 mmHg)

(2) 측정용 미지시료를 3개 조제하여 반복으로 분석하여 대기 중 농도(ppm) 및 상대표준편차(%)를 구하고, 희석배수를 고려한 미지시료의 최종 농도값과 raw data를 함께 제출하시오(소수점 첫째 자리까지). 이때, 산출식 및 산출 과정에 대해 자세히 기술하시오. (단, 표준용액도 3회 분석하여 평균하여 사용할 것)

(3) [문항 3]의 (2)에서 얻어진 대기 중 염화수소의 농도를 mg/m^3으로 환산하시오.

[문항 4] 응시자가 수행한 시험분석 과정과 그 결과값에 대해 종합적으로 고찰하시오. (10점)

[문항 5] 각 응시실 감독자가 응시자의 시험분석 과정에 대한 현장 숙련정도 평가 실시 (10점)

(응시자는 5번 문항 답안을 작성하지 않습니다.)

시험분석 보고서

(주1) 본 내용은 작업형 실기시험에서 응시자가 설계할 수 있는 최대 시험분석 과정을 나타낸 것으로, 실제 실험은 응시자가 제한된 시간을 감안하여 시험분석 과정을 직접 설계하여 수행하시기 바랍니다.

(주2) 기기분석은 기기별로 주어진 시간 내(UV의 경우 1회 제공시간은 30분임)에서 수행하여야 하므로 주지하시기 바랍니다. (발색 시약을 넣기 이전에 UV 사용 가능 여부를 공동 사용자에게 확인바랍니다.)

(주3) 모든 실험이 완료된 후 폐액은 주어진 장소에 처리하고, 초자기구 등은 수돗물을 이용하여 1차 세척하여 정리정돈하시기 바랍니다.

구 분	분취량(mL)	흡광도	계산값
(1) 표준액			평균값 = 상대표준편차(RSD%) =

구 분	채취량(L)
(2) 건조시료가스	

구 분	흡광도	표준액 흡광도	희석 전 대기 중 농도 (ppm)	희석 배수	대기 중 최종 농도 (ppm)	평균 농도 (ppm)
(3) 측정용 미지시료 (발색 시료수 : 3개)						평균값 = 상대표준편차(RSD%) =

Chapter 02

중금속 분석 시험문제

2-1 카드뮴 : 질산 - 과산화수소법

〈 제2회 환경측정분석사(실기) 대기분야 〉

작업형 실기시험 문제지

○ 수험자 요구사항

 – 전처리는 질산 – 과산화수소법에 의해 수행한다.

  (단, 산의 농도에 의한 영향은 무시)

 – 제공된 미지시료를 시험 · 분석하여 농도값을 구한다.

 – 기기분석은 원자흡수분광광도법에 의해 수행한다.

 – 제공된 표준용액을 이용하여 첨가시료를 조제하고, 시험 · 분석하여 회수율을 구한다.

 – 최종 분석 결과는 정리하여 제공된 "시험분석 보고서" 양식에 기록한다.

[문항 1] 평가항목의 시험분석 일반사항에 대해 답하시오. (5점)

(1) 전처리 과정을 포함한 실험 과정을 쓰고, 실험 과정에서 발생 가능한 오차요인을 기술하시오.

(2) 기기분석 조건을 적고, 기기분석 시 주의하여야 할 사항을 기술하시오.

[문항 2] 평가항목의 시험분석 과정에 대해 답하시오. (5점)

(1) 표준용액 조제 및 검정곡선 작성(3~5 points) 과정을 상세히 적고, 고려하여야 할 사항을 적으시오.

(2) 첨가시료를 이용한 회수율 시험분석 과정의 의미를 적으시오.

[문항 3] [문항2]에서 작성한 시험분석 과정을 수행하고, 첨부양식(시험분석 보고서)에 따라 결과값을 작성하여 제출하시오. 제출 시 단계별로 기기 원 분석자료(raw data)를 함께 첨부하시오. (40점)

※ 제공된 미지시료 농도 범위는 10~500 μg/Filter이다.

※ 제공된 공 여과지에 표준용액 100 μg/Filter를 첨가하여 첨가시료를 조제하시오.

(1) 제공된 표준용액(1,000 mg/L)을 이용하여 검정곡선을 작성(3~5 points)하시오.

 – 검정곡선 결과값을 구하고, raw data를 함께 제출하시오.

(2) 제공된 미지시료에 대한 대기 중 농도값(μg/Sm^3)을 구하시오.

 – 시료채취장치 1형을 사용하여 대기시료를 채취하였다. 다음 조건을 고려하여 등속흡입유량 (L/min) 및 건조가스량(Sm^3)을 구하시오.
   - 가스미터로 측정한 흡입가스량 : 1.065 m^3
   - 가스미터의 온도 : 20 ℃
   - 대기압 : 765 mmHg
   - 건식 가스미터 게이지압 : 1 mmHg
   - 배출가스 온도 : 125 ℃
   - 배출가스 유속 : 7.5 m/s
   - 배출가스 수분량 : 10 %
   - 흡입노즐 직경 : 6 mm
   - 측정점에서의 정압 : −1.5 mmHg

 – 미지시료를 전처리 및 기기분석하여 대기 중 농도값(μg/Sm^3) 및 상대표준편차(%)를 구하고, raw data를 함께 제출하시오(소수점 이하 첫째 자리까지 표기). 이때, 산출식 및 산출 과정에 대해 자세히 기술하시오.

(3) 첨가시료를 전처리 및 기기분석하여 대기 중 농도값(μg/Sm^3), 회수율(%) 및 상대편차백분율 (%)을 구하고, raw data를 함께 제출하시오(소수점 이하 첫째 자리까지 표기). 이때, 산출식 및 산출 과정에 대해 자세히 기술하시오.

(4) 기타 미지시료 농도 결과 산정을 위해 고려한 사항이 있을 경우 이에 대해 기술하고 관련 자료를 제출 하시오.

[문항 4] 응시자가 수행한 시험분석 과정과 그 결과값에 대해 종합적으로 고찰하시오. (10점)

[문항 5] 각 응시실 감독자가 응시자의 시험분석 과정에 대한 현장 숙련정도(시험방법의 숙지, 저울 등 시험기구 사용의 숙련정도, 피펫 등 유리기구 사용의 숙련정도, 시약 등의 취급 및 조제의 숙련정도, 분석기기 사용의 숙련정도) 평가 실시 (10점)

(응시자는 5번 문항 답안을 작성하지 않습니다.)

시험분석 보고서

(주1) 본 내용은 작업형 실기시험에서 응시자가 설계할 수 있는 최대 시험분석 과정을 나타낸 것으로, 실제 실험은 응시자가 제한된 시간 내 시험분석 과정을 직접 설계하여 수행하시기 바랍니다.

(주2) 기기분석은 기기별로 주어진 시간 내(AA의 경우 1회 제공시간은 30분임)에서 수행하여야 하므로 유의하시기 바랍니다.

(주3) 모든 실험이 완료된 후 폐액은 주어진 장소에 처리하고, 초자기구 등은 수돗물을 이용하여 1차 세척하여 정리정돈하시기 바랍니다.

구 분	농도(mg/L)	흡광도	계산값
(1) 검정곡선			$y = ax + b$ $a =$ $b =$ $r^2 =$

구 분	흡광도	농도 (mg/L)	희석배수	최종 농도 ($\mu g/m^3$)	농도 계산
(2) 미지시료					평균값 = 상대표준편차(RSD%) =

구 분	흡광도	농도 (mg/L)	희석배수	최종 농도 ($\mu g/m^3$)	회수율 계산
(3) 첨가시료					평균값 = 회수율(%) = 상대편차백분율(RPD%) =

2-2 아연 : 원자흡수분광광도법

〈 제3회 환경측정분석사(실기) 대기분야 〉

작업형 실기시험 문제지

○ 수험자 요구사항
- 원자흡수분광광도법(AAS)에 따라 아연 분석을 수행한다.
- 전처리는 산분해법(질산법)에 의해 수행한다.
  (단, 산의 농도에 의한 영향은 무시)
- 측정용 미지시료를 전처리 없이 시험·분석하여 농도값을 구한다.
- 측정용 미지시료 및 표준용액을 이용하여 첨가시료를 조제하고, 전처리 후 시험·분석하여 회수율을 구한다.
- 최종 분석 결과는 정리하여 제공된 "시험분석 보고서" 양식에 기록한다.

[문항 1] 평가항목의 시험분석 일반사항에 대해 답하시오. (5점)

(1) 원자흡수분광광도법의 원리에 대해 간략히 기술하시오.

(2) 전처리 과정을 포함한 전체 실험 과정을 적고, 발생 가능한 오차요인을 기술하시오.

[문항 2] 평가항목의 시험분석 과정에 대해 답하시오. (5점)

(1) 표준용액 조제 및 검정곡선 작성(영점 제외 4 points) 과정을 상세히 적고, 고려하여야 할 사항을 적으시오.

(2) 기기분석 조건을 적고, 기기분석 시 주의하여야 할 사항을 기술하시오.

[문항 3] [문항1, 2]에서 작성한 시험분석 과정을 수행하고, 시험분석 보고서 양식에 따라 결과값을 작성하여 제출하시오. 제출 시 단계별로 기기 원 분석자료(raw data)를 함께 첨부하시오. (40점)

※ 건조시료 가스량은 1 Sm³, 분석용 시료액량의 최종 부피는 250 mL로 가정하여 최종 결과값을 산출하시오.

(1) 제공된 표준용액(1,000 mg/L)을 이용하여 검정곡선을 작성(영점 제외 4 points)하시오.

- 검정곡선 결과값을 구하고, raw data를 함께 제출하시오.

(2) 측정용 미지시료에 대한 대기 중 농도값(mg/Sm^3)을 구하시오.

- 실험에 앞서 제공된 시료를 반드시 증류수로 100배 희석하여 측정용 미지시료를 조제하시오. (단, 측정용 미지시료의 농도 범위는 1.0~5.0 mg/L로 추가 희석은 수험자의 판단하에 수행한다.)

- 측정용 미지시료를 전처리 과정 없이 기기분석하여 3회 반복한 대기 중 농도값(mg/Sm^3, 소수점 이하 둘째 자리까지 표기) 및 상대표준편차(%)를 구하고, raw data를 함께 제출하시오.

- 산출식 및 산출 과정을 답안지에 자세히 기술하시오.

(3) 첨가시료에 대한 회수율을 구하시오.

- 첨가시료는 제공된 공 여과지에 표준용액(1,000 mg/L) 200 μL/Filter를 첨가한 시료를 3개 준비하시오.

- 여과지 3개를 적당한 크기로 잘라 둥근바닥 플라스크에 넣고 전처리 과정(질산에 의한 산분해)을 수행하고 최종 액량을 250 mL로 하시오.

- 전처리한 첨가시료 3개를 기기분석 하여 대기 중 농도값(mg/Sm^3, 소수점 이하 둘째 자리까지 표기), 상대표준편차(%), 회수율(%)을 구하고, raw data를 함께 제출하시오.

- 산출식 및 산출 과정을 답안지에 자세히 기술하시오.

(4) 기타 미지시료 농도 산정을 위해 고려한 사항(예 방법바탕시료)이 있을 경우 이에 대해 기술하고 관련 자료를 함께 제출하시오.

[문항 4] 응시자가 수행한 시험분석 과정과 그 결과값에 대해 종합적으로 고찰하시오. (10점)

[문항 5] 각 응시실 감독자가 응시자의 시험분석 과정에 대한 현장 숙련정도(시험방법의 숙지, 저울 등 시험기구 사용의 숙련정도, 피펫 등 유리기구 사용의 숙련정도, 시약 등의 취급 및 조제의 숙련정도, 분석기기 사용의 숙련정도) 평가 실시 (10점)

(응시자는 5번 문항 답안을 작성하지 않습니다.)

시험분석 보고서

(주1) 본 내용은 작업형 실기시험에서 응시자가 설계할 수 있는 최대 시험분석 과정을 나타낸 것으로, 실제 실험은 응시자가 제한된 시간 내 시험분석 과정을 직접 설계하여 수행하시기 바랍니다.

(주2) 기기분석은 기기별로 주어진 시간 내(AA의 경우 1회 제공시간은 30분임)에서 수행하여야 하므로 주지하시기 바랍니다.

(주3) 모든 실험이 완료된 후 폐액은 주어진 장소에 처리하고, 유리기구 등은 수돗물을 이용하여 1차 세척하여 정리정돈하시기 바랍니다.

구 분	농도(mg/L)	흡광도	계산값
(1) 검정곡선			$y = ax + b$ $a =$ $b =$ $r^2 =$

구 분	흡광도	농도 (mg/L)	희석배수	대기 중 최종 농도 (mg/m³)	농도 계산
(2) 측정용 미지시료 (분석횟수 : 회)					평균값(mg/m³) = 상대표준편차(RSD%) =

구 분	흡광도	농도 (mg/L)	희석배수	대기 중 최종 농도 (mg/m³)	회수율 계산
(3) 첨가시료 (전처리한 첨가시료수 : 개)					평균값(mg/m³) = 상대표준편차(RSD%) = 회수율(%) =

2-3 구리 : 원자흡수분광광도법

〈 제4회 환경측정분석사(실기) 대기분야 〉

작업형 실기시험 문제지

○ 수험자 요구사항

  – 원자흡수분광광도법(AAS)에 따라 구리 분석을 수행하시오.

  – 표준용액을 이용하여 검정곡선을 작성하시오.

  – 전처리는 산분해법(질산법)에 의해 수행하시오.

    (단, 산의 농도에 의한 영향은 무시)

  – 미지시료를 희석하여 측정용 시료로 조제하고, 전처리 없이 시험·분석하여 대기 중 농도값으로 환산하여 구하시오.

  – 측정용 시료 및 표준용액을 이용하여 첨가시료를 조제하고, 전처리 후 시험·분석하여 회수율을 구하시오.

  – 최종 분석 결과는 정리하여 제공된 "시험분석 보고서" 양식에 기록하시오.

[문항 1] 평가항목의 시험분석 일반사항에 대해 답하시오. (5점)

(1) 원자흡수분광광도법의 원리에 대해 간략히 기술하시오.

(2) 전처리 과정을 포함한 전체 실험 과정을 기술하시오.

[문항 2] 평가항목의 시험분석 과정에 대해 답하시오. (10점)

(1) 표준원액을 이용한 표준용액 조제 및 검정곡선 작성(영점 제외 4 points) 과정을 적으시오.

(2) 첨가시료를 이용한 회수율 시험분석 과정의 의미를 적으시오.

[문항 3] 다음과 같이 시험분석 과정을 수행하고, 시험분석 보고서 양식에 따라 결과값을 작성하여 제출하시오. 제출 시 단계별로 기기 원 분석자료(raw data)를 함께 첨부하시오. (40점)

※ 건조시료 가스량은 $1\,Sm^3$, 분석용 시료액량의 최종 부피는 $250\,mL$로 가정하여 최종 결과값을 산출하시오.

(1) 제공된 표준원액(100 mg/L)을 이용하여 검정곡선을 작성(영점 제외 4 points)하시오.

 - 검정곡선 결과값을 구하고, raw data를 함께 제출하시오.

(2) 미지시료에 대한 대기 중 농도값(mg/Sm^3)을 구하시오.

 - 실험에 앞서 제공된 미지시료를 2 % 질산용액으로 10배 희석하여 측정용 시료를 3반복으로 조제하시오. (단, 측정용 시료의 농도 범위는 1.0 ~ 5.0 mg/L로 추가 희석은 수험자의 판단 하에 수행한다.)

 - 측정용 시료 3개를 전처리 과정 없이 각각 기기분석하여 대기 중 농도값(mg/Sm^3, 소수점 이하 둘째 자리까지 표기) 및 상대표준편차(%)를 구하고, 희석배수를 고려한 미지시료의 최종 농도값과 raw data를 함께 제출하시오.

 - 산출식 및 신출 과정을 답안지에 지세히 기술하시오.

(3) 첨가시료에 대한 회수율을 구하시오.

 - 제공된 공 여과지(QMA, 47 mm) 표면에 표준원액(100 mg/L) 2 mL를 첨적하여 시료 3개를 각각 준비하시오. (단, 시료별 공 여과지는 표준원액(100 mg/L) 2 mL가 충분히 흡수할 수 있도록 5장을 겹쳐서 사용하시오.)

 - 첨적한 시료 3개를 적당한 크기로 잘라 코니컬비커에 넣어 전처리 과정(질산분해법)을 수행하고 최종 액량을 250 mL로 하시오.

 - 전처리한 첨가시료 3개를 기기분석하여 대기 중 농도값(mg/Sm^3, 소수점 이하 둘째 자리까지 표기), 상대표준편차(%), 회수율(%)을 구하고, 희석배수를 고려한 첨가시료의 최종 농도값과 raw data를 함께 제출하시오.

 - 산출식 및 산출 과정을 답안지에 자세히 기술하시오.

[문항 4] 응시자가 수행한 시험분석 과정과 그 결과값에 대해 종합적으로 고찰하시오. (5점)

[문항 5] 각 응시실 감독자가 응시자의 시험분석 과정에 대한 현장 숙련정도 평가 실시 (10점)

(응시자는 5번 문항 답안을 작성하지 않습니다.)

시험분석 보고서

(주1) 본 내용은 작업형 실기시험에서 응시자가 설계할 수 있는 최대 시험분석 과정을 나타낸 것으로, 실제 실험은 응시자가 제한된 시간 내 시험분석 과정을 직접 설계하여 수행하시기 바랍니다.

(주2) 기기분석은 기기별로 주어진 시간 내(AA의 경우 1회 제공시간은 30분임)에서 수행하여야 하므로 주지하시기 바랍니다.

(주3) 모든 실험이 완료된 후 폐액은 주어진 장소에 처리하고, 유리기구 등은 수돗물을 이용하여 1차 세척하여 정리정돈하시기 바랍니다.

구 분	농도(mg/L)	흡광도	계산값
(1) 검정곡선			$y = ax + b$ $a =$ $b =$ $r^2 =$

구 분	흡광도	농도 (mg/L)	희석배수	대기 중 최종 농도 (mg/m³)	농도 계산
(2) 미지시료 (시료수 : 3개)					평균값(mg/m³) = 상대표준편차(RSD%) =

구 분	흡광도	농도 (mg/L)	희석배수	대기 중 최종 농도 (mg/m³)	회수율 계산
(3) 첨가시료 (전처리한 첨가시료수 : 3개)					평균값(mg/m³) = 상대표준편차(RSD%) = 회수율(%) =

2-4 　납 : 원자흡수분광광도법

〈 제5회 환경측정분석사(실기) 대기분야 〉

작업형 실기시험 문제지

○ 응시자 요구사항

　− 전처리는 산분해법(질산−과산화수소법, 가열 과정 생략)에 의해 수행한다.
　　(단, 산의 농도에 의한 영향은 무시)

　− 제공된 미지시료를 시험·분석하여 농도값을 구한다.

　− 기기분석은 원자흡수분광광도법에 의해 수행한다.

　− 제공된 표준용액을 이용하여 첨가시료를 조제하고, 시험·분석하여 회수율을 구한다.

　− 최종 분석 결과는 정리하여 제공된 "시험분석 보고서" 양식에 기록한다.

[문항 1] 평가항목의 시험분석 일반사항에 대해 답하시오. (5점)

(1) 원자흡수분광광도법의 원리에 대해 간략히 기술하시오.

(2) 전처리 과정을 포함한 전체 실험 과정을 적고, 발생 가능한 오차요인을 기술하시오.

[문항 2] 평가항목의 시험분석 과정에 대해 답하시오. (5점)

(1) 표준용액 조제 및 검정곡선 작성(영점 제외 4 points) 과정을 상세히 적고, 고려하여야 할 사항을 적으시오.

(2) 기기분석 조건을 적고, 기기분석 시 주의하여야 할 사항을 기술하시오.

[문항 3] [문항2]에서 작성한 시험분석 과정을 수행하고, 첨부양식(시험분석 보고서)에 따라 결과값을 작성하여 제출하시오. 제출 시 단계별로 기기 원 분석자료(raw data)를 함께 첨부하시오. (40점)

※ 건조시료 가스량은 1 Sm^3, 분석용 시료액량의 최종 부피는 100 mL로 가정하여 최종 결과값을 산출하시오.

(1) 제공된 표준원액(1,000 mg/L)을 이용하여 검정곡선을 작성(영점 제외 4 points, 검정곡선 Linear)하시오.

- 검정곡선 결과값을 구하고, raw data를 함께 제출하시오.

(2) 측정용 미지시료에 대한 대기 중 농도값(mg/Sm^3)을 구하시오.

- 실험에 앞서 제공된 시료를 측정용 미지시료로 사용하여 분석하시오. (단, 측정용 미지시료의 농도 범위는 0 ~ 10.0 mg/L로, 추가 희석은 응시자의 판단하에 수행한다.)
- 측정용 미지시료를 전처리 과정 없이 기기분석하여 3회 반복한 대기 중 농도값(mg/Sm^3, 소수점 이하 둘째 자리까지 표기) 및 상대표준편차(%)를 구하고, raw data를 함께 제출하시오.
- 산출식 및 산출 과정을 답안지에 자세히 기술하시오.

(3) 첨가시료에 대한 회수율을 구하시오.

- 첨가시료는 제공된 공 여과지에 표준원액(1,000 mg/L) 200 μL를 Filter에 첨가하여 시료를 3개 준비하시오.
- 여과지(88R) 3개를 적당한 크기로 잘라 코니컬비커에 넣고 전처리 과정(질산에 의한 산분해, 질산 2 ~ 5 mL 넣을 것, 가열 과정 생략)을 수행하고 최종 액량을 100 mL로 하시오. (여과지(5A)를 이용하여 여과)
- 전처리한 첨가시료 3개를 기기분석하여 대기 중 농도값(mg/Sm^3, 소수점 이하 둘째 자리까지 표기), 상대표준편차(%), 회수율(%)을 구하고, raw data를 함께 제출하시오.
- 산출식 및 산출 과정을 답안지에 자세히 기술하시오.

(4) 기타 미지시료 농도 산정을 위해 고려한 사항(예 방법바탕시료)이 있을 경우 이에 대해 기술하고 관련 자료를 함께 제출하시오.

[문항 4] 응시자가 수행한 시험분석 과정과 그 결과값에 대해 종합적으로 고찰하시오. (10점)

[문항 5] 각 응시실 감독자가 응시자의 시험분석 과정에 대한 현장 숙련정도 평가 실시 (10점)

(응시자는 5번 문항 답안을 작성하지 않습니다.)

시험분석 보고서

(주1) 본 내용은 작업형 실기시험에서 응시자가 설계할 수 있는 최대 시험분석 과정을 나타낸 것으로, 실제 실험은 응시자가 제한된 시간 내 시험분석 과정을 직접 설계하여 수행하시기 바랍니다.

(주2) 기기분석은 기기별로 주어진 시간 내(AA의 경우 1회 제공시간은 30분임)에서 수행하여야 하므로 유의하시기 바랍니다.

(주3) 모든 실험이 완료된 후 폐액은 주어진 장소에 처리하고, 초자기구 등은 수돗물을 이용하여 1차 세척하여 정리정돈하시기 바랍니다.

구 분	농도(mg/L)		흡광도	계산값
(1) 검정곡선(Liner)				$y = ax + b$ $a =$ $b =$ $r^2 =$

구 분	흡광도	농도 (mg/L)	희석배수	최종 농도 (mg/m³)	농도 계산
(2) 미지시료					평균값 = 상대표준편차(RSD%) =

구 분	흡광도	농도 (mg/L)	공여지 (mg/L)	희석배수	최종 농도 (mg/m³)	회수율 계산
(3) 첨가시료						평균값 = 회수율(%) = 상대표준편차(RSD%) =

Chapter 03

유기물질 분석 시험문제

3-1 벤조(a)피렌 : 기체크로마토그래피/질량분석법

〈 제3회 환경측정분석사(실기) 대기분야 〉

작업형 실기시험 문제지

○ 수험자 요구사항
 - 기체크로마토그래프법에 따라 벤조(a)피렌 분석을 수행한다.
 - 전처리는 용매추출법(초음파 추출)에 의해 수행한다.
 - 측정용 미지시료를 전처리 없이 시험·분석하여 농도값을 구한다.
 - 제공된 표준용액을 이용하여 첨가시료를 조제하고, 전처리 후 시험·분석하여 회수율을 구한다.
 - 최종 분석 결과는 정리하여 제공된 "시험분석 보고서" 양식에 기록한다.

[문항 1] 평가항목의 시험분석 일반사항에 대해 답하시오. (5점)

(1) 기체크로마토그래피의 원리에 대해 간략히 기술하시오.

(2) 전처리 과정을 포함한 전체 실험 과정을 적고, 발생 가능한 오차요인을 기술하시오.

(3) 첨가시료를 이용한 회수율 시험분석 과정의 필요성을 적으시오.

[문항 2] 평가항목의 시험분석 과정에 대해 답하시오. (5점)

(1) 표준용액 조제 및 검정곡선(영점 제외 4 points) 작성 과정을 적고, 고려하여야 할 사항을 적으시오.

(2) 기기분석 조건을 적고, 기기분석 시 주의하여야 할 사항을 기술하시오.

[문항 3] [문항1, 2]에서 작성한 시험분석 과정을 수행하고, 시험분석 보고서 양식에 따라 결과값을 작성하여 제출하시오. 제출 시 단계별로 기기 원 분석자료(raw data)를 함께 첨부하시오. (40점)

※ 건조시료 가스량은 $2\,Sm^3$, 분석용 시료용액의 최종 부피는 10 mL 가정하여 최종 결과값을 산출하시오.

(1) 제공된 표준용액을 이용하여 검정곡선(영점 제외 4 points)을 작성하시오.

 - 검정곡선 결과값을 구하고, raw data를 함께 제출하시오.

(2) 측정용 미지시료에 대한 대기 중 농도값($\mu g/Sm^3$)을 구하시오.

 - 실험에 앞서 제공된 시료를 디클로로메테인으로 50배 희석하여 측정용 미지시료를 조제하시오. (단, 측정용 미지시료의 농도 범위는 2 ~ 50 mg/L로 추가 희석은 수험자의 판단하에 수행한다.)
 - 측정용 미지시료를 전처리 과정 없이 기기분석하여 3회 반복한 대기 중 농도값($\mu g/Sm^3$, 소수점 이하 첫째 자리까지 표기) 및 상대표준편차(%)를 구하고, raw data를 함께 제출하시오.
 - 산출식 및 산출 과정을 답안지에 자세히 기술하시오.

(3) 첨가시료에 대한 회수율을 구하시오.

 - 제공된 공 여과지에 혼합표준용액(2,000 mg/L) 50 μL/Filter를 첨가한 시료를 3개 준비하시오.
 - 여과지 3개를 적당한 크기로 잘라 각 시험관에 넣는다. 디클로로메테인 10 mL를 넣고 전처리 과정(초음파에 의한 용매추출법)을 수행한다.
 - 전처리한 첨가시료 3개를 기기분석하여 대기 중 농도값($\mu g/Sm^3$, 소수점 이하 첫째 자리까지 표기), 상대표준편차(%), 회수율(%)을 구하고, raw data를 함께 제출하시오.
 - 산출식 및 산출 과정을 답안지에 자세히 기술하시오.

(4) 기타 미지시료의 농도 산정을 위해 고려한 사항(예 방법바탕시료)이 있을 경우 이에 대해 기술하고 관련 자료를 함께 제출하시오.

[문항 4] 응시자가 수행한 시험분석 과정과 그 결과값에 대해 종합적으로 고찰하시오. (10점)

[문항 5] 각 응시실 감독자가 응시자의 시험분석 과정에 대한 현장 숙련정도 평가(시험방법의 숙지, 저울 등 시험기구 사용의 숙련정도, 피펫 등 유리기구 사용의 숙련정도, 시약 등의 취급 및 조제의 숙련정도, 분석기기 사용의 숙련정도) 실시 (10점)

(응시자는 5번 문항 답안을 작성하지 않습니다.)

시험분석 보고서

(주1) 본 내용은 작업형 실기시험에서 응시자가 설계할 수 있는 최대 시험분석 과정을 나타낸 것으로, 실제 실험은 응시자가 제한된 시간 내 시험분석 과정을 직접 설계하여 수행하시기 바랍니다.

(주2) 기기분석은 기기별로 주어진 시간 내(GC의 경우 1회 제공시간은 90분임)에서 수행하여야 하므로 주지하시기 바랍니다.

(주3) 모든 실험이 완료된 후 폐액은 주어진 장소에 처리하고, 유리기구 등은 수돗물을 이용하여 1차 세척하여 정리정돈하시기 바랍니다.

구 분	농도(mg/L)	면적	계산값
(1) 검정곡선		10	$y = ax + b$ $a =$ $b =$ $r^2 =$

구 분	면적	농도 (mg/L)	희석배수	대기 중 최종 농도 (μg/m³)	농도 계산
(2) 측정용 미지시료 (분석 횟수 : 회)					평균값(μg/m³) = 상대표준편차(RSD%) =

구 분	면적	농도 (mg/L)	희석배수	대기 중 최종 농도 (μg/m³)	회수율 계산
(3) 첨가시료 (전처리한 첨가시료수 : 개)					평균값(μg/m³) = 상대표준편차(RSD%) = 회수율(%) =

3-2 벤젠 : 기체크로마토그래피

〈 제4회 환경측정분석사(실기) 대기분야 〉

작업형 실기시험 문제지

○ 수험자 요구사항

– 기체크로마토그래프법에 따라 벤젠 분석을 수행하시오.

– 표준용액을 이용하여 검정곡선을 작성하시오.

– 미지시료를 전처리 없이 시험·분석하여 대기 중 농도값으로 환산하여 구하시오.

– 제공된 방법에 따라 회수율 시험용 시료를 조제하고, 시험·분석하여 회수율을 구하시오.

– 최종 분석 결과는 정리하여 제공된 "시험분석 보고서" 양식에 기록하시오.

[문항 1] 평가항목의 시험분석 일반사항에 대해 답하시오. (5점)

(1) 전처리 과정을 포함한 실험 과정과 기기분석 조건을 쓰시오.

(2) 실험 과정에서 발생 가능한 오차요인과 기기분석 시 주의하여야 할 사항을 기술하시오.

[문항 2] 평가항목의 시험분석 과정에 대해 답하시오. (5점)

(1) 표준원액을 이용한 표준용액 조제 및 검정곡선 작성(3~5 points) 과정을 상세히 적고, 고려하여야 할 사항을 적으시오.

(2) 회수율 시험분석 과정의 의미를 적으시오.

[문항 3] 다음과 같이 시험분석 과정을 수행하고, 시험분석 보고서 양식에 따라 결과값을 작성하여 제출하시오. 제출 시 단계별로 기기 원 분석자료(raw data)를 함께 첨부하시오. (40점)

(1) 제공된 표준원액(100 μg/mL)을 이용하여 검정곡선을 작성하시오.

– 검정곡선 결과값을 구하고, raw data를 함께 제출하시오.

(2) 미지시료를 3반복으로 분석하여 대기 중 농도값(ppb) 및 상대표준편차(%)를 구하고, 최종 농도 값과 raw data를 함께 제출하시오(소수점 이하 첫째 자리까지 표기). 이때, 산출식 및 산출 과정에 대해 자세히 기술하시오. (단, 배출가스 채취량은 20 L이다.)

– 미지시료 농도 범위는 5~50 μg/mL이다.

(3) 다음의 방법에 따라 회수율 시험용 시료 3개를 조제하여 회수율(%)을 구하고, raw data를 함께 제출하시오(소수점 이하 첫째 자리까지 표기). 이때, 산출식 및 산출 과정에 대해 자세히 기술하 시오.

– 제공된 표준원액 100 μg/mL를 이용하여 벤젠 일정량(기기정량한계 고려)을 흡착관에 흡착 시킨 후 일정량의 이황화탄소로 추출한 시료를 조제하여 회수율 시험용 시료로 사용하시오.

(4) 기타 미지시료 용액 농도 결과 산정을 위해 고려한 사항이 있을 경우 이에 대해 기술하고 관련 자료를 제출하시오.

[문항 4] 응시자가 수행한 시험분석 과정과 그 결과값에 대해 종합적으로 고찰하시오. (10점)

[문항 5] 각 응시실 감독자가 응시자의 시험분석 과정에 대한 현장 숙련정도 평가 실시 (10점)

(응시자는 5번 문항 답안을 작성하지 않습니다.)

시험분석 보고서

(주1) 본 내용은 작업형 실기시험에서 응시자가 설계할 수 있는 최대 시험분석 과정을 나타낸 것으로, 실제 실험은 응시자가 제한된 시간 내 시험분석 과정을 직접 설계하여 수행하시기 바랍니다.

(주2) 기기분석은 기기별로 주어진 시간 내에서 수행하여야 하므로 주지하시기 바랍니다.

(주3) 모든 실험이 완료된 후 폐액은 주어진 장소에 처리하고, 초자기구 등은 수돗물을 이용하여 1차 세척하여 정리정돈하시기 바랍니다.

구 분	농도(mg/L)	면적	계산값
(1) 검정곡선		10	$y = ax + b$ $a =$ $b =$ $r^2 =$

구 분	면적	농도 (mg/L)	희석배수	대기 중 최종 농도 ($\mu g/m^3$)	농도 계산
(2) 미지시료 (분석 횟수 : 3회)					평균값($\mu g/m^3$) = 상대표준편차(RSD%) =

구 분	면적	농도 (mg/L)	희석배수	대기 중 최종 농도 ($\mu g/m^3$)	회수율 계산
(3) 첨가시료 (전처리한 첨가시료수 : 3개)					평균값($\mu g/m^3$) = 상대표준편차(RSD%) = 회수율(%) =

〈 **제5회** 환경측정분석사(실기) 대기분야 〉

작업형 실기시험 문제지

○ 응시자 요구사항

－ 기체크로마토그래프법에 따라 분석을 수행하시오.

－ 표준용액을 이용하여 검정곡선을 작성하시오. (벤젠 Peak 확인)

－ 미지시료를 전처리(시료채취 과정 생략) 없이 시험분석하여 대기 중 농도값으로 환산하여 구하시오.

－ 최종 분석 결과는 정리하여 제공된 "시험분석 보고서" 양식에 기록하시오.

[문항 1] 평가항목의 시험분석 일반사항에 대해 답하시오. (5점)

(1) 주어진 오염물질의 분석방법에 대하여 간략하게 기술하시오.

(2) 주어진 분석방법의 전처리 과정을 포함한 실험 과정을 작성하시오.

－ 고체 흡착-용매추출법의 전처리 과정을 포함한 실험 과정과 기기분석 조건을 쓰시오.

(3) 주어진 오염물질에 따른 내부표준물질과 대체표준물질을 비교 설명하시오.

[문항 2] 평가항목의 시험분석 과정에 대해 답하시오. (5점)

(1) 표준용액 조제 과정을 기술하시오.

(2) 표준액을 이용한 미지시료 농도 계산 과정을 기술하시오.

[문항 3] 다음과 같이 시험분석 과정을 수행하고, 시험분석 보고서 양식에 따라 결과값을 작성하여 제출하시오. 제출 시 단계별로 기기 원 분석자료(raw data)를 함께 첨부하시오. (40점)

(1) 제공된 표준원액(1,000 μg/mL)을 이용하여 50 μL 이하의 농도를 주입하여 공정시험기준의 시험방법에 따라 표준물질 면적(기기분석하여 소수점 이하 셋째 자리까지 표기)과 추출용매량을 고려하여 전처리한 표준원액 농도(μg/mL)를 구하시오. (전처리 과정 사진자료를 참고할 것)
※ 적어도 3회 이상 분석을 실시할 것

(2) 표준물질 면적의 상대표준편차(%)를 구하고 분석 자료를 함께 제출하시오.
(분석용 장비에 연결되어 있는 컴퓨터의 엑셀프로그램이나 계산기를 이용하시오.)

(3) 미지시료를 400 μL 취하여 전처리 후 3회 이상 반복 분석하여 대기 중 농도(ppm)로 환산하여 표시하고 그에 대한 상대표준편차(%)를 구하시오. 이때 산출하는 과정을 자세하게 작성하고 그에 대한 분석자료(raw data)를 함께 첨부하시오. (기체 시료 채취량은 20 L이며, 총추출용매 량은 2~4 mL이다.)

단, 다음 식을 이용하여 벤젠의 기기분석 농도[(mg/m^3, ppm) 소수점 이하 둘째 자리까지 표기] 를 구하시오.

$$\text{벤젠}(\mu g/mL) = \frac{\text{표준물질}(\mu g/mL) \times \text{시료 면적(또는 높이)}}{\text{표준물질 면적(또는 높이)}} \times \frac{\text{표준물질 주입량}(\mu L)}{\text{시료 주입량}(\mu L)} \times \frac{\text{추출용매량}(mL)}{\text{미지시료 분취량}(mL)}$$

※ 제공될 표준용액의 매트릭스가 메탄올이므로 이황화탄소(CS$_2$)와 혼화성을 무시하고 이황화탄소(CS$_2$)로 분석

(4) 기타 미지시료용액 농도 결과를 산정하기 위하여 고려할 사항이 있으면 기술하시오.

[문항 4] 응시자가 수행한 시험분석 과정과 그 결과값에 대해 종합적으로 고찰하시오. (10점)

[문항 5] 각 응시실 감독자가 응시자의 시험분석 과정에 대한 현장 숙련정도 평가 실시 (10점)

(응시자는 5번 문항 답안을 작성하지 않습니다.)

시험분석 보고서

(주1) 본 내용은 작업형 실기시험에서 응시자가 설계할 수 있는 최대 시험분석 과정을 나타낸 것으로, 실제 실험 은 응시자가 제한된 시간 내 시험분석 과정을 직접 설계하여 수행하시기 바랍니다.

(주2) 기기분석은 기기별로 주어진 시간 내에서 수행하여야 하므로 주지하시기 바랍니다.

(주3) 모든 실험이 완료된 후 폐액은 주어진 장소에 처리하고, 초자기구 등은 수돗물을 이용하여 1차 세척하여 정리정돈하시기 바랍니다.

구 분	벤젠 농도	표준물질 주입량	추출 용매량	벤젠 농도 (μg/mL)	면적	면적 계산
(1) 표준물질 (분석 횟수 : 3회 이상)						평균값 = 상대표준편차(RSD%) =

구 분	면적	농도 (μg/mL)	추출 용매량 /시료 분취량	벤젠 농도 (μg/mL)	추출 용매량 (mL)	시료 채취량	배출가스 중 농도 (μg/m³)	배출가스 중 농도 (mg/m³)	배출가스 중 농도 (ppm)
(2) 미지시료 (분석 횟수 : 3회 이상)									
기타									

Chapter

04

작업형 실기시험 모범답안

1. 일반항목 분석

1-1 암모니아 : 인도페놀법

〈 **제2회** 환경측정분석사(실기) 대기분야 〉

[문항 1] 평가항목의 시험분석 일반사항에 대해 답하시오.

(1) 발색 과정에서 사용되는 시약의 조제 과정 및 발색 원리(반응기작 포함)에 대해 상세히 쓰고, 시약 조제 시 고려하여야 할 사항을 기술하시오.

1. 시약의 조제 과정
   ① 페놀-나이트로프루시드소듐 용액 조제
   페놀-나이트로프루시드소듐 용액은 페놀 5 g 및 나이트로프루시드소듐 25 mg을 물에 녹여서 500 mL로 한다.
   ② 하이포아염소산소듐 용액 조제
   하이포아염소산소듐 용액 600/C mL[C : 유효염소(g/L)]와 수산화소듐 15 g을 물에 녹여 1 L로 한다. 이 용액은 사용 시 조제한다.
   ③ 유효염소량(g/L)의 측정
   하이포아염소산소듐 용액 10 mL를 200 mL 부피플라스크에 넣고 증류수로 표선까지 채운 다음, 이 액 10 mL를 취하여 삼각플라스크에 넣고 증류수를 넣어 약 100 mL로 한다. 아이오드화포타슘 (1~2) g과 아세트산 (1+1) 6 mL를 넣어 밀봉하고 흔들어 섞은 후 암소에서 약 5분간 방치하고, 유리된 아이오딘을 0.05 mol/L 싸이오황산소듐 용액으로 적정한다. 종말점 부근에서 액이 엷은 황색으로 되면 전분 용액 1 mL를 가하고, 계속 적정하여 청색이 없어진 때를 종말점으로 한다. 따로 증류수 10 mL를 취하고 바탕시험을 하여 적정량을 보정한다.

$$C = a \times f \times \frac{200}{10} \times \frac{1}{V} \times 0.001773 \times 1,000$$

여기서, C : 유효염소량(g/L)

a : 0.05 mol/L 싸이오황산소듐 용액의 소비량(mL)

f : 0.05 mol/L 싸이오황산소듐 용액의 역가

V : 하이포아염소산소듐 용액을 취한 양(mL)

0.001773 : 0.05 mol/L 싸이오황산소듐 용액 1 mL에 해당하는 염소의 질량(g)

2. 발색 원리

분석용 시료 용액에 페놀 – 나이트로프루시드소듐 용액과 하이포아염소산소듐 용액을 가하고 암모늄이온과 반응하여 생성하는 인도페놀류의 흡광도를 측정하여 암모니아를 정량한다. 반응식은 다음과 같다.

$NH_3 + NaOCl \rightleftarrows NH_2Cl + NaOH$

$NH_2Cl + \langle\bigcirc\rangle - OH + 2NaOCl \rightarrow Cl - N = \langle\bigcirc\rangle = O + 2NaCl + 2H_2O$

$HO - \langle\bigcirc\rangle + Cl - N = \langle\bigcirc\rangle = O \rightarrow HO - \langle\bigcirc\rangle N = \langle\bigcirc\rangle = O + HCl$

$HO - \langle\bigcirc\rangle - N = \langle\bigcirc\rangle = O \rightleftarrows O^- - \langle\bigcirc\rangle - N = \langle\bigcirc\rangle = O + H^+$(인도페놀블루)

3. 시약 조제 시 고려사항

시약 조제 시 희석배수나 농도계수 등이 정해진 기준치보다 오차범위 이상으로 초과하거나 미량일 때 영향을 줄 수 있다.

(2) 전처리 과정을 포함한 실험 과정을 적고, 발생 가능한 오차요인을 기술하시오.

1. 전처리 과정

① 산성가스가 없는 경우 : 여과관 또는 여과구가 붙은 흡수병 1개 이상을 준비하고 각각의 흡수병에 붕산 용액(부피분율 0.5 %) 50 mL를 넣는다.

② 산성가스가 있는 경우 : 흡수병을 2개 이상 준비하여 각각에 흡수액으로 과산화수소(1+9)를 50 mL씩 넣는다. 이때 흡수병은 위로 향한 여과관이 있는 부피 150 mL ~ 250 mL의 것을 사용한다.

2. 분석용 시료 용액의 조제

① 시료의 흡입이 끝난 후 전체 흡수병 속의 용액을 비커에 옮겨 담고 가열부분 이외의 채취관과 흡수병을 흡수액으로 씻는다.

② 비커 중 용액에 씻은 흡수액을 합한 후 250 mL의 눈금플라스크에 옮겨 담는다.

③ 흡수액을 가하여 250 mL로 하고 이 용액을 분석용 시료 용액으로 한다.

④ 분석용 시료 용액과 암모니아 표준액 10 mL씩을 유리마개가 있는 시험관에 취하고, 여기에 페놀 – 나이트로프루시드소듐 용액 5 mL씩을 가하여 잘 흔들어 저은 다음, 하이포아염소산소듐 용액 5 mL씩을 가하고 마개를 하여 조용히 흔들어 섞는다.

⑤ 액온을 25 ℃ ~ 30 ℃에서 1시간 방치한 다음 10 mL의 셀에 옮기고 광전분광광도계 또는 광전광도계로 640 nm 부근의 파장에서 흡광도를 측정한다.

⑥ 대조액은 흡수액 10 mL를 사용한다.

3. 발생 가능한 오차요인

암모니아 농도에 이산화질소, 아민류, 이산화황, 황화수소가 정해진 기준치보다 높을 때 영향을 줄 수 있다.

(3) 기기분석 조건을 적고, 기기분석 시 주의하여야 할 사항을 기술하시오.

> 1. **기기분석 조건**
>   ① 전원의 전압 및 주파수의 변동이 적어야 한다.
>   ② 직사광선을 받지 않아야 한다.
>   ③ 습도가 높지 않고 온도 변화가 적어야 한다.
>   ④ 부식성 가스나 분진이 없어야 한다.
>   ⑤ 진동이 없어야 한다.
> 2. **기기분석 시 주의사항**
>   ① 측정파장에 따라 필요한 광원과 광전측광검출기를 선정한다.
>   ② 전원을 넣고 잠시 방치하여 장치를 안정시킨 후 감도와 영점(zero)을 조절한다.
>   ③ 단색화 장치나 필터를 이용하여 지정된 측정파장을 선택한다.

[문항 2] 평가항목의 시험분석 과정에 대해 답하시오.

(1) 표준용액 조제 과정을 적고, 고려하여야 할 사항을 적으시오.

> 130 ℃에서 건조한 황산암모늄[$(NH_4)_2SO_4$, 분자량 132.13] 2.9498 g을 취하고 증류수에 녹여 1 L로 한다. 이 용액을 다시 흡수액으로 1,000배 묽게 하여 암모니아 표준액으로 한다. 이 암모니아 표준액 1 mL는 암모니아(NH_3) 1 μL(0 ℃, 760 mmHg)에 상당한다.
> 이때, 흡수액으로 1,000배 희석할 경우 1,000 ppm을 100 ppm으로, 다시 100 ppm을 10 ppm으로, 그리고 10 ppm을 1 ppm으로 단계별로 희석해야 한다.

(2) 첨가시료를 이용한 회수율 시험분석 과정의 의미를 적으시오.

> ① 방법바탕시료(method blanks)는 오염되지 않은 시료채취용 흡수액을 분석절차와 동일한 방법으로 전처리하고 분석한 시료로서, 시료에서의 발광값을 방법바탕시료의 발광값으로 보정한다. 이때, 시료군마다 1개의 방법바탕시료를 측정한다.
> ② 내부 정도관리의 주기는 방법검출한계 및 정밀도와 정확도의 측정의 경우 연 1회 이상 측정하는 것을 원칙으로 하며, 분석자의 변경, 분석장비의 수리나 이동 등 주요 변동사항이 발생한 경우에는 수시로 실시한다. 검정곡선의 검증 및 방법바탕시료의 측정은 시료군당 1회 실시하여야 한다.

[문항 3] [문항 2]에서 작성한 시험분석 과정을 수행하고, 첨부양식(시험분석 보고서)에 따라 결과값을 작성하여 제출하시오.

(1) 다음 조건에 따라 시료를 채취하였다. 이때 건조시료가스 채취량(L)을 구하시오.

- 가스미터로 측정한 흡입가스량 : 25 L
- 가스미터의 온도 : 70 ℃
- 대기압 : 758 mmHg
- 가스미터 게이지압 : 20 mmH₂O

$$V_{s(건식)} = V \times \frac{273}{273+t} \times \frac{P_a + P_m}{760}$$

여기서, V_s : 건조시료가스 채취량(L)

        V : 가스미터로 측정한 흡입가스량(L)

        t : 가스미터의 온도(℃)

        P_a : 대기압(mmHg)

        P_m : 가스미터의 게이지압(mmHg)

$$\therefore V_{s(건식)} = 25 \times \frac{273}{273+70} \times \frac{758+20}{760} = 20.4 \ L$$

(이후의 문제는 수험자가 실험을 수행하면서 작성하여야 합니다.)

〈 제4회 환경측정분석사(실기) 대기분야 〉

[문항 1] 평가항목의 시험분석 일반사항에 대해 답하시오.

(1) 자외선/가시선 분광법의 원리에 대해 간략히 설명하시오.

> 자외선/가시선 분광법은 시료 물질이나 시료 물질의 용액 또는 여기에 적당한 시약을 넣어 발색시킨 용액의 흡광도를 측정하여 시료 중의 목적성분을 정량하는 방법으로, 파장 200 nm ~ 1,200 nm에서 액체의 흡광도를 측정함으로써 대기 중이나 굴뚝 배출가스 중의 오염물질 분석에 적용한다.

(2) 전처리 과정을 포함한 실험 과정을 적고, 발생 가능한 오차요인을 기술하시오.

> 1. **전처리 과정**
>   ① 산성가스가 없는 경우 : 여과관 또는 여과구가 붙은 흡수병 1개 이상을 준비하고 각각의 흡수병에 붕산 용액(부피분율 0.5 %) 50 mL를 넣는다.
>   ② 산성가스가 있는 경우 : 흡수병을 2개 이상 준비하여 각각에 흡수액으로 과산화수소(1+9)를 50 mL씩 넣는다. 이때 흡수병은 위로 향한 여과관이 있는 부피 150 mL ~ 250 mL의 것을 사용한다.
> 2. **분석용 시료 용액의 조제**
>   ① 시료의 흡입이 끝난 후 전체 흡수병 속의 용액을 비커에 옮겨 담고 가열부분 이외의 채취관과 흡수병을 흡수액으로 씻는다.
>   ② 비커 중 용액에 씻은 용액을 합한 후 250 mL의 눈금플라스크에 옮겨 담는다.
>   ③ 흡수액을 가하여 250 mL로 하고 이 용액을 분석용 시료 용액으로 한다.

④ 분석용 시료 용액과 암모니아 표준액 10 mL씩을 유리마개가 있는 시험관에 취하고, 여기에 페놀 – 나이트로프루시드소듐 용액 5 mL씩을 가하여 잘 흔들어 저은 다음, 하이포아염소산소듐 용액 5 mL씩을 가하고 마개를 하여 조용히 흔들어 섞는다.

⑤ 액온을 25 ℃ ~ 30 ℃에서 1시간 방치한 다음 10 mm의 셀에 옮기고 광전분광광도계 또는 광전광도계로 640 nm 부근의 파장에서 흡광도를 측정한다.

⑥ 현장바탕시료 10 mL를 사용한다.

3. 발생 가능한 오차요인
암모니아 농도에 이산화질소, 아민류, 이산화황, 황화수소가 정해진 기준치보다 높을 때 영향을 줄 수 있다.

(3) 발색 과정에서 사용되는 시약의 조제 과정 및 발색 원리에 대해 쓰고, 시약 조제 시 고려하여야 할 사항을 기술하시오.

1. 시약의 조제 과정
① 페놀 – 나이트로프루시드소듐 용액 조제

페놀 – 나이트로프루시드소듐 용액은 페놀 5 g 및 나이트로프루시드소듐 25 mg을 물에 녹여서 500 mL로 한다.

② 하이포아염소산소듐 용액 조제

하이포아염소산소듐 용액 600/C mL[C : 유효염소(g/L)]와 수산화소듐 15 g을 물에 녹여 1 L로 한다. 이 용액은 사용 시 조제한다.

③ 유효염소량(g/L)의 측정

하이포아염소산소듐 용액 10 mL를 200 mL 부피플라스크에 넣고 증류수로 표선까지 채운 다음, 이 액 10 mL를 취하여 삼각플라스크에 넣고 증류수를 넣어 약 100 mL로 한다. 아이오드화포타슘 (1~2) g과 아세트산 (1+1) 6 mL를 넣어 밀봉하고 흔들어 섞은 후, 암소에서 약 5분간 방치하고, 유리된 아이오딘은 0.05 mol/L 싸이오황산소듐 용액으로 적정한다. 종말점 부근에서 액이 엷은 황색으로 되면 전분 용액 1 mL를 가하고, 계속 적정하여 청색이 없어진 때를 종말점으로 한다. 따로 증류수 10 mL를 취하고 바탕시험을 하여 적정량을 보정한다.

$$C = a \times f \times \frac{200}{10} \times \frac{1}{V} \times 0.001773 \times 1,000$$

여기서, C : 유효염소량(g/L)

a : 0.05 mol/L 싸이오황산소듐 용액의 소비량(mL)

f : 0.05 mol/L 싸이오황산소듐 용액의 역가

V : 하이포아염소산소듐 용액을 취한 양(mL)

2. 발색 원리
분석용 시료 용액에 페놀 – 나이트로프루시드소듐 용액과 하이포아염소산소듐 용액을 가하고 암모늄이온과 반응하여 생성하는 인도페놀류의 흡광도를 측정하여 암모니아를 정량한다. 반응식은 다음과 같다.

$NH_3 + NaOCl \rightleftharpoons NH_2Cl + NaOH$

$NH_2Cl + \langle\bigcirc\rangle - OH + 2NaOCl \rightarrow Cl - N = \langle\bigcirc\rangle = O + 2NaCl + 2H_2O$

$HO - \langle\bigcirc\rangle + Cl - N = \langle\bigcirc\rangle = O \rightarrow HO - \langle\bigcirc\rangle N = \langle\bigcirc\rangle = O + HCl$

$HO - \langle\bigcirc\rangle - N = \langle\bigcirc\rangle = O \rightleftharpoons O^- - \langle\bigcirc\rangle - N = \langle\bigcirc\rangle = O + H^+$(인도페놀블루)

3. 시약 조제 시 고려사항
시약 조제 시 희석배수나 농도계수 등이 정해진 기준치보다 오차범위 이상으로 초과하거나 미량일 때 영향을 줄 수 있다.

[문항 2] 평가항목의 시험분석 과정에 대해 답하시오.

(1) 제공된 100 ppm 표준원액으로부터 1 ppm 표준용액을 조제하는 과정을 기술하고, 이때 고려하여야 할 사항을 적으시오.

> 1. **조제 과정(단계별 표준용액 조제)**
>   ① 제공된 100 ppm 표준원액 10 mL를 취하여 100 mL 용량 플라스크에 표선까지 채우고 잘 흔들어 섞는다(10 ppm 표준용액).
>   ② ①의 표준용액을 다시 10 mL 취하여 100 mL 용량 플라스크에 표선까지 채우고, 잘 흔들어 섞는다(1 ppm 표준용액).
> 2. **표준용액 조제 시 고려사항**
>   용량 플라스크의 표선과 눈을 일치시키는 메니스커스를 하면서 피펫 안에 용액이 남아 있지 않도록 피펫을 손으로 감싸쥐면서 용액을 완전히 제거하여 조제한다.

(2) 조제한 1 ppm 표준용액의 암모니아 농도(mg/L)를 대기 상당농도(mL/mL, 0 ℃, 760 mmHg)로 산출하시오.

> 암모니아 표준액 1 mL는 암모니아(NH_3) 1 μL(0 ℃, 760 mmHg)에 상당한다.

[문항 3] 다음과 같이 시험분석 과정을 수행하고, 시험분석 보고서 양식에 따라 결과값을 작성하여 제출하시오.

(1) 시료를 채취한 결과는 다음과 같다. 이때 건조시료가스 채취량(L)을 구하시오.
  – 가스미터로 측정한 흡입가스량 : 25 L
  – 가스미터의 온도 : 70 ℃
  – 대기압 : 758 mmHg
  – 가스미터 게이지압 : 20 mmH₂O

> $$V_{s(건식)} = V \times \frac{273}{273+t} \times \frac{P_a + P_m}{760}$$
> 여기서, V_s : 건조시료가스 채취량(L)
> V : 가스미터로 측정한 흡입가스량(L)
> t : 가스미터의 온도(℃)
> P_a : 대기압(mmHg)
> P_m : 가스미터의 게이지압(mmHg)
> $$\therefore \; V_{s(건식)} = 25 \times \frac{273}{273+70} \times \frac{758+20}{760} = 20.4 \text{ L}$$

(이후의 문제는 수험자가 실험을 수행하면서 작성하여야 합니다.)

1-2 염화수소 : 자외선/가시선 분광법

〈 제3회 환경측정분석사(실기) 대기분야 〉

[문항 1] 평가항목의 시험분석 일반사항에 대해 답하시오.

(1) 자외선/가시선 분광법의 원리에 대해 간략히 쓰시오.

> 자외선/가시선 분광법은 이산화황, 기타 할로겐화물, 시안화물 및 황화합물의 영향이 무시되는 경우에 적합하다. 2개의 연속된 흡수병에 흡수액(0.1 mol/L의 수산화소듐 용액)을 각각 50 mL 씩 담은 뒤 40 L 정도의 시료를 채취한 다음, 싸이오시안산제이수은 용액과 황산철(Ⅱ)암모늄 용액을 가하여 발색시켜 파장 460 nm에서 흡광도를 측정한다. 정량범위는 시료기체를 통과시킨 흡수액을 250 mL로 묽히고 이를 분석용 시료용액으로 하는 경우 0.4 ppm ~ 80 ppm이며, 방법검출한계는 0.13 ppm이다.

(2) 시약의 조제 과정 및 발색 원리에 대해 간략히 적으시오.

> 1. **싸이오시안산제이수은 용액의 조제 과정**
>   싸이오시안산제이수은[Hg(SCN)₂] 0.4 g을 메틸알코올(methyl alcohol) 100 mL에 녹여 갈색병에 보관한다.
>   싸이오시안산제이수은이 없을 경우에는 질산제이수은[Hg(NO₃)₂ · H₂O] 5 g을 질산(0.5 mol/L) 약 200 mL에 녹이고, 여기에 황산철(Ⅱ)암모늄 용액 3 mL를 가하여 잘 혼합하고 싸이오시안산포타슘 용액(4 %)을 액이 약간 착색될 때까지 가한다. 생성된 싸이오시안산제이수은의 백색 침전은 유리여과기(G3)로 거르고 침전은 증류수로 충분히 씻고 자연 건조시킨다.
> 2. **황산철(Ⅱ)암모늄 용액의 조제 과정**
>   황산철(Ⅱ)암모늄[NH₄Fe(SO₄)₂ · 12H₂O] 6.0 g을 과염소산(1+2) 100 mL에 녹이고 갈색병에 보관한다.
> 3. **발색 원리**
>   3가의 철이온(Fe^{3+}) 존재하에서 염소이온(Cl^-)을 포함하는 용액에 싸이오시안산제이수은을 가하면 싸이오시안산이온이 유리되어 싸이오시안산제이철 착염을 생성하여 등적색으로 발색하며, 그 반응식은 다음과 같다.
> $$Hg(SCN)_2 + 2Cl^- \rightarrow HgCl_2 + 2SCN^-$$
> $$2SCN^- + 2Fe^{3+} \rightarrow 2Fe(SCN)^{2+} (등적색)$$

(3) 전처리 과정을 포함한 전체 실험 과정을 적고, 발생 가능한 오차요인을 기술하시오.

> 1. **실험 과정**
>   ① 시료채취 조작을 마친 후에 300 mL 비커에 흡수병의 내용액을 증류수로 씻어 옮긴다.
>   ② 250 mL 부피플라스크에 비커의 내용액을 증류수로 씻어 옮긴 후에 증류수를 표시선까지 넣어 이것을 분석용 시료용액으로 한다.

③ 조제한 분석용 시료용액 5 mL 및 염소이온 표준용액 5 mL를 각각 유리마개가 있는 시험관에 취하고 각각에 황산철(Ⅱ)암모늄 용액 2 mL와 싸이오시안산제이수은 용액 1 mL 및 메틸알코올 10 mL를 가하고 마개를 한 후 흔들어 잘 섞는다.

④ 20 ℃에서는 5분 ~ 30분 사이에 10 mm 셀에 옮겨 분광광도계 또는 광전분광광도계에서 파장 460 nm 부근에서 흡수도를 측정한다. 대조액으로는 흡수액을 위와 같은 방법으로 처리하여 시약 바탕시료로 사용한다.

2. **발생 가능한 오차요인**
시료 중에 메틸알코올을 가하지 않으면 검량선이 곡선으로 되어 염화수소의 농도를 구할 수 없게 된다.

[문항 2] 평가항목의 시험분석 과정에 대해 답하시오.

(1) 염화소듐을 이용한 염소이온 표준액 조제 과정을 적으시오.

100 ℃ ~ 105 ℃로 건조한 염화소듐(표준시약, NaCl) 0.261 g을 1 L 부피플라스크에 취하여 증류수에 녹여 1 L로 한다. 이 중 100 mL를 1 L 부피플라스크에 취하고 물을 가하여 1 L로 한 후 염소이온 표준액으로 한다.
염소이온 표준액 1 mL=0.01 mL HCl(0 ℃, 760 mmHg)

(2) 기기분석 조건을 적고, 기기분석 시 주의하여야 할 사항을 기술하시오.

1. **기기분석 조건**
① 전원의 전압 및 주파수의 변동이 적어야 한다.
② 직사광선을 받지 않아야 한다.
③ 습도가 높지 않고 온도 변화가 적어야 한다.
④ 부식성 가스나 분진이 없어야 한다.
⑤ 진동이 없어야 한다.

2. **기기분석 시 주의사항**
① 측정파장에 따라 필요한 광원과 광전측광검출기를 선정한다.
② 전원을 넣고 잠시 방치하여 장치를 안정시킨 후 감도와 영점(zero)을 조절한다.
③ 단색화 장치나 필터를 이용하여 지정된 측정파장을 선택한다.

(이후의 문제는 수험자가 실험을 수행하면서 작성하여야 합니다.)

〈 제5회 환경측정분석사(실기) 대기분야 〉

[문항 1] 평가항목의 시험분석 일반사항에 대해 답하시오.

(1) 자외선/가시선 분광법의 원리에 대해 간략히 쓰시오.

> 자외선/가시선 분광법은 이산화황, 기타 할로겐화물, 시안화물 및 황화합물의 영향이 무시되는 경우에 적합하다. 2개의 연속된 흡수병에 흡수액(0.1 mol/L의 수산화소듐 용액)을 각각 50 mL 씩 담은 뒤 40 L 정도의 시료를 채취한 다음, 싸이오시안산제이수은 용액과 황산철(Ⅱ)암모늄 용액을 가하여 발색시켜 파장 460 nm에서 흡광도를 측정한다. 정량범위는 시료기체를 통과시킨 흡수액을 250 mL로 묽히고 분석용 시료용액으로 하는 경우 0.4 ppm ~ 80 ppm이며, 방법검출 한계는 0.13 ppm이다.

(2) 전처리 과정을 포함한 전체 실험 과정을 적고, 발생 가능한 오차요인을 기술하시오.

> 1. **실험 과정**
>   ① 시료채취 조작을 마친 후에 300 mL 비커에 흡수병의 내용액을 증류수로 씻어 옮긴다.
>   ② 250 mL 부피플라스크에 비커의 내용액을 증류수로 씻어 옮긴 후에 증류수를 표시선까지 넣어 이것을 분석용 시료용액으로 한다.
>   ③ 조제한 분석용 시료용액 5 mL 및 염소이온 표준용액 5 mL를 각각 유리마개가 있는 시험관에 취하고 각각에 황산철(Ⅱ)암모늄 용액 2 mL와 싸이오시안산제이수은 용액 1 mL 및 메틸알코올 10 mL를 가하고 마개를 한 후 흔들어 잘 섞는다.
>   ④ 20 ℃에서는 5분 ~ 30분 사이에 10 mm 셀에 옮겨 분광광도계 또는 광전분광광도계에서 파장 460 nm 부근에서 흡수도를 측정한다. 대조액으로는 흡수액을 위와 같은 방법으로 처리하여 시약 바탕시료로 사용한다.
> 2. **발생 가능한 오차요인**
>   시료 중에 메틸알코올을 가하지 않으면 검량선이 곡선으로 되어 염화수소의 농도를 구할 수 없게 된다.

[문항 2] 평가항목의 시험분석 과정에 대해 답하시오.

(1) 제공된 염화소듐을 이용한 염소이온 표준액 조제 과정을 적으시오.

> 100 ℃ ~ 105 ℃로 건조한 염화소듐(표준시약, NaCl) 0.261 g을 1 L 부피플라스크에 취하여 증류수에 녹여 1 L로 한다. 이 중 100 mL를 1 L 부피플라스크에 취하고 물을 가하여 1 L로 한 후 염소이온 표준액으로 한다.
> 염소이온 표준액 1 mL = 0.01 mL HCl(0 ℃, 760 mmHg)

(2) 기기분석 측정조건을 적고, 기기분석 시 주의하여야 할 사항을 기술하시오.

> **1. 기기분석 조건**
> ① 전원의 전압 및 주파수의 변동이 적어야 한다.
> ② 직사광선을 받지 않아야 한다.
> ③ 습도가 높지 않고 온도 변화가 적어야 한다.
> ④ 부식성 가스나 분진이 없어야 한다.
> ⑤ 진동이 없어야 한다.
> **2. 기기분석 시 주의사항**
> ① 측정파장에 따라 필요한 광원과 광전측광검출기를 선정한다.
> ② 전원을 넣고 잠시 방치하여 장치를 안정시킨 후 감도와 영점(zero)을 조절한다.
> ③ 단색화 장치나 필터를 이용하여 지정된 측정파장을 선택한다.

[문항 3] 다음과 같이 시험분석 과정을 수행하고, 시험분석 보고서 양식에 따라 결과값을 작성하여 제출하시오.

(1) 시료를 채취한 결과는 다음과 같다. 이때 건조시료가스 채취량(L)을 구하시오.

- 건식 가스미터로 측정한 흡입가스량 : 40 L
- 가스미터의 온도 : 25 ℃
- 대기압 : 757 mmHg
- 가스미터 게이지압 : 20 mmH₂O(=1.5 mmHg)

> $$V_{s(건식)} = V \times \frac{273}{273+t} \times \frac{P_a + P_m}{760}$$
>
> 여기서, V_s : 건조시료가스 채취량(L)
> V : 가스미터로 측정한 흡입가스량(L)
> t : 가스미터의 온도(℃)
> P_a : 대기압(mmHg)
> P_m : 가스미터의 게이지압(mmHg)
>
> $$\therefore \ V_{s(건식)} = 40 \times \frac{273}{273+25} \times \frac{757+1.5}{760} = 36.6 \ L$$

(이후의 문제는 수험자가 실험을 수행하면서 작성하여야 합니다.)

2. 중금속 분석

2-1 카드뮴 : 질산 - 과산화수소법

〈 제2회 환경측정분석사(실기) 대기분야 〉

[문항 1] 평가항목의 시험분석 일반사항에 대해 답하시오.

(1) 전처리 과정을 포함한 실험 과정을 쓰고, 실험 과정에서 발생 가능한 오차요인을 기술하시오.

1. **전처리 과정**

   채취한 시료는 그 성상에 따라 다음 표의 처리방법에 의하여 처리하고 분석시료 용액을 조제한다. 처리방법에 있어서의 조작은 바깥지름 25 mm인 원통 필터를 쓰는 경우를 기준으로 한다. 바깥지름 25 mm 이외의 원통 필터를 쓰는 경우에는 그 크기에 비례하여 사용하는 시약의 양을 비례적으로 증감한다.

   〈시료의 성상 및 처리방법〉

성 상	처리방법
타르, 기타 소량의 유기물을 함유하는 것	질산-염산법, 질산-과산화수소수법, 마이크로파산분해법
유기물을 함유하지 않는 것	질산법, 마이크로파산분해법
• 다량의 유기물 유리탄소를 함유하는 것 • 셀룰로스 섬유제 필터를 사용한 것	저온회화법

2. **측정법**

   ① 카드뮴의 속빈 음극램프를 점등하여 안정화시킨 후 228.8 nm의 파장으로 원자흡수분광광도법 통칙에 따라 조작을 하여 조제한 시료용액을 써서 흡수도 또는 흡수백분율을 측정한다.

   ② 검정곡선에서 카드뮴의 양을 구한다.

   ③ 별도로 바탕시험 용액을 써서 같은 조작을 하여 결과를 보정한다.

3. **발생 가능한 오차요인**

   ① 시료 중 할로겐화 알칼리 물질이 고농도(500 ppm) 이상일 때는 분석 시 실제 농도보다 높아지므로 주의한다.

   ② 사용하는 산(acid)의 종류는 감도에 영향을 미치므로 특급시약을 사용해야 한다.

(2) 기기분석 조건을 적고, 기기분석 시 주의하여야 할 사항을 기술하시오.

① 버너 및 불꽃의 선택 : 분석시료 및 목적원소에 가장 적당한 버너와 불꽃을 선택한다.

② 분석선의 선택 : 감도가 가장 높은 스펙트럼선을 분석선으로 하는 것이 일반적이지만, 시료 농도가 높을 때에는 비교적 감도가 낮은 스펙트럼선을 선택하는 경우도 있다.

③ 램프 전류값의 설정 : 일반적으로 광원램프의 전류값이 높으면 램프의 감도가 떨어지고 수명이 감소하므로 광원램프는 장치의 성능이 허락하는 범위 내에서 되도록 낮은 전류값에서 동작시킨다.

④ 분광기 슬릿 폭의 설정 : 양호한 SN비를 얻기 위하여 분광기의 슬릿 폭은 목적으로 하는 분석선을 분리할 수 있는 범위 내에서(이웃의 스펙트럼선과 겹치지 않는 범위 내에서) 되도록 넓게 한다.
⑤ 가연성 가스 및 조연성 가스의 유량과 압력 조절 : 시료의 성질, 목적원소의 감도, 안정성 등을 고려하여 가연성 가스 및 조연성 가스의 유량과 압력을 가장 적당한 값으로 설정한다.
⑥ 불꽃을 투과하는 광속의 위치 결정 : 불꽃 중에서 광속의 위치는 시료의 원자밀도 분포와 원소 불꽃의 상태 등에 따라 다르므로 불꽃의 최적 위치에서 빛이 투과하도록 버너의 위치를 조절한다.

[문항 2] 평가항목의 시험분석 과정에 대해 답하시오.

(1) 표준용액 조제 및 검정곡선 작성(3~5 points) 과정을 상세히 적고, 고려하여야 할 사항을 적으시오.

> 1. **표준용액 조제**
>   ① 카드뮴 표준원액(0.1 mg/mL) : 카드뮴(99.9 % 이상) 0.100 g을 질산(1+10) 50 mL에 녹이고 가열하여 산화질소 기체를 증발시킨 다음, 식혀서 1 L 부피플라스크에 넣고 물을 표시선까지 채운다. 또는 원자흡수분광광도법용 카드뮴 표준용액 1 mg/mL를 10배로 묽혀 사용한다.
>   ② 카드뮴 표준용액(0.01 mg/mL 또는 0.001 mg/mL) : 카드뮴 표준원액을 정확히 분취하여 0.01 mg/mL 또는 0.001 mg/mL를 만든다. 이 용액은 사용 시에 항상 새로 조제한다.
> 2. **검정곡선의 작성 및 검증**
>   정량범위 내 농도의 3개 ~ 5개 표준용액을 이용하여 검정곡선을 작성하고, 이때 얻은 검정곡선의 결정계수(R^2)가 0.99 이상이거나 감응계수의 상대표준편차가 10 % 이내이어야 하며, 결정계수나 상대표준편차가 허용범위를 벗어나면 재작성하도록 한다.
>   검정곡선의 직선성을 검증하기 위하여 각 시료군마다 1회의 검정곡선 검증을 실시하는 것이 바람직하다. 검증은 방법검출한계의 5배 ~ 50배 또는 검정곡선의 중간 농도에 해당하는 표준용액에 대한 측정값이 검정곡선 작성 시의 값과 10 % 이내에서 일치하여야 한다. 만약 이 범위를 넘는 경우 검정곡선을 재작성하여야 한다. 이때 교정용 표준용액은 다른 회사의 표준물질을 사용하여 조제하는 것이 바람직하다.
>   용매추출 후 원자흡수분광광도법으로 정량할 경우 그때마다 검정곡선을 작성하는 것이 원칙이다.

(2) 첨가시료를 이용한 회수율 시험분석 과정의 의미를 적으시오.

> 방법바탕시료(method blank)는 실제 시료와 동일한 방법으로 전처리하고 분석되어야 하며, 측정값은 검출한계 이하이어야 한다. 시료군마다 1개의 방법바탕시료를 측정한다.

[문항 3] [문항 2]에서 작성한 시험분석 과정을 수행하고, 첨부양식(시험분석 보고서)에 따라 결과값을 작성하여 제출하시오.

(1) 제공된 표준용액(1,000 mg/L)을 이용하여 검정곡선을 작성(3~5 points)하시오.

> 정량범위 내 농도의 3개 ~ 5개 표준용액[(0, 1, 3, 5, 10) mg/L]을 이용하여 검정곡선을 작성하고, 얻어진 검정곡선의 결정계수(R^2)가 0.99 이상이거나 감응계수의 상대표준편차가 10 % 이내이어야 하며, 결정계수나 상대표준편차가 허용범위를 벗어나면 재작성하도록 한다.

(2) 제공된 미지시료에 대한 대기 중 농도값(g/Sm³)을 구하시오.

- 시료채취장치 1형을 사용하여 대기시료를 채취하였다. 다음 조건을 고려하여 등속흡입유량
  (L/min) 및 건조가스량(Sm³)을 구하시오.

  • 가스미터로 측정한 흡입가스량 : 1,065 m³ • 가스미터의 온도 : 20 ℃

  • 대기압 : 765 mmHg • 건식 가스미터 게이지압 : 1 mmHg

  • 배출가스 온도 : 125 ℃ • 배출가스 유속 : 7.5 m/s

  • 배출가스 수분량 : 10 % • 흡입노즐 직경 : 6 mm

  • 측정점에서의 정압 : −1.5 mmHg

① 등속흡입유량

$$q_m = \frac{\pi}{4} d^2 v \left(1 - \frac{X_w}{100}\right) \frac{273 + \theta_m}{273 + \theta_s} \times \frac{P_a + P_s}{P_a + P_m - P_v} \times 60 \times 10^{-3}$$

여기서, q_m : 가스미터에 있어서의 등속흡입유량(L/min)

$\quad d$: 흡입노즐의 내경(mm)

$\quad v$: 배출가스 유속(m/s)

$\quad X_w$: 배출가스 중 수증기의 부피백분율(%)

$\quad \theta_m$: 가스미터의 흡입가스 온도(℃)

$\quad \theta_s$: 배출가스 온도(℃)

$\quad P_a$: 대기압(mmHg)

$\quad P_s$: 측정점에서의 정압(mmHg)

$\quad P_m$: 가스미터의 흡입가스 게이지압(mmHg)

$\quad P_v$: θ_m의 포화수증기압(mmHg)

$$\therefore q_m = \frac{\pi}{4} (6^2)(7.5) \left(1 - \frac{10}{100}\right) \frac{273 + 20}{273 + 125} \times \frac{765 + 1.5}{765 + 1 - 0} \times 60 \times 10^{-3} = 8.43 \text{ L/min}$$

② 건조가스량

$$V_n' = V_m' \times \frac{273}{273 + \theta_m} \times \frac{P_a + P_m}{760} \times 10^{-3}$$

여기서, V_n' : 표준상태에서 흡입한 건조가스량(Sm³)

$\quad V_m'$: 흡입가스량으로 습식 가스미터에서 읽은 값(L)

$\quad V_m$: 흡입가스량으로 건식 가스미터에서 읽은 값(L)

$\quad \theta_m$: 가스미터의 흡입가스 온도(℃)

$\quad P_a$: 대기압(mmHg)

$\quad P_m$: 가스미터의 가스 게이지압(mmHg)

$\quad P_v$: θ_m에서 포화수증기압(mmHg)

$$\therefore V_n' = 1,065 \times \frac{273}{273 + 125} \times \frac{765 - 1.5}{760} \times 10^{-3} = 0.733 \text{ Sm}^3$$

(이후의 문제는 수험자가 실험을 수행하면서 작성하여야 합니다.)

2-2　아연 : 원자흡수분광광도법

〈 제3회 환경측정분석사(실기) 대기분야 〉

[문항 1] 평가항목의 시험분석 일반사항에 대해 답하시오.

(1) 원자흡수분광광도법의 원리에 대해 간략히 기술하시오.

> ① 아연을 원자흡수분광광도법에 의해 정량하는 방법으로, 시료용액을 직접 공기-아세틸렌 불꽃에 도입하여 원자화시킨 후, 각 금속성분의 특정 파장에서 흡광세기를 측정하여 각 금속성분의 농도를 구한다.
> ② 아연 속빈음극램프를 점등하여 안정화시킨 후 213.8 nm의 파장에서 원자흡수분광광도법 통칙에 따라 조작을 하여 시료용액의 흡수도 또는 흡수백분율을 측정하는 방법이다.
> ③ 입자상 아연화합물은 강제 흡입장치를 통해 여과장치에 채취하고 분석농도를 구한 후 배출가스 유량에 따라 배출가스 중의 아연 농도를 산출한다.

(2) 전처리 과정을 포함한 전체 실험 과정을 적고, 발생 가능한 오차요인을 기술하시오.

> 1. **전처리 과정**
>   채취한 시료는 그 성상에 따라 다음 표의 처리방법에 의하여 처리하고 분석시료 용액을 조제한다. 처리방법에 있어서의 조작은 바깥지름 25 mm인 원통 필터를 쓰는 경우를 기준으로 한다. 바깥지름 25 mm 이외의 원통 필터를 쓰는 경우에는 그 크기에 비례하여 사용하는 시약의 양을 비례적으로 증감한다.
>
> 〈시료의 성상 및 처리방법〉
>
> | 성 상 | 처리방법 |
> |---|---|
> | 타르, 기타 소량의 유기물을 함유하는 것 | 질산-염산법, 질산-과산화수소수법, 마이크로파산분해법 |
> | 유기물을 함유하지 않는 것 | 질산법, 마이크로파산분해법 |
> | • 다량의 유기물 유리탄소를 함유하는 것
• 셀룰로스 섬유제 필터를 사용한 것 | 저온회화법 |
>
> 2. **측정방법**
>   ① 아연의 속빈음극램프를 점등하여 안정화시킨 후 213.8 nm의 파장으로 원자흡수분광광도법 통칙에 따라 조작을 하여 조제한 시료용액을 써서 흡수도 또는 흡수백분율을 측정한다.
>   ② 검정곡선에서 아연의 양을 구한다.
>   ③ 별도로 바탕시험 용액을 써서 같은 조작을 하여 결과를 보정한다.
>
> 3. **발생 가능한 오차요인**
>   ① 아연은 시약기구 또는 여지 등에 광범위하게 함유되어 있으므로 처음부터 아연 함량이 적은 것을 사용해야 한다. 특히 유리섬유여과지를 사용할 때는 주의가 필요하다.
>   ② 아연의 원자흡수분광광도법은 불꽃에 의한 흡수가 현저하여 Baseline이 높아지는 경우가 있으므로 주의를 요한다.

[문항 2] 평가항목의 시험분석 과정에 대해 답하시오.

(1) 표준용액 조제 및 검정곡선 작성(영점 제외 4 points) 과정을 상세히 적고, 고려하여야 할 사항을 적으시오.

> 1. **표준용액 조제**
>   ① 아연 표준원액(0.1 mg/mL) : 금속아연(순도 99.9 % 이상) 0.100 g을 정확히 달아 (1+3) 염산 5 mL에 녹인 후 1,000 mL 부피플라스크에 넣고 물을 표시선까지 채운다.
>   ② 아연 표준용액(0.01 mg/mL) : 아연 표준원액 100 mL를 정확히 취하여 1 L 부피플라스크에 넣고, 물을 가하여 표시선까지 채운다. 이 용액은 사용 시에 항상 새로 조제한다.
> 2. **검정곡선의 작성 과정 및 작성 시 고려사항**
>   정량범위 내 농도의 3개 ~ 5개 표준용액을 이용하여 검정곡선을 작성하고, 이때 얻은 검정곡선의 결정계수(r^2)가 0.99 이상이거나 감응계수의 상대표준편차가 10 % 이내이어야 하며, 결정계수나 상대표준편차가 허용범위를 벗어나면 재작성하도록 한다.
>   검정곡선의 직선성을 검증하기 위하여 각 시료군마다 1회의 검정곡선 검증을 실시하는 것이 바람직하다. 검증은 방법검출한계의 5배 ~ 50배 또는 검정곡선의 중간 농도에 해당하는 표준용액에 대한 측정값이 검정곡선 작성 시의 값과 10 % 이내에서 일치하여야 한다. 만약 이 범위를 넘는 경우 검정곡선을 재작성하여야 한다. 이때 교정용 표준용액은 다른 회사의 표준물질을 사용하여 조제하는 것이 바람직하다.
>   용매추출 후 원자흡수분광광도법으로 정량할 경우 그때마다 검정곡선을 작성하는 것이 원칙이다.

(2) 기기분석 조건을 적고, 기기분석 시 주의하여야 할 사항을 기술하시오.

> ① 버너 및 불꽃의 선택 : 분석시료 및 목적원소에 가장 적당한 버너와 불꽃을 선택한다.
> ② 분석선의 선택 : 감도가 가장 높은 스펙트럼선을 분석선으로 하는 것이 일반적이지만, 시료 농도가 높을 때에는 비교적 감도가 낮은 스펙트럼선을 선택하는 경우도 있다.
> ③ 램프 전류값의 설정 : 일반적으로 광원램프의 전류값이 높으면 램프의 감도가 떨어지고 수명이 감소하므로 광원램프는 장치의 성능이 허락하는 범위 내에서 되도록 낮은 전류값에서 동작시킨다.
> ④ 분광기 슬릿 폭의 설정 : 양호한 SN비를 얻기 위하여 분광기의 슬릿 폭은 목적으로 하는 분석선을 분리할 수 있는 범위 내에서(이웃의 스펙트럼선과 겹치지 않는 범위 내에서) 되도록 넓게 한다.
> ⑤ 가연성 가스 및 조연성 가스의 유량과 압력 조절 : 시료의 성질, 목적원소의 감도, 안정성 등을 고려하여 가연성 가스 및 조연성 가스의 유량과 압력을 가장 적당한 값으로 설정한다.
> ⑥ 불꽃을 투과하는 광속의 위치 결정 : 불꽃 중에서 광속의 위치는 시료의 원자밀도 분포와 원소 불꽃의 상태 등에 따라 다르므로 불꽃의 최적 위치에서 빛이 투과하도록 버너의 위치를 조절한다.

(이후의 문제는 수험자가 실험을 수행하면서 작성하여야 합니다.)

2-3 구리 : 원자흡수분광광도법

〈 제4회 환경측정분석사(실기) 대기분야 〉

[문항 1] 평가항목의 시험분석 일반사항에 대해 답하시오.

(1) 원자흡수분광광도법의 원리에 대해 간략히 기술하시오.

> ① 구리를 원자흡수분광광도법에 의해 정량하는 방법으로, 시료용액을 직접 공기-아세틸렌 불꽃에 도입하여 원자화시킨 후, 각 금속성분의 특정 파장에서 흡광세기를 측정하여 각 금속성분의 농도를 구한다.
> ② 구리 속빈음극램프를 점등하여 안정화시킨 후 324.8 nm의 파장에서 원자흡수분광광도법 통칙에 따라 조작을 하여 시료용액의 흡수도 또는 흡수백분율을 측정하는 방법이다.
> ③ 이 방법은 연료 및 기타 물질의 연소, 금속의 제련과 가공, 이화학적 처리 등에 의해 굴뚝, 덕트 등으로부터 배출되는 기체 중의 입자상 구리 및 구리화합물의 분석방법에 대해 규정한다. 입자상 구리화합물은 강제 흡입장치를 통해 여과장치로 채취하고, 분석농도를 구한 후 배출가스 유량에 따라 배출가스 중의 구리 농도를 산출한다.

(2=) 전처리 과정을 포함한 전체 실험 과정을 기술하시오.

1. **전처리 과정**

   채취한 시료는 그 성상에 따라 다음 표의 처리방법에 의하여 처리하고 분석시료 용액을 조제한다. 처리방법에 있어서의 조작은 바깥지름 25 mm인 원통 필터를 쓰는 경우를 기준으로 한다. 바깥지름 25 mm 이외의 원통 필터를 쓰는 경우에는 그 크기에 비례하여 사용하는 시약의 양을 비례적으로 증감한다.

   〈시료의 성상 및 처리방법〉

성 상	처리방법
타르, 기타 소량의 유기물을 함유하는 것	질산-염산법, 질산-과산화수소수법, 마이크로파산분해법
유기물을 함유하지 않는 것	질산법, 마이크로파산분해법
• 다량의 유기물 유리탄소를 함유하는 것 • 셀룰로스 섬유제 필터를 사용한 것	저온회화법

2. **측정방법**

   ① 구리의 속빈음극램프를 점등하여 안정화시킨 후 324.8 nm의 파장으로 원자흡수분광광도법 통칙에 따라 조작을 하여 조제한 시료용액을 써서 흡수도 또는 흡수백분율을 측정한다.
   ② 검정곡선에서 구리의 양을 구한다.
   ③ 별도로 바탕시험용액을 써서 같은 조작을 하여 결과를 보정한다.

[문항 2] 평가항목의 시험분석 과정에 대해 답하시오.

(1) 표준원액을 이용한 표준용액 조제 및 검정곡선 작성(영점 제외 4 points) 과정을 적으시오.

> 1. **표준용액 조제**
>   ① 구리 표준원액(1 mg/mL) : 금속구리(순도 99.9 % 이상) 1 g을 정확히 취하여 (1+2) 질산 30 mL를 가하고 서서히 가열하여 녹인다. 여기에 황산 1 mL를 가하고 황산백연이 날 때까지 가열한 후 냉각하여, 1 L 부피플라스크에 옮기고 물을 표시선까지 채운다.
>   ② 구리 표준용액(0.01 mg/mL) : 구리 표준원액 10 mL를 정확히 취하여 1 L 부피플라스크에 넣고 물을 표시선까지 채운다. 이 용액은 사용 시에 항상 새로 조제한다.
> 2. **검정곡선의 작성 및 검증**
>   정량범위 내 농도의 3개 ~ 5개 표준용액을 이용하여 검정곡선을 작성하고, 이때 얻은 검정곡선의 결정계수(r^2)가 0.99 이상이거나 감응계수의 상대표준편차가 10 % 이내이어야 하며, 결정계수나 상대표준편차가 허용범위를 벗어나면 재작성하도록 한다.
>   검정곡선의 직선성을 검증하기 위하여 각 시료군마다 1회의 검정곡선 검증을 실시하는 것이 바람직하다. 검증은 방법검출한계의 5배 ~ 50배 또는 검정곡선의 중간 농도에 해당하는 표준용액에 대한 측정값이 검정곡선 작성 시의 값과 10 % 이내에서 일치하여야 한다. 만약 이 범위를 넘는 경우 검정곡선을 재작성하여야 한다. 이때 교정용 표준용액은 다른 회사의 표준물질을 사용하여 조제하는 것이 바람직하다.
>   용매 추출 후 원자흡수분광광도법으로 정량할 경우 그때마다 검정곡선을 작성하는 것이 원칙이다.

(2) 첨가시료를 이용한 회수율 시험분석의 과정의 의미를 적으시오.

> ① 방법바탕시료(method blank)는 실제 시료와 동일한 방법으로 전처리하고 분석되어야 하며, 측정값은 검출한계 이하이어야 한다. 시료군마다 1개의 방법바탕시료를 측정한다.
> ② 현장이중시료(field duplicate)는 동일한 시료채취 장소에서 동일한 조건으로 중복 채취한 시료로서, 시료군마다 1개의 시료를 추가 채취하여 분석하는 것이 바람직하다. 동일한 조건의 두 시료 간 측정값의 편차는 15 % 이하이어야 한다.
> ③ 내부 정도관리의 주기는 방법검출한계 및 정밀도와 정확도의 측정의 경우 연 1회 이상 측정하는 것을 원칙으로 하며, 분석자의 변경, 분석장비의 수리나 이동 등 주요 변동사항이 발생한 경우에는 수시로 실시한다. 검정곡선의 검증 및 방법바탕시료의 측정은 시료군당 1회 실시하여야 한다.

(이후의 문제는 수험자가 실험을 수행하면서 작성하여야 합니다.)

2-4 납 : 원자흡수분광광도법

〈 제5회 환경측정분석사(실기) 대기분야 〉

[문항 1] 평가항목의 시험분석 일반사항에 대해 답하시오.

(1) 원자흡수분광광도법의 원리에 대해 간략히 기술하시오.

> ① 납을 원자흡수분광광도법에 의해 정량하는 방법으로, 시료용액을 직접 공기-아세틸렌 불꽃에 도입하여 원자화시킨 후, 각 금속성분의 특정 파장에서 흡광세기를 측정하여 각 금속성분의 농도를 구한다.
> ② 측정파장은 217.0 nm 또는 283.3 nm를 이용한다.

(2) 전처리 과정을 포함한 전체 실험 과정을 적고, 발생 가능한 오차요인을 기술하시오.

> 1. **전처리 과정**
>   채취한 시료는 그 성상에 따라 다음 표의 처리방법에 의하여 처리하고 분석시료 용액을 조제한다. 처리방법에 있어서의 조작은 바깥지름 25 mm인 원통 필터를 쓰는 경우를 기준으로 한다. 바깥지름 25 mm 이외의 원통 필터를 쓰는 경우에는 그 크기에 비례하여 사용하는 시약의 양을 비례적으로 증감한다.
>
> 〈시료의 성상 및 처리방법〉
>
> | 성 상 | 처리방법 |
> |---|---|
> | 타르, 기타 소량의 유기물을 함유하는 것 | 질산-염산법, 질산-과산화수소수법, 마이크로파산분해법 |
> | 유기물을 함유하지 않는 것 | 질산법, 마이크로파산분해법 |
> | • 다량의 유기물 유리탄소를 함유하는 것 • 셀룰로스 섬유제 필터를 사용한 것 | 저온회화법 |
>
> 2. **측정방법**
>   ① 납의 속빈음극램프를 점등하여 안정화시킨 후 217.0 nm 또는 283.3 nm의 파장으로 원자흡수분광광도법 통칙에 따라 조작을 하여 조제한 시료용액을 써서 흡수도 또는 흡수백분율을 측정한다.
>   ② 검정곡선에서 납의 양을 구한다.
>   ③ 별도로 바탕시험용액을 써서 같은 조작을 하여 결과를 보정한다.
>
> 3. **발생 가능한 오차요인**
>   ① 시료 중 할로겐화 알칼리 물질이 고농도(500 ppm) 이상일 때는 분자흡광 광산란의 영향으로 바탕값이 높아져 실제 농도보다 높아짐으로 주의한다.
>   ② 사용하는 산(acid)의 종류는 감도에 영향을 미치므로 특급시약을 사용해야 한다.
>   ③ Ca, Mg 등 공존이온의 영향이 크므로 정량 시 주의한다.

[문항 2] 평가항목의 시험분석 과정에 대해 답하시오.

(1) 표준용액 조제 및 검정곡선 작성(영점 제외 4 points) 과정을 상세히 적고, 고려하여야 할 사항을 적으시오.

> 1. **표준용액 조제**
>   ① 납 표준원액(0.1 mg/mL) : 질산납 0.160 g을 물에 녹이고 (1+1) 질산 1 mL를 가한 다음 1,000 mL 부피플라스크에 넣고 물을 표시선까지 가한다.
>   ② 납 표준용액(0.01 mg/mL) : 납 표준원액(0.1 mg/mL) 10 mL를 100 mL 부피플라스크에 넣고, 물을 표시선까지 가한다. 이 용액은 사용 시 항상 새로 조제한다.
> 2. **검정곡선 작성과 고려사항**
>   ① 납 표준용액 (10 mg/L)을 시료의 농도에 따라 0.1 mL ~ 25 mL 범위 내에서 100 mL 부피플라스크에 단계적으로 취한다.
>   ② 여기에 시료용액과 동일한 조건이 되도록 산을 가한 후 증류수를 표시선까지 채운다. 이 용액에 대해 표준용액의 농도와 흡광도에 대한 검정곡선을 작성한다. 회화법으로 전처리한 경우 검정곡선 작성용 표준용액의 조제 시 플루오르화수소를 가하여 시료용액과 동일한 조건을 만드는 것이 가능하지 않을 수 있으며, 매질 보정이 필요한 경우 플루오르화수소 사용 가능한 내부식성 시료 도입시스템 및 시험기구가 준비되어야 한다.
>   ③ 검정곡선을 작성할 때의 산과 그 농도는 시료용액과 같게 하며, 검정곡선은 시료 측정 시에 작성한다.

(2) 기기분석 조건을 적고, 기기분석 시 주의하여야 할 사항을 기술하시오.

> ① 버너 및 불꽃의 선택 : 분석시료 및 목적원소에 가장 적당한 버너와 불꽃을 선택한다.
> ② 분석선의 선택 : 감도가 가장 높은 스펙트럼선을 분석선으로 하는 것이 일반적이지만, 시료 농도가 높을 때에는 비교적 감도가 낮은 스펙트럼선을 선택하는 경우도 있다.
> ③ 램프 전류값의 설정 : 일반적으로 광원램프의 전류값이 높으면 램프의 감도가 떨어지고 수명이 감소하므로 광원램프는 장치의 성능이 허락하는 범위 내에서 되도록 낮은 전류값에서 동작시킨다.
> ④ 분광기 슬릿 폭의 설정 : 양호한 SN비를 얻기 위하여 분광기의 슬릿 폭은 목적으로 하는 분석선을 분리할 수 있는 범위 내에서(이웃의 스펙트럼선과 겹치지 않는 범위 내에서) 되도록 넓게 한다.
> ⑤ 가연성 가스 및 조연성 가스의 유량과 압력 조절 : 시료의 성질, 목적원소의 감도, 안정성 등을 고려하여 가연성 가스 및 조연성 가스의 유량과 압력을 가장 적당한 값으로 설정한다.
> ⑥ 불꽃을 투과하는 광속의 위치 결정 : 불꽃 중에서 시료의 원자밀도 분포와 원소 불꽃의 상태 등에 따라 다르므로 불꽃의 최적 위치에서 빛이 투과하도록 버너의 위치를 조절한다.

(이후의 문제는 수험자가 실험을 수행하면서 작성하여야 합니다.)

PART **02**

구술형 출제문제와 모범답안

환경측정분석사 실기

구술형 시험은 면접 형태로 진행되며, 각 파트별로
정해진 면접실로 이동하여 면접관의 질문에 답하는 방식입니다.

〈Part 2〉에서는 구술형 시험에서 출제되었던 문제를
출제과목(대기환경오염 공정시험기준/정도관리/일반항목 분석/
중금속 분석/유기물질 분석)에 따라 구분하여 정리하고,
문제마다 모범답안을 달아
실전준비에 만전을 기할 수 있도록 하였습니다.

CHAPTER

대기환경오염 공정시험기준

01

가스상 물질과 입자상 물질의 시료채취방법이 차이가 나는 이유는 무엇인가?

 입자상 물질은 배출가스의 유속과 동일한 속도로 흡입하는 등속흡입을 하여야 한다. 이유는 굴뚝에서 배출되는 입자상 물질을 채취할 때 입자는 관성력이 작용하여 가스와 흐름상태가 다르므로 배출가스의 속도와 동일한 속도에서 흡입하여야 배출가스와 입자를 균일하게 채취할 수 있으며 입자의 질량농도를 정확히 구할 수 있기 때문이다.

02

일산화탄소(CO)와 이황화탄소(CS_2)를 기체 크로마토그래피법으로 분석하고자 할 때, 사용하는 검출기를 제시하시오.

1. 일산화탄소 : 열전도도검출기(TCD, thermal conductivity detector) 또는 메테인화 반응장치 및 불꽃이온화검출기(FID, flame ionization detector)를 구비한 기체 크로마토그래프를 이용하여 절대 검정곡선법에 의해 일산화탄소 농도를 구한다.
2. 이황화탄소 : 불꽃광도검출기(FPD, flame photometric detector) 또는 불꽃이온화검출기(FID, flame ionization detector)를 구비한 기체 크로마토그래프를 이용한다. FPD는 황이나 인을 포함한 탄화수소 화합물이 불꽃이온화검출기 형태의 불꽃에서 연소될 때 화학적인 발광을 일으키는 성분을 생성하는데 따라서 황이나 인을 포함한 화합물을 선택적으로 분석할 수 있다. 불꽃광도검출기에 의한 황 또는 인 화합물의 감도(sensitivity)는 일반 탄화수소 화합물에 비하여 100,000배 커서 H_2S나 SO_2와 같은 황화합물은 약 200 ppb까지, 인화합물은 약 10 ppb까지 검출이 가능하다.

03

PAHs를 GC로 분석하기 전 시료 중 수분을 제거하는 방법을 설명하시오.

해설 내경 1 cm, 길이 30 cm의 정제용 칼럼에 활성 실리카젤(130 ℃, 16시간 또는 600 ℃, 2시간 활성화) 5 g을 충전하고 그 위에 무수황산소듐을 약 1 g을 충전한 칼럼을 사용한다. 첫번째 용출로서는 헥세인 일정량을 이용하여 방해물질을 제거하고, 두번째 용출로서 10 % 디클로로메테인/헥세인 용액으로 용출하여 분석용 시료로 한다. 수분을 함유한 경우 메탄올 및 무수황산소듐 등을 이용하여 충분히 수분을 제거해 주어야 한다.

04

시료채취기록부에 작성해야 할 사항 및 현장에서 확인할 사항을 설명하시오.

해설 모든 시료채취는 시료 인수인계 양식에 맞게 문서화해야 한다. 시료 수집, 운반, 저장, 분석, 폐기는 자격을 갖춘 직원에 의해서 행해야 한다. 각각의 보관자 혹은 시료채취자는 서명하고, 날짜를 기록해야 한다. 인수인계 양식에는 시료채취 계획, 수집자 서명, 시료채취 위치, 현장 지점, 날짜, 시각, 시료 형태, 용기의 개수 및 분석에 필요한 것들이 포함되어야 한다. 시료 인수인계는 수집에서 분석까지 시료의 모든 과정을 아는 데 활용된다. 필요할 때는 시정조치(correction actions)에 대한 기록도 보관해야 한다.

현장 기록은 시료채취 동안 발생한 모든 데이터에 대해 기록되어야 한다. 이들 현장 기록의 내용에는 인수인계 양식, 시료 라벨, 시료 현장기록부, 보존준비기록, QC와 현장 첨가용액 준비기록부 등이 있다.

05

대기환경 시료채취 위치 선정 시 주위에 건물이나 수목 등의 장애물이 있을 경우의 위치 선정에 대해 설명하시오.

해설 주위에 건물이나 수목 등의 장애물이 있을 경우에는 채취 위치로부터 장애물까지의 거리가 그 장애물 높이의 2배 이상 또는 채취점과 장애물 상단을 연결하는 직선이 수평선과 이루는 각도가 30° 이하가 되는 곳을 선정한다.

06

수분량 측정 이유, 산소농도 측정 이유, 유효 등속흡입계수의 범위를 설명하시오.

해설

1. 수분량 측정 이유 : 가스유량의 산정과 등속흡입을 위한 중요 인자, 예비 수분량을 측정하여 적정한 노즐을 선택, 채취할 가스유량을 예상한다.
2. 산소농도 측정 이유 : 표준산소농도 적용 항복 및 시설에 대한 농도 보정과 유량 보정에 필요하다.
3. 유효등속흡입계수 : 등속흡입 정도를 보기 위해 등속흡입계수를 구하고, 그 값이 (90 ~ 110) % 범위 내에 들지 않는 경우에는 다시 시료채취를 행한다.

07

굴뚝에서 배출되는 배출가스 중 중금속을 원자흡수분광광도법으로 측정할 때 간섭물질 형태 및 해결방안은 무엇인가?

해설

1. 분광학적 간섭
   이 종류의 간섭은 장치나 불꽃의 성질에 기인하는 것으로서 분석에 사용하는 스펙트럼선이 다른 인접선과 완전히 분리되지 않는 경우에는 파장선택부의 분해능이 충분하지 않기 때문에 일어나 며 검정곡선의 직선영역이 좁고 구부러져 있어 분석 감도와 정밀도가 저하된다. 이때는 다른 분석선을 사용하여 재분석하는 것이 좋다. 분석에 사용하는 스펙트럼의 불꽃 중에서 생성되는 목적원소의 원자증기 이외의 물질에 의하여 흡수되는 경우에는 표준시료와 분석시료의 조성을 더욱 비슷하게 하며 간섭의 영향을 어느 정도까지 피할 수 있다.
2. 물리적 간섭
   시료용액의 점성이나 표면장력 등 물리적 조건의 영향에 의하여 일어나는 것으로, 보기를 들면 시료용액의 점도가 높아지면 분무 능률이 저하되며 흡광의 강도가 저하된다. 이러한 종류의 간섭은 표준시료와 분석시료와의 조성을 거의 같게 하여 피할 수 있다.
3. 화학적 간섭
   불꽃 중에서 원자가 이온화하는 경우는 이온화 전압이 낮은 알칼리 및 알칼리토류 금속원소의 경우에 많고 특히 고온 불꽃을 사용한 경우에 두드러진다. 이 경우에는 이온화 전압이 더 낮은 원소 등을 첨가하여 목적원소의 이온화를 방지하여 간섭을 피할 수 있다.

08

원자흡수분광광도법으로 납 분석 시 불꽃을 만들기 위해 사용되는 가연성 가스와 조연성 가스에 대해 설명하시오.

해설

1. 가연성 가스 : 아세틸렌(C_2H_2)
2. 조연성 가스 : 공기 또는 아산화질소(N_2O)

09

대기시료 중금속 시험 중 분석대상 중금속이 미량일 경우 분석효율을 높이기 위한 방안은 무엇인가?

해설 시료용액에 유기용매를 가하면 흡광도가 높아지는 경우가 있으며 특히 유기용매로서 목적원소를 킬레이트로 추출하면 미량원소의 정량 및 간섭물질의 제거에 유효하다. 그러나 이 경우 불꽃이 불안정하게 되거나 불꽃 자체에 의한 흡광이 증대되지 않는 용매를 선택할 필요가 있다.

10

램버트-비어(Lambert-Beer) 법칙에 따른 자외선/가시선 분광법의 원리에 대하여 설명하시오.

해설 강도 I_o 되는 단색광속이 농도 C, 길이 l이 되는 용액층을 통과하면 이 용액에 빛이 흡수되어 입사광의 강도가 감소한다. 통과한 직후의 빛의 강도 I_t와 I_o 사이에는 램버트-비어(Lambert-Beer)의 법칙에 의하여 다음의 관계가 성립한다.

$$I_t = I_o \cdot 10^{-\epsilon c l}$$

여기서, I_o : 입사광의 강도
I_t : 투사광의 강도
C : 농도
l : 빛의 투사거리
ϵ : 비례상수로서 흡광계수라 하고,
$C = 1\,mol$, $l = 10\,mm$일 때의 ϵ의 값을 몰흡광계수라 하며 K로 표시한다.

I_t와 I_o의 관계에서 $\dfrac{I_t}{I_o} = t$를 투과도, 이 투과도를 백분율로 표시한다.

즉, $t \times 100 = T$를 투과 퍼센트라 하고 투과도의 역수의 상용대수,

즉 $\log \dfrac{1}{t} = A$를 흡광도라 한다.

램버트-비어의 법칙은 대조액층을 통과한 빛의 강도를 I_o, 측정하려고 하는 액층을 통과한 빛의 강도를 I_t로 했을 때도 똑같은 식이 성립하기 때문에 정량이 가능한 것이다.

11

검정곡선(calibration curve)에 대해 설명하고, 시료 농도가 검정곡선 범위를 초과하는 경우 조치에 대해 설명하시오.

해설 1. 검정곡선은 시험분석 과정에서 기기 및 시스템의 지시값과 측정대상의 양이나 농도의 관계를 나타내는 곡선으로, 측정값과 지시값 사이를 일대일 관계로 나타낸다. 반드시 시료 분석 시마다 새로 작성하여야 하고, 상관계수는 1에 가까울수록 좋으며, 0.998 이상이 되어야 하고, 0.999 이상이 바람직하다.
2. 시료 농도가 검정곡선 범위를 초과하는 경우 시료를 검정곡선 범위의 중간정도 농도가 되도록 시료를 희석하거나 농축하여야 한다.

12

환경대기 중 VOC와 같은 저농도 오염물질을 캐니스터(canister)를 이용하여 포집할 때의 장점과 단점을 열거하시오.

 1. 장점
  ① 클리닝 과정이 쉽다.
  ② 정상적인 열탈착이 불필요하다.
  ③ 튼튼하여 사용하기에 안전하다.
  ④ 여러 번 반복하여 분석이 가능하다.
  ⑤ 초기 투과부피를 고려할 필요가 없다.
  ⑥ 비극성 VOC에 대한 좋은 저장조건이다.
 2. 단점
  ① 막대한 초기비용이 든다.
  ② 시료채취장치의 마지막 요소이다.
  ③ 흡착트랩에 비하여 부피가 크다.
  ④ 흡착법에 비해 시료채취 부피가 제한된다.
  ⑤ 일반적으로 극성 VOC에 부적합하다.

13

VOCs 시료채취 시 흡착트랩을 선호하는 경향이 있는데, 그 원인은 무엇인가?

 1. 별도의 채취용기가 필요하지 않으며, 사용하기 편리하다.
 2. 많은 양의 시료를 안정하게 채취할 수 있다.
 3. 채취한 시료를 열탈착장치를 이용하면 별도의 전처리과정이 없이 분석이 가능하다.
 4. 목적성분을 효율적으로 분석할 수 있게 흡착제를 선택할 수 있다.
 5. 채취한 시료를 오염되거나 변하지 않도록 안전하게 보관할 수 있다.

14

기체 크로마토그래피에서 겹쳐진 피크를 분리하기 위한 방법에 대해 설명하시오.

 1. 분리관 오븐 온도를 변경한다.
 2. 주입 시료량을 줄이거나 분할 시료주입방법을 사용한다.
 3. 분리관(column)을 분석방법에 규정하는 방법대로 변경하여 사용한다.

환경분야에서 일반적으로 표기하는 검출한계(LOD, limit of detection)에는 기기검출한계(IDL), 방법검출한계(MDL), 방법정량한계(PQL)가 있는데, 이들 3가지 검출한계에 대하여 설명하시오.

 1. 기기검출한계(IDL)

기기가 분석대상을 검출할 수 있는 최소한의 농도로서, 방법바탕시료 수준의 시료를 분석대상시료의 분석조건에서 15회 반복 측정하여 결과를 얻고, 표준편차(바탕 세기의 잡음, s)를 구하여 3배의 값으로서, 계산된 기기검출한계의 신뢰수준은 99 %이다.

기기검출한계 $= 2.624 \times s$

여기서, 2.624는 자유도, 14(15회 측정)에 대하여 검출확률의 99 %를 포함하는 통계적인 t 분포의 t의 값이다.

2. 방법검출한계(MDL)

방법검출한계는 시료의 전처리를 포함한 모든 시험절차를 독립적으로 거친 여러 개의 시험바탕시료를 측정하여 구하기 때문에 전체 시험절차에 대한 정도관리상태를 나타낸다. 또한 방법검출한계는 방법바탕시료를 이용하여 예측된 방법검출한계 농도의 3배 ~ 5배 농도를 포함하도록 제조된 7개의 매질 첨가시료를 준비하여 반복 측정하여 얻은 결과의 표준편차(s)에 3.14를 곱한 값이다.

방법검출한계 $= 3.14 \times s$

3. 방법정량한계(PQL)

정량한계는 시험항목을 측정·분석하는 데 있어 측정 가능한 검정농도(calibration point)와 측정신호를 완전히 확인 가능한 분석시스템의 최소수준이다. 방법검출한계와 동일한 수행절차에 의해 산출되며 정량할 수 있는 최소수준으로 정한다. 또한 정량한계는 예측된 방법검출한계 농도의 3배 ~ 5배 농도를 포함하도록 제조된 7개의 매질 첨가시료를 준비하여 반복 측정하여 얻은 결과의 표준편차(s)를 10배한 값이다.

정량한계 $= 10 \times s$

대기시료 채취 시 표준산소농도를 이용하여 오염물질의 농도 보정을 하는 이유는 무엇인가?

 오염물질 농도 측정 시 연소가스 중의 산소 비율은 과잉공기 중의 산소량과 같기 때문에 과잉공기 중의 O_2, N_2는 그대로 연소가스 속으로 이행하므로 연소시설에서 배출가스의 농도를 희석하기 위해 별도의 공기 주입을 하는 경우가 있다. 그래서 이를 방지할 목적과 규제의 일관성을 위해 정해진 산소농도로 보정하는 표준산소농도가 도입되었다(즉, 농도 규제에서 배출가스를 공기로 희석시켜 허용기준 이하로 조정하는 것을 방지하는 것을 목적으로 함).

17

대기시료 채취 시의 일반적인 주의사항에 대해 설명하시오.

 1. 시료채취를 할 때는 되도록 측정하려는 기체 또는 입자의 손실이 없도록 한다. 특히 바람이나 눈, 비로부터 보호하기 위하여 측정기기는 실내에 설치하고 채취구는 밖으로 연결할 경우에는 채취관 벽과의 반응, 흡착, 흡수 등에 의한 영향을 최소한도로 줄일 수 있는 재질과 방법을 선택한다.
2. 채취관을 장기간 사용하여 관내에 분진이 퇴적하거나 퇴적할 분진이 기체와 반응 또는 흡착하는 것을 막기 위하여 채취관은 항상 깨끗한 상태로 보존한다.
3. 미리 측정하려고 하는 성분과 이외의 성분에 대한 물리적·화학적 성질을 조사하여 방해성분의 영향이 적은 방법을 선택한다.
4. 시료채취시간은 원칙적으로 그 오염물질의 영향을 고려하여 결정한다. 예를 들면, 악취물질의 채취는 되도록 짧은 시간 내에 끝내고 입자상 물질 중의 금속성분이나 발암성 물질 등은 되도록 장시간 채취한다.
5. 환경기준이 설정되어 있는 물질의 채취시간은 원칙적으로 법에 정해져 있는 시간을 기준으로 한다.
6. 시료채취유량은 각 항에서 규정하는 범위 내에서는 되도록 많이 채취하는 것을 원칙으로 한다. 또 사용 유량계는 그 성능을 잘 파악하여 사용하고, 채취유량은 반드시 온도와 압력을 기록하여 표준상태로 환산한다.
7. 입자상 물질을 채취할 경우에는 채취관 벽에 분진이 부착 또는 퇴적하는 것을 피하고 특히 채취관을 수평방향으로 연결할 경우에는 되도록 관의 길이를 짧게 하고 곡률반경은 크게 한다. 또한 입자상 물질을 채취할 때에는 기체의 흡착, 유기성분의 증발, 기화 또는 변화하지 않도록 주의한다.

18

바탕시료(blank)에 대해 설명하고 본인이 실험한 바탕시료값과 연관하여 설명하시오.

 바탕시료는 측정·분석 항목이 포함되지 않은 기준 시료를 의미하며 측정·분석 또는 운반과정에서 오염상태를 확인하거나 검정곡선 작성과정에서 기기 또는 측정시스템의 바탕값을 확인하기 위하여 사용한다.
바탕시료는 사용 목적에 따라 방법바탕시료(method blank), 현장바탕시료(field blank), 운송바탕시료(trip blank), 정제수 바탕시료(reagent water blank), 실험실 바탕시료(laboratory blank), 기기바탕시료(equipment blank) 등이 있다.

19

굴뚝에서 VOC를 흡착관이나 테들러백으로 채취할 때 온도는 어느 정도이고, 조절은 어떻게 하는지 설명하시오.

 1. 테들러백을 이용한 시료채취
배출가스 온도가 100 ℃ 미만으로 테들러백 안에 수분 응축의 우려가 없는 경우 충축기 및 응축수 트랩을 사용하지 않아도 무방하다.
2. 흡착관을 이용한 시료채취
응축기 및 응축수 트랩은 유리 재질이어야 하며, 응축기는 기체가 앞쪽 흡착관을 통과하기 전 기체 온도를 20 ℃ 이하로 낮출 수 있는 용량이어야 하고, 상단 연결부는 밀봉 윤활유를 사용하지 않고도 누출이 없도록 연결해야 한다.

20

입자상 물질 시료채취를 위해 사용되는 포집용 여과지의 종류 및 여과지의 조건에 대해 설명하시오.

 실리카 섬유제 여과지로서 99 % 이상의 먼지채취율(0.3 μm 다이옥틸프탈레이트 매연 입자에 의한 먼지 통과시험)을 나타내는 것이어야 하며, 사용상태에서 화학변화를 일으키지 않아야 하며, 화학변화로 인하여 측정치의 오차가 나타날 경우에는 적절한 처리를 하여 사용하도록 하고, 유효직경이 25 mm 이상의 것을 사용한다.

21

배출가스 시료채취 시 채취 종사자가 취해야 할 일반적인 안전에 관한 조치사항은 무엇인가?

 1. 채취에 종사하는 사람은 보통 2인 이상을 1조로 한다.
2. 굴뚝 배출가스의 조성, 온도 및 압력과 작업환경 등을 잘 알아둔다.
3. 옥외에서 작업하는 경우에는 바람의 방향을 확인하여 바람이 부는 쪽에서 작업하는 것이 좋다.
4. 피부를 노출하지 않는 복장을 하고, 안전화를 신는다.
5. 작업환경이 고온인 경우에는 드라이아이스 자켓 등을 입는다.
6. 높은 곳에서 작업을 하는 경우에는 반드시 안전밧줄을 쓴다.
7. 교정용 가스가 들어있는 고압가스 용기를 취급하는 경우에는 안전하고 쉽게 운반·설치를 할 수 있는 방법을 쓴다.
8. 측정 작업대까지 오르기 전에 승강시설의 안전 여부를 반드시 점검한다.

22

대기 중 중금속 원소를 측정하기에 적절한 여과지의 종류 및 선정조건을 설명하시오.

 입자상 물질의 채취에 사용하는 여과지는 0.3 μm 되는 입자를 99 % 이상 채취할 수 있으며, 압력손실과 흡수성이 적고 가스상 물질의 흡착이 적은 것이어야 하며 또한 분석에 방해되는 물질을 함유하지 않은 것이어야 한다. 사용된 여과지의 재질은 일반적으로 유리섬유, 석영섬유, 폴리스타이렌, 나이트로셀룰로오스, 플루오로수지 등으로 되어 있으며 분석에 사용한 여과지의 종류와 재질을 기록해 놓는다.

23

유기물질 추출방법 중 속슬레(Soxhlet) 추출법과 초음파 추출법의 장단점을 설명하시오.

 1. 초음파 추출법
　① 장점
　　– 비가열방식의 추출법으로 가열에 의한 활성 성분의 파괴를 최소화할 수 있다.
　　– 초음파가 용매를 통과하며 생성되는 공동화현상 때문에 추출수율이 향상된다.
　　– 유용성분의 안전한 용출이 가능하다.
　　– 추출시간을 감소시킨다.
　② 단점
　　– 초음파의 유효작용 영역이 원형이기 때문에 추출탱크의 직경이 너무 크면 탱크 주변 벽에 초음파 공백이 형성되어 초음파의 감쇠율이 커진다.
　　– 초음파 장치의 안전성을 보장하고 온라인 논스톱 유지관리가 어렵다.
　　– 전력이 너무 작으면 초음파의 효과가 미미해져 원하는 효과를 얻기가 어렵다.
2. Soxhlet 추출법
　① 장점
　　– 정확한 검출이 가능하다.
　　– 장치가 간단하여 누구라도 조작이 쉽다.
　② 단점
　　– 추출기간이 길다.
　　– 교반이 부족하여 유기물의 추출율이 떨어진다.
　　– 많은 양의 용매가 사용되기 때문에 경제성이 없다.

24

대기 유기물질을 GC 또는 GC-MS로 분석할 경우 사용하는 내부표준물질(IS, internal standard)
란 무엇이며 이 물질을 첨가하는 이유를 설명하시오.

 내부표준물질은 시료를 분석하기 직전에 바탕시료, 검정곡선용 표준물질, 시료 또는 시료추출물에
첨가되는 농도를 알고 있는 화합물이다. 이 화합물은 대상 분석물질의 특성과 유사한 크로마토그램
의 특성을 가져야 한다. 머무름시간, 상대적 감응, 그리고 각 시료 중에 존재하는 분석물질의 양을
점검하기 위해 사용하며, 내부표준물질 감응은 검정곡선의 감응에 비해 ± 30 % 이내에 있어야
한다.

25

인도페놀법에 의한 배출가스 중 암모니아 분석방법에서 암모니아 표준용액 제조 시 주로 사용
하는 시약은 무엇인가?

 130 ℃에서 건조한 황산암모늄((NH$_4$)$_2$SO$_4$, ammonium sulfate, 분자량 : 132.13) 2.9498 g을 취
하고 증류수에 녹여 1 L로 한다. 이 용액을 다시 흡수액으로 1,000배로 묽게 하여 암모니아 표준액
으로 한다. 이 암모니아 표준액 1 mL는 NH$_3$ 1 μL(0 ℃, 760 mmHg)에 상당한다.

26

암모니아 시료채취 시 시료의 적정 흡입속도는 얼마로 하여야 하는가?

 1. 여과관 또는 여과구가 붙은 흡수병 1개 이상을 준비하고 각각에 흡수병으로 붕산용액(부피분율
   0.5 %) 50 mL를 넣는다.
2. 흡수병에 시료가스를 주입하기 전에 바이패스를 사용하여 배관 속을 시료가스로 충분히 치환해
   야 한다.
3. 시료가스의 흡입속도는 (1 ~ 2) L/min 정도로 한다.
4. 시료가스 채취량은 배출가스 중의 암모니아 농도에 따라 증감한다.

27

배출가스 중의 암모니아를 측정하고자 할 때, 배출가스 중에 산성 성분이 분석에 영향을 미칠 것으로 예상되는 상황이다. 이때 흡수액에 대하여 설명하시오.

 1. 흡수병 2개 이상을 준비하여 각각에 흡수액으로 과산화수소(1+9)를 50 mL씩 넣고 흡수병은 위로 향한 여과판이 있는 부피 (150 ~ 250) mL의 것을 사용한다.
2. 염화수소, 황산화물, 질소산화물 등의 산성 성분이 분석 결과에 영향을 미칠 때에는 황산화물 분석방법에 따라 시료를 채취하고 흡수병을 실험실에 옮겨 암모니아 가스 추출장치를 사용하여 암모니아를 흡수액에 흡수시킨다.
3. 유량 2 L/min 정도로 암모니아를 제거시킨 공기를 흡입한다.
4. 3방코크를 사용하여 수산화소듐용액(8 mol/L)을 가하여 pH 13 이상으로 하고 발생하는 암모니아 가스를 붕산용액에 흡수시킨다. 추출시간은 약 100분으로 한다.

28

인도페놀법을 이용하여 암모니아 분석 시 분석용 시료용액에 대한 전처리를 마친 후 흡광도를 측정할 때 용액은 무슨 색이며, 흡광도의 파장은 얼마로 하는가?

 1. 인도페놀법은 배출가스 중의 암모니아를 분석하는 방법으로 암모니아 이온(NH_4^+)이 하이포아 염소산 이온과 공존할 때 페놀과 반응하여 생기는 인도페놀 청색의 흡광도를 측정하여 그 양을 정하는 방법이다. 배기가스 중의 암모니아 분석법으로서 시료가스 중의 암모니아 이온 농도가 약 1 ppm 이상일 때 분석에 적당하다.
2. 분석용 시료용액과 암모니아 표준액 10 mL씩을 유리마개가 있는 시험관에 취하고 여기에 페놀 – 나이트로프루시드소듐 용액 5 mL씩을 가하고 잘 흔들어 저은 다음 하이포아염소산소듐 용액 5 mL씩을 가한 다음 마개를 하고 조용히 흔들어 섞는다. 액온은 (25 ~ 30) ℃에서 1시간 방치한 다음 10 mL의 셀에 옮기고 광전분광광도계 또는 광전광도계로 640 nm 부근의 파장에서 흡광도를 측정한다.

29

환경대기 중 중금속 분석을 위한 시료채취시간에 대해 설명하시오.

채취시간은 원칙적으로 24시간으로 한다. 단, 특정 원소의 분석을 목적으로 할 경우에는 분석 감도에 따라 적당히 조정할 수 있다.

30

인도페놀법을 이용하여 암모니아 분석 시 분석용 시료용액에 대한 전처리를 마친 후 1시간 방치하는데, 그 이유를 설명하시오.

1. 이 방법은 다음의 반응에 의한 발색을 이용하여 암모니아를 정량하는 것이다.
   - $NH_3 + NaOCl \rightleftharpoons NH_2Cl + NaOH$
   - $NH_2Cl + \bigcirc - OH + 2NaOCl \rightarrow Cl - N = \bigcirc = O + 2NaCl + 2H_2O$
   - $HO - \bigcirc + Cl - N = \bigcirc = O \rightarrow HO - \bigcirc N = \bigcirc = O + HCl$
   - $HO - \bigcirc - N = \bigcirc = O \rightleftharpoons O^- - \bigcirc - N = \bigcirc = O + H^+$(인도페놀 블루)
2. 그러므로 반응이 완전히 끝나고 발색이 완전하게 이루어진 후에 흡광도를 측정하여야 한다.

31

시료분석기기법 중 원자흡수분광광도법에 관해 설명하고, 대표적인 측정시험항목을 제시하시오.

이 시험방법은 시료를 적당한 방법으로 해리시켜 중성원자로 증기화하여 생긴 기저상태(ground state or normal state)의 원자가 이 원자 증기층을 투과하는 특유 파장의 빛을 흡수하는 현상을 이용하여 광전측광과 같은 개개의 특유 파장에 대한 흡광도를 측정하여 시료 중의 원소 농도를 정량하는 방법으로 대기 또는 배출가스 중의 유해 중금속, 기타 원소의 분석에 적용한다.

32

UV-VIS 분광광도기의 상세 교정 절차에 대하여 설명하시오.

1. 파장 보정

   광전분광광도계에서는 안정한 휘선 스펙트럼(line spectrum)을 갖는 적당한 광원을 사용하고 그 휘선을 중심으로 전후의 좁은 파장범위에서 스펙트럼의 강도를 측정하여 그래프 용지 위에 그 눈금의 값을 기록하고 양측의 직선 부분을 연장하여 그 교차점으로부터 파장 λm을 구한다. 이 파장 λm와 진파장 λt와의 차 $\Delta \lambda$가 파장오차를 표시하는 것이므로 단색화 장치의 파장조절 기구를 조절하여 $\Delta \lambda$가 영(zero)이 되도록 한다. 파장 눈금의 교정은 다음과 같다.

〈파장 눈금의 교정〉

광원의 종류	사용하는 휘선 스펙트럼의 파장(nm)	
수소방전관	486.13	656.28
중수소방전관	486.00	656.10
석영 저압 수은	253.65	365.01
방전관	435.88	546.07

2. 흡광도 눈금의 보정

110 ℃에서 3시간 이상 건조한 중크롬산칼륨(1급 이상)을 0.05 mol/L 수산화포타슘(KOH) 용액에 녹여 다이크롬산포타슘($K_2Cr_2O_7$) 용액을 만든다. 그 농도는 시약의 순도를 고려하여 $K_2Cr_2O_7$으로서 0.0303 g/L가 되도록 한다. 이 용액의 일부를 신속하게 10.0 mm 흡수셀에 취하고 25 ℃에서 1 nm 이하의 파장폭에서 흡광도를 측정한다. 이때 각 파장에 있어서의 흡광도 및 투과율은 이상이 없는 한 아래 〈표〉의 값을 나타내야 하며, 만일 다른 값을 나타내면 다음 표에 의하여 흡광도 눈금을 보정한다.

〈다이크롬산포타슘 용액의 흡광도와 투과율(%)(25 ℃)〉

파장(nm)	흡광도	투과율(%)	파장(nm)	흡광도	투과율(%)
220	0.446	35.8	340	0.316	48.3
230	0.171	67.4	350	0.559	27.6
240	0.295	50.7	360	0.830	14.8
250	0.496	31.9	370	0.987	10.3
260	0.633	23.3	380	0.932	11.7
270	0.745	18.0	390	0.695	20.2
280	0.712	19.4	400	0.396	40.2
290	0.428	37.3	420	0.124	75.1
300	0.149	70.9	440	0.054	88.2
310	0.048	89.5	460	0.018	96.0
320	0.063	86.4	480	0.004	99.1
330	0.049	71.0	500	0.000	100.0

3. 미광의 유무 조사

광원이나 광전측광검출기에는 한정된 사용 파장역이 있어 다음 표에 표시한 파장역에서는 미광(stray light)의 영향이 크기 때문에 그림에 표시한 것과 같은 투과 특성을 갖는 컷필터(cut filter)를 사용하며 미광의 유무를 조사하는 것이 좋다.

〈광원 또는 광전측광검출기의 사용 파장 한계〉

파장역(nm)	한계 파장이 생기는 이유
200 ~ 220	검출기 또는 수은방전관, 중수소방전관의 단파장 사용 한계
300 ~ 330	텅스텐 램프의 단파장 사용 한계
700 ~ 800	광전자 증배관의 장파장 사용 한계

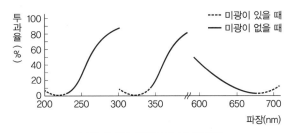

〈미광 조사용 컷필터의 투과율(%)〉

33

환경대기 중 중금속 분석을 위한 시료채취에 사용되는 장비와 여과지의 종류를 설명하시오.

 해설 1. 장비
- 고용량 공기포집기 : 입자상 물질을 고용량 공기시료채취기(high volume air sampler)를 이용하여 여과지상에 채취하는 방법으로 입자상 물질 전체의 질량농도를 측정하거나 금속성분의 분석에 이용한다. 이 방법에 의한 채취입자의 입경은 일반적으로 0.1 μm ~ 100 μm 범위이지만, 입경별 분리장치를 장착할 경우에는 PM$_{10}$이나 PM$_{2.5}$ 시료의 채취에 사용할 수 있다.
- 저용량 공기포집기 : 일반적으로 이 방법은 대기 중에 부유하고 있는 10 μm 이하의 입자상 물질을 저용량 공기시료채취기를 사용하여 여과지 위에 채취하고 질량농도를 구하거나 금속 등의 성분분석에 이용한다.

2. 여과지의 종류
입자상 물질의 채취에 사용하는 여과지는 0.3 μm 되는 입자를 99 % 이상 채취할 수 있으며, 압력손실과 흡수성이 적고 가스상 물질의 흡착이 적은 것이어야 하며, 또한 분석에 방해되는 물질을 함유하지 않은 것이어야 한다. 사용된 여과지의 재질은 일반적으로 유리섬유, 석영섬유, 폴리스타이렌, 나이트로셀룰로오스, 불소수지 등으로 되어 있으며 분석에 사용한 여과지의 종류와 재질을 기록해 놓는다.

34

환경대기 중 휘발성 유기화합물의 측정에 있어서 흡착관에 관한 다음 용어에 대해 간략히 설명하시오.

· 돌파부피
· 안전부피
· 머무름부피

해설 1. 돌파부피 : 일정 농도의 VOC가 흡착관에 흡착되는 초기 시점부터 일정 시간이 흐르게 되면 흡착관 내부에 상당량의 VOC가 포화되기 시작하고 전체 VOC 양의 5 %가 흡착관을 통과하게 되는데, 이 시점에서 흡착관 내부로 흘러간 총부피를 파과부피(돌파부피)라 한다.
2. 안전부피 : 파과부피의 2/3배를 취하거나(직접적인 방법) 머무름부피의 1/2 정도를 취함으로써 (간접적인 방법) 얻어진다.
3. 머무름부피 : 짧은 길이로 흡착제가 충전된 흡착관을 통과하면서 분석물질의 증기띠를 이동시키는 데 필요한 운반기체의 부피. 즉, 분석물질의 증기띠가 흡착관을 통과하면서 탈착되는데 요구되는 양만큼의 부피를 측정하여 알 수 있다. 보통 그 증기띠가 흡착관을 이동하여 돌파(파과)가 나타난 시점에서 측정된다. 튜브 내의 불감부피(dead volume)를 고려하기 위하여 메테인(methane)의 머무름부피를 차감한다.

35

환경대기 중 가스상 물질 시료채취방법 중 용매포집법에 대하여 설명하시오.

 1. 이 방법은 측정대상 기체와 선택적으로 흡수 또는 반응하는 용매에 시료가스를 일정 유량으로 통과시켜 채취하는 방법으로 채취관 – 여과재 – 채취부 – 흡입펌프 – 유량계(가스미터)로 구성된다.
2. 채취관은 일반적으로 4불화에틸렌수지(teflon), 경질유리, 스테인리스강제 등으로 된 것을 사용한다. 채취관의 길이는 5 m 이내로 되도록 짧은 것이 좋다.
3. 여과재는 석영 섬유제, 4플루오르화에틸렌제 멤브레인 필터(teflon membrane filter), 셀룰로오스, 나일론 제품 중 적당한 것을 사용한다.
4. 채취부는 주로 흡수병(흡수관)과 세척병(공병)으로 구성된다. 흡수병 선택은 측정대상 기체의 흡수액에 대한 용해도 및 채취 후의 안전성 등을 고려하여 결정한다. 공병은 흡수병 내부 부피의 2배 이상 되는 것으로 안에 유리솜을 가볍게 채운 것을 사용한다.
5. 흡입펌프는 사용 목적에 맞는 용량의 회전펌프(rotary pump) 또는 격막펌프(diaphragm pump)를 사용하며 전기용 또는 전지(battery)용이 있다.
6. 유량계는 시료를 흡입할 때의 유량을 측정하기 위한 것으로 적산 유량계 또는 순간 유량계를 사용한다.

36

현장 시료채취 시 시료채취관을 보온 또는 가열해야 하는 이유를 설명하시오.

 배출가스 중의 수분 또는 이슬점이 높은 기체성분이 응축해서 채취관이 부식될 염려가 있는 경우, 여과재가 막힐 염려가 있는 경우, 분석물질이 응축수에 용해되어 오차가 생길 염려가 있는 경우에는 채취관을 보온 또는 가열한다.
보온재로는 암면, 유리섬유제 등을 쓰고 가열은 전기가열, 수증기 가열 등의 방법을 쓴다. 전기가열 채취관을 쓰는 경우에는 가열용 히터를 보호관으로 보호하는 것이 좋다.

37

Capillary column을 단 gas chromatograph에서 make-up gas의 역할과 split ratio란 무엇인지 설명하시오.

 1. Make-up gas란 검출기에서 사용되는 보조가스로서 검출되고 나서 필요 없는 화합물을 제거할 때 사용된다. 즉, 검출에 있어 기본이 되는 가스이다. 대부분 운반가스와 같은 종류의 가스가 쓰인다.
2. Split ratio란 GC 운반가스의 총유량에서 칼럼으로 들어가는 양과 vent되는 양의 비율을 나타내는 것으로 피크의 크기가 너무 크거나 작을 때 혹은 모양이 sharp하지 않을 때 split ratio를 조절하여 분리가 잘 되도록 한다.

38

환경대기 중 시료채취를 위한 위치 선정조건에 대해 설명하시오.

 시료채취 위치는 그 지역의 주위 환경 및 기상조건을 고려하여 다음과 같이 선정한다.
1. 원칙적으로 주위에 건물이나 수목 등의 장애물이 없고 그 지역의 오염도를 대표할 수 있다고 생각되는 곳을 선정한다.
2. 주위에 건물이나 수목 등의 장애물이 있을 경우에는 채취 위치로부터 장애물까지의 거리가 그 장애물 높이의 2배 이상 또는 채취점과 장애물 상단을 연결하는 직선이 수평선과 이루는 각도가 30° 이하 되는 곳을 선정한다.
3. 주위에 건물 등이 밀집되거나 접근되어 있을 경우에는 건물 바깥벽으로부터 적어도 1.5 m 이상 떨어진 곳에 채취점을 선정한다.
4. 시료채취의 높이는 그 부근의 평균 오염도를 나타낼 수 있는 곳으로서 가능한 한 1.5 m ~ 30 m 범위로 한다.

39

배출가스 중 가스상 물질 시료채취 시 채취관의 재질 선택에 따른 유의사항을 설명하시오.

 1. 채취관, 충전 및 여과재의 재질은 배출가스의 조성, 온도 등을 고려해서 다음의 조건을 만족시키는 것을 선택한다.
2. 화학반응이나 흡착작용 등으로 배출가스의 분석 결과에 영향을 주지 않는 것
3. 배출가스 중의 부식성 성분에 의하여 잘 부식되지 않는 것
4. 배출가스의 온도, 유속 등에 견딜 수 있는 충분한 기계적 강도를 갖는 것

40

환경대기 중 벤조(a)피렌을 GC로 분석하고자 할 경우, 시료채취과정 및 운반과정의 주의사항을 설명하시오.

 1. 표준샘플러를 이용하여 각각의 시료채취용 샘플러를 교정한다.
2. 유량 2 L/min로 200 L ~ 1,000 L의 시료채취량이 되도록 시료채취펌프를 작동한다.
3. 시료채취 후 즉시 20 mL 바이얼에 핀셋으로 조심스럽게 필터를 옮겨 넣고, 침전물이 흐트러지지 않도록 끝부분에 필터를 고정시키고, 바이얼 뚜껑을 막고 알루미늄 포일로 바이얼을 감싼다 (빛에 의한 분해 및 승화로 인한 분석상의 손실을 피하기 위함).
4. 흡착튜브에 뚜껑을 씌우고 알루미늄 포일로 감싼다.
5. 격리된 운반용기에 바이얼과 흡착튜브를 넣고 실험실로 옮긴다.

41

배출가스 중 암모니아 측정을 위한 인도페놀법 시험 시 시료의 농도가 정량범위를 벗어나게 높은 경우 취할 방안을 설명하시오.

 시료 중 암모니아의 농도가 10 ppm 이상일 때 가스 채취량을 줄이거나 또는 분석용 시료용액을 흡수액으로 적당히 묽게 하여 분석한다.

42

배출가스 중 플루오린화합물을 란탄-알리자린 컴플렉션법으로 분석할 때 시료가스 중 방해이온을 1가지 이상 제시하시오.

 시료가스 중에 알루미늄(Ⅲ), 철(Ⅱ), 구리(Ⅱ), 아연(Ⅱ) 등의 중금속 이온이나 인산 이온이 존재하면 방해효과를 나타낸다. 따라서 적절한 증류방법을 통해 플루오린화합물을 분리한 후 정량하여야 한다.

43

배출가스 중 염화수소의 분석방법의 종류와 개요에 대하여 각각 설명하시오. (단, 작업형과 연계)

1. 이온 크로마토그래피 : 이 시험법은 환원성 황화합물의 영향이 무시되는 경우에 적합하며 2개의 연속된 흡수병에 흡수액(증류수)을 각각 25 mL 담은 뒤 20 L 정도의 기체 시료를 채취한 다음, 이온 크로마토그래프에 주입하여 얻은 크로마토그램을 이용하여 분석한다. 정량범위는 시료 기체를 통과시킨 흡수액을 100 mL로 묽히고 분석용 시료용액으로 하는 경우 0.4 ppm ~ 80 ppm 이다. 동일한 시료채취방법을 적용한 시료용액일지라도 농축 칼럼을 통과시킬 경우 앞에서 제시된 정량범위의 한계값을 낮출 수 있다. 방법검출한계는 0.13 ppm이다.
2. 싸이오시안산제이수은 자외선/가시선 분광법 : 이 시험법은 이산화황, 기타 할로겐화물, 시안화물 및 황화합물의 영향이 무시되는 경우에 적합하며 2개의 연속된 흡수병에 흡수액(0.1 mol/L의 수산화소듐 용액)을 각각 50 mL 담은 뒤 40 L 정도의 시료를 채취한 다음, 싸이오시안산제이수은 용액과 황산철(Ⅱ)암모늄 용액을 가하여 발색시켜, 파장 460 nm에서 흡광도를 측정한다. 정량범위는 시료 기체를 통과시킨 흡수액을 250 mL로 묽히고 분석용 시료용액으로 하는 경우 0.4 ppm ~ 80 ppm이며, 방법검출한계는 0.13 ppm이다.

44

시료채취 시 측정분석 결과값에 영향을 미치는 인자를 아는대로 설명하고, 이러한 영향인자를 최소화하는 방법을 설명하시오.

 1. 측정분석값에 영향을 미치는 인자에는 시료채취 시 온도와 압력, 시료채취시간, 시료채취량 등이 있다.
2. 시료채취 시 사용하는 채취관, 연결관, 흡수병, 흡수액, 여과재 등 채취도구를 분석물질에 맞도록 선정하여야 한다.

45

휘발성 유기화합물질 시료채취 시 흡착관에 사용되는 흡착제의 종류를 1가지 이상 설명하시오.

 1. 35 mm Carbopack B + (10 mm Carboxen 1,000 또는 Carbosieve SⅢ)
$C_3 \sim C_{12}$의 물질을 채취하는 데 적당하며 상대습도 65 % 미만, 온도 30 ℃ 미만일 경우에 총 시료채취량을 2 L로 하고 온도와 습도가 증가할 경우(상대습도 65 % 초과, 대기온도 30 ℃ 초과) 시료량을 0.5 L로 줄인다. 시료채취량이 경우에 따라서는 C_4 전후하여 5 L 이상으로 증가할 수 있다(주의 : 아이소프렌(isoprene)의 경우에는 Carbosieve SⅢ를 사용하지 아니한다).
2. 32 mm Tenax TA + 20 mm Carbotrap
보통 $C_5 \sim C_{20}$의 물질을 채취하는 데 적당하다(상대습도의 제한이 없고, 대기온도 30 ℃ 미만일 때 적합).
3. 30 mm Tenax GR + 25 mm Carbopack B
보통 $C_6 \sim C_{20}$의 물질을 채취하는 데 적당하다. 총 시료채취량을 2 L로 한다(상대습도의 제한이 없고, 대기온도 30 ℃ 미만일 때 적합).
4. 13 mm Carbopack + 25 mm Carbopack B + (13 mm Carboxen 1,000 또는 Carbosieve SⅢ)
$C_3 \sim C_{16}$의 물질을 채취하는 데 적당하며 상대습도 65 % 미만, 온도 30 ℃ 미만일 경우에 총 시료채취량을 2 L로 하고 온도와 습도가 증가할 경우(상대습도 65 % 초과, 대기온도 30 ℃ 초과) 시료량을 0.5 L로 줄인다. 시료채취량이 경우에 따라서는 C_4 전후하여 5 L 이상으로 증가할 수 있다(주의 : 아이소프렌(isoprene)의 경우에는 Carbosieve SⅢ를 사용하지 아니한다).

46

굴뚝에서 다이옥신 등 유기물질 채취 시 굴뚝가스 채취장비의 누출을 확인하는 방법을 설명하시오.

 흡입노즐의 입구를 막고 흡입펌프를 작동시켜 가스미터의 지침이 정지하고 있으면 누출이 없는 것으로 간주한다.

47

환경대기 중 시료채취 지점 수(측정점 수)를 결정하는 방법을 2가지 이상 설명하시오.

 1. 인구비례에 의한 방법

측정하려고 하는 대상 지역의 인구분포 및 인구밀도를 고려하여 인구밀도가 5,000명/km² 이상일 때는 '인구비례에 의한 측정점 수'를 구하는 그림을 적용하고 그 이하일 때는 그 지역의 가주지 면적(그 지역 총면적에서 전답, 임야, 호수, 하천 등의 면적을 뺀 면적)으로부터 다음 식에 의하여 측정점의 수를 결정한다.

$$측정점 \ 수 = \frac{그 \ 지역 \ 가주지 \ 면적}{25 \ km^2} \times \frac{그 \ 지역 \ 인구밀도}{전국 \ 평균 \ 인구밀도}$$

2. 동심원을 이용하는 방법

측정하려고 하는 대상 지역을 대표할 수 있다고 생각되는 한 지점을 선정하고 지도 위에 그 지점을 중심점으로 0.3 km ~ 2 km의 간격으로 동심원을 그린다. 또 중심점에서 각 방향(8방향 이상)으로 직선을 그어 각각 동심원과 만나는 점을 측정점으로 한다.

3. TM 좌표에 의한 방법

전국 지도의 TM 좌표에 따라 해당 지역의 1 : 25,000 이상의 지도 위에 2 km ~ 3 km 간격으로 바둑판 모양의 구획을 만들고 그 구획마다 측정점을 선정한다.

48

굴뚝에서 배출되는 먼지를 Stack sampler(반자동식 굴뚝 채취기)를 이용하여 채취할 경우, 측정공에서의 시료채취관 취급 시 주의할 점과 측정을 행하는 측정점 선정에서 실제로 측정하면서 경험하게 되는 일을 사례를 중심으로 설명하시오.

 1. 측정공에서의 시료채취관 취급 시 주의할 점

① 시료채취관을 측정공으로 삽입 시 배출가스의 흐름에 직각 방향으로 하여 배출가스를 등속흡입한다. 이때 등속흡입정도를 보기 위하여 등속흡입계수값이 90 % ~ 110 % 범위 내에 들도록 한다.

② 흡입노즐(probe)은 배출가스의 유속에 따라(유속이 크면 직경이 작은 것, 유속이 적으면 직경이 큰 것) 선정하여야 하며 찌그러지거나 휘어지는 등 손상이 되지 않도록 반드시 마개를 해서 운반하여야 한다.

③ 시료채취관을 지지하는 삼각 지지대를 측정공 밖에 반드시 설치하여 수평계를 이용하여 수평을 유지한 채로 측정하여야 한다.

④ 측정점은 한 곳의 측정공에서만 측정하지 말고 90° 떨어진 다른 곳의 측정공에서도 측정하여야 하고 굴뚝의 중심부에서 간격을 띄우면서 공정시험방법에 있는 측정점 수대로 측정하여 먼지의 평균값을 나타낸다.

2. 측정 시 경험하게 되는 일

굴뚝에서 배출되는 먼지를 Stack sampler(반자동식 굴뚝 채취기)를 이용하여 채취할 경우 측정자가 직접 경험한 일들을 면접자에게 말하면 된다.

49

굴뚝 배출가스 중의 오염물질을 연속자동측정방법으로 측정할 경우 측정자료의 종류 및 측정기의 상태표시(status) 종류를 설명하시오.

 1. 측정자료의 종류
   5분(평균) 자료, 30분(평균) 자료
2. 측정기기의 운영상태를 관제센터에 알리는 상태표시 종류
   ① 전원단절 : 측정기기에 전원이 공급되지 않는 경우 발생되는 신호
   ② 교정중 : 측정기기 및 부대장비에서 교정이 수행되거나 원격 검색 명령 시에 발생되는 신호
   ③ 보수중 : 측정기기 및 부대장비, 자료수집기의 점검이나 보수가 필요한 경우 사업장에서 인위적으로 발생시키는 신호
   ④ 동작불량 : 측정기기 및 부대장비의 기능 장애 시 자동으로 발생되는 신호

50

환경대기 중 기체상 PAHs를 채취하기 위한 고체흡착제의 종류와 최근에 널리 이용되고 있는 것에는 어떤 것이 있는지를 설명하시오.

 Bondapak C18 on Porasil, XAD-2 수지, Chromosorb 102, Tenax 등이 이용되어 왔으며, 최근에는 Polyurethane foam(PUF) 플러그가 널리 이용되고 있다.

51

굴뚝 배출가스 중 다이옥신류의 분석 시 농도 표시를 할 때 TEQ, TEF는 무엇을 나타내는 것인지 설명하시오.

 1. TEQ : 독성등량(Toxicity Equivalancy Quantity)으로, 다이옥신류의 전체 독성 물질 중 가장 독성이 높은 물질인 2,3,7,8-T4CDD로 환산한 농도를 말한다.
2. TEF : 독성등가환산계수(Toxicity Equivalancy Factor)로, 국제기준으로 2,3,7,8-T4CDD가 1이다.

52

환경대기 중 아황산가스의 자동측정법인 불꽃광도법의 측정원리를 설명하시오.

 환원성 수소 불꽃 안에 도입된 아황산가스가 불꽃 속에서 환원될 때 발생하는 빛 중 394 nm 부근의 파장영역에서 발광의 세기를 측정하여 시료기체 중의 아황산가스 농도를 연속적으로 측정하는 방법이다.

53

화학물질 취급 시 일반적인 주의사항에 대해 설명하시오.

 1. 모든 용기에는 약품의 명칭을 기재하며(증류수처럼 무해한 것도 포함), 표시항목에는 약품의 이름, 위험성, 예방조치, 구입날짜, 사용자 이름이 포함되도록 한다.
2. 약품 명칭이 없는 용기의 약품은 사용하지 않는다. 표기를 하는 것은 연구활동 종사자가 즉각적으로 약품을 사용할 수 있다는 것보다는 화재·폭발 또는 용기가 넘어졌을 때 어떠한 성분인지 알 수 있도록 하기 위한 것이다. 또한 용기가 찌그러지거나 본래의 성질을 잃어버리면 연구실에 보관할 필요가 없다. 실험 후에는 폐기용 약품들을 안전하게 처분하여야 한다.
3. 절대로 모든 약품에 대하여 맛 또는 냄새 맡는 행위를 금하고, 입으로 피펫을 빨지 않는다.
4. 사용한 물질의 성상, 특히 화재·폭발·중독의 위험성을 잘 조사한 후가 아니면 위험한 물질을 취급해서는 안 된다.
5. 위험한 물질을 사용할 때는 가능한 한 소량을 사용하고, 또한 미지의 물질에 대해서는 예비시험을 할 필요가 있다.
6. 위험한 물질을 사용하기 전에 재해 방호수단을 미리 생각하여 만전의 대비를 해야 한다. 화재·폭발의 위험이 있을 때는 방호면, 내열보호복, 소화기 등을, 중독의 염려가 있을 때는 장갑, 방독면, 방독복 등을 구비 또는 착용하여야 한다.
7. 유독한 약품 및 이것을 함유하고 있는 폐기물 처리는 수질오염, 대기오염을 일으키지 않도록 배려해야 한다.
8. 약품이 엎질러졌을 때는 즉시 청결하게 한다. 누출된 양이 적을 때는 그 물질에 대하여 전문가가 안전하게 치우도록 한다.
9. 고열이 발생되는 실험기기(furnace, hot plate 등)에 대하여 '고열' 또는 이와 유사한 경고문을 붙이도록 한다.
10. 화학물질과 직접적인 접촉을 피한다.

[참고]
시약 및 화학약품 취급 시 안전수칙
1. 운반용 캐리어, 바스켓 또는 운반용기에 놓고 운반한다.
2. 엘리베이터나 복도에서 운반 시 용기가 개봉되어 있어서는 안 된다.
3. 약품명 등의 라벨을 부착한다.
4. 직사광선을 피하고 다른 물질과 섞이지 않도록 하며, 화기·열원으로부터 격리한다.
5. 위험한 약품의 분실, 도난 시는 사고의 우려가 있으므로 연구실 책임자 및 안전관리담당자에게 보고한다.
6. MSDS를 통해 해당 물질에 대한 위험성 및 기본정보를 숙지하고 있어야 한다.

54

배출가스 시료채취 시 흡수병의 갈아 맞춤 부분은 완전 차폐가 중요한데, 완전 차폐를 위해서 현장에서 취할 수 있는 방법을 쓰시오.

 흡수병의 갈아 맞춤 부분이 완전 차폐가 안 되어 새는 부분은 장치를 다시 조립해서 새는 곳이 없는지 확인한다. 만약 흡수병의 갈아 맞춤 부분에 약간의 먼지가 붙어 있을 때에는 깨끗이 닦고, 갈아 맞춤 부분을 물 1방울 ~ 2방울로 적셔서 차폐한다. 공기가 새는 것을 막고 필요한 때는 실리콘, 윤활유 등을 발라서 완전 차폐한다.

55

중금속 시료채취에 사용되는 흡수병 세척방법에 대해 설명하시오.

 1. 세척제를 사용하여 1차 세척을 행한다.
2. 수돗물로 헹구고 20 % 질산수용액 또는 질산(< 8 %)/염산(< 17 %) 수용액에 4시간 이상 담가 둔다.
3. 정제수로 헹구고 자연건조시킨다.

56

배출가스 중 가스상 및 입자상 금속화합물 분석을 위한 시험방법의 절차에 대해 설명하시오.

 1. 시료 전처리
일반적으로 금속의 전처리과정은 여과지 내에 있는 금속은 남겨 두고 여과지, 기질(matrix) 등을 강산으로 용해하여 제거하는 과정이다. 전처리, 즉 회화방법으로 대부분의 매뉴얼에서 권고하는 방법이 산분해법이다. 이외에도 최근에 도입되어 사용되는 방법으로 마이크로파 산분해(microwave digestion)법이 있다.
2. 표준용액 준비 및 검량선 작성
① 최적농도범위의 선정 : 금속의 종류 및 분석기기마다 적정한 금속 농도의 최적분석범위가 있다.
② 표준(저장)원액(stock solution) : 표준원액의 순도는 대단히 중요하다. 표준원액은 구입하여 사용할 수도 있고 직접 분석하고자 하는 금속의 무게를 달아서 만들 수도 있다. 최근에는 대부분 구입처(Sigma 또는 Aldrich 등)를 통해 표준원액을 구매하여 사용하고 있다.
③ 표준용액(working solution) : 표준용액은 위 표준원액의 일정량을 플라스크에 넣고 희석액으로 적정한 용량을 희석하여 만든 농도를 말한다.
④ 검량선의 작성 : 금속의 최적 분석농도범위를 고려하여 5개 또는 6개 정도의 표준용액을 만들어 분석기기로 분석하여 흡광도를 측정한 후, 표준용액의 농도 대 흡광도의 반응값에 대한 검량선을 작성한다.
3. 회수율 계산
금속 분석에 있어서 빠뜨릴 수 없는 부분이 바로 이 회수율에 관한 사항이다. 회수율은 MCE 여과지에 금속 농도 수준별로 일정량을 첨가한(spiked) 후 분석하여 검출된(detected) 양의 비(%)를 알아보는 실험이다.
4. 분석기기 사용
금속시료를 분석하는 기기로는 원자흡광광도계(AAS)와 유도결합 플라스마 분광광도계(ICP)가 있다. 다양한 장점을 가지고 감도가 좋은 ICP의 경우 AAS보다 훨씬 고가의 장비이다.
5. 농도 계산
공기 중의 금속 농도를 계산하는 데는 4가지 변수(공기채취량, 여과지에 채취된 금속의 양, 바탕시료에서의 금속의 양, 그리고 회수율(%))가 필요하다.
6. 시료분석 오차 및 정확도 향상방안 모색
신뢰성 있는 분석결과를 얻기 위해서는 정확도와 정밀도를 높이는 것이 중요하다. 정확도란 분석치가 참값에 얼마나 근접하는지에 대한 정도이며, 정밀도란 반복 측정 시 얼마나 잘 재현되는가 하는 여부를 나타내는 자료이다.

57

환경대기 중 중금속 측정을 위해 채취한 여과지의 전처리방법에 대해 설명하시오.

 1. 산분해(acid digestion)법

   필터에 채취한 무기질 시료를 용해시키기 위하여 단일산이나 혼합산(mixed acid)의 묽은 산혹은 진한 산을 사용하여 오픈형 열판에서 직접 가열하여 시료를 분해하는 방법이다. 전처리에 사용하는 산류에는 염산(HCl), 질산 (HNO₃), 플루오린화수소산(HF), 황산(H₂SO₄), 과염소산(HClO₄) 등이 있는데, 염산과 질산을 가장 많이 사용한다.

2. 마이크로파 산분해(microwave acid digestion)법

   원자흡수분광광도법(atomic absorption spectrometry, AAS)이나 유도결합플라스마분광법(inductively coupled plasma-atomic emission spectroscopy, ICP-AES) 등으로 무기물을 분석하기 위한 시료의 전처리방법으로 주로 이용된다. 이것은 일정한 압력까지 견디는 테플론(teflon) 재질의 용기 내에 시료와 산을 가한 후 마이크로파를 이용하여 일정 온도로 가열해 줌으로써, 소량의 산을 사용하여 고압하에서 짧은 시간에 시료를 전처리하는 방법이다.

3. 초음파 추출법

   단일산이나 혼합산을 사용하여 가열하지 않고 시료 중 분석하고자 하는 성분을 추출하고자 할 때 초음파 추출기를 이용한다.

[참고]

기타 전처리법

1. 회화(ashing)법

   유기물 및 동식물 생체시료 중의 회분을 측정하기 위하여 일반적으로 사용하는 전처리방법

2. 저온회화법

   시료를 채취한 여과지를 회화실에 넣고 약 200 ℃ 이하에서 회화한 후 가용성분을 추출하는 방법

3. 용매추출(solvent extraction)법

   적당한 용매를 사용하여 액체나 고체 시료에 포함되어있는 성분을 추출하는 방법

58

유기분진을 샘플링하기 위해서는 일반적으로 고용량 공기시료채취기(high volume sampler)를 이용한다. 이때, 유기분진은 positive artifact 또는 negative artifact가 일어나기 쉽다. 여기서 positive artifact와 negative artifact가 무엇인지 설명하고, 최소화시키는 방법에 대해 각각 설명하시오.

 1. Positive artifact란 시료채취 여과지 위에 기체상 유기화합물이 흡착되는 것이고, Negative artifact는 반휘발성 유기화합물질이 손실되는 것을 말한다.

2. Positive artifact를 최소화시키기 위해서는 과대평가된 부분을 보정해 주어야 하며, Negative artifact를 최소화하기 위해서는 반휘발성 유기화합물질에 의해 negative artifact가 생성되지 않도록 디뉴더(denuder)를 설치하여야 한다.

59

휘발성 유기화합물의 특성과 이를 고려한 시료채취 시 흡착관법과 용기채취법의 장점과 단점에 대해 설명하시오.

 1. 흡착관법
    ① 장점
        – 많은 양의 시료를 안정적으로 채취할 수 있다.
        – 별도의 채취용기가 필요하지 않으며 사용하기가 편리하다.
        – 오염 또는 변질됨 없이 채취한 시료를 안전하게 보관할 수 있다.
        – 목적성분을 효율적으로 분석할 수 있도록 흡착제의 선택이 가능하다.
        – 채취한 시료를 열탈착장치로 이용하면 별도의 전처리과정이 없어도 분석이 가능하다.
    ② 단점
        – 고농도 휘발성 물질을 함유한 시료인 경우 짧은 시간 시료채취에도 파과가 일어날 수 있다.
        – 흡착제가 수분을 함유할 수 있으므로 상대습도가 높을 경우(90 % 이상) 시료의 안전 시료채취부피가 10배 정도 줄어든다.
        – 흡착제의 종류에 따라 다소 차이가 있으나 100회 ~ 200회 사용 후 흡착제를 재충전해야 하며, 그렇지 않을 시 안전 시료채취부피를 초과할 수 있다.
  2. 용기채취법
    ① 장점
        – 대기압 이하의 환경조건에서 흡입펌프가 없어도 시료채취가 가능(진공된 용기 안으로 질량유량조절기(MFC)나 오리피스를 통해 10초 ~ 30초 동안 순간시료채취가 가능)하다.
        – 장시간(12시간 ~ 24시간)에 걸친 시료채취나 많은 양의 시료가 요구될 경우 정압에 의한 시료채취가 가능하다.
    ② 단점
        – 캐니스터의 세척과정이 어렵고 세척을 위한 별도의 장치가 필요하다.
        – 사용 전에 용기를 완전히 세척하지 않으면 시료채취장치 안에서 오염이 일어날 수 있다.

60

환경대기 중 질소산화물($NO + NO_2$) 자동측정법인 화학발광법의 측정원리를 설명하시오.

 시료대기 중의 일산화질소와 오존을 반응시켰을 때 이산화질소가 생성되며, 이 이산화질소는 광화학적으로 들뜬 상태에 있다. 이 이산화질소 분자는 바닥상태로 돌아가면서 근적외선영역(1,200 nm) 부근의 중심파장을 갖는 빛을 발생시킨다. 이 빛의 세기는 일산화질소 함량에 비례하게 되고 이를 이용해서 시료대기 중에 포함되는 일산화질소 농도를 측정한다. 질소산화물($NO + NO_2$)을 측정할 경우 시료 대기 중의 이산화질소를 변환기를 통하여 일산화질소로 변환시킨 후 일산화질소의 측정과 같은 방법으로 측정하여 질소산화물에서 일산화질소를 뺀 값이 이산화질소가 된다.

61

대기 시료채취 계획 수립 시 유의할 점에 대하여 설명하시오.

 1. 시료채취자는 오염원, 굴뚝 주변에서의 공기흐름 방향과 풍속, 오염물질의 밀도, 빛의 세기, 측정시간, 나무나 빌딩과 같은 주변 장애물의 존재여부 파악 등 오염물질의 농도에 영향을 줄 수 있는 모든 상황을 파악해야 한다. 아울러 시료의 수집과 분석 시스템을 교정하기 위해 배출가스 혼합물의 균일성과 대표 시료를 수집하는 것이 중요하다.
2. 구체적인 조사계획의 주요 사항은 조사의 시기, 항목, 측정지점, 측정주기 등의 설정이며, 계획 수립 시 다음 사항을 유의하여야 한다.
   ① 각 조사의 의미를 잘 이해하고 전체적인 균형을 유지한다.
   ② 가능한 각 분야의 조사를 동일한 지점에서 동시에 실시하여 상호 보완적으로 활용 가능하게 한다.
   ③ 군집분석이나 통계분석, 모델링 등의 자료 가공과 해석이 용이하도록 사전에 자료를 활용하는 분야의 전문가와 협의하여 자료 이용이 가능한 구도로 계획을 수립한다.
   ④ 조사대상 지역에 관한 기존의 자료를 수집·분석하여 지역의 특성을 파악한 후에 계획을 수립하여야 하며, 사전정보가 부족한 경우에는 사전조사를 통하여 기본정보를 얻은 후 계획을 확정한다.
   ⑤ 관측횟수는 가용한 경비에 따라 제한되므로 대상 지역의 특성과 목적에 따라 제한된 관측횟수를 늘릴 수도 있다. 제한된 경비 내에서 목적하는 결과를 얻을 수 있도록 최적의 조사지점과 조사횟수를 설정하는 것이 조사계획의 핵심적인 사항이다.

62

배출가스 측정 시 사전조사에 해당하는 굴뚝에서의 압력을 측정하는데, 그 종류 및 각각의 의미를 설명하시오.

 굴뚝의 압력 측정을 수행하기 위해 먼저 스모크펠릿 및 드래프트게이지를 포함한 압력계를 준비한다. 장비가 준비되면 굴뚝이 바닥에서 밀봉되고 압력계를 연도와 연결한 다음, 연기 알갱이에 불을 붙여 연도에 삽입하고 드래프트게이지를 사용하여 압력을 측정한다. 측정된 결과를 분석하여 굴뚝에 배출가스의 누출이 있는지 확인한다. 압력 측정의 종류는 시스템이 작동하지 않을 때 시스템의 압력을 측정하는 정적 압력 측정과 시스템이 작동 중일 때 시스템의 압력을 측정하는 동적 압력 측정이 있다. 정적 압력 측정은 일반적으로 누출을 확인하는 데 사용되는 반면, 동적 압력 측정은 시스템의 막힘을 확인하는 데 사용된다. 구체적인 압력의 종류는 다음과 같다.
1. 정압(SP, Static Pressure)
   배출가스가 굴뚝 벽면에 미치는 압력으로 굴뚝 내의 압력이 양압(+)일 경우에는 채취구를 열었을 때 배출가스가 굴뚝 밖으로 유출될 염려가 있다. 부압(−)일 경우에는 외부 공기가 굴뚝 안으로 유입될 수 있다. 피토관의 전압 측정공을 빼고 정압 측정공만을 연결하여 측정한다. 일반적으로 흡입덕트에서 정압은 음(−)의 값을 갖고, 배기덕트에서 정압은 양(+)의 값을 갖는다.
2. 속도압(VP, Velocity Pressure)
   기류의 속도에 따라 발생하는 압력으로 속도는 음(−)의 값이 없으므로 항상 양(+)의 값이다. 속도압은 정압 측정공과 전압 측정공 모드를 연결하여 측정한다.
   속도압=전압−정압
3. 전압(TP, Total Pressure)
   정압과 속도압을 합한 값으로 피토관의 정압 측정공을 빼고 전압 측정공만을 연결하여 측정한다.

63

굴뚝 배출가스 중 입자상 물질 시료채취 시 고려해야 할 영향인자 2가지를 설명하시오.

 1. 배출가스 중 먼지의 질량농도는 먼지의 질량, 측정시간, 유량에 의해 결정되므로 등속흡입과 누출공기 확인을 통하여 정확한 유속과 유량 측정이 필요하며, 보정된 정교한 저울을 사용하여 최대한 오차를 줄여 실제 값에 가까운 무게농도를 측정하여야 한다.
2. 시료채취 여과지 위에서 가스상 물질의 반응에 의해 먼지의 질량농도 측정량이 증가 또는 감소 되는 오차가 일어날 수 있으므로 여과지의 보관 및 운반 과정에 신중을 기해야 한다.

64

환경대기 중 시료를 포집할 수 있는 입자상 물질에 대한 시료채취방법을 설명하시오.

 1. 고용량 공기채취법 : 0.1 μm ~ 100 μm 범위의 입자상 물질을 여과지 위에 채취하고, 질량농도 를 구하거나 금속성분의 분석에 이용한다.
2. 저용량 공기채취법 : 대기 중에 부유하고 있는 10 μm 이하의 입자상 물질을 여과지 위에 채취하고, 질량농도를 구하거나 금속성분의 분석에 이용한다.

65

환경대기 중 미세먼지나 중금속 시료를 채취하기 위한 로우볼륨 에어샘플러에 적용하는 분립 장치의 종류와 각 장치에 대하여 간략히 설명하시오.

 로우볼륨 에어샘플러의 분립장치는 10 μm 이상 되는 입자를 제거하는 장치로 사이클론 방식과 다단형 방식이 있다.
1. 사이클론 방식 : 원심력을 이용하여 10 μm 이상 또는 2.5 μm 이상의 입자를 제거하는 장치이다.
2. 다단형 방식 : 얇은 평판 여러 장을 겹치고 여기에 공기를 통과시켜서 10 μm 또는 2.5 μm 이상 의 입자를 제거하는 장치이다.

66

Lambert-Beer 법칙의 제한성에 대해 설명하시오.

 Lambert-Beer 법칙은 높은 농도에서 직선성(linearity)을 유지하지 못하기 때문에 직선성을 벗어 나는 시료에 대해서는 시료의 양을 조금 취하거나 희석하여 분석해야 한다는 제한성이 있다.

CHAPTER

02 정도관리

01

바탕시료 분석 결과, 평소보다 높은 결과가 나타나는 경우에 검토하여야 할 사항은 무엇인가?

 높은 결과가 나타나는 원인은 매질, 실험절차, 시약 및 측정장비 등으로부터 발생하는 오염물질을 확인할 수 있다. 바탕시험값은 유효 측정농도보다 낮게 나오는 것이 원칙이다.
1. 물 : 증류와 이온교환 처리를 병용(倂用)한 탈염수(脫鹽水)나 흡착 – 증류 – 이온교환 처리를 한 3차 정제수 사용
2. 시약 : 불순물(중금속 성분) 함량 체크, 유해금속 측정용, 클린 테크닉용 제품 선택
3. 기타 : 충분한 순도의 제품이 시판되지 않는 경우 분액깔때기를 사용하여 불순물을 씻어낸 다음 사용

02

검출한계(LOD)와 정량한계(LOQ)의 의미를 설명하시오.

 1. 검출한계(LOD, limit of detection)
검출한계란 검출 가능한 최소량을 의미하며, 정량 가능할 필요는 없다. 검출한계는 일반적으로 분석기기에 직접 시료를 주입하여 분석하는 경우에는 기기검출한계(IDL, instrument detection limit), 전처리 또는 분석과정이 포함된 경우에는 방법검출한계(MDL, method detection limit)로 구분하기도 한다.
검출한계를 구하는 방법은 3가지 방법이 있다.
① 시각적 평가에 근거하는 방법
② 신호(signal) 대 잡음(noise)에 근거하는 방법
③ 반응의 표준편차와 검정곡선의 기울기에 근거하는 방법
2. 정량한계(LOQ, limit of quantification)
검정농도(calibration points)와 질량분광(mass spectra)을 완전히 확인할 수 있는 최소 수준을 말한다. 일반적으로 방법검출한계와 동일한 수행절차에 의해 수립되며 방법검출한계와 같은 낮은 농도 시료 7개 ~ 10개를 반복 측정하여, 표준편차의 10배에 해당하는 값을 정량한계(LOQ, limit of quantification)로 정의한다. 정량한계(LOQ)의 개념은 시험·검사시스템에서 가능한 범위에서의 검정농도(calibration points)와 질량분광(mass spectra)을 완전히 확인할 수 있는 최소수이다.

03

실험실 내의 정도관리를 위해 수행하는 실험에 대해 설명하시오.

 실험실 내의 정도관리는 시료의 분석 결과에 대한 신뢰성을 부여하기 위해서 반드시 필요하다. 시험 분석 데이터의 품질은 정도관리를 통한 정확도와 정밀도에 의해 평가되며, 정도관리는 분석 결과의 품질을 확보해 주고 과학적, 법적인 보호를 뒷받침할 수 있게 한다.

정도관리를 위해 수행하는 실험은 시료채취, 이동, 보관에 따른 시료의 오염과 손실에 대한 검토, 시료분석 절차에서의 바탕시료, 시료, 표준물질, 정도관리용 시료의 정확도와 정밀도 검토, 검정곡선, 시험검출한계, 기기 검정·교정, 유리기구와 시험기구의 검정·교정, 기기검출한계, 정량범위, 매질 간섭에 대한 검토가 있다.

분석 결과의 정도보증을 위한 절차는 크게 4가지로 구분된다.
1. 기기에 대한 검증
2. 시험방법에 대한 분석자의 능력
3. 시료분석
4. 정도보증

04

검출한계의 종류와 그 의미에 대해 설명하시오.

 검출한계란 검출 가능한 최소량을 의미하며, 정량 가능할 필요는 없다. 검출한계는 일반적으로 분석기기에 직접 시료를 주입하여 분석하는 경우에는 기기검출한계(IDL, instrument detection limit), 전처리 또는 분석과정이 포함된 경우에는 방법검출한계(MDL, method detection limit)로 구분한다.
1. 기기검출한계(IDL, instrument detection limit)
   분석장비의 검출한계는 일반적으로 S/N(signal/noise)비의 2배 ~ 5배 농도, 또는 바탕시료에 대한 반복시험·검사결과 표준편차의 3배에 해당하는 농도, 분석장비 제조사에서 제시한 검출한계값을 기기검출한계로 사용할 수 있다.
2. 방법검출한계(MDL, method detection limit)
   방법검출한계는 어떠한 매질 종류에 측정항목이 포함된 시료를 시험방법에 의해 시험·검사한 결과가 99 % 신뢰수준에서 0보다 분명히 큰 최소 농도로 정의할 수 있다. 방법검출한계 계산은 분석장비, 분석자, 시험방법에 따라 달라질 수 있다.

05

금속 정량분석을 위해 표준물질을 사용하여 검정곡선을 작성한 후 시료를 분석하였으나 흡광도값이 검정곡선상 최고 흡광도를 초과한 경우 대처방안을 설명하시오.

 내삽이 필요하므로 미지시료의 흡광도를 포함하도록 검정곡선을 다시 작성해야 한다. 고농도 영역에서 Lambert – Beer 법칙이 벗어나는 상황을 언급하고 미지시료 희석에 의한 재분석을 설명한다.

06

시료채취기록부에 작성해야 할 사항 및 현장에서 확인할 사항을 설명하시오.

 시료채취기록부에는 배출가스 압력, 배출가스 온도, 임핀저와 실리카젤에 채취된 물의 총량, 건식 가스미터의 가스시료채취량, 측정공 위치의 대기압, 오리피스 압차, 노즐직경 등을 작성하여야 한다. 또한 사업장의 입지여건, 조업상태 및 시료채취장소의 기상상태(날씨, 기온, 풍향, 풍속, 습도, 기압 등) 기록, 시료채취 시 시료로 시료채취장치 및 채취용기 세척, 채취시료는 상온(15 ℃ ~ 25 ℃)을 유지하고 직사광선을 피할 수 있는 차광용기나 차광막이 덮인 용기에 넣어 운반·보관하여 시료채취 후 48시간 이내에 시험한다.

07

대기시료 중 중금속 기기분석 시 검정곡선 작성 절차에 대해 설명하고, RSD, R^2 등 작성된 검정곡선을 검증하는 방법에 대하여 설명하시오.

 1. 검정곡선 작성용 표준용액을 정량범위 내 3개 ~ 5개 농도로 제조하여 분석한다.
2. 얻어진 검정곡선의 직선성 결정계수는 0.99 이상, 감응계수의 상대표준편차는 10 %이다.
3. 검정곡선의 직선성을 검증하기 위하여 각 시료군마다 1회의 검정곡선 검증을 실시한다.
4. 검증은 방법검출한계의 5배 ~ 50배 또는 검정곡선의 중간 농도에 해당하는 표준용액에 대한 측정값이 검정곡선 작성 시의 값과 10 % 이내로 일치해야 한다.

08

등속흡입의 정의를 설명하시오.

 등속흡입(isokinetic sampling)은 먼지시료를 채취하기 위해 흡입노즐을 이용하여 배출가스를 흡입할 때, 흡입노즐을 배출가스의 흐름방향으로 배출가스와 같은 유속으로 가스를 흡입하는 것을 말한다. 샘플링 유속과 주위 기류속도가 달라지면, 입자지름이 큰 입자는 관성력의 영향에 의해 과다 또는 과소하게 채집되어 측정오차가 생긴다.
등속흡입 정도를 보기 위해 다음 식 또는 계산기에 의해서 등속흡입계수를 구하고 그 값이 90 % ~ 110 % 범위 내에 들지 않는 경우에는 다시 시료채취를 행한다.

[참고]

먼지 측정을 위하여 연도에서 포집할 때 굴뚝 내의 유속과 똑같은 속도로 흡입 채취하여야 하는데 이것을 등속흡입이라 한다. 즉, 굴뚝 내 채취지점의 유속(배출가스 유속 : V_s)과 노즐 끝의 유속(기기의 유속 : V_n)이 일치하도록 하여 측정하는 방법이다. 만약 유속이 일치하지 않으면 정확한 먼지 농도의 산출이 어려워진다.

1. $V_n = V_s$ (등속흡입일 경우) : 모든 입자상 물질이 저항 없이 일정하게 흐른다.

2. $V_n > V_s$ (노즐의 유속이 큰 경우)
   ① 배출가스 유속보다 흡입유속이 큼
   ② 관성에 의하여 입자상 물질보다 비중이 적은 가스상 물질이 더 많이 포집됨
   ③ 등속흡입할 경우보다 입자상 물질의 농도가 작아짐

3. $V_n < V_s$ (배출가스의 유속이 큰 경우)
   ① 배출가스 유속보다 흡입유속이 작음
   ② 관성에 의하여 가스상 물질보다 비중이 큰 입자상 물질이 더 많이 포집됨
   ③ 등속흡입할 경우보다 입자상 물질의 농도가 커짐

따라서, 정확한 먼지의 농도를 측정하기 위하여 반드시 등속흡입이 이루어져야 하며 굴뚝 내의 위치, 시간대별로 배출가스의 유속이 달라질 수 있으므로 측정자는 그때 그때의 상황을 면밀히 파악하여 모든 시료채취시간 동안에 거의 근사치, 등속흡입률이 90 % ~ 110 %까지의 허용 오차범위 내에서 시료를 채취하여야 한다.

방법정량한계(PQL)의 의미와 결정하는 방법을 설명하시오.

 방법정량한계(PQL, practical quantification limit)는 방법검출한계(MDL)의 3배에서 10배 사이로 단순히 검출되는 것 이상으로 정확히 측정될 수 있는 최소수이다. 이런 정량한계는 아주 낮은 농도의 시료나 바탕시료를 반복하여 측정할 수 있다.

UV-VIS 분광광도기의 상세 교정절차에 대하여 설명하시오.

 일반적으로 UV-VIS 분광광도계의 검·교정주기는 12개월이며, 분광광도계의 교정방법은 수질오염 공정시험기준에 명시된 내용에 따라 파장눈금, 흡광도의 보정 및 떠돌이빛(stray light)의 유무 조사로 실시할 수 있다.
1. 바탕시료로 기기의 영점을 맞춘다.
2. 한 개의 연속교정표준물질(CCS, continuing calibration standard)로 검정곡선을 그린다. 참값의 5 % 내에 있어야 한다.
3. 분석한 교정검증표준물질(CVS, calibration verification standard)에 의해 검정곡선을 검증한다. 참값의 10 % 내에 있어야 한다.
4. 시료 10개를 분석 시마다 검정곡선에 대한 검증을 실시하며, 바탕시료(reagent blank), 첨가시료, 이중시료를 측정한다.
5. CCS로 검정곡선을 검사하여 검정곡선의 변동을 확인한다.
6. 초기 교정절차에서 언급한 것과 같이 분석과정을 진행한다.

내부표준물질과 대체표준물질을 이용하는 경우 그 목적의 차이를 설명하시오.

 1. 내부표준물질(IS, internal standard)
   내부표준물질은 시료를 분석하기 직전에 바탕시료, 검정곡선용 표준물질, 시료 또는 시료 추출물에 첨가되는 농도를 알고 있는 화합물이다. 이 화합물은 대상 분석물질의 특성과 유사한 크로마토그래피 특성을 가져야 한다. 머무름시간(retention time), 상대적 감응(relative response), 그리고 각 시료 중에 존재하는 분석물의 양(amount of analyte)을 검하기 위해서 내부표준물질(IS)을 사용한다. 내부표준물질법(internal standard methode)에 의해 정량할 때, 내부표준물질의 감응과 비교하여 모든 분석물질의 감응을 측정한다. 내부표준물질 감응은 검정곡선의 감응에 비해 ±30 % 이내에 있어야 한다.
2. 대체표준물질(surrogate)
   대체표준물질은 분석하고자 하는 물질과 화학 조성, 추출, 크로마토그래피가 유사한 유기화합물이다. 하지만 일반 환경에서 통상적으로 검출되는 물질은 아니다. 대체표준물질은 GC, GC/MS로 분석하는 미량 유기물질의 분석에 이용된다.

12

방법검출한계(MDL)의 정의와 계산식에 대해 설명하시오.

해설 1. 정의

방법검출한계는 어떠한 매질 종류에 측정항목이 포함된 시료를 시험방법에 의해 시험·검사한 결과가 99 % 신뢰수준에서 0보다 분명히 큰 최소농도로 정의할 수 있다.

2. 계산식

① 측정항목에 대해 예측된 방법검출한계의 3배 ~ 5배 농도를 포함하도록 7개의 매질첨가시료 (matrix spike sample)를 준비하여 분석한다.

② 7개의 다중 매질첨가시료에 대한 평균값과 표준편차를 구한다.

$$\text{평균값} : \overline{X} = \frac{1}{n}\sum_{i-1}^{n} X_i, \quad \text{편차} : s = \sqrt{\frac{1}{n-1}\left[\sum_{i-1}^{n}(X_i - \overline{X})^2\right]}$$

③ 각 측정항목의 방법검출한계는 다음과 같다.

$$\text{MDL} = 3.143 \times s$$

13

시료분석의 내부정도관리에서 실험실의 정밀도와 정확도를 정의하고, 산출하는 방법을 설명하시오.

해설 1. 정밀도(precision)

실제 참값과 반복 시험·검사한 결과의 일치도, 즉 재현성을 의미한다. 정도는 이중·반복 시료 분석에 따라 확인한다. 이러한 이중·반복 시료들은 방법검출한계(method detection limit) 이상의 측정항목 농도가 포함되거나 매질 첨가를 통해 준비한다. 정밀도는 일반적으로 상대표준편차(RSD, relative standard deviation)나 변동계수(CV, coefficient of variation)의 계산으로 표현한다.

$$\% \text{ RSD} = \frac{s}{\overline{X}} \times 100 \%, \quad \text{CV}(\%) = \frac{s}{\overline{X}} \times 100 \%$$

2. 정확도(accuracy)

정확도는 시험·검사 결과가 얼마나 참값에 근접하는가를 나타내는 척도로서 임의오차(random error)와 계통오차(systemic error) 요소들을 포함한다. 시험·검사 결과값이 참값 또는 기지의 첨가농도와 차이가 나지 않을 때 이 시험·검사는 정확하다고 할 수 있다. 정확도는 정제수 또는 시료 매질로부터 %회수율(%R)을 측정하여 평가한다.

$$\% R = \frac{\text{측정값}}{\text{참값}} \times 100\,(\%) = \frac{\text{표준물질의 첨가량} - \text{미첨가량}}{\text{표준물질의 첨가량}} \times 100\,(\%)$$

14

분석결과를 참값에서 떨어지게 하는 오차(error)의 종류를 예를 들어 설명하시오.

 1. 계통오차(systematic error) : 재현 가능하여 어떤 수단에 의해 보정이 가능한 오차로서, 이것에 따라 측정값은 편차가 생긴다.
2. 우연오차(random error) : 재현 불가능한 것으로 원인을 알 수 없어 보정할 수 없는 오차이며, 이것으로 인해 측정값은 분산이 생긴다.
3. 개인오차(personal error) : 측정자 개인차에 따라 일어나는 오차로서 계통오차에 속한다.
4. 기기오차(instrument error) : 측정기가 나타내는 값에서 나타내야 할 참값을 뺀 값. 표준기의 수치에서 부여된 수치를 뺀 값으로서 계통오차에 속한다.
5. 방법오차(method error) : 분석의 기초원리가 되는 반응과 시약의 비이상적인 화학적 또는 물리적 행동으로 발생하는 오차로 계통오차에 속한다.
6. 검정허용오차(verification tolerance, acceptance tolerance) : 계량기 등의 검정 시에 허용되는 공차(규정된 최대값과 최소값의 차)
7. 분석오차(analytical error) : 시험·검사에서 수반되는 오차

15

굴뚝 배출가스 중 금속화합물을 분석할 때 실험실의 정확도 및 정밀도 시험을 실시할 경우 사용하는 인증표준물질(CRM, Certified Reference Material)의 사용목적 두 가지를 말해보시오.

 1. 사용자가 직접 측정기기나 측정방법을 교정하거나 보정하는 데 사용된다. 인증표준물질을 사용하여 국제적으로 일치된 기준과 비교함으로써 측정결과는 국제적으로 인정된 표준에 소급성을 가질 수 있으며, 국제적 동등성을 확보할 수 있다.
2. 사용자의 측정방법이 정확한 결과를 산출하는가를 시험하여 측정방법의 유효성을 평가하는 데 사용된다. 특히 화학분석 등에서 매질 효과에 의한 간섭 등을 측정절차에서 효과적으로 배제하였는가를 검증하는 데 유용하며, 이 유효성 검증절차는 시험기관의 품질시스템 확립에 필수적이다. 또한 인증표준물질을 품질관리용 시료로 사용하여 매 시험의 신뢰성을 보장하는 데도 사용할 수 있다.

16

바탕시험값이 높게 나오는 원인에 대해 설명하시오.

 매질, 실험절차, 시약 및 측정장비 등으로부터 바탕시험값이 높게 나오는 원인을 확인할 수 있다.

17

전처리기구, 여과지, 일회용품 등의 세척 · 보관 방법을 설명하시오.

 1. 금속성분 용출 가능성이 있는 재질에 대한 사용 금지
2. 금속성분이 흡착되기 쉬운 재질이나 표면을 가진 기구 사용 금지
3. 펄프 먼지나 플라스틱 가루가 날리는 소모품(티슈 등) 사용 금지
4. 사용하기 전에 산 세척(적절한 산 용액에 침지 또는 씻어내림)
5. 먼지가 없는 환경(비닐봉투, 통, 서랍 등)에 넣어 보관

18

분석자 교체, 실험방법 변경 시 분석자의 수행능력 검증을 위한 방법에 대해 설명하시오.

 분석자는 시험방법 수행에 있어 전처리방법의 선택과 수행, 사용 유리 기구 · 장치의 선택, 분석기기 운전에 대한 최적 조건의 설정, 측정결과를 통해 정확도, 정밀도, 검출한계 등을 검토하여 기록하고 문서화한다.

19

실험실에서 일반적으로 주의해야 하는 사항에 대해 아는대로 설명하시오.

 1. 모든 화학물질에는 명칭, 위험성, 주의사항 등을 표기해야 한다.
2. 화학물질의 냄새를 맡거나 맛을 보는 행위는 절대로 금한다.
3. 화학물질은 가능한 한 소량을 사용하고, 미지의 물질에 대해서는 예비실험을 할 필요가 있다.
4. 실험 시 보안경, 마스크, 가운, 장갑 등을 착용한다.
5. 혼자 실험작업을 하지 않도록 하며, 적절한 응급조치가 가능한 상황에서만 실험에 임한다.
6. 수행되고 있는 실험은 항상 지켜보는 습관을 갖고 방치하지 않는다.
7. 실험실 내 화학물질 보관장소 및 냉장고에 음식물을 보관하지 않으며, 실험실 내에서 음식물을 섭취하거나 흡연하지 않는다.
8. 실험 후에는 반드시 노출된 피부를 씻는다.
9. 실험실은 항상 정리정돈하고 청결한 상태로 유지한다.
10. 실험실 내 청각 유해인자가 존재한다고 판단되면 소음을 측정하여 측정된 결과값에 따라 조치를 취한다.

20

환경모니터링을 위한 시료분석의 측정결과에 대한 보증을 위해서는 환경모니터링 계획단계부터 실험실 정도보증(laboratory quality assurance)을 수행하여야 한다. 환경모니터링의 단계별 실험실 정도보증 요소에 대해 설명하시오.

 실험실 정도보증(laboratory quality assurance)은 믿을 수 있는 분석자료와 신뢰성 높은 결과를 얻을 수 있도록 표준화된 순서를 규정하는 실험실 운용계획이다. 따라서 정도보증은 실험실에서 양질의 분석자료와 결과를 얻을 수 있도록 하는 지침을 제공해준다. 환경모니터링의 단계별 실험실 정도보증 요소는 다음과 같다.

1단계 : 프로그램에서 확인하고자 하는 현재의 문제점을 규정하고, 시료채취 프로그램 설계팀을 구성하며, 분석에 필요한 예산을 산정하여 채취일정을 계획한다.

2단계 : 1단계의 사항을 검토하여 확정하고, 의문점에 대한 해결방법을 모색한다.

3단계 : 결정에 필요한 정보를 수집하여 확인한다. 자료의 출처, 기본 행동수칙, 시료 채취 및 분석법을 확인한다.

4단계 : 프로그램의 조사활동 영역을 설정한다. 시료의 특성을 규정하고, 시료채취 시의 시 공간적 제한을 규정하고, 의사결정단위를 설정한다.

5단계 : 의사결정에 필요한 규칙을 개발하고, 수집된 시료의 결과값에 대한 통계처리방법을 개발한다.

6단계 : 5단계의 통계처리방법을 통해 측정결과의 에러가 허용기준 이내 범위인지 판단한다.

7단계 : 확보된 데이터에 대해 효율성을 평가한다.

21

환경모니터링을 위한 환경시료 분석에 있어 정확한 분석을 위해 다양한 정도관리 프로그램 절차(procedure)를 수행하여야 한다. 이에 대해 설명하시오.

 1. 내부 정도관리

내부 정도관리 프로그램을 통하여 코드, 정도관리물질을 입력하고, 정도관리의 주기, 결과치 허용범위를 설정하여 각 부서에서 다음과 같이 관리한다.

① 내부 정도관리에는 시행일, 시행항목, 시행 시 보고주기, 보고대상, 정도관리결과치, 이상치와 이상치의 발견 시 검사실의 조치사항 등을 기록하여 보관해야 한다.

② 각 검사실에서는 내부 정도관리 자료를 보관하고, 정도관리 허용범위를 설정한 후 기재하여야 한다.

③ 각 검사실에서는 내부 정도관리 허용기준에 따른 적합 여부를 확인하여 기록한 후 보관한다.

④ 내부 정도관리 결과가 허용범위를 벗어날 경우, 적절한 조치를 취한 후 확인·서명하는 절차를 거쳐 보고한다.

2. 외부 정도관리

① 국내 외부 정도관리 프로그램에 규칙적으로 참여한다.

② 외부 정도관리 결과 이상치를 발견 시에는 이상결과에 대하여 조차한 후 확인·서명한다.

3. 내·외부 정도관리 결과를 보고하기 전에 발견한 심각한 사무적 착오, 분석오차 및 비정상적인 검사결과를 점검하고 적절한 시간 내에 수정하여 보고하도록 한다.

22

회수율 검토를 위한 실험과정과 평가방법을 설명하시오.

 회수율이란 여과지에 채취된 성분을 추출과정을 거쳐 분석 시 실제 검출되는 비율을 말하는 것으로 회수율 검토를 위한 실험과정과 평가방법은 다음과 같다.

1. 실험과정

   회수율 실험을 위한 첨가량은 측정대상 물질의 작업장 예상농도 일정 범위(0.5배 ~ 2배)에서 결정한다. 이러한 실험의 목적은 여과지의 오염, 시약의 오염 여부 및 분석대상 물질이 실제로 전처리과정 중에 회수되는 양을 파악하여 보정하는 데 있으며, 그 시험방법은 다음과 같다.

   ① 회수율 실험을 위한 첨가량을 결정한다.

   ② 예상되는 농도의 3가지 수준(0.5배 ~ 2배)에서 첨가량을 결정한다. 각 수준별로 최소한 3개 이상의 반복 첨가시료를 나음의 방법으로 조제하여 분석한 후 회수율을 구하도록 한다.

2. 평가방법

   ① 회수율은 최소한 75 % 이상이 되어야 한다.

   ② 회수율 간의 변이가 심하여 일정성이 없으면 그 원인을 찾아 교정하고 다시 실험을 실시해야 한다. 분석된 회수율 검증시료를 통해 아래와 같이 회수율을 구한다.

   $$회수율(RE, recovery) = \frac{검출량}{첨가량}$$

23

환경시료 분석에 있어 분석결과의 신뢰성을 확보하기 위하여 수행하여야 하는 정도관리를 설명하시오.

 1. 시료 채취 · 운송 · 보관에 따른 시료의 오염과 손실에 대한 검토, 시료 분석절차에서의 바탕시료, 시료표준물질, 정도관리용 시료의 정확도와 정밀도 검토, 검정곡선, 방법검출한계, 기기검정, 유리기구와 시험기구의 검정 및 교정, 기기 검출한계, 정량범위, 매질 간섭 등에 대한 검토가 이루어져야 한다.

2. 정도관리 수행계획은 실제 시료의 분석에 앞서 세워야 하며, 새로운 시험방법, 새로운 분석장비, 새로운 분석자에 대해서는 사전에 능력 검증이 이루어져야 한다. 모든 실험실, 분석자, 분석장비, 시료에 대해 똑같이 적용할 수는 없지만 기술적 · 경제적 여건에 따라 실험실 혹은 분석자가 수용 가능한 범위에서 행해야 한다.

3. 정도관리는 환경시험검사의 가장 근본이 되는 규정으로, 분석결과가 산출되고 시험성적서가 발급되는 모든 분석업무가 정도관리에 따라 수행된다면 신뢰도가 확보될 수 있으므로 정도관리에 따른 분석결과는 정확도와 신뢰도가 보증된 결과라고 할 수 있다.

24

시료 분석 시 발생되는 계통오차를 검출하는 방법을 2가지 이상 제시하시오.

 계통오차는 특정 원인에 의해 발생하는 오차로 그 원인, 즉 측정분석시스템상 측정방법, 측정기기, 측정환경, 측정분석자 등의 원인을 찾아 통제가 가능하다. 시료 분석 시 발생되는 계통오차를 검출하는 방법은 다음과 같다.

1. 표준기준물질(SCM)과 같이 조성과 그 분석값을 알고 있는 값을 재현할 수 있는 시료를 분석한다.
2. 분석성분이 들어있지 않은 바탕시료를 분석한다. 만일 측정결과가 0이 되지 않으면 분석방법은 0보다 큰 값을 나타낼 것이기 때문이다.
3. 같은 양을 측정하기 위하여 여러 가지 다른 방법을 이용한다. 만일 각각의 측정방법에서 얻은 결과가 일치하지 않는다면 한 가지 또는 그 이상의 방법에서 오차가 발생할 것이기 때문이다.
4. 같은 시료를 각기 다른 실험실이나 다른 실험자가 분석한다. 예상한 우연오차 이외에 일치하지 않는 결과는 계통오차이기 때문이다.

25

측정결과에 대한 상대정확도(relative accuracy)의 의미와 구하는 방법에 대하여 설명하시오.

1. 의미
   상대정확도는 측정값이나 평균값을 참값에 대한 백분율로 나타내는 방법이다.
2. 구하는 방법

$$상대정확도(\%) = \frac{측정값(평균값)}{참값} \times 100$$

26

전기식 지시저울의 교정방법을 설명하시오.

1. 저울의 교정은 수시교정, 상시교정, 정기교정으로 구분되며, 수시교정과 상시교정은 사용자가 국제법정계량기구의 분동을 이용하여 직접 수행하고, 정기교정은 국가교정기관에 의해 1년 주기로 교정한다.
2. 수시교정과 상시교정에 사용되는 분동은 정밀계기용(M1 등급) 이상의 분동으로 국가교정기관에 의해 2년 주기로 교정받은 것을 사용한다.
3. 교정에 필요한 분동의 질량은 전자저울의 측정범위 또는 자주 사용되는 질량의 범위 내에서 선택한다.

27

반복시료(replicate sample), 이중시료(duplicate sample), 분할시료(split sample)를 각각 설명하시오.

 1. 반복시료(replicate sample)

둘 또는 그 이상의 시료를 같은 지점에서 동일한 시각에 동일한 방법으로 채취된 것을 말하며, 동일한 방법으로 독립적으로 분석된다. 반복시료를 분석한 결과로 시료의 대표성을 평가한다.

2. 이중시료(duplicate sample)

한 개의 시료를 두 개(또는 그 이상)의 시료로 나누어 동일한 조건에서 측정하여 그 차이를 확인하는 것으로 분석의 오차를 평가한다.

3. 분할시료(split sample)

하나의 시료가 각각의 다른 분석지 또는 분석실로 공급되기 위해 둘 또는 그 이상의 시료 용기에 나뉘어진 것을 말한다(나뉘기 전에 충분히 혼합되어야 함). 이것은 분석자 간 또는 실험실 간의 분석 정밀도를 평가하거나 시험방법의 재현성을 평가하기 위해 사용된다.

28

측정결과에 대한 정밀도의 표현방법을 간략히 설명하시오.

정밀도의 표현방법으로는 표준편차가 가장 일반적으로 사용되며, 그 외에도 평균의 표준오차, 분산(variance), 변동계수(CV), 상대범위, 상대표준편차, 상대차이백분율(RPD) 및 퍼짐(spread) 또는 범위(range)가 있다.

29

연속검정표준물질(CCS, Continuing Calibration Standard)에 대하여 간략히 설명하시오.

 1. 시료를 분석하는 중에 검정곡선의 정확성을 확인하기 위해 사용하는 표준물질로서 일반적으로 초기 검정곡선 작성 시 중간농도 표준물질을 사용하여 농도를 확인한다.

2. 연속검정은 검정곡선이 평가된 후 바로 실시하는데, 시료군의 분석과정에서는 표준물질의 농도 분석결과의 편차가 5 % 범위 이내여야 하며, 이를 만족하면 계속해서 남은 시료를 분석한다.

30

분석상 발생하는 계통오차 3가지를 설명하고 오차를 확인하는 방법 3가지를 각각 설명하시오.

 1. 기기오차
　① 측정기구의 불완전성(온도 변수, 내부오염)
　② 측정기기의 불완전성(온도 변화, 전력공급의 변화)
　③ 측정기구 및 기기의 잘못된 검정
2. 방법오차
　① 분석과정에서 이루어지는 물리적 반응의 불완전성
　② 분석과정에서 이루어지는 화학적 반응의 불완전성
　③ 시약의 비선택성
3. 개인오차
　① 실험자의 부주의
　② 무관심
　③ 개인적인 한계

31

실험실에 시료 보관을 위한 시설을 설치하려고 한다. 이 시설을 구성하는 데 반드시 감안해야 할 요소에 대해 설명하시오.

 1. 최소한 3개월분의 시료를 보관할 수 있어야 하며, 시료의 변질을 방지하기 위해 시료 보관실 온도를 약 4 ℃로 유지할 수 있어야 한다.
2. 시설 내부에서도 잠금장치를 풀 수 있어야 하며, 일정 기간 전기 공급이 되지 않아도 최소 1시간 정도 4 ℃를 유지할 수 있는 별도의 무정전 전원공급시스템을 설치하는 것이 좋다.
3. 시료의 장시간 보관 시 변질로 인해 악취가 발생할 경우를 대비하여 환기시설을 설치하여야 한다.
4. 보관실 벽면에 수분의 응축이 발생하지 않도록 상대습도를 25 % ~ 30 %로 조절해야 하며, 배수 라인을 별도로 설비하여 바닥에 물이 고이지 않도록 해야 한다.
5. 조명은 시료의 기재사항 확인 및 작업이 가능하도록 최소한 75 lux 이상이어야 한다.
6. 냉장 또는 냉동 기기를 사용하는 곳의 천장과 벽면 내부는 스테인리스 스틸로 마무리하고, 시설 내부에서 사용되는 선반 등의 기구도 녹이 슬지 않는 재질로 하며, 조명은 고정되어 있되 방수기 능이 있어야 한다.
7. 시료의 특성상 독성 물질, 방사성 물질 및 감염성 물질 등의 시료는 별도의 공간에 보관(소형 냉장고 또는 별도의 냉장시설도 가능)해야 하며, 보관조건 등이 기재되어야 하고, 안전장치를 반드시 설치하고 물질에 대한 사용 및 보관 기록을 유지하여야 한다.

CHAPTER

03 일반항목 분석, 중금속 분석, 유기물질 분석

01

굴뚝에서 입자상 시료를 채취하기 위한 시료채취장치 구성순서를 설명하시오(실습 포함).

 샘플링 probe – 시료채취병(임핀저) – 체크밸브 – 가스펌프 – 건식 가스미터 순으로 설명한다.

02

굴뚝 배출온도가 80 ℃로 낮고 액적이 존재하는 조건에서 굴뚝에서 염화수소(HCl) 반자동 시료채취 시 유의점을 설명하시오.

해설 액적이 존재하는 조건인 경우 염산가스가 액상에 녹아 있을 확률이 높으며 액적 채취율에 따라 HCl 측정농도의 결과값이 변화할 수 있다. 따라서 가스상 측정법임에도 불구하고 먼지농도 측정 때와 같이 등속흡입법을 이용하여 시료를 채취하고 가스 흡입관의 가열을 통한 액적의 응축을 방지하여야 한다.

03

기체 크로마토그래프의 검출기인 전자포획검출기(ECD), 질소인검출기(NPD), 광이온화검출기(PID)의 원리를 각각 설명하시오.

해설 1. 전자포획검출기(ECD, Electron Capture Detector)
   방사성 물질인 Ni-63 혹은 삼중수소로부터 방출되는 β선이 운반기체를 전리하여 전자포획검출기 셀(cell)에 전자구름이 생성되며 전자친화력이 큰 화합물이 전자를 포획하면 전류가 감소하는 것을 이용하는 방법으로 전자친화력이 큰 원소를 선택적으로 검출하는 것을 이용한다.
2. 질소인검출기(NPD, Nitrogen Phosphorous Detector)
   알칼리금속염의 튜브를 부착한 것으로 가열된 알칼리금속염이 촉매작용으로 질소나 인을 함유하는 화합물의 이온화를 증진시켜 유기질소 및 유기인 화합물을 선택적으로 검출하는 것을 이용한다.
3. 광이온화검출기(PID, Photo Ionization Detector)
   자외선(UV) 램프에서 발산하는 120 nm의 빛이 화합물을 이온화시키는 것을 이용하여 측정한다.

04

기체 크로마토그래피에서 사용하는 다음 검출기의 원리를 설명하시오.

(1) TCD
(2) FID
(3) FPD

해설 (1) TCD는 기체 오염물질의 농도에 따른 열전도도의 차이를 이용한다. 운반기체로 수소나 헬륨을 사용하는데 이들 기체가 대부분의 유기/무기화합물보다 열전도도가 크므로, 분석물질에 의해 감소된 열전도도를 측정한다.
(2) FID는 대기오염 분석에서 가장 널리 사용되는 검출기 중의 하나로서 시료가 불꽃 속을 통과할 때 이온화되고 이러한 이온들이 전류를 흐르게 한다. 전류량은 분석물질 농도에 비례하므로 전류량을 측정하여 농도를 산정한다. 운반기체는 질소와 헬륨을 사용한다.
(3) FPD는 특정 원자에만 고감도를 나타내는 선택성 검출기로서 황과 인화합물 분석에 이용된다. 수소불꽃 내에서 특정한 발광파장을 검출한다(황 : 392 nm, 인 : 526 nm). 연료가스는 수소, 운반기체는 질소와 헬륨을 사용한다.

05

일산화탄소(CO)와 이황화탄소(CS$_2$)를 기체 크로마토그래피로 분석하고자 할 때, 사용하는 검출기를 제시하시오.

해설 일산화탄소(CO) 검출에는 열전도도검출기(TCD ; thermal conductivity detector) 혹은 메탄화 반응장치가 있는 수소염이온화검출기(FID ; flame ionization detector)를 사용한다.
[참고]
이황화탄소 검출에는 불꽃광도검출기(FPD ; flame photometric detector)가 사용된다.

06

일산화탄소(CO)와 이황화탄소(CS$_2$)를 기체 크로마토그래피로 분석 시 유령피크(ghost peak)가 나타날 경우 원인과 해결방안을 제시하시오.

해설 유령피크는 다양한 원인에 의해 발생한다. 주입구 오염(septum, linear), 이동기체 중 불순물, 실린지 오염, 세척용매 오염, 이전 시료에 함유되었던 화합물의 칼럼 내 흡탈착, 칼럼 블리딩(breeding) 등이 있으며, 이를 해결하기 위해서는 주입구 소모품 교체, 세척, 칼럼 교체, 공시료 분석, 사용 용매 교체, 이동기체 순도 확인 등 다양한 해결방법이 있다.

07

대기 중 중금속을 High vol sampler, PM₁₀ sampler, PM₂.₅ sampler, cascade impactor 등을 사용할 때 공기 포집부피를 계산하기 위한 항목을 설명하시오.

 측정시간, 그리고 표준상태 유량으로 환산하기 위한 온·습도, 압력 등에 대해 설명하고, 입자상 물질 포집 시 유량계가 여과지 후단에 위치해야 하는 상황과 함께 leak 발생에 의한 실제 유량의 저하를 설명한다.

08

대기시료 채취 시 각 장비별 유의사항 및 오차를 많이 주는 요인과 대기시료 채취 전 leak test 의 중요성을 설명하시오.

 1. High vol sampler는 주기적으로 calibration을 실시하여 펌프 바로 전단에 설치된 마그넬릭 게이지와 그때의 유량을 정확하게 검정 작성하여야 한다.
2. PM₁₀ 및 PM₂.₅ sampler는 공기흡입부, 분립장치, 유량조절부, 여과지, 유량조절부 등으로 구성된다. 이때 입자의 크기는 분립장치에서 결정되며 설정유량으로 흡입하여야 정확한 대상 크기의 입자를 포집할 수 있다. 따라서 leak test 및 설정유량 흡입 확인 등이 매우 중요하다고 할수 있다. 그리고 지속적으로 impactor나 cyclone을 세척하거나 여지 교환을 하여야 한다.
3. cascade impactor의 경우에도 입경별 먼지포집을 위해서 정확한 흡입유량이 중요하며 이 때문에 후단에서의 정확한 압력 측정이 중요하며 설정된 압력을 벗어났을 시 세척 및 leak check 등을 수행하여야 한다(sampler 전단과 후단에서의 유량 차이를 통해 leak를 점검하는 방법과 함께 압력강하가 많이 일어나는 cascade impactor와 같은 경우, 후단에서의 정확한 압력 측정의 중요성까지 언급하면 된다).

09

굴뚝에서 배출되는 배출가스 중 중금속을 원자흡수분광광도법으로 측정할 때 간섭물질 형태 및 해결방안은 무엇인가?

 1. 광학적 간섭
  • 분석하고자 하는 금속과 근접한 파장에서 발광하는 물질 존재 시 주로 발생, 다른 파장을 사용하여 다시 측정함, 표준물질첨가법 사용
  • 시료 분무 시 점도와 표면장력의 변화 등 매질효과에 의하여 발생, 시료를 희석함, 표준물질 첨가법 사용
  • 분석대상 원소보다 이온화 전압이 더 낮은 원소를 첨가하거나 용매추출법을 사용하여 측정원소를 추출하여 분석, 표준물질 첨가법 사용
2. 분석상의 화학적 간섭
  용매추출법을 사용하여 측정 원소를 추출하여 분석하거나, 표준물질첨가법을 사용하여 간섭효과를 줄일 수 있다.

10

대기시료 중금속 시험 중 분석대상 중금속이 미량일 경우 분석효율을 높이기 위한 방안은 무엇인가?

 용매추출법을 이용한다.

11

굴뚝에서 배출되는 배출가스 중 중금속을 유도결합플라스마 분광법으로 분석하여 내부표준법에 의한 검량선을 작성할 때 내부표준원소의 선정조건을 설명하시오.

 1. 시료 중에 함유되어 있지 않을 것
2. 주기율표상에서 동족원소 또는 아주 가까운 원소일 것
3. 여기 포텐셜의 값과 근사할 것
4. 단위전위의 값, 즉 이온화 경향을 나타내는 전기화학적인 견지에서 근접된 원소일 것
5. 비점과 승화점이 비슷하고 화합물로서 휘발성이 비슷할 것
6. 이용하는 용매나 공존물질의 반응성, 용해도, 침전 생성의 가능성이 비슷할 것

12

굴뚝에서 배출하는 페놀을 채취하여 GC로 분석하고자 한다. 흡수된 시료를 용매 추출하고자할 때 가장 주의할 점 한 가지만 설명하시오.

 배출가스에 다량의 유기물이나 염기성 유기물이 오염되어 있을 경우에 알칼리성에서 추출하여 제거할 수 있으나, 이때 페놀이나 2,4-다이메틸페놀의 회수율이 줄어들 수 있으므로 주의해야 한다.

13

환경대기 중 고체 흡착 열탈착법에 의하여 VOCs 농도를 정량하는 과정에서 calibration 과정을 설명하시오.

 가장 정확한 정량을 위해서는 실제 시료와 비슷한 농도 수준인 저농도 VOC 표준가스를 흡착관에 흡착시켜 각 성분의 흡착효율과 돌파부피를 확인할 수 있는 calibration 흡착관을 만들어 시료를 채취한 흡착관을 분석하는 동일한 방법으로 사용한다. 그렇지 못할 경우에는 액상 표준용액을 GC injection port로 주입하여 기체로 기화시켜서 흡착관에 흡착시킨 calibration 흡착관을 만들어 사용한다.

14

대기시료 중 PAHs를 GC로 분석할 때, 바탕선이 높아질 경우 분석자의 조치사항은 무엇인가?

 바탕선이 높아지는 원인을 찾아 원인을 규명한 후 재분석하여 결과를 산출한다. 기기와 칼럼을 체크한다. 칼럼의 노화상태, 충분한 칼럼 컨디셔닝이 이루어졌는지 여부 등을 점검하여 오류가 있었다면 수정 후 재분석한다. 시료의 점검을 위해서 GC 분석용 시료의 준비과정에서 불순물 clean-up 여부 등 측정하고자 하는 물질 이외 극성이 높은 화합물들이나 수분 등이 존재할 수 있다면 실리카젤 마이크로 clean-up 칼럼 등을 이용하여 시료를 clean-up하여 재분석한다. 또한 실험실 혹은 칼럼 오븐의 온도가 불안정할 경우 베이스 라인의 불안정이 종종 발생하므로 실내 온도를 일정하게 유지할 수 있도록 하기 위해 문 옆이나 직사광선을 받을 수 있는 장소를 피해 GC 장비를 설치하여야 한다.

15

기체 크로마토그래프(GC)를 운영할 때 바탕선(baseline)의 불안정은 대부분 오염에 의하여 발생하는데 이를 피할 수 있는 방법, 즉 바탕선의 안정화를 위하여 우선적으로 칼럼의 세척과 Conditioning을 실시한다. 여기서 칼럼 구매 후 처음 사용 시 Conditioning을 위한 조작법에 대하여 순서대로 설명하시오.

 1. 구입한 Column을 연결하되 Detector 부분은 연결하지 않는다.
2. 적당한 운반가스 유량(carrier flow)을 흘려주면서 칼럼의 내경에 맞는 유량을 맞춘다.
3. 오븐 온도를 100 ℃로 하여 약 1시간 동안 운반가스를 흘려준 후, 칼럼 Conditioning 온도까지 분당 2 ℃ ~ 3 ℃씩 상승시킨 후 Overnight를 한다(약 12시간 정도 소요됨).
[참고]
Conditioning 온도는 Column 충전물이 견딜 수 있는 한계온도보다 30 ℃ 낮은 온도에서 실시해야 칼럼이 손상되지 않는다. 이 경우에도 실험실 혹은 칼럼 오븐의 온도가 불안정할 경우 바탕선의 불안정이 종종 발생하므로 실내온도를 일정하게 유지할 수 있도록 하기 위해 문 옆이나 직사광선을 받을 수 있는 장소를 피해 GC 장비를 설치하여야 한다.

16

Capillary column을 사용한 기체 크로마토그래프(gas chromatograph)에서 각 peak 사이의 간격을 늘릴 수 있는 방법, 즉 각 피크 사이의 분해능(resolution)을 늘릴 수 있는 방법을 설명하시오.

 2개의 접근한 봉우리의 분리정도를 나타내기 위하여 분리계수 또는 분리도를 가지는 것을 분해능 이라고 하며, 이 분해능을 늘리기 위해서는 운반가스의 유속을 느리게 하거나 승온 온도를 줄이는 방법이 있다.

17

방법검출한계(MDL)와 방법정량한계(PQL)를 결정할 때 사용되는 S/N ratio법과 σ법에 대해서 설명하시오.

1. S/N ratio 방법에서는 바탕시료에 대상물질 위치에서 방해하는 피크가 없을 때 주로 사용하는 방법으로서 일반적으로 S/N > 3 ~ 5 이상인 값을 MDL로 결정하며, S/N > 10 이상인 농도를 PQL로 결정한다.
2. σ법은 검출한계로 예상되는 농도수준(IDL로부터 예측 가능)의 2배 ~ 3배 정도되는 농도에서 반복(보통 7회 이상)실험을 거쳐 계산되는 표준편차(σ)를 구한 후 Students' T - value를 이용해서 계산하는 방법으로 n-7회일 때 3.14σ를 방법검출한계로, 10σ를 방법정량한계로 한다.

18

바탕시료의 정도관리 요소로 방법바탕시료와 시약바탕시료의 차이를 설명하시오.

1. 방법바탕시료(method blank)는 시료와 유사한 매질을 사용하여 추출, 농축, 정제 및 분석과정에서 측정한 것을 말하며, 이때 매질, 실험절차, 시약 및 측정장비 등으로부터 발생하는 오염물질을 확인할 수 있다.
2. 시약바탕시료(regent blank)란 시료를 사용하지 않고 추출, 농축, 정제 및 분석과정에 따라 모든 시약과 용매를 처리하여 측정한 것을 말하며, 이때 실험절차, 시약 및 측정장비 등으로부터 발생하는 오염물질을 확인할 수 있다.

19

AA와 ICP의 측정방식의 차이점 및 물리·화학적 간섭현상과 간섭 해소방안을 설명하시오.

1. 분석 대상체 자체에 의한 오차 발생
   분석 대상체가 아주 안정한 화합물일 경우, AA나 ICP 모두 불꽃을 이용하여 분석 대상체를 원자화하기 어렵다. 이때는 보다 높은 온도의 불꽃을 사용하거나 액액 추출이나 이온교환을 통해서 전처리를 수행한다.
2. 배경오차
   불꽃가스에서 배출되는 광에 의한 간섭(ICP)이나 분석 대상체의 발광에 의한 오차(AA)가 생긴다. 이때는 불꽃을 바꾸거나 다른 발광방법을 모색(AES) 또는 발광소스를 조정(AA)한다.
   불꽃 속에 포함된 분자들에 의한 흡광과 분광으로 배경오차가 발생한다. 이때는 중수소아크, zeeman 분광 보정 등을 통해서 배경 흡광이나 분광을 보정한다.
3. 스펙트럼의 간섭
   다른 원자나 그것의 산화물에 의한 흡광 혹은 발광한다. 이때는 보다 좁은 slit를 사용하거나 다른 분석방법을 모색한다.

20

굴뚝에서 배출되는 배출가스를 채취할 때 오존발생장치를 사용하여 분석하는 대기오염물질과 그 이유는 무엇인가?

 질소산화물을 아연환산 나프틸에틸렌디아민법으로 분석할 때 배출가스 중 NO_x를 O_3 존재하에 물에 흡수시켜 NO_3^-으로 만든 후 분말금속 아연을 가하여 NO_2^-로 환원하여 분석한다.

21

기체 크로마토그래피법으로 대기오염물질인 유기물질을 분석할 때 크로마토그램의 피크에 대한 분리의 평가 시 분리관의 효율이 높아지기 위한 이론단수(N)값, 1이론단에 해당하는 분리관의 길이(HETP)값의 상관관계를 설명하시오.

 N 값이 클수록 같은 머무름시간에서 피크 폭이 좁아져 분리관 효율이 높아지고, HETP 값이 적을수록 피크 폭이 좁아져 분리관 효율이 높아진다.

22

대기환경보전법 시행규칙 제15조 관련 별표 8 '대기오염물질의 배출허용기준' 중 배출허용기준 값 옆에 괄호 형태로 나타낸 표준산소농도를 이용하여 오염물질의 농도 보정을 행하는 이유는?

 연소 시 과잉공기의 양을 많게 하여 공기 중의 산소(O_2)와 질소(N_2)의 부피가 커져 오염물질의 농도를 낮추려는 속임수를 방지하고자 함이며, 이러한 경우 보일러의 효율이 떨어지기 때문에 에너지 손실이 커지는 것을 방지하면서 배출허용기준치를 만족하는 효과를 본다.

23

흡광차분광법(DOAS)에서 분석할 수 있는 대기오염물질의 종류와 분석장치의 분석시스템 구성을 말하시오.

 1. 분석대상 대기오염물질
　　아황산가스, 질소산화물, 오존
　2. 분석시스템 구성
　　• 광원부 – 발광부(제논램프)/수광부 및 광케이블
　　• 분석기 – 분광기(czerny-turner 방식이나 holographic 방식), 샘플채취부, 검지부(광전자
　　　　증배관이나 PDA), 분석부(library & S/W), 통신부(유·무선 internet)

24

검정곡선의 작성방법인 상대검정곡선법, 절대검량선법, 표준물첨가법의 사용방법과 장단점을 설명하시오.

 1. 상대검정곡선법

내부표준물질이란 분석물질과 다른 화합물로서, 미지시료에 첨가하는 아는 양의 화합물을 말한다. 분석물질의 신호와 내부표준물질의 신호를 비교하여 분석물질이 얼마나 들어 있는지 알아낸다. 내부표준은 분석할 시료의 양 또는 기기의 감응이 조절하기 어려운 이유로 매 측정마다 조금씩 변할 때 특히 유용하다.

내부표준물질로 사용하는 물질은 화학적 성질이 분석대상 물질의 성질과 유사하여야 하고, 측정 범위 및 파장도 너무 크게 차이가 나지 않아야 한다. 내부표준을 이용하기 위하여 표준물과 분석 물의 아는 혼합비를 준비하고, 두 화학종에 대한 검출기의 상대적 감응을 측정한다. 그러나 검출 기는 일반적으로 각 성분마다 다른 감응을 보인다.

2. 절대검량선법

검량선은 적어도 3종류 이상의 농도나 중량의 표준시료용액에 대하여 실시하고, 표준물질의 농도나 중량을 가로축에, 피크의 면적을 세로축에 취하여 그래프를 작성한다. 이 방법은 분석시료의 조성과 표준시료의 조성이 일치하거나 유사하여야 한다.

3. 표준물질첨가법

같은 양의 분석시료를 여러 개 취하고, 여기에 표준물질이 각각 다른 농도로 함유되도록 표준용액을 첨가하여 용액을 만든다. 이어 각각의 용액에 대한 흡광도를 측정하여 가로축에 용액 영역 중의 표준물질 농도를, 세로축은 흡광도나 반응치를 취하여 검량선을 그린다. 목적성분의 농도는 검량선이 가로축과 교차하는 점으로부터 첨가 표준물질의 농도가 0인 점까지의 거리로써 구한다. 표준물질첨가법은 시료의 조성이 잘 알려져 있지 않거나, 복잡하여 분석신호에 영향을 줄 때 효과적이다.

높은 점도나 분석물질과의 화학반응 등과 같은 이유로 인해 시료 매트릭스에 의한 신호 크기가 감소(증가)하는 현상이 있는데, 이들에 의해 발생하는 오차를 최소화하기 위하여 사용한다. 미지 시료의 농도는 감응인자(RF ; response factor)에 의하여 계산된다.

25

다음과 같이 배출가스의 등속흡입이 이루어지지 않을 경우, 즉 비등속흡입 시 채취된 먼지 농도의 값은 어떻게 되는가?

(1) 노즐 끝에서의 흡입속도가 굴뚝 내 배출가스의 유속보다 클 때
(2) 노즐 끝에서의 흡입속도가 굴뚝 내 배출가스의 유속보다 적을 때

 (1) 배출가스의 유선이 구부러져 먼지는 관성에 의해 그냥 흘러가 버려 노즐 흡입구에 유입되지 않고 그대로 통과하고 만다. 따라서 먼지농도의 측정결과는 실제의 농도보다 적어진다.
(2) 측정농도는 실제보다 커진다.

26

기체 크로마토그래프(GC)를 운영할 때 칼럼(column)의 커팅 시 다음 주어진 조건에 따른 내용을 밝히시오.

(1) 비휘발성 물질의 제거를 위한 요령을 설명하시오.
(2) 칼럼 단면의 모양에 대해 설명하시오.
(3) 검출기로 전자포획검출기(ECD)를 사용할 경우 칼럼 오염으로 인한 문제점을 설명하시오.

 (1) 측정대상이 되는 대부분의 시료들은 칼럼의 앞단에서 주로 머물러 문제를 야기시키므로 적절한 칼럼의 커팅과 사용으로 보다 나은 데이터를 확보할 수 있다. 일반적으로 시료가 유입되는 칼럼의 앞단을 20 cm ~ 50 cm 정도를 잘라내면 비휘발성 물질의 제거가 가능하다.
(2) 칼럼 단면은 일자로 정확하게 잘려야 가스의 누출 및 시료 오염성이 적기 때문에 보다 나은 데이터를 확보할 수 있다. 커팅 시 깨끗한 장갑을 착용하도록 하며, 특히 디텍터로 들어가는 부분의 칼럼 끝부분을 손으로 만지거나 오염된 부분에 닿지 않도록 한다.
(3) 칼럼을 맨손으로 만지면 디텍터의 오염을 야기할 가능성이 있고, 특히 검출기가 ECD인 경우 시그널이 심각하게 올라가 디텍터의 클리닝이 필요한 경우가 발생할 수 있다. 또한 칼럼이 깨끗이 절단되지 않아 부스러기가 발생할 경우 디텍터로의 연결부분이 막히거나 하는 경우가 발생할 가능성이 있다.

27

기체 크로마토그램의 불안정 Peak 발생 원인에 대하여 4가지 정도 설명하시오.

 1. 칼럼이 오염되어 있을 경우
2. 기기 시스템의 오염이 있을 경우
3. 가드 칼럼의 오염이 있을 경우
4. 주입 이전의 분석물질이 완전히 제거되지 않아 나올 경우
[참고]
가드 칼럼(guard column)이란 비타겟물질들이 분석칼럼으로 들어가기 전 필터링이나 흡착반응을 통해 한 번에 제거해주는 칼럼을 말한다.

28

환경대기 중 먼지 측정을 위하여 유리섬유여과지를 사용하였다. 원자흡광광도법으로 중금속을 분석할 때 여과지 중 금속성분으로 가장 많이 함유되어 있어 대기 중 농도를 정량할 수 없는 성분을 4가지 정도 설명하시오.

 1. 아연(Zn)
2. 소듐(Na)
3. 철(Fe)
4. 칼슘(Ca) 또는 마그네슘(Mg)

29

굴뚝 배출가스 중 중금속 측정 시 배출가스의 온도(120 ℃ 이하, 500 ℃ 이하, 1,000 ℃ 이하)에 따른 여과지의 종류를 말하고, 분석할 때 여과지 자체에 존재하는 바탕치로 인하여 어떤 여과지가 가장 적합하지 않은지를 설명하시오.

 1. ① 굴뚝 배출가스의 온도 120℃ 이하 : 셀룰로오스 섬유제 여과지
　② 굴뚝 배출가스의 온도 500℃ 이하 : 유리 섬유제 여과지
　③ 굴뚝 배출가스의 온도 1,000℃ 이하 : 석영 섬유제 여과지
2. 유리 섬유제 여과지는 중금속 바탕치가 높아 분석 여과지로는 적당하지 않다.

30

기체 크로마토그래피의 운반가스 조건에 대하여 간단히 설명하고, 흔히 사용되는 운반가스 2종을 나타내시오.

운반가스(carrier gas)는 충전물이나 시료에 대하여 불활성이고, 사용하는 검출기의 작동에 적합한 것을 사용한다. 일반적으로 열전도도형 검출기(TCD)에서는 순도 99.8 % 이상의 수소나 헬륨을, 불꽃이온화 검출기(FID)에서는 순도 99.8 % 이상의 질소 또는 헬륨을 사용하며, 기타 검출기에서는 각각 규정하는 가스를 사용한다.

31

환경대기 및 굴뚝 배출가스 중 비소(As)를 흑연로 원자흡수분광법으로 분석하는 경우 시료 주입 후 건조 및 회화 단계에서의 주의할 사항과 권장하는 전처리방법을 설명하시오.

비소는 휘발 가능성이 있으므로 시료 주입 후 건조 및 회화 단계에서의 온도 및 시간 설정에 주의를 해야 한다. 건조 및 회화 단계에서의 휘발 손실을 줄이기 위해 시료 주입단계에서 팔라듐/마그네슘 혼합용액(또는 질산니켈 용액)과 같은 매질 변형제를 모든 시료에 첨가해야 하며, 전처리방법으로 고압 산분해법을 이용할 것을 권장한다.

32

AAS 분석 시 시료 중 공존물질이 존재할 경우 대처방안을 설명하시오.

 시료용액 중에 있는 다량 또는 어떤 특정한 공존물질로 인하여 미량의 목적원소 분석이 간섭받을 경우의 대처방법은 다음과 같다.
1. 표준시료용액에 동일 공존물질을 등량 첨가하여 분석하는 방법
2. 특수한 유기시약이나 유기용매로 목적원소만을 추출하여 분석하는 방법
3. 일정한 시약을 첨가하여 간섭을 억제하는 방법

33

굴뚝 배출가스에서 등속으로 흡입된 입자상 물질과 가스상 물질을 냉증기 원자흡수 분광광도
법에 따라 수은 분석을 실시하려고 할 경우 다음 사항을 설명하시오.

(1) 시료채취 시 흡수액은?
(2) 채취장치 사용 시 필터 주위의 온도는?
(3) 채취 및 분석 시 수은의 원자가 형태는?
(4) Hg로서 측정범위는?
(5) 시료 채취 및 분석 시 간섭물질은?

 (1) 흡수액은 산성 과망간산포타슘 용액(4 % 과망간산포타슘/10 % 황산)이다.
(2) 보로실리케이트 혹은 석영 유리관을 사용하고 시료채취 동안에 수분 응축을 방지하기 위해서
시료채취관 출구의 가스 온도가 (120 ± 14) ℃로 유지되도록 가열한다.
(3) Hg^{2+} 형태로 채취한 수은을 Hg^0 형태(원소형태)로 환원시켜서 원자흡수 분광광도계로 측정한다.
(4) 정량범위는 0.0005 mg/m^3 ~ 0.0075 mg/Sm^{3}이다.
(5) 시료채취 시 배출가스 중에 존재하는 산화 유기물질은 수은의 채취를 방해할 수 있다.

34

금속의 미량 분석에서는 유리기구, 증류수 및 여과지의 금속 오염을 방지하는 것이 매우 중요
하다. 유리기구를 세척하는 방법에 대해 설명하시오.

 일반적으로 실험실 유리기구(초자류)는 비누나 세제로 충분히 세척이 가능하지만, 시판되는 실험
실용 세제를 사용하는 것이 좋다. 측정항목별 세척 및 건조 방법은 다음과 같다.
1. 일반물질, 무기(이온)물질, 기타
세척제 → 수돗물 세정 → 정제수로 헹굼 → 자연건조
2. 중금속
세척제 → 수돗물 세정 → 정제수로 헹굼 → 질산염산 수용액 → 자연건조
3. 농약
용매로 용해 → 세척제 → 수돗물 세정 → 정제수로 헹굼 → 400 ℃에서 1시간 건조 또는 아세톤
으로 헹굼
4. 소독물질과 그 부산물, 휘발성 유기화합물
세척제 → 수돗물 세정 → 정제수로 헹굼 → 105 ℃에서 1시간 건조
5. 미생물, 바이러스, 원생동물
세척제 → 뜨거운 물로 세정 → 정제수로 헹굼 → 유리기구 160 ℃ 2시간, 시료병 121 ℃ 15분간 건조

35

고체 시약이 들어있는 유리병과 깡통을 폐기하는 방법을 설명하시오.

 1. 폐시약(고체성분) + 용기(유리병)일 경우
   ① 폐시약이 든 용기 전체를 성상별로 박스(box) 포장하거나 병 속에 든 내용물만 수집하고 연구
      실 안전환경관리자에게 연락하여 폐액 저장소로 이동시켜 격리·보관한다.
   ② 용기는 상표를 제거하고 세척한 후 일반폐기물 처리업체에게 위탁·처리하거나 유리병 제조
      업체에 처리 의뢰하거나 연구실 안전환경관리자에게 문의한다.
2. 폐시약(고체성분) + 용기(깡통)일 경우
   ① 폐시약이 든 용기 전체를 성상별로 박스(box) 포장하거나 병 속에 든 내용물만 수집하고 연구
      실 안전환경관리자에게 연락하여 폐액 저장소로 이동시켜 격리·보관한다.
   ② 용기는 세척한 후 부피를 줄여 일반폐기물로 분류하여 처리한다.

36

검량선 작성 시 측정치의 오차를 상쇄할 수 있으며, 분석치의 재현성이 우수하고 측정치의 정
밀도를 높이는 검량법은 무엇이며, 이 방법으로 원자흡수분광광도법에서 검량선을 작성하는
방법을 설명하시오.

 1. 문제의 검량법은 상대검정곡선법(internal standard calibration)으로, 검정곡선 작성용 표준
   용액과 시료에 동일한 양의 내부표준물질을 첨가하여 시험분석 절차, 기기 또는 시스템의 변동
   으로 발생하는 오차를 보정하기 위해 사용하는 방법이다. 이 방법은 분석하려는 성분과 물리·
   화학적 성질은 유사하나, 시료에는 없는 순수물질을 내부표준물질로 선택한다. 측정치가 흩어져
   상쇄하기 쉬우므로 분석값의 재현성이 높아지고 정밀도가 향상된다.
2. 검정곡선 작성을 위하여 가로축에 성분 농도(C_x)와 내부표준물질 농도(C_s)의 비(C_x/C_s)를 취하
   고, 세로축에는 분석성분의 지시값(R_x)과 내부표준물질 지시값(R_s)의 비(R_x/R_s)를 취하여 그림
   과 같이 작성한다.

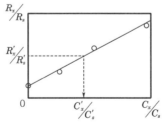

37

배출가스 중 탄화수소를 측정하는 방법인 불꽃이온화검출(FID)법과 비분산적외선(NDIR)법을 분석시료의 어떤 차이점에 따라 적용하는지 설명하시오.

 1. 불꽃이온화검출기법(Flame Ionization Detector Method)

① 시멘트 소성로, 소각로, 연소시설, 도장시설 등에서 배출되는 총탄화수소(THC, Total Hydrocarbon)를 분석하는 방법으로 알케인류(alkanes), 알켄류(alkenes) 및 방향족(aromatics) 등이 주성분인 증기의 총탄화수소 측정에 적용된다.

② 배출가스 중 이산화탄소(CO_2), 수분이 존재한다면 양의 오차를 가져올 수 있으며 수분트랩 내부에 유기성 입자상 물질이 존재한다면 양의 오차를 가져올 수 있다. 따라서 반드시 여과지를 사용하여 샘플링을 해야 한다.

2. 비분산적외선분광분석법(Non-Dispersive Infrared Analyzer Method)

① 시멘트 소성로, 소각로, 연소시설, 도장시설 등에서 배출되는 총탄화수소(THC, Total Hydrocarbon)를 분석하는 방법으로 배출가스 중 총탄화수소를 여과지 등을 이용하여 먼지를 제거한 후 가열 채취관을 통과시키고 비분산형 적외선분석기(non-dispersive infrared analyzer)로 측정하여 총탄화수소를 정량한다.

② 알케인류(alkanes)가 주성분인 증기의 총탄화수소 측정에 적용되며, 배출가스 성분을 파악할 수 있는 분석이 선행되어야 한다.

③ 수분트랩 내부에 유기성 입자상 물질이 존재한다면 양의 오차를 가져올 수 있다. 따라서 반드시 여과지를 사용하여 샘플링을 해야 한다.

CHAPTER

04 기타 구술형 문제

> ※ 구술형 시험은 면접관 앞에서 질문을 받고 답하는 과정이므로 측정분석실험에 대한 다음
> 과 같은 질문이 있을 수 있다. 해설은 실험의 이해도와 측정분석자의 소양에 관한 사항이
> 므로 생략한다.

[**질문 1**] 본인이 수행한 대기 일반항목실험에 대해 종합적으로 고찰하시오(시료채취, 운송 및 보관,
표준용액 준비, 시료 전처리, 검정곡선, 기기 분석, 계산 및 평가 과정 등).

[**질문 2**] 측정분석자가 필요한 기초지식으로 화학, 생물, 물리, 약학, 환경과학, 전기공학, 통계학,
의학 등 다양한 분야에 이르고 있다. 다음 질문에 답하시오.

(1) 지원자는 위 기초지식 중 어느 분야에 자신이 있는지 이야기하고, 이 기초지식이 어떻게 중요하
   게 활용되는지를 설명하시오.

(2) 지원자는 위 기초지식 중 어느 분야에 가장 자신이 없으며, 이로 인해 어려움을 겪었던 사례를
   예를 들어 설명하시오.

[**질문 3**] 금속성분 분석 시 시험자에게 한 대의 장비만을 구입해 준다고 가정했을 때, 여러 장비(AA,
ICP, ICPMS, 수은분석기 등) 중 한 대를 고르고 선택한 이유를 설명하시오.

[**질문 4**] 시료분석 시 여러 시험방법 중 최선의 분석방법 선택을 위해 고려해야 할 사항을 설명하시오.

[질문 5] 본인이 다루어 본 시료, 성분 등의 실험경력에 대해 이야기하시오.

[질문 6] 기체 크로마토그래프를 이용하여 시료의 측정순서와 시료채취에서 기기 분석과정에서 어떤 단계가 가장 큰 오차가 발생하는지 경험을 통해 설명하시오.

[질문 7] 유기물질 분석과 관련하여 본인이 수행한 분석경험에 대해 답하시오.

[질문 8] 측정분석자는 정직, 성실, 책임감이 있어야 한다. 다음 질문에 답하시오.

(1) 측정분석자가 기본적으로 갖추어야 할 소양인 위 세 가지를 중요하다고 생각하는 순서대로 이야기하고 그 이유를 설명하시오.

(2) 측정분석자로서 정직성을 지킴으로 인해 어려움을 겪었던 사례가 있으면 예를 들어 설명하시오.

(3) 우리나라의 측정분석자는 위의 소양을 얼마나 갖추었다고 생각하는지를 이야기하시오.

인생에서 가장 멋진 일은
사람들이 당신이 해내지 못할 것이라 장담한 일을
해내는 것이다.

-월터 배젓(Walter Bagehot)-

☆

항상 긍정적인 생각으로 도전하고 노력한다면,
언젠가는 멋진 성공을 이끌어 낼 수 있다는 것을 잊지 마세요.^^

MEMO

MEMO

대기환경측정분석 분야

환경측정분석사 기출문제집 필기+실기

2018. 4. 17. 초 판 1쇄 발행
2019. 6. 5. 개정 1판 1쇄 발행
2021. 2. 19. 개정 2판 1쇄 발행
2022. 1. 5. 개정 3판 1쇄 발행
2023. 2. 6. 개정 4판 1쇄 발행
2024. 1. 3. 개정 5판 1쇄 발행
2024. 7. 3. 개정 6판 1쇄 발행
2024. 10. 2. 개정 6판 2쇄 발행
2025. 2. 19. 개정 7판 1쇄 발행

지은이 │ 신은상 · 임철수 · 이용기
펴낸이 │ 이종춘
펴낸곳 │ BM (주)도서출판 성안당
주소 │ 04032 서울시 마포구 양화로 127 첨단빌딩 3층(출판기획 R&D 센터)
      │ 10881 경기도 파주시 문발로 112 파주 출판 문화도시(제작 및 물류)
전화 │ 02) 3142-0036
      │ 031) 950-6300
팩스 │ 031) 955-0510
등록 │ 1973. 2. 1. 제406-2005-000046호
출판사 홈페이지 │ www.cyber.co.kr
ISBN │ 978-89-315-8455-4 (13530)
정가 │ 45,000원

이 책을 만든 사람들
기획 │ 최옥현
진행 │ 이용화, 곽민선
교정·교열 │ 곽민선
전산편집 │ 이지연
표지 디자인 │ 임흥순
홍보 │ 김계향, 임진성, 김주승, 최정민
국제부 │ 이선민, 조혜란
마케팅 │ 구본철, 차정욱, 오영일, 나진호, 강호묵
마케팅 지원 │ 장상범
제작 │ 김유석

www.cyber.co.kr
성안당 Web 사이트